Frank Rieg
Reinhard Hackenschmidt
Bettina Alber-Laukant

Finite Elemente Analyse für Ingenieure

HINWEIS!

Zu diesem Buch gehört eine DVD.

Sollte diese DVD nicht beiliegen, können Sie sie unter **fachbuch@hanser.de** kostenlos anfordern.

Frank Rieg
Reinhard Hackenschmidt
Bettina Alber-Laukant

Finite Elemente Analyse für Ingenieure

Grundlagen und praktische Anwendungen mit Z88Aurora

5., überarbeitete Auflage

HANSER

Die Autoren:

Prof. Dr.-Ing. Frank Rieg, Ordinarius, Lehrstuhl für Konstruktionslehre und CAD, Universität Bayreuth

Dipl.-Wirtsch.-Ing. Reinhard Hackenschmidt, Akademischer Oberrat, Lehrstuhl für Konstruktionslehre und CAD, Universität Bayreuth

Dr.-Ing. Bettina Alber-Laukant, Patentingenieurin, Akademische Rätin, Lehrstuhl für Konstruktionslehre und CAD, Universität Bayreuth

Bibliografische Information der Deutschen Nationalbibliothek:

Die Deutsche Nationalbibliothek verzeichnet diese Publikation in der Deutschen Nationalbibliografie; detaillierte bibliografische Daten sind im Internet über <http://dnb.ddb.de> abrufbar.

Print-ISBN 978-3-446-44283-2
E-Book-ISBN 978-3-446-44318-1

www.hanser-fachbuch.de
Lektorat: Dipl.-Ing.Volker Herzberg
Herstellung: Jörg Strohbach
Satz: le-tex publishing services GmbH, Leipzig
Coverconcept: Marc Müller-Bremer, Rebranding, München, Germany
Titelillustration: Atelier Frank Wohlgemuth, Bremen
Coverrealisierung: Stephan Rönigk
Druck und Bindung: Kösel, Krugzell
Printed in Germany

Vorwort zur fünften Auflage

Unser Ziel mit diesem Buch ist wie bereits in der ersten Auflage:

Einem Studenten der Ingenieurwissenschaften ab dem 3. Semester und dem schon im Beruf stehenden Ingenieur ausgewählte Aspekte der Finite Elemente so zu vermitteln, dass er dieses Wissen sofort zur Lösung praktischer Probleme umsetzen kann.

Deshalb sprechen wir schon im Buchtitel von Finite Elemente *Analyse* und nicht von der Finite Elemente Methode – weil dieses riesige Fachgebiet schon lange den etwas zweifelhaften Touch einer Methode hinter sich gelassen hat und heute *das* Ingenieurtool ist, um Tragwerke zu *analysieren*. Natürlich kann man mit diesem Verfahren viel mehr unternehmen, als nur Mechanik zu betreiben – Wärmeflüsse, Elektro- und Magnetfelder, ja eigentlich allgemein Differentialgleichungen und Randwertaufgaben für verschiedene Felder – das alles kann man heute damit lösen.

Aber begonnen hat alles mit der Berechnung von mechanischen Strukturen und wir wollen uns in diesem Werk daher auch auf lineare und nichtlineare Statik, stationäre Wärmeleitung und Eigenschwingungen beschränken. Sehr wesentlich scheint uns der Ingenieuraspekt zu sein – er steht nicht umsonst im Buchtitel: Das Vorgehen wurde in den fünfziger Jahren einigermaßen „intuitiv" von den Flugzeug-Ingenieuren für statische Berechnungen von Flugzeugstrukturen entwickelt. Es ist ein Verfahren von Ingenieuren für Ingenieure!

Wir gehen daher wie folgt vor: Nach einer wirklich einfachen Darstellung des grundlegenden Vorgehens werden wir die wichtigsten Punkte der Elastizitätstheorie, der Technischen Mechanik und der Thermodynamik, soweit sie die FEA betreffen, abhandeln, um mit diesem Wissen an die Herleitung der Elementsteifigkeitsmatrizen zu gehen. Dieses theoretische Wissen ist tatsächlich unabdingbar, um FE-Rechenprogramme gezielt und gekonnt einsetzen zu können. Sodann betrachten wir den Compilationsprozeß, die Speicherverfahren und das Lösen der Gleichungssysteme, um die Unbekannten zu berechnen.

Damit Sie nun Ihr Wissen praktisch umsetzen können, fügen wir dem Buch zwei FE-Programme auf DVD bei: Das vom Erstautor programmierte Open-Source Finite-Elemente-Programm für statische Berechnungen Z88® sowie das weit darüber hinausgehende und sehr komfortable Freeware Finite-Elemente-Programm Z88Aurora®, das dann auch nichtlineare Berechungen, stationäre Wärmeflüsse und Eigenschwingungen beherrscht. Beides sind Vollversionen, mit der *beliebig große Strukturen* gerechnet werden können – die Grenzen werden nur durch Ihren Computer hinsichtlich Hauptspeicher und Plattenplatz und Ihr Vorstellungsvermögen gezogen.

Z88 und Z88Aurora kommen lauffertig für Windows, LINUX sowie Mac OS X. Bei Z88 liefern wir auch direkt die Quellen mit, sodass Sie die theoretischen Aspekte im Programmcode studieren und gegebenenfalls erweitern können. Natürlich können Sie so auch nachvollziehen, wie Speicherverfahren, Gleichungslöser usw. in der Rechenpraxis arbeiten. Z88 ist für den Anwender absolut transparent durch Ein- und Ausgabe mit Textdateien. Es ist also ein FEA-Programm im ganz klassischen und ursprünglichen Sinne. Und wir meinen: Nur mit einem solchen Programm, bei dem Sie jeden Zahlenwert noch selbst kontrollieren können und müssen, können Sie das Grundlegende lernen. Wenn Sie dann das grundlegende Vorgehen verstanden haben, können Sie mit Z88Aurora arbeiten, das bei uns am Lehrstuhl für Konstruktionslehre und CAD mit Förderung durch die Oberfranken-Stiftung entwickelt wurde. Z88Aurora steht in *Look and Feel* den kommerziellen FEA-Programmen nicht nach und erlaubt ein sehr professionelles und zeitgemäßes Arbeiten, direkt von CAD-Daten ausgehend. Auf die bekannten kommerziellen FEA-Programme beziehen wir uns hier nicht, weil es davon kostenlos nur sehr stark eingeschränkte Versionen hinsichtlich der Strukturgrößen gibt, mit denen Sie mehrere der folgenden Beispiele gar nicht rechnen könnten. Und Quellcodes könnten wir dazu auch nicht präsentieren. Im späteren Buchteil kommen viele Praxisbeispiele, die Sie dann nachrechnen sollten. Die DVD enthält natürlich auch die Eingabedateien für alle Beispiele. Die Beispiele sind so gewählt, dass sie schrittweise die verschiedenen Aspekte der Berechnung von Tragwerken und mechanischen Strukturen erläutern.

Unser Finite Elemente Analyse Buch wurde anlässlich der vierten Auflage vollständig überarbeitet: Der Theorieteil wurde gegenüber der dritten Auflage hinsichtlich Schalenelementen (von F. Rieg), nichtlinearer Berechnung (von Dr.-Ing. C. Wehmann), stationärer Wärmeleitung (von M. Frisch, M.Sc.) und Eigenschwingungen (von Dr.-Ing. M. Neidnicht) erweitert. Der Beispielteil wurde stark erweitert und aktualisiert. Unsere Mitarbeiter M. Frisch, M.Sc., Dr.-Ing. M. Neidnicht, Dipl.-Ing. F. Nützel, Dr.-Ing. C. Wehmann und Dipl.-Ing. M. Zimmermann übernahmen das Programmieren und Testen von Z88Aurora Version 2b und lasen Korrektur. Ihnen allen sei herzlich gedankt.

Dem Hanser-Verlag danken wir für die wie immer vorbildliche Ausführung.

Wir dürfen uns ganz herzlich bei unseren Lesern bedanken, die nach wenigen Jahren eine fünfte Auflage fordern. Auch die Arbeit an diesem Buch war uns wieder ein Vergnügen und wir hoffen, dass Sie großen Nutzen aus diesem Buch ziehen werden.

Frank Rieg, Reinhard Hackenschmidt und Bettina Alber-Laukant

Bayreuth, im Juni 2014

Inhalt

Die DVD zum Buch *Finite Elemente Analyse für Ingenieure* enthält die Programmversionen Z88V14OS und Z88Aurora V2 einschließlich Beispieldaten zur Berechnung für beide Versionen. Der Inhalt der DVD ist wie folgt gegliedert:

/z88_beispiele_z88aurora/:	Beispiele für Z88Aurora V2
/z88_beispiele_z88v14os/:	Beispiele für Z88V14OS
/z88aurora/:	Installer und Dokumentation Z88Aurora V2
/z88v14os/:	Entpackte Verzeichnisstruktur Z88V14OS

Installation von Z88V14OS

Z88V14OS liegt als ready-to-run Version sowie als Version zum selbst compilieren im Verzeichnis /z88v14os/ für folgende Betriebssysteme bei:

- 32 BIT Windows
- 64 BIT Windows
- 32 BIT LINUX
- 64 BIT LINUX
- 64 BIT Mac OS X

Die ausführliche Installations- bzw. Compilationsanleitung finden Sie im Dokument *z88mang.pdf* im Verzeichnis /z88v14os/docu /.

Installation von Z88Aurora V2

Z88Aurora V2 liegt im Verzeichnis /z88aurora/ als Installer für

- 32 BIT Windows,
- 64 BIT Windows und
- 64 BIT Mac OS X

und als TAR.GZ für

- 64 BIT LINUX Suse 12.1, 12.2,
- 64 BIT LINUX Ubuntu 11.04, 12.04, 14.04

Bitte beachten Sie, dass unter UNIX die Schreibrechte der Beispiele angepasst werden müssen.

Die ausführlichen Installationsanleitungen finden Sie für das entsprechende Betriebssystem im Verzeichnis /z88aurora/installer/.

Bitte beachten Sie, dass Sie für Mac OS X das GTK+-Paket GTK+4Z88.dmg aus dem Verzeichnis /z88aurora/installer/macosx/ zuerst installieren müssen.

Das Theoriehandbuch und das Benutzerhandbuch sowie FAQs zu Z88Aurora V2 sind im Verzeichnis /z88aurora/docu/ enthalten.

Software Updates

Der Stand der DVD ist der 25. Juni 2014.

Auf unserer Internetseite www.z88.de finden Sie ggf. Updates und Fehlerkorrekturen.

1 Einleitung

Während viele Vorgehensweisen in der Technik oft jahrhundertealt sind, und beispielsweise die Elastizitätstheorie praktisch geschlossen im 19. Jahrhundert entwickelt wurde, entstand die sog. Methode der Finiten Elemente erst mit dem Aufkommen der ersten Digitalrechner in Deutschland, in den Vereinigten Staaten und in England während des Zweiten Weltkriegs. Diese ersten Computer, der deutsche *Zuse Z3* von 1941, aber besonders der amerikanische *Harvard Mark I*, dienten zum Berechnen von Geschoßbahnen für die Artillerie, vgl. */33/*. Gleichzeitig entstand ein neuer Typ von Flugzeug, der düsengetriebene Jet. Dessen bisher nicht gekannte Geschwindigkeiten sorgten für ganz neue Probleme – neuartige Tragflügelkonzepte wie den Pfeilflügel, extrem leichte und dennoch sehr stabile Zellen, die auch in großen Höhen nicht versagen und die Strahltriebwerke selbst.

Es kam daher nicht von ungefähr, dass in den 50er Jahren bei *Boeing* in Seattle die Ingenieure *J.Turner* und *R.Clough* die Matrizenkraftmethode und die Matrizenverschiebungsmethode für die statische Berechnung von Zellen und Flügeln entwickelten. Schon Ende der 40er Jahre hatte *J.Argyris* (der später an der TU Stuttgart wirkte und einer der Väter der Finite Elemente Methode ist) in England nachgewiesen, dass man Kontinua durch Zerlegen in kleinere Teilbereiche in vereinfachter Form beschreiben kann. Dem gingen die Überlegungen von u. a. *Hrenikoff* voraus, Kontinua in eine Anordnung von Stäben bzw. Balken zu zerlegen, um damit ebene Spannungszustände und Plattenprobleme abzubilden – in der Literatur „Framework method" oder „Gitterrost-Verfahren" genannt. Der erste, der den Begriff *Finite Elemente Methode* auf einer Konferenz öffentlich benutzte, scheint *R.Clough* in 1960 gewesen zu sein.

Wir deuteten schon oben an, dass es ursprünglich ein *Matrizenkraftverfahren* und ein *Matrizenverschiebungsverfahren* gegeben hat. Während bei dem Ersten die gesuchten Unbekannten die Kräfte sind – eigentlich das Vorgehen, das auch in der klassischen Technischen Mechanik üblich ist – sind die Unbekannten beim zweiten Vorgehen die Verschiebungen des Systems – auf den ersten Blick eher ungewöhnlich. Lange wurde in Praxis und Wissenschaft darüber gestritten, welche von beiden Vorgehensweisen nun die bessere sei. Heute ist diese Frage entschieden: Alle Großprogrammsysteme arbeiten ausschließlich nach dem Verschiebungsverfahren, weil es sich viel einfacher und geradliniger schematisieren und programmieren lässt.

In der Anfangszeit konnten nur wenige „Privilegierte" überhaupt Finite Elemente Berechnungen ausführen, denn nur sie hatten Zugang zu einem Großcomputer, der damals für die meisten Universitäten und Firmen vollkommen unbezahlbar war. Als der Erstautor 1978 seine

Diplomarbeit, die Berechnung einer Rennwagenkarosserie für die Fa. Porsche mit der Finite Elemente Methode, anfertigte, da stand wenigstens ein brauchbares FE-Programm, das *SAP IV von Wilson* und *Bathe*, zur Verfügung. Es lief im Batchmode auf der für die damalige Zeit sehr großen Computeranlage der TH Darmstadt, einer IBM 370/168. Die Eingabedaten wurden nicht etwa an einem Terminal eingegeben, sondern auf Lochkarten, die man mit einem IBM-Lochkartenstanzer selbst lochen musste. Irgendwann war der Eingabedatensatz fertig gelocht, und man konnte ihn im Rechenzentrum abgeben. Nachts – und zwar nur nachts wegen der „enormen" Kernspeicheranforderung von rd. 700 KByte – wurde dann *SAP IV* („Structural Analysis Program") gestartet und man konnte vielleicht am nächsten Tag die Ergebnisse auf zentimeterdicken Papierstapeln per Schnelldrucker gedruckt, abholen. Interaktive Grafik? Völlig unbekannt. Plotten auf Papier konnte man, immerhin, aber dazu war ein weiteres Programm *SAPOST* nötig, das seine Plotanweisungen über Lochkarten bekam.

Längst ist es anders geworden, und wenn man heute Bilder von Mainframes selbst der frühen 80er Jahre betrachtet, dann meint man, diese Bilder wären auf einem anderen Stern aufgenommen. Gerade der *Personal Computer* hat hier in den 80er Jahren Bahnbrechendes geleistet. Schon in der Mitte der 80er Jahre konnte man ganz beachtliche FE-Strukturen mit PCs */27/* berechnen, wobei die Grenze damals bei einem nutzbaren Hauptspeicher von ungefähr 500 KByte lag – diktiert durch DOS. In 1985 startete der Erstautor mit der Entwicklung seines FE-Programms Z88 auf einem IBM AT, damals noch als FORTRAN-Version */28/*. Anfang der 90er Jahre zeichnete sich der Siegeszug von Windows mit der Version 3.0 ab, und der Erstautor schrieb das bisher ausschließlich in FORTRAN 77 codierte Z88 komplett in C um */15/*, weil man damals nur mit der Programmiersprache C vernünftig Windows-Programme erstellen konnte.

Die Situation heute kennt jeder: Jeder Billig-PC vom Lebensmittel-Discounter hat unendlich mehr Power – und zwar in Zehnerpotenzen gerechnet – als die IBM 370 Mainframe vor über 40 Jahren, und jeder, wirklich jedermann, kann heute umfangreiche Finite Elemente Berechnung auf seinem PC zuhause durchführen.

Wie wir im zweiten Kapitel sehen werden, ist die Methode der Finiten Elemente – oder nach unserer Meinung besser *Finite Elemente Analyse*, denn man rechnet etwas nach, man analysiert – im Gegensatz zum methodischen Konstruieren, das eine Synthese ist – im Prinzip außerordentlich einfach! Das Besondere daran ist eigentlich nur das streng formalisierte Vorgehen, was so geeignet für den Computereinsatz ist. Wir kommen im zweiten Kapitel bei der Vorstellung des grundlegenden Vorgehens ganz bewusst von der Elastostatik her und arbeiten zunächst nur mit Stäben und Balken. Stäbe und Balken sind aber natürlich keine 2D- bzw. 3D-Kontinua, und mancher Leser wird darüber die Nase rümpfen und den gezeigten Weg für dilettantisch halten.

Aber halt – um das grundlegende Vorgehen des *Matrizenverschiebungsverfahrens* zu zeigen, sind diese einfachen (Struktur-) Elemente tatsächlich sehr geeignet. Denn Finite Elemente für den ebenen Spannungszustand, den ebenen Verzerrungszustand, den axialsymmetrischen Spannungszustand, für die Plattenbiegung und für den räumlichen Spannungszustand – um die wichtigsten zu nennen – werden ganz genauso ins Verfahren integriert! Tatsächlich sind auch alle Computerroutinen für das Aufstellen von Element-Steifigkeitsmatrizen ganz ähnlich aufgebaut, wie der Leser jederzeit bei unserem Buch anhand der beigefügten Programmquellen für Z88 in C nachprüfen kann. Vergleichen Sie beispielsweise die Subroutine *SHEI88.C* für krummlinige 8-Knoten-Serendipity-Scheiben und -Tori mit der Routine *HEXA88.C* für krummlinige 20-Knoten-Serendipity Hexaeder für den allgemeinen räumlichen Spannungszustand.

An dem Wort Matrizenverschiebungs-Verfahren erkennt man übrigens alle relevanten Aspekte: Wir haben es mit teilweise riesigen *Matrizen* zu tun, es werden *Verschiebungen* berechnet, und zwar mit einem schematisierten Verfahren.

Sie ahnen es schon: Man kann sich diesem Verfahren entweder von der Ingenieursseite - wie wir es im zweiten Kapitel unternehmen - oder von der streng mathematischen Seite her nähern. Welchen Weg man wählt, hängt sicher vom eigenen Werdegang und den eigenen Vorkenntnissen ab, aber auch, welches Ziel man eigentlich verfolgen will. Da das Verfahren der Finiten Elemente von Ingenieuren für das Lösen von Ingenieursproblemen entwickelt wurde, halten wir es für angemessen, das Grundlegende ebenfalls aus Ingenieurssicht herzuleiten. Das hat außerdem den Vorteil, dass der Leser außer den üblichen Mathematikkenntnissen eines Abiturienten nur noch zusätzlich Grundkenntnisse der Matrizenrechnung haben sollte. Was allerdings unverzichtbar ist, ist solides Wissen auf dem Gebiet der „starren" Statik und der Elastostatik. Wer hier nicht sattelfest ist, wird am Arbeiten mit jedwedem FE-Programm - nicht nur mit Z88 oder Z88Aurora - sehr bald auf die Nase fallen und sich auch gegebenenfalls den Hals brechen. Warum? Weil es beim Arbeiten mit der Finite Elemente Analyse eigentlich zwei Hindernisse gibt - und die sind systemimmanent. Die erste Falle: Das eigentliche Erzeugen des Finite Elemente Netzes - wie grob oder wie fein, welche Elementtypen - das ist sehr viel Erfahrung und Training. Die zweite Falle: Die Wahl der Randbedingungen, also wie und wo Lager anbringen, Kräfte aufgeben und dergleichen. Auch hier ist Erfahrung im Spiel, aber zunächst sind solide Mechanikkenntnisse gefragt: Ein statisch unterbestimmtes System bricht auch beim teuersten Rechenprogramm in sich zusammen.

Aber auch für Ingenieure kann das Herangehen an die Finite Elemente Analyse aus streng mathematischer Sicht durchaus sehr spannend und sinnvoll sein. Tatsächlich sind elastostatische Probleme durch Extremalprinzipien darstellbar, z. B. durch das Prinzip vom Minimum der gesamten potentiellen Energie: Unter allen Verschiebungszuständen, die den kinematischen Randbedingungen genügen, minimiert der tatsächliche Gleichgewichtszustand die potentielle Energie. Diese Funktionale der potentiellen Energie, die sich für Stäbe, Balken, Torsionsstäbe, Scheiben, Platten etc. aufstellen lassen, müssen also stationär werden. Das kann mit der Methode von *Ritz* erfolgen. Und die gewählten Funktionen des Ritz'schen Verfahrens sind durchaus mit den Ansatz- bzw. Formfunktionen der Finiten Elemente Analyse gedanklich verwandt. Eine der herausragenden Quellen für die Herleitung der diversen Elementsteifigkeitsmatrizen über Funktionale ist das Buch von *Schwarz /6/*, das dem mathematisch interessierten Leser sehr empfohlen werden kann.

Allerdings möchten wir wieder daran erinnern, dass man sich die Finite Elemente Analyse nicht durch theoretische Betrachtungen allein erschließen kann. Nur durch umfangreiche Übung und Arbeiten am Computer wird man es auf diesem Gebiet zu einer gewissen Meisterschaft bringen. Es erscheint uns daher wichtig, dass Sie die Beispiele des Buches selbst nachvollziehen, sinnvoll abändern und ergänzen - und zwar am Computer. Daher haben wir die folgenden theoretischen Kapitel relativ kurz gehalten, damit Sie möglichst bald an die praktischen Aspekte kommen. Wo wir allerdings der Meinung waren, dass bei anderen Autoren bestimmte Fragen, z. B. die Elastizitätstheorie, eher etwas zu kurz kommen, haben wir bewusst keine Kürzungen in Kauf genommen.

Dieses von uns sehr empfohlene Üben am Computer können Sie mit den beiden von uns mitgelieferten Programmen Z88 Version 14 und Z88Aurora Version 2 vornehmen. Z88 begleitet dieses Buch seit der ersten Auflage und kommt mit allen C-Programmquellen sowie *nmake*-Files für Windows Visual Studio 2008 und *make*-Files für LINUX und Mac OS X. Sie können so den Quellcode studieren und ggf erweitern oder abändern, was, wenn man dem theoretischen Unterbau der FEA wirklich verstehen will, äußerst sinnvoll ist. Zum reinen Durcharbeiten unserer vielen Beispiele brauchen Sie sich selbstverständlich nicht mit den Interna der Programmierung zu befassen; Z88 steht passend für die verschiedenen Betriebssysteme ladefertig auf der DVD, und dazu gehört ein etwa 200-seitiges Handbuch im PDF-Format, dem Sie Hinweise zur Installation und zum Betrieb entnehmen können. Eine Kurzfassung der Bedienungsanleitung finden Sie für einen ersten Start hier in den Kapiteln 9 und 10. Z88 ist ein ganz klassisches und ursprüngliches FE-Programm, das über Ein- und Ausgabedateien gesteuert wird. Wie alle derartigen klassischen Programme ist es zum Studium des grundlegenden Vorgehens sehr geeignet – aber in der täglichen Arbeit etwas hölzern und nicht wirklich komfortabel.

Daher kamen unsere ehemaligen Mitarbeiter Dr.-Ing. Bernd Roith, Dr.-Ing. Alexander Troll und Prof. Dr.-Ing. Martin Zimmermann in 2009 auf die Idee, auf die Strukturen des oben genannten Z88 aufbauend einen sehr zeitgemäße Bedienoberfläche mit Namen Z88Aurora zu schaffen, deren besonderer Fokus darauf liegt, direkt CAD-Dateien im STEP- oder STL-Format einzulesen, das Netz zu erzeugen und sodann interaktiv mit Randbedingungen und Materialien versehen zu können. Sehr schnell schlossen sich weitere Mitarbeiter des Lehrstuhls den Arbeiten an. Im Juni 2010 kam diese erste Version Z88Aurora heraus und wurde sofort ein voller Erfolg. Sehr bald begann Dr.-Ing. Bernd Roith mit den Arbeiten an der Nachfolgeversion; seine Nachfolge trat Dipl.-Ing. Markus Zimmermann an, der das System in seiner jetzigen Version 2 zusammen mit Dr.-Ing. B. Alber-Laukant, M. Frisch M.Sc., Dr.-Ing. M. Neidnicht, Dipl.-Ing. F. Nützel, Dr.-Ing. C. Wehmann und F. Rieg weitgehend gestaltet hat. Sie werden diese neue Version 2 von Z88Aurora als sehr angenehm und intuitiv im Umgang empfinden, wozu auch ein einmaliges Feature beiträgt, die sog. *Spider-Help* von Dr.-Ing. B. Alber-Laukant und Dr.-Ing. Bernd Roith. *Spider-Help* führt Sie durch den Workflow einer Finite Elemente Analyse.

Es war sofort klar, dass wir diese Neuentwicklung von Z88Aurora ab der vierten Auflage unseres FEA-Buchs integrieren mussten; obwohl wir Z88Aurora V2, das Sie auf der DVD finden, sehr umfangreichen Tests unterzogen haben, wissen Sie, dass Software nie fehlerfrei sein kann. Wenn Sie also Fehler oder Unregelmäßigkeiten entdecken, zögern Sie nicht, uns zu benachrichtigen. Oder schauen Sie auf unserer Internetseite www.z88.de, ob es inzwischen vielleicht Programm-Updates gibt. Auf unserer Internetseite werden Sie auch die Versionen für LINUX und Mac OS X sowie die englische Programmversion finden.

Und nun: Beginnen Sie mit dem *grundsätzlichen Vorgehen!*

2 Das grundsätzliche Vorgehen

Wir werden nun in ganz kurzer Form das Grundlegende der *Finite Elemente Analyse* zeigen und werden auch ganz bewusst eine Reihe von Sachverhalten einfach annehmen, ohne sie zunächst herzuleiten. So behält man den Überblick und sieht nach der Lektüre weniger Seiten, wie einfach an sich das Vorgehen ist. Dass dahinter oft anspruchsvolle Theorien und mathematische Verfahren lauern, sei nicht verschwiegen, aber das werden wir dann, nachdem wir den Gesamtüberblick gewonnen haben, ganz entspannt in den Kapiteln 3 bis 8 betrachten – wobei man diese Kapitel tatsächlich für eine erste Lektüre überspringen kann. Wenn Sie uns über die nächsten Seiten folgen, dann haben Sie in der Tat die *Finite Elemente Analyse* im Prinzip verstanden! Alles, was dann kommt, sind nur noch Verfeinerungen und streng genommen Spezialaspekte. Sagen Sie selbst: Ist das nicht hoch motivierend?

Betrachten wir zu Beginn eine ganz einfache Zugfeder aus Stahl, die wir am einen Ende einspannen und am anderen Ende belasten. Das Belasten können wir prinzipiell auf zwei Arten durchführen: Entweder wir geben eine bekannte Kraft von z. B. 100 N auf oder wir ziehen die Feder um einen bestimmten Weg von z. B. 5 mm länger. Für eine Feder gilt das Hooke'sche Gesetz $F = K \cdot U$, das heißt, die Federkraft F ist das Produkt aus Federsteifigkeit K und Federweg U.

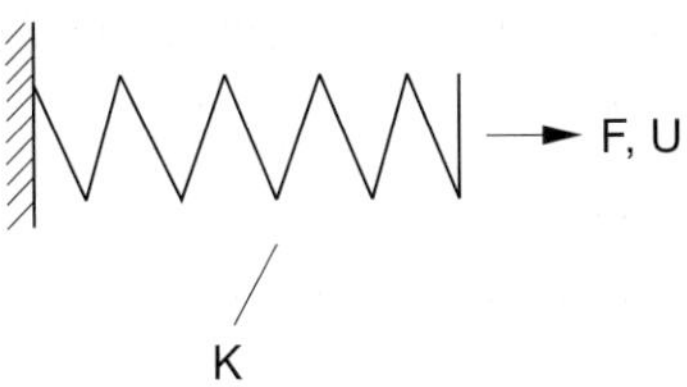

Bild 2-1: Das Hooke'sche Gesetz

Nun verhalten sich die allermeisten Gegenstände des täglichen Lebens wie diese Schraubenfeder, d. h. sie verformen sich linear-elastisch: Kraft F und Weg U sind einander proportional. Jede noch so kleine Kraft bedingt einen Weg bzw. eine Verschiebung bzw. eine Verformung. So hat ein Seil oder ein Zugstab der Länge ℓ, des Querschnitts A und des Elastizitätsmoduls E die Kraft-Weg Beziehung:

$$F = \frac{E \cdot A}{\ell} \cdot U$$

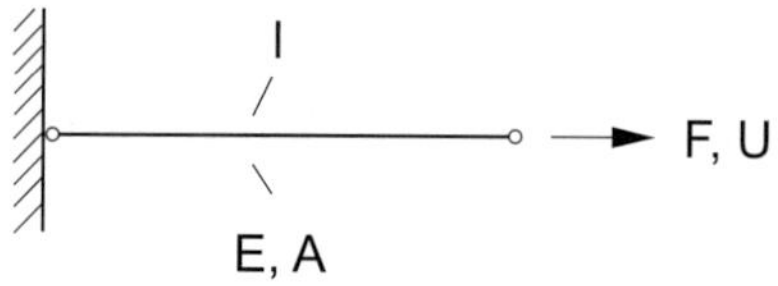

Bild 2-2: Der Zugstab

Wenn man setzt:

$$K = \frac{E \cdot A}{\ell}$$

dann erkennt man wieder das Hooke'sche Gesetz

$$F = K \cdot U \quad \text{mit} \quad K = \frac{E \cdot A}{\ell}$$

Jetzt definieren wir einen Stab ganz allgemein, indem wir an seinem linken Ende eine Verformung U_1 bzw. eine Kraft F_1 und an seinem rechten Ende eine Verformung U_2 bzw. eine Kraft F_2 aufgeben:

Bild 2-3: Der allgemein definierte Stab

Bilden wir das Kräftegleichgewicht, dann ist:

$$F_1 = K \cdot U_1 - K \cdot U_2$$
$$F_2 = K \cdot U_2 - K \cdot U_1$$

Dieser Gleichungssatz dargestellt in Matrizen-Schreibweise ergibt:

$$\begin{bmatrix} K & -K \\ -K & K \end{bmatrix} \begin{bmatrix} U_1 \\ U_2 \end{bmatrix} = \begin{bmatrix} F_1 \\ F_2 \end{bmatrix}$$

Beweis: Durch Ausmultiplizieren erhält man:

$$K \cdot U_1 - K \cdot U_2 = F_1$$
$$-K \cdot U_1 + K \cdot U_2 = F_2$$

Den Ausdruck

$$\begin{bmatrix} K & -K \\ -K & K \end{bmatrix} = \begin{bmatrix} EA/\ell & -EA/\ell \\ -EA/\ell & EA/\ell \end{bmatrix}$$

nennen wir die Element-Steifigkeitsmatrix. Sie gilt hier für einen waagerecht liegenden Stab in der Ebene. Das Gleichungssystem ist normale Matrix-Schreibweise. Dasselbe in symbolischer Matrix-Schreibweise (Matrizen und Vektoren in symbolischer Darstellung werden wir ab jetzt ***fett-kursiv*** schreiben):

$\boldsymbol{K\,U = F}$

Das ist schon wieder das Hooke'sche Gesetz! Nur stehen statt der Skalare nun Matrizen!

Rechenbeispiel 1

Wir geben auf einen Stab Kräfte F_1 und F_2:

Bild 2-4: Kräfte an einem Stab

mit

$F_1 = -1.000$ N
$F_2 = +1.000$ N

Der Stab habe folgende Kennwerte:

Länge $\ell = 1.000$ mm

Elastizitätsmodul $E = 200.000$ N/mm^2

Querschnittsfläche $A = 100$ mm^2

Damit wird K:

$$K = \frac{200.000 \cdot 100}{1.000} = 20.000 \text{ N/mm}$$

Diese Zahlenwerte eingesetzt ergibt:

$$\begin{bmatrix} 20.000 & -20.000 \\ -20.000 & 20.000 \end{bmatrix} \begin{bmatrix} U_1 \\ U_2 \end{bmatrix} = \begin{bmatrix} -1.000 \\ +1.000 \end{bmatrix}$$

Ausmultiplizieren des Gleichungssystems:

$$20.000 \cdot U_1 - 20.000 \cdot U_2 = -1.000 \text{(B1)}$$
$$-20.000 \cdot U_1 + 20.000 \cdot U_2 = +1.000 \text{(B2)}$$

Um das 2×2 Gleichungssystem zu lösen, addieren wir die Gleichung (B1) und (B2), um eine der beiden Unbekannten zu eliminieren:

$0 + 0 = 0$

Das Ergebnis der Addition ist zwar richtig, es liefert aber keine Lösung. Warum? Weil die Gleichungen linear abhängig sind! Z. B. Gleichung (B2) mit −1 multiplizieren liefert (B1). Wann tritt so etwas auf? *Wenn ein System statisch unterbestimmt ist!*

1. REGEL FEA

Nie statisch unterbestimmt. Immer statisch bestimmt (kinematisch bestimmt) oder beliebig statisch überbestimmt!

Also Festlegen einer Randbedingung:

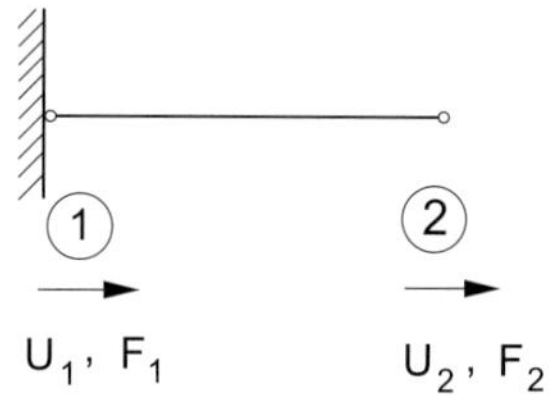

Bild 2-5: Wenn am Punkt 1 ein Festlager ist, dann ist die Verschiebung $U_1 = 0$

F_1 kann als äußere Kraft nicht mehr aufgegeben werden, denn das Lager fängt alles ab! Es kann also nur noch aufgegeben werden:

U_2 eine Verschiebung oder
F_2 eine äußere Kraft

Nun kommt eine sehr grundlegende Unterscheidung, wie wir die Aufgabe angehen: Welche Lösungen suchen wir, Kräfte oder Verschiebungen? Das uns schon bekannte Gleichungssystem

$$\begin{bmatrix} K & -K \\ -K & K \end{bmatrix} \begin{bmatrix} U_1 \\ U_2 \end{bmatrix} = \begin{bmatrix} F_1 \\ F_2 \end{bmatrix} \quad \text{bzw.} \quad \boldsymbol{K\,U = F}$$

würde in der Mathematik so lauten: $\boldsymbol{A\,x = b}$.

Das ist die übliche Darstellung eines linearen Gleichungssystems: $\boldsymbol{A}$ ist die Koeffizientenmatrix, $\boldsymbol{x}$ der Lösungsvektor, also die Unbekannten, und $\boldsymbol{b}$ ist die Rechte Seite. Daher:

Vorgabe der äußeren Kräfte und Berechnen der Verschiebungen =
Verschiebungsgrößen-Verfahren

Es geht aber auch anders:

$$\boldsymbol{K}^{-1}\boldsymbol{F} = \boldsymbol{U}$$

$$\boldsymbol{A}^{-1}\boldsymbol{b} = \boldsymbol{x}$$

Dabei ist $\boldsymbol{A}^{-1}$ die Inverse von $\boldsymbol{A}$. Daher:

Vorgabe der Verschiebungen und Berechnen der Kräfte =
Kraftgrößen-Verfahren

Heute arbeiten praktisch alle FEA-Systeme nach dem Verschiebungsgrößen-Verfahren:

2. REGEL FEA

FEA = Berechnen der Verschiebungen des Systems

Unsere Aufgabe war:

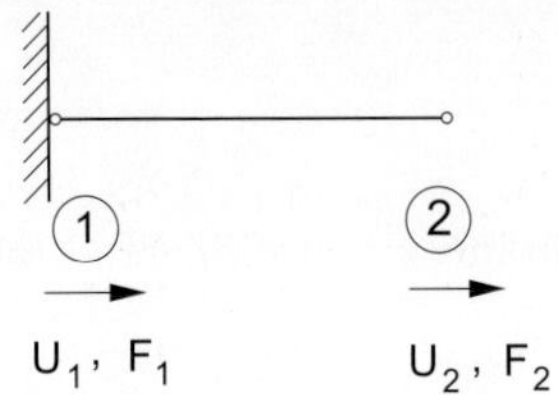

Bild 2-6: Festlagerung an Punkt 1

$$\begin{bmatrix} K & -K \\ -K & K \end{bmatrix} \begin{bmatrix} U_1 \\ U_2 \end{bmatrix} = \begin{bmatrix} F_1 \\ F_2 \end{bmatrix}$$

Dabei sind: $\boldsymbol{K}$ die Gesamtsteifigkeitsmatrix, $\boldsymbol{U}$ die Verschiebungen, d. h. die Unbekannten des Systems und $\boldsymbol{F}$ die äußeren Kräfte.

Die Gesamt-Steifigkeitsmatrix $\boldsymbol{K}$ entspricht, weil nur ein einziges Element, der Stab, vorhanden ist, dessen Element-Steifigkeitsmatrix $\boldsymbol{K}^{\mathbf{Stab}}$.

Die Randbedingung ist: $U_1 = 0$, eine sog. *homogene Randbedingung!* Diese homogenen Randbedingungen werden im Gleichungssystem wie folgt berücksichtigt:

VORGEHEN 1: EINBAU HOMOGENE RANDBEDINGUNG $U_j = 0$

V1.1: Setze in $\boldsymbol{K}$ Zeile j zu 0

V1.2: Setze in $\boldsymbol{K}$ Spalte j zu 0

V1.3: Setze Diagonalelement j in $\boldsymbol{K}$ zu 1

V1.4: Setze Kraft F_j in $\boldsymbol{F}$ zu 0

Also:

V1.1 und V1.2

$$\begin{bmatrix} 0 & 0 \\ 0 & K \end{bmatrix} \begin{bmatrix} U_1 \\ U_2 \end{bmatrix} = \begin{bmatrix} F_1 \\ F_2 \end{bmatrix}$$

V1.3

$$\begin{bmatrix} 1 & 0 \\ 0 & K \end{bmatrix} \begin{bmatrix} U_1 \\ U_2 \end{bmatrix} = \begin{bmatrix} F_1 \\ F_2 \end{bmatrix}$$

V1.4

$$\begin{bmatrix} 1 & 0 \\ 0 & K \end{bmatrix} \begin{bmatrix} U_1 \\ U_2 \end{bmatrix} = \begin{bmatrix} 0 \\ F_2 \end{bmatrix}$$

Ausrechnen ergibt:

$$1 \cdot U_1 + 0 \cdot U_2 = 0 \rightarrow U_1 = 0$$

$$0 \cdot U_1 + K \cdot U_2 = F_2 \rightarrow U_2 = \frac{F_2}{K}$$

Wie werden die eigentlichen Stabkräfte, also die inneren Kräfte berechnet? Bis jetzt wurden ja nur äußere Kräfte betrachtet!

VORGEHEN 2: KNOTENKRÄFTE BERECHNEN

V2: Multipliziere die jeweilige Element-Steifigkeitsmatrix des gesuchten Elements mit den berechneten Verschiebungen!

Also:

$$\begin{bmatrix} K & -K \\ -K & K \end{bmatrix} \begin{bmatrix} 0 \\ F_2/K \end{bmatrix} = \begin{bmatrix} -F_2 \\ F_2 \end{bmatrix}$$

Das sind die Stabkräfte am Element, also innere Kräfte. *Actio = Reactio!*

Rechenbeispiel 2

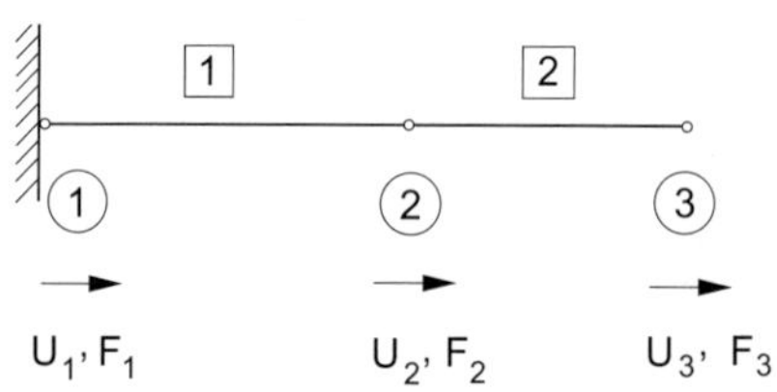

Sei:

$F_1 = 0$

$F_2 = 0$

$F_3 = 5.000$ N

Bild 2-7: Beispiel mit zwei Stäben

Stab 1: $\ell_1 = 500$ mm, $E_1 = 206.000$ N/mm², $A_1 = 100$ mm²

Stab 2: $\ell_2 = 400$ mm, $E_2 = 206.000$ N/mm², $A_2 = 40$ mm²

daher: $K_1 = 41.200$ N/mm, $K_2 = 20.600$ N/mm

Damit werden die Elemente-Steifigkeitsmatrizen:

$$\text{Erster Stab} = \text{FE}_1: \begin{bmatrix} K_1 & -K_1 \\ -K_1 & K_1 \end{bmatrix} = \begin{bmatrix} 41.200 & -41.200 \\ -41.200 & 41.200 \end{bmatrix} = \boldsymbol{K}_1^e$$

$$\text{Zweiter Stab} = \text{FE}_2: \begin{bmatrix} K_2 & -K_2 \\ -K_2 & K_2 \end{bmatrix} = \begin{bmatrix} 20.600 & -20.600 \\ -20.600 & 20.600 \end{bmatrix} = \boldsymbol{K}_2^e$$

Diese beiden Element-Steifigkeitsmatrizen müssen zur Gesamt-Steifigkeitsmatrix zusammengebaut werden. Diesen Vorgang nennt man *Compilation*.

Es gilt:

$$\boldsymbol{K} = \sum_i \boldsymbol{K}_i^e$$

3. REGEL FEA

Gesamtsteifigkeitsmatrix = Summe der Elementsteifigkeitsmatrizen

Hier:

Element 1 **Element 2**

$$\begin{bmatrix} K_1 & -K_1 \\ -K_1 & K_1 \end{bmatrix} \begin{bmatrix} U_1 \\ U_2 \end{bmatrix} \qquad \begin{bmatrix} K_2 & -K_2 \\ -K_2 & K_2 \end{bmatrix} \begin{bmatrix} U_2 \\ U_3 \end{bmatrix}$$

Damit wird die Gesamtsteifigkeitsmatrix:

$$\begin{bmatrix} K_1 & -K_1 & 0 \\ -K_1 & K_1 + K_2 & -K_2 \\ 0 & -K_2 & K_2 \end{bmatrix} = \begin{bmatrix} 41.200 & -41.200 & 0 \\ -41.200 & 61.800 & -20.600 \\ 0 & -20.600 & 20.600 \end{bmatrix}$$

Also wird das Gleichungssystem zunächst:

$$\begin{bmatrix} 41.200 & -41.200 & 0 \\ -41.200 & 61.800 & -20.600 \\ 0 & -20.600 & 20.600 \end{bmatrix} \begin{bmatrix} U_1 \\ U_2 \\ U_3 \end{bmatrix} = \begin{bmatrix} 0 \\ 0 \\ 5.000 \end{bmatrix}$$

Einbau der Randbedingungen: $U_1 = 0$ nach Vorgehen 1:

$$\begin{bmatrix} 1 & 0 & 0 \\ 0 & 61.800 & -20.600 \\ 0 & -20.600 & 20.600 \end{bmatrix} \begin{bmatrix} U_1 \\ U_2 \\ U_3 \end{bmatrix} = \begin{bmatrix} 0 \\ 0 \\ 5.000 \end{bmatrix}$$

Die Lösung dieses Gleichungssystems ist dann:

$$\begin{bmatrix} U_1 \\ U_2 \\ U_3 \end{bmatrix} = \begin{bmatrix} 0 \\ 0{,}1214 \\ 0{,}3641 \end{bmatrix}$$

Nunmehr Rückrechnen der inneren Kräfte nach Vorgehen 2, um die Stabkräfte zu erhalten:

Element 1

$$\begin{bmatrix} 41.200 & -41.200 \\ -41.200 & 41.200 \end{bmatrix} \begin{bmatrix} 0 \\ 0{,}1214 \end{bmatrix} = \begin{bmatrix} -5.000 \\ +5.000 \end{bmatrix}$$

Bild 2-8: Kräfte an den Knoten von Stab 1

Element 2

$$\begin{bmatrix} 20.600 & -20.600 \\ -20.600 & 20.600 \end{bmatrix} \begin{bmatrix} 0{,}1214 \\ 0{,}3641 \end{bmatrix} = \begin{bmatrix} -5.000 \\ +5.000 \end{bmatrix}$$

Bild 2-9: Kräfte an den Knoten von Stab 2

Im Beispiel war eine Kraft F_3 vorgegeben. Nun soll stattdessen eine definierte Verschiebung aufgegeben werden. Das Gleichungssystem sieht zunächst so aus:

$$\begin{bmatrix} 41.200 & -41.200 & 0 \\ -41.200 & 61.800 & -20.600 \\ 0 & -20.600 & 20.600 \end{bmatrix} \begin{bmatrix} U_1 \\ U_2 \\ U_3 \end{bmatrix} = \begin{bmatrix} F_1 \\ F_2 \\ F_3 \end{bmatrix}$$

Als nächstes bringen wir die äußeren Kräfte an:

$$\begin{bmatrix} 41.200 & -41.200 & 0 \\ -41.200 & 61.800 & -20.600 \\ 0 & -20.600 & 20.600 \end{bmatrix} \begin{bmatrix} U_1 \\ U_2 \\ U_3 \end{bmatrix} = \begin{bmatrix} 0 \\ 0 \\ 0 \end{bmatrix}$$

Wenn wir keine äußeren Kräfte aufbringen, sind sie auch alle logischerweise 0.

Es soll nun eine Verschiebung $U_3 = 0{,}3641$ mm aufgegeben werden. Da sie von 0 verschieden ist, nennt man sie eine *inhomogene Randbedingung*:

VORGEHEN 3: EINBAU INHOMOGENE RANDBEDINGUNG

Die inhomogene RB habe den Wert C_j und gelte am Freiheitsgrad j

V3.1: Subtrahiere von Rechter Seite $\boldsymbol{F}$ den Spaltenvektor, der das Produkt aus C_j und Spalte j von $\boldsymbol{K}$ ist.

V3.2: Wende Vorgehen 1 an.

V3.3: Ersetze F_j durch C_j.

Das probieren wir gleich aus:

Schritt V3.1:

$U_3 = 0{,}3641 = C_j$ d. h. $j = 3$

$$\begin{bmatrix} 41.200 & -41.200 & 0 \\ -41.200 & 61.800 & -20.600 \\ 0 & -20.600 & 20.600 \end{bmatrix} \begin{bmatrix} U_1 \\ U_2 \\ U_3 \end{bmatrix} = \begin{bmatrix} 0 - 0{,}3641 \cdot 0 \\ 0 - 0{,}3641 \cdot (-20.600) \\ 0 - 0{,}3641 \cdot 20.600 \end{bmatrix} = \begin{bmatrix} 0 \\ +7.500{,}46 \\ -7.500{,}46 \end{bmatrix}$$

Schritt V3.2:

Vorgehen 1 anwenden, also Zeile 3 und Spalte 3 in $\boldsymbol{K}$ je 0, Diagonalelement K_{33} zu 1, F_3 zu 0:

$$\begin{bmatrix} 41.200 & -41.200 & 0 \\ -41.200 & 61.800 & 0 \\ 0 & 0 & 1 \end{bmatrix} \begin{bmatrix} U_1 \\ U_2 \\ U_3 \end{bmatrix} = \begin{bmatrix} 0 \\ +7.500,46 \\ 0 \end{bmatrix}$$

Es wäre aber so $U_3 = 0$. Eindeutig falsch! Daher müssen wir nun setzen: F_3 zu $C_3 = U_3 = 0{,}3641$.

Schritt V3.3:

$$\begin{bmatrix} 41.200 & -41.200 & 0 \\ -41.200 & 61.800 & 0 \\ 0 & 0 & 1 \end{bmatrix} \begin{bmatrix} U_1 \\ U_2 \\ U_3 \end{bmatrix} = \begin{bmatrix} 0 \\ 7.500,46 \\ 0,3641 \end{bmatrix}$$

Nun wird noch die Randbedingung $U_1 = 0$ also das linke Festlager, eingebaut gemäß Vorgehen 1:

$$\begin{bmatrix} 1 & 0 & 0 \\ 0 & 61.800 & 0 \\ 0 & 0 & 1 \end{bmatrix} \begin{bmatrix} U_1 \\ U_2 \\ U_3 \end{bmatrix} = \begin{bmatrix} 0 \\ 7.500,46 \\ 0,3641 \end{bmatrix}$$

Die Lösung des Gleichungssystems ist:

$$\begin{bmatrix} U_1 \\ U_2 \\ U_3 \end{bmatrix} = \begin{bmatrix} 0 \\ 0,1214 \\ 0,3641 \end{bmatrix} \quad \text{... und das stimmt!}$$

Rechenbeispiel 3

Nun das Ganze mit einem Balken in der Ebene am Beispiel eines Trägers:

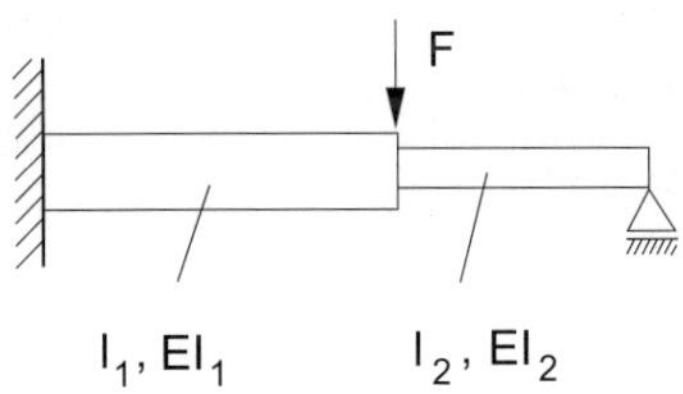

Bild 2-10: Kräfte am Balken

Das System ist statisch überbestimmt! Das stört uns aber gar nicht! Einer der großen Vorteile der FEA ist, dass man mit ihr beliebig statisch überbestimmte Systeme berechnen kann. Gegenüber der „Handrechnung" mit „0"- und „1"- bzw. „2"- ... „n"-System der Technischen Mechanik, die mit jeder weiteren Überbestimmten sprunghaft aufwendiger wird, steigt der Rechenaufwand bei der FEA praktisch nicht. Daher ist die FEA auch außerordentlich geeignet, um beliebig statisch überbestimmte Stab- und Balkenfachwerke oder Durchlaufträger zu berechnen.

Hingegen müssen Sie bereits bei diesem einfach statisch überbestimmten System bei Berechnung mit der klassischen Technischen Mechanik schon mitdenken: Entweder Sie nehmen das rechte Loslager weg und kompensieren die dann auftretende Verschiebung *w* mit einer Kraft *X*, so dass die Verschiebung am rechten Lager wieder 0 wird, Bild 2-11, oder Sie nehmen die Momenteneinspannung am linken Lager weg und kompensieren den nun auftretenden Verdrehwinkel ψ mit einem Moment $\widehat{X}$, Bild 2-12. Alle diese Überlegungen brauchen Sie beim Einsatz der FEA nicht mehr durchzuführen.

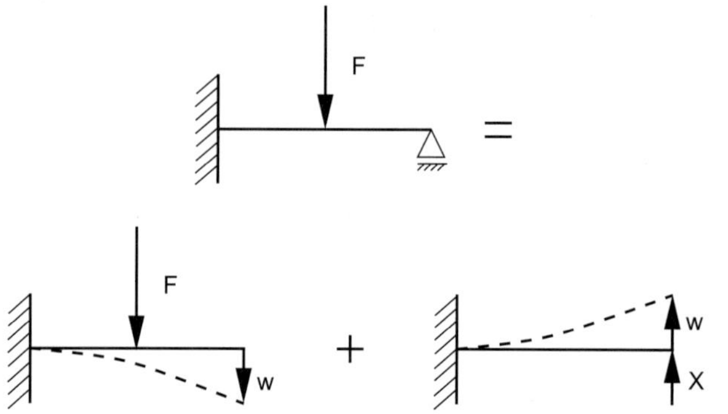

Bild 2-11: Statisch Überbestimmte X als Kraft

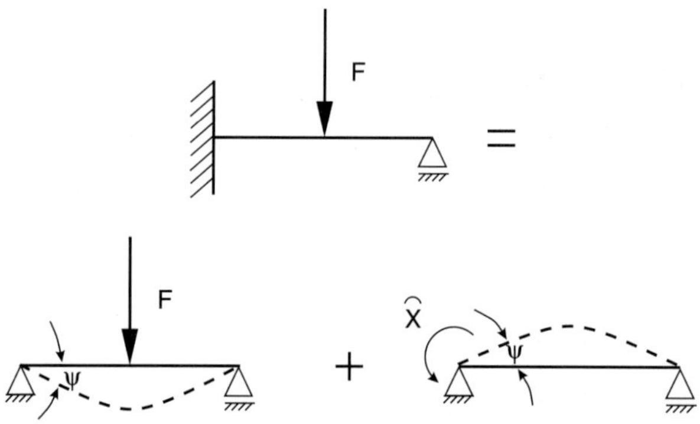

Bild 2-12: Statisch Überbestimmte $\widehat{X}$ als Moment

Dafür brauchen wir zunächst einen waagrecht in der Ebene liegenden Balken:

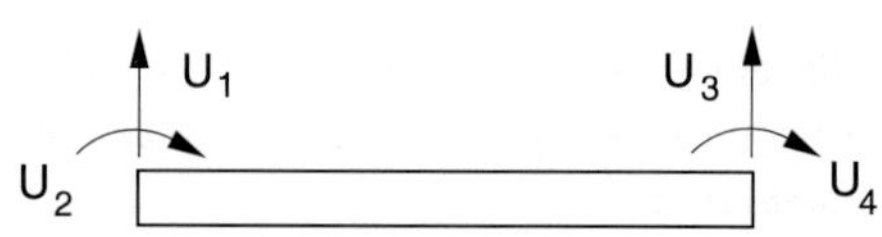

Bild 2-13: Die Verschiebungen und Verdrehungen am Balken

Dessen Element-Steifigkeitsmatrix (wir entnehmen sie momentan einfach der Literatur und glauben sie ohne Nachfragen) ist wie folgt:

$$EI \cdot \begin{bmatrix} \frac{12}{\ell^3} & \frac{-6}{\ell^2} & \frac{-12}{\ell^3} & \frac{-6}{\ell^2} \\ \frac{-6}{\ell^2} & \frac{4}{\ell} & \frac{6}{\ell^2} & \frac{2}{\ell} \\ \frac{-12}{\ell^3} & \frac{6}{\ell^2} & \frac{12}{\ell^3} & \frac{6}{\ell^2} \\ \frac{-6}{\ell^2} & \frac{2}{\ell} & \frac{6}{\ell^2} & \frac{4}{\ell} \end{bmatrix} \begin{bmatrix} U_1 \\ U_2 \\ U_3 \\ U_4 \end{bmatrix} = \begin{bmatrix} F_1 \\ F_2 \\ F_3 \\ F_4 \end{bmatrix}$$

oder

$$\boldsymbol{K}\,\boldsymbol{U} = \boldsymbol{F}$$

oder

$$\sum_j K_{ij}\, U_j = F_i$$

Derartige Element-Steifigkeitsmatrizen findet man in der Literatur /1-7/ oder liest Kapitel 4.

Manche Autoren stellen den Sachverhalt wie folgt dar:

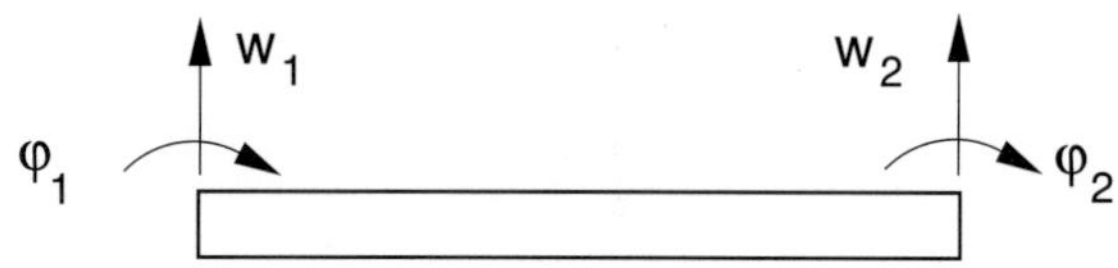

Bild 2-14: Alternative Darstellung der Verschiebungen und Verdrehungen

$$EI \cdot \begin{bmatrix} \frac{12}{\ell^3} & \frac{-6}{\ell^2} & \frac{-12}{\ell^3} & \frac{-6}{\ell^2} \\ \frac{-6}{\ell^2} & \frac{4}{\ell} & \frac{6}{\ell^2} & \frac{2}{\ell} \\ \frac{-12}{\ell^3} & \frac{6}{\ell^2} & \frac{12}{\ell^3} & \frac{6}{\ell^2} \\ \frac{-6}{\ell^2} & \frac{2}{\ell} & \frac{6}{\ell^2} & \frac{4}{\ell} \end{bmatrix} \begin{bmatrix} w_1 \\ \varphi_1 \\ w_2 \\ \varphi_2 \end{bmatrix} = \begin{bmatrix} F_1 \\ M_1 \\ F_2 \\ M_2 \end{bmatrix}$$

Hier wird zwar vordergründig deutlich, dass am Balken Verschiebungen w, Verdrehungen φ, Kräfte F und Momente M wirken, aber die sehr erwünschte schematische Behandlung wird erschwert. Vor allem für die Darstellung

$$\sum_j K_{ij}\, U_j = F_i$$

völlig ungeeignet! Und gerade die Indexform der Matrizen-Schreibweise braucht man zum Programmieren.

Zurück zu unserem Beispiel:

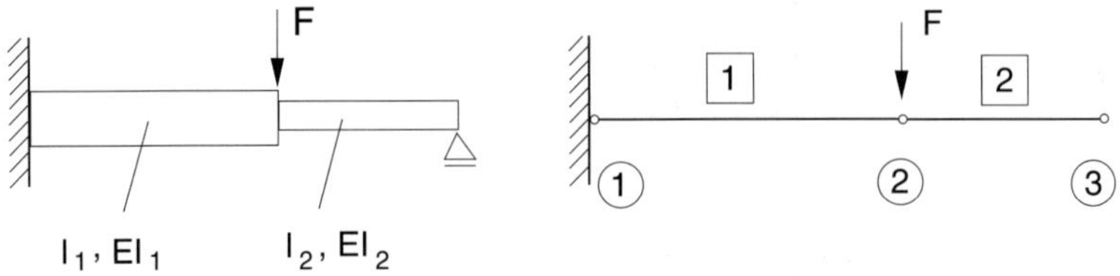

Bild 2-15: Darstellung des Rechenbeispiels 3

Natürlich könnten auch noch die E-Moduli unterschiedlich sein: $E_1 \neq E_2$.

Wir bleiben der Einfachheit halber bei

$$E_1 = E_2 = E = 206.000\ \text{N/mm}^2 = 206 \cdot 10^9\ \text{N/m}^2$$

Balken 1: IPB 100: $\ell = 3$ m
$I_1 = 450\ \text{cm}^4 = 450 \cdot 10^{-8}\ \text{m}^4$

Balken 2: I 100: $\ell = 2$ m
$I_2 = 171\ \text{cm}^4 = 171 \cdot 10^{-8}\ \text{m}^4$

$F = -5.000$ N (wirkt nach unten, siehe folgende Skizze).

4. REGEL FEA

Die FEA ist nicht an feste Maßsysteme gebunden. Die Einheiten können beliebig sein, müssen aber innerhalb der Struktur konsistent sein.

5. REGEL FEA

Es gibt keine genormten Koordinationssysteme und Vorzeichenregeln. Sie variieren von FEA-System zu FEA-System. Die Vorzeichen hängen allein von der Definition der Element-Steifigkeitsmatrizen bzw. der Gesamtstruktur ab!

Da wir hier definiert hatten:

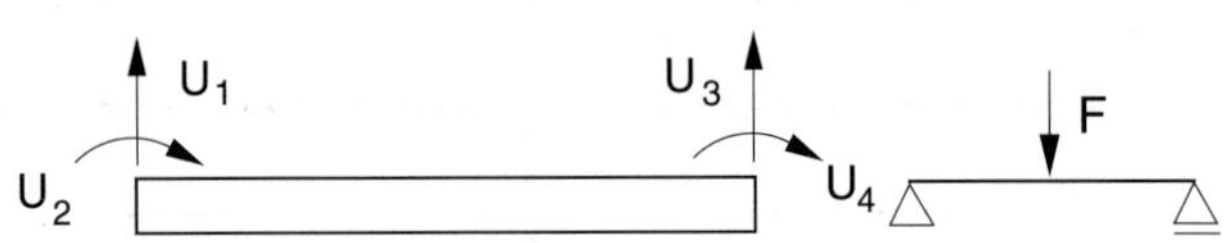

Bild 2-16: Darstellung der definierten Freiheitsgrade

... ist hier die Kraft F negativ einzusetzen!

Mit den Zahlenwerten wird $\boldsymbol{K}_1^e$:

$$\begin{bmatrix} 412.000 & -618.000 & -412.000 & -618.000 \\ -618.000 & 1.236.000 & 618.000 & 618.000 \\ -412.000 & 618.000 & 412.000 & 618.000 \\ -618.000 & 618.000 & 618.000 & 1.236.000 \end{bmatrix}$$

und $\boldsymbol{K}_2^e$:

$$\begin{bmatrix} 528.390 & -528.390 & -528.390 & -528.390 \\ -528.390 & 704.520 & 528.390 & 352.260 \\ -528.390 & 528.390 & 528.390 & 528.390 \\ -528.390 & 352.260 & 528.390 & 704.520 \end{bmatrix}$$

Freiheitsgrade am Gesamtsystem:

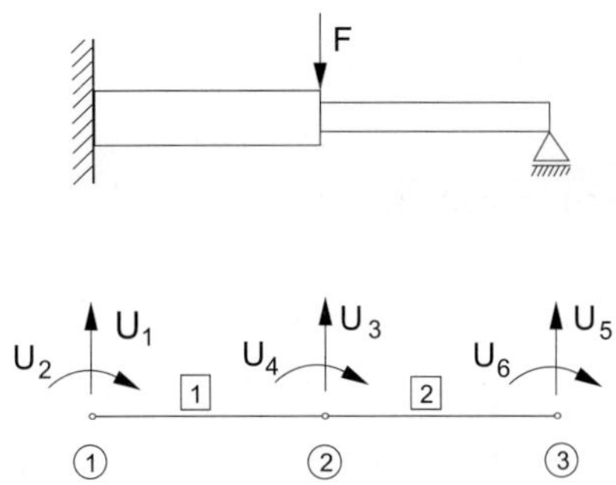

Bild 2-17: Darstellung der Freiheitsgrade im Rechenbeispiel 3

Um den Vorgang der Compilation zu verdeutlichen, legen wir uns ein leeres 6 × 6 Feld wegen der 6 Freiheitsgrade an. Jeder Knoten belegt zwei Zeilen und zwei Spalten, weil hier in diesem Fall ja jeder Knoten wieder jeweils zwei Freiheitsgrade *per definitionem* hat (bei einem „richtigen" Balken, z. B. Z88-Typ Balken Nr. 2, hätte man 6 Freiheitsgrade pro Knoten: 3 Verschiebungen in *X*, *Y* und *Z*-Richtung und drei Rotationen um die *X*, *Y* und *Z* Achse):

Knoten		①		②		③	
	FG	1	2	3	4	5	6
①	1						
	2						
②	3						
	4						
③	5						
	6						

Bild 2-18: Hilfsraster zur Ermittlung der Gesamt-Steifigkeitsmatrix

Und für die Element-Steifigkeitsmatrizen:

Knoten		①		②	
	FG	1	2	3	4
①	1				
	2				
②	3				
	4				

Element 1

Knoten		②		③	
	FG	3	4	5	6
②	3				
	4				
③	5				
	6				

Element 2

Bild 2-19: Hilfsraster zur Ermittlung der Element-Steifigkeitsmatrizen

Damit wird die Gesamt-Steifigkeitsmatrix:

	1	2	3	4	5	6 = FG
1	412.000	-618.000	-412.000	-618.000	0	0
2	-618.000	1.236.000	618.000	618.000	0	0
3	-412.000	618.000	412.000 + 528.390 = 940.390	618.000 + -528.390 = 89.610	-528.390	-528.390
4	-618.000	618.000	618.000 + -528.390 = 89.610	1.236.000 + 704.520 = 1.940.520	528.390	352.260
5	0	0	-528.390	528.390	528.390	528.390
6 = FG	0	0	-528.390	352.260	528.390	704.520

6. REGEL FEA

Die Element-Steifigkeitsmatrizen sind immer symmetrisch. Die Gesamt-Steifigkeitsmatrix ist immer symmetrisch. Ihre Ordnungen sind die Anzahl der Freiheitsgrade.

Damit können wir nun das Gleichungssystem mit den Kräften, aber noch ohne Lager aufstellen:

412.000	-618.000	-412.000	-618.000	0	0	U_1		0
-618.000	1.236.000	618.000	618.000	0	0	U_2		0
-412.000	618.000	940.390	89.610	-528.390	-528.390	U_3	=	-5.000
-618.000	618.000	89.610	1.940.520	528.390	352.260	U_4		0
0	0	-528.390	528.390	528.390	528.390	U_5		0
0	0	-528.390	352.260	528.390	704.520	U_6		0

Nun erfolgt der Einbau der Lager: $U_1 = 0$, $U_2 = 0$, $U_5 = 0$:

1	0	0	0	0	0	U_1		0
0	1	0	0	0	0	U_2		0
0	0	940.390	89.610	0	-528.390	U_3	=	-5.000
0	0	89.610	1.940.520	0	352.260	U_4		0
0	0	0	0	1	0	U_5		0
0	0	-528.390	352.260	0	704.520	U_6		0

Dieses Gleichungssystem rechnen Sie nun mit *MATHEMATICA* oder einem leistungsfähigen Taschenrechner wie z. B. *HP 50, TI 89* oder *TI92* (Sie können aber auch einen 30 Jahre alten HP 41 oder TI 59 nehmen; die konnten das auch schon) aus. Die Lösung ist:

$\boldsymbol{U}^{T} = (0; 0; -0{,}01056746; 0{,}00211904; 0; -0{,}0089851)$

Schon an diesem kleinen und wirklich einfachen Beispiel erkennen Sie, dass FEA ohne Computereinsatz mehr oder weniger *useless* ist. Oder möchten Sie obiges 6 × 6 Gleichungssystem zu Fuß lösen? Tun Sie's einfach einmal und Sie verstehen, was wir meinen.

Aber: Es dürfte klar sein, dass wir selbst mit diesem Primitiv-Balkenelement beliebig komplizierte Durchlaufträger behandeln können, z. B.

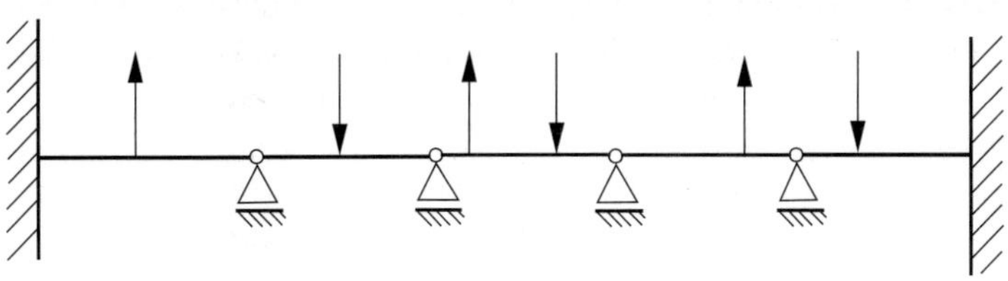

Bild 2-20: Beispiel eines komplexen Lastfalles

Die FEA noch einmal zusammengefasst:

VORGEHEN 4: GESAMTPROBLEM

V4.1: Definiere eine FE-Struktur

V4.2: Berechne die Element-Steifigkeitsmatrizen ESM

V4.3: Compilation: Addiere die ESM zur Gesamt-Steifigkeitsmatrix

V4.4: Füge die Randbedingungen ein:
+ Kräfte
+ definierte Verschiebungen ungleich 0
+ Lager, d. h. Verschiebungen = 0

V4.5: Löse das Gleichungssystem. Das liefert $\boldsymbol{U}$

V4.6: Führe ggf. Rückrechnungen aus. Das ergibt:
+ innere Kräfte
+ Spannungen

7. REGEL FEA

Die heutige FEA ist eine Verallgemeinerung des Verschiebungsgrößen-Verfahrens der Mechanik. Das Vorgehen ist streng formalisiert und daher sehr geeignet für einen Computer-Einsatz.

8. UND OBERSTE REGEL DER FEA

Die lineare FEA ist nichts anderes als das Hooke'sche Federgesetz in Matrixform!

Wir haben damit die FEA in ihrem grundsätzlichen Verfahren abgehandelt. So läuft die FEA auch bei kompliziertesten, größten Strukturen der linearen Statik.

Alles Weitere sind nur noch Verfeinerungen!! Was sind solche Verfeinerungen?

- Aufstellen von Elementsteifigkeitsmatrizen (ESM) für komplizierte Elemente, besonders Kontinuumselemente, siehe Bild 2-21.

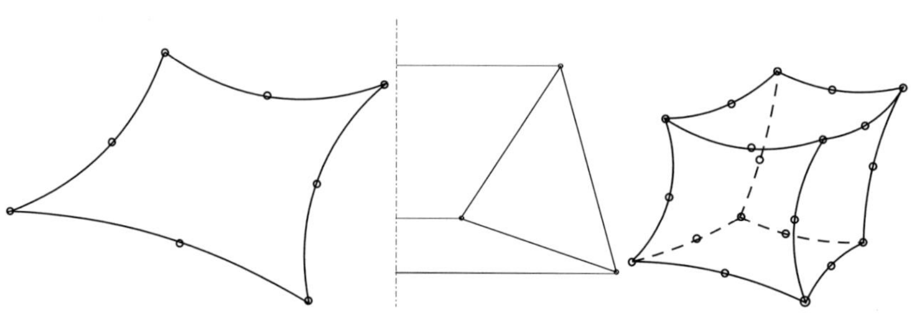

Bild 2-21: Beispiele für Kontinuumselemente

- Spannungsberechnung. Wie ESMs gibt es Spannungsmatrizen.
  Element-Spannungsmatrix · berechnete Verschiebungen = Spannungen
- Spezielle Speicherverfahren für die teilweise riesigen Gesamt-Steifigkeitsmatrizen.
- Konditionierungsverbesserungen für Gesamt-Steifigkeitsmatrizen, z. B. Skalierungen.
- Spezielle Gleichungslöser für die teilweise riesigen Gleichungssysteme.

Diese Fragen werden wir in den folgenden Kapiteln genau untersuchen. Aber das Wesentlichste haben Sie bereits gelernt!

3 Etwas Elastizitätstheorie

3.1 Verschiebungen und Verzerrungen

3.1.1 Beim Zugstab

Ein Blick in viele Technische-Mechanik- oder auch FEM-Bücher zeigt uns, dass z. B. gilt:

$$\varepsilon_x = \frac{\partial u}{\partial x}$$

oft begleitet von der sinnreichen Bemerkung „wie man sofort einsieht“. Wir fanden derartige Gleichungen noch nie „sofort einsichtig“, und daher soll hier ausführlich die Herleitung der sog. Verzerrungs-Verschiebungsbeziehungen dargestellt werden. Sie sind die Basis für das Verständnis von Kontinuumselementen der FEA! Wir lehnen uns dabei an das ausgezeichnete Buch von *Bickford /10/* an, aber wir empfehlen zur Lektüre auch *Love /8/, Timoshenko /9/* und *Schnell/Gross/Hauger /90/*.

Wir gehen von einem einfachen Gummiband aus (das natürlich auch ein Stahlband sein könnte) und ziehen mit einer Kraft F daran. Die Ursprungslänge des Gummibandes sei ℓ_0, das gedehnte Band habe die Länge ℓ_1. Die Verlängerung des Bandes heiße $\Delta\ell$.

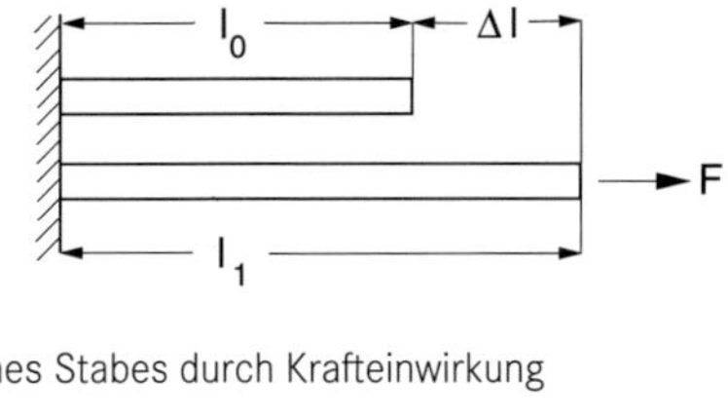

Bild 3.1-1: Längenänderung eines Stabes durch Krafteinwirkung

Dann definieren wir die Dehnung $\varepsilon = \dfrac{\Delta\ell}{\ell_0}$

mit $\Delta\ell = \ell_1 - \ell_0$ auch $\varepsilon = \dfrac{\ell_1 - \ell_0}{\ell_0} = \dfrac{\Delta\ell}{\ell_0}$.

Um die Dehnung an jedem Punkt betrachten zu können, wählen wir zwei Punkte A und B auf dem Band, die sehr nahe beieinander liegen, sagen wir im Abstand Δx.

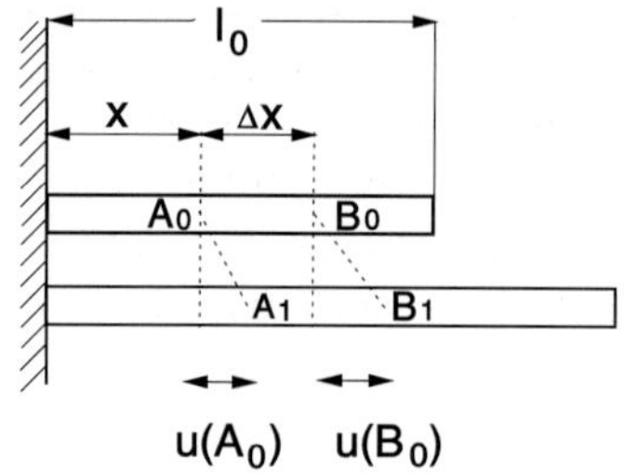

Bild 3.1-2: Punktuelle Betrachtung der Verschiebungen u an A und B

Nach Definition war ja $\varepsilon = \frac{\Delta \ell}{\ell} = \frac{\ell_1 - \ell_0}{\ell_0}$.

Logischerweise ist dann die Dehnung am Punkt A_0

$$\varepsilon_x(A_0) = \lim_{A_0B_0 \to 0} \frac{A_1B_1 - A_0B_0}{A_0B_0}$$

dabei sind A_1B_1 die Längen zwischen den Punkten A_1 und B_1 bzw. A_0B_0 zwischen den Punkten A_0 und B_0.

Nun ist $A_0B_0 = \Delta x$ und

$$A_1B_1 = (x + \Delta x + u(B_0)) - (x + u(A_0)) = \Delta x + u(B_0) - u(A_0)$$

Damit wird

$$\varepsilon_x(A_0) = \lim_{A_0B_0 \to 0} \frac{A_1B_1 - A_0B_0}{A_0B_0} = \lim_{A_0B_0 \to 0} \frac{\Delta x + u(B_0) - u(A_0) - \Delta x}{\Delta x}$$

Die Differenz $u(B_0) - u(A_0)$ können wir mit Δu bezeichnen und so entsteht:

$$\varepsilon_x(A_0) = \lim_{A_0B_0 \to 0} \frac{\Delta x + \Delta u - \Delta x}{\Delta x} = \lim_{A_0B_0 \to 0} \frac{\Delta u}{\Delta x} = \lim_{\Delta x \to 0} \frac{\Delta u}{\Delta x}$$

und im Grenzübergang:

$$\varepsilon_x(A_0) = \frac{du}{dx} \quad \text{am Punkt } A_0$$

oder allgemein:

$\varepsilon = u'$ „Verzerrungs-Verschiebungs-Funktion“

Das bedeutet: Die Verzerrung (oder Dehnung) ε ist die Ableitung der Verschiebungsfunktion $u(x)$. Also

$$\varepsilon_x = u' = \frac{du}{dx}$$

3.1.2 Bei der Scheibe

Nachdem wir den eindimensionalen Fall erläutert haben, gehen wir nun zum 2-dimensionalen Fall über, wie er z. B. bei sog. Scheibenproblemen auftritt. Scheibenprobleme spielen in der Ingenieurspraxis – und damit auch in der FEA – eine sehr große Rolle, denn tatsächlich kann man viele Lastfälle auf Scheibenprobleme zurückführen. Hier liegen alle Beanspruchungen in der Scheibenebene – bei den ganz anders gearteten Plattenproblemen liegen die Beanspruchungen senkrecht zur Plattenebene. Hier einige typische Scheibenprobleme:

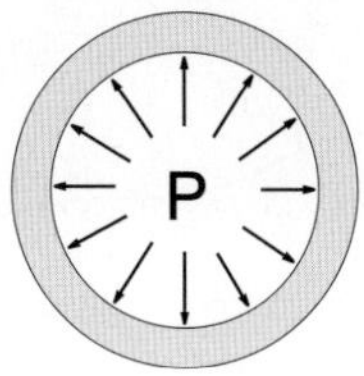

Bild 3.1-3: Rohr unter Innendruck, z. B. Nabe eines Pressverbandes

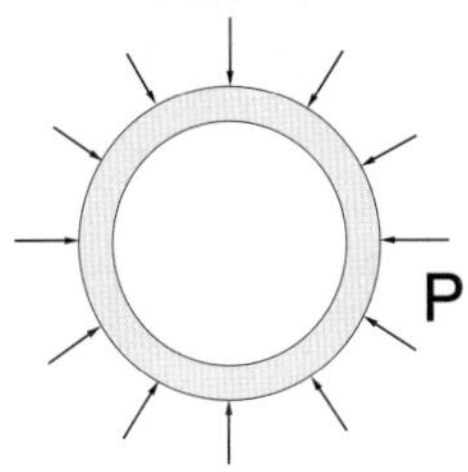

Bild 3.1-4: Rohr unter Außendruck, z. B. Welle eines Pressverbandes

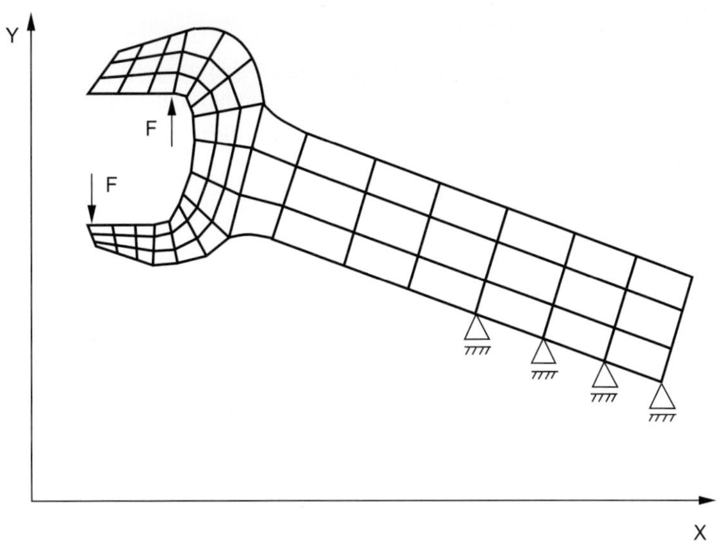

Bild 3.1-5: Schraubenschlüssel unter Last

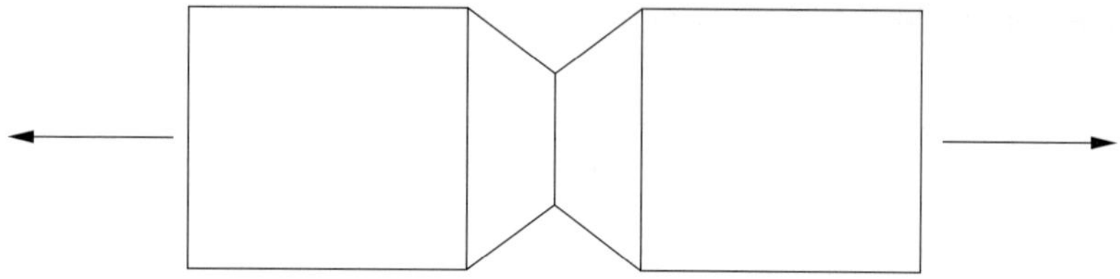

Bild 3.1-6: Kerbstäbe, z. B. zur Ermittlung der Formzahl α_K

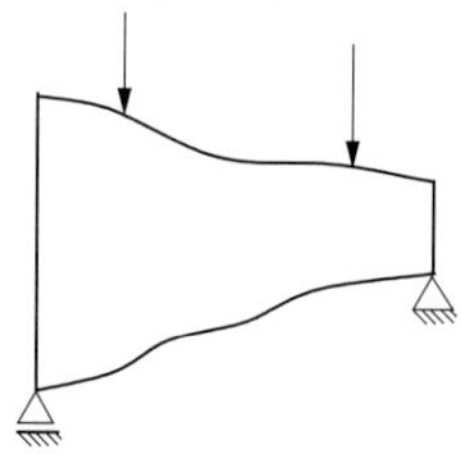

Bild 3.1-7: Kompliziert geformte ebene Balken und ebene Rahmen, die man nicht vernünftig mit Balkenelementen abbilden kann

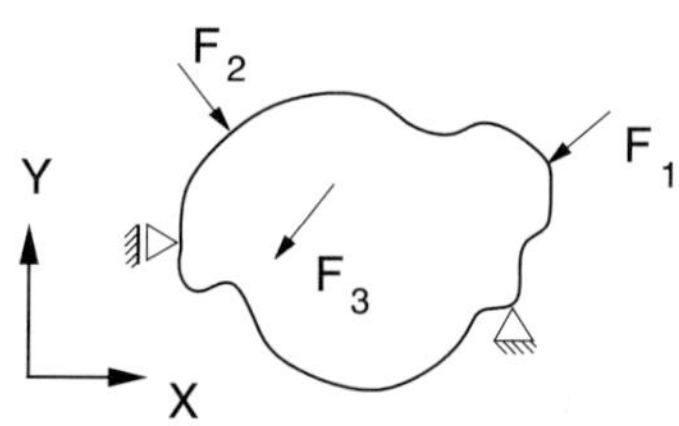

Bild 3.1-8: Ganz allgemeiner Fall

Die Dicke t der Scheibe ist oft konstant, aber sie kann ohne weiteres variieren, z. B. als $t = t(x, y)$. Man ordnet einfach jedem finiten Scheibenelement eine individuelle Dicke t zu. Aber das Besondere an Scheibenproblemen ist, dass keine Verschiebungen u, Spannungen σ und Verzerrungen ε in z-Richtung auftreten.

Wir leiten also nun die Verzerrungs-Verschiebungs-Beziehungen für den 2-dimensionalen Fall des Scheibenproblems her.

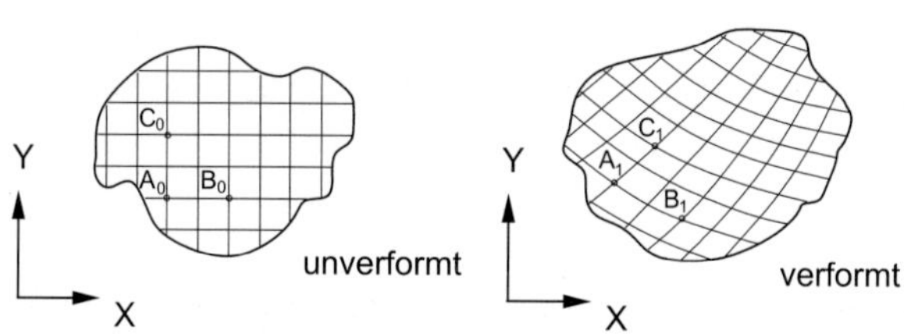

Bild 3.1-9: Der 2-dimensionale Fall des Scheibenproblems

Die Verschiebungen in der *xy*-Ebene seien:

$u = u(x, y)$ in x-Richtung

$v = v(x, y)$ in y-Richtung

$w = 0$ in z-Richtung

Wie wir schon wissen, sind die Verschiebungen u und v Funktionen und abhängig vom jeweiligen Ort x, y. Nur in einfachsten Fällen, z. B. bei einem Zugstab mit konstantem Querschnitt ist die Funktion $u = u(x)$ konstant. Hier im allgemeinen Fall, der eben charakteristisch für FEA-Scheibenprobleme ist, müssen dann beim Betrachten von Ableitungen die partiellen Ableitungen

$$\frac{\partial u}{\partial x}, \frac{\partial u}{\partial y} \text{ usw.}$$

verwendet werden, da ja u eine Funktion von zwei Veränderlichen ist.

Wir zeichnen nun einen Teilbereich der Scheibe heraus:

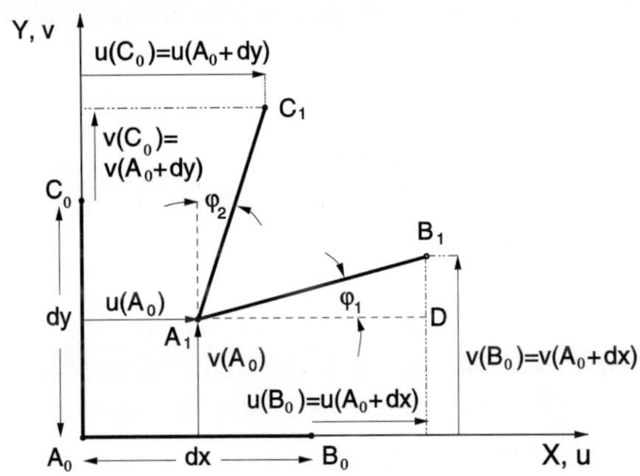

Bild 3.1-10: Ausschnitt aus der Scheibe

Zu diesem Bild sind einige Erläuterungen nötig. Der später verwendete Ausdruck

$$u(B_0) = u(A_0) + \frac{\partial u(A_0)}{\partial x} \cdot dx$$

entsteht wie folgt: Die Verschiebung u, d. h. in x-Richtung, an der Stelle B_0 entspricht auch der Stelle $A_0 + dx$ auf der x-Achse. Also ist:

$$u(B_0) = u(A_0 + dx)$$

Jetzt kommt der eigentliche Trick: Wir entwickeln $u(A_0 + dx)$ in eine Taylor-Reihe. Die Taylor-Reihenentwicklung ist wie folgt definiert:

$$f(x_0 + h) = f(x_0) + \frac{h}{1!} f'(x_0) + \frac{h^2}{2!} f''(x_0) + \ldots + \frac{h^n}{n!} f^{(n)}(x_0) + R_n$$

wobei R_n das Restglied ist. Auf unsere Bezeichnungen angewandt:

$$u(A_0 + dx) = u(A_0) + \frac{\partial u(A_0)}{\partial x} \cdot dx + \frac{\partial^2 u(A_0)}{\partial x^2} \cdot \frac{dx^2}{2} + \ldots + R_n$$

die nichtlinearen Terme können wir vernachlässigen, weil sie mit $dx \to 0$ schneller gegen 0 gehen als die linearen Terme. Es bleibt:

$$u(A_0 + dx) = u(A_0) + \frac{\partial u(A_0)}{\partial x} dx = u(B_0)$$

Genauso wird unter Vernachlässigung der nichtlinearen Terme:

$$v(B_0) = v(A_0 + dx) = v(A_0) + \frac{\partial v(A_0)}{\partial x} dx + \frac{\partial^2 v}{\partial x^2} \cdot \frac{dx^2}{2} + \ldots =$$

$$= v(A_0) + \frac{\partial v(A_0)}{\partial x} \cdot dx$$

Für die y-Achse ergibt sich:

$$u(C_0) = u(A_0 + dy)$$

als Taylor-Reihe:

$$u(A_0 + dy) = u(A_0) + \frac{\partial u(A_0)}{\partial y} dy + \frac{\partial^2 u}{\partial y^2} \cdot \frac{dy^2}{2} + \ldots + R_n$$

und da $\frac{dy^2}{2}$ schneller gegen 0 geht als dy:

$$u(A_0 + dy) = u(A_0) + \frac{\partial u(A_0)}{\partial y} dy = u(C_0)$$

und ebenso:

$$v(C_0) = v(A_0 + dy) = v(A_0) + \frac{\partial v(A_0)}{\partial y} dy$$

Damit kann die Verzerrung ε am Punkt A_0 in x-Richtung $\varepsilon_x(A_0)$ wie folgt dargestellt werden:

$$\varepsilon_x(A_0) = \frac{A_1B_1 - A_0B_0}{A_0B_0}$$

Die Strecke wird nach Pythagoras:

$$A_1B_1 = \sqrt{(A_1D)^2 + (B_1D)^2} \quad \text{mit} \qquad A_1D = dx + \frac{\partial u}{\partial x} dx = \left(1 + \frac{\partial u}{\partial x}\right) dx$$

und $\quad B_1D = \frac{\partial v}{\partial x} \cdot dx.$

Damit wird die Strecke A_1B_1

$$A_1B_1 = \sqrt{\left[\left(1+\frac{\partial u}{\partial x}\right)dx\right]^2 + \left(\frac{\partial v}{\partial x}dx\right)^2}$$

Umformen $A_1B_1 = \sqrt{dx^2\left(1+\frac{\partial u}{\partial x}\right)^2 + dx^2\left(\frac{\partial v}{\partial x}\right)^2} = dx\sqrt{\left(1+\frac{\partial u}{\partial x}\right)^2 + \left(\frac{\partial v}{\partial x}\right)^2}$

$$A_1B_1 = dx\sqrt{1+2\frac{\partial u}{\partial x} + \left(\frac{\partial u}{\partial x}\right)^2 + \left(\frac{\partial v}{\partial x}\right)^2} \approx dx\left(1+2\frac{\partial u}{\partial x}\right)^{\frac{1}{2}} \approx dx\left(1+\frac{2}{2}\frac{\partial u}{\partial x}\right)$$

Denn es gilt: $(1+\varepsilon)^n \approx 1 + n\,\varepsilon$ für $|\varepsilon| << 1$ (binomischer Satz).

Wir gingen dabei von den Annahmen aus, dass

1. die Verschiebungen klein sind
2. auch die Ableitungen der Verschiebungen klein sind und somit
3. die Quadrate der Ableitungen zu vernachlässigen sind (vgl. */3/, S. 63*) und haben daher die quadratischen Summanden unter der Wurzel vernachlässigt:

$$\left(\frac{\partial u}{\partial x}\right)^2 \approx 0 \qquad \text{und} \qquad \left(\frac{\partial v}{\partial x}\right)^2 \approx 0$$

und es bleibt

$$A_1B_1 = dx \cdot \left(1+\frac{\partial u}{\partial x}\right)$$

Damit wird nunmehr

$$\varepsilon_x(A_0) = \frac{dx\left(1+\frac{\partial u}{\partial x}\right) - dx}{dx} = \frac{dx + \frac{\partial u}{\partial x}\cdot dx - dx}{dx} = \frac{\frac{\partial u}{\partial x}\cdot dx}{dx} = \frac{\partial u}{\partial x}$$

Also: $\varepsilon_x(A_0) = \frac{\partial u}{\partial x}$

Für $\varepsilon_y(A_0)$ gilt ganz analog:

$$\varepsilon_y(A_0) = \frac{A_1C_1 - A_0C_0}{A_0C_0}$$

mit Hilfe des Pythagoras ist wieder

$$A_1C_1 = \sqrt{\left[\left(1+\frac{\partial v}{\partial y}\right)dy\right]^2 + \left(\frac{\partial u}{\partial y}dy\right)^2}$$

und mit genau demselben Vorgehen wie oben beschrieben entsteht

$$\varepsilon_y(A_0) = \frac{\partial v}{\partial y}$$

Nun fehlt noch die Schubverzerrung am Punkt A_0 in den Richtungen x und y:

$\gamma_{xy}(A_0)$ = Winkel $B_0A_0C_0$ - Winkel $B_1A_1C_1$

Der Winkel $B_1A_1C_1$ ist $\frac{\pi}{2} - \varphi_1 - \varphi_2$

und dabei sind die Winkel φ_1 und φ_2 einfach

$$\tan\varphi_1 = \frac{\frac{\partial v}{\partial x}\cdot dx}{\left(1+\frac{\partial u}{\partial x}\right)\cdot dx}$$

$$\tan\varphi_2 = \frac{\frac{\partial u}{\partial y}\cdot dy}{\left(1+\frac{\partial v}{\partial y}\right)\cdot dy}$$

Nun müssen wieder ein paar mathematische Tricks angewendet werden:

- in beiden Gleichungen kann dx bzw. dy gekürzt werden
- für kleine Winkel φ gilt: $\tan\varphi \approx \varphi$
- da die Ableitungen der Verschiebungen klein sind, sind die Nenner

$$\left(1+\frac{\partial u}{\partial x}\right) \quad \text{bzw.} \quad \left(1+\frac{\partial v}{\partial y}\right)$$

nahezu 1, d. h. die Nenner werden zu 1 und entfallen.
So wird:

$$\varphi_1 = \frac{\partial v}{\partial x} \text{ und } \varphi_2 = \frac{\partial u}{\partial y}$$

und in unsere Gleichung

$\gamma_{xy}(A_0)$ = Winkel $B_0A_0C_0$ - Winkel $B_1A_1C_1$

eingesetzt:

$$\gamma_{xy}(A_0) = \left[\frac{\pi}{2} - \left(\frac{\pi}{2} - \frac{\partial v}{\partial x} - \frac{\partial u}{\partial y}\right)\right]$$

$$\gamma_{xy}(A_0) = \frac{\partial v}{\partial x} + \frac{\partial u}{\partial y}$$

Damit werden die Verzerrungs-Verschiebungs-Gesetze für den ebenen Fall:

$$\varepsilon_x = \frac{\partial u}{\partial x}, \quad \varepsilon_y = \frac{\partial v}{\partial y}, \quad \gamma_{xy} = \frac{\partial u}{\partial y} + \frac{\partial v}{\partial x}$$

3.1.3 Im Raum

Diese Verzerrungs-Verschiebungs-Beziehungen können ganz leicht auf den allgemeinen 3-dimensionalen Fall erweitert werden, indem man genau die gleichen Betrachtungen für die *yz*-Ebene und die *zx*-Ebene anstellt (Sie brauchen also nur die Indizes zu vertauschen).

So entsteht:

$$\begin{aligned} \varepsilon_x &= \frac{\partial u}{\partial x} & \gamma_{xy} &= \frac{\partial v}{\partial x} + \frac{\partial u}{\partial y} \\ \varepsilon_y &= \frac{\partial v}{\partial y} & \gamma_{yz} &= \frac{\partial v}{\partial z} + \frac{\partial w}{\partial y} \\ \varepsilon_z &= \frac{\partial w}{\partial z} & \gamma_{xz} &= \frac{\partial u}{\partial z} + \frac{\partial w}{\partial x} \end{aligned}$$

Das sind die Verzerrungs-Verschiebungs-Beziehungen für den 3-dimensionalen Fall bei kleinen Verformungen (wir erinnern uns, dass wir die höheren Taylor-Glieder vernachlässigt haben, also linearisiert haben).

In der Elastizitätstheorie kann man die Deformationskomponenten in einer Deformationsmatrix, genauer sogar einem sog. Deformations- oder Verzerrungs-Tensor zusammenfassen, wobei diese Deformationsmatrix dann Tensoreigenschaften hat, wenn die *halbe Gleitung* eingesetzt wird:

$$\varepsilon = \begin{pmatrix} \varepsilon_x & \frac{1}{2}\gamma_{xy} & \frac{1}{2}\gamma_{xz} \\ \frac{1}{2}\gamma_{yx} & \varepsilon_y & \frac{1}{2}\gamma_{yz} \\ \frac{1}{2}\gamma_{zx} & \frac{1}{2}\gamma_{zy} & \varepsilon_z \end{pmatrix}$$

mit der Definition:

$$\begin{aligned} \varepsilon_{xy} &\overset{!}{=} \frac{1}{2}\gamma_{xy} \\ \varepsilon_{xz} &\overset{!}{=} \frac{1}{2}\gamma_{xz} \end{aligned} \qquad \text{usw.}$$

entsteht

$$\varepsilon = \begin{pmatrix} \varepsilon_x & \varepsilon_{xy} & \varepsilon_{xz} \\ \varepsilon_{yx} & \varepsilon_y & \varepsilon_{yz} \\ \varepsilon_{zx} & \varepsilon_{zy} & \varepsilon_z \end{pmatrix}$$

Das ist der sog. *linearisierte Green'sche Verzerrungstensor.*

An dieser Stelle soll die sog. Index-Schreibweise gezeigt werden, weil damit eine viel einfachere programmtechnische Umsetzung möglich ist. Wir schreiben nun

statt	auch	noch besser
ε_x	ε_{xx}	ε_{11}
ε_y	ε_{yy}	ε_{22}
ε_z	ε_{zz}	ε_{33}
ε_{xy}	ε_{xy}	ε_{12}
.	.	.
ε_{zy}	ε_{zy}	ε_{32}

Das Koordinatensystem heißt also nicht mehr *x, y, z* sondern 1, 2, 3.

Damit wird der Green'sche Verzerrungstensor:

$$\varepsilon = \varepsilon_{ij} = \begin{pmatrix} \varepsilon_{11} & \varepsilon_{12} & \varepsilon_{13} \\ \varepsilon_{21} & \varepsilon_{22} & \varepsilon_{23} \\ \varepsilon_{31} & \varepsilon_{32} & \varepsilon_{33} \end{pmatrix}$$

mit

$$\varepsilon_{ij} = \frac{1}{2}\left(\frac{\partial u_i}{\partial x_j} + \frac{\partial u_j}{\partial x_i}\right)$$

Das ist offensichtlich mathematisch viel eleganter, aber für Ungeübte zunächst etwas verwirrend. Aber setzen Sie einfach mal ein paar Indizes in obige Gleichung ein, z. B. $i = 1, j = 1$ oder $i = 2, j = 3$:

$$\varepsilon_{11} = \frac{1}{2}\left(\frac{\partial u_1}{\partial x_1} + \frac{\partial u_1}{\partial x_1}\right) = \frac{\partial u_1}{\partial x_1} = \frac{\partial u}{\partial x}$$

$$\varepsilon_{23} = \frac{1}{2}\left(\frac{\partial u_2}{\partial x_3} + \frac{\partial u_3}{\partial x_2}\right) = \frac{1}{2}\left(\frac{\partial v}{\partial z} + \frac{\partial w}{\partial y}\right) = \frac{1}{2}\gamma_{yz}$$

3.1.4 Bei der Platte

Die Platte können wir uns zunächst wie gekreuzte Balken vorstellen: Es gibt also nicht nur in *x*-Richtung eine Biegelinie, sondern auch in *y*-Richtung. Bild 3.1-11 zeigt diesen Sachverhalt, wobei wir das Koordinatensystem abweichend von den üblichen Konventionen der Technischen Mechanik mit *z* positiv nach oben gewählt haben, wie es allgemein in FE-Programmen üblich ist.

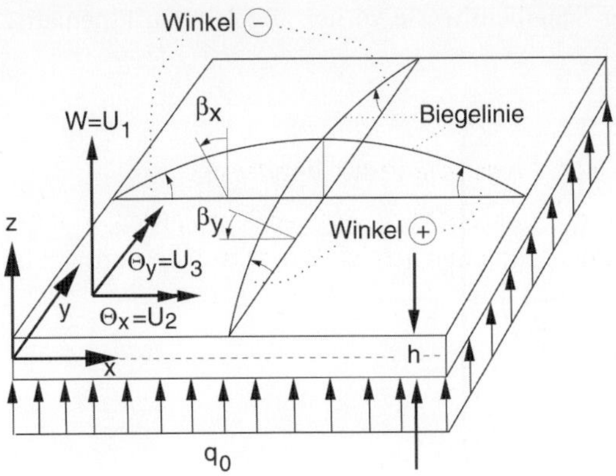

Bild 3.1-11: Verformungen einer Platte nach FEA-Konvention

Damit sind die Raumrichtungen kompatibel zu den anderen behandelten Spannungszuständen.

Belastet wird die Platte mit einer Gleichflächenlast q_0. Die Plattendicke ist h. Dabei gehen wir nun nach der Theorie von *E. Reissner* und *R. D. Mindlin* vor:

Dabei wird angenommen, dass Plattenteilchen, die ursprünglich auf einer Linie entlang der z-Richtung über die Plattendicke verteilt lagen, auch nach Verformung der Platte auf einer Linie liegen bleiben, aber diese Linie muss nicht notwendigerweise senkrecht zur verformten Mittellinie sein. Bild 3.1-12 zeigt dies

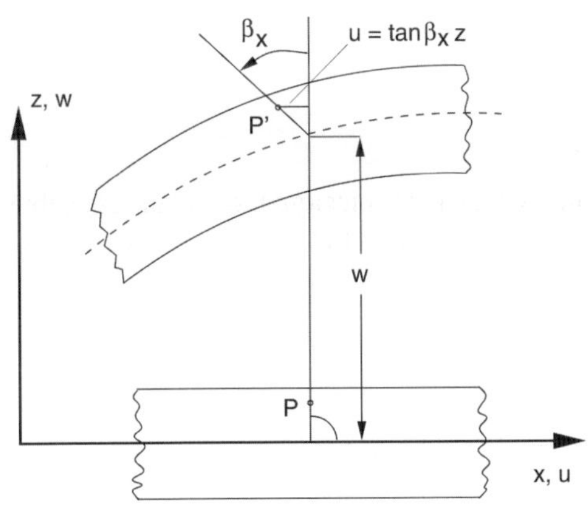

Bild 3.1-12: Geometrische Größen bei der Reissner-Mindlin-Theorie

Aus Bild 3.1-12 erkennt man:

$u = \tan \beta_x \cdot z$, für kleine Winkel gilt: $\tan \varphi \approx \varphi$

Damit wird unter Beachtung der Vorzeichen aus Bild 3.1-11:

$$u = z \cdot \beta_x(x,y) \quad , \quad v = -z \cdot \beta_y(x,y) \quad , \quad w = w(x,y)$$

Mit den schon aus der Scheibentheorie vorher abgeleiteten kinematischen Beziehungen entsteht:

$$\begin{pmatrix} \varepsilon_{xx} \\ \varepsilon_{yy} \\ \gamma_{xy} \\ \gamma_{yz} \\ \gamma_{zx} \end{pmatrix} = \begin{pmatrix} z \cdot \dfrac{\partial \beta_x}{\partial x} \\ -z \cdot \dfrac{\partial \beta_y}{\partial y} \\ z \cdot \left(\dfrac{\partial \beta_x}{\partial y} - \dfrac{\partial \beta_y}{\partial x} \right) \\ \dfrac{\partial w}{\partial y} - \beta_y \\ \dfrac{\partial w}{\partial x} + \beta_x \end{pmatrix}$$

3.2 Spannungs-Dehnungs-Relationen

Wenn wir einen Zugversuch mit z. B. Stahl ausführen, dann ergibt sich aus Messungen das sog. Spannungs-Dehnungs-Schaubild:

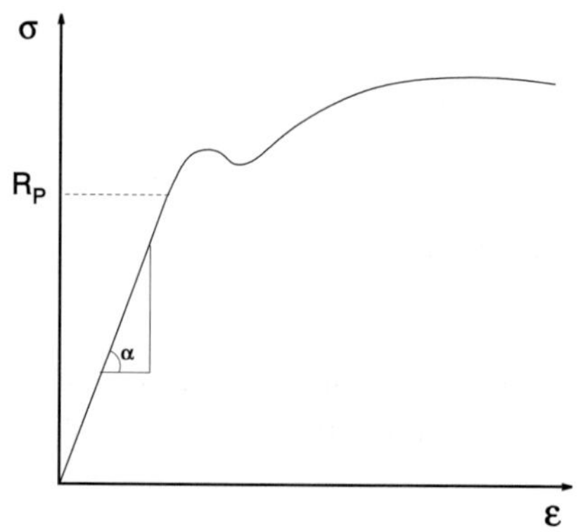

Bild 3.2-1: Spannungs-Dehnungs-Schaubild

Zwischen σ und ε besteht also bis zur Proportionalitätsgrenze ein linearer Zusammenhang. Das gilt für die meisten metallischen Werkstoffe. Die Steigung der Kurve (hier eine Gerade) ist:

$\tan\alpha = \dfrac{\sigma}{\varepsilon}$ für lineares Materialverhalten

und wird „Elastizitätsmodul" E genannt, im Englischen „Young's Modulus", d. h.

$$E = \tan\alpha = \frac{\sigma}{\varepsilon} = \frac{d\sigma}{d\varepsilon} \text{ oder}$$

$$\sigma = E \cdot \varepsilon \text{ bzw. } F = K \cdot U$$

Das entspricht genau dem Hooke'schen Federgesetz. Solche Werkstoffe heißen dann auch Hooke'sche Materialien. E ist sozusagen Federkonstante des Werkstoffs, und sie wird im Zugversuch ermittelt.

Nun ist ebenfalls aus Experimenten bekannt – aber dieses Experiment können Sie zuhause mit einem Einweckgummi ausprobieren – dass ein Zugstab sich quer zur Zugrichtung zusammenzieht. Das nennt man Querdehnung oder Querkontraktion. Einmal angenommen, der Querschnitt des Zugstabs sei rund mit Durchmesser d, dann kann man eine Querdehnung

$$\varepsilon_q = \frac{\Delta d}{d}$$

definieren. Das Verhältnis Querdehnung ε_q zu Längsdehnung ε_x nennt man die Querkontraktionszahl ν

$$\nu = -\frac{\varepsilon_q}{\varepsilon_x}$$

Die Querkontraktionszahl ν heißt im Englischen „Poisson's ratio", und man kann zeigen, dass gelten muss:

$$-1 \leq \nu \leq 0{,}5$$

Für alle bekannten homogenen Materialien ist

$0 \leq \nu \leq 0{,}5$ d. h. bei Zug Querkontraktion und keine Querdehnung.

Und für den technisch sehr wichtigen Stahl gilt

$$\nu_{\text{Stahl}} = 0{,}3.$$

Diesen Wert kann man aber auch für viele andere „normale" Metalle wie Grauguss, Aluminium usw. anwenden, aber Experimente der Autoren zeigten, dass sich sogar eine Reihe von technischen Kunststoffen damit ganz brauchbar linear rechnen lassen, obwohl Kunststoffe eher gegen 0,5 tendieren.

Eine andere wichtige elastische Größe ist der sog. Schubmodul G, der das Pendant zum Elastizitätsmodul darstellt.

$$\tau = G \cdot \gamma$$

Zum Vergleich:

$$\sigma = E \cdot \varepsilon$$

Zwischen E und G gibt es eine definierte Beziehung:

$$E = 2\,G\,(1 + \nu)$$

bzw. $G = \dfrac{\mathrm{E}}{2\,(1 + \nu)}$

woraus der „Praktikerwert" $G \approx \dfrac{3}{8} \cdot \mathrm{E}$ entsteht, denn mit $\nu = 0{,}3$ für Stahl:

$$G = \frac{\mathrm{E}}{2{,}6}\,,\ \frac{1}{2{,}6} \approx \frac{3}{8}$$

Da sich G über o. g. Gleichung eindeutig aus E bestimmen lässt, müssen bei vielen FEA-Programmen bei linearen Berechnungen nur Elastizitätsmodul E und Querkontraktionszahl ν für isotrope (siehe unten) homogene Materialien eingegeben werden.

Wir weisen nochmals darauf hin, dass sich E-Modul und Querkontraktionszahl nur aus Versuchen, sozusagen phänomenologisch, ermitteln lassen, während die Verzerrungs-Verschiebungsbeziehungen „exakte" Mathematik sind (gleichwohl unter Zuhilfenahme von gewissen Tricks).

Und damit kommen wir zum dreidimensionalen Hooke'schen Gesetz:

Ein Hooke'sches Material liegt dann vor, wenn die folgenden Bedingungen zutreffen:

- Linearität: Vergrößert man alle Spannungskomponenten um einen gewissen Faktor, dann steigen die Dehnungskomponenten um den gleichen Faktor (Multiplikativität).
- Linearität: Spannungen und Dehnungen können in den jeweiligen Koordinatenrichtungen addiert, d. h. überlagert werden (Additivität = Superpositionsprinzip).
- Isotropie: Das Material verhält sich in allen Richtungen gleich, ist also unabhängig von Drehungen des Koordinatensystems.

1. Im eindimensionalen Zugversuch hatten wir:

$$\sigma_x = E \cdot \varepsilon_x$$

oder

$$\varepsilon_x = \frac{\sigma_x}{E}$$

Da ja die Querkontraktionszahl definiert war als

$$\nu = -\frac{\varepsilon_q}{\varepsilon_x}$$

folgt durch Umformen der Gleichung und Einsetzen von $\varepsilon_x = \dfrac{\sigma_x}{E}$

$$\varepsilon_y = -\nu \cdot \frac{\sigma_x}{E}$$

$$\varepsilon_z = -\nu \cdot \frac{\sigma_x}{E}$$

Für Isotropie gilt: $\varepsilon_y = \varepsilon_z$. Durch die Querkontraktion ist die Deformation dreidimensional, obwohl die Belastung eindimensional ist.

2. Wenn wir nun einen Würfel unter die Spannungen σ_x, σ_y und σ_z setzen

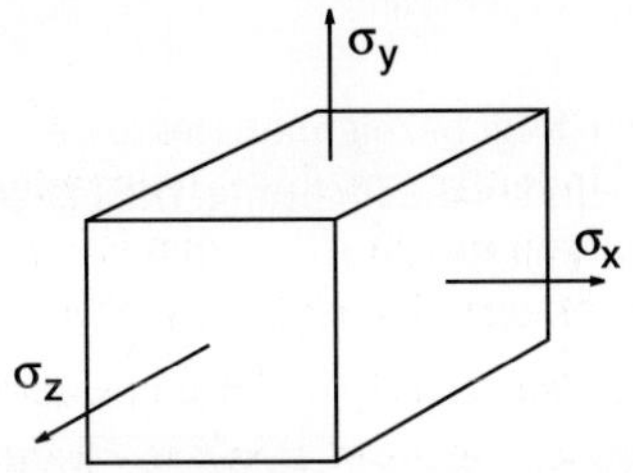

Bild 3.2-2: Spannungen an einem Würfel

dann ergibt das Superpositionsprinzip:

$$\varepsilon_x = \frac{\sigma_x}{E} - \nu\frac{\sigma_y}{E} - \nu\frac{\sigma_z}{E}$$

$$\varepsilon_y = \frac{\sigma_y}{E} - \nu\frac{\sigma_x}{E} - \nu\frac{\sigma_z}{E}$$

$$\varepsilon_z = \frac{\sigma_z}{E} - \nu\frac{\sigma_x}{E} - \nu\frac{\sigma_y}{E}$$

das heißt, alle drei Spannungskomponenten liefern einen Betrag zur jeweiligen Verformung in x, y, und z-Richtung. Dies etwas griffiger geschrieben:

$$\varepsilon_x = \frac{1}{E}\left[\sigma_x - \nu\left(\sigma_y + \sigma_z\right)\right]$$

$$\varepsilon_y = \frac{1}{E}\left[\sigma_y - \nu\left(\sigma_x + \sigma_z\right)\right]$$

$$\varepsilon_z = \frac{1}{E}\left[\sigma_z - \nu\left(\sigma_x + \sigma_y\right)\right]$$

3. Die Schubanteile bleiben wie gedacht; hier gibt es keine Superposition, d. h. es gibt keine Kopplung zwischen Schub und Zug.

$$2\varepsilon_{xy} = \gamma_{xy} = \frac{1}{G} \cdot \tau_{xy} = \frac{2\left(1+\nu\right)}{E} \cdot \tau_{xy}$$

$$2\varepsilon_{yz} = \gamma_{yz} = \frac{1}{G} \cdot \tau_{yz} = \frac{2\left(1+\nu\right)}{E} \cdot \tau_{yz}$$

$$2\varepsilon_{xz} = \gamma_{xz} = \frac{1}{G} \cdot \tau_{xz} = \frac{2\left(1+\nu\right)}{E} \cdot \tau_{xz}$$

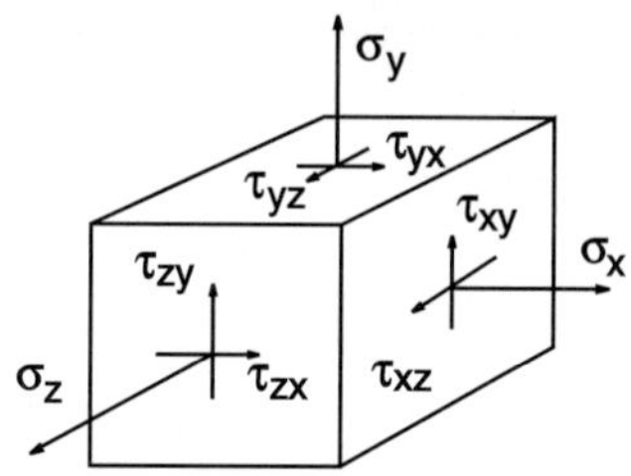

Bild 3.2-3: Spannungen im Raum in „üblicher“ Benennung

Die Schubspannungen werden wie folgt bezeichnet: Der erste Index gibt die Ebene an, in der die Schubspannung wirkt, der zweite Index die Richtung. Die Fläche wird durch die Flächennormale definiert, die senkrecht auf der Fläche steht.

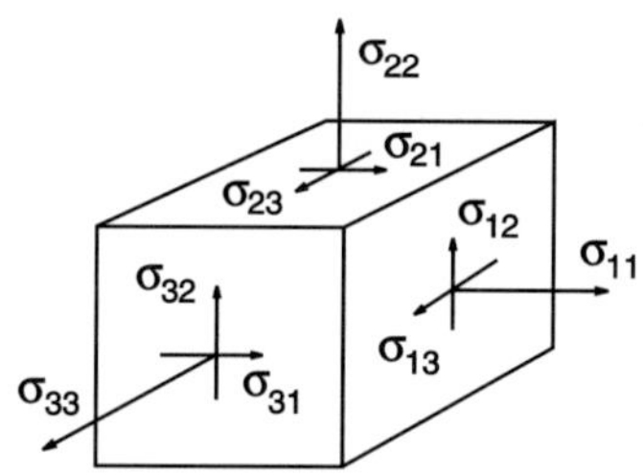

Bild 3.2-4: Spannungen im Raum in FEA-Benennung

Hier erkennt man sehr schön den Satz von der *Gleichheit der Schubspannungen* (vgl. */9/*): $\tau_{xy} = \tau_{yx}$, $\tau_{xz} = \tau_{zx}$, $\tau_{yz} = \tau_{zy}$ d. h. allgemein $\sigma_{ij} = \sigma_{ji}$. Warum? Betrachten wir Bild 3.2-5 und bilden die Momentensumme um den Punkt P:

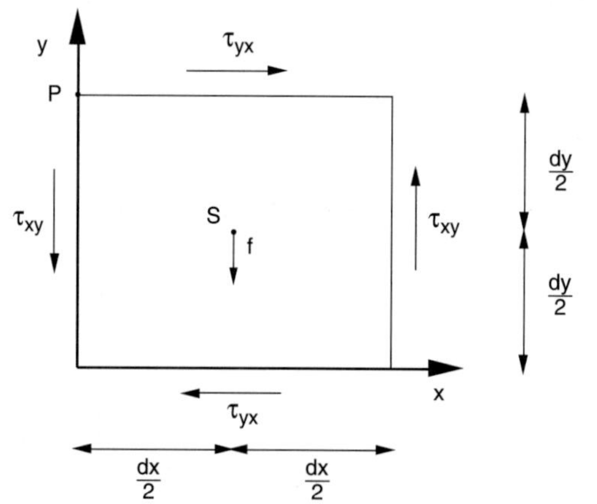

Bild 3.2-5: Gleichheit der Schubspannungen

Dabei ist zu beachten, dass die Normalspannungen keinen Beitrag liefern; sie heben sich gegenseitig auf. Im Grenzfall verschwinden die Beiträge der Volumenkräfte (Gewichtskräfte, Fliehkräfte) zum Moment; dabei ist $f = \rho\, g$.

$$\overleftarrow{P} : dx \cdot (\tau_{xy}\, dz\, dy) - dy \cdot (\tau_{yx}\, dx\, dz) - f \cdot dx\, dy\, dz \cdot \frac{dx}{2} = 0 \rightarrow \tau_{xy} = \tau_{yx}$$

Diese 6 Gleichungen schreiben wir nun in Matrizenform, weil das für die FEA viel geeigneter ist und legen die Verzerrungs-Verschiebungs-Beziehungen zugrunde:

$$\varepsilon_x = \frac{\partial u}{\partial x} \quad \gamma_{xy} = \frac{\partial v}{\partial x} + \frac{\partial u}{\partial y}$$

$$\varepsilon_y = \frac{\partial u}{\partial y} \quad \gamma_{yz} = \frac{\partial v}{\partial z} + \frac{\partial w}{\partial y}$$

$$\varepsilon_x = \frac{\partial u}{\partial x} \quad \gamma_{xz} = \frac{\partial u}{\partial z} + \frac{\partial w}{\partial x}$$

Wir setzen dabei:

$$\varepsilon_{ij} = \gamma_{ij}$$

Beachten Sie, dass beim linearisierten Green'schen Verzerrungstensor definiert war:

$$\varepsilon_{xy} \stackrel{!}{=} \frac{1}{2}\gamma_{xy}$$

$$\varepsilon_{xz} \stackrel{!}{=} \frac{1}{2}\gamma_{xz}$$

Hier brauchen wir aber die Verzerrungs-Verschiebungs-Beziehungen.

Auch die Schubspannungen werden nun durchgängig σ_{ij} genannt, wobei gilt:

$\sigma_{ij,\, i=j}$ Normalspannungen

$\sigma_{ij,\, i\neq j}$ Schubspannungen.

Fassen wir die 6 Gleichungen oben in Matrixform zusammen, ergibt sich in üblicher Notation:

$$\begin{bmatrix} \varepsilon_{xx} \\ \varepsilon_{yy} \\ \varepsilon_{zz} \\ \varepsilon_{xy} \\ \varepsilon_{yz} \\ \varepsilon_{zx} \end{bmatrix} = \frac{1}{E} \begin{pmatrix} 1 & -\nu & -\nu & 0 & 0 & 0 \\ -\nu & 1 & -\nu & 0 & 0 & 0 \\ -\nu & -\nu & 1 & 0 & 0 & 0 \\ 0 & 0 & 0 & 2\,(1+\nu) & 0 & 0 \\ 0 & 0 & 0 & 0 & 2\,(1+\nu) & 0 \\ 0 & 0 & 0 & 0 & 0 & 2\,(1+\nu) \end{pmatrix} \begin{pmatrix} \sigma_{xx} \\ \sigma_{yy} \\ \sigma_{zz} \\ \sigma_{xy} \\ \sigma_{yz} \\ \sigma_{zx} \end{pmatrix}$$

und dasselbe in der FEA-Indexnotation:

$$\begin{bmatrix} \varepsilon_{11} \\ \varepsilon_{22} \\ \varepsilon_{33} \\ \varepsilon_{12} \\ \varepsilon_{23} \\ \varepsilon_{31} \end{bmatrix} = \frac{1}{E} \begin{pmatrix} 1 & -\nu & -\nu & 0 & 0 & 0 \\ -\nu & 1 & -\nu & 0 & 0 & 0 \\ -\nu & -\nu & 1 & 0 & 0 & 0 \\ 0 & 0 & 0 & 2(1+\nu) & 0 & 0 \\ 0 & 0 & 0 & 0 & 2(1+\nu) & 0 \\ 0 & 0 & 0 & 0 & 0 & 2(1+\nu) \end{pmatrix} \begin{pmatrix} \sigma_{11} \\ \sigma_{22} \\ \sigma_{33} \\ \sigma_{12} \\ \sigma_{23} \\ \sigma_{31} \end{pmatrix}$$

oder in symbolischer Matrizenschreibweise:

$$\boldsymbol{\varepsilon} = \frac{1}{E} \boldsymbol{M} \boldsymbol{\sigma}$$

oder in Indexnotation:

$$\varepsilon_{ik} = \frac{1}{E} \cdot \sum_j M_{ij}\, \sigma_{jk}$$

Um nun diesen Gleichungssatz nach σ aufzulösen, kann man ganz formal schreiben:

$$\boldsymbol{\sigma} = \boldsymbol{M}^{-1}\, \boldsymbol{\varepsilon}\, E$$

Es muss also die Inverse von $\boldsymbol{M}$ berechnet werden, was sehr mühsam ist. Heute müssen Sie das zum Glück nicht mehr zu Fuß machen, sondern mit Programmunterstützung. Nehmen Sie z. B. *MATHEMATICA* und schreiben Sie am Prompt:

```
m ={{1, - v, - v, 0, 0, 0},
    {-v, 1, - v, 0, 0, 0}
    {-v, - v, 1, 0, 0, 0}
    {0, 0, 0, 2[1 + v], 0, 0}
    {0, 0, 0, 0, 2[1 + v], 0}
    {0, 0, 0, 0, 2[1 + v]}}
```

bilden Sie:

im = Inverse [m]

imt = Together [im]

und lassen Sie mit

MatrixForm [%]

die Inverse anzeigen. Dieses Invertieren können Sie auch mit einem leistungsfähigen Taschenrechner wie z.B. *TI 89* vornehmen. Damit wird der Gleichungssatz nach $\boldsymbol{\sigma}$ aufgelöst:

$$\boldsymbol{\sigma} = \boldsymbol{M}^{-1}\, \boldsymbol{\varepsilon}\, E$$

Den Ausdruck $\boldsymbol{M}^{-1}\,E$ nennt man die Materialmatrix $\boldsymbol{C}$ und so:

$\boldsymbol{\sigma} = \boldsymbol{C}\,\boldsymbol{\varepsilon}$

ausgeschrieben:

$$\begin{pmatrix} \sigma_{xx} \\ \sigma_{yy} \\ \sigma_{zz} \\ \sigma_{xy} \\ \sigma_{yz} \\ \sigma_{zx} \end{pmatrix} = \frac{E}{(1+\nu)(1-2\nu)} \begin{pmatrix} (1-\nu) & \nu & \nu & 0 & 0 & 0 \\ \nu & (1-\nu) & \nu & 0 & 0 & 0 \\ \nu & \nu & (1-\nu) & 0 & 0 & 0 \\ 0 & 0 & 0 & \frac{1}{2}(1-2\nu) & 0 & 0 \\ 0 & 0 & 0 & 0 & \frac{1}{2}(1-2\nu) & 0 \\ 0 & 0 & 0 & 0 & 0 & \frac{1}{2}(1-2\nu) \end{pmatrix} \begin{pmatrix} \varepsilon_{xx} \\ \varepsilon_{yy} \\ \varepsilon_{zz} \\ \varepsilon_{xy} \\ \varepsilon_{yz} \\ \varepsilon_{zx} \end{pmatrix}$$

oder:

$$\begin{pmatrix} \sigma_{11} \\ \sigma_{22} \\ \sigma_{33} \\ \sigma_{12} \\ \sigma_{23} \\ \sigma_{31} \end{pmatrix} = \frac{E}{(1+\nu)(1-2\nu)} \begin{pmatrix} (1-\nu) & \nu & \nu & 0 & 0 & 0 \\ \nu & (1-\nu) & \nu & 0 & 0 & 0 \\ \nu & \nu & (1-\nu) & 0 & 0 & 0 \\ 0 & 0 & 0 & \frac{1}{2}(1-2\nu) & 0 & 0 \\ 0 & 0 & 0 & 0 & \frac{1}{2}(1-2\nu) & 0 \\ 0 & 0 & 0 & 0 & 0 & \frac{1}{2}(1-2\nu) \end{pmatrix} \begin{pmatrix} \varepsilon_{11} \\ \varepsilon_{22} \\ \varepsilon_{33} \\ \varepsilon_{12} \\ \varepsilon_{23} \\ \varepsilon_{31} \end{pmatrix}$$

$\boldsymbol{C}$ für den allgemeinen, 3-dimensionalen Fall. Achtung bei $\nu = \frac{1}{2}$!

oder

$$\sigma_{ik} = \sum_j C_{ij}\,\varepsilon_{jk}$$

Damit sind die Spannungs-Dehnungsbeziehungen für den allgemeinen, den 3-dimensionalen Fall hergeleitet.

Für den Sonderfall des ebenen Spannungszustandes ergeben sich unter Einsetzen von

$$\sigma_{33} = 0 \quad (= \sigma_z)$$
$$\sigma_{31} = 0 \quad (= \tau_{zx})$$
$$\sigma_{23} = 0 \quad (= \tau_{yz})$$

dann

$$\begin{pmatrix} \sigma_{11} \\ \sigma_{22} \\ \sigma_{12} \end{pmatrix} = \frac{E}{1-\nu^2} \begin{pmatrix} 1 & \nu & 0 \\ \nu & 1 & 0 \\ 0 & 0 & \frac{1-\nu}{2} \end{pmatrix} \begin{pmatrix} \varepsilon_{11} \\ \varepsilon_{22} \\ \varepsilon_{12} \end{pmatrix}$$

Mit dem gleichen Vorgehen werden die anderen Spezialfälle wie

- axialsymmetrischer Spannungszustand
- ebener Verzerrungszustand

hergeleitet. Sie sind in Kapitel 4 tabelliert. Wer sich für diese Grundlagen näher interessiert, dem sei *Betten /41,44,45/* unbedingt empfohlen.

Hier noch abschließend, da etwas abweichend von den bisherigen Überlegungen, die Matrix $\boldsymbol{C}$ für die *Reissner-Mindlin* Platte:

Sie setzt sich aus zwei Komponenten zusammen, d. h. einer Komponente $\boldsymbol{C}_b$ für den Biegeanteil und einer Komponente $\boldsymbol{C}_s$ für den Schubanteil, denn die *Reissner-Mindlin*-Platte ist ja schubelastisch im Gegensatz zur schubstarren *Kirchhoff-Love*-Platte:

$$\boldsymbol{C}_b = \frac{Eh^3}{12(1-\nu^2)} \begin{pmatrix} 1 & \nu & 0 \\ \nu & 1 & 0 \\ 0 & 0 & \frac{1-\nu}{2} \end{pmatrix}, \quad \boldsymbol{C}_s = \frac{Ehk}{2\,(1+\nu)} \begin{pmatrix} 1 & 0 \\ 0 & 1 \end{pmatrix}$$

Damit wird die Spannungs-Dehnungs-Beziehung:

$$\begin{pmatrix} \sigma_{xx} \\ \sigma_{yy} \\ \sigma_{xy} \\ \sigma_{yz} \\ \sigma_{zx} \end{pmatrix} = \begin{pmatrix} B & B\nu & 0 & 0 & 0 \\ B\nu & B & 0 & 0 & 0 \\ 0 & 0 & B\frac{1-\nu}{2} & 0 & 0 \\ 0 & 0 & 0 & S & 0 \\ 0 & 0 & 0 & 0 & S \end{pmatrix} \begin{pmatrix} \varepsilon_{xx} \\ \varepsilon_{yy} \\ \varepsilon_{xy} \\ \varepsilon_{yz} \\ \varepsilon_{zx} \end{pmatrix}, \quad B = \frac{Eh^3}{12\,(1-\nu^2)}, \quad S = \frac{Ehk}{2\,(1+\nu)}$$

Der Schubkorrekturfaktor k wird nach *Reissner* wie folgt verwendet, vgl. z. B. *Krätzig/Başar /42/*:

$$k = \frac{5}{6}$$

Abschließend sollen hier noch die Grundgleichungen der Plattentheorie angegeben werden, vgl. Bilder 3.2-6 und 3.2-7; wer Näheres darüber wissen möchte, möge das ausgezeichnete Buch von *Gross/Hauger/Schnell/Wriggers /39/* konsultieren. Beachten Sie bitte hierbei, dass die Benennungen in der Plattenrechnung abweichend vom Standard sind: Hier bezeichnet beispielsweise M_x das zu σ_x gehörende Moment, während sonst M_x das um die x-Achse drehende Moment darstellt.

Querkräfte	$Q_x = \int \tau_{xz}\, dz,$	$Q_y = \int \tau_{yz}\, dz$
Biegemomente	$M_x = \int \sigma_x\, z\, dz,$	$M_y = \int \sigma_y\, z\, dz$
Torsionsmomente	$M_{xy} = M_{yx} = \int \tau_{xy}\, z\, dz$	

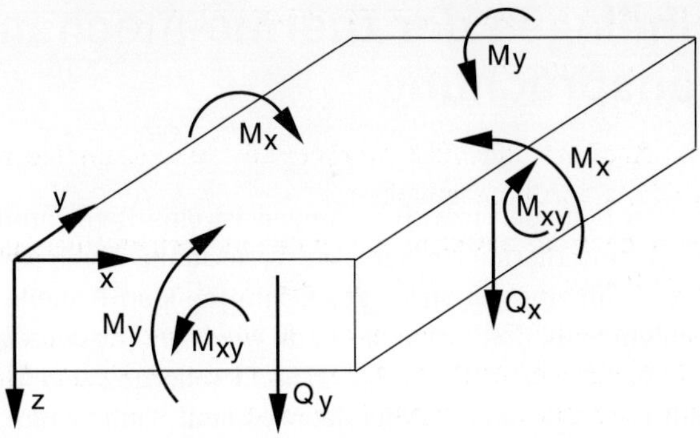

Bild 3.2-6: Kräfte und Momente an der Platte

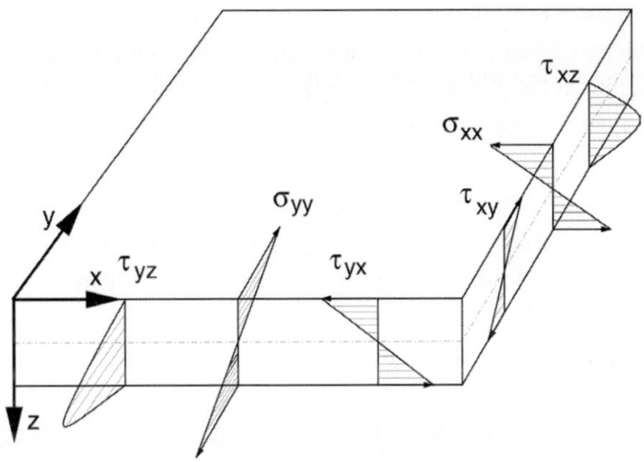

Bild 3.2-7: Spannungen an der Platte

Für die Spannungen lässt sich bei Rechteckplatten aus isotropem Material folgendes aussagen, vgl. *Pilkey /38/*; dort finden sich sehr viele verschiedene Plattenformeln tabelliert:

$$\sigma_x = \frac{12z}{h^3} M_x, \quad \sigma_y = \frac{12z}{h^3} M_y, \quad \tau_{xy} = \frac{12z}{h^3} M_{xy}$$

$$\tau_{xz} = \frac{3Q_x}{2h} \left[1 - \left(\frac{z}{\frac{h}{2}} \right)^2 \right], \quad \tau_{yz} = \frac{3Q_y}{2h} \left[1 - \left(\frac{z}{\frac{h}{2}} \right)^2 \right]$$

3.3 Grundlagen der thermo-mechanischen Beanspruchung

Für die Entwicklung von Bauteilen bzw. Baugruppen ist eine Betrachtung von thermischen Auswirkungen, wie z.B. eine thermo-mechanische Verformung durch Kriechen, mittlerweile unerlässlich geworden. Denn eines ist vielen aus Erfahrung klar: Bauteile nehmen im Betrieb Wärme auf oder geben diese ab. Und genau das kann wiederum Auswirkungen auf die Verformung und Haltbarkeit haben, *Pahl/Beitz/134/*. Eine Erweiterung und Weiterentwicklung in der FEA eröffnet somit neue Felder in der Simulation, womit Bauteile und -gruppen die Belastungen im Betrieb besser abbilden können und aus diesem Grund eine genauere Festigkeitsanalyse durchgeführt werden kann.

Die Analyse von thermischen Problemen gehört zum Bereich der Multiphysics bzw. zu den Feld- und Potentialproblemen. Das bedeutet, es können mit dem Verfahren der Finiten Elemente Analyse neben Wärmeflüssen, Elektro- und Magnetfeldern oder allgemeinen Differentialgleichungen auch gekoppelt verlaufende Prozesse (z.B. thermo-mechanisch oder magneto-mechanisch) berechnet und dargestellt werden, siehe *Müller/Groth/135/*.

In diesem Kapitel wird das Hauptaugenmerk auf die stationäre Wärmeleitung mit deren Randbedingungen gelegt. Ein wichtiger Punkt, der auch erwähnt werden muss, ist die mechanische Auswirkung der Temperatur auf ein Bauteil. Die resultierenden thermischen Dehnungen, die aufgrund der Wärmeentwicklung entstehen, ergeben Verschiebungen und Spannungen, die mit einer elastostatischen Problemstellung überlagert werden können.

Die generelle Grundlage von Temperaturberechnungen ist der 1. Hauptsatz der Thermodynamik. Dieser besagt, wenn wir uns dunkel an die Thermodynamik erinnern, dass bei physikalischen oder technischen Prozessen keine Energie verloren gehen kann, sondern nur ihre Erscheinungsform sich ändert. Die Wärmeübertragung oder auch Wärmeleitung ist der Transfer der Energieform Wärme aufgrund einer Temperaturdifferenz. Für eine Berechnung der Wärmeübertragung im stationären Fall gilt das allgemeine Wärmeleitungsgesetz nach Fourier

$$q_x = -\lambda_x \frac{\partial T}{\partial x}$$

Dabei ist q_x die Wärmestromdichte, λ_x die Wärmeleitfähigkeit und T die Temperatur des Körpers jeweils am Punkt der Ortskoordinate x. Dieses Gesetz besagt, dass die Wärmestromdichte proportional zum Temperaturgradienten in Normalrichtung ist. Das negative Vorzeichen beruht auf der Konvention aus der Thermodynamik, welches besagt, dass die Wärme in Richtung der abfallenden Temperatur fließt, vgl. *von Böckh/Wetzel/136/*. Dies kann man sich ganz einfach anschaulich vorstellen: Öffnet man im Winter (wir gehen von einem durchschnittlich kalten Winter in Deutschland aus) das Fenster seiner gut beheizten Wohnung, so wird es relativ schnell kalt. Das liegt daran, dass die Wärme den Drang verspürt, zum Kalten zu wandern. Subjektiv hat man das Gefühl, in der Wohnung wird es kälter und denkt, dass die Kälte von außen in die Wohnung eindringt, aber es ist genau umgekehrt. Die Wärme fühlt sich vom Kalten „angezogen“.

Gehen wir jetzt einen Schritt weiter. Nun fordern wir, die Energie bzw. der Wärmestrom im Inneren eines Körpers muss im Gleichgewicht sein. Dies beschreibt die allgemeine Poisson'sche Gleichung für den Fall der Wärmeübertragung:

$$\frac{\partial}{\partial x}\left(\lambda_x \frac{\partial T}{\partial x}\right) + \frac{\partial}{\partial y}\left(\lambda_y \frac{\partial T}{\partial y}\right) + \frac{\partial}{\partial z}\left(\lambda_z \frac{\partial T}{\partial z}\right) + q_W = 0$$

Die allgemeingültige Quellgröße q_W ist die pro Volumeneinheit erzeugte Wärmemenge bzw. die Wärmequellendichte eines orthotropen Materials. Orthotrop bedeutet richtungsabhängig. In diesem Fall ist die Wärmeleitfähigkeit der einzige Materialparameter, der orthotrop ist.

Für einen Übertrag der allgemeinen Wärmeleitungsgleichung in die FEA wird ein Funktional Π, nach der Variationsformulierung, geschrieben als

$$\Pi = \iiint_{Vol} \left\{ \frac{1}{2}\left(\lambda_x \frac{\partial \boldsymbol{T}}{\partial x}\right)^2 + \frac{\partial}{\partial y}\left(\lambda_y \frac{\partial \boldsymbol{T}}{\partial y}\right)^2 + \frac{\partial}{\partial z}\left(\lambda_z \frac{\partial \boldsymbol{T}}{\partial z}\right)^2 \right\} dV - \iiint_{Vol} \boldsymbol{T} q_W dV$$

Die Forderung, dass Π stationär wird, mit $\boldsymbol{T}$ als einzige Variable, liefert die Gleichung

$$\iiint_{Vol} \delta \boldsymbol{T}^T \boldsymbol{\lambda} \boldsymbol{T} dV = -\iiint_{Vol} \delta \boldsymbol{T} q_W dV$$

wobei

$$\boldsymbol{T}^T = \left[\frac{\partial T}{\partial x} \; \frac{\partial T}{\partial y} \; \frac{\partial T}{\partial z} \right]$$

bzw.

$$\boldsymbol{\lambda} = \begin{bmatrix} \lambda_x & 0 & 0 \\ 0 & \lambda_y & 0 \\ 0 & 0 & \lambda_z \end{bmatrix}$$

sind und δ „Variation von" bedeutet. Für eine detailliertere Beschreibung wird hier auf *Bathe/4/* verwiesen. Durch Kürzen und Umformulierung ergibt sich daraus die für die FEA allgemein gültige Gleichung

$$\boldsymbol{K}_{W,elem} \boldsymbol{T}_{elem} = \boldsymbol{Q}_{W,elem},$$

die für den allgemeinen stationären Fall, unter Vernachlässigung der Wärmequellendichte, in die Laplace'sche Differentialgleichung

$$\frac{\partial}{\partial x}\left(\frac{\partial T}{\partial x}\right) + \frac{\partial}{\partial y}\left(\frac{\partial T}{\partial y}\right) + \frac{\partial}{\partial z}\left(\frac{\partial T}{\partial z}\right) = 0$$

bzw. zu

$$\boldsymbol{K}_{W,elem} \boldsymbol{T}_{elem} = \boldsymbol{0}$$

verändert wird. $\boldsymbol{K}_{W,elem}$ beschreibt dabei die Elementwärmeleitfähigkeitsmatrix

$$\boldsymbol{K}_{W,elem} = \iiint_{Vol} \boldsymbol{B}^T \boldsymbol{\lambda} \boldsymbol{B} dV$$

und $\boldsymbol{Q}_{W,elem}$ den Wärmestrom der Wärmeleitung.

Thermomechanische Simulation

Im vorherigen Abschnitt haben wir die rein thermische Wärmeleitung betrachtet. Aber das Interessante, die Berechnung der thermo-mechanischen Verschiebung, kennen wir noch nicht. Dies wollen wir jetzt nachholen. Allgemeinen treten aufgrund des Temperaturunterschiedes in einem Bauteil Dehnungen und Verformungen auf. Wir erinnern uns kurz an das vorherige Kapitel. Das bereits bekannte allgemeine Hooke'sche Gesetz

$$\boldsymbol{KU} = \boldsymbol{F}$$

bestehend aus der Elementsteifigkeitsmatrix

$$\boldsymbol{K} = \iiint_{Vol} \boldsymbol{B}^T \boldsymbol{C} \boldsymbol{B} dV$$

der Verschiebung $\boldsymbol{U}$ und der Kraft $\boldsymbol{F}$ sind die Grundlage für die Berechnungen in der Elastostatik. Neben der Verzerrungs-Verschiebungs-Transformationsmatrix $\boldsymbol{B}$ tritt in der Steifigkeitsmatrix die Materialmatrix $\boldsymbol{C}$ auf, die sowohl den Elastizitätsmodul als auch die Querkontraktion berücksichtigt.

Wie können wir nun die thermo-mechanischen Auswirkungen simulieren? Wir müssten irgendwie die thermische mit der mechanischen Berechnung koppeln. Aber wie? Eigentlich ganz einfach. Über die thermische Dehnung oder die thermische Verschiebung, die dann als neue Randbedingung in die elastostatische Berechnung eingeht (Stichwort: inhomogene Randbedingungen).

Die thermische Dehnung $\boldsymbol{\varepsilon}_{therm}$ wird aus der Temperaturdifferenz $\Delta \boldsymbol{T}$ der benachbarten Knoten und dem Proportionalitätsfaktor $\boldsymbol{\alpha}$, dem Wärmeausdehnungskoeffizient, berechnet.

$$\varepsilon_{therm} = \alpha \Delta \boldsymbol{T}$$

Da wir von isotropem Materialverhalten ausgehen, kann der Wärmeausdehnungskoeffizient als Skalar betrachtet werden. Durch Umformulieren von

$$\varepsilon_{therm} = \boldsymbol{B}\boldsymbol{u}_{therm}$$

ergibt sich die thermische Verschiebung $\boldsymbol{u}_{therm}$, wobei mit $\boldsymbol{B}$, wie oben erwähnt, die partiellen Ableitungen der Formfunktionen der Elastostatik, die Verzerrungs-Verschiebungs- Transformationsmatrix, bezeichnet ist. Aus der thermischen Verschiebung wird dann wiederum eine thermische Kraft berechnet

$$\boldsymbol{K}\boldsymbol{u}_{therm} = \boldsymbol{F}_{therm}$$

Die Gesamtkraft ergibt sich schließlich aus der Summe der einzelnen Kräfte der Elementanzahl i.

$$\boldsymbol{F} = \sum_i \boldsymbol{F}_{i,elem}$$

Dieser Kraft kann man nun die Kraft aus der statisch-mechanischen Rechnung überlagern, sofern man das möchte, und wiederum in das Hooke'sche Gesetz einfügen, womit man letztendlich die thermo-mechanischen Verschiebungen und Spannungen berechnen kann.

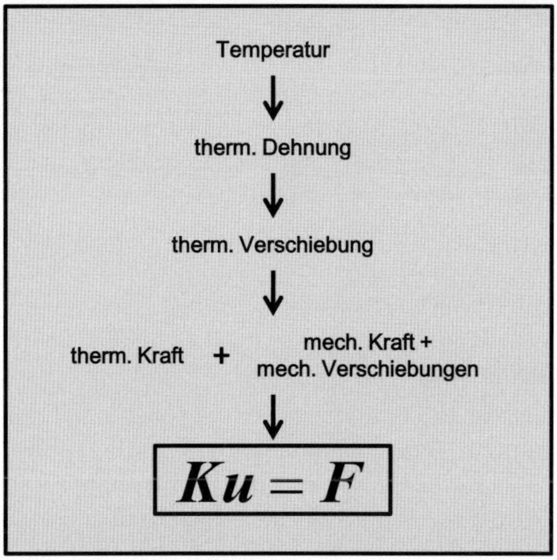

Bild 3.3-1: Kopplung thermisch-mechanische Simulation

3.4 Grundlagen Eigenschwingung

Gerade im Maschinenbau sind Bauteile häufig schwingenden Belastungen ausgesetzt. So schwingt beispielsweise jede Komponente im Antriebsstrang eines Autos zumindest mit der Drehzahl des Motors – Verbindungen mit umliegenden Bauteilen oder die Trägheitskräfte des Teils selbst haben dann immer eine wechselnde Last zur Folge. Um unter diesen Umständen trotzdem noch Aussagen über die mechanische Tragfähigkeit machen zu können, werden in der Praxis häufig zwei verschiedene Analysen durchgeführt, die beide zum Erfolg führen müssen. Zunächst muss natürlich, genau wie bisher auch, die statische Tragfähigkeit nachgewiesen werden, wozu die übliche Finite Elemente Analyse der elastostatischen Mechanik zum Einsatz kommt. Wenn dies geschehen ist, sollte eine sogenannte Modalanalyse durchgeführt werden, um zu prüfen, ob eine sogenannte Eigenfrequenz des Bauteils im Frequenzband der schwingenden Kraft liegt. Wenn das der Fall ist, ist Vorsicht geboten! Denn Eigenschwingungen haben die Eigenschaft, dass sie sich quasi selbstständig unterhalten. Unter Vernachlässigung von Dämpfungseffekten, stehen die Kräfte durch die elastische Deformation und die Massenkräfte infolge der Trägheit genau im Gleichgewicht, es bedürfte also nicht einmal einer kontinuierlichen Anregung, damit das Bauteil seine Bewegung fortsetzt. Natürlich kann man die dämpfenden Materialeigenschaften nicht einfach ignorieren – allerdings kann eine länger anhaltende zyklisch wirkende Kraft in der Praxis durchaus zu ansteigenden Schwingungsamplituden führen. Auf dem Sprungbrett am Schwimmbecken in Bild 3.4-1 macht man sich das zu Nutze; beim berühmten Fall der Opernsängerin und dem zerspringenden Weinglas wird allerdings die technische Problematik dieses Zusammenhangs deutlich.

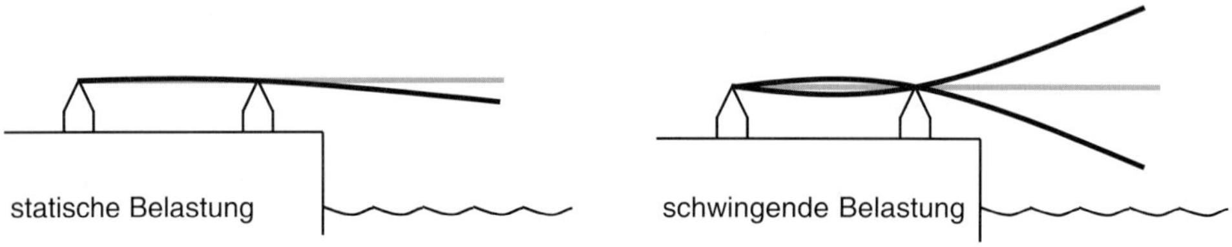

Bild 3.4-1: Elastische Verformung eines Sprungbretts beim Betreten (links) und beim Schwungholen für den Sprung (rechts).

Mathematische Modellierung

Wie auch in der Einführung in die Elastostatik in Kapitel 2 soll die Systemgleichung für schwingfähige Körper zunächst im Eindimensionalen hergeleitet werden. Stellen wir uns dazu eine punktförmige Masse m vor, deren Verschiebung u(t) von einer Federgleichung $r(t) = k \cdot u(t)$ bestimmt wird. Die Größe r(t) bezeichne hier eine äußere Kraft, die wie auch die Verschiebung als zeitabhängig angenommen wird. Die Eigenschaften Steifigkeit und Masse (und eigentlich auch Dämpfung), die im Prinzip alle einem einzelnen gewöhnlichen Zugstab zugeordnet sind, wurden hier zur besseren Übersichtlichkeit bewusst getrennt.

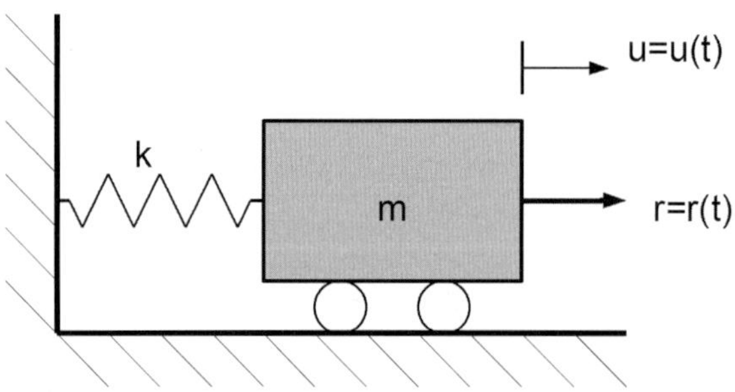

Bild 3.4-2: Einfaches Feder-Masse-Schwingersystem

Wenn sich die Masse nun seitlich nach rechts bewegt, folgt nach dem zweiten Newton'schen Axiom für die Trägheits- bzw. Massenkraft $F_{masse} = m \cdot a$. Sie wirkt entlang der Bewegungsrichtung also hier ebenfalls nach rechts. Einfaches Aufstellen der Kräftebilanz am Massenpunkt liefert:

$$F_{feder} + F_{masse} + r = 0$$

denn auch die Federkraft wirkt hier (noch) nach rechts. Einsetzen der bereits bekannten Zusammenhänge sowie der üblichen Schreibweise

$$a = \frac{d^2u}{dt^2} = \ddot{u}$$

führt zur gewünschten Systemgleichung für den Einmassenschwinger:

$$k \cdot u + m \cdot \ddot{u} + r = 0$$

Wie bereits erwähnt, sind die Frequenzen, die es in erster Linie zu vermeiden gilt, die der sogenannten freien Eigenschwingung. Sie charakterisieren Schwingungen, bei denen sich der Einfluss der Federkraft und der Trägheitsterm gerade die Waage halten. Eine kontinuierliche äußere Anregung r(t) ist also hier gar nicht notwendig für eine dauerhafte Schwingung; sie wird bei freien Eigenschwingungen zu Null gesetzt – übrig bleibt eine gewöhnliche Differentialgleichung (DGL) mit konstanten Koeffizienten:

$$k \cdot u(t) + m \cdot \frac{d^2u(t)}{dt^2} = 0$$

Aus der Mathematik sind Ansatzfunktionen für die allgemeine Lösung bekannt, die schon einen zyklischen Bewegungsverlauf erahnen lassen:

$$u(t) = \hat{u} \cdot \sin(\omega \cdot t)$$

Die Größe $\hat{u}$ bezeichnet dann die Amplitude, ω die sogenannte Kreisfrequenz der Schwingung. Deren Einheit ist rad/sec und kann mit $f = \omega/(2 \cdot \pi)$ in Hertz umgerechnet werden. Durch Einsetzen der Ansatzfunktion in die DGL erhält man schließlich die Eigenfrequenz des Einmassenschwingers.

$$k \cdot \hat{u} \cdot \sin(\omega \cdot t) - m \cdot \hat{u} \cdot \omega^2 \cdot \sin(\omega \cdot t) = 0 \text{ und umgeformt: } \omega = \sqrt{k/m}.$$

Um diese Erkenntnisse nun auch im FE-Kontext nutzen zu können, sollen nun in der DGL die einzelne Federkonstante k durch die fertig compilierte Gesamtsteifigkeitsmatrix $\boldsymbol{K}$ und die einzelne Punktmasse m durch eine sogenannte Massenmatrix $\boldsymbol{M}$ ersetzt werden. Die Verschiebung u wird analog nun vektoriell und enthält zeilenweise die gewohnte Anordnung der in Knotenverschiebungen in *x*, *y* und *z*-Richtung.

$$\boldsymbol{K} \cdot \boldsymbol{u}(\boldsymbol{t}) + \boldsymbol{M} \cdot \frac{d^2\boldsymbol{u}(\boldsymbol{t})}{dt^2} = 0 \text{ mit } \boldsymbol{u}(\boldsymbol{t}) = \hat{\boldsymbol{u}} \cdot \sin(\omega \cdot t)$$

Die Ansatzfunktion behält dann immer noch ihre Gültigkeit. Aber was geschieht anschließend beim Einsetzen zur Berechnung der Eigenfrequenzen?

$$0 = \boldsymbol{K} \cdot \hat{\boldsymbol{u}} \cdot \sin(\omega \cdot t) - \boldsymbol{M} \cdot \hat{\boldsymbol{u}} \cdot \omega^2 \cdot \sin(\omega \cdot t) = (\boldsymbol{K} - \omega^2 \cdot \boldsymbol{M}) \cdot \hat{\boldsymbol{u}}$$

Das ist ein *Eigenwertproblem* – und somit nicht mehr durch lineare Gleichungssysteme zu lösen!

Nun soll es noch in die übliche Standardform $\mathbf{A} \cdot \boldsymbol{\varphi} = \lambda \cdot \boldsymbol{\varphi}$ umgeschrieben werden, damit es für numerische Lösungsalgorithmen leicht verdaubar ist. Dazu behilft man sich mit einem Trick: Man zerlegt nämlich zunächst die Massenmatrix mittels des Cholesky-Verfahrens aus Kapitel 6.1 und setzt die Faktorisierung $\boldsymbol{M} = \boldsymbol{L} \cdot \boldsymbol{L}^T$ statt $\boldsymbol{M}$ in die Gleichung ein.

$$\boldsymbol{K} \cdot \hat{\boldsymbol{u}} = \omega^2 \cdot \boldsymbol{L} \cdot \boldsymbol{L}^T \cdot \hat{\boldsymbol{u}}$$

Nun wird von links (die Reihenfolge der Faktoren spielt bei Matrix-Multiplikationen ja durchaus eine Rolle) mit $\boldsymbol{L}^{-1}$ multipliziert:

$$\boldsymbol{L}^{-1} \cdot \boldsymbol{K} \cdot \hat{\boldsymbol{u}} = \omega^2 \cdot \boldsymbol{L}^{-1} \cdot \boldsymbol{L} \cdot \boldsymbol{L}^T \cdot \hat{\boldsymbol{u}} = \omega^2 \cdot \boldsymbol{L}^T \cdot \hat{\boldsymbol{u}}$$

und noch $\hat{\boldsymbol{u}}$ durch den neuen Vektor $\boldsymbol{L}^{-T} \cdot \boldsymbol{\varphi}$ substituiert:

$$\boldsymbol{L}^{-1} \cdot \boldsymbol{K} \cdot \boldsymbol{L}^{-T} \cdot \boldsymbol{\varphi} = \omega^2 \cdot \boldsymbol{L}^{T} \cdot \boldsymbol{L}^{-T} \cdot \boldsymbol{\varphi} = \omega^2 \cdot \boldsymbol{\varphi}$$

Wie gewünscht: Links steht eine Matrix ($\boldsymbol{L}^{-1} \cdot \boldsymbol{K} \cdot \boldsymbol{L}^{-T}$) mal dem Eigenvektor $\boldsymbol{\varphi}$, rechts steht ein Eigenwert (ω^2) mal dem Eigenvektor $\boldsymbol{\varphi}$. Sogar die Symmetrie der Matrix ($\boldsymbol{K}$ und $\boldsymbol{M}$ sind von Haus aus symmetrisch) ist erhalten geblieben, was den Berechnungsaufwand und die Abspeicherung wiederum positiv beeinflusst. Für die technische Interpretation der Berechnungsergebnisse werden die Eigenwerte ω^2 anschließend in Eigenfrequenzen umgerechnet. Die Eigenvektoren $\boldsymbol{\varphi}$ repräsentieren nach der Rücktransformation mit $\hat{\boldsymbol{u}} = \boldsymbol{L}^{-T} \cdot \boldsymbol{\varphi}$ die sogenannten Eigenschwingungsformvektoren, die Aufschluss über die Verformung infolge der jeweiligen Schwingungsfrequenz geben. Im nächsten Abschnitt werden wir uns mit der numerischen Behandlung des Eigenwertproblems (EWP) befassen.

Die vorgestellte Herleitung ist übrigens nicht der einzige Weg, die DGL mit der Ansatzfunktion in ein EWP zu überführen. Man findet in der Literatur (z.B. in */127/*) auch andere - algebraisch einfachere - Umformungen. Diese eignen sich jedoch häufig nicht sonderlich gut für die programmtechnische Umsetzung. Wie in Kapitel 4.11 sichtbar wird, hält sich der numerische Aufwand für die soeben hergeleitete EWP-Matrix in engen Grenzen, was mit der vorteilhaften Struktur der Massenmatrix zusammenhängt.

3.5 Grundlagen nichtlinearer Berechnungen

Die bisherigen Betrachtungen gingen immer von linearen Beziehungen aus, beispielsweise bei der Definition der Dehnungen oder bei dem Zusammenhang zwischen Spannungen und Dehnungen. Meistens ist diese Annahme völlig ausreichend, in bestimmten Anwendungen der Technik ist es jedoch erforderlich, auch nichtlineares Verhalten zu berücksichtigen. Stets sollte aber zunächst eine lineare FE-Berechnung durchgeführt werden, die später zur Beurteilung der Ergebnisse der nichtlinearen Analyse herangezogen werden kann. Denn ein großes Problem der Nichtlinearität ist das mögliche Vorhandensein mehrerer Lösungen, aus denen die richtige ausgewählt werden muss. Meistens findet sich die technisch-physikalisch sinnvolle Lösung mit Hilfe der linearen Analyse, analytischen Nebenrechnungen oder Plausibilitätsprüfungen nach gesundem Ingenieurverstand.

Generell wird in der Literatur zwischen drei verschiedenen Arten von Nichtlinearitäten unterschieden */120/*:

- Geometrische Nichtlinearitäten
- Physikalische Nichtlinearitäten (Materialnichtlinearitäten)
- Nichtlinearitäten aufgrund von Randbedingungen

Die folgenden Ausführungen beschränken sich auf geometrische Nichtlinearitäten. Die geometrische Nichtlinearität begründet sich auf Steifigkeitsveränderungen der Struktur, die infolge großer Verschiebungen auftreten. Typisches Beispiel ist die elastische Verformung einer

Tellerfeder wie sie in Bild 3.5-1 gezeigt ist. Insbesondere bei großem Verhältnis von Stülphöhe zu Dicke ergibt sich eine stark nichtlineare Federkennlinie, die in der FEA allein durch Erfassung geometrischer Nichtlinearitäten bestimmt werden kann */139/*.

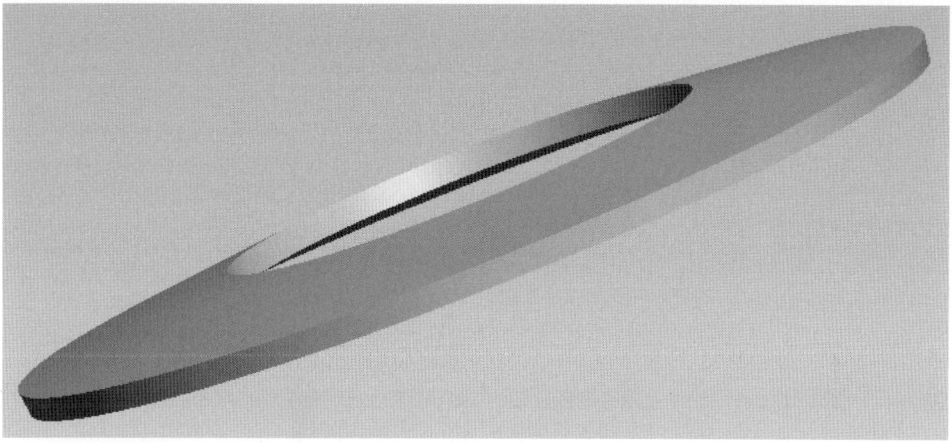

Bild 3.5-1: Modell einer Tellerfeder, Darstellung in Pro/ENGINEER

Die geometrische Nichtlinearität kann unter Verwendung spezieller Verzerrungsmaße rechnerisch bestimmt werden. Diese Maße unterscheiden sich von der technischen Verzerrung oder Dehnung $\boldsymbol{\varepsilon}$ dadurch, dass keine Kleinwinkelnäherungen bei der Definition getroffen werden. Vertreter sind beispielsweise die Lagrange'sche Verzerrung $\boldsymbol{\Lambda}$ oder die Euler'sche Verzerrung $\boldsymbol{\eta}$, die sich bei Formulierung der Kinematik in materiellen (Lagrange'schen) oder räumlichen (Euler'schen) Koordinaten ableiten lassen. Weiteres Beispiel ist die Hencky'sche Dehnung, die ein logarithmisches Dehnungsmaß darstellt und in speziellen Bereichen wie der Umformtechnik zum Einsatz kommt. Eine Übersicht der wichtigsten Dehnungsmaße gibt Tabelle 3.5-1.

Tabelle 3.5-1: Verschiedene Dehnungsmaße

Dehnungsmaß	Symbol
Technische Dehnung	$\boldsymbol{\varepsilon}$
Lagrange'sche Dehnung	$\boldsymbol{\Lambda}$
Euler'sche Dehnung	$\boldsymbol{\eta}$

Für die Erfassung geometrischer Nichtlinearitäten ist die Unterscheidung von materiellen und räumlichen Koordinaten notwendig. Materielle Koordinaten werden im Folgenden groß geschrieben, räumliche Koordinaten klein. Die nachstehende Gleichung zeigt den Ortsvektor eines Punktes im unverformten Zustand ($\boldsymbol{X}$) und im verformten Zustand ($\boldsymbol{x}$).

$$\boldsymbol{X} = \begin{pmatrix} X \\ Y \\ Z \end{pmatrix} \quad \boldsymbol{x} = \begin{pmatrix} x \\ y \\ z \end{pmatrix}$$

Zur Verdeutlichung betrachten wir ein Beispiel: Bild 3.5-2 zeigt einen Punkt im Bauteil, einmal im unverformten Bauteil und einmal im verformten Bauteil. Die Lage dieses Punkts im unverformten Bauteil wird durch den Ortsvektor $\boldsymbol{X}$ beschrieben, die Lage im verformten Bauteil durch den Ortsvektor $\boldsymbol{x}$. Bei der Formulierung in materiellen Koordinaten werden nun alle Größen auf den unverformten Zustand bezogen, entsprechend bei räumlichen Koordinaten alle auf den verformten Zustand.

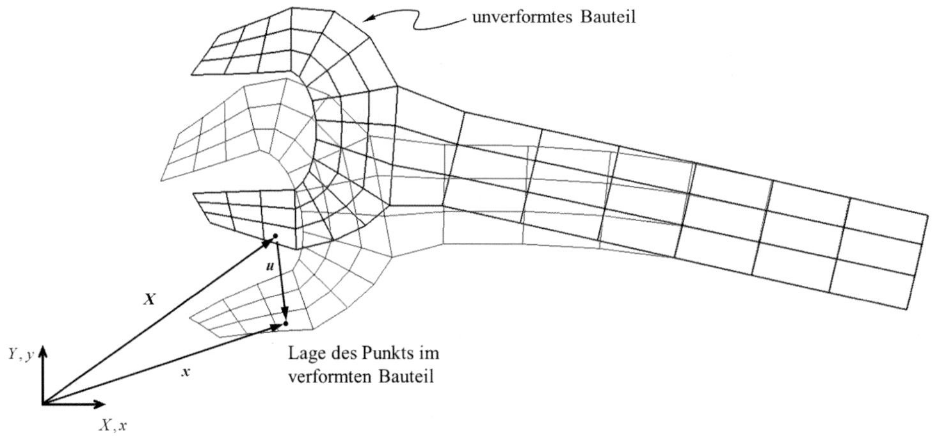

Bild 3.5-2: Koordinaten eines Punkts im unverformten und im verformten Bauteil

Tabelle 3.5-2: Lagrange'sche (materielle) und Euler'sche (räumliche) Beschreibungsweise

Beschreibungsweise	Ortskoordinaten	Beispiel: Verschiebungsfeld
Lagrange (LG)	$\boldsymbol{X}$	$\boldsymbol{u}^{LG} = \boldsymbol{u}^{LG}(\boldsymbol{X})$
Euler (EU)	$\boldsymbol{x}$	$\boldsymbol{u}^{EU} = \boldsymbol{u}^{EU}(\boldsymbol{x})$

Gemäß Tabelle 3.5-2 ist also z.B. das Verschiebungsfeld bei Lagrange'scher Beschreibung eine Funktion der unverformten Koordinaten. Betrachten wir dazu ein eindimensionales Zahlenbeispiel. Wir betrachten einen Punkt mit den Koordinaten $X = 2$. Im verformten Zustand habe dieser die Koordinaten $x = 5$. Das Verschiebungsfeld sei in der materiellen Beschreibungsweise durch

$$u^{LG} = 2 + \frac{1}{2} \cdot X$$

gegeben. An der Stelle $X = 2$ muss sich hier eine Verschiebung von 3 ergeben. Kontrolle:

$$u^{LG}(2) = 2 + \frac{1}{2} \cdot 2 = 3$$

Das Verschiebungsfeld in räumlichen Koordinaten sei gemäß nachstehender Formel zu berechnen.

$$u^{EU} = 1 + \frac{2}{5} \cdot x$$

Hier muss sich nun definitionsgemäß die Verschiebung von 3 an der Stelle $x = 5$ ergeben. Kontrolle:

$$u^{EU}(5) = 1 + \frac{2}{5} \cdot 5 = 3$$

Dieses Beispiel macht auch deutlich, warum die Verschiebungsfunktionen durch ihren hochgestellten Index verschieden bezeichnet sind: Es sind unterschiedliche Funktionen!

Da wir fortan nur noch in materiellen Koordinaten arbeiten, lassen wir den hochgestellten Index allerdings weg. Im Folgenden wird zur Veranschaulichung die Lagrange'sche Verzerrung auf geometrischem Weg definiert.

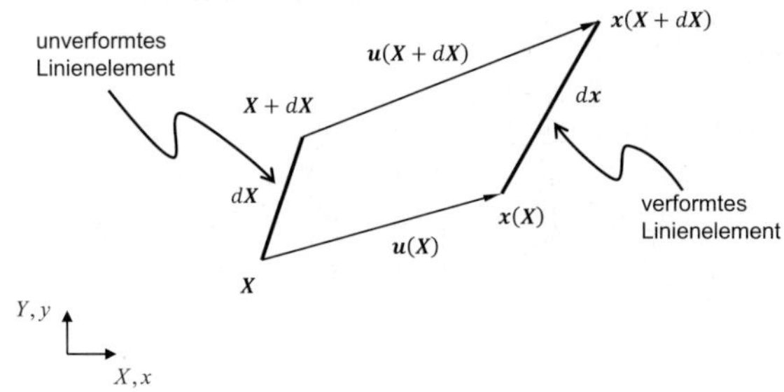

Bild 3.5-3: Geometrische Interpretation des Lagrange'schen Verzerrungsmaßes

Dazu betrachten wir ein beliebig aus unserem Bauteil herausgegriffenes Linienstück der infinitesimal kleinen Länge $dL = \sqrt{dX \cdot dX + dY \cdot dY + dZ \cdot dZ}$. Dieses sei durch einen Vektor

$$d\boldsymbol{X} = \begin{pmatrix} dX \\ dY \\ dZ \end{pmatrix}$$

gemäß Bild 3.5-3 beschrieben. Die Endpunkte des Linienelements sind charakterisiert per Koordinate $\boldsymbol{X}$ und $\boldsymbol{X} + d\boldsymbol{X}$. Durch die Belastung findet eine Verformung statt. Es gibt eine Starrkörperbewegung, die sich aus Verschiebung und Verdrehung des Linienstücks zusammensetzt, sowie eine Längenänderung. Für die Verzerrung ist lediglich die Längenänderung relevant, aufgrund des vektoriellen Charakters betrachtet man daher das Skalarprodukt, welches dem Quadrat der Länge entspricht

$$dL^2 = d\boldsymbol{X}^{\mathrm{T}}\, d\boldsymbol{X}$$

Im verformten Zustand, wenn die Koordinaten der Endpunkt $\boldsymbol{x}(\boldsymbol{X})$ und $\boldsymbol{x}(\boldsymbol{X} + d\boldsymbol{X})$ sind, kann das Quadrat der Länge wie folgt berechnet werden

$$dl^2 = d\boldsymbol{x}^{\mathrm{T}}\, d\boldsymbol{x}$$

Hier benötigen wir für das weitere Vorgehen eine Taylor-Entwicklung der Koordinate $\boldsymbol{x}(\boldsymbol{X} + d\boldsymbol{X})$, die das verformte Linienelement oder später das verformte Bauteil beschreibt.

$$\boldsymbol{x}(\boldsymbol{X} + d\boldsymbol{X}) = \boldsymbol{x}(\boldsymbol{X}) + \frac{\partial \boldsymbol{x}}{\partial \boldsymbol{X}} d\boldsymbol{X} = \begin{pmatrix} x \\ y \\ z \end{pmatrix} + \begin{pmatrix} \frac{\partial x}{\partial X} & \frac{\partial x}{\partial Y} & \frac{\partial x}{\partial Z} \\ \frac{\partial y}{\partial X} & \frac{\partial y}{\partial Y} & \frac{\partial y}{\partial Z} \\ \frac{\partial z}{\partial X} & \frac{\partial z}{\partial Y} & \frac{\partial z}{\partial Z} \end{pmatrix} \begin{pmatrix} dX \\ dY \\ dZ \end{pmatrix}$$

Daraus erhalten wir für die Länge des verformten Linienelements einen Ausdruck, der von der Länge des unverformten Linienelements abhängt

$$d\boldsymbol{x} = \boldsymbol{x}(\boldsymbol{X} + d\boldsymbol{X}) - \boldsymbol{x}(\boldsymbol{X}) = \frac{\partial \boldsymbol{x}}{\partial \boldsymbol{X}} d\boldsymbol{X} = \boldsymbol{F}\, d\boldsymbol{X}$$

Die Größe $\boldsymbol{F}$ nennt man Deformationsgradient; sie stellt gewissermaßen eine Transformationsmatrix dar, die zwischen Größen (wie oben der Länge eines Linienelements) im Unverformten und im Verformten vermittelt */120/*. Schließlich dient bei der Lagrange'schen Dehnung nicht wie bei der technischen Dehnung die Längenänderung, sondern die Änderung der Längenquadrate zur Definition. Der Grund ist eine einfachere mathematische Behandlung, denn andernfalls kämen „unhandliche" Wurzeln vor. Die Änderung der Längenquadrate ist:

$$\begin{aligned} dl^2 - dL^2 &= d\boldsymbol{x}^{\mathrm{T}}\, d\boldsymbol{x} - d\boldsymbol{X}^{\mathrm{T}}\, d\boldsymbol{X} \\ &= (\boldsymbol{F}\, d\boldsymbol{X})^{\mathrm{T}} \boldsymbol{F}\, d\boldsymbol{X} - d\boldsymbol{X}^{\mathrm{T}} d\boldsymbol{X} \\ &= d\boldsymbol{X}^{\mathrm{T}} \boldsymbol{F}^{\mathrm{T}} \boldsymbol{F}\, d\boldsymbol{X} - d\boldsymbol{X}^{\mathrm{T}} d\boldsymbol{X} \\ &= d\boldsymbol{X}^{\mathrm{T}} \left\{ \boldsymbol{F}^{\mathrm{T}} \boldsymbol{F} - \boldsymbol{1} \right\} d\boldsymbol{X} \end{aligned}$$

Die Änderung der Längenquadrate hängt also ab von dem ursprünglichen (unverformten) Linienelement, dargestellt durch $d\boldsymbol{X}^T$ und $d\boldsymbol{X}$, und der Größe $\left\{\boldsymbol{F}^T \boldsymbol{F} - \boldsymbol{1}\right\}$. Ein Quotient aus der Längenquadratänderung und dem Quadrat der ursprünglichen Länge lässt sich aufgrund des Matrizencharakters der Symbole nicht bilden, dennoch entspricht der Term $\left\{\boldsymbol{F}^T \boldsymbol{F} - \boldsymbol{1}\right\}$ einer Relation dieser beider Größen und kann damit als Maß für die Verzerrung herangezogen werden. Dementsprechend erfolgt die Definition der Lagrange'schen Dehnng:

$$\boldsymbol{\Lambda} := \frac{1}{2}\left\{\boldsymbol{F}^T\boldsymbol{F} - \boldsymbol{1}\right\} = \frac{1}{2}\left\{\left(\frac{\partial \boldsymbol{x}}{\partial \boldsymbol{X}}\right)^T \frac{\partial \boldsymbol{x}}{\partial \boldsymbol{X}} - \boldsymbol{1}\right\}$$

Setzt man in diese Gleichung den Zusammenhang zwischen den Ortskoordinaten der unverformten Struktur, denen der verformten Struktur und dem Verschiebungsvektor

$$\boldsymbol{u} = \boldsymbol{x} - \boldsymbol{X}$$

oder

$$\begin{pmatrix} u \\ v \\ w \end{pmatrix} = \begin{pmatrix} x \\ y \\ z \end{pmatrix} - \begin{pmatrix} X \\ Y \\ Z \end{pmatrix}$$

ein, so kann der gesuchte Ausdruck für $\boldsymbol{\Lambda}$ erhalten werden.

$$\boldsymbol{\Lambda} = \frac{1}{2}\left\{\frac{\partial \boldsymbol{u}}{\partial \boldsymbol{X}} + \left(\frac{\partial \boldsymbol{u}}{\partial \boldsymbol{X}}\right)^T + \left(\frac{\partial \boldsymbol{u}}{\partial \boldsymbol{X}}\right)^T \frac{\partial \boldsymbol{u}}{\partial \boldsymbol{X}}\right\}$$

Bei Formulierung der Koordinaten $\boldsymbol{X}$ des unverformten Zustands als Funktion der Koordinaten $\boldsymbol{x}$ des verformten Zustands (also umgekehrt zu Bild 3.5-3) kann auf ähnlichem Wege das Euler'sche Verzerrungsmaß $\boldsymbol{\eta}$ abgeleitet werden. Hier sei nachfolgend nur das Ergebnis gezeigt.

$$\boldsymbol{\eta} = \frac{1}{2}\left\{\frac{\partial \boldsymbol{u}}{\partial \boldsymbol{x}} + \left(\frac{\partial \boldsymbol{u}}{\partial \boldsymbol{x}}\right)^T - \left(\frac{\partial \boldsymbol{u}}{\partial \boldsymbol{x}}\right)^T \frac{\partial \boldsymbol{u}}{\partial \boldsymbol{x}}\right\}$$

Prinzipiell kann sowohl in Lagrange'schen als auch in Euler'schen Koordinaten weitergearbeitet werden; jedoch entscheiden wir uns im Folgenden für die Lagrange'sche oder materielle Beschreibungsweise, weil diese aus Ingenieursicht praktischer ist. Bisher haben wir die Verzerrung $\boldsymbol{\Lambda}$ bzw. $\boldsymbol{\eta}$ als 3 × 3-Matrix geschrieben. Da beide Größen wie die technische Dehnung symmetrisch sind, ist es für die Finite Elemente Analyse sinnvoll und effizient, diese genau wie die technische Dehnung als 6-dimensionale Vektoren zu schreiben. Wenn wir die FE-Notation gleich der im gesamten Z88-System realisierten wählen, ergibt sich folgende Schreibweise:

$$\boldsymbol{\Lambda} := \begin{pmatrix} \Lambda_{11} \\ \Lambda_{22} \\ \Lambda_{33} \\ 2 \cdot \Lambda_{12} \\ 2 \cdot \Lambda_{23} \\ 2 \cdot \Lambda_{31} \end{pmatrix}$$

Das Verzerrungsmaß steht damit, als nächstes muss ein Spannungsmaß eingeführt werden. Davon gibt es insgesamt 16 Stück */121/*, jedoch ist die Auswahl nicht frei, sondern muss ein zueinander arbeitskonjugiertes Paar aus Verzerrungs- und Spannungsmaß ergeben */121/*. Für den hier vorliegenden Fall ist die 2. Piola-Kirchhoff'sche Spannung $\boldsymbol{S}$ zu wählen */41/*. Diese basiert auf der Definition von Scheinkräften und macht es deswegen nötig, für die Aufstellung der Kräftebilanz zunächst die 1. Piola-Kirchhoff'sche Spannung $\boldsymbol{P}$ zu verwenden. Betrachten wir dazu ein beliebig aus unserem Bauteil herausgegriffenes, infinitesimal kleines Voluenelement $dV = dX \cdot dY \cdot dZ$ gemäß Bild 3.5-4. Die Seitenkanten des unverformten Volumenelements sollen parallel zu den Koordinatenachsen liegen; die des verformten liegen dann zwingend nicht mehr parallel.

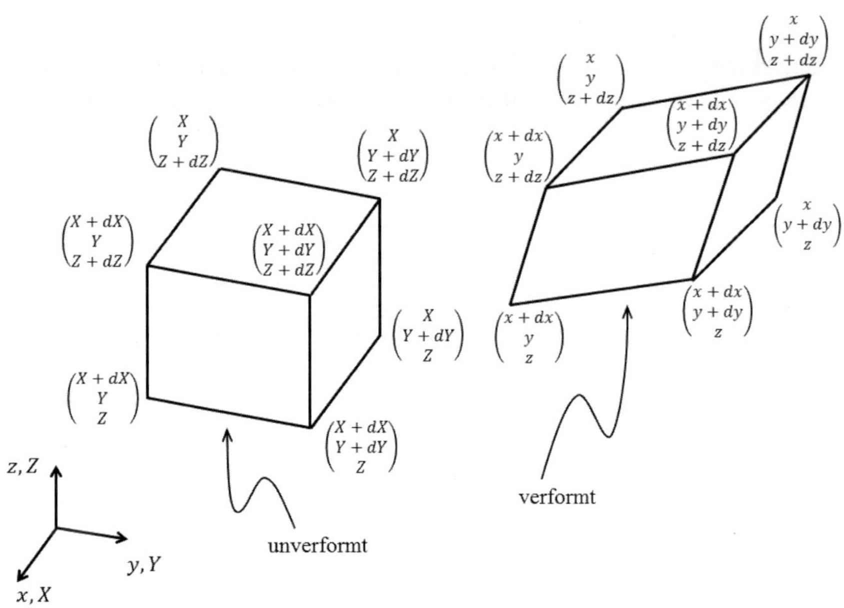

Bild 3.5-4: Volumenelement, Lage der Eckpunkte

Der Übersichtlichkeit halber zeigt erst die nächste Abbildung die Kräfte, die auf die einzelnen Seitenflächen wirken. Dabei sind ebenso aus Gründen der Übersichtlichkeit lediglich die Kräfte der positiven Seitenflächen, also der Flächen, deren Normalenvektoren in positive Koordinatenrichtungen zeigen, eingezeichnet.

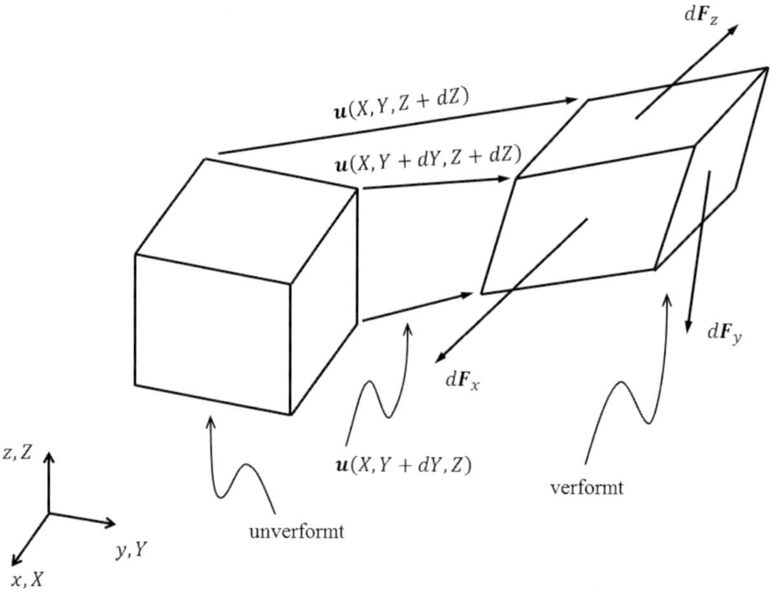

Bild 3.5-5: Kräfte der positiven Seitenflächen

Der Index der jeweiligen (infinitesimalen) Kraft in Bild 3.5-5 kennzeichnet nicht die Richtung der Kraft, sondern die Seitenfläche, zu der sie gehört. Schließlich benötigen wir noch die Normalenvektoren der einzelnen Seitenflächen - diese sind in Bild 3.5-6 zu sehen. Ähnlich zur Bezeichnung der Koordinaten stehen auch hier Kleinbuchstaben für die Größen des verformten Bauteils und Großbuchstaben für die Größen des unverformten Bauteils.

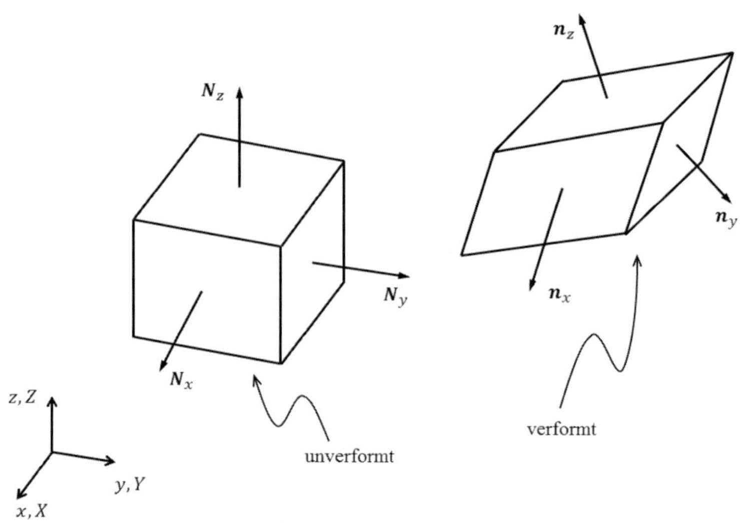

Bild 3.5-6: Lage der Normalenvektoren der Seitenflächen (nur bei positiven Seitenflächen gezeigt)

Die 1. Piola-Kirchhoff'sche Spannung bezieht die Kräfte auf die unverformte Struktur, daher erhält man den Spannungsvektor $\boldsymbol{T}$ (nicht zu verwechseln mit dem 6-dimensionalen Spannungsvektor der FE-Notation) durch Matrix-Vektor-Multiplikation mit dem Normalenvektor $\boldsymbol{N}$ der unverformten Struktur.

$$\boldsymbol{T} = \begin{pmatrix} T_X \\ T_Y \\ T_Z \end{pmatrix} = \boldsymbol{P} \quad \boldsymbol{N} = \begin{pmatrix} P_{11} & P_{12} & P_{13} \\ P_{21} & P_{22} & P_{23} \\ P_{31} & P_{32} & P_{33} \end{pmatrix} \boldsymbol{N}$$

Diese Beziehung werden wir gleich für die Ableitung der für die Finite Elemente Analyse notwendigen schwachen Form der Kräftebilanz gebrauchen. Zunächst stellen wir aber die Kräfte- oder Impulsbilanz am Volumenelement auf, wenden also das 2. Newton' sche Axiom („$F = m \cdot a$“) an:

$$\begin{aligned} &d\boldsymbol{F}_x(X + dX, Y, Z) + d\boldsymbol{F}_y(X, Y + dY, Z) + d\boldsymbol{F}_z(X, Y, Z + dZ) \\ &- d\boldsymbol{F}_x(X, Y, Z) - d\boldsymbol{F}_y(X, Y, Z) - d\boldsymbol{F}_z(X, Y, Z) = dm\,\boldsymbol{a} = \boldsymbol{0} \end{aligned}$$

Da wir uns ausschließlich für statische Berechnungen interessieren, haben wir den Trägheitsterm auf der rechten Seite gleich null gesetzt. Ganz allgemein lassen sich die Kräfte $\boldsymbol{F}$ mit Hilfe des Spannungsvektors $\boldsymbol{T}$ berechnen:

$$d\boldsymbol{F} = \boldsymbol{T}\, dA$$

In dieser Gleichung ist dA das Flächenelement der unverformten Fäche, z.B.

$dA = dX \cdot dY$. Dadurch kann folgender Zusammenhang gewonnen werden:

$$\begin{aligned} &\boldsymbol{T}_x(X + dX, Y, Z) \cdot dY \cdot dZ + \boldsymbol{T}_y(X, Y + dY, Z) \cdot dX \cdot dZ \\ &+ \boldsymbol{T}_z(X, Y, Z + dZ) \cdot dX \cdot dY \\ &- \boldsymbol{T}_x(X, Y, Z) \cdot dY \cdot dZ - \boldsymbol{T}_y(X, Y, Z) \cdot dX \cdot dZ \\ &- \boldsymbol{T}_z(X, Y, Z) \cdot dX \cdot dY \\ &= \boldsymbol{0} \end{aligned}$$

Mit der bereits eingeführten Relation zwischen Spannungsvektor und 1. Piola-Kirchhoff'schen Spannungen lässt sich der nachstehende Ausdruck erhalten.

$$\begin{aligned} &\boldsymbol{P}(X + dX, Y, Z)\,\boldsymbol{N}_x \cdot dY \cdot dZ + \boldsymbol{P}(X, Y + dY, Z)\,\boldsymbol{N}_y \cdot dX \cdot dZ \\ &+ \boldsymbol{P}(X, Y, Z + dZ)\,\boldsymbol{N}_z \cdot dX \cdot dY \\ &- \boldsymbol{P}(X, Y, Z)\,\boldsymbol{N}_x \cdot dY \cdot dZ - \boldsymbol{P}(X, Y, Z)\,\boldsymbol{N}_y \cdot dX \cdot dZ \\ &- \boldsymbol{P}(X, Y, Z)\,\boldsymbol{N}_z \cdot dX \cdot dY \\ &= \boldsymbol{0} \end{aligned}$$

Da wir eingangs die Koordinatenrichtungen derart gewählt haben, dass sie parallel zu den Kanten des Volumenelements liegen, zeigen die Normalenvektoren genau in die jeweilige Normalenrichtung.

$$\boldsymbol{N}_x = \begin{pmatrix} 1 \\ 0 \\ 0 \end{pmatrix}, \quad \boldsymbol{N}_y = \begin{pmatrix} 0 \\ 1 \\ 0 \end{pmatrix}, \quad \boldsymbol{N}_z = \begin{pmatrix} 0 \\ 0 \\ 1 \end{pmatrix}$$

Die Betrachtungen gelten trotzdem für beliebige Anordnungen des Koordinatensystems, da ein infinitesimales Volumenelement vorliegt, dessen Orientierung, die ohnehin lediglich für gedankliche Betrachtungen relevant ist, letztendlich egal ist und daher immer parallel zu den Koordinatenrichtungen gedreht werden kann.

Schließlich wird wieder eine Taylor-Entwicklung gebraucht:

$$\boldsymbol{P}(X + dX,Y,Z) = \boldsymbol{P}(X,Y,Z) + \frac{\partial \boldsymbol{P}}{\partial X} dX$$

$$\boldsymbol{P}(X,Y + dY,Z) = \boldsymbol{P}(X,Y,Z) + \frac{\partial \boldsymbol{P}}{\partial Y} dY$$

$$\boldsymbol{P}(X,Y,Z + dZ) = \boldsymbol{P}(X,Y,Z) + \frac{\partial \boldsymbol{P}}{\partial Z} dZ$$

Setzen wir dies ein und führen außerdem noch die Matrix-Vektor-Multipliationen aus:

$$\begin{pmatrix} \frac{\partial P_{11}}{\partial X} \\ \frac{\partial P_{21}}{\partial X} \\ \frac{\partial P_{31}}{\partial X} \end{pmatrix} \cdot dX \cdot dY \cdot dZ + \begin{pmatrix} \frac{\partial P_{12}}{\partial Y} \\ \frac{\partial P_{22}}{\partial Y} \\ \frac{\partial P_{32}}{\partial Y} \end{pmatrix} \cdot dX \cdot dY \cdot dZ + \begin{pmatrix} \frac{\partial P_{13}}{\partial Z} \\ \frac{\partial P_{23}}{\partial Z} \\ \frac{\partial P_{33}}{\partial Z} \end{pmatrix} \cdot dX \cdot dY \cdot dZ = \boldsymbol{0}$$

Die Längen des Volumenelements kürzen sich heraus.

$$\begin{pmatrix} \frac{\partial P_{11}}{\partial X} \\ \frac{\partial P_{21}}{\partial X} \\ \frac{\partial P_{31}}{\partial X} \end{pmatrix} + \begin{pmatrix} \frac{\partial P_{12}}{\partial Y} \\ \frac{\partial P_{22}}{\partial Y} \\ \frac{\partial P_{32}}{\partial Y} \end{pmatrix} + \begin{pmatrix} \frac{\partial P_{13}}{\partial Z} \\ \frac{\partial P_{23}}{\partial Z} \\ \frac{\partial P_{33}}{\partial Z} \end{pmatrix} = \boldsymbol{0}$$

Die so erhaltene Gleichung ist die starke oder lokale Form der Kräftebilanz. Für die Finite Elemente Analyse müssen wir von dieser Gleichung noch die schwache Form ableiten. In der Technischen Mechanik und der Mathematik wird an dieser Stelle gern die Divergenz eingeführt; in diesem Zusammenhang verwenden einige Autoren die Großschreibung Div oder DIV des Differentialoperators, um den Bezug auf die Lagrange'schen Koordinaten zu *symbolisieren /120, 121/.*

$$DIV\,(\boldsymbol{P}) = \boldsymbol{0}$$

Da diese Schreibweise bei Matrizen allerdings nicht eindeutig ist, werden wir sie fortan nicht einsetzen.

Als nächstes benötigen wir etwas Variationsrechnung, um zu der schwachen Form der Kräftebilanz zu kommen. Wir verwenden daher die virtuelle Verschiebung,

$$\boldsymbol{\delta u} = \begin{pmatrix} \delta u \\ \delta v \\ \delta w \end{pmatrix}$$

welche definitionsgemäß (infinitesimal) klein, beliebig gewählt und gedacht ist. Mit dieser multiplizieren wir die lokale Form der Kräftebilanz einfach skalar durch und erhalten:

$$\begin{pmatrix} \frac{\partial P_{11}}{\partial X} + \frac{\partial P_{12}}{\partial Y} + \frac{\partial P_{13}}{\partial Z} \\ \frac{\partial P_{21}}{\partial X} + \frac{\partial P_{22}}{\partial Y} + \frac{\partial P_{23}}{\partial Z} \\ \frac{\partial P_{31}}{\partial X} + \frac{\partial P_{32}}{\partial Y} + \frac{\partial P_{33}}{\partial Z} \end{pmatrix}^T \begin{pmatrix} \delta u \\ \delta v \\ \delta w \end{pmatrix} = 0$$

Die Gleichung werten wir nun an verschiedenen Stellen aus und summieren auf – sprich, wir integrieren!

$$\iiint_V \begin{pmatrix} \frac{\partial P_{11}}{\partial X} + \frac{\partial P_{12}}{\partial Y} + \frac{\partial P_{13}}{\partial Z} \\ \frac{\partial P_{21}}{\partial X} + \frac{\partial P_{22}}{\partial Y} + \frac{\partial P_{23}}{\partial Z} \\ \frac{\partial P_{31}}{\partial X} + \frac{\partial P_{32}}{\partial Y} + \frac{\partial P_{33}}{\partial Z} \end{pmatrix}^T \begin{pmatrix} \delta u \\ \delta v \\ \delta w \end{pmatrix} dV = 0$$

Etwas anders geschrieben:

$$\iiint_V \left(\frac{\partial P_{11}}{\partial X} + \frac{\partial P_{21}}{\partial X}\delta v + \frac{\partial P_{31}}{\partial X}\delta w + \frac{\partial P_{12}}{\partial Y}\delta u + \frac{\partial P_{22}}{\partial Y}\delta v + \frac{\partial P_{32}}{\partial Y}\delta w + \frac{\partial P_{13}}{\partial Z}\delta u + \frac{\partial P_{23}}{\partial Z}\delta v + \frac{\partial P_{33}}{\partial Z}\delta w \right) dV = 0$$

Als nächstes kommt ein mathematischer Taschenspielertrick zur Anwendung: Wir wenden die Produktregel rückwärts an.

$$\begin{aligned} & \frac{\partial}{\partial X}(P_{11}\delta u) + \frac{\partial}{\partial X}(P_{21}\delta v) + \frac{\partial}{\partial X}(P_{31}\delta w) \\ & + \frac{\partial}{\partial Y}(P_{12}\delta u) + \frac{\partial}{\partial Y}(P_{22}\delta v) + \frac{\partial}{\partial Y}(P_{32}\delta w) \\ & + \frac{\partial}{\partial Z}(P_{13}\delta u) + \frac{\partial}{\partial Z}(P_{23}\delta v) + \frac{\partial}{\partial Z}(P_{33}\delta w) \\ & = \frac{\partial P_{11}}{\partial X}\delta u + \frac{\partial P_{21}}{\partial X}\delta v + \frac{\partial P_{31}}{\partial X}\delta w \\ & + \frac{\partial P_{12}}{\partial Y}\delta u + \frac{\partial P_{22}}{\partial Y}\delta v + \frac{\partial P_{32}}{\partial Y}\delta w \\ & + \frac{\partial P_{13}}{\partial Z}\delta u + \frac{\partial P_{23}}{\partial Z}\delta v + \frac{\partial P_{33}}{\partial Z}\delta w \\ & + P_{11}\frac{\partial \delta u}{\partial X} + P_{21}\frac{\partial \delta v}{\partial X} + P_{31}\frac{\partial \delta w}{\partial X} \\ & + P_{12}\frac{\partial \delta u}{\partial Y} + P_{22}\frac{\partial \delta v}{\partial Y} + P_{32}\frac{\partial \delta w}{\partial Y} \\ & + P_{13}\frac{\partial \delta u}{\partial Z} + P_{23}\frac{\partial \delta v}{\partial Z} + P_{33}\frac{\partial \delta w}{\partial Z} \end{aligned}$$

Und erhalten dadurch:

$$\iiint_V \left(\frac{\partial}{\partial X}(P_{11}\delta u) + \frac{\partial}{\partial X}(P_{21}\delta v) + \frac{\partial}{\partial X}(P_{31}\delta w) \right.$$
$$+\frac{\partial}{\partial Y}(P_{12}\delta u) + \frac{\partial}{\partial Y}(P_{22}\delta v) + \frac{\partial}{\partial Y}(P_{32}\delta w)$$
$$+\frac{\partial}{\partial Z}(P_{13}\delta u) + \frac{\partial}{\partial Z}(P_{23}\delta v) + \frac{\partial}{\partial Z}(P_{33}\delta w)$$
$$-P_{11}\frac{\partial \delta u}{\partial X} - P_{21}\frac{\partial \delta v}{\partial X} - P_{31}\frac{\partial \delta w}{\partial X}$$
$$-P_{12}\frac{\partial \delta u}{\partial Y} - P_{22}\frac{\partial \delta v}{\partial Y} - P_{32}\frac{\partial \delta w}{\partial Y}$$
$$\left. - P_{13}\frac{\partial \delta u}{\partial Z} - P_{23}\frac{\partial \delta v}{\partial Z} - P_{33}\frac{\partial \delta w}{\partial Z} \right) dV = 0$$

Auf die Terme mit positivem Vorzeichen kann der Gauß'sche Integralsatz angewendet werden */118/*.

$$\iiint_V \left(P_{11}\frac{\partial \delta u}{\partial X} + P_{21}\frac{\partial \delta v}{\partial X} + P_{31}\frac{\partial \delta w}{\partial X} + P_{12}\frac{\partial \delta u}{\partial Y} + P_{22}\frac{\partial \delta v}{\partial Y} + P_{32}\frac{\partial \delta w}{\partial Y} + P_{13}\frac{\partial \delta u}{\partial Z} + P_{23}\frac{\partial \delta v}{\partial Z} + P_{33}\frac{\partial \delta w}{\partial Z} \right) dV$$

$$= \oiint_{\delta V} (\delta u \;\delta v \;\delta w) \underbrace{\begin{pmatrix} P_{11} & P_{12} & P_{13} \\ P_{21} & P_{22} & P_{23} \\ P_{31} & P_{32} & P_{33} \end{pmatrix}}_{T} \boldsymbol{N}\, dA$$

Nach einigen Schritten Variationsrechnung unter Berücksichtigung der Definition der Lagrange'schen Dehnung und des Deformationsgradienten sowie Beachtung der Momenten- bzw. Drallbilanz ergibt sich schließlich die nachstehende, schwache Form der Kräftebilanz.

$$\iiint_V \sum_{i=1}^{3}\sum_{j=1}^{3} S_{ij}\, \delta\Lambda_{ij}\, dV = \iint_A \sum_{i=1}^{3} T_i\, \delta u_i\, dA$$

In dieser Gleichung findet sich das Prinzip der virtuellen Arbeit wieder, welches in Kapitel 4.1 genauer beschrieben wird. Die 2. Piola-Kirchhoff'schen Spannungen $\boldsymbol{S}$ können wie folgt umgerechet werden */121/*:

$$\boldsymbol{S} = \boldsymbol{F}^{-1}\boldsymbol{P} = J\,\boldsymbol{F}^{-1}\boldsymbol{\sigma}\boldsymbol{F}^{-\mathrm{T}}$$

Darin bezeichnet $\boldsymbol{\sigma}$ die Cauchy-Spannungen, die auch als wahre Spannungen bezeichnet werden, da sie die Kraft auf die verformte Querschnittsfläche beziehen. J ist die Determinante des Deformationsgradienten.

$$d\boldsymbol{F} = \boldsymbol{\sigma}\,\boldsymbol{n}\,da$$

In dieser Gleichung ist da das Flächenelement der verformten Fläche, $\boldsymbol{n}$ der zugehörige Normalenvektor (vgl. Bild 3.5-6) und $d\boldsymbol{F}$ die Kraft.

Am Ende übertragen wir auch das Spannungsmaß $\boldsymbol{S}$, welches aufgrund der Drehimpulsbilanz symmetrisch ist, auf die in Z88 realisierte FE-Notation und führen den 6-dimensionalen Spannungsvektor ein.

$$\boldsymbol{S}: = \begin{pmatrix} S_{11} \\ S_{22} \\ S_{33} \\ S_{12} \\ S_{23} \\ S_{31} \end{pmatrix}$$

Die schwache Form der Kräftebilanz bekommt dadurch die folgende Gestalt.

$$\iiint_V \sum_{i=1}^{6} S_i \, \delta\lambda_i = \iint_A \sum_{i=1}^{3} T_i \, \delta u_i \, dA$$

Diese Gleichung ist Ausgangspunkt für die Ableitung der Elementmatrizen bei nichtlinearen Analysen und damit die Grundlage für Kapitel 4.12.

4 Finite Elemente und Elementmatrizen

Die Abbildung eines Stab- oder Balkenfachwerks ist einfach – weil hier sozusagen systemimmanent die Diskretisierung vorgegeben ist: Jeder Stab oder jeder Balken entspricht einem „Finiten" Element. Jedes dieser Finiten Elemente ist durch zwei Knoten definiert – obwohl man auch Balkenelemente mit 3 oder mehr Knoten konstruieren kann. Als angenehmer Nebeneffekt kommt hinzu, dass solche Stäbe, Biegebalken und Torsionsbalken exakt im Rahmen der Bernoulli'schen Balkentheorie bzw. der Saint-Venant'schen Theorie rechnen. Im strengen Sinne haben Stab- oder Balkenfachwerke absolut nichts mit der Finite Elemente Analyse zu tun, denn es sind Strukturberechnungen, die als Matrizenmethode den Bauingenieuren schon lange bekannt sind.

1. Die eigentliche Finite Elemente Analyse im streng orthodoxen Sinne fängt dort an, wo die oben erwähnte Strukturberechnung der Fachwerke aufhört – bei den Kontinua (wobei im strengen Sinne auch Balken und Stäbe 1D-Kontinua sind). Was bei den Fachwerken so leicht ist, nämlich die Diskretisierung, macht bei den Kontinua umso größere Probleme. Wir werden daher in Anlehnung an *Zienkiewicz /1/* folgende Annahmen bezüglich des Vorgehens treffen:
2. Das Kontinuum wird durch gedachte Linien oder Flächen in kleinere Kontinua in an sich beliebiger Form (üblich sind gerad- oder krummlinig begrenzte Dreiecke, gerad- oder krummlinig begrenzte Vierecke oder höhere geometrische Figuren) zerlegt. Für jedes dieser kleinen „Sub"-Kontinua, die sog. Finiten Elemente, werden Näherungsansätze getroffen.
3. Die Elemente selbst sind jeweils durch eine Anzahl Knoten definiert, und die Elemente sind durch die Knoten, die sich an den Elementrändern befinden, miteinander verbunden.
4. Die Verschiebungen der Knotenpunkte aus 3. sind die grundlegenden Unbekannten des Gesamtproblems.
5. Die Verschiebungen innerhalb von jedem Finiten Element werden durch (willkürlich) gewählte Funktionen – die sog. Ansatz- bzw. Formfunktionen – in Abhängigkeit der Knotenpunktverschiebungen angenähert.
6. Da durch 4. die Verschiebungen im Element bekannt sind, werden aufgrund der Verschiebungs-Verzerrungsbeziehungen des Kapitels 3. auch die Verzerrungen im Element bekannt, und zwar in Abhängigkeit der Knotenverschiebungen.
7. Aus den Verzerrungen aus 6. können mit Hilfe der Materialgesetze die Spannungen nach Kapitel 3. im Element berechnet werden.

8. Linienlasten, Gleichstreckenlasten, Flächenlasten und Volumenkräfte werden durch diskrete Knotenkräfte abgebildet, die eine Ersatzbelastung darstellen.

Schon ein Allerweltsprodukt wie ein Schraubenschlüssel lässt sich mit der klassischen Theorie der Technischen Mechanik nur sehr unvollkommen berechnen.

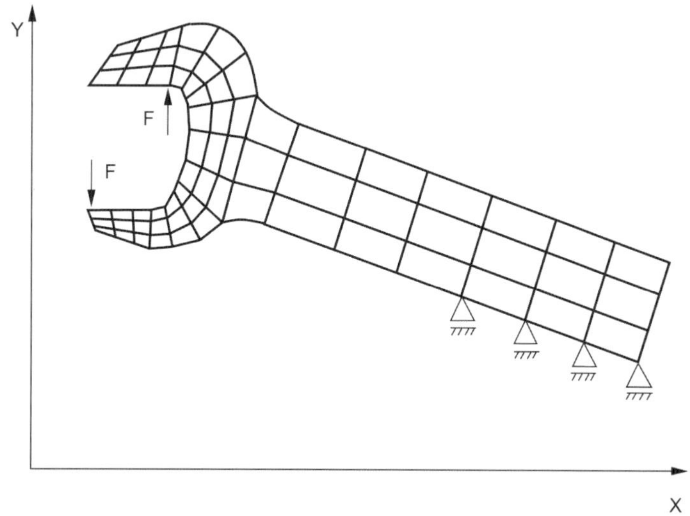

Bild 4-1: Schraubenschlüssel als FE-Struktur abgebildet

Jedoch in Finite Elemente zerlegt, die in diesem Fall 8 Knoten und krummlinige Berandung aufweisen, wird die Berechnung einfach und trotzdem präzise. Aber zielsicher eine Finite Elemente Analyse auszuführen bedeutet tatsächlich auch entsprechende theoretische Kenntnisse über geeignete Elementtypen und den Grad der Feinheit der Diskretisierung zu haben.

Daher sollen nun beispielhaft verschiedene krummlinige Elemente für den ebenen Spannungszustand und den allgemein räumlichen Spannungszustand hergeleitet werden, weil diese Elementtypen für die Rechenpraxis außerordentlich geeignet sind. Zwar sind diese sog. isoparametrischen Serendipity-Elemente auf den ersten Blick mathematisch anspruchsvoll, aber es hat unserer Meinung nach keinen Wert, die Überlegungen an einem simplen 3-Knoten Dreieckselement durchzuführen. Dieser Weg wird zwar in vielen FE-Büchern beschritten, aber wozu sollen Sie sich mit einem Element auseinandersetzen, das für die Rechenpraxis unbrauchbar ist?

Im Übrigen empfehlen wir gerade für dieses Thema, d. h. die Herleitung von Elementsteifigkeitsmatrizen, gegebenenfalls Sekundärliteratur zu konsultieren. Ausgezeichnete Werke gerade hierfür sind aus unserer Sicht die „Klassiker“, d. h. *Zienkiewicz /1,2/, Bathe /4,5/, Agyris /3/* und *Schwarz /6,7/*. Falls Sie selbst ein FEA-Programm schreiben wollen oder die dem Buch beigefügten Z88-Elementtypen erweitern wollen, werden Sie um ein vertieftes Studium dieser Werke nicht herumkommen. Von den neueren Werken ist *Betten /44/* sehr empfehlenswert.

Zunächst sollte aber die Lektüre der folgenden Ausführungen genügen:

4.1 Grundlagen von Element-Steifigkeits-Matrizen

Für 2-dimensionale Elemente gilt allgemein:

$$\boldsymbol{K}^e = \iint\limits_A \boldsymbol{B}^T\, \boldsymbol{C}\, \boldsymbol{B}\, dS$$

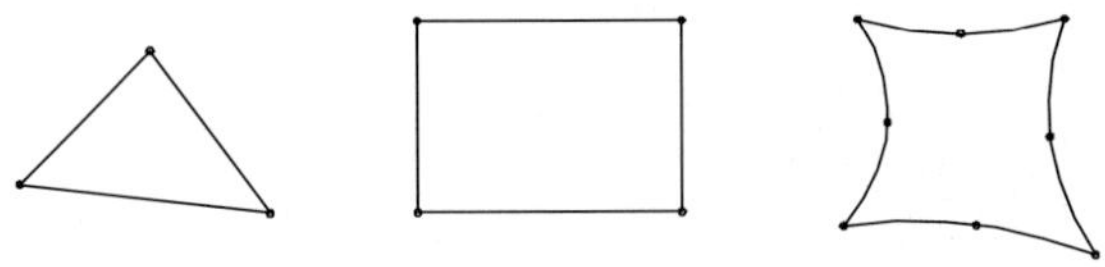

Bild 4.1-1: Beispiele 2-dimensionaler Elemente

Und für 3-dimensionale Elemente wie

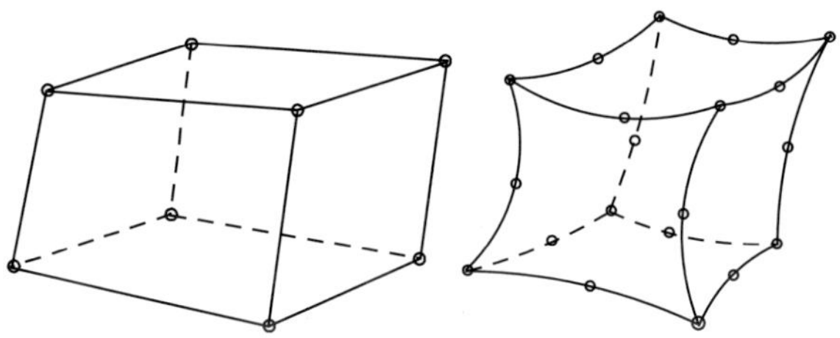

Bild 4.1-2: Beispiele 3-dimensionaler Elemente

gilt allgemein:

$$\boldsymbol{K}^e = \iiint\limits_V \boldsymbol{B}^T\, \boldsymbol{C}\, \boldsymbol{B}\, dV$$

Wie kommt man auf diese Gleichung?

Wir definieren nun einfach eine Beziehung, die das Verschiebungsfeld $\boldsymbol{U}(x, y)$ in einem Finiten Element an einer beliebigen Stelle (x,y) durch Verschiebungen $\boldsymbol{U}_i$ der Knoten i, die mit willkürlich gewählten Funktionen $\boldsymbol{N}_i(x,y)$ multipliziert werden, annähert:

$$\boldsymbol{U}(x,y) = \sum_i \boldsymbol{U}_i \cdot \boldsymbol{N}_i(x,y)$$

dabei hat $\boldsymbol{U}(x,y)$ die Komponenten

$$\boldsymbol{U}(x,y) = \begin{pmatrix} u\,(x,y) \\ v\,(x,y) \end{pmatrix}$$

Genauso müssen wir die Verzerrungen ε_{ij} durch die Verschiebungen ausdrücken.

Aber das ist leicht, denn aus Kapitel 3 wissen wir, dass für den ebenen Spannungszustand gilt:

$$\varepsilon_{ij} = \begin{pmatrix} \varepsilon_{xx} \\ \varepsilon_{yy} \\ \gamma_{xy} \end{pmatrix} = \begin{pmatrix} \frac{\partial u}{\partial x} \\ \frac{\partial v}{\partial y} \\ \frac{\partial u}{\partial y} + \frac{\partial v}{\partial x} \end{pmatrix}$$

das kann man richtig schön formal mit einem sog. Differentialoperator $\boldsymbol{L}$ schreiben:

$$\begin{pmatrix} \varepsilon_{xx} \\ \varepsilon_{yy} \\ \gamma_{xy} \end{pmatrix} = \begin{pmatrix} \frac{\partial}{\partial x} & 0 \\ 0 & \frac{\partial}{\partial y} \\ \frac{\partial}{\partial y} & \frac{\partial}{\partial x} \end{pmatrix} \begin{pmatrix} u \\ v \end{pmatrix}$$

$\boldsymbol{\varepsilon} = \boldsymbol{LU}$

Nun nehmen wir einmal an, dass unser herzuleitendes Finites Element 4 Knoten habe. Es gibt also 4 Funktionen N_1 bis N_4 und es muss gelten:

$$\begin{pmatrix} u\,(x,y) \\ v\,(x,y) \end{pmatrix} = \begin{pmatrix} N_1 \cdot u_1 + N_2 \cdot u_2 + N_3 \cdot u_3 + N_4 \cdot u_4 \\ N_1 \cdot v_1 + N_2 \cdot v_2 + N_3 \cdot v_3 + N_4 \cdot v_4 \end{pmatrix}$$

in Matrizenschreibweise:

$$\left(\begin{array}{c|c|c|c|c|c|c|c} N_1 & 0 & N_2 & 0 & N_3 & 0 & N_4 & 0 \\ \hline 0 & N_1 & 0 & N_2 & 0 & N_3 & 0 & N_4 \end{array}\right) \begin{pmatrix} u_1 \\ v_1 \\ u_2 \\ v_2 \\ u_3 \\ v_3 \\ u_4 \\ v_4 \end{pmatrix}$$

damit können wir die Beziehung wie folgt schreiben:

$$\varepsilon_{ij} = \left(\begin{array}{c|c} \frac{\partial}{\partial x} & 0 \\ \hline 0 & \frac{\partial}{\partial y} \\ \hline \frac{\partial}{\partial y} & \frac{\partial}{\partial x} \end{array}\right) \left(\begin{array}{c|c|c|c|c|c|c|c} N_1 & 0 & N_2 & 0 & N_3 & 0 & N_4 & 0 \\ \hline 0 & N_1 & 0 & N_2 & 0 & N_3 & 0 & N_4 \end{array}\right) \begin{pmatrix} u_1 \\ v_1 \\ u_2 \\ v_2 \\ u_3 \\ v_3 \\ u_4 \\ v_4 \end{pmatrix}$$

$\boldsymbol{\varepsilon} = \boldsymbol{LNU}_{(i)}$

Die Matrix $\boldsymbol{L\,N}$ nennt man $\boldsymbol{B}$. Das ist die *Verzerrungs-Verschiebungs-Transformationsmatrix*.

Es ist also

$\boldsymbol{\varepsilon} = \boldsymbol{LN\,U}_{(i)}$

bzw. $\boldsymbol{\varepsilon} = \boldsymbol{B\,U}_{(i)}$

Dabei ist zu beachten, dass $\boldsymbol{U}_{(i)}$ die Verschiebungen an den Knoten i sind. Das Ganze lässt sich analog für den räumlichen Spannungszustand herleiten.

Um nun die Elementsteifigkeitsmatrix aufzustellen, verwenden wir das aus der Technischen Mechanik bekannte Prinzip der virtuellen Verrückungen. Wir gehen also von virtuellen Verschiebungen $\delta\boldsymbol{U}$ und virtuellen Verzerrungen $\delta\boldsymbol{\varepsilon}$ aus, /1/.

Dann muss gelten:

virtuelle innere Arbeit = virtuelle äußere Arbeit

$$\delta W_i = \delta W_a$$

Dabei ist die innere Arbeit die gespeicherte potentielle Energie, und die äußere Arbeit wird durch die äußeren Kräfte geleistet.

Die Zunahme der äußeren Arbeit aufgrund der äußeren Lasten stellt sich wie folgt dar:

$$\delta W_a = \iiint_V \delta\boldsymbol{U}^T \boldsymbol{P}\, dV + \delta\boldsymbol{U}_{(i)}^T \boldsymbol{F}_{(i)}$$

mit $\boldsymbol{P}$ = Volumenkräfte

$\boldsymbol{F}_{(i)}$ = äußere Knotenlasten

Die Zunahme der inneren Energie

$$\delta W_i = \iiint_V \delta\boldsymbol{\varepsilon}^T \boldsymbol{\sigma} dV$$

wobei dies eine spezifische Formänderungsarbeit ist. Wie kommt man auf diese „spezifische Formänderungsarbeit“? Betrachten wir dazu Bild 4.1-3:

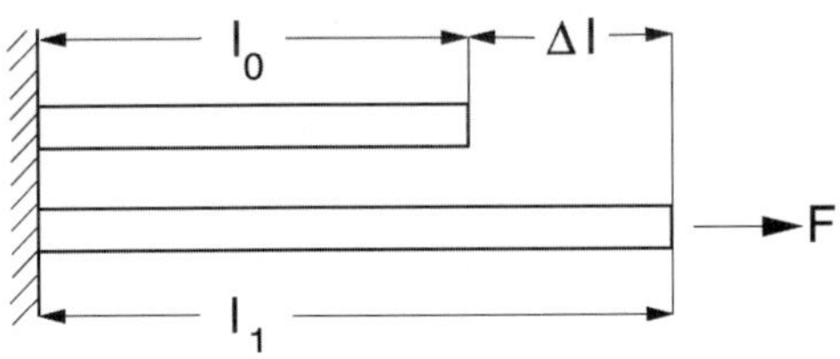

Bild 4.1-3: Zugstab unter Last

Die Arbeit W ist als das Produkt aus Kraft F und Weg (hier $\Delta\ell$) definiert. Also:

$$W = F \cdot \Delta\ell$$

Da die Spannung σ der Quotient aus Kraft F und Fläche A ist, gilt: $F = \sigma \cdot A$

Damit ist

$$W = \sigma \cdot A \cdot \Delta\ell = \sigma \cdot \frac{\Delta\ell}{\ell} \cdot \ell \cdot A = \varepsilon \cdot \sigma \cdot V \rightarrow W_{spez} = \frac{W}{V}$$

Diese Betrachtung kann man für alle drei Koordinatenachsen anstellen und integrieren, womit dann entsteht:

$$W_{spez} = \frac{W}{V} = \iiint_V \boldsymbol{\varepsilon}^T \boldsymbol{\sigma}\, dV \rightarrow \delta W_i = \iiint_V \delta\, \boldsymbol{\varepsilon}^T \boldsymbol{\sigma}\, dV$$

So entsteht:

$$\iiint_V \delta\boldsymbol{\varepsilon}^T \boldsymbol{\sigma}\, dV = \iiint_V \delta\boldsymbol{U}^T \boldsymbol{P}\, dV + \delta\boldsymbol{U}_{(i)}^T \boldsymbol{F}_{(i)}$$

Nun können wir wie folgt substituieren, wobei gilt: $(\boldsymbol{AB})^T{:} = \boldsymbol{B}^T \boldsymbol{A}^T{:}$

$$\delta\boldsymbol{\varepsilon} = \boldsymbol{B}\, \delta\boldsymbol{U}_{(i)} \rightarrow \delta\boldsymbol{\varepsilon}^T = \left(\boldsymbol{B}\, \delta\boldsymbol{U}_{(i)}\right)^T = \delta\boldsymbol{U}_{(i)}^T\, \boldsymbol{B}^T$$

$$\delta\boldsymbol{U} = \boldsymbol{N}\, \delta\boldsymbol{U}_{(i)} \rightarrow \delta\boldsymbol{U}^T = \left(\boldsymbol{N}\, \delta\boldsymbol{U}_{(i)}\right)^T = \delta\boldsymbol{U}_{(i)}^T\, \boldsymbol{N}^T$$

Damit wird

$$\delta\boldsymbol{U}_{(i)}^T \left(\iiint_V \boldsymbol{B}^T \boldsymbol{\sigma}\, dV\right) = \delta\boldsymbol{U}_{(i)}^T \left(\iiint_V \boldsymbol{N}^T \boldsymbol{P}\, dV + \boldsymbol{F}_{(i)}\right)$$

Da diese Beziehung für jeden beliebigen Wert von $\delta\boldsymbol{U}_{(i)}^T$ gelten muss, zeigt ein Faktorenvergleich:

$$\iiint_V \boldsymbol{B}^T \boldsymbol{\sigma}\, dV = \iiint_V \boldsymbol{N}^T \boldsymbol{P}\, dV + \boldsymbol{F}_{(i)}$$

Da schon früher festgestellt wurde, dass

$$\boldsymbol{\sigma} = \boldsymbol{C}\, \boldsymbol{\varepsilon}$$

wird die linke Seite:

$$\iiint_V \boldsymbol{B}^T \boldsymbol{C}\, \boldsymbol{\varepsilon}\, dV$$

und mit

$$\boldsymbol{\varepsilon} = \boldsymbol{B}\, \boldsymbol{U}_{(i)}$$

entsteht die neue linke Seite:

$$\iiint_V \boldsymbol{B}^T \boldsymbol{C}\, \boldsymbol{B}\, dV \cdot \boldsymbol{U}_{(i)}$$

und wenn wir nun auf der rechten Seite zunächst das Integral der Volumenkräfte weglassen, dann steht einfach da:

$$\iiint_V \boldsymbol{B}^T \boldsymbol{C}\, \boldsymbol{B}\, dV \cdot \boldsymbol{U}_{(i)} = \boldsymbol{F}_{(i)}$$

Damit sieht man es auf einen Blick: Das Hooke'sche Gesetz mit

$\iiint_V \boldsymbol{B}^T \boldsymbol{C}\, \boldsymbol{B}\, dV$	(Element-)Steifigkeitsmatrix
$\boldsymbol{U}_{(i)}$	Verschiebungen
$\boldsymbol{F}_{(i)}$	äußere Kräfte

oder

$\boldsymbol{K}\,\boldsymbol{U}_{(i)} = \boldsymbol{F}_{(i)}$

Erkenntnisse:

2- und 3-dimensionaler Fall können sinngemäß abgehandelt werden, da die Integranden $\boldsymbol{B}^T\,\boldsymbol{C}\,\boldsymbol{B}$ genauso aussehen.

Die Integration selbst, Doppel- bzw. Dreifach-Integral, wird im praktischen Fall numerisch durchgeführt! Insbesondere bei krummlinigen Elementen ist das der einzig gangbare Weg. Ausnahmen sind ganz einfache Elemente wie Balken und Stäbe.

Wie sehen die Matrizen $\boldsymbol{C}$ und $\boldsymbol{B}$ aus?

4.2 Materialmatrizen

$\boldsymbol{C}$ ist die sog. Material-Matrix. Für den ebenen Spannungszustand ist sie:

$$\boldsymbol{C} = \frac{E}{1-\nu^2}\begin{bmatrix} 1 & \nu & 0 \\ \nu & 1 & 0 \\ 0 & 0 & \frac{1-\nu}{2} \end{bmatrix}, \quad \nu = \text{Querkontraktionszahl}$$

Sie erinnern sich: $\boldsymbol{C}$ für den ebenen Spannungszustand hatten wir bereits in Kapitel 3 genau hergeleitet. Ganz analog, d. h. nach den entsprechenden Gesetzen der Elastizitätstheorie ergeben sich nach *Bathe* weitere Materialmatrizen in tabellierter Form, wobei Sie den räumlichen Spannungszustand auch bereits aus dem vorigen Kapitel kennen.

Problem	Materialmatrix C
Stab	E
Balken	EI
Ebener Spannungszustand	$\frac{E}{1-\nu^2}\begin{bmatrix} 1 & \nu & 0 \\ \nu & 1 & 0 \\ 0 & 0 & \frac{1-\nu}{2} \end{bmatrix}$
Ebener Verzerrungszustand	$\frac{E(1-\nu)}{(1+\nu)(1-2\nu)}\begin{bmatrix} 1 & \frac{\nu}{1-\nu} & 0 \\ \frac{\nu}{1-\nu} & 1 & 0 \\ 0 & 0 & \frac{1-2\nu}{2(1-\nu)} \end{bmatrix}$
Axialsymmetrie	$\frac{E(1-\nu)}{(1+\nu)(1-2\nu)}\begin{bmatrix} 1 & \frac{\nu}{1-\nu} & 0 & \frac{\nu}{1-\nu} \\ \frac{\nu}{1-\nu} & 1 & 0 & \frac{\nu}{1-\nu} \\ 0 & 0 & \frac{1-2\nu}{2(1-\nu)} & 0 \\ \frac{\nu}{1-\nu} & \frac{\nu}{1-\nu} & 0 & 1 \end{bmatrix}$

Problem	Materialmatrix C
räumlicher Spannungszustand	$\frac{E(1-\nu)}{(1+\nu)(1-2\nu)}\begin{bmatrix} 1 & \frac{\nu}{1-\nu} & \frac{\nu}{1-\nu} & 0 & 0 & 0 \\ \frac{\nu}{1-\nu} & 1 & \frac{\nu}{1-\nu} & 0 & 0 & 0 \\ \frac{\nu}{1-\nu} & \frac{\nu}{1-\nu} & 1 & 0 & 0 & 0 \\ 0 & 0 & 0 & \frac{1-2\nu}{2(1-\nu)} & 0 & 0 \\ 0 & 0 & 0 & 0 & \frac{1-2\nu}{2(1-\nu)} & 0 \\ 0 & 0 & 0 & 0 & 0 & \frac{1-2\nu}{2(1-\nu)} \end{bmatrix}$
Kirchhoff-Platte	$\frac{Eh^3}{12(1-\nu^2)}\begin{pmatrix} 1 & \nu & 0 \\ \nu & 1 & 0 \\ 0 & 0 & \frac{1-\nu}{2} \end{pmatrix}$
Reissner-Mindlin	$C_b = \frac{Eh^3}{12(1-\nu^2)}\begin{pmatrix} 1 & \nu & 0 \\ \nu & 1 & 0 \\ 0 & 0 & \frac{1-\nu}{2} \end{pmatrix}, \quad C_s = \frac{Ehk}{2(1+\nu)}\begin{pmatrix} 1 & 0 \\ 0 & 1 \end{pmatrix}$

Hierbei ist h die Dicke. Die Material-Matrizen machen uns, da tabelliert, keine Schwierigkeiten, vgl. /4/.

4.3 B-Matrix

B ist die *Verzerrungs-Verschiebungs-Transformationsmatrix*. Wir wissen, dass die Verschiebungen die eigentlich gesuchten Unbekannten sind und dass sie nur an den Knotenpunkten berechnet werden können. Um die Verzerrungen $\boldsymbol{\varepsilon}$ mit den Verschiebungen $\boldsymbol{u}$ zu „verheiraten", betrachten wir die schon zu Beginn des Kapitels 4.1 gezeigte Beziehung $\boldsymbol{\varepsilon} = \boldsymbol{L}\,\boldsymbol{N}\,\boldsymbol{U}_{(i)}$, wobei $\boldsymbol{L}\,\boldsymbol{N}$ die Matrix ***B*** ist:

$$\boldsymbol{B}_i = \begin{bmatrix} \frac{\partial N_i}{\partial x} & 0 \\ 0 & \frac{\partial N_i}{\partial y} \\ \frac{\partial N_i}{\partial y} & \frac{\partial N_i}{\partial x} \end{bmatrix}$$

Für jeden Knoten i des betrachteten Finiten Elements gibt es eine Untermatrix.

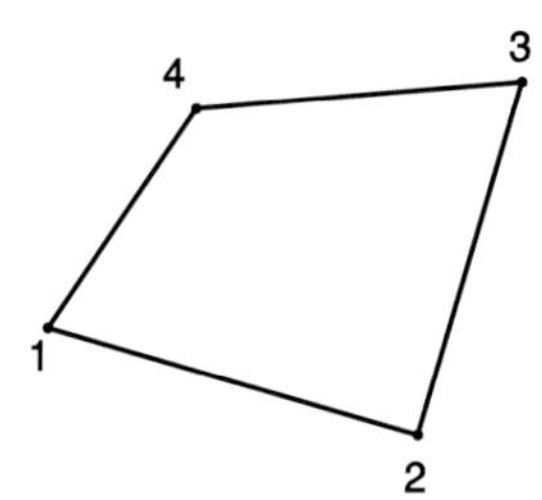

Bild 4.3-1: 4 Knoten Element

Für ein Element mit 4 Knoten des ebenen Spannungszustandes, Bild 4.2-1, wird $\boldsymbol{B}$:

$$\boldsymbol{B} = \begin{vmatrix} \underbrace{\begin{matrix} \frac{\partial N_1}{\partial x} & 0 \\ 0 & \frac{\partial N_1}{\partial y} \\ \frac{\partial N_1}{\partial y} & \frac{\partial N_1}{\partial x} \end{matrix}}_{\text{1. Knoten}} & \underbrace{\begin{matrix} \frac{\partial N_2}{\partial x} & 0 \\ 0 & \frac{\partial N_2}{\partial y} \\ \frac{\partial N_2}{\partial y} & \frac{\partial N_2}{\partial x} \end{matrix}}_{\text{2. Knoten}} & \underbrace{\begin{matrix} \frac{\partial N_3}{\partial x} & 0 \\ 0 & \frac{\partial N_3}{\partial y} \\ \frac{\partial N_3}{\partial y} & \frac{\partial N_3}{\partial x} \end{matrix}}_{\text{3. Knoten}} & \underbrace{\begin{matrix} \frac{\partial N_4}{\partial x} & 0 \\ 0 & \frac{\partial N_4}{\partial y} \\ \frac{\partial N_4}{\partial y} & \frac{\partial N_4}{\partial x} \end{matrix}}_{\text{4. Knoten}} \end{vmatrix}$$

Was sind die N_i, also beim 4-Knoten-Element N_1, N_2, N_3 und N_4? Das sind die sog. *Ansatzfunktionen* oder *Formfunktionen*!

4.4 Formfunktionen

Die Formfunktionen sind meist Polynome. Zum Beispiel:

$c_1 + c_2 \cdot x + c_3 \cdot y$ „linear"

$c_1 + c_2 \cdot x + c_3 \cdot y + c_4 \cdot x^2 + c_5 \cdot x \cdot y + c_6 \cdot y^2$ „quadratisch"

$c_1 + c_2 \cdot x + c_3 \cdot y + c_4 \cdot x \cdot y$ „bilinear"

Aber auch andere Funktionstypen, wie beispielsweise trigonometrische Funktionen, sind prinzipiell verwendbar.

Was sollen die Formfunktionen tun?

Sie sollen das Verschiebungsfeld U(x,y) in einem Finiten Element durch die Verschiebungen seiner Knoten beschreiben:

$U(x,y) = \sum_i U_i N_i(x,y)$ mit U_i = Verschiebung des Knotens i
N_i = Formfunktion des Knotens i

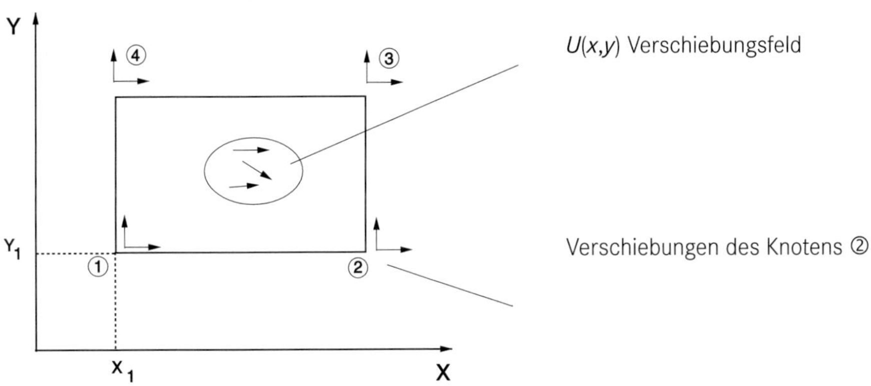

Bild 4.4-1: Verschiebungsfeld in einem Finiten Element

Nochmals: $U(x,y) = \sum_i U_i N_i(x,y)$

Am Knoten 1 muss gelten:

$$U(x_1,y_1) = U_1 \cdot N_1(x_1,y_1) + U_2 \cdot N_2(x_1,y_1) + U_3 \cdot N_3(x_1,y_1) + U_4 \cdot N_4(x_1,y_1) = U_1$$

Diese Bedingung ist dann erfüllt, wenn die „eigene" Formfunktion $N_1(x_1,y_1) = 1$ ist und die anderen Formfunktionen $N_2(x_1,y_1)$ bis $N_4(x_1,y_1) = 0$!

9. REGEL FEA

Eine Formfunktion N_i hat die Fundamentaleigenschaft, dass sie am Knoten *i* zu 1 wird und an allen anderen Knoten 0.

Wie sieht es mit dem Polynomgrad der Formfunktionen aus?

Durch die Fundamentaleigenschaft, an „ihrem" Knoten 1 zu werden und an allen anderen Knoten 0, müssen sie *Interpolierende*, nicht etwa Approximierende sein:

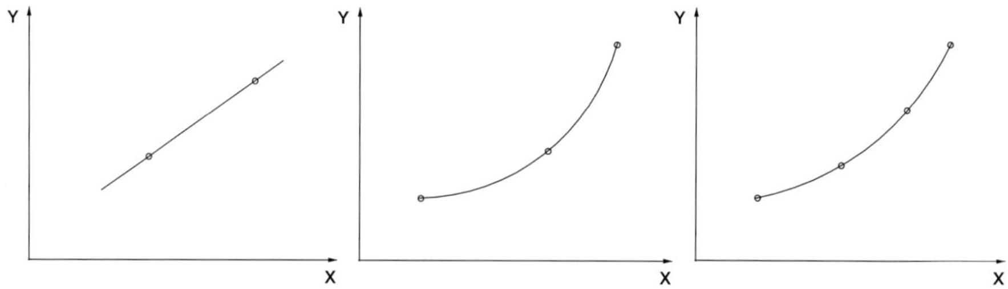

Bild 4.4-2: Polynomgrad der Formfunktionen

2 Punkte:	3 Punkte:	4 Punkte:
$y = c_1 \cdot x + c_2$ $[y = a \cdot x + b]$	$y = c_1 \cdot x^2 + c_2 \cdot x + c_3$	$y = c_1 \cdot x^3 + c_2 \cdot x^2$ $+ c_3 \cdot x + c_4$
„linear"	„quadratisch"	„kubisch"

Übertragen auf die FEA heißt das:

Bei 2 Knoten je Elementseite können die Formfunktionen = Verschiebungsansätze höchstens linear sein! Bei 3 Knoten je Elementseite höchstens quadratisch, bei 4 Knoten je Elementseite höchstens kubisch.

Beispiele

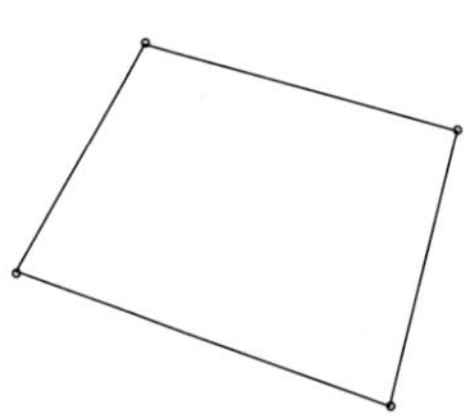

(zu primitiv für Z88)

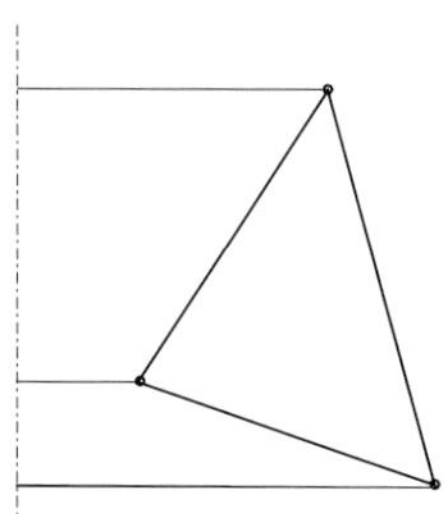

Torus Nr. 6

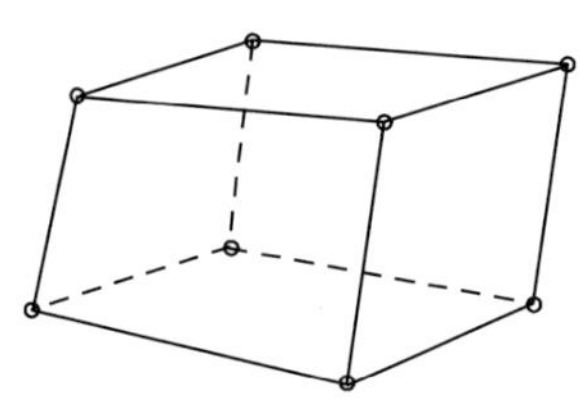

Hexaeder Nr. 1

Bild 4.4-3: Beispiele für Elemente mit linearen Formfunktionen in Z88

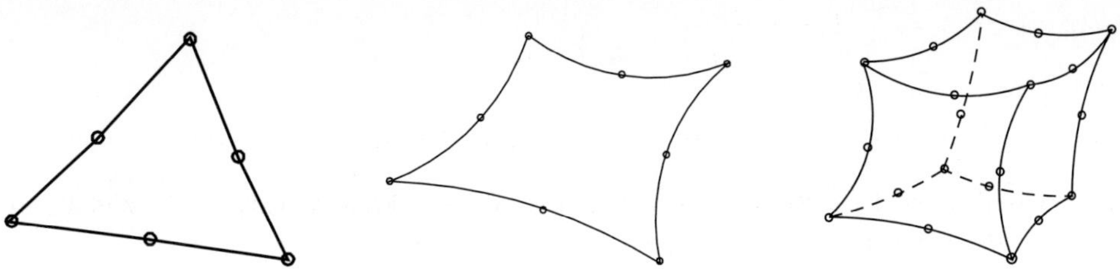

Scheibe Nr. 3 Scheibe Nr. 7 Hexaeder Nr. 10

Bild 4.4-4: Beispiele für Elemente mit quadratischen Formfunktionen in Z88

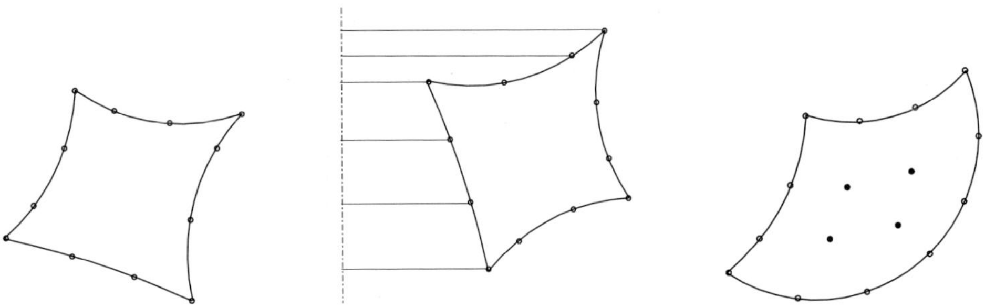

Scheibe Nr. 11 Torus Nr. 12 Platte Nr. 19

Bild 4.4-5: Beispiele für Elemente mit kubischen Formfunktionen in Z88

Die genaue Wahl der Formfunktionen (die der Fundamentaleigenschaft genügen müssen) ist Spezialistensache! Es werden teilweise vollständige Polynome, aber auch unvollständige Polynome, aus denen bestimmte Terme gestrichen werden, benutzt. Es spielen Erfahrung, numerische Stabilität und Rechenaufwand eine große Rolle. Hier sollte man keinen großen Ehrgeiz entwickeln und dieses Feld den Mathematikern und den auf FE-Anwendungen spezialisierten Statikern überlassen. Einen guten Einstieg in die Problematik gibt *Schwarz /6/*.

Ein besonderer Elementtyp sind Elemente der *Serendipity-Klasse*. Hierbei werden unvollständige Polynomansätze verwendet, die mathematisch eigentlich eine „Kriminalität“ darstellen. Überraschenderweise arbeiten diese Elemente in der Praxis jedoch ausgezeichnet. Sie sind benannt nach dem Märchen „Die drei Prinzen von Serendip“ eines gewissen Horace Walpole. Diese Prinzen hatten die Eigenschaft, unverhoffte und glückliche Entdeckungen durch Zufall zu machen, vgl. *Schwarz /6/*. Nachfolgend sollen hier die Serendipity-Formfunktionen und deren partielle Ableitungen für ausgewählte Finite Elemente angegeben werden. Sie sind im Grundsatz *Zienkiewicz /1/* und *Bathe /5/* entnommen, wobei wir sie fertig entwickelt und partiell differenziert haben:

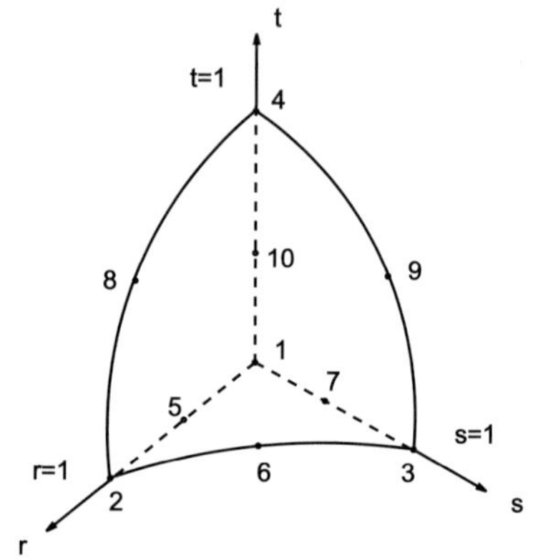

Bild 4.4-6: Krummliniger 10-Knoten Serendipity-Tetraeder mit quadratischem Ansatz

$$\underline{\underline{H_1 = 2r^2 + 2s^2 + 2t^2 + 4rs + 4rt + 4st - 3r - 3s - 3t + 1}}$$

$$\frac{\partial H_1}{\partial r} = 4r + 4s + 4t - 3$$
$$\frac{\partial H_1}{\partial s} = 4s + 4r + 4t - 3$$
$$\frac{\partial H_1}{\partial t} = 4t + 4r + 4s - 3$$

$$\underline{\underline{H_2 = 2r^2 - r}}$$

$$\frac{\partial H_2}{\partial r} = 4r - 1$$
$$\frac{\partial H_2}{\partial s} = 0$$
$$\frac{\partial H_2}{\partial t} = 0$$

$$\underline{\underline{H_3 = 2s^2 - s}}$$

$$\frac{\partial H_3}{\partial r} = 0$$
$$\frac{\partial H_3}{\partial s} = 4s - 1$$
$$\frac{\partial H_3}{\partial t} = 0$$

$$\underline{\underline{H_4 = 2t^2 - t}}$$

$$\frac{\partial H_4}{\partial r} = 0$$
$$\frac{\partial H_4}{\partial s} = 0$$
$$\frac{\partial H_4}{\partial t} = 4t - 1$$

$$\underline{\underline{H_5 = 4r - 4r^2 - 4rs - 4rt}}$$

$$\frac{\partial H_5}{\partial r} = 4 - 8r - 4s - 4t$$
$$\frac{\partial H_5}{\partial s} = -4r$$
$$\frac{\partial H_5}{\partial t} = -4r$$

$$\underline{\underline{H_6 = 4rs}} \quad \underline{\underline{H_8 = 4rt}} \quad \underline{\underline{H_9 = 4st}}$$

$$\frac{\partial H_6}{\partial r} = 4s \quad \frac{\partial H_8}{\partial r} = 4t \quad \frac{\partial H_9}{\partial r} = 0$$
$$\frac{\partial H_6}{\partial s} = 4r \quad \frac{\partial H_8}{\partial s} = 0 \quad \frac{\partial H_9}{\partial s} = 4t$$
$$\frac{\partial H_6}{\partial t} = 0 \quad \frac{\partial H_8}{\partial t} = 4r \quad \frac{\partial H_9}{\partial t} = 4s$$

$$\underline{\underline{H_7 = 4s - 4sr - 4s^2 - 4st}}$$

$$\frac{\partial H_7}{\partial r} = -4s$$
$$\frac{\partial H_7}{\partial s} = 4 - 4r - 8s - 4t$$
$$\frac{\partial H_7}{\partial t} = -4s$$

$$\underline{\underline{H_{10} = 4t - 4tr - 4ts - 4t^2}}$$

$$\frac{\partial H_{10}}{\partial r} = -4t$$
$$\frac{\partial H_{10}}{\partial s} = -4t$$
$$\frac{\partial H_{10}}{\partial t} = 4 - 4r - 4s - 8t$$

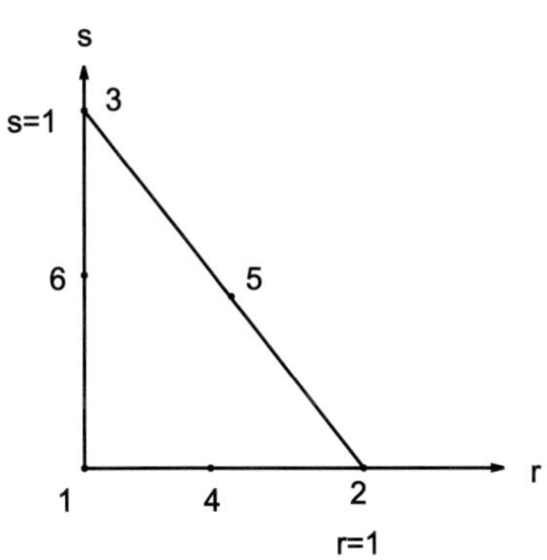

Bild 4.4-7: Krummliniges 6-Knoten Serendipity Scheibendreieck

$$\underline{\underline{H_1 = 2r^2 + 2s^2 + 4rs - 3r - 3s + 1}}$$

$$\frac{\partial H_1}{\partial r} = 4r + 4s - 3 \quad , \quad \frac{\partial H_1}{\partial s} = 4s + 4r - 3$$

$$\underline{\underline{H_2 = 2r^2 - r}}$$

$$\frac{\partial H_2}{\partial r} = 4r - 1 \quad , \quad \frac{\partial H_2}{\partial s} = 0$$

$$\underline{\underline{H_3 = 2s^2 - s}}$$

$$\frac{\partial H_3}{\partial r} = 0 \quad , \quad \frac{\partial H_3}{\partial s} = 4s - 1$$

$$\underline{\underline{H_4 = 4r - 4r^2 - 4rs}}$$

$$\frac{\partial H_4}{\partial r} = 4 - 8r - 4s \quad , \quad \frac{\partial H_4}{\partial s} = -4r$$

$$\underline{\underline{H_5 = 4rs}}$$

$$\frac{\partial H_5}{\partial r} = 4s \quad , \quad \frac{\partial H_5}{\partial s} = 4r$$

$$\underline{\underline{H_6 = 4s - 4rs - 4s^2}}$$

$$\frac{\partial H_6}{\partial r} = -4s \quad , \quad \frac{\partial H_6}{\partial s} = 4 - 4r - 8s$$

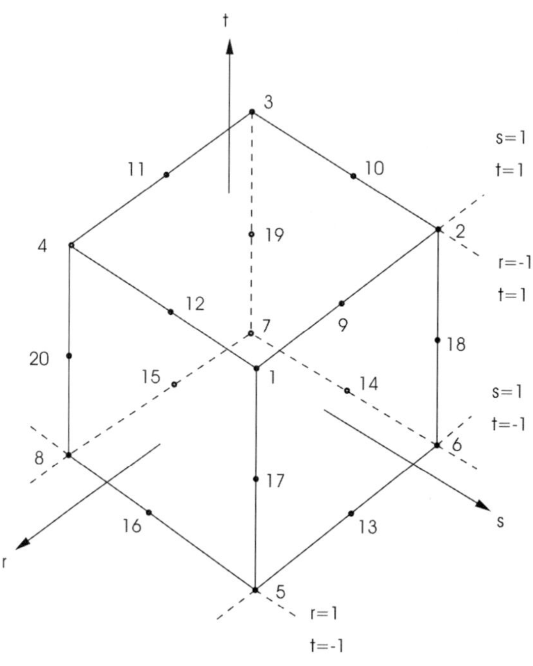

Bild 4.4-8: Krummliniger 20-Knoten Serendipity Hexaeder mit quadratischem Ansatz

Es werden hier, um Schreib- und Übertragungsfehler zu vermeiden, direkt die Ansätze aus der Function **SHEX88.C** abgebildet. Es sind:

`h[i]:` Die Formfunktionen

`p[ 1] - p[20]:` Die partiellen Ableitungen der Formfunktionen nach r

`p[21] - p[40]:` Die partiellen Ableitungen der Formfunktionen nach s

`p[41] - p[60]:` Die partiellen Ableitungen der Formfunktionen nach t

```
/* Faktoren der Formfunktionen belegen */
epr = 1. + (*r);
emr = 1. - (*r);
eps = 1. + (*s);
ems = 1. - (*s);
ept = 1. + (*t);
emt = 1. - (*t);
emrr= 1. - (*r) * (*r);
emss= 1. - (*s) * (*s);
emtt= 1. - (*t) * (*t);
zrm = -2. * (*r);
zsm = -2. * (*s);
ztm = -2. * (*t);
/* Formfunktionen */
h[1 ]= .125*( epr*eps*ept  -emrr*eps*ept  -epr*emss*ept - epr*eps*emtt);
h[2 ]= .125*( emr*eps*ept  -emrr*eps*ept  -emr*emss*ept - emr*eps*emtt);
h[3 ]= .125*( emr*ems*ept  -emr*emss*ept  -emrr*ems*ept - emr*ems*emtt);
h[4 ]= .125*( epr*ems*ept  -emrr*ems*ept  -epr*emss*ept - epr*ems*emtt);
h[5 ]= .125*( epr*eps*emt  -emrr*eps*emt  -epr*emss*emt - epr*eps*emtt);
h[6 ]= .125*( emr*eps*emt  -emrr*eps*emt  -emr*emss*emt - emr*eps*emtt);
h[7 ]= .125*( emr*ems*emt  -emr*emss*emt -emrr*ems*emt - emr*ems*emtt);
h[8 ]= .125*( epr*ems*emt  -emrr*ems*emt -epr*emss*emt - epr*ems*emtt);
h[9 ]= .25 * emrr* eps * ept;
h[10]= .25 * emr * emss* ept;
h[11]= .25 * emrr* ems * ept;
h[12]= .25 * epr * emss* ept;
h[13]= .25 * emrr* eps * emt;
h[14]= .25 * emr * emss* emt;
h[15]= .25 * emrr* ems * emt;
h[16]= .25 * epr * emss* emt;
h[17]= .25 * epr * eps * emtt;
h[18]= .25 * emr * eps * emtt;
h[19]= .25 * emr * ems * emtt;
h[20]= .25 * epr * ems * emtt;
```

```
/* Partielle Ableitung der Formfunktionen nach r */
p[1]=  .125 *( eps*ept- zrm*eps*ept- emss*ept   - eps*emtt);
p[2]=  .125 *(-eps*ept- zrm*eps*ept+ emss*ept   + eps*emtt);
p[3]=  .125 *(-ems*ept+ emss*ept   - zrm*ems*ept+ ems*emtt);
p[4]=  .125 *( ems*ept- zrm*ems*ept- emss*ept   - ems*emtt);
p[5]=  .125 *( eps*emt- zrm*eps*emt- emss*emt   - eps*emtt);
p[6]=  .125 *(-eps*emt- zrm*eps*emt+ emss*emt   + eps*emtt);
p[7]=  .125 *(-ems*emt+ emss*emt   - zrm*ems*emt+ ems*emtt);
p[8]=  .125 *( ems*emt- zrm*ems*emt- emss*emt   - ems*emtt);
p[9]=  .250 *( zrm*eps*ept);
p[10]= .250 *(-emss*ept   );
p[11]= .250 *( zrm*ems*ept);
p[12]= .250 *( emss*ept   );
p[13]= .250 *( zrm*eps*emt);
p[14]= .250 *(-emss*emt   );
p[15]= .250 *( zrm*ems*emt);
p[16]= .250 *( emss*emt   );
p[17]= .250 *( eps*emtt   );
p[18]= .250 *(-eps*emtt   );
p[19]= .250 *(-ems*emtt   );
p[20]= .250 *( ems*emtt   );
/* Partielle Ableitung der Formfunktionen nach s */
p[21]=  .125 *( epr*ept -emrr*ept    -epr*zsm*ept -epr*emtt);
p[22]=  .125 *( emr*ept -emrr*ept    -emr*zsm*ept -emr*emtt);
p[23]=  .125 *(-emr*ept -emr*zsm*ept +emrr*ept    +emr*emtt);
p[24]=  .125 *(-epr*ept +emrr*ept    -epr*zsm*ept +epr*emtt);
p[25]=  .125 *( epr*emt -emrr*emt    -epr*zsm*emt -epr*emtt);
p[26]=  .125 *( emr*emt -emrr*emt    -emr*zsm*emt -emr*emtt);
p[27]=  .125 *(-emr*emt -emr*zsm*emt +emrr*emt    +emr*emtt);
p[28]=  .125 *(-epr*emt +emrr*emt    -epr*zsm*emt +epr*emtt);
p[29]=  .250 *( emrr*ept   );
p[30]= .250 *( emr*zsm*ept);
p[31]= .250 *(-emrr*ept   );
p[32]= .250 *( epr*zsm*ept);
p[33]= .250 *( emrr*emt   );
p[34]= .250 *( emr*zsm*emt);
p[35]= .250 *(-emrr*emt   );
p[36]= .250 *( epr*zsm*emt);
p[37]= .250 *( epr*emtt   );
p[38]= .250 *( emr*emtt   );
```

```
p[39]= .250 *(-emr*emtt   );
p[40]= .250 *(-epr*emtt   );
/* Partielle Ableitung der Formfunktionen nach t */
p[41]=  .125 *( epr*eps -emrr*eps -epr*emss -epr*eps*ztm);
p[42]=  .125 *( emr*eps -emrr*eps -emr*emss -emr*eps*ztm);
p[43]=  .125 *( emr*ems -emr*emss -emrr*ems -emr*ems*ztm);
p[44]=  .125 *( epr*ems -emrr*ems -epr*emss -epr*ems*ztm);
p[45]=  .125 *(-epr*eps +emrr*eps +epr*emss -epr*eps*ztm);
p[46]=  .125 *(-emr*eps +emrr*eps +emr*emss -emr*eps*ztm);
p[47]=  .125 *(-emr*ems +emr*emss +emrr*ems -emr*ems*ztm);
p[48]=  .125 *(-epr*ems +emrr*ems +epr*emss -epr*ems*ztm);
p[49]=  .250 *( emrr*eps   );
p[50]= .250 *( emr*emss   );
p[51]= .250 *( emrr*ems   );
p[52]= .250 *( epr*emss   );
p[53]= .250 *(-emrr*eps   );
p[54]= .250 *(-emr*emss   );
p[55]= .250 *(-emrr*ems   );
p[56]= .250 *(-epr*emss   );
p[57]= .250 *( epr*eps*ztm);
p[58]= .250 *( emr*eps*ztm);
p[59]= .250 *( emr*ems*ztm);
p[60]= .250 *( epr*ems*ztm);
```

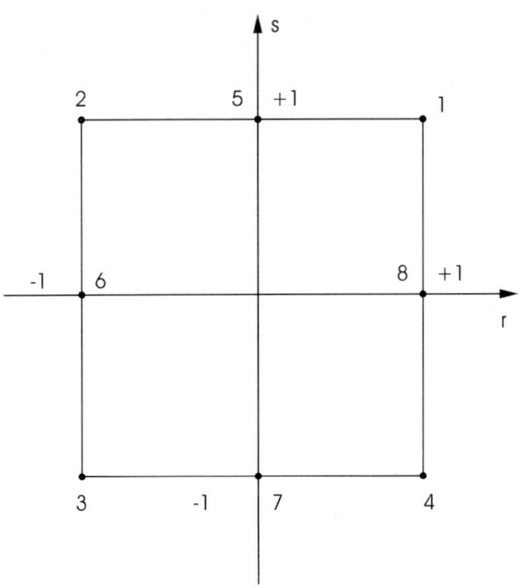

Bild 4.4-9: Krummlinige 8-Knoten Serendipity Scheibe mit quadratischem Ansatz (Z88-Typ Nr. 7)

$$N_1 = \frac{1}{4}(1+r)(1+s) - \frac{1}{4}(1-r^2)(1+s) - \frac{1}{4}(1-s^2)(1+r)$$
$$N_2 = \frac{1}{4}(1-r)(1+s) - \frac{1}{4}(1-r^2)(1+s) - \frac{1}{4}(1-s^2)(1-r)$$
$$N_3 = \frac{1}{4}(1-r)(1-s) - \frac{1}{4}(1-s^2)(1-r) - \frac{1}{4}(1-r^2)(1-s)$$
$$N_4 = \frac{1}{4}(1+r)(1-s) - \frac{1}{4}(1-r^2)(1-s) - \frac{1}{4}(1-s^2)(1+r)$$
$$N_5 = \frac{1}{2}(1-r^2)(1+s)$$
$$N_6 = \frac{1}{2}(1-s^2)(1-r)$$
$$N_7 = \frac{1}{2}(1-r^2)(1-s)$$
$$N_8 = \frac{1}{2}(1-s^2)(1+r)$$

Es werden hier zusätzlich, um Schreib- und Übertragungsfehler zu vermeiden, direkt die Ansätze aus der Function **SQSH88.C** abgebildet. Diese Funktionen gelten auch für 8-Knoten Toruselemente (Z88-Typ Nr. 8).

Es sind:

`h[i]`: Die Formfunktionen

`p[1] - p[ 8]`: Die partiellen Ableitungen der Formfunktionen nach r

`p[9] - p[16]`: Die partiellen Ableitungen der Formfunktionen nach s

```
/* Klammern der Formfunktionen belegen */
rp= 1. + (*r);
sp= 1. + (*s);
rm= 1. - (*r);
sm= 1. - (*s);
rqm= 1. - (*r)*(*r);
sqm= 1. - (*s)*(*s);
r2= 2. * (*r);
s2= 2. * (*s);
/* Formfunktionen */
h[1]= .25 *(rp*sp - rqm*sp - sqm*rp);
h[2]= .25 *(rm*sp - rqm*sp - sqm*rm);
h[3]= .25 *(rm*sm - sqm*rm - rqm*sm);
h[4]= .25 *(rp*sm - rqm*sm - sqm*rp);
h[5]= .5 *rqm*sp;
h[6]= .5 *sqm*rm;
h[7]= .5 *rqm*sm;
h[8]= .5 *sqm*rp;
/* Partielle Ableitung der Formfunktionen nach r */
p[1]= .25 *(sp + r2*sp -sqm);
```

```
p[2]= .25 *((-sp) + r2*sp + sqm);
p[3]= .25 *((-sm) + sqm + r2*sm);
p[4]= .25 *(sm + r2*sm - sqm);
p[5]= .5 *(-r2)*sp;
p[6]= (-.5 )*sqm;
p[7]= .5 *(-r2)*sm;
p[8]= .5 *sqm;
/* Partielle Ableitung der Formfunktionen nach s */
p[9] = .25 *(rp - rqm + s2*rp);
p[10]= .25 *(rm - rqm + s2*rm);
p[11]= .25 *((-rm) + s2*rm + rqm);
p[12]= .25 *((-rp) + rqm + s2*rp);
p[13]= .5 *rqm;
p[14]= .5 *(-s2)*rm;
p[15]= (-.5 )*rqm;
p[16]= .5 *(-s2)*rp;
```

4.5 Integration

Bleibt nur noch die Frage nach der numerischen Integration. Das macht man im Allgemeinen mit einer sog. Gauß-Legendre-Quadratur. Es gibt auch andere numerische Integrationsverfahren, wobei sicher die sog. Newton-Cotes Formeln recht bekannt sind: Trapezregel und Simpsonregel. Weitere numerische Verfahren sind die Gauß-Laguerre-Integration, die Gauß-Tschebyschew-Integration und die Gauß-Hermite-Integration:

$$\int_{-1}^{+1} f(x)dx \cong \sum_{i=0}^{n} w_i f(x_i) \qquad \text{Gauß-Legendre}$$

$$\int_{0}^{\infty} f(x)e^{-x}dx \cong \sum_{i=0}^{n} w_i f(x_i) \qquad \text{Gauß-Laguerre}$$

$$\int_{-1}^{+1} f(x)\frac{1}{\sqrt{1-x^2}}dx \cong \sum_{i=0}^{n} w_i f(x_i) \qquad \text{Gauß-Tschebyschew}$$

$$\int_{-1}^{+1} f(x)e^{-x^2}dx \cong \sum_{i=0}^{n} w_i f(x_i) \qquad \text{Gauß-Hermite}$$

Wer sich dafür näher interessiert, möge *Abramowitz/Stegun /12/* und *Jedrzejewski /36/* konsultieren.

Für isoparametrische Elemente hat sich die Gauß-Legendre-Quadratur gut bewährt. Dazu wird folgender Trick gemacht: Das Finite Element wird programmintern auf ein Koordinationssystem *r,s* transformiert.

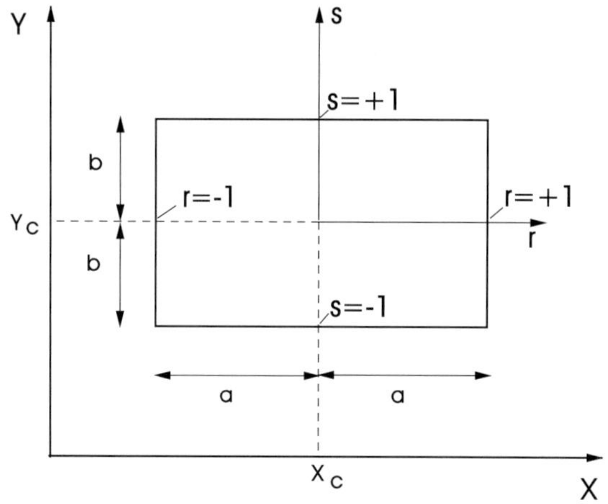

$$r = (x - x_c)/a$$
$$dr = \frac{dx}{a}$$
$$s = (y - y_c)/b$$
$$ds = \frac{dy}{b}$$

Bild 4.5-1: Transformation des Finiten Elementes

Dann gilt die Gauß-Legendre-Quadraturformel, weil sie nur im Intervall [−1,+1] definiert ist:

$$I = \int_{-1}^{+1} F(r)\,dr = \sum_{1}^{n} \alpha_i \cdot F(r_i)$$

dabei sind α_i die Gauß-Gewichte und r_i die Gauß-Stützstellen (das sind die Nullstellen der Legendre-Polynome).

Tabelle 4.5-1: Tabelle für Gauß-Legendre-Integration von 1 bis 4 Stützpunkte je Achse

Stützpunkte	Abstände r_i bzw. s_i bzw. t_i	Gauß-Gewichte α_i
1	+0,00000.00000.00000	+2,00000.00000.00000
2	+0,57735.02691.89626	+1,00000.00000.00000
	-0,57735.02691.89626	+1,00000.00000.00000
3	+0,77459.66692.41483	+0,55555.55555.55556
	+0,00000.00000.00000	+0,88888.88888.88889
	-0,77459.66692.41483	+0,55555.55555.55556
4	+0,86113.63115.94053	+0,34785.48451.37454
	+0,33998.10435.84856	+0,65214.51548.62546
	-0,33998.10435.84856	+0,65214.51548.62546
	-0,86113.63115.94053	+0,34785.48451.37454

Die Zahlenwerte der Tabelle 4.5-1 können für krummlinige Vierecke (Z88-Typen Nr. 7, 8, 11 und 12) und für krummlinige Hexaeder (Z88-Typen Nr. 10 und 1) genutzt werden. Die Werte sind *Bathe /5/* entnommen.

Für den *2-dimensionalen Fall* gilt folgende Gauß-Legendre-Formel:

$$I = \int_{-1}^{+1}\int_{-1}^{+1} F(r,s)\ dr\ ds = \sum_i \sum_j \alpha_i\ \alpha_j F(r_i,s_j)$$

Für den *3-dimensionalen Fall* gilt folgende Gauß-Legendre-Formel:

$$I = \int_{-1}^{+1}\int_{-1}^{+1}\int_{-1}^{+1} F(r,s,t)\ dr\ ds\ dt = \sum_i \sum_j \sum_k \alpha_i\ \alpha_j\ \alpha_k F(r_i,s_j,t_k)$$

Für *Dreiecke* gilt Sinngemäßes, wobei

$$I = \int_{0}^{+1}\int_{0}^{+1} F(r,s)\ dr\ ds = \frac{1}{2}\sum_i \alpha_i F(r_i,s_i)$$

Die Zahlenwerte der Tabelle 4.5-2 können für krummlinige Dreiecke (Z88-Typen Nr. 14 und 15) genutzt werden. Die Werte sind sinngemäß *Bathe /5/* entnommen.

Für *Tetraeder* werden in der Literatur /1/, /4/ die Gleichungen und Zahlenwerte gerne in sog. Tetraederkoordinaten angegeben. Leichter geht's wie folgt:

$$I = \int_{0}^{+1}\int_{0}^{+1}\int_{0}^{+1} F(r,s,t)\ dr\ ds\ dt = \frac{1}{6}\sum_i \alpha_i F(r_i,s_i,t_i)$$

Tabelle 4.5-2: Für Gauß-Legendre-Integration von Stützpunkten 3, 7 und 13

Stützpunkte	r_i	s_i	α_i
3	+0,16666.66666.667	+0,16666.66666.667	+0,33333.33333.333
	+0,66666.66666.667	+0,16666.66666.667	+0,33333.33333.333
	+0,16666.66666.667	+0,66666.66666.667	+0,33333.33333.333
7	+0,10128.65073.235	+0,10128.65073.235	+0,12593.91805.448
	+0,79742.69853.531	+0,10128.65073.235	+0,12593.91805.448
	+0,10128.65073.235	+0,79742.69853.531	+0,12593.91805.448
	+0,47014.20641.051	+0,05971.58717.898	+0,13239.41527.885
	+0,47014.20641.051	+0,47014.20641.051	+0,13239.41527.885
	+0.05971.58717.898	+0,47014.20641.051	+0,13239.41527.885
	+0,33333.33333.333	+0,33333.33333.333	+0,22500.00000.000
13	+0,06513.01029.022	+0,06513.01029.022	+0,05334.72356.088
	+0,86973.97941.956	+0,06513.01029.022	+0,05334.72356.088
	+0,06513.01029.022	+0,86973.97941.956	+0,05334.72356.088
	+0,31286.54960.049	+0,04869.03154.253	+0,07711.37608.903

Stützpunkte	r_i	s_i	α_i
	+0,63844.41885.698	+0,31286.54960.049	+0,07711.37608.903
	+0,04869.03154.253	+0,63844.41885.698	+0,07711.37608.903
	+0,63844.41885.698	+0,04869.03154.253	+0,07711.37608.903
	+0,31286.54960.049	+0,63844.41885.698	+0,07711.37608.903
	+0,04869.03154.253	+0,31286.54960.049	+0,07711.37608.903
	+0,26034.59660.790	+0,26034.59660.790	+0,17561.52574.332
	+0,47930.80678.419	+0,26034.59660.790	+0,17561.52574.332
	+0,26034.59660.790	+0,47930.80678.419	+0,17561.52574.332
	+0,33333.33333.333	+0,33333.33333.333	-0,14957.00444.677

Tabelle 4.5-3: Für Gauß-Legendre-Integration von Stützpunkten 1, 4 und 5

Stützpunkte	r_i	s_i	t_i	α_i
1	+0,25000.000	+0,25000.000	+0,25000.000	+1,00000.000
4	+0,58541.020	+0,13819.660	+0,13819.660	+0,25000.000
	+0,13819.660	+0,58541.020	+0,13819.660	+0,25000.000
	+0,13819.660	+0,13819.660	+0,58541.020	+0,25000.000
	+0,13819.660	+0,13819.660	+0,13819.660	+0,25000.000
5	+0,25000.000	+0,25000.000	+0,25000.000	-0,80000.000
	+0,50000.000	+0,16666.667	+0,16666.667	+0,45000.000
	+0,16666.667	+0,50000.000	+0,16666.667	+0,45000.000
	+0,16666.667	+0,16666.667	+0,50000.000	+0,45000.000
	+0,16666.667	+0,16666.667	+0,16666.667	+0,45000.000

Die Zahlenwerte in Tabelle 4.5-3 können für krummlinige Tetraeder (Z88-Typen Nr. 16 und 17) genutzt werden. Die Werte sind sinngemäß *Zienciewicz /1/* entnommen.

Um nun die Elementsteifigkeitsmatrix endgültig aufstellen zu können, müssen wir bekanntlich die Verzerrungs-Verschiebungs-Transformationsmatrix $\boldsymbol{B}$ aufstellen. Da wir durch die Gauß-Legendre-Quadratur gezwungen sind, in sog. „natürlichen“ Koordinaten r, s, t zu arbeiten, müssen wir geeignet umrechnen. Genauso wie gilt:

$$u = \sum_i N_i u_i \quad , \quad v = \sum_i N_i v_i \quad , \quad w = \sum_i N_i w_i$$

können auch alle Koordinaten an jedem Punkt eines Elements interpoliert werden:

$$x = \sum_i N_i x_i \quad , \quad y = \sum_i N_i y_i \quad , \quad z = \sum_i N_i z_i$$

mit i = Knotenindex.

Das bedeutet: x, y, z sind Funktion von r, s, t:

$$x = f_1\,(r,s,t) \quad , \quad y = f_2\,(r,s,t) \quad , \quad z = f_3\,(r,s,t)$$

Für $\boldsymbol{B}$ brauchen wir die partiellen Ableitungen

$\partial N_i/\partial x$, $\partial N_i/\partial y$ und $\partial N_i/\partial z$.

Die Kettenregel der Differentialrechnung ergibt:

$$\frac{\partial}{\partial r} = \frac{\partial}{\partial x}\frac{\partial x}{\partial r} + \frac{\partial}{\partial y}\frac{\partial y}{\partial r} + \frac{\partial}{\partial z}\frac{\partial z}{\partial r}$$

$$\frac{\partial}{\partial s} = \frac{\partial}{\partial x}\frac{\partial x}{\partial s} + \frac{\partial}{\partial y}\frac{\partial y}{\partial s} + \frac{\partial}{\partial z}\frac{\partial z}{\partial s}$$

$$\frac{\partial}{\partial t} = \frac{\partial}{\partial x}\frac{\partial x}{\partial t} + \frac{\partial}{\partial y}\frac{\partial y}{\partial t} + \frac{\partial}{\partial z}\frac{\partial z}{\partial t}$$

Wenn wir diesen Gleichungssatz in Matrixform schreiben, entsteht:

$$\begin{pmatrix} \frac{\partial}{\partial r} \\ \frac{\partial}{\partial s} \\ \frac{\partial}{\partial t} \end{pmatrix} = \begin{pmatrix} \frac{\partial x}{\partial r} & \frac{\partial y}{\partial r} & \frac{\partial z}{\partial r} \\ \frac{\partial x}{\partial s} & \frac{\partial y}{\partial s} & \frac{\partial z}{\partial s} \\ \frac{\partial x}{\partial t} & \frac{\partial y}{\partial t} & \frac{\partial z}{\partial t} \end{pmatrix} = \begin{pmatrix} \frac{\partial}{\partial x} \\ \frac{\partial}{\partial y} \\ \frac{\partial}{\partial z} \end{pmatrix}$$

oder in symbolischer Matrixschreibweise:

$$\frac{\partial}{\partial \boldsymbol{r}} = \boldsymbol{J} \cdot \frac{\partial}{\partial \boldsymbol{x}}$$

Dabei ist $\boldsymbol{J}$ die sog. Jacobi-Matrix. Sie bildet die Beziehung natürliche Koordinaten / kartesische Koordinaten ab.

Konkret ergibt sich für die Jacobi-Matrix:

$$J = \begin{pmatrix} \sum \frac{\partial N_i}{\partial r} x_i & \sum \frac{\partial N_i}{\partial r} y_i & \sum \frac{\partial N_i}{\partial r} z_i \\ \sum \frac{\partial N_i}{\partial s} x_i & \sum \frac{\partial N_i}{\partial s} y_i & \sum \frac{\partial N_i}{\partial s} z_i \\ \sum \frac{\partial N_i}{\partial t} x_i & \sum \frac{\partial N_i}{\partial t} y_i & \sum \frac{\partial N_i}{\partial t} z_i \end{pmatrix}$$

Da wir aber $\partial N_i/\partial x$, $\partial N_i/\partial y$ und $\partial N_i/\partial z$ für $\boldsymbol{B}$ brauchen, entsteht: $\frac{\partial}{\partial \boldsymbol{x}} = \boldsymbol{J}^{-1} \cdot \frac{\partial}{\partial \boldsymbol{r}}$

Wir brauchen also für die Umrechnung die inverse Jacobi-Matrix. Im Normalfall existiert sie, wenn es eine ein-eindeutige Beziehung zwischen den natürlichen Koordinaten r, s, t und den kartesischen Koordinaten x, y, z gibt. Das ist immer dann der Fall, wenn die Elemente richtig nummeriert sind, d. h., folgend der jeweiligen Elementdefinition, und wenn sie nicht zu sehr verzerrt sind. Man spricht auch von degenerierten Elementen. Um solche Misslichkeiten zu vermeiden (denn praktisch alle FE-Programme brechen ab, wenn sie eine singuläre Jacobi-Matrix feststellen), gibt es eine praxisbewährte Faustregel: Viereckselemente sollten möglichst quadratisch sein und Dreieckselemente sollten möglichst gleichseitig sein. Natürlich ist das nicht immer zu machen, und es ist ja in der Tat ungeheuer praktisch, dass z. B. 8-Knoten-Serendipity-Vierecke (Z88-Typ Scheibe Nr. 7) eine so schöne krummlinige Form annehmen können.

Aber so etwas muss vermieden werden:

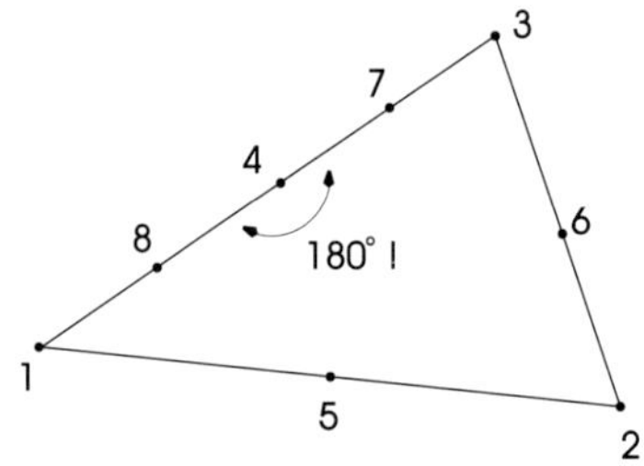

Bild 4.5-2: Winkel zwischen zwei Seiten muss < 180° sein

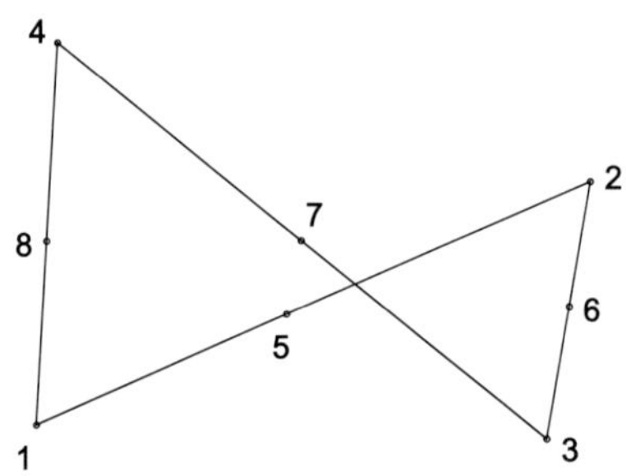

Bild 4.5-3: „gefaltetes" Element

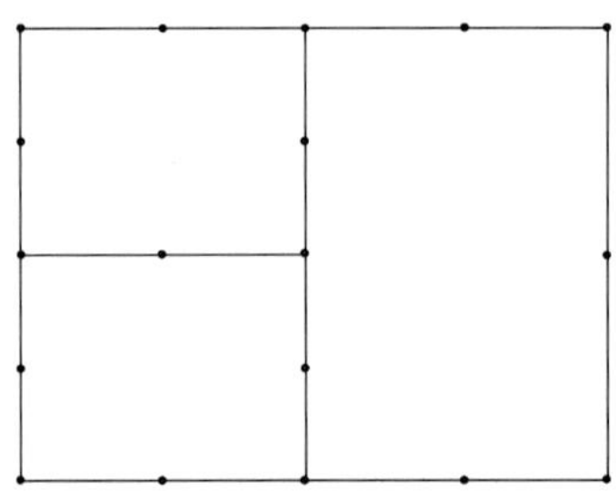

Bild 4.5-4: Anschluss ohne spezielle Übergangselemente nicht möglich

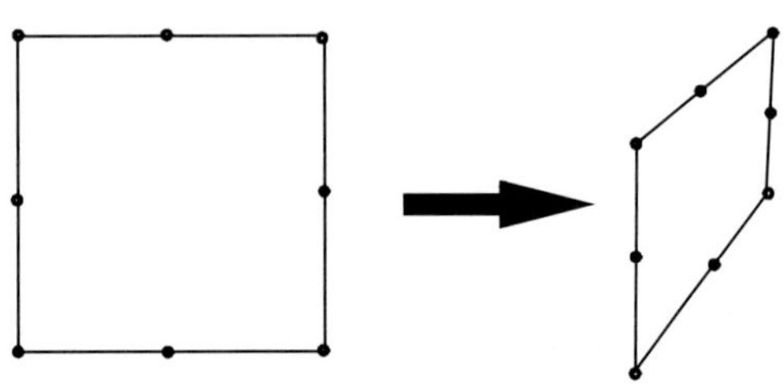

Bild 4.5-5: Element wird durch zu starke Deformation in seiner Form geändert

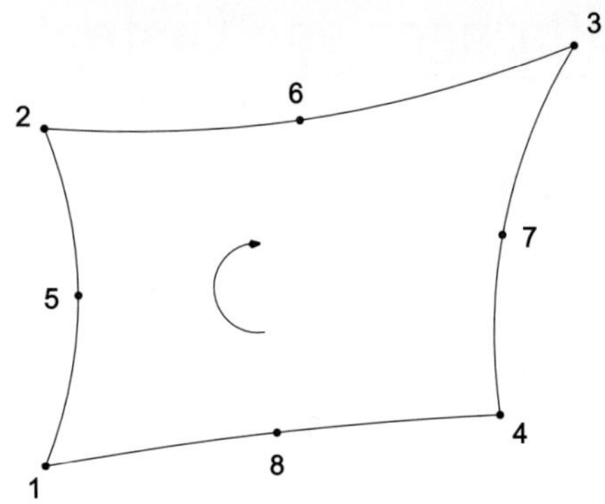

Bild 4.5-6: Falscher Numerierungssinn – im Uhrzeiger. Z88 Scheibe Nr. 7 muss gegen Uhrzeiger numeriert werden.

Da ja bestimmt werden soll:

$$\boldsymbol{K} = \iiint_V \boldsymbol{B}^T \boldsymbol{C}\, \boldsymbol{B}\, dV$$

muss noch beachtet werden, dass die Koeffizienten von $\boldsymbol{B}$ Funktionen von r, s, t sind.

Daher:

$dV = \det \boldsymbol{J}\, dr\, ds\, dt$

Dabei ist $\det \boldsymbol{J}$ die Jacobi-Determinante. Dies ist die aus der Höheren Mathematik bekannte Substitutionsregel für Mehrfachintegrale. Sie gilt für die Berechnung eines Integrals in beliebigen Koordinaten r, s, t, die durch

$x = x(r,s,t) \quad , \quad y = y(r,s,t) \quad , \quad z = z(r,s,t)$

definiert sind. Die Zerlegung des Integrationsgebiets in Volumenelemente durch die Koordinatenflächen

$r = \text{const} \quad , \quad s = \text{const} \quad , \quad t = \text{const}$

führt zu:

$dV = \det \boldsymbol{J}\, dr\, ds\, dt$

Näheres siehe einschlägige mathematische Literatur, z. B. *Stöcker /13/.*

Damit wird unsere Ausgangsformel im ebenen Fall zu:

$$\boldsymbol{K}^e = \iint_A \boldsymbol{B}^T \boldsymbol{C}\, \boldsymbol{B}\, dx\, dy = \int_{-1}^{+1}\int_{-1}^{+1} \boldsymbol{B}^T(r,s)\; \boldsymbol{C}\, \boldsymbol{B}(r,s)\; \det \boldsymbol{J}(r,s)\; dr\, ds \approx$$

$$\sum_{i=1}^{n_r}\sum_{j=1}^{n_s} \alpha_i\, \alpha_j\, \boldsymbol{B}^T(r_i,s_j)\; \boldsymbol{C}\, \boldsymbol{B}(r_i,s_j)\; \det \boldsymbol{J}(r_i,s_j)$$

oder im 3-dimensionalen Fall zu:

$$\boldsymbol{K}^e = \iiint_V \boldsymbol{B}^T \boldsymbol{C}\, \boldsymbol{B}\, dx\, dy\, dz = \int_{-1}^{+1}\int_{-1}^{+1}\int_{-1}^{+1} \boldsymbol{B}^T(r,s,t)\; \boldsymbol{C}\, \boldsymbol{B}(r,s,t)\; \det \boldsymbol{J}(r,s,t)\; dr\, ds\, dt \approx$$

$$\sum_{i=1}^{n_r}\sum_{j=1}^{n_s}\sum_{k=1}^{n_t} \alpha_i\, \alpha_j\, \alpha_k\, \boldsymbol{B}^T(r_i,s_j,t_k)\; \boldsymbol{C}\, \boldsymbol{B}(r_i,s_j,t_k)\; \det \boldsymbol{J}(r_i,s_j,t_k)$$

4.6 Das Aufbringen von Lasten, Lastvektoren

4.6.1 Das grundsätzliche Vorgehen

Die Elementsteifigkeitsmatrix ist

$$\boldsymbol{K} = \iiint_V \boldsymbol{B}^T \boldsymbol{C}\, \boldsymbol{B}\, dV$$

und ganz sinngemäß ist die Massenmatrix:

$$\boldsymbol{M} = \iiint_V \rho\, \boldsymbol{N}^T \boldsymbol{N}\, dV$$

und die verschiedenen Lasten:

$$\boldsymbol{R}_B = \iiint_V \boldsymbol{N}^T \cdot \boldsymbol{f}_B \cdot dV \qquad \text{„Volumenkräfte"}$$

$$\boldsymbol{R}_S = \iint_S \boldsymbol{N}^T \cdot \boldsymbol{q} \cdot dS \qquad \text{„Oberflächenkräfte"}$$

$$\boldsymbol{R}_I = \iiint_V \boldsymbol{B}^T \cdot \boldsymbol{\sigma}_I \cdot dV \qquad \text{„Anfangsspannungen"}$$

Nun sollen einmal stellvertretend die Oberflächenkräfte, genauer die Streckenlasten beispielhaft betrachtet werden:

$$\boldsymbol{R}_S = \iint_S \boldsymbol{N}^T \cdot \boldsymbol{q}\, dS = \iint_S \boldsymbol{N}^T \cdot \boldsymbol{q} \cdot dx\, dy$$

mit $\boldsymbol{q} = \begin{pmatrix} q_x \\ q_y \end{pmatrix}$ Streckenlasten

Wenn nun mal folgender Belastungsfall, vgl. Bild 4.6-1, angenommen werden soll:

Wir legen beide Koordinatensysteme, d. h. die kartesischen Koordinaten x, y und die natürlichen Koordinaten r, s aufeinander, d. h.

$x = r$ und $y = s$

das macht die Betrachtung etwas einfacher, da wir uns damit die Berechnung der Jacobi-Determinante sparen können.

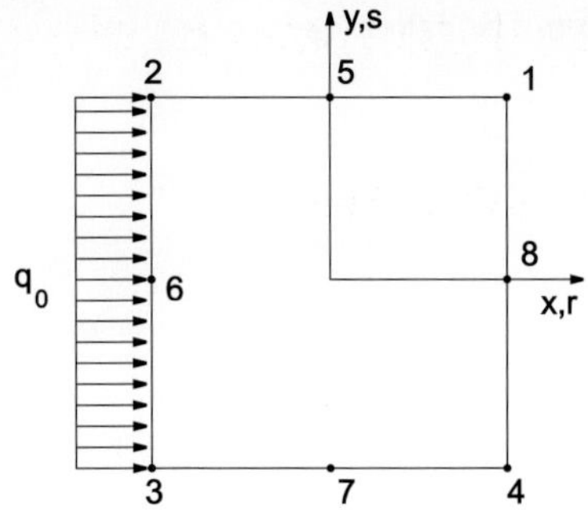

Bild 4.6-1: Beispiel einer Streckenlast

Ferner sei

$$\boldsymbol{q} = \begin{pmatrix} q_x \\ q_y \end{pmatrix} = \begin{pmatrix} q_0 \\ 0 \end{pmatrix}, \text{ mit } q_0 = \text{const.}$$

Daher:

$$\boldsymbol{R}_S = \boldsymbol{q} \iint\limits_A \boldsymbol{N}^T \, dx \, dy$$

und ausgeschrieben:

$$\boldsymbol{R}_S = \begin{pmatrix} q_0 \\ 0 \end{pmatrix} \cdot \int\limits_{-1}^{+1} \int\limits_{-1}^{+1} \left(\begin{array}{cc:cc:cc:cc:cc:cc:cc:cc} 0 & 0 & N_2 & 0 & N_3 & 0 & 0 & 0 & 0 & 0 & N_6 & 0 & 0 & 0 & 0 & 0 \\ 0 & 0 & 0 & N_2 & 0 & N_3 & 0 & 0 & 0 & 0 & 0 & N_6 & 0 & 0 & 0 & 0 \end{array} \right)^T dx \, dy$$

wobei hier $dx \, dy = dr \, ds$.

Die Formfunktionen für das ebene Scheibenelement mit 8 Knoten sind:

$$N_2 = \frac{1}{4}(1-r)\,(1+s) - \frac{1}{4}\left(1-r^2\right)\,(1+s) - \frac{1}{4}\left(1-s^2\right)\,(1-r)$$

$$N_3 = \tfrac{1}{4}(1)(1) - \tfrac{1}{4}\left(1-s^2\right)\,(1-r) - \tfrac{1}{4}\left(1-r^2\right)\,(1-s)$$

$$N_6 = \frac{1}{2}\left(1-s^2\right)\,(1-r)$$

da beide Koordinatensysteme kongruent sind:

Knoten 2:

$$N_2 = \frac{1}{4}(1-x)\,(1+y) - \frac{1}{4}\left(1-x^2\right)\,(1+y) - \frac{1}{4}\left(1-y^2\right)\,(1-x)$$

mit $x = -1$: $N_2 = \frac{1}{2}\left(y + y^2\right)$

Die Lastkomponente am Knoten 2 ist daher:

$$F_2 = q_0 \int_{-1}^{+1} N_2 \, dy = q_0 \, \frac{1}{2} \int_{-1}^{+1} \left(y + y^2\right) \, dy$$

$$= q_0 \, \frac{1}{2} \left[\frac{y^2}{2} + \frac{y^3}{3}\right]_{-1}^{+1} = q_0 \, \frac{1}{2} \left[\frac{1}{2} + \frac{1}{3} - \left(\frac{1}{2} - \frac{1}{3}\right)\right] = q_0 \, \frac{1}{3}$$

Knoten 6:

$$N_6 = \frac{1}{2} \left(1 - y^2\right) \left(1 - x\right)$$

mit $x = -1$: $N_6 = 1 - y^2$

Die Lastkomponente am Knoten 6 ist daher:

$$F_6 = q_0 \int_{-1}^{+1} N_6 \, dy = q_0 \int_{-1}^{+1} \left(1 - y^2\right) \, dy$$

$$= q_0 \left[y - \frac{y^3}{3}\right]_{-1}^{+1} = q_0 \left[1 - \frac{1}{3} - \left(-1 + \frac{1}{3}\right)\right] = q_0 \, \frac{4}{3}$$

Und am Knoten 3 gilt:

$$N_3 = \frac{1}{4} \left(1 - x\right) \left(1 - y\right) - \frac{1}{4} \left(1 - y^2\right) \left(1 - x\right) - \frac{1}{4} \left(1 - x^2\right) \left(1 - y\right)$$

mit $x = -1$: $N_3 = \frac{1}{2} \left(y^2 - y\right)$

Die Lastkomponente am Knoten 3 ist daher:

$$F_3 = q_0 \int_{-1}^{+1} N_3 \, dy = q_0 \, \frac{1}{2} \int_{-1}^{+1} \left(y^2 - y\right) \, dy$$

$$= q_0 \, \frac{1}{2} \cdot \left[\frac{y^3}{3} - \frac{y^2}{2}\right]_{-1}^{+1} = q_0 \, \frac{1}{2} \left[\frac{1}{3} - \frac{1}{2} - \left(-\frac{1}{3} - \frac{1}{2}\right)\right] = q_0 \, \frac{1}{3}$$

Da das Element von -1 bis $+1$ für y läuft, ist seine Seitenlänge dort, wo die Gleichstreckenlast q_0 aufgebracht wird, 2 und es entsteht:

Endgültige Lastkomponenten:

Knoten 2: $q_0 \cdot \frac{1}{3} : 2 = \underline{\underline{q_0 \cdot \frac{1}{6} = F_2}}$

Knoten 6: $q_0 \cdot \frac{4}{3} : 2 = \underline{\underline{q_0 \cdot \frac{2}{3} = F_6}}$

Knoten 3: $q_0 \cdot \frac{1}{3} : 2 = \underline{\underline{q_0 \cdot \frac{1}{6} = F_3}}$

Damit ist die Regel hergeleitet, dass bei ebenen Elementen mit quadratischem Ansatz bei Gleichstreckenlast q_0 die Eckknoten je 1/6 der Last und der Mittenknoten 2/3 der Last bekommt. In der Tat ist: 1/6 + 2/3 + 1/6 = 1.

Auf die gleiche Weise werden Gleichstreckenlast-Verteilung, Flächenlast-Verteilung usw. für Elemente mit quadratischem Ansatz, mit kubischem Ansatz etc. hergeleitet. Aber auch Dreiecksslasten oder ganz allgemein $\boldsymbol{q} = f(x,y)$ sind möglich. Dann muss $\boldsymbol{q}$ beim Integranden bleiben, und es muss wie bei der Elementsteifigkeitsmatrix numerisch integriert und die Jacobi-Determinante gemäß

$$dA = dx\, dy = \det \boldsymbol{J}\, dr\, ds$$

berücksichtigt werden.

4.6.2 Plattenelemente

Hier sei beispielhaft gezeigt, wie bei Platten Flächenlasten eingebaut werden. Der Flächenlastvektor bzw. Elementvektor ist:

$$\boldsymbol{R}_S = \iint_S \boldsymbol{N}^T \cdot \boldsymbol{q}\, dS = \iint_S \boldsymbol{N}^T \cdot \boldsymbol{q} \cdot dx\, dy$$

In der Element-Steifigkeitsroutine müssen für alle Integrationspunkte r_i, s_j die Formfunktionen berechnet werden, vgl. die Function **AB88** in der Routine **APLA88.C** für 8-Knoten Serendipity-Reissner-Mindlin Platten:

```
/*----------------------------------------------------------------------
* Entwickeln der Formfunktionen fuer den Lastvektor be
*---------------------------------------------------------------------*/
for(i = 1;i <= 24;i++)
  hi[i]= 0.;
k3= 1;
for(k = 1;k <= 8;k++)
  {
  hi[k3]= h[k];
  k3+= 3;
  }
```

In der Hauptschleife wird damit der Elementvektor `be` berechnet; dabei sind hier

`lx`: Zähler für r

`ly`: Zähler für *s*

`riyye`: Flächenlast

`intore`: Integrationsordnung

```
for(lx = 1;lx <= intore;lx++)
  {
  r= xg[(lx-1)*4 + intore];
  for(ly = 1;ly <= intore;ly++)
    {
    s= xg[(ly-1)*4 + intore];
/*=========================================================================
* Matrix b der partiellen Ableitungen & Jacobi Determinante holen
*========================================================================*/
    iret= ab88(&det,&r,&s);
    if(iret != 0) return(iret);
    wt= wgt[(lx-1)*4 + intore] * wgt[(ly-1)*4 + intore] * det;
/*=========================================================================
* Element- Lastvektor be
*========================================================================*/
    for(j = 1;j <= 24;j++)
      {
      be[j]+= hi[j]*wt*riyye;
      }
/*=========================================================================
* Start Steifigkeitsmatrix
*========================================================================*/
  ...
```

Während des Compilationsprozesses wird dann der Elementvektor `be` mit einberechnet, vgl. Routine **Z88BR.C**; dabei ist `rs` der Vektor der Rechten Seite und `ne` die Anzahl der Finiten Elemente:

```
for(k= 1;k <= ne;k++)
  {
...
/*-------------------------------------------------------------------------
* fuer Platten den Elementvektor hinzuaddieren
*------------------------------------------------------------------------*/
  if(ipflag != 0)
    {
    ise= 0;
    for(i = 1;i <= mxknot;i++)
      {
      for(i2 = 1;i2 <= mxfrei;i2++)
        {
```

```
            ise++;
            mcompi= mcomp[i]+i2;
            rs[mcompi] += be[ise];
            }
        }
    }
/************************************************************************
* Ende der Schleife ueber alle Elemente
************************************************************************/
  }
```

4.6.3 Volumenelemente

Dies ist der mit Abstand komplizierteste Fall. Wir stehen gegenüber Plattenelementen vor dem Problem, dass wir zunächst die Flächen beschreiben müssen, die mit Flächenlasten belegt werden. Als Flächenlasten im Raum können vorkommen:

- $\boldsymbol{p}$ Druck
- $\boldsymbol{t}_r$ Tangentialschub in (lokaler) r-Richtung
- $\boldsymbol{t}_s$ Tangentialschub in (lokaler) s-Richtung

Damit sei der Flächenlastvektor

$$\boldsymbol{q} = \begin{pmatrix} \boldsymbol{p} \\ \boldsymbol{t}_r \\ \boldsymbol{t}_s \end{pmatrix}$$

Folgerichtig muss für die Berechnung irgendwo (bei Z88 ist dies die Datei Z88I5.TXT) definiert sein:

- Das Volumenelement über die Elementnummer
- Die Fläche des Volumenelements über die jeweiligen Knoten
- Die Komponenten des Flächenlastvektors

Zunächst werden wir die Betrachtung nur für Drücke anstellen, anschließend dann die Herleitung für die Berücksichtigung von Tangentialschüben.

Es versteht sich, dass hier nicht die Formfunktionen des 20-Knoten Hexaeders verwendet werden können, sondern die, die einem Flächenelement mit 8 Knoten entsprechen, also:

$$N_1 = \frac{1}{4}(1+r)(1+s) - \frac{1}{4}(1-r^2)(1+s) - \frac{1}{4}(1-s^2)(1+r)$$
$$N_2 = \frac{1}{4}(1-r)(1+s) - \frac{1}{4}(1-r^2)(1+s) - \frac{1}{4}(1-s^2)(1-r)$$
$$N_3 = \frac{1}{4}(1-r)(1-s) - \frac{1}{4}(1-s^2)(1-r) - \frac{1}{4}(1-r^2)(1-s)$$
$$N_4 = \frac{1}{4}(1+r)(1-s) - \frac{1}{4}(1-r^2)(1-s) - \frac{1}{4}(1-s^2)(1+r)$$

$$N_5 = \frac{1}{2}(1-r^2)(1+s)$$
$$N_6 = \frac{1}{2}(1-s^2)(1-r)$$
$$N_7 = \frac{1}{2}(1-r^2)(1-s)$$
$$N_8 = \frac{1}{2}(1-s^2)(1+r)$$

Dies sind die Formfunktionen für krummlinige 8-Knoten Serendipity Scheiben mit quadratischem Ansatz, vgl. Kap. 4.4.

Bild 4.6-2 zeigt einen 20-Knoten Hexaeder, dessen eine Fläche druckbeaufschlagt wird. Hier ist es die Fläche, die durch die Knoten 1-2-3-4-5-6-7-8 definiert ist. Diese Information muss dem FE-Programm mitgeteilt werden, denn ein Hexaeder hat ja insgesamt sechs Flächen (wobei durchaus mehrere Flächen eines Hexaeders druckbelastet sein können - denken Sie an einen Hexaeder, der an einer Ecke eines Bauteils sitzt).

Im Übrigen werden wir entgegen der üblichen Definitionen in zahlreichen FE-Quellen solche Drücke positiv zählen, die *auf* die Fläche wirken, d.h. der Normalenvektor zeigt ins Hexaeder-Innere. Das entspricht dem „üblichen“ Denken des Ingenieurs.

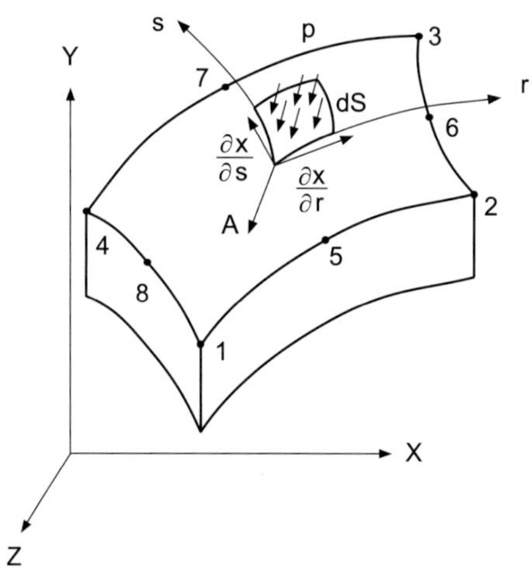

Bild 4.6-2: Druck auf der Fläche eines Volumenelements

Die Komponenten des Flächenlastvektors $\boldsymbol{q}$ sind ihrerseits Vektoren. So kann nach Bild 4.6-2 der Betrag p des Drucks $\boldsymbol{p}$ konstant sein, aber die Richtung ist abhängig vom jeweiligen Ort an der Oberfläche. Daher muss der Betrag des Drucks mit dem Einheits-Normalenvektor $\boldsymbol{a}$ multipliziert werden. Seien also für die weiteren Betrachtungen zunächst $\boldsymbol{t}_r$ und $\boldsymbol{t}_s$ 0. Damit wird:

$$\boldsymbol{p} = p \cdot \boldsymbol{a}$$

Der Einheits-Normalenvektor $\boldsymbol{a}$ ist

$$\boldsymbol{a} = \frac{1}{|\boldsymbol{A}|}\boldsymbol{A}$$

und der Normalenvektor $\boldsymbol{A}$ ist das Kreuzprodukt aus den Richtungsableitungen $\frac{\partial \boldsymbol{x}}{\partial s}$ und $\frac{\partial \boldsymbol{x}}{\partial r}$:

$$\boldsymbol{A} = \frac{\partial \boldsymbol{x}}{\partial s} \times \frac{\partial \boldsymbol{x}}{\partial r}$$

Damit wird für Druckbeaufschlagung der Lastvektor für den Knoten i:

$$\boldsymbol{q}_i^p = \iint_S \boldsymbol{N}_i^T \cdot \boldsymbol{p} \cdot ds \text{ mit } \boldsymbol{p} = p \cdot \boldsymbol{a} \text{ und } \boldsymbol{a} = \frac{1}{|\boldsymbol{A}|}\boldsymbol{A}$$

$$\text{Mit } \frac{\partial \boldsymbol{x}}{\partial s} = \begin{pmatrix} \frac{\partial x}{\partial s} \\ \frac{\partial y}{\partial s} \\ \frac{\partial z}{\partial s} \end{pmatrix} \text{ und } \frac{\partial \boldsymbol{x}}{\partial r} = \begin{pmatrix} \frac{\partial x}{\partial r} \\ \frac{\partial y}{\partial r} \\ \frac{\partial z}{\partial r} \end{pmatrix} \text{ sowie}$$

$$\frac{\partial x}{\partial s} = \sum_i \frac{\partial N_i}{\partial s} x_i, \quad \frac{\partial x}{\partial r} = \sum_i \frac{\partial N_i}{\partial r} x_i,$$

$$\frac{\partial y}{\partial s} = \sum_i \frac{\partial N_i}{\partial s} y_i, \quad \frac{\partial y}{\partial r} = \sum_i \frac{\partial N_i}{\partial r} y_i, \quad \frac{\partial z}{\partial s} = \sum_i \frac{\partial N_i}{\partial s} z_i, \quad \frac{\partial z}{\partial r} = \sum_i \frac{\partial N_i}{\partial r} z_i$$

wird $\boldsymbol{A}$

$$\boldsymbol{A} = \begin{pmatrix} \sum_i \frac{\partial N_i}{\partial s} y_i \cdot \sum_i \frac{\partial N_i}{\partial r} z_i - \sum_i \frac{\partial N_i}{\partial r} y_i \cdot \sum_i \frac{\partial N_i}{\partial s} z_i \\ \sum_i \frac{\partial N_i}{\partial s} z_i \cdot \sum_i \frac{\partial N_i}{\partial r} x_i - \sum_i \frac{\partial N_i}{\partial r} z_i \cdot \sum_i \frac{\partial N_i}{\partial s} x_i \\ \sum_i \frac{\partial N_i}{\partial s} x_i \cdot \sum_i \frac{\partial N_i}{\partial r} y_i - \sum_i \frac{\partial N_i}{\partial r} x_i \cdot \sum_i \frac{\partial N_i}{\partial s} y_i \end{pmatrix}$$

Damit ist $\boldsymbol{q}_i^p = \iint_S \boldsymbol{N}_i^T \cdot p \cdot \frac{1}{|\boldsymbol{A}|}\boldsymbol{A} \cdot dxdy$

oder in krummlinigen Koordinaten $\boldsymbol{q}_i^p = \iint_S \boldsymbol{N}_i^T \cdot p \cdot \frac{1}{|\boldsymbol{A}|}\boldsymbol{A} \cdot \det \boldsymbol{J} \cdot drds$, denn

$dxdy = \det \boldsymbol{J} \cdot drds$

Nun ist die Jacobi-Determinante das Flächenverhältnis des Flächenelements im X-Y-System zum Flächenelement im r-s-System.

Der Betrag des Normalenvektors ist die Fläche, die von den Tangentenvektoren $\frac{\partial \boldsymbol{x}}{\partial s}$ und $\frac{\partial \boldsymbol{x}}{\partial r}$ aufgespannt wird. Damit kürzt sich $\frac{1}{|\boldsymbol{A}|}$ gegen $\det \boldsymbol{J}$ und es bleibt:

$$q_i^p = \iint\limits_S N_i^T \cdot p \cdot A \cdot drds$$

und bei konstantem Druck p:

$$q_i^p = p \cdot \iint\limits_S N_i^T \cdot A \cdot drds$$

Der Tangentialschub t_r (bzw. t_s) berechnet sich wie folgt:

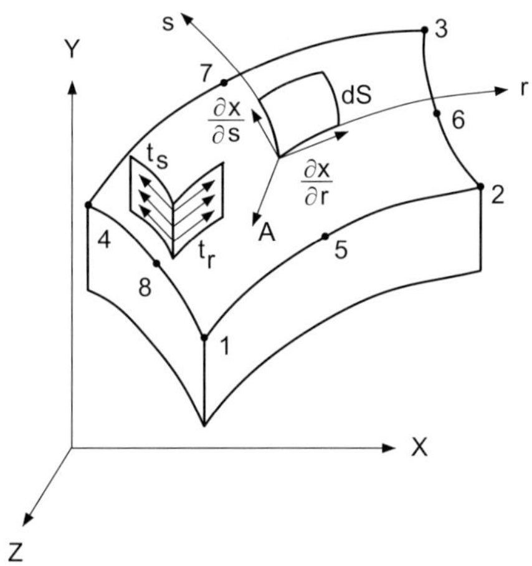

Bild 4.6-3: Tangentialschübe in r- und s-Richtung an einem Volumenelement

Die normierten Tangentenvektoren $\frac{\partial \boldsymbol{x}}{\partial s}$ und $\frac{\partial \boldsymbol{x}}{\partial r}$ am Punkt (x,y,z) sind:

$$\left|\frac{\partial \boldsymbol{x}}{\partial r}\right| = \begin{pmatrix} \dfrac{\sum_i \frac{\partial N_i}{\partial r} x_i}{\sqrt{\left(\sum_i \frac{\partial N_i}{\partial r} x_i\right)^2 + \left(\sum_i \frac{\partial N_i}{\partial r} y_i\right)^2 + \left(\sum_i \frac{\partial N_i}{\partial r} z_i\right)^2}} \\ \dfrac{\sum_i \frac{\partial N_i}{\partial r} y_i}{\sqrt{\left(\sum_i \frac{\partial N_i}{\partial r} x_i\right)^2 + \left(\sum_i \frac{\partial N_i}{\partial r} y_i\right)^2 + \left(\sum_i \frac{\partial N_i}{\partial r} z_i\right)^2}} \\ \dfrac{\sum_i \frac{\partial N_i}{\partial r} z_i}{\sqrt{\left(\sum_i \frac{\partial N_i}{\partial r} x_i\right)^2 + \left(\sum_i \frac{\partial N_i}{\partial r} y_i\right)^2 + \left(\sum_i \frac{\partial N_i}{\partial r} z_i\right)^2}} \end{pmatrix}$$

$$\left|\frac{\partial \boldsymbol{x}}{\partial s}\right| = \begin{pmatrix} \dfrac{\sum_i \frac{\partial N_i}{\partial s} x_i}{\sqrt{\left(\sum_i \frac{\partial N_i}{\partial s} x_i\right)^2 + \left(\sum_i \frac{\partial N_i}{\partial s} y_i\right)^2 + \left(\sum_i \frac{\partial N_i}{\partial s} z_i\right)^2}} \\ \dfrac{\sum_i \frac{\partial N_i}{\partial s} y_i}{\sqrt{\left(\sum_i \frac{\partial N_i}{\partial s} x_i\right)^2 + \left(\sum_i \frac{\partial N_i}{\partial s} y_i\right)^2 + \left(\sum_i \frac{\partial N_i}{\partial s} z_i\right)^2}} \\ \dfrac{\sum_i \frac{\partial N_i}{\partial s} z_i}{\sqrt{\left(\sum_i \frac{\partial N_i}{\partial s} x_i\right)^2 + \left(\sum_i \frac{\partial N_i}{\partial s} y_i\right)^2 + \left(\sum_i \frac{\partial N_i}{\partial s} z_i\right)^2}} \end{pmatrix}$$

Aufpassen muss man bei der Jacobi-Determinante: Das Volumenelement selbst existiert im Raum, die Tangentialvektoren aber in der Ebene *r-s*. Zwischen Raum und Fläche lässt sich keine Jacobi-Determinante definieren, sondern nur zwischen Raum-Raum oder Fläche-Fläche.

Wenn wir uns aber vergegenwärtigen, dass die Jacobi-Determinante das Flächen- bzw. Raumverhältnis zwischen den beiden jeweiligen Koordinatensystemen darstellt, dann ist die Jacobi-Determinante die Fläche, die von den Tangentenvektoren $\frac{\partial \boldsymbol{x}}{\partial s}$ und $\frac{\partial \boldsymbol{x}}{\partial r}$ aufgespannt wird. Und dies ist die Länge des Normalenvektors zwischen den Tangentenvektoren:

$$A_x = \sum_i \frac{\partial N_i}{\partial s} y_i \cdot \sum_i \frac{\partial N_i}{\partial r} z_i - \sum_i \frac{\partial N_i}{\partial r} y_i \cdot \sum_i \frac{\partial N_i}{\partial s} z_i$$

$$A_y = \sum_i \frac{\partial N_i}{\partial s} z_i \cdot \sum_i \frac{\partial N_i}{\partial r} x_i - \sum_i \frac{\partial N_i}{\partial r} z_i \cdot \sum_i \frac{\partial N_i}{\partial s} x_i$$

$$A_z = \sum_i \frac{\partial N_i}{\partial s} x_i \cdot \sum_i \frac{\partial N_i}{\partial r} y_i - \sum_i \frac{\partial N_i}{\partial r} x_i \cdot \sum_i \frac{\partial N_i}{\partial s} y_i$$

$$\det \boldsymbol{J} = \sqrt{A_x^2 + A_y^2 + A_z^2}$$

Damit wird der Lastvektor für den Tangentialschub in r-Richtung:

$$\boldsymbol{q}_i^{t_r} = \iint_S \boldsymbol{N}_i^T \cdot \left|\frac{\partial \boldsymbol{x}}{\partial r}\right| \cdot t_r \cdot \det \boldsymbol{J} \cdot drds$$

bzw. bei konstantem Betrag t_r des Tangentialschubs in r-Richtung:

$$\boldsymbol{q}_i^{t_r} = t_r \cdot \iint_S \boldsymbol{N}_i^T \cdot \left|\frac{\partial \boldsymbol{x}}{\partial r}\right| \cdot \det \boldsymbol{J} \cdot drds$$

für einen konstanten Betrag t_s des Tangentialschubs in s-Richtung entsteht:

$$\boldsymbol{q}_i^{t_s} = t_s \cdot \iint_S \boldsymbol{N}_i^T \cdot \left|\frac{\partial \boldsymbol{x}}{\partial s}\right| \cdot \det \boldsymbol{J} \cdot drds$$

Nachstehend finden Sie die dazugehörige Element-Lastvektorroutine **BHEXA88.C** gelistet; damit sollten die oben angeführten theoretischen Erläuterungen endgültig klar werden:

```
/***********************************************************************
* diese Compilerunit umfasst: bhexa88 - Lastvektorroutine Ele 10
*                             bhb88   - Formfunktionen und Ableitungen
* 25.8.2011 Rieg
***********************************************************************/
/***********************************************************************
* Fuer Windows
***********************************************************************/
#ifdef FR_WIN
#include <z88r.h>
#include <stdio.h>
#include <math.h>
#endif

/***********************************************************************
*  Functions
***********************************************************************/
int bhb88(FR_DOUBLE *,FR_DOUBLE *,FR_DOUBLE *);

/***********************************************************************
* hier beginnt Function bhexa88
***********************************************************************/
int bhexa88(void)
{
extern FR_DOUBLE xk[],yk[],zk[];
extern FR_DOUBLE be[],hi[],hj[],hk[];

extern FR_DOUBLE pree,tr1e,tr2e;

extern FR_INT4   intore;

FR_DOUBLE        det,r,s,wt;

FR_INT4          i,lx,ly,j;

/*----------------------------------------------------------------------
* Gauss-Legendre Stuetzstellen
*---------------------------------------------------------------------*/
static FR_DOUBLE xg[17]= { 0.,
```

```
  0., -.5773502691896, -.7745966692415, -.8611363115941,
  0., +.5773502691896,              0., -.3399810435849,
  0.,              0., +.7745966692415, +.3399810435849,
  0.,              0.,              0., +.8611363115941 };

/*----------------------------------------------------------------
* Gauss-Legendre Integrationsgewichte
*----------------------------------------------------------------*/
static FR_DOUBLE wgt[17]= { 0.,
  2.,              1., +.5555555555556, +.3478548451375,
  0.,              1., +.8888888888889, +.6521451548625,
  0.,              0., +.5555555555556, +.6521451548625,
  0.,              0.,              0., +.3478548451375 };

/*----------------------------------------------------------------
* Elementlastvektor aufstellen
*----------------------------------------------------------------*/
for(i = 1;i <= 24;i++)
  be[i]= 0.;
for(lx = 1;lx <= intore;lx++)
  {
  r= xg[(lx-1)*4 + intore];
  for(ly = 1;ly <= intore;ly++)
    {
    s= xg[(ly-1)*4 + intore];

/*================================================================
* Matrix b der partiellen Ableitungen, Lastvektor be
*================================================================*/
    bhb88(&det,&r,&s);

    wt= wgt[(lx-1)*4 + intore] * wgt[(ly-1)*4 + intore];

    for(j = 1;j <= 24;j++)
      {
      be[j]+= hi[j]*wt*pree+hj[j]*wt*det*(-tr1e)+hk[j]*wt*det*(-tr2e);
      }
    }
  }

return(0);
}
```

```
/***********************************************************************
* hier beginnt Function bhb88
***********************************************************************/
int bhb88(FR_DOUBLE *det,FR_DOUBLE *r,FR_DOUBLE *s)
{
extern FR_DOUBLE h[],hi[],hj[],hk[],p[],xk[],yk[],zk[];

FR_DOUBLE rp,sp,rm,sm,rqm,sqm,r2,s2;
FR_DOUBLE sx,sy,sz,sx1,sx2,sx3,sx4,sy1,sy2,sy3,sy4,sz1,sz2,sz3,sz4;
FR_DOUBLE ax,ay,az,bx,by,bz;

FR_INT4 i,k;

/*----------------------------------------------------------------------
* Klammern der Formfunktionen belegen
*----------------------------------------------------------------------*/
rp= 1. + (*r);
sp= 1. + (*s);
rm= 1. - (*r);
sm= 1. - (*s);
rqm= 1. - (*r)*(*r);
sqm= 1. - (*s)*(*s);
r2= 2. * (*r);
s2= 2. * (*s);

/*----------------------------------------------------------------------
* Formfunktionen
*----------------------------------------------------------------------*/
h[1]= .25 *(rp*sp - rqm*sp - sqm*rp);
h[2]= .25 *(rm*sp - rqm*sp - sqm*rm);
h[3]= .25 *(rm*sm - sqm*rm - rqm*sm);
h[4]= .25 *(rp*sm - rqm*sm - sqm*rp);
h[5]= .5 *rqm*sp;
h[6]= .5 *sqm*rm;
h[7]= .5 *rqm*sm;
h[8]= .5 *sqm*rp;

/*----------------------------------------------------------------------
* Partielle Ableitung der Formfunktionen nach r
*----------------------------------------------------------------------*/
```

```
p[1]= .25 *(sp + r2*sp -sqm);
p[2]= .25 *((-sp) + r2*sp + sqm);
p[3]= .25 *((-sm) + sqm + r2*sm);
p[4]= .25 *(sm + r2*sm - sqm);
p[5]= .5 *(-r2)*sp;
p[6]= (-.5 )*sqm;
p[7]= .5 *(-r2)*sm;
p[8]= .5 *sqm;

/*---------------------------------------------------------------------
* Partielle Ableitung der Formfunktionen nach s
*--------------------------------------------------------------------*/
p[9] = .25 *(rp - rqm + s2*rp);
p[10]= .25 *(rm - rqm + s2*rm);
p[11]= .25 *((-rm) + s2*rm + rqm);
p[12]= .25 *((-rp) + rqm + s2*rp);
p[13]= .5 *rqm;
p[14]= .5 *(-s2)*rm;
p[15]= (-.5 )*rqm;
p[16]= .5 *(-s2)*rp;

/*---------------------------------------------------------------------
* Entwickeln der Formfunktionen fuer den Lastvektor be
*--------------------------------------------------------------------*/
/*---------------------------------------------------------------------
* Normalenvektor am Punkt (x,y,z) entwickeln
*--------------------------------------------------------------------*/
sx1=0.;
sx2=0.;
sx3=0.;
sx4=0.;
sy1=0.;
sy2=0.;
sy3=0.;
sy4=0.;
sz1=0.;
sz2=0.;
sz3=0.;
sz4=0.;

for(k = 1;k <= 8;k++)
```

```
    {
    sx1+= p[8+k]*yk[k];
    sx2+= p[k  ]*zk[k];
    sx3+= p[k  ]*yk[k];
    sx4+= p[8+k]*zk[k];

    sy1+= p[8+k]*zk[k];
    sy2+= p[k  ]*xk[k];
    sy3+= p[k  ]*zk[k];
    sy4+= p[8+k]*xk[k];

    sz1+= p[8+k]*xk[k];
    sz2+= p[k  ]*yk[k];
    sz3+= p[k  ]*xk[k];
    sz4+= p[8+k]*yk[k];
    }
sx= sx1*sx2-sx3*sx4;                    /* Normalenvektor */
sy= sy1*sy2-sy3*sy4;
sz= sz1*sz2-sz3*sz4;

/*-----------------------------------------------------------------
* Normalerweise muesste der Normalenvektor normiert, d.h. durch sein
* Laenge geteilt werden. Bei der Integration kommt dafuer wieder die
* Laenge des Normalenvektors als Flaechenelement (als Jacobi-Det.)
* hinzu, sodass sich beide gegeneinander kuerzen.
*----------------------------------------------------------------*/

/*-----------------------------------------------------------------
* Tangentenvektor r am Punkt (x,y,z) entwickeln und normieren
*----------------------------------------------------------------*/
bx= sy2/FR_SQRT(sy2*sy2 + sx3*sx3 + sy3*sy3);  /* dx/dr = bx = sy2 */
by= sx3/FR_SQRT(sy2*sy2 + sx3*sx3 + sy3*sy3);  /* dx/dr = by = sx3 */
bz= sy3/FR_SQRT(sy2*sy2 + sx3*sx3 + sy3*sy3);  /* dx/dr = bz = sy3 */

/*-----------------------------------------------------------------
* Tangentenvektor s am Punkt (x,y,z) entwickeln und normieren
*----------------------------------------------------------------*/
ax= sz1/FR_SQRT(sz1*sz1 + sz4*sz4 + sx4*sx4);  /* dx/ds = ax = sz1 */
ay= sz4/FR_SQRT(sz1*sz1 + sz4*sz4 + sx4*sx4);  /* dx/ds = ay = sz4 */
az= sx4/FR_SQRT(sz1*sz1 + sz4*sz4 + sx4*sx4);  /* dx/ds = az = sx4 */
```

```
/*----------------------------------------------------------------------
* „Jacobi-Determinante" am Punkt (x,y,z) entwickeln fuer die Tangenten-
* vektoren r und s
*---------------------------------------------------------------------*/
(*det)= FR_SQRT(sx*sx + sy*sy + sz*sz);

/*----------------------------------------------------------------------
* Entwickeln der Formfunktionen fuer den Lastvektor be
*---------------------------------------------------------------------*/
for(i = 1;i <= 24;i++)
  {
  hi[i]= 0.;
  hj[i]= 0.;
  hk[i]= 0.;
  }
for(k = 1;k <= 8;k++)
  {
  hi[(k-1)*3+1]= h[k]*sx;
  hi[(k-1)*3+2]= h[k]*sy;
  hi[(k-1)*3+3]= h[k]*sz;
  }
for(k = 1;k <= 8;k++)
  {
  hj[(k-1)*3+1]= h[k]*bx;
  hj[(k-1)*3+2]= h[k]*by;
  hj[(k-1)*3+3]= h[k]*bz;
  }
for(k = 1;k <= 8;k++)
  {
  hk[(k-1)*3+1]= h[k]*ax;
  hk[(k-1)*3+2]= h[k]*ay;
  hk[(k-1)*3+3]= h[k]*az;
  }
return(0);
}
```

Bei Hexaedern mit 8 Knoten (also vier pro Fläche) wird sinngemäß vorgegangen, aber als Formfunktionen lauten für die Fläche, vgl. Bild 4.6-4:

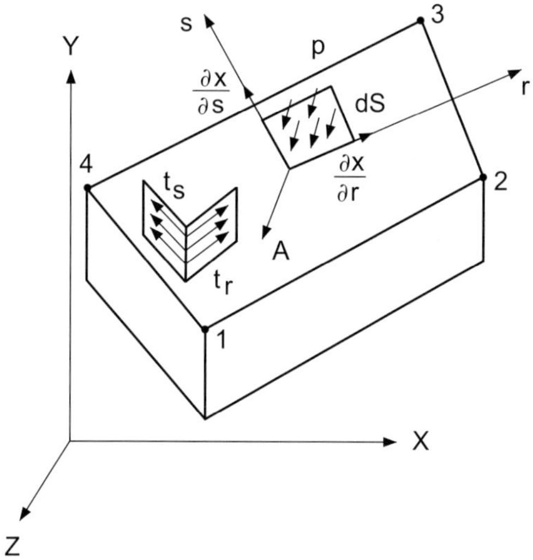

Bild 4.6-4: Flächenlasten bei einem 8-Knoten Hexaeder

$$N_1 = \frac{1}{4}(1+r)(1+s)$$
$$N_2 = \frac{1}{4}(1-r)(1+s)$$
$$N_3 = \frac{1}{4}(1-r)(1-s)$$
$$N_4 = \frac{1}{4}(1+r)(1-s)$$

4.6.4 Ebener und axialsymmetrischer Spannungszustand

Hier kann der Flächenlastvektor - genauer Streckenlastvektor - auf eine Elementkante wirken, und zwar senkrecht und/oder tangential. Auch hier müssen Formfunktionen verwendet werden, die für die Elementkante wirken, keinesfalls die „normalen" Formfunktionen des ebenen Elements. Im Falle eines ebenen Serendipity-Elements mit quadratischem Ansatz, Bild 4.6-5, sind dies folgende Formfunktionen:

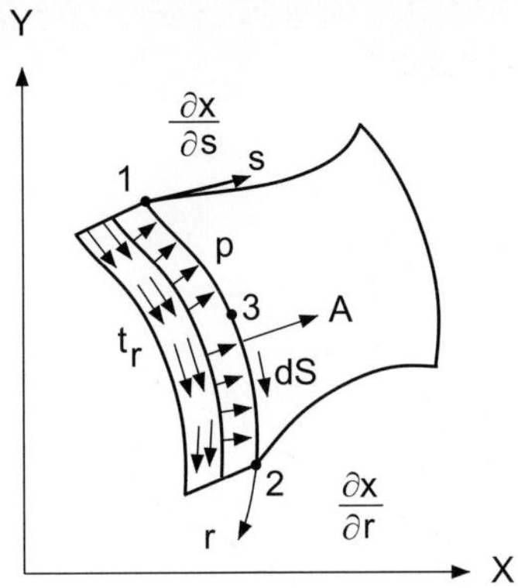

Bild 4.6-5: Streckenlasten bei einem ebenen 8-Knoten Serendipity Element

$N_1 = \frac{1}{2}(s^2 + s)\,,\quad N_2 = \frac{1}{2}(s^2 - s)\,,\quad N_3 = 1 - s^2$

Damit werden zunächst die Komponenten für den Druckanteil $\boldsymbol{p}$ des Lastvektors berechnet:

$$h_1^p = N_1 \cdot \sum_i \frac{\partial N_i}{\partial s} y_i,\quad h_2^p = N_1 \cdot -\sum_i \frac{\partial N_i}{\partial s} x_i$$

$$h_3^p = N_2 \cdot \sum_i \frac{\partial N_i}{\partial s} y_i,\quad h_4^p = N_2 \cdot -\sum_i \frac{\partial N_i}{\partial s} x_i$$

$$h_5^p = N_3 \cdot \sum_i \frac{\partial N_i}{\partial s} y_i,\quad h_6^p = N_3 \cdot -\sum_i \frac{\partial N_i}{\partial s} x_i$$

Und die Komponenten für den Tangentialanteil $\boldsymbol{t}_r$ des Lastvektors werden:

$$h_1^{t_r} = N_1 \cdot -\sum_i \frac{\partial N_i}{\partial s} x_i,\quad h_2^{t_r} = N_1 \cdot -\sum_i \frac{\partial N_i}{\partial s} y_i$$

$$h_3^{t_r} = N_2 \cdot -\sum_i \frac{\partial N_i}{\partial s} x_i,\quad h_4^{t_r} = N_2 \cdot -\sum_i \frac{\partial N_i}{\partial s} y_i$$

$$h_5^{t_r} = N_3 \cdot -\sum_i \frac{\partial N_i}{\partial s} x_i,\quad h_6^{t_r} = N_3 \cdot -\sum_i \frac{\partial N_i}{\partial s} y_i$$

Damit wird der Lastvektor $\boldsymbol{q}$ für die sechs Freiheitsgrade i, wobei $\boldsymbol{p}$ und $\boldsymbol{t}_r$ die Beträge der Lastvektor-Komponenten sind und über die Kurve S, d.h. Kante, integriert wird:

$$\boldsymbol{q}_i = \int_S (p \cdot h_i^p + t_r \cdot h_i^{t_r})\, ds$$

Die genaue programmtechnische Umsetzung entnehmen Sie bitte der Element-Lastvektor-Routine für ebene 8-Knoten Serendipity Elemente **BQSHE88.C**. Übrigens kürzt sich auch hier wieder die Jacobi-Determinante gegen die Länge des Normalenvektors $\boldsymbol{A}$ heraus.

Im Falle eines ebenen Serendipity-Elements mit kubischem Ansatz, Bild 4.6-6, sind dies folgende Formfunktionen:

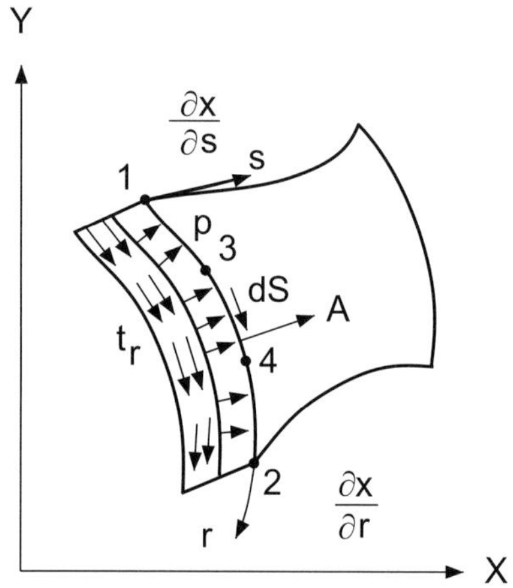

Bild 4.6-6: Streckenlasten bei einem 12-Knoten Serendipity Element

$$N_1 = \frac{1}{16}\left(9s^3 + 9s^2 - s - 1\right), \quad N_2 = \frac{1}{16}\left(-9s^3 + 9s^2 + s - 1\right)$$
$$N_3 = \frac{1}{16}\left(-27s^3 - 9s^2 + 27s + 9\right), \quad N_4 = \frac{1}{16}\left(27s^3 - 9s^2 - 27s + 9\right)$$

Der Rest läuft genauso wie bei Elementen mit quadratischem Ansatz; die genaue programmtechnische Umsetzung entnehmen Sie bitte der Element-Lastvektor-Routine für ebene 12-Knoten Serendipity Elemente **BCSHE88.C**.

4.6.5 Streckenlasten bei Balken

Bei der Berechnung von Durchlaufträgern, Balkenfachwerken und Rahmen sollen häufig Streckenlasten aufgebracht werden. Wenn dafür nicht speziell konzipierte Balkenelemente zur Verfügung stehen, kann man sich derart behelfen, dass man statisch äquivalente Lasten auf die jeweiligen linken und rechten Knoten aufbringt. Die Berechnung dieser statisch äquivalente Lasten erfolgt durch mehrmalige Integration des Streckenlastverlaufs und Bestimmen der Integrationskonstanten. Hier soll beispielhaft gezeigt werden, wie man eine ansteigende Dreieckslast auf einen Balken aufbringt und so die statisch äquivalente Lasten ermittelt. Das folgende Vorgehen, dass übrigens in jedem besseren Buch über Technische Mechanik geschildert wird, kann für beliebige Streckenlastverläufe genutzt werden. Wir gehen von der Situation des Bildes 4.6-7 aus:

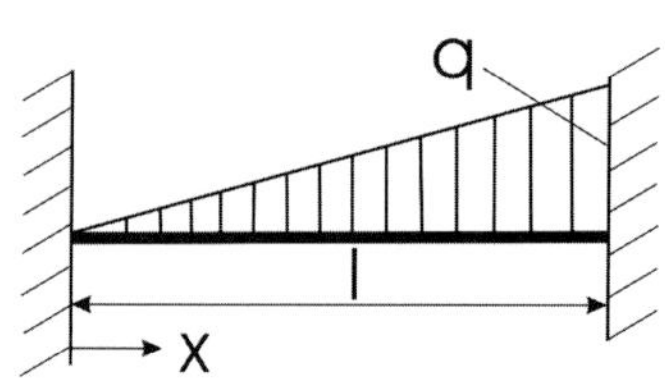

Bild 4.6-7: Eine ansteigende Dreieckslast auf einem beidseitig eingespannten Balken

Die Streckenlast ist: $q(x) = \frac{q \cdot x}{\ell}$, dies repräsentiert einen linearen Verlauf der Streckenlast: Bei $x = 0$ ist $q(x) = 0$ und bei $x = \ell$ ist $q(x) = q$.

Die Querkraft ist dann: $Q(x) = -\int q(x) \cdot dx = -\frac{q}{\ell} \cdot \frac{x^2}{2} + C_1 \quad (1)$

Der Momentenverlauf ist: $M(x) = \int Q(x) \cdot dx = -\frac{q}{\ell} \cdot \frac{x^3}{6} + C_1 \cdot x + C_2 \quad (2)$

Der Neigungsverlauf ist: $\varphi(x) = \frac{1}{EI} \cdot \int M(x) \cdot dx = \frac{1}{EI} \cdot \left(-\frac{q}{\ell} \cdot \frac{x^4}{24} + C_1 \cdot \frac{x^2}{2} + C_2 \cdot x + C_3 \right)$

Die Biegelinie ist: $w(x) = -\int \varphi(x) \cdot dx = \frac{1}{EI} \cdot \left(\frac{q}{\ell} \cdot \frac{x^5}{120} - C_1 \cdot \frac{x^3}{6} - C_2 \cdot \frac{x^2}{2} - C_3 \cdot x + C_4 \right)$

Die Integrationskonstanten werden über die Randbedingungen bestimmt:

Linker Rand: $x = 0 \to w(0) = 0 \to \underline{\underline{C_4 = 0}}$ und $x = 0 \to \varphi(0) = 0 \to \underline{\underline{C_3 = 0}}$

Rechter Rand: $x = \ell \to \varphi(\ell) = 0 \to -\frac{q}{\ell} \cdot \frac{\ell^4}{24} + C_1 \cdot \frac{\ell^2}{2} + C_2 \cdot \ell$

$\underline{\underline{\to C_2 = q \cdot \frac{\ell^2}{24} - C_1 \cdot \frac{\ell}{2}}} \quad (3)$

$x = \ell \to w(\ell) = 0 \to \frac{q}{\ell} \cdot \frac{\ell^5}{120} - C_1 \cdot \frac{\ell^3}{6} - C_2 \cdot \frac{\ell^2}{2} = \frac{q}{\ell} \cdot \frac{\ell^5}{120} - C_1 \cdot \frac{\ell^3}{6} - q \cdot \frac{\ell^2}{24} + C_1 \cdot \frac{\ell}{2}$

$\underline{\underline{\to C_1 = \frac{3}{20} \cdot \ell \cdot q}} \quad (4)$

Glch. (4) in (3) einsetzen liefert $\underline{\underline{C_2 = -\frac{1}{30} \cdot \ell^2 \cdot q}}$

Nachdem die Integrationskonstanten bestimmt sind, können wir die Querkräfte und die Momente am linken und am rechten Rand berechnen, indem wir die gewonnenen Integrationskonstanten in die Gleichungen (1) bzw. (2) einsetzen:

$Q(x = 0) = \frac{3}{20} \cdot \ell \cdot q, \quad Q(x = \ell) = -\frac{7}{20} \cdot \ell \cdot q$

$M(x = 0) = -\frac{1}{30} \cdot \ell^2 \cdot q, \quad Q(x = \ell) = -\frac{1}{20} \cdot \ell^2 \cdot q$

Dies sind die statisch äquivalenten Lasten, die im Falle einer Beaufschlagung eines Balkens mit einer ansteigenden Dreieckslast am linken bzw. am rechten Knoten des Balkens aufzubringen wären. Genauso ermittelt man statisch äquivalenten Lasten für weitere Lastfälle, vgl. Tab. 4.6-1:

Tabelle 4.6-1: Statisch äquivalente Lasten für Balken bei Streckenlasten

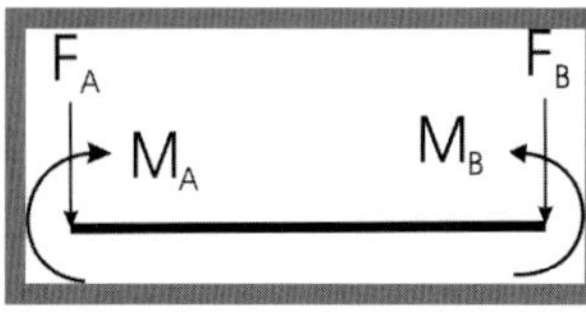	F_A	M_A	F_B	M_B
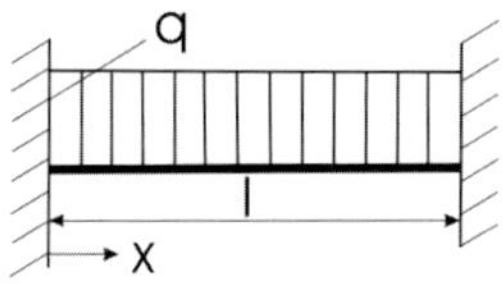	$\frac{q\ell}{2}$	$\frac{q\ell^2}{12}$	$\frac{q\ell}{2}$	$\frac{q\ell^2}{12}$
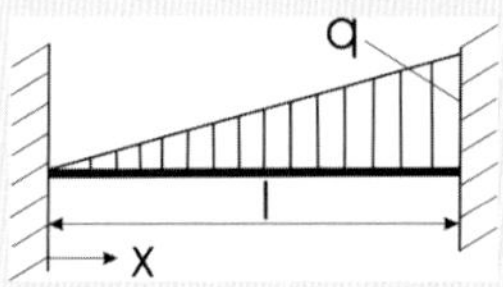	$\frac{3q\ell}{20}$	$\frac{q\ell^2}{30}$	$\frac{7q\ell}{20}$	$\frac{q\ell^2}{20}$
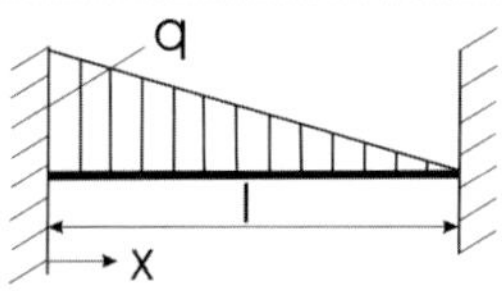	$\frac{7q\ell}{20}$	$\frac{q\ell^2}{20}$	$\frac{3q\ell}{20}$	$\frac{q\ell^2}{30}$
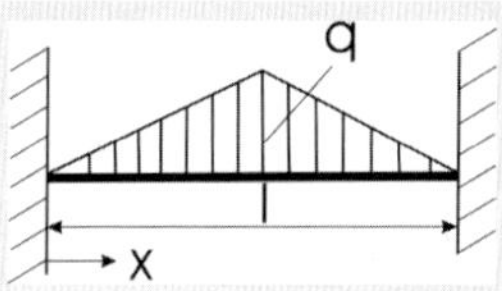	$\frac{q\ell}{4}$	$\frac{5q\ell^2}{96}$	$\frac{q\ell}{4}$	$\frac{5q\ell^2}{96}$

4.6.6 Gerbergelenke bei Balken

Bei der Berechnung von Durchlaufträgern, Balkenfachwerken und Rahmen sollen mitunter sog. Gerbergelenke eingebaut werden. Den nach seinem Erfinder benannte Gerberträger wird durch den Einbau von sog. Momentengelenken üblicherweise statisch bestimmt gemacht, vgl. Bild 4.6-8. Dafür müssen spezielle Balkenelemente gemäß den Bildern 4.6-9 und 4.6-10 vorgesehen werden, die aber den Schönheitsfehler haben, dass sie unsymmetrisch sind, d.h. es gibt Knoten mit verschiedenen Anzahlen an Freiheitsgraden.

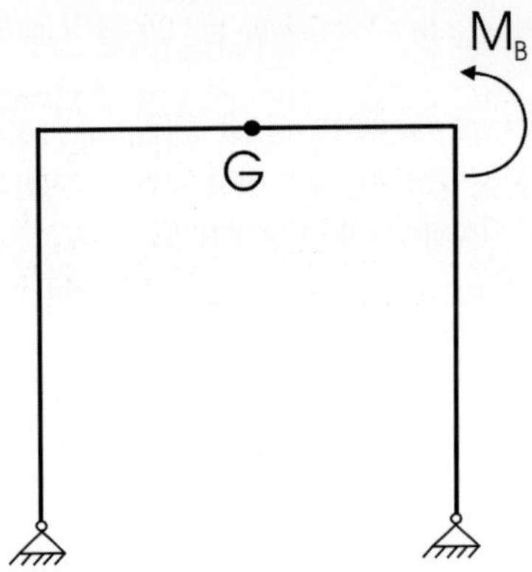

Bild 4.6-8: Ein ebener Rahmen mit Gerber-Gelenk

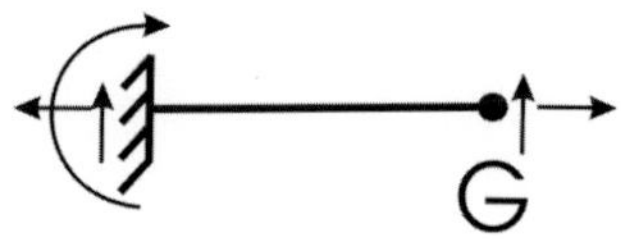

Bild 4.6-9: Ein Balken mit Gelenk rechts

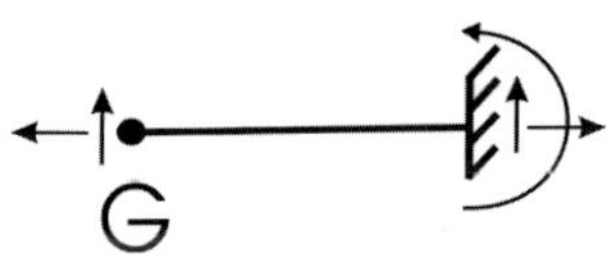

Bild 4.6-10: Ein Balken mit Gelenk links

Für einen Balken mit einem Momentengelenk rechts ist die Steifigkeitsmatrix, vgl. *Mescouris et al. /114/*:

$$
\begin{matrix}
\frac{A\cdot ca^2}{I}+\frac{3\cdot sa^2}{l^2} & \frac{3\cdot sa\cdot ca}{l^2}-\frac{A\cdot ca\cdot sa}{I} & -\frac{3\cdot sa}{l} & -\frac{A\cdot ca^2}{I}-\frac{3\cdot sa^2}{l^2} & \frac{A\cdot ca\cdot sa}{I}-\frac{3\cdot sa\cdot ca}{l^2} \\
\frac{3\cdot sa\cdot ca}{l^3}-\frac{A\cdot ca\cdot sa}{I} & \frac{A\cdot sa^2}{I}+\frac{3\cdot ca^2}{l^2} & -\frac{3\cdot ca}{l} & \frac{A\cdot ca\cdot sa}{I}-\frac{3\cdot sa\cdot ca}{l^2} & -\frac{A\cdot sa^2}{I}-\frac{3\cdot ca^2}{l^2} \\
-\frac{3\cdot sa}{l} & -\frac{3\cdot ca}{l} & 3 & \frac{3\cdot sa}{l} & \frac{3\cdot ca}{l} \\
-\frac{A\cdot ca^2}{I}-\frac{3\cdot sa^2}{l^2} & \frac{A\cdot ca\cdot sa}{I}-\frac{3\cdot sa\cdot ca}{l^2} & \frac{3\cdot sa}{l} & \frac{A\cdot ca^2}{I}+\frac{3\cdot sa^2}{l^2} & \frac{3\cdot sa\cdot ca}{l^2}-\frac{A\cdot ca\cdot sa}{I} \\
\frac{A\cdot ca\cdot sa}{I}-\frac{3\cdot sa\cdot ca}{l^2} & -\frac{A\cdot sa^2}{I}-\frac{3\cdot ca^2}{l^2} & \frac{3\cdot ca}{l} & \frac{3\cdot sa\cdot ca}{l^2}-\frac{A\cdot ca\cdot sa}{I} & \frac{A\cdot sa^2}{I}-\frac{3\cdot ca^2}{l^2}
\end{matrix}
$$

mit $sa = \sin\alpha = \frac{y_2 - y_1}{l}$ und $ca = \cos\alpha = \frac{x_2 - x_1}{l}$. Dabei repräsentiert die 3. Zeile bzw. die 3. Spalte das Momentengelenk; diese Spalten bzw. Zeilen fehlen natürlich für die rechte Seite des Gelenks. Der Balken mit einem Momentengelenk links als Anschlußpunkt zu einem Balken mit rechten Momentengelenk wird sinngemäß hergeleitet.

Wie ersichtlich, gibt es hier Knoten mit verschiedenen Anzahlen an Freiheitsgraden. Die Compilationsroutinen von Z88 bzw. Z88Aurora sehen dies nicht vor – weil man es normalerweise nie braucht, d.h. üblicherweise haben Finite Elemente an allen Knoten die gleiche Anzahl an Freiheitsgraden. Nachfolgend die beiden entsprechenden Stellen aus dem Quellcode der Function `Z88BR.C`, die Sie beim Einbau derartig unsymmetrischer Elemente nicht unerheblich modifizieren müssten:

```
/*-------------------------------------------------------------------
* Start ebenesBalkenelement
*-----------------------------------------------------------------*/
  else if(ityp[k]== 13)
    {
    wtyp88j(k,13);

/*-------------------------------------------------------------------
* Balkenelement : zutreffende Koordinaten bestimmen
*-----------------------------------------------------------------*/
    xk[1] = x [koi[koffs[k]]];
    yk[1] = y [koi[koffs[k]]];
    xk[2] = x [koi[koffs[k]+1]];
    yk[2] = y [koi[koffs[k]+1]];

/*-------------------------------------------------------------------
* Elementsteifigkeitsmatrix fuer ebenes Balkenelement berechen
*-----------------------------------------------------------------*/
    iret= ebal88();

/*-------------------------------------------------------------------
* Compilation fuer ebal88, kompakte Speicherung mit Pointervektor
*-----------------------------------------------------------------*/
    mcomp[1]= ioffs[koi[koffs[k]  ]] -1;
    mcomp[2]= ioffs[koi[koffs[k]+1]] -1;

    mxknot= 2;
    mxfrei= 3;

    goto L7000;
```

```
/*----------------------------------------------------------------------
* Ende ebenes Balkenelement
*---------------------------------------------------------------------*/
    }

...
...

/*----------------------------------------------------------------------
* nun Compilation ausfuehren
*---------------------------------------------------------------------*/
L7000:;

/*======================================================================
* Compilation fuer Sparsematrix-Speicherung
*=====================================================================*/
  if(ICFLAG != 0)
    {
    ise= 0;

    for(j = 1;j <= mxknot;j++)
      {
      for(j2 = 1;j2 <= mxfrei;j2++)
          {
          for(i = 1;i <= mxknot;i++)
            {
            for(i2 = 1;i2 <= mxfrei;i2++)
            {
            mcompi= mcomp[i]+i2;
            mcompj= mcomp[j]+j2;
            ise++;
            for(m= ip[mcompi-1]+1; m <= ip[mcompi];m++)
              {
              if(iez[m] == mcompj)
                {
                GS[m]+= se[ise];
                goto L290;
                }
              }
            L290:;
```

```
                }
              }
            }
          }
        }
```

Wie ersichtlich, liegt eine vierfach geschachtelte Schleife vor, deren Zähler die Anzahl Knoten am Element `mxknot` und die Anzahl der Freiheitsgrade pro Knoten `mxfrei` sind; eine Unsymmetrie ist also nicht vorgesehen.

Wenn also nicht speziell konzipierte Balkenelemente zur Verfügung stehen, vgl. Bilder 4.6-9 und 4.6-10, kann man sich derart behelfen, dass an der Stelle des Gelenks zwei ganz nah beieinander liegende Knoten definiert, die durch einen sehr biegeweichen und sehr kurzen Balken verbunden werden, vgl. Beispiel 13.13.1. Dieser sehr kurze und sehr biegeweiche Balken funktioniert dann wie ein Gerbergelenk. Das ist zwar mathematisch unsauber, weil durch die großen Steifigkeitssprünge die Gesamtsteifigkeitsmatrix sehr schlecht konditioniert wird (was sie bei Balken ohnehin schon ist), aber mit Bedacht und sorgfältiger Kontrolle eingesetzt, ist dieses Vorgehen tolerierbar.

4.7 Eine fertige Element-Steifigkeitsroutine

Hier soll zum Abschluss der Betrachtungen über Elementsteifigkeitsmatrizen eine vollständige C-Function zur Berechnung einer Element-Steifigkeitsmatrix für krummlinige 20-Knoten Serendipity Hexaeder gezeigt werden, und zwar **HEXA88.C**. Hier finden sich alle Gedanken, die bislang theoretisch abgehandelt wurden. Beachten Sie, dass die eigentlichen Formfunktionen hier nicht gebraucht werden, sondern nur die partiellen Ableitungen. Die Formfunktionen werden bei der Spannungsberechnung benötigt, vgl. Function **SHEX88.C** („Spannungen Hexaeder") auf der DVD.

Beachten Sie bei den nachfolgenden Quellen, dass gilt:

```
#define FR_DOUBLEAY double *    /* Pointer auf double */
#define FR_INT4 long            /* 4 Bytes Integer    */
```

Das wurde als eigener Datentyp definiert, damit eine Anpassung auf verschiedene Betriebssysteme leicht möglich ist – was sich sehr bewährt hat.

```
/************************************************************************
* diese Compilerunit umfasst: hexa88 - Elementsteifigkeitsroutine
*                             hb88   - Berechnung der Matrix b
* diese Compilerunit enthaelt Routinen, die gedanklich an FORTRAN-
* Quellen von H.J.Bathe, MIT, Cambridge, MA, USA angelehnt sind.
* 23.3.2002 Rieg
***********************************************************************/
```

```
/*****************************************************************
* Fuer UNIX
*****************************************************************/
#ifdef FR_UNIX
#include <z88r.h>
#endif

/*****************************************************************
* Fuer Windows
*****************************************************************/
#ifdef FR_WIN
#include <z88r.h>
#endif

/*****************************************************************
*  Functions
*****************************************************************/
int hb88(FR_DOUBLE *det,FR_DOUBLE *r,FR_DOUBLE *s,FR_DOUBLE *t);

/*****************************************************************
* hier beginnt Function hexa88
*****************************************************************/
int hexa88(void)
{
extern FR_DOUBLEAY se;

extern FR_DOUBLE xk[],yk[],zk[];
extern FR_DOUBLE b[],xx[],d[];

extern FR_DOUBLE emode,rnuee;

extern FR_INT4 intore;

FR_DOUBLE db[7];

FR_DOUBLE r,s,t,det,wt,stiff;
FR_DOUBLE f0,f1,f2;

FR_INT4 ne= 60,i,lx,ly,lz,j,k,l;

int iret;
```

```
/*----------------------------------------------------------------------
* Gauss-Legendre Stuetzstellen
*---------------------------------------------------------------------*/
static FR_DOUBLE xg[17]= { 0.,
   0., -.5773502691896, -.7745966692415, -.8611363115941,
   0., +.5773502691896,              0., -.3399810435849,
   0.,              0., +.7745966692415, +.3399810435849,
   0.,              0.,              0., +.8611363115941 };

/*----------------------------------------------------------------------
* Gauss-Legendre Integrationsgewichte
*---------------------------------------------------------------------*/
static FR_DOUBLE wgt[17]= { 0.,
   2.,              1., +.5555555555556, +.3478548451375,
   0.,              1., +.8888888888889, +.6521451548625,
   0.,              0., +.5555555555556, +.6521451548625,
   0.,              0.,              0., +.3478548451375 };

/*----------------------------------------------------------------------
* xk und yk umspeichern
*---------------------------------------------------------------------*/
for(i = 1;i <= 20;i++)
  {
  xx[i]   = xk[i];
  xx[20+i]= yk[i];
  xx[40+i]= zk[i];
  }

/*----------------------------------------------------------------------
* Materialkonstanten
*---------------------------------------------------------------------*/
f0= emode*(1.-rnuee) / ((1.+rnuee)*(1.-2.*rnuee));

f1= rnuee/(1.-rnuee) * f0;
f2= (1.-2.*rnuee) / (2.*(1.-rnuee)) * f0;

/*----------------------------------------------------------------------
* Elastizitaetsmatrix aufstellen
*---------------------------------------------------------------------*/
for(i = 1;i <= 36;i++)
  d[i]= 0.;
```

```
d[1] = f0;
d[7] = f1;
d[13]= f1;
d[2] = f1;
d[8] = f0;
d[14]= f1;
d[3] = f1;
d[9] = f1;
d[15]= f0;
d[22]= f2;
d[29]= f2;
d[36]= f2;

/*----------------------------------------------------------------------
* Elementsteifigkeitsmatrix aufstellen
*---------------------------------------------------------------------*/
for(i = 1;i <= 3600;i++)
  se[i]= 0.;

for(lx = 1;lx <= intore;lx++)                              /* 120 */
  {
  r= xg[(lx-1)*4 + intore];
  for(ly = 1;ly <= intore;ly++)                            /* 110 */
    {
    s= xg[(ly-1)*4 + intore];
    for(lz = 1;lz <= intore;lz++)                          /* 110 */
      {
      t= xg[(lz-1)*4 + intore];

/*======================================================================
* Matrix b der partiellen Ableitungen & Jacobi Determinante holen
*=====================================================================*/
      iret= hb88(&det,&r,&s,&t);
      if(iret != 0) return(iret);

      wt= wgt[(lx-1)*4 + intore] *
          wgt[(ly-1)*4 + intore] *
          wgt[(lz-1)*4 + intore] * det;

      for(j = 1;j <= 60;j++)                              /* 90 */
```

```
        {
        for(k = 1;k <= 6;k++)                                    /* 60 */
          {
          db[k]= 0.;
          for(l = 1;l <= 6;l++)                                  /* 50 */
            {
            db[k]= db[k] + d[(k-1)*6 + l] * b[(l-1)*60 + j];
            }                                                    /* e 50 */
          }                                                      /* e 60 */

        for(i = j;i <= 60;i++)                                   /* 80 */
          {
          stiff= 0.;
          for(l = 1;l <= 6;l++)                                  /* 70 */
            {
            stiff+= b[(l-1)*60 + i] * db[l];
            }                                                    /* e 70 */
          se[i+ne*(j-1)]= se[i+ne*(j-1)] + stiff * wt;
          }                                                      /* e 80 */
        }                                                        /* e 90 */
      }                                                          /* e 100 */
    }                                                            /* e 110 */
  }                                                              /* e 120 */

for(j = 1;j <= 60;j++)
  {                                                              /* 140 */
  for(i = j;i <= 60;i++)                                         /* 130 */
    {
    se[j+ne*(i-1)]= se[i+ne*(j-1)];
    }                                                            /* e 130 */
  }                                                              /* e 140 */

return(0);
}

/************************************************************************
* hier beginnt Function hb88
************************************************************************/
int hb88(FR_DOUBLE *det,FR_DOUBLE *r,FR_DOUBLE *s,FR_DOUBLE *t)
{
```

```
/*----------------------------------------------------------------------
* xx geht rein, unveraendert (ex)
* b  geht raus, neu (ex)
* det geht raus, neu
* r,s,t gehen rein, unveraendert
*---------------------------------------------------------------------*/

extern FR_DOUBLE b[],xx[],p[];

FR_DOUBLE xj[10], xji[10];              /* ist 3x3 +1 */

FR_DOUBLE dum,epr,emr,eps,ems,ept,emt;
FR_DOUBLE emrr,emss,emtt,zrm,zsm,ztm;

FR_INT4 i,j,k,k3;

/*----------------------------------------------------------------------
* Faktoren der Ableitungen der Formfunktionen belegen
*---------------------------------------------------------------------*/
epr = 1. + (*r);
emr = 1. - (*r);
eps = 1. + (*s);
ems = 1. - (*s);
ept = 1. + (*t);
emt = 1. - (*t);

emrr= 1. - (*r) * (*r);
emss= 1. - (*s) * (*s);
emtt= 1. - (*t) * (*t);

zrm = -2. * (*r);
zsm = -2. * (*s);
ztm = -2. * (*t);

/*----------------------------------------------------------------------
* Partielle Ableitung der Formfunktionen nach r
*---------------------------------------------------------------------*/
p[1]=  .125 *( eps*ept- zrm*eps*ept- emss*ept   - eps*emtt);
p[2]=  .125 *(-eps*ept- zrm*eps*ept+ emss*ept   + eps*emtt);
p[3]=  .125 *(-ems*ept+ emss*ept   - zrm*ems*ept+ ems*emtt);
p[4]=  .125 *( ems*ept- zrm*ems*ept- emss*ept   - ems*emtt);
```

```
p[5]=  .125 *( eps*emt- zrm*eps*emt- emss*emt   - eps*emtt);
p[6]=  .125 *(-eps*emt- zrm*eps*emt+ emss*emt   + eps*emtt);
p[7]=  .125 *(-ems*emt+ emss*emt   - zrm*ems*emt+ ems*emtt);
p[8]=  .125 *( ems*emt- zrm*ems*emt- emss*emt   - ems*emtt);
p[9]=  .250 *( zrm*eps*ept);
p[10]= .250 *(-emss*ept   );
p[11]= .250 *( zrm*ems*ept);
p[12]= .250 *( emss*ept   );
p[13]= .250 *( zrm*eps*emt);
p[14]= .250 *(-emss*emt   );
p[15]= .250 *( zrm*ems*emt);
p[16]= .250 *( emss*emt   );
p[17]= .250 *( eps*emtt   );
p[18]= .250 *(-eps*emtt   );
p[19]= .250 *(-ems*emtt   );
p[20]= .250 *( ems*emtt   );

/*------------------------------------------------------------------------
* Partielle Ableitung der Formfunktionen nach s
*-----------------------------------------------------------------------*/
p[21]=  .125 *( epr*ept -emrr*ept    -epr*zsm*ept -epr*emtt);
p[22]=  .125 *( emr*ept -emrr*ept    -emr*zsm*ept -emr*emtt);
p[23]=  .125 *(-emr*ept -emr*zsm*ept +emrr*ept    +emr*emtt);
p[24]=  .125 *(-epr*ept +emrr*ept    -epr*zsm*ept +epr*emtt);
p[25]=  .125 *( epr*emt -emrr*emt    -epr*zsm*emt -epr*emtt);
p[26]=  .125 *( emr*emt -emrr*emt    -emr*zsm*emt -emr*emtt);
p[27]=  .125 *(-emr*emt -emr*zsm*emt +emrr*emt    +emr*emtt);
p[28]=  .125 *(-epr*emt +emrr*emt    -epr*zsm*emt +epr*emtt);
p[29]=  .250 *( emrr*ept   );
p[30]=  .250 *( emr*zsm*ept);
p[31]=  .250 *(-emrr*ept   );
p[32]=  .250 *( epr*zsm*ept);
p[33]=  .250 *( emrr*emt   );
p[34]=  .250 *( emr*zsm*emt);
p[35]=  .250 *(-emrr*emt   );
p[36]=  .250 *( epr*zsm*emt);
p[37]=  .250 *( epr*emtt   );
p[38]=  .250 *( emr*emtt   );
p[39]=  .250 *(-emr*emtt   );
p[40]=  .250 *(-epr*emtt   );
```

```
/*----------------------------------------------------------------------
* Partielle Ableitung der Formfunktionen nach t
*---------------------------------------------------------------------*/
p[41]=  .125 *( epr*eps -emrr*eps -epr*emss -epr*eps*ztm);
p[42]=  .125 *( emr*eps -emrr*eps -emr*emss -emr*eps*ztm);
p[43]=  .125 *( emr*ems -emr*emss -emrr*ems -emr*ems*ztm);
p[44]=  .125 *( epr*ems -emrr*ems -epr*emss -epr*ems*ztm);
p[45]=  .125 *(-epr*eps +emrr*eps +epr*emss -epr*eps*ztm);
p[46]=  .125 *(-emr*eps +emrr*eps +emr*emss -emr*eps*ztm);
p[47]=  .125 *(-emr*ems +emr*emss +emrr*ems -emr*ems*ztm);
p[48]=  .125 *(-epr*ems +emrr*ems +epr*emss -epr*ems*ztm);
p[49]=  .250 *( emrr*eps   );
p[50]=  .250 *( emr*emss   );
p[51]=  .250 *( emrr*ems   );
p[52]=  .250 *( epr*emss   );
p[53]=  .250 *(-emrr*eps   );
p[54]=  .250 *(-emr*emss   );
p[55]=  .250 *(-emrr*ems   );
p[56]=  .250 *(-epr*emss   );
p[57]=  .250 *( epr*eps*ztm);
p[58]=  .250 *( emr*eps*ztm);
p[59]=  .250 *( emr*ems*ztm);
p[60]=  .250 *( epr*ems*ztm);

/*----------------------------------------------------------------------
* Jacobi-Matrix am Punkt (r,s,t) entwickeln
*---------------------------------------------------------------------*/
for(i = 1;i <= 3;i++)
  {
  for(j = 1;j <= 3;j++)
    {
    dum= 0.;
    for(k = 1;k <= 20;k++)
      {
      dum+= p[(i-1)*20 + k] * xx[(j-1)*20 + k];
      }
    xj[(i-1)*3 + j]= dum;
    }
  }
```

```
/*----------------------------------------------------------------------
* Jacobi-Determinante am Punkt (r,s,t) entwickeln
*---------------------------------------------------------------------*/
(*det)= (xj[1] * xj[5] * xj[9]) - (xj[1] * xj[6] * xj[8]) +
        (xj[2] * xj[6] * xj[7]) - (xj[2] * xj[4] * xj[9]) +
        (xj[3] * xj[4] * xj[8]) - (xj[3] * xj[5] * xj[7]);

if((*det) < 0.00000001)
  return(AL_JACNEG);

/*----------------------------------------------------------------------
* Berechnung der inversen Jacobi-Matrix
*---------------------------------------------------------------------*/
dum= 1./(*det);

xji[1]=  (xj[5] * xj[9] - xj[8] * xj[6])*dum;
xji[2]= -(xj[2] * xj[9] - xj[8] * xj[3])*dum;
xji[3]=  (xj[2] * xj[6] - xj[5] * xj[3])*dum;
xji[4]= -(xj[4] * xj[9] - xj[7] * xj[6])*dum;
xji[5]=  (xj[1] * xj[9] - xj[7] * xj[3])*dum;
xji[6]= -(xj[1] * xj[6] - xj[4] * xj[3])*dum;
xji[7]=  (xj[4] * xj[8] - xj[7] * xj[5])*dum;
xji[8]= -(xj[1] * xj[8] - xj[7] * xj[2])*dum;
xji[9]=  (xj[1] * xj[5] - xj[4] * xj[2])*dum;

/*----------------------------------------------------------------------
* Entwickeln der Matrix b
*---------------------------------------------------------------------*/
for(i = 1;i <= 360;i++)
  b[i]= 0.;

k3= 0;

for(k = 1;k <= 20;k++)
  {
  k3+= 3;

  for(i = 1;i <= 3;i++)
    {
    b[      k3-2]= b[      k3-2] + xji[    i] * p[(i-1)*20 + k];
    b[60 + k3-1]= b[60 + k3-1] + xji[3 + i] * p[(i-1)*20 + k];
    b[120+ k3  ]= b[120+ k3  ] + xji[6 + i] * p[(i-1)*20 + k];
```

```
    }
    b[180 + k3-2]= b[60 + k3-1];
    b[180 + k3-1]= b[     k3-2];

    b[240 + k3-1]= b[120+ k3  ];
    b[240 + k3  ]= b[60 + k3-1];

    b[300 + k3-2]= b[120 +k3  ];
    b[300 + k3  ]= b[     k3-2];
  }

return(0);
}
```

Wenn Sie den programmtechnischen Umsetzungen anhand des Programms Z88 auf den Grund gehen wollen, dann beachten Sie bitte folgende C-Routinen lt. Tabelle 4.7-1:

Tabelle 4.7-1: C-Routinen für Kontinuumselemente

Elementtyp	Element-Steifigkeit	Element-Lastvektor	Spannungs-Routine
20-Knoten Hexaeder	HEXA88.C	BHEXA88.C	SHEX88.C
8-Knoten Hexaeder	LQUA88.C	BLQUA88:C	SLQU88.C
6-und 8-Knoten Scheibe/ Torus	QSHE88.C	BQSHE88.C	SQSH88.C
12-Knoten Scheibe/Torus	CSHE88.C	BCSHE88.C	SCSH88.C
6-Knoten Platte	SPLA88.C	BSPLA88.C	SSPL88.C
8-Knoten Platte	APLA88.C	BAPLA88.C	SAPL88.C
16-Knoten Platte	HPLA88.C	BHPLA88.C	SHPL88.C
10-Knoten Tetraeder	TETR88.C	BTETR88.C	STET88.C
4-Knoten Tetraeder	SPUR88.C	BSPUR88.C	SSPU88.C

■ 4.8 Einige Bemerkungen zur Modellbildung

4.8.1 Wahl der Elementtypen

Wie bildet man eine reale Struktur in einem Finite Elemente Modell ab? Mögliche Antworten auf diese einfach klingende, aber höchst komplexe Frage finden Sie im Kapitel 13 bei den verschiedenen Beispielen. Aber lassen Sie uns noch einige grundsätzliche Gedanken anstellen:

Seit Kopernikus und Galilei wissen wir, dass die Welt eine Kugel ist, also ein 3D-Teil und keine Scheibe. Die Scheibe dagegen ist ein typisches 2D-Teil. Alle realen Bauteile sind immer 3D-Teile, und nur mit 3D-CAD-Programmen können Sie Bauteile wirklich realitätsnah beschreiben. Machen Sie sich bitte klar, dass eine 2D-Zeichnung, egal ob per Zeichenbrett oder 2D-Malprogramm erzeugt, in Wirklichkeit nur eine Ansammlung von Konventionen, von Zeichnungskonventionen ist. Wie ein früherer Konstrukteurs-Kollege von uns immer zu sagen pflegte: „Es ist verrückt! Wir müssen ein reales Bauteil im Kopf erst einmal plattklopfen, um es dann in eine Zeichnung zu bringen. Der Betrachter der Zeichnung muss dann das Bauteil in seinem Kopf wieder aufbauen!“

Damit ist ein Teil der Antwort schon gegeben: Ein reales Bauteil können Sie immer und grundsätzlich mit Volumenelementen abbilden. Dieses Vorgehen hat nur einen Schönheitsfehler: Es stellt eben die höchsten Anforderungen an Rechenpower, Hauptspeicher und Plattenspeicher. Aber der Trend geht immer mehr in diese Richtung, und eine neue Generation von FE-Programmen, die speziell für die Konstrukteure gedacht sind, sozusagen „für die kleine FE-Rechnung zwischendurch“, operieren nur noch mit Volumenelementen oder Schalenelementen. Andere Elementtypen sind praktisch nicht mehr implementiert. Ein typischer Vertreter dieser Programm-Gattung ist Pro/MECHANICA.

Andererseits stellt die klassische Technische Mechanik die typischen 1D- bzw. 2D-Gedankenmodelle wie Seil, Stab, Balken, Torsionsbalken, Scheibe, Platte, Membran zur Verfügung. Aber machen Sie sich klar, dass diese Modelle der Mechaniker in Wirklichkeit aus der Not heraus entstanden sind, weil die Gleichungen, die den allgemeinen räumlichen Verschiebungszustand beschreiben, die sog. *Navier'schen Gleichungen, vgl. /39/,* mit den sog. *Lamé*-Konstanten λ und μ:

$$(\lambda + \mu)\, u_{j,ji} + \mu\, u_{i,jj} + f_i = 0$$

nur für ganz wenige Sonderfälle analytisch lösbar sind. Aus diesem Grund hat man die Gedankenmodelle für die Ebene geschaffen, die beispielsweise im Fall der Scheibe mit der sog. *Airy'schen Spannungsfunktion,* im Fall der Platte mit der *Kirchhoff'schen Plattengleichung* lösbar sind.

Es war schon immer die Kunst des Statikers, das reale Berechnungsproblem gekonnt zu idealisieren – das nennt man heute vornehm Modellbildung. Für statische Probleme im Bauingenieurwesen oder ganz allgemein möge der Leser beispielsweise *Hirschfeld /64/, Mann /85/, Wagner/Erlhof /86–88/* und *Schnell/Gross/Hauger /89–91/,* im Falle von Platten besonders auch *Werkle /63/* konsultieren.

Wie geht der typische Maschinenkonstrukteur vor? Wenn er die Zahlenwerte von Hand eingeben muss, wird er in jedem Fall versuchen, diesen Eingabeaufwand zu minimieren und daher das Problem als Stabwerk, Balken-Fachwerk oder als Problem des ebenen Spannungszustands oder des axialsymmetrischen Spannungszustands abzubilden. Hat er hingegen ein relativ kompliziertes Bauteil im 3D-CAD-System vorliegen, wird er versuchen, diese Daten ins FE-Programm hinüberzuretten und dort weiter zu verwenden, was in den meisten Fällen zu Volumenelementen und hier wieder bevorzugt zu Tetraedern (weil die sich leichter automatisch generieren lassen als Hexaeder) führt.

Es gibt natürlich Strukturen, die man so und nur so abbilden wird, Bild 4.8-1, Beispiel 13.2.

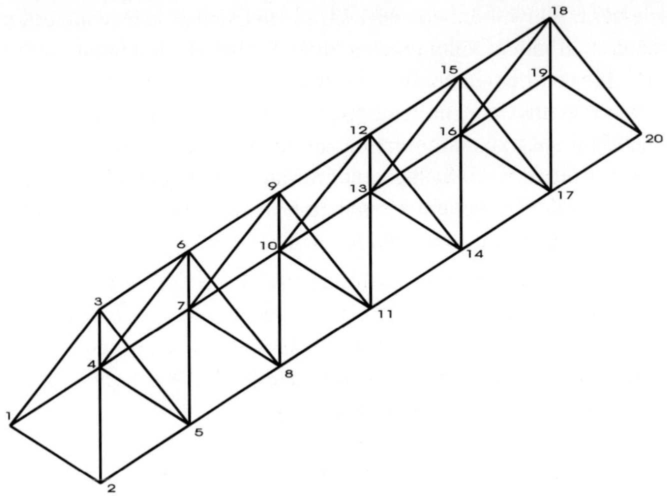

Bild 4.8-1: Kranträger: Stab- bzw. Balkenfachwerk

Kein vernünftiger Mensch wird einen derartigen Kranträger anders als ein Stab- oder Balkenfachwerk abbilden. Eine FE-Struktur aus Volumenelementen würde nicht nur sehr große Anforderungen an den Computer stellen, sondern auch keine präziseren Ergebnisse liefern. Bei der Getriebewelle nach Bild 4.8-2, Beispiel 13.3, kommt es darauf an, was Sie wissen wollen. Möchten Sie nur die Biegelinien und Lagerkräfte ermitteln, wird man diese Welle wie einen Durchlaufträger behandeln. Interessieren Sie dagegen die Kerbwirkungszahlen an den Wellenabsätzen, dann könnte man entweder mit axialsymmetrischen Elementen oder auch mit Volumenelementen arbeiten, vgl. Beispiel 22. Selbst dann können Sie eigentlich nur Formzahlen α_k per FEA berechnen; die Mikrostützwirkung für die eigentlich wichtigen *Kerbwirkungszahlen* β_k zu erfassen, wird sehr schwer.

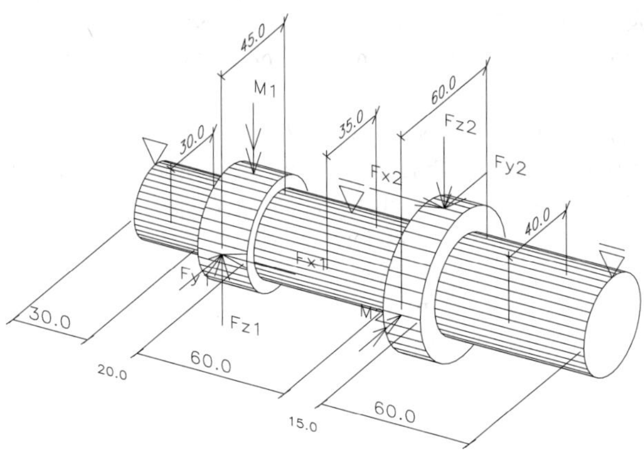

Bild 4.8-2: Getriebewelle: Durchlaufträger

Das Kraftmesselement, Bild 4.8-3, Beispiel 13.16, bietet sich geradezu an, um mit dem ebenen Spannungszustand zu arbeiten. Volumenelemente würden absolut keine weiteren Erkenntnisse bringen, aber dafür mehr Rechenaufwand. Bei dieser Struktur würde der Praktiker eher danach entscheiden, wie komfortabel er das Netz erzeugen kann. Wenn das Vernetzen im 2D-Fall sauber und einfach funktioniert, dann wäre das in Ordnung. Wenn Sie anderseits das Netz ohne viel Federlesen aus Ihrem 3D-CAD-System generieren können, *so what*, dann nehmen Sie eben das Volumennetz, denn der Rechenaufwand wird sich bei diesem einfachen Bauteil selbst bei parabolischen Tetraedern sehr in Grenzen halten.

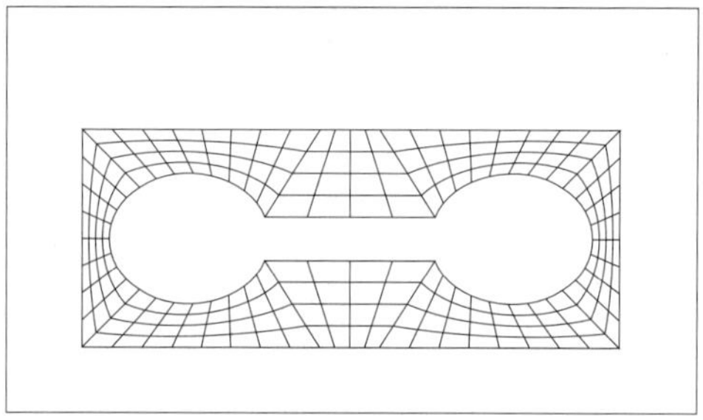

Bild 4.8-3: Kraftmesselement: Ebener Spannungszustand

Auch der Flüssiggas-Tank gemäß Bild 4.8-4, Beispiel 13.10, verlangt nach einer Abbildung mit axialsymmetrischen Toruselementen. Eine Raumstruktur wäre denkbar, diese würde keine Zusatzinformationen liefern, dafür aber viel Computerpower erfordern.

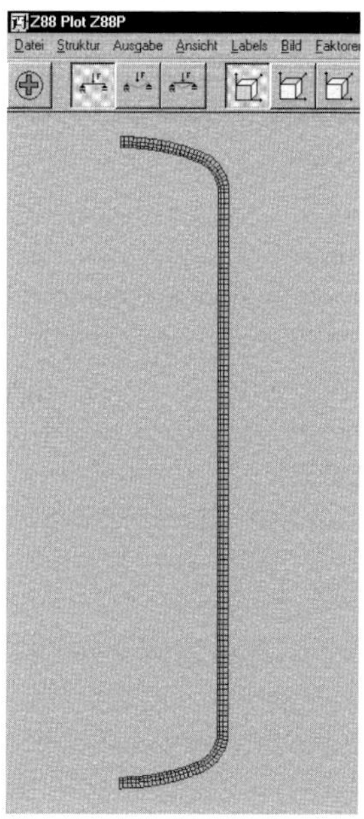

Bild 4.8-4: Flüssiggas-Tank: Axialsymmetrische Toruselemente

Dagegen können wir den Kolben gemäß Bild 4.8-5, Beispiel 13.19, nur als Volumenstruktur abbilden, und ohne einen vorgeschalteten *Mesher* sind wir verloren.

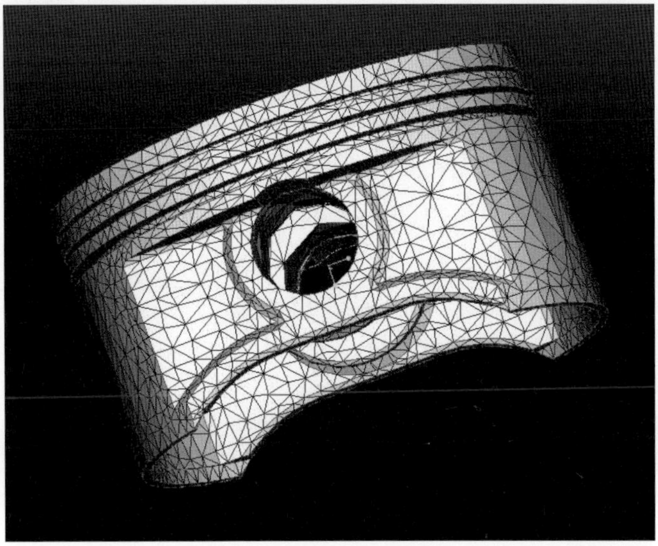

Bild 4.8-5: Viertaktmotor-Kolben: Volumenstruktur mit Tetraedern

Jetzt stellt sich gerade aber bei einem solchen Kolben die Frage, wie viel Tetraeder und welchen Typ von Tetraedern: linear oder parabolisch, vgl. Beispiel 21? Dahingehend hat *Koch /62/* einen *Katalog zur Auswahl geeigneter Vorgehensweisen für statische FE-Analysen* erarbeitet, der beim Beantworten solcher Fragen spürbare Unterstützung bietet, Tabellen 4.8-1 und 4.8-2.

Der Gliederungsteil dieses Katalogs umfasst die Klassifikation zu analysierender Bauteile nach ihrem vorherrschenden Spannungszustand und der jeweiligen Querschnittbeschaffenheit. Die Gliederung ist hinsichtlich des vorherrschenden Spannungszustands vollständig, d. h. jedem möglichen Bauteil lässt sich ein Spannungszustand zuordnen. Kann kein vorherrschender Spannungszustand festgestellt werden, sollte auf die allgemeinen Spannungszustände und als letzter Ausweg auf den allgemeinen dreidimensionalen Spannungszustand zurückgegriffen werden.

Hinsichtlich der vorliegenden Geometrie ist die Vollständigkeit jedoch nicht gegeben, sondern nur auf die untersuchten Geometrien beschränkt. Die Gliederung müsste an dieser Stelle noch weiter verfeinert bzw. vervollständigt werden. Es lassen sich jedoch aus den gegebenen Beispielen Rückschlüsse auf die Vorgehensweise in einem nicht berücksichtigten Fall ziehen: Bei nicht konstant veränderlichen Querschnitten sollte auf Elementtypen mit höheren Ansatzfunktionen zurückgegriffen werden.

Der Hauptteil besteht aus den Kraft-Weg-Zusammenhängen, auf die man durch den Gliederungsteil geführt wird. Ein Beispiel illustriert den jeweiligen Belastungsfall und dient zur Kontrolle für die richtige Zuordnung zum vorhandenen Problem.

Der Zugriffsteil enthält die Merkmale der empfohlenen FE-Prozeduren. In den meisten Fällen werden für die Belastungsfälle mehrere Prozeduren vorgeschlagen, da sowohl von der Dimension des Problems als auch von dem zu verwendenden Elementtyp her mehrere Möglichkeiten existieren.

Tabelle 4.8-1: Katalog zur Auswahl geeigneter Vorgehensweisen für statische FE-Analysen, Teil 1 /62/

Gliederungsteil			Hauptteil		
Dim. des Lastfalls	Vorherrschender Spannungszustand	Querschnitt veränderlich?	Kraft-Weg-Zusammenhang	Beispiel	Nr.
1	2	3	1	2	
1D	Stab	nein	linear	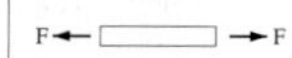	1
		linear	logarithmisch	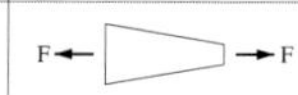	2
		konstant	linear	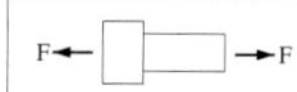	3
	Balken	nein	kubisch		4
	Torsionsbalken	nein	linear	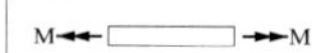	5
2D	Axialsymmetrisch	nein	linear	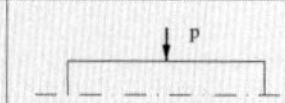	6
	Eben, linear	nein	linear	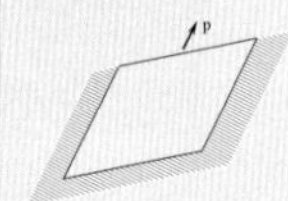	7
2D	Eben, allgemein	nein	nichtlinear	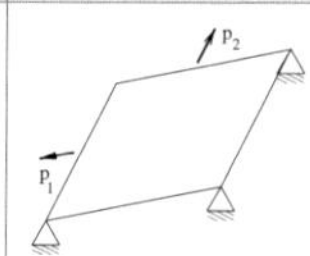	8
	Ebene Verzerrung	nein	linear	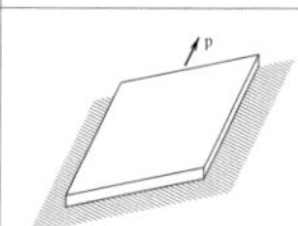	9
	Platte	nein	nichtlinear	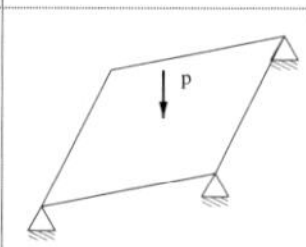	10
3D	Allseitiger Zug	nein	linear	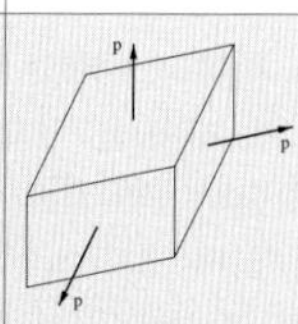	11
	Allgemein	nein	nichtlinear	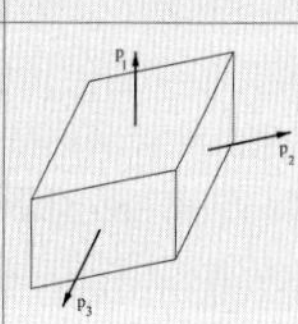	12

Tabelle 4.8-2: Katalog zur Auswahl geeigneter Vorgehensweisen für statische FE-Analysen, Teil 2 */62/*

Nr.	Zugriffsteil					
	Empfohlenes Element		Vernetzungs-technik	Modellie-rungsaufwand	Rechen-zeit	Ergebnis-qualität
	Dim.	Typ				
	1	*2*	*3*	*4*	*5*	*6*
1	1D	Stab2	manuell	hoch	niedrig	exakt
	3D	Tet4	automatisch	niedrig	niedrig	gut
		Hex8	manuell	hoch	mittel	sehr gut
2		Tet10	automatisch	niedrig	mittel	gut
		Hex20	manuell	hoch	hoch	sehr gut
3	1D	Stab2	manuell	hoch	niedrig	exakt
	3D	Tet4	automatisch	niedrig	niedrig	gut
		Hex8	manuell	hoch	mittel	sehr gut
4	1D	Balken2	manuell	hoch	niedrig	exakt
	3D	Tet10	automatisch	niedrig	mittel	gut
		Hex20	manuell	hoch	hoch	sehr gut
5	1D	Balken2	manuell	hoch	niedrig	exakt
	3D	Tet10	automatisch	niedrig	mittel	gut
		Hex8	manuell	hoch	mittel	sehr gut
6	2D	Torus3/4	automatisch	niedrig	niedrig	sehr gut
	3D	Tet4	automatisch	niedrig	niedrig	gut
		Hex8	manuell	hoch	mittel	gut
7	2D	Scheibe3/4	automatisch	niedrig	niedrig	gut
	3D	Tet4	automatisch	niedrig	niedrig	gut
		Hex8	manuell	hoch	mittel	sehr gut
8	2D	Scheibe6/8	automatisch	niedrig	mittel	gut
	3D	Tet10	automatisch	niedrig	mittel	gut
		Hex20	manuell	hoch	hoch	sehr gut
9		Tet4	automatisch	niedrig	niedrig	gut
		Hex8	manuell	hoch	mittel	sehr gut
10	2D	Platte8	automatisch	niedrig	mittel	sehr gut
	3D	Tet10	automatisch	niedrig	mittel	gut
		Hex20	manuell	hoch	hoch	sehr gut
11		Tet4	automatisch	niedrig	niedrig	gut
		Hex8	manuell	hoch	mittel	sehr gut
12		Tet10	automatisch	niedrig	mittel	gut
		Hex20	manuell	hoch	hoch	sehr gut

Die daraus resultierenden Vorgehensweisen sind jedoch in Modellierungsaufwand und Ergebnisqualität unterschiedlich. Der Konstrukteur kann nun anhand der notwendigen Ergebnisqualität für die vorliegende Analyse eine geeignete Vorgehensweise auswählen. Er muss selbst beurteilen, ob sich beispielsweise der höhere Modellierungsaufwand zum Erreichen einer besseren Ergebnisqualität im jeweiligen Fall lohnt. Auch die jeweilige Dimension des Problems kann zusätzlichen Modellierungsaufwand verursachen: Liegt die Geometrie eines Bauteils als 3D-CAD-Modell vor, ist es möglicherweise weniger Aufwand, dieses Modell auch dreidimensional zu berechnen, als es zunächst in ein zwei- oder gar eindimensionales Modell umzuwandeln.

Tabelle 4.8-3: Freiheitsgrade verschiedener Elementtypen, nach /62/

Typ	Z88 Typ Nr.	Anzahl FG	Rechenzeit
Stab2	9 und 4	4 oder 6	niedrig
Balken2	13 und 2	6 oder 12	niedrig
Scheibe3/4	–	6 oder 8	niedrig
Scheibe6/8	3, 14 und 7	12 oder 16	mittel
Platte8	20	24	mittel
Torus3/4	6	6/8	niedrig
Tet4	17	12	niedrig
Tet10	16	30	mittel
Hex8	1	24	mittel
Hex20	10	60	hoch

Aus der Dimension und dem Typ des empfohlenen Elements folgt die anwendbare Vernetzungstechnik. Eindimensionale und Hexaederelemente lassen sich zurzeit nur manuell vernetzen. Für alle anderen Elementtypen sind automatische Vernetzungsalgorithmen kommerziell einsetzbar. Der Modellierungsaufwand richtet sich in erster Linie nach der Vernetzungstechnik. Eine manuelle Vernetzung verursacht immer einen höheren Modellierungsaufwand als eine automatische.

Die Aussage bezüglich der Rechenzeit basiert auf der Anzahl der Freiheitsgrade für den empfohlenen Elementtyp. Eine hohe Anzahl an Freiheitsgraden bedeutet bei gleicher Elementanzahl und gleicher Geometrie eine höhere Rechenzeit und umgekehrt. Bei 15 bis 30 Freiheitsgraden wurde eine mittlere Rechenzeit unterstellt, bei weniger als 15 Freiheitsgraden eine niedrige, bei mehr als 30 eine hohe.

Die Ergebnisqualität resultiert aus den Untersuchungen /62/ und beruht auf den dort festgestellten Konvergenzeigenschaften. Hexaederelemente zeigen dabei in der Regel eine noch bessere Konvergenz als Tetraederelemente. Die Ergebnisqualität für FE-Analysen mit Stab- und Balkenelementen ist im Rahmen der mechanischen Ansätze sogar exakt.

Bis jedoch die Finite-Elemente- und die Konstruktionsforschung hier weitere, allgemeingültige Richtlinien und Erkenntnisse gefunden hat, ist die beste Art der Modellbildung immer noch durch gründliches Wissen um die Technische Mechanik, praktische Konstruktionserfahrung und Ingenieur-Sachverstand gegeben.

4.8.2 Kunststoffe und Materialgesetze

Eine gezielte konstruktive Ausnutzung eines Werkstoffes ist nur durch die genaue Kenntnis dessen mechanischer Eigenschaften möglich. Diese sind gerade bei Kunststoffen stark vom Herstellungsprozess, den Umgebungsbedingungen und den eintretenden Lastfällen abhängig und zudem innerhalb eines Bauteiles nicht homogen. Dies resultiert aus dem organischen Aufbau der Kunststoffe, welcher durch rheologische und thermische Einflüsse während des Herstellungsprozesses beeinflusst wird.

Trotz dieser nachteiligen mechanischen Werkstoffeigenschaften sind Kunststoffe kostengünstig mit hohem Automatisierungsgrad, selbst bei komplexen Geometrien, produzierbar. Bei der schrittweisen Substitution von Metallbauteilen durch Kunststoffe stehen neben Kosteneinsparungen besonders das geringe spezifische Gewicht und die niedrige Wärmeleitfähigkeit von Polymerbauteilen im Vordergrund.

Auf den ersten Blick erscheint die Verwendung von Materialgesetze, die den nichtlinearen Zusammenhang zwischen Spannung und Dehnung abbilden in der Finite-Elemente-Analyse von Kunststoffen zwingend notwendig. Ein weiteres Simulationswerkzeug bei Kunststoffen ist die Simulation des Formgebungsprozesses, meist des Spritzgussprozesses und die Übertragung der resultierenden Materialeigenschaften (Anisotropie, Faserorientierung) in die Struktursimulation.

Trotzdem sind linear elastische Berechnungen viel schneller und einfacher durchzuführen und vielfach aus der Konstruktion mit Metallen bekannt.

Betrachtet man etwa das Verhalten der Kunststoffe bis zur dauerhaft plastischen Verformung, existiert bei Beachtung gewisser Randbedingungen ein linearer Bereich der Materialeigenschaften. Selbst über dieses Gebiet hinaus kann die Rechnung mit E-Modul und Querkontraktionszahl so lange erfolgen, bis der dadurch verursachte Fehler in der bestehenden Anwendung nicht mehr toleriert werden kann. Durch reversible zeitabhängige (viskoplastische) Verformungen kann ein Bauteil aus Kunststoff Überlastungen ausgleichen, dies ist ebenfalls für die lineare Auslegung günstig. Vertiefende Arbeiten */107/* zeigten, dass bei kleinen Dehnungen und unter der Voraussetzung, dass Temperatur, Belastungsart und -geschwindigkeit in der Norm liegen, lineare Berechnungen verlässliche Ergebnisse liefern.

Selbst bei der Verwendung eines nichtlinearen Materialgesetzes existieren bis zu einem konkreten „Umschaltwert", welcher im linearen Bereich der Spannungs-Dehnungsbeziehung liegt, nur lineare Berechnungsergebnisse. Bis zu diesem Zeitpunkt ist eine lineare Berechnung genauso aussagekräftig wie eine nichtlineare. Oberhalb dieses Punktes existieren teils erhebliche Unterschiede in den Ergebnissen bezüglich Spannung und Dehnung, der Fehler der durch ein bewusstes Ignorieren des nichtlinearen Zusammenhangs begangen wird, muss kritisch abgeschätzt werden. Je stärker anisotrop ein Material desto größer ist demzufolge der resultierende Fehler. Zudem muss zwischen unverstärkten und faserverstärkten Kunststoffen unterschieden werden.

Das Vorgehen zur linearen Berechnung von Kunststoffen sollte wie folgt vonstatten gehen: An Hand der resultierenden Spannungen einer ersten Überschlagsrechnung mit der FEA sollte man sich verdeutlichen, welches Materialverhalten bei dieser auftretenden Belastung vorherrscht, lineares oder bereits nichtlineares Verhalten.

Danach ist die resultierende Ungenauigkeit, also der auftretende Fehler durch die lineare Berechnung, zu berücksichtigen und es sind gegebenenfalls Sicherheiten mit einzubeziehen. Mit dieser Vorgehensweise können bei Kunststoffen gute Abschätzungen in sehr kurzer Zeit getroffen werden.

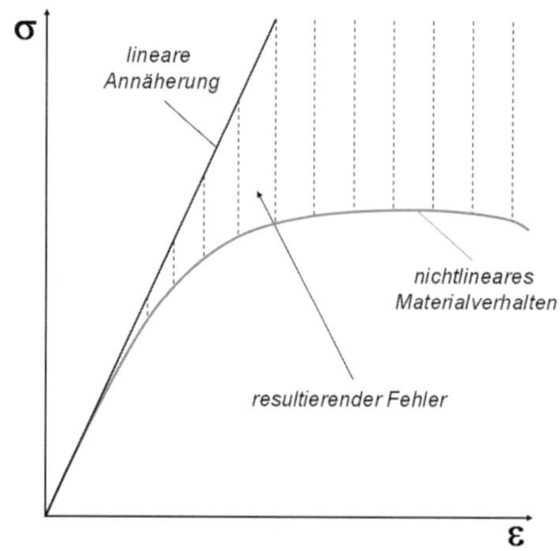

Bild 4.8-6: Resultierender Fehler aus der Verwendung einer linearen Spannungs-Dehnungs-Beziehung trotz nichtlinearem Materialverhalten

Faserverstärkte Polymere lassen sich normalerweise durch Kenntnis der Faserorientierung und trotz der vorhandenen Anisotropie im Material hinreichend linearisiert berechnen, da die meisten auftretenden Belastungen notgedrungen im elastischen Bereich des Materials stattfinden. Dies resultiert aus den materialtypischen geringen vertretbaren Dehnungen die bei faserverstärkten Materialien ohne katastrophalen Bruch erreichbar sind. Vergleichsrechnungen zeigten, dass bei der Verwendung von linearen Berechnungen und Materialmodellsimulationen keine nennenswerten Unterschiede bei kleinen Verformungen gefunden werden konnten. Die anisotropen Eigenschaften faserverstärkter Kunststoffe sind nur mit einer gekoppelten Struktur- und Prozesssimulationen berücksichtigbar.

Für die Abschätzung welches Modell zur Berechnung gewählt werden sollte, ist der Rechenaufwand für Materialmodellberechungen oder gekoppelte Struktur- und Prozesssimulationen nicht zu unterschätzen. Sowohl die Prozesssimulation als auch die Berechnung mit Hilfe eines Materialmodells dauert etwa 6–8-mal länger als eine lineare Berechnung. Dasselbe gilt im verstärkten Maße für den notwendigen Arbeitsspeicher.

Allgemein gilt besonders bei Kunststoffen, dass die Ergebnisse einer Simulation umso näher an den tatsächlichen Gegebenheiten liegen, je exakter die verwendeten Parameter (Materialparameter, Struktur, Randbedingungen, Diskretisierung) sind */107/*.

4.8.3 Strukturoptimierung

Die bisher näher erläuterte Finite Elemente Analyse dient zur Untersuchung bestehender Strukturen und gehört damit zu den Analysemethoden der Simulation. Auf Basis eines geometrieabhängigen Netzes und unter Einwirkung bestimmter Kräfte und Randbedingungen lassen sich im Verschiebungsgrößenverfahren die Verformungen, Verzerrungen, inneren Kräfte und Spannungen des Bauteils berechnen. In der Praxis ist dann damit z. B. eine Aussage über auftretendes Bauteilversagen möglich. Ein Verfahren, welches auf der Finite Elemente Analyse basiert, jedoch erst in neuester Zeit industrielle Bedeutung erfährt, ist die Computer Aided Optimization (CAO) oder Strukturoptimierung. In einem Syntheseprozess lassen sich hiermit neue Geometrien erzeugen, welche ohne Nachbearbeitung in ihrer Form meist an Strukturen mit biologischem Hintergrund, wie z. B. Knochen oder Bäume erinnern.

Verfahren der Strukturoptimierung basieren auf der Definition einer geeigneten Zielfunktion für die Optimierungsaufgabe und deren Minimierung oder Maximierung unter Veränderung von Designvariablen. Zielfunktion kann z. B. die Steifigkeit oder die Eigenfrequenz des Bauteils sein. Der Optimierungsprozess geschieht immer unter Berücksichtigung von Randbedingungen, die die Restriktionen der Optimierung darstellen. Je nachdem, welche Designvariablen definiert sind bzw. welche Parameter zur Optimierung der Zielfunktion verwendet werden, lassen sich unter anderem folgende CAO-Verfahren unterscheiden, die an verschiedenen Stellen einer Prozesskette zur Gestaltung von Bauteilen zum Einsatz kommen können:

- Topologieoptimierung: Die Steifigkeit der Finiten Elemente (FE) des Bauteilmodells wird in Form einer Dichtefunktion angepasst.
- Gestaltoptimierung: Die Knotenkoordinaten an der Oberfläche des FE-Netzes werden verschoben.

Die Topologieoptimierung geht von einem vernetzten Bauraum aus, der die maximale räumliche Ausdehnung des späteren Bauteils kennzeichnet (Bild 4.8-7, links). Während des Optimierungsprozesses werden einzelne Elemente dieses Bauraums schrittweise ausgeblendet, bis am Ende die in Abhängigkeit von Optimierungsziel, Randbedingungen und gewünschtem Restvolumen optimale Geometrie erhalten bleibt. Im Gegensatz dazu stellt die Basis der Gestaltoptimierung bereits ein endkonturnaher Entwurf des späteren Bauteils dar. Dieser wird z. B. zur Spannungsreduktion nur noch in gewissen Grenzen verändert.

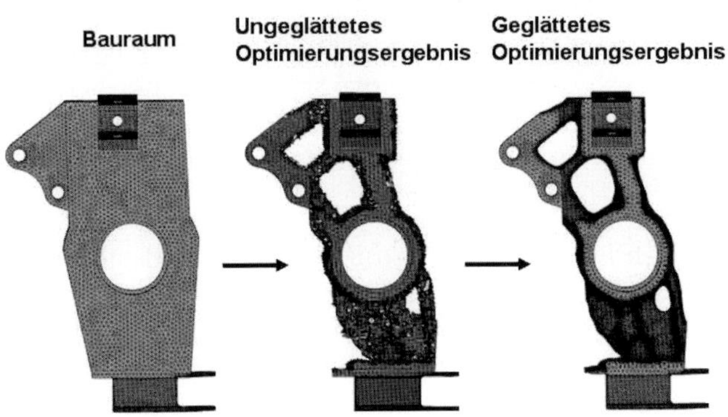

Bild 4.8-7: Vergleich zwischen Bauraum, ungeglättetem und geglättetem Optimierungsergebnis anhand der Topologieoptimierung eines Radträgers

Wie hängen jedoch Finite Elemente Analyse und Strukturoptimierung zusammen? Zur Verdeutlichung ist in Bild 4.8-8 der Ablauf einer Topologieoptimierung in der praktischen Anwendung dargestellt. Das Preprocessing zu Beginn entspricht dem einer herkömmlichen FEA. Nach der Definition von Optimierungszielen und Randbedingungen folgt die eigentliche Optimierung, in der eine FE-Rechnung integriert ist, d.h. Basis jeder Strukturoptimierung ist eine Finite Elemente Analyse! In mehreren Optimierungszyklen werden die Ergebnisse der Berechnung immer wieder ausgewertet und auf Basis mathematischer Algorithmen wird damit die Eingangsstruktur angepasst. Dies geschieht solange, bis eine optimale Geometrie, gekennzeichnet durch ein Abbruchkriterium, erreicht ist */108/.*

Das Ergebnis einer Topologieoptimierung weist gerade bei Verwendung von Tetraedern im Bauraum eine sehr unregelmäßige Oberfläche auf. Um eine bessere visuelle Beurteilung durchführen zu können bzw. um die Weiterverwendung der Daten in der Prozesskette zu erleichtern, ist eine Glättung der Oberfläche im Postprocessing nötig. Dies geschieht auf Basis von Glättungsalgorithmen (Bild 4.8-7, Mitte und rechts).

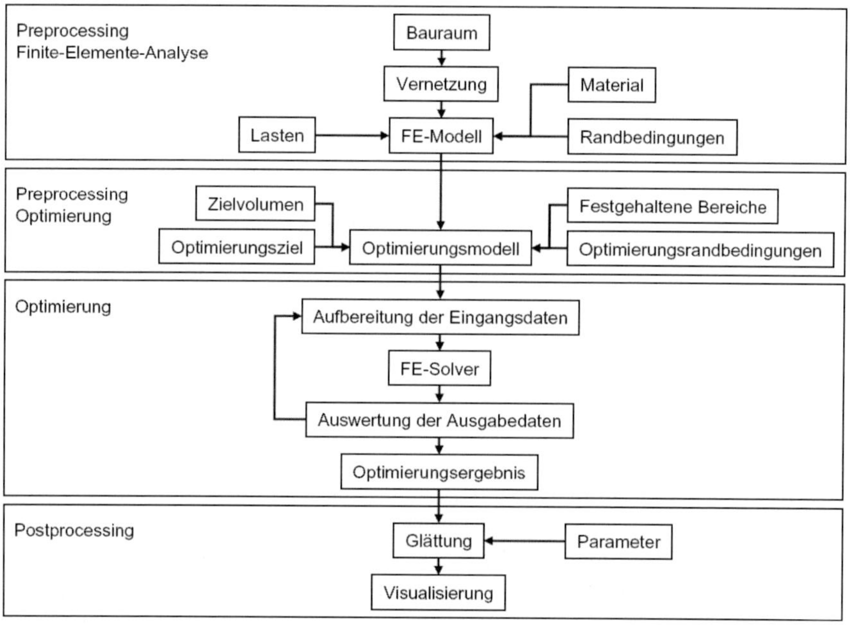

Bild 4.8-8: Ablauf einer Topologieoptimierung in der praktischen Anwendung

Soll in der industriellen Praxis ein neues strukturoptimiertes Bauteil entwickelt werden, so bietet sich eine Prozesskette an, die die zahlreichen Simulations- und Berechnungsprogramme in einer intelligenten Reihenfolge kombiniert. In einer solchen nach dem ICROS-Prinzip (Intelligent CROss-linked Simulations nach *Alber, Hackenschmidt, Rieg /110/*) aufgebauten Prozesskette sind auch Rücksprung- und Auswahlmöglichkeiten enthalten. In Bild 4.8-9 ist eine Prozesskette zur Entwicklung eines spritzgegossenen Kunststoffschnappers dargestellt. Neben analytischen Berechnungswerkzeugen kommen 3D-CAD-Systeme, FE-Programme und auch Strukturoptimierungslösungen zum Einsatz.

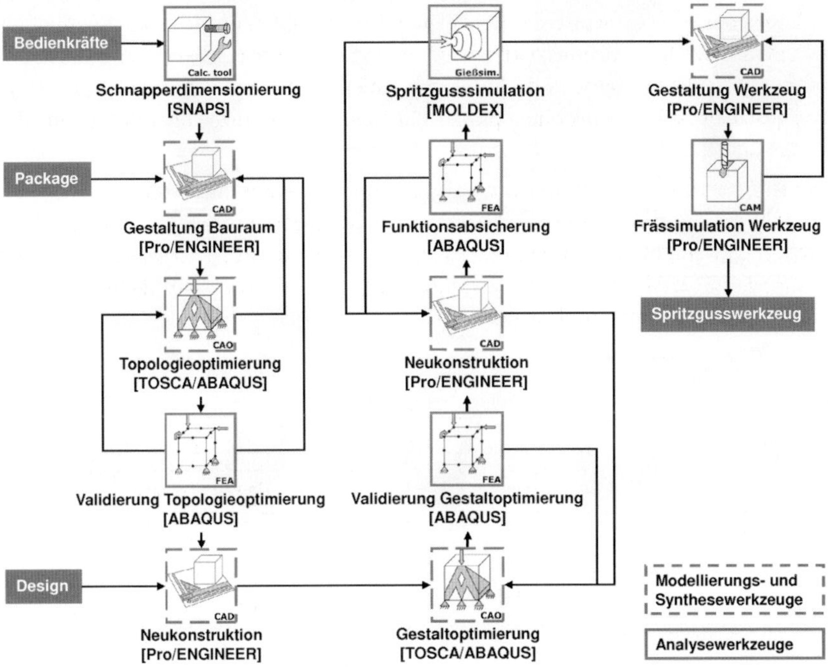

Bild 4.8-9: Prozesskette zur Konstruktion eines strukturoptimierten Kunststoffteils mit Beispielprogrammen

Die Funktionsabsicherung in der Prozesskette stellt die klassische analysierende Finite-Elemente-Analyse dar. Sie dient als virtuelle Freigabe des Bauteils auf Basis von Simulation und wird vor Beginn der Produktion durchgeführt. An mehreren Stellen in der Prozesskette erscheint die sog. Validierung. Was muss man darunter verstehen? Validierung bedeutet in diesem Fall nicht den Abgleich zwischen Simulation und Realität. Die Validierungsschritte in der Prozesskette dienen der Überprüfung des durch Glättung aufbereiteten Optimierungsergebnisses auf Einhaltung der Optimierungsziele sowie der Einbindung eventuell komplexer Materialmodelle, die in der eigentlichen Optimierung nicht berücksichtigt werden können. Dies findet alles an einer noch nicht endgültigen Bauteilgeometrie statt.

Das Beispiel der Topologieoptimierung eines Radträgers ist in Bild 4.8-10 näher dargestellt. Die Geometrie verändert sich dabei von einem 3D-CAD-Modell des Bauraums bis zum Optimierungsergebnis und zur Neukonstruktion.

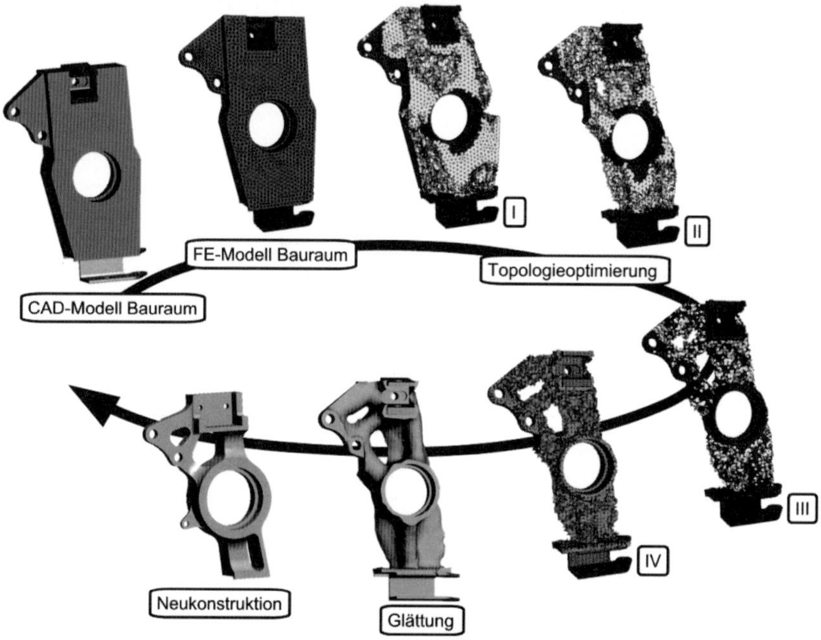

Bild 4.8-10: Entwicklung der Bauteilgeometrie entlang der Prozesskette

4.9 Einige Bemerkungen über Schalen

Dieses Kapitel soll die Ausführungen über Finite Elemente und Elementsteifigkeitsmatrizen abschließen, und eigentlich gehört diese komplizierte Materie nicht in ein einführendes Lehrbuch. Da jedoch seitens unserer Leser immer wieder nach einer Behandlung der Schalen gefragt wurde, hat der Erstautor vier Schalenelemente, die in der Praxis ganz brauchbar sind, hergeleitet und in Z88 eingebaut. Wir haben uns entschlossen, das Thema aus einer stark vereinfachten Sicht zu behandeln - sozusagen „Schalen für den Hausgebrauch" - und dabei auf Ausführlichkeit und wissenschaftliche Strenge zu verzichten. Die Kollegen der Technischen Mechanik und die Schalenspezialisten mögen uns das nachsehen.

Schalen sind Flächentragwerke, deren Mittefläche einfach oder doppelt gekrümmt ist, vgl. *Girkmann /113/*. Die Dicke ist üblicherweise sehr klein gegenüber den anderen Abmessungen. Schalen sind außerordentlich schwierig analytisch zu berechnen, und es sind nur direkte Lösungen für relativ einfache Fälle wie rotationssymmetrische Schalentragwerke bekannt geworden, bei denen durchaus - je nach Autor - verschiedene Grundannahmen getroffen werden. Ferner unterscheidet die klassische Schalentheorie zwischen sog. Membranschalen - es werden die Biegespannungen vernachlässigt und nur die Normalspannungen an den Schalenrändern betrachtet - und Schalen mit Biegeeinfluß. Insgesamt betrachtet, ist die Behandlung von Schalen aus analytischer Sicht äußerst verwickelt; Bild 4.9-1 möge einen ersten Eindruck der Komplexität vermitteln. Der interessierte Leser möge die „Schalen-Klassiker“ wie *Timoshenko/Woinowsky-Krieger /37/* und *Girkmann /113/* konsultieren. Für den Praktiker gibt es ein aus unserer Sicht sehr schönes Werk von *Hake/Meskouris /116/*; gesammelte Formel für Schalenprobleme bietet *Pilkey /38/*.

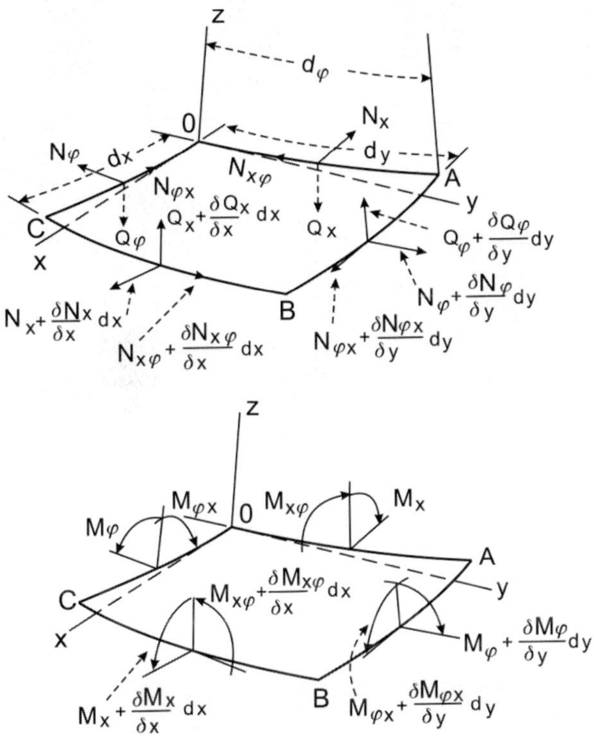

Bild 4.9-1: Allgemeiner Verformungszustand einer zylindrischen Schale. Nach *Timoshenko/Woinowsky-Krieger /37/, S.508.*

Die klassische Schalentheorie hilft beim Aufstellen von Elementsteifigkeitsmatrizen nur bedingt, ja, sie kann sogar in die Irre führen, weil sie auf Elementformen wie z.B. doppelt gekrümmte Schalen hindeutet, die der mit einem CAD-System arbeitende FE-Berechner gar nicht brauchen kann; wir werden hier drei andere, und wie wir meinen, einfachere Wege ohne Anspruch auf Vollständigkeit einschlagen:

1. Volumenschalenelemente:

Zunächst muss man sich klarmachen, dass die Natur nichts von Schalenspannungszuständen weiß; dies ist eine Fiktion der Technischen Mechanik. Daher lassen sich Schalen generell mit Volumenelementen wie Hexaedern und Tetraedern beschreiben. In vielen Fällen funktioniert dies auch sehr schön; leider wird so die Elementanzahl mitunter unverhältnismäßig groß. Bei Hexaedern kommt im Gegensatz zu Tetraedern erschwerend hinzu, dass die dritte Abmessung, d.h. die Dicke, sehr viel kleiner ist als die beiden anderen Abmessungen, Bild 4.9-2:

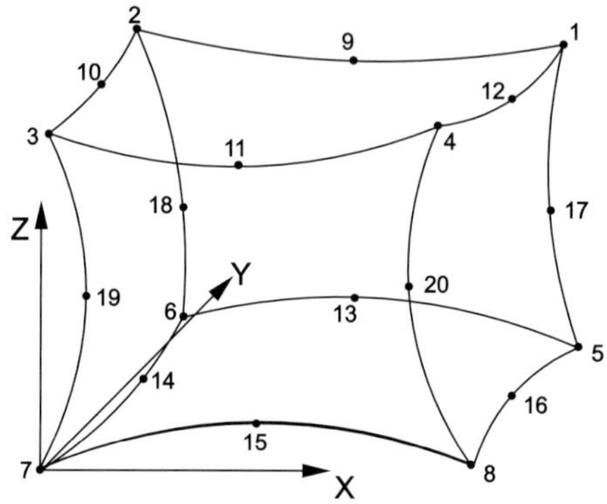

Bild 4.9-2: Ein Hexaeder als Volumenelement

Dafür sind die Formfunktionen für einen Hexaeder mit 8 ~ 20 Knoten allgemein, vgl. *Bathe* */4,5/*:

$$h_1 = g_1 - \frac{g_9 + g_{12} + g_{17}}{2} \quad , \quad h_2 = g_2 - \frac{g_9 + g_{10} + g_{18}}{2}$$

$$h_3 = g_3 - \frac{g_{10} + g_{11} + g_{19}}{2} \quad , \quad h_4 = g_4 - \frac{g_{11} + g_{12} + g_{20}}{2}$$

$$h_5 = g_5 - \frac{g_{13} + g_{16} + g_{17}}{2} \quad , \quad h_6 = g_6 - \frac{g_{13} + g_{14} + g_{18}}{2}$$

$$h_7 = g_7 - \frac{g_{14} + g_{15} + g_{19}}{2} \quad , \quad h_8 = g_8 - \frac{g_{15} + g_{16} + g_{20}}{2}$$

mit $h_j = g_j$ für $j = 9 \sim 20$

$g_j = 0$, wenn der Knoten nicht existiert, ansonsten gilt: $g_j = G(r,r_j) \cdot G(s,s_j) \cdot G(t,t_j)$

sei $\beta = r,s,t$, damit wird

$$G(\beta,\beta_j) = \frac{1}{2}(1 + \beta \cdot \beta_j) \text{ für } \beta_j = \pm 1$$

$$G(\beta,\beta_j) = (1 - \beta^2) \text{ für } \beta_j = 0$$

Um den obigen Überlegungen Rechnung zu tragen, wäre es sinnvoll, in der Achse der Dickenrichtung nur zwei anstelle von drei Knoten zu haben. Das bedeutet, dass in zwei Achsen ein quadratischer Ansatz und in der dritten Achse hingegen ein linearer Verschiebungsansatz gewählt wird. Dies demonstriert der entsprechende Codeabschnitt der Volumenschalenroutine `SHAQ88.C`:

```
/*----------------------------------------------------------
* Klammern der Formfunktionen belegen
*---------------------------------------------------------*/
rp= 1. + (*r);
sp= 1. + (*s);
rm= 1. - (*r);
sm= 1. - (*s);
```

```
rqm= 1. - (*r)*(*r);
sqm= 1. - (*s)*(*s);
r2=  2. * (*r);
s2=  2. * (*s);
ept= 0.5* (1. + (*t));
emt= 0.5* (1. - (*t));

/*-----------------------------------------------------------
* Formfunktionen obere und untere Ebene
*----------------------------------------------------------*/
h[ 1]= .25 * (rp*sp - rqm*sp - sqm*rp) * ept;
h[ 2]= .25 * (rm*sp - rqm*sp - sqm*rm) * ept;
h[ 3]= .25 * (rm*sm - sqm*rm - rqm*sm) * ept;
h[ 4]= .25 * (rp*sm - rqm*sm - sqm*rp) * ept;
h[ 5]= .5 * rqm * sp * ept;
h[ 6]= .5 * sqm * rm * ept;
h[ 7]= .5 * rqm * sm * ept;
h[ 8]= .5 * sqm * rp * ept;

h[ 9]= .25 * (rp*sp - rqm*sp - sqm*rp) * emt;
h[10]= .25 * (rm*sp - rqm*sp - sqm*rm) * emt;
h[11]= .25 * (rm*sm - sqm*rm - rqm*sm) * emt;
h[12]= .25 * (rp*sm - rqm*sm - sqm*rp) * emt;
h[13]= .5 * rqm * sp * emt;
h[14]= .5 * sqm * rm * emt;
h[15]= .5 * rqm * sm * emt;
h[16]= .5 * sqm * rp * emt;
```

Damit entsteht das Volumenschalenelement nach Bild 4.9-3:

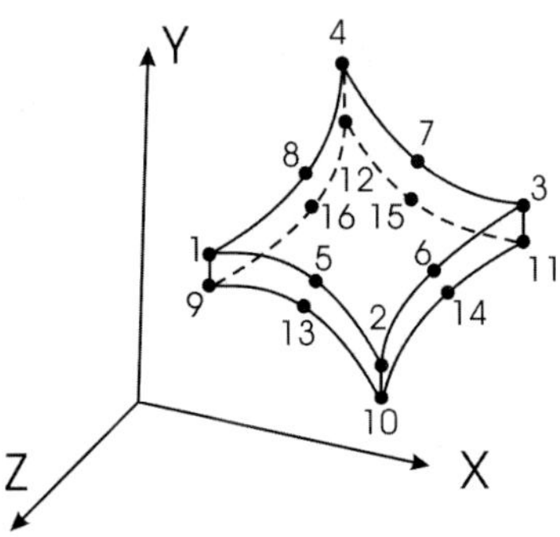

Bild 4.9-3: Ein viereckiges Volumenelement mit unterschiedlichen Verschiebungsansätzen: Z88-Elementtyp 21.

Ganz analog kann man ein dreieckiges Volumenschalenelement herleiten, vgl. Z88-Function SHAD88.C:

```
/*---------------------------------------------------------------
* Klammern der Formfunktionen belegen
*-------------------------------------------------------------*/
rr2= 2. * (*r) * (*r);
ss2= 2. * (*s) * (*s);
r4 = 4. * (*r);
r3 = 3. * (*r);
s4 = 4. * (*s);
s3 = 3. * (*s);
rs4= 4. * (*r) * (*s);
ept= 0.5* (1. + (*t));
emt= 0.5* (1. - (*t));

/*---------------------------------------------------------------
* Formfunktionen obere und untere Ebene
*-------------------------------------------------------------*/
h[ 1]= (rr2 + ss2 + rs4 - r3 - s3 + 1.) * ept;
h[ 2]= (rr2 - (*r)) * ept;
h[ 3]= (ss2 - (*s)) * ept;
h[ 4]= (r4 - 2*rr2 - rs4) * ept;
h[ 5]= rs4 * ept;
h[ 6]= (s4 - 2*ss2 - rs4) * ept;

h[ 7]= (rr2 + ss2 + rs4 - r3 - s3 + 1.) * emt;
h[ 8]= (rr2 - (*r)) * emt;
h[ 9]= (ss2 - (*s)) * emt;
h[10]= (r4 - 2*rr2 - rs4) * emt;
h[11]= rs4 * emt;
h[12]= (s4 - 2*ss2 - rs4) * emt;
```

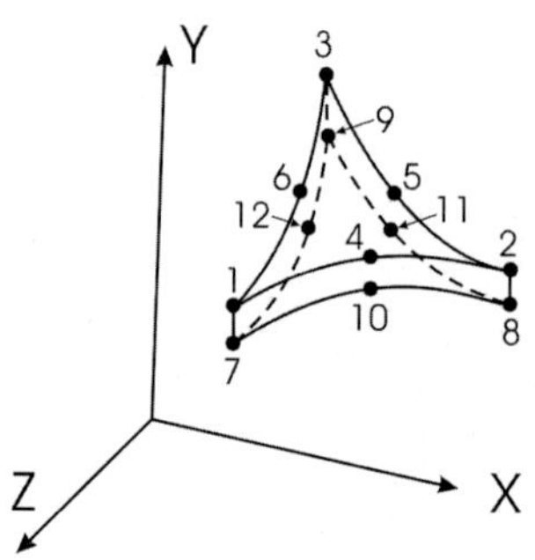

Bild 4.9-4: Ein dreieckiges Volumenelement mit unterschiedlichen Verschiebungsansätzen: Z88-Elementtyp 22.

Ansonsten sind diese beiden Volumenschalenroutinen praktisch funktionsidentisch zu den „normalen" Hexaederroutinen `HEXA88.C` (Hexaeder mit 20 Knoten) und `LQUA88.C` (Hexaeder mit 8 Knoten). Diese Elemente Nr.21 und Nr.22 haben den Vorteil, dass sie sehr genau rechnen und dass man sich wirklich keinerlei Gedanken um Rotationsfreiheitsgrade wie bei „echten" Schalen machen muss – es gibt nur die drei Verschiebungen im Raum! Das viereckige Volumenschalenelement Nr.21 kann obendrein sogar von dem Mapped Mesher Z88N generiert werden. Aber gleichzeitig haben diese Elemente einen schweren Nachteil: Es müssen sozusagen „stetige" Netze vorliegen, vgl. Bild 4.9-5: Scharfe Ecken, T-Stöße vgl. Bild 4.9-5 etc. sind nicht darstellbar, es sei denn, man würde an solchen unstetigen Ecken dann Hexaeder als Verbindungselemente einsetzen – was rein theoretisch denkbar, aber wenig praktikabel ist.

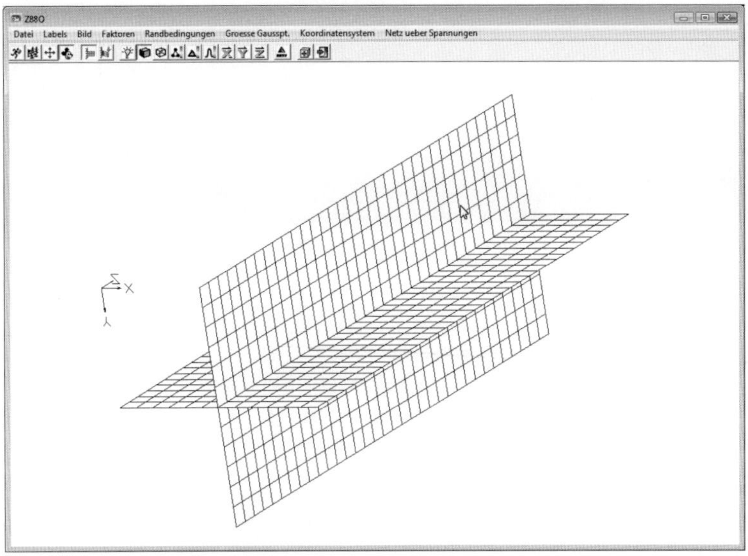

Bild 4.9-5: Schalenelemente Nr.23 bilden problemlos einen T-Stoß ab; mit Volumenschalenelementen Nr.21 und Nr.22 geht das nicht.

Hingegen funktionieren derartige Bauteile für Volumenschalenelemente Nr.21 und Nr.22:

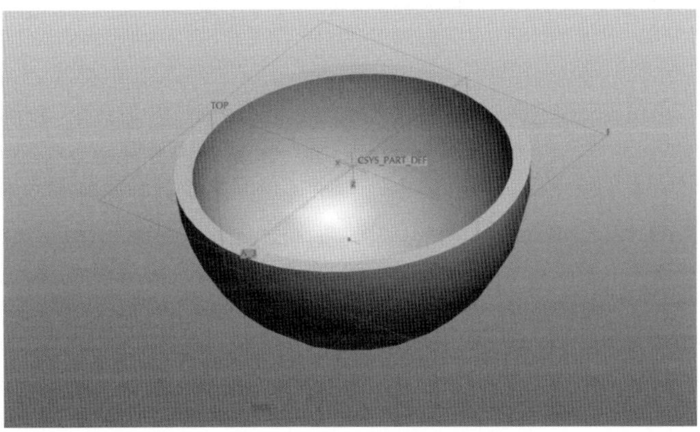

Bild 4.9-6: Halbkugel

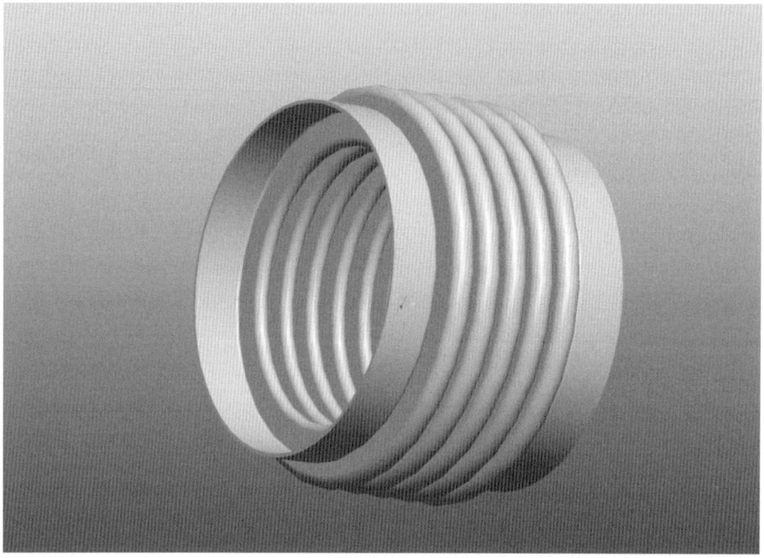

Bild 4.9-7: Metallbalg

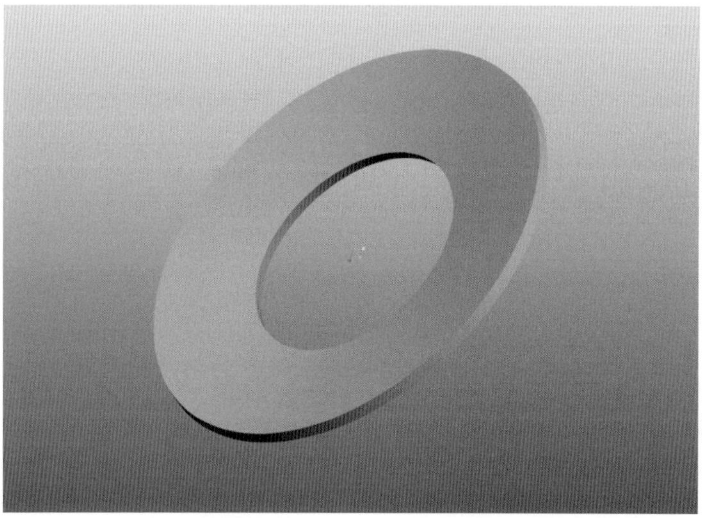

Bild 4.9-8: Tellerfeder

Es sei erwähnt, dass man längs der „dünnen“ Seiten dieser Volumenschalenelemente jeweils zwei Knoten zu einem einzigen Knoten auf halber Schalendicke zusammenfallen lassen kann, d.h. die Elemente nach den Bildern 4.9-3 und 4.9-4 haben nur noch 8 bzw. 6 Knoten. Das sind die sog. ***Ahmad-Elemente***, die *Sohrabuddin Ahmad* bereits 1970 formuliert hat, vgl. */117/*. Da diese Elemente nicht ganz einfach in der Herleitung sind und auch gewisse Nachteile haben können, sollen sie hier im Rahmen einer einfachen Schalenbetrachtung nicht weiter untersucht werden.

Aber gerade für rotationssymmetrische Strukturen bieten sich ringförmige Elemente, sog. Toruselemente geradezu an, wenn – und das ist eine *conditio sine qua non* – auch die Lagerungen und Belastungen rotationssymmetrisch sind. Dies ist aber bei sehr vielen Bauteilen der Fall, vgl. die Bilder 4.9-6 bis 4.9-8. Daher:

2. Axialsymmetrische „Schalen“, sog. Toruselemente:

Die Herleitung dieser Elemente ist sehr einfach: Man nehme Formfunktionen für den ebenen Fall, vgl. Kap. 4.4, und folgende Materialmatrix nach Kap. 4.2:

$$C_{ij} = \frac{E(1-\nu)}{(1+\nu)(1-2\nu)} \begin{bmatrix} 1 & \frac{\nu}{1-\nu} & 0 & \frac{\nu}{1-\nu} \\ \frac{\nu}{1-\nu} & 1 & 0 & \frac{\nu}{1-\nu} \\ 0 & 0 & \frac{1-2\nu}{2(1-\nu)} & 0 \\ \frac{\nu}{1-\nu} & \frac{\nu}{1-\nu} & 0 & 1 \end{bmatrix}$$

Damit lassen sich die Toruselemente Z88 Nr.6 (linearer Verschiebungsansatz), Nr.8 und Nr. 15 (quadratischer Serendipity-Verschiebungsansatz) und Nr.12 (kubischer Serendipity-Verschiebungsansatz) formulieren.

So lässt sich eine Tellerfeder nach Bild 4.9-8 entweder mit Volumenelementen wie Tetraedern Z88 Nr. 16 oder 17 bzw. Hexaedern Nr. 1 oder 10, Volumen-Schalen Nr. 21 oder 22, flachen Schalen Nr.23 oder 24 oder aber Toruselementen Nr. 6, 8, 12 oder 15 berechnen. Der Eingabe- und Rechenaufwand ist jedoch mit Toruselementen mit Abstand am geringsten, vgl. Bild 4.9-10 und das Beispiel 13.9.

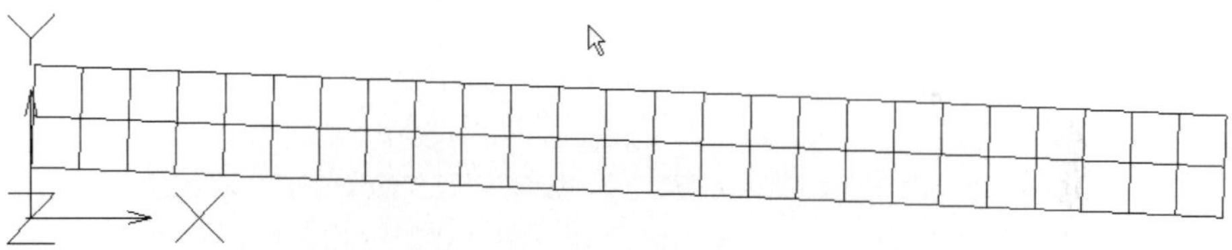

Bild 4.9-10: Tellerfeder, mit 50 Toruselementen Nr. 8 abgebildet. Es sind nur zwei Randbedingungen nötig: Last am linken oberen Knoten, Lager am rechten unteren Knoten.

3. Flache Schalenelemente aus Superposition des Scheiben- und des Plattenspannungszustands:

In Ergänzung zur obenstehenden „offiziellen“ Definition von Schalen würden wir auch flache Flächentragwerke, die schräg im Raum stehen, also nicht parallel zur XY-Ebene liegen wie Scheiben und Platten, ebenfalls als Schalen im FE-Sinne bezeichnen. Damit liegt eine Kombination aus Scheibenspannungszustand und Plattenspannungszustand vor, und es ist nicht unvernünftig, sich genau von dieser relativ simplen Vorstellung her dem Schalenproblem zu nähern.

In der Literatur werden diese an und für sich sehr praxis-brauchbaren Elemente mitunter etwas abfällig behandelt – dies ist gänzlich unangebracht, denn sie reflektieren wie kein anderer Schalenelementtyp den Aufbau von CAD-Daten: Praktisch alle räumlichen Bauteile, egal, ob dies Massivbauteile wie z.B. Kolben, Pleuelstangen oder ganze Zylinderkurbelgehäuse oder dünne Blechbauteile wie Motorhauben, Kotflügel oder Tragflügel sind, können durch ein

Oberflächennetz aus *Dreiecken* abgebildet werden - und dies macht man auch im großen Stil! Es gibt CAD-Datenformate wie das STL-Format - ursprünglich geschaffen für die Stereolithografie - die praktisch jedes Einfach-3D-CAD-Programm ausleiten kann, die genau derartige Oberflächen-Dreiecknetze beschreiben. Und Dreiecke in CAD-Systemen sind immer *eben*, denn ein Dreieck ist die eindeutige und gleichzeitig einfachste Methode, eine Ebene im Raum zu beschreiben. Aber auch bei der Graphischen Datenverarbeitung bis hin zu Computerspielen nutzt man bevorzugt Oberflächen-Dreiecknetze, und zwar genau deshalb, weil ein Dreieck immer eben ist (ein Viereck oder sonstiges Polygon *kann* eben sein, es muss es aber nicht sein), und die Beleuchtungsalgorithmen in 3D-Graphikbibliotheken wie *OpenGL* arbeiten nur zuverlässig und reproduzierbar, wenn sie ebene Flächen vorfinden, vgl. *Rieg/95/*. Betrachten Sie dahingehend die STL-Darstellung Bild 4.9-11; man erkennt, dass, falls mehrere Dreiecke komplanar sind, der Eindruck eines Vierecks entsteht.

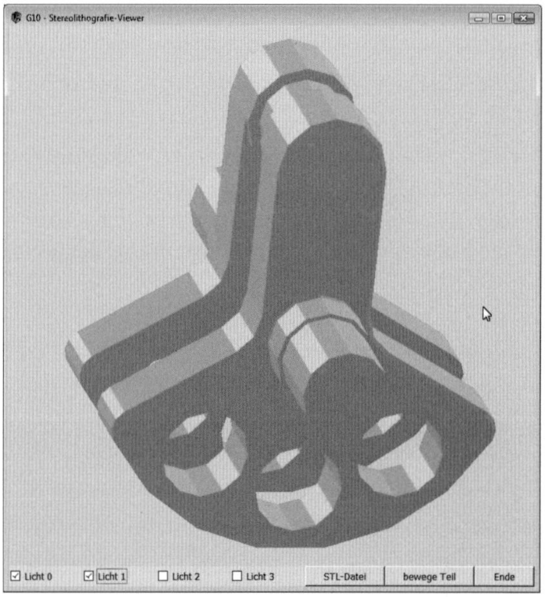

Bild 4.9-11: STL-Darstellung aus Dreiecken, vgl. *Rieg /95/*. Komplanare Dreiecke lassen den optischen Eindruck von Viereckflächen entstehen.

Nicht zuletzt leiten in CAD-Systeme integrierte FE-Vernetzer, z.B. Pro/MECHANICA, ebenfalls solche Netze aus ebenen Dreiecken bzw. Tetraedern aus. Daraus kann man für die FE-Rechenpraxis einen sehr wichtigen Schluss ziehen: *Es ist gar nicht nötig, im Raum einfach oder doppelt gekrümmte Schalenelemente in einem FE-Programm vorzuhalten, weil praktisch alle CAD-Systeme und FE-Vernetzer ohnehin nur Dreiecks- oder auch Vierecksnetze mit jeweils ebenen Flächen ausleiten!*

Daher sollen nun solche Dreieck- und Viereck-Schalenelemente aus ebenen Flächen kurz hergeleitet werden: Wir gehen einerseits vom Scheibenspannungszustand aus, Bild 4.9-12, und andererseits vom Plattenspannungszustand, Bild 4.9-13. Hier erkennen wir bereits die erste Problematik: Wir müssen jeweils mit zwei getrennten Koordinatensystemen arbeiten, einem *lokalen* Koordinatensystem *xyz* für die Definition der jeweiligen Spannungs- bzw. Belastungszustände und einem globalen Koordinatensystem *XYZ* für die FE-Elementsteifigkeitsmatrizen und die FE-Verschiebungen.

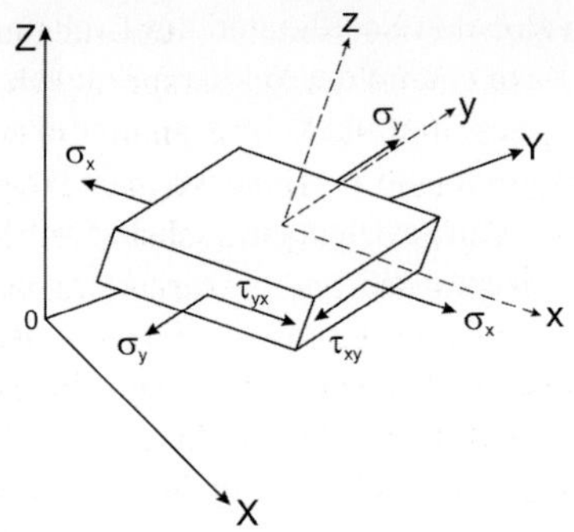

Bild 4.9-12: Scheibenspannungszustand für das lokale Koordinatensystem *xyz* im globalen Koordinatensystem *XYZ*.

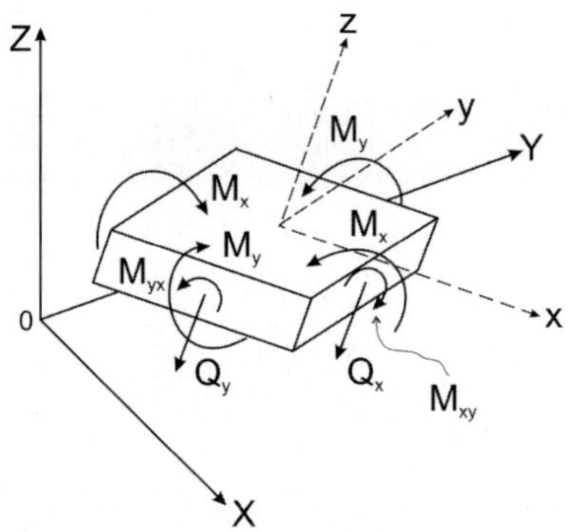

Bild 4.9-13: Plattenspannungszustand für das lokale Koordinatensystem *xyz* im globalen Koordinatensystem *XYZ*.

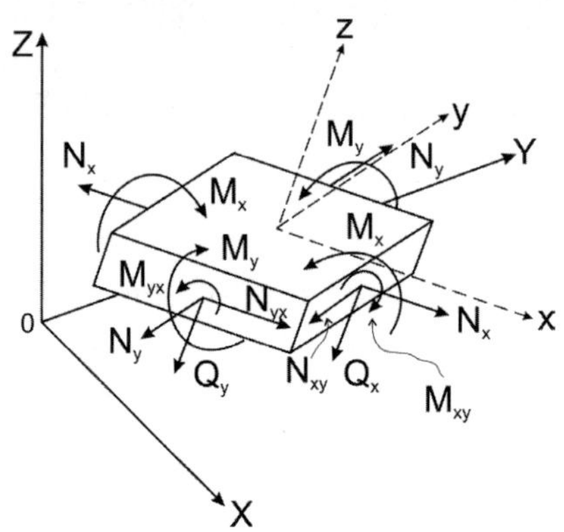

Bild 4.9-14: Überlagerung von Scheiben- und Plattenspannungszustand im lokalen Koordinatensystem *xyz* = Schalenspannungszustand im globalen Koordinatensystem *XYZ*.

Im Folgenden betrachten wir die Schalenroutine `SHAF88.C` für Dreiecksschalen mit 6 Knoten näher, die aus der Schalenroutinen `ISOD88.C` und der Plattenroutine `SPLA88.C` gebildet wird.

Im ersten Schritt müssen die globalen Koordinaten des Dreiecks auf lokale Koordinaten umgerechnet werden, Bild 4.9-15. Dazu spannt der Vektor 2-1 die lokale x-Achse auf, man berechnet den Vektor 3-1, und das Kreuzprodukt aus Vektor 2-1 und 3-1 bildet die lokale z-Achse. Vorsicht: Der Vektor 3-1 ist nicht die lokale y-Achse, weil der Winkel zwischen den Vektoren 2-1 und 3-1 nicht zwingend 90° sein muss. Die lokale y-Achse wird dann durch das Kreuzprodukt lokale z-Achse und Vektor 2-1 dargestellt.

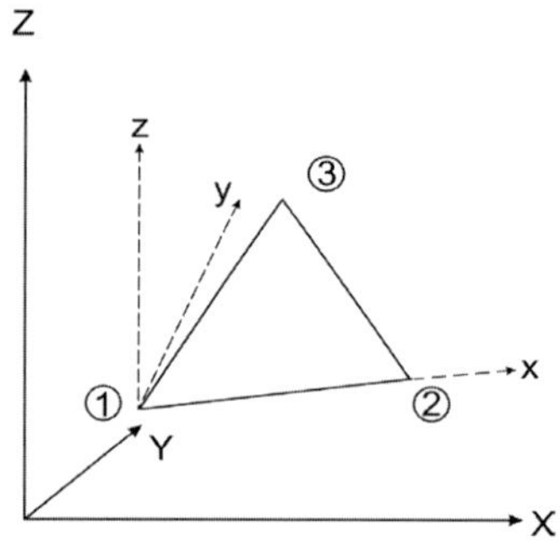

Bild 4.9-15: Koordinatentransformation für die Koordinaten eines Dreiecks

Für die Koordinatentransformation im Raum gilt:

$$\begin{pmatrix} x \\ y \\ z \end{pmatrix} = \lambda \cdot \begin{pmatrix} X \\ Y \\ Z \end{pmatrix} \quad , \quad \lambda = \begin{pmatrix} V_{XX} & V_{XY} & V_{XZ} \\ V_{YX} & V_{YY} & V_{YZ} \\ V_{ZX} & V_{ZY} & V_{ZZ} \end{pmatrix}$$

Dabei sind $\boldsymbol{V}_{AB}$ die entsprechenden Richtungscosinus'; das folgende Programmsegment fasst das bisher Gesagte zusammen:

```
/*----------------------------------------------------------------------
* globale Koordinaten in lokale Koordinaten umrechnen
*---------------------------------------------------------------------*/
/*======================================================================
* Vektor 2-1 spannt die lokale x-Achse x auf
*=====================================================================*/
a21x= xk[2] - xk[1];
a21y= yk[2] - yk[1];
a21z= zk[2] - zk[1];
rl21 = sqrt(a21x*a21x + a21y*a21y + a21z*a21z);

/*======================================================================
* Vektor 3-1 wird fuer Kreuzprodukt azs gebraucht
*=====================================================================*/
a31x= xk[3]-xk[1];
a31y= yk[3]-yk[1];
a31z= zk[3]-zk[1];
```

```
/*=======================================================================
* azs ist Kreuzprodukt aus a21 und a31 und bildet die lokale Achse z
*======================================================================*/
azsx= a21y*a31z - a21z*a31y;
azsy= a21z*a31x - a21x*a31z;
azsz= a21x*a31y - a21y*a31x;
rlzs = sqrt(azsx*azsx + azsy*azsy + azsz*azsz);

/*=======================================================================
* ays ist Kreuzprodukt aus azs und a21 und bildet die lokale Achse y
*======================================================================*/
aysx= azsy*a21z - azsz*a21y;
aysy= azsz*a21x - azsx*a21z;
aysz= azsx*a21y - azsy*a21x;
rlys = sqrt(aysx*aysx + aysy*aysy + aysz*aysz);

/*=======================================================================
* Richtungscosinus x-X, x-Y und x-Z
*======================================================================*/
vxx=a21x/rl21;
vxy=a21y/rl21;
vxz=a21z/rl21;

/*=======================================================================
* Richtungscosinus y-X, y-Y und y-Z
*======================================================================*/
vyx=aysx/rlys;
vyy=aysy/rlys;
vyz=aysz/rlys;

/*=======================================================================
* Richtungscosinus z-X, z-Y und z-Z
*======================================================================*/
vzx=azsx/rlzs;
vzy=azsy/rlzs;
vzz=azsz/rlzs;

/*=======================================================================
* xk auf xc zwischensichern, damit xk lokal werden kann
*======================================================================*/
for(i= 1; i <= 6; i++)
  {
```

```
    xc[i]= xk[i];
    yc[i]= yk[i];
    zc[i]= zk[i];
    }

/*=========================================================================
* nun Koordinaten transformieren, xk,yk,zk sind nun lokal
*========================================================================*/
for(i= 1; i <= 6; i++)
    {
    xk[i]= vxx*xc[i] + vxy*yc[i] + vxz*zc[i];
    yk[i]= vyx*xc[i] + vyy*yc[i] + vyz*zc[i];
    zk[i]= vzx*xc[i] + vzy*yc[i] + vzz*zc[i]; /* wird nicht gebraucht */
    }
```

Anschließend wird die Scheibenroutine ISOD88 aufgerufen und deren Scheiben-Steifigkeitskomponenten in die Schalen-Elementsteifigkeitsmatrix eingebaut. Sodann liefert der Aufruf der Plattenroutine SPLA88 die Platten-Steifigkeitskomponenten für die Schalen-Elementsteifigkeitsmatrix. Das eigentliche Compilationsschema für die Elementsteifigkeitsmatrix ist ziemlich tricky, vgl. Bild 4.9-16.

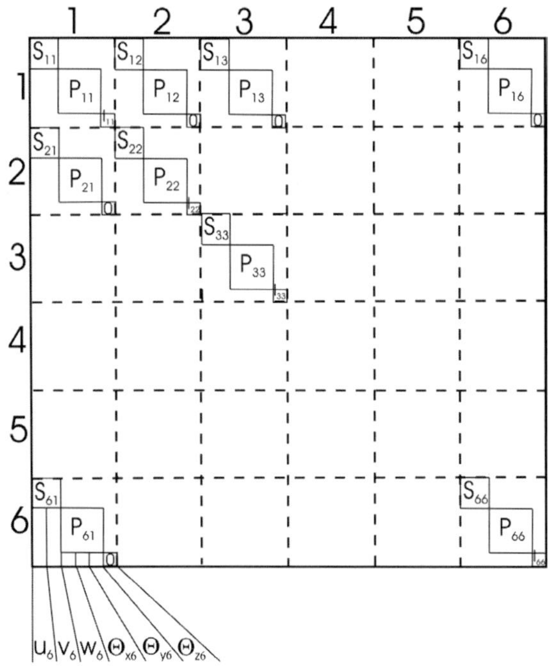

Bild 4.9-16: Compilationsschema der Elementsteifigkeitsmatrix für flache Schalendreiecke mit 6 Knoten. Dabei sind S_{ij} die Scheibenanteile, P_{ij} die Plattenanteile, und I_{ij} repräsentiert den Pseudo-Freiheitsgrad Θ_z.

Nun muss noch ein etwas fauler Trick vorgenommen werden: Die Verdrehung Θ_z um die lokale z-Achse existiert an und für sich nicht; es gibt auf Grund des Plattenansatzes nur die lokalen Verdrehungen Θ_x und Θ_y um die lokalen Achsen x und y. Für die Schale muss *pro forma* ein Pseudo-Freiheitsgrad mit eingebaut werden, nämlich die Verdrehung Θ_z um die lokale z-Achse. *Bathe /4/* empfiehlt, diese Steifigkeitskoeffizienten mit etwa einem Tausendstel des Werts des kleinsten Diagonalelements zu belegen. Dieser Freiheitsgrad hat später bei der Interpretation der Verschiebungen keinerlei Bedeutung, und auch mit den Verdrehungen um die jetzt globalen Achsen X und Y kann man nichts anfangen. Das ist aber nicht weiter schlimm, denn in der Praxis interessieren den Konstrukteur ohnehin nur die globalen Verformungen des Bauteils im Raum; Verdrehungen können ohnehin nicht brauchbar graphisch in einem Postprozessor dargestellt werden. Beachten Sie daher den Unterschied in den Denkweisen der Konstrukteure (und die Autoren dieses Buchs sind Konstrukteure!) und der mehr theoretisch orientierten Technischen Mechaniker.

Die *globale* Elementsteifigkeitsmatrix der flachen Schale ist:

$\boldsymbol{K}^e_{global} = \boldsymbol{T}^T \cdot \boldsymbol{K}^e_{lokal} \cdot \boldsymbol{T}$, dabei ist die Transformationsmatrix T bei einem 6-Knoten Element:

$$\boldsymbol{T} = \begin{pmatrix} L & 0 & 0 & 0 & 0 & 0 \\ 0 & L & 0 & 0 & 0 & 0 \\ 0 & 0 & L & 0 & 0 & 0 \\ 0 & 0 & 0 & L & 0 & 0 \\ 0 & 0 & 0 & 0 & L & 0 \\ 0 & 0 & 0 & 0 & 0 & 0 \end{pmatrix} \text{ mit } \boldsymbol{L} = \begin{pmatrix} \lambda & 0 \\ 0 & \lambda \end{pmatrix} \text{ und } \boldsymbol{\Lambda} = \begin{pmatrix} V_{XX} & V_{XY} & V_{XZ} \\ V_{YX} & V_{YY} & V_{YZ} \\ V_{ZX} & V_{ZY} & V_{ZZ} \end{pmatrix}$$

Genaueres zeigen Ihnen die Schalenroutinen `SHAF88.C` und `SHAV88.C`. So entstehen die flachen Schalenelemente Nr. 23 und Nr. 24, Bilder 4.9-17 und 4.9-18. Diese Elemente kann man sehr schön in Zusammenarbeit mit 3D-CAD-Systemen und daraus ausgeleiteten STL-Dateien verwenden. Die Rechengenauigkeit ist brauchbar, aber nicht gerade überragend. Aber – wie Ihnen jeder Fachmann bestätigen wird – ideale Schalenelemente, die sich universell eignen, gibt es bis heute nicht! Damit haben Sie einen ersten Eindruck von Schalenelementen bekommen.

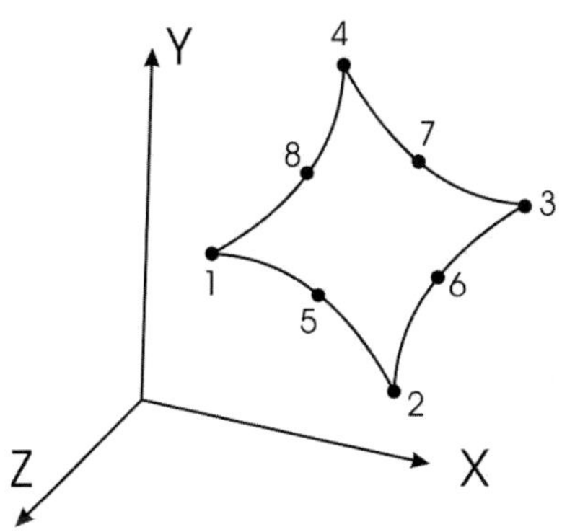

Bild 4.9-17: Flaches Schalenelement Z88 Nr.23

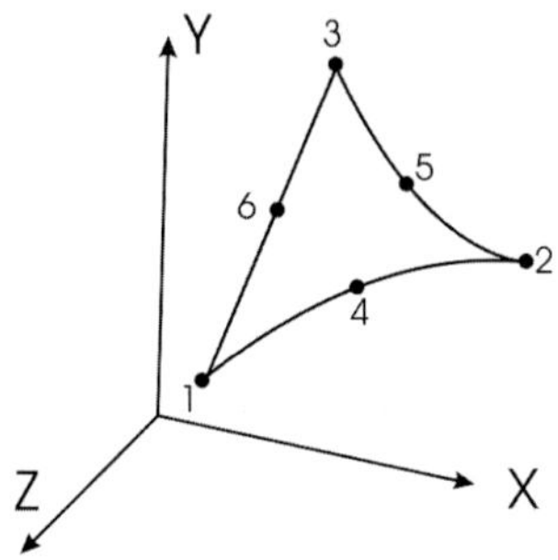

Bild 4.9-18: Flaches Schalenelement Z88 Nr.24

4.10 Elementmatrizen für Thermoanalyse

Bei der Temperaturanalyse sind die Elementmatrizen ein wenig einfacher gestrickt als bei der Elastostatik. Die Berechnung der Wärmeübertragung ist aufgrund des eindimensionalen Wärmestromes nicht so aufwendig. Wir erinnern uns, dass die Elastostatik 2 bzw. 3 Verschiebungen und 3 bzw. 6 Dehnungs- und Spannungskomponenten besitzt, die Temperatur hingegen nur 2 Richtungsableitungen in der Ebene und 3 im Raum. Das soll heißen, betrachtet man einen Knoten eines finiten Elementes, so leitet dieser seinen Temperaturwert in alle drei Raumrichtungen gleichermaßen weiter, wohingegen bei einer linearen, statisch-mechanischen Simulation die Verschiebung richtungsabhängig unterteilt wird.

Schauen wir uns nun einmal eine Elementwärmeleitfähigkeitsmatrix

$$\boldsymbol{K}_{W,elem} = \iiint_{Vol} \boldsymbol{B}^T \boldsymbol{\Lambda} \boldsymbol{B} dV$$

an, so setzt sich diese aus den partiellen Ableitungen der n-ten Formfunktionen nach den Raumrichtungen

$$\boldsymbol{B} = \begin{pmatrix} \frac{\partial N_1}{\partial x} & \frac{\partial N_2}{\partial x} & \cdots & \frac{\partial N_n}{\partial x} \\ \frac{\partial N_1}{\partial y} & \frac{\partial N_2}{\partial y} & \cdots & \frac{\partial N_n}{\partial y} \\ \frac{\partial N_1}{\partial z} & \frac{\partial N_2}{\partial z} & \cdots & \frac{\partial N_n}{\partial z} \end{pmatrix}$$

und der Wärmeleitfähigkeit

$$\boldsymbol{\Lambda} = \begin{pmatrix} \lambda_x & 0 & 0 \\ 0 & \lambda_y & 0 \\ 0 & 0 & \lambda_z \end{pmatrix}$$

zusammen, die für orthotrope Materialien ebenfalls richtungsabhängig ist. Für isotrope Materialien besteht keine Richtungsabhängigkeit, woraus sich vereinfachend für λ ein Skalar ergibt. Deshalb kann auch geschrieben werden

$$\boldsymbol{K}_{W,elem} = \lambda \iiint\limits_{Vol} \boldsymbol{B}^T \boldsymbol{B} dV$$

Im Gegensatz zur Elastostatik beschreiben hier die Formfunktionen nicht das Verschiebungsfeld der Verschiebungen an den Knoten sondern das Temperaturfeld der Temperaturen an den Knoten.

Nun muss die Wärmeleitfähigkeitsmatrix wieder mit Hilfe der Gauß-Legendre-Quadratur (Kap. 4.5) in die für Computersysteme geeignete numerische Form umgewandelt werden.

Wie bei der elastostatischen Berechnung wird auch hier der Trick angewendet, dass das Finite Element programmintern auf ein Koordinatensystem *r*, *s* und *t* transformiert und berechnet wird.

Somit ergibt sich folgende, in ein Computersystem zu implementierende, Gleichung mit der für Mehrfachintegrale bekannten Substitutionsregel, vgl. Kapitel 4.5.

$$\boldsymbol{K}_{W,elem} = \lambda \iiint\limits_{Vol} \boldsymbol{B}^T \boldsymbol{B} dV$$

$$= \lambda \int_{-1}^{+1}\int_{-1}^{+1}\int_{-1}^{+1} \boldsymbol{B}^T(r,s,t)\,\boldsymbol{B}(r,s,t)\,\det \boldsymbol{J}(r,s,t)\,drdsdt$$

$$\approx \lambda \sum_{i=1}^{n_r}\sum_{j=1}^{n_s}\sum_{k=1}^{n_t} \alpha_i \alpha_j \alpha_k \boldsymbol{B}^T(r_i,s_j,t_k)\,\boldsymbol{B}(r_i,s_j,t_k)\,\det \boldsymbol{J}(r_i,s_j,t_k)$$

Wie sieht das Ganze nun in Z88tm aus? Schauen wir uns einmal einen exemplarischen Ausschnitt bei der Wärmeleitfähigkeitsmatrix des linearen Hexaeders an:

```
for(k =1; k<=8; k++)
{
for (j = 1; j<=8; j++)
{
btb[j+((k-1)*8)] = b[k]*b[j] +b[8+k]*b[j+8] +b[16+k]*b[j+16];
}
}
```

Dieser Abschnitt zeigt die Multiplikation von $\boldsymbol{B}^T\boldsymbol{B}$. Vergleicht man dies mit der Elastostatik ist zu erkennen, dass pro Knoten nur ein Freiheitsgrad berücksichtigt ist. Die Wärmeleitfähigkeitsmatrix, im Quellcode mit *se* am Knoten *k* bezeichnet, wird mit dem Skalar der Wärmeleitfähigkeit multipliziert, da wir ja ein isotropes Materialverhalten vorschreiben.

```
for (k = 1; k<=64; k++)
  se[k]= se[k]*lambda;
```

Das weitere Vorgehen der Compilation ist wiederum mit der Elastostatik vergleichbar.

Dies gilt wiederum für eine rein thermische Simulation. Für die thermo-mechanische Simulation werden neben der Wärmeleitfähigkeitmatrix die bekannten Elementmatrizen aus der Elastostatik zusätzlich verwendet. Um eine Konsistenz der Freiheitsgrade zu erreichen, wird die thermische Dehnung intern auf die Freiheitsgrade der statisch-mechanischen Rechnung umgeschrieben. Somit kann gewährleistet werden, dass ein zu lösendes Gleichungssystem mit der Elementsteifigkeitsmatrix vorhanden ist.

4.11 Elementmatrizen für Schwingungen

Wie die einführende Herleitung aus Kapitel 3.4 ergeben hat, repräsentiert ein Standard-Eigenwertproblem (EWP) die Eigenschwingungen der betrachteten FE-Struktur. Die beschreibende Systemmatrix setzt sich dabei zusammen aus der bereits bei der linear-elastischen Rechnung verwendeten Gesamtsteifigkeitsmatrix $\boldsymbol{K}$ und der in obere und untere Dreiecksmatrix zerlegten Massenmatrix $\boldsymbol{M}$. Da die Massenmatrix ebenso wie die Gesamtsteifigkeitsmatrix räumliche Eigenschaften auf Knotenebene abbilden soll, muss die Masse, die sich für jedes einzelne finite Element via Volumen und Materialdichte bestimmen lässt, auf die anliegenden Knoten verteilt werden. Die einfachste Methode für diese Verteilung ist die Elementmasse $\boldsymbol{M}_i$ einfach durch die Anzahl n der Knoten des betreffenden Elementtyps zu teilen und jedem FE-Knoten diese „Durchschnittsknotenmasse" $m_i = \frac{1}{n} \cdot \boldsymbol{M}_i$ zuzuordnen.

Tut man dies für alle Elemente des FE-Netzes und sammelt die m_i sukzessive auf, erhält jeder Knoten in etwa die Masse des umliegenden Raumgebiets. Bild 4.11-1 demonstriert das Vorgehen anhand von vier benachbarten linearen Tetraedern.

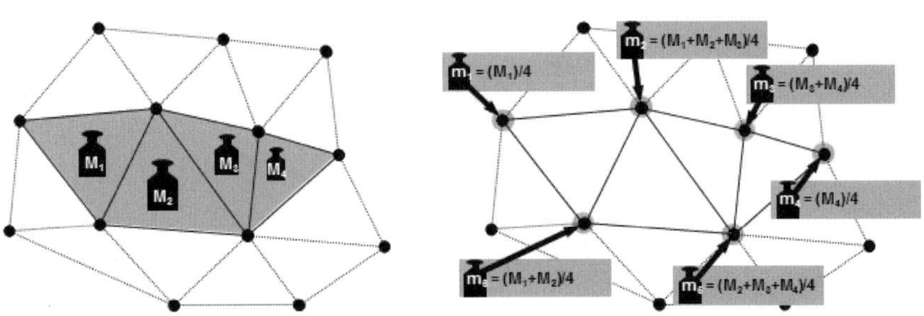

Bild 4.11-1: Elementmassen von vier Tetraeder-Elementen (links) und deren Verteilung auf anliegende Knoten (rechts)

Ordnet man diese aufgesammelten Knotenmassen m_i jetzt in Matrixform an und beachtet dabei, dass $\boldsymbol{M}$ ja die gleiche Größe wie $\boldsymbol{K}$ haben soll – jede Zeile entspricht auch hier einem Freiheitsgrad eines Knotens – ergibt sich in 3D folgende Diagonalmatrix:

$$M = \begin{pmatrix} m_1 & 0 & 0 & 0 & 0 & 0 & \cdots & 0 & 0 & 0 \\ 0 & m_1 & 0 & 0 & 0 & 0 & \cdots & 0 & 0 & 0 \\ 0 & 0 & m_1 & 0 & 0 & 0 & \cdots & 0 & 0 & 0 \\ 0 & 0 & 0 & m_2 & 0 & 0 & \cdots & 0 & 0 & 0 \\ 0 & 0 & 0 & 0 & m_2 & 0 & \cdots & 0 & 0 & 0 \\ 0 & 0 & 0 & 0 & 0 & m_2 & \cdots & 0 & 0 & 0 \\ \vdots & \vdots & \vdots & \vdots & \vdots & \vdots & \ddots & \vdots & \vdots & \vdots \\ 0 & 0 & 0 & 0 & 0 & 0 & \cdots & m_n & 0 & 0 \\ 0 & 0 & 0 & 0 & 0 & 0 & \cdots & 0 & m_n & 0 \\ 0 & 0 & 0 & 0 & 0 & 0 & \cdots & 0 & 0 & m_n \end{pmatrix}$$

Da jede Zeile und Spalte nun nur einen Eintrag enthält, spricht man von einer „konzentrierten Massenmatrix“. Für die Programmierung begnügt man sich praktischerweise mit der Abspeicherung in Vektorform. Aber die Diagonalgestalt hat noch einen viel wertvolleren Vorteil. Wir erinnern uns an die Formel für die Systemmatrix $A_{EWP} = L^{-1} \cdot K \cdot L^{-T}$.

Hier wurde laut Herleitung eine Cholesky-Zerlegung der Massenmatrix in $M = L \cdot L^T$ verlangt. Diese Operation lässt sich jetzt schon geschlossen aufschreiben:

$$L^{-1} = L^{-T} = \begin{pmatrix} \frac{1}{\sqrt{m_1}} & 0 & 0 & 0 & 0 & 0 & \cdots & 0 & 0 & 0 \\ 0 & \frac{1}{\sqrt{m_1}} & 0 & 0 & 0 & 0 & \cdots & 0 & 0 & 0 \\ 0 & 0 & \frac{1}{\sqrt{m_1}} & 0 & 0 & 0 & \cdots & 0 & 0 & 0 \\ 0 & 0 & 0 & \frac{1}{\sqrt{m_2}} & 0 & 0 & \cdots & 0 & 0 & 0 \\ 0 & 0 & 0 & 0 & \frac{1}{\sqrt{m_2}} & 0 & \cdots & 0 & 0 & 0 \\ 0 & 0 & 0 & 0 & 0 & \frac{1}{\sqrt{m_2}} & \cdots & 0 & 0 & 0 \\ \vdots & \vdots & \vdots & \vdots & \vdots & \vdots & \ddots & \vdots & \vdots & \vdots \\ 0 & 0 & 0 & 0 & 0 & 0 & \cdots & \frac{1}{\sqrt{m_n}} & 0 & 0 \\ 0 & 0 & 0 & 0 & 0 & 0 & \cdots & 0 & \frac{1}{\sqrt{m_n}} & 0 \\ 0 & 0 & 0 & 0 & 0 & 0 & \cdots & 0 & 0 & \frac{1}{\sqrt{m_n}} \end{pmatrix}$$

Für das Produkt muss also lediglich jeder Matrixeintrag der Gesamtsteifigkeitsmatrix $K_{i,j}$ mit $m_k^{-1/2}$ und $m_l^{-1/2}$ multipliziert werden, wobei die Indizes k und l die Knotennummern der

von i und j beschriebenen Knoten kennzeichnen. Es entstehen keine neuen Nichtnull-Einträge, was für die Sparse-Abspeicherung natürlich extrem nützlich ist. Hätte M nicht Diagonalgestalt, wäre auch dies nicht gewährleistet. Doch dank der „konzentrierten Massen“ kann die EWP-Matrix, wie wir gesehen haben, mit wirklich minimalem Aufwand aufgestellt werden:

$$A_{EWP} = L^{-1} \cdot K \cdot L^{-T}$$

4.12 Elementmatrizen der nichtlinearen Finite Elemente Analyse

Die Ausführungen dieses Unterkapitels schließen an Kapitel 3.5 an. Für nichtlineare Finite Elemente Analysen gibt es genau wie im linearen Fall Elementmatrizen. Genauer gesagt sind es dann aber nicht Elementsteifigkeitsmatrizen, sondern Elementtangentensteifigkeitsmatrizen. Da dieses Wort so unhandlich ist, werden wir im Folgenden von Elementtangentenmatrizen sprechen. In Anlehnung an das Vorgehen in Kapitel 4.1 führen wir auch hier zunächst die fertige Formel an:

$$\boldsymbol{K}_T^e = \iiint\limits_{V_e} (\boldsymbol{B}^T\boldsymbol{C}\boldsymbol{B} + \hat{\boldsymbol{S}}\,\boldsymbol{T})dV$$

Es ist zu erkennen, dass die Berechnung sehr ähnlich zu der im linearen Fall ist. Der linke Term in dem Integral hat zwar auf den ersten Blick die gleiche Gestalt, jedoch sind die Matrizen $\boldsymbol{B}$ und $\boldsymbol{C}$ etwas anders zu berechnen. Der rechte Term entsteht, weil die $\boldsymbol{B}$-Matrix von der Verschiebung abhängt. Aber nun Schritt für Schritt:

Wichtig ist zunächst, sich wieder in Erinnerung zu rufen, dass, in Anschluss an Kapitel 3.5, in Lagrange'schen Koordinaten gearbeitet wird. Daher muss die Integration über das Volumen des unverformten finiten Elements ausgeführt werden, denn alle Größen des Integranden sind ja auf die Ausgangsstruktur bezogen. Für die Herleitung der einzelnen Matrizen gehen wir von der letzten Formel des Kapitels 3.5 aus:

$$\iiint\limits_V \sum_{i=1}^{6} S_i \delta\Lambda_i dV = \iint\limits_A \sum_{i=1}^{3} T_i \delta U_i dA$$

Diese Formel entspricht dem Prinzip der virtuellen Arbeit, welches in Kapitel 4.1 eingeführt wurde. Da die virtuelle Arbeit ein Skalar ist, gilt dieser Zusammenhang in beliebigen Koordinatensystemen. Wir werden im Folgenden allerdings in kartesischen Koordinaten arbeiten. Eine Formulierung der Formel in krummlinigen Koordinaten zur Berechnung rotationssymmetrischer Bauteile findet sich in */126/*. In Matrixschreibweise mit 6-dimensionalem Spannungsvektor $\boldsymbol{S}$, 6-dimensionalem Vektor der virtuellen Dehnungen $\delta\boldsymbol{\Lambda}$, 3-dimensionalem Spannungsvektor $\boldsymbol{T}$ und den virtuellen Verschiebungen $\delta\boldsymbol{U}$ lautet der Zusammenhang:

$$\iiint\limits_V \delta\boldsymbol{\Lambda}^T\boldsymbol{S}dV = \iint\limits_A \delta\boldsymbol{U}^T\boldsymbol{T}dA$$

Die Integrationen werden nachfolgend auf ein finites Element bezogen. Gleichermaßen können sie auch auf das gesamte Bauteil bezogen werden, dann erhält man die in Kapitel 2 eingeführte Gesamtsteifigkeitsmatrix bzw. hier die Gesamttangentensteifigkeitsmatrix oder Tangentenmatrix. Weil eine Integration eine Summe mit unendlich vielen Summanden ist, kann das Integrationsgebiet additiv zerlegt werden, und so lässt sich die Tangentenmatrix wieder als Summe der Elementtangentenmatrizen schreiben. Wir führen die Diskretisierung

$$\delta\boldsymbol{U} = \sum_i \delta\boldsymbol{U}_i N_i$$

ein und betrachten zunächst nur das Flächenintegral:

$$\iint\limits_A \sum_i N_i \delta\boldsymbol{U}_i^T\boldsymbol{T}dA$$

Die Zusammenfassung der virtuellen Verschiebungen aller n Knoten in einem Vektor gemäß

$$\delta\boldsymbol{U} = \begin{pmatrix} \delta\boldsymbol{U}_1 \\ \delta\boldsymbol{U}_2 \\ \vdots \\ \delta\boldsymbol{U}_n \end{pmatrix} = \begin{pmatrix} \delta U_1 \\ \delta V_1 \\ \delta W_1 \\ \delta U_2 \\ \delta V_2 \\ \delta W_2 \\ \vdots \\ \delta U_n \\ \delta V_n \\ \delta W_n \end{pmatrix}$$

ermöglicht anschließend die Darstellung in FE-Notation.

$$\iint_A \delta\boldsymbol{U}^T \begin{pmatrix} N_1 & 0 & 0 \\ 0 & N_1 & 0 \\ 0 & 0 & N_1 \\ & \vdots & \\ N_n & 0 & 0 \\ 0 & N_n & 0 \\ 0 & 0 & N_n \end{pmatrix} \boldsymbol{T} dA$$

Da es sich bei $\delta\boldsymbol{U}$ um den Vektor der diskretisierten virtuellen Verschiebungen handelt, kann er aus dem Integral herausgezogen werden. Die verbleibende Integration ergibt dann den Vektor der Knotenkräfte.

$$\boldsymbol{F} = \iint_A \begin{pmatrix} N_1 & 0 & 0 \\ 0 & N_1 & 0 \\ 0 & 0 & N_1 \\ & \vdots & \\ N_n & 0 & 0 \\ 0 & N_n & 0 \\ 0 & 0 & N_n \end{pmatrix} \boldsymbol{T} dA$$

$$\iiint_V \delta\boldsymbol{\Lambda}^T \boldsymbol{S} dV = \delta\boldsymbol{U}^T \boldsymbol{F}$$

Als nächstes schreiben wir die virtuelle Dehnung als Funktion der virtuellen Verschiebungen der Knoten:

$$\delta\boldsymbol{\Lambda} = \frac{\partial\boldsymbol{\Lambda}}{\partial\boldsymbol{U}} \delta\boldsymbol{U}$$

An dieser Stelle wird die $\boldsymbol{B}$-Matrix definiert.

$$\boldsymbol{B} := \frac{\partial\boldsymbol{\Lambda}}{\partial\boldsymbol{U}}$$

Damit schließlich folgt:

$$\iiint_V (\boldsymbol{B}\delta\boldsymbol{U})^T \boldsymbol{S}\, dV = \delta\boldsymbol{U}^T \boldsymbol{F}$$

$$\Leftrightarrow \iiint_V \delta\boldsymbol{U}^T \boldsymbol{B}^T \boldsymbol{S}\, dV = \delta\boldsymbol{U}^T \boldsymbol{F}$$

Auch hier kann der Vektor der diskretisierten Knotenverschiebungen vor das Integral gezogen werden, da er nicht von den Ortskoordinaten abhängt.

$$\delta \boldsymbol{U}^T \left\{ \iiint_V \boldsymbol{B}^T \boldsymbol{S} \, dV - \boldsymbol{F} \right\} = 0$$

Für beliebige, virtuelle Verschiebungen kann diese Gleichung nur erfüllt sein, wenn der Inhalt der geschweiften Klammer für sich verschwindet. Somit folgt schließlich das nichtlineare Gleichungssytem:

$$\iiint_V \boldsymbol{B}^T \boldsymbol{S} \, dV - \boldsymbol{F} = 0$$

Die Nichtlinearität kann hier nun in der ***B***-Matrix, in dem Spannungsvektor ***S*** oder bei Vorliegen von Nichtlinearitäten aufgrund von Randbedingungen auch in dem Lastvektor ***F*** begründet sein. Die Betrachtungen hier beschränken sich auf geometrische Nichtlinearitäten, daher wird die ***B***-Matrix im Fokus stehen. Ihre Struktur gleicht der der Verzerrungs-Verschiebungs-Transformationsmatrix aus Kapitel 4.3, jedoch verknüpft sie Verzerrungsänderungen und Verschiebungsänderungen und kann daher als Verzerrungsänderungs-Verschiebungsänderungs-Transformationsmatrix bezeichnet werden. Da dieser Name recht unhandlich ist, werden wir im Folgenden meist einfach von der ***B***-Matrix sprechen. Für die Verknüpfung der virtuellen Verzerrungen mit den virtuellen Verschiebungen hatten wir die ***B***-Matrix bereits eingeführt, Verzerrungsänderungen und Verschiebungsänderungen sind analog zu behandeln.

$$d\boldsymbol{\Lambda} = \boldsymbol{B} d\boldsymbol{U}$$

Für 3D-Kontinuumselemente hat die Matrix folgende Struktur:

$$\boldsymbol{B} = (\boldsymbol{B}_1 \,\vdots\, \boldsymbol{B}_2 \,\vdots\, \dots \,\vdots\, \boldsymbol{B}_\mathrm{n})$$

Für jeden der n Knoten existiert eine Untermatrix, die sechs Zeilen und drei Spalten besitzt. Jede Untermatrix $\boldsymbol{B}_i$ wiederum enthält Untermatrizen für die einzelnen Freiheitsgrade eines Knotens.

$$\boldsymbol{B}_i = \left(\frac{\partial \boldsymbol{\Lambda}}{\partial U_i} \,\vdots\, \frac{\partial \boldsymbol{\Lambda}}{\partial V_i} \,\vdots\, \frac{\partial \boldsymbol{\Lambda}}{\partial W_i} \right)$$

Nach Einsetzen der Diskretisierung

$$\boldsymbol{U} = \sum_i \boldsymbol{U}_i N_i$$

in die Ausdrücke zur Berechnung der Lagrange'schen Dehnung (vgl. Kapitel 3.5) gewinnen wir schließlich die Berechnungsvorschriften für die einzelnen Untermatrizen von $\boldsymbol{B}_i$.

$$\frac{\partial \boldsymbol{\Lambda}}{\partial U_i} = \begin{pmatrix} N_{i,1} + \sum_{l=1}^{n} N_{i,1} N_{l,1} U_l \\ \sum_{l=1}^{n} N_{i,2} N_{l,2} U_l \\ \sum_{l=1}^{n} N_{i,3} N_{l,3} U_l \\ N_{i,2} + \sum_{l=1}^{n} N_{i,1} N_{l,2} U_l + N_{i,2} N_{l,1} U_l \\ \sum_{l=1}^{n} N_{i,2} N_{l,3} U_l + N_{i,3} N_{l,2} U_l \\ N_{i,3} + \sum_{l=1}^{n} N_{i,3} N_{l,1} U_l + N_{i,1} N_{l,3} U_l \end{pmatrix}$$

Wobei wir in dieser Matrix die Ableitungen der Formfunktionen nach folgendem Schema abgekürzt haben, um die Übersichtlichkeit zu wahren.

$$N_{i,j} := \frac{\partial N_i}{\partial X_j}$$

$$\frac{\partial \boldsymbol{\lambda}}{\partial V_i} = \begin{pmatrix} \sum_{l=1}^{n} N_{i,1} N_{l,1} V_l \\ N_{i,2} + \sum_{l=1}^{n} N_{i,2} N_{l,2} V_l \\ \sum_{l=1}^{n} N_{i,3} N_{l,3} V_l \\ N_{i,1} + \sum_{l=1}^{n} N_{i,1} N_{l,2} V_l + N_{i,2} N_{l,1} V_l \\ N_{i,3} + \sum_{l=1}^{n} N_{i,2} N_{l,3} V_l + N_{i,3} N_{l,2} V_l \\ \sum_{l=1}^{n} N_{i,3} N_{l,1} V_l + N_{i,1} N_{l,3} V_l \end{pmatrix}; \quad \frac{\partial \boldsymbol{\lambda}}{\partial W_i} = \begin{pmatrix} \sum_{l=1}^{n} N_{i,1} N_{l,1} W_l \\ \sum_{l=1}^{n} N_{i,2} N_{l,2} W_l \\ N_{i,3} + \sum_{l=1}^{n} N_{i,3} N_{l,3} W_l \\ \sum_{l=1}^{n} N_{i,1} N_{l,2} W_l + N_{i,2} N_{l,1} W_l \\ N_{i,2} + \sum_{l=1}^{n} N_{i,2} N_{l,3} W_l + N_{i,3} N_{l,2} W_l \\ N_{i,1} + \sum_{l=1}^{n} N_{i,3} N_{l,1} W_l + N_{i,1} N_{l,3} W_l \end{pmatrix};$$

Wie hier ersichtlich wird, hängen diese Einträge von den Knotenverschiebungen ab. Dies ist ein grundlegender Unterschied zu der Verzerrungs-Verschiebungs-Transformationsmatrix, die in der linearen FEA zum Einsatz kommt und unabhängig von den Knotenverschiebungen ist. Aber gehen wir wieder zurück zu dem nichtlinearen Gleichungssystem, um den Kreis zur eingangs gezeigten Formel für die Elementtangentenmatrix zu schließen. Das nichtlineare Gleichungssystem

$$\iiint_V \boldsymbol{B}^T \boldsymbol{S} \, dV - \boldsymbol{F} = 0$$

wird mit dem Newton-Raphson-Verfahren gelöst, welches der Anwendung des Newton-Verfahrens auf die in der FEA auftretenden, vektorwertigen Funktionen entspricht. Zur Anwendung des Newton-Verfahrens ist eine Linearisierung der Gleichung mittels Taylor-Entwicklung erforderlich. Diese sei hier schon gezeigt, genaueres zum Lösungsverfahren wird aber erst in Kapitel 6.6 behandelt.

$$\iiint_V \boldsymbol{B}^T \boldsymbol{S} \, dV - \boldsymbol{F} \approx \left(\iiint_V \boldsymbol{B}^T \boldsymbol{S} \, dV - \boldsymbol{F} \right) \Bigg|_i + \left(\frac{\partial}{\partial \boldsymbol{U}} \left(\iiint_V \boldsymbol{B}^T \boldsymbol{S} \, dV - \boldsymbol{F} \right) \right) \Bigg|_i \Delta \boldsymbol{U}_{i+1} \overset{!}{=} \boldsymbol{0}$$

Der Fußzeiger i kennzeichnet hier den Arbeitspunkt bzw. die Entwicklungsstelle und später den Iterationsschritt des Newton-Raphson-Verfahrens. Die erhaltene Gleichung gilt sowohl für das Gesamtsystem, als auch für ein einzelnes Element. Beziehen wir sie auf ein einzelnes Element, lässt sich anhand des Ableitungsterms die Elementtangentenmatrix definieren.

$$\boldsymbol{K}_T^e := \frac{\partial}{\partial \boldsymbol{U}} \left(\iiint_{V_e} \boldsymbol{B}^T \boldsymbol{S} \, dV - \boldsymbol{F} \right)$$

Für verschiebungsunabhängige Lasten gewinnen wir unter Berücksichtigung der Leibniz'schen Regel sowie der Kettenregel den nachstehenden Ausdruck.

$$K_T^e = \iiint\limits_{V_e} \left(\hat{\boldsymbol{S}}\boldsymbol{T} + \boldsymbol{B}^T \frac{\partial \boldsymbol{S}}{\partial \boldsymbol{\Lambda}} \frac{\partial \boldsymbol{\Lambda}}{\partial \boldsymbol{U}} \right) dV$$

Darin finden wir die Materialmatrix

$$\boldsymbol{C} = \frac{\partial \boldsymbol{S}}{\partial \boldsymbol{\Lambda}}$$

und die $\boldsymbol{B}$-Matrix wieder. Die Materialmatrix ist, da wir Materialnichtlinearitäten außer Acht lassen, identisch mit der aus Kapitel 4.2 und damit unabhängig von der Verschiebung. Vertauschen wir noch die Reihenfolge der Summanden, gelangen wir schließlich zu der Zielformel für die Elementtangentenmatrix.

$$K_T^e = \iiint\limits_{V_e} \left(\boldsymbol{B}^T \boldsymbol{C} \boldsymbol{B} + \hat{\boldsymbol{S}}\boldsymbol{T} \right) dV$$

Der hier rechte Term entsteht aus der Beachtung der Produktregel und enthält, in spezieller Darstellung, die Ableitungen der $\boldsymbol{B}$-Matrix, multipliziert mit den Spannungen. Da sich die Ableitung einer Matrix nach einem Vektor der Darstellung in einem ebenen Zahlenschema entzieht, wurden an dieser Stelle zwei neue Matrizen eingeführt: die Transformationsgradientenmatrix $\boldsymbol{T}$ und eine Spannungsmatrix $\hat{\boldsymbol{S}}$, die aus dem Spannungsvektor $\boldsymbol{S}$ in besonderer Weise zusammengesetzt ist.

$$\boldsymbol{T} = \begin{pmatrix} \boldsymbol{T}_{11} & \boldsymbol{T}_{12} & \cdots & \boldsymbol{T}_{1m} \\ \boldsymbol{T}_{21} & \boldsymbol{T}_{22} & & \vdots \\ \vdots & & \ddots & \vdots \\ \boldsymbol{T}_{m1} & \cdots & \cdots & \boldsymbol{T}_{mm} \end{pmatrix}$$

Hier gibt m die Anzahl an Freiheitsgraden an, für 3D-Kontinuumselemente gilt m = 3 x n. Die Dimension der $\boldsymbol{T}$-Matrix ist:

Zeilen × Spalten

(6 · Anzahl Freiheitsgrade) × Anzahl Freiheitsgrade

Die einzelnen Untermatrizen sind gemäß dem nachkommenden Schema definiert.

$$T_{ij} = \begin{pmatrix} \frac{\partial B_{1i}}{\partial U_j} \\ \frac{\partial B_{2i}}{\partial U_j} \\ \frac{\partial B_{3i}}{\partial U_j} \\ \frac{\partial B_{4i}}{\partial U_j} \\ \frac{\partial B_{5i}}{\partial U_j} \\ \frac{\partial B_{6i}}{\partial U_j} \end{pmatrix}$$

Setzt man hier die Ausdrücke der $\boldsymbol{B}$-Matrix ein, wird man erkennen, dass einige Einträge der $\boldsymbol{T}$-Matrix verschwinden und letztendlich die anschließende Struktur übrig bleibt.

$$
\boldsymbol{T} = \begin{pmatrix} T_{11} & 0 & 0 & T_{14} & \cdots & 0 \\ 0 & T_{22} & 0 & 0 & \cdots & 0 \\ 0 & 0 & T_{33} & 0 & \cdots & T_{3m} \\ T_{41} & 0 & 0 & T_{44} & \cdots & 0 \\ \vdots & \vdots & \vdots & \vdots & \ddots & \vdots \\ 0 & 0 & T_{m3} & 0 & \cdots & T_{mm} \end{pmatrix}
$$

Für die richtige Anordnung der einzelnen Faktoren nach Anwendung der Produktregel ist es notwendig, die Spannungsvektoren $\boldsymbol{S}$ in einer Matrix $\hat{\boldsymbol{S}}$ zusammenzustellen. Diese hat die Dimension

Zeilen × Spalten

(6 · Anzahl Freiheitsgrade) × Anzahl Freiheitsgrade

und besitzt die folgende Gestalt.

$$
\hat{\boldsymbol{S}} := \begin{pmatrix} \boldsymbol{S}^T & 0 & \cdots & 0 \\ 0 & \boldsymbol{S}^T & & \vdots \\ \vdots & & \ddots & \vdots \\ 0 & \cdots & \cdots & \boldsymbol{S}^T \end{pmatrix}
$$

Damit stehen nun alle Matrizen für die Berechnung der Elementtangentenmatrix zur Verfügung. Die numerische Integration ist gegenüber Kapitel 4.5 unverändert, gleiches gilt für die Koordinatentransformation mittels der Jacobi-Matrix bzw. deren Inverse. Wichtig ist bei letzterem lediglich, dass für die Jacobi-Matrix die natürlichen Koordinaten r, s, t mit den Koordinaten X, Y, Z der unverformten Struktur verknüpft werden, da wir hier in Lagrange'schen Koordinaten arbeiten.

Für die computertechnische Umsetzung ist es zur Wahrung der Übersichtlichkeit sinnvoll, die einzelnen Matrizen über separate Routinen zu berechnen. In Bild 4.12-1 ist eine mögliche Umsetzung dieses Vorgehens verdeutlicht.

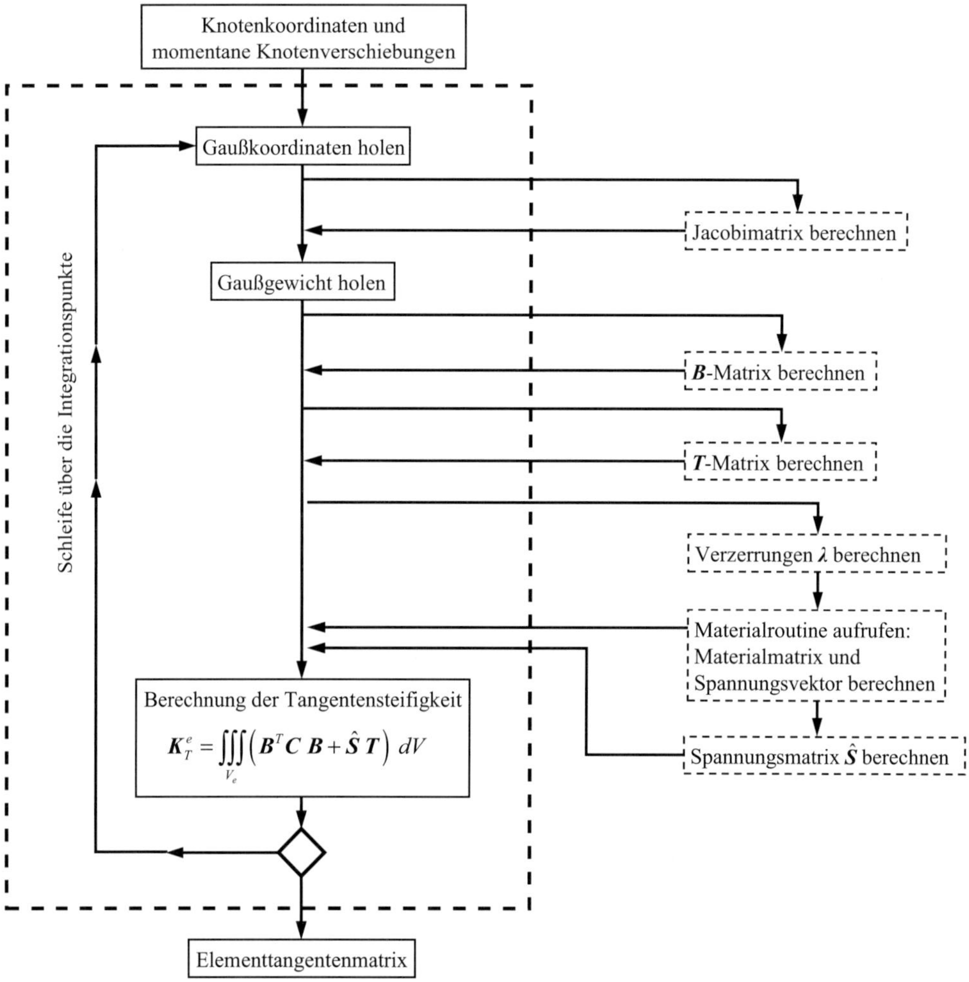

Bild 4.12-1: Schema einer Elementroutine für nichtlineare Berechnungen, Elementmatrizen

In Bild 4.12-1 ist zu sehen, dass die Gesamtroutine zur Berechnung einer Elementtangentenmatrix neben den Knotenkoordinaten die aktuellen Verschiebungswerte (des jeweiligen Elements) als Eingangsgrößen hat. Dies ist eine Besonderheit der nichtlinearen Berechnung.

Eine weitere Besonderheit ist die Notwendigkeit der Berechnung der inneren Elementkräfte in jedem Iterationsschritt. Diese müssen ebenso wie die Elementtangentenmatrizen für jedes Element berechnet und anschließend compiliert werden. In Bild 4.12-2 ist eine mögliche Umsetzung dieser Berechnung abgebildet.

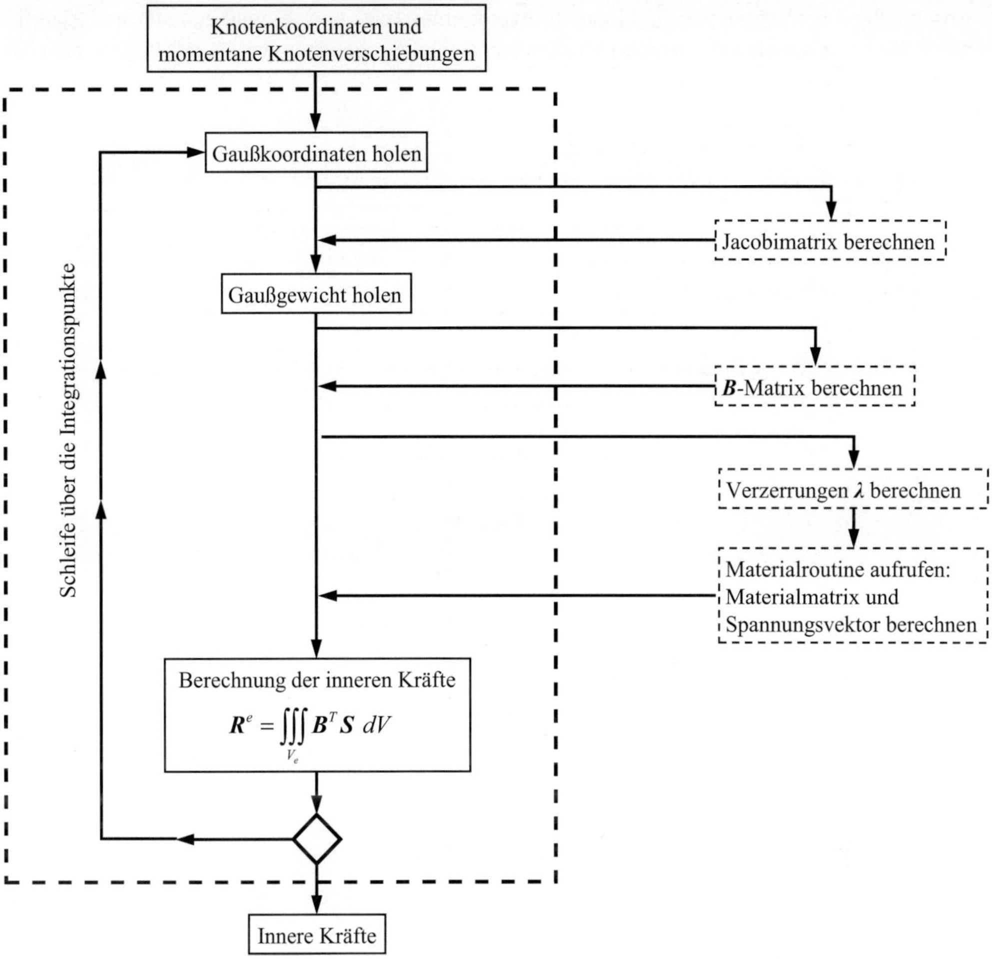

Bild 4.12-2: Schema einer Elementroutine für nichtlineare Berechnungen, innere Kräfte

Abschließend betrachten wir die Elementtangentenmatrix $\boldsymbol{K}_T^e$ noch einmal genauer und klären dabei die Frage, ob sie symmetrisch ist oder nicht. Dazu vergleichen wir sie mit ihrer Transponierten:

$$\boldsymbol{K}_T^e \stackrel{?}{=} \boldsymbol{K}_T^{eT}$$

$$\iiint_{V_e} \left(\hat{\boldsymbol{S}}\boldsymbol{T} + \boldsymbol{B}^T\boldsymbol{C}\boldsymbol{B}\right) dV \stackrel{?}{=} \iiint_{V_e} \left(\hat{\boldsymbol{S}}\boldsymbol{T} + \boldsymbol{B}^T\boldsymbol{C}\boldsymbol{B}\right)^T dV$$

Die Integration kann außer Acht gelassen werden, da sie sich über dasselbe Integrationsgebiet erstreckt. Unter Beachtung der Rechenregeln für das Transponieren */118/* folgt somit nachstehender Zusammenhang.

$$\hat{\boldsymbol{S}}\boldsymbol{T} + \boldsymbol{B}^T\boldsymbol{C}\boldsymbol{B} \stackrel{?}{=} \boldsymbol{T}^T\hat{\boldsymbol{S}}^T + (\boldsymbol{C}\boldsymbol{B})^T\boldsymbol{B}$$
$$\hat{\boldsymbol{S}}\boldsymbol{T} + \boldsymbol{B}^T\boldsymbol{C}\boldsymbol{B} \stackrel{?}{=} \boldsymbol{T}^T\hat{\boldsymbol{S}}^T + \boldsymbol{B}^T\boldsymbol{C}^T\boldsymbol{B}$$

Fangen wir mit dem jeweils linken Summanden an und setzen die Definitionen der Matrizen ***T*** und $\hat{\mathbf{S}}$ ein.

$$\hat{\boldsymbol{S}}\,\boldsymbol{T} \stackrel{?}{=} \boldsymbol{T}^T\,\hat{\boldsymbol{S}}^T$$

$$\begin{pmatrix} \boldsymbol{S}^T & \boldsymbol{0} & \cdots & \boldsymbol{0} \\ \boldsymbol{0} & \boldsymbol{S}^T & & \vdots \\ \vdots & & \ddots & \vdots \\ \boldsymbol{0} & \cdots & \cdots & \boldsymbol{S}^T \end{pmatrix} \begin{pmatrix} \boldsymbol{T}_{11} & \boldsymbol{0} & \boldsymbol{0} & \boldsymbol{T}_{14} & \cdots & \boldsymbol{0} \\ \boldsymbol{0} & \boldsymbol{T}_{22} & \boldsymbol{0} & \boldsymbol{0} & \cdots & \boldsymbol{0} \\ \boldsymbol{0} & \boldsymbol{0} & \boldsymbol{T}_{33} & \boldsymbol{0} & \cdots & \boldsymbol{T}_{3m} \\ \boldsymbol{T}_{41} & \boldsymbol{0} & \boldsymbol{0} & \boldsymbol{T}_{44} & \cdots & \boldsymbol{0} \\ \vdots & \vdots & \vdots & \vdots & \ddots & \vdots \\ \boldsymbol{0} & \boldsymbol{0} & \boldsymbol{T}_{m3} & \boldsymbol{0} & \cdots & \boldsymbol{T}_{mm} \end{pmatrix} \stackrel{?}{=} \begin{pmatrix} \boldsymbol{T}_{11}^T & \boldsymbol{0} & \boldsymbol{0} & \boldsymbol{T}_{41}^T & \cdots & \boldsymbol{0} \\ \boldsymbol{0} & \boldsymbol{T}_{22}^T & \boldsymbol{0} & \boldsymbol{0} & \cdots & \boldsymbol{0} \\ \boldsymbol{0} & \boldsymbol{0} & \boldsymbol{T}_{33}^T & \boldsymbol{0} & \cdots & \boldsymbol{0} \\ \boldsymbol{T}_{14}^T & \boldsymbol{0} & \boldsymbol{0} & \boldsymbol{T}_{44}^T & \cdots & \boldsymbol{0} \\ \vdots & \vdots & \vdots & \vdots & \ddots & \vdots \\ \boldsymbol{0} & \boldsymbol{0} & \boldsymbol{T}_{3m}^T & \boldsymbol{0} & \cdots & \boldsymbol{T}_{mm}^T \end{pmatrix} \begin{pmatrix} \boldsymbol{S} & \boldsymbol{0} & \cdots & \boldsymbol{0} \\ \boldsymbol{0} & \boldsymbol{S} & & \vdots \\ \vdots & & \ddots & \vdots \\ \boldsymbol{0} & \cdots & \cdots & \boldsymbol{S} \end{pmatrix}$$

$$\begin{pmatrix} \boldsymbol{S}^T\boldsymbol{T}_{11} & \boldsymbol{0} & \boldsymbol{0} & \boldsymbol{S}^T\boldsymbol{T}_{14} & \cdots & \boldsymbol{0} \\ \boldsymbol{0} & \boldsymbol{S}^T\boldsymbol{T}_{22} & \boldsymbol{0} & \boldsymbol{0} & \cdots & \boldsymbol{0} \\ \boldsymbol{0} & \boldsymbol{0} & \boldsymbol{S}^T\boldsymbol{T}_{33} & \boldsymbol{0} & \cdots & \boldsymbol{S}^T\boldsymbol{T}_{3m} \\ \boldsymbol{T}_{41} & \boldsymbol{0} & \boldsymbol{0} & \boldsymbol{S}^T\boldsymbol{T}_{44} & \cdots & \boldsymbol{0} \\ \vdots & \vdots & \vdots & \vdots & \ddots & \vdots \\ \boldsymbol{0} & \boldsymbol{0} & \boldsymbol{S}^T\boldsymbol{T}_{m3} & \boldsymbol{0} & \cdots & \boldsymbol{S}^T\boldsymbol{T}_{mm} \end{pmatrix} \stackrel{?}{=} \begin{pmatrix} \boldsymbol{T}_{11}^T\boldsymbol{S} & \boldsymbol{0} & \boldsymbol{0} & \boldsymbol{T}_{41}^T\boldsymbol{S} & \cdots & \boldsymbol{0} \\ \boldsymbol{0} & \boldsymbol{T}_{22}^T\boldsymbol{S} & \boldsymbol{0} & \boldsymbol{0} & \cdots & \boldsymbol{0} \\ \boldsymbol{0} & \boldsymbol{0} & \boldsymbol{T}_{33}^T\boldsymbol{S} & \boldsymbol{0} & \cdots & \boldsymbol{T}_{m3}^T\boldsymbol{S} \\ \boldsymbol{T}_{14}^T\boldsymbol{S} & \boldsymbol{0} & \boldsymbol{0} & \boldsymbol{T}_{44}^T\boldsymbol{S} & \cdots & \boldsymbol{0} \\ \vdots & \vdots & \vdots & \vdots & \ddots & \vdots \\ \boldsymbol{0} & \boldsymbol{0} & \boldsymbol{T}_{3m}^T\boldsymbol{S} & \boldsymbol{0} & \cdots & \boldsymbol{T}_{mm}^T\boldsymbol{S} \end{pmatrix}$$

Da sich die einzelnen Unter-„Matrizen" hier beiderseits auf einen Skalar reduzieren (**S** war der 6-dimensionale Spannungsvektor, die Untermatrizen $\mathbf{T}_{ij}$ haben ebenso die Dimension 6 x 1), vereinfacht sich die Frage nach der Symmetrie auf:

$$\boldsymbol{S}^T \boldsymbol{T}_{ij} \stackrel{?}{=} \boldsymbol{T}_{ji}^T \boldsymbol{S}$$
$$\boldsymbol{T}_{ij} \stackrel{?}{=} \boldsymbol{T}_{ji}$$

Zur Klärung dieser Frage betrachten wir noch einmal die Definition der Untermatrix $\boldsymbol{T}_{IJ}$, und setzen die Berechnungsformel für die ***B***-Matrix ein.

$$\boldsymbol{T}_{ij} = \begin{pmatrix} \frac{\partial B_{1i}}{\partial U_j} \\ \frac{\partial B_{2i}}{\partial U_j} \\ \frac{\partial B_{3i}}{\partial U_j} \\ \frac{\partial B_{4i}}{\partial U_j} \\ \frac{\partial B_{5i}}{\partial U_j} \\ \frac{\partial B_{6i}}{\partial U_j} \end{pmatrix} = \begin{pmatrix} \frac{\partial \lambda_1}{\partial U_j \partial U_i} \\ \frac{\partial \lambda_2}{\partial U_j \partial U_i} \\ \frac{\partial \lambda_3}{\partial U_j \partial U_i} \\ \frac{\partial \lambda_4}{\partial U_j \partial U_i} \\ \frac{\partial \lambda_5}{\partial U_j \partial U_i} \\ \frac{\partial \lambda_6}{\partial U_j \partial U_i} \end{pmatrix}$$

Aufgrund des Satzes von Schwarz */118/* kann die Reihenfolge der Differentiationen vertauscht werden, ohne dass sich der Wert der Ableitung ändert. Somit kann das Fragezeichen weggelassen werden; es gilt:

$$\boldsymbol{T}_{ij} = \boldsymbol{T}_{ji}$$

und damit auch

$$\hat{\boldsymbol{S}}\, \boldsymbol{T} = \boldsymbol{T}^T\, \hat{\boldsymbol{S}}^T$$

Es verbleibt zu klären, ob auch der jeweils rechte Summand in

$$\hat{\boldsymbol{S}}\, \boldsymbol{T} + \boldsymbol{B}^T \boldsymbol{C}\, \boldsymbol{B} \stackrel{?}{=} \boldsymbol{T}^T \hat{\boldsymbol{S}}^T + \boldsymbol{B}^T \boldsymbol{C}^T \boldsymbol{B}$$

symmetrisch ist. Diese Frage führt auf die Symmetrie der Materialmatrix.

$$\boldsymbol{C} \stackrel{?}{=} \boldsymbol{C}^T$$

Für die Beantwortung ist auf das Materialgesetz einzugehen. Das hier eingesetzte Hooke'sche Gesetz zeichnet sich durch eine symmetrische Materialmatrix aus, vgl. Kapitel 4.2. Für andere Materialgesetze sei auf weitergehende Literatur verwiesen, z.B. *Ogden /119/, Wriggers /120/, Parisch /121/, Crisfield /122/, Simo und Hughes /123/, Betten /41/, Zienkiewicz und Taylor /124/, Ting /125/*; eine grobe Übersicht gibt Tabelle 4.12-1.

Tabelle 4.12-1: Die Symmetrie der Materialmatrix

Materialgesetz bzw. Klasse von Materialgesetzen	Eigenschaft der Materialmatrix	Quelle
Hooke'sches Gesetz	$\boldsymbol{C} = \boldsymbol{C}^T$	Kapitel 4.2
Green-elastische (= hyperelastische) Materialgesetze (z.B. das Ogden'sche Gesetz)	$\boldsymbol{C} = \boldsymbol{C}^T$	*Ogden /119/*
Cauchy-elastische Materialgesetze	$\boldsymbol{C} \neq \boldsymbol{C}^T$	*Ogden /119/*
Anisotrope (Green-elastische) Materialgesetze	$\boldsymbol{C} = \boldsymbol{C}^T$	*Ting /125/*
Plastische Materialgesetze mit assoziierter Fließregel	$\boldsymbol{C} = \boldsymbol{C}^T$	*Simo und Hughes /123/, Dörnhöfer /108/, Wriggers /120/*
Plastische Materialgesetze mit nicht-assoziierter Fließregel	$\boldsymbol{C} \neq \boldsymbol{C}^T$	*Simo und Hughes /123/, Dörnhöfer /108/, Wriggers /120/*

Zusammengefasst bedeutet dies, dass bei Vorliegen einer symmetrischen Materialmatrix die Elementtangentenmatrix $\mathbf{K}_T^e$, welche geometrische Nichtlinearitäten berücksichtigt, symmetrisch ist. Eine Ausnahme sei hier noch hinzugefügt: werden verformungsabhängige Lasten behandelt, kommt es auch bei symmetrischer Materialmatrix zu einer asymmetrischen Elementtangentenmatrix; für die genaue Herleitung sei an dieser Stelle auf *Parisch /121/* verwiesen.

Die Elementmatrizen der nichtlinearen FEA können somit nicht immer, aber meistens mit auf symmetrische Matrizen zugeschnittenen Gleichungslösern bzw. -algorithmen behandelt werden. Die Lösung der nichtlinearen Gleichungssysteme, die aus den hier eingeführten Elementmatrizen aufgebaut sind, wird in Kapitel 6.6 behandelt.

5 Compilation, Speicherverfahren und Randbedingungen

5.1 Compilation

Wir erinnern uns an die 3. Regel der Finite Elemente Analyse:

Gesamtsteifigkeitsmatrix = Summe der Elementsteifigkeitsmatrizen

Oder etwas mathematischer geschrieben:

$$\boldsymbol{K} = \sum_i \boldsymbol{K}_i^e$$

Wie wir im Kapitel 2 gesehen haben, ist dies das aus der Technischen Mechanik bekannte Superpositionsprinzip, d. h. es werden sämtliche Steifigkeitskomponenten, welche die jeweils beteiligten Finiten Elemente, die an einen gemeinsamen Knoten anschließen, beisteuern, für alle betreffenden Freiheitsgrade aufsummiert.

In Kapitel 2, solange nur zwei bis drei Balken oder Stäbe vorliegen, konnte man das schön intuitiv mit einer Art Tabelle bzw. Schachbrett machen. Wenn aber, wie bei richtigen Strukturen üblich, tausende oder zehntausende von Finiten Elementen und zehn- oder hunderttausende von Freiheitsgraden auftreten, muss die Compilation selbstverständlich

- vollautomatisch erfolgen
- verschiedene Elementtypen mit unterschiedlichen Knotenanzahlen einbauen können
- unterschiedliche Anzahlen von Freiheitsgraden an den Knoten einer Struktur berücksichtigen
- die Gesamtsteifigkeitsmatrix möglichst speichersparend aufbauen

Unserer Meinung nach kann diese relativ komplexe Problematik nur im Zusammenhang mit realen Computer-Programmstrukturen betrachtet werden, denn mit rein beschreibenden Ausführungen wird man diese Materie nicht abhandeln können: Die Finite Elemente Analyse lebt von ihrer Umsetzung in Computerprogramme. Man kann FEA nicht mit Papier und Bleistift betreiben – gleichwohl wird es immer wieder gerne in der Literatur versucht!

Die erste Forderung erscheint an sich trivial. Ernsthafte Finite Elemente Analyse ist, wie bereits öfter erwähnt, nur mit Unterstützung leistungsfähiger Computerprogramme zu machen und Programme haben es so an sich, in weiten Teilen automatisch abzulaufen. Aber halt – es geht darum, wie unser Rechenprogramm überhaupt zu den erforderlichen Angaben wie Knotenkoordinaten und Koinzidenzliste, um die wichtigsten zu nennen, kommt.

Die klassischen Finite Elemente Programme arbeiteten im Batchmode, d. h. es wurden alle nötigen Zahleneingaben auf Lochkarten übertragen, und dieser Lochkartenstapel wurde vom Programm eingelesen. Darüber haben wir schon in Kapitel 1 berichtet. Das sieht veraltet aus und das ist es auch. Was aber nicht veraltet ist, ist der oben genannte Batchmode: Das Programm bekommt seine ganzen Daten sozusagen „in einem Rutsch", rechnet dann mehr oder weniger lang und gibt die Ergebnisse wieder aus. Gerade FEA-Programme folgen wie selten eine andere Programmgattung dem *EVA*-Prinzip: Eingabe-Verarbeitung-Ausgabe. Bekannte Großprogramme wie *MARC* oder *NASTRAN* sorgen mit ihren Pre- und Postprozessorprogrammen *MENTAT* bzw. *PATRAN* für die Mensch-Maschine-Schnittstelle, während *MARC* und *NASTRAN* die eigentlichen Solver darstellen, die sozusagen interaktionslos die Eingabedateien ihrer Preprozessoren übernehmen, dann die Elementsteifigkeitsmatrizen berechnen, die Compilation ausführen und nach Einbau der Randbedingungen das (mitunter gigantische) Gleichungssystem lösen. Die Rechenergebnisse werden in Dateien geschrieben, die von den jeweiligen Postprozessoren (das können grafische Anzeigeprogramme, Plot- oder Druckprogramme sein) eingelesen und verarbeitet werden.

Auch alle unsere Ausführungen und das FEA-Programm Z88 folgen diesem geradezu klassischen Muster des *EVA*-Prinzips. Wir gehen also für die nun folgenden Betrachtungen davon aus, dass die Eingabedaten in einer Datei gespeichert und wie folgt strukturiert sind:

1. Datensatz: Allgemeine Angaben zur Struktur wie

- Dimension des Problems (d. h. 2D oder 3D)
- Anzahl der Knoten
- Anzahl der Finiten Elemente
- Anzahl der Freiheitsgrade
- Steuerflags für Koordinatentransformationen usw.

2. Datensatz: Knotenkoordinaten wie

- Knotennummer
- Anzahl der Freiheitsgrade an diesem Knoten
- X-Koordinate
- Y-Koordinate
- Z-Koordinate

3. Datensatz: Koinzidenzliste, besteht aus zwei Zeilen und enthält:

- Zeile 1: Elementnummer und Elementtyp
- Zeile 2: Die Knotennummern

Der an sich nötige vierte Datensatz (Materialgesetze) kann zunächst entfallen, da er für die folgenden Betrachtungen nicht wichtig ist.

Diesem „Strickmuster" folgen eigentlich alle klassischen FEA-Programme – auch in der Reihenfolge. Der erste Datensatz liefert in der Hauptsache die Zähler für die Schleifen, die für den zweiten und dritten Datensatz ablaufen. Man kann den ersten Datensatz auch weglassen und statt dessen den folgenden Datensätzen Schlüsselworte wie sinngemäß KOOR und KOIN voranstellen, damit das Programm erkennt, was mit dieser Datenzeile zu tun ist. Aber weitaus schneller geht es beim Einlesen, wenn man im ersten Datensatz z. B. 1.000 Knoten vorgibt und daraus dann folgend in der Sektion 2. Datensatz 1.000-mal eine Zeile einliest. Das ist ganz FORTRAN-gemäß, aber auch Sprachen wie C profitieren von einem derartigen Aufbau, denn gerade das Dekodieren von Schlüsselworten (sprich Characterverarbeitung) dauert relativ lange.

Das Abspeichern der Knotenkoordinaten ist einfach und geradlinig: Hier können wir drei Vektoren mit z. B. 1.000 Speicherplätzen definieren, also

```
x[1000],  y[1000],  z[1000]
```

und man könnte damit 1.000 Koordinatentripel abspeichern. Bekanntlich beginnen in der Programmiersprache C die Vektor- bzw. Pointerindizes bei 0 und nicht wie bei FORTRAN 77 bei 1 (wie es an sich logisch ist; bei FORTRAN 90 können die Indizes sogar an beliebigen Stellen anfangen, auch mit negativen Indizes!). Es empfiehlt sich wärmstens, bei komplizierteren C-Programmen für die Finite Elemente Analyse, bei 1 den ersten Index zu starten, weil man dann besser die Übersicht behält. Das ist ab jetzt durchgängig der Fall:

Eintausend Koordinatentripel würden also entweder statisch wie folgt definiert:

```
x[1001],  y[1001],  z[1001]
```

Oder dynamisch:

```
double *x, *y, *z;
x= (double *) calloc (1001, sizeof(double));
y= (double *) calloc (1001, sizeof(double));
z= (double *) calloc (1001, sizeof(double));
```

Bei Sprachen wie C kann man die Koordinatentripel auch als `struct` zusammenfassen. Schneller wird das Programm davon nicht.

Zu jedem Knoten sollte die Anzahl der Freiheitsgrade mitgespeichert werden. Dieser Vektor bzw. Pointer (Sie wissen, dass in C Vektoren Pointer sind und dass Pointer umgekehrt Vektoren sind? Und dass das in FORTRAN prinzipiell genauso ist? Sonst noch mal bei *Kernighan und Ritchie /15/* nachschauen) möge `ifrei` heißen:

```
ifrei[1001]
```

Wir haben hier generell die an sich sehr gute FORTRAN-Regel übernommen, dass alle Variable, die mit I, J, K, M, und N beginnen, also die typischen Zähler in der Mathematik, Ganzzahlen sind und alle anderen dann Gleitkommazahlen definieren. Als Ausnahme: Alle Variable, die mit C beginnen, sollen von Typ `char` sein. Auch in der Sprache C profitiert man bei großen Programmen sehr von einer solchen (freiwilligen) Konvention (die andere verbreitete Konvention, die sog. „ungarische" Konvention /16/ halten wir für zu umständlich in reinen Rechenprogrammen).

Beim Abspeichern der Koinzidenz wird es schon etwas schwieriger, denn zu jedem Finiten Element gehören einerseits immer mehrere Knoten und ferner weisen unterschiedliche Finite Elementetypen unterschiedliche Knotenanzahlen auf. Es ist daher geschickt, zwei Vektoren zu definieren. Der erste Vektor `koi` enthält die Koinzidenzliste und der zweite Vektor `koffs` ist ein Pointer darauf, um die Adressberechnung durchführen zu können.

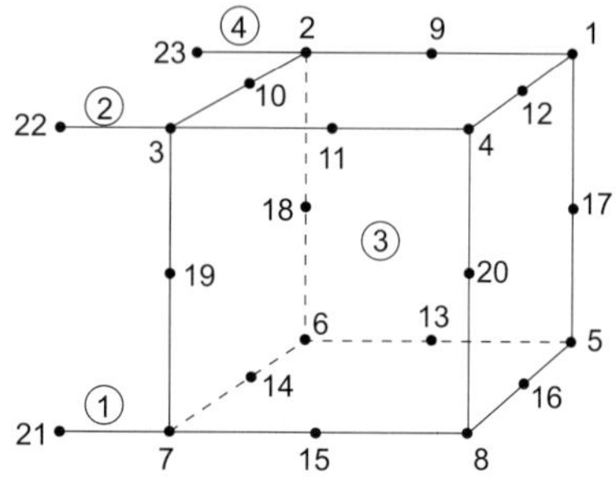

Bild 5.1-1: Beispiel einer räumlichen FE-Struktur

Einmal angenommen, wir würden in unserer Struktur mit zwei Stäben beginnen, d. h. pro Element zwei Knoten. Dann enthält der Vektor `koi` als erstes Vektorelement eine Null, weil wir ja beim Index 1 beginnen wollen. Vektorelemente 2 und 3 enthalten die beiden Knotennummern des ersten Stabes, Vektorelemente 4 und 5 die beiden Knotennummern des zweiten Stabes und so fort. Bis dahin bräuchten wir noch keinen Offsetvektor. Was wäre aber, wenn als drittes Finites Element kein Stab folgen würde, sondern ein Hexaeder mit 20 Knoten – was ohne weiteres zulässig wäre? Hier setzt unser Offsetvektor `koffs` ein: Sein erstes Element ist 0, sein zweites Element immer 1, das dritte Element zeigt auf den Startpunkt des zweiten Finiten Elements im Koinzidenzvektor `koi`, das vierte Vektorelement zeigt auf den Startpunkt des dritten Finiten Elements im Koinzidenzvektor `koi` und so fort. Nehmen wir nun noch an, dass unser viertes Finites Element wieder ein Stab sei.

Dann wird:

```
koi={0,21,7,22,3,1,2,3,4,5,6,7,8,9,10,11,12,13,14,15,16,17,18,19,20,
23,2...}
```

```
koffs = {0, 1, 3, 5, 25, ....}
```

Zugriff auf einen Knoten `j` des Finiten Elements `i`:

```
koi[koffs[i] + j -1]
```

Ein weiteres Beispiel:

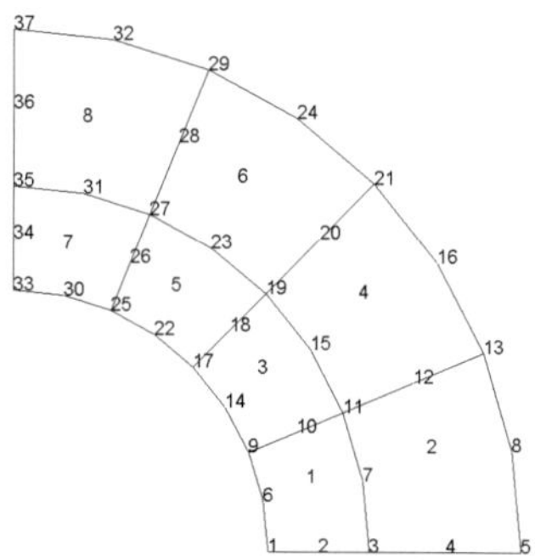

Bild 5.1-2: Eine ebene FE-Struktur mit krummlinigen 8-Knoten Serendipity-Elementen (vgl. Kapitel 13, Beispiel 6)

Bei dieser Struktur würde der Koinzidenzvektor `koi` wie folgt aussehen:

```
koi= {0, 1,3,11,9,2,7,10,6, 3,5,13,11,4,8,12,7, .....,
35,27,29,37,31,28,32,36}
```

Und der Offsetvektor des Koinzidenzvektors:

```
koffs= {0, 1, 9, ..., 57}
```

Es gilt: Zugriff auf einen Knoten `j` des Finiten Elements `i`:

```
koi[koffs[i] + j -1]
```

Auf den 5. Knoten des zweiten Elements wird man also wie folgt zugreifen können:

```
koi[koffs[2] + 5 - 1] = koi[13]= 4
```

Um diesen Sachverhalt zu erhellen, ist nachfolgend die Leseroutine RI188.C von Z88 wiedergegeben, welche die allgemeinen Strukturdaten (Datei Z88I1.TXT) einliest.

Dabei sind folgende Definitionen zu beachten:

```
#define FR_DOUBLEAY  double *    /* Pointer auf double */
#define FR_INT4AY    long *      /* Pointer auf long */
#define FR_INT4      long        /* 4 Bytes Integer */
/***********************************************************************
* ri188 (stark vereinfacht, nur fuer Elemente 4 und 10 fuer FEA-Buch)
* 15.7.2011
***********************************************************************/
/***********************************************************************
* Fuer UNIX
***********************************************************************/
#ifdef FR_UNIX
#include <z88r.h>
#include <stdio.h>     /* fopen,fclose,fprintf,fgets,sscanf */
                       /* FILE,rewind,NULL                  */
#include <math.h>      /* sin,cos */
#endif
/***********************************************************************
* Fuer Windows
***********************************************************************/
#ifdef FR_WIN
#include <z88r.h>
#include <stdio.h>     /* fopen,fclose,fprintf,fgets,sscanf */
                       /* FILE,rewind,NULL                  */
#include <math.h>      /* sin,cos */
#endif
```

```
/***********************************************************************
*  Functions
***********************************************************************/
int wrim88r(FR_INT4,int);
int wlog88r(FR_INT4,int);
/***********************************************************************
* hier beginnt Function ri188
* ri188.c liest z88i1.txt ein
* hier wird File z88i1.txt geoeffnet
***********************************************************************/
int ri188(void)
{
extern FILE *fi1,*fwlo;
extern char ci1[];
extern FR_DOUBLEAY x;
extern FR_DOUBLEAY y;
extern FR_DOUBLEAY z;
extern FR_INT4AY koi;
extern FR_INT4AY ifrei;
extern FR_INT4AY koffs;
extern FR_INT4AY ityp;
extern FR_INT4 ndim,nkp,ne,nfg;
FR_INT4 i,idummy,kofold= 0;
char cline[256];
/*----------------------------------------------------------------------
* Start Function
*---------------------------------------------------------------------*/
/*----------------------------------------------------------------------
* Oeffnen Z88I1.TXT
*---------------------------------------------------------------------*/
fi1= fopen(ci1,"r");
rewind(fi1);
/*----------------------------------------------------------------------
* Einlesen der allgemeinen Strukturdaten
*---------------------------------------------------------------------*/
fgets(cline,256,fi1);
sscanf(cline,"%ld %ld %ld %ld",&ndim,&nkp,&ne,&nfg);
/***********************************************************************
* Einlesen der Koordinaten
***********************************************************************/
for(i= 1; i <= nkp; i++)
  {
  fgets(cline,256,fi1);
  sscanf(cline,"%ld %ld %lg %lg %lg",
```

```
  &idummy,&ifrei[i],&x[i],&y[i],&z[i]);
  }
/**********************************************************************
* einlesen der koinzidenz
**********************************************************************/
for(i= 1; i <= ne; i++)
  {
  fgets(cline,256,fil);
  sscanf(cline,"%ld %ld",&idummy,&ityp[i]);
/*---------------------------------------------------------------------
* den koinzidenzvektor koi & den zugehoerigen pointervektor koffs
* auffuellen
*--------------------------------------------------------------------*/
/*====================================================================
* elementtyp 4
*===================================================================*/
  if(ityp[i]== 4)
    {
    if(i== 1) koffs[1]= 1;
    else      koffs[i]= koffs[i-1] + kofold;
    fgets(cline,256,fil);
    sscanf(cline,"%ld %ld",
    &koi[koffs[i]    ], &koi[koffs[i] +1]);
    kofold= 2;
    }
/*====================================================================
* elementtyp 10
*===================================================================*/
  if(ityp[i]== 10)
    {
    if(i== 1) koffs[1]= 1;
    else      koffs[i]= koffs[i-1] + kofold;
    fgets(cline,256,fil);
    sscanf(cline,"%ld %ld %ld %ld %ld %ld %ld %ld %ld %ld\
    %ld %ld %ld %ld %ld %ld %ld %ld %ld %ld",
    &koi[koffs[i]    ], &koi[koffs[i] + 1],
    &koi[koffs[i] + 2], &koi[koffs[i] + 3],
    &koi[koffs[i] + 4], &koi[koffs[i] + 5],
    &koi[koffs[i] + 6], &koi[koffs[i] + 7],
    &koi[koffs[i] + 8], &koi[koffs[i] + 9],
    &koi[koffs[i] +10], &koi[koffs[i] +11],
    &koi[koffs[i] +12], &koi[koffs[i] +13],
    &koi[koffs[i] +14], &koi[koffs[i] +15],
```

```
    &koi[koffs[i] +16], &koi[koffs[i] +17],
    &koi[koffs[i] +18], &koi[koffs[i] +19]);
    kofold= 20;
    }
  }
/*----------------------------------------------------------------------
* Z88I1.TXT schliessen
*----------------------------------------------------------------------*/
fclose(fi1);
return (0);
}
```

In diesem Programmteil fällt auf, dass alle Vektoren dynamisch als Pointer definiert wurden. Das ist ein großer Vorteil der Sprache C (mit FORTRAN90 geht das auch). C-Programme können also während der Laufzeit des Programms Speicher für Vektoren und Matrizen anfordern. Gerade bei FEA-Programmen, bei denen man beim Programmentwurf nicht weiß, wie groß die zu berechnenden Strukturen werden, kann man so nach Einlesen einiger Informationen zur Struktur dann den Speicher genau passend anfordern. Dieses Anfordern des Speichers zur Laufzeit ist allerdings nicht ganz ohne Probleme. Bei UNIX-Betriebssystemen funktioniert das eigentlich immer sehr sicher; bei älteren Windows-Versionen ist das recht fragwürdig. In jedem Fall ist man bei kritischen Programmsektionen sehr gut beraten, wenn man den Speicher so bald wie möglich nach dem Programmstart anfordert und während des Programmlaufs nicht mit `free`, `realloc` und dgl. arbeitet. Dies ist in Bezug auf Stabilität ein Vorteil von FORTRAN77-Programmen: Hier werden Vektoren ausschließlich statisch angefordert, d. h. bereits zur Übersetzungszeit. Wird das Programm gestartet, erkennt der Programloader sofort aus dem Programheader, welche Mengen an Speicher benötigt werden und ob das Betriebssystem ihn bereitstellen kann. Können die Speicherbedarfe nicht befriedigt werden, beendet der Programloader sofort wieder das Userprogram.

Aber auch in FORTRAN77-Programmen kann man mit quasi-dynamischem Speicher arbeiten:

Man hat den größten Teil seines FEA-Programms im Objectcode vorliegen. Lediglich eine kleine FORTRAN77-Subroutine liegt im Quellcode vor. Hier trägt der Preprozessor die Speicherbedarfe für den aktuellen Berechnungsfall ein; anschließend wird diese kleine Subroutine automatisch und für den Benutzer unsichtbar übersetzt und mit dem Programmrest, der schon compiliert vorliegt, gelinkt. Sehr raffiniert. Mit diesem Trick arbeitet z. B. das Großprogramm *MARC*.

Doch zurück zur dynamischen Speicheranforderung. Am einfachsten ist es, wenn man eine kleine Datei bereitstellt, welche in Form von Schlüsselworten den Speicher definiert:

```
DYNAMIC START
       COMMON START
              MAXGS 1000000
              MAXKOI  20000
              MAXK     4000
              MAXE     2000
              MAXNFG  10000
       COMMON END
DYNAMIC END
```

Diese kleine Datei möge momentan für die Gesamtsteifigkeitsmatrix 1.000.000 Speicherplätze definieren, im Koinzidenzvektor mögen 20.000 Speicherplätze angemeldet sein und für Knoten und Elemente sind jeweils 4.000 bzw. 2.000 Plätze vorgesehen. 10.000 Speicherplätze für alle Freiheitsgrade. Diese Datei soll **Z88.DYN** heißen.

Eine hier stark vereinfachte Funktion **DYN88R.C** (aber die richtige und ausführliche ist auf der CD-ROM enthalten), welche den Speicher für sämtliche Vektoren für den Z88-Solver **Z88R** bereitstellt, soll demonstrieren, wie man dynamisch über die oben gezeigte kleine Datei Speicher anfordert:

Dabei sind folgende Definitionen zu beachten:

```
#define FR_DOUBLEAY  double *   /* Pointer auf double */
#define FR_INT4AY    long *     /* Pointer auf long   */
#define FR_INT4      long       /* 4 Bytes Integer    */
#define FR_CALLOC    calloc     /* calloc             */
/***********************************************************************
*  function dyn88r liest z88.dyn aus und laesst memory kommen
*  hier wird File Z88.DYN erneut geoeffnet (vorher schon in lan88r)
*  2.4.2002 - stark vereinfacht fuer FEA-Buch
***********************************************************************/
/***********************************************************************
* Fuer UNIX
***********************************************************************/
#ifdef FR_UNIX
#include <z88r.h>
#include <stdio.h>    /* FILE,NULL,fopen,fclose,fgets,sscanf */
                      /* rewind                              */
#include <string.h>   /* strstr */
#include <stdlib.h>   /* FR_CALLOC */
#endif
/***********************************************************************
* Fuer Windows
***********************************************************************/
#ifdef FR_WIN
#include <z88r.h>
#include <stdio.h>    /* FILE,NULL,fopen,fclose,fgets,sscanf */
                      /* rewind                              */
#include <string.h>   /* strstr */
#include <stdlib.h>   /* FR_CALLOC */
#endif
/***********************************************************************
*  Functions
***********************************************************************/
int wlog88r(FR_INT4,int);
/***********************************************************************
*  hier beginnt Function dyn88r
***********************************************************************/
```

```
int dyn88r(void)
{
extern FR_DOUBLEAY gs;
extern FR_DOUBLEAY x;
extern FR_DOUBLEAY y;
extern FR_DOUBLEAY z;
extern FR_INT4AY ip;
extern FR_INT4AY koi;
extern FR_INT4AY ifrei;
extern FR_INT4AY ioffs;
extern FR_INT4AY koffs;
extern FILE *fdyn, *fwlo;
extern FR_INT4 MAXGS,MAXNFG,MAXK,MAXE,MAXKOI;
char cline[256], cdummy[80];
/*----------------------------------------------------------------------
*  dyn-datei z88.dyn oeffnen
*---------------------------------------------------------------------*/
fdyn= fopen(„z88.dyn“,“r“);
if(fdyn == NULL)return(AL_NODYN);
rewind(fdyn);
/*----------------------------------------------------------------------
*  dyn-datei z88.dyn lessen
*---------------------------------------------------------------------*/
fgets(cline,256,fdyn);
if( (strstr(cline,“DYNAMIC START“))!= NULL)          /* Lesen File */
  {
  do
    {
    fgets(cline,256,fdyn);
    if( (strstr(cline,“COMMON START“))!= NULL)       /* Lesen COMMON */
      {
      do
        {
        fgets(cline,256,fdyn);
        if( (strstr(cline,“MAXGS“))!= NULL)          /* Lesen MAXGS */
          sscanf(cline,“%s %ld“,cdummy,&MAXGS);
        if( (strstr(cline,“MAXKOI“))!= NULL)         /* Lesen MAXKOI */
          sscanf(cline,“%s %ld“,cdummy,&MAXKOI);
        if( (strstr(cline,“MAXK“))!= NULL)           /* Lesen MAXK */
          sscanf(cline,“%s %ld“,cdummy,&MAXK);
        if( (strstr(cline,“MAXE“))!= NULL)           /* Lesen MAXE */
          sscanf(cline,“%s %ld“,cdummy,&MAXE);
```

```
        if( (strstr(cline,"MAXNFG"))!= NULL)        /* Lesen MAXNFG */
          sscanf(cline,"%s %ld",cdummy,&MAXNFG);
          }
      while( (strstr(cline,"COMMON END"))== NULL);
      }                                         /* end if COMMON START */
    }
  while( (strstr(cline,"DYNAMIC END"))== NULL);
  }                                            /* end if DYNAMIC START */
else
  {
  return(AL_WRONGDYN);
  }
/*----------------------------------------------------------------------
* file fdyn schliessen
*---------------------------------------------------------------------*/
fclose(fdyn);
/*----------------------------------------------------------------------
*  memory kommen lassen ..
*---------------------------------------------------------------------*/
/*======================================================================
*  memory fuer gs
*=====================================================================*/
gs= (FR_DOUBLEAY) FR_CALLOC((MAXGS+1L),sizeof(double));
if(gs == NULL) return(AL_NOMEMY);
/*======================================================================
* memory fuer x, y, z
*=====================================================================*/
x= (FR_DOUBLEAY) FR_CALLOC((MAXK+1L),sizeof(double));
if(x == NULL) return(AL_NOMEMY);
y= (FR_DOUBLEAY) FR_CALLOC((MAXK+1L),sizeof(double));
if(y == NULL) return(AL_NOMEMY);
z= (FR_DOUBLEAY) FR_CALLOC((MAXK+1L),sizeof(double));
if(z == NULL) return(AL_NOMEMY);
/*======================================================================
*  memory fuer ip, koi
*=====================================================================*/
ip= (FR_INT4AY) FR_CALLOC((MAXNFG+1L),sizeof(long));
if(ip == NULL) return(AL_NOMEMY);
koi= (FR_INT4AY) FR_CALLOC((MAXKOI+1L),sizeof(long));
if(koi == NULL) return(AL_NOMEMY);
/*======================================================================
*  memory fuer ifrei, ioffs, koffs
*=====================================================================*/
ifrei= (FR_INT4AY) FR_CALLOC((MAXK+1L),sizeof(long));
```

```
if(ifrei == NULL) return(AL_NOMEMY);
ioffs= (FR_INT4AY) FR_CALLOC((MAXK+1L),sizeof(long));
if(ioffs == NULL) return(AL_NOMEMY);
koffs= (FR_INT4AY) FR_CALLOC((MAXE+1L),sizeof(long));
if(koffs == NULL) return(AL_NOMEMY);
/***********************************************************************
* alles o.k.
***********************************************************************/
return(0);
}
```

5.2 Speicherverfahren

Damit sind die wesentlichen Vorarbeiten erledigt und wir müssen uns nun der Frage nach dem eigentlichen Speicherverfahren zuwenden. Es ist inzwischen dem Leser klar geworden, dass rein theoretisch die Speicherbedarfe besonders für die Gesamtsteifigkeitsmatrizen ganz enorm sind. Wenn wir von unseren oben ausgeführten Annahmen ausgehen, d. h. 1.000 Koordinatentripel, dann bedeutet dies, dass im Falle des allgemeinen räumlichen Spannungszustands 1.000 Knoten × 3 Freiheitsgrade je Knoten = 3.000 Freiheitsgrade vorliegen. Die Gesamtsteifigkeitsmatrix hat also die (theoretische) Größe 3.000 × 3.000 = 9.000.000 Speicherplätze. Sehen wir `double` Zahlen mit jeweils 8 Byte vor, dann braucht diese Matrix einen Speicher von 9.000.000 × 8 Bytes = 72.000.000 Bytes = 72 Mbytes! Und eine Raumstruktur mit 1.000 Knoten ist wirklich nichts Besonderes. Bei einer mittelgroßen Raumstruktur mit, sagen wir 20.000 Knoten, wäre der theoretische Speicherbedarf 20.000 × 3 Freiheitsgrade × 20.000 × 3 Freiheitsgrade × 8 Bytes = 28,8 Gbyte.

Damit ist ersichtlich, dass die üblichen Matrizenmethoden, wie sie in den mathematischen Lehrbüchern zu finden sind, völlig ungeeignet für Finite Elemente Analysen sind. Man muss die Eigenheiten der FEA-Gleichungssysteme kennen und ausnutzen, um Speicherplatz im großen Stil zu sparen. Es sind für FEA-Anwendungen im Wesentlichen drei grundlegend unterschiedliche Verfahren (es gibt weitere und Abwandlungen, aber für dieses Spezialgebiet würden wir auf die FEA-Standardwerke verweisen wollen) bekannt geworden:

- Die Bandspeicherung
- Das Skyline-Verfahren oder als Abwandlung, das Jennings-Verfahren
- Speichern der Nicht-Null Elemente

Ganz grob kann man zunächst sagen, dass von Bandspeicherung über Skyline-Verfahren bzw. Jennings-Verfahren bis Speichern der Nicht-Null Elemente der Speicherbedarf jeweils ganz spürbar abnimmt, aber dafür die Programmkomplexität ganz merklich zunimmt – und damit auch die Rechenzeit. Das bedeutet: Die Bandspeicherung ist relativ einfach zu programmieren und ist daher auch sehr schnell, aber sie braucht meist (natürlich gibt es Ausnahmen von dieser Faustregel ...) den größten Speicher. Umgekehrt benötigt man bei Einsatz des „Speichern der

Nicht-Null Elemente“-Verfahren meist extrem wenig Speicher, aber die programmtechnische Realisierung ist sehr diffizil. Das Skyline-Verfahren bzw. das Jennings-Verfahren ist ein guter Kompromiss und wird daher in der Praxis gerne verwendet.

Für alle drei Verfahren gibt es folgende Gemeinsamkeiten:

a) Bei der FEA von elastostatischen Strukturen liegen immer *symmetrische* und *positiv definite* Gesamtsteifigkeitsmatrizen vor. Es genügt daher, entweder nur das untere Dreieck oder das obere Dreieck zu speichern. Dies kommt der in Kapitel 6 näher erläuterten LU-Zerlegung sehr entgegen, Bild 5.2-1.

b) Die Gesamtsteifigkeitsmatrizen sind grundsätzlich *dünn besetzt*, d. h. sie enthalten sehr viele Nullen, Bild 5.2-2.

c) Oft sind die Gesamtsteifigkeitsmatrizen *schlecht konditioniert*, Bild 5.2-3.

Aus der Feststellung c) resultiert, dass die Matrixelemente grundsätzlich mindestens mit 8 Byte Genauigkeit abgespeichert werden sollten. Das entspricht den C-bzw. FORTRAN-Datentypen `double` bzw. `double precision` bzw. `real*8` . Auch sämtliche Berechnungen sollten immer mit mindestens 8 Byte Genauigkeit ausgeführt werden. Man kann also die Datentypen `float` bzw. `real*4` gleich vergessen. Grosse Maschinen können auch mit sog. Quad-Precision arbeiten, das bedeutet 16 Byte pro Gleitkommazahl. Nach unseren Beobachtungen - Z88 kann derart compiliert werden - scheint das aber nichts zu bringen.

X	X	X	X	X	X	X	X	X	X	X	X	X	X	X	X	X	X	X	X
	X	X	X	X	X	X	X	X	X	X	X	X	X	X	X	X	X	X	X
		X	X	X	X	X	X	X	X	X	X	X	X	X	X	X	X	X	X
			X	X	X	X	X	X	X	X	X	X	X	X	X	X	X	X	X
				X	X	X	X	X	X	X	X	X	X	X	X	X	X	X	X
					X	X	X	X	X	X	X	X	X	X	X	X	X	X	X
						X	X	X	X	X	X	X	X	X	X	X	X	X	X
							X	X	X	X	X	X	X	X	X	X	X	X	X
								X	X	X	X	X	X	X	X	X	X	X	X
									X	X	X	X	X	X	X	X	X	X	X
										X	X	X	X	X	X	X	X	X	X
											X	X	X	X	X	X	X	X	X
												X	X	X	X	X	X	X	X
													X	X	X	X	X	X	X
														X	X	X	X	X	X
															X	X	X	X	X
																X	X	X	X
																	X	X	X
																		X	X
																			X

Bild 5.2-1: Beispiel einer Elementsteifigkeitsmatrix: Nur oberes Dreieck muss gespeichert werden.

X																	X		
	X	X	X		X									X					
		X									X	X							
			X	X		X	X	X			X							X	
				X	X								X		X			X	
					X		X	X		X	X								
						X	X		X				X	X	X				
							X				X								
								X	X			X							
									X	X		X							
										X						X			
											X		X	X					X
												X	X						
													X						
														X	X				
															X	X	X	X	X
																X			
																	X		X
																		X	
																			X

Bild 5.2-2: Beispiel einer dünn besetzten Gesamtsteifigkeitsmatrix, nur oberes Dreieck $\boldsymbol{U}$

1									
	10								
		100							
			1000						
				10000					
					1				
						1000			
							0,1		
								$1 \cdot 10^5$	
									100

Bild 5.2-3: Beispiel einer schlecht konditionierten Matrix: Starke Größenordnungsunterschiede auf der Hauptdiagonalen

5.2.1 Die Bandspeicherung

Es soll nun kurz die Bandspeicherung betrachtet werden, Bild 5.2-4. Die Bandbreite einer Bandmatrix $\boldsymbol{A}$ soll m heißen und es gilt:

$$a_{ij} = 0 \quad \text{für alle } i, j \text{ mit } |i - j| > m$$

Damit ist die Bandbreite einfach die Anzahl der Nebendiagonalen oberhalb (bei einer unteren Dreiecksmatrix ***L*** dann unterhalb) der Hauptdiagonalen, die Nicht-Null Elemente enthalten. So ist die Bandbreite in der unten gezeigten Matrix dann 7.

Das Band wird durch die beiden Diagonalen H (die Hauptdiagonale) und D gebildet. Auf der Linie D liegen noch Matrixelemente, darüber nicht mehr. Zwischen beiden Diagonalen und direkt auf ihnen kommen Nicht-Null Elemente (x) und Null-Elemente ( ) vor.

Das Ziel muss offensichtlich sein, die Bandbreite *m* möglichst klein zu halten. Sie wird bestimmt durch die größte Indexdifferenz der Knotennummern, die innerhalb der jeweiligen Finiten Elemente auftauchen.

Mal angenommen, wir hätten eine ganze Reihe von 8-Knoten Serendipity Scheiben, die eine FE-Struktur bilden. Wir betrachten zwei beliebige und fiktive Elemente:

- Element Nr. 815: 31 - 34 - 67 - 55 - 89 - 63 - 40 - 48
- Element Nr. 4711: 10 - 19 - 123 - 56 - 99 - 1010 - 777 - 613
- Bei Element Nr. 815 wäre die max. Knotenzahldifferenz 89−31 = 58
- Bei Element Nr. 4711 ist die max. Knotenzahldifferenz 1010−10 = 1000

H							D												
	H	x	x		x			D											
		H							x										
			H	x		x	x	x		D									
				H	x						D								
					H		x	x		x	x	D							
						H	x		x				x						
							H				x			x					
								H	x			x			D				
									H	x		x				D			
										H						x	D		
											H		x	x				x	
												H	x						D
													H						
														H	x				
															H	x	x	x	x
																H			
																	H		x
																		H	
																			H

Bild 5.2-4: Beispiel für eine Bandmatrix

Wenn Element Nr. 4711 mit der Knotenzahldifferenz von 1000 den größten Wert innerhalb aller Finiten Elemente der Struktur stellen würde, dann wäre hier die Bandbreite *m = 1000*. Es lässt sich leicht denken, dass die Elementnummerierung direkt verantwortlich für die Bandbreite und damit den Speicherbedarf ist.

Betrachten wir eine FEA-Struktur aus 8-Knoten Serendipity Scheiben, die wir auf zwei verschiedene Arten nummerieren:

Bild 5.2-5 zeigt eine auf den ersten Blick ungewöhnliche, aber richtige Nummerierung: Die kurzen Seiten müssen am schnellsten durchlaufen werden. Maximale Knotenzahldifferenz ist 10, und zwar trifft das für alle Elemente zu.

Bild 5.2-6 zeigt eine naheliegende, aber anfängerhafte Nummerierung. Der Speicherbedarf ist ungefähr dreimal so hoch wie oben. Maximale Knotenzahldifferenz ist 28; das trifft hier für alle Elemente zu.

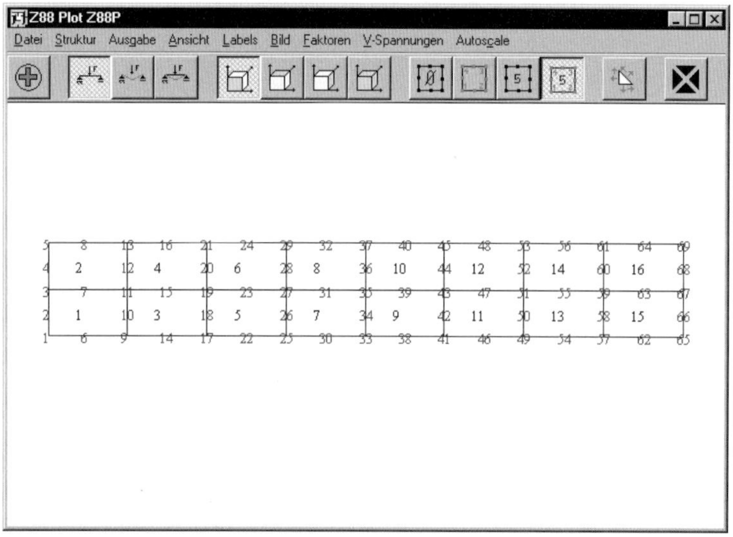

Bild 5.2-5: Beispiel für die richtige Nummerierung von Finiten Elementen

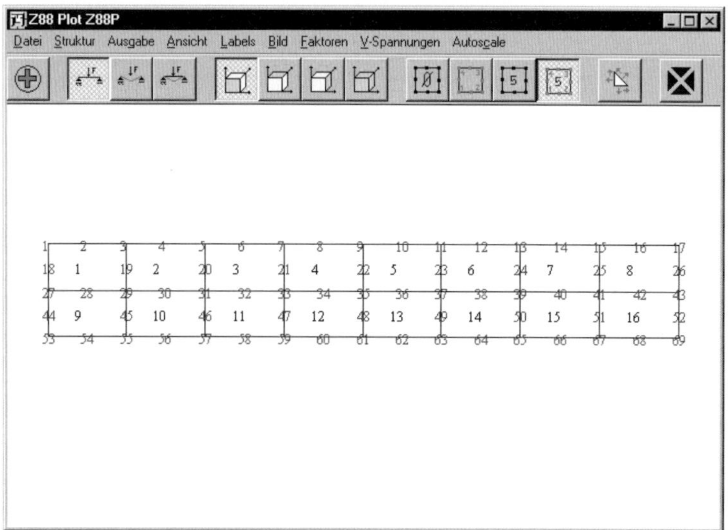

Bild 5.2-6: Beispiel einer sehr ungünstigen Nummerierung

Nun kommt ein besonders unangenehmer Fall: Ringförmige Strukturen, Bild 5.2-7.

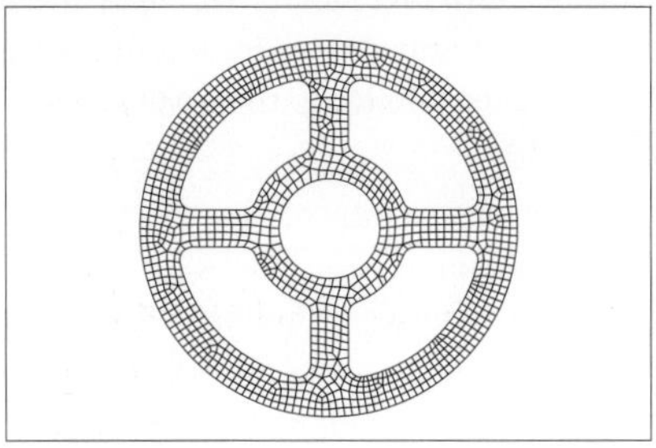

Bild 5.2-7: Beispiel einer ringförmigen FE-Struktur

Man kann sich noch so anstrengen: Wenn man bei 12 Uhr zu nummerieren beginnt und schreitet im Uhrzeigersinn über 3 Uhr, 6 Uhr und 9 Uhr fort, dann wird man irgendwann unweigerlich wieder bei 12 Uhr landen. Und genau die Finiten Elemente an diesen Nahtstellen haben extrem hohe Knotenzahldifferenzen. Die Gesamtsteifigkeitsmatrix sieht dann in etwa wie Bild 5.2-8 aus:

X				D														X	X
	X	X	X		X													X	X
		X				D													
			X	X		X	X												
				X	X			D											
					X		X	X	D										
						X	X		X	D									
							X				X								
								X	X			X							
									X	X		X	D						
										X				D					
											X		X	X	D				
												X	X			D			
													X				D		
														X	X			D	
															X	X	X	X	X
																X			
																	X		X
																		X	
																			X

Bild 5.2-8: Gesamtsteifigkeitsmatrix einer ringförmigen Struktur

An sich könnte man eine schöne geringe Bandbreite haben, was mit der Nebendiagonalen D (die aber nicht die äußerste Grenze ist!) angedeutet ist. Aber die Stoßstellen bei 12 Uhr, d. h. wenn die letzten vergebenen Knotennummern wieder auf die Startnummerierung treffen, sorgen für Nicht-Null Elemente weit außerhalb (d. h. rechts oben in der Ecke), und das Bandspeicherverfahren wird extrem ineffektiv.

Das Bandspeicherverfahren ist zwar sehr einfach, aber bei gewissen Strukturtypen sehr speicherunökonomisch. Es ist extrem abhängig von einer sinnvollen Knotennummerierung. Eine gute Knotennummerierung kann entweder von Hand oder durch halbautomatische Netzgeneratoren, wie sie in Kapitel 8 beschrieben sind, ausgeführt werden. Dagegen neigen vollautomatische Netzgeneratoren z. B. in CAD-Programmen, sog. Automesher, oft zu zwar sehr schnell erzeugten Netzen, die aber katastrophal nummeriert sind, also sehr große Knotenzahldifferenzen aufweisen.

Abhilfe können hier, wenn das Kind bereits in den Brunnen gefallen ist, also schon ein schlecht nummeriertes Netz von einem Automesher vorliegt, nur noch Verfahren zur optimalen Nummerierung der Knotenvariablen schaffen. Es wird also im Nachhinein umnummeriert. Hier ist der *Algorithmus von Cuthill-McKee* bekannt geworden. Das FEA-Programm Z88 enthält ebenfalls ein solches Umnummerierungsprogramm, siehe Kapitel 10. Der Algorithmus ist ausführlich bei *Schwarz /6/* beschrieben, der auch dahingehend ein FORTRAN77 Programm veröffentlicht hat */7/*, das Ausgangspunkt für das Cuthill-McKee-Programm **Z88H** war.

5.2.2 Das Skyline-Speicherverfahren

Wesentlich ökonomischer in Bezug auf den erforderlichen Speicher ist die sog. Skyline-Speicherung, Bild 5.2-9.

Die Speicherplätze mit (S) gekennzeichnet, sind die letzten Nicht-Null Elemente in einer Spalte und stellen sozusagen die Dächer der Skyline dar. Eine andere Bezeichnung für Skyline-Verfahren ist Hüllenspeicherung. Beachten Sie, dass innerhalb der Skyline sehr wohl Nullelemente (0) auftreten können. Diese Speicherplätze, die anfänglich Nullelemente enthalten, werden später vom LU-Zerlegungsprozess *in-situ* überspeichert, siehe Kapitel 6. Dieser Speicherplatz muss also vorgehalten werden.

Dieses Skyline-Speicherverfahren ist programmtechnisch weitaus anspruchsvoller als die einfache Bandspeicherung, aber schon deutlich unempfindlicher gegenüber schlechten Knotennummerierungen als das Bandverfahren – ideal ist es dahingehend noch lange nicht. Im Falle der oben gezeigten rechteckigen Strukturen mit sechzehn 8-Knoten Serendipity Scheiben werden bei günstiger Nummerierung 2.216 Matrixelemente und bei ungünstiger Nummerierung aber 5.096 Speicherplätze benötigt.

S																	S		
	S	S	S		S												x		
		x	0		0						S						x		
			x	S	0	S	S	S			x						x		
				x	x	0	0	0			0						0		
					x	0	x	x		S	x					S	0		
						x	x	0	S	0	0		S	S		x	0		
							x	0	0	0	x		0	0		0	0		
								x	x	0	0	S	0	0		x	0		
									x	x	0	x	0	0		0	x		
										x	0	0	0	0		x	x		
											x	0	x	x		0	x		S
												x	x	0	S	0	0		x
													x	0	x	0	0		x
														x	x	x	0		0
															x	x	S	S	x
																x	0	0	0
																	x	0	x
																		x	0
																			x

Bild 5.2-9: Beispiel einer Skyline-Speicherung

Da aber das Skyline-Verfahren ein guter Kompromiss hinsichtlich Speicherökonomie, Programmieraufwand und Solvereignung darstellt, soll es nun näher erläutert werden. Wir beginnen mit einem praktischen Beispiel, also einer Gesamtsteifigkeitsmatrix, die hier nur ein 8 × 8 System abbilden soll:

	j=1	j=2	j=3	j=4	j=5	j=6	j=7	j=8	
i=1	1	X			X				
i=2		2	X	X	0				
i=3			4	0	0	X	X		
i=4				6	0	0	0		
i=5					9	X	0	X	
i=6						14	0	0	
i=7							18	0	
i=8								23	27

Bild 5.2-10: Beispiel Skyline-Verfahren

Diese Gesamtsteifigkeitsmatrix möge gs heißen, und sie wird programmintern als Vektor gespeichert. Zusätzlich wird ein Pointervektor ip angelegt, der die Lage der Hauptdiagonalelemente speichert. Wir beginnen auch hier wieder erst bei Index 1 wegen der besseren Übersicht:

ip = {0, 1, 2, 4, 6, 9, 14, 18, 23, 27}

gs = {0, a_{11}, a_{22}, a_{12}, a_{33}, a_{23}, a_{44}, a_{34}, a_{24}, a_{55}, ..., $a_{n,n+1}$}

Damit wird:

gs_{ij} = gs[ip[j] + j - i]

<u>Beispiele</u>

gs_{15} = gs[9 + 5 - 1] = 13. Vektorelement

gs_{11} = gs[1 + 1 - 1] = 1. Vektorelement

gs_{58} = gs[23+ 8 - 5] = 26. Vektorelement

Im Programmablauf muss noch getestet werden, ob das angefragte Element überhaupt vorhanden ist:

```
ianz = ip[j+1] - ip[j]
if(ianz >= j - i + 1) dann Element vorhanden
```

<u>Beispiel</u>

gs_{58} vorhanden? ianz = 27 - 23 = 4, 4 >= 8 - 5 + 1, das stimmt.

Um die ggf. unterschiedlichen Freiheitsgrade am jeweiligen Knoten zu berücksichtigen, wird noch ein Vektor ioffs eingeführt:

```
ioffs[1]= 1;
for(i= 2; i <= nkp; i++)
  ioffs[i]= ioffs[i-1] + ifrei[i-1];
```

5.2.3 Das Jennings-Speicherverfahren

Das Jennings-Verfahren sieht auf den ersten Blick dem Skyline-Verfahren sehr ähnlich; es ist sozusagen an der Hauptdiagonalen gespiegelt, Bild 5.2-11.

Es ist allerdings programmtechnisch bzw. gedanklich noch anspruchvoller als das Skyline-Verfahren, arbeitet meist aber zusammen mit einem Direkten Solver, wie z. B. einem Cholesky-Solver, Kapitel 6, merklich schneller, weil der Zugriff auf die Zeilen der Matrix einfacher und damit schneller ist.

Wie schon öfter praktiziert, bilden wir die (zweidimensionale) Matrix $\boldsymbol{A}$ als (eindimensionalen) Vektor ab. Im Computerspeicher wird das ohnehin so gehandhabt. Alles andere ist unprofessionell. Wir werden nur das untere Dreieck wegen der Symmetrie betrachten. Das wichtigste auch hier, wie beim Skyline-Verfahren, ist das Feststellen der Lage der Hauptdiagonalelemente.

J																			
	J																		
	J	x																	
	J	0	x																
J	x	0	0	x															
		J	x	0	x														
		J	0	0	x	x													
J	0	0	x	0	0	0	x												
J	x	0	0	0	x	x	x	x											
				J	0	0	0	0	x										
				J	x	x	x	0	x	x									
	J	x	x	x	0	0	0	0	x	x	x								
		J	0	x	x	0	0	x	0	0	0	x							
										J	x	0	x						
			J	x	x	0	0	0	0	0	0	x	0	x					
		J	0	0	0	0	x	x	x	0	0	x	x	x	x				
										J	x	0	0	x	x	x			
									J	0	0	0	x	x	0	0	x		
J	0	0	x	x	x	0	0	0	0	0	0	x	x	0	0	0	x	x	
				J	x	x	x	x	0	x	x	x	0	0	0	x	x	x	x

Bild 5.2-11: Beispiel einer Jennings-Speicherung. J ist das jeweils letzte Nicht-Nullelement einer Zeile

Zunächst wird nur in einem sog. Formatierungsschritt der Pointervektor `ip` bestimmt, der auf die Hauptdiagonalelemente zeigt. Dafür brauchen wir drei Schritte:

1. Schritt:

```
/*----------------------------------------------------------------------
* ip auf Startwerte setzen
*----------------------------------------------------------------------*/

for(i= 1;i <= (nfg+1);i++)
  ip[i]= i;
```

2. Schritt:

```
for(k= 1;k <= ne;k++)
  {
...nur zur Demonstration Balkenelemente Nr. 2 eingebaut
/*----------------------------------------------------------------------
*  Start  Balkenelement
*----------------------------------------------------------------------*/
  else if(ityp[k]== 2)
    {
    wtyp88r(k,2);
```

```
/*----------------------------------------------------------------------
*   Formatieren fuer balk88
*---------------------------------------------------------------------*/
    mcomp[1]= ioffs[ koi[koffs[k]  ]] -1;
    mcomp[2]= ioffs[ koi[koffs[k]+1]] -1;
    mxknot= 2;
    mxfrei= 6;
    goto L7000;
/*----------------------------------------------------------------------
*   Ende Balkenelement
*---------------------------------------------------------------------*/
    }
/*----------------------------------------------------------------------
* nun Aufbau der Jennings-Skyline
*---------------------------------------------------------------------*/
  L7000:;
  for(j= 1;j <= mxknot;j++)
    {
    for(j2= 1;j2 <= mxfrei;j2++)
      {
      for(i= 1;i <= mxknot;i++)
        {
        for(i2= 1;i2 <= mxfrei;i2++)
          {
          mcompi= mcomp[i]+i2;
          mcompj= mcomp[j]+j2;
          if(mcompj > mcompi) continue;
          if(ip[mcompi] > mcompj)
            ip[mcompi]= mcompj;
          }
        }
      }
    }
  }
```

Dabei sind:

`mxknot` : Anzahl Knoten an dem gerade betrachteten Finiten Element

`mxfrei` : Anzahl Freiheitsgrade an dem gerade betrachteten Finiten Element

`mcompi` : der Index *i* der Matrix

`mcompj` : der Index *j* der Matrix

`ip` : Pointer auf die Hauptdiagonalelemente

3. Schritt

```
/*******************************************************************
 * Aufbau von ip
 *******************************************************************/
ip[1]= 1;
for(i= 2;i <= nfg; i++)
  ip[i]= ip[i-1] + (i - ip[i]) +1;
```

Wir machen am besten gleich einmal ein Zahlenbeispiel:

	j=1	j=2	j=3	j=4	j=5	j=6	j=7	j=8	j=9	j=10
i=1	100									
i=2	63	30								
i=3	55	0	600							
i=4	23	0	7	101						
i=5	55	6	0	0	153					
i=6	11	0	0	112	0	217				
i=7			444	0	32	77	262			
i=8			43	13	145	0	0	328		
i=9					99	53	776	0	371	
i=10					97	421	0	89	0	431

Bild 5.2-12: Beispielmatrix für die Jennings-Speicherung

Diese Gesamtsteifigkeitsmatrix möge `gs` heißen, und sie wird programmintern als Vektor gespeichert. Zusätzlich wird ein Pointervektor `ip` angelegt, der die Lage der Hauptdiagonalelemente speichert. Wir beginnen auch hier wieder erst bei Index 1 wegen der besseren Übersicht:

ip = {0, 1, 3, 6, 10, 15, 21, 26, 32, 37, 43}

gs = {0, a_{11}, a_{21}, a_{22}, a_{31}, a_{32}, a_{33}, a_{41}, a_{42}, a_{43}, ..., $a_{10\,10}$}

gs = {0,100, 63, 30, 55, 0, 600, 23, 0, 7, ..., 431}

Damit wird:

gs_{ij} = gs[ip[i] - (i - j)]

Beispiele

$Gs_{7,4}$ = gs[26 - (7 - 4)] = 23. Vektorelement

$Gs_{4,4}$ = gs[10 - (4 - 4)] = 10. Vektorelement

$Gs_{9,7}$ = gs[37 - (9 - 7)] = 35. Vektorelement

Um die ggf. unterschiedlichen Freiheitsgrade am jeweiligen Knoten zu berücksichtigen, wird noch ein Vektor `ioffs` eingeführt:

```
ioffs[1]= 1;
```

```
for(i= 2; i <= nkp; i++)
  ioffs[i]= ioffs[i-1] + ifrei[i-1];
```

Damit kann untenstehend eine Funktion **Z88A.C** gezeigt werden, die eine Gesamtsteifigkeitsmatrix (noch ohne konkrete Zahlenwerte – das braucht erst in einem späteren Schritt erfolgen) in Jennings-Speichertechnik aufbaut. Es geht also nur um den Vektor `ip`:

Dabei sind folgende Definitionen zu beachten:

```
#define FR_INT4AY    long *     /* Pointer auf long   */
#define FR_INT4      long       /* 4 Bytes Integer    */
/***************************************************************************
* z88a.c mit Jennings-Speicherung
* 8.07.2011 Rieg
***************************************************************************/
/***************************************************************************
* Fuer UNIX
***************************************************************************/
#ifdef FR_UNIX
#include <z88r.h>
#include <stdio.h>
#endif
/***************************************************************************
* Fuer Windows
***************************************************************************/
#ifdef FR_WIN
#include <z88r.h>
#endif
/***************************************************************************
*  Functions
***************************************************************************/
int wrim88r(FR_INT4,int);
int wlog88r(FR_INT4,int);
int wtyp88r(FR_INT4,FR_INT4);
/***************************************************************************
* hier beginnt Function z88a
***************************************************************************/
int z88a(void)
{
extern FR_INT4AY ip;
extern FR_INT4AY koi;
extern FR_INT4AY ioffs;
extern FR_INT4AY ifrei;
extern FR_INT4AY koffs;
extern FR_INT4AY ityp;
extern FR_INT4 mcomp[];
extern FR_INT4 nkp,ne,nfg;
FR_INT4 i,i2,j,j2,k,mxknot,mxfrei,mcompi,mcompj;
```

```
/*---------------------------------------------------------------------
* Start Function
*---------------------------------------------------------------------*/
wrim88r(0,TX_Z88A);
wlog88r(0,LOG_Z88A);
/***********************************************************************
* Berechnung des Offsetvektors ioffs
***********************************************************************/
ioffs[1]= 1;
for(i= 2;i <= nkp;i++)
  ioffs[i]= ioffs[i-1]+ifrei[i-1];
/***********************************************************************
* Aufbau der Skyline fuer gs,obere Haelfte
***********************************************************************/
/*---------------------------------------------------------------------
* ip auf Startwerte setzen
*---------------------------------------------------------------------*/
for(i= 1;i <= (nfg+1);i++)
  ip[i]= i;
/*---------------------------------------------------------------------
* grosse Formatierungsschleife
*---------------------------------------------------------------------*/
wrim88r(0,TX_FORMA);
wlog88r(0,LOG_FORMA);
for(k= 1;k <= ne;k++)
  {
... nur zur Demo der Elementtyp Nr. 20 eingebaut
 /*--------------------------------------------------------------------
-
* Start 8-Knoten Reissner-Mindlin Serendipity-Platte
*---------------------------------------------------------------------*/
 else if(ityp[k]== 20)
    {
    wtyp88r(k,20);
/*---------------------------------------------------------------------
-
*   Formatieren fuer apla88
*---------------------------------------------------------------------*/
    for(i= 1;i <= 8;i++)
      mcomp[i]= ioffs[ koi[koffs[k]+i-1]] -1;
    mxknot= 8;
    mxfrei= 3;
    goto L7000;
```

```
/*----------------------------------------------------------------------
*   Ende 8-Knoten Reissner-Mindlin Serendipity-Platte
*--------------------------------------------------------------------*/
    }
  else
/*----------------------------------------------------------------------
* falscher/unbekannter Elementtyp
*--------------------------------------------------------------------*/
    {
    wlog88r(ityp[k],LOG_WROETYP);
    return(AL_WROETYP);
    }
/*----------------------------------------------------------------------
* nun Aufbau der Skyline
*--------------------------------------------------------------------*/
  L7000:;
  for(j= 1;j <= mxknot;j++)
    {
    for(j2= 1;j2 <= mxfrei;j2++)
      {
      for(i= 1;i <= mxknot;i++)
        {
        for(i2= 1;i2 <= mxfrei;i2++)
          {
          mcompi= mcomp[i]+i2;
          mcompj= mcomp[j]+j2;
          if(mcompj > mcompi) continue;
          if(ip[mcompi] > mcompj)
            ip[mcompi]= mcompj;
          }
        }
      }
    }
/***********************************************************************
* Ende der Schleife ueber alle Elemente
***********************************************************************/
  }                                                  /* ende Form-Slei */
/***********************************************************************
* Aufbau von ip
***********************************************************************/
ip[1]= 1;
for(i= 2;i <= nfg; i++)
  ip[i]= ip[i-1] + (i - ip[i]) +1;
```

```
/**********************************************************************
* Ende Z88A
**********************************************************************/
wlog88r(0,LOG_EXITZ88A);
return(0);
}
```

Der eigentliche Compilationsprozess läuft sinngemäß, nur werden jeweils die Elementsteifigkeitsmatrizen `se` berechnet und dann in die Gesamtsteifigkeitsmatrix `gs` addiert. Zwei Programmbruchstücke mögen das Wesentliche zeigen; die ausführliche Funktion heißt **Z88R.C** auf der DVD:

Einbau einer Elementsteifigkeitsmatrix für einen 20-Knoten Serendipity Hexaeder:

```
/*---------------------------------------------------------------------
* Start 20-Knoten Hexaeder, isoparametrischer quadratischer Ansatz
*---------------------------------------------------------------------*/
  else if(ityp[k]== 10)
    {
/*---------------------------------------------------------------------
* isopara 20-Knoten Hexaeder: zutreffende Koordinaten bestimmen
*---------------------------------------------------------------------*/
    for(i = 1;i <= 20;i++)
      {
      xk[i] = x [koi[koffs[k]+i-1]];
      yk[i] = y [koi[koffs[k]+i-1]];
      zk[i] = z [koi[koffs[k]+i-1]];
      }
/*---------------------------------------------------------------------
* nun Elementsteifigkeitsmatrix fuer iso-20-Knoten Hexaeder berechen
*---------------------------------------------------------------------*/
    iret= hexa88();
    if(iret != 0) return(iret);
/*---------------------------------------------------------------------
* Compilation fuer hexa88, kompakte Speicherung mit Pointervektor
*---------------------------------------------------------------------*/
    for(i = 1;i <= 20;i++)
      mcomp[i]= ioffs[ koi[koffs[k]+i-1]] -1;
    mxknot= 20;
    mxfrei= 3;
    goto L7000;
/*---------------------------------------------------------------------
* Ende isopara-20-Knoten Hexaeder
*---------------------------------------------------------------------*/
    }
```

Und hier der eigentliche Compilationsschritt:

```
/*----------------------------------------------------------------------
* nun Compilation ausfuehren (Jennings-Speicherung)
*---------------------------------------------------------------------*/
L7000:;
  ise= 0;
  for(j = 1;j <= mxknot;j++)
    {
    for(j2 = 1;j2 <= mxfrei;j2++)
      {
      for(i = 1;i <= mxknot;i++)
        {
        for(i2 = 1;i2 <= mxfrei;i2++)
          {
          mcompi= mcomp[i]+i2;
          mcompj= mcomp[j]+j2;
          ise++;
          if(mcompj <= mcompi)
            {
            index= ip[mcompi] - (mcompi - mcompj);
            gs[index] += se[ise];
            }
          }
        }
      }
    }
```

5.2.4 Speicherung der Nicht-Nullelemente

Das ist das programmtechnisch mit Abstand schwierigste Verfahren und eignet sich besonders gut für den Einsatz mit Iterationssolvern. In jüngerer Zeit gibt es Entwicklungen, dieses Verfahren auch zusammen mit direkten Solvern einzusetzen */104,105/*. Allerdings braucht man dann sehr viel dynamischen Speicher, während man bei Iterationssolvern nur ein Minimum an Speicher bereithalten muss.

Bei den vorherigen Verfahren ist uns schon aufgefallen, dass zwischen den letzten Skyline- bzw. Jennings-Elementen durchaus sehr viel Nullen auftreten können. Bei manchen Strukturen können ohne weiteres Nullanteile von 99 % auftreten. Das heißt, 99 % des kostbaren Hauptspeichers werden regelrecht zugemüllt, und, was mindestens genauso schlimm ist, mit diesen Nullelementen werden die typischen Dreiecks-Zerlegungsoperationen stur, wie Computer halt so sind, ausgeführt. Es werden also sehr viele Multiplikationen mit 0 ausgeführt.

Es wäre doch sehr schlau, wirklich nur die Elemente zu speichern, die echt nicht Null sind. Auf einem Papierzettel ist das sehr einfach. Das allerdings im Computerspeicher bei großen Strukturen abzubilden, ist alles andere als einfach. Das eigentlich Schwierige ist nicht unbedingt das Speichern dieser sog. Nicht-Nullelemente, sondern das schnelle Wiederauffinden. Für einen Überblick empfehlen wir *Saad /14/* und den Klassiker von *Young /60/*. Es gibt auch eine Reihe von fertigen FORTRAN-Routinen, z. B. *SPARSEPACK*.

Diese bekannten und z. T. auch aus dem Internet downloadbaren Routinen haben aber meist einen enormen Schönheitsfehler: Sie unterstellen – da sie zum Lösen von partiellen Differentialgleichungen und dgl. entwickelt wurden – einen gewissen regelmäßigen Aufbau der Matrix in dem Sinne, dass diese Routinen z. B. dann nur für 20-Knoten Hexaeder und aufsteigend sortierte Koeffizienten gelten. Dahingehend haben wir selbst recht effiziente Versuche unternommen */61/*. Richtig spannend wird es, wenn Sie willkürlich und unsystematisch nummerierte Netze, vielleicht noch obendrein mit verschiedenen Elementtypen gemischt, vorliegen haben – also den *Normalfall* einer typischen Finite Elemente Analyse des Maschinenbau-Ingenieurs, des Bauingenieurs, des Fahrzeugtechnikers.

Um diese kleinen Unstimmigkeiten zu überwinden, hat der Erstautor zusammen mit Frank Koch ein universelles Verfahren zum Abspeichern von typischen und komplizierten FE-Netzen entwickelt, das recht leicht verständlich ist:

Wir gehen am besten in zwei Schritten vor: Es werden zunächst folgende Pointer für die untere Hälfte der Gesamt-Steifigkeitsmatrix `GS` aufgebaut:

- Pointervektor `IP` zeigt auf die Diagonalelemente `GS(i,i)`
- Pointervektor `IEZ` zeigt auf die Spaltenindices `GS(x,j)`

Dazu wird zunächst eine Structure `IJ` aufgebaut, die dann mit einem QSORT-Algorithmus sortiert wird. Dieser Schritt kann durchaus sehr viel Speicher brauchen, aber da es reine Integer-Operationen sind, geschieht dies relativ schnell.

Am besten machen wir einmal ein kleines Zahlenbeispiel (vgl. *Schwarz /6,7/*): Sei die untere Hälfte von `GS`

GS(1,1)					
GS(2,1)	GS(2,2)				
	GS(3,2)	GS(3,3)			
GS(4,1)			GS(4,4)		
GS(5,1)		GS(5,3)		GS(5,5)	
	GS(6,2)		GS(6,4)		GS(6,6)

Bild 5.2-13: Dünn besetzte Beispiel-Matrix für die Speicherung der Nicht-Nullelemente

`GS` wird zu folgendem Vektor der Nicht-Nullelemente:

GS(1,1)	GS(2,1)	GS(2,2)	GS(3,2)	GS(3,3)	GS(4,1)	GS(4,4)
GS(5,1)	GS(5,3)	GS(5,5)	GS(6,2)	GS(6,4)	GS(6,6)	

Bild 5.2-14: Beispiel-Matrix als Vektor abgebildet

Damit wird `IEZ`:

1	1	2	2	3	1	4	1	3	5	2	4	6

Bild 5.2-15: Pointervektor IEZ

und `IP`:

1	3	5	7	10	13

Bild 5.2-16: Pointervektor IP

Bild 5.2-13 und 5.2-14 sehen auf dem Papier ganz einfach und logisch aus. Aber der Weg dahin ist schwierig: Bedingt durch die Tatsache, dass bei realen, großen FE-Netzen aus dem Ingenieurbereich die Elemente, die Knoten und die Koinzidenzlisten *eben nicht* schön sauber aufsteigend angeordnet sind. Angenommen, wir hätten eine Scheibenberechnung mit quadratischen Serendipity-Scheiben mit je 8 Knoten (z. B. Typ 7 von Z88) auszuführen, und folgende vier Elemente mit ihren zugehörigen Knotennummern seien mitten aus einer größeren Struktur herausgegriffen:

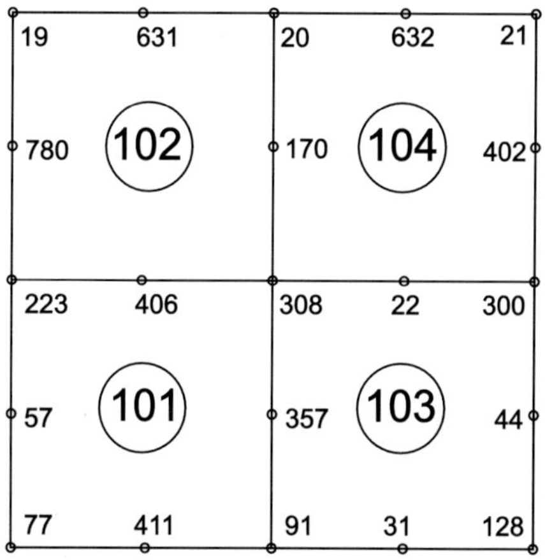

Bild 5.2-17: Ausschnitt aus einem größeren FE-Netz

Knoten	Nr. 1	Nr. 2	Nr. 3	Nr. 4	Nr. 5	Nr. 6	Nr. 7	Nr. 8
...	...	...	...	...	...	...	...	...
Element 101	77	91	308	223	411	357	406	57
Element 102	223	308	20	19	406	170	631	780
Element 103	91	128	300	308	31	44	22	357
Element 104	308	300	21	20	22	402	632	170
...	...	...	...	...	...	...	...	...

Bild 5.2-18: Koinzidenzliste für die vier Finiten Elemente aus Bild 5.2-17

Jetzt müssten wir das noch in je 2 Freiheitsgrade pro Knoten unterteilen, aber um zu zeigen, auf was es ankommt, reicht es, die Betrachtung nur mit den Knotennummern auszuführen. Es werden nach aufsteigenden Elementnummern sortiert die Knotennummern in den Vektor GS gegeben, der wieder bei 0 startet:

```
gs= {0, 77,  91, 308, 223, 411, 357, 406,  57,
        223, 308,  20,  19, 406, 170, 631, 780,
         91, 128, 300, 308,  31,  44,  22, 357,
        308, 300,  21,  20,  22, 402, 632, 170}
```

Jetzt werden wir diesen Vektor sauber nach aufsteigenden Knotennummern sortieren:

```
gs= {0, 19,  20,  20,  21,  22,  22,  31,  44,
         57,  77,  91,  91, 128, 170, 170, 223,
        223, 300, 300, 308, 308, 308, 308, 357,
        357, 402, 406, 406, 411, 631, 632, 780}
```

Der Vektor ist zwar nunmehr schön sortiert, aber verschiedene Nummern (= in der Realität die Indizes *i* und *j*) tauchen doppelt und die Nummer 308 sogar vierfach auf. Diese mehrfachen Nummern müssen dann noch ausgefiltert werden.

Dieses Verfahren nennt *Zimmermann /106/* das *Prinzip der symbolischen (leer laufenden) Steifigkeitscompilation PLS*. Dieses Verfahren war bis zur Version 12 in Z88 integriert. Bild 5.2-19 zeigt das prinzipielle Vorgehen. Nachteilig ist der sehr hohe Speicherbedarf.

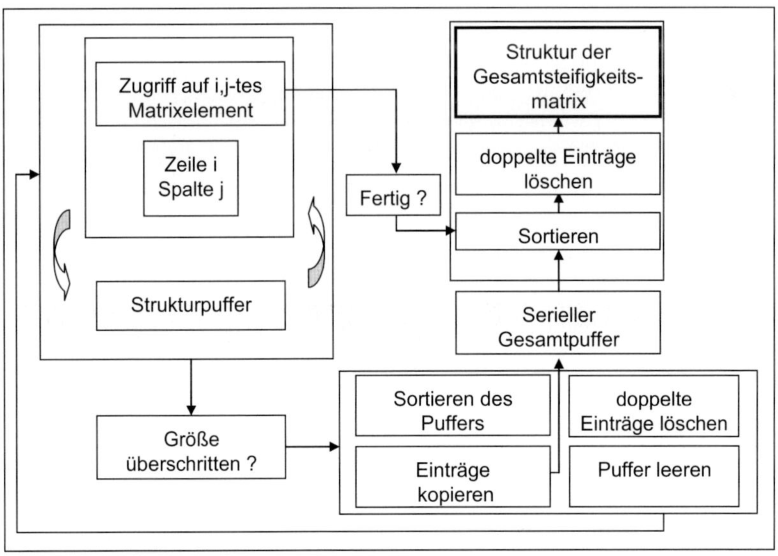

Bild 5.2-19: Prinzip der symbolischen (leer laufenden) Steifigkeitscompilation PLS nach *Rieg* und *Koch in /106/*.

Der sehr hohe Speicherbedarf von PLS kann mit einem anderen Verfahren, dem Node-Cross-Prinzip NCP nach *Zimmermann /106/* vermieden werden: Das hier als Node-Cross-Prinzip bezeichnete Verfahren profitiert neben der Tatsache dünn besetzter Matrizen von dem Prinzip des Aufbaus einer FE-Steifigkeitsmatrix. Die Tatsache, dass die Freiheitsgrade der Elemente über Verbindungspunkte, den Knoten, miteinander verknüpft sind und gleiche Stellen der Steifigkeitsmatrix belegen, ist auch hier ein Basisgedanke des Algorithmus. Setzt man den Gedanken fort, kommt man zu dem Schluss, dass eine Steifigkeitsmatrix genau dort besetzt ist, wo die Zeile eines Freiheitsgrades auf die Spalte eines anderen Freiheitsgrades ein- und desselben Elementes trifft. Die Freiheitsgrade sind den Knoten unmittelbar zugeordnet. Damit bildet jeder Freiheitsgrad eines Basisknoten mit sich selbst (Diagonalelement) und mit jedem anderen Freiheitsgrad aller Knoten, die durch die Koinzidenz aller am Basisknoten anhängenden Elemente gegeben sind, ein Indexpaar innerhalb der Matrix (Bild 5.2-20). Die Summe aller Indexpaare (Knotenkreuze) bildet die Besetzung der Sparse-Matrix. Daher stammt die Namensgebung des Sparse-Matrix bauenden Verfahrens. Der Algorithmus lautet nun in einer Kurzfassung:

- Erstelle eine Zuordnungsvorschrift aller Knoten auf alle am Knoten referenzierten Elemente.
- Bilde über diese Zuordnung eine weitere Zuordnungsvorschrift aller Knoten auf elementverbundene Knoten.

Bedenkt man nun, dass den Knoten wiederum Freiheitsgrade anhängen, so erhält man eine Abbildung von jedem Freiheitsgrad i auf n Freiheitsgrade über das Node-Cross-Prinzip. Diese n-Freiheitsgrade sollen Cross-Freiheitsgrade zu dem Basisfreiheitsgrad i genannt werden. Diese Abbildung kann herangezogen werden, um die Orte der Gesamtsteifigkeitsmatrix, die benötigt werden, um Einträge abzuspeichern, a priori festzustellen. In Praxis wird dies so realisiert, dass jeder Freiheitsgrad von jedem Knoten einer Zeile der Gesamtsteifigkeitsmatrix entspricht. Die gesammelten Cross-Freiheitsgrade des Bezugsfreiheitsgrades geben die Spalten an, welche besetzt sind. Damit ist der Algorithmus beschrieben */106/*.

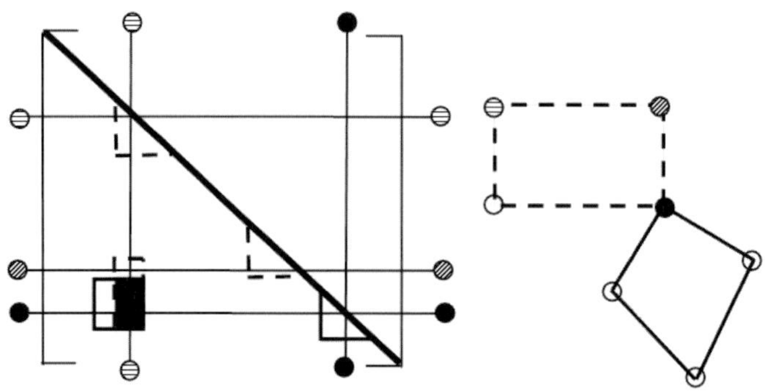

Bild 5.2-20: Node-Cross-Prinzip NCP nach *Zimmermann /106/*

Dieses Verfahren ist in der Z88 Version 14, welche diesem Buch zugrunde liegt, integriert.

Wenn die Pointer GS, IEZ und IP entweder mit NCP oder PLS aufgebaut sind, ist der Zugriff darauf dann relativ einfach: Hier wird an einem Programm-Bruchstück des Z88-Sparsematrix-Solvers der Zugriff auf die Nicht-Nullmatrix GS demonstriert, Routine **Z88BR.C**:

```
for(k= 1;k <= ne;k++)
  {
...nur zur Demo Elementtyp eingebaut
/*----------------------------------------------------------------------
* Start 8-Knoten Quader, isoparametrischer linearer Ansatz
*---------------------------------------------------------------------*/
  if(ityp[k]== 1)
    {
    wtyp88i(k,1);
/*----------------------------------------------------------------------
* isopara 8-Knoten Hexaeder: zutreffende Koordinaten bestimmen
*---------------------------------------------------------------------*/
    for(i = 1;i <= 8;i++)
      {
      xk[i] = x [koi[koffs[k]+i-1]];
      yk[i] = y [koi[koffs[k]+i-1]];
      zk[i] = z [koi[koffs[k]+i-1]];
      }
/*----------------------------------------------------------------------
* nun Elementsteifigkeitsmatrix fuer iso-8-Knoten Hexaeder berechen
*---------------------------------------------------------------------*/
    iret= lqua88();
    if(iret != 0)
      {
      wlog88i2(0,LOG_JACNEG);
      fclose(fl2);
      return(iret);
      }
/*----------------------------------------------------------------------
* Compilation fuer lqua88, kompakte Speicherung mit Pointervektor
*---------------------------------------------------------------------*/
    for(i = 1;i <= 8;i++)
      mcomp[i]= ioffs[ koi[koffs[k]+i-1]] -1;
    mxknot= 8;
    mxfrei= 3;
    goto L7000;
/*----------------------------------------------------------------------
* Ende isopara-8-Knoten Hexaeder
*---------------------------------------------------------------------*/
    }
/*----------------------------------------------------------------------
* nun Compilation ausfuehren
*---------------------------------------------------------------------*/
```

```
L7000:;
  ise= 0;
  for(j = 1;j <= mxknot;j++)
    {
    for(j2 = 1;j2 <= mxfrei;j2++)
      {
      for(i = 1;i <= mxknot;i++)
        {
        for(i2 = 1;i2 <= mxfrei;i2++)
          {
          mcompi= mcomp[i]+i2;
          mcompj= mcomp[j]+j2;
          ise++;
          for(m= ip[mcompi-1]+1; m <= ip[mcompi];m++)
            {
            if(iez[m] == mcompj)
              {
              GS[m]+= se[ise];
              goto L290;
              }
            }
          L290:;
          }
        }
      }
    }
  }
}
```

5.2.5 Zusammenfassung der Speicherverfahren

Es soll erwähnt werden, dass sowohl die Bandspeicherung als auch das Skyline- bzw. Jennings-Speicherverfahren mit allen Solvern arbeiten können, d. h. mit den Direkten Solvern wie Gauß, Cholesky o. a., aber auch mit Iterationssolvern wie Jacobi-Verfahren oder der Methode der Konjugierten Gradienten. Das Verfahren der Speicherung der Nicht-Nullelemente kann eigentlich nur richtig speichersparend mit Iterationssolvern arbeiten, weil die direkten Solver während der LU-Zerlegung Elemente, die bisher überhaupt nicht gespeichert sind, überspeichern müssen, und dafür wird ganz erheblich dynamischer Zusatzspeicher gebraucht.

Abschließend sollen die vier wesentlichen Speicherverfahren einander gegenüber gestellt werden:

Tabelle 5.2-1: Übersicht der wichtigsten Speicherverfahren

	Speicher-anforderung	Empfindlichkeit auf Knoten-nummerierung	Gleichungslöser	Programmier-aufwand
Bandspeicherung	meist groß	hoch	alle	minimal
Skyline-Speicherung	besser als Band	mittel	alle	mittel
Jennings-Speicherung	wie Skyline	mittel	alle	höher als Skyline
Nicht-Nullelemente	minimal	fast oder völlig unempfindlich	nur Sparse-matrix-Solver	sehr hoch

5.3 Randbedingungen

5.3.1 Einzel-Kräfte und Einzel-Verschiebungen

Der Einbau der Randbedingungen erfolgt wie schon in Kapitel 2 dargestellt. Unter Randbedingungen sollen hier verstanden werden:

- Kräfte
- Verschiebungen = 0
- Verschiebungen ≠ 0

In manchen kommerziellen FEA-Programmen werden nur Verschiebungen als Randbedingungen definiert und Kräfte als separate Gruppe ausgewiesen, was an sich nicht korrekt ist.

Der Einbau von Einzel-Kräften ist prinzipiell trivial:

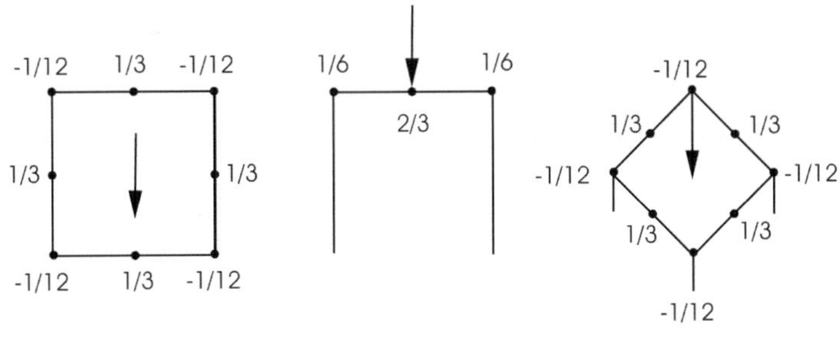

Bild 5.3-1: Verteilung von Gleichstreckenlasten auf FE-Strukturen

Sie werden einfach an der passenden Stelle im Vektor der Rechten Seite eingetragen. Gleichstreckenlasten müssen vorher in passender Weise „von Hand" verteilt werden, vgl. Kapitel 11, oder im FEA-Programm entsprechend der Gleichung

$$\boldsymbol{R}_S = \iint_S \boldsymbol{N}^T \boldsymbol{q} \, ds = \iint_S \boldsymbol{N}^T \boldsymbol{q} \, dx \, dy$$

eingebaut werden, vgl. Kapitel 4.

Die Randbedingungen, die durch Verschiebungen definiert sind, sind, vgl. Kap 2:

EINBAU HOMOGENE RANDBEDINGUNG:

$U_j = 0$

V1.1: Setze in $\boldsymbol{K}$ Zeile j zu 0

V1.2: Setze in $\boldsymbol{K}$ Spalte j zu 0

V1.3: Setze Diagonalelement j in $\boldsymbol{K}$ zu 1

V1.4: Setze Kraft F_j in $\boldsymbol{F}$ zu 0

EINBAU INHOMOGENER RANDBEDINGUNG:

Die inhomogene RB habe den Wert C_j und gelte am Freiheitsgrad j

V3.1: Subtrahiere von Rechter Seite $\boldsymbol{F}$ den Spaltenvektor, der das Produkt aus C_j und Spalte j von $\boldsymbol{K}$ ist.

V3.2: Wende Vorgehen 1 an.

V3.3: Ersetze F_j durch C_j.

Hier ein kleines und vereinfachtes Programm-Bruchstück **Z88CR.C** aus dem Direkten Cholesky-Solver **Z88R** mit Jennings-Speicherung, das Ihnen zeigt, wie die Randbedingungen eingebaut werden. Dabei sind:

`nrb`	: Anzahl der Randbedingungen
`nkn`	: Nummer des Knotens mit Randbedingung
`ifg`	: Freiheitsgrad an diesem Knoten
`iflag=1:`	: Kraft vorgegeben
`iflag=2:`	: Weg vorgegeben
`wert`	: Wert für Kraft oder Randbedingung
`rs`	: die Rechte Seite
`gs`	: Gesamtsteifigkeitsmatrix

```
for(k = 1;k <= nrb;k++)
  {
  fgets(cline,256,fi2);
  sscanf(cline,"%ld %ld %ld %lg",&nkn,&ifg,&iflag1,&wert);
  jndex= ioffs[nkn]-1+ifg;
```

```
/*----------------------------------------------------------------------
* Verzweigen, ob Kraft oder Verschiebung
*----------------------------------------------------------------------*/
/*======================================================================
* Kraft vorgegeben
*======================================================================*/
  if (iflag1 == 1) rs[jndex] = rs[jndex] + wert;
/*======================================================================
* Verschiebung vorgegeben
*======================================================================*/
  if(iflag1 == 2)
    {
/*~~~~~~~~~~~~~~~~~~~~~~~~~~~~~~~~~~~~~~~~~~~~~~~~~~~~~~~~~~~~~~~~~~~~~~
* Verschiebung != 0
*~~~~~~~~~~~~~~~~~~~~~~~~~~~~~~~~~~~~~~~~~~~~~~~~~~~~~~~~~~~~~~~~~~~~~*/
    if(FR_FABS(wert) >=  1e-8)
      {
      rs[jndex]= wert;    /* Rechte Seite mit wert belegen */
      gs[ip[jndex]]= 1.;  /* Diagonalelemente auf 1 */
      if(jndex == 1) goto L30;  /* weil's ip[0] nicht gibt */
      istart=ip[jndex-1] + 1; /* Start der Skyline in der Zeile jndex */
      istop= ip[jndex]   - 1; /* Ende der Zeile vor Diagonalele.jndex */
      for(i= istart; i <= istop; i++)
        {
        j= jndex + i - istop -1;
        rs[j]-= wert * gs[i];
        gs[i]= 0.;          /* Zeile jndex 0 setzen */
        }
      L30: if(jndex == nfg) continue;
      for(j= jndex+1; j <= nfg; j++)
        {
        if((ip[j-1] - ip[j] + j + 1) > jndex) continue;
        i= ip[j] - j + jndex;
        rs[j]-= wert * gs[i];
        gs[i]= 0.;          /* Spalte 0 setzen */
        }
      } /* Ende inhomogene RB */
    else
/*~~~~~~~~~~~~~~~~~~~~~~~~~~~~~~~~~~~~~~~~~~~~~~~~~~~~~~~~~~~~~~~~~~~~~~
* Verschiebung == 0
*~~~~~~~~~~~~~~~~~~~~~~~~~~~~~~~~~~~~~~~~~~~~~~~~~~~~~~~~~~~~~~~~~~~~~*/
      {
      gs[ip[jndex]]= 1.;  /* Diagonalelemente auf 1 */
```

```
      if(jndex == 1) goto L40;  /* weil's ip[0] nicht gibt */
      istart=ip[jndex-1] + 1; /* Start der Skyline in der Zeile jndex */
      istop= ip[jndex]   - 1; /* Ende der Zeile vor Diagonalele.jndex */
      for(i= istart; i <= istop; i++)
        gs[i]= 0.;          /* Zeile jndex 0 setzen */
      L40: if(jndex == nfg) continue;
      for(j= jndex+1; j <= nfg; j++)
        {
        if((ip[j-1] - ip[j] + j + 1) > jndex) continue;
        i= ip[j] - j + jndex;
        gs[i]= 0.;          /* Spalte 0 setzen */
        }
      } /* Ende homogene RB */
    } /* Ende Weg vorgeben */
  } /* Ende Einbau RB */
/***********************************************************************
* Lesen des Randbedingungsfiles und Einarbeiten der RB, Pass 2
* Gleichzeitig Kontrollfile Z8801.TXT beschreiben
***********************************************************************/
rewind(fi2);
fgets(cline,256,fi2);
sscanf(cline,"%ld",&nrb);
for(k = 1;k <= nrb;k++)
  {
  fgets(cline,256,fi2);
  sscanf(cline,"%ld %ld %ld %lg",&nkn,&ifg,&iflag1,&wert);
  jndex= ioffs[nkn]-1+ifg;
  if(iflag1 == 2) rs[jndex]= wert;
  }
```

5.3.2 Flächenlasten bei Platten

Natürlich kann man bei Platten Einzellasten wie eben beschrieben aufgeben, aber Platten erhalten sehr oft über die ganze Plattenfläche Flächenlasten $\boldsymbol{q}$, so dass das an sich funktionierende Einzellast-Verfahren sehr mühsam werden kann. Das lässt sich aber einfach umgehen, indem man für die Platte den sog. Element-Lastvektor `be` bestimmt und während des Compilationsprozesses in der Rechten Seite `rs` berücksichtigt. Der Elementvektor selbst wird in der eigentlichen Function (hier **APLA88.C**, vgl. Kap. 4) für die Elementsteifigkeitsmatrix berechnet, wobei $\boldsymbol{N}$ wie gehabt die Formfunktionen sind:

$$\boldsymbol{be} = \iint_S \boldsymbol{N}^T \boldsymbol{q} \; dxdy$$

Selbstverständlich muss auch hier nummerisch integriert werden, und es muss die Jacobi-Determinante berücksichtigt werden, vgl. Kap. 4.

Hier sehen Sie ein Programm-Fragment, das den Compilationsprozess für 8-Knoten Serendipity-Platten mit Einbau des Elementvektors zeigt, Ausschnitt aus der Function **Z88BR.C**. Zuvor werden die entsprechenden Flächenlasten elementweise bzw. für ganze Elementgruppen eingelesen, wobei dies bei Z88 beim Einlesen der Materialgesetze zunächst etwas zweckentfremdet erfolgt, aber hier werden eben ganze Elementgruppen *en block* angesprochen. Die großen Profi-FE-Programme machen das dann teilweise in anderen Eingabesektionen.

```
/***********************************************************************
* Berechnen der Elementsteifigkeitsmatrizen, Compilation
***********************************************************************/
wrim88f(0,TX_COMPI);
wlog88f(0,LOG_COMPI);
for(k= 1;k <= ne;k++)
  {
/*----------------------------------------------------------------------
* Compilation fuer apla88, kompakte Speicherung mit Pointervektor
*---------------------------------------------------------------------*/
    for(i = 1;i <= 8;i++)
      mcomp[i]= ioffs[ koi[koffs[k]+i-1]] -1;
    mxknot= 8;
    mxfrei= 3;
    goto L7000;
/*----------------------------------------------------------------------
* Ende 8-Knoten Reissner-Mindlin Serendipity-Platte
*---------------------------------------------------------------------*/
    }
/*----------------------------------------------------------------------
* nun Compilation ausfuehren (Jennings-Speicherung)
*---------------------------------------------------------------------*/
L7000:;
  ise= 0;
  for(j = 1;j <= mxknot;j++)
    {
    for(j2 = 1;j2 <= mxfrei;j2++)
      {
      for(i = 1;i <= mxknot;i++)
        {
        for(i2 = 1;i2 <= mxfrei;i2++)
          {
          mcompi= mcomp[i]+i2;
          mcompj= mcomp[j]+j2;
```

```
          ise++;
          if(mcompj <= mcompi)
            {
            index= ip[mcompi] - (mcompi - mcompj);
            gs[index] += se[ise];
            }
          }
        }
      }
    }
/*-----------------------------------------------------------------------
* fuer Platten den Elementvektor hinzuaddieren
*----------------------------------------------------------------------*/
  if(ipflag != 0)
    {
    ise= 0;
    for(i = 1;i <= mxknot;i++)
      {
      for(i2 = 1;i2 <= mxfrei;i2++)
        {
        ise++;
        mcompi= mcomp[i]+i2;
        rs[mcompi] += be[ise];
        }
      }
    }
/***********************************************************************
* Ende der Schleife ueber alle Elemente
***********************************************************************/
  } /* e 8000 */
```

Ähnliches kann man natürlich auch für Flächenlasten bei Volumenelementen vorsehen, wobei hier erschwerend hinzukommt, dass die zu belasteten Flächen identifiziert werden müssen, also vom Anwender in Form entsprechender Eingaben gekennzeichnet werden müssen. Dies ist ein schönes Betätigungsfeld für Automesher.

5.3.3 Lagerungen von Platten

Bei Platten können die drei Freiheitsgrade

w, θ_x, θ_y

jeweils einzeln oder in Kombination gesperrt werden, dies zeigt Bild 5.3-2.

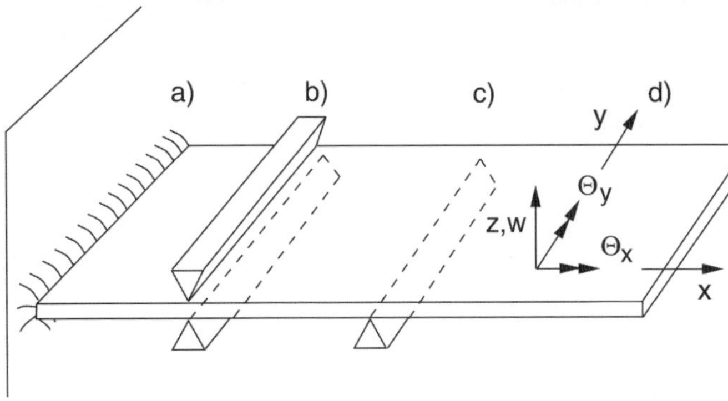

Bild 5.3-2: Lagerungsmöglichkeiten einer Platte

Dabei ist:

Tabelle 5.3-1: Lagerungsmöglichkeiten von Platten gemäß Bild 5.3-2

Fall	w	θ_x	θ_y
a)	0	0	0
b)	0	0	frei
c)	0	frei	frei
d)	frei	frei	frei

Beachten Sie, dass besonders in den Ecken Unverträglichkeiten auftreten können. Näheres vgl. *Gross/Hauger/Schnell/Wriggers /39/.*

5.3.4 Randbedingungen bei Temperaturanalysen

Bei der Temperaturanalyse in Z88Aurora gibt es neben rein thermischen Randbedingungen für die stationäre Wärmeleitung auch mechanische Randbedingungen für eine thermo-mechanische Simulation. Die mechanischen Randbedingungen sind exakt die Gleichen, wie wir sie vorher bei der Elastostatik kennengelernt haben. Diese werden dann intern mit den Ergebnissen aus der thermischen Analyse gekoppelt um beispielsweise thermo-mechanische Verschiebungen oder Spannungen zu erhalten. Die Berechnung erfolgt wie in der statisch-mechanischen Simulation über den Einbau als homogene oder inhomogene Randbedingungen in das Gleichungssystem, je nachdem, ob Temperaturen oder Wärmeströme gegeben sind. Damit das Gleichungssystem „statisch bestimmt“ und eine erfolgreiche Simulation gewährleistet ist, müssen mindestens zwei Temperaturen oder eine Temperatur und ein Wärmestrom angegeben werden. Gleiches gilt für die thermo-mechanische Simulation mit der Kraft und den Verschiebungen.

Betrachten wir nun einmal die einzelnen thermischen Randbedingungen genauer. Diese sind für eine thermische Simulation

- die Temperatur,
- der Wärmestrom und
- die Wärmestromdichte.

Temperatur

Der Verschiebungsvektor der Elastostatik ist in der Thermoanalyse der Vektor der Temperatur.

$$\boldsymbol{T} = \begin{pmatrix} T_1 \\ T_2 \\ \dots \\ T_n \end{pmatrix}$$

Die Größe dieses Vektors wird durch die Anzahl an Knoten des zu simulierenden Bauteils determiniert. Nun wird sich sicher der versierte Benutzer fragen, in welcher Einheit er die Temperatur angeben soll: Kelvin oder ° Celsius? Ganz einfach. Es ist völlig egal, welche Einheit Sie verwenden. Das gibt nämlich schon das Fourier'sche Gesetz vor:

$$q = -\lambda \cdot (T_1 - T_2)$$

Die hier gebildete Differenz der beiden Temperaturen T_1 und T_2 ($T_2 > T_1$) ist, egal ob Kelvin oder ° Celsius, immer gleich.

Wärmestromdichte

Um die nach dem Fourier'schen Gesetz geforderte Wärmestromdichte $\boldsymbol{q}$ (Einheit: W/mm^2) zu erhalten, muss der Wärmestrom $\boldsymbol{Q}$ (Einheit: W) auf der Oberfläche des jeweiligen Finiten Elementes berücksichtigt werden

$$\boldsymbol{q} = \frac{\boldsymbol{Q}}{A}$$

Anschaulich wird dies in Bild 5.3.4-1 dargestellt. Hier wird die Wärmestromdichte $\boldsymbol{q}$ auf eine Fläche A bestehend aus Knoten und Elementoberflächen abgebildet. Wichtig hierbei ist noch zu erwähnen, dass die Wärmestromdichte, ähnlich in der Elastostatik der Druck, senkrecht zur Fläche sein muss. Dies deutet der Normalenvektor $\boldsymbol{n}$ an.

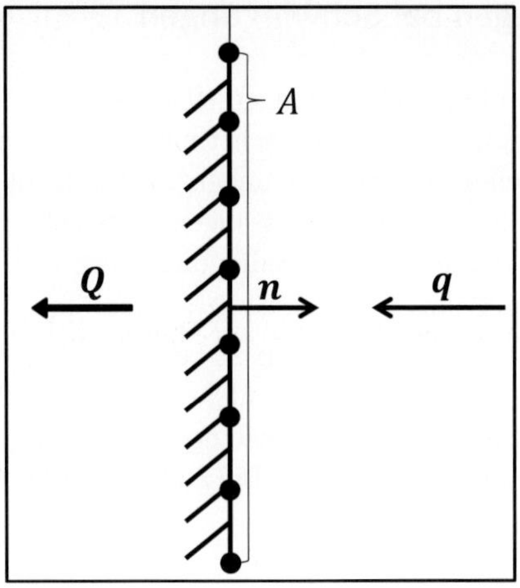

Bild 5.3.-3: Randbedingung Wärmestromdichte

Programmintern muss dabei die Netzoberfläche des Finiten Elementes an der Oberfläche des Bauteiles berechnet werden. Hierzu müssen die Knoten des finiten Elementes an der Oberfläche selektiert werden. Der Abstand der Knoten zueinander ergibt einen Vektor. Für einen Tetraeder stellt die Netzoberfläche z.B. ein Dreieck dar. Aus zwei Vektoren, die ein Dreieck definieren, kann somit der Flächeninhalt des Dreieckes betragsmäßig berechnet werden. Dies kann neben Tetraeder auch für Hexaeder angewendet werden. Die Oberfläche eines Hexaeders, die ein Viereck darstellt, wird dann einfach durch zwei Dreiecke definiert.

Wärmestrom

Was in der Gleichung der Elastostatik die Kraft bzw. die rechte Seite ist, wird in der Temperaturanalyse als Wärmestrom bezeichnet. Dieser ist wie die Kraft ein Vektor, bei dem ebenfalls die thermische Konvention der Freiheitsgrade berücksichtigt werden muss, sodass der Wärmestrom nur einen statt drei Freiheitsgrade besitzt. Im Gegensatz zur Wärmestromdichte ist der Wärmestrom eine punktförmige Last und wird wie die Temperatur pro Knoten angegeben.

$$\boldsymbol{Q} = \begin{pmatrix} Q_1 \\ Q_2 \\ \dots \\ Q_n \end{pmatrix}$$

Andere Randbedingungen, wie Konvektion oder Strahlung, werden hier und in Z88Aurora noch nicht berücksichtigt.

5.3.5 Randbedingungen bei Schwingungen

Auch bei der Simulation von Eigenschwingungen ist es möglich, Fixierungen aufzugeben, obwohl die Herleitung aus Kapitel 3.4 dies zunächst nicht vorsah. Alle FE-Knoten waren frei – man spricht daher von „freien Eigenschwingungen". Diese Idealisierung ist mit der technischen Praxis nur selten in Einklang zu bringen, weshalb man eine Möglichkeit zur Berücksichtigung dieser festhaltenden Randbedingungen benötigt.

Im Kapitel 5.3.1 wurde bereits eine Möglichkeit vorgestellt, diese homogenen Verschiebungsrandbedingungen einzubauen und in der Matrix zu berücksichtigen. Einfaches Setzen von Eins auf die Diagonale der Steifigkeitsmatrix in der entsprechenden Stelle bei gleichzeitigem Nullen der restlichen Zeilen- und Spalteneinträge sowie der rechten zugehörigen Seite genügte, um einem Knoten eine Festhaltung aufzuzwingen. Die Zeile i des Gleichungssystems

$$\sum_{j=1}^{n} K_{i,j} \cdot u_i = F_i$$

lautete mit Randbedingungen also

$$0 \cdot u_1 + ... + 0 \cdot u_{i-1} + 1 \cdot u_i + 0 \cdot u_{i+1} + ... + 0 \cdot u_n = 0,$$

so dass u_i zwangsläufig zu Null wird. Leider kann diese Methode für Fixierungen in der Schwingungsanalyse nicht unverändert übernommen werden, da gerade die kleinsten und damit interessantesten Eigenfrequenzen dadurch verfälscht würden. Außerdem entfällt bei der Berechnung der Eigenwerte die rechte Seite F als Steuergröße. Auch ist zur Analyse nicht ein lineares Gleichungssystem, sondern ein EWP-Problem zu lösen. Eine zeilenweise Betrachtung wie oben ist gar nicht zulässig.

Wie also können Fixierungen eines Knotens ausschließlich von der EWP-Systemmatrix repräsentiert werden, ohne die Ergebnisse zu verfälschen? Die Matrix enthält gemäß Definition aus Kapitel 3.3 sowohl Informationen über die Steifigkeiten als auch über die Massenverteilung:

$$\boldsymbol{A}_{EWP} = \boldsymbol{L}^{-1} \cdot \boldsymbol{K} \cdot \boldsymbol{L}^{-T} \text{ mit } \quad \boldsymbol{M} = \boldsymbol{L} \cdot \boldsymbol{L}^{T}.$$

Ein schwingungsfähiger Knoten zeichnet sich gerade dadurch aus, dass sich für jede der berechneten Eigenfrequenzen diese beiden Einflüsse die Waage halten. Häufig wird der Steifigkeitsanteil der Knotenkraft als beschleunigend, der Massenanteil als träge bezeichnet, wie schon das Einstiegsbeispiel mit dem Federwagen nahe legt. Um einen Knotenfreiheitsgrad fest auf der Ausgangsposition zu halten, könnte man ihn also als unendlich träge charakterisieren. Hier kommt wieder einmal die vorteilhafte Gestalt der Massenmatrix zum Einsatz. So genügt es, das betreffende Diagonalelement von $\boldsymbol{M}$ zu unendlich zu setzen, um die Randbedingung einzubauen. Welche Auswirkungen die Modifikation des Freiheitsgrades i für die EWP-Matrix und die Eigenwerte hat, soll nun schrittweise besprochen werden.

Für die zum Start auszuführende Cholesky-Zerlegung von $\boldsymbol{M}$ genügt wegen der Diagonalstruktur die Betrachtung der Einzelzeilen. Aus der eben formulierten Forderung

$$\infty = M_{i,i} = L_{i,i}^{2} \quad \text{folgt} \quad L_{i,i} = \sqrt{\infty} = \infty.$$

Für den Zusammenbau der EWP-Systemmatrix ist die (symmetrische) Inverse $\boldsymbol{L}^{-1}$ nötig, die nun Nullen enthält:

$$\left(\boldsymbol{L}^{-T}\right)_{i,i} = \left(\boldsymbol{L}^{-1}\right)_{i,i} = \left(L_{i,i}\right)^{-1} = \frac{1}{\infty} = 0 \, .$$

Multipliziert man diese lückenhafte Diagonalmatrix von links an die Gesamtsteifigkeitsmatrix **K**, werden ganze Zeilen von $\boldsymbol{A_{EWP}}$ zu Null gesetzt; die Multiplikation von rechts bewirkt das Nullen von Spalten. Alle anderen Matrixeinträge bleiben unberührt und es ergibt sich folgendes Schema:

$$\boldsymbol{A_{FIX}} = \begin{pmatrix} A_{1,1} & \cdots & A_{1,i-1} & 0 & A_{1,i+1} & \cdots & A_{1,n} \\ \vdots & \ddots & \vdots & \vdots & \vdots & \ddots & \vdots \\ A_{i-1,1} & \cdots & A_{i-1,i-1} & 0 & A_{i-1,i+1} & \cdots & A_{i-1,n} \\ 0 & \cdots & 0 & 0 & 0 & \cdots & 0 \\ A_{i+1,1} & \cdots & A_{i+1,i-1} & 0 & A_{i+1,i+1} & \cdots & A_{i+1,n} \\ \vdots & \ddots & \vdots & \vdots & \vdots & \ddots & \vdots \\ A_{n,1} & \cdots & A_{n,i-1} & 0 & A_{n,i+1} & \cdots & A_{n,n} \end{pmatrix}$$

Die Matrix hat also fast die gleiche Form wie nach dem Einbau homogener Randbedingungen in Kapitel 5.3.1, lediglich der Diagonaleintrag ist Null statt Eins. Der kleinste Eigenwert ist dadurch für die modifizierte Matrix stets mit Null gegeben.

Diese Eigenschaft erschwert unglücklicherweise zwei wesentliche Schritte des Solvers. Die Tatsache, dass die Systemmatrix nicht mehr positiv definit ist, war nämlich Voraussetzung sowohl für die Anwendbarkeit der Tridiagonalisierung nach Lanczos als auch die Lösbarkeit des Gleichungssystems zur Berechnung der Modenformvektoren. Man behilft sich mit einem einfachen Trick: Man wählt nämlich für die Knotenmasse nicht unendlich, sondern einen im Verhältnis zu den anderen Matrixeinträgen extrem großen Wert. Solange der reziproke Wert in $\boldsymbol{L}^{-1}$ noch durch die Maschinengenauigkeit dargestellt werden kann, sind wieder alle Voraussetzungen für das Verfahren erfüllt.

5.3.6 Randbedingungen bei der nichtlinearen Finite Elemente Analyse

Die Arten von Randbedingungen bei nichtlinearen Analysen unterscheiden sich prinzipiell nicht von denen linearer Analysen. Es gibt also gleichermaßen homogene und inhomogene Verschiebungsrandbedingungen, Einzelkräfte und Flächenlasten wie sie in den Kapiteln 4.6 und 5.3.1 bis 5.3.3 beschrieben sind.

Einen Unterschied bei der Lastaufgabe allgemein gibt es allerdings: Die Lastaufgabe erfolgt hier nicht in einem Schritt, sondern in mehreren Schritten, vgl. *Wriggers /120/* oder *Parisch /121/*. Dazu wird ein Lastfaktor κ eingeführt, der die Last skaliert; er kann Werte des Intervalls

$$0 \le \kappa \le 1$$

annehmen. In dem jeweiligen Lastschritt wird dementsprechend das zu lösende Gleichungssystem die nachstehende Form annehmen.

$$\iiint_V \boldsymbol{B}^T \boldsymbol{S}\, dV - \kappa \boldsymbol{F} = \boldsymbol{0}$$

Die Lösung des vorhergehenden Lastschritts dient im aktuellen Lastschritt als Startpunkt für das Newton-Raphson-Verfahren. Konvergiert das Newton-Raphson-Verfahren nicht, kann es daher sinnvoll sein, mit mehr Lastschritten zu rechnen und dadurch in jedem Lastschritt einen besseren Startpunkt für das Newton-Raphson-Verfahren zu erhalten. Die Tabelle 5.3.6-1 zeigt eine mögliche Abfolge von Lastschritten bei einer Schrittanzahl von zehn.

Tabelle 5.3.6-1: Zyklus einer schrittweisen Lastaufgabe

Lastschritt	Lastfaktor κ	Prozent der Gesamtlast	Lastvektor
0	0.0	0 %	0.0
1	0.1	10 %	$0.1 \cdot \boldsymbol{F}$
2	0.2	20 %	$0.2 \cdot \boldsymbol{F}$
3	0.3	30 %	$0.3 \cdot \boldsymbol{F}$
4	0.4	40 %	$0.4 \cdot \boldsymbol{F}$
5	0.5	50 %	$0.5 \cdot \boldsymbol{F}$
6	0.6	60 %	$0.6 \cdot \boldsymbol{F}$
7	0.7	70 %	$0.7 \cdot \boldsymbol{F}$
8	0.8	80 %	$0.8 \cdot \boldsymbol{F}$
9	0.9	90 %	$0.9 \cdot \boldsymbol{F}$
10	1.0	100 %	$\boldsymbol{F}$

Werden überdies hinaus verformungsabhängige Lasten betrachtet, ist der Lastvektor eine Funktion der Verschiebung und die Elementmatrizen in Kapitel 4.12 erhalten einen weiteren Term. Drucklasten sind bei genauerer Modellierung verformungsabhängige Lasten, da im Allgemeinen der Normalenvektor seine Richtung im Laufe der Deformation ändert. Die Verformungsabhängigkeit von Lasten soll jedoch hier vernachlässigt werden. Für den interessierten Leser sei auf *Parisch /121/* verwiesen.

6 Gleichungslöser

Den Gleichungslösern oder Solvern, wie sie im Englischen genannt werden, kommt bei der Finite Elemente Analyse eine ganz besondere Bedeutung zu. Denn wenn wir eine für heutige Verhältnisse kleine FE-Struktur mit 1.000 Freiheitsgraden vorliegen haben, dann bedeutet das, dass ein Gleichungssystem 1.000 × 1.000 gelöst werden muss. Damit ist vermutlich auch dem größten Anhänger der zu-Fuß-Rechnungen klar, dass solche Gleichungssysteme nur und ausschließlich von Computern gelöst werden können. Es wäre interessant zu wissen, wie lange ein sehr guter Mathematiker brauchen würde, um ein 1.000 × 1.000 Gleichungssystem von Hand, und das obendrein fehlerfrei, zu lösen – Wochen, Monate oder Jahre? Da der Aufwand zur Lösung der FEA-Gleichungssysteme, wie man aufgrund theoretischer Betrachtungen zeigen kann, nicht nur quadratisch (wie man meinen sollte), sondern sogar zur 3. Potenz der Anzahl der Freiheitsgrade steigt, kommt man mit den üblichen Verfahren nicht weit.

Im Gegenteil: FEA-Solver müssen auf höchste Effizienz getrimmt sein, dabei aber gleichzeitig hohe numerische Stabilität aufweisen. Tatsächlich steckt viel Know-how in den Solvern kommerzieller Großsysteme, das dann den entscheidenden Vorsprung bringt. Insbesondere die Lastverteilung auf mehrere Prozessoren ist programmtechnisch alles andere als einfach. Man muss sich darüber im Klaren sein, dass man in Eigenregie niemals so schnelle Gleichungslöser programmieren wird, wie sie eben in MARC, Pro/MECHANICA und anderen Programmen eingebaut sind. Wir verweisen gerade bei diesem Kapitel auf die Spezialliteratur; hier nennen insbesondere */6/* und */14/* eine Reihe interessanter Quellen. Dennoch müssen wir etwas Licht in dieses Dunkel bringen und uns zumindest einen Überblick verschaffen:

Grundsätzlich unterscheidet man

- direkte Verfahren
- iterative Verfahren.

Diese beiden grundlegend verschiedenen Verfahren werden wir jetzt betrachten, wobei zuvor ein sehr interessanter Nebeneffekt nochmals erwähnt werden soll: Gleichungslöser *per se* sind bei der Finite Elemente Analyse nur die halbe Wahrheit; erst ihre Kombination mit den passenden Speicherverfahren macht sie zu leistungsfähigen Werkzeugen, vgl. Tabelle 5.2-1.

6.1 Direkte Verfahren

Sie basieren alle auf den so genannten Gauß-Verfahren.

Das Gleichungssystem

$$\boldsymbol{A}\,\boldsymbol{x} = \boldsymbol{b} \text{ bzw. } \begin{pmatrix} a_{11} & a_{12} & \cdots & a_{1n} \\ a_{21} & a_{22} & \cdots & a_{2n} \\ \vdots & & & \\ a_{n1} & a_{ns} & \cdots & a_{nn} \end{pmatrix} \begin{pmatrix} x_1 \\ x_2 \\ \vdots \\ x_n \end{pmatrix} = \begin{pmatrix} b_1 \\ b_2 \\ \vdots \\ b_n \end{pmatrix} \text{ bzw. } \sum_j a_{ij}\,x_j = b_i$$

wird durch elementare Umformungen wie

- Multiplikationen einer Matrixzeile mit einem Faktor
- Addition oder Subtraktion von Vielfachen einer Matrixzeile
- Vertauschen von Zeilen

auf ein Gleichungssystem in Dreiecksform gebracht, vgl. *Stöcker /13/* und *Finck von Finkenstein /25/*:

$$\begin{pmatrix} a'_{11} & a'_{12} \cdots & a'_{1n} \\ & a'_{22} \cdots & a'_{2n} \\ & \ddots & \vdots \\ & & a'_{nn} \end{pmatrix} \begin{pmatrix} x_1 \\ x_2 \\ \vdots \\ x_n \end{pmatrix} = \begin{pmatrix} b'_1 \\ b'_2 \\ \vdots \\ b'_n \end{pmatrix}$$

Damit kann durch Rückrechnung, beginnend mit der n-ten Zeile, das System aufgelöst und der Lösungsvektor $\boldsymbol{x}$ bestimmt werden, d. h.

$$x_n = \frac{b'_n}{a'_{nn}} \qquad \text{aus Zeile } n$$

$$a'_{n-1,n-1} \cdot x_{n-1} + a'_{n-1,n} \cdot x_n = b'_{n-1} \qquad \text{aus Zeile } n-1$$

und

$$x_{n-1} = \frac{b'_{n-1} - x_n \cdot a'_{n-1,n}}{a'_{n-1,n-1}}$$

usw.

Es soll hier erwähnt werden, dass der an sich naheliegende Weg $\boldsymbol{x} = \boldsymbol{A}^{-1}\,\boldsymbol{b}$, also Multiplikation der Inversen von $\boldsymbol{A}$ mit der Rechten Seite $\boldsymbol{b}$ in der Praxis nicht genutzt wird. Und zwar ist das Invertieren von sehr großen Matrizen, die obendrein dünn besetzt und häufig weniger stabil sind, sehr aufwendig, vgl. /25/. Das direkte Lösen mit einem Gauß-ähnlichen Verfahren braucht zudem weniger Rechenoperationen.

Bei den Solvern vom Gauß-Typ wird zunächst eine Dreieckszerlegung vorgenommen:

$$\boldsymbol{A} = \boldsymbol{L}\,\boldsymbol{R}$$

$$\begin{pmatrix} \bullet & \bullet & \bullet & \bullet & \bullet \\ \bullet & \bullet & \bullet & \bullet & \bullet \\ \bullet & \bullet & \bullet & \bullet & \bullet \\ \bullet & \bullet & \bullet & \bullet & \bullet \\ \bullet & \bullet & \bullet & \bullet & \bullet \end{pmatrix} = \begin{pmatrix} \bullet & & & & \\ \bullet & \bullet & & \mathbf{0} & \\ \bullet & \bullet & \bullet & & \\ \bullet & \bullet & \bullet & \bullet & \\ \bullet & \bullet & \bullet & \bullet & \bullet \end{pmatrix} \begin{pmatrix} \bullet & \bullet & \bullet & \bullet & \bullet \\ & \bullet & \bullet & \bullet & \bullet \\ & & \bullet & \bullet & \bullet \\ & \mathbf{0} & & \bullet & \bullet \\ & & & & \bullet \end{pmatrix}$$

bzw.

$$\begin{pmatrix} a_{11} & a_{12} & \cdots & a_{ab} \\ a_{21} & a_{22} & & \vdots \\ \vdots & \vdots & & \vdots \\ a_{na} & a_{n2} & & a_{nn} \end{pmatrix} = \begin{pmatrix} \ell_{11} & & 0 \\ \ell_{21} & \ell_{22} & \\ \vdots & & \\ \ell_{n1} & \ell_{n2} & \ell_{nn} \end{pmatrix} \begin{pmatrix} r_{11} & r_{12} & \cdots & r_{1n} \\ & r_{22} & \cdots & \vdots \\ \vdots & & & \vdots \\ 0 & & & r_{nn} \end{pmatrix}$$

d. h.

$$a_{ij} = \sum_k \ell_{ik}\, r_{kj}$$

mit ℓ_{ik} eine untere („Lower“) oder linke Dreiecksmatrix:

$$\ell_{ik} = 0 \quad \text{für} \quad i < k$$

und r_{kj} eine obere („Upper“) oder rechte Dreiecksmatrix:

$$r_{kj} = 0 \quad \text{für} \quad k > j$$

Diese Zerlegung nennt man daher auch *LU*-Zerlegung (Lower-Upper-decomposition) im Englischen bzw. *LR* (Links-Rechts-Zerlegung) im Deutschen.

Das Lösen des Gleichungssystems $\boldsymbol{A}\,\mathbf{x} = \boldsymbol{b}$ erfolgt nunmehr in drei Schritten:

1. Schritt: LR-Zerlegung der Matrix $\boldsymbol{A}$, d. h. $\boldsymbol{A}\,\mathbf{x} = \boldsymbol{L}\,\boldsymbol{R}\,\mathbf{x} = \boldsymbol{b}$
2. Schritt: Lösen des Gleichungssystems $\boldsymbol{L}\,\boldsymbol{y} = \boldsymbol{b}$, wobei $\boldsymbol{y}$ ein Hilfsvektor ist.
3. Schritt: Lösen des Gleichungssystems $\boldsymbol{R}\,\mathbf{x} = \boldsymbol{y}$

Dabei ist es in der FEA-Rechenpraxis so, dass vielleicht 90 % des Aufwands auf Schritt 1 entfallen und nur jeweils 5 % auf die Schritte 2 und 3.

Ganz allgemein kann man die LR-Zerlegung wie folgt definieren:

$$\ell_{ij} = \frac{1}{r_{jj}} \left(a_{ij} - \sum_k \ell_{ik}\, r_{kj} \right) \quad \text{für} \quad k < j < i$$

$$\ell_{ii}\, r_{ii} = a_{ii} - \sum_k \ell_{ik}\, r_{ki} \quad \text{für} \quad k < i$$

$$r_{ij} = \frac{1}{\ell_{ii}} \left(a_{ij} - \sum_k \ell_{ik}\, r_{kj} \right) \quad \text{für} \quad k < i < j$$

wobei hier drei konkrete Unterscheidungen möglich sind /13/:

- $\ell_{ii} = 1$ „Doolittle-Zerlegung“
- $r_{ii} = 1$ „Crout-Zerlegung“
- $\ell_{ij} = r_{ji}$ „Cholesky-Zerlegung“ für symmetrische Matrizen

Die dritte Variante, die sog. Cholesky-Zerlegung mit $\boldsymbol{A} = \boldsymbol{L}\boldsymbol{L}^T$ ist in der Praxis sehr beliebt, und viele FEA-Programme arbeiten damit (auch das später näher beschriebene Z88 /32/).

6.1.1 Das Cholesky-Verfahren

Die Cholesky-Zerlegung (nach *André-Louis Cholesky*, 1875-1918) im Einzelnen:

$\ell_{ij} = r_{ji}$ Cholesky-Verfahren

$$r_{ii} = \sqrt{a_{ii} - \sum_k r_{ki}^2}, \quad \text{für } k < i$$

$$r_{ij} = \frac{1}{r_{ii}} \left(a_{ij} - \sum_k r_{ki}\, r_{kj} \right), \quad \text{für } k < i < j$$

und auflösen:

$$y_i = \frac{1}{r_{ii}} \left(b_i - \sum_k r_{ki}\, y_k \right), \quad \text{für } k < i \text{ und } i, k = 1, 2, ..., n$$

$$x_i = \frac{1}{r_{ii}} \left(y_i - \sum_k r_{ik}\, x_k \right), \quad \text{für } k > i \text{ und } i, k = n, n-1, ..., 1$$

Das Cholesky-Verfahren hat den Vorteil, dass es numerisch sehr stabil ist, weil durch das Radizieren eine stabilisierende Wirkung eintritt: Große Zahlen werden kleiner und kleine Zahlen (zwischen 0 und 1) werden größer. Das ist ein sehr erwünschter Effekt, weil die Gleichungssysteme bei der Finite Elemente Analyse nicht selten schlecht konditioniert sind. Von Nachteil ist, dass es nur für symmetrische, positiv definite Matrizen $\boldsymbol{A}$ funktioniert. Wobei das letzte mit dem „positiv definit“ nicht ganz stimmt, obwohl es immer in der Literatur steht.

Beispiel

Für ein kleines Gleichungssystem. Cholesky-Verfahren, $\boldsymbol{A}$ nicht positiv definit:

$$\begin{pmatrix} 1 & 2 & 3 \\ 2 & 1 & 0 \\ 3 & 0 & 1 \end{pmatrix} \begin{pmatrix} x_1 \\ x_2 \\ x_3 \end{pmatrix} = \begin{pmatrix} -1 \\ 4 \\ 1 \end{pmatrix}$$

Schritt 1: Cholesky-Zerlegung:

$$r_{11} = \sqrt{a_{11}} = 1, \quad r_{13} = \frac{1}{r_{11}} \cdot a_{13} = 3$$

$$r_{12} = \frac{1}{r_{11}} a_{12} = 2, \quad r_{21} = 0, \quad r_{31} = r_{32} = 0$$

$$r_{22} = \sqrt{a_{22} - r_{12}^2} = \sqrt{1-4} = i\sqrt{3}$$

$$r_{23} = \frac{1}{r_{22}}(a_{23} - r_{12} \cdot r_{13}) = \frac{1}{i\sqrt{3}}(0 - 2 \cdot 3) = \frac{-6}{i\sqrt{3}}$$

$$r_{33} = \sqrt{a_{33} - r_{13}^2 - r_{23}^2} = \sqrt{1 - 3^2 - \left(\frac{-6}{i\sqrt{3}}\right)} = 2$$

damit ist $\boldsymbol{R}$:

$$\boldsymbol{R} = \begin{pmatrix} 1 & 2 & 3 \\ 0 & i\sqrt{3} & \frac{-6}{i\sqrt{3}} \\ 0 & 0 & 2 \end{pmatrix}$$

da $\boldsymbol{L} = \boldsymbol{R}^T$ oder $\ell_{ij} = r_{ji}$ ist

$$\boldsymbol{L} = \begin{pmatrix} 1 & 0 & 0 \\ 2 & i\sqrt{3} & 0 \\ 3 & \frac{-6}{i\sqrt{3}} & 2 \end{pmatrix}$$

Schritt 2: Berechnen des Hilfsvektors $\boldsymbol{y}$:

$$y_1 = \frac{1}{r_{11}}(b_1) = -1$$

$$y_2 = \frac{1}{r_{22}}(b_2 - r_{12} \cdot y_1) = \frac{6}{i\sqrt{3}}$$

$$y_3 = \frac{1}{r_{33}}(b_3 - r_{13} \cdot y_1 - r_{23} \cdot y_2) = -4$$

Schritt 3: Berechnen des Lösungsvektors $\boldsymbol{x}$:

$$x_3 = \frac{1}{r_{33}} \cdot y_3 = -2$$

$$x_2 = \frac{1}{r_{22}} \left(y_2 - r_{23} \cdot x_3\right) = 2$$

$$x_1 = \frac{1}{r_{11}} \left(y_1 - r_{12} \cdot x_2 - r_{13} \cdot x_3\right) = 1$$

daraus folgt: $\boldsymbol{x} = \begin{pmatrix} 1 \\ 2 \\ -2 \end{pmatrix}$

Auf den ersten Blick sieht es so aus, als ob man Speicher für $\boldsymbol{A}$ und $\boldsymbol{R}$ vorhalten müsse. Aber tatsächlich kann man $\boldsymbol{A}$ Zug um Zug durch $\boldsymbol{R}$ überspeichern, so dass kein Zusatzspeicher nötig ist. Das folgende, dahingehend modifizierte Cholesky-Verfahren mit *in-situ* Speicherung ist *Argyris* /3/ entnommen:

$$\begin{aligned} r_{11} &= \sqrt{a_{11}} \\ &\left.\begin{aligned} r_{ij} &= \frac{a_{ij}}{r_{ii}} \\ a_{kj} &= a_{kj} - r_{ik} \cdot r_{ij}, \quad k = i+1, j \end{aligned}\right\} i = 1, j-1 \\ r_{jj} &= \sqrt{a_{jj}} \end{aligned} \left.\vphantom{\begin{aligned} a\\a\\a\\a\\a \end{aligned}}\right\} j = 2, n$$

6.2 Kondition und Skalierung

Das Cholesky-Verfahren ist durch das eingebaute Wurzelziehen zwar an sich schon numerisch sehr stabil, aber die Gleichungssysteme bei der Finite Elemente Analyse sind oft sehr schlecht konditioniert. Das sieht man am besten an einem Beispiel. Wir nehmen die Elementsteifigkeitsmatrix des sehr einfachen Balkens mit 4 Freiheitsgraden aus Kapitel 2:

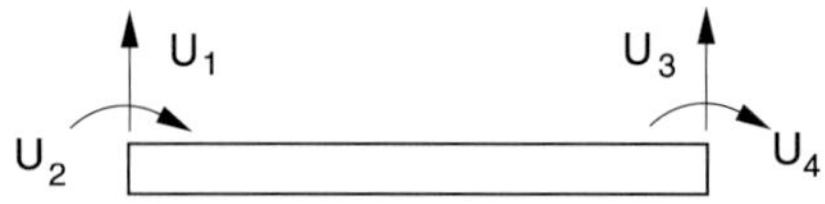

Bild 6.2-1: Kräfte am Balken

$$EI \cdot \begin{bmatrix} \frac{12}{\ell^3} & \frac{-6}{\ell^2} & \frac{-12}{\ell^3} & \frac{-6}{\ell^2} \\ \frac{-6}{\ell^2} & \frac{4}{\ell} & \frac{6}{\ell^2} & \frac{2}{\ell} \\ \frac{-12}{\ell^3} & \frac{6}{\ell^2} & \frac{12}{\ell^3} & \frac{6}{\ell^2} \\ \frac{-6}{\ell^2} & \frac{2}{\ell} & \frac{6}{\ell^2} & \frac{4}{\ell} \end{bmatrix}$$

Setzen Sie nun für die Balkenlänge ℓ einmal 1.000 mm an. Was passiert? Auf der Hauptdiagonalen ergeben sich

$$a_{11} = \frac{12}{10^9} = a_{33}$$
$$a_{22} = \frac{4}{10^3} = a_{44}$$

Es liegen also extreme Größenordnungsunterschiede ausgerechnet auf der Hauptdiagonalen vor, und jeder, der sich schon mit Numerischer (Computer-) Mathematik befasst hat, erkennt, dass hier ein schlecht konditioniertes Gleichungssystem zu erwarten sein wird. Das heißt, kleine Veränderungen der Koeffizienten von $\boldsymbol{A}$ bedingen große Änderungen des Lösungsvektors $\boldsymbol{x}$. Näheres siehe z. B. *Finck von Finkenstein /25/*.

Um die Situation zu verbessern, kann man die Koeffizientenmatrix $\boldsymbol{A}$ *skalieren*. Damit kann die Konditionszahl oft merklich verbessert werden.

Ein einfaches Skalierungsverfahren nach *Schwarz /6/* ist:

$$d_i = \frac{1}{\sqrt{a_{ii}}}$$

und die skalierte Matrix $\hat{\boldsymbol{A}}$ wird: $\hat{\boldsymbol{A}} = \boldsymbol{D}\,\boldsymbol{A}\,\boldsymbol{D}$ bzw. $\hat{a}_{ij} = d_i\, a_{ij}\, d_j$

Mit diesem Trick werden die Diagonalelemente $\hat{a}_{ii} = 1$

Die Rechte Seite $\boldsymbol{b}$ wird zu $\hat{\boldsymbol{b}}$ modifiziert: $\hat{\boldsymbol{b}} = \boldsymbol{D}\,\boldsymbol{b}$ bzw. $\hat{b}_i = d_i\, b_i$

Nach Lösen des Gleichungssystems, das den Lösungsvektor $\hat{\boldsymbol{x}}$ liefern möge, muss die Skalierung wieder rückgängig gemacht werden:

$$\boldsymbol{x} = \boldsymbol{D}\,\hat{\boldsymbol{x}}$$
$$x_i = d_i\, \hat{x}_i$$

Nun sollen Skalierungsvorgang und Cholesky-Verfahren mit *in-situ* Speicherung nach dem *Skyline*-Verfahren in der C-Routine **CHOY88.C** /32/ dargestellt werden. Die Skalierung wird später in der (hier nicht gezeigten) Funktion **Z88CR.C** /32/ rückgängig gemacht. Dabei ist:

`gs[i]` : Gesamtsteifigkeitsmatrix

`ip[i]` : Pointervektor für die Skyline-Speicherung

`rs[i]` : die Rechte Seite

```
/**************************************************************************
* Diese Compilerunit enthaelt:
* scal88
* choy88
* 21.11.11
**************************************************************************/
/**************************************************************************
* Fuer UNIX
**************************************************************************/
#ifdef FR_UNIX
#include <z88r.h>
#include <math.h>      /* sqrt */
#endif
/**************************************************************************
* Fuer Windows
**************************************************************************/
#ifdef FR_WIN
#include <z88r.h>
#include <math.h>      /* sqrt */
#endif
/**************************************************************************
*  Functions
**************************************************************************/
int wrim88r(FR_INT4,int);
int wlog88r(FR_INT4,int);
/**************************************************************************
* hier beginnt Function scal88
**************************************************************************/
int scal88(void)
{
extern FR_DOUBLEAY gs;
extern FR_DOUBLEAY rs;
extern FR_DOUBLEAY fak;
extern FR_INT4AY ip;
extern FR_INT4 nfg;
FR_INT4 i,j,ianz,index;
/*------------------------------------------------------------------------
* Start Function
*------------------------------------------------------------------------*/
/**************************************************************************
* Scalierungsfaktoren berechnen und rechte Seite umrechnen
**************************************************************************/
for(i = 1L;i <= nfg;i++)
  {
  if(gs[ip[i]] <= 0.)
```

```
    {
    wlog88r((ip[i]),LOG_DIAGNULL);
    return(AL_DIAGNULL);
    }
  fak[i]= 1. / sqrt( gs[ip[i]] );
  rs[i]= rs[i] * fak[i];
  }
/***********************************************************************
* Matrixelemente scalieren
***********************************************************************/
for(i = 1L;i <= nfg;i++)
  {                                                           /* 30 */
  for(j = 1L;j <= nfg;j++)
    {                                                         /* 20 */
/*----------------------------------------------------------------------
* nur upper Skyline
*---------------------------------------------------------------------*/
    if(i > j) goto L20;
/*----------------------------------------------------------------------
* ist Element ueberhaupt vorhanden?
*---------------------------------------------------------------------*/
    ianz= ip[j+1] - ip[j];
    if(ianz < (j-i+1L)) goto L20;
/*----------------------------------------------------------------------
* nun scalieren
*---------------------------------------------------------------------*/
    index= ip[j]+j-i;
    gs[index]= fak[i] * gs[index] * fak[j];
L20:;
    }                                                         /* e 20 */
  }                                                           /* e 30 */
/**********************************************************************/
return(0);
}
/***********************************************************************
* Function choy88 loest Gleichungssysteme nach der Methode von
* Cholesky mit in-situ Speicherung
***********************************************************************/
/***********************************************************************
* hier beginnt Function choy88
***********************************************************************/
int choy88(void)
{
extern FR_DOUBLEAY gs;
```

```
extern FR_DOUBLEAY rs;
extern FR_INT4AY ip;
extern FR_INT4 nfg;
FR_INT4 j,i,ianz,k,kanz;
/*-----------------------------------------------------------------------
* Start Function
*----------------------------------------------------------------------*/
/***********************************************************************
* Cholesky-Zerlegung
***********************************************************************/
gs[1]= sqrt(gs[1]);
for(j = 2L;j <= nfg;j++)
  {                                                          /* 30 */
  wrim88r(j,TX_CHOJ);
  for(i = 1L;i <= (j-1);i++)
    {                                                        /* 20 */
    ianz= ip[j+1] - ip[j];
    if(ianz < (j-i+1L)) goto L20;
    gs[ip[j]+j-i]= gs[ip[j]+j-i] / gs[ip[i]];
    for(k = (i+1L);k <= j;k++)
      {                                                      /* 10 */
      if(ianz < (j-k+1L)) goto L10;
      kanz= ip[k+1] - ip[k];
      if(kanz < (k-i+1L)) goto L10;
      gs[ip[j]+j-k]= gs[ip[j]+j-k] - gs[ip[k]+k-i] * gs[ip[j]+j-i];
L10:;
      }                                                      /* e 10 */
L20:;
    }                                                        /* e 20 */
    gs[ip[j]]= sqrt(gs[ip[j]]);
  }                                                          /* e 30 */
/***********************************************************************
* Vorwaertseinsetzen
***********************************************************************/
wrim88r(0L,TX_VORW);
wlog88r(0L,LOG_VORW);
for(i = 1L;i <= nfg;i++)
  {                                                          /* 50 */
  rs[i]= rs[i] / gs[ip[i]];
  for(k = i+1L;k <= nfg;k++)
    {                                                        /* 40 */
```

```
    kanz= ip[k+1] - ip[k];
    if(kanz < (k-i+1L)) goto L40;
    rs[k]= rs[k] - gs[ip[k]+k-i] * rs[i];
L40:;
    }                                                       /* e 40 */
  }                                                         /* e 50 */
/***********************************************************************
* Rueckwaertseinsetzen
***********************************************************************/
wrim88r(0L,TX_RUECKW);
wlog88r(0L,LOG_RUECKW);
for(i = nfg;i >= 1L;i--)
  {                                                         /* 70 */
  rs[i]= rs[i] / gs[ip[i]];
  for(k = 1L;k <= (i-1L);k++)
    {                                                       /* 60 */
    ianz= ip[i+1] - ip[i];
    if(ianz < (i-k+1L)) goto L60;
    rs[k]= rs[k] - gs[ip[i]+i-k] * rs[i];
L60:;
    }                                                       /* e 60 */
  }                                                         /* e 70 */
return(0);
}
```

Abschließend sollen Skalierungsvorgang und Cholesky-Verfahren mit *in-situ* Speicherung nach dem *Jennings*-Verfahren in der C-Routine **CHOY88.C** /47/ dargestellt werden. Die Skalierung wird später in der (hier nicht gezeigten) Funktion **Z88CR.C** /47/ rückgängig gemacht. Dabei ist:

`gs[i]` : Gesamtsteifigkeitsmatrix

`ip[i]` : Pointervektor für die Jennings-Speicherung

`rs[i]` : die Rechte Seite

`FR_SQRT` : Wurzelfunktion `sqrt()` bzw. `sqrtl()`

`FR_DOUBLEAY` : `double *` bzw. `long double *`

`FR_INT4AY` : `long *` oder `long long *`

Diese FR_-Definitionen dienen zur leichten Anpassung an 32- oder 64- oder 128-Bit-Umgebungen bei UNIX-Maschinen. Dies wird beim Compilieren automatisch berücksichtigt, vgl. Kap. 9.3.

```
/***********************************************************************
* Diese Compilerunit enthaelt:
* scal88
* choy88 mit Jennings-Speicherung
```

```
* Skalierung und Gleichungsloeser nach H. R. Schwarz
* 10.4.2011 Rieg
***********************************************************************/
/***********************************************************************
* Fuer UNIX
***********************************************************************/
#ifdef FR_UNIX
#include <z88r.h>
#include <math.h>     /* FR_SQRT */
#endif
/***********************************************************************
* Fuer Windows
***********************************************************************/
#ifdef FR_WIN
#include <z88r.h>
#include <math.h>     /* FR_SQRT */
#endif
/***********************************************************************
*  Functions
***********************************************************************/
int wrim88r(FR_INT4,int);
int wlog88r(FR_INT4,int);
/***********************************************************************
* hier beginnt Function scal88
***********************************************************************/
int scal88(void)
{
extern FR_DOUBLEAY gs;
extern FR_DOUBLEAY rs;
extern FR_DOUBLEAY fak;
extern FR_INT4AY ip;
extern FR_INT4 nfg;
FR_INT4 i,j,k,jstart,jstop;
/*----------------------------------------------------------------------
* Start Function
*---------------------------------------------------------------------*/
/***********************************************************************
* Scalierungsfaktoren berechnen, rechte Seite umrechnen, Matrix skal.
***********************************************************************/
for(i = 1;i <= nfg;i++)
  {
  if(gs[ip[i]] <= 0.)
    {
```

```
    wlog88r((ip[i]),LOG_DIAGNULL);
    return(AL_DIAGNULL);
    }
  fak[i]= 1. / FR_SQRT( gs[ip[i]] );
  rs[i] *= fak[i];
  gs[ip[i]]= 1.;
  if(i == 1) continue;
  jstart=ip[i-1] + 1; /* Start der inversen Skyline in der Zeile i */
  jstop= ip[i]   - 1; /* Zeile bis Diagonalelement der Zeile i */
  k= jstart - jstop + i - 1;
  for(j= jstart; j <= jstop; j++)
    {
    gs[j] *= fak[i] * fak[k];
    k++;
    }
  }
/***********************************************************************/
return(0);
}
/***********************************************************************
* Function choy88 loest Gleichungssysteme nach der Methode von
* Cholesky mit in-situ Speicherung
***********************************************************************/
/***********************************************************************
* hier beginnt Function choy88
***********************************************************************/
int choy88(void)
{
extern FR_DOUBLEAY gs;
extern FR_DOUBLEAY rs;
extern FR_INT4AY ip;
extern FR_INT4 nfg;
FR_DOUBLE sum;
FR_INT4 j,i,m,k,i0,j0,li,lj;
/*----------------------------------------------------------------------
* Start Function
*---------------------------------------------------------------------*/
/***********************************************************************
* Cholesky-Zerlegung
***********************************************************************/
gs[1]= FR_SQRT(gs[1]);
for(i = 2;i <= nfg;i++)
```

```
  {
  wrim88r(i,TX_CHOJ);
  i0= ip[i] - i;
  li= ip[i-1] + 1 - i0;
  for(j = li;j <= i;j++)
    {
    j0= ip[j] - j;
    sum=  gs[i0+j];
    lj= 1;
    if(j > 1)
      lj= ip[j-1] - j0 + 1;
    if(li >= lj) m= li;
    else         m= lj;
    for(k = m;k <= j-1;k++)
      sum -= gs[i0+k] * gs[j0+k];
    if(j < i)
      gs[i0+j]= sum / gs[ip[j]];
    else
      gs[ip[i]]= FR_SQRT(sum);
    }
  }
/***********************************************************************
* Vorwaertseinsetzen
***********************************************************************/
wrim88r(0,TX_VORW);
wlog88r(0,LOG_VORW);
rs[1]= rs[1] / gs[1];
for(i= 2;i <= nfg;i++)
  {
  sum= rs[i];
  i0= ip[i] - i;
  li= ip[i-1] + 1 - i0;
  for(j= li;j <= i-1;j++)
    sum -= gs[i0+j] * rs[j];
  rs[i]= sum / gs[ip[i]];
  }
/***********************************************************************
* Rueckwaertseinsetzen
***********************************************************************/
wrim88r(0,TX_RUECKW);
wlog88r(0,LOG_RUECKW);
```

```
for(i= nfg;i >= 2;i--)
  {
  rs[i] = rs[i] / gs[ip[i]];
  i0= ip[i] - i;
  li= ip[i-1] + 1 - i0;
  for(j= li;j <= i-1;j++)
    rs[j] -= gs[i0+j] * rs[i];
  }
rs[1]= rs[1] / gs[1];
return(0);
}
```

6.3 Iterative Verfahren

Der Hauptvorteil der iterativen Verfahren liegt beim Einsatz für die FEA darin, dass

- sie fast unempfindlich gegen ungünstige Knotennummerierungen sind
- und mit einem Minimum an Speicher auskommen, wenn sie mit dem Verfahren der Speicherung der Nicht-Nullelemente kombiniert werden.

In der Literatur wird oft behauptet, dass Iterationssolver bei großen Gleichungssystemen schneller arbeiten als Direkte Solver. Dies ist nach unseren Beobachtungen aufgrund vieler numerischer Experimente aber nur teilweise richtig, und zwar können die Iterationssolver durchaus schneller sein; dies liegt aber nicht in ihrer mathematischen Struktur begründet, sondern – besonders in der Kombination mit dem Verfahren der Speicherung der Nicht-Nullelemente – dass durch die durchweg dünne Besetzung weniger mathematische Operationen wie Additionen und Multiplikationen ausgeführt werden müssen. Und zwar werden Blindoperationen, also z. B. Addition von Null, dadurch vermieden. Bei dicht besetzten Gleichungssystemen wird man sogar eher finden, dass die Direkten Solver schneller sind.

Aber Sie haben alle Chancen: Machen Sie sich selbst ein Bild. Z88 hält sowohl einen Direkten Solver als auch einen Iterationssolver bereit.

Einen Nachteil haben Iterationssolver aber definitiv: Man weiß nie, wann sie fertig sind bzw. eine „genaue" Lösung erreicht haben. Darüber werden wir noch sprechen müssen. Zunächst gehen wir aber wieder von einem Gleichungssystem aus:

$$\boldsymbol{A}\,\boldsymbol{x} = \boldsymbol{b} \text{ bzw. } \begin{pmatrix} a_{11} & a_{12} & \cdots & a_{1n} \\ a_{21} & a_{22} & \cdots & a_{2n} \\ \vdots & & & \\ a_{n1} & a_{ns} & \cdots & a_{nn} \end{pmatrix} \begin{pmatrix} x_1 \\ x_2 \\ \vdots \\ x_n \end{pmatrix} = \begin{pmatrix} b_1 \\ b_2 \\ \vdots \\ b_n \end{pmatrix} \text{ bzw. } \sum_j a_{ij}\, x_j = b_i$$

Bei den folgenden Erläuterungen lehnen wir uns an die Ausführungen von *Finck von Finckenstein* /25/ an. Wir zerlegen $\boldsymbol{A}$ wie folgt:

$\boldsymbol{A} = \boldsymbol{N} - \boldsymbol{P}$ mit $\det \boldsymbol{N} \neq 0$

Nun definieren wir die sog. Iterationsmatrix $\boldsymbol{M}$ und den sog. Konstantenvektor $\boldsymbol{d}$:

$\boldsymbol{M} = \boldsymbol{N}^{-1}\boldsymbol{P}$ und $\boldsymbol{d} = \boldsymbol{N}^{-1}\,\boldsymbol{b}$

und bilden die Vektorfolge, wobei wir mit einem Startvektor $\boldsymbol{x}^{(0)}$ beginnen:

$\boldsymbol{x}^{(v)} = \boldsymbol{M}\,\boldsymbol{x}^{(v-1)} + \boldsymbol{d}$ mit $v = 1, 2, \ldots$

Wenn diese Gleichung konvergiert, dann ist $\boldsymbol{x} = \boldsymbol{x}^{(v)}$, $v \to \infty$ die Lösung des Gleichungssystems. Umgekehrt kann man zeigen, dass das Iterationsverfahren dann konvergiert, wenn der Spektralradius $\rho(\boldsymbol{M}) < 1$ ist. Der Spektralradius ρ ist der betragsgrößte Eigenwert einer Matrix. Zum Thema Eigenwert-Bestimmung einer Matrix dürfen wir auf das Kapitel 6.5 verweisen.

Um später Aussagen über das Konvergenzverhalten der Iterationsverfahren machen zu können, müssen wir hier noch schnell einige Definitionen bereitstellen:

„Ein mathematisches Problem heißt gut konditioniert, wenn eine geringe relative Störung der Eingabedaten des Problems auch nur eine geringe relative Änderung des Ergebnisses (d. h. der Lösung des Problems) zur Folge hat. Hat eine geringe relative Änderung der Eingabedaten eine große relative Änderung des Ergebnisses zur Folge, dann nennt man das Problem schlecht konditioniert." /25/. Bemerkung: Diese Definition ist unabhängig von einem Verfahren zur Lösung des Problems.

„Man nennt einen Algorithmus numerisch stabiler als einen zweiten Algorithmus zur Berechnung von $\varphi(x)$, falls der Gesamteinfluss der Rundungsfehler bei dem ersten Algorithmus kleiner ist als bei dem zweiten". /92/

Vektornormen:

Maximumnorm: $\|\boldsymbol{x}\|_\infty = \max |x_k|$, mit $k = 1, \ldots, n$

L_1-Norm: $\|\boldsymbol{x}\|_1 = \sum_{k=1}^{n} |x_k|$

euklidische Norm: $\|\boldsymbol{x}\|_2 = \sqrt{\sum_{k=1}^{n} x_k^2}$

Matrixnormen:

Spaltennorm oder „1"-Norm: $\|\boldsymbol{A}\|_1 = \max \sum_{i=1}^{n} |a_{ik}|$, mit $k = 1, \ldots, n$

Zeilennorm oder „∞"-Norm: $\|\boldsymbol{A}\|_\infty = \max \sum_{k=1}^{n} |a_{ik}|$, mit $i = 1, \ldots, n$

Spektralnorm oder „2“-Norm: $\|\boldsymbol{A}\|_2 = \sqrt{\rho\,(\boldsymbol{A}^{\mathrm{T}}\boldsymbol{A})}$

Spezielle Matrizen:

Diagonalmatrix $\boldsymbol{D}$:

$$\boldsymbol{D} = \begin{pmatrix} a_{1,1} & 0 & 0 & 0 \\ 0 & a_{2,2} & 0 & 0 \\ 0 & 0 & \dots & 0 \\ 0 & 0 & 0 & a_{n,n} \end{pmatrix} = \boldsymbol{D} = a_{ij}\,\delta_{ij} \quad \text{mit } \delta_{ij}\text{: Kronecker-Symbol}$$

dabei gilt: $\delta_{ij} = 1$ für $i = j$, sonst 0.

Strikt untere Links-Dreiecksmatrix $\boldsymbol{E}$ und strikt obere Rechts-Dreiecksmatrix $\boldsymbol{F}$:

$$-\boldsymbol{E} = \begin{pmatrix} 0 & 0 & 0 & 0 \\ a_{2,1} & 0 & 0 & 0 \\ \dots & \dots & \dots & 0 \\ a_{n,1} & \dots & a_{n,n-1} & 0 \end{pmatrix} \qquad -\boldsymbol{F} = \begin{pmatrix} 0 & a_{1,2} & \dots & a_{1,n} \\ 0 & 0 & \dots & \dots \\ 0 & 0 & \dots & a_{n-1,n} \\ 0 & 0 & 0 & 0 \end{pmatrix}$$

6.3.1 Das Jacobi-Verfahren

Beim *Jacobi*- oder Gesamtschrittverfahren wird die Matrix $\boldsymbol{N}$ wie folgt gewählt:

$$\boldsymbol{N} = \begin{pmatrix} a_{11} & 0 & 0 & 0 \\ 0 & a_{22} & 0 & 0 \\ 0 & 0 & \dots & 0 \\ 0 & 0 & 0 & a_{nn} \end{pmatrix} = \boldsymbol{D}$$

Damit wird die Iterationsmatrix $\boldsymbol{M} = \boldsymbol{I} - \boldsymbol{N}^{-1}\,\boldsymbol{A}$

$$x_i^{(\nu)} = \frac{1}{a_{ii}} \left(b_i - \sum_{j=1, j \neq i}^{n} a_{ij}\, x_j^{(\nu-1)} \right), \quad i = 1, \dots, n, \quad \nu = 1, 2, \dots$$

Über Konvergenz-Betrachtungen aus mathematischer Sicht vergleiche die einschlägige Literatur. Allerdings kann man nach unseren umfangreichen numerischen Experimenten das Jacobi-Verfahren für einen ernsthaften Einsatz im Rahmen von Finite Elemente Analysen wegen der sehr langsamen Konvergenz oder oftmals Divergenz vergessen!

6.3.2 Das Gauß-Seidel-Verfahren

Beim Gauß-Seidel- oder Einzelschrittverfahren (1874 von *Ludwig Seidel* veröffentlicht) wird die Matrix $\boldsymbol{N}$ wie folgt gewählt:

$$\boldsymbol{N} = \begin{pmatrix} a_{11} & 0 & 0 & 0 \\ \dots & a_{22} & 0 & 0 \\ \dots & \dots & \dots & 0 \\ a_{n1} & a_{n2} & \dots & a_{nn} \end{pmatrix} = \boldsymbol{D} - \boldsymbol{E}$$

Damit wird die Iterationsmatrix $\boldsymbol{M} = \boldsymbol{I} - (\boldsymbol{D} - \boldsymbol{E})^{-1}\,\boldsymbol{A}$ und die Iterationsvorschrift:

$$x_i^{(v)} = \frac{1}{a_{ii}} \left(b_i - \sum_{j=1}^{i-1} a_{ij} x_j^{(v)} - \sum_{j=i+1}^{n} a_{ij} x_j^{(v-1)} \right), \quad i = 1, \dots, n, \quad v = 1, 2, \dots$$

Damit verwendet das Gauß-Seidel-Verfahren im Unterschied zum Jacobi-Verfahren zur Berechnung der i-ten Komponente von $\boldsymbol{x}^{(v)}$ die bereits bekannten $i - 1$ ersten Komponenten von $\boldsymbol{x}^{(v)}$. Über Konvergenz-Betrachtungen aus mathematischer Sicht vergleiche man die einschlägige Literatur. Allerdings kann man nach unseren umfangreichen numerischen Experimenten das Gauß-Seidel-Verfahren genauso wie das Jacobi-Verfahren für einen ernsthaften Einsatz im Rahmen von Finite Elemente Analysen wegen der sehr langsamen Konvergenz oder oftmals Divergenz vergessen!

6.3.3 Das SOR-Verfahren und das JOR-Verfahren

Da die beiden klassischen Verfahren, Jacobi und Gauß-Seidel, in der Praxis oft zu langsam konvergieren, versucht man, diese Verfahren dadurch zu beschleunigen, indem man Iterationsmatrizen einsetzt, die einen möglichst kleinen Spektralradius haben. Beim Gauß-Seidel- oder Einzelschrittverfahren führen wir einen reellen Parameter ω ein, und die Matrix $\boldsymbol{N}$ wird wie folgt gewählt, vgl. *Schwarz /35/*:

$$\boldsymbol{N} = \begin{pmatrix} \frac{a_{1,1}}{\omega} & 0 & 0 & 0 \\ a_{2,1} & \frac{a_{2,2}}{\omega} & 0 & 0 \\ \dots & \dots & \dots & 0 \\ a_{n,1} & a_{n,2} & \dots & \frac{a_{n,n}}{\omega} \end{pmatrix}$$

Spalten wir $\boldsymbol{A}$ wie folgt auf: $\boldsymbol{A} = \boldsymbol{D} - \boldsymbol{E} - \boldsymbol{F},\ \boldsymbol{F} = \boldsymbol{E}^T$. Damit wird die Iterationsmatrix $\boldsymbol{M} = (\boldsymbol{D} - \omega\boldsymbol{E})^{-1}\left[(1-\omega)\,\boldsymbol{D} + \omega\boldsymbol{F}\right]$ und der Konstantenvektor ist $\boldsymbol{d} = -\omega\,(\boldsymbol{D} - \omega\boldsymbol{E})^{-1}\,\boldsymbol{b}$. Damit wird die Iterationsvorschrift:

$$x_i^{(v)} = \frac{\omega}{a_{ii}} \left(b_i - \sum_{j=i}^{i-1} a_{ij} x_j^{(v)} - \sum_{j=i+1}^{n} a_{ij} x_j^{(v-1)} + \frac{1-\omega}{\omega} a_{ii} x_i^{(v-1)} \right)$$

mit $i = 1, \dots, n, \quad v = 1, 2, \dots$

Dabei ist ω der sog. Relaxationsparameter. Unterscheide:

$\omega < 1$: Unterrelaxation

$\omega > 1$: Überrelaxation

Beachte: Nach dem Satz von Kahan: Konvergenz für $0 < \omega < 2$.

Das ist das sog. *SOR*-Verfahren, *succesive over relaxation*.

Wie wählt man nun den optimalen Relaxationsparameter ω?

Theoretisch nichts leichter als das:

$$\omega_{\text{opt}} = \frac{2}{1 + \sqrt{1 - \rho(\boldsymbol{M})^2}}$$

Das sieht zunächst sehr schön aus, aber die Bestimmung des Spektralradius von $\boldsymbol{M}$ ist derart aufwendig, dass man davon in der Praxis eher weniger Gebrauch macht. Es gibt für spezielle mathematische Probleme Abschätzungen, aber für FE-Rechnungen wird man um Experimente nicht umhin kommen. Probieren Sie Werte von 0,8 bis 1,2 für ω aus.

Ganz analog kann man derart das *JOR*-Verfahren, *Jacobi over relaxation*, konstruieren, vgl. *Schwarz /35/*:

Die Iterationsmatrix ist wie folgt:

$\boldsymbol{M} = (1 - \omega)\, \boldsymbol{I} + \omega \boldsymbol{D}^{-1}\, (\boldsymbol{E} + \boldsymbol{F})$ und der Konstantenvektor ist $\boldsymbol{d} = -\omega \boldsymbol{D}^{-1}\, \boldsymbol{b}$,

so wird die Iterationsvorschrift $\boldsymbol{x}^{(v)} = \boldsymbol{M}\, \boldsymbol{x}^{(v-1)} + \boldsymbol{d}$ mit $v = 1, 2, \ldots$

$$x_i^{(v)} = (1 - \omega) x_i^{(v-1)} - \frac{\omega}{a_{ii}} \left(\sum_{j=1,\, j \neq i}^{n} a_{ij} x_j^{(v-1)} + b_i \right), \quad i = 1, \ldots, n, \quad v = 1, 2, \ldots$$

Beide, SOR- und JOR-Verfahren, enthalten als Spezialfälle mit $\omega = 1$ das Gauß-Seidel- bzw. das Jacobi-Verfahren. Aber auch diese beiden konvergenz-beschleunigten Verfahren sind nach unseren Beobachtungen nicht für übliche, größere FE-Strukturen geeignet.

6.3.4 Das Verfahren der Konjugierten Gradienten

Sie waren vermutlich schon ganz verzweifelt, weil wir Ihnen bisher von den vorgestellten Iterationsverfahren abgeraten haben. Aber Hilfe ist in Sicht! Das nun dargelegte Verfahren der Konjugierten Gradienten – kurz *CG*-Verfahren – von *Hestenes* und *Stiefel* ist ein sehr brauchbares Verfahren für FE-Iterationssolver. Die Herleitung ist nicht unkompliziert, und wir überlassen das den Mathematikern, z. B. *Schwarz /35/* oder *Jedrzejewski /36/*, die können das viel besser als wir. Wir deuten nur an, woher der Name kommt:

Die Lösung $\boldsymbol{x}$ von $\boldsymbol{A}\, \boldsymbol{x} + \boldsymbol{b} = \boldsymbol{0}$ mit symmetrischer und positiv definiter Matrix $\boldsymbol{A}$ ist das Minimum der quadratischen Funktion

$$F(\boldsymbol{v}) := \frac{1}{2} \sum_{i=1}^{n} \sum_{k=1}^{n} a_{ik}\, v_i\, v_k + \sum_{i=1}^{n} b_i\, v_i = \frac{1}{2}\, (\boldsymbol{v}, \boldsymbol{A}\, \boldsymbol{v}) + (\boldsymbol{b}, \boldsymbol{v})$$

Der Gradient von $F(\boldsymbol{v})$ ist gleich dem Residuenvektor $\boldsymbol{r}$ zum Vektor $\boldsymbol{v}$:

$$\text{grad } F(\boldsymbol{v}) = \boldsymbol{A}\,\boldsymbol{v} + \boldsymbol{b} = \boldsymbol{r}$$

Damit ist zumindest der Name des Verfahrens erklärlich. Den Rest der Herleitung überspringen wir, wie gesagt, und geben nun den fertigen Algorithmus an. Dabei sind:

$\boldsymbol{x}$ Lösungsvektor

$\boldsymbol{r}$ Residuumvektor

$\boldsymbol{p}$ Richtungsvektor

Der Algorithmus ist wie folgt:

Start: Wahl von $\boldsymbol{x}^{(0)}$, bei FEA meist $\boldsymbol{x}^{(0)} = 0$

$$\boldsymbol{r}^{(0)} = \boldsymbol{A}\,\boldsymbol{x}^{(0)} + \boldsymbol{b}$$

$$\boldsymbol{p}^{(1)} = -\boldsymbol{r}^{(0)}$$

Iteration ($k = 1, 2, 3 \ldots$)

$$\text{falls } k > 1: e_{k-1} = \frac{\boldsymbol{r}^{(k-1)^T}\boldsymbol{r}^{k-1}}{\boldsymbol{r}^{(k-2)^T}\boldsymbol{r}^{k-2}}, \quad \boldsymbol{p}^{(k)} = -\boldsymbol{r}^{(k-1)} + e_{(k-1)}\boldsymbol{p}^{(k-1)}$$

$$\boldsymbol{z} = \boldsymbol{A}\,\boldsymbol{p}^{(k)}$$

$$q_k = \frac{\boldsymbol{r}^{(k-1)^T}\boldsymbol{r}^{(k-1)}}{\boldsymbol{p}^{(k)^T}\boldsymbol{z}}$$

$$\boldsymbol{x}^{(k)} = \boldsymbol{x}^{(k-1)} + q_k\,\boldsymbol{p}^{(k)}$$

$$\boldsymbol{r}^{(k)} = \boldsymbol{r}^{(k-1)} + q_k\,\boldsymbol{z}$$

Test auf Konvergenz

Zum Thema der Konvergenz lässt sich folgendes sagen, vgl. */35/*:

Die Methode der Konjugierten Gradienten liefert die Lösung eines Gleichungssystems in n Unbekannten nach höchstens n Schritten, exakte Rechnung vorausgesetzt. Trotz nie vermeidbarer Rundungsfehler ist man aber in der Praxis i. a. viel schneller.

Das hat eine ganz praktische Konsequenz: Bei Z88 können Sie in der Steuerdatei Z88MAN.TXT die maximale Anzahl der Iterationsschritte wählen. Wenn Ihre zu untersuchende Struktur 100.000 Freiheitsgrade hat, dann dürfte nach höchstens ca. 100.000 Iterationsschritten die Lösung erreicht sein.

Aber in der Praxis geht auch das meist noch erheblich schneller: Man beschleunigt das Verfahren durch eine Vorkonditionierung.

6.3.5 Das Verfahren der Konjugierten Gradienten mit Vorkonditionierung

Unser ursprüngliches Gleichungssystem war

$$\boldsymbol{A}\,\boldsymbol{x} + \boldsymbol{b} = 0$$

Wir definieren eine reguläre Matrix $\boldsymbol{C}$ und bringen unser Gleichungssystem auf folgende Form:

$$\boldsymbol{C}^{-1}\,\boldsymbol{A}\,\boldsymbol{C}^{-T}\,\boldsymbol{C}^{T}\,\boldsymbol{x} + \boldsymbol{C}^{-1}\,\boldsymbol{b} = 0$$

Damit haben wir einige neue Größen:

$$\tilde{\boldsymbol{A}} = \boldsymbol{C}^{-1}\,\boldsymbol{A}\,\boldsymbol{C}^{-T}, \quad \tilde{\boldsymbol{x}} = \boldsymbol{C}^{T}\boldsymbol{x}, \quad \tilde{\boldsymbol{b}} = \boldsymbol{C}^{-1}\,\boldsymbol{b}$$

und das transformierte System wird $\tilde{\boldsymbol{A}}\,\tilde{\boldsymbol{x}} + \tilde{\boldsymbol{b}} = 0$

Der eigentliche Trick ist nun, dass die Matrix $\boldsymbol{C}$ so beschaffen sein soll, dass die Konditionszahl $\kappa(\tilde{\boldsymbol{A}})$ wesentlich kleiner sein soll als die Konditionszahl $\kappa(\boldsymbol{A})$. Die Konditionszahl bezüglich einer (hier zunächst beliebigen) Matrixnorm ist

$$\kappa(\boldsymbol{A}) = \|\boldsymbol{A}\| \cdot \|\boldsymbol{A}^{-1}\|$$

Wie also $\boldsymbol{C}$ wählen? Dazu können wir feststellen, dass $\tilde{\boldsymbol{A}}$ ähnlich ist zu

$$\boldsymbol{C}^{-T}\,\tilde{\boldsymbol{A}}\,\boldsymbol{C}^{T} = \boldsymbol{C}^{-T}\,\boldsymbol{C}^{-1}\,\boldsymbol{A}\,\boldsymbol{C}^{-T}\,\boldsymbol{C}^{T} = (\boldsymbol{C}\,\boldsymbol{C}^{T})^{-1}\,\boldsymbol{A}$$

Maßgeblich ist also die symmetrische und positiv definite Matrix

$$\boldsymbol{M} := \boldsymbol{C}\,\boldsymbol{C}^{T}$$

Diese Matrix $\boldsymbol{M}$ ist die sog. Vorkonditionierungs-Matrix, und sie sollte eine Approximation der Matrix $\boldsymbol{A}$ sein, um eine gute Konditionsverbesserung zu erzielen. Die weiteren Herleitungen sparen wir uns und verweisen auf */6/, /35/, /36/*.

Damit wird der vorkonditionierte Algorithmus der Konjugierten Gradienten:

Start: Wahl von $\boldsymbol{x}^{(0)}$, bei FEA meist $\boldsymbol{x}^{(0)} = 0$

Wahl von $\boldsymbol{M}$

$\boldsymbol{r}^{(0)} = \boldsymbol{A}\,\boldsymbol{x}^{(0)} + \boldsymbol{b}$

Iteration bzw. Relaxationsschritt ($k = 1, 2, 3 \ldots$)

$\boldsymbol{M}\,\boldsymbol{\rho}^{(k-1)} = \boldsymbol{r}^{(k-1)}$, dieses Gleichungssystem muß in jedem Iterationsschritt nach $\boldsymbol{p}$ aufgelöst werden!

falls $k = 1 : \boldsymbol{g}^{(k)} = -\boldsymbol{\rho}^{(k-1)}$

falls $k > 1 : e_{k-1} = \dfrac{\boldsymbol{r}^{(k-1)^T}\,\boldsymbol{\rho}^{(k-1)}}{\boldsymbol{r}^{(k-2)^T}\,\boldsymbol{\rho}^{(k-2)}},\quad \boldsymbol{g}^{(k)} = -\boldsymbol{\rho}^{(k-1)} + e_{k-1}\,\boldsymbol{g}^{(k-1)}$

$$q_k = \frac{\boldsymbol{r}^{(k-1)^T}\,\boldsymbol{\rho}^{(k-1)}}{\boldsymbol{g}^{(k)^T}\left(\boldsymbol{A}\,\boldsymbol{g}^{(k)}\right)}$$

$$\boldsymbol{x}^{(k)} = \boldsymbol{x}^{(k-1)} + q_k\,\boldsymbol{g}^{(k)}$$

$$\boldsymbol{r}^{(k)} = \boldsymbol{r}^{(k-1)} + q_k\left(\boldsymbol{A}\,\boldsymbol{g}^{(k)}\right)$$

Test auf Konvergenz

Wie ersichtlich, muss in jedem Iterationsschritt ein Gleichungssystem gelöst werden. Man wird daher die Matrix $\boldsymbol{M}$ so wählen, dass dieses Gleichungssystem möglichst effizient und einfach gelöst werden kann. Dies führt zu einer ersten Möglichkeit, der Vorkonditionierung mit SOR.

6.3.5.1 Vorkonditionierung mit SOR

Nach *Evans* und *Axelsson* /48/ wird eine Art „Relaxationsparameter" ω gewählt und die Vorkonditionierungs-Matrix $\boldsymbol{M}$ wie folgt definiert:

$$\boldsymbol{M} := \left(\boldsymbol{I} + \omega\,\hat{\boldsymbol{E}}\right)\left(\boldsymbol{I} + \omega\,\hat{\boldsymbol{F}}\right) \quad \text{mit } \boldsymbol{C} = \boldsymbol{I} + \omega\,\hat{\boldsymbol{E}},\ \tilde{\boldsymbol{A}} = \hat{\boldsymbol{E}} + \boldsymbol{I} + \hat{\boldsymbol{F}}$$

Das Gleichungssystem $\boldsymbol{M}\,\boldsymbol{\rho} = \boldsymbol{r}$ wird in zwei Schritten aufgelöst:

$$\left(\boldsymbol{I} + \omega\,\hat{\boldsymbol{E}}\right)\boldsymbol{y} = \boldsymbol{r}$$

$$\left(\boldsymbol{I} + \omega\,\hat{\boldsymbol{F}}\right)\boldsymbol{\rho} = \boldsymbol{y}$$

Obwohl dadurch der Aufwand zunächst steigt, kann sich unter günstigen Bedingungen die Anzahl der Iterationsschritte so stark verringern, dass sich der Mehraufwand ohne weiteres lohnt. Für $\omega = 1$ geht das Ganze in den normalen Algorithmus der Konjugierten Gradienten über.

Das gerade gezeigte Verfahren wird *SORCG* oder auch *SSORCG* genannt für *(symmetric) successive over relaxation conjugated gradients*, da die Matrix $\boldsymbol{M}$ sinngemäß im SOR-Verfahren auftritt, wenn auch nicht als Iterationsmatrix. Es benötigt keinen zusätzlichen Computerspeicher gegenüber dem normalen CG-Verfahren.

6.3.5.2 Vorkonditionierung mit partieller Cholesky-Zerlegung

Hier nimmt man für die Gewinnung der Vorkonditionierungs-Matrix $\boldsymbol{M}$ eine Cholesky-Zerlegung der Matrix $\boldsymbol{A}$ gemäß Kapitel 6.1.1 vor, bei der aber jegliches *fill-in* unterdrückt wird: Alle Typen von Dreiecks-Zerlegung haben es ja so an sich, dass an Stellen, die zuvor keine Matrixelemente aufwiesen, nach Zerlegungsoperationen an solchen Stellen auf einmal Matrixelemente auftauchen, Bilder 6.3-1 und 6.3-2. Die Elemente, die mit + gekennzeichnet sind, fallen also unter den Tisch. Damit ist die Zerlegung nur eine Approximation an $\boldsymbol{A}$, aber es wird der strukturelle Aufbau beibehalten.

X	X		X	X			
X	X	X			X		
	X	X		X			
X			X			X	X
X		X		X			
	X				X		X
			X			X	
			X		X		X

Bild 6.3-1: Ausgangsmatrix

X	X		X	X			
X	X	X	+	+	X		
	X	X		X			
X	+		X	+		X	X
X	+	X	+	X		+	
	X				X		X
			X	+		X	+
			X		X	+	X

Bild 6.3-2: Nach einigen Cholesky-Schritten, + neu hinzugekommene Elemente

Die Cholesky-Zerlegung muss nicht unbedingt existieren, weil durch das fehlende *fill-in* die Matrix indefinit werden kann. Um dann auch unter solchen ungünstigen Bedingungen eine gute Vorkonditionierungs-Matrix zu bekommen, werden nach *Manteuffel /49,51/* die Nicht-Diagonalelemente der skalierten Matrix (analog Kapitel 6.2) **A** mit einem gemeinsamen Faktor, dem Shift-Faktor α, reduziert, und zwar wie folgt:

$$\tilde{\boldsymbol{A}} = \boldsymbol{I} + \frac{1}{1+\alpha}\,(\hat{\boldsymbol{E}} + \hat{\boldsymbol{F}})$$

Damit nennt man das ganze Verfahren *SICCG, shifted incomplete Cholesky conjugate gradients.* Vgl. dazu auch *Meijerink* und *van der Vorst /50/.*

Der Shift-Faktor α sollte möglichst klein sein, denn je größer er wird, umso kleiner werden die Nicht-Diagonalelemente und entfernen sich weiter von der Ursprungsmatrix. Programmtechnisch löst man das so, dass man zwar zunächst ein α einliest und startet. Funktioniert die partielle Cholesky-Zerlegung nicht, dann wird im Programm α automatisch erhöht, z. B. verdoppelt, vgl. den entsprechenden Ausschnitt (hier heißt α programmintern `rp`) aus der untenstehende Routine `siccg88`:

```
/*---------------------------------------------------------------------
* Start: partielle Cholesky-Zerlegung durchfuehren
*--------------------------------------------------------------------*/
for(k= 1;k <= 1000; k++)
  {
  wrim88i(k,TX_PART88);
  if(part88() == 0) break;
  else
    {
    if(rp <= 1e-10) rp= 0.00005;
    rp+= rp;
    }
  }
```

Sodann wird erneut versucht, die partielle Cholesky-Zerlegung vorzunehmen, Function part88. Z88 weist aus, wie viel Anläufe notwendig waren. Beginnen Sie mit einem Wert von vielleicht 0.00001 für α.

Nachteilig an dem SICCG-Verfahren ist, dass zusätzlich Speicherplatz für die Matrix $\boldsymbol{C}$ vorgehalten werden muss. Nach unseren Beobachtungen braucht das SORCG-Verfahren etwa nur 2/3 des Speichers gegenüber dem SICCG-Verfahren.

Aber Sie können das beliebig wählen; der untenstehende Programmcode /47/ hat sowohl das SICCG-als auch das SORCG-Verfahren eingebaut.

```
/***********************************************************************
* Diese Compilerunit enthaelt:
* scal88
* siccg88
* part88
* cixa88
* sorcg88
* Konjugierte Gradienten mit entweder
* - partieller Cholesky-Zerlegung oder
* - Vorkonditionierung mit SSOR
* basiert gedanklich auf FORTRAN-Programmen von H. R. Schwarz,Uni Zue-
rich
* 17.9.2011 Rieg
***********************************************************************/
/***********************************************************************
* Fuer UNIX
***********************************************************************/
#ifdef FR_UNIX
#include <z88r.h>
#include <stdio.h>
```

```
#include <math.h>       /* FR_SQRT */
#endif
/***********************************************************************
* Fuer Windows
***********************************************************************/
#ifdef FR_WIN
#include <z88r.h>
#include <math.h>       /* FR_SQRT */
#endif
/***********************************************************************
*  Functions
***********************************************************************/
int wlog88r(FR_INT4,int);
int wrim88r(FR_INT4,int);
int cixa88(void);
int part88(void);
/***********************************************************************
* hier beginnt Function scal88
***********************************************************************/
int scal88(void)
{
extern FR_DOUBLEAY GS;
extern FR_DOUBLEAY rs;
extern FR_DOUBLEAY fak;
extern FR_INT4AY ip;
extern FR_INT4AY iez;
extern FR_INT4 nfg;
FR_INT4 i,j;
/*---------------------------------------------------------------------
* Start Function
*---------------------------------------------------------------------*/
/***********************************************************************
* Scalierungsfaktoren berechnen und rechte Seite umrechnen
***********************************************************************/
for(i = 1;i <= nfg;i++)
  {
  if(GS[ip[i]] <= 0.)
    {
    wlog88i2((ip[i]),LOG_DIAGNULL);
    return(AL_DIAGNULL);
    }
  fak[i]= 1. / FR_SQRT(GS[ip[i]]);
```

```
  GS[ip[i]]= 1.0;
  rs[i]*= fak[i];
  if(i == 1) continue;
  for(j = ip[i-1]+1;j <= ip[i]-1;j++)
    GS[j]*= fak[i] * fak[iez[j]];
  }
return(0);
}
/***********************************************************************
* Function siccg88 loest Gleichungssysteme mit dem Konjugierte
* Gradienten Verfahren und partieller Cholesky-Zerlegung, ruft
* part88 und cixa88 auf
***********************************************************************/
int siccg88(void)
{
extern FR_DOUBLEAY GS;
extern FR_DOUBLEAY CI;
extern FR_DOUBLEAY rs;
extern FR_DOUBLEAY xi;
extern FR_DOUBLEAY xa;
extern FR_DOUBLEAY v;
extern FR_DOUBLEAY pk;
extern FR_DOUBLEAY zz;
extern FR_INT4AY ip;
extern FR_INT4AY iez;
extern FR_DOUBLE rp,eps;
extern FR_INT4 nfg,maxit;
FR_DOUBLE sumnen,sumzae,q,rho0,rho1,e;
FR_INT4 j,i,k;
/*----------------------------------------------------------------------
* Start: partielle Cholesky-Zerlegung durchfuehren
*---------------------------------------------------------------------*/
for(k= 1;k <= 1000; k++)
  {
  wrim88r(k,TX_PART88);
  if(part88() == 0) break;
  else
    {
    if(rp <= 1e-10) rp= 0.00005;
    rp+= rp;
   }
  }
```

```
wrim88r(0,TX_CR);
/*----------------------------------------------------------------------
* Vektoren v,xi,xa,pk und zz auf Null setzen
*----------------------------------------------------------------------*/
for(i= 1; i <= nfg; i++)
  {
  xi[i]= -rs[i];
  v[i] = 0.;
  xa[i]= 0.;
  pk[i]= 0.;
  zz[i]= 0.;
  }
/*----------------------------------------------------------------------
* Iterationsschleife
*----------------------------------------------------------------------*/
for(k= 1; k <= maxit; k++)
  {
  wrim88r(k,TX_ITERA);
/*======================================================================
* Loese Gleichungssystem CI * CIt * xa = xi
*======================================================================*/
  cixa88();
/*======================================================================
* r x rho
*======================================================================*/
  sumzae= 0.;
  for(i= 1; i <= nfg; i++)
    sumzae+= xi[i] * xa[i];
/*======================================================================
* Sonderfall k= 1
*======================================================================*/
  if(k == 1)
    {
    rho0= sumzae*eps;
    e= 0.;
    }
  else
/*~~~~~~~~~~~~~~~~~~~~~~~~~~~~~~~~~~~~~~~~~~~~~~~~~~~~~~~~~~~~~~~~~~~~~~
* e(k-1)= r(k-1) x rho(k-1) / r(k-2) x rho(k-2)
*~~~~~~~~~~~~~~~~~~~~~~~~~~~~~~~~~~~~~~~~~~~~~~~~~~~~~~~~~~~~~~~~~~~~~~*/
    e= sumzae/rho1;
/*======================================================================
* Residuum erreicht? Auf Wiedersehen.
*======================================================================*/
```

```
  if(sumzae <= rho0)
    {
    for(i= 1; i <= nfg; i++)
      rs[i]= v[i];
    wrim88r(0,TX_JACOOK);
    return 0;
    }
/*======================================================================
* ansonsten weitermachen
*=====================================================================*/
/*~~~~~~~~~~~~~~~~~~~~~~~~~~~~~~~~~~~~~~~~~~~~~~~~~~~~~~~~~~~~~~~~~~~~~~
* g(k) = e(k-1) x g(k-1) - rho(k-1)
*~~~~~~~~~~~~~~~~~~~~~~~~~~~~~~~~~~~~~~~~~~~~~~~~~~~~~~~~~~~~~~~~~~~~~*/
  for(i= 1; i <= nfg; i++)
    pk[i]= e*pk[i] - xa[i];
/*~~~~~~~~~~~~~~~~~~~~~~~~~~~~~~~~~~~~~~~~~~~~~~~~~~~~~~~~~~~~~~~~~~~~~~
* Hilfsvektor zz(k)= A x g(k)
*~~~~~~~~~~~~~~~~~~~~~~~~~~~~~~~~~~~~~~~~~~~~~~~~~~~~~~~~~~~~~~~~~~~~~*/
  zz[1]= GS[1]*pk[1];
  for(i= 2; i <= nfg; i++)
    {
    zz[i]= GS[ip[i]] * pk[i];
    for(j= ip[i-1]+1; j <= ip[i]-1; j++)
      {
      zz[i]     += GS[j] * pk[iez[j]];
      zz[iez[j]]+= GS[j] * pk[i];
      }
    }
/*~~~~~~~~~~~~~~~~~~~~~~~~~~~~~~~~~~~~~~~~~~~~~~~~~~~~~~~~~~~~~~~~~~~~~~
* Nenner g(k) x zz(k) = g(k) x (A x g(k))
*~~~~~~~~~~~~~~~~~~~~~~~~~~~~~~~~~~~~~~~~~~~~~~~~~~~~~~~~~~~~~~~~~~~~~*/
  sumnen= 0.;
  for(i= 1; i <= nfg; i++)
    sumnen+= pk[i] * zz[i];
/*~~~~~~~~~~~~~~~~~~~~~~~~~~~~~~~~~~~~~~~~~~~~~~~~~~~~~~~~~~~~~~~~~~~~~~
* qk= r(k-1) x rho(k-1) / [g(k) x (A x g(k))]
*~~~~~~~~~~~~~~~~~~~~~~~~~~~~~~~~~~~~~~~~~~~~~~~~~~~~~~~~~~~~~~~~~~~~~*/
  q= sumzae/sumnen;
/*~~~~~~~~~~~~~~~~~~~~~~~~~~~~~~~~~~~~~~~~~~~~~~~~~~~~~~~~~~~~~~~~~~~~~~
* v(k)= v(k-1) + qk x g(k)
* r(k)= r(k-1) + qk x (A x g(k))
*~~~~~~~~~~~~~~~~~~~~~~~~~~~~~~~~~~~~~~~~~~~~~~~~~~~~~~~~~~~~~~~~~~~~~*/
  for(i= 1; i <= nfg; i++)
```

```
    {
    v [i]+= q * pk[i];
    xi[i]+= q * zz[i];
    }
  rho1= sumzae;
  }
/*-----------------------------------------------------------------------
* Residuum nicht erreicht - auch auf Wiedersehen.
*-----------------------------------------------------------------------*/
wrim88r(0,TX_JACONOTOK);
for(i= 1; i <= nfg; i++)
  rs[i]= v[i];
return(0);
}
/***********************************************************************
* Function part88 fuehrt die partieller Cholesky-Zerlegung aus
***********************************************************************/
int part88(void)
{
extern FR_DOUBLEAY GS;
extern FR_DOUBLEAY CI;
extern FR_INT4AY ip;
extern FR_INT4AY iez;
extern FR_DOUBLE rp;
extern FR_INT4 nfg;
FR_DOUBLE facto;
FR_INT4 j,i,k,l;
/*-----------------------------------------------------------------------
* Start Function
*-----------------------------------------------------------------------*/
facto= 1./(1.+rp);
CI[1]= GS[1];
for(i= 2; i <= nfg; i++)
  {
  CI[ip[i]]= GS[ip[i]];
  for(j = ip[i-1]+1; j <= ip[i]-1; j++)
    CI[j]= GS[j]*facto;
  }
for(i= 2; i <= nfg; i++)
  {
  for(j= ip[i-1]+1; j <= ip[i]-1; j++)
```

```
    {
    CI[j]= CI[j] / CI[ip[iez[j]]];
    for(k= j+1; k <= ip[i]; k++)
      {
      for(l= ip[iez[k]-1]+1; l <= ip[iez[k]]; l++)
        {
        if(iez[l] > iez[j]) goto L40;
        if(iez[l] < iez[j]) continue;
        CI[k]= CI[k] - CI[j] * CI[l];
        goto L40;
        }
      L40:;
      }
    }
  if(CI[ip[i]] < 1e-6) return 1;
  CI[ip[i]]= FR_SQRT(CI[ip[i]]);
  }
/*----------------------------------------------------------------------
* alles in Ordnung
*---------------------------------------------------------------------*/
return 0;   /* alles paletti */
}
/***********************************************************************
* Function cixa88 loest Gleichungssysteme CI * CIt * xa = pk
***********************************************************************/
int cixa88(void)
{
extern FR_DOUBLEAY CI;
extern FR_DOUBLEAY xa;
extern FR_DOUBLEAY xi;
extern FR_INT4AY ip;
extern FR_INT4AY iez;
extern FR_INT4 nfg;
FR_DOUBLE sum;
FR_INT4 j,k;
/*----------------------------------------------------------------------
* Start Function
*---------------------------------------------------------------------*/
xa[1]= xi[1];
for(k= 2; k <= nfg; k++)
  {
  sum= 0.;
```

```
  for(j= ip[k-1]+1; j <= ip[k]-1; j++)
    sum+= CI[j] * xa[iez[j]];
  xa[k]= (xi[k]-sum)/CI[ip[k]];
  }
for(k= nfg; k >= 2; k--)
  {
  xa[k]/= CI[ip[k]];
  for(j= ip[k-1]+1; j <= ip[k]-1; j++)
    xa[iez[j]]= xa[iez[j]] - CI[j] * xa[k];
  }
return 0;
}
/***********************************************************************
* Function sorcg88 loest Gleichungssysteme mit dem Konjugierte
* Gradienten Verfahren und SSOR-Vorkonditionierung
***********************************************************************/
int sorcg88(void)
{
extern FR_DOUBLEAY GS;
extern FR_DOUBLEAY rs;
extern FR_DOUBLEAY xi;
extern FR_DOUBLEAY xa;
extern FR_DOUBLEAY v;
extern FR_DOUBLEAY pk;
extern FR_DOUBLEAY zz;
extern FR_INT4AY ip;
extern FR_INT4AY iez;
extern FR_DOUBLE rp,eps;
extern FR_INT4 nfg,maxit;
FR_DOUBLE sumnen,sumzae,q,rho0,rho1,e;
FR_INT4 j,i,k;
/*----------------------------------------------------------------------
* Vektoren v,xi,xa,pk und zz auf Null setzen
*---------------------------------------------------------------------*/
for(i= 1; i <= nfg; i++)
  {
  xi[i]= -rs[i];
  v[i] = 0.;
  xa[i]= 0.;
  pk[i]= 0.;
  zz[i]= 0.;
  }
```

```
/*----------------------------------------------------------------------
* Iterationsschleife
*---------------------------------------------------------------------*/
for(k= 1; k <= maxit; k++)
  {
  wrim88r(k,TX_ITERA);
/*======================================================================
* Vorkonditionierung
*=====================================================================*/
  xa[1]= xi[1];
  for(i= 2; i <= nfg; i++)
    {
    sumzae= 0.;
    for(j= ip[i-1]+1; j <= ip[i]-1; j++)
      sumzae+= GS[j] * xa[iez[j]];
    xa[i]= xi[i] - rp * sumzae;
    }
  for(i= nfg; i >= 2; i--)
    {
    sumzae= rp * xa[i];
    for(j= ip[i-1]+1; j <= ip[i]-1; j++)
      xa[iez[j]]-= sumzae * GS[j];
    }
/*======================================================================
* Nun Konjugierte Gradienten: r x rho
*=====================================================================*/
  sumzae= 0.;
  for(i= 1; i <= nfg; i++)
    sumzae+= xi[i] * xa[i];
/*======================================================================
* Sonderfall k= 1
*=====================================================================*/
  if(k == 1)
    {
    rho0= sumzae*eps;
    e= 0.;
    }
  else
/*~~~~~~~~~~~~~~~~~~~~~~~~~~~~~~~~~~~~~~~~~~~~~~~~~~~~~~~~~~~~~~~~~~~~~~
* e(k-1)= r(k-1) x rho(k-1) / r(k-2) x rho(k-2)
*~~~~~~~~~~~~~~~~~~~~~~~~~~~~~~~~~~~~~~~~~~~~~~~~~~~~~~~~~~~~~~~~~~~~~*/
    e= sumzae/rho1;
```

```
/*======================================================================
* Residuum erreicht? Auf Wiedersehen.
*=====================================================================*/
  if(sumzae <= rho0)
    {
    for(i= 1; i <= nfg; i++)
      rs[i]= v[i];
    wrim88r(0,TX_JACOOK);
    return 0;
    }
/*======================================================================
* ansonsten weitermachen
*=====================================================================*/

/*~~~~~~~~~~~~~~~~~~~~~~~~~~~~~~~~~~~~~~~~~~~~~~~~~~~~~~~~~~~~~~~~~~~~~~
* g(k) = e(k-1) x g(k-1) - rho(k-1)
*~~~~~~~~~~~~~~~~~~~~~~~~~~~~~~~~~~~~~~~~~~~~~~~~~~~~~~~~~~~~~~~~~~~~~*/
  for(i= 1; i <= nfg; i++)
    pk[i]= e*pk[i] - xa[i];
/*~~~~~~~~~~~~~~~~~~~~~~~~~~~~~~~~~~~~~~~~~~~~~~~~~~~~~~~~~~~~~~~~~~~~~~
* Hilfsvektor zz(k)= A x g(k)
*~~~~~~~~~~~~~~~~~~~~~~~~~~~~~~~~~~~~~~~~~~~~~~~~~~~~~~~~~~~~~~~~~~~~~*/
  zz[1]= GS[1]*pk[1];
  for(i= 2; i <= nfg; i++)
    {
    zz[i]= GS[ip[i]] * pk[i];
    for(j= ip[i-1]+1; j <= ip[i]-1; j++)
      {
      zz[i]      += GS[j] * pk[iez[j]];
      zz[iez[j]]+= GS[j] * pk[i];
      }
    }
/*~~~~~~~~~~~~~~~~~~~~~~~~~~~~~~~~~~~~~~~~~~~~~~~~~~~~~~~~~~~~~~~~~~~~~~
* Nenner g(k) x zz(k) = g(k) x (A x g(k))
*~~~~~~~~~~~~~~~~~~~~~~~~~~~~~~~~~~~~~~~~~~~~~~~~~~~~~~~~~~~~~~~~~~~~~*/
  sumnen= 0.;
  for(i= 1; i <= nfg; i++)
    sumnen+= pk[i] * zz[i];
/*~~~~~~~~~~~~~~~~~~~~~~~~~~~~~~~~~~~~~~~~~~~~~~~~~~~~~~~~~~~~~~~~~~~~~~
* qk= r(k-1) x rho(k-1) / [g(k) x (A x g(k))]
*~~~~~~~~~~~~~~~~~~~~~~~~~~~~~~~~~~~~~~~~~~~~~~~~~~~~~~~~~~~~~~~~~~~~~*/
  q= sumzae/sumnen;
/*~~~~~~~~~~~~~~~~~~~~~~~~~~~~~~~~~~~~~~~~~~~~~~~~~~~~~~~~~~~~~~~~~~~~~~
* v(k)= v(k-1) + qk x g(k)
```

```
* r(k)= r(k-1) + qk x (A x g(k))
*~~~~~~~~~~~~~~~~~~~~~~~~~~~~~~~~~~~~~~~~~~~~~~~~~~~~~~~~~~~~~~~~~~~~~~~*/
  for(i= 1; i <= nfg; i++)
    {
    v [i]+= q * pk[i];
    xi[i]+= q * zz[i];
    }
  rho1= sumzae;
  }
/*----------------------------------------------------------------------
* Residuum nicht erreicht - auch auf Wiedersehen.
*----------------------------------------------------------------------*/
wrim88r(0,TX_JACONOTOK);
for(i= 1; i <= nfg; i++)
  rs[i]= v[i];
return(0);
}
```

Damit wissen Sie nun das Wichtigste für den Hausgebrauch über Gleichungslöser. In der Rechenpraxis wählen Sie bei kleineren Strukturen bis vielleicht 30.000 Freiheitsgrade das Direkte Cholesky-Verfahren, ggf. mit vorherigem Einsatz des Cuthill-McKee-Programms **Z88H**. Bei größeren Strukturen nehmen Sie den Iterationssolver mit dem SICCG-Verfahren. Beim Iterationssolver brauchen Sie prinzipbedingt kein vorgeschaltetes Cuthill-McKee-Programm oder einen sonstigen Umsortierer, wenngleich damit mitunter eine bessere Kondition des Gleichungssystems erreicht werden kann und Sie dann eventuell weniger Iterationsschritte brauchen.

Aber auf etwas sehr wesentliches wollen wir Sie noch hinweisen: *Es gibt kein 100 % „richtiges" Abbruchkriterium für Iterationssolver: Egal, welche Norm eines Residuenvektors auch immer gegen diese Schranke verglichen würde – Sie könnten niemals sicher sein, dass damit alle Elemente des Lösungsvektors richtig sind.*

Machen wir dazu ein kleines Gedankenexperiment:

Stellen wir uns eine sehr kleine FE-Struktur mit, sagen wir, 5 Freiheitsgraden vor. Die exakte Lösung sei $\boldsymbol{u}_{\text{exakt}}$, aber in der Rechenpraxis kennen wir sie natürlich nicht. Im Fall eines Solvers A sei die Lösung $\boldsymbol{u}_A$ und im Fall eines Solvers B sei die Lösung $\boldsymbol{u}_B$:

$$\boldsymbol{u}_A = \begin{pmatrix} 0{,}95 \\ 0{,}95 \\ 0{,}95 \\ 0{,}95 \\ 0{,}95 \end{pmatrix} \quad \boldsymbol{u}_B = \begin{pmatrix} 1{,}05 \\ 1{,}05 \\ 1{,}05 \\ 0{,}80 \\ 1{,}05 \end{pmatrix} \quad \boldsymbol{u}_{\text{exakt}} = \begin{pmatrix} 1{,}0 \\ 1{,}0 \\ 1{,}0 \\ 1{,}0 \\ 1{,}0 \end{pmatrix}$$

Bilden wir als „Abbruchkriterium“ für alle drei Vektoren die euklidische Norm mit

$$\|\boldsymbol{x}\|_2 = \sqrt{\sum_{k=1}^{n} x_k^2}$$

dann erhalten wir folgende Werte:

$$\|\boldsymbol{u}_A\|_2 = 2{,}12, \quad \|\boldsymbol{u}_B\|_2 = 2{,}25, \quad \|\boldsymbol{u}_{\text{exakt}}\|_2 = 2{,}24$$

Also, mal ehrlich: Auf den ersten Blick sieht es aufgrund der euklidischen Norm so aus, als wäre die Lösung B ganz dicht dran. In Wirklichkeit hält Lösung B aber eine echte Teufelei bereit: Fast alle Komponenten sind nahe an den genauen Werten, aber es gibt wenige (hier nur einen), dafür aber kapitale Ausreißer, die bestimmte Freiheitsgrade nur sehr ungenau abbilden. Hier ist Lösung A viel ausgewogener und im Endeffekt wesentlich praxisbrauchbarer. Sie dürfen uns glauben, dass wir derartige Dinge mehrfach in der Rechenpraxis beobachtet haben!

Probieren Sie doch später einmal folgendes aus: Rechnen Sie das Beispiel 13.9, die RINGSPANN-Scheibe zunächst mit dem Direkten Cholesky-Solver und plotten Sie die Verformungen mit Vergrößerungen von je 10. Dann rechnen Sie mit dem Iterationssolver mit der Einstellung von 1E-5 für `eps` in der Steuerdatei Z88MAN.TXT, plotten Sie erneut. Was sehen Sie erschreckt? Das ist genau der oben beschriebene Effekt. Jetzt stellen Sie in der Steuerdatei Z88I4.TXT `eps` mit 1E-10 ein und lassen Z88I2 erneut laufen. Jetzt schaut das Plotbild der Verformungen gut aus.

Die Wahl von `eps` beeinflusst die Anzahl der Iterationen und damit die Rechenzeit ganz enorm. Beachten Sie dies auch beim Vergleich mit den großen, kommerziellen Solvern (welche Abbruchkriterien die intern verwenden, wissen Sie sowieso nicht): Der Grenzwert, den Sie dort einstellen können, muss absolut nichts mit `eps` von Z88 zu tun haben. Umfangreiche Tests zeigten aber, dass bei `eps` von ca. 0.00001 bis 0.0000001 die an verschiedenen Knotenpunkten erzielten Verschiebungswerte recht genau mit denen von sehr bekannten, großen kommerziellen Solvern übereinstimmten – bei ähnlichen Rechenzeiten.

Beachten Sie: Wenn Sie große FEA-Strukturen mit verschiedenen Solvern rechnen, wissen Sie ohnehin niemals, welcher Solver eigentlich am nähsten dran ist!

Dagegen gibt es nur ein – und wirklich nur ein – Gegenmittel: Ihr Ingenieurverstand muss Ihnen anhand der Verformungsbilder und Spannungsbilder sagen, ob diese Ergebnisse realistisch sein *könnten*. Wohl dem, der hier über sehr solide Konstruktions- und Mechanikkenntnisse, gesunden Menschenverstand und Praxis-Erfahrung verfügt!

6.4 Solver für thermomechanische Probleme

Der direkte Gleichungslöser und die iterativen Gleichungslöser SICCG bzw. SORCG, wie in den vorherigen Kapiteln beschrieben, werden auch für die Temperaturanalyse verwendet und sind nicht verändert worden. Für die bei der rein thermischen Berechnung verwendeten Finiten Elemente (Hexaeder, Tetraeder) verringern sich die in das Gleichungssystem eingehenden Werte, aufgrund der Reduktion von drei auf einen Freiheitsgrad, wodurch sich das Gleichungssystem deutlich verkleinert. Im Gegensatz dazu ist bei der thermomechanischen Berechnung alles wie gehabt. Hier werden wieder die üblichen drei Freiheitsgrade im Raum betrachtet.

6.5 Solver für Schwingungsprobleme

Mit der EWP-Systemmatrix steht die Ausgangslage für den Eigenproblem-Löser bereit. Ein im FEA-Umfeld besonders bewährtes numerisches Verfahren wurde bereits 1950 von *Cornelius Lanczos* vorgestellt */128/*. Und obwohl an die numerische Modalanalyse von FEA-Strukturen damals wohl noch nicht zu denken war, besitzt der Algorithmus viele für die FE-Programmierung positive Eigenschaften. Die Grundidee, die Matrix iterativ auf eine sogenannte Tridiagonalmatrix (Diagonalstrukur mit Bandbreite drei) zu reduzieren, hilft bei der Speicherverwaltung. Außerdem ist mathematisch sichergestellt, dass die Eigenwerte dieser Tridiagonalmatrix Näherungen der Eigenwerte der Originalmatrix sind.

Jede einzelne Iteration des Solvers lässt sich in zwei Phasen gliedern. Zunächst wird jeweils eine (weitere) Zeile bzw. Spalte der Tridiagonalmatrix berechnet – also im Grunde nur drei Matrixwerte, denn alle vorher bereits bestimmten Einträge bleiben erhalten. In der zweiten Phase werden die Eigenwerte dieser Matrix ermittelt – und zwar von Null an aufwärts. In der Tat hat die EWP-Matrix aus physikalischen Gründen /129/ nur positive Eigenwerte. Für die technische Interpretation sind ohnehin nur die kleinsten Eigenwerte (und Eigenfrequenzen) von Interesse. Liegt schließlich auch nur eine Eigenschwingung im Anregungsbereich, sollte die Konstruktion überarbeitet werden. Die Suche von Eigenwerten größer Null ist schon deshalb sinnvoll, weil sie zur Rechenzeitersparnis einfach beendet werden kann, wenn die gewünschte Anzahl erreicht ist.

Phase I: Tridiagonalisierung

Mathematische Grundlage der Matrix-Tridiagonalisierung nach Lanczos ist – wie schon für die Iterationsverfahren mit Konjugierten Gradienten – die paarweise Orthogonalität der Iterationsvektoren im sogenannten Krylov-Unterraum. Die zwischenzeitlich erzeugten Vektoren $\boldsymbol{x}_i$ finden im Unterschied zu den CG-Verfahren allerdings vorerst keine Interpretation, sondern werden zur Berechnung der skalaren Matrixeinträge α_i und β_i benutzt. Für eine exakte Herleitung sei beispielsweise auf */130/* verwiesen. Wir wollen uns nicht lange mit der Beweisführung befassen, sondern benutzen gleich die Iterationsvorschrift nach *Lanczos*, die im i-ten Schritt die i × i-Tridiagonalmatrix $\boldsymbol{T}_i$ erzeugt als Pseudocode:

```
(1)   v = (1.0,0.0,0.0,0.0)^T
(2)   u = AEWP · v
(3)   for j = 1 to n do
(4)     alpha(j) = u^T · v
(5)     w        = u - alpha(j) · v
(6)     beta(j)  = sqrt(w^T · w)
(7)     v_neu    = w · 1 / beta(j)
(8)     u        = AEWP · v_neu - beta(j) · v
(9)     v        = v_neu
(10)  end for
```

Ein kleines Beispiel soll die Vorgehensweise verdeutlichen. Als Grundlage dient die symmetrische Testmatrix $\boldsymbol{A}$, die in vier Schritten komplett tridiagonalisiert wird.

$$\boldsymbol{A} = \begin{pmatrix} 4 & 0 & 1 & 3 \\ 0 & 5 & 2 & 0 \\ 1 & 2 & 8 & -1 \\ 3 & 0 & -1 & 4 \end{pmatrix}$$

Ausgehend von der Initialisierung (j = 0) in den Zeilen (1) und (2) im Algorithmus ergeben sich folgende Iterationsschritte:

Tabelle 6.5-1: Verlauf der Lanczos-Iteration am Testbeispiel

j	v_j	u_j	w_j	v_neu_j	α_j	β_j
0	$\begin{pmatrix} +1.000 \\ +0.000 \\ +0.000 \\ +0.000 \end{pmatrix}$	$\begin{pmatrix} +4.000 \\ +0.000 \\ +1.000 \\ +3.000 \end{pmatrix}$	-	-	-	-
1	$\begin{pmatrix} +1.000 \\ +0.000 \\ +0.000 \\ +0.000 \end{pmatrix}$	$\begin{pmatrix} +0.000 \\ +0.632 \\ +1.581 \\ +3.479 \end{pmatrix}$	$\begin{pmatrix} +0.000 \\ +0.000 \\ +1.000 \\ +3.000 \end{pmatrix}$	$\begin{pmatrix} +0.000 \\ +0.000 \\ +0.316 \\ +0.949 \end{pmatrix}$	4.000	3.162
2	$\begin{pmatrix} +0.000 \\ +0.000 \\ +0.316 \\ +0.949 \end{pmatrix}$	$\begin{pmatrix} +0.000 \\ +5.240 \\ +5.679 \\ -1.893 \end{pmatrix}$	$\begin{pmatrix} +0.000 \\ +0.632 \\ +0.379 \\ -0.126 \end{pmatrix}$	$\begin{pmatrix} +0.000 \\ +0.845 \\ +0.507 \\ -0.169 \end{pmatrix}$	3.800	0.748

Tabelle 6.5-1 *(Fortsetzung)*: Verlauf der Lanczos-Iteration am Testbeispiel

j	v_j	u_j	w_j	v_neu_j	α_j	β_j
3	$\begin{pmatrix}+0.000\\+0.845\\+0.507\\-0.169\end{pmatrix}$	$\begin{pmatrix}+0.000\\-2.978\\+4.467\\-1.489\end{pmatrix}$	$\begin{pmatrix}+0.000\\-1.207\\+1.811\\-0.604\end{pmatrix}$	$\begin{pmatrix}+0.000\\-0.535\\+0.802\\-0.267\end{pmatrix}$	7.629	2.259
4	$\begin{pmatrix}+0.000\\-0.535\\+0.802\\-0.267\end{pmatrix}$	$\begin{pmatrix}+0.525\\+0.773\\+1.069\\+1.273\end{pmatrix}$	$\begin{pmatrix}+0.000\\+0.000\\+0.000\\+0.000\end{pmatrix}$	$\begin{pmatrix}-0.535\\+0.039\\+0.290\\+0.792\end{pmatrix}$	5.571	-

Da die Vektoren ***v***, ***u***, ***w*** und ***v_neu*** für die weitere Berechnung nicht mehr gebraucht werden, können sie im Sinne einer speichersparenden Programmierung in jeder Iteration überschrieben werden. Einzig die Information über alle bisher erzeugten Koeffizienten α_i und β_i werden später noch benötigt – sie beanspruchen ihrerseits jeweils maximal einen Vektor der Länge der Matrixgröße (Knotenzahl · Freiheitsgrade). Und tatsächlich ist der Speicherbedarf des Lanczos-Verfahrens nur geringfügig größer als der von den iterativen Gleichungssystemlösern aus Kapitel 6.3.

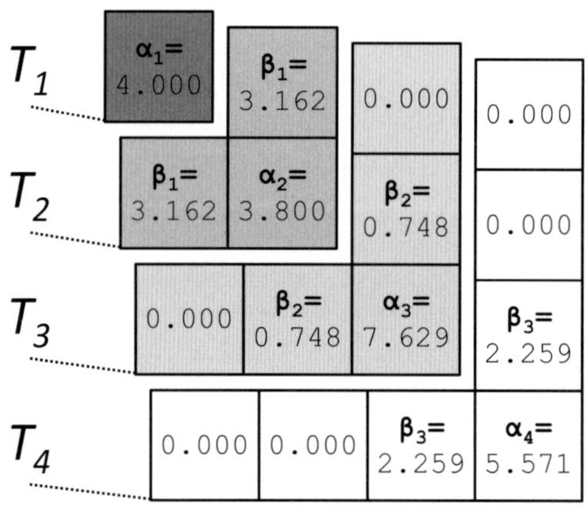

Bild 6.5-1: Anordnung der iterierten Koeffizienten in der Tridiagonalmatrix $\boldsymbol{T}_4$

Laut Theorie sollen die Eigenwerte der Tridiagonalmatrizen $\boldsymbol{T}_1$, $\boldsymbol{T}_2$, $\boldsymbol{T}_3$ mit den berechneten Koeffizienten $\alpha_{1...4}$, $\beta_{1...4}$ Näherungen für die Eigenwerte von $\boldsymbol{A}$ sein; diejenigen von $\boldsymbol{T}_4$ schließlich sollen sogar die gleichen sein wie die Eigenwerte von $\boldsymbol{A}$. Für unsere kleine Testmatrix sind die Eigenwerte der sich sukzessive aufbauenden Matrix $\boldsymbol{T}$ schnell gefunden.

Tabelle 6.5-2: Eigenwerte (EW's) der erzeugten Tridiagonalmatrizen

EW's von T_1	EW's von T_2	EW's von T_3	EW's von T_4	EW's von A
(4.000)	$\begin{pmatrix} 0.736 \\ 7.064 \end{pmatrix}$	$\begin{pmatrix} 0.694 \\ 6.766 \\ 7.968 \end{pmatrix}$	$\begin{pmatrix} 0.687 \\ 4.116 \\ 7.000 \\ 9.197 \end{pmatrix}$	$\begin{pmatrix} 0.687 \\ 4.116 \\ 7.000 \\ 9.197 \end{pmatrix}$

Wie man sieht, führt der Algorithmus tatsächlich zum Ziel – es können am Ende wirklich die Eigenwerte der Originalmatrix **A** recht genau berechnet werden. Bei genügend Nachkommastellen könnte man noch einen relativen Fehler für jeden Eigenwert bestimmen. Für das betrachtete Beispiel sind alle vier kleiner als 0,00005 %: Das ist mehr als akzeptabel.

Der eigentliche Mehrwert dieser Umformulierung der Systemmatrix in Tridiagonalform erschließt sich erst, sobald nun während der Iterationsphase die Eigenwerte der $\boldsymbol{T}_i$ berechnet werden. Es wird sich zeigen, dass sowohl jeder einzelne Schritt wenig aufwendig ist, als auch weniger Iterationsschritte vonnöten sind, um zu zufriedenstellenden Ergebnissen zu gelangen.

Phase II: Eigenwert-Approximation

Für jede einzelne neu hinzugekommene Zeile / Spalte i der Tridiagonalmatrix $\boldsymbol{T}_i$ ändern sich potentiell alle i Eigenwerte im Vergleich zu denen aus dem vorherigen Schritt i-1. Es ist also keineswegs sichergestellt, dass einmal berechnete Eigenwerte eine Gültigkeit bzgl. der Gesamt-EWP-Systemmatrix besitzt. So sind laut Definition */131/* für die exakte Bestimmung der Eigenwerte $\lambda_1, ..., \lambda_i$ alle Nullstellen des sogenannten charakteristischen Polynoms zu bestimmen, welches sich für jede neue Zeile bzw. Spalte ändert. Aufgrund der üblicherweise sehr großen EWP-Matrizen ist dieser Weg jedoch nicht sehr effizient. Ferner sind, wie erwähnt, lediglich die kleinsten Eigenfrequenzen von technischem Interesse. Um einen Großteil des dazu unnötigen Berechnungsaufwandes zu sparen, kommen sogenannte *Sturm'sche Ketten /132/* zum Einsatz. Sie geben Aufschluss darüber, wie viele Eigenwerte einer Matrix $\boldsymbol{M}$ über einem angenommenen Grenzwert μ liegen. Das Verfahren arbeitet wiederum iterativ und bedient sich einer Kette von Determinanten d_k:

$$d_k = \det(\mu \cdot \boldsymbol{I} - \boldsymbol{M}_k)$$

Hierbei kennzeichnet $\boldsymbol{M}_k$ diejenige Teilmatrix (von oben links) von $\boldsymbol{A}$, die entsteht, wenn man nur die Zeilen und Spalten $i \leq k$ berücksichtigt. Anhand der Vorzeichenwechsel in dieser Zahlenfolge d_k kann jetzt exakt vorhergesagt werden, wie viele Eigenwerte der Gesamtmatrix $\boldsymbol{M}$ größer sind als μ. Nun – beim Aufstellen dieser Determinantenfolge – wird der Vorteil der Tridiagonalstruktur deutlich. Schließlich setzt sich die Determinante der $k \times k$-Matrix aus allen $(k-1) \times (k-1)$-Submatrizen zusammen, die durch Weglassen einer Zeile oder Spalte entstehen – das besagt der Laplace'sche Entwicklungssatz */131/*. Vorfaktor für die summierten Submatrix-Determinanten sind die Matrixeinträge der Zeile / Spalte k mit für benachbarte Matrixeinträge wechselnden Vorzeichen. Angewendet auf die Tridiagonalmatrix $(\mu \cdot \boldsymbol{I} - \boldsymbol{T}_i)$ ergibt sich folgendes Bild:

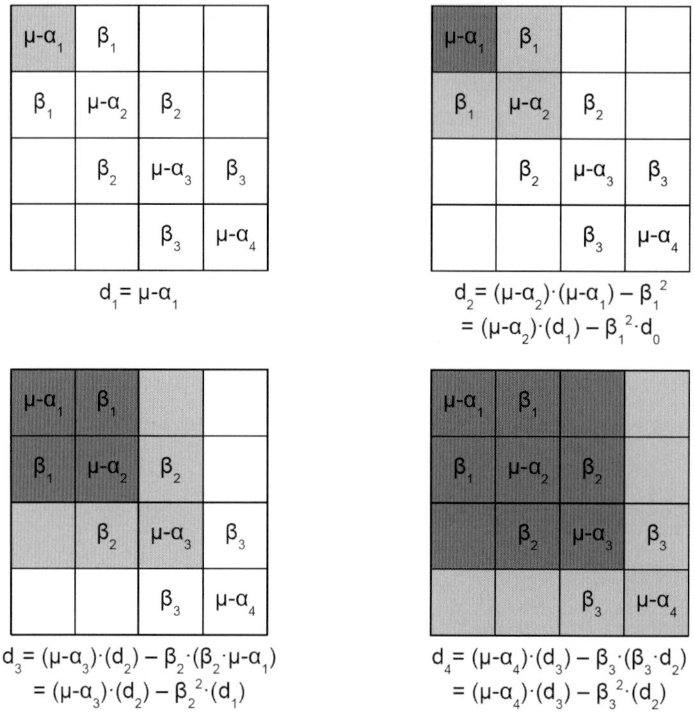

Abbildung 6.5-2: Rekursion der Determinanten einer Tridiagonalmatrix

Auch für alle weiteren Indizes k = 5, 6 ..., i wird jede Determinante d_k nur von ihren beiden Vorgängern abhängig sein und sonst keine weiteren Eingaben erfordern. Die Determinante von $\boldsymbol{T}_{1000}$ ist also gleich schwer oder leicht zu berechnen wie die von $\boldsymbol{T}_4$ – solange man nur die bisherigen Kettenmitglieder kennt. Das ist ein ungeheurer Vorteil verglichen mit dem quadratisch steigenden Aufwand, den man bei unsystematisch besetzten Matrizen betreiben müsste.

Warum die Aussage, wie viele Eigenwerte jenseits von μ existieren, so wertvoll ist, wird im nächsten Schritt klar. Sie soll nun für eine näherungsweise Berechnung des kleinsten Eigenwertes verwendet werden. Über diesen ist zunächst im Grunde nichts bekannt, außer dass er wegen der positiven Definitheit größer als Null ist. Wählt man also $\mu = 0$, wird man als Anzahl der größeren Eigenwerte von $\boldsymbol{T}_i$ exakt i erhalten. Solange μ größer werden kann, ohne dass sich diese Anzahl verringert, ist demnach auch der kleinste Eigenwert λ_1 noch größer als μ. Die Herausforderung besteht nun darin, möglichst schnell zwei Schwellen zu finden: einen Wert für μ_u, der knapp unterhalb λ_1 liegt (also die erhaltene Anzahl gleich i ist), sowie eine weitere Schwelle μ_o knapp über λ_1 (also die erhaltene Anzahl kleiner i ist). Dieser Ansatz mit zwei aufeinander zulaufenden Schranken zum Zwecke einer möglichst genauen Eingrenzung wird Bisektion genannt. Abbildung 6.5-3 illustriert das Vorgehen.

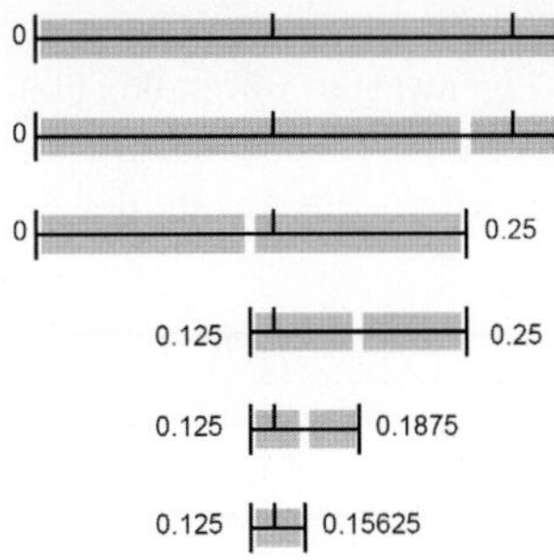

Iteration	anz(μ_1)	anz(μ_2)	μ_2-μ_1
0	8	0	1
1	8	4	0.5
2	8	7	0.25
3	8	7	0.125
4	8	7	0.0625
5	8	7	0.03125
...	...	...	...

Abbildung 6.5-3: Funktionsweise des Bisketionsverfahrens zur Suche des kleinsten Eigenwerts

Ausgehend von der garantierten Untergrenze 0,0 und einer willkürlich gesetzten, aber sicheren Obergrenze (hier 1.0) wird in jedem Schritt die Anzahl der Eigenwerte jenseits der beiden Grenzen bestimmt. Deren Differenz legt die Anzahl der im Intervall liegenden Eigenwerte an. Solange mindestens ein Eigenwert eingeschlossen ist, wird das Intervall halbiert. Für die so entstehenden beiden Teilintervalle wird mit Hilfe des Mittenschwellwertes $\mu_m = (\mu_o + \mu_u)/2$ wiederum die jeweilige Anzahl eingeschlossener Eigenwerte bestimmt. Enthält das untere Teilintervall keinen Eigenwert mehr, konzentriert man sich auf die obere Hälfte und verfährt wie gehabt. Schon nach kurzer Zeit sind sich μ_0 und μ_u so nahe, dass man sich mit dem Mittelwert der beiden Schranken als Eigenwertnäherung zufrieden gibt. Da das Intervall in jedem Schritt halbiert wird, verringert sich der numerische Fehler in jedem Schritt wie die Folge 2^{-i}. So kann zum Beispiel schon nach 40 Bisektionsschritten ein Eigenwert im Suchintervall [0.0 3.95e + 09] (das entspricht dem Frequenzintervall bis 10.000 Hz) auf zwei Nachkommastellen genau bestimmt werden.

Hat man den kleinsten Eigenwert λ_1 der EWP-Systemmatrix schließlich mit der gewünschten Genauigkeit bestimmt, startet man das Bisektionsverfahren für den nächstgrößeren, indem man die Untergrenze des neuen Suchintervalls entsprechend wählt. So sucht man für den fünftkleinsten Eigenwert tatsächlich den kleinsten Eigenwert im Intervall ab $\lambda_1 + \Delta$, wobei Δ eine zuvor festgelegte Solldifferenz kennzeichnet, um die sich zwei Eigenwerte mindestens unterscheiden müssen, damit diese auch als verschieden anerkannt werden. So kann ausgeschlossen werden, dass sogenannte mathematische Vielfachheiten, die keine technische Bedeutung haben, das Simulationsergebnis einschränken. Sind die zehn kleinsten Eigenwerte gefragt, sollen schließlich auch zehn wirklich verschiedene Moden gefunden werden können.

Mit diesem letzten Baustein stehen nun endlich alle Bestandteile des Eigenwertlösers fest. Da sie allesamt ineinander verschachtelt werden müssen, ergibt sich theoretisch ein enormer Berechnungsaufwand. Die logische Abfolge aus Abbildung 6.5-4 enthält diverse Schleifen (grau), deren Aufwand sich folgendermaßen abschätzen lässt: Für jede neue Zeile / Spalte i können alle p gewünschten Eigenwerte durch je ein Bisektionsverfahren bestimmt werden. Für jede Bisektion werden wiederum für alle drei Schwellwerte μ_u, μ_{mo} und μ_m die Determinantenketten mit i Kettengliedern berechnet werden. Für 40 Bisektionsschritte je Eigenwert sind laut Theorie also exakt

$$\sum_{i=3}^{n} 40 \cdot 3 \cdot p \cdot i = 120 \cdot p \cdot \left(n^2 + n\right)$$

Determinanten zu berechnen, wenn man die Matrix bis zum Ende tridiagonalisiert. Bei einer angenommenen Matrixgröße von 60.000 Freiheitsgraden und 10 Eigenwerten wären das über 4 Billionen Stück! Zwar ist die Berechnung der Determinanten durch die Tridiagonalstruktur schon erheblich vereinfacht worden, trotzdem ist man daran interessiert, die Anzahl der Berechnungsschritte zu reduzieren.

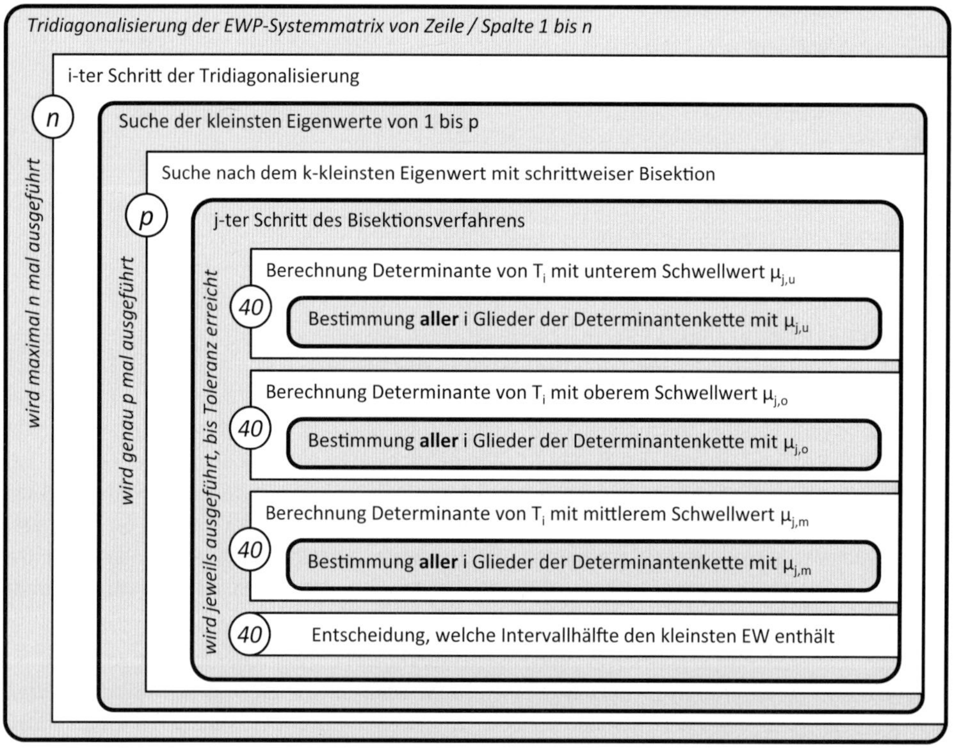

Abbildung 6.5-4: Aufwandsabschätzung der Eigenwertsuche

Abbruchkriterium

Es gibt zwei wesentliche Maßnahmen, dem enormen Berechnungsaufwand, der gemäß Herleitung zu betreiben ist, entgegenzuwirken. Zunächst macht man davon Gebrauch, dass die sukzessive aufgebaute Tridiagonalmatrix, wie vorhin bereits angedeutet, immer genauere Näherungen für die kleinsten Eigenwerte der $(n \times n)$-EWP Systemmatrix liefert. In der Praxis lässt sich tatsächlich eine rasche Konvergenz beobachten (vgl. */133/*). Dazu werden häufig weit weniger Iterationen nötig, als die theoretische Zusage – exakte Approximation nach n Schritten – liefert. Abbildung 6.5-5 zeigt die gemessenen Eigenwerte nach jeder Iteration einer kleinen (n = 498) Testmatrix. Wünschenswert wäre nun ein Abbruchkriterium, welches die Iteration unterbricht, sobald sich die Eigenwerte nicht weiter verbessern lassen. Im Übrigen sollte sich dieses Kriterium nicht von dem auftretenden stufigen Verlauf täuschen lassen und möglichst nicht schon an der markierten Stelle nach 226 Iterationen abbrechen, da sonst der wirkliche kleinste Eigenwert fast um das 100fache überschätzt würde.

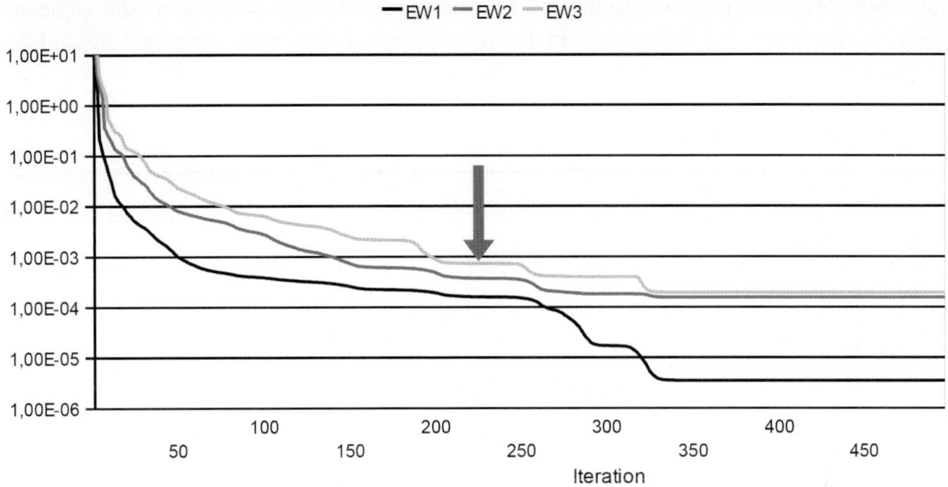

Abbildung 6.5-5: Stufenweiser Konvergenzverlauf der drei kleinsten Eigenwerte

Weiteres großes Einsparpotential liegt in der Frage, zu welchem Zeitpunkt die Eigenwerte überhaupt von Interesse sind. Schließlich gehen deren Werte gar nicht in die eigentliche Lanczos-Iteration ein, sondern benutzt diese lediglich als Berechnungsgrundlage für die Näherungsrechnung. Im Grunde genügt es also, die Eigenwertberechnung nur ein einziges Mal durchzuführen - und zwar sobald die Tridiagonalmatrix „genau genug" ist. Um dies überprüfen zu können, ist allerdings wieder Kenntnis der Eigenwerte nötig, idealerweise in jedem Lanczos-Schritt. Als Kompromiss zwischen diesen beiden konkurrierenden Zielen wird die Eigenwertapproximation nur in einer festen Schrittweite von beispielsweise 50 Lanczos-Iterationen durchgeführt.

Letztlich wird also jeweils nach einer gewissen Anzahl von Lanczos-Schritten eine vollständige Bestimmung der gewünschten Anzahl kleinster Eigenwerte vorgenommen. Sobald sich deren Werte zusammengenommen im Vergleich zur vorherigen Approximation nicht mehr signifikant ändern, wird die aktuelle Näherung akzeptiert und das Verfahren abgebrochen. Sowohl die Testschrittweite als auch die Abbruchtoleranz sollten recht streng (das heißt: großer Abstand von circa 50, kleine Toleranz von circa $1 \cdot 10^{-5}$ Hz) gewählt werden, um vorzeitiges Beenden im Bereich der Konvergenzstufen zu vermeiden. Für das Testbeispiel mit n = 498 signalisiert das Kriterium nach 400 Iterationen den Abbruch. Bis zu diesem Zeitpunkt wurden acht Mal (ab 50 Iterationen in 50er-Schritten) die Eigenwerte berechnet. Der Aufwand für die Eigenwertbestimmung konnte demnach auf weniger als zwei Prozent der Ausgangsvariante reduziert werden.

Wielandt-Verfahren

Nachdem die Eigenwerte der EWP-Systemmatrix - und damit auch die Eigenfrequenzen - berechnet wurden, sollen nun noch die entsprechenden Eigenschwingungsformen bestimmt werden. Diese für die jeweilige Schwingung charakteristischen Verformungen des betrachteten Bauteils sind wie bei der gewöhnlichen linear-elastischen Finiten Elemente Analyse in einem Verschiebungsvektor enthalten. Aus der zum Beginn dieses Kapitels gewählten Bezeichnung des Amplitudenvektors $\hat{\boldsymbol{u}}$ wird klar, dass dieser Ergebnis der Rücktransformation $\boldsymbol{L}^{-T} \cdot \boldsymbol{\varphi}$ ist, wobei $\boldsymbol{\varphi}$ den Eigenvektor zum Eigenwert λ ist. Aber wie erhält man den Eigenvektor zu einem gegebenen Eigenwert? Hierzu noch einmal ein Blick auf das Eigenwertproblem in der Standardnotation:

$$\boldsymbol{A}_{EWP} \cdot \boldsymbol{\varphi} = \lambda \cdot \boldsymbol{\varphi}$$

Entgegen der gewohnten Aufgabenstellung für lineare Gleichungssysteme steht der unbekannte Eigenvektor auf beiden Seiten und nicht nur links. Das soll jetzt nachgeholt werden durch eine Multiplikation mit der Einheitsmatrix $\boldsymbol{I}$.

$$\boldsymbol{I} \cdot \boldsymbol{A}_{EWP} \cdot \boldsymbol{\varphi} = \lambda \cdot \boldsymbol{I} \cdot \boldsymbol{\varphi}$$

$$\boldsymbol{I} \cdot \boldsymbol{A}_{EWP} \cdot \boldsymbol{\varphi} - \lambda \cdot \boldsymbol{I} \cdot \boldsymbol{\varphi} = (\boldsymbol{A}_{EWP} - \lambda \cdot \boldsymbol{I}) \cdot \boldsymbol{\varphi} = 0$$

Zieht man also von der Diagonale der EWP-Systemmatrix in jeder Komponente den Eigenwert λ ab und löst das lineare Gleichungssystem mit dem Nullvektor auf der rechten Seite, erhält man als Lösung den zugehörigen Eigenvektor $\boldsymbol{\varphi}$. Unglücklicherweise ist die derart modifizierte Systemmatrix singulär. Jeder Eigenwert λ – als Nullstelle des charakteristischen Polynoms – hat schließlich die Eigenschaft, die Determinante der Matrix zu nullen. Die Menge der in Frage kommenden Lösungsvektoren wird dadurch unendlich groß. Weiterhin ist damit die grundlegende Voraussetzung der Lösungsverfahren aus Kapitel 6.1 und 6.3 verletzt.

Damit diese Methoden trotzdem zum Einsatz kommen können, und zumindest (irgend)eine Lösung berechnet werden kann, verfährt man nach dem sogenannten Wielandt-Algorithmus der inversen Vektoriteration mit numerischem Shiftparameter */56/*. Dessen Details sind hier weniger von Bedeutung als das grundsätzliche Vorgehen. So wird das obige Gleichungssystem in mindestens zwei Schritten gelöst, wobei die rechte Seite $z_{1,2}$ (leicht) von Null verschieden gewählt wird: im ersten Schritt willkürlich im Bereich der Maschinengenauigkeit des Rechners ($z_{1,i} = 1 \cdot 10^{-30}$ bis $1 \cdot 10^{-40}$), im zweiten Schritt wird die zuvor bestimmte Lösung verwendet ($\mathbf{z}_2 = \boldsymbol{\varphi}_1$).

Schließlich wird $\boldsymbol{\varphi}_2$ auf die Länge 1 normiert und als Eigenschwingungsform akzeptiert. Dabei gehen natürlich die absoluten Werte der einzelnen Vektoreinträge verloren. Jedoch darf man auch aus physikalischer Sicht keinen Amplitudenwert erwarten, da es sich laut Definition ja um eine ungedämpfte Eigenschwingung handelt, die sich durch Resonanzeffekte zudem auch noch verstärken kann. *Echte Freiheitsgradverschiebungen in Millimeter sind also nicht zu erreichen.* Doch auch anhand der qualitativen Gestalt der Modenform können wertvolle Informationen für die Bauteilauslegung getroffen werden.

Ablauf des Eigenwertproblem-Solvers

Zum Abschluss der theoretischen Betrachtungen sollen die vorgestellten numerischen Berechnungsverfahren noch in einen logischen Ablaufplan eingeordnet werden. Wie üblich kann der Solver in drei grundlegende Phasen gegliedert werden: Aufbau der numerischen Problemstellung, deren Lösung und die Umrechnung in technische interpretierbare Aussagen der Resultate.

Phase I: Numerische Problemstellung

Wie auch bei elasto-mechanischer Rechnung wird eine Gesamtsteifigkeitsmatrix benötigt. Sie spiegelt letztlich die Steifigkeitseigenschaften aller das Bauteil repräsentierenden FE-Knoten wider. Ihr Aufbau erfolgt wie in Kapitel 3.4 beschrieben. Als Gegenspieler für das Eigenschwingungen charakterisierende Kräftegleichgewicht wird weiterhin die sogenannte Massenmatrix benötigt. Durch die Verwendung der sogenannten „konzentrierten Massen“-Annahme kann ihr Aufbau relativ einfach als Diagonalmatrix erfolgen. Diese vorteilhafte Struktur erleichtert auch den folgenden Schritt - den Zusammenbau der EWP-Systemmatrix. So sind zu dieser Umformulierung als Standard-Eigenwertproblem ebenfalls lediglich einfache Zeilen- und Spaltenmultiplikationen nötig. Ein sogenannter Fill-In tritt nicht auf. Wenn gewünscht, können in dieser Phase auch fixierende Randbedingungen eingefügt werden. Sie werden durch „unendlich“ große Knotenmassen erzeugt, die eine „unendlich“ hohe Trägheit vorspiegeln.

Phase II: EWP-Solver

Die numerisch aufwendigste Phase der Eigenwertbestimmung erfolgt iterativ nach dem Verfahren von Lanczos. Eine in jedem Schritt größer werdende Tridiagonalmatrix mit immer genauerer Aussagekraft bezüglich der kleinsten Eigenwerte der EWP-Matrix wird regelmäßig auf Konvergenz überprüft. Diese Prüfung wird wegen des vergleichsweise großen Aufwandes (vgl. Abbildung 6.5-4) nur in recht großen Abständen durchgeführt. Da im Gegensatz zur strukturmechanischen Analyse keine globale Genauigkeitsaussage via Residuum getroffen werden kann, muss ein kurzsichtiges Kriterium angewendet werden - nach dem Motto: In welchem Maß haben sich die interessanten Eigenwerte in den letzten Schritten verändert? Ist noch eine signifikante Änderung zu erwarten? Diese Feststellung kann für verschiedene FEA-Strukturen zu höchst unterschiedlichen Zeitpunkten getroffen werden, was die genaue Vorhersage der Rechenzeit quasi unmöglich macht. Allerdings ist sichergestellt, dass spätestens, wenn die Matrix komplett tridiagonalisiert wurde, die Eigenwerte nahezu exakt abgebildet sind. In der Praxis braucht man aber häufig nur 1/4 bis 1/2 der Freiheitsgrade bis zu einem zufriedenstellenden Ergebnis durchlaufen. Es ist also nur 1/16 bzw. 1/4 der EWP-Matrixgröße zu berechnen. Ist dann schließlich die gewünschte Anzahl an kleinsten Eigenwerten ermittelt, werden noch die jeweils zugehörigen Eigenvektoren bestimmt. Dabei ergibt sich oft auch eine nachträgliche kleine Änderung der Eigenwerte. Durch das erstmals gleichzeitige Vorliegen von Eigenwert und -vektor kann aber garantiert werden, dass dieser neue Eigenwert exakter kalibriert ist als der Ausgangswert.

Phase III: Technische Interpretation

Nach dem eigentlichen Solver liegen nun alle gewünschten Eigenwerte und deren Eigenvektoren vor. Durch die anfangs nötige Umformulierung der numerischen Problemstellung aus Kapitel 3.4 sind das aber nicht die Eigenfrequenzen bzw. Formvektoren der Moden! Für diese Ausgabedaten muss nun noch eine Rücktransformation erfolgen. Eigenfrequenzen müssen nur durch Division des Eigenwerts durch $\sqrt{2\pi}$; Eigenvektoren müssen mit der Transformationsmatrix $\boldsymbol{L}^{-T}$ bestimmt werden.

Abbildung 6.5-6 zeigt den Ablauf noch einmal in grafischer Form. Sicherlich repräsentieren die Kästchen nicht den numerischen Aufwand. Man bedenke nur die Eigenwertabschätzung mit Hilfe der Determinantenketten nach Sturm. Zum Vergleich: Die einmalige Berechnung der Gesamtdeterminante der Problemmatrix würde das lineare Gleichungssystem lösen. Eine Modalanalyse erfordert also ungleich mehr Rechenzeit als die elasto-mechanische Analyse.

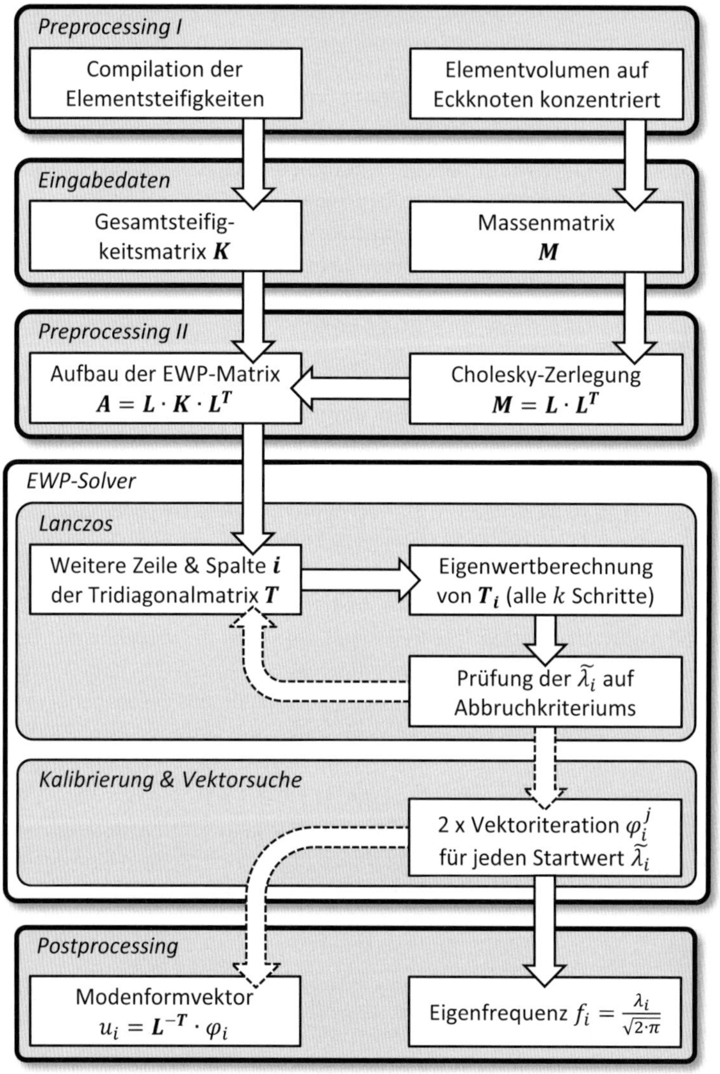

Abbildung 6.5-6: Schematischer Überblick des Eigenschwingungs-Solvers

6.6 Gleichungslöser für die nichtlineare Finite Elemente Analyse

Die Gleichungssysteme bei nichtlinearen FE-Rechnungen erfordern iterative Lösungsverfahren, die im Folgenden erläutert werden. Die Ausführungen schließen dabei an Kapitel 4.12 und 5.3.6 an, in welchen die allgemeine Form der Gleichungssysteme eingeführt wurde. Schreiben wir zunächst diese allgemeine Form noch einmal an:

$$\iiint_V \boldsymbol{B}^T \boldsymbol{S} dV - \kappa \boldsymbol{F} = \boldsymbol{0}$$

Da wir hier nun das Gesamtsystem betrachten, erstreckt sich das Integrationsgebiet über das gesamte Bauteil. Nach Durchführen einer Taylor-Entwicklung, abgebrochen nach dem linearen Term, erhält man daraus die nachstehende Gleichung.

$$\iiint_V \boldsymbol{B}^T \boldsymbol{S} dV - \kappa \boldsymbol{F} \approx \left(\iiint_V \boldsymbol{B}^T \boldsymbol{S} dV - \kappa \boldsymbol{F} \right)\bigg|_i + \left(\frac{\partial}{\partial \boldsymbol{U}} \left(\iiint_V \boldsymbol{B}^T \boldsymbol{S} dV - \kappa \boldsymbol{F} \right) \right)\bigg|_i \Delta \boldsymbol{U}_{i+1} \overset{!}{=} \boldsymbol{0}$$

Mit Hilfe der Definition der Tangentenmatrix (Kapitel 4.12) und den inneren Kräften

$$\boldsymbol{R} = \iiint_V \boldsymbol{B}^T \boldsymbol{S} dV$$

kann das entstandene, lineare Gleichungssystem kompakt geschrieben werden.

$$(\boldsymbol{R} - \kappa \boldsymbol{F})\big|_i + \boldsymbol{K}_{Ti} \Delta \boldsymbol{U}_{i+1} = \boldsymbol{0}$$

Weil verformungsabhängige Lasten außer Acht gelassen werden sollen, bezieht sich die iterative Auswertung allein auf die inneren Kräfte.

$$(\boldsymbol{R}_i - \kappa \boldsymbol{F}) + \boldsymbol{K}_{Ti} \Delta \boldsymbol{U}_{i+1} = \boldsymbol{0}$$
$$\Leftrightarrow \boldsymbol{K}_{Ti} \Delta \boldsymbol{U}_{i+1} = -\boldsymbol{R}_i + \kappa \boldsymbol{F}$$

Dieses lineare Subgleichungssystem muss in jedem Schritt des Newton-Raphson-Verfahrens gelöst werden. Der Lösungsvektor liefert das Verschiebungsinkrement, welches die Berechnung der neuen Näherungslösung ermöglicht.

$$\Delta \boldsymbol{U}_{i+1} = \boldsymbol{U}_{i+1} - \boldsymbol{U}_i$$
$$\boldsymbol{U}_{i+1} = \boldsymbol{U}_i + \Delta \boldsymbol{U}_{i+1}$$

Die Tangentenmatrix $\boldsymbol{K}_T$ und der Vektor der inneren Kräfte $\boldsymbol{R}$ sind dabei in jedem Iterationsschritt neu aufzubauen. Sie setzen sich durch den Compilationsprozess (Kapitel 5.1) aus den Elementmatrizen bzw. -vektoren gemäß Kapitel 4.12 zusammen.

$$\boldsymbol{K}_T = \sum_k \boldsymbol{K}_{Tk}^e$$
$$\boldsymbol{R} = \sum_k \boldsymbol{R}_k^e$$

Der gesamte Lösungsprozess erfordert je nach eingesetztem Solver für das lineare Subgleichungssystem zwei oder drei ineinander geschachtelte Schleifen. Die äußerste Schleife stellt die

Laststeuerung dar. Diese erfolgt durch sukzessives Erhöhen des Lastfaktors κ (vgl. Kapitel 5.3.6). Die zweite und bei einem direkten Solver für das lineare Subgleichungssystem letzte Schleife beschreibt den Lösungsprozess des Newton-Raphson-Verfahrens. Wird ein iterativer Gleichungslöser (vgl. Kapitel 6.3) zur Lösung des linearen Subgleichungssystems eingesetzt, existiert eine dritte Schleife. Bild 6.6-1 zeigt eine graphische Veranschaulichung dieser Schleifen.

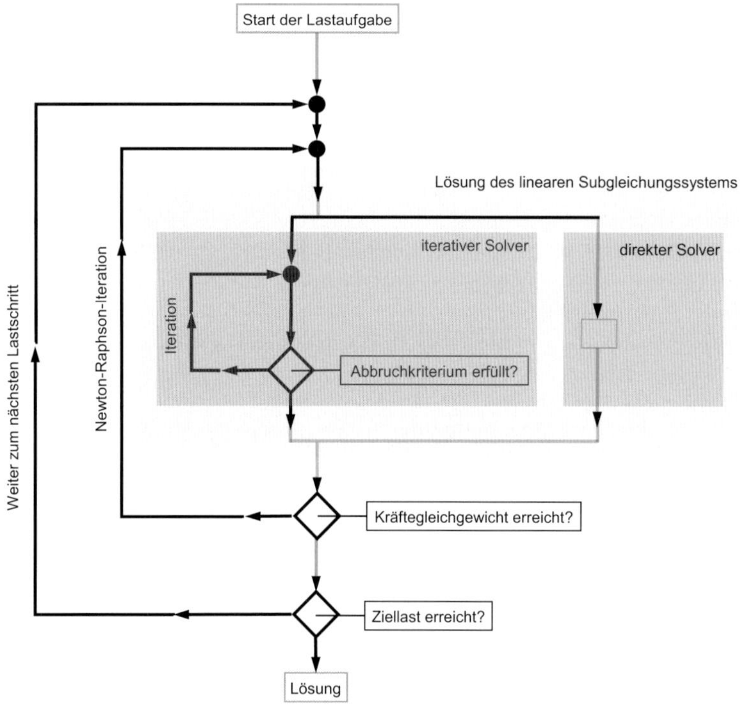

Bild 6.6-1: Übersicht über die Schachtelung der iterativen Lösungsprozesse

Für bestimmte Fälle ist die Konvergenz des Newton-Raphson-Verfahrens nicht gegeben. Ein typischer Fall ist die Tellerfeder mit negativer Federrate. Für Tellerfedern mit bestimmten Geometrieparametern ergeben sich nach Erreichen eines Maximums negative Federraten; die Federkennlinie erreicht ein Minimum und steigt dann wieder an. Ein zwischenzeitliches Abfallen der Last kann jedoch nicht vom Newton-Raphson-Verfahren erfasst werden.

Abhilfe schafft hier das sog. Bogenlängenverfahren, das einer (nahezu) beliebigen Federkennlinie folgen kann. Die folgenden Ausführungen zur Ableitung der notwendigen Gleichungen basieren auf *Wriggers /120/*.

Beim Bogenlängenverfahren stellt neben der Verschiebung auch der Lastfaktor κ eine unabhängige Variable dar. Eine weitere unabhängige Variable erfordert eine zusätzliche Gleichung, die sich je nach Variante des Bogenlängenverfahrens bestimmt. Wir gehen hier lediglich auf die Variante von *Riks /137/* ein, bei der die „Lastgerade" senkrecht zur Tangente des Newton-Verfahrens liegt. Die Lastgerade ist dabei die Linie in Bild 6.6-2, auf der die Punkte 1, 2 und 3 (Näherungslösungen) liegen. Die abgebildete Kurve hat die typische Form einer Tellerfederkennlinie und zeigt die Schwäche des Newton-Raphson-Verfahrens. Mit Hilfe der Bedingung, dass die Lastgerade senkrecht liegen muss, kann die fehlende Gleichung aufgestellt werden.

Der Begriff „senkrecht“ ist hier zu verallgemeinern; das Skalarprodukt zweier Vektoren verschwindet, wenn sie senkrecht aufeinander stehen. Das machen wir hier einfach mit unserem Lösungsvektor

$$f(\boldsymbol{U},\kappa) := \begin{pmatrix} \boldsymbol{U}_1 - \boldsymbol{U}_0 \\ \kappa_1 - \kappa_0 \end{pmatrix}^T \begin{pmatrix} \boldsymbol{U} - \boldsymbol{U}_1 \\ \kappa - \kappa_1 \end{pmatrix} \stackrel{!}{=} 0$$

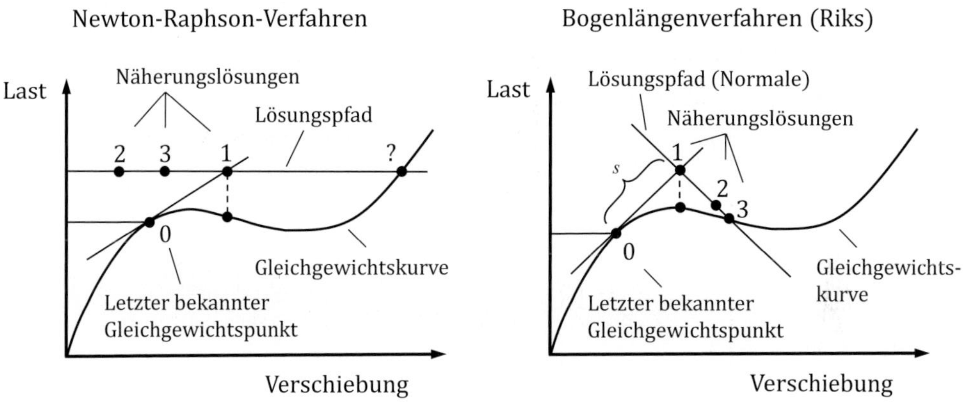

Bild 6.6-2: Eindimensionale Darstellung von Newton-Raphson- und Bogenlängenverfahren */138/*

Die Größe $\boldsymbol{U}_0$ und κ_0 sind aus dem letzten Lastschritt bekannt, $\boldsymbol{U}$ und κ stellen die unabhängigen (zu berechnenden) Größen dar und $\boldsymbol{U}_1$ und κ_1 müssen durch einen Newton-Raphson-Startschritt berechnet werden. In diesem Startschritt gibt man die in Bild 6.6-2 eingezeichnete Bogenlänge s vor, die die Schrittlänge beim „Entlangschreiten“ der Gleichgewichtskurve steuert. Hier liegt der Nachteil des Verfahrens, denn unter Umständen sind mehrere Rechnungen mit verschiedenen Bogenlängen erforderlich, um die Lösung zu erhalten. Das gesamte Gleichungssystem wird damit durch nachstehende Formel beschrieben

$$\begin{pmatrix} \iiint\limits_V \boldsymbol{B}^T \boldsymbol{S} dV - \kappa \boldsymbol{F} \\ f(\boldsymbol{U},\kappa) \end{pmatrix} \stackrel{!}{=} \begin{pmatrix} \boldsymbol{0} \\ 0 \end{pmatrix}$$

Die Linearisierung mittels Taylor-Entwicklung liefert schließlich wie beim Newton-Raphson-Verfahren das Subgleichungssystem */120/*

$$\left.\begin{pmatrix} \boldsymbol{K}_T & -\boldsymbol{F} \\ \dfrac{\partial f}{\partial \boldsymbol{U}} & \dfrac{\partial f}{\partial \kappa} \end{pmatrix}\right|_i \begin{pmatrix} \Delta \boldsymbol{U}_{i+1} \\ \Delta \kappa_{i+1} \end{pmatrix} \stackrel{!}{=} \begin{pmatrix} -\boldsymbol{R}_i + \kappa \boldsymbol{F} \\ -f_i \end{pmatrix}$$

Dieses kann wie gehabt mit den linearen Gleichungslösern aus Kapitel 6.1 und Kapitel 6.3 berechnet werden. Im Falle von Tellerfedern zeigt das auf diesem Weg konstruierte Bogenlängenverfahren stets Konvergenz, wohingegen das Newton-Raphson-Verfahren meist schon bei Kräften kurz vor dem Lastmaximum divergiert */138/*.

7 Spannungen und Knotenkräfte

Wie wir schon aus dem Übersichtskapitel 2 wissen, gewinnen wir sowohl die Spannungen als auch die Knotenkräfte durch Rückrechnung aus den Verschiebungen. Es müssen also immer erst die Verschiebungen des Systems berechnet werden; das ist die eigentliche Lösung der FEA-Aufgabe.

7.1 Spannungen

Betrachten wir zunächst die Spannungen. Bekannt sind folgende Beziehungen aus Kapitel 4: Das Hooke'sche Gesetz in symbolischer Matrixform:

$$\boldsymbol{\sigma} = \boldsymbol{C}\,\boldsymbol{\varepsilon}$$

Die Dehnungen für den ebenen Fall aus der Elastizitätstheorie:

$$\varepsilon_{ij} = \begin{pmatrix} \varepsilon_{xx} \\ \varepsilon_{yy} \\ \gamma_{xy} \end{pmatrix} = \begin{pmatrix} \dfrac{\partial u}{\partial x} \\ \dfrac{\partial v}{\partial y} \\ \dfrac{\partial u}{\partial y} + \dfrac{\partial v}{\partial x} \end{pmatrix}$$

Die Abbildung des Verschiebungsfeldes durch die Formfunktionen N_i und Knotenverschiebungen U_i, hier im Falle eines ebenen Elements mit 4 Knoten:

$$\begin{pmatrix} u(x,y) \\ v(x,y) \end{pmatrix} = \begin{pmatrix} N_1 \cdot u_1 + N_2 \cdot u_2 + N_3 \cdot u_3 + N_4 \cdot u_4 \\ N_1 \cdot v_1 + N_2 \cdot v_2 + N_3 \cdot v_3 + N_4 \cdot v_4 \end{pmatrix}$$

und so wurde in Kapitel 4:

$$\varepsilon_{ij} = \begin{pmatrix} \frac{\partial}{\partial x} & 0 \\ 0 & \frac{\partial}{\partial y} \\ \frac{\partial}{\partial y} & \frac{\partial}{\partial x} \end{pmatrix} \begin{pmatrix} N_1 & 0 & N_2 & 0 & N_3 & 0 & N_4 & 0 \\ 0 & N_1 & 0 & N_2 & 0 & N_3 & 0 & N_4 \end{pmatrix} \begin{pmatrix} u_1 \\ v_1 \\ u_2 \\ v_2 \\ u_3 \\ v_3 \\ u_4 \\ v_4 \end{pmatrix}$$

oder in symbolischer Matrixform: $\boldsymbol{\varepsilon} = \boldsymbol{L}\,\boldsymbol{N}\,\boldsymbol{U}_i$

Die Matrix $\boldsymbol{L}\,\boldsymbol{N}$ heißt $\boldsymbol{B}$ und so: $\boldsymbol{\varepsilon} = \boldsymbol{B}\,\boldsymbol{U}_i$

Damit werden die Spannungen also wie folgt berechnet:

$$\boldsymbol{\sigma} = \boldsymbol{C}\,\boldsymbol{B}\,\boldsymbol{U}_i$$

Das sind für uns alles alte Bekannte:

$\boldsymbol{C}$ ist die Materialmatrix,

$\boldsymbol{B}$ ist die Verzerrungs-Verschiebungs-Transformationsmatrix und

$\boldsymbol{U}_i$ sind die berechneten Verschiebungen am Element.

Die Spannungen werden also elementweise berechnet.

Sehr wichtig ist die Frage nach dem Ort der Spannungsberechnung. Naheliegend wäre zunächst, die Spannungen an den Knoten zu berechnen. Das ist auch ohne weiteres möglich, aber nicht sauber und eindeutig, weil die Spannungen ja elementweise berechnet werden und normalerweise mehrere Elemente an einen Knoten anstoßen. Unter Umständen muss in geeigneter Weise gemittelt werden. Bei primitiven Elementen, z. B. Scheibendreiecken mit 3 Knoten, also linearer Ansatz, ist die Spannungsberechnung ohnehin ungenau. Hier wird man die Spannungen in den 3 Knoten berechnen und damit einen Mittelwert je Element bilden.

Bei hochwertigen Elementen muss man präzise vorgehen: Die einzig saubere Methode der Spannungsberechnung in krummlinig berandeten Finiten Elementen kann nur die Berechnung der Spannungen in den Gaußpunkten sein. Das sind sozusagen die „natürlichen" Stützstellen im Element, denn sie wurden schon während der Verschiebungsrechnung für die numerische Integration verwendet. Allerdings kann man ohne weiteres unterschiedliche Stützpunkte für Integration und Spannungsberechnung vorsehen, z. B. zum Integrieren bei der Bestimmung der jeweiligen Elementsteifigkeits-Matrix 3 × 3 Gaußpunkte und für die Punkte der Spannungsberechnung dann 4 × 4 Gaußpunkte oder sogar nur einen einzigen Gaußpunkt (d. h. den in der Mitte des Elements).

Wenn man die Spannungsplots der großen kommerziellen FEA-Programme betrachtet, dann fallen dem Betrachter meist sehr ästhetische Farbübergänge über der ganzen FE-Struktur auf und wirklich jede Stelle der Struktur weist offensichtlich eine Spannung auf. In der Realität ist das natürlich so, aber die Finite Elemente Analyse berechnet alle Werte *diskret* an Punkten und nicht kontinuierlich, wie das die Differentialgleichungen der Technischen

Mechanik tun. Wie kann das also sein, wenn man die Spannungen in Wirklichkeit nur punktweise berechnen kann, entweder in den Knoten (nicht so gut) oder in den Gaußpunkten (vernünftig)? Antwort: Überhaupt nicht! Hier werden einfach durch mehr oder weniger gute Interpolations- oder Approximationsfunktionen Mittelwerte aus mehreren punktweise gerechneten Spannungen gebildet und dem Betrachter als exakte Mathematik verkauft. Sieht gut aus, verkauft sich gut und wird gerne geglaubt. Den Autoren sind allerdings mehrere Fälle von FEA-Berechnungen bekannt, bei denen sehr namhafte kommerzielle Programme definitiv *sehr falsche* Ergebnisse für die Spannungen „interpoliert“ haben, während die Verschiebungen noch richtig berechnet wurden (sic!), z.B. /107/. Daher rechnet das dem Buch beigefügte FEA-Programm Z88 grundsätzlich nur Spannungen in den Gaußpunkten oder den Knoten. Diese Spannungsplots sehen dann bei weitem nicht so „schön“ aus wie die der kommerziellen Anbieter, aber die Ergebnisse sind zumindest vom mathematischen Vorgehen her verlässlich.

Folgendes Programmsegment, das in vereinfachter Form der Z88-Funktion **SHEX88.C** /32/ entnommen ist und die Spannungen für 20-Knoten-Serendipity-Hexaeder berechnet, zeigt, wie's gemacht wird. Beachten Sie die beiden fettgedruckten Zeilen für die Berechnung von $\boldsymbol{\varepsilon}$ und $\boldsymbol{\sigma}$. Dabei sind `ul[]` die Verschiebungen der 20 Knoten × 3 Freiheitsgrade je Knoten = 60 Freiheitsgrade je Element. `ul[]` wird in geeigneter Weise für jedes Finite Element aus dem Vektor `u[]` bestimmt, der vom eigentlichen FEA-Solver berechnet wurde und die Verschiebungen *aller* Freiheitsgrade enthält:

Dabei wissen wir schon aus Kapitel 4, dass gilt:

`koi[]` ist der Koinzidenzvektor,

`koffs[]` ist der Offsetvektor darauf,

`koi[koffs[i]+j-1]` ist der Zugriff auf einen Knoten `j` des Finiten Elements `i`

`ioffs[]` berücksichtigt die ggf. unterschiedlichen Freiheitsgrade je Knoten.

Damit kann dann `ul[]` wie folgt bestimmt werden:

<u>In der Hauptroutine Z88DR.C:</u>

```
for(i = 1;i <= 20;i++)
  mspan[i]= ioffs[ koi[koffs[k]+i-1]] -1;
mxknot= 20;
mxfrei= 3;
```

<u>In der Funktion SPAN88.C:</u>

```
for(j = 1;j <= mxknot;j++)
  {
  for(j2 = 1;j2 <= mxfrei;j2++)
    {
    mspanj= mspan[j] + j2;
    l= mxfrei*(j-1) + j2;
    ul[l]= u[mspanj];
    }
  }
```

Spannungsberechnung in der Funktion SHEX88.C:

Folgende Arrays werden verwendet:

`u[]` Vektor der Verschiebungen aller Freiheitsgrade der Struktur

`ul[]` „Verschiebungen lokal", d. h. Verschiebungen je Element

`xg[]` Gaußpunkte

`sig[]` die 3 Normalspannungen und die 3 Schubspannungen

```
/*----------------------------------------------------------------------
* Spannungen in den Gauss-Punkten berechnen
*---------------------------------------------------------------------*/
for(lx = 1;lx <= nint;lx++)
    {
    r= xg[(lx-1)*4 + nint];
    for(ly = 1;ly <= nint;ly++)
      {
      s= xg[(ly-1)*4 + nint];
      for(lz = 1;lz <= nint;lz++)
        {
        t= xg[(lz-1)*4 + nint];
/*======================================================================
* Matrix b der partiellen Ableitungen & Formfunktionen holen
*=====================================================================*/
        iret= sh88(&r,&s,&t);
        if(iret != 0) return(iret);
        for(k = 1;k <= 6;k++)
          {
          eps[k]= 0.;
          for(j = 1;j <= 60;j++)
            {
            eps[k]= eps[k] + b[(k-1)*60 + j] * ul[j];
            }
          }
        for(k = 1;k <= 6;k++)
          {
          sig[k]= 0.;
           for(j = 1;j <= 6;j++)
            {
            sig[k]= sig[k] + d[(k-1)*6 + j] * eps[j];
            }
          }
/*......................................................................
* Spannungen ausschreiben
*.....................................................................*/
```

```
        fprintf(fo3,"\n\
        %+#11.31E %+#11.31E %+#11.31E %+#11.31E %+#11.31E %+#11.31E",
        sig[1],sig[2],sig[3],sig[4],sig[5],sig[6]);
        }
      }
    }
```

Diese Spannungsroutine ist ganz ähnlich aufgebaut wie die Routine für die Element-Steifigkeitsmatrix-Berechnung **HEXA88.C**. Hier allerdings entfällt das numerische Integrieren. Derartige Routinen, wie oben gezeigt, lassen sich sehr leicht an andere Elementtypen anpassen.

Wie gehen wir vor, wenn gar keine Formfunktionen vorliegen (müssen), wie im Falle von Stäben oder Balken? Dann ist es noch viel einfacher, denn grundsätzlich gilt:

$\sigma = E \cdot \varepsilon$ das Hooke'sche Gesetz in skalarer Form

und $\varepsilon = \dfrac{\ell_1 - \ell_0}{\ell_0}$

Damit wird die Zugspannung (bei negativem Vorzeichen wird sie zur Druckspannung) in einem Stab im Raum wie folgt berechnet:

Memo: Dabei sind `ul[1]` bis `ul[3]` die Verschiebungen am lokalen Knoten 1 in x, y und z und `ul[4]` bis `ul[6]` die Verschiebungen am lokalen Knoten 2 in x, y und z.

```
/*************************************************************************
* gedehnte Laenge bestimmen
*************************************************************************/
xv= xk[1]+ul[1] - xk[2]-ul[4];
yv= yk[1]+ul[2] - yk[2]-ul[5];
zv= zk[1]+ul[3] - zk[2]-ul[6];
dlv= sqrt( xv * xv + yv * yv + zv * zv);
/*************************************************************************
* unverformte Laenge bestimmen
*************************************************************************/
xu= xk[1]-xk[2];
yu= yk[1]-yk[2];
zu= zk[1]-zk[2];
dlunv= sqrt( xu * xu + yu * yu + zu * zu);
/*************************************************************************
* Spannung berechnen
*************************************************************************/
zug= emode * (dlv/dlunv - 1.);
fprintf(fo3,"\n\nElement # = %5ld      Typ = Stab im Raum\
     SIG = %+#11.31E",k,zug);
```

Das war nun außerordentlich einfach, und bei einem Balken ist es auch nicht viel komplizierter. Als Beispiel wählen wir ein sog. Wellenelement (in *Z88* Typ Nr. 5), das nicht nur einem Durchlaufträger entspricht, sondern auch Zug/Druck und Torsion aufnehmen kann. Wir gehen nun von den Bernoulli'schen Gleichungen für die Balkentheorie der Technischen Mechanik aus /11/:

$$Q = -\int q\,dx \quad \text{oder} \quad Q' = -q$$
$$M_b = \int Q\,dx \quad \text{oder} \quad M'_b = Q$$
$$\psi = \int \frac{M_b}{E \cdot I}\,dx \quad \text{oder} \quad \psi' = \frac{M_b}{E \cdot I}$$
$$w = -\int \psi\,dx \quad \text{oder} \quad w' = -\psi$$

Die Biegespannung selbst ist wie folgt definiert:

$$\sigma_b = \frac{M_b}{I} \cdot z$$

mit I = Axiales Flächenträgheitsmoment und z = Abstand von der neutralen Faser, und für das Biegemoment folgt aus dem obigen Gleichungssatz:

$$M_b = \psi' \cdot E \cdot I$$

und damit wird

$$\sigma_b = -w'' \cdot E \cdot z$$

Für das Wellenelement bzw. den Durchlaufträger machen wir nun ganz formal einen kubischen Verschiebungsansatz $u(x)$ als Biegeansatz und differenzieren ihn zweimal:

$$u(x) = c_1 + c_2\frac{x}{L} + c_3\frac{x^2}{L^2} + c_4\frac{x^3}{L^3}$$
$$\psi(x) = u'(x) = \frac{c_2}{L} + \frac{2 \cdot c_3}{L^2}x + \frac{3 \cdot c_4}{L^3}x^2$$
$$\psi'(x) = u''(x) = \frac{2 \cdot c_3}{L^2} + \frac{6 \cdot c_4}{L^3}x$$

Nun müssen wir, um die Koeffizienten c_i zu bestimmen, die Randbedingungen betrachten, wobei die Indizes bei u für die lokalen Knotennummern 1 und 2 stehen:

$x = 0$:

$$u_1 = c_1 \quad \rightarrow c_1 = u_1$$
$$u'_1 = \frac{c_2}{L} \rightarrow c_2 = L \cdot u'_1$$

$x = L$:

$$u_2 = c_1 + c_2 + c_3 + c_4$$
$$u'_2 = \frac{c_2}{L} + \frac{2 \cdot c_3}{L} + \frac{3 \cdot c_4}{L}$$

Nach etwas längerem Rechnen erhält man:

$$c_4 = -2u_2 + 2u_1 + L\left(u'_2 + u'_1\right)$$
$$c_3 = 3\left(u_2 - u_1\right) - L\left(2u'_1 + u'_2\right)$$

Diese vier Koeffizienten werden eingesetzt und wir erhalten:

$$\psi'(x) = u''(x) = \frac{[3(u_2 - u_1) - L(2u'_1 + u'_2)]\ 2}{L^2} + \frac{[2(u_1 - u_2) + L(u'_2 + u'_1)]\ 6}{L^3}\ x$$

Das können wir nun sofort in eine Rechenroutine umsetzen. Wir wissen, dass für den lokalen Knoten 1 $x = 0$ und für den lokalen Knoten 2 $x = L$ gilt. Ferner müssen wir bedenken, dass ein derartiger Balken, auch wenn er nur längs der *x*-Achse laufen soll, also nicht beliebig im Raum liegen darf, dann 12 Freiheitsgrade haben muss:

Tabelle 7.1-1: Knoten, Freiheitsgrade und Verschiebungen

Knoten	FG	Verschiebung u
1	1	Verschiebung in x-Richtung
1	2	Verschiebung in y-Richtung
1	3	Verschiebung in z-Richtung
1	4	Verdrehung um x-Achse
1	5	Verdrehung um y-Achse
1	6	Verdrehung um z-Achse
2	7	Verschiebung in x-Richtung
2	8	Verschiebung in y-Richtung
2	9	Verschiebung in z-Richtung
2	10	Verdrehung um x-Achse
2	11	Verdrehung um y-Achse
2	12	Verdrehung um z-Achse

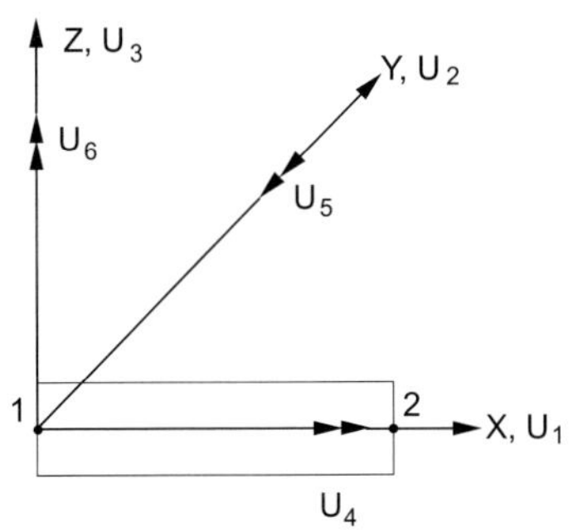

Bild 7.1-1: Freiheitsgrade am Balken

Damit können nun die Normalspannung `sigxx` und die Torsionsspannung `tauxx` leicht bestimmt werden. Die Biegespannungen müssen jeweils am Knoten 1 und am Knoten 2 berechnet werden und zwar jeweils noch in der XY-Ebene und der XZ-Ebene. Die nachstehende kleine Rechenroutine, die ein Ausschnitt aus der Z88-Funktion **M3.C** ist, fasst das oben Gesagte in C zusammen.

Dabei sind:

`emode` der Elastizitätsmodul

`rnuee` die Querkontraktionszahl

`qparae` der Durchmesser des Wellenstücks

```
/***********************************************************************
* gedehnte Laenge & unverformte Laenge berechnen
***********************************************************************/
rlv= xk[2]+ul[7] - xk[1]-ul[1];
rlu= xk[2]-xk[1];
/***********************************************************************
* Spannungen berechnen
***********************************************************************/
sigxx= emode * (rlv/rlu - 1.);
tauxx= (ul[10] - ul[4])/rlu * emode /(4.*(1.+rnuee))*qparae;
fac= emode * 0.5 * qparae;
qrlu= rlu * rlu;
sigxy1= fac* 2. * (3. * (ul[8] - ul[2]) -
        rlu * (2. * ul[6] + ul[12]))/qrlu;
sigxy2= sigxy1 + fac * 6. * (2. * (ul[2] - ul[8]) +
        rlu * (ul[12] + ul[6]))/qrlu;
sigxz1= fac * 2. * (3. *(ul[9] - ul[3]) -
        rlu * (2. * ul[5] + ul[11]))/qrlu;
sigxz2= sigxz1 + fac * 6. * (2. * (ul[3] - ul[9]) +
        rlu * (ul[11] + ul[5]))/qrlu;
fprintf(fo3,"\n%+#11.31E %+#11.31E %+#11.31E %+#11.31E %+#11.31E
%+#11.31E",
sigxx,tauxx,sigxy1,sigxz1,sigxy2,sigxz2);
```

7.2 Vergleichsspannungen

Nun sind, wie beschrieben, die verschiedenen Spannungen berechnet – aber welche führen zu Werkstoffversagen? Um diese Frage zu beantworten, hat man schon vor vielen Jahrzehnten sog.

Festigkeitshypothesen geschaffen. Mit einer derartigen Vergleichsspannungshypothese ermittelt man eine sog. *Vergleichsspannung*, die den mehrachsigen Spannungszustand auf den einachsigen Spannungszustand zurückführt, vgl. /96/. Meist vergleicht man diese Vergleichsspannung dann mit der Zugfestigkeit, weil sie sich direkt in das Gedankengebäude der Festigkeitshypothesen einfügt und übrigens meist auch nur als einzig verfügbarer Kennwert vorhanden ist; ggf. wird aber auch mit anderen Festigkeitskennwerten, wie z.B. der Biegefestigkeit verglichen.

Im Laufe der Zeit sind eine ganze Reihe solcher Festigkeitshypothesen entwickelt worden, und manche davon haben heute nur noch historische Bedeutung. Üblich sind heute:

- Gestaltsänderungsenergie-Hypothese
- Normalspannungs-Hypothese
- Schubspannungs-Hypothese

Sie werden im Folgenden erläutert:

Die sog. *Gestaltsänderungsenergie-Hypothese*, kurz GEH, geht auf *v. Mises*, *Huber* und *Hencky* (1913) zurück, daher werden diese Vergleichsspannungen im angloamerikanischen Bereich *v. Mises stresses* genannt. Hier wird unterstellt, dass das Versagen des Bauteils durch zu hohe plastische Verformungen erfolgt. Versuche haben gezeigt, dass diese Hypothese sehr gut duktile Werkstoffe wie z.B. zähe Stähle beschreibt. Die GEH ist die Standardhypothese im Maschinenbau und der Verfahrenstechnik. Für ihre Herleitung wird auf die Spezialliteratur verwiesen, z.B. /97/. Nachfolgend sind die jeweiligen Gleichungen wiedergegeben:

Dreiachsiger Spannungszustand GEH:

$$\sigma_v = \sqrt{\sigma_{xx}^2 + \sigma_{yy}^2 + \sigma_{zz}^2 - \sigma_{xx} \cdot \sigma_{yy} - \sigma_{yy} \cdot \sigma_{zz} - \sigma_{zz} \cdot \sigma_{xx} + 3 \cdot (\tau_{xy}^2 + \tau_{yz}^2 + \tau_{zx}^2)}$$

Axialsymmetrischer Spannungszustand GEH, vgl. Bild 7.2-1 (nicht vorhandene Terme aus obiger Gleichung streichen und das andere Koordinatensystem beachten):

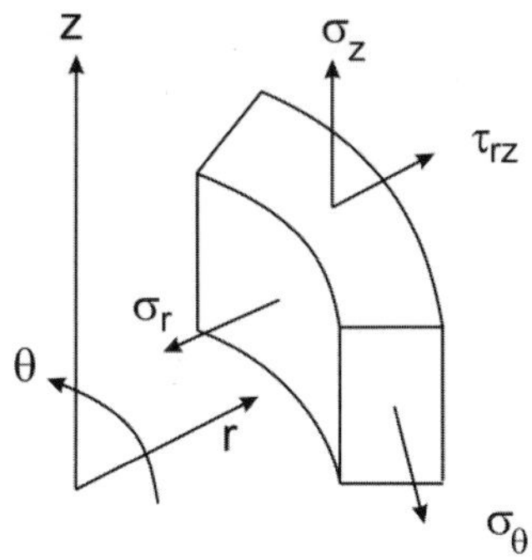

Bild 7.2-1: Spannungen im axialsymmetrischen Fall

$\sigma_r \mathrel{\hat{=}} \sigma_{xx}$, $\sigma_z \mathrel{\hat{=}} \sigma_{zz}$, $\tau_{rz} \mathrel{\hat{=}} \tau_{xz}$, $\sigma_\theta \mathrel{\hat{=}} \sigma_{yy}$

$$\sigma_v = \sqrt{\sigma_r^2 + \sigma_\theta^2 + \sigma_z^2 - \sigma_r \cdot \sigma_\theta - \sigma_\theta \cdot \sigma_z - \sigma_z \cdot \sigma_r + 3 \cdot \tau_{rz}^2}$$

Zweiachsiger Spannungszustand GEH:

$$\sigma_v = \sqrt{\sigma_{xx}^2 + \sigma_{yy}^2 - \sigma_{xx} \cdot \sigma_{yy} + 3 \cdot \tau_{xy}^2}$$

Einachsiger Spannungszustand GEH:

$$\sigma_v = \sqrt{\sigma_{xx}^2 + 3 \cdot \tau_{xy}^2}$$

Die sog. *Normalspannungs-Hypothese*, kurz NH (im Englischen werden diese Vergleichsspannungen *principal stresses* genannt), geht auf *Rankine* 1861 zurück. Hier wird unterstellt, dass das Versagen des Bauteils durch die höchste (Haupt-) Normalspannung erfolgt. Dies bedingt das relativ umständliche Ermitteln der sog. Hauptspannungen. Versuche haben gezeigt, dass diese Hypothese recht gut spröde Werkstoffe wie z.B. Grauguss und gehärtete Stähle beschreibt. Aber auch bei starker Verformungsbehinderung bei dreiachsigen Spannungszuständen (z. B. durch Schweißnähte) empfiehlt /98/ die NH. Nachfolgend sind die jeweiligen Gleichungen wiedergegeben:

Dreiachsiger Spannungszustand NH:

$\sigma_V = |\sigma_1|$, wenn $|\sigma_1| > |\sigma_2|$ und $|\sigma_1| > |\sigma_3|$

$\sigma_V = |\sigma_2|$, wenn $|\sigma_2| > |\sigma_1|$ und $|\sigma_2| > |\sigma_3|$

$\sigma_V = |\sigma_3|$, wenn $|\sigma_3| > |\sigma_1|$ und $|\sigma_3| > |\sigma_2|$

Dazu müssen nun die *Hauptspannungen* σ_1, σ_2, σ_3 berechnet werden. Hauptspannungen sind wie folgt definiert /99/: Es gibt durch jeden Punkt eines einem Spannungszustand unterworfenen Körpers drei zueinander senkrechte Schnittebenen, auf denen der Spannungsvektor senkrecht steht und somit die Schubspannungen verschwinden; man nennt diese Ebenen Hauptspannungsebenen und die zugehörigen Spannungen Hauptspannungen. Zur Herleitung, vgl. /99/, schneiden wir einen sehr kleinen Quader mit den Seitenlängen dx, dy und dz so durch, dass sich zu den Achsen X, Y und Z die Winkel α, β und γ einstellen: Es entsteht ein Tetraeder, Bild 7.2-3. Es sei die Fläche dA betrachtet, gebildet aus den Punkten 1-2-3: Der Normalenvektor auf diese Fläche sei ***n***, der eigentliche Spannungsvektor heiße ***s*** (der ja aus den sechs Komponenten σ_{xx}, σ_{yy}, σ_{zz}, τ_{xy}, τ_{yz}, τ_{zx}, gebildet wird und daher nicht notwendigerweise senkrecht auf der Fläche dA stehen muss). Der Normalenvektor ist:

$$\boldsymbol{n} = \begin{pmatrix} n_x \\ n_y \\ n_z \end{pmatrix} = \begin{pmatrix} \cos\alpha \\ \cos\beta \\ \cos\gamma \end{pmatrix}$$

Die Projektionen der betrachteten Fläche dA auf die Ebenen yz, zx und xy sind:

$dA \cdot n_x = dA \cdot \cos\alpha$, $dA \cdot n_y = dA \cdot \cos\beta$, $dA \cdot n_z = dA \cdot \cos\gamma$

Das Kräftegleichgewicht in der x-Richtung ist dann:

$$s_x \cdot dA = \sigma_{xx} \cdot n_x \cdot dA + \tau_{xy} \cdot n_y \cdot dA + \tau_{zx} \cdot n_z \cdot dA$$

Damit ergibt sich nach Kürzen von dA folgender Gleichungssatz für das Gleichgewicht der Kräfte:

$$s_x = \sigma_{xx} \cdot n_x + \tau_{xy} \cdot n_y + \tau_{zx} \cdot n_z$$

$$s_y = \tau_{xy} \cdot n_x + \sigma_{yy} \cdot n_y + \tau_{yz} \cdot n_z \quad \rightarrow \quad \boldsymbol{s} = s_i = \sum_{j=1}^{3} \sigma_{ij} \cdot n_j$$

$$s_z = \tau_{zx} \cdot n_x + \tau_{yz} \cdot n_y + \sigma_{zz} \cdot n_z$$

Dies ist die sog. *Cauchysche Formel.*

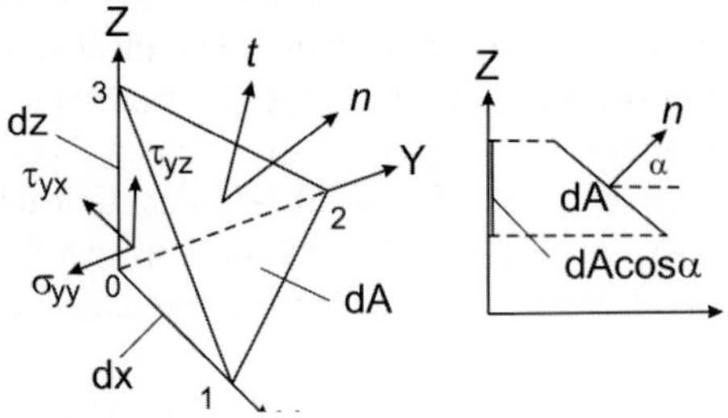

Bild 7.2-2: Zur Herleitung der Hauptspannungen

Die Normalspannung σ, die auf die Fläche dA wirkt, ist das Skalarprodukt aus Normalenvektor $\boldsymbol{n}$ und Spannungsvektor $\boldsymbol{s}$:

$$\sigma = \mathbf{s} \cdot \boldsymbol{n} = s_x n_x + s_y n_y + s_z n_z$$

Umgekehrt gilt:

$$\mathbf{s} = \boldsymbol{n} \cdot \sigma = \begin{pmatrix} s_x \\ s_y \\ s_z \end{pmatrix} = \begin{pmatrix} n_x \cdot \sigma \\ n_y \cdot \sigma \\ n_z \cdot \sigma \end{pmatrix}$$

Das bedeutet, eingesetzt auf die linke Seite des Kräftegleichgewichts:

$$n_x \cdot \sigma = \sigma_{xx} \cdot n_x + \tau_{xy} \cdot n_y + \tau_{zx} \cdot n_z$$

$$n_y \cdot \sigma = \tau_{xy} \cdot n_x + \sigma_{yy} \cdot n_y + \tau_{yz} \cdot n_z$$

$$n_z \cdot \sigma = \tau_{zx} \cdot n_x + \tau_{yz} \cdot n_y + \sigma_{zz} \cdot n_z$$

Wenn die linke Seite auf die rechte Seite gegeben wird, entsteht folgendes Gleichungssystem:

$$\sigma_{xx} \cdot n_x - n_x \cdot \sigma + \tau_{xy} \cdot n_y + \tau_{zx} \cdot n_z = 0$$

$$\tau_{xy} \cdot n_x + \sigma_{yy} \cdot n_y - n_y \cdot \sigma + \tau_{yz} \cdot n_z = 0$$

$$\tau_{zx} \cdot n_x + \tau_{yz} \cdot n_y + \sigma_{zz} \cdot n_z - n_z \cdot \sigma = 0$$

Oder:

$$\begin{pmatrix} \sigma_{xx} - \sigma & \tau_{xy} & \tau_{zx} \\ \tau_{xy} & \sigma_{yy} - \sigma & \tau_{yz} \\ \tau_{zx} & \tau_{yz} & \sigma_{zz} - \sigma \end{pmatrix} \begin{pmatrix} n_x \\ n_y \\ n_z \end{pmatrix} = \begin{pmatrix} 0 \\ 0 \\ 0 \end{pmatrix}$$

Dieses Gleichungssystem kann nur dann erfüllt sein, wenn die Koeffizientendeterminante Null ist:

$$\begin{vmatrix} \sigma_{xx} - \sigma & \tau_{xy} & \tau_{zx} \\ \tau_{xy} & \sigma_{yy} - \sigma & \tau_{yz} \\ \tau_{zx} & \tau_{yz} & \sigma_{zz} - \sigma \end{vmatrix} = 0$$

Diese Determinante ist im Fall des axialsymmetrischen Spannungszustands – wie sich gleich zeigen wird - durch den Wegfall von τ_{yz} und τ_{xy} noch einigermaßen einfach zu lösen; beim „richtigen" dreiachsigen Spannungszustand bestimmt man besser die sog. Invarianten J_1, J_2, J_3:

$$J_1 = \sigma_{xx} + \sigma_{yy} + \sigma_{zz}$$

$$J_2 = \sigma_{xx} \cdot \sigma_{yy} + \sigma_{xx} \cdot \sigma_{zz} + \sigma_{yy} \cdot \sigma_{zz} - \tau_{xy}^2 - \tau_{zx}^2 - \tau_{yz}^2$$

$$J_3 = \sigma_{xx} \cdot \sigma_{yy} \cdot \sigma_{zz} - \sigma_{xx} \cdot \tau_{yz}^2 - \sigma_{zz} \cdot \tau_{xy}^2 - \sigma_{yy} \cdot \tau_{zx}^2 + 2 \cdot \tau_{xy} \cdot \tau_{zx} \cdot \tau_{yz}$$

Damit gilt:

$$\sigma^3 - J_1 \cdot \sigma^2 + J_2 \cdot \sigma - J_3 = 0$$

Diese kubische Gleichung muss nun gelöst werden; dabei ist vorteilhaft, dass immer drei reelle Lösungen $\sigma_1, \sigma_2, \sigma_3$ auftreten /99/. Wir nehmen folgende Substitution vor:

$$\sigma = y + \frac{J_1}{3}$$

Damit erhalten wir die *reduzierte Form* der kubischen Gleichung:

$$y^3 + p \cdot y + q = 0$$

So entsteht:

$$\left(y + \frac{J_1}{3}\right)^3 - J_1 \cdot \left(y + \frac{J_1}{3}\right)^2 + J_2 \cdot \left(y + \frac{J_1}{3}\right) - J_3 = 0$$

$$y^3 + \underbrace{\left(J_2 - \frac{J_1^2}{3}\right)}_{p} \cdot y + \underbrace{\left(\frac{J_1 J_2}{3} - \frac{2J_1^3}{27} - J_3\right)}_{q} = 0$$

Diese Gleichung kann auf goniometrischem Weg (*casus irreducibilis*) gelöst werden:

$$\varphi = \arccos\left(\frac{-\frac{q}{2}}{\sqrt{\left(\frac{|p|}{3}\right)^3}}\right), \quad y_1 = 2 \cdot \sqrt{\frac{|p|}{3}} \cdot \cos\frac{\varphi}{3}$$

$$y_2 = -2 \cdot \sqrt{\frac{|p|}{3}} \cdot \cos\left(\frac{\varphi}{3} - 60^\circ\right), \quad y_3 = -2 \cdot \sqrt{\frac{|p|}{3}} \cdot \cos\left(\frac{\varphi}{3} + 60^\circ\right)$$

Danach kann rücksubstituiert werden:

$$\sigma = y + \frac{J_1}{3}$$

Dann gilt:

$\sigma_v = |\sigma_1|$, wenn $|\sigma_1| > |\sigma_2|$ und $|\sigma_1| > |\sigma_3|$

$\sigma_v = |\sigma_2|$, wenn $|\sigma_2| > |\sigma_1|$ und $|\sigma_2| > |\sigma_3|$

$\sigma_v = |\sigma_3|$, wenn $|\sigma_3| > |\sigma_1|$ und $|\sigma_3| > |\sigma_2|$

Axialsymmetrischer Spannungszustand NH:

Wir gehen wieder von der Koeffizientendeterminante aus, benennen um und streichen nicht vorhandene Terme:

$$\sigma_r \mathrel{\hat{=}} \sigma_{xx}, \quad \sigma_z \mathrel{\hat{=}} \sigma_{zz}, \quad \tau_{rz} \mathrel{\hat{=}} \tau_{xz}, \quad \sigma_\theta \mathrel{\hat{=}} \sigma_{yy}$$

$$\begin{vmatrix} \sigma_r - \sigma & 0 & \tau_{rz} \\ 0 & \sigma_\theta - \sigma & 0 \\ \tau_{rz} & 0 & \sigma_z - \sigma \end{vmatrix} = 0$$

Dies lässt sich direkt mit einem Computeralgebrasystem (Mathematica, TI89) lösen:

$$\sigma_1 = \frac{\sigma_r + \sigma_z}{2} + \frac{1}{2}\sqrt{\sigma_r^2 - 2 \cdot \sigma_r\sigma_z + \sigma_z^2 + 4 \cdot \tau_{rz}^2}$$
$$= \frac{\sigma_r + \sigma_z}{2} + \sqrt{\frac{(\sigma_r - \sigma_z)^2}{2} + \tau_{rz}^2}$$

$$\sigma_2 = \frac{\sigma_r + \sigma_z}{2} - \frac{1}{2}\sqrt{\sigma_r^2 - 2 \cdot \sigma_r\sigma_z + \sigma_z^2 + 4 \cdot \tau_{rz}^2}$$
$$= \frac{\sigma_r + \sigma_z}{2} - \sqrt{\frac{(\sigma_r - \sigma_z)^2}{2} + \tau_{rz}^2}$$

$$\sigma_3 = \sigma_\theta$$

Dann gilt:

$\sigma_v = |\sigma_1|$, wenn $|\sigma_1| > |\sigma_2|$ und $|\sigma_1| > |\sigma_3|$

$\sigma_v = |\sigma_2|$, wenn $|\sigma_2| > |\sigma_1|$ und $|\sigma_2| > |\sigma_3|$

$\sigma_v = |\sigma_3|$, wenn $|\sigma_3| > |\sigma_1|$ und $|\sigma_3| > |\sigma_2|$

Zweiachsiger Spannungszustand NH:

Auch hier kann wieder von der Koeffizientendeterminate ausgegangen und die fehlenden Terme gestrichen werden:

$$\begin{vmatrix} \sigma_{xx} - \sigma & \tau_{xy} & 0 \\ \tau_{xy} & \sigma_{yy} - \sigma & 0 \\ 0 & 0 & -\sigma \end{vmatrix} = 0$$

Die Lösung ist:

$-\sigma \cdot \left(\sigma^2 - (\sigma_{xx} + \sigma_{yy}) \cdot \sigma + \sigma_{xx}\sigma_{yy}\tau_{xy}^2\right) = 0$, das bedeutet: $\sigma_3 = 0$

Und für σ_1 und σ_2 ergeben sich:

$$\sigma_1 = \frac{\sigma_{xx} + \sigma_{yy}}{2} + \sqrt{\frac{(\sigma_{xx} - \sigma_{yy})^2}{4} + \tau_{xy}^2}$$

$$\sigma_2 = \frac{\sigma_{xx} + \sigma_{yy}}{2} - \sqrt{\frac{(\sigma_{xx} - \sigma_{yy})^2}{4} + \tau_{xy}^2}$$

Dann gilt:

$\sigma_v = |\sigma_1|$, wenn $|\sigma_1| > |\sigma_2|$

$\sigma_v = |\sigma_2|$, wenn $|\sigma_2| > |\sigma_1|$

Einachsiger Spannungszustand NH:

Das oben erläuterte Vorgehen funktioniert erneut:

$$\sigma_1 = \frac{1}{2}\sigma_{xx} + \frac{1}{2}\sqrt{\sigma_{xx}^2 + 4 \cdot \tau_{xy}^2}, \quad \sigma_2 = \frac{1}{2}\sigma_{xx} - \frac{1}{2}\sqrt{\sigma_{xx}^2 + 4 \cdot \tau_{xy}^2}$$

$$\sigma_V = \frac{1}{2}|\sigma_{xx}| + \frac{1}{2}\sqrt{\sigma_{xx}^2 + 4 \cdot \tau_{xy}^2}$$

Die sog. *Schubspannungs-Hypothese*, kurz SH, wurde von H. Tresca 1868 aufgestellt, daher werden im Englischen diese Vergleichsspannungen *Tresca stresses* genannt. Hier wird angenommen, dass das Versagen des Bauteils durch die größte Schubspannung, die Hauptschubspannung, auftritt. Die Hypothese wird sowohl bei duktilen als auch bei spröden Werkstoffen verwandt, wenn ein Gleitbruch auftreten kann.

Allgemein gilt dann */98, 99/*: $\sigma_v = \sigma_{max} - \sigma_{min} = 2 \cdot \tau_{max}$

Dreiachsiger und axialsymmetrischer Spannungszustand:

Die drei Hauptspannungen werden wie bei der NH beschrieben berechnet.

Dann gilt:

$\sigma_v = \sigma_1 - \sigma_3$, wenn $\sigma_1 > \sigma_2 > \sigma_3$

$\sigma_v = \sigma_1 - \sigma_2$, wenn $\sigma_1 > \sigma_3 > \sigma_2$

$\sigma_v = \sigma_2 - \sigma_3$, wenn $\sigma_2 > \sigma_1 > \sigma_3$

$\sigma_v = \sigma_2 - \sigma_1$, wenn $\sigma_2 > \sigma_3 > \sigma_1$

$\sigma_v = \sigma_3 - \sigma_1$, wenn $\sigma_3 > \sigma_2 > \sigma_1$

$\sigma_v = \sigma_3 - \sigma_2$, wenn $\sigma_3 > \sigma_1 > \sigma_2$

Zweiachsiger Spannungszustand:

Die zwei Hauptspannungen werden wie bei der NH beschrieben berechnet.

Dann gilt:

$\sigma_v = |\sigma_1|$, wenn $\sigma_1 > \sigma_2 > 0$ oder $\sigma_1 < \sigma_2 < 0$

$\sigma_v = |\sigma_2|$, wenn $\sigma_2 > \sigma_1 > 0$ oder $\sigma_2 < \sigma_1 < 0$

$\sigma_v = \sigma_1 - \sigma_2$, wenn $\sigma_1 > 0$ und $\sigma_2 < 0$

$\sigma_v = \sigma_2 - \sigma_1$, wenn $\sigma_2 > 0$ und $\sigma_1 < 0$

Einachsiger Spannungszustand:

$$\sigma_V = \sqrt{\sigma_{xx} + 4 \cdot \tau_{xy}^2}$$

Auf einen Punkt muss allerdings sehr deutlich hingewiesen werden: Für Balken- und Wellenelemente kann derart keine Vergleichsspannung berechnet werden, weil keine Kerbwirkung berücksichtigt wird! Das bedeutet in der Praxis, dass Sie bei der Verwendung von Balken- und Wellenelementen zunächst die *Nennspannungen* im FEA-Programm berechnen und dann mit einer von der FEA losgelösten Berechnung die *Kerbspannungen* ermitteln. Die Kerbspannungen werden heute für allgemeine Bauteile mit der FKM-Richtlinie 183 und speziell für Wellen mit der DIN 743 ermittelt. Näheres vgl. Decker */96/*. Für die Wellenberechnung gemäß DIN 743 können Sie das Programm XN743 */100/* nutzen.

Umgekehrt können Sie selbstverständlich die FEA nutzen, um Formzahlen zu bestimmen. Dann können Sie zur Modellierung aber keine Wellenelemente nutzen, sondern Sie werden auf z.B. axialsymmetrische Elemente zurückgreifen. Das Beispiel 22 zeigt, wie's gemacht wird.

7.3 Knotenkräfte

Das Berechnen der Knotenkräfte ist fast noch einfacher:

$$\boldsymbol{F}^e = \boldsymbol{K}^e\ \boldsymbol{U}_i$$

Auch hier wird elementweise vorgegangen. Zu einem jeweiligen Element wird die Elementsteifigkeits-Matrix berechnet und mit dem Vektor der Verschiebungen am Element multipliziert. Zwei Programmsegmente zeigen alles Wesentliche:

In der Function FORC88.C:

```
for(j = 1;j <= mxknot;j++)
  {
  for(j2 = 1;j2 <= mxfrei;j2++)
    {
    mcompj= mcomp[j] + j2;
    l= mxfrei*(j-1) + j2;
    ul[l]= u[mcompj];
    }
  }
for(i = 1;i <= mxfe;i++)
  {
  f[i]= 0.;
  for(j = 1;j <= mxfe;j++)
    f[i]= f[i] + se[i+ mxfe*(j-1)] * ul[j];
  }
```

In der Hauptroutine Z88E.C:

```
/*----------------------------------------------------------------------
* Start 20-Knoten Hexaeder, isoparametrischer quadratischer Ansatz
*---------------------------------------------------------------------*/
  else if(ityp[k]== 10)
    {
    wtyp88e(k,10);
/*----------------------------------------------------------------------
* isopara 20-Knoten Hexaeder: zutreffende Koordinaten bestimmen
*---------------------------------------------------------------------*/
    for(i = 1;i <= 20;i++)
      {
      xk[i] = x [koi[koffs[k]+i-1]];
      yk[i] = y [koi[koffs[k]+i-1]];
      zk[i] = z [koi[koffs[k]+i-1]];
      }
/*----------------------------------------------------------------------
* nun Elementsteifigkeitsmatrix fuer iso-20-Knoten Hexaeder berechen
*---------------------------------------------------------------------*/
    iret= hexa88();
    if(iret != 0)
      {
      wlog88e(0,LOG_JACNEG);
      fclose(fwlo);
      ale88e(iret);
      stop88e();
      }
/*----------------------------------------------------------------------
* Compilation fuer hexa88, kompakte Speicherung mit Pointervektor
*---------------------------------------------------------------------*/
    for(i = 1;i <= 20;i++)
      mcomp[i]= ioffs[ koi[koffs[k]+i-1]] -1;
    mxknot= 20;
    mxfrei= 3;
    mxfe  = 60;
    forc88();
    if(LANG == 1)
      {
      fprintf(fo4,"\nElement # = %5ld     Typ = 20-K Hexaeder",k);
      fprintf(fo4,"\nKnoten       F(1)          F(2)          F(3)");
      }
    if(LANG == 2)
```

```
        {
        fprintf(fo4,"\nelement # = %5ld      type = 20-n hexahedron",k);
        fprintf(fo4,"\nnode            F(1)            F(2)            F(3)");
        }
      j= 1;
      for(i = 1;i <= 20;i++)
        {
        fprintf(fo4,"\n%5ld   %+#13.5lE  %+#13.5lE  %+#13.5lE",
        koi[koffs[k]+i-1],f[j],f[j+1],f[j+2]);
        fsum1[koi[koffs[k]+i-1]] += f[j];
        fsum2[koi[koffs[k]+i-1]] += f[j+1];
        fsum3[koi[koffs[k]+i-1]] += f[j+2];
        j+= 3;
        }
      goto L7000;
/*----------------------------------------------------------------------
* Ende isopara-20-Knoten Hexaeder
*---------------------------------------------------------------------*/
      }
```

Wenn man dann an einem bestimmten Knoten z. B. Reaktionskräfte wissen will, müssen die Knotenkräfte sämtlicher an diesen Knoten anschließenden Elemente berechnet und aufsummiert werden. Dies zeigt ein Programmfragment aus der Knotenkraft-Function **Z88ER.C**, vgl. oben:

```
for(i = 1;i <= 20;i++)
  {
  ...
  fsum1[koi[koffs[k]+i-1]] += f[j];
  fsum2[koi[koffs[k]+i-1]] += f[j+1];
  fsum3[koi[koffs[k]+i-1]] += f[j+2];
  j+= 3;
  }
```

Dabei stehen die aufsummierten Knotenkräfte in den Vektoren `fsum1`, `fsum2` und `fsum3`. Bei Balken im Raum mit 6 Freiheitsgraden gibt es dann analog die Vektoren `fsum1`, `fsum2` bis `fsum6`.

8 Netzgenerierung krummlinig berandeter Finiter Elemente

Um die Geometrie einer Finite-Elemente Struktur zu beschreiben, müssen die Koordinaten aller Knotenpunkte sowie die sog. Koinzidenzliste, d. h. durch welche Knoten das jeweilige Elemente definiert ist, bereitgestellt werden. Bei kleinen Strukturen, d. h. bis etwa 200 Freiheitsgrade kann dies noch problemlos von Hand erfolgen. Werden die Strukturen umfangreicher, so ist das Eingeben sehr zeitaufwendig, fehleranfällig und mühsam. Man geht dazu über, die Aufbereitung der Geometrie zumindest teilweise zu automatisieren. Dazu können sog. Netzgeneratoren dienen, die ausgehend von wenigen beschreibenden Angaben eine komplette Struktur und die Eingabedatei für das Finite-Elemente Programm aufstellen. Handelt es sich um Strukturen, die Symmetrien aufweisen, ist oft ein Bildungsgesetz für Koordinaten und Koinzidenz erkennbar. Dann kann ein kleines Rechenprogramm die gesamte Struktur hinsichtlich der Geometriedaten aufbereiten. Programme, die spezielle Symmetrieeigenschaften oder Regelmäßigkeiten einer Struktur ausnutzen, können als problemorientierte Netzgeneratoren angesehen werden. Dies wurde in der Vergangenheit häufig in Industriefirmen, die stets wiederkehrende Produkte aus Baureihen oder Baukästen herstellen, praktiziert, d. h. sie haben sich einen „Netzgenerator" für ihre speziellen Produkte geschrieben. Oft ist aber für Berechnungsaufgaben das Schreiben eines problemorientierten Netzgenerators zu aufwendig oder aufgrund der Geometrie nicht möglich. Im Folgenden sollen universell einsetzbare Netzgeneratoren betrachtet werden.

8.1 Vorgehensweise

Die Struktur wird in wenige Elemente, sog. Superelemente eingeteilt, d. h., es wird eine ganz grobe FE-Struktur aufgestellt. Dafür werden wie für eine „echte" FE-Struktur Koordinatenwerte und Koinzidenz eingegeben. Diese grobe Struktur wird dann durch das Generatorprogramm automatisch feiner unterteilt. Die dazu erforderlichen Angaben, d. h. wie in den jeweiligen Achsrichtungen zu unterteilen ist, ob die Unterteilung äquidistant oder z. B. logarithmisch erfolgen soll, stellt der Benutzer bei. Die Superstruktur kann aus einem einzigen Superelement mit 20 Knoten bestehen oder auch aus zwei Superelementen:

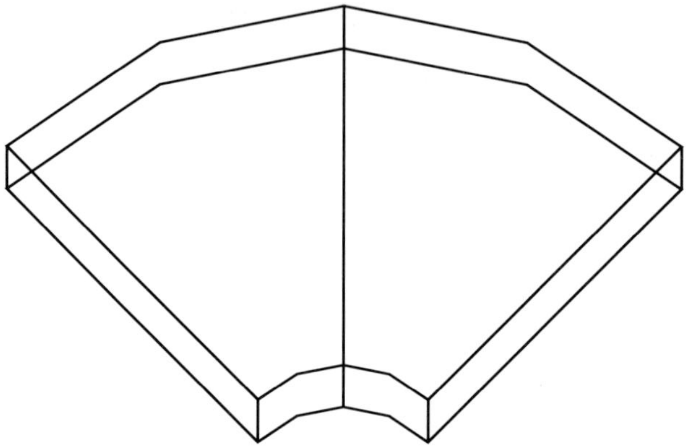

Bild 8.1-1: Mögliche Superstruktur eines Plattensegments aus zwei Hexaedern mit je 20 Knoten

Die Koordinaten der je 20 Knoten und die Koinzidenz sind bereitzustellen. Zusätzlich wird beispielsweise angegeben, dass die Superelemente in radialer Richtung acht mal geometrisch zunehmend und in tangentialer Richtung dreimal gleichabständig zu unterteilen sei. In Dickenrichtung möge keine weitere Unterteilung erfolgen. Hier wird bereits implizit ausgesagt, dass Superelemente und zu erzeugende Finite Elemente durchaus nicht vom gleichen Typ sein müssen. Während die Finiten Elemente der fertigen Struktur Hexaeder mit linearem Ansatz (acht Knoten) sind, sind die beiden Superelemente Hexaeder mit quadratischem Ansatz der Serendipity-Klasse mit 20 Knoten.

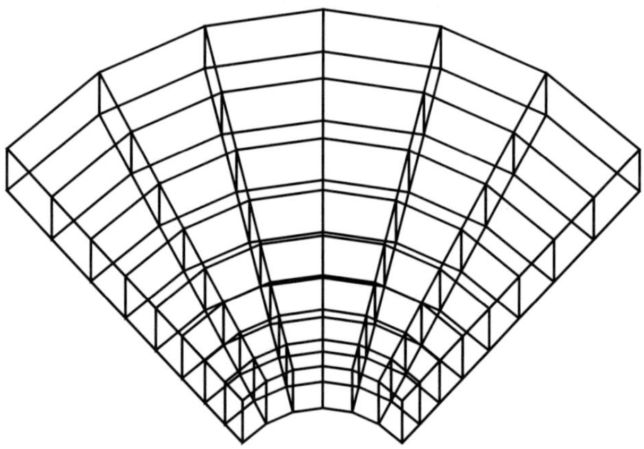

Bild 8.1-2: Finite Elemente Struktur, aus der oben gezeigten Superstruktur mit einem Netzgenerator erzeugt

Der Aufwand zum Eingeben ist spürbar gesunken: Zwei Elemente gegenüber 48, 32 Knoten gegenüber 126. Daher sind derartige universelle Netzgeneratoren unverzichtbarer Bestandteil eines FE-Programms. Oben gezeigte Super- bzw. FE-Struktur kann in Kapitel 13, 5. Beispiel nachvollzogen werden.

Bemerkenswert ist, dass die Standardliteratur nur sehr allgemeine Angaben zu diesem Thema macht. Nur sehr wenige Autoren gehen auf die Problematik der automatischen Netzerzeugung näher ein, wobei jedoch ein direktes Umsetzen in ein arbeitsfähiges Computerprogramm kaum möglich ist. Tatsächlich ist es so, dass dieses riesige Feld der FE-Netzerzeugung zu den Know-How-trächtigen Forschungsgebieten zählt. Es befassen sich weltweit unglaublich viele Forschergruppen damit, und man wird erstaunt sein, wie schwer es nicht selten ist, brauchbare Unterlagen oder Programmcodes zu bekommen!

8.2 Mathematische Grundlagen

Die Entwicklung der Finite-Elemente Methode ging ursprünglich von geradlinig berandeten Elementen mit meist einfachen, d. h. linearen Verschiebungsansätzen aus. Daraus wurden die Verschiebungsansätze in Richtung höherer Ordnungen entwickelt. Die geraden Berandungen erforderten relativ feine Gitter. Erst später wurden krummlinig berandete Elemente aufgestellt. Heute betrachtet *Agyris /3/* (und wir auch) die geradlinigen Berandungen als Sonderfall der krummlinigen Berandungen.

Krummlinige Berandungen werden durch Abbilden aus Elementen mit geraden Berandungen aufgestellt. Allgemein bekannte krummlinige Koordinaten sind Polarkoordinaten, Zylinder- und Kugelkoordinaten, die leicht durch Transformation aus orthogonal kartesischen Koordinaten abgeleitet werden können.

Elementtypen, die direkt durch Transformationen gewonnen werden können, sind z. B. Sektorelemente, die durch Polarkoordinaten beschrieben werden, vgl. z. B. *Schwarz /6/, S. 125.* Allgemein werden krummlinig berandete Elemente in Anlehnung an die Terminologie von *Bathe* und *Wilson /5/* wie folgende gebildet: Das geradlinig berandete Mutterelement wird durch sog. Natürliche Koordinaten *r, s* für den ebenen bzw. axialsymmetrischen Fall und *r, s, t* für Volumenelemente beschrieben. Dabei laufen die natürlichen Koordinaten von −1 bis +1. Der Übergang auf den realen Raum *x, y, z* erfolgt durch die Abbildung

$$x = \sum_i N_i \cdot x_i \quad , \quad y = \sum_i N_i \cdot y_i \quad , \quad z = \sum_i N_i \cdot z_i$$

Die Abwandlung dessen, d. h. das Abbilden des Verschiebungsfeldes auf Knotenverschiebungen ist uns seit Kapitel 4 geläufig:

$$u = \sum_i N_i \cdot u_i \quad , \quad v = \sum_i N_i \cdot v_i \quad , \quad w = \sum_i N_i \cdot w_i$$

mit *x, y, z* reale Koordinaten, *u, v, w* reale Verschiebungen, N_i Formfunktionen.

Dabei haben die Interpolations-Funktionen N_i, oft auch Formfunktionen genannt, eine zentrale Bedeutung. Sie seien momentan noch unbekannt. Sie gelten zunächst nur für die Beschreibung der Geometrie. Oft werden krummlinig berandete Elemente in Zusammenhang mit automatischer Netzgenerierung als isoparametrische Elemente bezeichnet. Dies trifft jedoch eigentlich nur dann zu, wenn auch zum Interpolieren der Verschiebungen dieselben Funktionen N_i verwendet werden. Hier soll die einfache Bezeichnung krummlinige Elemente verwendet werden.

Die Interpolations-Funktionen der Geometrie sind der Schlüssel zum automatischen Generieren krummliniger Netze. Denn die Unterteilung der Superelemente in die eigentlichen Finiten Elemente wird in den natürlichen Koordinaten *r*, *s* bzw. *r*, *s*, *t* vorgenommen, also bei geraden Begrenzungslinien! Dann erst erfolgt die Transformation auf den realen Raum, vgl. Bild 8.2.1

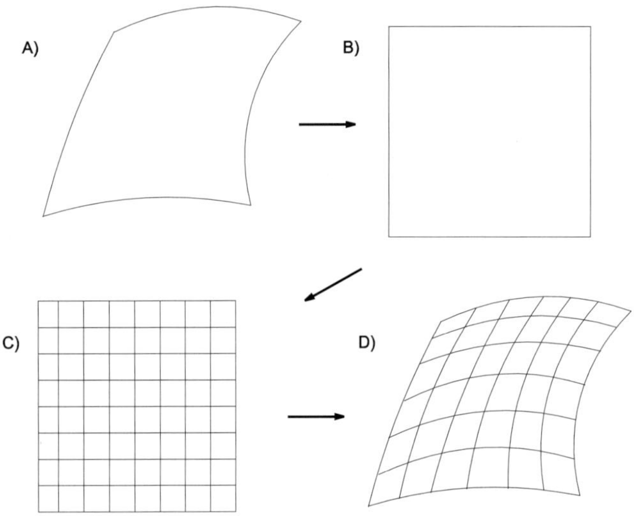

A) Superelement in realen Koordinaten,

B) Superelement in natürlichen Koordinaten,

C) Unterteilen des Superelements im natürlichen Koordinatensystem,

D) Transformation auf reale Koordinaten.

Bild 8.2-1: Unterteilung eines Superelements in Finite Elemente

Die Interpolationsfunktionen werden durch sog. Stützpunkte gebildet. In den meisten Fällen werden als Interpolierende Polynome gewählt. Nach /25/ gilt: Seien $n + 1$ verschiedene Punkte $x_0, x_1, ..., x_n$ und zugehörige Werte $f_0, f_1, ..., f_n$ vorgegeben, dann existiert ein eindeutiges bestimmtes Polynom $P_n(x_k)$, das höchstens den Grad $n + 1$ hat:

$$P_n(x_k) = f_k \quad \text{mit } k = 0, 1, ..., n$$

Zum Beschreiben eines linearen Polynoms (Geradengleichung) sind zwei Stützpunkte erforderlich, für ein quadratisches Polynom drei Stützpunkte und so fort. Für eine krummlinige Berandung sind also mindestens drei Stützpunkte auf dem jeweiligen Rand nötig. In der Tat werden meist quadratische und kubische Ansätze gewählt, und mit kubischen Interpolationsfunktionen lassen sich in der Praxis bereits sehr schön z. B. Viertelkreise annähern. Höhere Funktionen sind an sich unüblich und auch selten nötig.

Die Interpolations-Funktionen N_i weisen folgende Fundamentaleigenschaft auf: Für den Knoten i nehmen sie den Wert 1 an und verschwinden für alle anderen Knoten j, was ja schon aus Kapitel 4 bekannt ist.

Die Formfunktionen der Elemente werden durch Lagrange-Polynome erzeugt (Lagrange-Elemente). Das Aufstellen der Formfunktionen ist sehr schön einfach und gesetzmäßig und daher aus methodischer Sicht sehr vorteilhaft. In der eigentlichen Rechenpraxis werden sie jedoch weniger verwendet, da durch die inneren Knoten zusätzlicher Eingabeaufwand und im eigentlichen FE-Rechenvorgang erhöhter Rechenaufwand entsteht.

Beliebt dagegen sind Elemente, die nur Knoten längs der Berandung führen. Hierzu werden unvollständige Polynomansätze verwendet, die aus Produktformeln gewonnen werden: Die berüchtigten Serendipity-Elemente, vgl. Kapitel 4. *Zienciewicz /1/* und *Bathe /4/* empfehlen, Serendipity-Formfunktionen durch unmittelbare Betrachtung bzw. auf anschaulichem Wege zu erzeugen.

Schwarz /6/ gibt Formfunktionen ohne Herleitung direkt an. *Wissmann /26/* leitet Formfunktionen durch Auswahl eines sog. Basisvektors und dann durch Aufstellen und Inversion der sog. *Vandermonde-Matrix* her. Wie wir schon in Kapitel 4 feststellten, sind dies sehr spezielle Themen, und dem „normalen" Leser sei empfohlen, derartige Formfunktionen fertig zu übernehmen, z. B. aus */1/-/7/*.

Hier sollen für die unmittelbare Anwendung Serendipity-Formfunktionen für ebene (Scheiben) bzw. axialsymmetrische (sog. Toruselemente) Elemente mit acht Knoten angegeben werden, die durch Aufbereiten der Basisfunktionen nach *Zienciewicz /1/* und *Bathe /5/* erzeugt wurden. Formfunktionen für andere Elementtypen können ebenda entnommen werden.

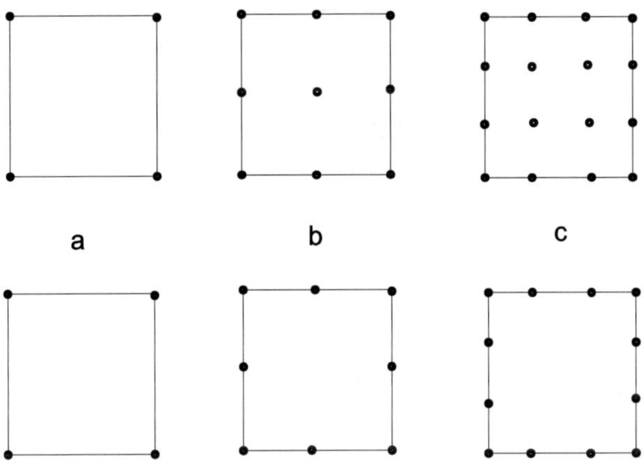

Obere Reihe Elemente der Lagrange-Klasse, untere Reihe Elemente der Serendipity-Klasse. Ansätze: a linear, b quadratisch c kubisch.

Bild 8.2-2: Gitter zum Berechnen einer Lagrange-Interpolationsfunktion

Formfunktionen für ein ebenes Serendipity-Element mit acht Knoten (vgl. Kapitel 4) sind danach:

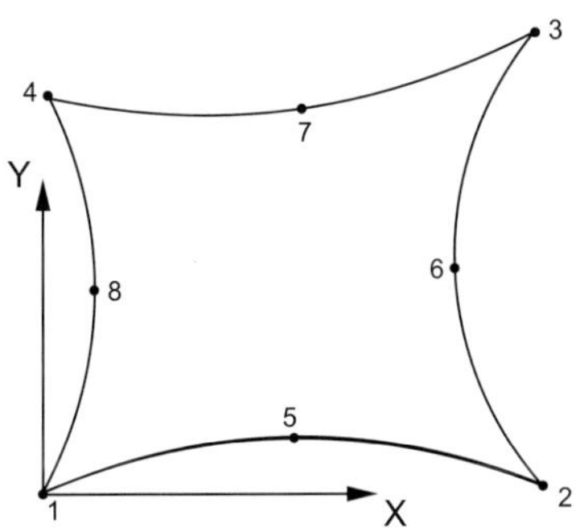

Bild 8.2-3: Ebenes Serendipity-Element mit acht Knoten

$$N_1 = \frac{1}{4}(1+r)(1+s) - \frac{1}{4}\left(1-r^2\right)(1+s) - \frac{1}{4}\left(1-s^2\right)(1+r)$$
$$N_2 = \frac{1}{4}(1-r)(1+s) - \frac{1}{4}\left(1-r^2\right)(1+s) - \frac{1}{4}\left(1-s^2\right)(1-r)$$
$$N_3 = \frac{1}{4}(1-r)(1-s) - \frac{1}{4}\left(1-s^2\right)(1-r) - \frac{1}{4}\left(1-r^2\right)(1-s)$$
$$N_4 = \frac{1}{4}(1+r)(1-s) - \frac{1}{4}\left(1-r^2\right)(1-s) - \frac{1}{4}\left(1-s^2\right)(1+r)$$

$$N_5 = \frac{1}{2}\left(1-r^2\right)(1+s)$$
$$N_6 = \frac{1}{2}\left(1-s^2\right)(1-r)$$
$$N_7 = \frac{1}{2}\left(1-r^2\right)(1-s)$$
$$N_8 = \frac{1}{2}\left(1-s^2\right)(1+r)$$

Die Ansätze sind bei den ebenen Elementen quadratisch. Damit die Abbildung in den Gleichungen

$$x = \sum_i N_i \cdot x_i \quad , \quad y = \sum_i N_i \cdot y_i \quad , \quad z = \sum_i N_i \cdot z_i$$

eineindeutig bleibt, muss über den ganzen Bereich die Determinante der sog. *Jacobi-Matrix*

$$\boldsymbol{J} = \begin{pmatrix} \sum \frac{\partial N_i}{\partial r} x_i & \sum \frac{\partial N_i}{\partial r} y_i & \sum \frac{\partial N_i}{\partial r} z_i \\ \sum \frac{\partial N_i}{\partial s} x_i & \sum \frac{\partial N_i}{\partial s} y_i & \sum \frac{\partial N_i}{\partial s} z_i \\ \sum \frac{\partial N_i}{\partial t} x_i & \sum \frac{\partial N_i}{\partial t} y_i & \sum \frac{\partial N_i}{\partial t} z_i \end{pmatrix}$$

streng positiv sein. Die Determinante muss laufend im Computerprogramm ausgerechnet werden, damit eine wirksame Kontrolle der Eineindeutigkeit der Abbildung von natürlichen in reale Koordinaten gegeben ist.

Diese Eineindeutigkeit wird verletzt durch z. B.

- stark verzerrte Elemente
- „gefaltete Elemente“
- falsch numerierte Elemente

vgl. dazu die Ausführungen in Kapitel 4.

8.3 Beschreibung eines einfachen Netzgenerators

Um das Vorgehen prinzipiell zu verdeutlichen, werden einige Einschränkungen gemacht, die beispielhaften Charakter haben:

1. Es werden ebene Serendipity-Elemente mit acht Knoten vorgesehen.
2. Superelemente und Finite Elemente sollen vom gleichen Typ sein.

Das Verfahren kann unmittelbar auf den dreidimensionalen Fall (Hexaeder mit acht bzw. 20 Knoten) ausgedehnt werden. Das Vorsehen von Lagrange-Elementen und unterschiedlichen Typen für Superelemente und Finite Elemente ist ebenfalls sofort ableitbar.

Das grundsätzliche Vorgehen ist folgendermaßen:

Schritt 1: Einlesen der Geometriedaten und Koinzidenz der Superstruktur.

Schritt 2: Einlesen der Art und Anzahl der jeweiligen Unterteilungen der Superelemente,

Schritt 3 Feststellen der jeweiligen „Nachbarelemente" eines jeden Superelements,

Schritt 4: Für alle Superelemente anhand der Vorgaben aus Schritt 2 die Gitterkoordinaten mit den Formfunktionen berechnen, transformieren und Superelementeweise abspeichern,

Schritt 5: Koinzidenzvektor berechnen,

Schritt 6: Berechnen der Koordinaten und Koinzidenz der Fertigstruktur und Abspeichern in eine direkte, vom FE-Programm einlesbare Datei.

Zu Schritt 1: Einlesen der Geometriedaten und Koinzidenz der Superstruktur

Der Netzgenerator sollte das gleiche Eingabeschema wie die FE-Programme verwenden. So können Prä- und Postprozessoren des FE-Programms, beispielsweise Grafikprogramme, direkt auch zur Kontrolle sowohl der Superstruktur als auch des generierten Netzes genutzt werden. Kleine Superstrukturen können interaktiv eingegeben werden, sinnvoll ist jedoch grundsätzlich die Eingabe mit einer Datei. Die Eingabedaten können wie folgt gegliedert werden:

- Allgemeine Angaben zur Struktur (Anzahl der Knoten, Elemente, Steuerflags u. a.),
- Koordinaten der Struktur,
- Elementtyp und Koinzidenz, elementweise,

Für den Netzgenerator beziehen sich die Angaben auf die Superelemente.

Zu Schritt 2: Einlesen der Art und Anzahl der jeweiligen Unterteilungen

Die Eingabe wird direkt angehängt:

- Art und Anzahl der Unterteilungen

Es werden 2 Eingabezeilen pro Superelement vorgesehen. Die erste Zeile enthalte die Nummer und den Typ des Superelements, die zweite dann:

- Anzahl der Unterteilungen in r-Richtung (Integer),
- Art der Unterteilung für r (Character z. B. E, e, L, l),

- Anzahl der Unterteilungen in *s*-Richtung (Integer),
- Art der Einteilung für *s* (Character z. B. E, e, L, l).

Dabei stehen E und e für äquidistante Einteilung, L für aufsteigende geometrische Reihe und l (kleines L) für fallende geometrische Reihe.

Zu Schritt 3: Feststellen der jeweiligen Nachbarelemente

Der grundlegende Gedanke des hier erläuterten Netzgenerators ist, die endgültige Knotennumerierung superelementweise aufsteigend vorzunehmen, d. h. Superelement 1 liefere die Knoten 1 bis *i*, Superelement 2 dann die Knoten *i*+1 bis *j*, Superelement 3 sodann die Knoten *j*+1 bis *k* und so fort. Dabei laufe die Numerierung zunächst in *s*-Richtung, bzw. wenn man das mit einem Gitter überzogene Superelement als eine Knotenmatrix betrachtet, schneller in *i*-Richtung. Dies wird direkt programmtechnisch genutzt, denn eine Matrix A_{ij} vom Grade *n* kann genauso durch einen Vektor *v* beschrieben werden:

`v[n*(i-1) + j]` ⇔ `a[i,j]` ⇔ A_{ij}

Wie ersichtlich, werden *r*- und *s*-Achse durch die Lage der Superknoten 2 und 1 (liefert positive *r*-Richtung) bzw. 4 und 1 (liefert positive *s*-Richtung) festgelegt.

Möge beispielsweise das erste Superelement in vier Finite Elemente unterteilt werden, so ergeben sich 21 Knoten. Dies möge die Knoten 1 bis 21 der fertigen Struktur liefern. Das zweite Superelement soll an das erste Superelement anschließen, direkt oben an die Superknoten 4, 7, 3 und ebenfalls vier Unterteilungen haben. Damit beginnt die Weiternumerierung mit Knoten 22 am Matrixpunkt a_{21} des zweiten Superelements (Superknoten 13), da die Linie der Superknoten 4, 7, 3 beiden Superelementen gemeinsam ist.

Durch diese Vorgehensweise kann man die Knotennumerierung der fertigen FE-Struktur in jede beliebige Richtung laufen lassen, da wie ersichtlich, die Weiternumerierung immer von Superknoten 1 eines Superelements zum Superknoten 4 läuft. Was Superknoten 1 und 4 de facto sind, wird allein durch die Vorgabe der Koinzidenzliste bestimmt. Zwar ist durch die Formfunktionen die Lage der Knoten innerhalb des natürlichen Koordinatensystems festgelegt, im realen System kann dagegen Superknoten 1 z. B. an der Stelle des Superknotens 2 liegen, so dass nunmehr die Nummerierung nicht von unten nach oben liefe, sondern von rechts nach links. Lediglich der Umfahrungssinn gegen den Uhrzeiger (mathematisch positiv) muss generell eingehalten werden.

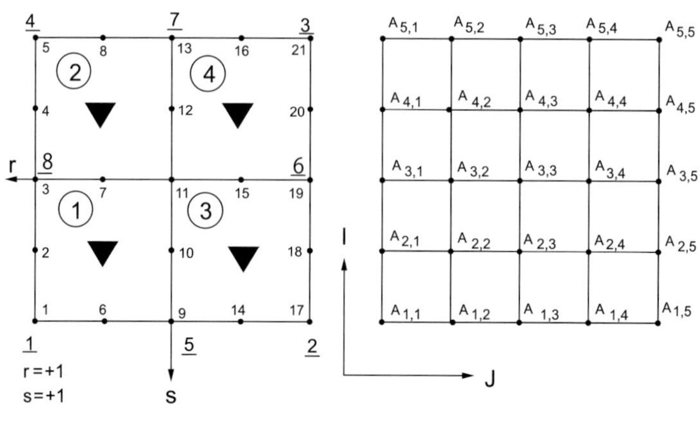

Bild 8.3-1: Schema zum Nummerieren der Knoten für einen Netzgenerator

In Bild 8.3-1 gilt: Ziffer unterstrichen = Knotennummer eines Superelements, normale Ziffer = Knotennummer Finites Element, Dreiecksymbol = „toter“ Knoten, Ziffer mit Kreis = Finites Element, A_{ij} = Knotenmatrix

Um zu erkennen welche Knoten bereits mit Fertignummerierung versehen sind, müssen zu einem Superelement `j` alle Superelemente `k` mit `k < j` gefunden werden. Im ungünstigsten Falle sind dies acht Nachbarelemente. Dazu wird ein Vektor `join[i]` wie folgt definiert: `join[i]=` (acht Elemente für mögliche Nachbarelemente des ersten Superelements, acht Elemente für mögliche Nachbarelemente des zweiten Superelements, ... acht Elemente für mögliche Nachbarelemente des *n*. Superelements). Zum Berechnen von `join` werden die Eckknoten eines Superelements `j` jeweils mit den Eckknoten der Superelemente `1` bis `j-1` verglichen.

Koinzidenz erstes Superelement 1 - 2 - 3 - 4 - 5 - 6 - 7 - 8, Koinzidenz zweites Superelement 4 - 3 - 9 - 10 - 7 - 11 - 12 - 13.

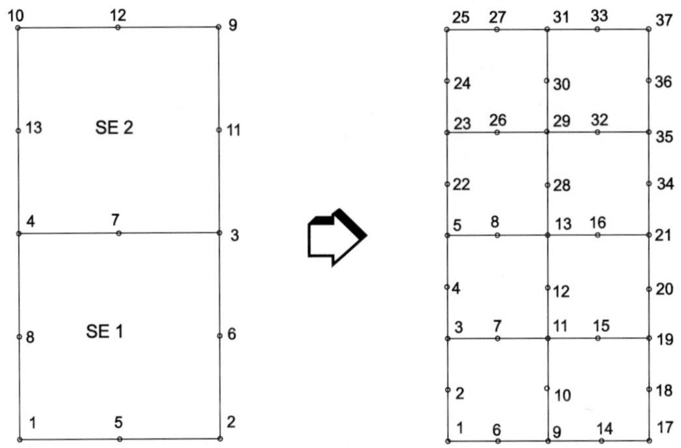

Bild 8.3-2: Zerlegen einer Superstruktur in acht Finite Elemente

Zu Schritt 4: Gitterkoordinaten mit Formfunktionen berechnen und transformieren

Die Unterteilung eines Superelements in Finite Elemente werde in natürlichen Koordinaten vorgenommen, d. h. im Bereich -1 bis +1 für *r* und *s*. Dabei ist zu unterscheiden, auf welche Weise zu unterteilen ist. Naheliegend sind drei Möglichkeiten: linear (`‚E‘` oder `‚e‘`), aufsteigende geometrische Reihe (`‚L‘`), fallende geometrische Reihe (`‚l‘`). Für jedes Superelement werden die Koordinaten der Gitterpunkte A_{ij} berechnet und in Vektoren `xss` und `yss` gegeben. Sie enthalten zunächst auch die Koordinaten sog. „toter Knoten“. Dadurch ist das Vorgehen sehr geradlinig. Seien dabei `jel` und `iel` Vektoren, die für jedes Superelement `m` die Anzahl der Finiten Elemente in *r*- bzw. *s*-Richtung enthalten mögen. Das folgende Programmsegment zeigt die Möglichkeiten der Unterteilung:

Inkremente `xinc` für Superelement `m` berechnen:

```
if(cmode == ‚E‘ || cmode == ‚e‘)
  xinc= 2./(jel[m]*2);
else if(cmode == ‚L‘ || cmode == ‚l‘)
  xinc= pow(3.,(1./jel[m]));
```

Natürliche Koordinaten r berechnen:

```
if(cmode == ‚E‘ || cmode == ‚e‘)
  r= 1. - xinc * (j-1);
else if(cmode == ‚L‘)
  {
  jteil= j/2;
  jgerad= j+1-((j+1)/2)*2;
  if(jgerad == 0)
    r= 2.- pow(xinc,(double)jteil);
  else
    r= ((2.-pow(xinc,(double)jteil) )
      +(2.-pow(xinc,(double)(jteil-1) ) ) )/2.;
  }
else if(cmode == ‚l‘)
  {
  jteil= (jmax-j)/2;
  jgerad= j+1-((j+1)/2)*2;
  if(jgerad == 0)
    r= pow(xinc,(double)jteil) -2.;
  else
    r= ((pow(xinc,(double)jteil) -2.)
      +(pow(xinc,(double)(jteil+1)) -2.) )/2.;
  }
```

Dort ist `jmax = 2*jel[m]+1` die Anzahl der Koordinaten längs der Linie `j`. Analog wäre für `yinc` und `s` vorzugehen.

Zu Schritt 5: Koinzidenzvektor berechnen

Es möge nun ein Vektor `koima` aufgebaut werden, der unmittelbar den Koordinaten-Vektoren `xss` und `yss` zugeordnet werden kann, so dass für einen Knoten `k` der Fertigstruktur, der die Koordinaten `x` und `y` aufweise, gelte:

```
k = koima[i];
x[k] = xss[i];
y[k] = yss[i]
```

Wobei gelte: `k <= i`.

Um die sog. toten Knoten auszufiltern, werde folgende Funktion definiert:

```
jgerad= j+1-((j+1)/2)*2;
```

Sie nimmt für gerade `j` den Wert 1 und für ungerade `j` den Wert 0 an. Offensichtlich liegt dann ein toter Knoten vor, der zu überspringen ist, wenn `i` und `j` gleichzeitig gerade sind.

Die Zähler `icount` und `macoun` werden definiert. Dabei zählt `icount` einfach von Gitterpunkt zu Gitterpunkt unter Einbeziehung der toten Knoten, der Zähler `macoun` dagegen wird nur inkrementiert, wenn es sich um einen Gitterpunkt handelt, der bisher nicht betrachtet wurde und nicht toter Knoten ist. Der Koinzidenzvektor koima erhält dann den Wert von macoun, wenn es sich um einen weiteren Gitterpunkt handelt, andernfalls den Index des bereits bekannten, früher aufgetretenen Knotens.

Programmtechnisch wird festgestellt, ob ein Knoten neu bzw. bekannt ist, indem seine Koordinaten mit denen eines zu vergleichenden Knotens unter Einbeziehung eines Fangbereichs (Vergleiche von double-Zahlen wegen endlicher Maschinengenauigkeit nicht auf Gleichheit durchführen) verglichen werden.

Der Zähler macoun enthält nach diesem Schritt die Knotenanzahl der fertigen FE-Struktur.

Zu Schritt 6: Berechnen der Koordinaten und Koinzidenz der Fertigstruktur

Die Koordinaten müssen mit Hilfe des Vektors koima nach folgendem Schema ausgelesen werden:

Erster Knoten: xss[1], yss[1]

Zweiter und alle folgenden Knoten bis Knoten macoun:

```
koimax = 1;
for(i = 2; i <= icount; i++)
  {
  if(koima[i] > koimax)
    {
    koimax = koima[i];
    /* zu Knotennummer koimax gehören nun */
    /* xss[i] und yss[i] */
    }
  }
```

Die Koinzidenzliste wird wie folgt berechnet: Zunächst werden zwei Vektoren icssta und jcssta definiert, die dem Umstand Rechnung tragen, dass im ersten Finiten Element gilt: A_{11} entspricht dem lokalen Elementknoten 1, A_{13} dem Elementknoten 2, A_{33} dem Elementknoten 3 und so fort (hier, damit Zählung bei 1 starten kann icssta[0]= jcssta[0]= 0):

```
int icssta[9] = {0,1,1,3,3,1,2,3,2};
int jcssta[9] = {0,1,3,3,1,2,3,2,1};
```

Das zweite Finite Element hat folgende Entsprechungen: A_{31} zu lokalem Elementknoten 1, A_{33} zu Elementknoten 2, A_{53} zu Elementknoten 3 usw. Daher wird die Koinzidenzliste wie folgt erzeugt:

```
/*-------------------------------------------------------------------
-
* Elementdaten & Koinzidenzliste
*-----------------------------------------------------------------*/
k= 0;
for(iss = 1;iss <= ness;iss++)
```

```
{
jmax= jel[iss]*2+1;
imax= iel[iss]*2+1;
for(je = 1;je <= jel[iss];je++)
  {
  for(ie = 1;ie <= iel[iss];ie++)
    {
    k++;
    for(le = 1;le <= 8;le++)
      {
      j= jcssta[le] + 2*(je-1);
      i= icssta[le] + 2*(ie-1);
      index= (ioffss[iss]-1) + i+imax*(j-1);
      koilo[le]= koima[index];
      }
    fprintf(fil," %5ld %5ld   Element Nr.%ld\n",k,ityp,k);
    fprintf(fil," %5ld %5ld %5ld %5ld %5ld %5ld %5ld %5ld\n",
    koilo[1],koilo[2],koilo[3],koilo[4],
    koilo[5],koilo[6],koilo[7],koilo[8]);
    }
  }
}
```

Diese Werte werden in eine Datei gegeben, die als Eingabe für das eigentliche FE-Programm dient. Bei Z88 ist das dann die Datei **Z88I1.TXT**.

Beispiel: Der unten dargestellte Schraubenschlüssel wird aus sieben Superelementen (Serendipity) mit 38 Knoten gebildet. Er findet sich in ausführlicher Form in Kapitel 13, dort als erstes Beispiel. Dabei sind die kleinen Ziffern die Knotennummern und die größeren Ziffern die Elementnummern.

Der Vektor `join`, der die vorhergehenden Nachbarelemente eines jeweiligen Superelements beschreibt, ist (das allererste Vektorelement ist 0, d. h. `join[0] = 0`, damit die Zählung immer bei 1 beginnen kann):

```
(0,0,0,0,0,0,0,0,0,
 1,0,0,0,0,0,0,0,
 2,0,0,0,0,0,0,0,
 3,0,0,0,0,0,0,0,
 4,0,0,0,0,0,0,0,
 2,3,4,0,0,0,0,0,
 6,0,0,0,0,0,0,0).
```

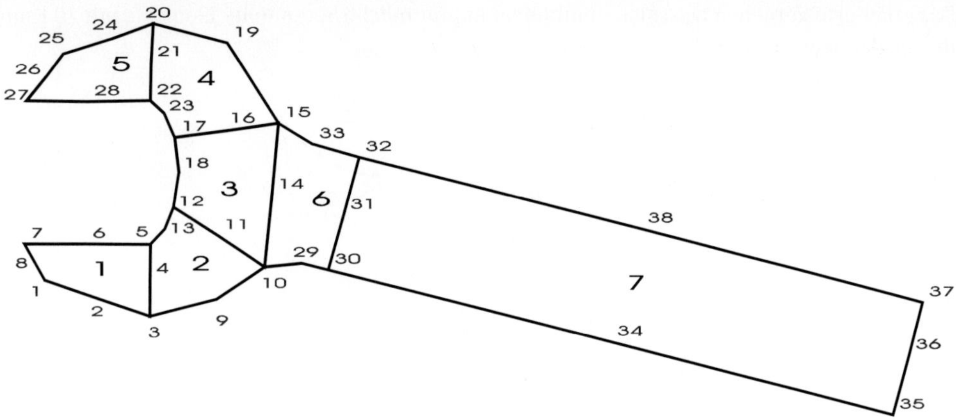

Bild 8.3-3: Beispiel: Schraubenschlüssel aus 7 Superelementen bestehend

Das bedeutet: Das Superelement 1 hat logischerweise keinen Vorgänger, die Elemente 2 bis 5 haben jeweils die direkt angrenzenden Vorgänger 1 bzw. 2 bzw. 3 bzw. 4. Das Superelement 6 schließt an die schon behandelten Vorgängerelemente 2, 3 und 4 an, und Superelement 7 hat als direkten, schon abgehandelten Partner das Superelement 6.

Die Elemente 1 bis 5 sollen in beiden Richtungen je dreimal unterteilt werden, Element 6 in *r* zweimal und in *s* dreimal äquidistant, Element 7 in *r*-Richtung aufsteigend geometrisch und in *s*-Richtung dreimal äquidistant. Dies ergibt für die fertige Struktur dann 69 Finite Elemente (Serendipity-Elemente mit acht Knoten) und 260 Knoten.

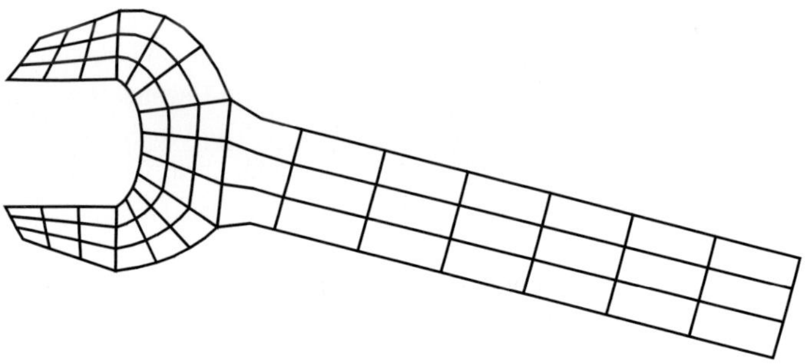

Bild 8.3-4: Generierte Netzstruktur

Das erläuterte Vorgehen lässt sich unmittelbar auf räumliche Serendipity Elemente mit 20 Knoten ausdehnen:

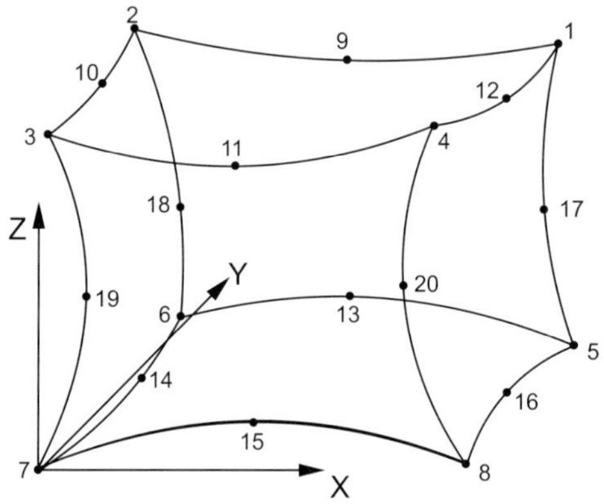

Bild 8.3-5: Räumliches Serendipity Element mit 20 Knoten

Es wird eine Koordinate *t* zusätzlich eingeführt. Ein toter Knoten liegt dann vor, wenn von den drei Laufrichtungen *I, J, K*, jeweils zwei Laufrichtungen gerade Indizes annehmen. Hexaeder mit acht Knoten sind noch einfacher zu generieren, da diese Unterscheidung völlig entfällt. Dies gilt auch für Lagrange-Elemente.

Der hier beschriebene Netzgenerator wird als **Z88N** im Z88-System genutzt. Er ist in Kapitel 10 weiter beschrieben, besonders die praktische Handhabung. Mehrere Beispiele in Kapitel 13 setzten auf diesen Netzgenerator auf. Die C-Quellen sind auf der DVD ausgeführt. Dieser hier beschriebene Netzgenerator, der vom Erstautor entwickelt wurde und über den in /29/ berichtet wurde, hat sich in der Praxis außerordentlich bewährt. Im Gegensatz zu den vollautomatischen Meshern moderner FEA-Großsysteme verlangt er zwar mitunter deutlich mehr Eingabeaufwand, erzeugt aber Netze ganz nach Wunsch des Bedieners, was fortgeschrittene Anwender der FEA sehr zu schätzen wissen.

9 Z88: Grundlagen

9.1 Allgemeines

Diesem Buch liegen zwei freie Programme zugrunde: Z88 V14 Open Source und Z88Aurora V2. Während die Open Source Version besonders grundlagen-orientiert und „ursprünglich“ arbeitet, wobei Sie anhand des mitgelieferten Quellcodes alle theoretischen Grundlagen der vorherigen Kapitel nachvollziehen können, stellt unsere Neuentwicklung Z88Aurora eine sehr komfortable Benutzeroberfläche bereit, die FE-Berechungen in der täglichen Studien-, aber auch Industriepraxis gegenüber Z88 V14 Open Source spürbar erleichtert. Während Sie bei der Open Source-Version direkt mit Ein- und Ausgabedateien arbeiten, werden diese Dateien (die für Open Source-Version und Z88Aurora identisch sind) weitestgehend automatisch von Z88Aurora erzeugt, und Sie können hier sehr komfortabel z.B. Randbedingungen aufbringen.

Alle statisch linearen Beispiele dieses Buchs lassen sich selbstverständlich mit beiden Z88-Varianten berechnen, und es liegt bei Ihnen, mit welcher Version Sie die Beispiele durcharbeiten. Wenn Sie von vorneweg sehr komfortabel arbeiten wollen und Sie die Programm-Hintergründe weniger interessieren, dann liegen Sie mit Z88Aurora V2 richtig, wobei der Umgang damit sehr ähnlich den kommerziellen Großprogrammen ist. Wenn Sie alles ganz genau wissen wollen, Sie eine relativ spartanische Benutzeroberfläche nicht stört, Sie die Programmcodes studieren oder vielleicht sogar abändern oder erweitern wollen, dann probieren Sie die Open Source Z88 V14.

Wie Sie wissen, stammen beide Programm-Versionen aus unserem Lehrstuhl: Z88 V14 Open Source und Z88Aurora V2 sind momentan die jeweils neuesten Versionen, und im Internet finden Sie unter www.z88.de ggf. überarbeitete und modernere Releases.

9.1.1 Die Z88-Element-Bibliothek im Überblick

Zweidimensionale Probleme: Scheiben, Platten, Balken, Stäbe

Scheibe Nr. 3

- quadratischer Ansatz, aber geradlinig
- Güte der Verschiebungen sehr gut
- Güte der Spannungen im Schwerpunkt gut
- Rechenaufwand: mittel
- Größe der Elementsteifigkeitsmatrix: 12×12

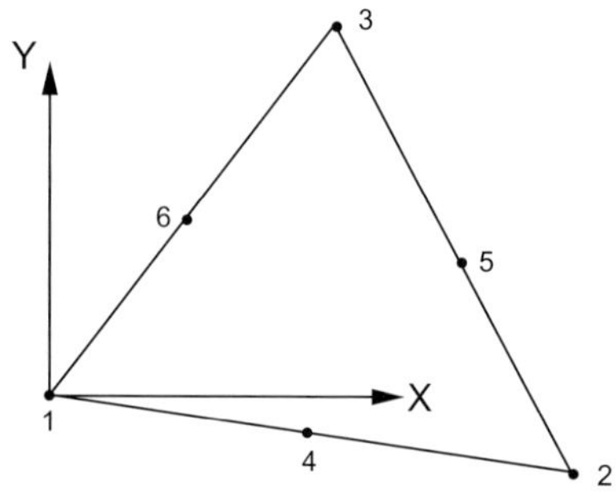

Bild 9.1-1: Scheibe Nr. 3

Scheibe Nr. 7

- quadratisches isoparametrisches Serendipity Element
- Güte der Verschiebungen sehr gut
- Güte der Spannungen in den Gausspunkten sehr gut
- Güte der Spannungen in den Eckknoten gut
- Rechenaufwand: hoch
- Größe der Elementsteifigkeitsmatrix: 16×16

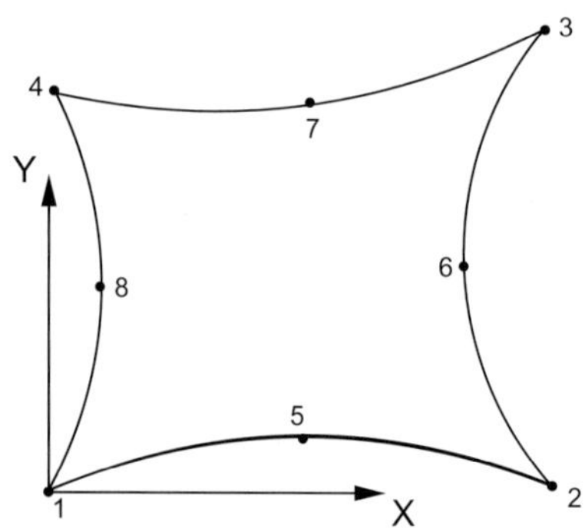

Bild 9.1-2: Scheibe Nr. 7

Stab Nr. 9

- linearer Ansatz
- Güte der Verschiebungen exakt im Rahmen des Hooke'schen Gesetzes
- Güte der Spannungen exakt im Rahmen des Hooke'schen Gesetzes
- Rechenaufwand: minimal
- Größe der Elementsteifigkeitsmatrix: 4×4

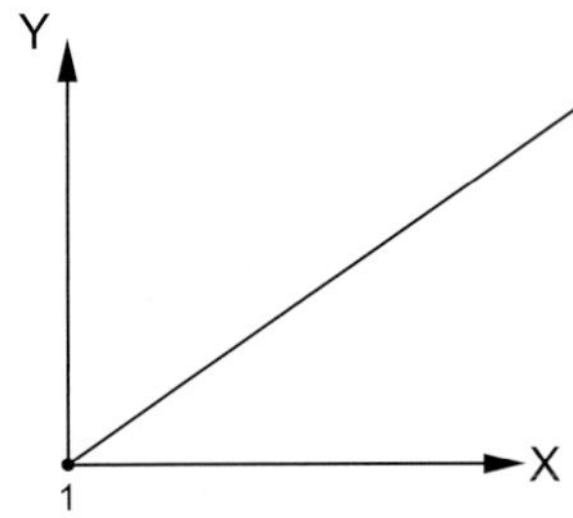

Bild 9.1-3: Stab Nr. 9

Scheibe Nr. 11

- kubisches isoparametrisches Serendipity Element
- Güte der Verschiebungen ausgezeichnet
- Güte der Spannungen in den Gausspunkten ausgezeichnet
- Güte der Spannungen in den Eckknoten gut
- Rechenaufwand: sehr hoch
- Größe der Elementsteifigkeitsmatrix: 24×24

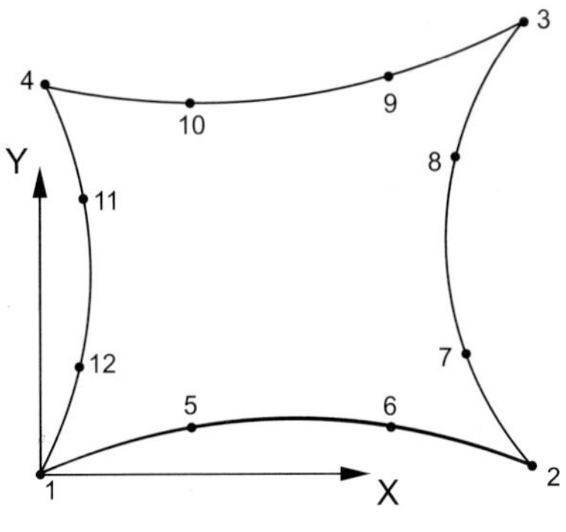

Bild 9.1-4: Scheibe Nr. 11

Balken Nr. 13

- linearer Ansatz für Zug, kubischer Ansatz für Biegung
- Güte der Verschiebungen exakt im Rahmen des Hooke'schen Gesetzes
- Güte der Spannungen exakt im Rahmen des Hooke'schen Gesetzes
- Rechenaufwand: gering
- Größe der Elementsteifigkeitsmatrix: 6×6

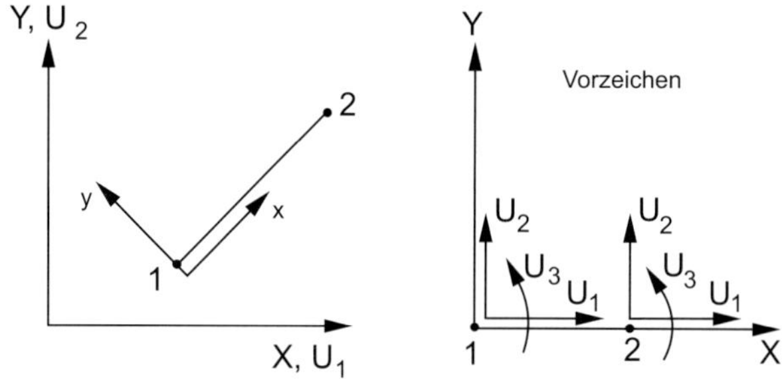

Bild 9.1-5: Balken Nr. 13

Scheibe Nr. 14

- quadratisches isoparametrisches Serendipity Element
- Güte der Verschiebungen sehr gut
- Güte der Spannungen in den Gausspunkten sehr gut
- Güte der Spannungen in den Eckknoten gut
- Rechenaufwand: mittel
- Größe der Elementsteifigkeitsmatrix: 12×12

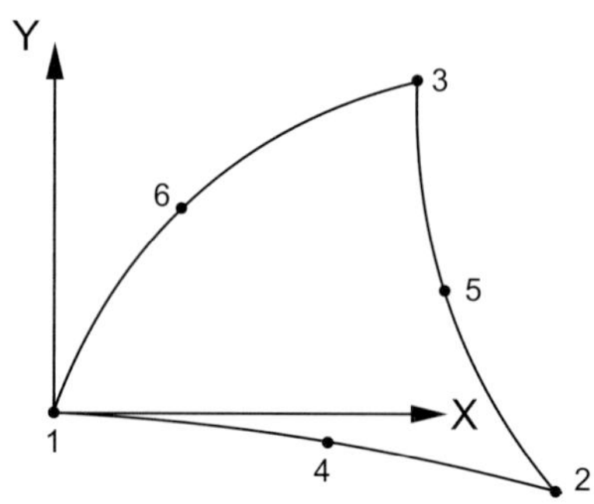

Bild 9.1-6: Scheibe Nr. 14

Platte Nr. 18

- quadratisches isoparametrisches Serendipity Element mit Reissner-Mindlin Ansatz
- Güte der Verschiebungen sehr gut
- Güte der Spannungen in den Gausspunkten gut
- Güte der Spannungen in den Eckknoten brauchbar
- Rechenaufwand: mittel
- Größe der Elementsteifigkeitsmatrix: 18×18

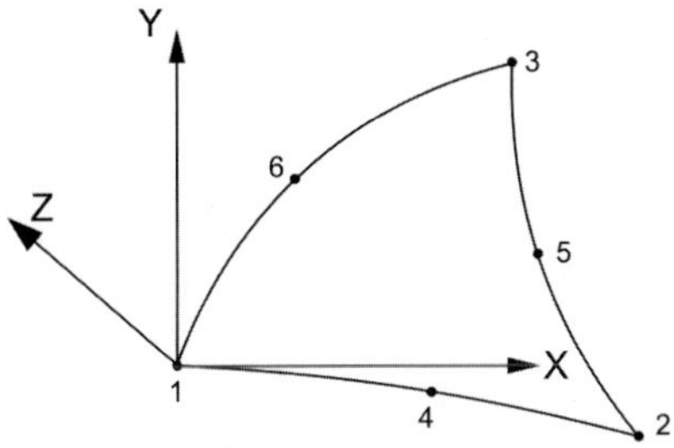

Bild 9.1-7: Platte Nr. 18

Platte Nr. 19

- kubisches isoparametrisches Lagrange Element mit Reissner-Mindlin Ansatz
- Güte der Verschiebungen sehr gut
- Güte der Spannungen in den Gausspunkten sehr gut
- Güte der Spannungen in den Eckknoten gut
- Rechenaufwand: sehr hoch
- Größe der Elementsteifigkeitsmatrix: 48×48

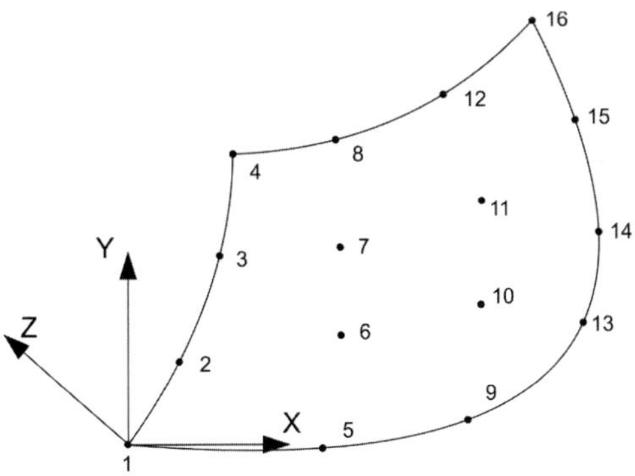

Bild 9.1-8: Platte Nr. 19

Platte Nr. 20

- quadratisches isoparametrisches Serendipity Element mit Reissner-Mindlin Ansatz
- Güte der Verschiebungen sehr gut
- Güte der Spannungen in den Gausspunkten gut
- Güte der Spannungen in den Eckknoten recht gut
- Rechenaufwand: mittel
- Größe der Elementsteifigkeitsmatrix: 24×24

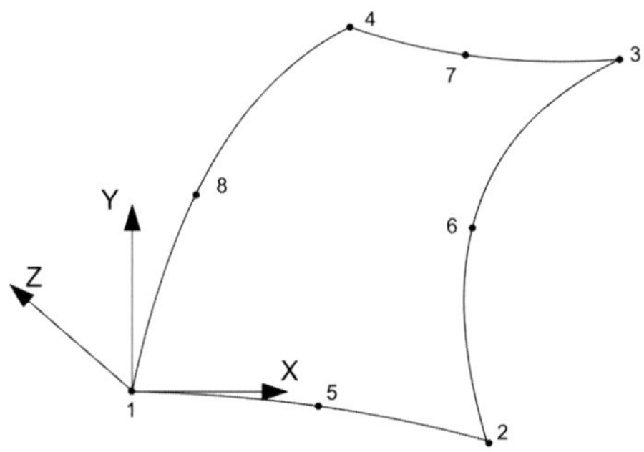

Bild 9.1-9: Platte Nr. 20

Axialsymmetrische Probleme

Torus Nr. 6

- linearer Ansatz
- Güte der Verschiebungen mittel
- Güte der Spannungen in den Eckknoten ungenau
- Rechenaufwand: gering
- Größe der Elementsteifigkeitsmatrix: 6×6

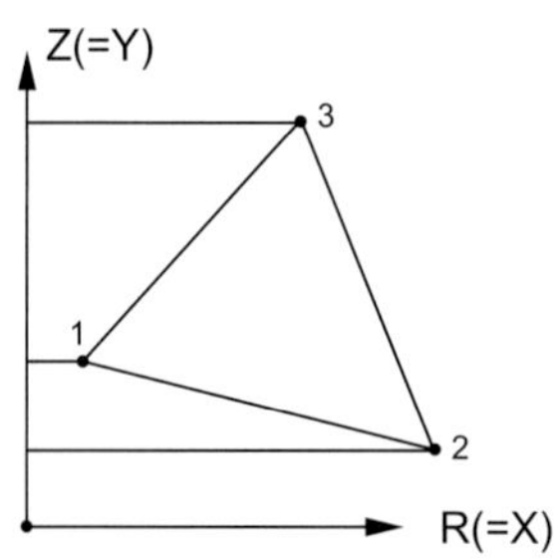

Bild 9.1-10: Torus Nr. 6

Torus Nr. 8

- quadratisches isoparametrisches Serendipity Element
- Güte der Verschiebungen sehr gut
- Güte der Spannungen in den Gausspunkten sehr gut
- Güte der Spannungen in den Eckknoten gut
- Rechenaufwand: hoch
- Größe der Elementsteifigkeitsmatrix: 16×16

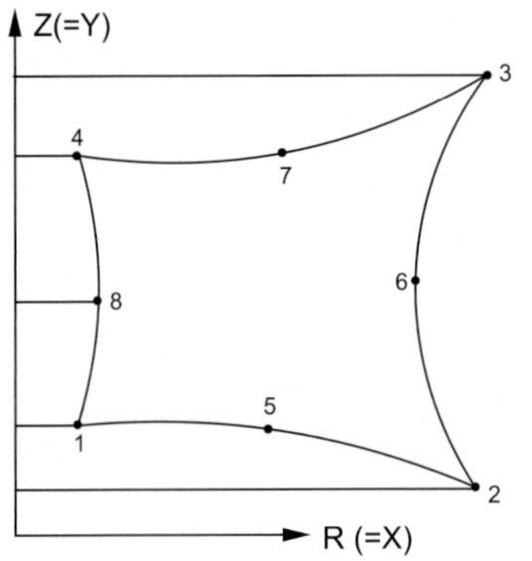

Bild 9.1-11: Torus Nr. 8

Torus Nr. 12

- kubisches isoparametrisches Serendipity Element
- Güte der Verschiebungen ausgezeichnet
- Güte der Spannungen in den Gausspunkten ausgezeichnet
- Güte der Spannungen in den Eckknoten gut
- Rechenaufwand: sehr hoch
- Größe der Elementsteifigkeitsmatrix: 24×24

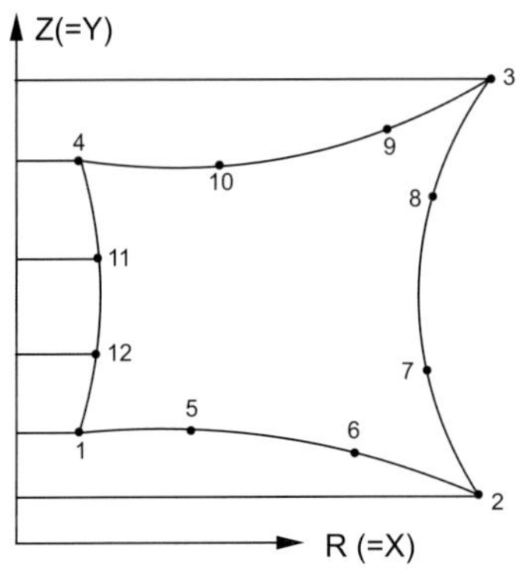

Bild 9.1-12: Torus Nr. 12

Torus Nr. 15

- quadratisches isoparametrisches Serendipity Element
- Güte der Verschiebungen sehr gut
- Güte der Spannungen in den Gausspunkten sehr gut
- Güte der Spannungen in den Eckknoten gut
- Rechenaufwand: mittel
- Größe der Elementsteifigkeitsmatrix: 12×12

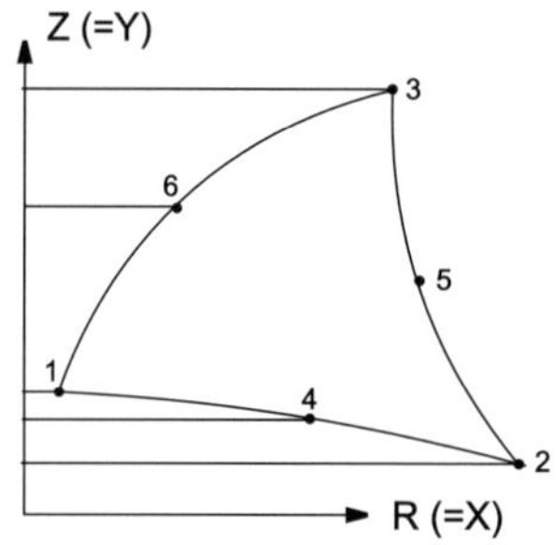

Bild 9.1-13: Torus Nr. 15

Welle Nr. 5

- linearer Ansatz für Zug und Torsion, kubischer Ansatz für Biegung
- Güte der Verschiebungen exakt im Rahmen des Hooke'schen Gesetzes
- Güte der Spannungen exakt im Rahmen des Hooke'schen Gesetzes
- Rechenaufwand: gering
- Größe der Elementsteifigkeitsmatrix: 12×12

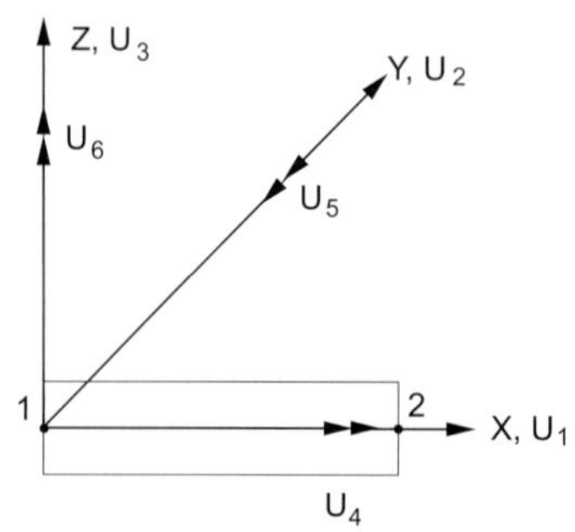

Bild 9.1-14: Welle Nr. 5

Schalen-Probleme

Schale Nr. 21

- krummliniges, isoparametrisches Serendipity-Volumenschalenelement
- isoparametrische Transformation
- beliebige Krümmung des Elements möglich
- sehr genaue Berechnung von Verschiebungen als auch von Spannungen
- Spannungen an den Eckknoten (gut als Überblick) oder Gauß-Punkten (erheblich genauer)
- Rechenaufwand: hoch
- Größe der Elementsteifigkeitsmatrix: 48×48

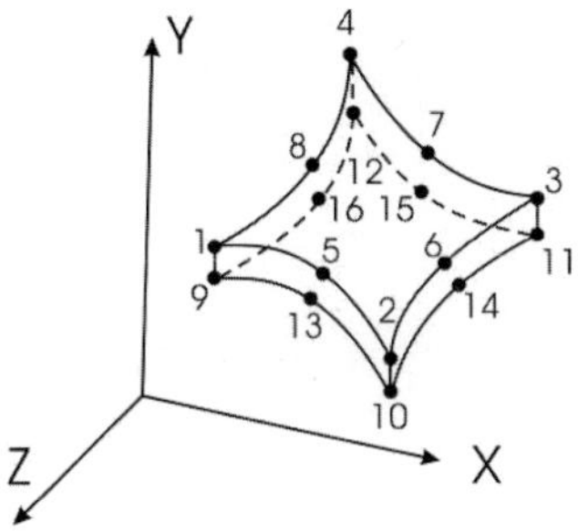

Bild 9.1-15: Schale Nr. 21

Schale Nr. 22

- krummliniges, isoparametrisches Serendipity-Volumenschalenelement
- isoparametrische Transformation
- beliebige Krümmung des Elements möglich
- sehr genaue Berechnung von Verschiebungen als auch Spannungen
- Spannungen an den Eckknoten (gut als Überblick) oder Gauß-Punkten (erheblich genauer)
- Rechenaufwand: mittel
- Größe der Elementsteifigkeitsmatrix: 36×36

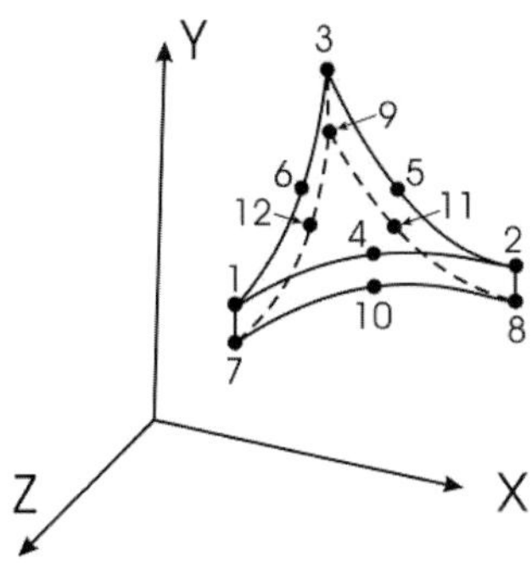

Bild 9.1-16: Schale Nr. 22

Schale Nr. 23

- krummliniges, isoparametrisches Serendipity-Schalenelement
- quadratischer Ansatz
- isoparametrische Transformation
- alle Knoten auf einer Ebene
- gute Berechnung von Verschiebungen als auch von Spannungen
- Spannungen an den Eckknoten (gut als Überblick) oder Gauß-Punkten (erheblich genauer)
- Rechenaufwand: hoch
- Größe der Elementsteifigkeitsmatrix: 48×48

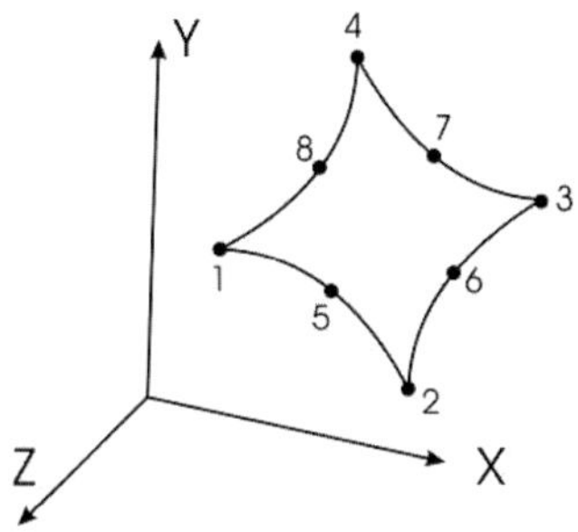

Bild 9.1-17: Schale Nr. 23

Schale Nr. 24

- krummliniges, isoparametrisches Serendipity-Schalenelement
- quadratischer Ansatz
- isoparametrische Transformation
- alle Knoten auf einer Ebene
- gute Berechnung von Verschiebungen als auch von Spannungen
- Spannungen an den Eckknoten (gut als Überblick) oder Gauß-Punkten (erheblich genauer)
- Rechenaufwand: mittel
- Größe der Elementsteifigkeitsmatrix: 36×36

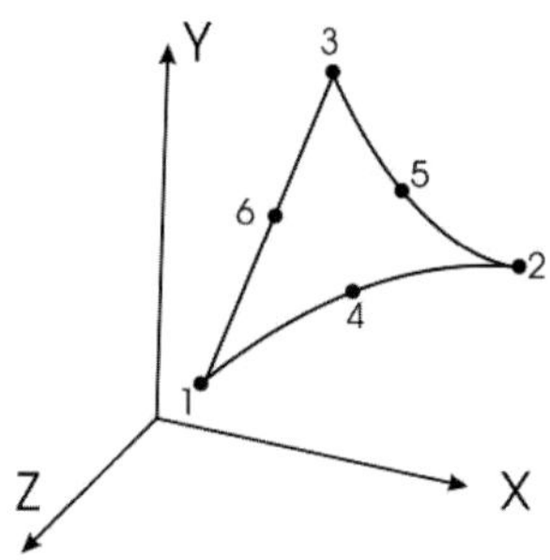

Bild 9.1-18: Schale Nr. 24

Räumliche Probleme

Stab Nr. 4

- linearer Ansatz
- Güte der Verschiebungen exakt im Rahmen des Hooke'schen Gesetzes
- Güte der Spannungen exakt im Rahmen des Hooke'schen Gesetzes
- Rechenaufwand: minimal
- Größe der Elementsteifigkeitsmatrix: 6×6

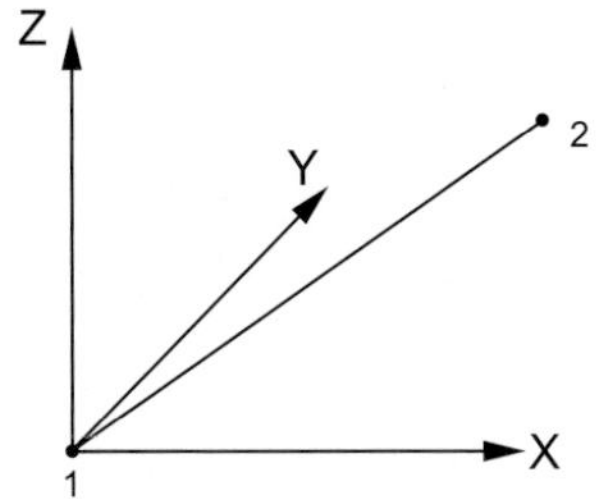

Bild 9.1-19: Stab Nr. 4

Balken Nr. 2

- linearer Ansatz für Zug und Torsion, kubischer Ansatz für Biegung
- Güte der Verschiebungen exakt im Rahmen des Hooke'schen Gesetzes
- Güte der Spannungen exakt im Rahmen des Hooke'schen Gesetzes
- Rechenaufwand: gering
- Größe der Elementsteifigkeitsmatrix: 12×12

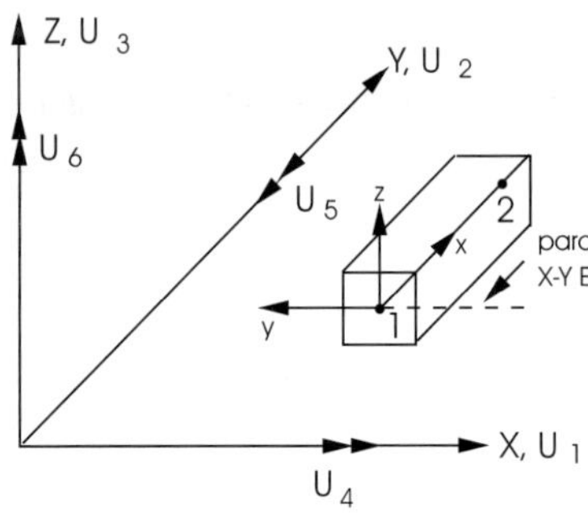

Bild 9.1-20: Balken Nr. 2

Hexaeder Nr. 1

- linearer Ansatz
- Güte der Verschiebungen mittel
- Spannungen an den Gausspunkten brauchbar
- Spannungen an den Eckknoten ungenau
- Rechenaufwand sehr hoch
- Größe der Elementsteifigkeitsmatrix: 24×24

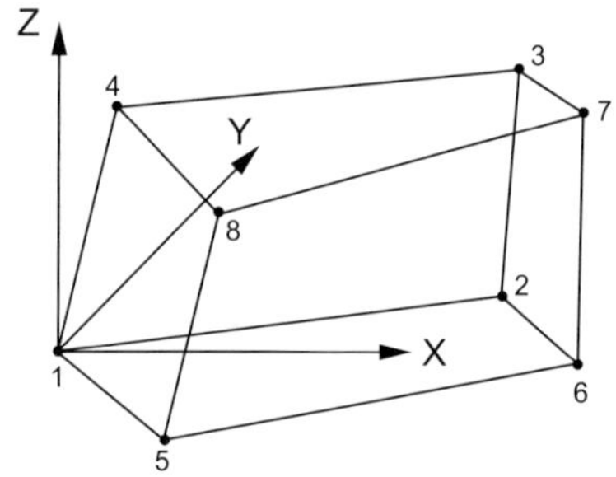

Bild 9.1-21: Hexaeder Nr. 1

Hexaeder Nr. 10

- quadratisches isoparametrisches Serendipity Element
- Güte der Verschiebungen sehr gut
- Spannungen an den Gausspunkten sehr gut
- Spannungen an den Eckknoten gut
- Rechenaufwand extrem hoch
- Größe der Elementsteifigkeitsmatrix: 60×60

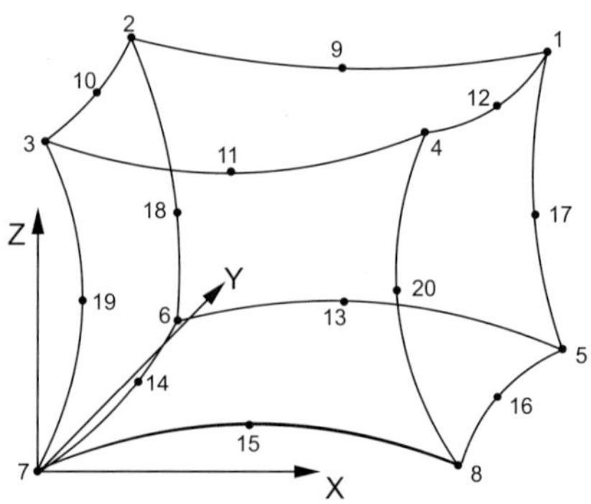

Bild 9.1-22: Hexaeder Nr.10

Tetraeder Nr. 17

- linearer Ansatz
- Güte der Verschiebungen schlecht
- Spannungen an den Gausspunkten ungenau
- Spannungen an den Eckknoten sehr ungenau
- Rechenaufwand mittel
- Größe der Elementsteifigkeitsmatrix: 12×12

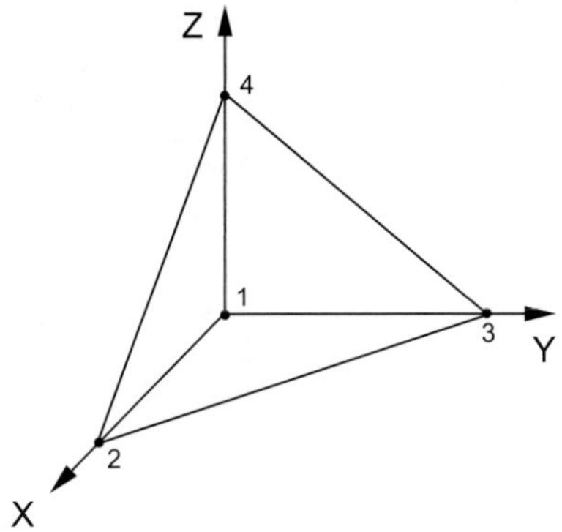

Bild 9.1-23: Tetraeder Nr.17

Tetraeder Nr. 16

- quadratisches isoparametrisches Serendipity Element
- Güte der Verschiebungen sehr gut
- Spannungen an den Gausspunkten sehr gut
- Spannungen an den Eckknoten gut
- Rechenaufwand sehr hoch
- Größe der Elementsteifigkeitsmatrix: 30×30

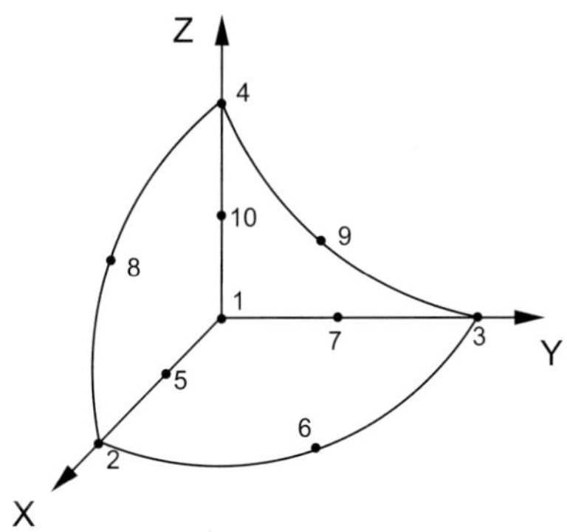

Bild 9.1-22: Tetraeder Nr.16

9.2 Das Open Source FE-Programm Z88

Die Z88-Philosophie:

- Schnell und kompakt: für PCs entwickelt, kein portiertes Großsystem
- Flexibel und transparent: Steuerung über Textdateien
- „Small is beautiful" - modularer Aufbau, kein monolithisches Monster
- *native* Windows- bzw. LINUX- bzw. Mac OS X-Programme, keine Emulationen
- Windows- und UNIX-Version verwenden die gleichen Rechen- und Graphikkerne
- Voller Datenaustausch von und zu AutoCAD-Systemen mit DXF-Schnittstelle
- NASTRAN und COSMOS FE-Netz Import aus Pro/ENGINEER
- OnLine-Hilfe
- Einfachste Installation: Keine Subdirectories, kein Verändern der Systemdateien

Hinweise:

Immer ohne Ausnahme FE-Berechnungen mit analytischen Überschlagsrechnungen, Versuchsergebnissen, Plausibilitätsbetrachtungen und anderen Überprüfungen kontrollieren!

Hier steht UNIX immer für LINUX, UNIX und Mac OS X.

Ausführlichere Informationen finden Sie im Z88-Handbuch auf der DVD.

Die Installations-Beschreibung von Z88 V14.0 finden Sie auf der DVD.

Beachten Sie ferner, dass bei Z88 (und auch anderen FEA-Programmen) mitunter Vorzeichendefinitionen gelten, die von den üblichen Definitionen der analytischen Technischen Mechanik abweichen.

9.2.1 Die Z88-Module im Überblick

Z88 erledigt immer nur die Aufgaben, die Sie ihm momentan stellen. Daher ist Z88 kein riesiges, monolithisches Programm, sondern besteht nach der UNIX-Philosophie „small is beautiful" aus mehreren, getrennt lauffähigen Modulen. Sie werden nach Ihren Erfordernissen in den Hauptspeicher geladen, führen ihre Aufgaben aus, und geben den Speicher wieder frei. Die Z88-Module kommunizieren miteinander durch Dateien, vgl. Kap.11. Im Folgenden finden Sie eine kurze Beschreibung der Module; ausführlichere Informationen vgl. Kap. 10 bzw. die Z88-Handbuch auf der DVD.

I. Der Solver

Der lineare **Solver Z88R** ist das Herz des Programmsystems. Er liest die allgemeinen Strukturdaten Z88I1.TXT, die Randbedingungen Z88I2.TXT, die Flächenlastdatei Z88I5.TXT, die Integrationsordnungsdatei Z88INT.TXT, die Elementparameterdatei Z88ELP.TXT, die Solversteuerdatei Z88MAN.TXT sowie die Materialsteuerdatei Z88MAT.TXT mit den dazugehörigen Materialdateien (Zahl).TXT-Dateien ein. Grundsätzlich können die Z88-Eingabedateien per CAD-Konverter

Z88X, per 3D-Konverter Z88G, per Netzgenerator Z88N, per Editor oder Textverarbeitungssystem oder mit einem gemischten Vorgehen generiert werden. Der Solver gibt sodann aufbereitete Strukturdaten Z88O0.TXT, aufbereitete Randbedingungen Z88O1.TXT aus, berechnet die Element-Steifigkeitsmatrizen, kompiliert die Gesamt-Steifigkeitsmatrix, skaliert das Gleichungssystem, löst das (riesige) Gleichungssystem und gibt die Verschiebungen in Z88O2.TXT aus. Damit ist die Grundaufgabe jedes FEA-Systems, also die Berechnungen der Verschiebungen gelöst. Sodann werden die Spannungen berechnet und in Z88O3.TXT gegeben; anschließend werden die Knotenkräfte berechnet und in Z88O4.TXT gegeben. Ferner erzeugt der Solver zwei Dateien Z88O5.TXT und Z88O8.TXT, die für die interne Kommunikation mit Z88O dienen.

Z88R verfügt intern über zwei verschiedene Solver:

- Ein sog. *Cholesky-Gleichungslöser* ohne *Fill-In*. Er ist unkompliziert zu bedienen und bei kleinen und mittleren Strukturen sehr schnell. Er ist wie alle direkten Solver empfindlich gegen ungeschickte Knotennummerierung; dies kann durch einen vorherigen Einsatz des Cuthill-McKee-Algorithmus Z88H verbessert werden. Hinweise zur Ansteuerung von Z88H finden sich im Kapitel 3.3.4. Er ist die richtige Wahl für kleine und mittlere Strukturen bis 20.000 ... 30.000 Freiheitsgrade.
- Ein sog. *Sparsematrix-Iterationssolver*. Er löst das System mit dem Verfahren der Konjugierten Gradienten. Dabei kann gewählt werden, ob das System mit einem SOR-Verfahren (SORCG) oder mit partieller Cholesky-Zerlegung (SICCG) vorkonditioniert wird. Dieser Solver ist bei Strukturen über 100.000 Freiheitsgraden so schnell, dass er kaum langsamer als die Solver der großen, kommerziellen und teuren FEA-Systeme ist, wie aktuelle Vergleiche wieder gezeigt haben. Gleichzeitig ist der Speicherbedarf minimal. Er ist die richtige Wahl für Strukturen ab 100.000 ~ 200.000 Freiheitsgrade. FE-Strukturen mit ca. 5 Mio. Freiheitsgraden stellen für ihn kein Problem dar, wenn Sie ein 64-Bit Betriebssystem (Windows, Linux oder Mac OS-X) mit der 64-Bit Version Z88 bei ca. 6 GByte Hauptspeicher verwenden. *Dieser sehr bewährte und stabile Solver funktioniert nach unseren Beobachtungen immer, sodass Sie ihn ruhig als Standardsolver verwenden können.*

II. Die Kopplungsmodule zu CAD-Systemen

Der **CAD-Konverter Z88X** konvertiert DXF-Austauschdateien von AutoCAD-Systemen in Z88-Eingabedateien (Netzgenerator-Eingabedatei Z88NI.TXT oder allgemeine Strukturdaten Z88I1.TXT, Randbedingungen Z88I2.TXT und Flächenlasten Z88I5) bzw., und das ist das Besondere, auch umgekehrt Z88-Eingabedateien in DXF-Dateien. Sie können also nicht nur Eingabedaten im CAD- System erzeugen und dann in Z88 verwenden, sondern Sie können auch Z88-Eingabedateien, die immer einfache ASCII-Dateien sind, z.B. per Texteditor, mit Textverarbeitung, mit EXCEL oder z.B. durch selbstgeschriebene Programme erzeugen und dann ins CAD-System per CAD-Konverter Z88X geben, dort auch ggf. ergänzen und weiterbearbeiten und dann wieder zurück ins Z88 konvertieren.

Der **3D-Konverter Z88G** liest FE-Eingabedateien im sog. NASTRAN-Format oder im sog. COSMOS-Format ein und erzeugt automatisch die Z88-Eingabedateien Z88I1.TXT, Z88I2.TXT und Z88I5.TXT. NASTRAN- und COSMOS-Dateien können in verschiedenen 3D-CAD-Systemen erzeugt werden. Damit ist eine direkte Weiterverarbeitung z.B. von Pro/ENGINEER-Modellen möglich.

Der **Cuthill-McKee Algorithmus Z88H** ist primär für die Zusammenarbeit mit Z88G gedacht. Er kann FE-Netze umnummerieren und so besonders bei Netzen, die aus Automeshern kommen, die Speicherbedarfe merklich verringern.

III. Der Netzgenerator für gerichtete Netze

Der **Netzgenerator Z88N** liest die Superstrukturdaten Z88NI.TXT ein (die wiederum aus einem CAD-System über Z88X gewonnen sein kann oder von Hand aufgestellt wurde) und gibt die allgemeinen Strukturdaten Z88I1.TXT aus. Die Netzgenerator-Datei Z88NI.TXT hat prinzipiell den gleichen Aufbau wie die Datei der allgemeinen Strukturdaten Z88I1.TXT. Auch sie kann per CAD-Konverter Z88X, per Editor oder Textverarbeitungssystem oder mit einem gemischten Vorgehen generiert werden.

IV. Der Postprozessor

Das **Plotprogramm Z88O** zeigt unverformte, verformte Strukturen und die Spannungsverläufe an.

Multitasking von Z88:

Es ist uneingeschränktes Multitasking möglich, d.h. es können mehrere Z88-Module bzw. andere echte Windows-Programme parallel laufen. Beachten Sie dabei jedoch, dass Sie alle Fenster nicht überlappend anordnen, sondern nebeneinander, da die Z88-Module, wenn sie einmal gestartet sind, aus Geschwindigkeitsgründen kein sog. WM_PAINT-Signal mehr auswerten. Das bedeutet, daß, obwohl die Programme voll weiterrechnen, Bildschirmanzeigen mitunter zerstört werden, wenn Sie laufende Z88-Fenster vergrößern, verkleinern, verschieben oder durch andere Programme abdecken. Auf die Rechenergebnisse hat dies keinen Einfluss, und nur durch diese Maßnahme kann die hohe Geschwindigkeit von Z88 gehalten werden.

Hinweise zum Starten von Z88:

Windows:

Alle Z88-Module können direkt via Explorer, aus einer Gruppe, welche die diversen Z88-Module enthält, oder mit „Ausführen" gestartet werden. Es genügt, den Z88-Commander **Z88COM** aufzurufen. Er kann dann alle weiteren Module starten.

UNIX:

Bei der **UNIX**-Version werden die Module einzeln, aus dem Z88-Commander Z88COM oder als erweiterte Möglichkeit aus einem Shell-Script heraus gestartet. (z.B. bash) Hier haben Sie alle unbegrenzten Freiheiten des UNIX-Systems. Alle Module außer Z88COM und Z88O können von Konsolen im Textmodus gestartet werden, aber natürlich auch in einem X-Fenster. Z88COM, der Z88-Commander und Z88O, das Plotprogramm, müssen als GTK+ Programme aus X gestartet werden.

LINUX:

Für ein bequemes Arbeiten mit Z88 starten Sie bei LINUX Ihren X-Window Manager, öffnen ein X-Term und starten Z88COM.

Mac OS X:

Starten Sie das *Terminal* (Finder > Gehe zu > Dienstprogramme > Terminal) und starten Sie Z88COM. Stellen Sie Z88COM und das X-Term bzw. Terminal, das Z88COM startete, nebeneinander oder übereinander.

9.2.2 Dynamischer Speicher Z88

Alle Z88-Module fordern Memory dynamisch an. Obgleich Z88 mit Standardwerten in Z88.DYN geliefert wird, kann und soll der Anwender diese Werte anpassen. Dazu wird die Datei Z88.DYN editiert. Ferner wird in Z88.DYN die Sprache definiert. Tragen Sie in eine Zeile, am besten zwischen DYNAMIC START und NET START, die gewünschte Sprache als GERMAN oder ENGLISH ein.

Z88.DYN beginnt mit dem Schlüssel DYNAMIC START und endet mit DYNAMIC END. Dazwischen gibt es eine Sektion für den Netzgenerator (NET START, NET END), eine für alle Module gemeinsame Sektion (COMMON START, COMMON END) und eine Sektion für das Cuthill-Mc-Kee-Programm (CUTKEE START, CUTKEE END). Dazwischen können beliebig Leerzeilen oder Kommentare sein, es werden nur die großgeschriebenen Schlüsselworte erkannt. Nach dem jeweiligen Schlüssel folgt eine Integerzahl, durch mindestens ein Leerzeichen getrennt. Die Reihenfolge der Schlüsselworte ist beliebig.

Fordern Sie aber nicht unnötig viel Speicher an, da dies, insbesonders bei virtuellem Memory, Geschwindigkeitseinbußen bedingt.

Bei großen Strukturen lassen Sie am besten einen Test laufen. Gehen Sie wie folgt vor:

I) Speicherbedarf feststellen - II) Z88.DYN ggf. korrigieren - III) Solverlauf

Speicherbedarf feststellen durch Testlauf

Windows: *Z88R > Rechenmode: Testmode > Solver: Cholesky | SICCG | SORCG > Berechnung: Start*

UNIX: *z88r -t -choly | -siccg | -sorcg*

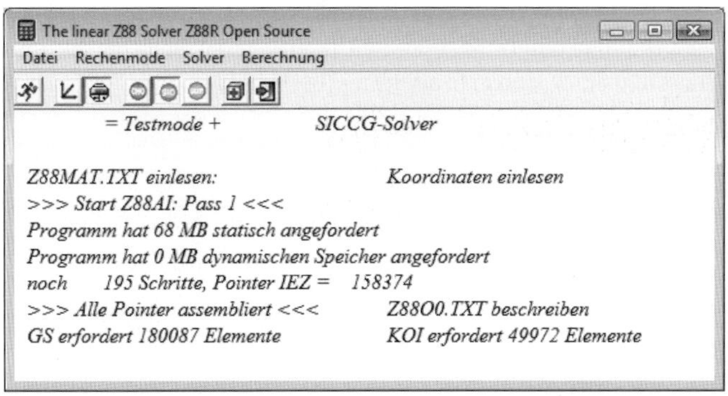

Bild 9.2-1: Ablesen des Speicherbedarfs MAXGS und MAXKOI bei Windows. Bei UNIX ähnlich.

Für den Cholesky-Solver sind diese beiden Werte ausreichend; bei dem **Iterationssolver** SICCG bzw. SORCG kommt ein weiterer Speicherwert hinzu: MAXIEZ. Das Vorgehen ist nun etwas subtiler, denn Sie müssen vorab Speicher MAXIEZ für den eigentlichen Aufbau der Sparse-Matrix bereitstellen. Es gibt leider keine Möglichkeit, diesen Speicherbedarf vorab zu schätzen, aber Z88R im Testmode teilt Ihnen mit, wenn dieser Wert zu klein war. Sie müssen ihn dann in Z88.DYN erhöhen und Z88R im Testmode erneut starten.

Bei großen Strukturen für Z88 gehen Sie also bei den **Sparsematrix-Solvern** SICCG bzw. SORCG in drei oder mehr Schritten vor:

I)

1. Z88R im Testmode starten
2. Wenn Z88R sauber gelaufen ist: Weiter bei II).
3. Wenn Z88R abbrach, weil MAXIEZ zu niedrig war, MAXIEZ in Z88.DYN erhöhen und Z88R im Testmode erneut starten. Ggf. diesen Schritt solange wiederholen, bis Z88R sauber durchläuft.

II) Z88.DYN korrigieren: Werte für MAXGS und MAXKOI ablesen und Z88.DYN korrigieren. Damit ist der Speicher für den eigentlichen Solverlauf eingestellt. Selbstverständlich müssen die anderen Werte wie MAXK (max. Knotenanzahl) etc. auch passen, aber die kann man leicht vorher bestimmen.

III) Z88R im Berechnungsmodus starten - und zwar im gleichen Mode (d.h. Cholesky, SICCG oder SORCG), den Sie für den Testlauf verwendet haben:

Windows:	*Z88R > Rechenmode: Berechung > Solver: Cholesky | SICCG | SORCG > Berechnung: Start*
UNIX:	*z88r -c -choly | -siccg | -sorcg*

Stellen Sie sicher, dass Ihr Swap-Space ausreichend ist. Windows: Start > Systemsteuerung > System > Erweitert > Systemleistung. LINUX: ggf. zweite Swap-Partition anlegen.

Von Z88 her gibt es keinerlei Grenzen für die Größe der Strukturen. Die maximale Größe wird nur durch den virtuellen Speicher Ihres Computers und Ihre Vorstellungskraft begrenzt! Ggf. müssen Sie bei sehr großen Strukturen auf 64-Bit Integers und Pointer übergehen (Z88 Versionen 64-Bit für Windows, LINUX und Mac OS X), damit die internen Schleifenzähler nicht überlaufen.

Die Z88-Module prüfen, ob die vorgegebenen Werte für das aktuelle Problem ausreichen, bzw. Limits erreicht sind, und brechen ggf. ab. Bei kommentarlosem Abbruch eines Z88-Moduls dessen .LOG-Datei betrachten. Oft ist MAXKOI zu klein gewesen! In den .LOG- Dateien wird bei Erfolg der erforderliche Datenspeicher protokolliert, dazu kommt natürlich der Speicher für das eigentliche Programm, lokale Arrays und Stack, den man allerdings bei Windows und UNIX vernachlässigen kann.

Es folgt die allgemeine Beschreibung für Z88.DYN:

DYNAMIC START

Sprache einstellen:

GERMAN oder ENGLISH. Wird hier nichts bzw. falsch angewählt, wird automatisch englische Sprache eingestellt.

Sektion Netzgenerator:

NET START

MAXSE	Maximale Anzahl interner Knoten für FE-Netzerzeugung. Muß deutlich höher sein als erzeugte FE-Knoten.
MAXESS	Maximale Anzahl Superelemente
MAXKSS	Maximale Anzahl Superknoten
MAXAN	Maximale Anzahl von Knoten, die jeweils an ein Superelement anschließen können. Der Standardwert von 15 hat sich selbst für komplexe Raumstrukturen mit Hexaedern Nr. 10 bewährt. Kann im Zweifelsfall hochgesetzt werden.

NET END

Gemeinsame Daten:

COMMON START

MAXGS	Maximale Anzahl Plätze in der Gesamtsteifigkeitsmatrix. Anzahl GS wird bei Z88R im Testmode ausgewiesen.
MAXKOI	Maximale Anzahl Plätze im Koinzidenzvektor = Anzahl Knoten pro Element mal Anzahl Finite Elemente. Beispiel: 200 Finite Elemente Typ 10 = 20 Knoten/Element x 200 = 4000. Bei gemischten Strukturen geht man von dem Elementtyp aus, der die meisten Knoten hat und multipliziert mit der Gesamtanzahl Elemente. Benötigte Anzahl NKOI wird bei Z88R im Testmode ausgewiesen.
MAXK	Maximale Anzahl Knoten der Struktur.
MAXE	Maximale Anzahl Elemente der Struktur.
MAXNFG	Maximale Anzahl Freiheitsgrade der Struktur.
MAXMAT	Maximale Anzahl Elastizitätsgesetze der Struktur.
MAXJNT	Maximale Anzahl Integrationsordnungen der Struktur.
MAXPEL	Maximale Anzahl Elementparameter der Struktur.
MAXPR	Maximale Anzahl der Flächenlasten
MAXRBD	Maximale Anzahl Randbedingungen (nur für Z88O)
MAXIEZ	Nur für den Sparsematrix-Solver SICCG bzw. SORCG: Er verwendet einen Vektor IEZ, der die Größe MAXIEZ hat. Es gibt leider keine Möglichkeit, diesen Speicherbedarf vorab zu schätzen, aber Z88R teilt Ihnen mit, wenn dieser Wert zu klein war. Sie müssen ihn dann erhöhen und Z88R erneut starten.
MAXGP	Maximale Anzahl Gausspunkte (nur für Z88O)

COMMON END

Für den Cuthill-McKee-Algorithmus:

CUTKEE START

MAXGRA	Maximaler Grad der Knotenpunkte
MAXNDL	Stufen des Algorithmus

CUTKEE END

DYNAMIC END

9.2.3 Die Ein- und Ausgabe von Z88:

Die Ein- und Ausgabedateien werden entweder mit einem Editor (z.B. der Editor bzw. Notepad von Windows, UNIX-Tools wie vi, emacs, joe), Textprogramm (z.B. WinWord etc.), Tabellenkalkulationsprogramm (z.B. Excel) oder via CAD-Konverter Z88X direkt in einem CAD-Programm, das DXF-Dateien erzeugen und einlesen kann (z.B. AutoCAD) oder aus einem 3D-CAD-System, das sog. COSMOS- oder NASTRAN-Finite-Elemente-Eingabedateien erzeugen kann (z.B. ProENGINEER mit ProMECHANICA) und anschließender Konvertierung mit 3D-Konverter Z88G erzeugt bzw. bearbeitet.

Dies sichert für den Anwender maximale Flexibilität und Transparenz, denn es sind ganz einfach strukturierte ASCII- also Textdateien. Eingabedateien können Sie mit beliebigen Tools oder von Hand befüllen, natürlich auch mit selbstgeschriebenen Programmen. Es sind lediglich die Z88-Konventionen für den jeweiligen Dateiaufbau zu beachten, vgl. Kap.11. Ausgabedateien können Sie beliebig umbauen, erweitern, auf das für Sie Wesentliche reduzieren oder als Eingabe für weitere Programme nutzen.

Dimensionen, d.h. Maßeinheiten, werden nicht explizit ausgewiesen. Sie können in beliebigen Maßsystemen, also z.B. im metrischen oder angloamerikanischen Maßsystem arbeiten, mit Newton, pounds, Tonnen, Millimetern, Metern, inches - kurz, wie immer Sie wollen. Nur müssen natürlich die Maßeinheiten konsistent und durchgängig eingehalten werden. Beispiel: Sie arbeiten mit mm und N. Dann muß der E-Modul natürlich in N/mm^2 eingesetzt werden.

Hinweis:

Die Z88- Eingabedateien heißen *grundsätzlich*

- Z88G.COS — COSMOS-FE-Datei aus 3D-CAD-System für Konverter Z88G
- Z88G.NAS — NASTRAN-FE-Datei aus 3D-CAD-System für Konverter Z88G
- Z88X.DXF — Austauschdatei für CAD-Programme und für CAD-Konverter Z88X
- Z88NI.TXT — Eingabedatei für den Netzgenerator Z88N
- Z88I1.TXT — Eingabedatei Strukturdaten für den Solver Z88R
- Z88I2.TXT — Eingabedatei Randbedingungen für den Solver Z88R
- Z88I5.TXT — Eingabedatei für die Flächenlasten für den Solver Z88R
- Z88MAN.TXT — Eingabedatei Steuerwerte für den Solver Z88R
- Z88ELP.TXT — Eingabedatei Elementparameter für den Solver Z88R
- Z88INT.TXT — Eingabedatei Integrationsordnungen für den Solver Z88R
- Z88MAT.TXT — Eingabedatei Materialsteuerdatei für den Solver Z88R
- (Zahl).TXT — Eingabedateien Materialdateien für den Solver Z88R

Die Z88- Ausgabedateien heißen *grundsätzlich*

- Z88O0.TXT — aufbereitete Strukturdaten für Dokumentationszwecke
- Z88O1.TXT — aufbereitete Randbedingungen für Dokumentationszwecke
- Z88O2.TXT — berechnete Verschiebungen
- Z88O3.TXT — berechnete Spannungen
- Z88O4.TXT — berechnete Knotenkräfte

Diese Dateinamen werden von den Z88-Modulen erwartet, und sie müssen im gleichen Directory wie die Z88-Module stehen. Sie können also keine eigenen Namen für Datensätze vergeben. Aber natürlich können Sie nach den Rechenläufen diese Dateien nach Ihren Wünschen umbenennen und in anderen Directories speichern usw.

Erzeugung:

Wie erwähnt, können die Netzgeneratordateien Z88NI.TXT bzw. die Strukturdatei Z88I1.TXT, die Randbedingungsdatei Z88I2.TXT und die Datei der Strecken- und Flächenlasten Z88I5.TXT grundsätzlich und immer per Hand, also per Editor aufgestellt werden.

Bei automatischer Generierung gibt es folgende Möglichkeiten:

Tabelle 9.2-1: Automatische Erzeugung von Eingabedateien

CAD- System, z.B.	erzeugt	Konverter	erzeugt	Netzgenerator	erzeugt
Pro/ENGINEER Pro/MECHANICA	Z88G.COS Z88G.NAS	Z88G	Z88I1.TXT, Z88I2.TXT, Z88I5.TXT	nicht nötig	Dateien schon vorhanden
AutoCAD	Z88X.DXF	Z88X	Z88NI.TXT	Z88N	Z88I1.TXT
AutoCAD	Z88X.DXF	Z88X	Z88I1.TXT, Z88I2.TXT, Z88I5.TXT	nicht nötig	Dateien schon vorhanden

Z88-Protokolldateien

Die Z88-Module beschreiben immer Protokoll-Dateien .LOG, z.B. für Z88R dann Z88R.LOG, die den Verlauf der Berechnung dokumentieren bzw. Fehler festhalten. Im Zweifelsfall hier nachsehen. Hier stehen auch die aktuellen Speicherbedarfe. Achtung UNIX: Stellen Sie sicher, dass die Zugriffsrechte auch für die .LOG-Dateien stimmen. Nutzen Sie ggf. *umask*.

Drucken von Z88-Files

ist nicht in den Z88-Kommandoprozessor integriert. Das machen Sie bei **Windows** z.B. via Explorer oder aus einem Editor oder Textverarbeitungsprogramm. Einen Bildschirm-Dump machen Sie mit *Shift -Druck* in die Zwischenablage. Bei UNIX und LINUX nutzen Sie die Druckroutinen des Betriebssystems oder drucken Sie aus einem Editor wie *gedit*. Bei Mac OS X drucken Sie direkt aus *Terminal* bzw. nutzen Sie das Apple-Tool *screencapture* bzw. machen ein Bildschirmfoto mit *Cmd - Shift - 3*.

Tabelle 9.2-2: Automatische Erzeugung von Z88-Elementtypen

Elementtyp	Ansatz	COSMOS NASTRAN (Z88G)	DXF (Z88X)	Superelement (Z88N)	erzeugt FE (Z88N)
Hexaeder Nr.1	linear	nein	ja	ja	Hexa Nr.1
Hexaeder Nr.10	quadratisch	nein	ja	ja	Hexa Nr.10 u. Nr.1
Tetraeder Nr.16	quadratisch	ja	ja	nein	-
Tetraeder Nr.17	linear	ja	ja	nein	-
Scheibe Nr.3	quadratisch	nein	ja	nein	-
Scheibe Nr.7	quadratisch	ja	ja	ja	Scheibe Nr.7
Scheibe Nr.11	kubisch	nein	ja	ja	Scheibe Nr.7
Scheibe Nr.14	quadratisch	ja	ja	nein	-
Torus Nr.6	linear	nein	ja	nein	-
Torus Nr.8	quadratisch	ja	ja	ja	Torus Nr.8
Torus Nr.12	kubisch	nein	ja	ja	Torus Nr.8
Torus Nr.15	quadratisch	ja	ja	nein	-
Platte Nr.18	quadratisch	ja	ja	nein	-
Platte Nr.19	kubisch	nein	ja	nein	-
Platte Nr.20	quadratisch	ja	ja	ja	Platte Nr.19 u. Nr.20
Schale Nr.21	quadratisch	nein	ja	ja	Schale Nr.21
Schale Nr.22	quadratisch	nein	ja	nein	-
Schale Nr.23	quadratisch	ja	ja	nein	-
Schale Nr.24	quadratisch	ja	ja	nein	-
Stab Nr.4	exakt	nein	ja	nein	-
Stab Nr.9	exakt	nein	ja	nein	-
Balken Nr.2	exakt	nein	ja	nein	-
Welle Nr.5	exakt	nein	ja	nein	-
Balken Nr.13	exakt	nein	ja	nein	-

Tabelle 9.2-3: Alle Z88-Dateien auf einen Blick

Name	Typ	Richtung	Zweck	anpassen, verändern	MS-Win	UNIX
Z88.DYN	ASCII	Eingabe	Speicher- und Sprach-Steuerdatei	Empfohlen	Ja	Ja
Z88G.COS	ASCII	Eingabe	COSMOS nach Z88	Ja, 1)	Ja	Ja
Z88G.NAS	ASCII	Eingabe	NASTRAN nach Z88	Ja, 1)	Ja	Ja
Z88X.DXF	ASCII	Ein/Ausg.	DXF von und nach Z88	Ja, 1)	Ja	Ja
Z88NI.TXT	ASCII	Eingabe	Netzgenerator- Eingabedatei	Ja	Ja	Ja
Z88I1.TXT	ASCII	Eingabe	Allgemeine Strukturdaten	Ja	Ja	Ja
Z88I2.TXT	ASCII	Eingabe	Randbedingungen	Ja	Ja	Ja
Z88I5.TXT	ASCII	Eingabe	Strecken- und Flächenlasten	Ja	Ja	Ja
Z88MAN.TXT	ASCII	Eingabe	Steuerdatei für den Solver Z88R	Ja	Ja	Ja
Z88ELP.TXT	ASCII	Eingabe	Elementparameter	Ja	Ja	Ja
Z88INT.TXT	ASCII	Eingabe	Integrationsordnungen	Ja	Ja	Ja
Z88MAT.TXT	ASCII	Eingabe	Material-Steuerdatei	Ja	Ja	Ja
(Zahl).TXT	ASCII	Eingabe	Materialdateien	Ja	Ja	Ja
Z88O0.TXT	ASCII	Ausgabe	Strukturdaten aufbereitet	Möglich	Ja	Ja
Z88O1.TXT	ASCII	Ausgabe	Randbedingungen aufbereitet	Möglich	Ja	Ja
Z88O2.TXT	ASCII	Ausgabe	berechnete Verschiebungen	Möglich	Ja	Ja
Z88O3.TXT	ASCII	Ausgabe	berechnete Spannungen	Möglich	Ja	Ja
Z88O4.TXT	ASCII	Ausgabe	berechnete Knotenkräfte	Möglich	Ja	Ja
Z88O5.TXT	ASCII	Ausgabe	für interne Zwecke Z88O	Nein 1)	Ja	Ja
Z88O8.TXT	ASCII	Ausgabe	für interne Zwecke Z88O	Nein 1)	Ja	Ja
Z88O.OGL	ASCII	Eingabe	Farb- Steuerdatei Z88O MS-Win	Möglich	Ja	Nein
Z88.FCD	ASCII	Eingabe	Fonts, Farben, Größen bei UNIX für Z88COM und Z88O	Möglich	Nein	Ja
Z88COM.CFG	ASCII	Eingabe	Konfigurationsdatei Z88COM	Nein 2)	Ja	Nein

1) prinzipiell ja, aber nicht nötig, da maschinell erzeugt
2) nur in Notfällen
UNIX= UNIX, LINUX und Mac OS X

9.3 Das Freeware FE-Programm Z88Aurora

Zu den Funktionalitäten des Open-Source Programmes Z88 V14 verfügt das Freeware Programm Z88Aurora zusätzlich über eine graphische Bedienungsoberfläche. Alle Eingaben, die in Z88 V14 OS über die Eingabedateien Z88I1-5.TXT erfolgten, können direkt in Z88Aurora über die Graphik vorgenommen werden. Natürlich können jederzeit bestehende Eingabedaten aus Z88 V14 OS geöffnet werden.

Erweiterungen in Z88Aurora in der Übersicht:

- Geometriedatenimport von CAD-Systemen via *.STP und *.STL
- Finite-Elemente Import aus ANSYS und ABAQUS
- Free Mesher für Tetraedervernetzung
- Randbedingungsaufgabe mit Knoten- und Elementpicking über die graphische Oberfläche
- Materialdatenbank mit 50 vordefinierten Konstruktionswerkstoffen, erweiterbar
- direkter Pardisosolver mit Mehrkerntechnologie
- erweiteres Postprozessing
- Kontextsensitive Online-Hilfe, Spider-Workflowschemata und Lernvideos
- Einfachste Installation mit Microsoft® Installer (MSI)

9.3.1 Die Z88Aurora-Module im Überblick

Hinter der neuen Oberfläche werden die bewährten Z88 Programme aufgerufen. Die Module wurden jedoch entsprechend erweitert.

I. Der Solver 

Zu den zwei Solvern (Cholesky-Gleichungslöser und Sparsematrix-Iterationssolver) der Open-Source-Variante verfügt Z88Aurora über einen sog. Direkter Sparsematrix-Solver mit Fill-In, den sog. PARDISO-Solver. **In Z88Aurora ist die Auswahl des Cholesky-Solvers nur bei Stäben und Balkenelementen möglich!** Für alle anderen Anforderungen ist der Pardiso-Solver besser geeignet. Dieser Solver ist sehr schnell, zieht aber sehr viel dynamisches Memory zur Laufzeit an. Er ist die richtige Wahl für mittelgroße Strukturen bis ca. 150.000 Freiheitsgrade bei handelsüblichen 32-Bit PCs. Wir haben auch Strukturen mit ca. 1 Mio. Freiheitsgraden sehr flott gerechnet, allerdings auf einem Computer mit 32 GByte Hauptspeicher (!), 4 CPUs, 64-Bit Version Z88.

Aufgerufen werden die Solvertypen in Z88Aurora über das Solvermenü:

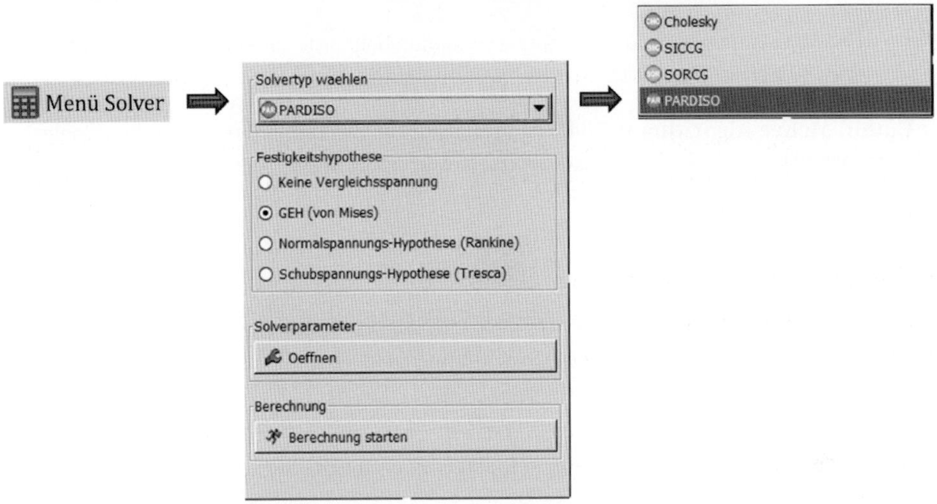

Bild 9.3-1: Solvermenü

II. Die Kopplungsmodule zu CAD-Systemen ⇐

Z88Aurora bietet Ihnen die Möglichkeit, eine Vielzahl von gängigen Dateiformaten aus kommerziellen Simulationsprogrammen einzuladen, reine Geometriedaten oder Superstrukturen zu importieren, sowie bestehende FE-Daten bzw. CAD-Daten aus dem Open Source Programms Z88 V14 OS zu öffnen.

Einlesen von Z88-Dateien von Z88V14 OS

STEP-Import: Sie können 3D-Geometriedaten im STEP-Datenformat nach DIN ISO 10303 AP 203 und AP 214 importieren. Dieses Format wird von den meisten 3D-CAD-Systemen unterstützt.

AUTOCAD DXF-Import: Sie haben die Möglichkeit, in AutoCAD erstellte 2D- und 3D FE-Strukturen einzulesen und weiterzubearbeiten.

STL-Import: Z88Aurora verarbeitet Stereolithographie-Daten, welche eine trianguliert 3D-Struktur beinhalten. Dieses Format wird typischerweise auch als Eingangsdatum für CAM-Programme verwendet, deshalb können die meisten CAD-Programme diesen Dateityp erzeugen.

NASTRAN-Import: Das CAD-System Pro/ENGINEER und weitere kommerzielle Programme können FE-Daten (Kontinuumselemente und Randbedingungen) als *.nas-Datei ausschreiben. Diese können direkt in Z88Aurora eingelesen werden.

ABAQUS-Import: Ähnlich wie im Fall NASTRAN können auch die Input-Dateien (*.inp) des Programms ABAQUS verarbeitet werden.

ANSYS-Import: Direkte Umwandlung von ANSYS-Daten in Daten für Z88Aurora.

COSMOS-Import: Der aus Vorgängerversionen bekannte Import von COSMOS-Dateien wird weiterhin unterstützt.

Der **Cuthill-McKee Algorithmus Z88H** ist primär für die Zusammenarbeit mit dem Cholesky-Solver gedacht. Durch die Einführung des Pardiso-Solvers ist diese Funktionalität in Z88Aurora nicht mehr nötig. Z88H ist daher entfallen.

III. Der Netzgenerator für gerichtete Netze

In Z88Aurora V2 stehen drei Möglichkeiten zur Verfügung, Netzverfeinerungen vorzunehmen:

- Z88N für Hexader, Tori, Scheibe, Platte und Volumenschalen
- Z88MTV für Tetraederverfeinerung für Tetraeder
- Z88MVS ist der Schalenaufdicker für 2D-Schalen

Je nach verwendetem finitem Element sind Einstellungen für die Vernetzung vorzunehmen.

IV. Der Prä- und Postprozessor

Randbedingungen, Materialdefinitionen, Flächenlasten – all diese Eigenschaften einer FE-Analyse, die in der Open Source Version über die Inputdateien Z88I1.TXT bis Z88I5.TXT gesteuert werden, sind in Z88Aurora mit dem Set-Management verknüpft. Im Laufe des Preprozessings können Sets interaktiv vom Benutzer in einer graphischen Oberfläche Eigenschaften zugewiesen werden. Im Prinzip ist das Vorgehen immer gleich: Nach erfolgreicher Vernetzung können im Picking Menü Knoten- oder Elementgruppen einfach mit der Maus markiert und verwaltet werden.

V. Das Thermomodul

In diesem neuen Modul von Z88Aurora werden die stationäre Wärmeleitung und zusätzlich die aus der Temperatur gewonnene thermische Dehnung berechnet. Der simulierte Temperaturverlauf wird isoliert betrachtet und ist zeitunabhängig, d.h. es wird der Zustand des „Gleichgewichtes“ dargestellt. Durch eine Kopplung von thermischen und mechanischen Randbedingungen kann der Benutzer neben den thermischen Ergebnissen, wie Temperatur oder Wärmestrom, sich thermomechanische Verschiebungen oder Spannungen berechnen lassen. Damit können Aussagen über den Temperatureinfluss auf ein Bauteil gewonnen werden.

VI. Das Eigenschwingungsmodul *f*

Ebenfalls neu in Z88Aurora V2 ist die Möglichkeit, Bauteile auf ihre Eigenschwingungen zu untersuchen. Sobald die Materialkennwerte E-Modul, Querkontraktionszahl sowie die Massendichte bekannt sind, können mit dem Modul freie Eigenschwingungen berechnet werden. Alternativ können für Knotensets Fixierungen in eine oder mehrere Raumrichtungen aufgegeben werden. Als Ergebnisse erhält der Nutzer Informationen über die kleinsten Eigenfrequenzen sowie den Verformungen, die das Bauteil dabei ausführt.

VII. Das Modul Z88NL  für nichtlineare Berechnungen in Z88Aurora

Schließlich gibt es in Z88Aurora die Möglichkeit, nichtlineare strukturmechanische Berechnungen durchzuführen. Hinsichtlich der Randbedingungen können homogene und inhomogene Verschiebungen, verschiedene Arten der Kraftaufbringung sowie Drucklasten betrachtet werden. Der Gleichungslöser Z88NL wertet die Finite Elemente Analyse unter Berücksichtigung geometrischer Nichtlinearitäten aus. Mit diesem Modul werden für die Elementtypen 1 (Hexaeder mit 8 Knoten), 4 (Stab im Raum), 10 (Hexaeder mit 20 Knoten), 7 (Scheibe mit 8 Knoten), 8 (Torus mit 8 Knoten), 16 (Tetraeder mit 10 Knoten) und 17 (Tetraeder mit 4 Knoten) die Verschiebungen (Z88NLO2.TXT) sowie die Cauchy-Spannungen (Z88NLO3.TXT) berechnet.

Hinweise zum Starten von Z88Aurora :

Z88Aurora ist ein Ready-to-Run Installationspaket und wird automatisch per Mausklick in Windows installiert, bei UNIX, d. h. LINUX oder MAC OS X erfolgt die Installation über ein TAR.GZ-Paket.

9.3.2 Speicherbedarf Z88Aurora

Generelle Einstellungen, wie der Speicherbedarf oder das Erscheinungsbild von Z88Aurora sind in den beiden Steuerdateien Z88.DYN und Z88ENVIRO.DYN definiert. Der Benutzer hat über das Optionsmenü (unter „Hilfe“ > „Optionen“) Einfluss auf deren Steuerung. Zeigt sich während der Verwendung von Z88Aurora, dass der Speicher nicht ausreicht, wird eine entsprechende Fehlermeldung ausgegeben, vgl. Abbildung 9.3-2.

Bild 9.3-2: Speicherüberlauf bei zu vielen Knoten

Anschließend öffnet sich der Dialog „Optionen“, bei dem unter der Registerkarte „Speicher“ der entsprechende Parameter erhöht werden kann. Nach Schließen des Dialogs wird Z88Aurora beendet. Im Hintergrund wurde die Steuerdatei entsprechend den Korrekturen geändert. Beim nächsten Neustart von Z88Aurora werden diese Änderungen berücksichtigt. Dabei gehen keinerlei Daten verloren. Die Speicherparameter können auch editiert werden, ohne dass zuvor eine Warnung vor Speicherüberlauf ausgegeben wurde. Dazu ist im Menü „Hilfe“ die Funktion „Optionen“ zu wählen. Die Registerkarte Speicher enthält die Speicherparameter für die maximale Knotenanzahl (MAXK) und Elementanzahl (MAXE). Nach Beenden des Dialogs muss Z88Aurora neu gestartet werden.

Die Dateien befinden sich im Arbeitsverzeichnis von Z88Aurora. Dies ist je nach Plattform in z88aurorav2/bin/*(Auswahl Betriebssystem) zu finden. Das Arbeitsverzeichnis ist nicht zu verwechseln mit dem Projektverzeichnis, das beim Programmstart vom Benutzer eigenständig gewählt bzw. definiert wird.

Die Beschreibung der Datei gleicht der in Z88 V14 OS verwendeten `Z88.DYN`:

```
DYNAMIC START
*---------------------------------------------------------------------------
Z88Aurora Version 2.0
*---------------------------------------------------------------------------
*---------------------------------------------------------------------------
LANGUAGE
*---------------------------------------------------------------------------
GERMAN
QUIET
*---------------------------------------------------------------------------
Common entries for all modules
*---------------------------------------------------------------------------
  COMMON START
    MAXE          500000
    MAXK          500000
  COMMON END
DYNAMIC END
```

9.3.3 Die Ein- und Ausgabe von Z88Aurora

Grundsätzlich werden die Ein- und Ausgabedateien in Z88Aurora, anders als in Z88 V14 OS, während der Bedienung der Oberfläche erzeugt. Natürlich ist es möglich, bestehende Z88 V14 OS Eingabedateien einzulesen und dann zu bearbeiten. Zusätzlich können alle Randbedingungen aus bestehenden Dateien nach erfolgreichem Import direkt in der Z88Aurora Oberfläche editiert und geändert werden.

Z88Aurora V2 reflektiert im Wesentlichen die Dateistruktur von Z88 V14 OS, aber die Eingaben sind auf mehrere Steuerdateien verteilt, um eine optimale Bedienung und Erweiterbarkeit sicherzustellen. Für die Erklärung der Dateien sei auf das Theoriehandbuch von Z88Aurora verwiesen. Die Dateien von Z88Aurora lauten im Einzelnen:

Tabelle 9.3-1: Dateiübersicht

Name	Zweck
Steuerdateien	
Z88.DYN	Speicher- und Sprach-Steuerdatei
Z88.FCD	Fonts, Farben, Größen-Steuerdatei
Z88ENVIRO.DYN	Umgebungsvariablen Aurora
Z88CONTROL.TXT	Steuerdatei Aurora
1.TXT - *.TXT	Materialdatei für die Materialdatenbank in der Z88Aurora Oberfläche
Z88MARKS.TXT	Knoten-, Flächen- und Elementmarkierungen
Z88SETS.TXT	Knoten- und Elementsets für Materialzuweisung und Randbedingungen, Elementparameter
Z88SETSACTIVE.TXT	Aktuell verwendete Sets des Projektes mit jeweiligen Steuerparametern
Z88STRUCTURE.TXT	Strukturdaten, entspricht weitgehend Z88I1.TXT bei Z88 V14
Ausgabedateien	
Z88O0.TXT	Strukturdaten aufbereitet
Z88TO0.TXT	berechnete Temperaturen
Z88O1.TXT	Randbedingungen aufbereitet
Z88TO1.TXT	berechnete Wärmeströme
Z88O2.TXT	berechnete Verschiebungen
Z88NLO2.TXT	berechnete Verschiebungen, nichtlineare Berechnung mit Z88NL
Z88TO2.TXT	berechnete thermische Dehnungen
Z88O3.TXT	berechnete Spannungen
Z88NLO3.TXT	berechnete Cauchy-Spannungen, nichtlineare Berechnung mit Z88NL
Z88TO3.TXT	berechnete thermische Kräfte
Z88O4.TXT	berechnete Knotenkräfte
Z88TO4.TXT	berechnete thermische Verschiebungen
Z88O5.TXT	für interne Zwecke
Z88O6.TXT	berechnete Eigenfrequenzen
Z88TO6.TXT	berechnete thermomechanische Kräfte
Z88TO7.TXT	berechnete thermomechanische pannungen
Z88O8.TXT	für interne Zwecke
Z88NLOH.TXT	berechnete Verlaufsvariablen, nichtlineare Berechnung mit Z88NL
Z88TRAIL.TXT	Protokolldatei von Z88Aurora

Tabelle 9.3-1 *(Fortsetzung)*: Dateiübersicht

Name	Zweck
Importdateien	
*.COS	COSMOS-FE-Datei für Konverter Z88G
*.NAS	NASTRAN-FE-Datei für Konverter Z88G
*.INP	ABAQUS-FE-Datei für Konverter Z88AINP
*.ANS	ANSYS-FE-Datei für Konverter Z88ASY
*.DXF	AUTOCAD-CAD-Datei für Konverter Z88X
*.STP	Import von Geometrie für internen Vernetzer
*.STL	Import von Geometrie für internen Vernetzer
Z88NI.TXT	Eingabedatei für den Netzgenerator Z88N

10 Die Z88-Module

10.1 Der lineare Solver Z88R

HINWEIS: Immer ohne Ausnahme FE-Berechnungen mit analytischen Überschlagsrechnungen, Versuchsergebnissen, Plausibilitätsbetrachtungen und anderen Überprüfungen kontrollieren!

Z88R verfügt intern über zwei (Z88 V14 OS) bzw. drei (Z88Aurora V2) verschiedene Solver:

- Ein sog. *Cholesky-Gleichungslöser ohne Fill-In*. Er ist unkompliziert zu bedienen und bei kleinen und mittleren Strukturen sehr schnell. Er ist wie alle direkten Solver empfindlich gegen ungeschickte Knotennummerierung; dies kann durch einen vorherigen Einsatz des Cuthill-McKee-Algorithmus verbessert werden. Er ist die richtige Wahl für kleine und mittlere Strukturen bis 20.000 ... 30.000 Freiheitsgrade, typisch für Stab- und Balkenfachwerke sowie 2D-Strukturen.
- Ein sog. *Sparsematrix-Iterationssolver*. Er löst das System mit dem Verfahren der Konjugierten Gradienten. Dabei kann gewählt werden, ob das System mit einem SOR-Verfahren (SORCG) oder mit partieller Cholesky-Zerlegung (SICCG) vorkonditioniert wird. Der Speicherbedarf ist minimal – weniger geht dann nicht mehr. Er ist die richtige Wahl für Strukturen ab 100.000 ~ 200.000 Freiheitsgrade: Die bislang größte damit gerechnete Struktur hatte 12 Mio. Freiheitsgrade. *Dieser sehr bewährte und stabile Solver funktioniert nach unseren Beobachtungen immer, sodass Sie ihn ruhig als Standardsolver verwenden können.*
- Nur Z88Aurora: Ein sog. *Direkter Sparsematrix-Solver mit Fill-In*. Er nutzt den sog. PARDISO-Solver. Dieser Solver ist sehr schnell, da er Mehr-CPU-fähig ist, zieht aber sehr viel dynamisches Memory zur Laufzeit an. Er ist die richtige Wahl für mittelgroße Strukturen bis ca. 150.000 Freiheitsgrade bei handelsüblichen 32-Bit PCs. Bei größeren Strukturen – so ab 1 Mio. Freiheitsgraden – benötigt er sehr viel Hauptspeicher (bis 16 GByte), und er bricht mitten in der Berechnung ab, wenn der Speicher erschöpft ist.

Bei Z88 V14 OS müssen Sie den Speicher für Z88R in der Speichersteuerdatei Z88.DYN definieren, bei Z88Aurora V2 ist das nicht nötig: Z88R ist hier speicher-selbstsuchend, was natürlich komfortabler ist.

Bei Z88Aurora V2 ist die Ansteuerung direkt in die Benutzeroberfläche integriert, bei Z88 V14 OS kann der Solver direkt oder über den Z88-Commander Z88COM aufgerufen werden.

Hinweis: Die folgenden Erläuterungen für den „manuellen" Start des Solvers Z88R bei Z88Aurora dienen nur dem ggf. tieferen Verständnis. Der Solver Z88R benötigt zwei Steuerflags:

z88r - mode - solver

Dabei ist *mode*:

-t : Testmodus. Z88R ermittelt den erforderlichen Speicher und gibt diese Einstellungen in die Speicher-Steuerdatei Z88R.DYN.

-c : Rechenmodus. Z88R.DYN wird eingelesen.

Man lässt daher den Solver zunächst im Testmode laufen und anschließend ein zweites Mal im Rechenmodus bei *gleicher Einstellung* des zweiten Parameters *solver*:

Dabei ist *solver*:

-choly : Start des einfachen Cholesky-Solvers ohne Fill-In mit Jennings-Speicherung

-parao : Start des direkten Sparsematrix-Solvers mit Fill-In PARDISO

-siccg : Start des Iterations-Solvers Konjugierte Gradienten, SIC-Vorkonditionierung

-sorcg : Start des Iterations-Solvers Konjugierte Gradienten, SOR-Vorkonditionierung

Z88R nutzt immer folgende Ein- und Ausgabedateien:

Eingabedateien:

- Z88I1.TXT allgemeine Strukturdaten
- Z88I2.TXT Randbedingungen
- Z88I5.TXT Strecken- und Flächenlasten, wenn vorhanden, sonst 0 in der ersten Zeile
- Z88MAT.TXT Materialsteuerdaten und eine oder mehrere TXT-Materialdateien
- Z88ELP.TXT Elementparameter
- Z88INT.TXT Integrationsordnungen
- Z88MAN.TXT Solverparameter

Ausgabedateien:

- Z88O0.TXT aufbereitete Strukturdaten für Dokumentation
- Z88O1.TXT aufbereitete Randbedingungen für Dokumentation
- Z88O2.TXT Verschiebungen
- Z88O3.TXT Spannungen
- Z88O4.TXT Knotenkräfte

10.1.1 Z88R: Der direkte Cholesky Solver

Dieser Solver arbeitet mit Jennings-Speicherung und einem *in-situ* Cholesky-Gleichungslöser, vgl. Kap.6. Er ist bewährt, sehr schnell und stabil für kleinere Strukturen. Die vornehmlichste Aufgabe jedes FE-Programms ist die Berechnung der Verschiebungen. Die berechneten Verschiebungen sind der Ausgangspunkt für eine Spannungsberechnung bzw. Knotenkraftberechnung.

10.1.2 Z88R: Der Sparsematrix Solver

Er löst das System mit dem Verfahren der Konjugierten Gradienten. Dabei kann gewählt werden, ob das System mit einem SOR-Verfahren (SORCG) oder mit partieller Cholesky-Zerlegung (SICCG) vorkonditioniert wird, vgl. Kap.6. Er arbeitet mit Speicherung der Nicht-Nullelemente, vgl. Kap.5.2.4. Er ist sehr geeignet für größere Strukturen, aber etwas aufwendiger zu bedienen wie der Direkte Cholesky-Solver. Die vornehmlichste Aufgabe jedes FE-Programms ist die Berechnung der Verschiebungen. Die berechneten Verschiebungen sind der Ausgangspunkt für eine Spannungsberechnung bzw. Knotenkraftberechnung.

Speichereinstellen bei Z88 V14 OS:

Der Pointer IEZ (vgl. Kap. 5.2.4) besteht aus MAXIEZ Elementen, vgl. Speichersteuerdatei Z88.DYN. Sie müssen vorab Speicher MAXIEZ für den eigentlichen Aufbau der Sparse-Matrix bereitstellen. Es gibt leider keine Möglichkeit, diesen Speicherbedarf vorab zu schätzen, aber Z88R teilt Ihnen mit, wenn dieser Wert zu klein war. Sie müssen ihn dann in Z88.DYN erhöhen und Z88R im Testmode erneut starten.

Z88R im Testmode teilt Ihnen mit, wie viel Speicher Sie für GS (= MAXGS) und KOI (= MAXKOI) vorsehen müssen; dies in Z88.DYN einstellen. Hier ein beispielhafter Ausschnitt aus Z88.DYN:

```
COMMON START
      MAXGS     600000     ← dies vor Z88R Rechenmode einstellen
      MAXKOI    132000     ← dies vor Z88R Rechenmode einstellen
      MAXK       11000
      MAXE       33000
      MAXNFG     32000
      MAXMAT        32
      MAXPEL        32
      MAXJNT        32
      MAXIEZ    600000     ← das vor Z88R Testmode einstellen
COMMON END
```

Bei großen Strukturen gehen Sie in 3 oder mehr Schritten vor:

1. Z88R im Testmode starten.
2. Wenn Z88R im Testmode sauber gelaufen ist, Werte für MAXGS und MAXKOI ablesen und Z88.DYN ggf. korrigieren. Damit ist der Speicher für den Solver Z88R im Berechnungsmode eingestellt.
3. Wenn Z88R im Testmode abbrach, weil MAXIEZ zu niedrig war, dann MAXIEZ in Z88.DYN erhöhen und Z88R im Testmode erneut starten. Ggf. diesen Schritt solange wiederholen, bis Z88R im Testmode sauber durchläuft. Dann können Sie Z88R im Berechnungsmode starten.

Speichereinstellen bei Z88Aurora V2:

Hier brauchen Sie nichts zu beachten: Z88R bei Z88Aurora sucht den Speicher selbst.

Solverparameter bei Z88 V14OS und Z88Aurora:

Der Solver berechnet die Elementsteifigkeitsmatrizen, compiliert die Gesamt-Steifigkeitsmatrix, baut die Randbedingungen ein, skaliert das Gleichungssystem und löst das (riesige) Gleichungssystem mit dem Verfahren der Konjugierten Gradienten. Zuvor wird vorkonditioniert, um eine schnellere Konvergenz zu erreichen. Dabei können Sie wählen, ob mit einem SOR-Schritt vorkonditioniert wird oder eine sog. Partielle Cholesky-Zerlegung zur Vorkonditionierung eingesetzt wird. Die Partielle Cholesky-Zerlegung (*shiftet incomplete Cholesky decomposition SIC*) ist die Standardeinstellung, weil sie hinsichtlich des Steuerparameters, des sog. Shift-Faktors α, unkritisch ist. Die *SOR*-Vorkonditionierung braucht weniger Speicher, aber der Steuerparameter, der Relaxationsparameter ω, ist nicht a-priori bestimmbar.

Daher müssen Sie noch vier Steuerwerte vorgeben: Bei Z88 V14 OS in der Solver-Steuerdatei Z88MAN.TXT:

```
SOLVER START
       MAXIT          10000
       EPS            1e-007
       RALPHA         0.0001
       ROMEGA         1.1
       ICORE          2     (nur bei Z88Aurora)
SOLVER END
```

Bei Z88Aurora geben Sie diese Werte komfortabel in die Solver-Einstellungsmaske. Dies geschieht über die *„Solverparameter“* im Menü *„Solver“* des jeweiligen Solvers. Dort geben Sie auch die Anzahl der CPUs vor, da der Iterationssolver in Teilen parallelisiert ist.

- 1. Wert: Abbruchkriterium: `MAXIT` : maximale Anzahl der Iterationen (z. B. 10000)
- 2. Wert: Abbuchkriterium: `EPS`: Residuenvektor < Grenze Epsilon (z. B. 1e-7)
- 3. Wert: Steuerwert für die Konvergenzbeschleunigung für SIC: `RALPHA` : Shift-Faktor *Alpha* (zwischen 0 und 1, brauchbare Werte können oft zwischen 0.0001 und 0.1 liegen; beginnen Sie mit 0.0001. Näheres entnehmen Sie ggf. der Spezialliteratur)
- 4. Wert: Steuerwert für die Konvergenzbeschleunigung für SOR: `ROMEGA` : Relaxationsfaktor *Omega* (zwischen 0 und 2, brauchbare Werte können oft zwischen 0.8 und 1.2 liegen).
- nur Z88Aurora: 5. Wert: Anzahl der CPUs `ICORE`.

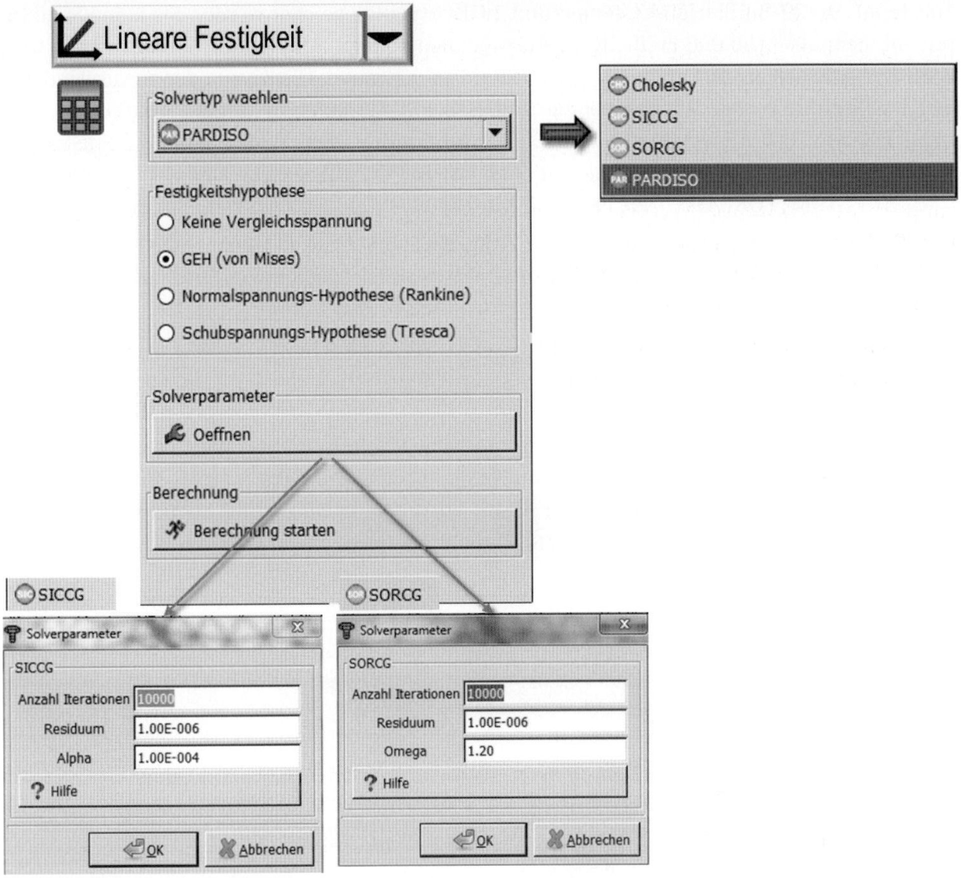

Bild 10.1-1: Solverparameter der jeweiligen Solver des Solvermenüs in Z88Aurora

10.1.3 Z88R: Der direkte Sparsematrix Solver PAR in Z88Aurora

Das eigentliche Aufstellen der Sparsematrix erfolgt wie beim Iterationssolver, vgl. Kap. 10.1.2. Der Solver selbst führt dann eine direkte Zerlegung aus, aber im Gegensatz zu dem einfachen Cholesky-Solver, vgl. 10.1.1, arbeitet er mit *Fill-In*, d.h. für die durch den Zerlegungsprozess neu entstehenden Speicherstellen fordert er ständig weiteren Speicherplatz an. Dadurch ist *a-priori* der Speicherbedarf nicht kalkulierbar. Reicht während der Berechnung der Hauptspeicher nicht mehr aus, bricht Z88R in diesem Modus zwangsläufig ab. Dieser Solver arbeitet bei mittelgrossen Strukturen (100.000 ~ 1.000.000 Freiheitsgrade) sehr schnell, da er mehrprozessorfähig ist, braucht aber um Zehnerpotenzen mehr Hauptspeicher als der Iterationssolver. Daher ist sein Einsatz nur sinnvoll bei sehr viel Hauptspeicher, was dann wieder 64-Bit Pointer und Integers impliziert. Wir empfehlen für diese Solvervariante die 64-Bit Version Z88 mit einem 64-Bit Windows Betriebssystem und mindestens 4 GByte Hauptspeicher (besser 8 oder

16 GByte). Bei 32-Bit Betriebssystemen und 4 GByte Hauptspeicher werden Sie keine Strukturen mit mehr als ~150.000 Freiheitgraden berechnen können. Als eigentlicher Solverkern wird PARDISO, entwickelt von O. Schenk, Universität Basel, genutzt. Die Anzahl der zu verwendeten CPUs stellen Sie in der Solver-Einstellungsmaske ein. Gespeichert werden die Daten in der Datei Z88CONTROL.TXT. Achten Sie bei Z88Aurora darauf, dass in den Windows-Einstellung *System* > *Erweitert* > *Umgebungsvariable* nicht derartige Variable gesetzt sind: NUM_THREADS, OMP_SET_NUM_THREADS. Dies kann mit Einstellungen in Z88CONTROL.TXT kollidieren.

HINWEIS: Die hier genannten Dateien Z88I1.TXT, Z88I2.TXT, Z88MAN.TXT, Z88I5.TXT, Z88MAT.TXT, Z88ELP.TXT und Z88INT.TXT sind in Kapitel 11 näher beschrieben.

10.1.4 Welchen Solver nehmen?

Als Faustregel: Für kleine Strukturen ist der einfache Cholesky-Solver Z88R -choly genau das Richtige. Der Sparsematrix-Iterations-Solver Z88R -siccg bzw. -sorcg funktioniert *immer*, auch bei sehr großen Strukturen, selbst in der 32-Bit Version. Für mittelgroße Strukturen kann der direkte Sparsematrix-Solver mit Fill-In Z88R -parao aufgrund seiner großen Geschwindigkeit sehr interessant sein.

Tabelle 10.1-1: Übersicht über die integrierten Solver und ihre Leistungsfähigkeit

Solver	Typ	Anzahl FG	Speicher-bedarf	Geschwin-digkeit	Multi-CPU	Bemerkung
Z88R -t/c -choly	Cholesky Solver ohne Fill-In	bis ~ 30.000	mittel	mittel	nein	vorher Einsatz von Z88H u.U. sehr sinnvoll
Z88R -t/c -parao	Direkter Solver mit Fill-In	bis ~ 150.000 bei 32-Bit PCs	sehr hoch	sehr groß	ja	sinnvoll bei mehreren CPUs und sehr viel Memory
Z88R -t/c -siccg oder-sorcg	Konjugierte Gradienten Solver mit Vorkonditionierung	keine Grenze (bis 12 Mio. FG liefen auf einem besseren PC)	minimal	mittel	nein	ausgesprochen sicherer und stabiler Solver für sehr große Strukturen

10.1.5 Erläuterungen zur Spannungsberechnung

Die Ergebnisse werden in Z88O3.TXT gegeben. Die Steuerung der Spannungsberechnung ist mit den Files Z88MAN.TXT und Z88INT.TXT, vgl. Kap.3, möglich. Damit wird u.a. festgelegt:

- Berechnung der Spannungen in den Gauß-Punkten oder in den Eckknoten.
- zusätzliche Berechnung von Radial- und Tangentialspannungen für Elemente Nr. 3, 7, 8, 11 und 12, 14 und 15.
- Berechnung von Vergleichsspannungen für Kontinuumselemente Nr. 1, 3, 6, 7, 10, 11, 12, 14, 15 - 24.

10.1.6 Erläuterungen zur Knotenkraftberechnung

Die Ergebnisse werden in Z88O4.TXT ausgegeben. Die Knotenkräfte werden elementweise berechnet. Greifen an einem Knoten mehrere Elemente an, so erhält man die gesamte Knotenkraft für diesen Knoten durch Addition der Knotenkräfte der angreifenden Elemente. Dies wird weiter unten in der Knotenkraftdatei Z88O4.TXT ausgewiesen.

10.2 Der Netzgenerator Z88N

Der Netzgenerator Z88N kann 2-dimensionale und 3-dimensionale Netze erzeugen. Z88N liest die Netzgenerator-Eingabedatei Z88NI.TXT ein und gibt die allgemeinen Strukturdaten Z88I1.TXT aus.

Zur Beschreibung von Z88NI.TXT siehe Kapitel 11.

Tabelle 10.2-1:Eine Netzgenerierung ist nur für Kontinuumselemente sinnvoll und zulässig

Superstruktur	Finite Elemente Struktur
Scheibe Nr. 7	Scheibe Nr. 7
Torus Nr. 8	Torus Nr. 8
Scheibe Nr. 11	Scheibe Nr. 7
Torus Nr. 12	Torus Nr. 8
Hexaeder Nr. 10	Hexaeder Nr. 10
Hexaeder Nr. 10	Hexaeder Nr. 1
Hexaeder Nr. 1	Hexaeder Nr. 1
Platte Nr.20	Platte Nr.20
Platte Nr.20	Platte Nr.19
Volumenschale Nr. 21	Volumenschale Nr. 21

Gemischte Strukturen, die z.B. neben Scheiben Nr.7 auch Stäbe Nr.9 enthalten, können nicht verarbeitet werden.

In einem solchen Fall lässt man erst den Netzgenerator über die Super-Struktur, die keine Stäbe enthält, laufen, konvertiert dann mit dem CAD-Konverter Z88X die vom Netzgenerator erzeugte Datei Z88I1.TXT als DXF-Datei Z88X.DXF, lädt diese DXF-Datei ins CAD-System und fügt dort die Stäbe ein; gegebenenfalls gibt man auch gleich die Randbedingungen dazu. Sodann lässt man Z88X erneut laufen und konvertiert in Richtung Z88 als Datei Z88I1.TXT (allgemeine Strukturdaten) sowie ggf. Z88I2.TXT (Randbedingungen).

Arbeitsweise des Netzgenerators:

Zur Generierung von FE-Netzen wird wie folgt vorgegangen: Das Kontinuum wird durch sog. Superelemente (kurz SE) beschrieben, was praktisch einer ganz groben FE-Struktur entspricht.

Superelemente können sein: Hexaeder Nr.10, Scheiben Nr.7 und Scheiben Nr.11 sowie Tori Nr.8 und Tori Nr.12, Platten Nr.20 und Volumenschalen Nr.21.

Diese Superstruktur wird sodann verfeinert. Dies erfolgt superelementweise, beginnend mit SE 1, SE 2 bis zum letzten SE. Dabei erzeugt SE 1 die Finiten Elemente (kurz FE) 1 bis j, SE 2 die FE j+1 bis k, SE 3 die FE k+1 bis m usw. Innerhalb der SE bestimmt die Lage der lokalen Koordinaten die Knoten- und Elementnummerierung der FE-Struktur. Es gilt:

- lokale x-Richtung in Richtung lokaler Knoten 1 und 2
- lokale y-Richtung in Richtung lokaler Knoten 1 und 4
- lokale z-Richtung in Richtung lokaler Knoten 1 und 5

Bei räumlichen Super-Strukturen wird zuerst in z, dann in y und zum Schluss in x-Richtung unterteilt, d.h. die FE-Elementnummerierung beginnt zunächst längs der z-Achse zu laufen. Für ebene und axialsymmetrische Strukturen gilt sinngemäß: Dort beginnt die Nummerierung zunächst längs der y-Achse bzw. bei axialsymmetrischen Elementen längs der z-Achse (Zylinderkoordinaten!).

Entlang der lokalen Achsen kann nun wie folgt unterteilt werden:

- äquidistant
- geometrisch aufsteigend von Knoten 1 nach 4 bzw. 5 : Netz wird gröber
- geometrisch fallend von Knoten 1 nach 4 bzw. 5 : Netz wird feiner

Es ist klar, dass an Linien bzw. Flächen, die zwei Superelementen gemeinsam haben, die Superelemente genau gleich unterteilt sein müssen! Der Netzgenerator prüft das nicht und generiert dann unsinnige FE-Netze. Beispiel:

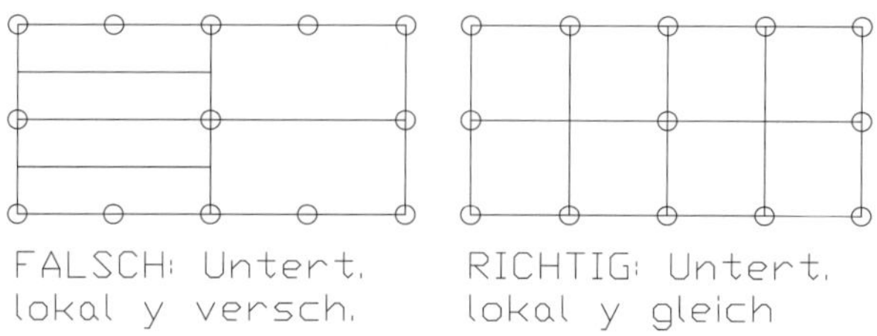

Bild 10.2-1: Richtige und falsche Netzunterteilungen

Da die lokalen Richtungen x, y und z durch die Lage der lokalen Knoten 1, 4 und 5 bestimmt wird, können durch entsprechenden Aufbau der Koinzidenzliste im Netzgenerator-Eingabefile Z88NI.TXT fast beliebige Nummerierungsrichtungen für Knoten und Elemente der FE-Struktur generiert werden.

Beispiel für die Generierung einer FE-Struktur mit 8 FE Scheiben Nr.7 aus Superstruktur mit 2 Scheiben Nr.7 (sieht mit Tori Nr.8 genauso aus), Bild 10.2-2.

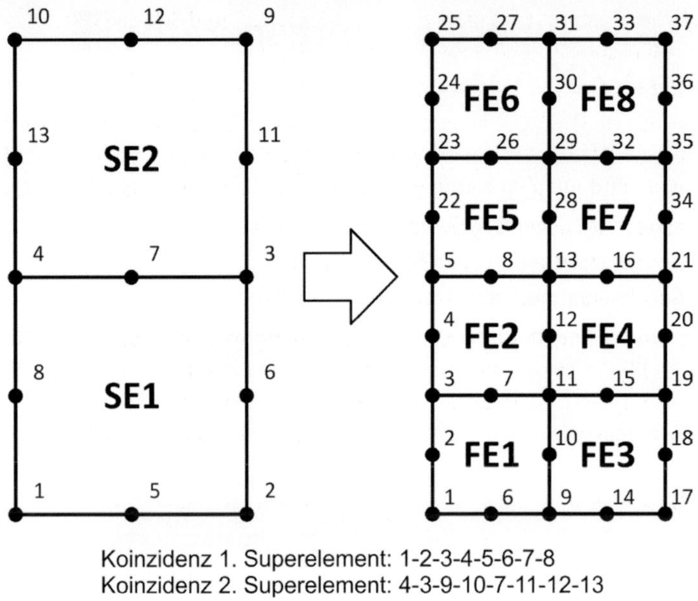

Bild 10.2-2: Umwandlung von Superelementen in Finite Elemente

Feinheiten:

Der Netzgenerator prüft bei der Erzeugung von neuen FE-Knoten, welche Knoten bereits bekannt sind. Dazu braucht er einen Fangradius (denn auf „genau gleich“ kann man bei Real-Zahlen nie abfragen). Dieser Fangradius ist für alle 3 Achsen mit je 0.01 vorgegeben. Bei sehr kleinen bzw. sehr großen Zahlenwerten müssen die Fangradien u.U. verändert werden.

Ferner ermittelt der Netzgenerator für ein Superelement i, welche anderen Superelemente an SE i anschließen. Für Scheiben Nr.7 und Nr.11 bzw. Tori Nr.8 und Nr.12 können dies höchstens 8 andere SE sein. Diese Maximalanzahl anschließender SE wird in Z88 als MAXAN mit standardmäßig 15 vorgegeben. Für Hexaeder Nr.10 können rein theoretisch 26 andere Elemente anschließen (6 Flächen, 8 Ecken, 12 Kanten). Die Praxis zeigte, dass selbst kompliziertere Raumstrukturen mit MAXAN= 15 bisher auskamen. Im Zweifelsfall MAXAN in Z88.DYN erhöhen.

Achtung Netzgenerator Z88N: Der Generator kann mit Leichtigkeit Eingabefiles erzeugen, die alle Grenzen des FE-Prozessors sprengen. Daher zunächst gröbere FE-Strukturen generieren lassen, mit Z88R Mode > Testmode prüfen, ob sie in den Speicher passen, dann ggf. verfeinern. Ein guter Startwert: ca. 5..10 mal so viel Finite Elemente wie Superelemente erzeugen lassen.

Hinweis Netzgenerator Z88N: Ist in Netzgenerator-Eingabedateien Z88NI.TXT das Koordinatenflag KFLAGSS gesetzt, also Polar- oder Zylinderkoordinaten als Eingangswerte gegeben, dann sind die Netzgenerator-Ausgabedateien Z88I1.TXT normalerweise in kartesischen Koordinaten gehalten und dort ist dann KFLAG 0. Setzen Sie hingegen das Koordinatenflag Ausgabe KFLAG zu 1, dann werden in der Ausgabedatei Z88I1.TXT die Koordinaten in Polar- bzw. Zylinderkoordinaten ausgewiesen und KFLAG in Z88I1.TXT wird 1 gesetzt.

10.3 Der Superelementgenerator in Z88Aurora

Der Netzgenerator Z88N aus Z88 ist mit erweiterten Funktionalitäten in Z88Aurora integriert:

- Z88N für Hexader, Tori, Scheiben, Platten und Volumenschalen
- Z88MTV der Tetraederverfeinerer für Tetraeder
- Z88MVS der Schalenaufdicker für 2D-Schalen

Er wird im Präprozessormenü über das Icon Superelemente aufgerufen.

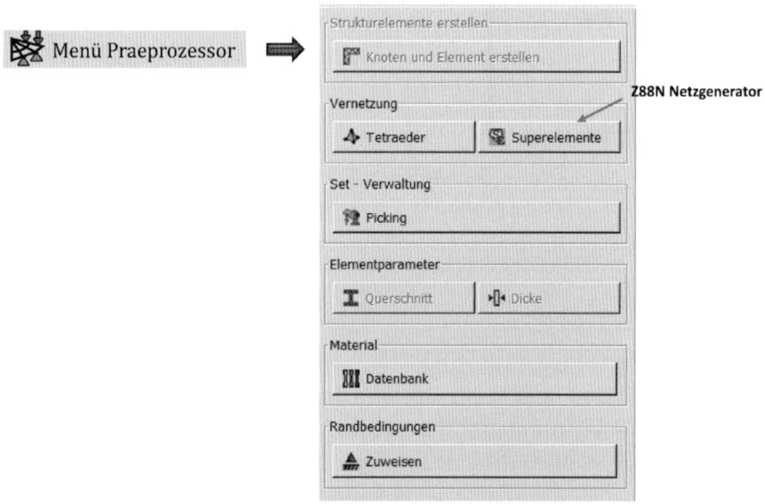

Bild 10.3-1: Menü „Präprozessor" mit Starticon „Superelemente" des Netzgenerators Z88N

10.3.1 Verwendung von Z88N in Z88Aurora

Der Netzgenerator wird über folgende Maske gesteuert, der Leistungsumfang ist in beiden Versionen identisch.

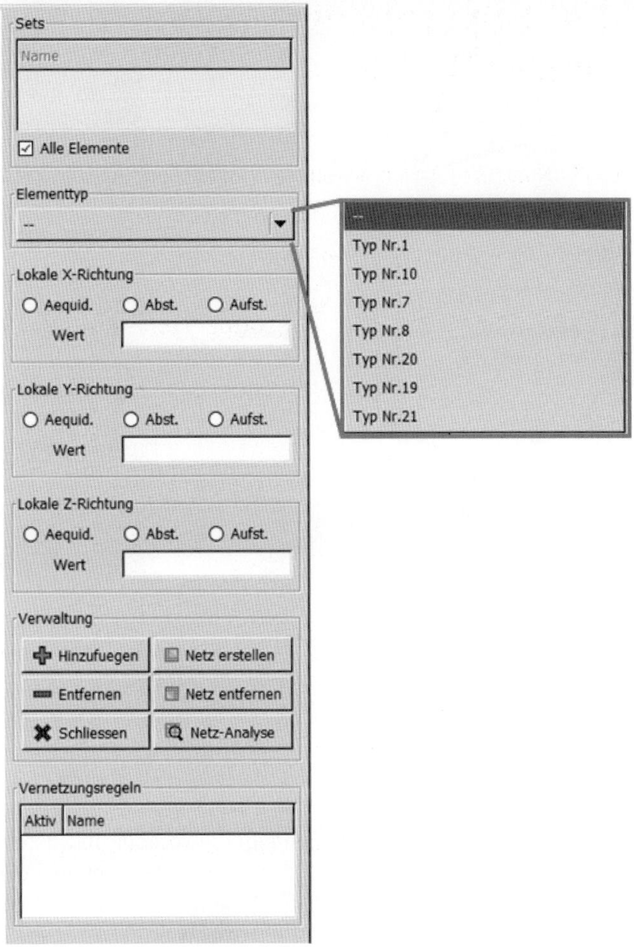

Bild 10.3-2: Netzgenerators Z88N in Z88Aurora

10.3.2 Tetraederverfeinerer Z88MTV

Mit dieser Funktionalität ist es möglich, bestehende Tetraedernetze zu verfeinern. Mittels Picking kann ein Set mit denjenigen Tetraedern angelegt werden, welche verfeinert werden sollen. Die Unterteilung jedes Elementes erfolgt durch 8 Tetraeder.

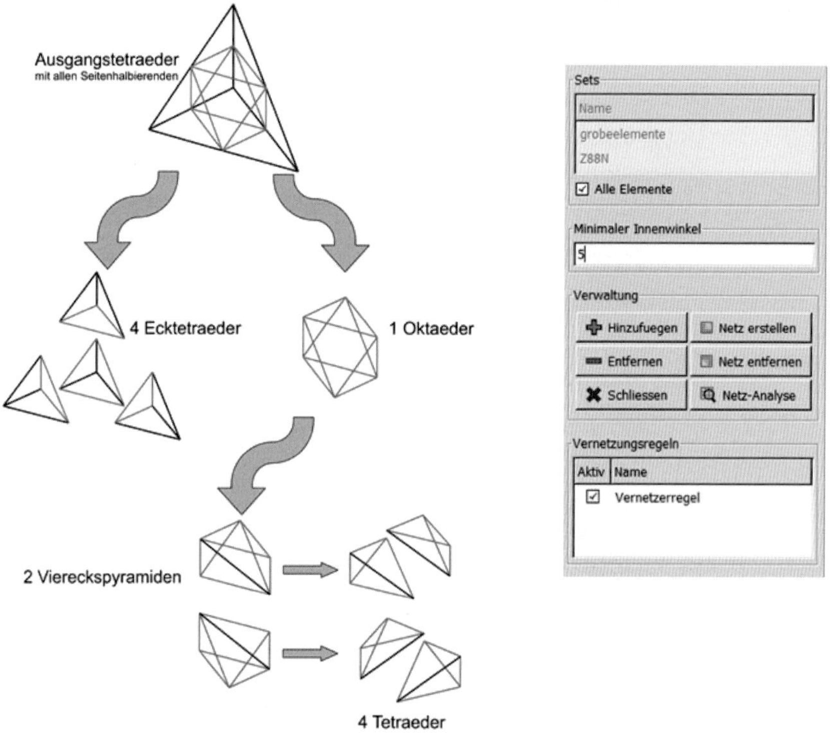

Bild 10.3-3: Ablauf der Tetraederverfeinerung (links), Eingabemaske Tetraederverfeinerer (rechts)

Die angrenzenden Elemente werden anschließend an die veränderte Knotenanzahl angepasst und ebenfalls zergliedert. Hierbei ist ein minimaler Elementwinkel anzugeben, um einer zu starken Verzerrung vorzubeugen. Statt des idealen Innenwinkels von 60° ist bei einer FE-Vernetzung eine Vorgabe des Winkels zwischen 3–10° realistisch.

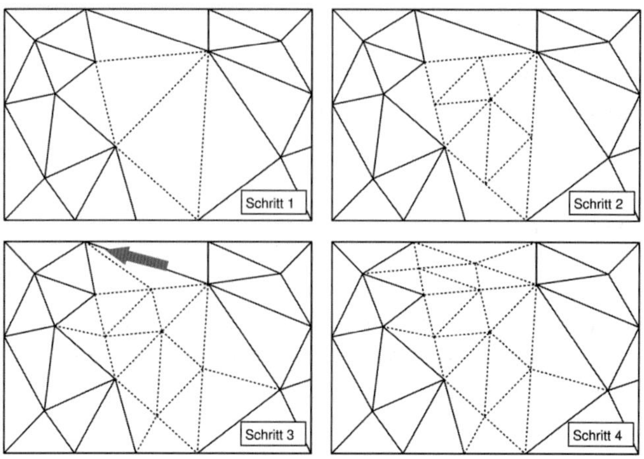

Bild 10.3-4: Verlauf des Verfeinerungsalgorithmus mit Winkelkriterium

10.3.3 2D-Schalenaufdicker Z88MVS

Mit dieser Funktionalität ist es möglich, bestehende 2D-Schalen, z.B. aus dem Nastran- oder DXF-Import aufzudicken und so 3D-Volumenschalen (Element Nr.21 und Element Nr.22) zu erhalten. Näheres zur Anwendung siehe Benutzerhandbuch Z88Aurora.

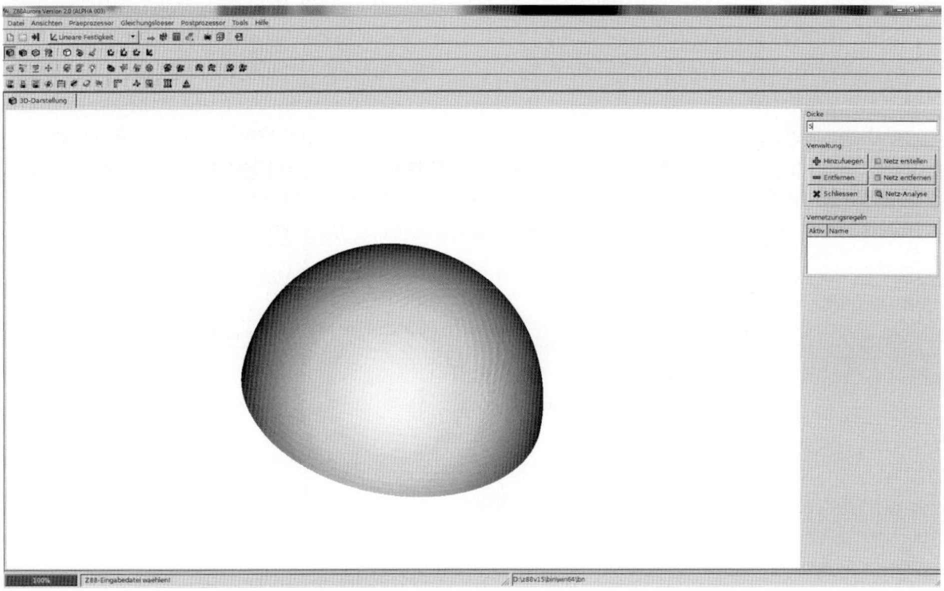

Bild 10.3-5: Schalenaufdicker in Z88Aurora

10.4 Das OpenGL Plotprogramm Z88O bei Z88 V14 OS bzw. der Postprozessor von Z88Aurora

Mit mehreren Lichtquellen beleuchtete Strukturen oder Hiddenline-Strukturen können unverformt oder verformt geplottet werden, ebenso können Farbverläufe für Spannungen und X-, Y- und Z-Verformungen gezeigt werden. Bei Knoten- und Elementnummern können Bereiche angegeben werden, was bei großen Strukturen sehr hilfreich ist. Eine Plotter- oder Druckerausgabe ist explizit nicht vorgesehen – wozu auch, machen Sie einfach einen Screenshot mit *Shift-Druck* in die Zwischenablage und bearbeiten bzw. drucken Sie sie mit dem Windows-eigenen Programm Paint oder einem Malprogramm wie z.B. CorelPaint etc.

Z88O arbeitet mit OpenGL. Daher muß Ihr Computer OpenGL-fähig sein. Bei allen neueren Windows-Versionen ist dies standardmäßig aktiviert, und es reicht meist eine Billig-Grafikkarte.

Sehen Sie allerdings sicherheitshalber in den Systemeinstellungen nach – mitunter kann OpenGL-Hardwarebeschleunigung aktiviert werden. Bei LINUX-Systemen sollten Sie, wenn Sie eine NVIDIA-Grafikkarte haben, den hardwarebeschleunigten Original NVIDIA-Treiber von www.nvidia.com laden und installieren – der Geschwindigkeitsunterschied zum vom System installierten Treiber ist frappierend.

Die Bildschirmfarben, Lichtquellen, Materialeigenschaften, der Polygonoffset u.a. können in der Datei Z88O.OGL (Windows bei Z88 V14OS) bzw. Z88.FCD (Windows, LINUX/UNIX und Mac OS X für Z88Aurora) eingestellt werden. Seien Sie allerdings vorsichtig beim Ändern von Z88O. OGL bzw. Z88.FCD: Sie müssen über ein gewisses Grundwissen über die Arbeitsweise von OpenGL verfügen, wenn Sie Lichteffekte und dgl. gezielt ändern wollen. Sonst gibt es schnell lange Gesichter, weil anscheinend nichts mehr richtig geht. Einige Hinweise sind als Kommentare in Z88O.OGL und Z88.FCD eingefügt, aber wir können hier keine Einführung in OpenGL geben. Konsultieren Sie z.B. *Rieg, F: Grafikprogrammierung für Windows. /95/*

Wichtige Änderungen können in Z88Aurora ebenfalls über das Optionsmenü oder die dargestellten Icons vorgenommen werden.

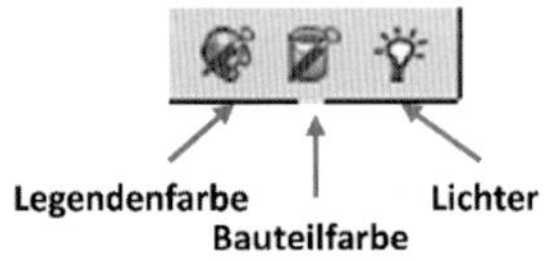

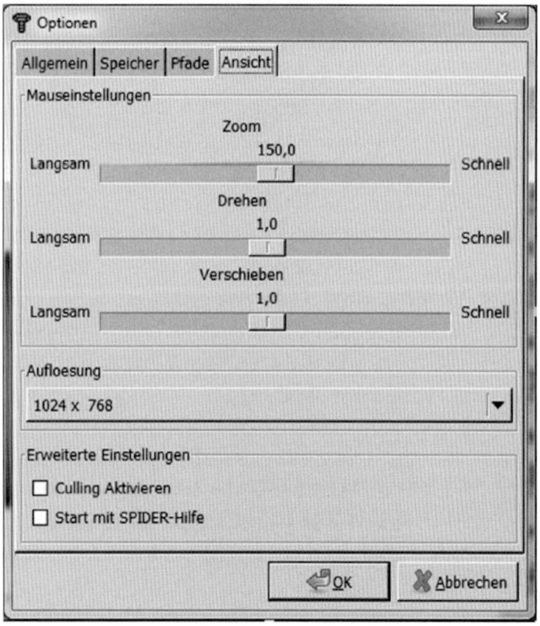

Bild 10.4-1: Optionsmenü „Ansicht“ und die Wahl der Lichter, Legenden und Bauteilfarbe über die jeweiligen Icons in Z88Aurora

Starten des Renderns: Bei Z88 V14OS starten Sie das eigentliche Rendern mit dem Button *Start frei.*

Tabelle 10.4-1: Erforderliche Dateien für die Darstellung.

erford. Files:	Superstrukturen	unverformte FE-Strukturen	verformte FE-Strukturen
Z88NI.TXT	ja	nein	nein
Z88I1.TXT	nein	ja	ja
Z88I2.TXT	nein	ja, wenn Anzeige der Randbedingungen	ja, wenn Anzeige der Randbedingungen
Z88I5.TXT	nein	ja, wenn Anzeige der Flächenlasten	ja, wenn Anzeige der Flächenlasten
Z88O2.TXT	nein	nein	ja
Z88O5.TXT	nein	ja, wenn Anzeige der Vergleichsspannungen in den Gaußpunkten	nein
Z88O8.TXT	nein	ja, wenn Anzeige der Vergleichsspannungen in den Eckknoten oder Element-Durchschnittswerte	ja, wenn Anzeige der Vergleichsspannungen in den Eckknoten oder Element-Durchschnittswerte

Besonderheiten des Renderns: Um möglichst rasch zu arbeiten, verbindet Z88O bzw. der Z88Aurora-Postprozessor bei beleuchteten Szenen und im Hiddenline-Modus lediglich die Eckpunkte, und diese auch nur mit geraden Linien, obwohl bei Serendipity-Elementen die Kanten der Elemente quadratische bzw. kubische Kurven sind; im Wireframe-Modus werden alle Knoten mit geraden Linien verbunden. Der Rechenaufwand ist besonders bei beleuchteten Szenen und im Hiddenline-Modus immens. Wenn ein Bauteil in Ihrem CAD-System, z.B. Pro/ENGINEER, schön schnell gedreht wird und die dort in ein FE-Netz zerlegte Struktur dann in Z88O bzw. der Z88Aurora-Postprozessor relativ langsam gedreht, gezoomt oder verschoben wird, dann ist das ganz normal: CAD-Programm malen nur ein „paar" Hüllkurven, FE-Programme müssen *jedes* finite Element rendern, d.h. Normalenvektoren für alle Elementflächen berechnen, Farbverläufe dafür bestimmen usw. Besonders rechenintensiv sind Hiddenline-Darstellungen. Bei Z88Aurora kann die Darstellung *„Rand/Voll-Darstellung"* Abhilfe schaffen, die sich im Ansichtsmenü befindet. Hier werden nur die äußeren Körperkanten berechnet und gänzlich dargestellt, allerdings ist diese Darstellung nicht für alle Funktionalitäten geeignet. Ebenfalls bei Z88Aurora kann die aktuelle Ansicht mit *„schnelle Ansicht"* „eingefroren" werden (technisch gesehen in einer Display-Liste gespeichert werden), sodass selbst riesige Strukturen sehr schnell gedreht, verschoben oder gezoomt werden, solange sich die Geometrie nicht ändert.

Was können Sie anzeigen? Eigentlich alles, wenn vorher der Solver Z88R, der die Verformungsdatei Z88O2.TXT und der die drei Spannungsdateien Z88O3.TXT (für Sie zum Ablesen der Spannungen), Z88O5.TXT (für Z88O bzw. den Z88Aurora-Postprozessor intern) und Z88O8. TXT (für Z88O bzw. den Z88Aurora-Postprozessor intern) erzeugt, gelaufen ist. Selbst bei Stäben können Sie jetzt „Vergleichspannungen", also die Zug- und Druckspannungen, farbig anzeigen lassen; lediglich für Balken Nr.2 und Nr.13 sowie für Wellen Nr.5 können nur die Verformungen angezeigt werden. Warum? Weil Sie bei Balken und Wellen beispielsweise die Kerbwirkung miteinrechnen müssen, was ein FEA-Programm naturgemäß bei einer *Gesamtstruktur* nicht kann. Natürlich können Sie nur den Bereich um die Kerbe mit einem FE-Netz modellieren und dann mit Z88 rechnen. Dafür müssen Sie dann aber Scheiben- oder Volumenelemente nehmen. Mit Balken oder Stäben ist das nicht möglich.

Spannungsanzeige: Die Art der Spannungsanzeige bei FEA-Programmen hat durchaus philosophischen Charakter. Fakt ist, dass durchaus sehr teure, kommerzielle FEA-Programme in bestimmten Situationen Spannungen *falsch* anzeigen, wie umfangreiche Versuche am Lehrstuhl für Konstruktionslehre und CAD der Universität Bayreuth ergeben haben. Am präzisesten ist die Spannungsanzeige direkt in den Gaußpunkten. Dies ist bei OpenGL aber nicht in allen Modi vernünftig darstellbar, daher hat sich der Erstautor nach vielen Versuchen mit realen FE-Strukturen zu folgendem Vorgehen entschlossen:

1. *Vergleichsspannungen in den Eckknoten.* In Wirklichkeit werden die Spannungen eben nicht in den Eckknoten berechnet, was besonders bei sehr spitzen Elementen zu ganz falschen Ergebnissen führt (sic!), sondern in Gaußpunkten, die in der Nähe der jeweiligen Eckknoten liegen. Es werden die Spannungen für genauso viele Gaußpunkte berechnet, wie Eckknoten vorhanden sind. Da meist an einen Knoten mehrere Elemente anschließen, werden diese Spannungen dann noch gemittelt über alle anschließenden Elemente. Dies führt zu recht ausgeglichenen Spannungsverläufen, die im Mittel aber geringer sind als die Maximalspannungen aus den Gaußpunkten. Die Einstellungen hinsichtlich der Integrationsordnung INTOS in der Steuerdatei Z88INT.TXT haben keinen Einfluss, INTOS muss aber > 0 sein.
2. *Vergleichsspannungen pro Element gemittelt.* Es werden die Spannungen in den Gaußpunkten im jeweiligen Element berechnet, aufsummiert und durch die Anzahl der Gaußpunkte geteilt. Dies ergibt eine mittlere Vergleichsspannung pro Element. Die Einstellungen hinsichtlich der Integrationsordnung INTOS in der Steuerdatei Z88INT.TXT haben jetzt Einfluss, INTOS muss > 0 sein.
3. *Vergleichsspannungen direkt in den Gaußpunkten.* Diese Darstellung ist am genauesten, aber dafür optisch nicht so schön wie 1. und 2. INTOS muss > 0 sein.

Z88O kann diese Vergleichsspannungen – aber immer nur jeweils eine, je nach vorherigem Rechenlauf mit Z88R – anzeigen:

- Gestaltsänderungsenergie-Hypothese *GEH*, d.h. *von Mises*
- Normalspannungs-Hypothese *NH*, d.h. *Rankine* bzw. *principal stresses*
- Schubspannungs-Hypothese *SH*, d.h. *Tresca*

Wenn Sie also vorher mit Z88R die GEH-Vergleichsspannungen berechnet haben, dann zeigt Z88O bzw. Z88Aurora diese an. Wenn Sie nun z.B. NH-Vergleichsspannungen anzeigen wollen, müssen Sie

- bei Z88 V14OS Z88O verlassen, die Steuerdatei Z88MAN.TXT für Z88R ändern und Z88R erneut laufen lassen. Dann werden Sie mit einer neuen Z88O-Sitzung die NH-Vergleichsspannungen sehen.
- bei Z88Aurora im Solvermenü die gewünschte Hypothese anwählen und den Solver erneut starten.

Das sieht umständlich aus, aber Sie wissen doch hoffentlich vorher, welche Hypothese am besten auf Ihr Bauteil zutrifft?

Verschiebungsanzeige: Sie können die Struktur unverformt oder verformt plotten. Der Vergrößerungsfaktor (Standard ist jeweils 100 für X, Y und Z) ist wählbar. Zusätzlich können Sie sich die Verschiebungen für X, für Y oder für Z farblich abgestuft anzeigen lassen. Dies ist besonders bei komplizierten Raumstrukturen sehr angenehm. Sie können die Spannungsanzeige (bis auf „Gaußpunkt") oder die Verschiebungen für X, für Y oder für Z oder die Hiddenline-Darstellung oder die Wireframe-Darstellung auch bei verformter Struktur aufrufen.

Tabelle 10.4-2: Kombination der verschiedenen Modi in Z88O bzw. im Z88Aurora Postprozessor

	3D	2D	RB	unver.	verfor.	Knoten	Elem.
Licht	+	+	+	+	+	–	–
Hidden Line	+	–	+	+	+	o	–
Wireframe	+	+	+	+	+	+	+
Spannungen Eckknoten	+	+	–	+	+	–	–
Spannungen Elemente	+	+	–	+	+	–	–
Spannungen Gausspunkte	+	+	–	+	–	–	+
Verschiebungen X	+	+	–	+	+	–	–
Verschiebungen Y	+	+	–	+	+	–	–
Verschiebungen Z	+	+	–	+	+	–	–

Das „Koordinatensystem": OpenGL arbeitet mit einem *Clipping Volume*, d.h. mit einer Art Würfel, der durch *Xmin* und *Xmax* in horizontaler Richtung, durch *Ymin* und *Ymax* in vertikaler Richtung und *Zmin* (liegt zum Betrachter hin) und *Zmax* (zeigt vom Betrachter weg) definiert wird. Wenn Sie jetzt einen Körper zu stark zoomen oder zu sich heran schieben, dann wird der Bereich von *Zmin* überschritten und Teile der Struktur liegen außerhalb des Betrachtungsbereiches. Das können Sie sehr schön verwenden, um in eine Struktur hineinzublicken - auch, um die Spannungen im Inneren zu sehen! Wenn Sie das nicht wollen, verändern Sie den Wert von *Zmin* (Standardwert ist -100) zu kleineren Werten, z.B. zu -200: Menü *„Ansicht"* > *„Z-Limit zum Betrachter"*.
Für weitere Informationen hinsichtlich der Benutzung und der sehr vielfältigen Möglichkeiten des Postprozessings konsultieren Sie bitte das Z88Aurora Benutzerhandbuch bzw. das Z88 V14OS Handbuch.

10.5 Der DXF-Konverter Z88X

2D-CAD-Systeme wie AutoCAD bieten Ihnen eine einfache Möglichkeit, komplexere 2D-oder 2½D-Strukturen in Z88 zu überführen, auch ohne ein kostspieliges 3D-System. Hierfür ist der Layer-basierte Aufbau der DXF-Dateien wie geschaffen. Alle CAD-Systeme, die DXF-Dateien importieren und exportieren, also lesen und schreiben können, können mit Z88X zusammenarbeiten. Garantie kann hier verständlicherweise nicht übernommen werden. Z88 ist im Zusammenspiel mit verschiedenen Original-AutoCAD und -AutoCAD LT Versionen getestet worden, und es sind die

DXF-Richtlinien der Fa. AutoDesk als Initiator der DXF-Schnittstelle beachtet worden, d. h. entsprechend AC1009 bis AC1024. Wählen Sie als Austauschformat AutoCAD R12 DXF als kleinste Untermenge, aber AutoCAD 2011 DXF geht ebenso. Es werden alle Elementtypen von Z88 unterstützt, wobei eigentlich nur die *ebenen* finiten Elemente sinnvoll von der Anwendung her sinnvoll sind.

Den Konverter Z88X starten Sie bei Z88 V14OS entweder „von Hand“ oder über den Z88-Commander; bei Z88Aurora wählen Sie das Menü „Import“.

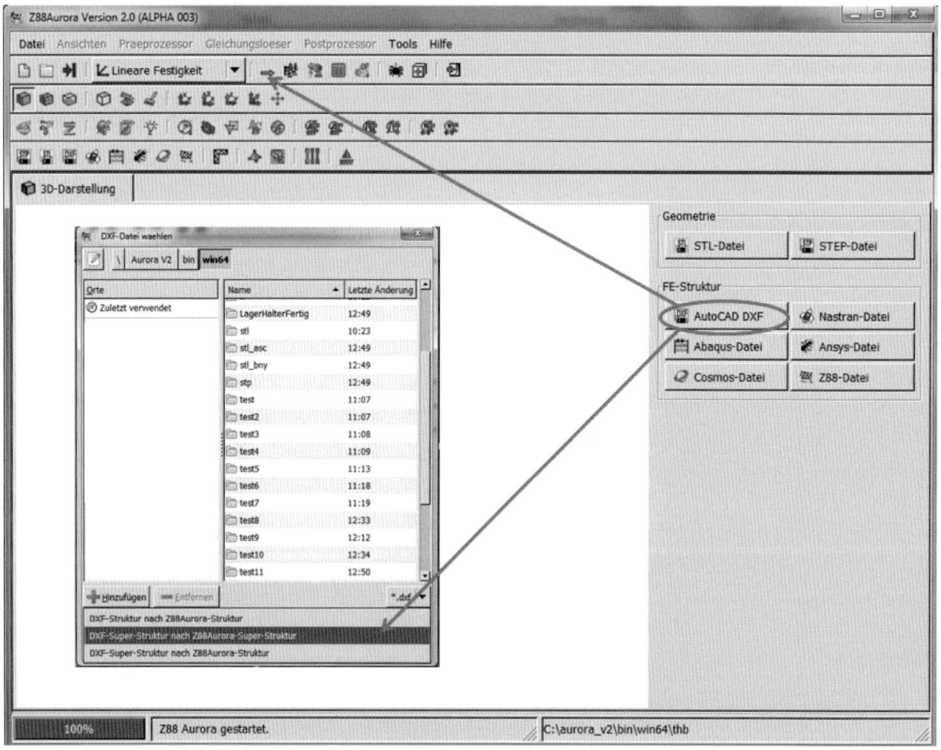

Bild 10.5-1: Aufruf des DXF-Konverters Z88X und Importmöglichkeiten in Z88Aurora

Welche Funktionen bietet der Konverter?

Z88X > Konvertierung > von Z88X.DXF nach Z88I1.TXT

Z88X > Konvertierung > von Z88X.DXF nach Z88I.TXT*

Z88X > Konvertierung > von Z88X.DXF nach Z88NI.TXT

Bei Z88 V14OS können Sie auch in die andere Richtung konvertieren, was sehr interessant für schon existierende Z88-Datensätze, für Kontrollen, für Ergänzungen der FE-Struktur, aber auch zum Plotten der FE-Struktur via CAD-Programm ist:

Z88X > Konvertierung > von Z88I1.TXT nach Z88X.DXF

Z88X > Konvertierung > von Z88I.TXT nach Z88X.DXF*

Z88X > Konvertierung > von Z88NI.TXT nach Z88X.DXF

Die generelle Philosophie eines CAD-FEA-Datenaustauschs:

CAD-Dateien enthalten sog. ungerichtete Informationen. Es sind nichts weiter als Ansammlungen von Linien, Punkten und Texten, die auch noch obendrein in der Reihenfolge ihrer Erzeugung abgespeichert werden.

Ein FEA-System braucht grundsätzlich gerichtete Informationen, die ein CAD-System per se nicht liefern kann. Das FEA-System muss vereinfacht wissen, dass diese und jene Linien ein finites Element bilden und dass dazu diese und jene Punkte gehören. Das ist prinzipiell dann zu machen, wenn man im CAD-System in einer ganz fest vorgegebenen Reihenfolge konstruieren würde. Experimente zeigten, dass dies mit sehr einfachen Bauteilen auch darstellbar ist, bei komplexeren Bauteilen aber, und genau dann will man ja die FEA-Analyse einsetzen, in der Praxis nicht mehr durchführbar ist. Diese Problematik ist seit langem bekannt und tritt beim Datenaustausch CAD-NC gleichfalls auf. Um dies halbwegs in den Griff zu bekommen, gibt es integrierte CAD-FEA-Systeme, die in den oberen Preisregionen angesiedelt sind. Ein denkbarer Ansatz ist, das CAD-System z.B. durch Zusatzmodule oder Makros derart zu erweitern, dass halbwegs nutzbare FEA-Daten erzeugt werden können. Dieser Weg wird häufig beschritten. Er hat den Nachteil, dass er nicht für beliebige CAD-Programme verwirklicht werden kann bzw. dann sehr unterschiedlich ausfällt, aber auch innerhalb derselben Herstellerfamilie versionsabhängig ist. Eine andere Variante unternimmt im CAD-System selbst nichts, hingegen enthält das FEA-System eine Art Mini-CAD-System, um die zunächst noch total unbrauchbaren CAD-Daten mit bisweilen kräftiger Unterstützung des Bedieners FEA-gerecht aufzubereiten. Der Nachteil ist hier, dass der Bediener zwei CAD-Systeme beherrschen muss und das integrierte Mini-CAD-System nicht die Leistung des echten CAD-Systems bringt. Bei Z88 wird die Problematik wie folgt gelöst:

Im CAD-System:

Dies ist ein erster Überblick; das genaue Vorgehen zusammen mit zwei ausführlichen Beispielen entnehmen Sie bitte den jeweiligen Handbüchern von Z88 V14OS bzw. Z88Aurora.

1. Sie konstruieren Ihr Bauteil. Reihenfolge und Layer beliebig.
2. Sie legen die FE-Struktur bzw. die Superstruktur durch Linien und Punkte fest. Reihenfolge und Layer beliebig, daher unproblematisch und schnell.
3. Auf dem Layer Z88KNR nummerieren Sie die Knoten mit der TEXT-Funktion. Reihenfolge beliebig, daher unproblematisch und schnell.
4. Auf den Layer Z88EIO schreiben Sie die Element-Informationen mit der TEXT-Funktion. Reihenfolge beliebig, daher unproblematisch und schnell.
5. Auf den Layer Z88NET „umreißen“ Sie die einzelnen Elemente mit der LINE-Funktion. Die einzige Sektion mit fester Arbeitsfolge (wegen den gerichteten Informationen).
6. Auf den Layer Z88GEN schreiben Sie allgemeine Informationen.
7. Auf dem Layer Z88RBD definieren Sie die Randbedingungen.
8. Auf dem Layer Z88FLA definieren Sie die Strecken- und Flächenlasten, wenn vorhanden.
9. Exportieren (Speichern) Sie Ihre Zeichnung als DXF-Datei.

In Z88:

Bei Z88 V14OS starten Sie den CAD-Konverter Z88X „von Hand“ bzw. mit dem Z88-Commander; bei Z88Aurora wählen Sie im Menü *Datei > Import > AutoCAD DXF-Dateien.*

Sie können in der Buttonleiste bzw. im Auswahlmenü angeben, welche der folgenden Dateien erstellt werden sollen:

- eine Datei der allgemeinen Strukturdaten Z88I1.TXT oder
- ein Z88Aurora V2-Datensatz (ohne Material- und Elementparameter-Informationen) mit Z88I1.TXT, Z88I2.TXT, ggf. Z88I5.TXT
- eine Z88I1.TXT aus einer Superstruktur, welche Sie von Hand in Z88Aurora vernetzen können
- nur Z88Aurora: Eine Z88I1.TXT aus einer Superstruktur, die mit den in der DXF-Datei hinterlegten Informationen vernetzt wird (dafür wird direkt der gerichtete Vernetzer Z88N nachgeschaltet)

Dieselben Funktionalitäten bieten sich, wenn Sie den Z88-Import über die Toolbar aufrufen.

Als **Beispiel** betrachten wir ein Rohr unter Innendruck von 1.000 bar = 100 N/mm². Rohrinnendurchmesser 80 mm, Rohraußendurchmesser 160 mm, Länge 40 mm. Wenn man die Auflager geschickt wählt, genügt ein Viertelbogen, um das Problem abzubilden. Der Innendruck 1.000 bar entspricht einer Kraft von 251.327 N, die auf den inneren Viertelkreis wirkt.

Die Streckenlast beträgt dann: $q = \frac{F}{\ell} = \frac{F}{r \cdot \varphi} = \frac{251.327}{40 \cdot \pi/2} = 4.000\, N/mm$

Es wird das Vorgehen mit AutoCAD, hier Version 2011, gezeigt (Die ausführliche Fassung dieses Beispiels finden Sie in den Z88-Handbüchern):

1. Schritt: Konstruieren Sie Ihr Bauteil wie gewohnt im CAD-System. Sie brauchen keine bestimmte Reihenfolge einzuhalten, und Sie können beliebige Layer verwenden. Bei diesem Beispiel werden Sie die wesentlichen Abmessungen per Befehlszeile eingeben. Beachten Sie die AutoCAD-Eingabemöglichkeiten für Zahlen:

- absolute kartesische Koordinaten: X,Y
- relative kartesische Koordinaten: @DeltaX,DeltaY
- absolute polare Koordinaten: Radius<Winkel
- relative polare Koordinaten: @Radius<Winkel

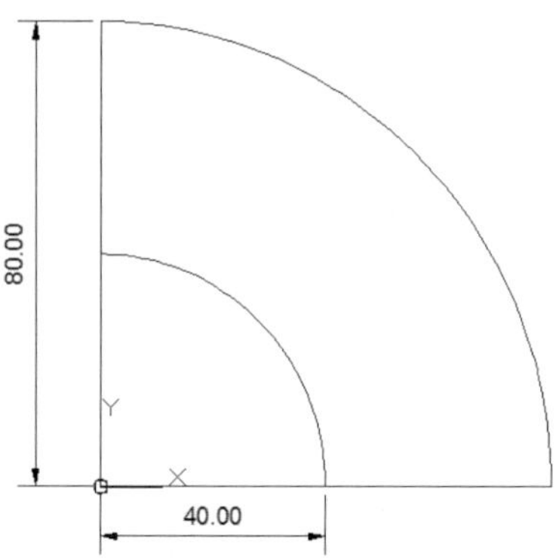

Bild 10.5-2: 1. Schritt: Bauteil konstruieren

2. Schritt: Planen Sie die Netzaufteilung, also geeignete finite Elementtypen und deren Verteilung, unterteilen Sie die FE-Struktur durch Linien in Elemente, setzen Sie alle Knotenpunkte, die noch nicht vorhanden sind (z.B. sind Schnittpunkte oder Endpunkte von Linien ohne weiteres verwendbar). Reihenfolge und Layer sind beliebig. Verwenden Sie aber besser nicht die Layer Z88NET, Z88GEN, Z88PKT, Z88KNR, Z88EIO, Z88FLA und Z88RBD.

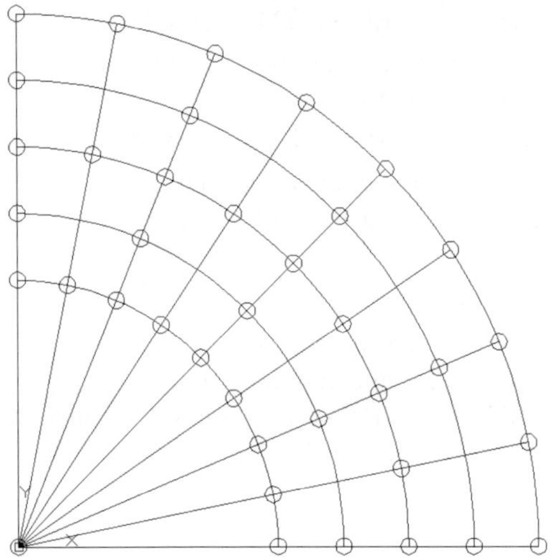

Bild 10.5-3: 2. Schritt: Netzaufteilung planen

Achten Sie darauf, gut sichtbare Punkte zu setzen. Das können Sie mit dem AutoCAD-Befehl DDPTYPE beeinflussen. Damit man dann das Wesentliche besser erkennt, könnten Sie anschließend nicht benötigte Hilfslinien und andere Hilfskonstruktion löschen:

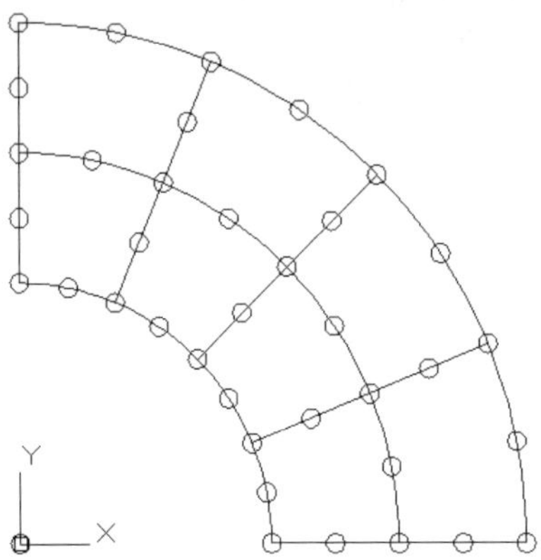

Bild 10.5-4: Skizze bereinigen

3. Schritt: Legen Sie den Z88-Layer Z88KNR an und gehen Sie auf ihn. Fangen Sie jeden FE-Knoten, die Sie ja bereits im 1. Schritt durch Ihre Konstruktion selbst bzw. im 2. Schritt ergänzt haben und nummerieren Sie die Knoten. Schreiben Sie an jeden Knoten P Leerzeichen und seine Knotennummer mit der TEXT-Funktion des CAD-Programms, also z.B. P 33. Achten Sie darauf, dass der Einfügepunkt der Nummer, also des Textes, genau auf dem Knoten liegt. Mit den Fangmodi z.B. von AutoCAD (Fange Schnittpunkt, Endpunkt usw.) ist das problemlos. Die Reihenfolge der Arbeitsfolge ist beliebig.

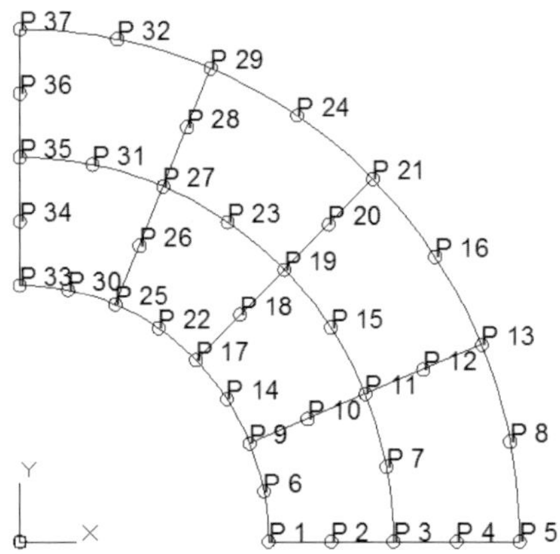

Bild 10.5-5: 3. Schritt: Knotennummern anbringen

4. Schritt: Legen Sie den Layer **Z88EIO** an und gehen Sie auf ihn. Schreiben Sie prinzipiell irgendwo hin (besser natürlich in die Nähe oder Mitte des jeweiligen finiten Elements bzw. Superelements) die Element-Informationen mit der TEXT-Funktion. Die Reihenfolge der Arbeitsfolge ist beliebig.

FE *Elementnummer* *Elementtyp*

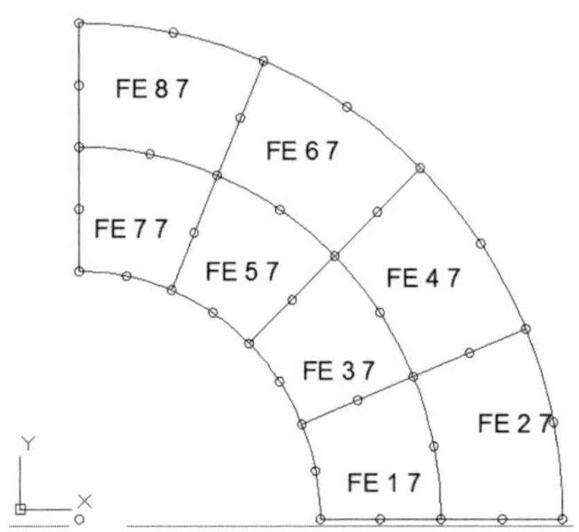

Bild 10.5-6: 4. Schritt: Element-Informationen anbringen

5. Schritt: Legen Sie den Layer **Z88NET** an und gehen Sie auf ihn. Für diesen Schritt brauchen Sie Konzentration, denn hier muss eine feste und starre Arbeitsfolge wegen der gerichteten Informationen eingehalten werden. In diesem Schritt wird eine der wichtigsten Informationen, die Koinzidenz, also welches Element durch welche Knoten definiert ist, eingebaut. Wählen Sie eine Farbe für Linien, die sich gut von den bisher verwendeten Farben abhebt und blenden Sie alle überflüssigen Informationen aus. Wählen Sie den **LINIE-Befehl (Linien-Befehl)** aus und stellen Sie die **Fangmodi** Punkte, Schnittpunkte und ggf. Endpunkte ein.

Beginnen Sie beim ersten Element. Das erste Element ist für Z88 das Element, mit dem Sie nun beginnen, also das Sie als erstes Element ausgesucht haben. Klicken Sie den Knoten an, der der erste Knoten des Elements sein soll und ziehen Sie eine Linie auf den Knoten, der der zweite Knoten des Elements sein soll. Ziehen Sie weiter auf den Knoten, der der dritte Knoten des Elements sein soll. Alle erforderlichen Knoten passieren und zuletzt auf den Startpunkt, also den ersten Knoten; dann Linien-Funktion aufheben. Mit welchem Knoten beginnen Sie? Das ist vollkommen egal, aber wie wäre es mit dem Knoten, der dem Koordinatensystem am nächsten liegt. Dann gegen den Uhrzeigersinn umfahren.

Wir könnten also wie folgt die Linie ziehen: P1-P2-P3-P7-P11-P10-P9-P6-P1, Linie beenden. Aber vollkommen legitim wären auch P9-P6-P1-P2-P3-P7-P11-P10-P9 oder P3-P7-P11-P10-P9-P6-P1-P2-P3 oder P11-P10-P9-P6-P1-P2-P3-P7-P11.

Dasselbe machen Sie dann mit dem zweiten Element. Denken Sie daran: **Sie geben mit dieser Reihenfolge vor, welches der Elemente nun zum echten zweiten Element wird.** Im vorherigen 4. Schritt haben Sie lediglich definiert, um **was** es sich für einen Elementtyp beim z.B. zweiten Element handelt. Hier geben Sie vor, wie das Element topologisch definiert ist. Wir könnten die Linie wie folgt ziehen: P3-P4-P5-P8-P13-P12-P11-P7-P3, Linie beenden.

Das Ganze funktioniert viel einfacher, komfortabler und schneller, als man es hier beschreiben kann: Für diese 8 Elemente brauchen Sie weniger als zwei Minuten.

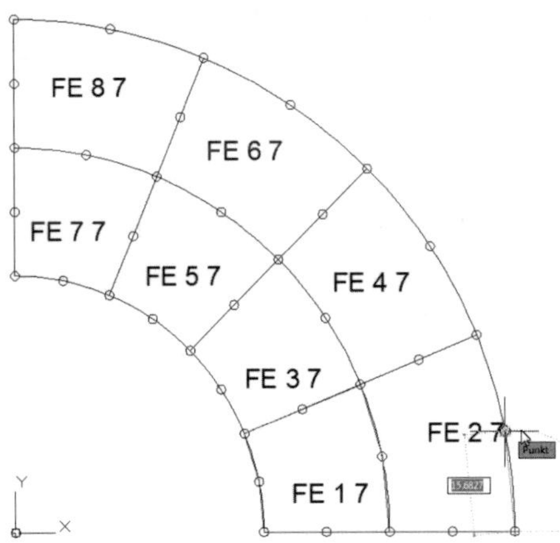

Bild 10.5-7: 5. Schritt: Elemente umreißen

6. Schritt: Legen Sie den Layer **Z88GEN** an und aktivieren Sie ihn. Schreiben Sie mit der TEXT-Funktion an eine freie Stelle (also an irgendeine Stelle Ihrer Zeichnung) die **allgemeine Informationen**, also die erste Eingabegruppe der allgemeinen Strukturdaten Z88I1.TXT:

Z88I1.TXT

Dimension der Struktur

Anzahl Knoten

Anzahl finite Elemente

Anzahl Freiheitsgrade

Koordinatenflag (0 oder 1)

In unserem Fall also: `Z88I1.TXT  2  37  8  74  0`

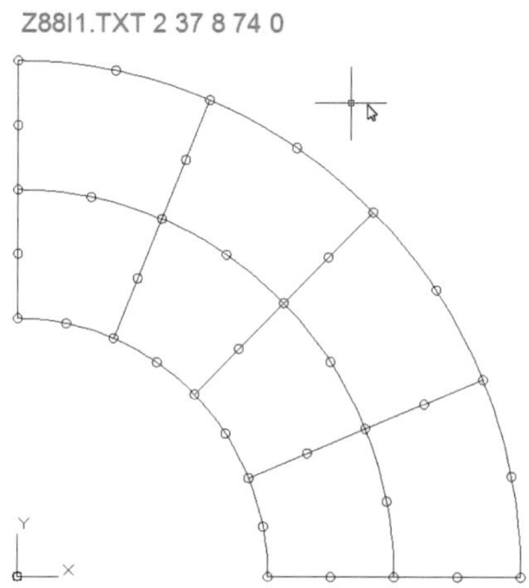

Bild 10.5-8: 6. Schritt: Die allgemeinen Informationen anbringen

An dieser Stelle könnten Sie aussteigen: Sie könnten das Ganze als DXF-Datei abspeichern und dann in Z88Aurora als *Typ Z88I1.TXT* laden. In Aurora könnten Sie dann interaktiv die Randbedingungen und Streckenlasten aufbringen. Aber hier machen wir weiter:

7. Schritt: Legen Sie den Layer **Z88RBD** an und aktivieren Sie ihn. Schreiben Sie mit der TEXT-Funktion an eine freie Stelle (also an irgendeine Stelle Ihrer Zeichnung) die **Anzahl der Randbedingungen**, also die erste Eingabegruppe der Datei der Randbedingungen Z88I2.TXT

Z88I2.TXT *Anzahl der Randbedingungen*

In unserem Fall geben wir der Struktur insgesamt 10 Randbedingungen, nämlich Festhalten der Knoten 1 ~ 5 in Y-Richtung und Festhalten der Knoten 33 ~ 37 in X-Richtung. Nun geben wir die **Randbedingungen**, also die zweite Eingabegruppe der Randbedingungsdatei Z88I2.TXT auf:

RBD

Nummer der Randbedingung

Knotennummer

Freiheitsgrad

Steuerflag Kraft / Weg (1 oder 2)

Wert

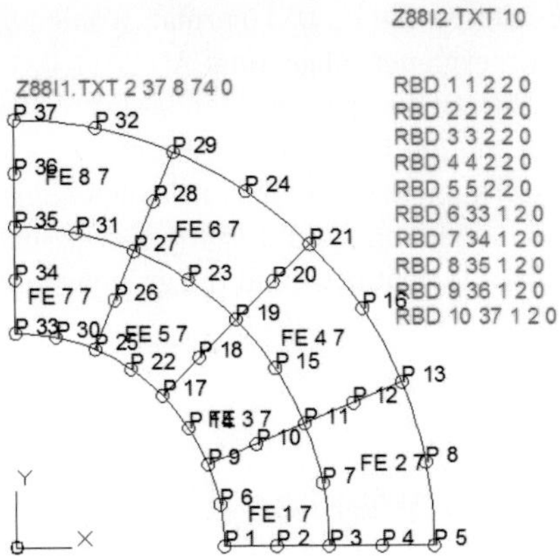

Bild 10.5-9: 7. Schritt: Anbringen der Randbedingungen

8. Schritt: Da Streckenlasten vorhanden sind: Legen Sie den Layer **Z88FLA** an und aktivieren Sie ihn. Schreiben Sie mit der TEXT-Funktion an eine freie Stelle (also an irgendeine Stelle Ihrer Zeichnung) die **Anzahl der Strecken- und Flächenlasten**, also die erste Eingabegruppe der Datei der Strecken- und Flächenlasten Z88I5.TXT

Z88I5.TXT *Anzahl der Strecken- und Flächenlasten*

Wir wollen die Ränder der Elemente 1, 3, 5 und 7 jeweils mit einer Linienlast belasten. Also: *Z88I5.TXT 4*

Was nun folgt, ist elementtyp-abhängig. Wir verwenden hier Scheiben Nr.7, daher sieht die zweite Eingabegruppe wie folgt aus:

FLA

Nummer der Flächenlast

Elementnummer mit Streckenlast

Druck, positiv auf die Kante zeigend

Tangentialschub, positiv in lokaler r-Richtung

3 Knoten der belasteten Kante

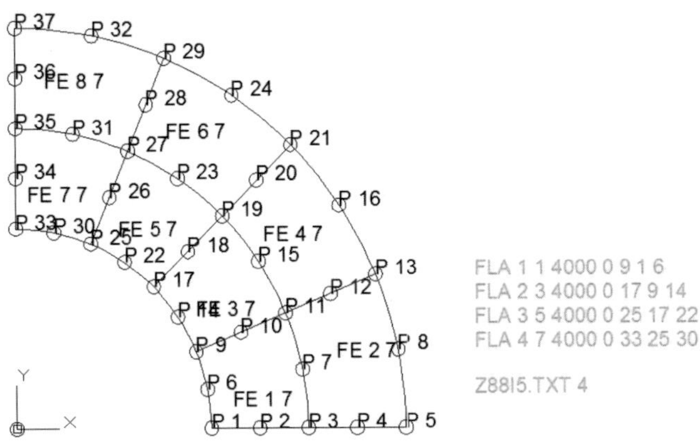

Bild 10.5-10: 8. Schritt: Anbringen der Flächenlasten

9. Schritt: Speichern Sie Ihre Zeichnung im DXF-Format. Wählen Sie als Austauschformat AutoCAD R12 DXF als kleinste Untermenge, aber AutoCAD 2011 DXF geht ebenso. Als Genauigkeit Dezimalstellen nehmen Sie am besten den Standardwert, den das CAD-Programm vorschlägt. Anschließend können Sie die Datei in Z88Aurora laden, und zwar als Typ „*... nach Z88I*.TXT*“. Damit erzeugt Z88X dann die Z88-Eingabedateien Z88I1.TXT (allgemeine Strukturdaten), Z88I2.TXT (Randbedingungen) und Z88I5.TXT (Strecken- und Flächenlasten). In Aurora würden Sie dann noch Material, Elementdicke und Integrationsordnungen definieren.

10.6 Der 3D-Konverter Z88G

3D-CAD-Programme enthalten mitunter sog. Automesher, die das 3D-Modell in finite Elemente zerlegen können. Das so erzeugte Netz kann sodann in einem wählbaren Format passend für diverse FEA-Programme abgespeichert werden. Zwei dieser FE-Formate sind das NASTRAN- und das COSMOS-Format für die gleichnamigen FEA-Systeme.

Z88G ist entwickelt und getestet für Pro/ENGINEER von Parametric Technology, USA. Pro/ENGINEER muss die Option (den Zusatzmodul) Pro/MECHANICA enthalten. Dann können Sie nach Erzeugung Ihres 3D-Modells auf den Menüpunkt *FEM* gehen, definieren ein Koordinatensystem (das mit Z88 harmonieren muss!) und fügen Kräfte und Verschiebungen ein. Das kann an einzelnen Punkten sein, die Sie vorher als *Bezugspunkte* setzen, bei Platten auch *Druck, gleichmäßig*. Vergessen Sie ab Pro/ENGINEER Wildfire 2 nicht, eine Analyse zu definieren, sonst werden keine Randbedingungen übergeben. Verändern Sie ggf. die Netzkontrollwerte. Lassen Sie das Netz erzeugen mit *Erzeuge Modell*, dabei ist der Elementtyp zu wählen, z. B. *Tetraeder*. Geben Sie es dann mit *Ausgabe Modell* aus, wählen Sie *NASTRAN* oder *COSMOS/M* und dazu linear oder parabolisch (dabei ist die Option *Elemente beheben* nicht schlecht). Bei Abfrage des Dateinamens geben Sie *z88g.nas* für NASTRAN-Files bzw. *z88g.cos* für COSMOS-Files ein.

Dann starten Sie den Konverter **Z88G**. Wählen Sie den Dateityp aus und geben Sie den zu erzeugenden Elementtyp an. Beides muss natürlich mit dem korrelieren, was Sie vorher in Pro/ENGINEER geplant haben. Der Hintergrund besonders der Wahl des Elementtyps besteht darin, dass Pro/ENGINEER den Typ Schale herausschreibt, auch wenn es sich eigentlich um Scheiben, Toruselemente oder Platten handelt. Z88G erzeugt dann automatisch die Eingabedateien Z88I1.TXT, Z88I2.TXT und Z88I5.TXT.

Die Materialgesetze geben Sie in die Dateien Z88MAT.TXT mit der zugehörigen Materialdatei und ggf. Elementparameter wie die Scheibendicke in Z88ELP.TXT, obwohl Materialdaten bereits in den NASTRAN- oder COSMOS-Dateien (teilweise aber falsch!) stehen. Die Integrationsordnungen geben Sie in die Z88INT.TXT.

In Z88Aurora werden die Konverter über das Menü „Import“ aufgerufen.

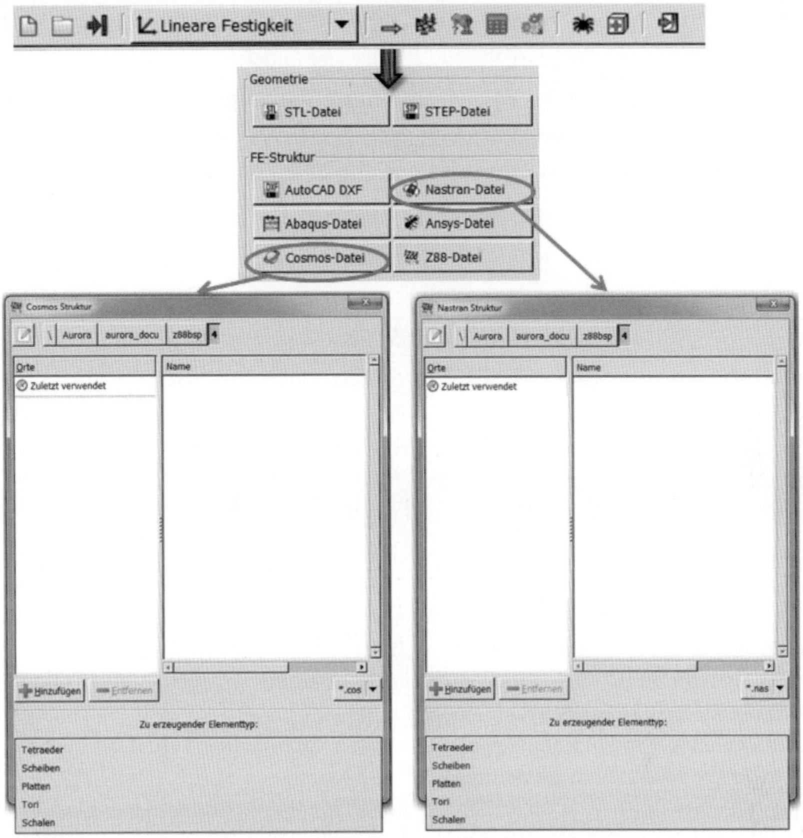

Bild 10.6-1: Aufruf des 3D-Konverters Z88G und Importmöglichkeiten in Z88Aurora

Die Randbedingungen werden automatisch übernommen. Die Materialdaten hingegen definieren Sie nach dem Import in Z88Aurora (auch wenn diese Informationen teilweise schon in diesen Eingabedecks enthalten sind), damit eine durchgängige Verwendung der Aurora-eigenen Materialdatenbank erfolgen kann. Nur so ist eine saubere Datenkonsistenz in Z88Aurora V2-Projekten gewährleistet.

Die erzeugten Dateien sollten Sie vor einem Rechenlauf mit Z88O plotten bzw. mit Z88Aurora betrachten. Stellen Sie fest, dass z.B. ein 3D-Modell völlig platt ist, dann haben Sie in Pro/ENGINEER ein Koordinatensystem CS0 definiert, das nicht zu Z88 passt. Sie brauchen dann nur in Pro/ENGINEER ein neues Koordinatensystem festlegen, das Sie bei der Modellausgabe als Bezug mit angeben.

Bei Schwierigkeiten bei derartigen Datei-Konversionen beachten Sie bitte, dass sich diese FEA-Formate wie das NASTRAN-Format und deren Ausgabe aus Programmen wie Pro/ENGINEER fast im Vierteljahresrhythmus ändert. Sehen Sie ggf. auf unserer Website www.z88.de nach, ob es neuere Versionen von Z88G gibt.

Es lassen sich die Z88-Typen erzeugen:

Tetraeder Nr.16	(in Pro/ENGINEER *Tetraeder parabolisch*)
Tetraeder Nr.17	(in Pro/ENGINEER *Tetraeder linear*)
Scheibe Nr.14	(in Pro/ENGINEER *Schalen Dreieck parabolisch*)
Scheibe Nr.7	(in Pro/ENGINEER *Schalen Viereck parabolisch*)
Platte Nr.18	(in Pro/ENGINEER *Schalen Dreieck parabolisch*)
Platte Nr.20	(in Pro/ENGINEER *Schalen Viereck parabolisch*)
Torus Nr.15	(in Pro/ENGINEER *Schalen Dreieck parabolisch*)
Torus Nr.8	(in Pro/ENGINEER *Schalen Viereck parabolisch*)
Schalen Nr. 23	(in Pro/ENGINEER *Schalen Viereck parabolisch*)
Schalen Nr. 24	(in Pro/ENGINEER *Schalen Dreieck parabolisch*)

Bitte beachten Sie, dass der Konverter nur im Falle von NASTRAN-Dateien auch direkt Drucklasten aus Pro/ENGINEER übernehmen kann; es wird dann zusätzlich die Datei Z88I5.TXT für Strecken- und Flächenlasten generiert. Für COSMOS-Dateien ist dies nicht vorgesehen. Hier müssen Drücke über Einzelkräfte auf die Knoten definiert sein.

Wie gehen Sie vor? Wählen Sie zunächst NASTRAN oder COSMOS-Datei: Wenn Sie NASTRAN anwählen, wird die Datei Z88G.NAS, bei Anwahl von COSMOS die Datei Z88G.COS geladen. Sie müssen also wissen und angeben, welche Datei Sie zuvor erzeugt haben. Im nächsten Schritt müssen Sie angeben, ob Volumenelemente, Scheiben, Platten, Schalen oder Tori erzeugt werden sollen. Das liegt daran, dass Pro/ENGINEER nur den FE-Typ Schale oder Volumen kennt. Auch hier müssen Sie das Passende angeben, d.h. was Sie bereits in Pro/ENGINEER vorbereitet haben. Das Erzeugen von Volumenkörpern ist einfach. Spannender wird's bei Schalen, Platten und Tori (axialsymmetrischen Elementen): Hier erzeugen Sie in Pro/E zunächst einen Volumenkörper mit einer (geringen) Dicke. Setzen Sie besonders bei Tori *Bezugspunkte* für Auflager. Wechseln Sie dann in Pro/MECHANICA und geben Sie bei *Modell* ferner *Idealisierungen > Schalen > Mittenflächen* an. Damit verschwindet die Tiefenausdehnung. Bei Tori achten Sie darauf, dass Sie gedanklich in Zylinderkoordinaten arbeiten: Ihr Koordinatensystem liegt auf der Rotationsachse und der „Volumenkörper" auf den entsprechenden Radien, vgl. Bild 10.6-2.

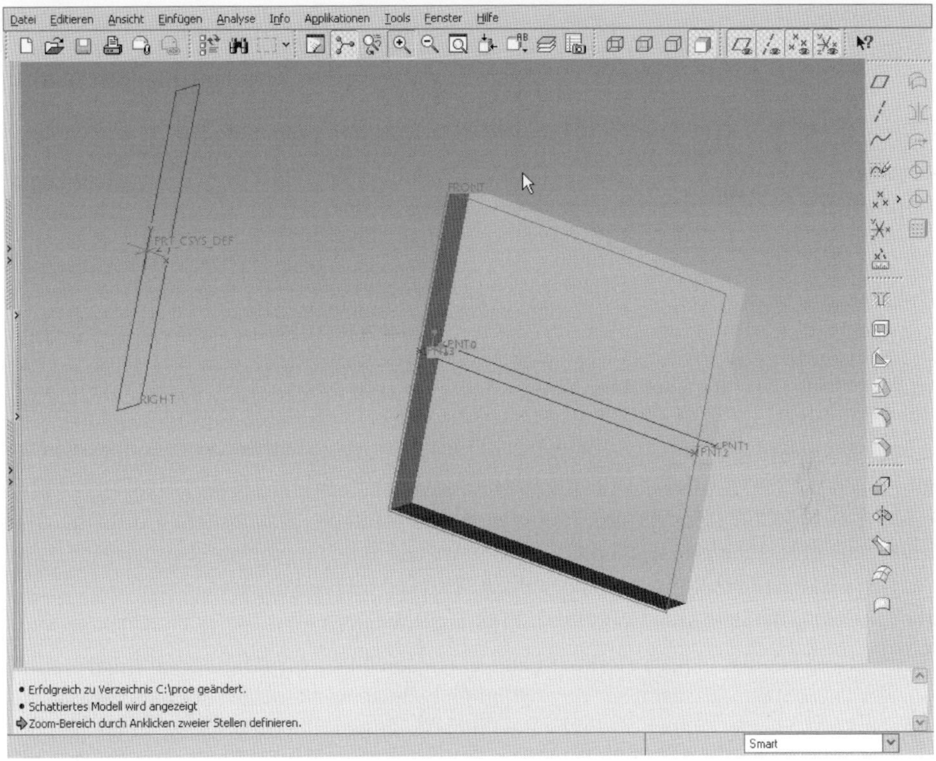

Bild 10.6-2: So erzeugt man in Pro/ENGINEER (hier Wildfire) Toruselemente. Bei Platten und Schalen geht man sinngemäß vor

10.7 Der Ansys-Konverter Z88ASY in Z88Aurora

Neben NASTRAN und COSMOS unterstützt Pro/ENGINEER auch das Ausschreiben von Simulationsdaten als ANSYS-Datei (*.ans). Die so ausgeschriebenen Daten können dann sowohl an ANSYS, als auch an Z88Aurora weitergegeben werden. Zu beachten ist allerdings, dass dieses Datenformat ebenfalls vom Hersteller beliebig verändert werden kann, was unter Umständen zu Kompatibilitätsproblemen führen kann.

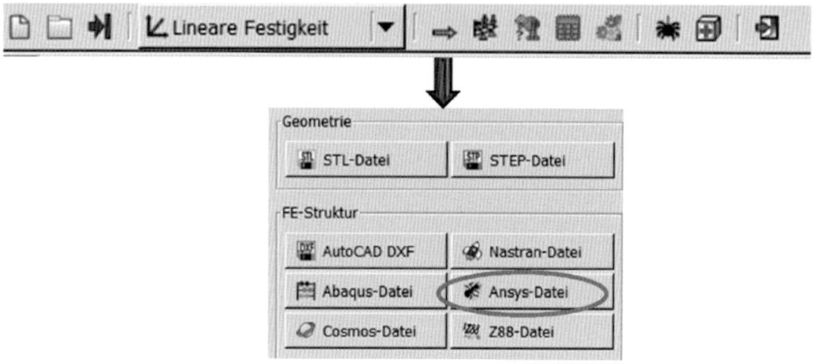

Bild 10.7-1: Aufruf des ANSYS-Konverters Z88ANS

Es kann ein Körper konvertiert werden. Der Körper muss aus einem Elementtyp aufgebaut sein.

Bitte beachten Sie: Die Materialdaten definieren Sie nach dem Import komfortabel in Z88Aurora (auch wenn diese Informationen teilweise schon in diesen Eingabedecks enthalten sind), damit eine durchgängige Verwendung der Aurora-eigenen Materialdatenbank erfolgen kann. Nur so ist eine saubere Datenkonsistenz in Z88Aurora V2-Projekten gewährleistet.

Welche ANSYS-Daten können von Z88Aurora importiert werden?

ANSYS Daten können je nach Herkunft sehr unterschiedliche Strukturen und Inhalte aufweisen, weshalb genaue Aussagen zur Kompatibilität nicht gemacht werden können. Insbesondere eingebundene Skripte können zu Problemen führen. Entwickelt und getestet wurde der vorliegende Konverter für Pro/ENGINEER Wildfire 4. Daten, die mit der ANSYS Workbench erstellt wurden, können nicht eingelesen werden.

Welche Elemente unterstützt der Konverter?

Tetraeder Nr.16	(in Pro/ENGINEER *Tetraeder parabolisch*)
Tetraeder Nr.17	(in Pro/ENGINEER *Tetraeder linear*)
Scheibe Nr. 14	(in Pro/ENGINEER *Schalen Dreieck parabolisch*)
Scheibe Nr.7	(in Pro/ENGINEER *Schalen Viereck parabolisch*)
Platte Nr.18	(in Pro/ENGINEER *Schalen Dreieck parabolisch*)
Platte Nr. 20	(in Pro/ENGINEER *Schalen Viereck parabolisch*)
Torus Nr. 15	(in Pro/ENGINEER *Schalen Dreieck parabolisch*)
Torus Nr. 8	(in Pro/ENGINEER *Schalen Viereck parabolisch*)
Schalen Nr. 23	(in Pro/ENGINEER *Schalen Viereck parabolisch*)
Schalen Nr. 24	(in Pro/ENGINEER *Schalen Dreieck parabolisch*)

Wählen Sie vor dem Start den einzulesenden Datei-Typ aus.

Im nächsten Schritt müssen Sie angeben, ob Volumenelemente, Scheiben, Platten, Schalen oder Tori erzeugt werden sollen. Das liegt daran, dass Pro/ENGINEER nur den FE-Typ Schale oder Volumen kennt. Auch hier müssen Sie das Passende angeben, d.h. was Sie bereits in Pro/ENGINEER vorbereitet haben.

Wie ist die Vorgehensweise?

1. Bauen Sie Ihr Modell entsprechend den Anweisungen für den NASTRAN-Konverter Z88G auf (siehe vorheriges Kapitel).
2. Achten Sie darauf, bei der Ausgabe der Simulationsdaten das ANSYS-Format anzuwählen.
3. Importieren Sie das Simulationsmodell in Z88Aurora, wie in Bild 10.7-1 beschrieben. Dazu wählen Sie unter *Datei* > *Import* > *ANSYS-Datei.*

10.8 Der Abaqus-Konverter Z88INP in Z88Aurora

ABAQUS ist mittlerweile ein im industriellen Umfeld weit verbreitetes Simulationstool, welches sowohl einen großen Leistungsumfang als auch einfache Bedienung bietet. Aufgrund des hohen Funktionsumfangs wurden bei den Funktionen des Konverters folgende Einschränkungen gemacht:

Es kann ein Körper (1 Instanz) konvertiert werden. Der Körper muss aus einem Elementtyp aufgebaut sein. Es können beliebige kartesische Festhaltungen, Kräfte (*Concentrated Force*) und Drücke (*Pressure*) aufgebracht werden. Materialdaten brauchen Sie nicht zu definieren, denn:

Bitte beachten Sie: Die Materialdaten definieren Sie nach dem Import komfortabel in Z88Aurora (auch wenn diese Informationen teilweise schon in diesen Eingabedecks enthalten sind), damit eine durchgängige Verwendung der Aurora-eigenen Materialdatenbank erfolgen kann. Nur so ist eine saubere Datenkonsistenz in Z88Aurora V2-Projekten gewährleistet.

Welche ABAQUS-Versionen können mit Z88Aurora zusammenarbeiten?

Getestet wurde der vorliegende Konverter mit ABAQUS 6.8.4, so dass hier der volle Funktionsumfang zur Verfügung steht. Da das ABAQUS-Format proprietär ist kann es jederzeit zu Änderungen kommen, welche die Funktionsweise des Konverters beeinträchtigen. Ältere Versionen von ABAQUS z.B. 6.6 oder 6.7 schreiben auch keine Versionsinformationen in die Dateien. Daher wird auch eine versionsabhängige Konvertierung erschwert.

Welche Elemente unterstützt der Konverter?

Sie können alle Tetraeder und Hexaeder aus ABAQUS benutzen, da aber im Normalfall keine Akustik- oder Thermosimulationen zwischen ABAQUS und Z88Aurora ausgetauscht werden, können im Normalfall folgende Elementumwandlungen auftreten:

- Konvertierung > von C3D4 nach Elementtyp 17 und umgekehrt
- Konvertierung > von C3D10 nach Elementtyp 16 und umgekehrt
- Konvertierung > von C3D8 nach Elementtyp 1
- Konvertierung > von C3D20 nach Elementtyp 10

Welche Funktionen bietet der Konverter?

Erzeugung > von Z88STRUCTURE.TXT aus einer ABAQUS-Input-Datei.

Wie ist die Vorgehensweise?

Sie können sowohl Dateien aus ABAQUS CAE, als auch selbst erstellte Eingabedecks verwenden. Bitte suchen Sie sich dann aus der ABAQUS-Dokumentation die entsprechenden Schlüsselworte und achten Sie auf Groß- und Kleinschreibung. ABAQUS-Skripte können nicht verarbeitet werden.

Für den Import einer ABAQUS-Datei wählen Sie folgendes Vorgehen:

1. Importieren und Vernetzen des Bauteils in ABAQUS:

Der ABAQUS-Konverter verarbeitet nur ein Bauteil, welches Sie auf beliebige Weise in ABAQUS-CAE importieren und in eine Assembly einbauen können. Hierbei ist es Ihnen überlassen, ob Sie *Mesh on Part* oder *Mesh on Instance* wählen. Erstellen Sie ein Material mit elastischen, isotropen Eigenschaften und definieren eine *Section* mit diesem Material. Weisen Sie Ihr Bauteil dieser *Section* zu. Weisen Sie als Vernetzungseigenschaften entweder *Hex* oder *Tet* zu und erzeugen Sie ein Netz, dass Ihren Ansprüchen genügt.

Anmerkung: Erweiterte Einstellungen der Netzkontrolle und Elementwahl werden nicht mit übernommen, da keine entsprechenden Äquivalente in Z88Aurora existieren. Falls Sie also Hybrid Formulation oder gar ein Element für Akustische Berechnung gewählt haben, wird dieses beim Import in Z88Aurora zu einem reinen Z88-Typ umgeändert.

Anmerkungen: Z88INP verarbeitet alle Lasten, die in der ABAQUS-Datei vorliegen. Sollten Sie also mehrere Simulationsschritte (Steps) in Ihrer CAE definiert haben, so beachten Sie, dass Sie, falls Sie nur einen Berechnungsschritt exportieren wollen, am besten ein neues Modell durch Kopie erstellt wird, in dem alle außer dem gewünschten Simulationsschritt gelöscht werden.

Falls Sie nicht ABAQUS in der Verbindung mit TOSCA verwenden, so müssen Sie die Option *nopartscae* in Ihrer Environment-Datei auskommentieren, da dieser die Input-Datei stark verändert. Mit dieser Option können nur die Knoten- und Elementdaten übersetzt werden.

2. Schreiben Sie das Input-Deck als *.inp-Datei aus.
3. In Z88Aurora wählen Sie aus dem Menü Datei > Import > ABAQUS-Daten. In dem folgenden Auswahldialog können Sie automatisch nur inp-Dateien anwählen. Wählen Sie also die gewünschte Datei an.
4. Die konvertierte Struktur wird angezeigt und Sie können sich Festhaltungen und Lasten von Z88Aurora anzeigen lassen. Sie sollen den Netz-Check von Aurora verwenden, um die Qualität des Netzes zu überprüfen.

■ 10.9 Das Cuthill-McKee Programm Z88H

Die Wahl der Knotennummerierung ist extrem wichtig für den Aufbau der Gesamtsteifigkeitsmatrix, und ungünstige Knotennummerierungen können den Speicherbedarf ganz unnötigerweise stark in die Höhe treiben. Z88H kann den Speicherbedarf für den direkten Cholesky Solver *Z88R -choly* sehr merklich verringern; bei dem Sparsematrix-Solver *Z88R -siccg* oder *-sorcg* oder *-parao* sind die Verbesserungen viel geringer, da der Sparsematrix-Solver durch seine Nicht-Nullelemente Speicherung hier *a-priori* sehr günstig ist.

Grundsätzlich ist anzustreben, dass die sog. Knotenzahldifferenz je Element möglichst klein wird, d.h. die Knotennummern an einem Finiten Element sollen alle ähnlich groß sein. Das lässt sich nicht immer ganz vermeiden, denn bei z.B. ringförmigen Strukturen entstehen, wenn man bei 0° beginnt zu nummerieren und dann im Uhrzeigersinn weiterläuft, an den „Stoßstellen", wenn man sich also 360° nähert, dann zwangsläufig Elemente mit großen Knotenzahldifferenzen. 3D-CAD-Programme enthalten mitunter sog. Automesher, die das 3D-Modell in finite Elemente zerlegen können. Das so erzeugte Netz kann sodann in einem wählbaren Format passend für diverse FEA-Programme abgespeichert werden. Viele dieser Automesher erzeugen aber Netze mit extrem großen Knotenzahldifferenzen. So erzeugt der Pro/ENGINEER-Modul Pro/MECHANICA bei der Anforderung *parabolischer Tetraedernetze* intern zunächst Tetraeder mit linearem Ansatz (also statt 10 nur 4 Knoten) bei geraden Elementseiten. Dann werden einfach Mittenknoten auf die Elementseiten gelegt, um Elemente mit 10 Knoten zu erzeugen. Diese Mittenknoten haben zwangsläufig hohe Knotennummern, und da die Eckknoten zuerst da waren, weist nun jedes Finite Element Eckknoten mit relativ niedrigen Knotennummern, aber Mittenknoten mit relativ hohen Knotennummern auf. Bei *Schalen Dreiecken parabolisch* sieht das nicht anders aus. Daher hat bei solchen mit dem Automesher Pro/MECHANICA erzeugten Netzen jedes Finite Element hohe Knotenzahldifferenzen.

Diese Netze müssen bei großen Strukturen in geeigneter Weise umnummeriert werden, damit Finite Elemente mit kleinen Knotenzahldifferenzen entstehen. Hier sind in der Literatur verschiedenen Vorgehensweisen bekannt geworden. Ein guter Kompromiß ist der sog. Cuthill-McKee-Algorithmus, der von graphentheoretischen Überlegungen ausgeht. Eine Abwandlung ist der RCMK-Algorithmus (reverse Cuthill-McKee-Algorithmus). Für tiefergehende Erläuterungen konsultieren Sie *Schwarz /6/*. Das C-Programm Z88H basiert im Kern auf einem FORTRAN77-Programm von H.R.Schwarz, das für den Gebrauch mit Z88 umgearbeitet wurde. Der Rechenkern von H.R.Schwarz entscheidet intern, ob der normale oder ggf. der umgekehrte Cuthill-McKee-Algorithmus genutzt wird.

Der Cuthill-McKee-Algorithmus **Z88H** ist eigentlich für FE-Netze gedacht, die mit dem COSMOS-Konverter Z88G erzeugt wurden. Aber er kann grundsätzlich für alle Z88-Netze verwendet werden. Er liest die Z88-Eingabedateien Z88I1.TXT (allgemeine Strukturdaten) und Z88I2. TXT (Randbedingungen) und Z88I5.TXT (Flächenlasten) ein, erstellt davon Sicherheitskopien Z88I1.OLD, Z88I2.OLD und Z88I5.OLD und berechnet dann modifizierte Eingabedateien Z88I1. TXT, Z88I2.TXT und Z88I5.TXT.

Experimente haben gezeigt, daß mitunter die Nummerierungen in Z88I1.TXT und Z88I2.TXT nach einem ersten Lauf von Z88H durch einen zweiten Lauf von Z88H weiter verbessert werden können. Ein dritter Lauf von Z88H scheint das Ergebnis wieder leicht zu verschlechtern. In Extremfällen erzeugt der Cuthill-McKee-Algorithmus, also Z88H, aber auch kontraproduktive Ergebnisse, d.h. deutlich schlechtere Nummerierungen, als sie die Ursprungsstruktur hatte. Hier müssen Sie einfach etwas probieren, denn der Cuthill-McKee-Algorithmus erzeugt nicht immer optimale Ergebnisse.

Und so gehen Sie gezielt bei Z88 V14OS vor:

- Erstellen Sie ein FE-Netz.
- Passen Sie Z88.DYN an: Sehr wichtig ist hier der Wert von MAXKOI, ferner MAXK, MAXE und MAXNFG.
- Starten Sie Z88R mit der Testoption mit einem Solverttyp Ihrer Wahl und lesen Sie die Zahl für GS ab.

- Starten Sie Z88H.
- Wiederholen Sie Schritt 3 und prüfen Sie, ob GS kleiner geworden ist. Wiederholen Sie diesen Schritt gegebenenfalls.
- Setzen Sie den Wert von GS in Z88.DYN als MAXGS ein und starten Sie Z88R im Rechenmodus mit dem Solvertyp Ihrer Wahl (aber derselbe, den Sie im Testmodus verwendet haben!).

Bei Z88Aurora ist die Verwendung des Cuthill-McKee-Algorithmus nicht vorgesehen.

10.10 Der Step-Import Z88GEOCON (Step) in Z88Aurora

Der vorliegende STEP-Konverter basiert auf den Einlese- und Ausgaberoutinen der Open Source 3D-Suite OpenCASCADE. Daher liegen die entsprechenden Quellen (stepread.cpp und geocon.cpp) sowie eine Kopie der GPL-Lizenz Z88Aurora bei.

Die meisten 3D-CAD-Systeme verfügen über die Möglichkeit, die erstellten Modelle in Dateien nach dem internationalen Standard DIN ISO 10303 (STEP: STandard for the Exchange of Product model data) abzulegen. Dabei kommen meist die Anwendungsprotokolle AP203 und AP214 zum Einsatz. Diese legen die 3D-Geometrie, in hochexakter Form beschrieben, in Textdateien ab. Der Tatsache, dass STEP rein nach der Definition viel mehr übertragen könnte, (Anmerkungen, Parameter, Materialien und vieles mehr) wird im Moment von wenigen CAD-Herstellern Rechnung getragen. Die Geometrie hingegen kann in FE-Programmen meist gut weiterverwendet werden, wenn einige Punkte beachtet werden:

- Jeder STEP-Konverter eines CAD-Programms ist nur so gut wie der verwendete Grafikkernel. Beinhaltet die Darstellung im CAD also Fehler, so werden diese Fehler mitexportiert und behindern unter Umständen die Weiterverarbeitung. Diese Fehler entstehen zum Teil durch den Kernel selbst, zum Teil aber auch durch den Export überladener Modelle.
- Verwenden Sie im CAD-System eine möglichst hohe Modellierungsgenauigkeit (geometrische Toleranz z. B. < 0,01); und wenn Sie die Möglichkeit haben, beim Export wiederholt eine Toleranz anzugeben, so setzen Sie diese höher an als die Modellierungstoleranz (z. B. = 0,01).
- Stellen Sie beim Export sicher, dass Sie AP203 oder AP214 verwenden.
- Sollten Sie auf Probleme beim Import stoßen, so überlegen Sie, ob Sie Ihr Modell vor dem Exportieren vereinfachen können. Oft sind kleine Rundungen oder Fasen die Auslöser für Minikanten und -flächen, welche die Weiterverarbeitung behindern. Falls diese nicht zwingend für die FE-Simulation notwendig sind, können sie unterdrückt und somit nicht exportiert werden.

Welche CAD-Systeme können mit Z88GEOCON zusammenarbeiten?

Alle CAD-Systeme, die STEP-Dateien exportieren, also schreiben können. Garantie kann hier verständlicherweise nicht übernommen werden.

Welche Elemente unterstützt der Konverter?

Aus den importierten STEP-Daten erstellt Z88Aurora zunächst eine STL-Datei zur Visualisierung. Diese kann mittels der vorhandenen Vernetzer in Strukturen aus Elementen Nr.16 oder Nr.17 (lineare oder quadratische Tetraeder) überführt werden.

Welche Funktionen bietet der Konverter?

*Z88Geocon > Konvertierung > von *.step oder *.stp nach visualisierter Strukturdatei Z88STRUCTURE.TXT*

Wie ist die Vorgehensweise?

1. Konstruieren Sie die zu berechnende 3D-Geometrie in Ihrem CAD-System. Beachten Sie dabei nach Möglichkeit die oben stehenden Besonderheiten. Exportieren Sie die Geometrie als STEP AP203 oder AP214 Datei. Bitte achten Sie darauf, dass Sie ein Volumenmodell und kein Flächen- oder Drahtgittermodell exportieren! Es empfiehlt sich das Urmodell und die Austauschdatei mit einem integrierten Geometriecheck auf Flächenfehler und Miniflächen zu überprüfen.
2. In Z88Aurora wählen Sie im Menü *Datei > Import > STEP-Daten*. In dem folgenden Auswahldialog können Sie automatisch nur STEP-Daten anwählen. Wählen Sie also die gewünschte Datei an (Bild 10.10-1).
3. Z88Geocon erstellt aus Ihrer Datei eine STL-Datei, welche für die Visualisierung in Z88Aurora benötigt wird. Diese Darstellung können Sie nun vernetzen und weiterbearbeiten.

Dieselben Funktionalitäten bieten sich, wenn Sie den STEP-Import über die Toolbar aufrufen.

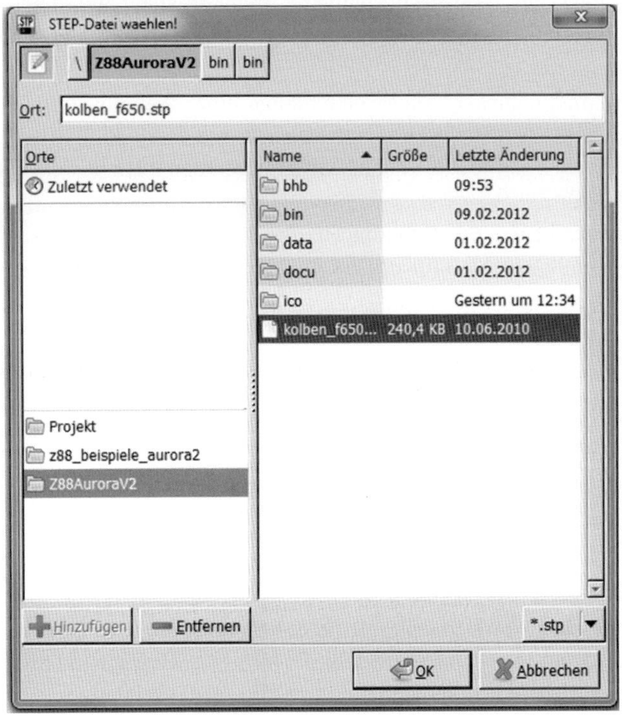

Bild 10.10-1: Einlesen von STEP-Daten

10.11 Der Stl-Konverter Z88GEOCON (Stl) in Z88Aurora

Ebenso wie STEP ist STL (Stereolithographie) ein gängiges und standardisiertes Austauschformat, welches aus vielen CAD- und auch aus CAM-Systemen erzeugt werden kann und gerne für Rapid Prototyping und Gusssimulationen verwendet wird. Zusätzlich gibt es im Bereich des Reverse Engineering auch Systeme, welche aus einer 3D-Erfassung STL-Daten erzeugen können. Somit können Bauteile auch ohne ein CAD-Modell simuliert werden.

Im Gegensatz zu STEP – welches die Oberfläche des Bauteils mittels Bézierkurven oder Splines sehr genau beschreiben kann – stellt eine STL immer eine Diskretisierung des Bauteils dar, d. h. alle Flächen werden in gradlinig berandete Dreiecke unterteilt. Dadurch kommt es natürlich vor allem an Rundungen oder Bohrungen zu einem Genauigkeitsverlust. Jedoch erhalten Sie diesen sowieso spätestens nach dem Vernetzen in der FEA ebenfalls. Allerdings sollten Sie bedenken, dass eine schlecht erzeugte STL durch die Vernetzung nur zu noch mehr Qualitätsverlust führt. Daher sollten Sie folgende Einstellungen beim Erzeugen der STL-Daten überprüfen, falls Ihr Quellsystem diese Möglichkeiten bietet:

1. **Winkelsteuerung**: Falls Sie in Ihren CAD-System den minimalen Winkel in einem Oberflächendreieck einstellen können, so bietet es sich an, Winkel mit minimal 30° zuzulassen. Sehr spitze Winkel führen, abhängig vom Vernetzer, meist auch zu spitzen Winkeln in den Elementen des FE-Netzes, was zwangsläufig entweder zu Elementen führt, die nicht berechnet werden können (zu kleine bzw. negative Jacobi-Determinante) oder schlechte Ergebnisse erzeugen.
2. **Sehnenlänge**: Eine möglichst kleine Sehnenlänge führt ebenfalls zu möglichst gleichseitigen und vor allem kleinen Dreiecken für die Oberflächendarstellung. Hier sollten Sie sich an der kürzesten geraden Kante Ihres Modells orientieren und mit z. B. der Hälfte dieses Wertes vernetzen lassen.
3. **Kantenlängenverhältnis**: Der Quotient aus der längsten und der kürzesten Kante eines Dreiecks ist ebenfalls ein Maß für dessen Regelmäßigkeit. Hier sollte ein Wert nahe 1 gewählt werden.

Welche CAD-Systeme können mit Z88GEOCON zusammenarbeiten?

Alle CAx-Systeme, die STL-Dateien im ASCII-Format oder Binärformat exportieren, also schreiben können. Garantie kann hier verständlicherweise nicht übernommen werden.

Welche Elemente unterstützt der Konverter?

Aus den importierten STL-Daten erstellt Z88Aurora zunächst eine Visualisierung. Diese kann mittels der vorhandenen Vernetzer in Strukturen aus Elementen Nr.16 oder Nr.17 (lineare oder quadratische Tetraeder) überführt werden.

Wie ist die Vorgehensweise?

1. Konstruieren Sie die zu berechnende 3D-Geometrie in Ihrem CAD-System. Beachten Sie dabei nach Möglichkeit die oben stehenden Besonderheiten. Exportieren Sie die Geometrie als STL-Datei. Es empfiehlt sich das Urmodell und die Austauschdatei mit einem integrierten Geometriecheck auf Flächenfehler und Miniflächen zu überprüfen. Sehen Sie sich die STL-Daten genauer an und suchen Sie nach Dreiecken mit sehr spitzen Winkeln. Wenn sich diese

in einem für die Berechnung wichtigen Bereich des Bauteils befinden, empfiehlt es sich, die Austauschdatei noch einmal mit veränderten Einstellungen zu exportieren.

2. In Z88Aurora wählen Sie im Menü *Datei > Import > STL-Daten*. In dem folgenden Auswahldialog können Sie automatisch nur STL-Dateien anwählen. Wählen Sie also die gewünschte Datei an (Bild 10.11-1).
3. Die Geometrie wird in Z88Aurora visualisiert und kann weiterverarbeitet werden.

Dieselben Funktionalitäten bieten sich, wenn Sie den STL-Import über die Toolbar aufrufen.

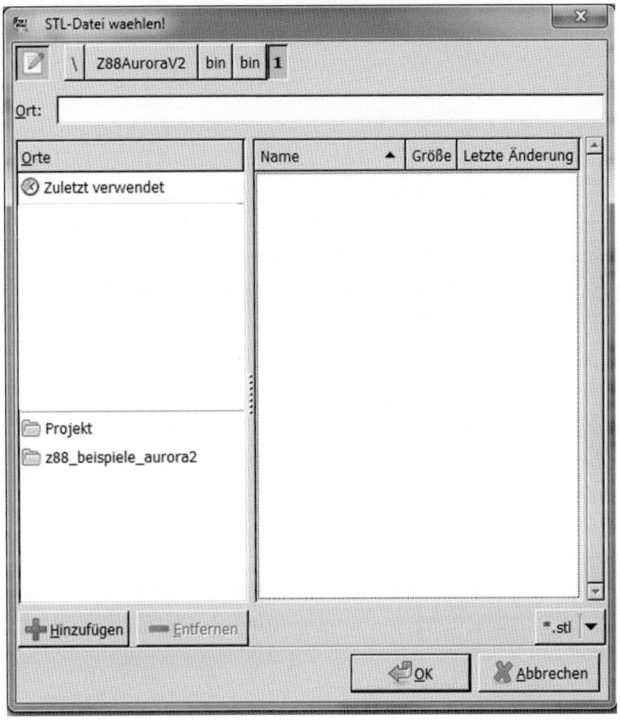

Bild 10.11-1: Einlesen von STL-Dateien

■ 10.12 Der Tetraedervernetzer in Z88Aurora

Nach dem Import einer Geometriestruktur via *.STP oder *.STL kann die Struktur mittels Tetraedern vernetzt werden. Es stehen zwei Open-Source-Vernetzer für 4 oder 10 Knoten Tetraeder zur Verfügung. Einflussmöglichkeit auf die Vernetzung stehen über Angabe der maximalen Kantenlänge zur Verfügung.

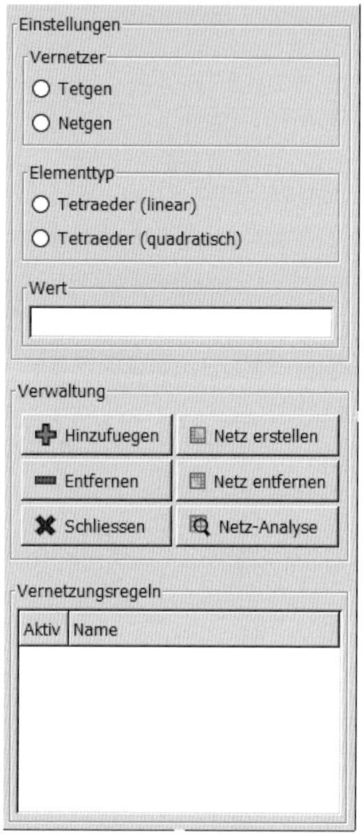

Bild 10.12-1: Tetraedervernetzer in Z88Aurora

„TetGen" wurde von Dr. Hang Si der Forschungsgruppe „Numerische Mathematik und Wissenschaftliches Rechnen" des Weierstraß-Instituts für Angewandte Analysis und Stochastik in Berlin entwickelt.

„Netgen" wurde hauptsächlich von Prof. Joachim Schöberl (Institut für Analysis und Scientific Computing an der Technischen Universität Wien, Forschungsgruppe Computational Mathematics in Engineering) entwickelt.

10.13 Das Pickingmodul in Z88Aurora

Randbedingungen, Materialdefinitionen, Flächenlasten – all diese Eigenschaften einer FE-Analyse, die in der Open Source Version über die Inputdateien Z88I1.TXT bis Z88I5.TXT gesteuert werden, sind in Z88Aurora mit dem Set-Management verknüpft. Im Laufe des Präprozessings können Sets interaktiv vom Benutzer in einer graphischen Oberfläche Eigenschaften zugewiesen werden. Im Prinzip ist das Vorgehen immer gleich: Nach erfolgreicher Vernetzung können im Picking Menü Knoten- oder Elementgruppen einfach mit der Maus markiert und verwaltet werden.

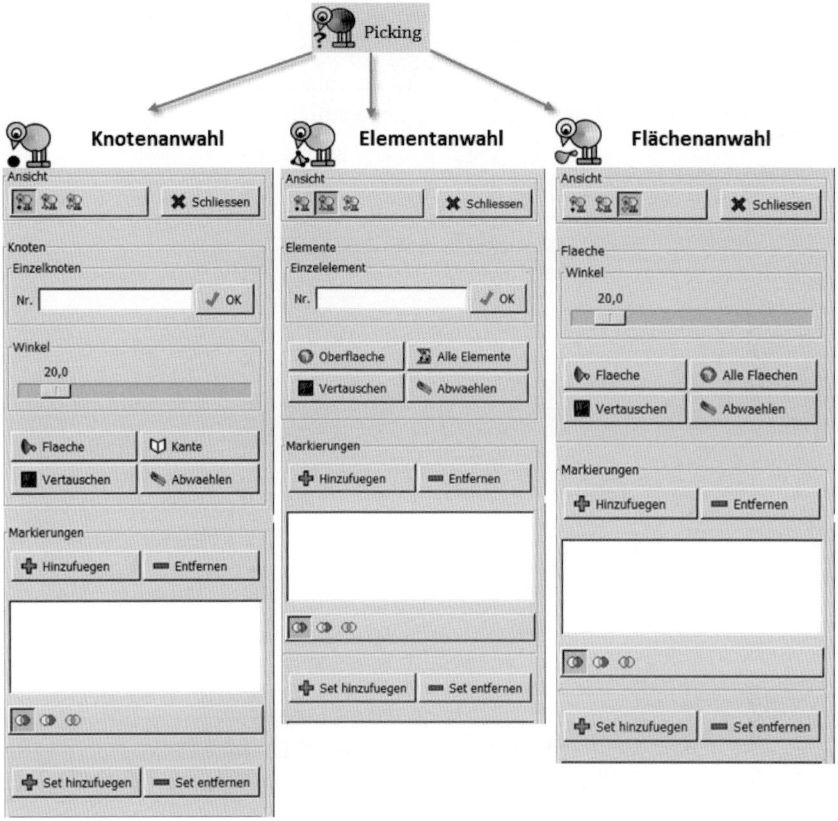

Bild 10.13-1: Knoten (links), Element (mitte) und Flächenpicking (rechts)

Aus diesen Markierungen erstellt man anschließend mittels Boolescher Operationen Sets.

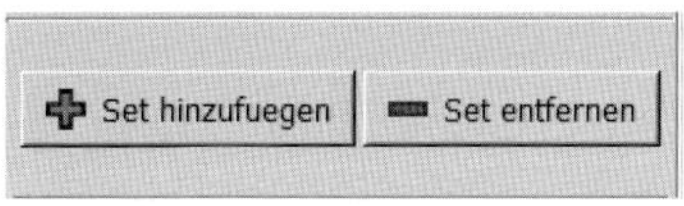

Bild 10.13-2: Set Erstellung

10.14 Die Materialdatenbank in Z88Aurora

Die Z88Aurora Materialdatenbank mit 50 gängigen Konstruktionswerkstoffen (Einheit N/mm^2) wird im Präprozessormenü aufgerufen. Sollte der benötigte Werkstoff nicht enthalten sein, so besteht die Möglichkeit, neue Materialien in der Datenbank zu definieren. Über das Set-Management können bei Bedarf den Elementen eines Bauteils mehrere Materialien zugewiesen werden.

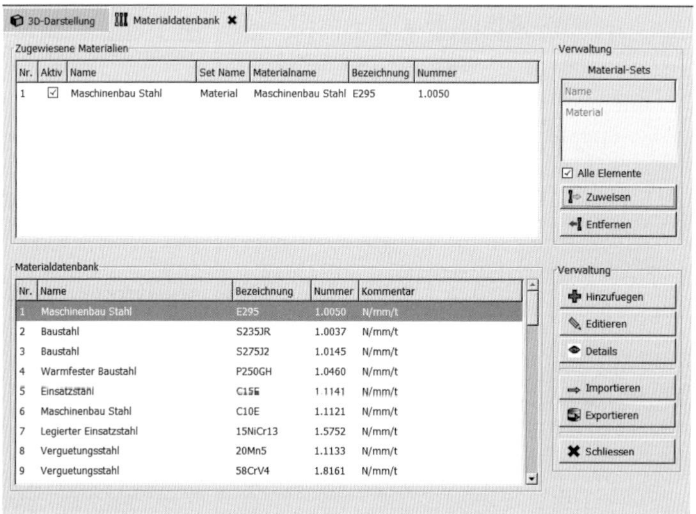

Bild 10.14-1: Materialdatenbank in Z88Aurora

10.15 Die Randbedingungen in Z88Aurora

Z88Aurora bietet die Möglichkeit, alle Randbedingungen innerhalb des Präprozessors zu definieren, es müssen vorab keine Bedingungen verfügbar sein. Vernetzte Strukturen können entweder mit den bestehenden Randbedingungen in Z88Aurora gerechnet oder es können folgende neue Vorgaben gemacht werden:

- Verschiebung
- Druck
- Gleichverteilte Kraft

- Flächenlast
- Projizierte Flächenlast
- Linienlast
- Projizierte Linienlast

10.16 Die Benutzerunterstützung Spider in Z88Aurora

Um die Vielzahl der Einstellmöglichkeiten und Funktionalitäten für Anwender übersichtlich zu gestalten, wird mit dem Workflowunterstützung SPIDER der FEA-Ablauf dargestellt. Dabei sind zwei Ebenen der Benutzerunterstützung wählbar, das Workflowschema oder zusätzliche Videosequenzen, Entscheidungsmatrizen und Erklärungen zu spezifischen Themen.

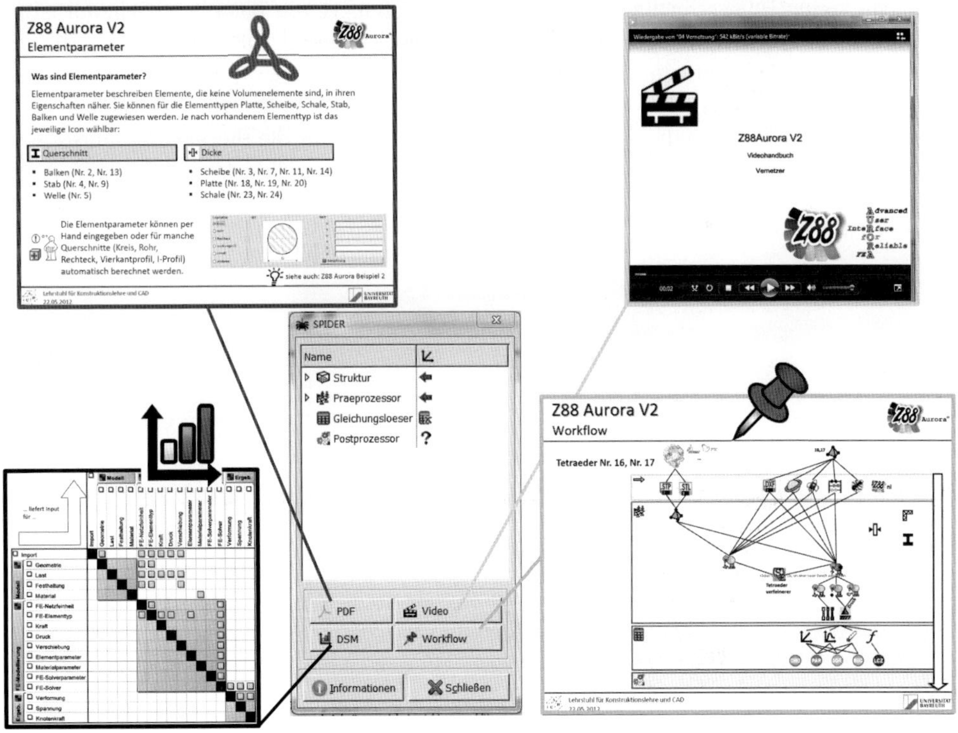

Bild 10.16-1: Workflowunterstützung Spider in Z88Aurora

10.17 Das Thermomodul in Z88Aurora

In dem neuen Modul Z88THERMO von Z88Aurora kann sowohl eine rein thermische Wärmeleitung als auch eine thermo-mechanische Simulation durchgeführt werden. Der erste Schritt, um das Modul und somit den Solver zur Temperaturberechnung auszuwählen, gelingt indem der Reiter in der Menüleiste von „Lineare Festigkeit“ auf „Stationär thermisch“ gewechselt wird, siehe Bild 10.17-1

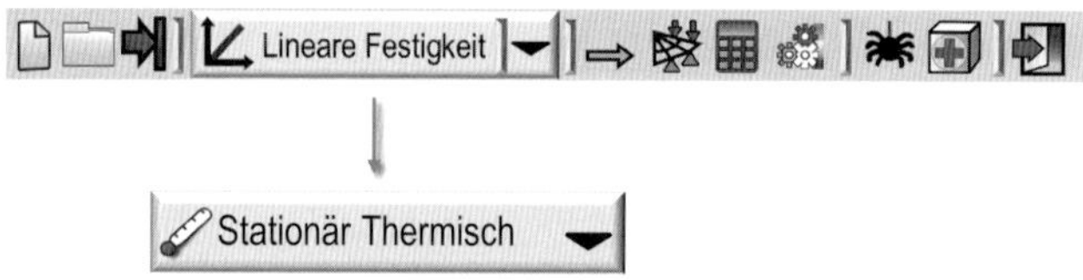

Bild 10.17-1: Ansteuerung des Moduls Z88THERMO

Der erste kleine Unterschied zur Elastostatik ist der Import von Bauteilen. Generell ist es möglich über die bekannten Schnittstellen eine reine Geometriestruktur einzuladen. Jedoch bei FE-Strukturen können nur die Elemente Tetraeder und Hexaeder (jeweils linear oder quadratisch) ohne thermische Randbedingungen importiert werden. Bei der Materialdatenbank müssen für die Thermoanalyse die Wärmeleitfähigkeit und für die thermo-mechanische Simulation zusätzlich die Wärmeausdehnung angegeben werden. Bild 10.17-2 zeigt exemplarisch ein in der Materialdatenbank schon vorhandenes Material, bei dem diese schon vordefiniert sind

Bild 10.17-2: Thermische Materialdefinition

Im eigentlichen Randbedingungsmenü gibt es eine Erweiterung (Bild 10.17-3) um thermische Randbedingungen (Temperatur, Wärmestrom und Wärmestromdichte), welche in der Ansicht durch ein gekennzeichnet sind. Nach dem Anlegen von vordefinierten Sets können diese Randbedingungen zugewiesen werden, wobei eine Angabe der Richtungen nicht notwendig ist, da die thermischen Randbedingungen nur einen Freiheitsgrad im Raum besitzen

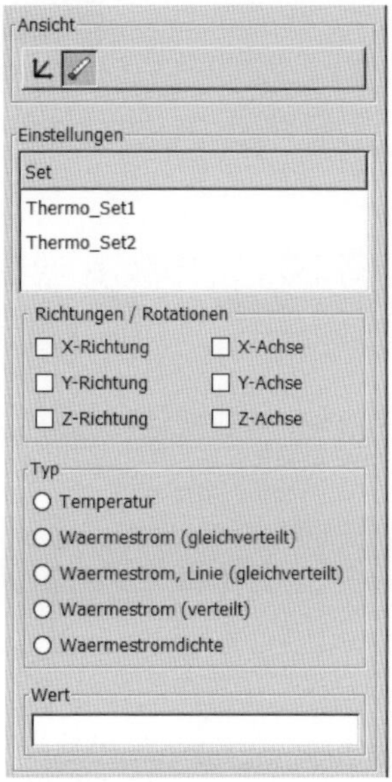

Bild 10.17-3: Thermische Randbedingungen

Die Temperatur kann der Benutzer entweder in Kelvin (K) oder in ° Celsius ($°C$) angeben. Für die Berechnungsergebnisse macht dies hier keinen Unterschied. Die Wärmestromdichte ist eine flächenbezogene Last, d.h. sie gibt den Wärmestrom pro Fläche an (Einheit W/mm^2). Der Wärmestrom (Einheit W), die punktuelle Last, kann entweder gleichverteilt oder verteilt aufgegeben werden. *Gleichverteilt* bedeutet hier, dass jedem Knoten der gleiche angegebene Wert zugewiesen wird, wohin gegen *verteilt* die Verteilung nach FE-Regeln darstellt. Möchte man eine thermo-mechanische Simulation durchführen, so muss man nur neue Sets mit zusätzlichen mechanischen Randbedingungen (z.B. einer Festhaltung) anlegen. Der Solver erkennt dann automatisch, dass der Benutzer eine solche Simulation durchführen möchte. Als Berechnungskern kann zwischen den drei bekannten Gleichungslösern PARDISO (direkt und mehrkernfähig), SICCG und SORCG (iterativ) gewählt werden (Bild 10.17-4). Der Cholesky-Solver entfällt hier.

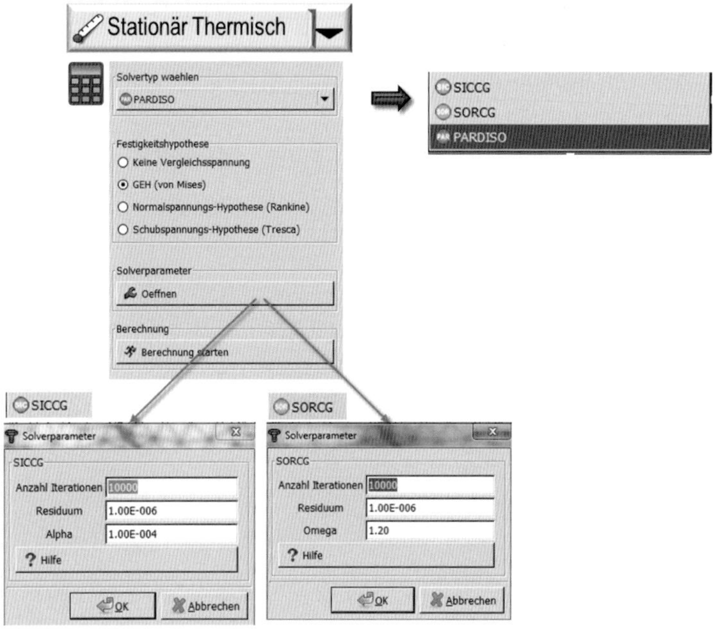

Bild 10.17-4: Solvereinstellungen Z88THERMO

Im Postprozessor sind die Anzeigen um die thermischen Ergebnisse Temperatur und Wärmestrom als auch um die thermo-mechanischen Ergebnisse thermische Dehnung und thermische Kraft erweitert.

Für eine thermische oder thermo-mechanische Berechnung gibt es wie gewohnt auch weiterhin die Eingabe- und Ausgabedaten in Form von .txt-Dateien.

Eingabedateien:

- Z88I1.TXT allgemeine Strukturdaten
- Z88I2.TXT mechanische Randbedingungen
- Z88I5.TXT mechanische Strecken- und Flächenlasten, wenn vorhanden, sonst 0 in der ersten Zeile
- Z88TI2.TXT thermische Randbedingungen (Temperatur, Wärmestrom)
- Z88TI5.TXT thermische Flächenlasten (Wärmestromdichte), wenn vorhanden, sonst 0 in der ersten Zeile
- Z88MAT.TXT Materialsteuerdaten und eine oder mehrere TXT-Materialdateien
- Z88INT.TXT Integrationsordnung
- Z88MAN_TH.TXT Solverparameter für Z88tm

Ausgabedateien:

- Z88TH.LOG Datei für Meldungen, Warnungen und Fehler von Z88THERMO
- Z88AG2THI.LOG Datei für Meldungen, Warnungen und Fehler im Konverter von Z88Aurora zu Z88THERMO

- Z88TH.DYN verwendete Speicherparameter (automatisch ermittelt)
- Z88TO0.TXT Ergebnis Temperatur
- Z88TO1.TXT Ergebnis Wärmestrom
- Z88TO2.TXT Ergebnis thermische Dehnung
- Z88TO3.TXT Ergebnis thermische Kraft
- Z88TO4.TXT Ergebnis Verschiebungen
- Z88TO6.TXT Ergebnis Kraft
- Z88TO7.TXT Ergebnis Spannungen

Wie schnell zu erkennen ist, sind die Dateien der Struktur und der mechanischen Randbedingungen gleich derer in der Elastostatik. In der thermischen Solver-Datei Z88MAN_TH.TXT gibt es dahingehend neben den Einstellungen für die iterativen Solver und der Anzahl an Berechnungskernen für den direkten Solver zwei neue Flags. Das erste Flag `THERMOMODE` muss immer auf 1 stehen. Das zweite Flag `THERMOMECHANIC` muss für eine rein thermische Simulation (`0`) und für eine thermo-mechanische Simulation (`1`) sein.

```
TMSOLVER START
         MAXIT                 10000
         EPS                   1.000000E-006
         RALPHA                1.000000E-004
         ROMEGA                1.200000E+000
         ICORE                 4
         THERMOMODE            1
         THERMOMECHANIC        1
TMSOLVER END
```

10.18 Das Eigenschwingungsmodul *f* in Z88Aurora

Dieser Rechenkern bietet die Möglichkeit, Bauteile hinsichtlich ihrer Eigenfrequenzen sowie der daraus hervorgerufenen Schwingungsformen zu untersuchen. Beschleunigende und dämpfende Knotenkräfte, die durch Massenträgheit beziehungsweise Rückstellkräfte aus Steifigkeitseigenschaften hervorgerufen werden, halten sich bei diesen Frequenzen gerade die Waage. Wie beim linearen Gleichungssystem-Löser Z88R werden also Angaben zum E-Modul und der Querkontraktion nötig. Darüber hinaus wird zur Massenberechnung noch die Massendichte benötigt. Alle Materialangaben sollen in der Materialdatenbank hinterlegt sein. Abbildung 10.18-1 zeigt die Auswahl des Eigenschwingungsmoduls. Die Analyse ist für Tetraeder und Hexaeder mit linearem und quadratischem Ansatz (Elementtypen: 1, 10, 16, 17) möglich.

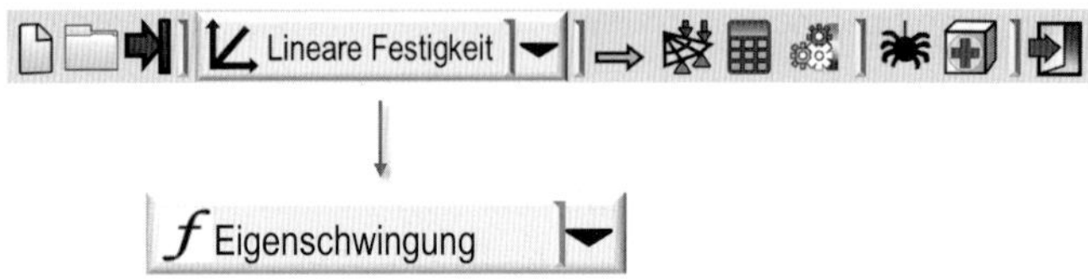

Bild 10.18-1: Auswahl des Moduls Z88EI

Vorsicht ist bei den Randbedingungen geboten. Während fixierende Randbedingungen (Verschiebung gleich Null) wie gewohnt auf beliebige Knotensets - auch in einzelnen Freiheitsgraden - aufgebracht werden können, werden Kräfte, Drücke sowie inhomogene Verschiebungen ignoriert. Ziel der Eigenschwingungssimulation ist die Berechnung von freien Eigenschwingungen; etwaige dynamische Anregungen oder externe Lasten fallen nicht darunter. Andererseits muss ein Bauteil für die Schwingungsanalyse keineswegs statisch bestimmt sein. Es kann auch gänzlich ohne Randbedingungen eine reibungslose Berechnung durchgeführt werden.

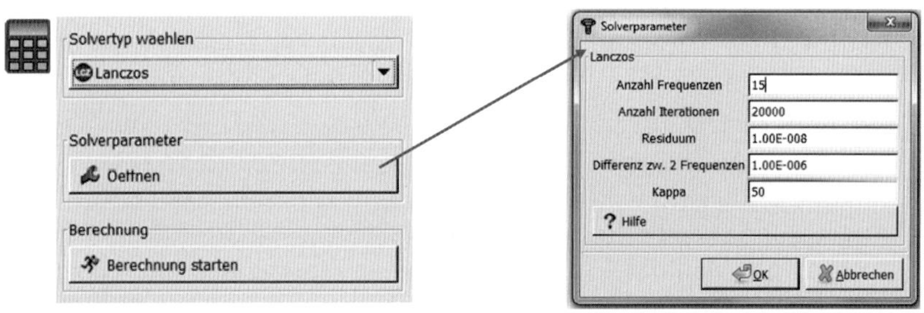

Bild 10.18-2: Parametrisierung des Moduls Z88EI

Mathematisch ist kein Gleichungssystem zu lösen, sondern eine Eigenwertberechnung der Systemmatrix durchzuführen, weshalb sich auch dessen Ansteuerung (siehe Abbildung 10.18-2) deutlich von der bisher verwendeten Form unterscheidet. Zur Parametrisierung des Rechenkerns sind die folgenden fünf Werte nutzbar.

Anzahl Frequenzen: Hier wird festgelegt, welche Anzahl der kleinsten Eigenfrequenzen bestimmt werden soll. Doch obwohl man sich häufig nur für eine oder einige wenige Frequenzen interessiert, sollte die Anzahl nicht zu klein gewählt werden. Häufig befinden sich aus numerischen Gründen sogenannte Starrkörpermoden unter den Schwingungen der geringsten Frequenzen. Die Berechnungszeit steigt mit größerer Anzahl auch nur wenig an, da die Iteration weiterhin nur einmal ausgeführt wird. Lediglich der relativ wenig aufwändige Teil der Eigenwertapproximation beansprucht dann mehr Zeit. Als Standardwert hat sich 15 bewährt.

Anzahl Iterationen: Ähnlich zum Parameter MAXIT bei iterativen Gleichungssystemlösern kann hier eine Schranke eingestellt werden, nach der die iterative Phase I des Lanczos-Solvers abgebrochen wird. Diese dient in erster Linie dazu, bei Testrechnungen schon nach kurzer Zeit überprüfen zu können, ob das Modell wie gewünscht rechenbar ist. Wie immer bei iterativen Verfahren sind die Ergebnisse, die nach der maximalen Iterationszahl erzeugt wurden, mit Vorsicht zu genießen. In diesen Fällen kann noch nicht von einer Konvergenz gegen die korrekte Lösung gesprochen werden. Nützlich ist die Aussage, dass spätestens nach derjenigen Iterationszahl, die der Freiheitsgrad-Anzahl des Modells entspricht, die maximale Genauigkeit erreicht ist.

Residuum: Um die aktuelle Konvergenz zu messen, wird ein sogenanntes relatives Residuum benutzt. Es misst, um welchen Wert sich zwei aufeinanderfolgende Eigenwertapproximationen im Laufe der Iteration verändert haben. Für die gewünschte Anzahl kleinster Eigenwerte (später Eigenfrequenzen) wird die relative Differenz ermittelt; und zwar jeweils nach einer festgelegten Anzahl von Lanczos-Iterationen. Unterschreitet nun der berechnete Fortschrittswert die eingegebene Schwelle, wird Konvergenz angenommen und Phase I beendet. Da es erfahrungsgemäß auch nach vielen Iterationen zu Veränderungen kommen kann, empfiehlt es sich, den Wert sehr klein zu wählen, um nicht zu früh abzubrechen. Ein Wert von 1,0E-8 hat sich gut bewährt.

Differenz zw. 2 Frequenzen: Besonders bei symmetrischen Bauteilen kommt es häufig vor, dass sich zwei aufeinanderfolgende Eigenfrequenzen nur sehr wenig unterscheiden. Die Schwingungsformen sind dann oft um die Symmetrieachse gedreht und ansonsten völlig gleich. Mathematisch handelt es sich dabei um sogenannte Vielfachheiten der zugehörigen Eigenwerte. Um diese in Phase I auszuschließen, kann eine Mindestdifferenz (in Hz) eingestellt werden, ab der zwei Frequenzen auch tatsächlich als verschieden angesehen werden sollen. Der Wert muss echt größer Null sein; schon kleine Werte wie 1,0E-6 bewirken das Gewünschte.

Kappa: Dieser Wert legt fest, nach welcher festen Anzahl von Lanczos-Iterationen eine Eigenwertapproximation ausgeführt werden soll. Wird beispielsweise der Standardwert 50 verwendet, erfolgt eine Approximation nur nach 50, 100, 150, ... Iterationen. Alle 49 Zwischenschritte werden im Interesse kürzerer Rechenzeit ohne die aufwändige Prüfung des Abbruchkriteriums ausgeführt, auch wenn die Konvergenz eventuell schon erreicht ist. Eine Vergrößerung des Wertes führt gleichzeitig zu einem strengeren Abbruchkriterium, umgekehrt schwächt ein kleiner Wert dessen Aussagekraft ab.

Der Start der Berechnung bewirkt den Aufruf des Solvers Z88EI, der mit folgenden Ein- und Ausgabedateien arbeitet.

Eingabedateien:

- Z88I1.TXT allgemeine Strukturdaten
- Z88I2.TXT Randbedingungen (nur Fixierungen)
- Z88I2EI.TXT Steuerdatei mit obigen Parametern
- Z88MAT.TXT Materialdaten
- Z88INT.TXT Integrationsordnung
- Z88MAN.TXT Solverparameter für Compilation

Ausgabedateien:

Z88O2.TXT Verschiebungen für alle Frequenzen

Sobald das Rechenmodul durchgelaufen ist, stehen als Ergebnis die Frequenzen in Hertz und je Frequenz ein Verschiebungsvektor zu Verfügung. Die Auswahl der jeweils gewünschten Frequenz erfolgt wie in Abbildung 10.18-3 über die Tabelle oben rechts. Da Eigenschwingungen die Eigenschaft haben, dass sich deren Amplitude nicht auf ein konstantes Niveau festlegen lässt, wird eine repräsentative Verformung zurückgegriffen werden. Die dargestellte Verschiebung ist also normiert und kann mittels Schieberegler beliebig überzeichnet werden. Eine Umkehrung der Richtung lässt sich durch negative Faktoren erreichen. Eine Berechnung repräsentativer Spannungen wird nicht ausgeführt.

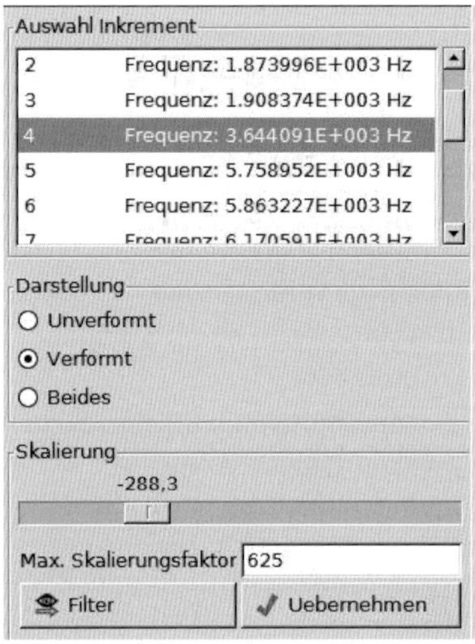

Bild 10.18-3: Postprozessor-Ansicht bei der Eigenschwingungsberechnung

10.19 Das Modul Z88NL für nichtlineare Berechnungen in Z88Aurora

Das Modul Z88NL stellt einen Gleichungslöser dar, der für nichtlineare Berechnungen ausgelegt ist. Nichtlinearitäten sind dabei auf solche geometrischen Ursprungs beschränkt, die Spannungs-Dehnungs-Beziehungen sind weiterhin linear. Hinsichtlich der Materialparameter sind somit hier wie beim linearen Solver Z88R E-Modul und Querkontraktionszahl erforderlich.

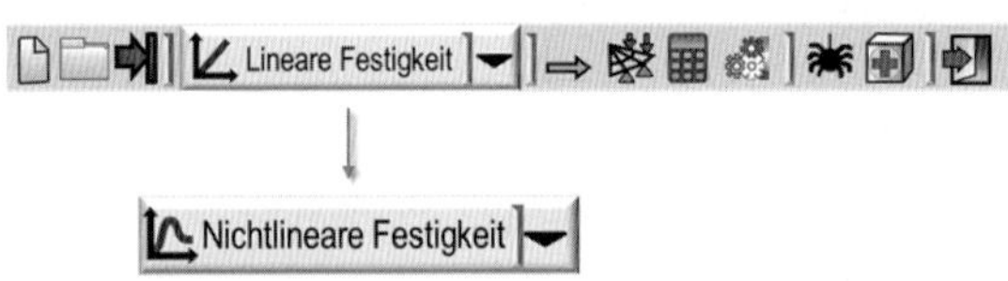

Bild 10.19-1: Ansteuerung des Moduls Z88NL

In Bild 10.19-1 ist zu sehen, wie in Z88Aurora auf nichtlineare Berechnungen umgeschaltet wird. Für den Import und das Präprozessing ergeben sich keine Unterschiede im Vergleich mit der linearen Festigkeitsrechnung, außer dass lediglich die Elemente der Typen 1, 4, 7, 8, 10, 16, 17 verwendet werden können. Ist gemäß Bild 10.19-1 „Nichtlineare Festigkeit“ eingestellt, öffnet sich beim Wechsel zum Solver allerdings ein anderes Menü. In diesem Menü (vgl. Bild 10.19-2) können in drei verschiedenen Registerkarten die Einstellungen für den nichtlinearen Lösungsprozess (Registerkarte Verfahren), den linearen Sub-Gleichungslöser (Registerkarte Solver) und die Ergebnisausgabe (Registerkarte Ausgabe) justiert werden. Eine Vergleichsspannungsberechnung durch Z88NL ist allein nach der GEH möglich.

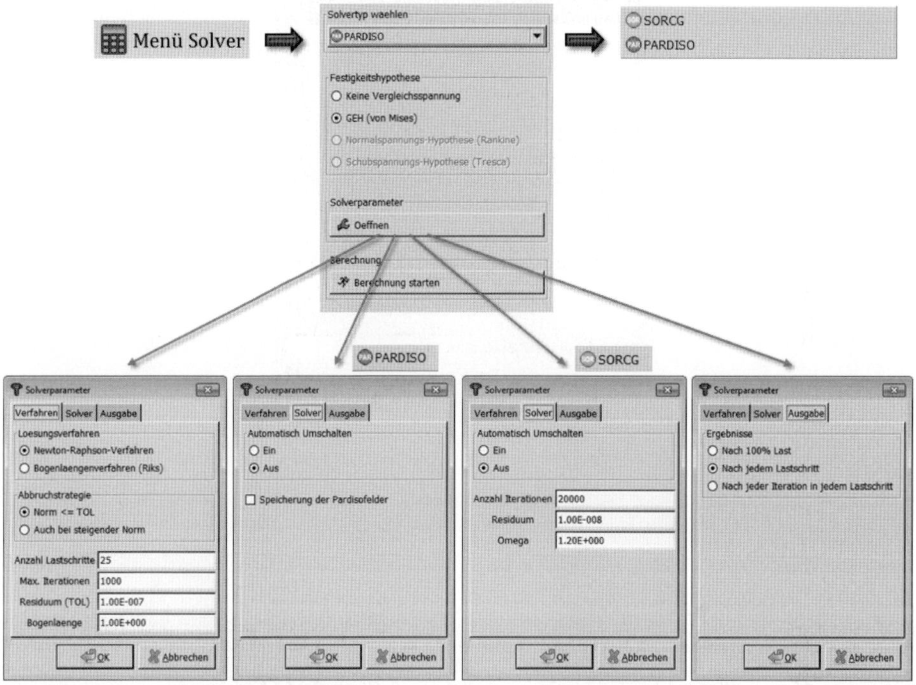

Bild 10.19-2: Solvereinstellungen Z88NL

Der Start der Berechnung bewirkt den Aufruf des Gleichungslösers Z88NL, der mit folgenden Ein- und Ausgabedateien arbeitet.

Eingabedateien:

- Z88I1.TXT allgemeine Strukturdaten
- Z88I2.TXT Randbedingungen
- Z88I5.TXT Strecken- und Flächenlasten, wenn vorhanden, sonst 0 in der ersten Zeile
- Z88NLI7.TXT Steuerung von Verlaufsvariablen, wenn vorhanden, sonst 0 in der ersten Zeile
- Z88MAT.TXT Materialsteuerdaten und eine oder mehrere TXT-Materialdateien
- Z88ELP.TXT Elementparameter
- Z88INT.TXT Integrationsordnung
- Z88MAN.TXT Solverparameter für Z88NL

Ausgabedateien:

- Z88NL.LOG Datei für Meldungen, Warnungen und Fehler von Z88NL
- Z88NLKV.LOG Konvergenzverlauf von Z88NL
- Z88NL.DYN verwendete Speicherparameter (automatisch ermittelt)

- Z88NLO2.TXT Verschiebungen
- Z88NLO3.TXT Spannungen (Cauchy-Spannungen), wenn gewünscht
- Z88NLOH.TXT Verlaufsvariablen, wenn vorhanden

Sämtliche Eingabedateien, bis auf die Dateien Z88NLI7.TXT und Z88MAN.TXT, sind identisch mit den Eingabedateien von Z88R und daher gleich benannt. Die Steuerdatei Z88MAN.TXT des Solvers enthält nun eine zusätzliche Sektion, die im Folgenden kurz beschrieben sei. Die neue Sektion wird durch die Schlüsselwörter NONLINEAR START und NONLINEAR END begrenzt:

```
NONLINEAR START
  NLFLAG            1
  NLAERH           25
  MAXNLIT        1000
  EXIT              1
  TOL            1E-7
  AUTOGAUSS         0
  OUTPUTFLAG        1
  OUT_CAUCHY        1
  OUT_INT9OFFS      1
  PARSP             1
  BGLAENG         1.0
NONLINEAR END
```

Die Parameter werden durch die Einstellungen im Solvermenü gesetzt. Sie haben die nachfolgenden Bedeutungen.

- 1.Wert: Lösungsverfahren: NLFLAG : Newton-Raphson-Verfahren (1) oder Bogenlängenverfahren nach Riks (2)
- 2. Wert: Anzahl der Lastschritte: NLAERH : gibt an, in wie vielen Schritten die Gesamtlast aufgebracht wird
- 3. Wert: maximale Iterationszahl: MAXNLIT : gibt an, wie viele Schritte des nichtlinearen Lösungsverfahrens maximal durchgeführt werden
- 4. Wert: Steuerung des Abbruchverhaltens: EXIT : Abbruch des nichtlinearen Lösungsverfahrens nur wenn die Norm unter die Abbruchschranke TOL fällt (1) oder Abbruch auch, wenn die Norm steigt (2).
- 5. Wert: Abbruchschranke bzw. Residuum TOL : Wert unter den die Norm fallen muss, damit die Lösung gefunden ist.
- 6. Wert: Automatische Solverumschaltung: AUTOGAUSS : Ist das Flag aktiviert (1), erfolgt bei sehr kleinen Strukturen eine automatische Umschaltung des Solvers, ist es deaktiviert (0), erfolgt keine Umschaltung
- 7. Wert: Ausgabesteuerung: OUTPUTFLAG : steuert die Ergebnisausgabe, Ausgabe nur am Ende des Lösungsverfahrens für die Gesamtlast (0), Ausgabe nach jeder Teillast (1) oder Ausgabe nach jedem Iterationsschritt jeden Lastschritts (2).
- 8. Wert: Spannungsberechnung: OUT_CAUCHY : steuert die Durchführung der Spannungsberechnung: wird durchgeführt (1) oder wird nicht durchgeführt (0)

- 9. Wert: Speichermanagement für Integrationspunktgrößen mit 9 Werten: `OUT_INT9OFFS` : aktiviert die Bereitstellung eines speziellen Speicherfeldes, welches beispielsweise für die Spannungsberechnung erforderlich ist (bei aktivierter Spannungsberechnung muss dieses Flag auch aktiviert sein), aktiv (`1`) oder inaktiv (`0`)
- 10. Wert: Speichermanagement: `PARSP` : Ist das Flag aktiviert (`1`), wird zusätzlicher Speicher für die Sicherung der Sparse-Pointer IP und IEZ allokiert, um das Rechenverfahren zu beschleunigen, ist es deaktiviert (`0`), erfolgt eine iterative Neuberechnung
- 11. Wert: Bogenlänge: `BGLAENG` : legt die Bogenlänge für das Verfahren von Riks fest

11 Eingabe-Dateien erzeugen

11.1 Allgemeines

Dieses Kapitel können Sie weitgehend überspringen, wenn Sie mit Z88Aurora arbeiten, da hier diese Dateien weitestgehend automatisch erzeugt werden. Dennoch kann ihr Aufbau von Interesse bei speziellen Aufgabenstellungen sein, und Sie können sie jederzeit außerhalb von Z88Aurora mit einem Editor erzeugen und dann in Z88Aurora einlesen. Bei Z88 V14OS arbeiten Sie hingegen direkt mit diesen Dateien, um sich ganz grundlegend mit der Finiten Elemente Analyse vertraut zu machen.

Z88 arbeitet mit folgenden Dateien:

1. Eingabefiles:

- *Z88I1.TXT (allgemeine Strukturdaten, Koordinaten, Koinzidenz)*
- *Z88I2.TXT (Randbedingungen und Belastungen)*
- *Z88I5.TXT (Strecken- und Flächenlasten, wenn vorhanden, sonst 0 in erster Zeile)*
- *Z88MAN.TXT (Steuerdatei für den Solver)*
- *Z88MAT.TXT (Materialsteuerdatei mit zugehörigen Materialdateien (Zahl.TXT)*
- *Z88ELP.TXT (Elementparameter)*
- *Z88INT.TXT (Integrationsordnungen)*
- *Z88NI.TXT (Eingabedatei für den Netzgenerator Z88N)*

Diese Eingabedateien erzeugen Sie mit Ihrem CAD-Programm und dem DXF-Konverter Z88X bzw. dem 3D-Konverter Z88G oder erstellen sie mit einem Editor (z.B. *Notepad* von Windows, *gedit, emacs, joe* bei LINUX und Mac OS X) oder einem Textverarbeitungsprogramm (z.B. Word für Windows oder OpenOffice). Bei Textverarbeitungssystemen müssen Sie darauf achten, dass Sie reine ASCII-Texte erzeugen, also ohne verdeckte Steuerzeichen – jedes Textverarbeitungsprogramm hat eine solche Option.

2. Ausgabefiles:

- *Z88O0.TXT (aufbereitete Eingabedaten)*
- *Z88O1.TXT (aufbereitete Randbedingungen)*
- *Z88O2.TXT (berechnete Verschiebungen)*
- *Z88O3.TXT (berechnete Spannungen)*
- *Z88O4.TXT (berechnete Knotenkräfte)*

Regeln für Werte-Angaben:

Besondere Regeln oder Feldeinteilungen brauchen nicht beachtet zu werden, außer den üblichen C-Regeln:

- *Alle Zahlen sind durch mindestens ein Leerzeichen zu trennen*
- *Integerzahlen dürfen keinen Punkt oder Exponenten aufweisen*
- *Bei Realzahlen brauchen keine Punkte vorgesehen werden*
- *Zahlenwerte, die 0 (Null) sind, sind explizit anzugeben.*

Integer-Zahlen

Richtig: 1 345 55555 0

Falsch: 1. 345, 55555E+0 nichts

Real-Zahlen (in Z88 werden intern doppelt genaue Real-Zahlen [double] genutzt)

Richtig: 1. 345 5555.5E+10 0 0.

Falsch: 1, nichts

In Z88-Eingabefiles können in jeder Zeile auch Kommentare stehen, wenn vorher alle entsprechenden Daten ausgefüllt wurden. Zwischen letztem Datum und Kommentar mindestens ein Leerzeichen. Insgesamt können Zeilen in Z88-Eingabefiles maximal 250 Zeichen enthalten. Leerzeilen und reine Kommentarzeilen sind nicht erlaubt.

Prüfen Sie bei Fehlermeldungen oder gar Programmabbrüchen von Z88:

- Sind die Dateien wirklich reine Textdateien, also im ASCII-Format? Oder wurden durch Ihr Textprogramm Steuerzeichen unbemerkt hinzugefügt?
- Sind die Dateien in der letzten Zeile mit einem Return abgeschlossen?
- Ist MAXKOI in Z88.DYN groß genug? Setzen Sie es im Zweifelsfall auf 1000000 oder noch höher.
- Ist Ihre Struktur statisch bestimmt oder statisch beliebig überbestimmt? Oder ist sie doch unterbestimmt, d.h. es fehlen Randbedingungen? Das kann besonders leicht bei Balken Nr.2 und Nr.13 sowie Wellen Nr.5 passieren.
- Ist die Koinzidenzliste korrekt aufgestellt? Besonders Hexaeder Nr.10 ist sehr empfindlich hinsichtlich falscher Nummerierung.
- Plotten Sie die Eingangsstruktur mit Z88O. Wenn da nichts Vernünftiges kommt, kann der Rest kaum besser werden!
- Machen Sie grundsätzlich eine Überschlagsrechnung! Sind die berechneten Verformungen abnormal groß? Dann ganz genau die Randbedingungen prüfen!
- Und für UNIX: Sind alle Zugriffsrechte richtig gesetzt? Auch für die .LOG Dateien? Führen Sie ein *chmod 777* aus!
- Z88 Eingabedateien haben für Windows und UNIX den gleichen Aufbau. Sie können ohne Einschränkung UNIX-Dateien in Windows laden und umgekehrt. Aber haben Sie die geeigneten Konversionen vorgenommen? Windows terminiert Zeilen mit einem CR/LF, UNIX aber nur mit einem LF. Bei LINUX-Systemen gibt es die Konverter *unix2dos* und *dos2unix*.

11.2 Allgemeine Strukturdaten Z88I1.TXT

Beachte folgende Eingabeformate:

[Long] = 4-Byte oder 8-Byte Integerzahl

[Double] = 8-Byte Gleitkommazahl, wahlweise mit oder ohne Punkt

1. Eingabegruppe:

Allgemeine Daten in der ersten Zeile, beinhaltet allgemeine Daten der Struktur. Alle Zahlen in eine Zeile schreiben, durch mindestens jeweils ein Leerzeichen trennen. Alle Zahlen sind hier vom Typ [Long].

1. Zahl: Dimension der Struktur (2 oder 3)

2. Zahl: Anzahl Knoten der Struktur

3. Zahl: Anzahl Elemente

4. Zahl: Anzahl Freiheitsgrade

5. Zahl: Koordinatenflag KFLAG (0 oder 1). Achtung: an dieser Position stand bei früheren Versionen die Anzahl der Materialgesetze NEG!

Erläuterung:

KFLAG:

Bei Eingabe von 0 werden die Koordinaten orthogonal-kartesisch erwartet, dagegen werden bei Eingabe von 1 Polar- oder Zylinderkoordinaten erwartet, die sodann in kartesische Koordinaten umgewandelt und in dieser Form dann in Z88O0.TXT gestellt werden.

Achtung: Die axialsymmetrischen Elemente 6, 8, 12 und 15 erwarten a-priori Zylinderkoordinaten, hier KFLAG zu 0 setzen!

2. Eingabegruppe:

Beginnt ab der 2. Zeile, enthält die Koordinaten der Knoten, für jeden Knoten eine Zeile, wobei die Knotennummern streng aufsteigend geordnet sein müssen.

1. Zahl: Knotennummer [Long]

2. Zahl: Anzahl der Freiheitsgrade an diesem Knoten [Long]

3. Zahl: X- oder, wenn KFLAG auf 1 gesetzt, R-Koord. [Double]

4. Zahl: Y- oder, wenn KFLAG auf 1 gesetzt, PHI-Koord. [Double]

5. Zahl: Z- oder, wenn KFLAG auf 1 gesetzt, Z-Koord. [Double]

Die Z-Angabe kann bei 2-dimensionalen Strukturen entfallen. Winkel PHI in rad.

Beispiel 1: Der Knoten Nr. 156 hat 2 Freiheitsgrade und die Koordinaten X= 45.3 und Y= 89.7
Also: *156 2 45.3 89.7*

Beispiel 2: Der Knoten Nr. 68 soll 6 Freiheitsgrade haben (ein Balken Typ Nr.2 ist angeschlossen) und Zylinderkoordinaten R= 100. , PHI= 0.7854 (entspricht 45°) , Z= 56.87

Also: *68 6 100. 0.7854 56.87*

3. Eingabegruppe:

Beginnend nach letztem Knoten, enthält die Koinzidenz, also die Zuordnung des Elementtyps und die zugehörigen Knoten jedes Elementes. Für jedes finite Element sind zwei Zeilen zu editieren. Die Elementnummern sind wie die Knotennummern streng aufsteigend einzugeben.

1.Zeile:

1. Zahl: Elementnummer [Long]

2. Zahl: Elementtyp (1 bis 24) [Long]

2.Zeile: je nach Elementtyp

1. Zahl: 1.Knotennummer für Koinzidenz [Long]

2. Zahl: 2.Knotennummer für Koinzidenz [Long]

...

20. Zahl: 20.Knotennummer für Koinzidenz [Long]

Alle Zahlen in eine Zeile schreiben, durch mindestens jeweils ein Leerzeichen trennen. Alle Zahlen hier vom Typ [Long].

Beispiel: Eine isoparametrische Serendipity Scheibe Nr.7 hat Elementnummer 23. Die Koinzidenz sei durch die globalen Knoten 14, 8, 17, 20, 38, 51, 55, 34 (lokal sind das die Knoten 1-2-3-4-5-6-7-8) gegeben. Also beide Zeilen:

23 7

14 8 17 20 38 51 55 34

11.3 Randbedingungsdatei Z88I2.TXT

In der Datei Z88I2.TXT sind die Festhaltungen, Verschiebungen und Kräfte, die auf das Modell wirken, hinterlegt. Flächenlasten finden sich in der Datei Z88I5.TXT.

Beachte folgende Eingabeformate:

[Long] = 4-Byte oder 8-Byte Integerzahl

[Double] = 8-Byte Gleitkommazahl, wahlweise mit oder ohne Punkt

1. Eingabegruppe:

Die Anzahl der Randbedingungen/Belastungen wird angegeben.

1. Zahl: Anzahl der Randbedingungen/Belastungen [Long]

2. Eingabegruppe:

Die Randbedingungen und Belastungen werden definiert, für jede Randbedingung und für jede Belastung wird jeweils eine Zeile benötigt.

1. Zahl: Knotennummer mit Randbedingung/Last [Long]

2. Zahl: Jeweiliger Freiheitsgrad (1,2,3,4,5,6) [Long]

3. Zahl: Steuerflag: 1 = Kraft vorgegeben [Long] oder 2 = Verschiebung vorgegeben [Long]

4. Zahl: Größe der Last bzw. Verschiebung [Double]

Beispiel: Der Knoten 1 soll an seinen 3 Freiheitsgraden jeweils gesperrt sein: feste Einspannung, am Knoten 3 wird eine Kraft von −1648 N aufgegeben in Y-Richtung (also FG 2), am Knoten 5 sollen die Freiheitsgrade 2 und 3 festgehalten werden. Das sind 6 Randbedingungen. Also:

6

1 1 2 0

1 2 2 0

1 3 2 0

3 2 1 −1648

5 2 2 0

5 3 2 0

Bei Flächenlasten ist zu beachten:

Strecken- und Flächenlasten wie Drucklasten und Tangentialschübe geben Sie vorteilhaft in die dafür vorgesehene Datei Z88I5.TXT!

Lediglich Einzelkräfte und Lagerbedingungen werden hier in Z88I2.TXT eingebaut.

Sie können aber auch Strecken- und Flächenlasten „von Hand“ auf entsprechende Einzelkräfte umrechnen und hier in die Datei Z88I2.TXT eingeben (was an sich das ganz ursprüngliche, klassische Verfahren ist, aber einige Mühe macht).

Bei den Elementen mit linearem Ansatz, wie z.B. Hexaeder Nr.1 und Torus Nr.6, werden Lastverteilungen wie Flächen- oder Volumenlasten einfach und geradlinig auf die jeweiligen Knoten verteilt.

Bei Elementen mit höheren Ansätzen, d.h. quadratisch (Scheiben Nr.3, Nr.7, Torus Nr.8, Hexaeder Nr.10) oder kubisch (Scheibe Nr.11, Torus Nr.12) werden Lastverteilungen nicht mehr physikalisch-anschaulich, sondern nach festen Regeln vorgenommen. Verblüffenderweise treten hier sogar mitunter negative Lastkomponenten auf. Dieser Sachverhalt ist zwar nicht anschaulich, führt aber zu korrekten Ergebnissen, was bei intuitiver, d.h. gleichmäßiger Verteilung einer Last auf die betreffenden Knoten nicht der Fall ist.

Ein Beispiel, erst falsch, dann richtig, soll den Sachverhalt verdeutlichen, vgl. Bild 11.3-1:

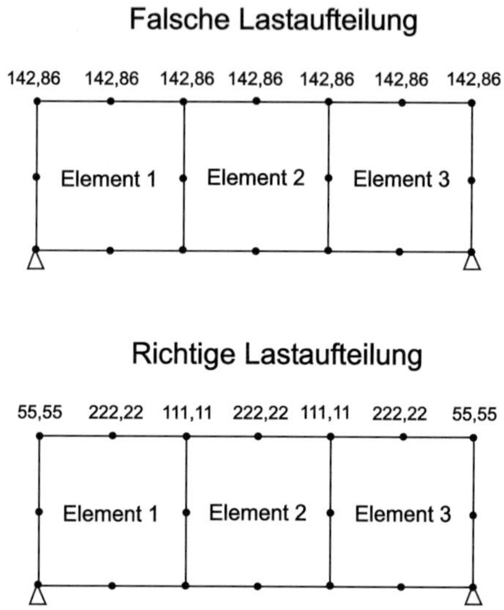

Bild 11.3-1: Lastverteilung einer Streckenlast auf die Knoten

Eine FE-Struktur möge aus drei Scheiben Nr.7 bestehen und am oberen Rand mit 1000 N in Y-Richtung verteilt belastet werden. Bild 11.3-1: Oben falsche, unten korrekte Lastverteilung, weil:

FALSCH: 1000N / 7 = 142,86 N pro Knoten. Nicht richtig für Elemente mit quadratischem Ansatz.

RICHTIG: 2 × 1/6 + 2 × (1/6+1/6) + 3 × 2/3 = 18/6 = 3, entspricht 1000 N

„1/6-Punkte“ = 1000/18 × 1 = 55,55

„2/6-Punkte“ = 1000/18 × 2 = 111,11

„2/3-Punkte“ = 1000/18 × 4 = 222,22

Kontrolle: 2 × 55,55 + 2 × 111,11 + 3 × 222,22 = 1000 N, o.k.

Denn es gilt:

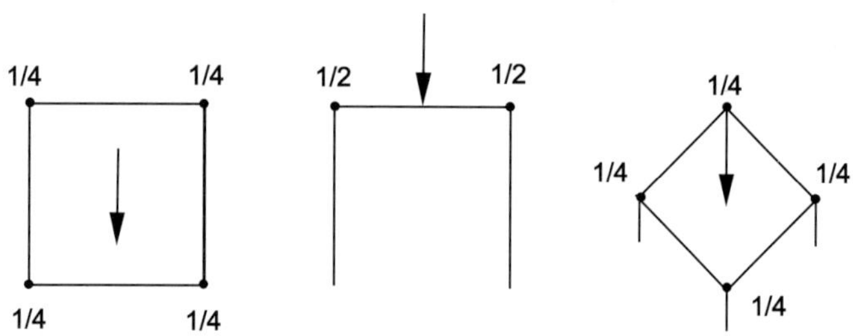

Bild 11.3-2: Elemente mit linearem Ansatz, z.B. Hexaeder Nr.1

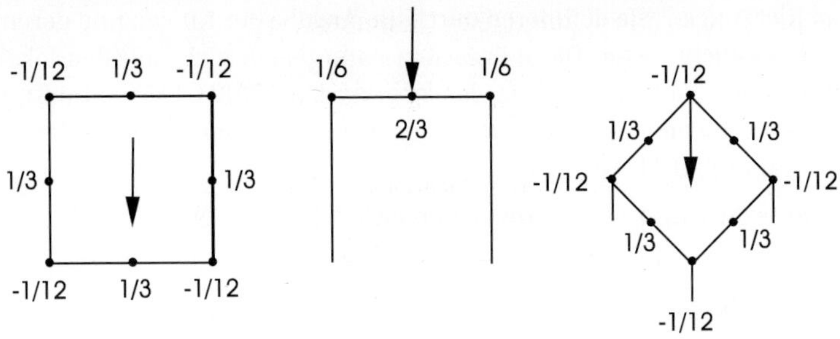

Bild 11.3-3: Elemente mit quadratischem Ansatz, z.B. Scheibe Nr.3 und Nr.7, Torus Nr.8, Hexaeder Nr.10

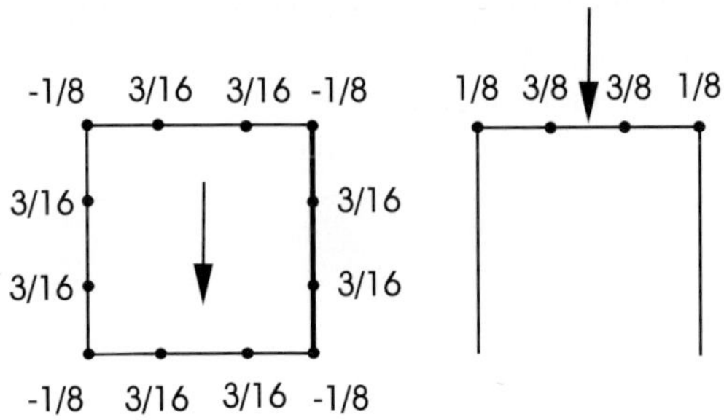

Bild 11.3-4: Elemente mit kubischem Ansatz, z.B. Scheibe Nr.11, Torus Nr.12

11.4 Flächenlast-Datei Z88I5.TXT

Diese Datei muss grundsätzlich vorhanden sein. Wenn keine Flächenlasten vorliegen, steht in der 1. Eingabegruppe lediglich eine 0 plus Zeilenvorschub; die 2. Eingabegruppe existiert dann nicht.

Beachte folgende Eingabeformate:

[Long] = 4-Byte oder 8-Byte Integerzahl

[Double] = 8-Byte Gleitkommazahl, wahlweise mit oder ohne Punkt

1. Eingabegruppe:

1. Zahl: Anzahl der Strecken- und Flächenlasten [Long]

2. Eingabegruppe:

Strecken- und Flächenlasten, für jede Last jeweils eine Zeile. Ein Element kann durchaus mehrere Lasten auf verschiedenen Kanten bzw. Flächen haben. Die Anzahl der Parameter ist elementtyp-abhängig, damit unnötiger Eingabeaufwand vermieden wird.

Zu den lokalen Richtungen: Sie definieren durch die Angabe der Knoten und deren Reihenfolge die lokalen r- und s-Richtungen. Diese brauchen naturgemäß nicht mit den lokalen r- und s-Richtungen des finiten Elements, wie in der Strukturdatei Z88I1.TXT definiert, übereinstimmen. Die Nummerierungen müssen vom Richtungssinn den Elementnummerierungen entsprechen, vgl. Kap.12 und Bild 11.9-1.

Scheibenelemente Nr.7 und 14 und Toruselemente Nr.8 und 15:

Elementnummer mit Streckenlast [Long]

Druck, positiv auf die Kante zeigend [Double]

Tangentialschub, positiv in lokaler r-Richtung [Double]

3 Knoten der belasteten Kante [3 x Double]

Beispiel: Das Scheibenelement 97, Bild 11.4-1, soll auf der Kante, die durch die Eckknoten 5 und 13 und durch den Mittenknoten 51 definiert sei, mit einer Streckenlast von 100 N/mm, die normal zur Kante wirke und einer Streckenlast von 300 N/mm, die tangential und positiv in lokaler r-Richtung (die ist durch die beiden Eckknoten 5 und 13 festgelegt) wirke, belastet werden.

Also: *97 100. 300. 5 13 51*

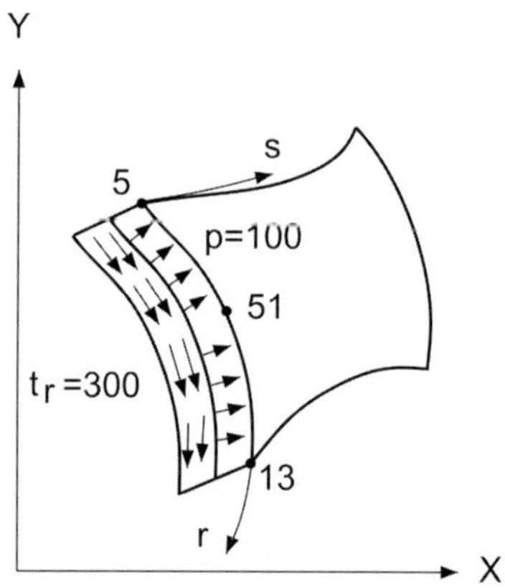

Bild 11.4-1: Scheibenelement mit Streckenlasten

Hexaeder Nr.1:

Elementnummer mit Streckenlast [Long]

Druck, positiv auf die Kante zeigend [Double]

Tangentialschub, positiv in lokaler r-Richtung [Double]

Tangentialschub, positiv in lokaler s-Richtung [Double]

4 Knoten der belasteten Fläche [4 x Double]

Beispiel: Das Hexaederelement 356 soll auf der Fläche, die durch die Eckknoten 51, 34, 99 und 12 definiert sei, mit einer Streckenlast von 100 N/mm², die normal zur Fläche wirke, einer Tangentiallast in lokaler r-Richtung von 200 N/mm² und einer Tangentiallast in lokaler s-Richtung von 300 N/mm² belastet werden.

Also: *356 100. 200. 300. 51 34 99 12*

Hexaeder Nr.10:

Elementnummer mit Streckenlast [Long]

Druck, positiv auf die Kante zeigend [Double]

Tangentialschub, positiv in lokaler r-Richtung [Double]

Tangentialschub, positiv in lokaler s-Richtung [Double]

8 Knoten der belasteten Fläche [8 x Double]

Beispiel: Das Hexaederelement 456 soll auf der Fläche, die durch die Eckknoten 51, 34, 99 und 12 und die Mittenknoten 102, 151, 166 und 191 definiert sei, mit einer Streckenlast von 100 N/mm², die normal zur Fläche wirke, einer Tangentiallast in lokaler r-Richtung von 200 N/mm² und einer Tangentiallast in lokaler s-Richtung von 300 N/mm² belastet werden.

Also: *456 100. 200. 300. 51 34 99 12 102 151 166 191*

Tetraeder Nr.17:

Elementnummer mit Flächenlast [Long]

Druck, positiv auf die Fläche zeigend [Double]

3 Knoten der belasteten Fläche [3 x Double]

Beispiel: Das Tetraederelement 356 soll auf der Fläche, die durch die Eckknoten 51, 34 und 12 definiert sei, mit einer Streckenlast von 100 N/mm², die normal zur Fläche wirke, belastet werden.

Also: *356 100. 51 34 12*

Tetraeder Nr.16:

Elementnummer mit Flächenlast [Long]

Druck, positiv auf die Fläche zeigend [Double]

6 Knoten der belasteten Fläche [6 x Double]

Beispiel: Das Tetraederelement 888, Bild 11.4-2, soll auf der Fläche, die durch die Eckknoten 51, 34 und 12 sowie die Mittenknoten 65, 66 und 67 definiert sei, mit einer Streckenlast von 100 N/mm², die normal zur Fläche wirke, belastet werden.

Also: *888 100. 51 34 12 65 66 67*

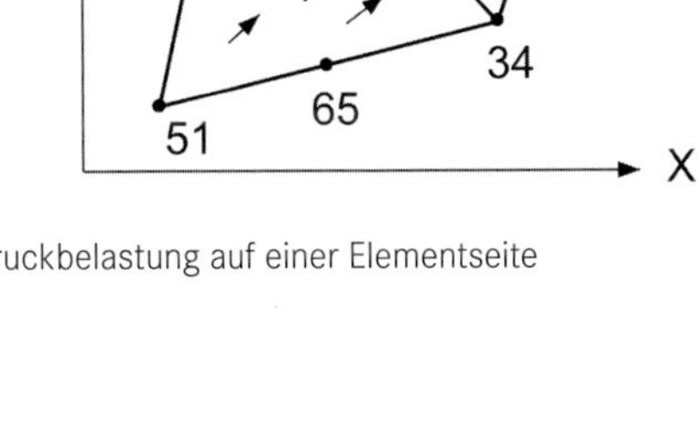

Bild 11.4-2: Tetraeder mit Druckbelastung auf einer Elementseite

Plattenelemente Nr.18, 19 und 20 (vgl. Hinweis am Ende des Kapitels):

Elementnummer mit Flächenlast [Long]

Druck, positiv auf die Fläche zeigend [Double]

Schale Nr.21:

Elementnummer

Druck, positiv auf die Fläche zeigend

Tangentialschub in lokaler r-Richtung

Tangentialschub in lokaler s-Richtung

4 Eckknoten und 4 Mittenknoten der Fläche, die Flächenlasten erhält. Mathematisch positiv bei Draufsicht.

Die lokale r-Richtung wird durch die Knoten 1-2, die lokale s-Richtung durch die Knoten 1-4 festgelegt. Die lokalen Knoten 1 bis 8 für die Flächenlasten brauchen naturgemäß nicht identisch sein mit den lokalen Knoten 1 bis 8 für die Koinzidenzliste.

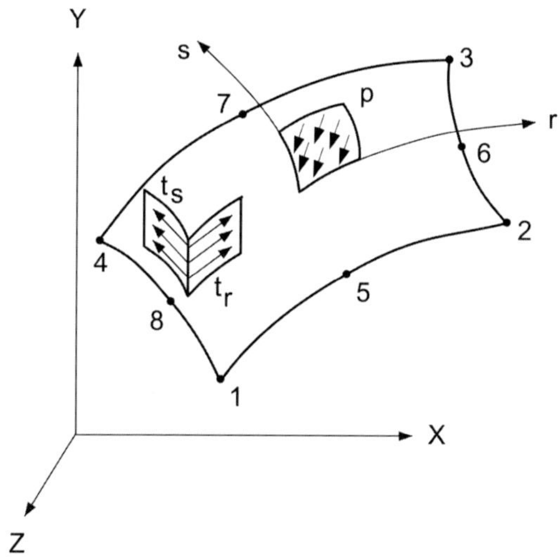

Bild 11.4-3: Schale Nr.21 mit Druckbelastung

Schale Nr.22:

Elementnummer

Druck, positiv auf die Fläche zeigend

3 Eckknoten und 3 Mittenknoten der Fläche, die Flächenlasten erhält. Mathematisch positiv bei Draufsicht.

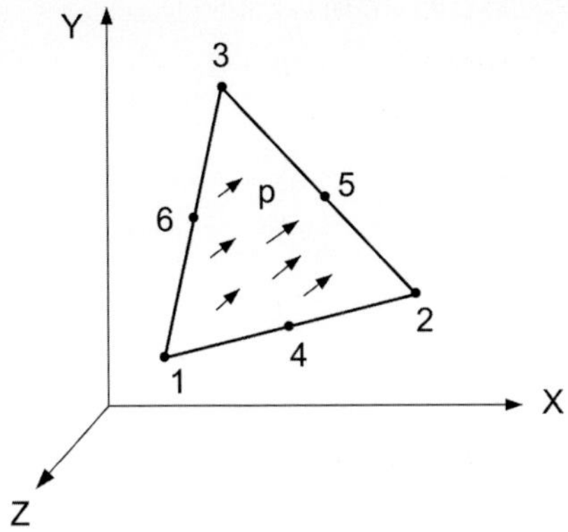

Bild 11.4.-4: Schale Nr.22 mit Druckbelastung

Schale Nr.23 (vgl. Hinweis am Ende des Kapitels):

Elementnummer

Druck, positiv auf die Fläche zeigend

4 Eckknoten und 4 Mittenknoten der Fläche, die Flächenlasten erhält. Mathematisch positiv bei Draufsicht.

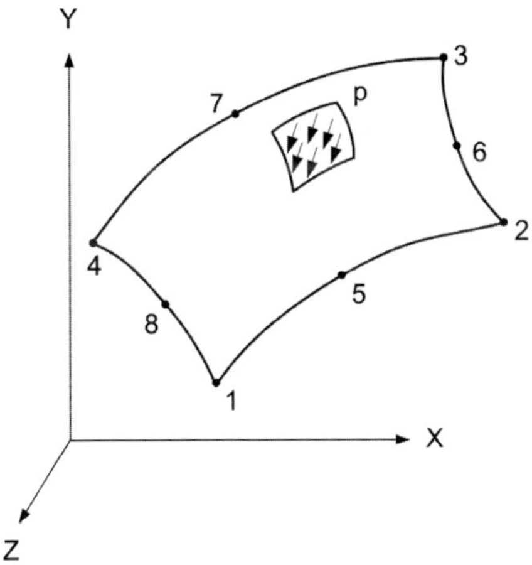

Bild 11.4-5: Schale Nr.23 mit Druckbelastung

Schale Nr.24 (vgl. Hinweis am Ende des Kapitels):

Elementnummer

Druck, positiv auf die Fläche zeigend

3 Eckknoten und 3 Mittenknoten der Fläche, die Flächenlasten erhält. Mathematisch positiv bei Draufsicht.

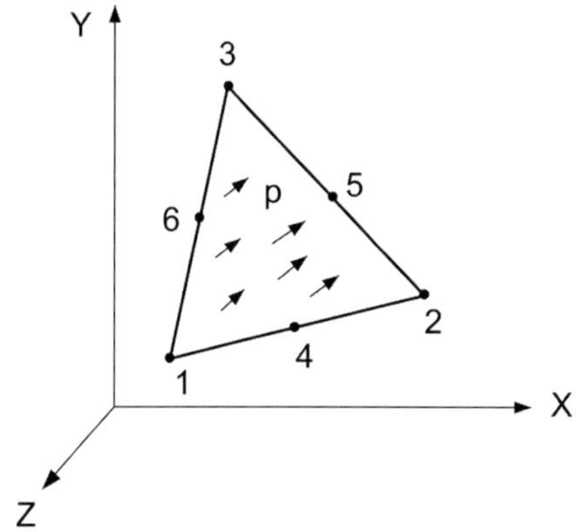

Bild 11.4-6: Schale Nr.24 mit Druckbelastung

Hinweis: In die Datei Z88ELP.TXT können auch (inkonsequent, aber bequem) Drücke für Platten und Schalen alternativ zu Z88I5.TXT eingegeben werden, und zwar nach QPARA (= Dicke bei Platten und Schalen) an der Position I_{yy}. Dann muss aber 0 in der ersten Zeile von Z88I5.TXT stehen, und es müssen IPFLAG (= Plattenflag) bzw. IHFLAG (= Schalenflag) in der Solversteuerdatei Z88MAN.TXT gesetzt sein.

11.5 Materialsteuerdatei Z88MAT.TXT

Durch die Erweiterung um eine Materialdatenbank sind die Materialdaten in Z88Aurora V2 in einer separaten Datei definiert. Die Datei besteht lediglich aus einer Eingabegruppe in einer Zeile, es werden aus dieser Datei heraus eine oder mehrere Materialdateien *.TXT angesteuert, die die Materialdaten enthalten.

Beachte folgende Eingabeformate:

[Long] = 4-Byte oder 8-Byte Integerzahl

[Double] = 8-Byte Gleitkommazahl, wahlweise mit oder ohne Punkt

[Character] = eine Folge von Buchstaben

1. Eingabegruppe:

1. Zahl: Anzahl der Materialien

2. Eingabegruppe: jeweils eine Zeile pro verwendetes Material

1. Zahl: Material gilt von Element Nr. incl. [Long]

2. Zahl: Material gilt bis Element Nr. incl. [Long]

*weiterer Eintrag der 1. Eingabegruppe: Name der *.TXT-Datei [Character]*

Beispiel:

In einer Struktur sollen die Elemente 1–8 aus Stahl, die Elemente 9–12 aus Aluminium und die Elemente 13–15 wieder aus Stahl bestehen:

3

1 8 51.txt

9 12 52.txt

13 15 51.txt

Anmerkung: Prinzipiell sollen die Namen der Materialdateien aus einer Zahl mit der Dateiextension .TXT bestehen, damit sie in der Z88Aurora-Materialdatenbank verwaltet werden können.

11.6 Materialdatei *.TXT

Enthält für ein Material den Elastizitätsmodul und die Querkontraktionszahl. Der Name der Datei ist beliebig, muss jedoch die Extension .txt haben und mit der Angabe in der Z88MAT.TXT korrespondieren.

Beachte folgende Eingabeformate:

[Double] = 8-Byte Gleitkommazahl, wahlweise mit oder ohne Punkt

1. Eingabegruppe, eine Zeile:

1. Zahl: Elastizitätsmodul [Double]

2. Zahl: Querkontraktionszahl [Double]

Beispiel:

In einer Struktur sollen die Elemente 1–8 aus Stahl, die Elemente 9–12 aus Aluminium und die Elemente 13–15 wieder aus Stahl bestehen:

Inhalt der Datei 51.txt: 206000. 0.3

Inhalt der Datei 52.txt : 73000. 0.33

11.7 Elementparameterdatei Z88ELP.TXT

Enthält den Querschnittsparameter QPARA (vgl. Kap.12) und ggf. die Balkeninformationen.

Beachte folgende Eingabeformate:

[Long] = 4-Byte oder 8-Byte Integerzahl

[Double] = 8-Byte Gleitkommazahl, wahlweise mit oder ohne Punkt

1. Eingabegruppe:

1. Zahl: Anzahl der Elementparameter [Long]

2. Eingabegruppe: jeweils eine Zeile pro verwendetes Element

1. Zahl: Element gilt von [Long]

2. Zahl: Element gilt bis [Long]

3. Zahl: QPARA (Querschnitt, Dicke) [Double]

und für Balken zusätzlich:

4. Zahl: Biegeträgheitsmoment um yy-Achse I_{yy} *[Double]*

5. Zahl: max. Randfaserabstand von yy-Achse e_{yy} *[Double]*

6. Zahl: Biegeträgheitsmoment um zz-Achse I_{zz} *[Double]*

7. Zahl: max. Randfaserabstand von zz-Achse e_{zz} *[Double]*

8. Zahl: Torsions-Trägheitsmoment I_T *[Double]*

9. Zahl: Torsionswiderstandsmoment W_T *[Double]*

Beispiel 1:

Eine Plattenstruktur enthält Platten mit unterschiedlicher Dicke. Die Plattenelemente 1-40 haben die Dicke 10 mm, die Plattenelemente 41-80 haben die Dicke 20 mm:

2

1 40 10.

41 80 20.

Beispiel 2:

Ein räumliches Fachwerk bestehe aus Stäben Nr.4 (Elemente 1-4) und Balken Nr. 2 (Elemente 5-9). Dabei mögen die Stäbe einen Querschnitt von 200 mm^2 und die Balken mögen folgende Daten haben: Querschnitt = 100 mm^2, I_{yy} = 833 mm^4, e_{yy} = 5 mm, I_{zz} = 833 mm^4, e_{zz} = 5, I_T = 1406 mm^4 , W_T = 208 mm^3. Daher:

2

1 4 200.

5 9 100. 833. 5. 833. 5. 1406. 208.

Hinweis: In die Datei Z88ELP.TXT können auch (inkonsequent, aber bequem) Drücke für Platten und Schalen alternativ zu Z88I5.TXT eingegeben werden, und zwar nach QPARA (= Dicke bei Platten und Schalen) an der Position I_{yy}. Dann muss aber 0 in der ersten Zeile von Z88I5.TXT stehen, und es müssen IPFLAG (= Plattenflag) bzw. IHFLAG (= Schalenflag) in der Solversteuerdatei Z88MAN.TXT gesetzt sein.

Beispiel:

Eine Plattenstruktur enthält Platten mit unterschiedlicher Dicke. Die Plattenelemente 1-40 haben die Dicke 10 mm, die Plattenelemente 41-80 haben die Dicke 20 mm. Auf alle soll ein Druck von 100 N/mm^2 wirken:

2

1 40 10. 100.

41 80 20. 100.

11.8 Integrationsordnungs-Datei Z88INT.TXT

Enthält die Integrationsordnungen für die Verschiebungsberechnung und die Spannungsberechnung.

Beachte folgende Eingabeformate:

[Long] = 4-Byte oder 8-Byte Integerzahl

1. Eingabegruppe:

1. Zahl: Anzahl der Integrationsordnungsgruppen [Long]

2. Eingabegruppe: jeweils eine Zeile pro verwendetes Element

1. Zahl: Element gilt von [Long]

2. Zahl: Element gilt bis [Long]

3. Zahl: INTORD = Integrationsordnung für Verschiebungsberechnung [Long], vgl. Kap. 4

4. Zahl: INTOS = Integrationsordnung für Spannungsberechnung [Long]

Erläuterung INTOS:

Es gilt:

INTOS 0

→ Berechnung der Spannungen in den Eckknoten, Vergleichsspannungsberechnung nicht möglich.

Für isoparametrische Elemente Nr.1, 7, 8, 10, 11, 12, 19, 20, 21 und 23:

INTOS 1, 2, 3 oder 4 (d.h. N×N)

→ Berechnung Spannungen in den Gauß-Punkten, Vergleichsspannungs-Berechnung ist möglich. Ein guter Wert ist 3 (= 3×3 Gauß-Punkte). Für Typ 1 und Typ 20 kann 2 (= 2×2 Gauß-Punkte) ausreichen, für Typ 19 ist 4 (= 4×4 Gauß-Punkte) richtig.

Für isoparametrische Elemente Nr.14, 15, 18, 22 und 24:

INTOS 3, 7 oder 13 (d.h. N)

→ Berechnung Spannungen in den Gauß-Punkten, Vergleichsspannungs-Berechnung ist möglich. Ein guter Wert ist 7 (= 7 Gauß-Punkte). Für Typ 18 kann 3, also 3 Gauß-Punkte, genügen.

Für isoparametrische Elemente Nr.16 und 17:

INTOS 1, 4 oder 5 (d.h. N)

→ Berechnung Spannungen in den Gauß-Punkten, Vergleichsspannungs-Berechnung ist möglich. Ein guter Wert ist 5 (= 5 Gauß-Punkte) für Typ 16. Bei Typ 17 kann 1 (= 1 Gauß-Punkt) genügen.

Dieser Wert hat für die Elementtypen Nr.2, 3, 4, 5, 6, 9 und 13 keine Bedeutung: Man trägt am besten eine 1 ein.

Beispiel 1:

Eine rotationssymmetrische Struktur aus 30 Tori Nr.8 soll für die Verschiebungsberechnung mit 3×3 Gaußpunkten arbeiten, bei der Spannungsberechnung soll jedoch mit 4×4 Gaußpunkten gearbeitet werden:

1

1 30 3 4

Beispiel 2:

Eine räumliche Struktur bestehe aus Hexadern Nr.10 (Elemente 1-512) und wenigen Stäben Nr. 4 (Elemente 513-520) als elastische Auflager. Bei der Verschiebungsberechnung soll bei den Hexaedern mit 3×3 Gaußpunkten gearbeitet werden, die Spannungsberechnung soll jedoch mit 2×2 Gaußpunkten arbeiten:

2

1 512 3 2

513 520 1 1

11.9 Netzgenerator-Datei Z88NI.TXT

Der Aufbau von Z88NI.TXT ist mit dem Aufbau von Z88I1.TXT, also dem Eingabefile des linearen Solvers, weitgehend identisch: Nur die mit & gekennzeichneten Daten sind zusätzlich erforderlich.

Beachte folgende Eingabeformate:

[Long] = 4-Byte oder 8-Byte Integerzahl

[Double] = 8-Byte Gleitkommazahl, wahlweise mit oder ohne Punkt

[Character] = ein Buchstabe

1. Eingabegruppe:

1. Zahl: Dimension der Struktur (2 oder 3)

2. Zahl: Anzahl Knoten der Superstruktur

3. Zahl: Anzahl Super-Elemente

4. Zahl: Anzahl Freiheitsgrade

5. Zahl: Koordinatenflag Superelemente KFLAGSS (0 oder 1)

&6. Zahl: Fangradiusflag NIFLAG (0 oder 1)

&7. Zahl: Koordinatenflag finite Elemente KFLAG (0 oder 1)

Alle Zahlen in eine Zeile schreiben, durch mindestens jeweils ein Leerzeichen trennen. Alle Zahlen hier vom Typ [Long].

Erläuterungen:

KFLAGSS:

Bei Eingabe von 0 werden die Koordinaten orthogonal-kartesisch erwartet, dagegen werden bei Eingabe von 1 Polar- oder Zylinderkoordinaten erwartet, die sodann in kartesische Koordinaten umgewandelt und in dieser Form dann in Z88I1.TXT gestellt werden, wenn nicht KFLAG dies umsteuert. Achtung: Die axialsymmetrischen Elemente 8 und 12 erwarten *a-priori* Zylinderkoordinaten, hier KFLAGSS zu 0 setzen!

Beispiel: Super-Struktur 2-dimensional mit 37 Knoten, 7 Superelementen, 74 Freiheitsgraden. Eingabe erfolgt in Polar-Koordinaten, Fangradius Standardwert verwenden, Ausgabe wieder in Polar-Koordinaten. Daher:

2 37 7 74 1 0 1

NIFLAG:

Um bereits definierte Knoten identifizieren zu können, erfordert der Netzgenerator eine Fangumgebung. Diese wird, wenn NIFLAG 0 ist, mit 0.01 für EPSX, EPSY und EPSZ angenommen. Bei extrem kleinen oder großen Strukturen können diese Werte verändert werden. Um diese Änderung einzuleiten, wird NIFLAG auf 1 gesetzt. Die neuen Fangradien EPSX, EPSY und EPSZ werden dann als 5. Eingabegruppe von Z88NI.TXT definiert.

Beispiel: Super-Struktur 2-dimensional mit 37 Knoten, 7 Superelementen, 74 Freiheitsgraden. Kartesische Koordinaten, Fangradius Standardwert verwenden, Ausgabe in kartesischen Koordinaten. Daher:

2 37 7 74 0 0 0

KFLAG:

Intern arbeitet Z88N mit natürlichen bzw. kartesischen Koordinaten. Mitunter möchte man die Ausgabe von Z88N aber als Polar- bzw. Zylinderkoordinaten in die Ausgabedatei Z88I1.TXT geben. Mit diesem Flag (=1) erfolgt die Ausgabe in Polar- bzw. Zylinderkoordinaten. Dies ist unabhängig von dem Flag KFLAGSS für die Eingabedatei Z88NI.TXT.

Beispiel: Super-Struktur 2-dimensional mit 37 Knoten, 7 Superelementen, 74 Freiheitsgraden. Eingabe erfolgt in kartesischen Koordinaten, Fangradius Standardwert verwenden, Ausgabe in Polarkoordinaten. Daher:

2 37 7 74 0 0 1

2. Eingabegruppe:

Beginnt ab der 2. Zeile, enthält die Koordinaten der Knoten, für jeden Knoten eine Zeile, wobei die Knotennummern streng aufsteigend geordnet sein müssen.

1. Zahl: Knotennummer [Long]

2. Zahl: Anzahl der Freiheitsgrade an diesem Knoten [Long]

3. Zahl: X- oder, wenn KFLAGSS auf 1 gesetzt, R-Koord. [Double]

4. Zahl: Y- oder, wenn KFLAGSS auf 1 gesetzt, PHI-Koord. [Double]

5. Zahl: Z- oder, wenn KFLAGSS auf 1 gesetzt, Z-Koord. [Double]

Die Z-Angabe kann bei 2-dimensionalen Strukturen entfallen.

Beispiel: Der Knoten Nr. 8 hat 3 Freiheitsgrade und die Koordinaten X= 112.45, Y= 0., Z= 56.75. Also:

8 3 112.45 0. 56.75

3. Eingabegruppe:

Beginnend nach letztem Knoten, enthält sie die Koinzidenz, also die Zuordnung des Elementtyps und die zugehörigen Knoten jedes Elementes. Für jedes Super-Element sind zwei Zeilen zu editieren. Die Elementnummern sind wie die Knotennummern streng aufsteigend einzugeben.

1.Zeile:

1. Zahl: Elementnummer [Long].

2. Zahl: Super-Elementtyp (1,7,8,10,11,12,20,21) [Long].

2.Zeile: je nach Elementtyp

1. Zahl: 1.Knotennummer für Koinzidenz [Long]

2. Zahl: 2.Knotennummer für Koinzidenz [Long]

...

20. Zahl: 20.Knotennummer für Koinzidenz [Long]

Alle Zahlen in eine Zeile schreiben, durch mindestens jeweils ein Leerzeichen trennen. Alle Zahlen hier vom Typ [Long].

Dies sind die netzgenerator-geeigneten Elemente:

- Element Nr.1: isoparametrischer Hexaeder 8 Knoten
- Element Nr.7: isoparametrische Serendipity Scheibe 8 Knoten
- Element Nr.8: isoparametrischer Serendipity Torus 8 Knoten
- Element Nr.10: isoparametrischer Serendipity Hexaeder 20 Knoten
- Element Nr.11: isoparametrische Serendipity Scheibe 12 Knoten
- Element Nr.12: isoparametrischer Serendipity Torus 12 Knoten
- Element Nr.20: isoparametrische Serendipity Platte 8 Knoten
- Element Nr.21: isoparametrische Serendipity Volumenschale 8 Knoten

Beispiel: Eine isoparametrische Serendipity Scheibe Nr.7 hat Elementnummer 23. Die Koinzidenz sei durch die globalen Knoten 14, 8, 17, 20, 38, 51, 55, 34 (lokal sind das die Knoten 1-2-3-4-5-6-7-8) gegeben. Also beide Zeilen:

23 7

14 8 17 20 38 51 55 34

4. Eingabegruppe:

Beginnend nach letztem E-Gesetz, enthält diese Eingabegruppe die beschreibenden Angaben für den Generierungsprozess. Es werden jeweils 2 Zeilen für jedes Superelement benötigt.

1. Zeile:

1. Zahl: Super-Elementnummer [Long].

2. Zahl: zu erzeugender Finite-Element-Typ (Typen 1,7,8,10,19,20,21) [Long].

2. Zeile:

1. Zahl: Finite Elemente in lokaler x-Richtung [Long]

2. Zahl: Art der Unterteilung CMODE X [Character]

3. Zahl: Finite Elemente in lokaler y-Richtung [Long]

4. Zahl: Art der Unterteilung CMODE Y [Character]

5. Zahl: Finite Elemente in lokaler z-Richtung [Long]

6. Zahl: Art der Unterteilung CMODE Z [Character]

Die beiden Angaben für die Z-Richtung entfallen bei zweidimensionalen Strukturen.

Erläuterungen: **CMODE** kann folgende Werte annehmen:

„E“ : Unterteilung äquidistant („e“ ist auch erlaubt)

„L“ : Unterteilung geometrisch aufsteigend in lokaler Koordinatenrichtung

„l“ : Unterteilung geometrisch fallend in lokaler Koordinatenrichtung (kleines L)

Die lokalen x-, y- und z-Richtungen sind wie folgt definiert:

lokale x-Richtung in Richtung lokaler Knoten 1 und 2

lokale y-Richtung in Richtung lokaler Knoten 1 und 4

lokale z-Richtung in Richtung lokaler Knoten 1 und 5

Dies wird in Bild 11.9-1 verdeutlicht.

Beispiel: eine isoparametrische Serendipity Scheibe mit 12 Knoten (Elementtyp 11) soll in finite Elemente vom Typ isoparametrische Serendipity Scheibe mit 8 Knoten (Elementtyp 7) zerlegt werden. In lokaler x-Richtung soll dreimal äquidistant unterteilt werden und in lokaler y-Richtung soll 5-mal geometrisch aufsteigend unterteilt werden. Das Superelement soll die Nummer 31 haben. Also beide Zeilen:

31 11

7 3 e 5 L (e oder E für äquidistant sind gleichwertig)

5. Eingabegruppe, optional nach Ende der 4. Eingabegruppe:

Diese Eingabegruppe ist nur erforderlich, wenn NIFLAG auf 1 gesetzt wurde, d.h. die Fangradien geändert werden sollen. Sie besteht aus einer Zeile.

1. Zahl: Fangradius in globaler X-Richtung EPSX [Double]

2. Zahl: Fangradius in globaler Y-Richtung EPSY [Double]

3. Zahl: Fangradius in globaler Z-Richtung EPSZ [Double]

Die Z-Angabe kann bei 2-dimensionalen Strukturen entfallen.

Beispiel: Die Fangradien sollen für X, Y und Z auf jeweils 0.0000003 gesetzt werden. Also : *0.0000003 0.0000003 0.0000003*

Das greift nur, wenn NIFLAG in der ersten Eingabegruppe auf 1 gesetzt wurde!

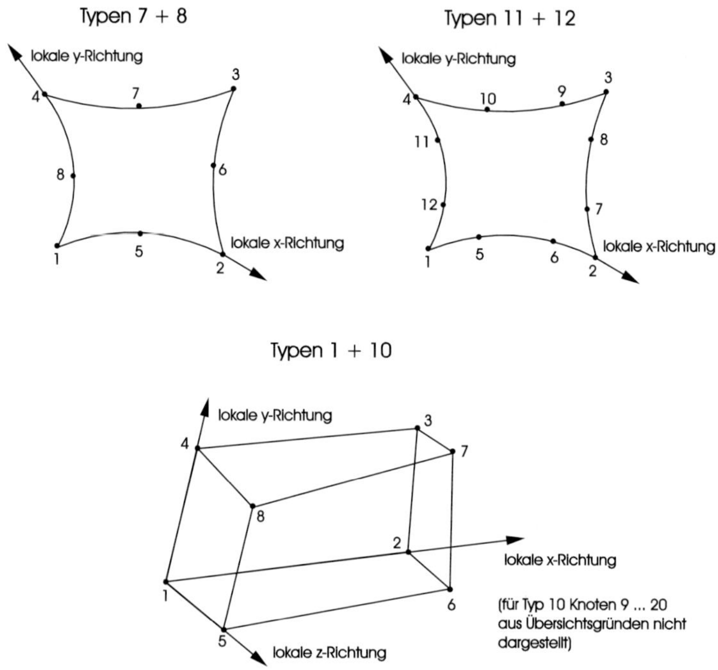

Bild 11.9-1: Definition lokaler x-, y- und z-Richtung am Beispiel unterschiedlicher Elementtypen

11.10 Solversteuerdatei Z88MAN.TXT

Die Solversteuerdatei Z88MAN.TXT ist in drei Bereiche aufgeteilt: den Global-, den linearen Solver- und den Spannungsteil. Das folgende Skript zeigt eine typische Z88MAN.TXT.

```
DYNAMIC START
GLOBAL START
       IBFLAG    0
       IPFLAG    0
       IHFLAG    0
SIMCASE          1
GLOBAL END

SOLVER START
       MAXIT     10000
       EPS       1e-007
```

```
        RALPHA    0.0001
        ROMEGA    1.1
SOLVER END

STRESS START
        KDFLAG    0
        ISFLAG    1
STRESS END

DYNAMIC END
```

Erläuterungen zu den einzelnen Angaben:

GLOBAL:

IBFLAG:

Wenn Balken Nr.2 oder Balken Nr.13 in der Struktur vorkommen, muss das Balkenflag zu 1 gesetzt werden, ansonsten muss es 0 sein.

IPFLAG:

Wenn Platten Nr.18, Nr.19 oder Nr.20 in der Struktur vorkommen, muss das Plattenflag zu 1 gesetzt werden, ansonsten muss es 0 sein.

Achtung: Bei dieser Z88-Version schließen sich Balken und Platten gegenseitig aus! Eine Struktur kann also entweder Balken oder Platten beinhalten, aber nicht beides gleichzeitig, weil die jeweiligen Freiheitsgrade nicht kompatibel sind.

IHFLAG:

Das Schalenflag ist 1 bei der Verwendung von Schalenelementen Nr. 23 bzw. 24.

SIMCASE ist 1

SOLVER:

MAXIT ist das erste Abbruchkriterium. Bei Erreichen dieser Anzahl an Iterationen werden die Iterationssolver SICCG bzw. SORCG in jedem Fall abgebrochen. Die bis dahin erreichten Werte des Lösungsvektors werden aber ausgeschrieben.

EPS dieser Wert wird mit einer Norm des Residuenvektors verglichen. Wenn dieser Wert für die Iterationssolver SICCG und SORCG erreicht ist, soll die erreichte Lösung hinreichend genau sein. Das ist das zweite Abbruchkriterium. Geben Sie einen relativ kleinen Wert vor, vielleicht 0.00001 oder 0.0000001. Beachten Sie, dass es hier keine absolute Wahrheit gibt! Egal, welche Norm eines Residuenvektors auch immer gegen diese Schranke verglichen würde – Sie könnten niemals sicher sein, dass damit alle Elemente des Lösungsvektors richtig sind. Die Wahl von EPS beeinflusst die Anzahl der Iterationen und damit die Rechenzeit ganz enorm. Beachten Sie dies auch beim Vergleich mit den großen, kommerziellen Solvern (welche Abbruchkriterien die intern verwenden, wissen Sie sowieso nicht): Der Grenzwert, den Sie dort einstellen können, muss absolut nichts mit EPS von Z88 zu tun haben. Umfangreiche Tests zeigten aber, dass bei EPS von ca. 0.00001 bis 0.0000001 die an verschiedenen Knotenpunkten erzielten Verschiebungswerte recht genau mit denen von sehr bekannten, großen kommerziellen Solvern übereinstimmten - bei ähnlichen Rechenzeiten. Beachten Sie: Wenn Sie große FEA-Strukturen mit verschiedenen Solvern rechnen, wissen Sie ohnehin niemals, welcher Solver eigentlich am nächsten dran ist!

RALPHA ist der Konvergenz-Beschleunigungsparameter α. Mit diesem Parameter für SIC-Vorkonditionierung wählen Sie den Shift-Faktor α für den Iterationssolver SICCG (zwischen 0 und 1, brauchbare Werte können zwischen 0.0001 und 0.1 liegen). Ein guter Startwert ist 0.0001.

ROMEGA ist der Konvergenz-Beschleunigungsparameter ω. Mit diesem Parameter für SOR-Vorkonditionierung wählen Sie den Relaxationsfaktor ω für den Iterationssolver SORCG (zwischen 0 und 2, brauchbare Werte könnten zwischen 0.8 und 1.2 liegen). Welchen Wert wählen Sie für ω? Gute Frage! Probieren Sie ω mit 1, das wird nie ganz schlechte Ergebnisse bringen und variieren Sie dann, wenn Sie weitere Rechenläufe mit dieser Struktur machen wollen.

Beispiel 1: Sie wollen mit dem Iterations-Sparsematrix-Solver arbeiten und in jedem Fall nach 5000 Iterationen abbrechen, der Grenzwert soll 0.0000001 sein und der Konvergenz-Beschleunigungsparameter ω für SOR soll 0,9 sein, da Sie mit dem SORCG-Solver („SORCG:sparse, iterativ") rechnen wollen. Also:

MAXIT	*5000*
EPS	*0.0000001*
RALPHA	*Standardwert ohne Bedeutung*
ROMEGA	*0.9*

Beispiel 2: Sie wollen mit dem Iterations-Sparsematrix-Solver arbeiten und in jedem Fall nach 10000 Iterationen abbrechen, der Grenzwert soll 10^{-9} sein und der Konvergenz-Beschleunigungsparameter α für SIC soll 0.001 sein, da Sie mit dem SICCG-Solver („SICCG:sparse, iterativ") rechnen wollen. Also:

MAXIT	*10000*
EPS	*1e-9*
RALPHA	*0.001*
ROMEGA	*Standardwert ohne Bedeutung*

Beispiel 3: Sie wollen mit dem Cholesky-Solver arbeiten. Also:

Die Steuerwerte MAXIT, EPS, RALPHA und ROMEGA können beliebig sein und haben keine Bedeutung.

STRESS:

KDFLAG [Long]:

0 = Standardspannungsberechnung

1 = zusätzliche Berechnung der Radial- und Tangentialspannungen für die Elemente Scheibe Nr.3, 7, 11 und 14

ISFLAG: Auswahl der Vergleichsspannungshypothese [Long]

0 = keine Berechnung der Vergleichsspannungen

1 = Gestaltänderungsenergie-Hypothese GEH (von Mises)

2 = Normalspannungs-Hypothese NH (principal stresses, Rankine)

3 = Schubspannungs-Hypothese SH (Tresca)

Beispiel 1: Für eine Struktur aus Scheiben Nr.7 sollen zusätzlich zur Standard-Spannungsberechnung Radial- und Tangentialspannungen berechnet werden, also KDFLAG = 1. Ferner sollen Vergleichsspannungen nach der Gestaltänderungsenergie-Hypothese berechnet werden: ISFLAG = 1. Also:

KDFLAG 1

ISFLAG 1

Beispiel 2: Für eine Struktur aus Scheiben Nr.7 soll nur eine Standard-Spannungsberechnung erfolgen, also KFLAG = 0. Vergleichsspannungen interessieren nicht. Also:

KDFLAG 0

ISFLAG 0

■ 11.11 Vergleich der Z88-Dateiformate

Die Dateiformate der vier Z88-Versionen: Z88Aurora V2, Z88V14 OS, Z88Aurora V1 und Z88 V13.0A sind sich recht ähnlich, aber besonders bei Z88Aurora V2 sind die Eingabedaten auf mehr und andere Eingabedateien gegenüber den früheren Versionen verteilt, damit die Möglichkeiten der GUI besser genutzt und Erweiterungen besser berücksichtigt werden können.

	Z88V14 OS	Z88Aurora V2	Z88Aurora V1	Z88 V13.0A
Strukturdaten	Z88I1.TXT	Z88STRUCTURE.TXT	Z88I1.TXT	Z88I1.TXT
Materialsteuerdaten	Z88MAT.TXT	Z88SETSACTIVE.TXT	Z88MAT.TXT	Z88I1.TXT
Materialdateien	*.TXT	*.TXT	*.CSV	
Elementparameter	Z88ELP.TXT	Z88SETSACTIVE.TXT	Z88ELP.TXT	Z88I1.TXT
Integrationsordnungen für Verschiebungsber.	Z88INT.TXT	Z88ENVIRO.DYN	Z88MAT.TXT	Z88I1.TXT
Integrationsordnungen für Spannungsber.	Z88INT.TXT	Z88ENVIRO.DYN	Z88MANAGE. TXT	Z88I3.TXT
Solverparameter	Z88MAN.TXT	Z88CONTROL.TXT	Z88MANAGE. TXT	Z88I4.TXT
Randbedingungen**	Z88I2.TXT	Z88SETSACTIVE.TXT	Z88I2.TXT	Z88I2.TXT
Flächenlasten**	Z88I5.TXT	Z88SETSACTIVE.TXT	Z88I5.TXT	Z88I5.TXT
Anzahl Mat-Gesetze NEG	Z88MAT.TXT	Z88SETSACTIVE.TXT	Z88MANAGE. TXT	Z88I1.TXT
Koordinaten-Flag KFLAG	Z88I1.TXT	Z88STRUCTURE.TXT	Z88I1.TXT	Z88I1.TXT
Balken-Flag IBFLAG	Z88MAN.TXT	entfällt	Z88I1.TXT	Z88I1.TXT

** Formate sind für alle vier Z88-Versionen vollkommen identisch

	Z88V14 OS	Z88Aurora V2	Z88Aurora V1	Z88 V13.0A
Platten-Flag IPFLAG	Z88MAN.TXT	entfällt	Z88I1.TXT	Z88I1.TXT
Flächenlast-Flag IQFLAG	entfällt	entfällt	Z88MANAGE. TXT	Z88I1.TXT
Schalen-Flag IHFLAG	Z88MAN.TXT	entfällt	Z88I1.TXT	Z88I1.TXT
Radial/Tangentialspannungs-Flag: KDFLAG	Z88MAN.TXT	Z88CONTROL.TXT	Z88MANAGE. TXT (hier: KSFLAG)	Z88I3.TXT (hier: KFLAG)
Vergleichsspannungs-Flag: ISFLAG	Z88MAN.TXT	Z88CONTROL.TXT	Z88MANAGE. TXT	Z88I3.TXT

12 Die Finiten Elemente von Z88 und Z88Aurora

Durch die unterschiedlichen Ansätze der beiden Programme sind die Dateiaufbauten leicht verschieden, die folgenden Elementbeschreibungen gelten für Z88V14 OS. Für Z88Aurora gilt:

Tabelle 12.0-1: Abgrenzung Z88V14OS vs. Z88Aurora

Z88V14 OS	Z88Aurora
Z88I1.TXT	Z88STRUCTURE
Z88ELP.TXT	Eingabe über Präprozessor „Elementparameter“
Z88INT.TXT	Z88ENVIRO.DYN
Z88MAT.TXT	Eingabe über Preprozessor „Material“
Z88MAN.TXT	Z88CONTROL.TXT

12.1 Hexaeder Nr. 1 mit 8 Knoten

Das Hexaeder-Element berechnet räumliche Spannungszustände mit linearen Formfunktionen. Es handelt sich um ein transformiertes Element, es kann also Keilform oder eine andere schiefwinklige Form haben. Die Transformation ist isoparametrisch, die Integration erfolgt numerisch in allen drei Achsen nach Gauß-Legendre. Daher ist die Integrationsordnung in Z88INT.TXT mit mindestens 2 vorzuwählen. Hexaeder Nr.1 ist auch gut als dickes Plattenelement einsetzbar, wenn die Plattendicke nicht zu klein gegenüber den anderen Abmessungen ist. Hexaeder Nr.1 können durch den Netzgenerator Z88N aus Superelementen Hexaeder Nr.10 und Hexaeder Nr.1 generiert werden.

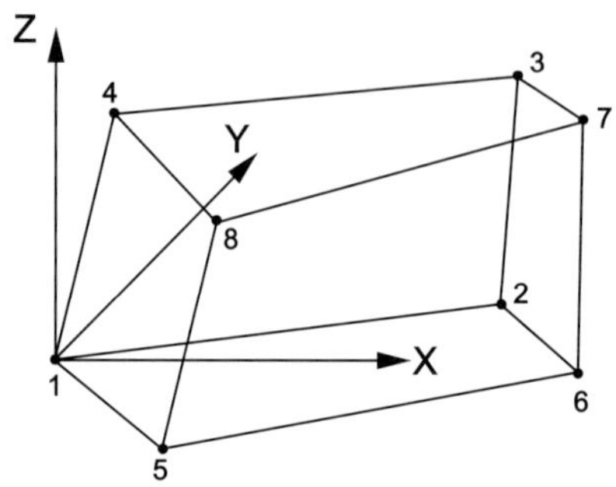

Bild 12.1-1: Hexaeder Nr.1 mit 8 Knoten

Eingaben:

Z88I1.TXT

KFLAG für Kartesische (0) bzw. Zylinderkoordinaten (1)

Knoten mit je 3 Freiheitsgraden

Elementtyp ist 1

8 Knoten pro Element

Z88ELP.TXT

Querschnittsparameter QPARA ist 0 oder beliebig, kein Einfluss

Z88INT.TXT

Integrationsordnung INTORD für Verschiebungsberechnung. 2 ist meist gut

Integrationsordnung INTOS für Spannungsberechnung:

0 = Berechnung der Spannungen in den Eckknoten

1,2,3,4 = Berechnung der Spannungen in den Gauß-Punkten

Z88MAT.TXT

Eintragen des oder der Materialien, vgl. Kap. 11.5 und 11.6.

Z88MAN.TXT

Radial/Tangentialspannungs-Flag KDFLAG beliebig, hat keinen Einfluss

Vergleichsspannungs-Flag ISFLAG:

0 = keine Berechnung der Vergleichsspannungen

1,2,3 = Vergleichsspannungen nach GEH, NH oder SH in den Gauß-Punkten (INTOS ungleich 0!)

Z88I5.TXT

Diese Datei wird nur ausgefüllt (vgl. Kap. 11.4), wenn zusätzlich zu Einzelkräften auch Flächenlasten auf die Elemente Nr.1 aufgegeben werden sollen – ansonsten geben Sie eine 0 in die erste Zeile:

Elementnummer

Druck, positiv auf die Fläche zeigend

Tangentialschub in lokaler r-Richtung

Tangentialschub in lokaler s-Richtung

4 Eckknoten der Fläche, die Flächenlasten erhält. Mathematisch positiv bei Draufsicht.

Die lokale r-Richtung wird durch die Knoten 1-2, die lokale s-Richtung durch die Knoten 1-4 festgelegt. Die lokalen Knoten 1, 2, 3, 4 für die Flächenlasten brauchen naturgemäß nicht identisch sein mit den lokalen Knoten 1, 2, 3, 4 für die Koinzidenzliste.

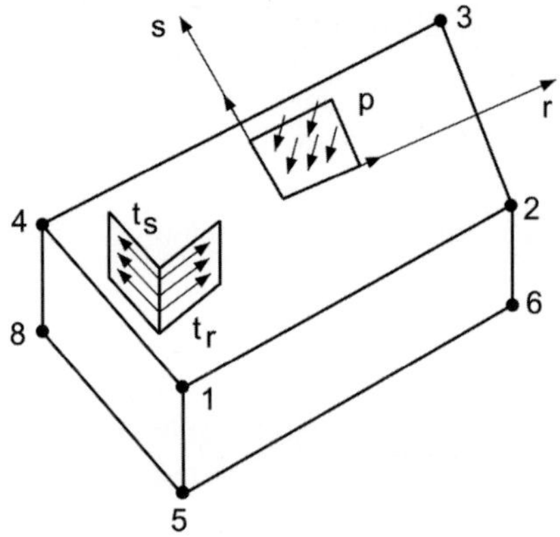

Bild 12.1-2: Anbringen von Flächenlasten bei Hexaeder Nr. 1

Ausgaben:

Verschiebungen in X, Y und Z

Spannungen: SIGXX, SIGYY, SIGZZ, TAUXY, TAUYZ, TAUZX, jeweils für Eckknoten oder Gauß-Punkte. Optional Vergleichsspannungen.

Knotenkräfte in X, Y und Z elementweise und knotenweise aufaddiert.

Für Z88thermo :

Bei der thermischen Analyse besitzt das Finite Element nur einen Freiheitsgrad pro Knoten. Neben den bereits oben genannten Ein- und Ausgabedateien sind bei der stationär thermischen Simulation (reine Wärmeleitung oder thermo-mechanische Simulation) noch folgende Dateien von Bedeutung.

Eingaben:

Z88TI2.TXT

Knotennummer

Flag für Randbedingung

1 = Wärmestrom

2 = Temperatur

Wert

Z88TI5.TXT

Wie Z88I5.TXT, jedoch muss hier für den Tangentialschub eine 0 stehen und der Wert ist die Wärmestromdichte.

Ausgaben:

Temperatur am Knoten

Wärmeströme am Knoten

Thermische Dehnung am Knoten

Thermische Kraft in X, Y und Z

sowie die aus der Elastostatik bekannten Ergebnisse.

Verschiebungen in X, Y und Z

Spannungen: SIGXX, SIGYY, SIGZZ, TAUXY, TAUYZ, TAUZX, jeweils für Eckknoten oder Gauß-Punkte. Optional Vergleichsspannungen.

Knotenkräfte in X, Y und Z elementweise und knotenweise aufaddiert.

Für Z88EI *f*:

Die Angaben zur Elementsteifigkeit bleiben im Vergleich zur linear-elastischen Berechnung unverändert. Die einzige Ergänzung stellt die Approximation der Elementmasse dar, welche sich aus dem Elementvolumen und der Massendichte des jeweiligen Materials ergibt. Es wird durch die aufsummierten Teilvolumina bzw. -massen von fünf einbeschriebenen Tetraedern approximiert.

12.2 Balken Nr.2 mit 2 Knoten im Raum

Räumliches Balkenelement mit beliebigem, aber symmetrischem Profil (keine schiefe Biegung) mit der Einschränkung, dass die lokale y-y Achse parallel zur globalen X-Y Ebene liegen muss. Die Profilwerte werden in Z88ELP.TXT bereitgestellt. So wird im Gegensatz zu anderen FE-Programmen eine Vielfalt von unterschiedlichen Balken-Subroutinen vermieden, womit doch nicht alle denkbaren symmetrischen Profile erfasst werden können. Das Element ist im Rahmen der Bernoulli-Biegetheorie bzw. des Hooke'schen Gesetzes exakt, es ist keine Näherungslösung wie bei den Kontinuumselementen.

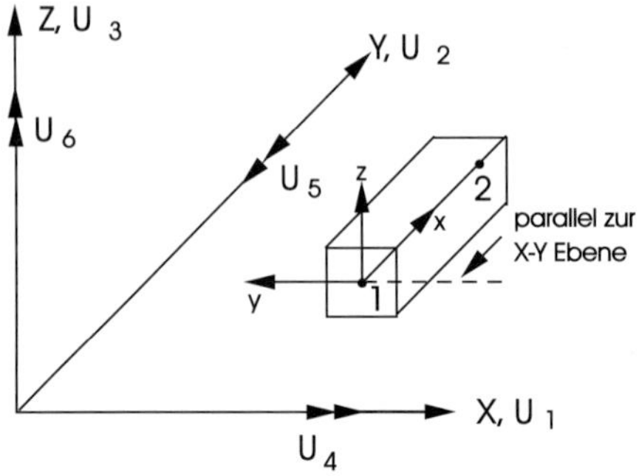

Bild 12.2-1: Balken Nr.2

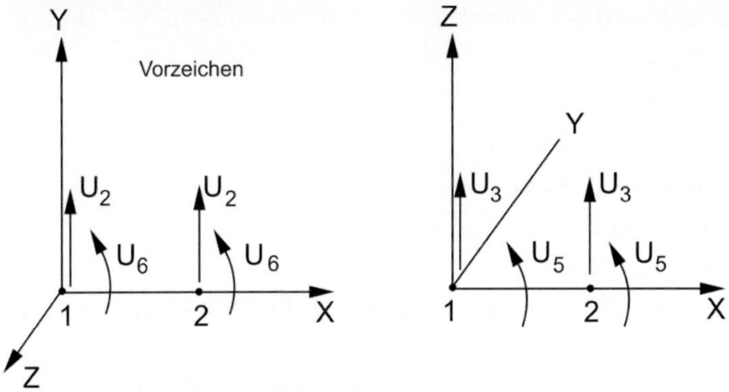

Bild 12.2-2: Vorzeichendefinitionen bei Balken Nr.2

Eingaben:

Z88I1.TXT

KFLAG für Kartesische (0) bzw. Zylinderkoordinaten (1)

Knoten mit je 6 Freiheitsgraden. Achtung bei FG 5 (nicht Rechte-Hand-Regel), vgl. Bild 12.2-2.

Elementtyp ist 2

2 Knoten pro Element

Z88ELP.TXT

Querschnittsfläche QPARA

Biegeträgheitsmoment um yy-Achse I_{yy} *[Double]*

max. Randfaserabstand von yy-Achse e_{yy} *[Double]*

Biegeträgheitsmoment um zz-Achse I_{zz} *[Double]*

max. Randfaserabstand von zz-Achse e_{zz} *[Double]*

Torsions-Trägheitsmoment I_T *[Double]*

Torsionswiderstandsmoment W_T *[Double]*

Z88INT.TXT

Hat keinen Einfluss auf Balken Nr.2, muss aber (mit beliebigen Inhalt) existieren.

Z88MAT.TXT

Eintragen des oder der Materialien, vgl. Kap. 11.5 und 11.6.

Z88MAN.TXT

Balkenflag IBFLAG zu 1 setzen

Die restlichen Flags haben keinen Einfluss.

Ausgaben:

Verschiebungen in X, Y und Z, Rotationen um X, Y und Z. Achtung bei FG 5 (nicht Rechte-Hand-Regel), vgl. Bild 12.2-2.

Spannungen: SIGXX,TAUXX: Normalspannung, Schubspannung, SIGZZ1,SIGZZ2: Biegespannung um z-z, 1. und 2. Knoten, SIGYY1,SIGYY2: Biegespannung um y-y, 1. und 2. Knoten

Knotenkräfte in X, Y, Z und Knotenmomente um X, Y, Z, elementweise und knotenweise aufaddiert.

12.3 Scheibe Nr.3 mit 6 Knoten

Dies ist ein einfaches, dreieckiges Scheibenelement mit vollständigem quadratischem Ansatz. Dieses Element ist nur aus historischen Gründen und zu Studienzwecken enthalten. Viel besser sind Scheiben Nr. 7 oder Nr. 11 oder Nr. 14. Achtung bei Streckenlasten, vgl. Kapitel 11.4, Abbilden über Einzelkräfte. Keine Einträge in Flächenlastdatei Z88I5.TXT!

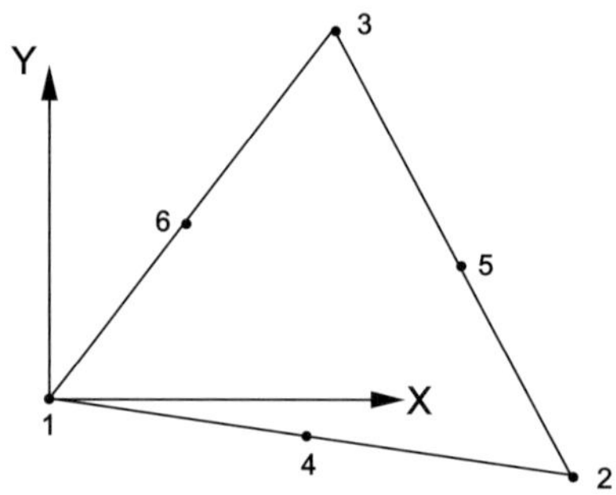

Bild 12.3-1: Scheibe Nr.3

Eingaben:

Z88I1.TXT

KFLAG für Kartesische (0) bzw. Polarkoordinaten (1)

Knoten mit je 2 Freiheitsgraden

Elementtyp ist 3

6 Knoten pro Element

Z88ELP.TXT

Querschnittsparameter QPARA ist die Elementdicke

Z88INT.TXT

Integrationsordnung INTORD: gleichgültig, hat keinen Einfluss

Integrationsordnung INTOS: gleichgültig, hat keinen Einfluss

Z88MAT.TXT

Eintragen des oder der Materialien, vgl. Kap. 11.5 und 11.6.

Z88MAN.TXT

Radial/Tangentialspannungs-Flag KDFLAG =

0 = Berechnung von SIGXX, SIGYY und TAUXY

1 = zusätzliche Berechnung von SIGRR, SIGTT und TAURT

Vergleichsspannungs-Flag ISFLAG:

0 = keine Berechnung von Vergleichsspannungen

1,2,3 = Vergleichsspannungen nach GEH, NH oder SH in den Elementschwerpunkten

Ausgaben:

Verschiebungen in X und Y

Spannungen: Die Spannungen werden im Elementschwerpunkt berechnet. Die Schwerpunkts-Koordinaten werden daher ausgegeben. Bei KFLAG = 1 werden zusätzlich die Radialspannungen SIGRR, die Tangentialspannungen SIGTT und die zugehörigen Schubspannungen SIGRT bestimmt (dies hat nur Sinn, wenn eine rotationssymmetrische Struktur vorliegt). Zur leichteren Orientierung werden der jeweilige Radius und Winkel des Schwerpunktes ausgewiesen. Optional Vergleichsspannungen in Elementschwerpunkten.

Knotenkräfte elementweise und knotenweise aufaddiert.

12.4 Stab Nr.4 im Raum

Das Stabelement Nr.4 kann eine beliebige Lage im Raum einnehmen. Es gehört zu den einfachsten Elementen in Z88 und wird extrem schnell berechnet. Die Stabelemente sind exakt im Rahmen des Hooke'schen Gesetzes. Sie sind auch als federnde oder schiefe Auflager sehr geeignet.

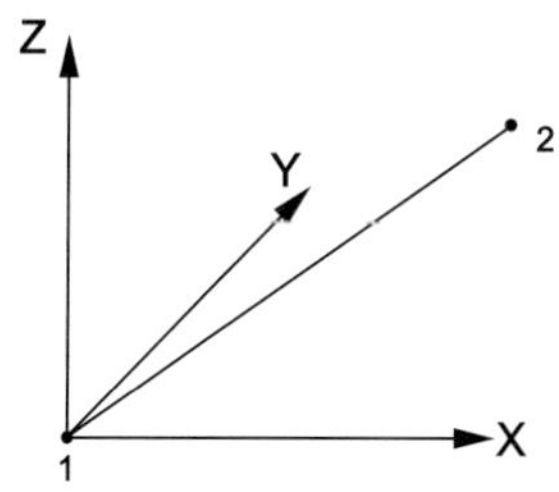

Bild 12.4-1: Stab Nr.4 im Raum

Eingaben:

Z88I1.TXT

KFLAG für Kartesische (0) bzw. Zylinderkoordinaten (1)

Knoten mit je 3 Freiheitsgraden

Elementtyp ist 4

2 Knoten pro Element

Z88ELP.TXT

Querschnittsparameter QPARA ist die Querschnittsfläche des Stabes

Z88INT.TXT

Integrationsordnung INTORD: gleichgültig, hat keinen Einfluss

Integrationsordnung INTOS: gleichgültig, hat keinen Einfluss

Z88MAT.TXT

Eintragen des oder der Materialien, vgl. Kap. 11.5 und 11.6.

Z88MAN.TXT

Radial/Tangentialspannungs-Flag KDFLAG: gleichgültig, hat keinen Einfluss

Vergleichsspannungs-Flag ISFLAG: gleichgültig, hat keinen Einfluss

Ausgaben:

Verschiebungen in X, Y und Z

Spannungen: Zug/Druckspannungen

Knotenkräfte in X, Y und Z, elementweise und knotenweise aufaddiert.

12.5 Welle Nr.5 mit 2 Knoten

Das Wellenelement ist eine Vereinfachung des allgemeinen Balkenelementes Nr.2: Es wird von einem kreisförmigen Querschnitt ausgegangen, das Element liegt konzentrisch zur X-Achse, somit sind lokale und globale Koordinaten richtungsgleich. Dadurch werden Eingaben und Berechnungen stark vereinfacht. Wie beim Balkenelement sind die Ergebnisse im Rahmen der Bernoulli-Balkentheorie bzw. des Hooke'schen Gesetzes exakt und keine Näherungslösungen wie bei den Kontinuumselementen.

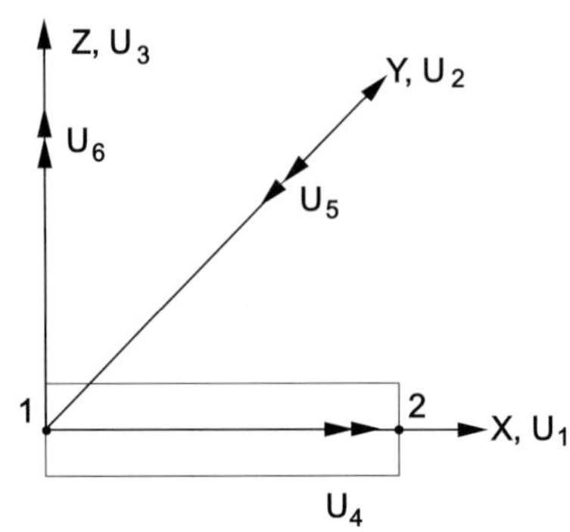

Bild 12.5-1: Welle Nr.5

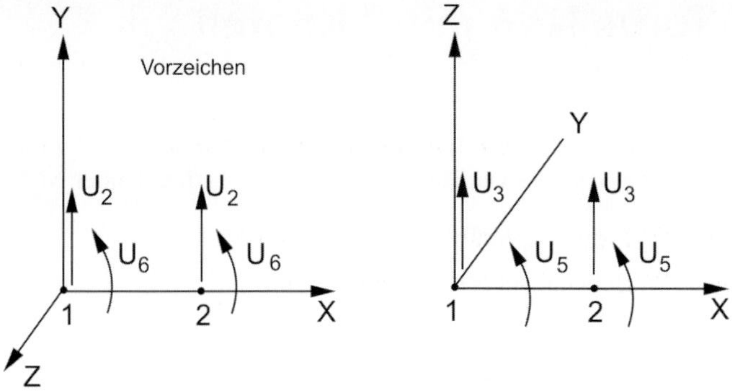

Bild 12.5-2: Vorzeichendefinitionen bei Welle Nr.5

Eingaben:

Z88I1.TXT

KFLAG auf 0 für Kartesische Koordinaten setzen

Knoten mit je 6 Freiheitsgraden. Achtung bei FG 5, vgl. Bild 12.5-2

Elementtyp ist 5

2 Knoten pro Element

Z88ELP.TXT

Querschnittsparameter QPARA ist der Durchmesser des Wellenstücks

Z88INT.TXT

Integrationsordnung INTORD: gleichgültig, hat keinen Einfluss

Integrationsordnung INTOS: gleichgültig, hat keinen Einfluss

Z88MAT.TXT

Eintragen des oder der Materialien, vgl. Kap. 11.5 und 11.6.

Z88MAN.TXT

Radial/Tangentialspannungs-Flag KDFLAG: gleichgültig, hat keinen Einfluss

Vergleichsspannungs-Flag ISFLAG: gleichgültig, hat keinen Einfluss

Ausgaben:

Verschiebungen in X, Y und Z, Rotationen um X, Y und Z, Achtung bei FG 5 (nicht Rechte-Hand-Regel), vgl. Bild 12.5-1

Spannungen: SIGXX = Zug/Druckspannung, TAUXX = Torsionsspannung, SIGXY1, SIGXY2 = Biegespannung in X-Y Ebene, SIGXZ1, SIGXZ2 = Biegespannung in X-Z Ebene

Knotenkräfte in X, Y und Z, Knotenmomente um X, Y und Z, elementweise und knotenweise aufaddiert.

12.6 Torus Nr.6 mit 3 Knoten

Dieses Element ist nur aus historischen Gründen, zu Studienzwecken und eventuellem Datenaustausch zu anderen FE-Systemen enthalten. Viel besser: Tori Nr.8 oder Nr.12 oder Nr.15.

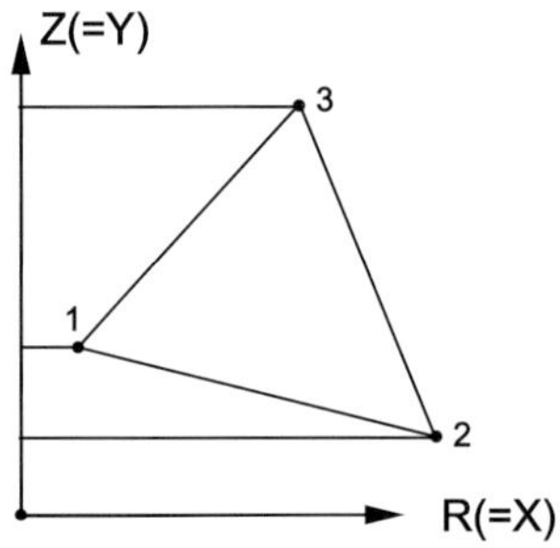

Bild 12.6-1: Toruselement Nr.6

Dies ist ein einfaches, dreieckiges Toruselement mit linearem Ansatz für rotationssymmetrische Strukturen. Durch seinen sehr simplen Ansatz ist zwar die Verschiebungsrechnung noch recht brauchbar, die Spannungsberechnung dagegen ist ungenau. Die Spannungen werden zwar intern in den Eckknoten berechnet, jedoch dann als Mittelwert im Elementschwerpunkt ausgegeben. Besser ist bei höheren Genauigkeitsansprüchen besonders an die Spannungsberechnung die Verwendung der Toruselemente Nr.8 oder Nr.12 oder Nr.15. Keine Einträge in die Flächenlastdatei Z88I5.TXT!

Eingaben:

Z88I1.TXT

Es werden grundsätzlich Zylinderkoordinaten erwartet: KFLAG muss 0 sein!

R-Koordinate (= X), immer positiv

Z-Koordinate (= Y), immer positiv

Knoten mit je 2 Freiheitsgraden, R und Z (= X und Y).

Elementtyp ist 6

3 Knoten pro Element

Z88ELP.TXT

Querschnittsparameter QPARA ist 0 oder beliebig, kein Einfluss

Z88INT.TXT

Integrationsordnung INTORD: gleichgültig, hat keinen Einfluss

Integrationsordnung INTOS: gleichgültig, hat keinen Einfluss

Z88MAT.TXT

Eintragen des oder der Materialien, vgl. Kap. 11.5 und 11.6.

Z88MAN.TXT

Radial/Tangentialspannungs-Flag KDFLAG: gleichgültig, hat keinen Einfluss

Vergleichsspannungs-Flag ISFLAG:

0 = keine Vergleichsspannungsberechnung

1,2,3 = Vergleichsspannungen nach GEH, NH oder SH, gemittelt im Elementschwerpunkt

Ausgaben:

Verschiebungen in R und Z (= X und Y)

Spannungen: Die Spannungen werden gemittelt aus Eckknoten in den Element-Schwerpunkten ausgegeben. Es ist: SIGRR = Spannung in R-Richtung = Radialspannung (= X-Richtung), SIGZZ = Spannung in Z-Richtung (= Y-Richtung), TAURZ = Schubspannung in RZ-Ebene (= XY-Ebene), SIGTE = Spannung in Umfangsrichtung = Tangentialspannung. Optional Vergleichsspannungen.

Knotenkräfte elementweise und knotenweise aufaddiert.

12.7 Scheibe Nr.7 mit 8 Knoten

Dies ist ein krummliniges Serendipity-Scheibenelement mit quadratischem Ansatz. Die Transformation ist isoparametrisch, die numerische Integration erfolgt nach Gauß-Legendre. Die Integrationsordnung wird in Z88INT.TXT gewählt, der Grad 3 ist meist am besten geeignet. Sowohl Verschiebungen als auch Spannungen berechnet dieses Element sehr genau. Bei der Spannungsberechnung kann die Integrationsordnung erneut gewählt werden, es können die Spannungen in den Eckknoten (gut als Überblick) oder in den Gauß-Punkten (erheblich genauer) berechnet werden. Achtung bei Streckenlasten über Einzelkräfte, vgl. Kap. 11.3. Einfacher ist die Eingabe von Streckenlasten über die Streckenlastdatei Z88I5.TXT. Das Element kann mit Scheiben Nr.3 oder besser Scheiben Nr.14 kombiniert werden. Scheiben Nr.7 können durch den Netzgenerator Z88N aus Superelementen Scheibe Nr.7 oder Nr.11 generiert werden. Scheibe Nr.7 ist also superelementgeeignet.

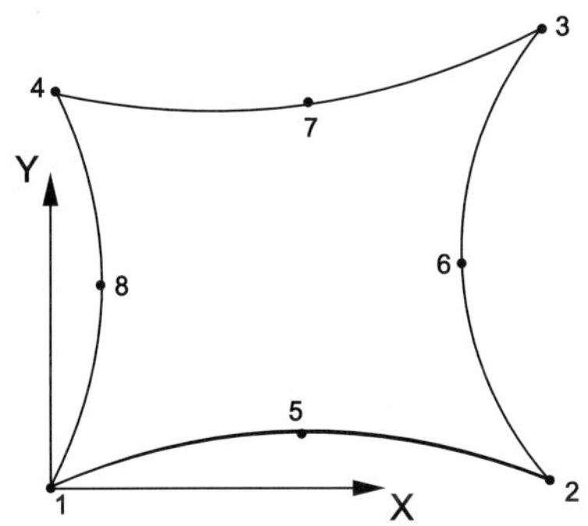

Bild 12.7-1: Scheibe Nr.7

Eingaben:

Z88I1.TXT

KFLAG für Kartesische (0) bzw. Polarkoordinaten (1)

Knoten mit je 2 Freiheitsgraden

Elementtyp ist 7

8 Knoten pro Element

Z88ELP.TXT

Querschnittsparameter QPARA ist die Elementdicke

Z88INT.TXT

Integrationsordnung INTORD für Verschiebungsberechnung. 3 ist meist gut

Integrationsordnung INTOS für Spannungsberechnung:

0 = Berechnung der Spannungen in den Eckknoten

1,2,3,4 = Berechnung der Spannungen in den Gauß-Punkten

Z88MAT.TXT

Eintragen des oder der Materialien, vgl. Kap. 11.5 und 11.6.

Z88MAN.TXT

Radial/Tangentialspannungs-Flag KFLAG =0 : Berechnung von SIGXX,SIGYY und TAUXY

Radial/Tangentialspannungs-Flag KFLAG = 1 : zusätzliche Berechnung von SIGRR,SIGTT und TAURT

Vergleichsspannungs-Flag ISFLAG:

0 = keine Berechnung der Vergleichsspannungen

1,2,3 = Vergleichsspannungen nach GEH, NH oder SH in den Gauß-Punkten (INTOS ungleich 0!)

Z88I5.TXT

Diese Datei wird nur ausgefüllt (vgl. Kap. 11.4), wenn zusätzlich zu Einzelkräften auch Streckenlasten auf die Elemente Nr.7 aufgegeben werden sollen:

Elementnummer

Druck, positiv auf die Kante zeigend

Tangentialschub in lokaler r-Richtung

Zwei Eck- und ein Mittenknoten der Kante, die Streckenlasten erhält. Mathematisch positiv bei Draufsicht.

Die lokale r-Richtung wird durch die Knoten 1-2 festgelegt. Die lokalen Knoten 1, 2, 3 für die Streckenlasten brauchen naturgemäß nicht identisch sein mit den lokalen Knoten 1, 2, 3 für die Koinzidenzliste.

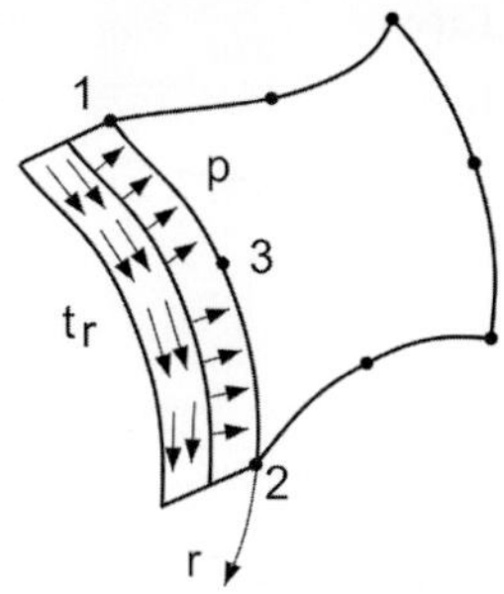

Bild 12.7-2: Anbringen von Streckenlasten bei Scheibe Nr.7

Ausgaben:

Verschiebungen in X und Y

Spannungen: Die Spannungen werden in den Eckknoten oder Gauß-Punkten berechnet, deren Lage wird mit ausgegeben. Bei KFLAG = 1 werden zusätzlich die Radialspannungen SIGRR, die Tangentialspannungen SIGTT und die zugehörigen Schubspannungen SIGRT bestimmt (dies hat nur Sinn, wenn eine rotationssymmetrische Struktur vorliegt). Zur leichteren Orientierung werden der jeweilige Radius und Winkel der Knoten/Punkte ausgewiesen. Optional Vergleichsspannungen.

Knotenkräfte elementweise und knotenweise aufaddiert.

12.8 Torus Nr.8 mit 8 Knoten

Dies ist ein krummliniges Serendipity-Toruselement mit quadratischem Ansatz. Die Transformation ist isoparametrisch, die numerische Integration erfolgt nach Gauß-Legendre. Die Integrationsordnung wird in Z88INT.TXT gewählt, der Grad 3 ist meist am besten geeignet. Sowohl Verschiebungen als auch Spannungen berechnet dieses Element sehr genau. Bei der Spannungsberechnung kann die Integrationsordnung erneut gewählt werden, es können die Spannungen in den Eckknoten (gut als Überblick) oder in den Gauß-Punkten (erheblich genauer) berechnet werden. Achtung bei Streckenlasten über Einzelkräfte, vgl. Kap. 11.3. Einfacher ist die Eingabe von Streckenlasten über die Streckenlastdatei Z88I5.TXT. Das Element kann mit Torus Nr.15 kombiniert werden. Tori Nr.8 können durch den Netzgenerator Z88N aus Superelementen Torus Nr.8 oder Nr.12 generiert werden. Torus Nr.8 ist also superelementgeeignet.

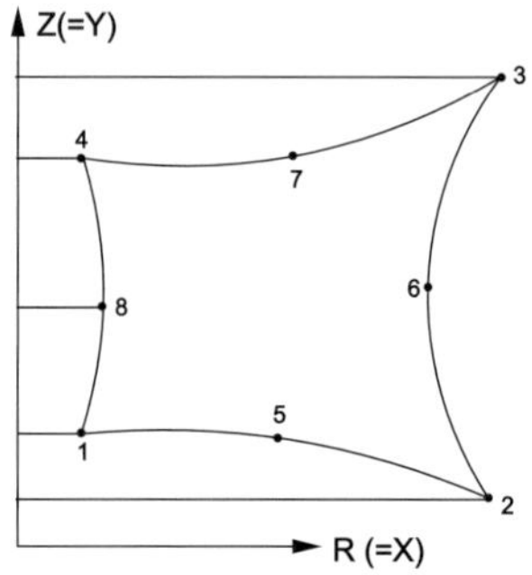

Bild 12.8-1: Torus Nr.8

Eingaben:

Z88I1.TXT

Es werden grundsätzlich Zylinderkoordinaten erwartet: KFLAG muss 0 sein!

R-Koordinate (= X), immer positiv

Z-Koordinate (= Y), immer positiv

Knoten mit je 2 Freiheitsgraden, R und Z (= X und Y).

Elementtyp ist 8

8 Knoten pro Element

Z88ELP.TXT

Querschnittsparameter QPARA ist 0 oder beliebig, kein Einfluss

Z88INT.TXT

Integrationsordnung INTORD für Verschiebungsberechnung. 3 ist meist gut

Integrationsordnung INTOS für Spannungsberechnung:

0 = Berechnung der Spannungen in den Eckknoten

1,2,3,4 = Berechnung der Spannungen in den Gauß-Punkten

Z88MAT.TXT

Eintragen des oder der Materialien, vgl. Kap. 11.5 und 11.6.

Z88MAN.TXT

Radial/Tangentialspannungs-Flag KDFLAG : keine Bedeutung

Vergleichsspannungs-Flag ISFLAG:

0 = keine Berechnung der Vergleichsspannungen

1,2,3 = Vergleichsspannungen nach GEH, NH oder SH in den Gauß-Punkten (INTOS ungleich 0!)

Z88I5.TXT

Diese Datei wird nur ausgefüllt (vgl. Kap. 11.4), wenn zusätzlich zu Einzelkräften auch Streckenlasten auf die Elemente Nr.8 aufgegeben werden sollen:

Elementnummer

Druck, positiv auf die Kante zeigend

Tangentialschub in lokaler r-Richtung

Zwei Eck- und ein Mittenknoten der Kante, die Streckenlasten erhält. Mathematisch positiv bei Draufsicht.

Die lokale r-Richtung wird durch die Knoten 1-2 festgelegt. Die lokalen Knoten 1, 2, 3 für die Streckenlasten brauchen naturgemäß nicht identisch sein mit den lokalen Knoten 1, 2, 3 für die Koinzidenzliste.

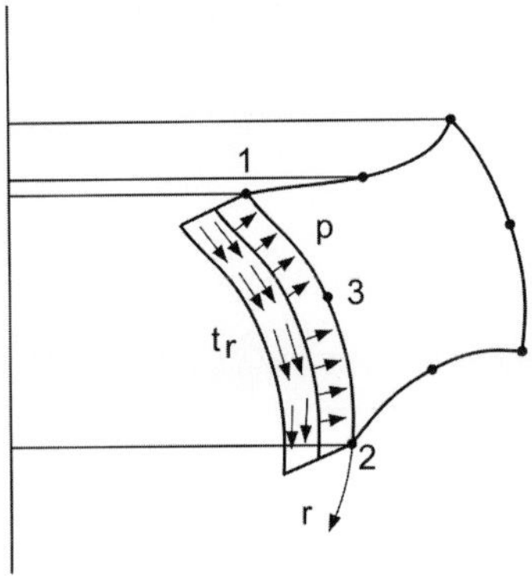

Bild 12.8-2: Anbringen von Flächenlasten bei Torus Nr.8

Ausgaben:

Verschiebungen in R und Z (= X und Y)

Spannungen: Die Spannungen werden in den Eckknoten oder Gauß-Punkten berechnet, deren Lage wird mit ausgegeben. Es ist: SIGRR = Spannung in R-Richtung = Radialspannung (= X-Richtung), SIGZZ = Spannung in Z-Richtung (= Y-Richtung), TAURZ = Schubspannung in RZ-Ebene (= XY-Ebene), SIGTE = Spannung in Umfangsrichtung = Tangentialspannung. Optional Vergleichsspannungen.

Knotenkräfte elementweise und knotenweise aufaddiert.

12.9 Stab Nr.9 in der Ebene

Das Stabelement Nr.9 kann eine beliebige Lage in der Ebene einnehmen. Es ist das einfachste Element in Z88 und wird extrem schnell berechnet. Die Stabelemente sind exakt im Rahmen des Hooke'schen Gesetzes. Sie sind auch als federnde oder schiefe Auflager sehr geeignet.

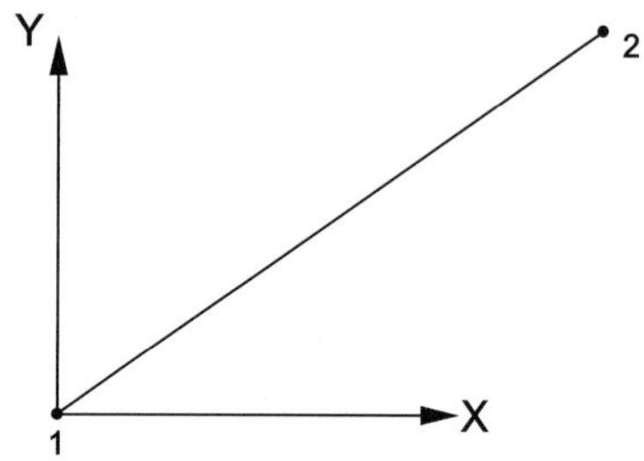

Bild 12.9-1: Stab Nr.9 in der Ebene

Eingaben:

Z88I1.TXT

KFLAG für Kartesische (0) bzw. Polarkoordinaten (1)

Knoten mit je 2 Freiheitsgraden

Elementtyp ist 9

2 Knoten pro Element

Z88ELP.TXT

Querschnittsparameter QPARA ist die Querschnittsfläche des Stabes

Z88INT.TXT

Integrationsordnung INTORD: gleichgültig, hat keinen Einfluss

Integrationsordnung INTOS: gleichgültig, hat keinen Einfluss

Z88MAT.TXT

Eintragen des oder der Materialien, vgl. Kap. 11.5 und 11.6.

Z88MAN.TXT

Radial/Tangentialspannungs-Flag KDFLAG: gleichgültig, hat keinen Einfluss

Vergleichsspannungs-Flag ISFLAG: gleichgültig, hat keinen Einfluss

Ausgaben:

Verschiebungen in X und Y

Spannungen: Zug/Druckspannungen

Knotenkräfte in X und Y, elementweise und knotenweise aufaddiert

■ 12.10 Hexaeder Nr.10 mit 20 Knoten

Dies ist ein krummliniges Serendipity-Volumenelement mit quadratischem Ansatz; die Integration erfolgt numerisch in allen drei Achsen nach Gauß-Legendre. Daher ist die Integrationsordnung in Z88INT.TXT vorzuwählen. Die Ordnung 3 ist gut. Die Güte der Verschiebungs- und der Spannungsberechnungen ist weitaus besser als die des Hexaederelements Nr.1. Hexaeder Nr.10 ist auch gut als dickes Plattenelement einsetzbar, wenn die Plattendicke nicht zu klein gegenüber den anderen Abmessungen ist. Das Element bedingt einen enormen Rechenaufwand und benötigt extrem viel Speicher, da die Elementsteifigkeitsmatrizen die Ordnung 60×60 haben - aber es ist das präziseste Element für räumliche Kontinua!

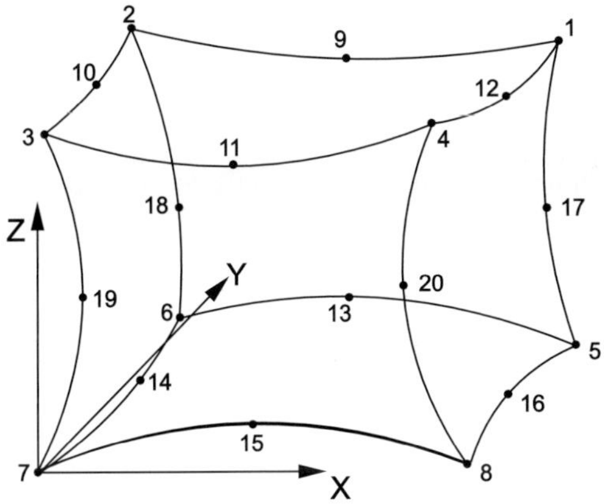

Bild 12.10-1: Hexaeder Nr.10 mit 20 Knoten

Die Knoten-Nummerierungen des Elements Nr.10 müssen sorgfältig (genau nach Bild 12.10-1) vorgenommen werden. Lage des Achsensystems beachten! Die eventuelle Fehlermeldung „Jacobi-Determinante Null oder negativ“ ist ein Hinweis für nicht korrekte Knoten-Nummerierung. Achtung bei Flächenlasten über Einzelkräfte, vgl. Kap. 11.3. Einfacher ist die Eingabe von Flächenlasten über die Flächenlastdatei Z88I5.TXT. Hexaeder Nr.10 können durch den Netzgenerator Z88N aus Superelementen Hexaeder Nr.10 generiert werden. Hexaeder Nr.10 ist also superelementgeeignet. Ferner kann Superelement Hexaeder Nr.10 Finite Elemente Hexaeder Nr.1 erzeugen.

Eingaben:

Z88I1.TXT

KFLAG für Kartesische (0) bzw. Zylinderkoordinaten (1)

Knoten mit je 3 Freiheitsgraden

Elementtyp ist 10

20 Knoten pro Element

Z88ELP.TXT

Querschnittsparameter QPARA ist 0 oder beliebig, kein Einfluss

Z88INT.TXT

Integrationsordnung INTORD für Verschiebungsberechnung. 3 ist meist gut

Integrationsordnung INTOS für Spannungsberechnung:

0 = Berechnung der Spannungen in den Eckknoten

1,2,3,4 = Berechnung der Spannungen in den Gauß-Punkten

Z88MAT.TXT

Eintragen des oder der Materialien, vgl. Kap. 11.5 und 11.6.

Z88MAN.TXT

Radial/Tangentialspannungs-Flag KDFLAG beliebig, hat keinen Einfluss

Vergleichsspannungs-Flag ISFLAG:

0 = keine Berechnung der Vergleichsspannungen

1,2,3 = Vergleichsspannungen nach GEH, NH oder SH in den Gauß-Punkten (INTOS ungleich 0!)

Z88I5.TXT

Diese Datei wird nur ausgefüllt (vgl. Kap. 11.4), wenn zusätzlich zu Einzelkräften auch Flächenlasten auf die Elemente Nr.10 aufgegeben werden sollen:

Elementnummer

Druck, positiv auf die Fläche zeigend

Tangentialschub in lokaler r-Richtung

Tangentialschub in lokaler s-Richtung

4 Eckknoten und 4 Mittenknoten der Fläche, die Flächenlasten erhält. Mathematisch positiv bei Draufsicht.

Die lokale r-Richtung wird durch die Knoten 1-2, die lokale s-Richtung durch die Knoten 1-4 festgelegt. Die lokalen Knoten 1 bis 8 für die Flächenlasten brauchen naturgemäß nicht identisch sein mit den lokalen Knoten 1 bis 8 für die Koinzidenzliste.

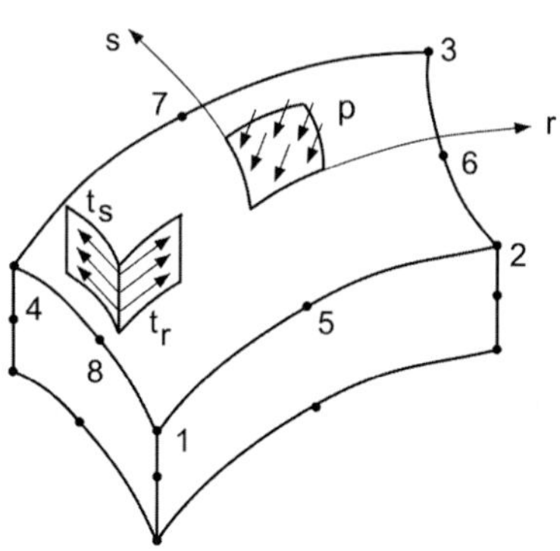

Bild 12.10-2: Anbringen von Flächenlasten bei Hexaeder Nr.10

Ausgaben:

Verschiebungen in X, Y und Z

Spannungen: SIGXX, SIGYY, SIGZZ, TAUXY, TAUYZ, TAUZX, jeweils für Eckknoten oder Gauß-Punkte. Optional Vergleichsspannungen.

Knotenkräfte in X, Y und Z elementweise und knotenweise aufaddiert

Für Z88thermo :

Bei der thermischen Analyse besitzt das Finite Element nur einen Freiheitsgrad pro Knoten. Neben den bereits oben genannten Ein- und Ausgabedateien sind bei der stationär thermischen Simulation (reine Wärmeleitung oder thermo-mechanische Simulation) noch folgende Dateien von Bedeutung.

Eingaben:

Z88TI2.TXT

Knotennummer

Flag für Randbedingung

1 = Wärmestrom

2 = Temperatur

Wert

Z88TI5.TXT

Wie Z88I5.TXT, jedoch muss hier für den Tangentialschub eine 0 stehen und der Wert ist die Wärmestromdichte.

Ausgaben:

Temperaturen am Knoten

Wärmeströme am Knoten

Thermische Dehnung am Knoten

Thermische Kraft in X, Y und Z

sowie die aus der Elastostatik bekannten Ergebnisse.

Verschiebungen in X, Y und Z

Spannungen: SIGXX, SIGYY, SIGZZ, TAUXY, TAUYZ, TAUZX, jeweils für Eckknoten oder Gauß-Punkte. Optional Vergleichsspannungen.

Knotenkräfte in X, Y und Z elementweise und knotenweise aufaddiert.

Für Z88EI *f*:

Die Angaben zur Elementsteifigkeit bleiben im Vergleich zur linear-elastischen Berechnung unverändert. Die einzige Ergänzung stellt die Approximation der Elementmasse dar, welche sich aus dem Elementvolumen und der Massendichte des jeweiligen Materials ergibt. Es wird durch die aufsummierten Teilvolumina bzw. -massen von 21 einbeschriebenen Tetraedern approximiert.

12.11 Scheibe Nr.11 mit 12 Knoten

Dies ist ein krummliniges Serendipity-Scheibenelement mit kubischem Ansatz. Die Transformation ist isoparametrisch, die numerische Integration erfolgt nach Gauß-Legendre. Die Integrationsordnung wird in Z88INT.TXT gewählt, der Grad 3 ist meist am besten geeignet. Sowohl Verschiebungen als auch Spannungen berechnet dieses Element ausgezeichnet. Bei der Spannungsberechnung kann die Integrationsordnung erneut gewählt werden, es können die Spannungen in den Eckknoten (gut als Überblick) oder in den Gauß-Punkten (erheblich genauer) berechnet werden. Das Element ist durch seine 24×24 Elementsteifigkeitsmatrizen speicherintensiv. Achtung bei Streckenlasten über Einzelkräfte, vgl. Kap. 11.3. Einfacher ist die Eingabe von Streckenlasten über die Streckenlastdatei Z88I5.TXT. Scheibe Nr.11 ist superelementgeeignet und kann Finite Elemente Scheibe Nr.7 erzeugen. Scheiben Nr.11 selbst können nicht durch Z88N generiert werden.

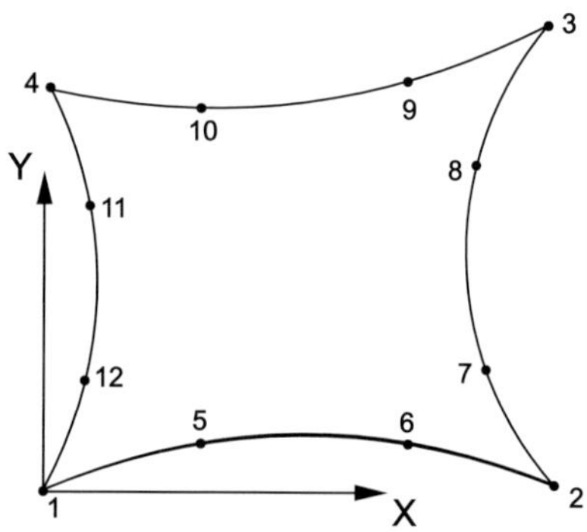

Bild 12.11-1: Scheibe Nr.11

Eingaben:

Z88I1.TXT

KFLAG für Kartesische (0) bzw. Polarkoordinaten (1)

Knoten mit je 2 Freiheitsgraden

Elementtyp ist 11

12 Knoten pro Element

Z88ELP.TXT

Querschnittsparameter QPARA ist die Elementdicke

Z88INT.TXT

Integrationsordnung INTORD für Verschiebungsberechnung. 3 ist meist gut

Integrationsordnung INTOS für Spannungsberechnung:

0 = Berechnung der Spannungen in den Eckknoten

1,2,3,4 = Berechnung der Spannungen in den Gauß-Punkten

Z88MAT.TXT

Eintragen des oder der Materialien, vgl. Kap. 11.5 und 11.6.

Z88MAN.TXT

Radial/Tangentialspannungs-Flag KFLAG =0 : Berechnung von SIGXX,SIGYY und TAUXY

Radial/Tangentialspannungs-Flag KFLAG = 1 : zusätzliche Berechnung von SIGRR,SIGTT und TAURT

Vergleichsspannungs-Flag ISFLAG:

0 = keine Berechnung der Vergleichsspannungen

1,2,3 = Vergleichsspannungen nach GEH, NH oder SH in den Gauß-Punkten (INTOS ungleich 0!)

Z88I5.TXT

Diese Datei wird nur ausgefüllt (vgl. Kap. 11.4), wenn zusätzlich zu Einzelkräften auch Streckenlasten auf die Elemente Nr.11 aufgegeben werden sollen:

Elementnummer

Druck, positiv auf die Kante zeigend

Tangentialschub in lokaler r-Richtung

Zwei Eck- und zwei Mittenknoten der Kante, die Streckenlasten erhält. Mathematisch positiv bei Draufsicht.

Die lokale r-Richtung wird durch die Knoten 1-2 festgelegt. Die lokalen Knoten 1, 2, 3, 4 für die Streckenlasten brauchen naturgemäß nicht identisch sein mit den lokalen Knoten 1, 2, 3, 4 für die Koinzidenzliste.

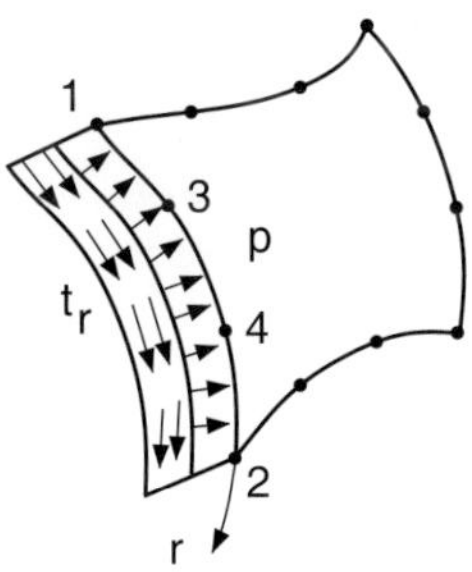

Bild 12.11-2: Anbringen von Streckenlasten bei Scheibe Nr.11

Ausgaben:

Verschiebungen in X und Y

Spannungen: Die Spannungen werden in den Eckknoten oder Gauß-Punkten berechnet, deren Lage wird mit ausgegeben. Bei KFLAG = 1 werden zusätzlich die Radialspannungen SIGRR, die Tangentialspannungen SIGTT und die zugehörigen Schubspannungen SIGRT bestimmt (dies hat nur Sinn, wenn eine rotationssymmetrische Struktur vorliegt). Zur leichteren Orientierung werden der jeweilige Radius und Winkel der Knoten/Punkte ausgewiesen. Optional Vergleichsspannungen.

Knotenkräfte elementweise und knotenweise aufaddiert.

12.12 Torus Nr.12 mit 12 Knoten

Dies ist ein krummliniges Serendipity-Toruselement mit kubischem Ansatz. Die Transformation ist isoparametrisch, die numerische Integration erfolgt nach Gauß-Legendre. Die Integrationsordnung wird in Z88INT.TXT gewählt, der Grad 3 ist meist am besten geeignet. Sowohl Verschiebungen als auch Spannungen berechnet dieses Element ausgezeichnet. Bei der Spannungsberechnung kann die Integrationsordnung erneut gewählt werden, es können die Spannungen in den Eckknoten (gut als Überblick) oder in den Gauß-Punkten (erheblich genauer) berechnet werden. Das Element ist durch seine 24×24 Elementsteifigkeitsmatrizen speicherintensiv. Achtung bei Streckenlasten über Einzelkräfte, vgl. Kap. 11.3. Einfacher ist die Eingabe von Streckenlasten über die Streckenlastdatei Z88I5.TXT. Torus Nr.12 ist superelementgeeignet und kann Finite Elemente Torus Nr.8 erzeugen. Tori Nr.12 selbst können nicht durch Z88N generiert werden.

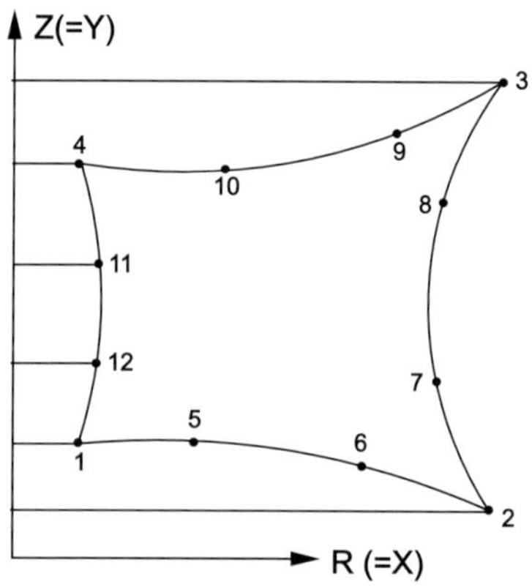

Bild 12.12-1: Torus Nr.12

Eingaben:

Z88I1.TXT

Es werden grundsätzlich Zylinderkoordinaten erwartet: KFLAG muss 0 sein!

R-Koordinate (= X), immer positiv

Z-Koordinate (= Y), immer positiv

Knoten mit je 2 Freiheitsgraden, R und Z (= X und Y).

Elementtyp ist 12

12 Knoten pro Element

Z88ELP.TXT

Querschnittsparameter QPARA ist 0 oder beliebig, kein Einfluss

Z88INT.TXT

Integrationsordnung INTORD für Verschiebungsberechnung. 3 ist meist gut

Integrationsordnung INTOS für Spannungsberechnung:

0 = Berechnung der Spannungen in den Eckknoten

1,2,3,4 = Berechnung der Spannungen in den Gauß-Punkten

Z88MAT.TXT

Eintragen des oder der Materialien, vgl. Kap. 11.5 und 11.6.

Z88MAN.TXT

Radial/Tangentialspannungs-Flag KDFLAG : keine Bedeutung

Vergleichsspannungs-Flag ISFLAG:

0 = keine Berechnung der Vergleichsspannungen

1,2,3 = Vergleichsspannungen nach GEH, NH oder SH in den Gauß-Punkten (INTOS ungleich 0!)

Z88I5.TXT

Diese Datei wird nur ausgefüllt (vgl. Kap. 11.4), wenn zusätzlich zu Einzelkräften auch Streckenlasten auf die Elemente Nr.12 aufgegeben werden sollen:

Elementnummer

Druck, positiv auf die Kante zeigend

Tangentialschub in lokaler r-Richtung

Zwei Eck- und zwei Mittenknoten der Kante, die Streckenlasten erhält. Mathematisch positiv bei Draufsicht.

Die lokale r-Richtung wird durch die Knoten 1-2 festgelegt. Die lokalen Knoten 1, 2, 3, 4 für die Streckenlasten brauchen naturgemäß nicht identisch sein mit den lokalen Knoten 1, 2, 3, 4 für die Koinzidenzliste.

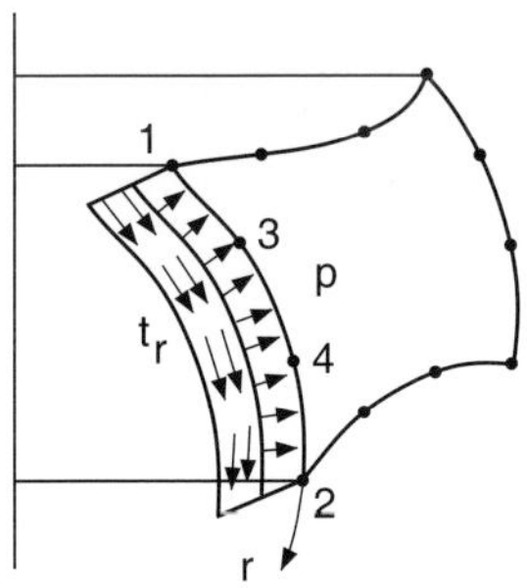

Bild 12.12-2: Anbringen von Flächenlasten bei Torus Nr.12

Ausgaben:

Verschiebungen in R und Z (= X und Y)

Spannungen: Die Spannungen werden in den Eckknoten oder Gauß-Punkten berechnet, deren Lage wird mit ausgegeben. Es ist: SIGRR = Spannung in R-Richtung = Radialspannung (= X-Richtung), SIGZZ = Spannung in Z-Richtung (= Y-Richtung), TAURZ = Schubspannung in RZ-Ebene (= XY-Ebene), SIGTE = Spannung in Umfangsrichtung = Tangentialspannung. Optional Vergleichsspannungen.

Knotenkräfte elementweise und knotenweise aufaddiert.

12.13 Balken Nr.13 in der Ebene

Ebenes Balkenelement mit beliebigem, aber symmetrischem Profil. Die Profilwerte werden in Z88ELP.TXT bereitgestellt. So wird im Gegensatz zu anderen FE-Programmen eine Vielfalt von unterschiedlichen Balken-Subroutinen vermieden, womit doch nicht alle denkbaren symmetrischen Profile erfasst werden können. Das Element ist im Rahmen der Bernoulli-Biegetheorie bzw. des Hooke'schen Gesetzes exakt, keine Näherungslösung wie bei den Kontinuumselementen.

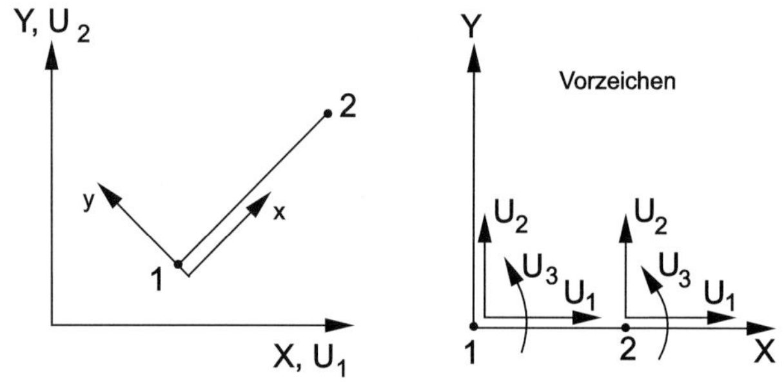

Bild 12.13-1: Balken Nr.13 in der Ebene mit seinen Vorzeichendefinitionen

Eingaben:

Z88I1.TXT

KFLAG für Kartesische (0) bzw. Polarkoordinaten (1)

Knoten mit je 3 Freiheitsgraden

Elementtyp ist 13

2 Knoten pro Element

Z88ELP.TXT

Querschnittsfläche QPARA

Biege-Trägheitsmoment RIYY um y-y Achse 0 einsetzen

max. Randfaserabstand EYY von y-y Achse 0 einsetzen

Biege-Trägheitsmoment RIZZ um z-z Achse: Wert

max. Randfaserabstand EZZ von z-z Achse: Wert

Torsions-Trägheitsmoment RIT : 0 einsetzen

Torsions-Widerstandsmoment WT : 0 einsetzen

Z88INT.TXT

Hat keinen Einfluss auf Balken Nr.13, muss aber (mit beliebigen Inhalt) existieren.

Z88MAT.TXT

Eintragen des oder der Materialien, vgl. Kap. 11.5 und 11.6.

Z88MAN.TXT

Balkenflag IBFLAG zu 1 setzen

die restlichen Flags haben keinen Einfluss.

Ausgaben:

Verschiebungen in X und Y, Rotationen um Z

Spannungen: SIGXX,TAUXX: Normalspannung, Schubspannung SIGZZ1,SIGZZ2: Biegespannung um z-z, 1. und 2.Knoten

Knotenkräfte in X, Y und Knotenmomente um Z, elementweise und knotenweise aufaddiert.

12.14 Scheibe Nr.14 mit 6 Knoten

Dies ist ein krummliniges Serendipity-Scheibenelement mit quadratischem Ansatz. Die Transformation ist isoparametrisch, die numerische Integration erfolgt nach Gauß-Legendre. Die Integrationsordnung wird in Z88INT.TXT gewählt, der Grad 7 ist meist am besten geeignet. Sowohl Verschiebungen als auch Spannungen berechnet dieses Element recht genau. Bei der Spannungsberechnung kann die Integrationsordnung erneut gewählt werden, es können die Spannungen in den Eckknoten (gut als Überblick) oder in den Gauß-Punkten (erheblich genauer) berechnet werden. Achtung bei Streckenlasten über Einzelkräfte, vgl. Kap. 11.3. Einfacher ist die Eingabe von Streckenlasten über die Streckenlastdatei Z88I5.TXT. Dieses Element ist für den Datenaustausch mit Auto-Vernetzern von z.B. dem 3D-CAD System Pro/ENGINEER vorgesehen; eine Netzgenerierung mit Z88N ist nicht implementiert, weil nicht nötig. Hier stehen die Scheiben Nr.7 zur Verfügung. Da Scheibe Nr.7 prinzipbedingt genauer rechnet als die krummlinige Dreiecksscheibe Nr.14, sollte Scheibe Nr.7 bevorzugt verwendet werden.

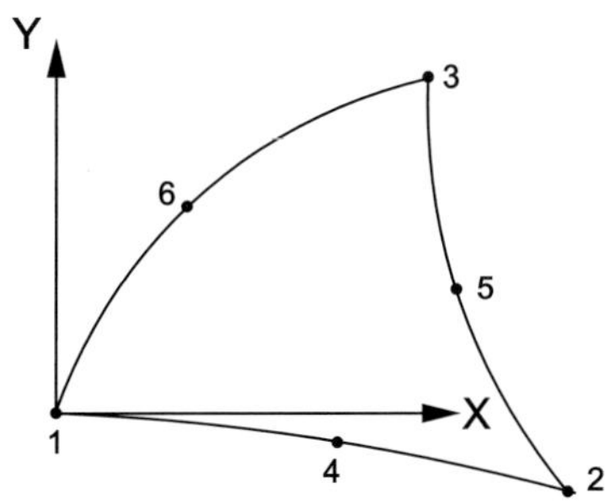

Bild 12.14-1: Scheibe Nr.14

Eingaben:

Z88I1.TXT

KFLAG für Kartesische (0) bzw. Polarkoordinaten (1)

Knoten mit je 2 Freiheitsgraden

Elementtyp ist 14

6 Knoten pro Element

Z88ELP.TXT

Querschnittsparameter QPARA ist die Elementdicke

Z88INT.TXT

Integrationsordnung INTORD. 7 ist meist gut. Möglich sind: 3 für drei Integrationsstützpunkte sowie 7 und 13 für 7 bzw. 13 Integrationsstützpunkte. Damit sich dieses Element mit Scheiben Nr.7, z.B. via Pro/ENGINEER, kombinieren lässt, wird automatisch intern in der Routine ISOD88 gesetzt:

Integrationsordnung 1 oder 2: *3 Gauß-Punkte*

Integrationsordnung 4: *7 Gauß-Punkte*

Beispiel: INTORD ist 2 gesetzt: Damit werden für Scheiben Nr.7 2×2= 4 Gauß-Punkte und für Scheiben Nr.14 dann 3 Gauß-Punkte zum Integrieren angesetzt.

Integrationsordnung INTOS für Spannungsberechnung:

0 = Berechnung der Spannungen in den Eckknoten

3,7,13 = Berechnung der Spannungen in den Gauß-Punkten (z.B. 7 = 7 Gauß-Punkte). Hier gilt sinngemäßes wie für INTORD.

Z88MAT.TXT

Eintragen des oder der Materialien, vgl. Kap. 11.5 und 11.6.

Z88MAN.TXT

Radial/Tangentialspannungs-Flag KDFLAG = 0 : Berechnung von SIGXX,SIGYY und TAUXY

Radial/Tangentialspannungs-Flag KDFLAG = 1 : zusätzliche Berechnung von SIGRR,SIGTT und TAURT

Vergleichsspannungs-Flag ISFLAG:

0 = keine Berechnung der Vergleichsspannungen

1,2,3 = Vergleichsspannungen nach GEH, NH oder SH in den Gauß-Punkten (INTOS ungleich 0!)

Z88I5.TXT

Diese Datei wird nur ausgefüllt (vgl. Kap. 11.4), wenn zusätzlich zu Einzelkräften auch Streckenlasten auf die Elemente Nr.14 aufgegeben werden sollen:

Elementnummer

Druck, positiv auf die Kante zeigend

Tangentialschub in lokaler r-Richtung

Zwei Eck- und ein Mittenknoten der Kante, die Streckenlasten erhält. Mathematisch positiv bei Draufsicht.

Die lokale r-Richtung wird durch die Knoten 1-2 festgelegt. Die lokalen Knoten 1, 2, 3 für die Streckenlasten brauchen naturgemäß nicht identisch sein mit den lokalen Knoten 1, 2, 3 für die Koinzidenzliste.

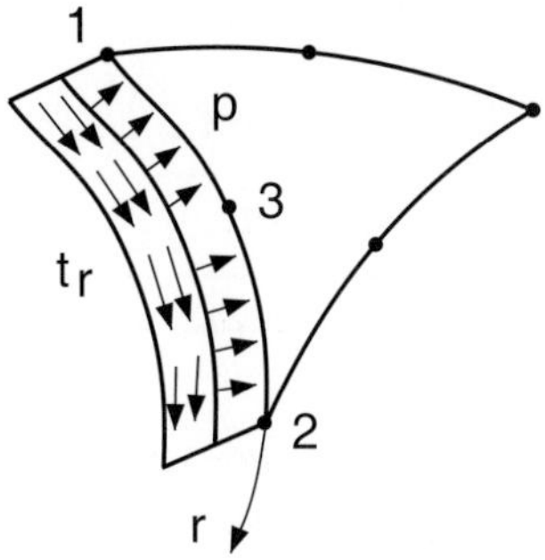

Bild 12.14-2: Anbringen von Streckenlasten bei Scheibe Nr.14

Ausgaben:

Verschiebungen in X und Y

Spannungen: Die Spannungen werden in den Eckknoten oder Gauß-Punkten berechnet, deren Lage wird mit ausgegeben. Bei KFLAG = 1 werden zusätzlich die Radialspannungen SIGRR, die Tangentialspannungen SIGTT und die zugehörigen Schubspannungen SIGRT bestimmt (dies hat nur Sinn, wenn eine rotationssymmetrische Struktur vorliegt). Zur leichteren Orientierung werden der jeweilige Radius und Winkel der Knoten/Punkte ausgewiesen. Optional Vergleichsspannungen.

Knotenkräfte elementweise und knotenweise aufaddiert.

■ 12.15 Torus Nr.15 mit 6 Knoten

Dies ist ein krummliniges Serendipity-Toruselement mit quadratischem Ansatz. Die Transformation ist isoparametrisch, die numerische Integration erfolgt nach Gauß-Legendre. Die Integrationsordnung wird in Z88INT.TXT gewählt, der Grad 7 ist meist am besten geeignet. Sowohl Verschiebungen als auch Spannungen berechnet dieses Element sehr genau. Bei der Spannungsberechnung kann die Integrationsordnung erneut gewählt werden, es können die Spannungen in den Eckknoten (gut als Überblick) oder in den Gauß-Punkten (erheblich genauer) berechnet werden. Achtung bei Streckenlasten über Einzelkräfte, vgl. Kap. 11.3. Einfacher ist die Eingabe von Streckenlasten über die Streckenlastdatei Z88I5.TXT. Dieses Element ist für den Datenaustausch mit Auto-Vernetzern von z.B. dem 3D-CAD System Pro/ENGINEER vorgesehen; eine Netzgenerierung mit Z88N ist nicht implementiert, weil nicht nötig. Hier stehen die Tori Nr.8 zur Verfügung. Da Torus Nr.8 prinzipbedingt genauer rechnet als der krummlinige Dreieckstorus Nr.15, sollte Torus Nr.8 bevorzugt verwendet werden.

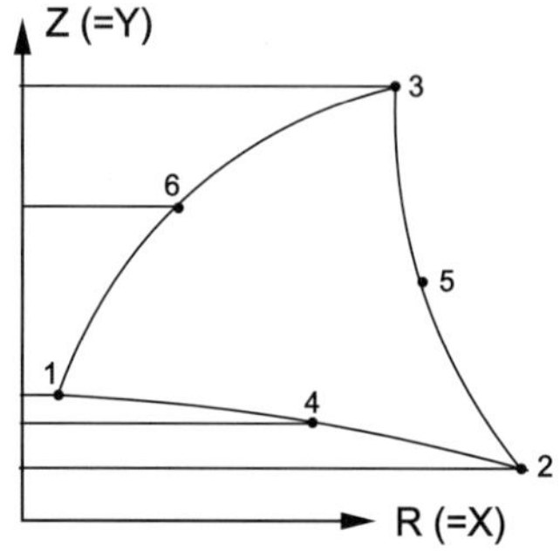

Bild 12.15-1: Torus Nr.15

Eingaben:

Z88I1.TXT

Es werden grundsätzlich Zylinderkoordinaten erwartet: KFLAG muss 0 sein!

R-Koordinate (= X), immer positiv

Z-Koordinate (= Y), immer positiv

Knoten mit je 2 Freiheitsgraden, R und Z (= X und Y).

Elementtyp ist 15

6 Knoten pro Element

Z88ELP.TXT

Querschnittsparameter QPARA ist 0 oder beliebig, kein Einfluss

Z88INT.TXT

Integrationsordnung INTORD 7 ist meist gut. Möglich sind: 3 für drei Integrationsstützpunkte sowie 7 und 13 für 7 bzw. 13 Integrationsstützpunkte. Damit sich dieses Element mit Torus Nr.8, z.B. via Pro/ENGINEER, kombinieren lässt, wird automatisch intern in der Routine ISOD88 gesetzt:

Integrationsordnung 1 oder 2: *3 Gauß-Punkte*

Integrationsordnung 4: *7 Gauß-Punkte*

Beispiel: INTORD ist 2 gesetzt: Damit werden für Tori Nr.8 2×2= 4 Gauß-Punkte und für Tori Nr.15 dann 3 Gauß-Punkte zum Integrieren angesetzt.

Integrationsordnung INTOS für Spannungsberechnung:

0 = Berechnung der Spannungen in den Eckknoten

3,7,13 = Berechnung der Spannungen in den Gauß-Punkten (z.B. 7 = 7 Gauß-Punkte). Hier gilt sinngemäßes wie für INTORD.

Z88MAT.TXT

Eintragen des oder der Materialien, vgl. Kap. 11.5 und 11.6.

Z88MAN.TXT

Radial/Tangentialspannungs-Flag KDFLAG : keine Bedeutung

Vergleichsspannungs-Flag ISFLAG:

0 = keine Berechnung der Vergleichsspannungen

1,2,3 = Vergleichsspannungen nach GEH, NH oder SH in den Gauß-Punkten (INTOS ungleich 0!)

Z88I5.TXT

Diese Datei wird nur ausgefüllt (vgl. Kap. 11.4), wenn zusätzlich zu Einzelkräften auch Streckenlasten auf die Elemente Nr.8 aufgegeben werden sollen:

Elementnummer

Druck, positiv auf die Kante zeigend

Tangentialschub in lokaler r-Richtung

Zwei Eck- und ein Mittenknoten der Kante, die Streckenlasten erhält. Mathematisch positiv bei Draufsicht.

Die lokale r-Richtung wird durch die Knoten 1-2 festgelegt. Die lokalen Knoten 1, 2, 3 für die Streckenlasten brauchen naturgemäß nicht identisch sein mit den lokalen Knoten 1, 2, 3 für die Koinzidenzliste.

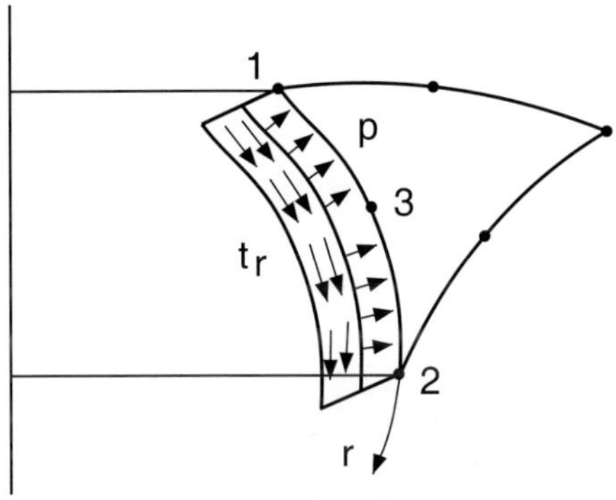

Bild 12.15-2: Anbringen von Flächenlasten bei Torus Nr.15

Ausgaben:

Verschiebungen in R und Z (= X und Y)

Spannungen: Die Spannungen werden in den Eckknoten oder Gauß-Punkten berechnet, deren Lage wird mit ausgegeben. Es ist: SIGRR = Spannung in R-Richtung = Radialspannung (= X-Richtung), SIGZZ = Spannung in Z-Richtung (= Y-Richtung), TAURZ = Schubspannung in RZ-Ebene (= XY-Ebene), SIGTE = Spannung in Umfangsrichtung = Tangentialspannung. Optional Vergleichsspannungen.

Knotenkräfte elementweise und knotenweise aufaddiert.

■ 12.16 Tetraeder Nr.16 mit 10 Knoten

Dies ist ein krummliniges Serendipity-Volumenelement mit quadratischem Ansatz; die Integration erfolgt numerisch in allen drei Achsen nach Gauß-Legendre. Daher ist die Integrationsordnung in Z88INT.TXT vorzuwählen. Die Ordnung 4 ist gut. Die Güte der Verschiebungs- und Spannungsberechnungen ist weitaus besser als die des Tetraederelements Nr.17, jedoch spürbar schlechter als die des Hexaederelements Nr.10.

Tetraeder Nr.16 ist auch gut als dickes Plattenelement einsetzbar, wenn die Plattendicke nicht zu klein gegenüber den anderen Abmessungen ist. Das Element bedingt einen großen Rechenaufwand und benötigt viel Speicher, da die Elementsteifigkeitsmatrizen die Ordnung 30×30 haben. Achtung bei Flächenlasten über Einzelkräfte, vgl. Kap. 11.3. Einfacher ist die Eingabe von Flächenlasten über die Flächenlastdatei Z88I5.TXT.

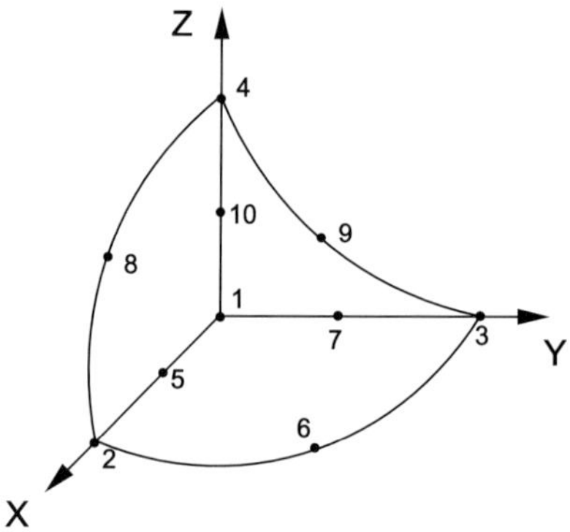

Bild 12.16-1: Tetraeder Nr.16

Die Knoten-Nummerierungen des Elements Nr.16 müssen sorgfältig (genau nach Bild 12.16-1) vorgenommen werden. Lage des Achsensystems beachten! Die eventuelle Fehlermeldung „Jacobi-Determinante Null oder negativ" ist ein Hinweis für nicht korrekte Knoten-Nummerierung. Tetraeder Nr.16 können nicht durch den Netzgenerator Z88N generiert werden. Ein DXF-Austausch mit Z88X ist zwar realisiert, aber Tetraederelemente sind aufgrund ihrer eigenwilligen Geometrie sehr schwer „von Hand" im Raum platzierbar. Achtung: Oft generieren die Auto-Vernetzer von CAD-Systemen sehr ungünstige Element- und Knoten-Nummerierungen, wodurch der Speicherbedarf für Z88R (Einstellung Cholesky-Solver) völlig nutzloserweise stark erhöht wird. Ein Umnummerieren kann sehr sinnvoll sein. Oder besser gleich mit einem der Sparse-Solver (SICCG, SORCG, Pardiso) arbeiten.

Eingaben:

Z88I1.TXT

KFLAG für Kartesische (0) bzw. Zylinderkoordinaten (1)

Knoten mit je 3 Freiheitsgraden

Elementtyp ist 16

10 Knoten pro Element

Z88ELP.TXT

Querschnittsparameter QPARA ist 0 oder beliebig, kein Einfluss

Z88INT.TXT

Integrationsordnung INTORD für Verschiebungsberechnung. 4 ist meist gut. Zulässig sind 1 für einen Integrationsstützpunkt und 4 und 5 für 4 bzw. 5 Integrationsstützpunkte.

Integrationsordnung INTOS für Spannungsberechnung:

0 = Berechnung der Spannungen in den Eckknoten

1,4,5 = Berechnung der Spannungen in den Gauß-Punkten (z.B. 4 = 4 Gauß-Punkte)

Z88MAT.TXT

Eintragen des oder der Materialien, vgl. Kap. 11.5 und 11.6.

Z88MAN.TXT

Radial/Tangentialspannungs-Flag KDFLAG beliebig, hat keinen Einfluss

Vergleichsspannungs-Flag ISFLAG:

0 = keine Berechnung der Vergleichsspannungen

1,2,3 = Vergleichsspannungen nach GEH, NH oder SH in den Gauß-Punkten (INTOS ungleich 0!)

Z88I5.TXT

Diese Datei wird nur ausgefüllt (vgl. Kap. 11.4), wenn zusätzlich zu Einzelkräften auch Streckenlasten auf die Elemente Nr.16 aufgegeben werden sollen:

Elementnummer

Druck, positiv auf die Fläche zeigend

Drei Eck- und drei Mittenknoten der Fläche, die Flächenlasten erhält. Mathematisch positiv bei Draufsicht.

Die lokalen Knoten 1 bis 6 für die Flächenlasten brauchen naturgemäß nicht identisch sein mit den lokalen Knoten 1 bis 6 für die Koinzidenzliste.

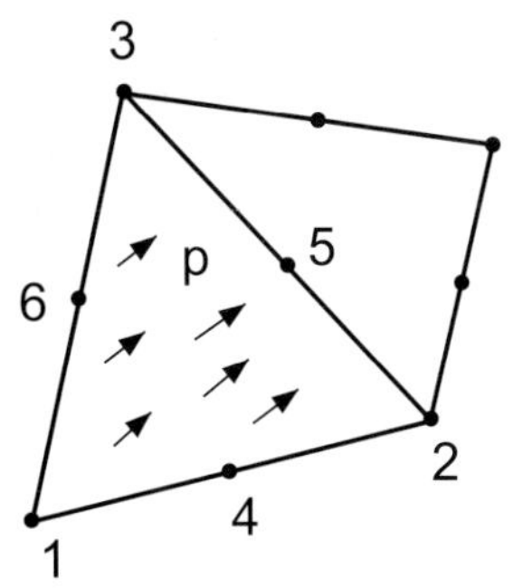

Bild 12.16-2: Anbringen von Drücken auf Tetraeder Nr.16

Ausgaben:

Verschiebungen in X, Y und Z

Spannungen: SIGXX, SIGYY, SIGZZ, TAUXY, TAUYZ, TAUZX, jeweils für Eckknoten oder Gauß-Punkte. Optional Vergleichsspannungen.

Knotenkräfte in X, Y und Z elementweise und knotenweise aufaddiert

Für Z88thermo :

Bei der thermischen Analyse besitzt das Finite Element nur einen Freiheitsgrad pro Knoten. Neben den bereits oben genannten Ein- und Ausgabedateien sind bei der stationär thermischen Simulation (reine Wärmeleitung oder thermo-mechanische Simulation) noch folgende Dateien von Bedeutung.

Eingaben:

Z88TI2.TXT

Knotennummer

Flag für Randbedingung

1 = Wärmestrom

2 = Temperatur

Wert

Z88TI5.TXT

Wie Z88I5.TXT, der Wert ist die Wärmestromdichte.

Ausgaben:

Temperaturen am Knoten

Wärmeströme am Knoten

Thermische Dehnung am Knoten

Thermische Kraft in X, Y und Z

sowie die aus der Elastostatik bekannten Ergebnisse.

Verschiebungen in X, Y und Z

Spannungen: SIGXX, SIGYY, SIGZZ, TAUXY, TAUYZ, TAUZX, jeweils für Eckknoten oder Gauß-Punkte. Optional Vergleichsspannungen.

Knotenkräfte in X, Y und Z elementweise und knotenweise aufaddiert.

Für Z88EI *f*:

Die Angaben zur Elementsteifigkeit bleiben im Vergleich zur linear-elastischen Berechnung unverändert. Die einzige Ergänzung stellt die Approximation der Elementmasse dar, welche sich aus dem Elementvolumen und der Massendichte des jeweiligen Materials ergibt. Es wird durch die aufsummierten Teilvolumina bzw. -massen von acht einbeschriebenen Tetraedern approximiert.

■ 12.17 Tetraeder Nr. 17 mit 4 Knoten

Das Tetraeder-Element berechnet räumliche Spannungszustände. Die Transformation ist isoparametrisch, die Integration erfolgt numerisch in allen drei Achsen nach Gauß-Legendre. Daher ist die Integrationsordnung in Z88INT.TXT vorzuwählen. Die Ordnung 1 ist i.a. ausreichend. Tetraeder Nr.17 ist auch gut als dickes Plattenelement einsetzbar, wenn die Plattendicke nicht zu klein gegenüber den anderen Abmessungen ist.

Insgesamt betrachtet ist die Rechengenauigkeit von Tetraeder Nr.17 schlecht. Es sind extrem feine Netze nötig, um brauchbare Resultate zu erhalten. Wenn immer möglich, sollte mit Tetraedern Nr.16, Hexaedern Nr.1 und (am besten) mit Hexaedern Nr.10 gearbeitet werden.

Tetraeder Nr.17 können nicht durch den Netzgenerator Z88N generiert werden. Ein DXF-Austausch mit Z88X ist zwar realisiert, aber Tetraederelemente sind aufgrund ihrer eigenwilligen Geometrie sehr schwer „von Hand“ im Raum platzierbar. Achtung: Oft generieren die Auto-Vernetzer von CAD-Systemen sehr ungünstige Element- und Knoten-Nummerierungen, wodurch der Speicherbedarf für Z88R (Einstellung Cholesky-Solver) völlig nutzloserweise stark erhöht wird. Ein Umnummerieren kann sehr sinnvoll sein. Oder besser gleich mit einem der Sparse-Solver (SICCG, SORCG, Pardiso) arbeiten.

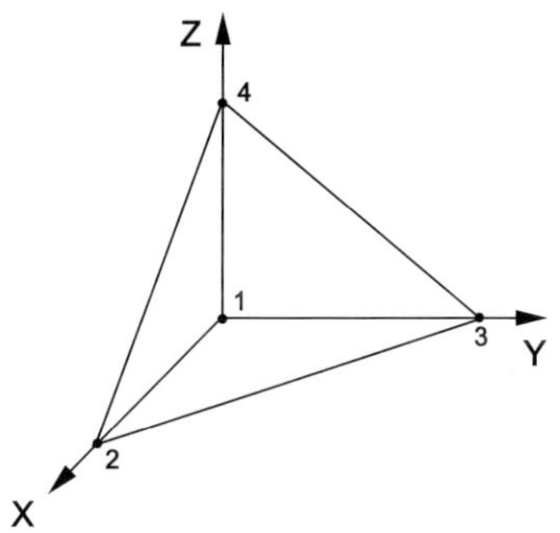

Bild 12.17-1: Tetraeder Nr.17

Eingaben:

Z88I1.TXT

KFLAG für Kartesische (0) bzw. Zylinderkoordinaten (1)

Knoten mit je 3 Freiheitsgraden

Elementtyp ist 17

4 Knoten pro Element

Z88ELP.TXT

Querschnittsparameter QPARA ist 0 oder beliebig, kein Einfluss

Z88INT.TXT

Integrationsordnung INTORD für Verschiebungsberechnung. 1 ist meist gut. Zulässig sind 1 für einen Integrationsstützpunkt und 4 und 5 für 4 bzw. 5 Integrationsstützpunkte.

Integrationsordnung INTOS für Spannungsberechnung:

0 = Berechnung der Spannungen in den Eckknoten

1,4,5 = Berechnung der Spannungen in den Gauß-Punkten (z.B. 4 = 4 Gauß-Punkte)

Z88MAT.TXT

Eintragen des oder der Materialien, vgl. Kap. 11.5 und 11.6.

Z88MAN.TXT

Radial/Tangentialspannungs-Flag KDFLAG beliebig, hat keinen Einfluss

Vergleichsspannungs-Flag ISFLAG:

0 = keine Berechnung der Vergleichsspannungen

1,2,3 = Vergleichsspannungen nach GEH, NH oder SH in den Gauß-Punkten (INTOS ungleich 0!)

Z88I5.TXT

Diese Datei wird nur ausgefüllt (vgl. Kap. 11.4), wenn zusätzlich zu Einzelkräften auch Streckenlasten auf die Elemente Nr.17 aufgegeben werden sollen:

Elementnummer

Druck, positiv auf die Fläche zeigend

Drei Eckknoten der Fläche, die Flächenlasten erhält. Mathematisch positiv bei Draufsicht.

Die lokalen Knoten 1, 2, 3 für die Flächenlasten brauchen naturgemäß nicht identisch sein mit den lokalen Knoten 1 bis 3 für die Koinzidenzliste.

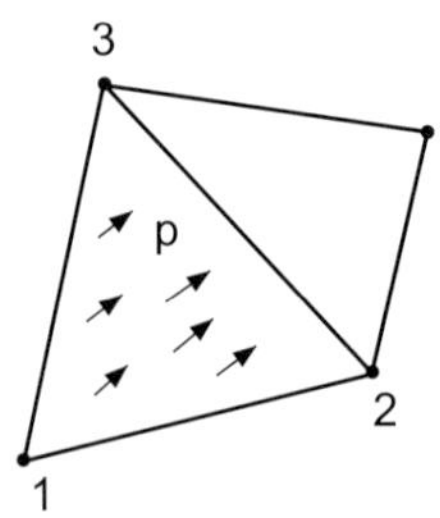

Bild 12.17-2: Anbringen von Drücken auf Tetraeder Nr.17

Ausgaben:

Verschiebungen in X, Y und Z

Spannungen: SIGXX, SIGYY, SIGZZ, TAUXY, TAUYZ, TAUZX, jeweils für Eckknoten oder Gauß-Punkte. Optional Vergleichsspannungen.

Knotenkräfte in X, Y und Z elementweise und knotenweise aufaddiert.

Für Z88thermo  :

Bei der thermischen Analyse besitzt das Finite Element nur einen Freiheitsgrad pro Knoten. Neben den bereits oben genannten Ein- und Ausgabedateien sind bei der stationär thermischen Simulation (reine Wärmeleitung oder thermo-mechanische Simulation) noch folgende Dateien von Bedeutung.

Eingaben:

Z88TI2.TXT

Knotennummer

Flag für Randbedingung

1 = Wärmestrom

2 = Temperatur

Wert

Z88TI5.TXT

Wie Z88I5.TXT, der Wert ist die Wärmestromdichte.

Ausgaben:

Temperaturen am Knoten

Wärmeströme am Knoten

Thermische Dehnung am Knoten

Thermische Kraft in X, Y und Z

sowie die aus der Elastostatik bekannten Ergebnisse.

Verschiebungen in X, Y und Z

Spannungen: SIGXX, SIGYY, SIGZZ, TAUXY, TAUYZ, TAUZX, jeweils für Eckknoten oder Gauß-Punkte. Optional Vergleichsspannungen.

Knotenkräfte in X, Y und Z elementweise und knotenweise aufaddiert.

Für Z88EI *f*:

Die Angaben zur Elementsteifigkeit bleiben im Vergleich zur linear-elastischen Berechnung unverändert. Die einzige Ergänzung stellt die Approximation der Elementmasse dar, welche sich aus dem Elementvolumen und der Massendichte des jeweiligen Materials ergibt.

12.18 Platte Nr. 18 mit 6 Knoten

Dies ist ein krummliniges Serendipity-Reissner-Mindlin Plattenelement mit quadratischem Ansatz. Die Transformation ist isoparametrisch, die numerische Integration erfolgt nach Gauß-Legendre. Die Integrationsordnung wird in Z88INT.TXT gewählt, der Grad 3 (also 3 Gauß-Punkte) ist meist am besten geeignet (reduzierte Integration). Sowohl Verschiebungen als auch Spannungen berechnet dieses Element recht ordentlich. Bei der Spannungsberechnung kann die Integrationsordnung erneut gewählt werden, es können die Spannungen in den Eckknoten (gut als Überblick) oder in den Gauß-Punkten (erheblich genauer) berechnet werden. Für dieses Element das Plattenflag IPFLAG in Z88MAN.TXT zu 1 setzen. Achtung: Im Gegensatz zu den üblichen Definitionen der Technischen Mechanik ist hier Θ_x die Rotation bzw. Neigung um die X-Achse und Θ_y die Rotation um die Y-Achse.

Dieses Element ist für den Datenaustausch mit Auto-Vernetzern von z.B. dem 3D-CAD System Pro/ENGINEER von Parametric Technology vorgesehen; eine Netzgenerierung mit Z88N ist nicht implementiert, weil nicht nötig. Hier stehen die Platten Nr.20 zur Verfügung. Da Platten Nr.20 prinzipbedingt genauer rechnen als die krummlinigen Dreiecksplatten Nr.18, sollten bevorzugt Platten Nr.20 verwendet werden.

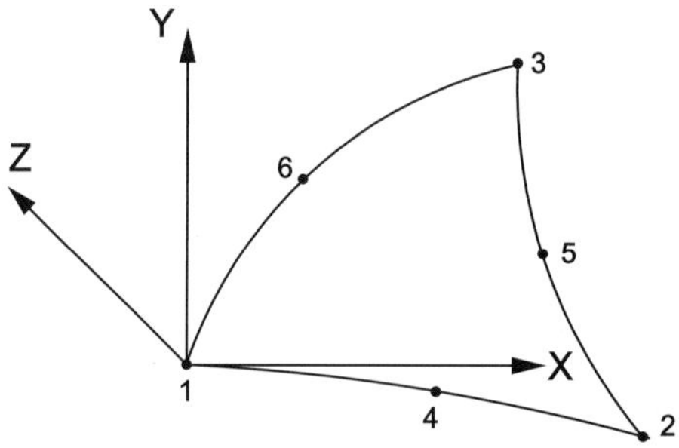

Bild 12.18-1: Platte Nr.18

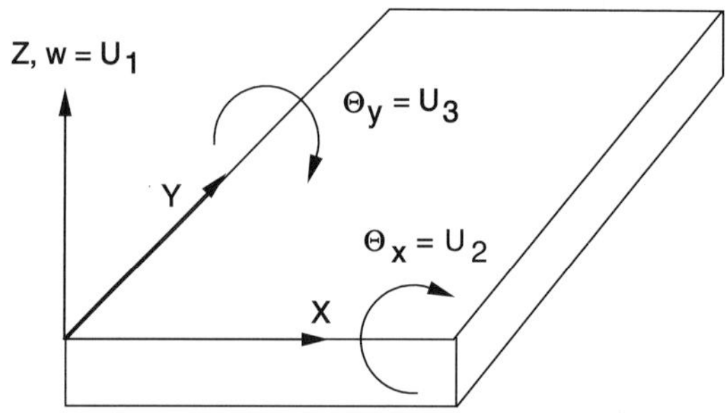

Bild 12.18-2: Vorzeichendefinition bei Platte Nr.18

Eingaben:

Z88I1.TXT

KFLAG für Kartesische (0) bzw. Polarkoordinaten (1)

Knoten mit je 3 Freiheitsgraden (w, Θ_x,Θ_y)

Elementtyp ist 18

6 Knoten pro Element

Z88ELP.TXT

Querschnittsparameter QPARA ist die Elementdicke.

Z88INT.TXT

Integrationsordnung INTORD für Verschiebungsberechnung. 3 ist meist gut. Möglich sind: 3 für drei Integrationsstützpunkte sowie 7 und 13 für 7 bzw. 13 Integrationsstützpunkte. Damit sich dieses Element mit Platte Nr.20, z.B. via Pro/ENGINEER, kombinieren lässt, wird automatisch intern in der Routine SPLA88 gesetzt:

Integrationsordnung 1 oder 2 in Z88I1.TXT: *3 Gauß-Punkte*

Integrationsordnung 4 in Z88I1.TXT: *7 Gauß-Punkte*

Beispiel: In Z88I1.TXT ist INTORD zu 2 gesetzt: Damit werden für Platten Nr.20 2 × 2= 4 Gauß-Punkte und für Platten Nr.18 dann 3 Gauß-Punkte zum Integrieren angesetzt.

Integrationsordnung INTOS für Spannungsberechnung:

0 = Berechnung der Spannungen in den Eckknoten

3,7,13 = Berechnung der Spannungen in den Gauß-Punkten (z.B. 7 = 7 Gauß-Punkte). Hier gilt sinngemäßes wie für INTORD.

Z88MAT.TXT

Eintragen des oder der Materialien, vgl. Kap. 11.5 und 11.6.

Z88MAN.TXT

Plattenflag IPFLAG zu 1 setzen (bzw. 2 zum Dämpfen des Schubeinflusses)

Radial/Tangentialspannungs-Flag KDFLAG beliebig, hat keinen Einfluss

Vergleichsspannungs-Flag ISFLAG:

0 = keine Berechnung der Vergleichsspannungen

1,2,3 = Vergleichsspannungen nach GEH, NH oder SH in den Gauß-Punkten (INTOS ungleich 0!)

Z88I5.TXT

Diese Datei wird nur ausgefüllt (vgl. Kap. 11.4), wenn zusätzlich zu Einzelkräften auch Flächenlasten auf die Elemente Nr.17 aufgegeben werden sollen:

Elementnummer

Druck, positiv auf die Fläche zeigend

Ausgaben:

Verschiebungen in Z (w) und Rotationen (Neigungen) um X- und Y-Achse (Θ_x und Θ_y)

Spannungen: Die Spannungen werden in den Eckknoten oder Gauß-Punkten berechnet, deren Lage wird mit ausgegeben. Es werden die

Plattenbiegemomente M_{xx} und M_{yy} (Einheit: Kraft × Länge / Länge)

Plattentorsionsmomente $M_{xy} = M_{yx}$ (Einheit: Kraft × Länge / Länge)

die Querkräfte Q_{yz} und Q_{zx} (Einheit: Kraft / Länge)

die echten Spannungen, die aus den Plattenmomenten und Querkräften resultieren

ausgegeben. Optional Vergleichsspannungen.

Knotenkräfte zunächst elementweise, dann knotenweise aufaddiert.

12.19 Platte Nr. 19 mit 16 Knoten

Dies ist ein krummliniges Lagrange-*Reissner-Mindlin* Plattenelement mit vollständigem kubischen Ansatz. Die Transformation ist isoparametrisch, die numerische Integration erfolgt nach Gauß-Legendre. Die Integrationsordnung wird in Z88INT.TXT gewählt, der Grad 4 (also 4×4

Gauß-Punkte) ist meist am besten geeignet. Sowohl Verschiebungen als auch Spannungen berechnet dieses Element sehr genau. Der Eingabeaufwand ist erheblich, das Netz am besten vom Netzgenerator Z88N erzeugen lassen. Bei der Spannungsberechnung kann die Integrationsordnung erneut gewählt werden, es können die Spannungen in den Eckknoten (gut als Überblick) oder in den Gauß-Punkten (erheblich genauer) berechnet werden. Für dieses Element das Plattenflag IPFLAG in Z88MAN.TXT zu 1 setzen. Achtung: Im Gegensatz zu den üblichen Definitionen der Technischen Mechanik ist hier Θ_x die Rotation bzw. Neigung um die X-Achse und Θ_y die Rotation um die Y-Achse.

Netzgenerierung mit Z88N: Als Superelemente werden pro-forma Platten Nr.20 verwendet, daraus können mit Z88N dann finite Elemente vom Typ 19 generiert werden (Platten Nr.20 können per AutoCAD bzw. Pro/ENGINEER generiert werden, vgl. die Beschreibungen von Z88X und Z88G). Etwas tricky, aber wirkungsvoll. Hier als Beispiel ein Ausschnitt aus einer Netzgenerator-Eingabedatei Z88NI.TXT:

...

5 20 Superelement 5 vom Typ 20

20 25 27 22 24 26 28 21

...

5 19 erzeuge aus dem Superelement 5 (das vom Typ 20 ist, siehe oben) Finite Elemente vom Typ 19

3 E 3 E ... und unterteile sie dreimal äquidistant in X-Richtung und dreimal äquidistant in Y-Richtung

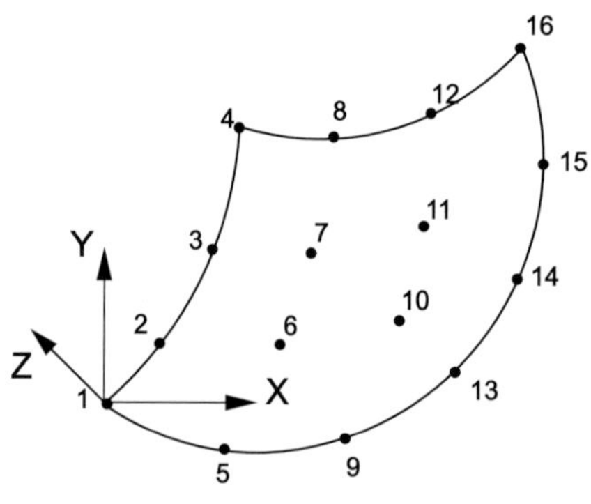

Bild 12.19-1: Platte Nr. 19 mit 16 Knoten

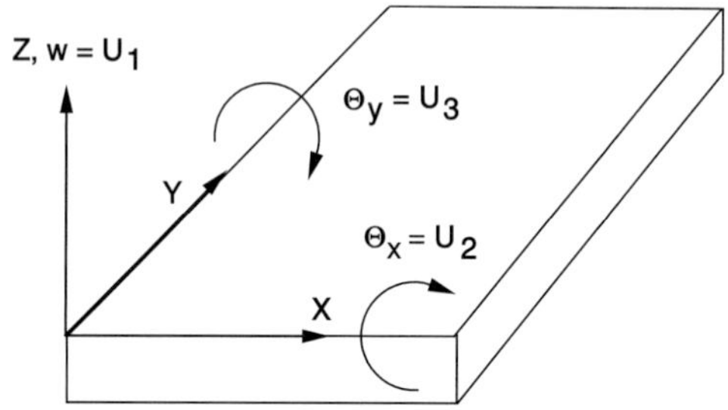

Bild 12.19-2: Vorzeichendefinition Platte Nr. 19

Eingaben:

Z88I1.TXT

KFLAG für Kartesische (0) bzw. Polarkoordinaten (1)

Knoten mit je 3 Freiheitsgraden (w, Θ_x,Θ_y)

Elementtyp ist 19

16 Knoten pro Element

Z88ELP.TXT

Querschnittsparameter QPARA ist die Elementdicke.

Z88INT.TXT

Integrationsordnung INTORD für Verschiebungsberechnung. 4 ist meist gut.

Integrationsordnung INTOS für Spannungsberechnung:

0 = Berechnung der Spannungen in den Eckknoten

1,2,3,4 = Berechnung der Spannungen in den Gauß-Punkten

Z88MAT.TXT

Eintragen des oder der Materialien, vgl. Kap. 11.5 und 11.6.

Z88MAN.TXT

Plattenflag IPFLAG zu 1 setzen (bzw. 2 zum Dämpfen des Schubeinflusses)

Radial/Tangentialspannungs-Flag KDFLAG beliebig, hat keinen Einfluss

Vergleichsspannungs-Flag ISFLAG:

0 = keine Berechnung der Vergleichsspannungen

1,2,3 = Vergleichsspannungen nach GEH, NH oder SH in den Gauß-Punkten (INTOS ungleich 0!)

Z88I5.TXT

Diese Datei wird nur ausgefüllt (vgl. Kap. 11.4), wenn zusätzlich zu Einzelkräften auch Flächenlasten auf die Elemente Nr.17 aufgegeben werden sollen:

Elementnummer

Druck, positiv auf die Fläche zeigend

Ausgaben:

Verschiebungen in Z (w) und **Rotationen** (Neigungen) um X- und Y-Achse (Θ_x und Θ_y)

Spannungen: Die Spannungen werden in den Eckknoten oder Gauß-Punkten berechnet, deren Lage wird mit ausgegeben. Es werden die

Plattenbiegemomente M_{xx} und M_{yy} (Einheit: Kraft × Länge / Länge)

Plattentorsionsmomente $M_{xy} = M_{yx}$ (Einheit: Kraft × Länge / Länge)

die Querkräfte Q_{yz} und Q_{zx} (Einheit: Kraft / Länge)

die echten Spannungen, die aus den Plattenmomenten und Querkräften resultieren

ausgegeben. Optional Vergleichsspannungen.

Knotenkräfte zunächst elementweise, dann knotenweise aufaddiert.

12.20 Platte Nr.20 mit 8 Knoten

Dies ist ein krummliniges Serendipity-*Reissner-Mindlin* Plattenelement mit quadratischem Ansatz. Die Transformation ist isoparametrisch, die numerische Integration erfolgt nach Gauß-Legendre. Die Integrationsordnung wird in Z88INT.TXT gewählt, der Grad 2 (also 2 × 2 Gauß-Punkte) ist meist am besten geeignet (reduzierte Integration). Sowohl Verschiebungen als auch Spannungen berechnet dieses Element recht ordentlich. Bei der Spannungsberechnung kann die Integrationsordnung erneut gewählt werden, es können die Spannungen in den Eckknoten (gut als Überblick) oder in den Gauß-Punkten (erheblich genauer) berechnet werden. Für dieses Element das Plattenflag IPFLAG in Z88MAN.TXT zu 1 setzen. Achtung: Im Gegensatz zu den üblichen Definitionen der Technischen Mechanik ist hier Θ_x die Rotation bzw. Neigung um die X-Achse und Θ_y die Rotation um die Y-Achse.

Dieses Element ist für den Datenaustausch mit Auto-Vernetzern von z.B. dem 3D-CAD System Pro/ENGINEER vorgesehen, und eine Netzgenerierung mit Z88N ist möglich. Hier kann es nicht nur Finite Elemente Nr.20 erzeugen, sondern auch Finite Elemente Nr.19 mit 16 Knoten.

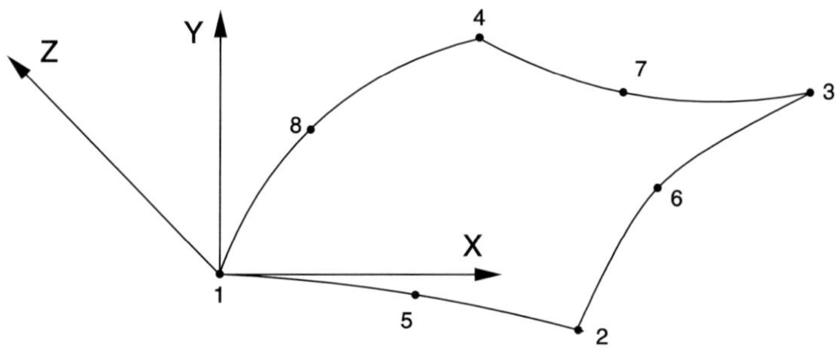

Bild 12.20-1: Platte Nr. 20

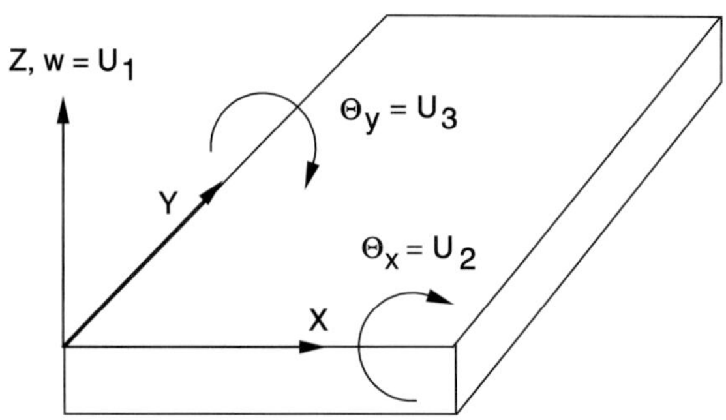

Bild 12.20-2: Vorzeichendefinition Platte Nr. 20

Eingaben:

Z88I1.TXT

KFLAG für Kartesische (0) bzw. Polarkoordinaten (1)

Knoten mit je 3 Freiheitsgraden (w, Θ_x,Θ_y)

Elementtyp ist 20

8 Knoten pro Element

Z88ELP.TXT

Querschnittsparameter QPARA ist die Elementdicke.

Z88INT.TXT

Integrationsordnung INTORD für Verschiebungsberechnung. 2 ist meist gut.

Integrationsordnung INTOS für Spannungsberechnung:

0 = Berechnung der Spannungen in den Eckknoten

1,2,3,4 = Berechnung der Spannungen in den Gauß-Punkten

Z88MAT.TXT

Eintragen des oder der Materialien, vgl. Kap. 11.5 und 11.6.

Z88MAN.TXT

Plattenflag IPFLAG zu 1 setzen (bzw. 2 zum Dämpfen des Schubeinflusses)

Radial/Tangentialspannungs-Flag KDFLAG beliebig, hat keinen Einfluss

Vergleichsspannungs-Flag ISFLAG:

0 = keine Berechnung der Vergleichsspannungen

1,2,3 = Vergleichsspannungen nach GEH, NH oder SH in den Gauß-Punkten (INTOS ungleich 0!)

Z88I5.TXT

Diese Datei wird nur ausgefüllt (vgl. Kap. 11.4), wenn zusätzlich zu Einzelkräften auch Flächenlasten auf die Elemente Nr.17 aufgegeben werden sollen:

Elementnummer

Druck, positiv auf die Fläche zeigend

Ausgaben:

Verschiebungen in Z (w) und **Rotationen** (Neigungen) um X- und Y-Achse (Θ_x u. Θ_y)

Spannungen: Die Spannungen werden in den Eckknoten oder Gauß-Punkten berechnet, deren Lage wird mit ausgegeben. Es werden die

Plattenbiegemomente M_{xx} und M_{yy} (Einheit: Kraft × Länge / Länge)

Plattentorsionsmomente M_{xy} = M_{yx} (Einheit: Kraft × Länge / Länge)

die Querkräfte Q_{yz} und Q_{zx} (Einheit: Kraft / Länge)

die echten Spannungen, die aus den Plattenmomenten und Querkräften resultieren

ausgegeben. Optional Vergleichsspannungen.

Knotenkräfte zunächst elementweise, dann knotenweise aufaddiert.

12.21 Schale Nr.21 mit 16 Knoten

Dies ist ein krummliniges Serendipity-Volumenschalenelement. Die Transformation ist isoparametrisch, die numerische Integration erfolgt nach Gauß-Legendre. Das Element kann beliebig gekrümmt sein; es ist eigentlich ein Hexaeder, der in den Flächenebenen einen quadratischen Ansatz und in der Tiefenrichtung einen linearen Ansatz hat. Die Integrationsordnung wird in Z88INT.TXT gewählt, der Grad 3 (also 3 × 3 Gauß-Punkte) ist meist am besten geeignet. Sowohl Verschiebungen als auch Spannungen berechnet dieses Element sehr genau. Bei der Spannungsberechnung kann die Integrationsordnung erneut gewählt werden, es können die Spannungen in den Eckknoten (gut als Überblick) oder in den Gauß-Punkten (erheblich genauer) berechnet werden.

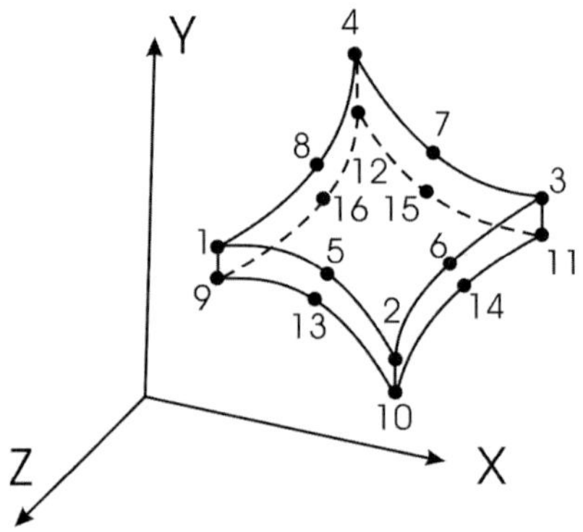

Bild 12.21-1: Volumenschale Nr.21

Die drei Freiheitsgrade sind die globalen Verschiebungen in X, Y und Z. Rotationsfreiheitsgrade gibt es nicht, da es ein Volumenelement ist. Das Element kann vom Netzgenerator Z88N erzeugt werden: Typ 21 → Typ 21.

Eingaben:

Z88I1.TXT

KFLAG für Kartesische (0) bzw. Zylinderkoordinaten (1)

Knoten mit je 3 Freiheitsgraden

Elementtyp ist 21

16 Knoten pro Element

Z88ELP.TXT

Querschnittsparameter QPARA ist bedeutungslos.

Z88INT.TXT

Integrationsordnung INTORD für Verschiebungsberechnung. 3 ist meist gut.

Integrationsordnung INTOS für Spannungsberechnung:

0 = Berechnung der Spannungen in den Eckknoten

1,2,3,4 = Berechnung der Spannungen in den Gauß-Punkten

Z88MAT.TXT

Eintragen des oder der Materialien, vgl. Kap. 11.5 und 11.6.

Z88MAN.TXT

Radial/Tangentialspannungs-Flag KDFLAG beliebig, hat keinen Einfluss

Vergleichsspannungs-Flag ISFLAG:

0 = keine Berechnung der Vergleichsspannungen

1,2,3 = Vergleichsspannungen nach GEH, NH oder SH in den Gauß-Punkten (INTOS ungleich 0!)

Z88I5.TXT

Diese Datei wird nur ausgefüllt (vgl. Kap. 11.4), wenn zusätzlich zu Einzelkräften auch Flächenlasten auf die Elemente Nr.21 aufgegeben werden sollen:

Elementnummer

Druck, positiv auf die Fläche zeigend

Tangentialschub in lokaler r-Richtung

Tangentialschub in lokaler s-Richtung

4 Eckknoten und 4 Mittenknoten der Fläche, die Flächenlasten erhält. Mathematisch positiv bei Draufsicht.

Die lokale r-Richtung wird durch die Knoten 1-2, die lokale s-Richtung durch die Knoten 1-4 festgelegt. Die lokalen Knoten 1 bis 8 für die Flächenlasten brauchen naturgemäß nicht identisch sein mit den lokalen Knoten 1 bis 8 für die Koinzidenzliste.

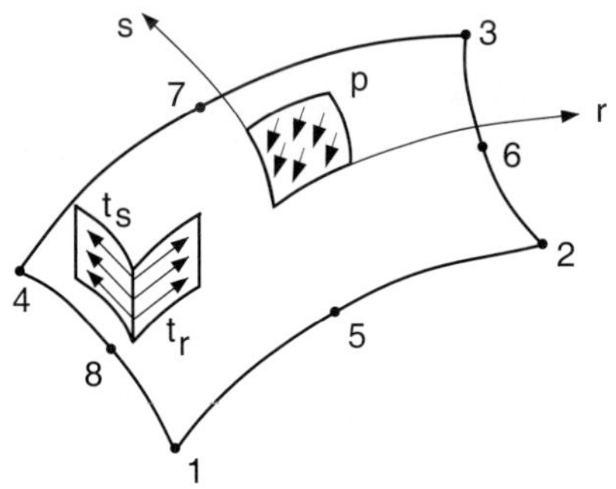

Bild 12.21-2: Aufbringen von Flächenlasten bei Volumenschalen Nr.21

Ausgaben:

Verschiebungen in X, Y und Z

Spannungen: SIGXX, SIGYY, SIGZZ, TAUXY, TAUYZ, TAUZX, jeweils für Eckknoten oder Gauß-Punkte. Optional Vergleichsspannungen.

Knotenkräfte in X, Y und Z elementweise und knotenweise aufaddiert

12.22 Schale Nr.22 mit 12 Knoten

Dies ist ein krummliniges Serendipity-Volumenschalenelement. Die Transformation ist isoparametrisch, die numerische Integration erfolgt nach Gauß-Legendre. Das Element kann beliebig gekrümmt sein; es ist eigentlich ein Art Tortenstück, der in den Flächenebenen einen quadratischen Ansatz und in der Tiefenrichtung einen linearen Ansatz hat. Die Integrationsordnung wird in Z88INT.TXT gewählt, der Grad 7 (also 7 × 7 Gauß-Punkte) ist meist am besten geeignet. Sowohl Verschiebungen als auch Spannungen berechnet dieses Element sehr genau. Bei der Spannungsberechnung kann die Integrationsordnung erneut gewählt werden, es können die Spannungen in den Eckknoten (gut als Überblick) oder in den Gauß-Punkten (erheblich genauer) berechnet werden.

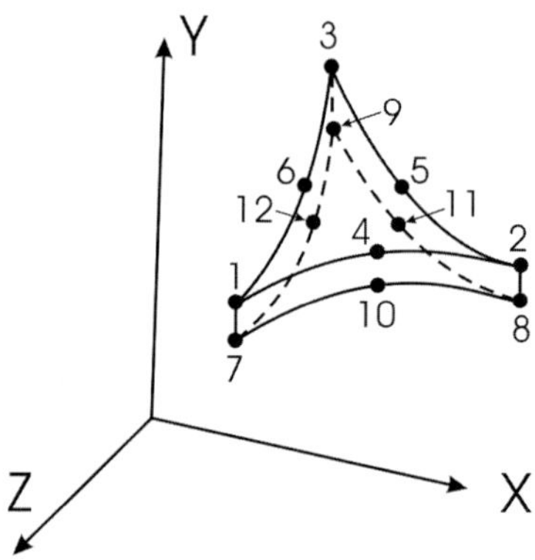

Bild 12.22-1: Volumenschale Nr.22

Die drei Freiheitsgrade sind die globalen Verschiebungen in X, Y und Z. Rotationsfreiheitsgrade gibt es nicht, da es ein Volumenelement ist.

Eingaben:

Z88I1.TXT

KFLAG für Kartesische (0) bzw. Zylinderkoordinaten (1)

Knoten mit je 3 Freiheitsgraden

Elementtyp ist 22

12 Knoten pro Element

Z88ELP.TXT

Querschnittsparameter QPARA ist bedeutungslos.

Z88INT.TXT

Integrationsordnung INTORD für Verschiebungsberechnung. 3, 7 und 13 sind möglich; 7 ist meist gut.

Integrationsordnung INTOS für Spannungsberechnung:

0 = Berechnung der Spannungen in den Eckknoten

3,7,13 = Berechnung der Spannungen in den Gauß-Punkten (z.B. 7 = 7 Gauß-Punkte).

Z88MAT.TXT

Eintragen des oder der Materialien, vgl. Kap. 11.5 und 11.6.

Z88MAN.TXT

Radial/Tangentialspannungs-Flag KDFLAG beliebig, hat keinen Einfluss

Vergleichsspannungs-Flag ISFLAG:

0 = keine Berechnung der Vergleichsspannungen

1,2,3 = Vergleichsspannungen nach GEH, NH oder SH in den Gauß-Punkten (INTOS ungleich 0!)

Z88I5.TXT

Diese Datei wird nur ausgefüllt (vgl. Kap. 11.4), wenn zusätzlich zu Einzelkräften auch Flächenlasten auf die Elemente Nr.22 aufgegeben werden sollen:

Elementnummer

Druck, positiv auf die Fläche zeigend

3 Eckknoten und 3 Mittenknoten der Fläche, die Flächenlasten erhält. Mathematisch positiv bei Draufsicht.

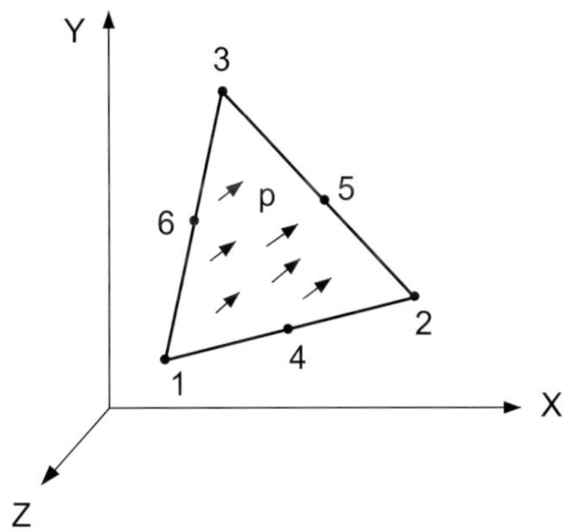

Bild 12.22-2: Aufbringen von Flächenlasten bei Volumenschalen Nr.22

Ausgaben:

Verschiebungen in X, Y und Z

Spannungen: SIGXX, SIGYY, SIGZZ, TAUXY, TAUYZ, TAUZX, jeweils für Eckknoten oder Gauß-Punkte. Optional Vergleichsspannungen.

Knotenkräfte in X, Y und Z elementweise und knotenweise aufaddiert

12.23 Schale Nr.23 mit 8 Knoten

Dies ist ein krummliniges Serendipity-Schalenelement mit quadratischem Ansatz. Die Transformation ist isoparametrisch, die numerische Integration erfolgt nach Gauß-Legendre. Alle Knoten müssen auf einer gemeinsamen, aber beliebig im Raum platzierten Ebene liegen – was für den Datenaustausch mit 3D-CAD-Systemen sehr praktisch ist. Die Integrationsordnung wird in Z88INT.TXT gewählt, der Grad 3 (also 3 × 3 Gauß-Punkte) ist meist am besten geeignet. Sowohl Verschiebungen als auch Spannungen berechnet dieses Element recht ordentlich. Bei der Spannungsberechnung kann die Integrationsordnung erneut gewählt werden, es können die Spannungen in den Eckknoten (gut als Überblick) oder in den Gauß-Punkten (erheblich genauer) berechnet werden. Für dieses Element das Schalenflag IHFLAG in Z88MAN.TXT zu 0 oder 1 setzen, bei dünnen Schalen setzt man IHFLAG zu 2 oder 3, bei sehr dünnen Schalen zu 4.

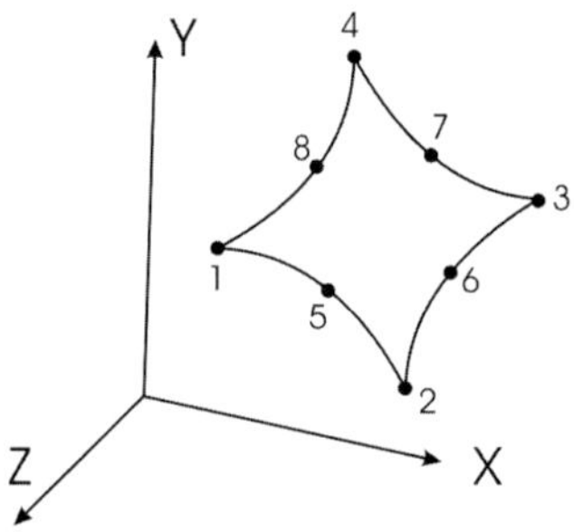

Bild 12.23-1: Schalenelement Nr.23

Die ersten drei Freiheitsgrade sind die globalen Verschiebungen in X, Y und Z, die Freiheitsgrade 4 und 5 sind die *globalen* Verdrehungen am jeweiligen Knoten (daher wenig brauchbar); der Freiheitsgrad 6 ist ein Pseudo-Freiheitsgrad, der keine praktische Bedeutung hat. Praktisch brauchbar und interessant sind lediglich die globalen Verschiebungen in X, Y und Z – und die reichen auch für die Praxis!

Eingaben:

Z88I1.TXT

KFLAG für Kartesische (0) bzw. Zylinderkoordinaten (1)

Knoten mit je 6 Freiheitsgraden

Elementtyp ist 23

8 Knoten pro Element

Z88ELP.TXT

Querschnittsparameter QPARA ist die Elementdicke

Z88INT.TXT

Integrationsordnung INTORD für Verschiebungsberechnung. 3 ist meist gut.

Integrationsordnung INTOS für Spannungsberechnung:

0 = Berechnung der Spannungen in den Eckknoten

1,2,3,4 = Berechnung der Spannungen in den Gauß-Punkten

Z88MAT.TXT

Eintragen des oder der Materialien, vgl. Kap. 11.5 und 11.6.

Z88MAN.TXT

Schalenflag IHFLAG zu 0 oder 1 setzen, bzw. 2 oder 3 bei dünnen, 4 bei sehr dünnen Schalen.

Radial/Tangentialspannungs-Flag KDFLAG beliebig, hat keinen Einfluss

Vergleichsspannungs-Flag ISFLAG:

0 = keine Berechnung der Vergleichsspannungen

1,2,3 = Vergleichsspannungen nach GEH, NH oder SH in den Gauß-Punkten (INTOS ungleich 0!)

Z88I5.TXT

Diese Datei wird nur ausgefüllt (vgl. Kap. 11.4), wenn zusätzlich zu Einzelkräften auch Flächenlasten auf die Elemente Nr.23 aufgegeben werden sollen:

Elementnummer

Druck, positiv auf die Fläche zeigend

4 Eckknoten und 4 Mittenknoten der Fläche, die Flächenlasten erhält. Mathematisch positiv bei Draufsicht.

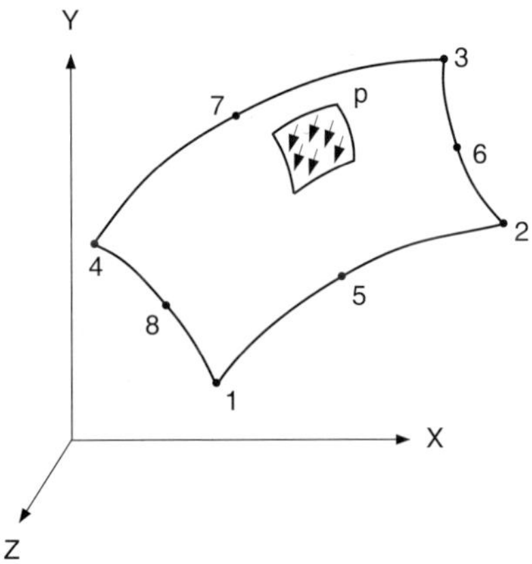

Bild 12.23-2: Flächenlasten bei Schalenelement Nr.23

Die lokale r-Richtung wird durch die Knoten 1-2, die lokale s-Richtung durch die Knoten 1-4 festgelegt. Die lokalen Knoten 1 bis 8 für die Flächenlasten brauchen naturgemäß nicht identisch sein mit den lokalen Knoten 1 bis 8 für die Koinzidenzliste.

Ausgaben:

Verschiebungen in X, Y und Z und globale **Rotationen** um X- und Y-Achse (Θ_x u. Θ_y)

Spannungen: Die Spannungen werden in den Eckknoten oder Gauß-Punkten berechnet, deren Lage wird mit ausgegeben. Es werden die Spannungen SIGXX, SIGYY und TAUXY sowie optional die Vergleichsspannungen ausgegeben.

Knotenkräfte zunächst elementweise, dann knotenweise aufaddiert.

12.24 Schale Nr.24 mit 6 Knoten

Dies ist ein krummlinig berandetes Serendipity-Schalenelement mit quadratischem Ansatz. Die Transformation ist isoparametrisch, die numerische Integration erfolgt nach Gauß-Legendre. Alle Knoten müssen auf einer gemeinsamen, aber beliebig im Raum platzierten Ebene liegen – was für den Datenaustausch mit 3D-CAD-Systemen sehr praktisch ist. Die Integrationsordnung wird in Z88INT.TXT gewählt, der Grad 7 (also 7 Gauß-Punkte) ist meist am besten geeignet. Sowohl Verschiebungen als auch Spannungen berechnet dieses Element recht ordentlich. Bei der Spannungsberechnung kann die Integrationsordnung erneut gewählt werden, es können die Spannungen in den Eckknoten (gut als Überblick) oder in den Gauß-Punkten (erheblich genauer) berechnet werden. Für dieses Element das Schalenflag IHFLAG in Z88MAN.TXT zu 0 oder 1 setzen, bei dünnen Schalen setzt man IHFLAG zu 2 oder 3, bei sehr dünnen Schalen zu 4.

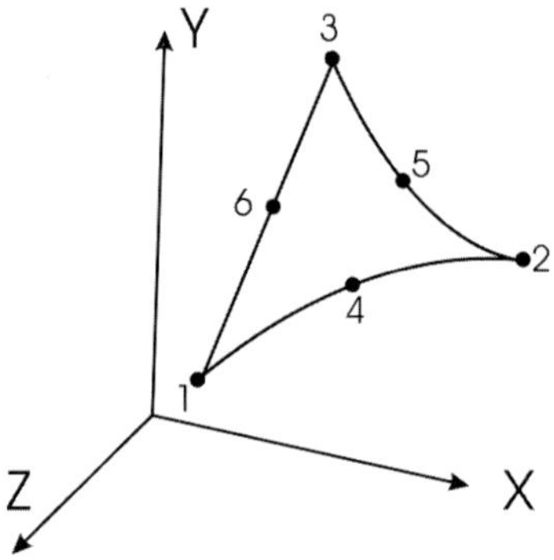

Bild 12.24-1: Schale Nr.24

Die ersten drei Freiheitsgrade sind die globalen Verschiebungen in X, Y und Z, die Freiheitsgrade 4 und 5 sind die globalen Verdrehungen am jeweiligen Knoten (daher wenig brauchbar); der Freiheitsgrad 6 ist ein Pseudo-Freiheitsgrad, der keine praktische Bedeutung hat. Praktisch brauchbar und interessant sind lediglich die globalen Verschiebungen in X, Y und Z – und die reichen auch für die Praxis!

Eingaben:

Z88I1.TXT

KFLAG für Kartesische (0) bzw. Zylinderkoordinaten (1)

Knoten mit je 6 Freiheitsgraden

Elementtyp ist 24

6 Knoten pro Element

Z88ELP.TXT

Querschnittsparameter QPARA ist die Elementdicke

Z88INT.TXT

Integrationsordnung INTORD für Verschiebungsberechnung. 3, 7 und 13 sind möglich; 7 ist meist gut.

Integrationsordnung INTOS für Spannungsberechnung:

0 = Berechnung der Spannungen in den Eckknoten

3,7,13 = Berechnung der Spannungen in den Gauß-Punkten (z.B. 7 = 7 Gauß-Punkte).

Z88MAT.TXT

Eintragen des oder der Materialien, vgl. Kap. 11.5 und 11.6.

Z88MAN.TXT

Schalenflag IHFLAG zu 0 oder 1 setzen, bzw. 2 oder 3 bei dünnen, 4 bei sehr dünnen Schalen.

Radial/Tangentialspannungs-Flag KDFLAG beliebig, hat keinen Einfluss

Vergleichsspannungs-Flag ISFLAG:

0 = keine Berechnung der Vergleichsspannungen

1,2,3 = Vergleichsspannungen nach GEH, NH oder SH in den Gauß-Punkten (INTOS ungleich 0!)

Z88I5.TXT

Diese Datei wird nur ausgefüllt (vgl. Kap. 11.4), wenn zusätzlich zu Einzelkräften auch Flächenlasten auf die Elemente Nr.24 aufgegeben werden sollen:

Elementnummer

Druck, positiv auf die Fläche zeigend

3 Eckknoten und 3 Mittenknoten der Fläche, die Flächenlasten erhält. Mathematisch positiv bei Draufsicht.

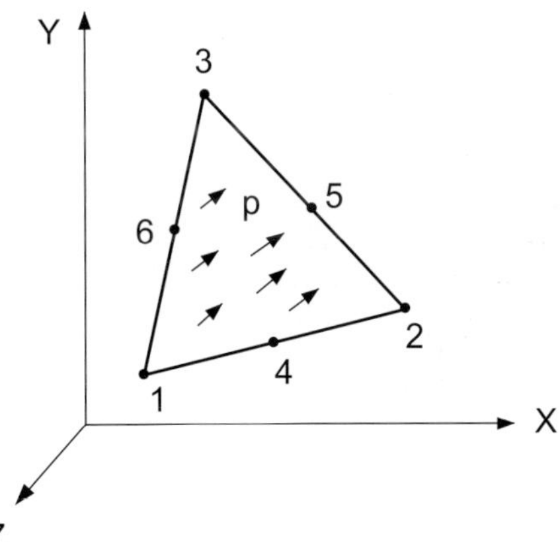

Bild 12.24-2: Flächenlasten bei Schalenelement Nr.24

Ausgaben:

Verschiebungen in X, Y und Z und globale **Rotationen** um X- und Y-Achse (Θ_x u. Θ_y)

Spannungen: Die Spannungen werden in den Eckknoten oder Gauß-Punkten berechnet, deren Lage wird mit ausgegeben. Es werden die Spannungen SIGXX, SIGYY und TAUXY sowie optional die Vergleichsspannungen ausgegeben.

Knotenkräfte zunächst elementweise, dann knotenweise aufaddiert.

12.25 Element / Solverübersicht Z88Aurora V2

Tabelle 12.25-1: Welcher Solver ist bei welchem Elementtyp möglich

Elementtyp	*Ansatz*				*f*
Hexaeder					
Hexaeder Nr.1	linear	✓ SOR PAR SIC	✓ SOR PAR	✓ SOR PAR SIC	✓ LCZ
Hexaeder Nr.10	quadratisch	✓ SOR PAR SIC	✓ SOR PAR	✓ SOR PAR SIC	✓ LCZ
Tetraeder					
Tetraeder Nr.16	quadratisch	✓ SOR PAR SIC	✓ SOR PAR	✓ SOR PAR SIC	✓ LCZ
Tetraeder Nr.17	linear	✓ SOR PAR SIC	✓ SOR PAR	✓ SOR PAR SIC	✓ LCZ
Scheibe					
Scheibe Nr.3	quadratisch	✓ SOR PAR SIC	×	×	×
Scheibe Nr.7	quadratisch	✓ SOR PAR SIC	✓ SOR PAR	×	×
Scheibe Nr.11	kubisch	✓ SOR PAR SIC	×	×	×
Scheibe Nr.14	quadratisch	✓ SOR PAR SIC	×	×	×
Torus					
Torus Nr.6	linear	✓ SOR PAR SIC	×	×	×
Torus Nr.8	quadratisch	✓ SOR PAR SIC	✓ SOR PAR	×	×
Torus Nr.12	kubisch	✓ SOR PAR SIC	×	×	×
Torus Nr.15	quadratisch	✓ SOR PAR SIC	×	×	×
Platte					
Platte Nr.18	quadratisch	✓ SOR PAR SIC	×	×	×
Platte Nr.19	kubisch	✓ SOR PAR SIC	×	×	×
Platte Nr.20	quadratisch	✓ SOR PAR SIC	×	×	×
Schale					
Schale Nr.21	3 D quadratisch	✓ SOR PAR SIC	×	×	×
Schale Nr. 22	3 D quadratisch	✓ SOR PAR SIC	×	×	×
Schale Nr. 23	2 D quadratisch	✓ SOR PAR SIC	×	×	×
Schale Nr. 24	2 D quadratisch	✓ SOR PAR SIC	×	×	×
Stab und Balkenstrukturen					
Stab Nr.4	exakt	✓ SOR PAR SIC CHO	✓ SOR PAR	×	×
Stab Nr.9	exakt	✓ SOR PAR SIC CHO	×	×	×
Balken Nr.2	exakt	✓ SOR PAR SIC CHO	×	×	×
Balken Nr.13	exakt	✓ SOR PAR SIC CHO	×	×	×
Welle Nr.5	exakt	✓ SOR PAR SIC CHO	×	×	×

13 Beispiele

In diesem Kapitel werden 32 Beispiele (mit u.U. weiteren Unterbeispielen) behandelt, wovon die Beispiele 1 bis 24 sowohl in der Open Source Version von Z88 als auch mit der Z88Aurora Freeware durchgeführt werden können. Die Beispiele 25 bis 32 sind speziell auf die Verwendung mit Z88Aurora ausgelegt. Für alle Beispiele sind die jeweiligen Eingabefiles in den entsprechenden Directories „*Z88V14*“ und „*Z88Aurora*“ auf der DVD vorhanden. Lediglich die Berechnung muss noch durchgeführt werden. Sie können alle Dateien von Z88V14 in Aurora einlesen, wie, wird später erklärt. Die Beispiele 4, 6, 7, 13, 17 und 18 sind analytisch leicht nachrechenbar.

Die ersten Beispiele sind sehr ausführlich Schritt für Schritt beschrieben, damit Sie schnell mit dem Vorgehen vertraut werden. Die späteren Beispiele setzen dann die eigentliche Z88-Bedienung voraus, und es wird mehr auf die Hintergründe der jeweiligen Aufgabe eingegangen. Es geht vom Einfachen zum Komplizierten, daher sollten Sie die Beispiele der Reihe nach durcharbeiten.

Falls Beispiele nicht anlaufen, kann ein Speicherproblem vorliegen. Stehen weitere Programme im Speicher, besonders diese fetten und gierigen Speicherfresser wie Office-Pakete? Alle Beispiele wurden auf verschiedensten Computersystemen und Betriebssystemen getestet, und die kleineren Beispiele laufen selbst auf älteren Computern. Aktuelle PCs rechnen sehr große Z88-Strukturen ohne irgendwelche Probleme, wie das Beispiel 21 zeigt. Die bislang größte gerechnete Struktur hatte 12 Mio. Freiheitsgrade und lief auf einem 64-Bit PC mit 64-Bit Windows bzw. mit 64-Bit LINUX. Passen Sie ggf. Z88.DYN an. Beachten Sie die .LOG-Dateien: Hier steht drin, wenn der Speicher nicht reicht.

Nachdem Sie die fertigen Beispiele probiert haben, sollten Sie die Beispiele in Ihrem CAD System entwerfen. Exportieren Sie Ihre Modelle/Zeichnungen bei einem AutoCAD-kompatiblen CAD-System als DXF-Dateien und konvertieren Sie sie mit Z88X in Z88-Dateien für Z88 V14 OS oder als STL- bzw. STEP-Datei für Z88Aurora. Falls der Z88-DXF Konverter Z88X Ihre DXF-Dateien nicht sauber konvertiert, dann wiederholen Sie besonders die Schritte 3 und 5 des Kapitels 10.7.2. Haben Sie die Punkte sauber „geschnappt“? Falls nichts klappt, probieren Sie ein anderes CAD Programm.

Haben Sie ein 3D-CAD-System mit integriertem Automesher, dann können Sie FE-Netze im ANSYS-PREP7, COSMOS-oder NASTRAN-Format ausgeben und mit Z88G bzw. Z88ASY in Z88 V14 OS oder mit der Import-Funktion in Z88Aurora in Z88-Eingabedateien konvertieren.

Hinweise Z88V14:

Die Ein- und Ausgabefiles sind teilweise gekürzt wiedergegeben, um nicht unnötig Seiten zu füllen. Es soll nur das Wesentliche gezeigt werden. Alle Beispiele können Sie jederzeit selbst starten.

Betrachten Sie auch die von den Z88-Modulen erzeugten Protokoll-Dateien .LOG. Variieren Sie die Eingabefiles, insbesondere die Netzgenerator-Eingabefiles der Beispiele 1, 5 und 7. So bekommt man am schnellsten ein Gefühl für Z88.

Beachten Sie, dass bei Gleitkommazahlen in einem Computer 0 (Null) niemals echt Null ist, sondern als Näherung dargestellt wird. Daher können selbst Eingaben, die in Z88I1.TXT als 0 eingegeben wurden, in Ausgabefiles Z88O0.TXT als sehr kleine Zahlen wieder auftauchen, bedingt durch Formatierungen des Laufzeitsystems. Das ist normal. Das gilt natürlich verstärkt für echt berechnete Werte, wie z. B. Verschiebungen in Z88O2.TXT, Spannungen in Z88O3.TXT und Knotenkräften in Z88O4.TXT. Solche Werte sind immer relativ zu anderen Werten zu sehen: Ist in Z88O2.TXT die größte berechnete Verschiebung beispielsweise 0.1 mm, dann ist eine andere Verschiebung mit z. B. 1.234E-006 mm als de-facto-Null anzusehen.

Bei ANSYS-PREP7, COSMOS- oder NASTRAN-Dateien prüfen Sie zunächst mit Z88R im Testmode, welchen Speicher Sie brauchen und wie gut die Knotennummerierung ist. Gegebenenfalls lassen Sie in Z88 V14 OS den Cuthill-McKee-Algorithmus Z88H laufen. Oder Sie nehmen besser gleich einen der Sparsematrix-Solver.

Hinweise Z88AuroraV2:

Die Beispiele sind jeweils als komplettes Projektverzeichnis zur Betrachtung vorhanden oder es können die Importdateien zur eigenen Erstellung der Beispiele verwendet werden. Der Ablauf der FE-Analyse in Z88Aurora verläuft immer über den dargestellten Workflow.

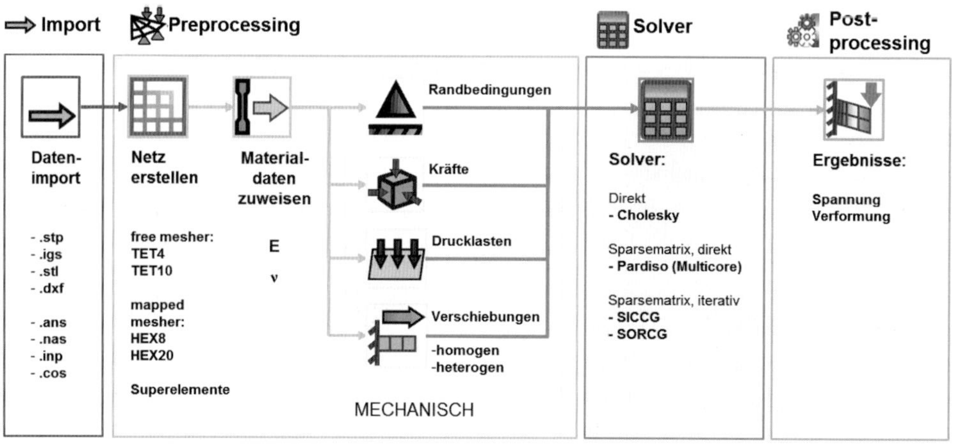

Bild 13.0-1: Vorgehensweise Finite Elemente Analyse am Beispiel einer statischen mechanischen Analyse

Z88Aurora zeichnet sich durch die intuitive Bedienung des Prä- und Postprozessor aus. Das Projektdatenmanagement erfolgt mit einer Projektmappenverwaltung. Eine Statusanzeige sorgt für besseren Bedienkomfort. Bei der Bedienung sind mehrere Menüleisten von Bedeutung. Den Schnellzugriff auf alle Funktionen von Z88Aurora bieten die vier Iconmenüleisten. Die Hauptfunktionen der ersten Iconmenüleiste, wie z.B. Präprozessor, öffnen zusätzliche Seitenmenüs. Die anderen drei Iconmenüleisten enthalten diverse Ansichtsmanipulationen, Farbeinstellungen, Importoptionen und die Präprozessorfunktionalitäten.

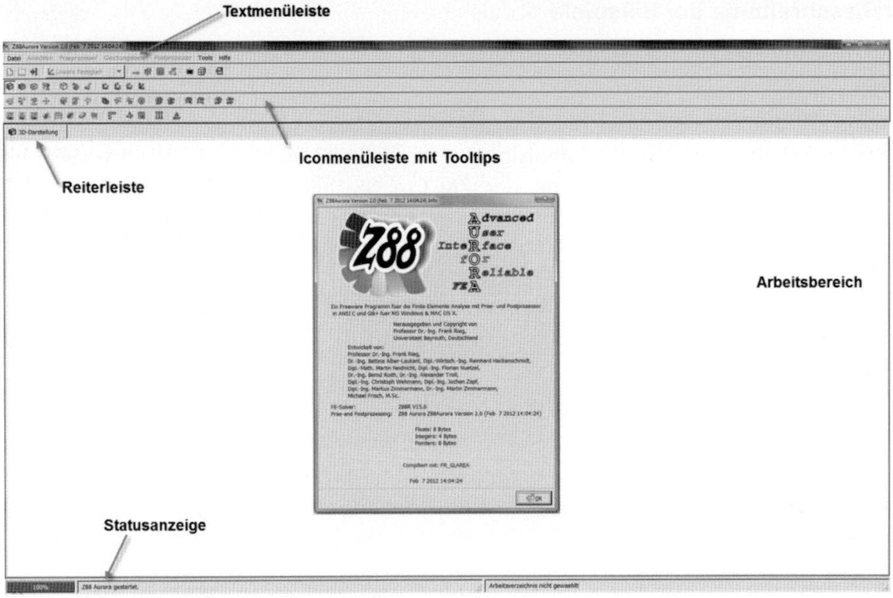

Bild 13.0-2: Grafische Oberfläche von Z88Aurora

In der Textmenüleiste sind alle Funktionalitäten der Iconmenüleiste und der Seitenmenüs enthalten; die jeweiligen Icons sind den Textbefehlen vorangestellt. Je nach dem momentanen Arbeitsschritt, existieren mehrere Reiter in der Reiterleiste, wie z.B. die Materialkarten im Materialmenü, zwischen denen gewechselt werden kann. Mit der Betätigung des „X" an jeder Reiterleiste kann der Reiter geschlossen werden.

Die Iconmenüleiste ist in verschiedene Bereiche unterteilt: die Projektmappenverwaltung, die Analyseart, die kontextsensitiven Seitenmenüs und den Support. Je nach Stand der Analyse sind einzelne Icons grau hinterlegt, da die Funktionalität zum aktuellen Zeitpunkt nicht verfügbar ist.

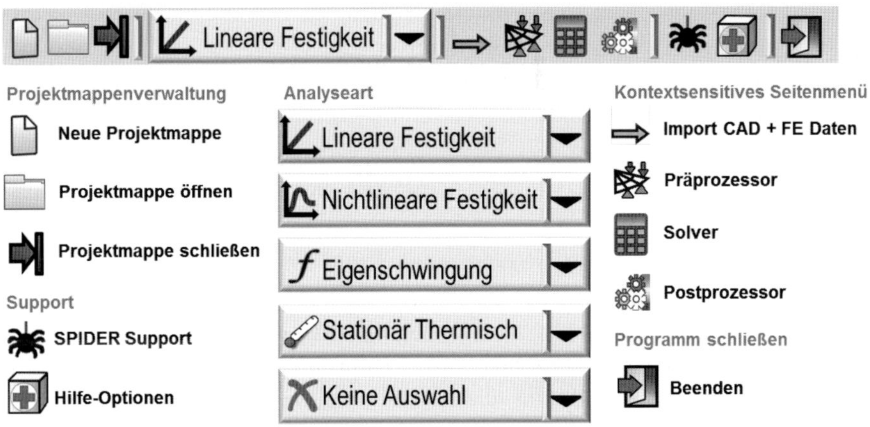

Bild 13.0-3: Haupticonleiste für die Bedienung

Kurzbeschreibung der Beispiele

Beispiel 1: Gabelschlüssel. Ebenes Scheibenproblem mit Scheiben Nr. 7 und Netzgeneratoreinsatz.

Lernziele Z88V14 OS: CAD- und Netzgeneratoreinsatz bei krummlinigen ebenen Strukturen, Spannungsanzeige im Plotprogramm. Hinweis: Dieses Beispiel steht bereits als erstes Einführungsbeispiel zusätzlich ladefertig bei den Z88V14 OS-Lademodulen in den jeweiligen BIN-Unterverzeichnissen.

Lernziele Z88Aurora: Projekterstellung, Import eines Z88V14 OS Modells, Festlegung Scheibendicke, Materialzuweisung, Einführung in das Picking: Element- und Knotenpicking, Darstellung Pickingpunkte, Erstellung der FE-Struktur aus Superelementen, Randbedingungszuweisung, Starten der Berechnung, Auswahl der Analysemethode, Darstellungsoptionen im Postprozessor.

Beispiel 2: Kranträger. Räumliches Fachwerk mit Stäben Nr. 4.

Lernziele Z88V14 OS: Nutzen der verschiedenen Ansichten und räumlichen Rotationsmöglichkeiten im Plotprogramm.

Lernziele Z88Aurora: Import einer AUTOCAD-DXF-Struktur, Einrichtung Werkzeugleisten, Verwendung der Workflowunterstützung SPIDER, Knotenpicking, Elementparameterdefinition, Erstellung eines neuen Materials.

Beispiel 3: Getriebewelle. Lineare Struktur mit Wellen Nr. 5 und Kraftangriffen in verschiedenen Ebenen, statisch überbestimmt.

Lernziele Z88V14 OS: Einsatz der Wellenelemente, Wählen der Randbedingungen bei Finiten Elementen mit 6 Freiheitsgraden/Knoten.

Lernziele Z88Aurora: Erstellung von Strukturelementen, Knoten und Elemente Erstellung per Hand, Elementparameter Welle, Randbedingungen.

Beispiel 4: Ebener Träger, mehrfach statisch überbestimmt. Beidseitig fest eingespannter Balken Nr. 13.

Lernziele Z88V14 OS: Einsatz von Balken Nr. 13, Wahl der Randbedingungen und Interpretieren der Ergebnisse.

Lernziele Z88Aurora: Erstellung von Strukturelementen, Knoten- und Elementeerstellung per Hand, Elementparameter Welle, Randbedingungen.

Beispiel 5: Plattensegment in Tortenstückform. Allgemeines räumliches Problem mit Hexaedern Nr. 10 als Superelemente und Netzgenerierung von Hexaedern Nr. 1.

Lernziele Z88V14 OS: Einsatz des Netzgenerators bei krummlinigen, räumlichen Elementen, Nutzen der Spannungsanzeige, verschiedenen Ansichten und räumlichen Rotationsmöglichkeiten im Plotprogramm.

Lernziele Z88Aurora: Erstellung des Netzgenerators, Kantenpicking.

Wenn Sie dieses Beispiel gerechnet haben, wäre es eine gute Idee, mit dem Netzgenerator Hexaeder Nr. 10 mit 20 Knoten anstelle der 8-Knoten Hexaeder erzeugen zu lassen (was für ihn ein Kinderspiel ist). Aber Sie müssen dann neue Randbedingungen eingeben, weil sich ja die Knotennummern geändert haben.

Beispiel 6: Rohr unter Innendruck von 1.000 bar. Axialsymmetrisches Problem, gelöst als Scheibenproblem mit Scheiben Nr. 7.

Lernziele Z88V14 OS: Nutzen von Symmetrieeigenschaften einer Struktur und Wahl der Randbedingungen und Streckenlasten, Spannungsanzeige im Plotprogramm.

Lernziele Z88Aurora: Einlesen eines Z88V14 Projektes, Definition Scheibendicke.

Beispiel 7: Querpreßverband. Axialsymmetrisches Problem mit Tori Nr. 8 und Netzgenerator.

Lernziele Z88V14 OS: Arbeiten mit Toruselementen, Einsatz des Netzgenerators mit Netzverdichtung, Spannungsanzeige im Plotprogramm. Sodann Lösung des Problems mit Toruselementen Nr. 15. Vergleich der Ergebnisse.

Lernziele Z88Aurora: Netzgeneratorsteuerung, Knotenpicking mit der Alt-Taste.

Beispiel 8: Zweitakt-Kolben. Es soll ein Kolben für einen Zweitakt-Ottomotor berechnet werden. Als Last wirkt der Verbrennungsdruck, die Kolbenbolzenaugen werden als Lager definiert.

Lernziele Z88V14 OS: Verwenden komplexer Teile, die ursprünglich aus 3D-Standardsoftware-Programmen stammen und mit den dort vorhandenen Automeshern vernetzt wurden. Da hier die Biegeeinflüsse nicht dominierend gegenüber den Druckkraft-Einflüssen sein werden, sollten für eine erste Studie Tetraeder Nr. 17 mit linearem Ansatz ausreichen. Es wird eine Flächenlastdatei Z88I5.TXT erzeugt.

Lernziele Z88Aurora: Import einer NASTRAN-Struktur, Import STL-Geometrie, Erzeugung Tetraedernetz, Netzcheck, Flächenpicking, Druckrandbedingungen bei Volumenelementen, Setmanagement, Solverparameter Pardiso, Auswahl Maschinenparameter.

Beispiel 9: RINGSPANN-Scheibe. Es soll eine sog. RINGSPANN-Scheibe berechnet werden, die als Kraftübersetzer wirken soll.

Lernziele Z88V14 OS: Berechnung von Federn mit der Finite Elemente Analyse, d. h. große Wege. Hexaeder Nr. 10 mit quadratischem Ansatz.

Lernziele Z88Aurora: Import von Z88V14 Projektdaten.

Beispiel 10: Flüssiggas-Tank. Es soll ein Druckbehälter für Flüssiggas berechnet werden, der in einen PKW eingebaut ist. Er ist an beiden Seiten an den Böden mit einem Ringflansch befestigt. In einer Seitencrash-Simulation soll geprüft werden, wie stark die Verformungen und Spannungen unter einer Last von 1.200.000 N sind.

Lernziele Z88V14 OS: Anbringen von Randbedingungen und Üben des Zusammenspiels mit AutoCAD.

Lernziele Z88Aurora: Einlesen von Z88V14 Projektdaten, Anzeige der Knotennummerierung in der Oberfläche.

Beispiel 11: Motorrad-Kurbelwelle. Eine Kurbelwelle wird aus einem 3D-CAD-System übernommen.

Lernziele Z88V14 OS: Das geschickte Anbringen von Randbedingungen bereits im CAD-Programm. Da starke Biegeeinflüsse zu erwarten sind, werden Tetraeder Nr. 16 mit quadratischem Ansatz genutzt.

Lernziele Z88Aurora: STL-Import, Vernetzung mit Tetgen, Zuweisung Vernetzerregeln, Vernetzungsparameter ändern, Projizierte Flächenlast, Verwendung Sparse-Matrix-Iterationssolver, Flächenpicking und Seterstellung.

Beispiel 12: Drehmoment-Meßnabe. Es liegt ein Verformungselement für eine Drehmoment-Meßnabe vor.

Allgemeine Lernziele: Geschicktes Abbilden der Technischen Mechanik durch die Randbedingungen. Zunächst werden geradlinige Dreiecksscheiben Nr. 3 genutzt, später krummlinige Dreiecksscheiben Nr. 14.

Beispiel 13: Ebener Rahmen. Ein Dreigelenkrahmen lässt sich analytisch sehr einfach rechnen. Mit einem FEA-Programm geht das genauso gut, wenn man die fehlenden Elementtypen „Balken mit Gelenk“ geschickt umgeht.

Lernziele Z88V14 OS: Berechnung von ebenen Fachwerken, Simulation von biegemomentenfreien Gelenken.

Lernziele Z88Aurora: Erstellung Elementsets für gerichtete Netzerstellung, Erstellung FE-Struktur aus Superelementen, Materialdaten und Einheitenkonsistenz.

Beispiel 14: Zahnrad. Wir betrachten ein Zahnrad, dessen Nabe auf die Welle aufgepresst wird. Dabei soll der Eigendruck des Preßverbands 100 N/mm^2 betragen. Es soll die Verformung untersucht werden, die durch die Aufweitung der Nabe bis in die Verzahnung geleitet wird.

Allgemeine Lernziele: Kennenlernen des sog. virtuellen Fixpunkts, Beurteilung der mit Automeshern erzeugten Netze.

Lernziele Z88V14 OS: Übernahme der in Pro/ENGINEER so benannten Schalenelemente (sind in Wirklichkeit Scheiben) in Z88 V14.

Lernziele Z88Aurora: Import Nastran: Einstellung „Scheiben“, Import STEP-Geometrie, Tetraedervernetzung, Druckrandbedingung bei Tetraederelementen, Ergebnisvergleich Scheibe Nr. 7, Scheibe Nr. 14 und Tetraeder Nr. 16.

Beispiel 15: Schraubenschlüssel aus Pro/ENGINEER. Ein Schraubenschlüssel im 3D-CAD Programm Pro/ENGINEER wurde als 3D-Modell erzeugt.

Allgemeine Lernziele: Hier wird gezeigt, wie die verschiedenen FE-Elementtypen, wie sie von Automeshern verwendet werden, sinnvoll eingesetzt werden. Das Zusammenspiel zwischen Elementeanzahl, Elementtyp und Berechnungsergebnis wird hier sehr deutlich gemacht.

Lernziele Z88Aurora: Tool „Abstand messen“.

Beispiel 16: Kraftmeßelement. Es soll das Verformungselement einer sog. Kraftmeßdose mit Z88 berechnet werden.

Allgemeine Lernziele: Die Auswirkungen auf die von Z88 errechneten Verschiebungen bei der Auswahl unterschiedlicher Elementtypen und der schrittweisen Netz-Verfeinerung eines einfachen Körpers sollen dem Leser ein Gefühl für das richtige Maß bei der Voreinstellung von Parametern bei der FE Analyse vermitteln.

Lernziele Z88V14 OS: Hier wird sehr ausführlich das Arbeiten mit dem DXF-Konverter Z88X demonstriert.

Lernziele Z88Aurora: Erstellung Linienlast.

Beispiel 17: Kreisplatte. Es wird eine einfache Kreisplatte berechnet, die zuvor als Pro/ENGINEER-3D-Struktur „konstruiert“ wurde.

Lernziele Z88V14 OS: Kennenlernen der Vorgehensweise bei Plattenberechnungen, Übernahme eines fertigen FE-Netzes.

Lernziele Z88Aurora: Import einer Nastran-Datei mit Importmöglichkeit Platten

Beispiel 18: Rechteckplatte. Ein Plattenproblem mit 16-Knoten Lagrange Platten Nr. 19.

Allgemeine Lernziele: Erzeugung einer Superstruktur aus 8-Knoten Platten Nr. 20 mit AutoCAD, DXF-Export mit Z88X, dann Netzgenerierung mit Z88N von Platten Nr. 19. Anschließend Plattenberechnung mit den Sparsematrix-Solvern.

Beispiel 19: Otto-Viertakt-Kolben. Es soll ein Kolben für einen BMW-Motorradmotor (vereinfacht) berechnet werden. Als Last wirkt der Verbrennungsdruck durch Einzelkräfte, die Kolbenbolzenaugen werden als Lager definiert.

Allgemeine Lernziele: Einsatz des Sparsematrix-Iterations-Solvers für eine größere Struktur.

Beispiel 20: Automotor-Lüfterrad aus Kunststoff. Dieses Beispiel weist nicht weniger als 1,2 Millionen Freiheitsgrade auf. Dieses Beispiel verlangt einen modernen, gut ausgestatteten Computer, und Sie können mit dieser Struktur die Grenzen Ihres Computers ausloten.

Lernziele Z88Aurora: Schnelle Ansicht für große Bauteile aktivieren, Solverparameter editieren für SORCG und SICCG, Filtern von Ergebnissen im Postprozessor.

Beispiel 21: Dieselkolben. Ein räumliches Problem mit Tetraedern Nr. 16.

Allgemeine Lernziele: Ausgehend von einer NASTRAN-Datei, die in Pro/ENGINEER erzeugt wurde, werden der Konverter Z88G und der Sparsematrix-Iterations-Solver genutzt. Hier geht es also um das Arbeiten mit einer Struktur, die aus einem CAD-Programm kommt und dabei die Flächenlastdatei Z88I5.TXT verwendet.

Beispiel 22: Ermittlung einer Formzahl. Die Maschinenelemente-Literatur gibt für Wellenabsätze sog. Formzahlen α_k für die Berechnung der Kerbspannungen an. Hier wird gezeigt, wie derartige Formzahlen mittels FEA ermittelt werden. Als Besonderheit wird hier die Superstruktur nicht per CAD-Programm entworfen, sondern sie wird „von Hand" aufgestellt, um sehr leicht auf verschiedene Kerbradien reagieren zu können.

Beispiel 23: Zahnfussbeanspruchung. Hier wird von der Geometrieerzeugung ausgehend ganz grundlegend – ohne die Berücksichtigung der verschiedenen Parameter der DIN 3990 – die qualitative Abschätzung der Zahnfussbeanspruchung bei einem Zahnrad gezeigt.

Lernziele Z88Aurora: Anzeige Elementnummerierung und Elementinformationen in der Z88Aurora Oberfläche.

Beispiel 24: Vierkantrohr als Schalenstruktur. Ein Vierkantrohr wird tordiert, mit Schalen Nr. 24 berechnet, und die Ergebnisse werden interpretiert.

Allgemeines Lernziel: Schalenberechnung.

Folgende Beispiele sind speziell für Z88AuroraV2 konzipiert:

Beispiel 25: U-Boot. Ein in einem CAD-System als Schale konstruiertes Unterseeboot wird mit Hilfe der NASTRAN-Schnittstelle in Z88Aurora importiert und dort mit dem Mapped-Mesher Z88MVS zur Volumenschale aufgedickt.

Lernziele Z88Aurora: Mapped-Mesher für Volumenschalen, Clipping einer großen Struktur.

Beispiel 26: Zahnrad aus Tetraedern Nr. 17. In diesem Beispiel wird ein Zahnrad, das als ABAQUS INP-Datei vorliegt, in Z88Aurora importiert und berechnet. Die Berechnung erfolgt mit einer statischen Linienlast, ersetzt aber nicht eine Beanspruchungsberechnung nach DIN 3990.

Lernziele Z88Aurora: Import ABAQUS-Datei, Anwendung Linienlasten.

Beispiel 27: Schwingende Trommel. Das Fell einer Basstrommel aus Hexaeder-Elementen Nr. 1 wird auf Eigenschwingungen untersucht. Die Kleinste ist hauptverantwortlich für den tiefen Grundklang.

Lernziele Z88Aurora: Eigenschwingung mit Randbedingungen.

Beispiel 28: Modalanalyse Kurbelwelle. Eine kleine Kurbelwelle aus einem Motorrad-Motor ist aus Tetraedern Nr. 10 zusammengesetzt und wird auf Eigenschwingungen untersucht.

Jedwede zyklische Belastung sollte weit weg des Frequenzbandes liegen, um keine Resonanzen hervorzurufen.

Lernziele Z88Aurora: Eigenschwingung ohne Randbedingungen.

Beispiel 29: Thermische Analyse eines Dieselkolbens. Der aus Beispiel 21 bekannte Dieselkolben wird mit zwei Temperaturen beaufschlagt, der Temperaturverlauf wird betrachtet.

Lernziele Z88Aurora: Thermische Analyse, Wärmeleitung, thermische Randbedingungsaufgabe, Postprozessor Temperatur.

Beispiel 30: Thermomechanische Analyse eines Suppenlöffels aus Tetraedern Nr. 16. Es wird simuliert, dass der Löffel mit einer Hand festgehalten und eine Suppe gegessen wird.

Lernziele Z88Aurora: Thermomechanische Analyse, Wärmestromdefinition, thermomechanische Randbedingungsaufgabe, Material mit thermischen Kennwerten anlegen, Ergebnisinterpretation thermische Dehnungen und Spannungen.

Beispiel 31: Nichtlineare Berechnung einer Tellerfeder. Eine Tellerfeder wird unter Berücksichtigung der geometrischen Nichtlinearitäten berechnet. Zum Einsatz kommen Elemente vom Typ Torus Nr. 8.

Lernziele Z88Aurora: Durchführung von nichtlinearen Berechnungen, insbesondere der Parametrierung des Gleichungslösers.

Beispiel 32: Nichtlineare Berechnung eines Scharniers. Dieses Beispiel hat die nichtlineare Analyse eines Scharniers zum Inhalt. Es wird der komplette Präprozessing-Vorgang beschrieben; der Elementtyp ist Tetraeder Nr. 16.

Lernziele Z88Aurora: Durchführung von nichtlinearen Berechnungen und Gewinnung von Erfahrung mit dem Ziel, zu erkennen, wann nichtlineare Analysen erforderlich sind.

13.1 Schraubenschlüssel aus Scheiben Nr. 7

Ein Gabelschlüssel soll durch ein Anzugsmoment belastet werden. Dazu wird ein Kräftepaar im Schlüsselmaul entsprechend dem Moment angebracht; die Festlager werden an den Stellen, an denen die Schlosserhand anpackt, angenommen. Der Gabelschlüssel soll durch 7 Superelemente Scheibe Nr. 7 abgebildet werden, mit dem Netzgenerator werden 66 Finite Elemente erzeugt.

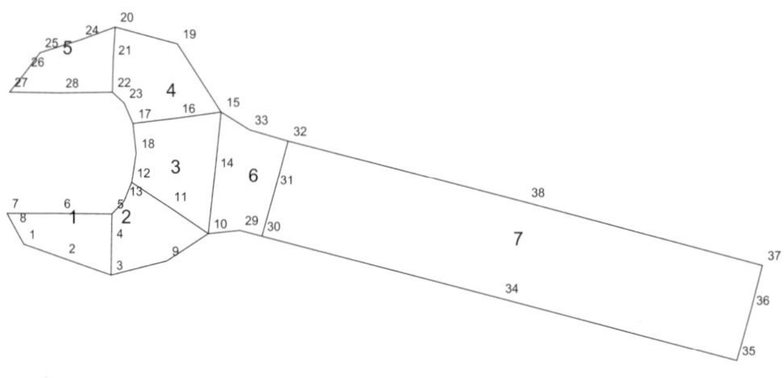

Bild 13.1-1: Superstruktur des Gabelschlüssels

13.1.1 Mit Z88V14

Die Beispieldateien dazu finden Sie im Beispieldirectory B1. Kopieren Sie die Dateien in Ihr Z88-Arbeitsdirectory; das ist auf den Z88-Datenträgern bzw. Internetdateien bereits erfolgt, damit Sie sofort starten können:

Z88X.DXF	CAD-Eingabefile
Z88I2.TXT	Randbedingungen
Z88I5.TXT	Flächenlasten (mit einer 0 in der ersten Zeile)
Z88MAN.TXT	Steuerparameter für Solver
Z88MAT.TXT	Materialsteuerdatei
51.TXT	Materialdatei
Z88ELP.TXT	Elementparameter
Z88INT.TXT	Integrationsordnungen

Führen Sie einfach folgende Schritte aus, um Z88 kennenzulernen:

CAD:

In diesem ersten Beispiel sollen Sie die CAD-Superstruktur nur betrachten, aber noch nicht erzeugen. Das kommt in späteren Beispielen. Z88X.DXF in Ihr CAD-Programm importieren und betrachten. So würden Sie sie normalerweise selbst gezeichnet haben. Ändern Sie nichts und verlassen Sie Ihr CAD-Programm ohne Speichern, Konvertieren usw. Wenn Sie kein passendes CAD-System haben, lassen Sie diesen Schritt aus.

Z88:

Z88X, Konvertierung von Z88X.DXF nach Z88NI.TXT. Vorgehen:

Windows: Im Z88-Commander Button Z88X, Button *DXF → Z88NI, Run-Button*. Programm Z88X beenden.

LINUX/UNIX: Im Z88-Commander unter CAD Konverter: Button *DXF → Z88NI.*

Z88O, Superstruktur betrachten. Vorgehen:

Windows: Im Z88-Commander *Button Z88O*. Falls Sie gleich auf den Run-Button gehen, braucht Sie die Fehlermeldung nicht zu stören, denn Z88O erwartet als Standard Z88I1.TXT, das noch nicht vorhanden ist. Sie wollen aber ohnehin Z88NI.TXT nutzen: Vorgehen: *Diskettenbutton > Z88NI.TXT, Run-Button*. Dann Umschalten mit dem *Wireframe-Button* und über *Menü > Labels > Alles* die Knoten- und Elementnummern anzeigen lassen. Mit der Taste *Bild hoch* zoomen. Programm Z88O beenden.

LINUX/UNIX: Im Z88-Commander *Button Z88O*. Falls Sie gleich auf den Run-Button gehen, braucht Sie die Fehlermeldung nicht zu stören, denn Z88O erwartet als Standard Z88I1.TXT, das noch nicht vorhanden ist. Sie wollen aber ohnehin Z88NI.TXT nutzen: Vorgehen: Button *Datei > Z88NI.TXT, Run-Button*. Dann Umschalten mit dem *Wireframe-Button* und über *Menü > Labels > Alles* die Knoten- und Elementnummern anzeigen lassen. Mit der Taste *Bild hoch* zoomen. Programm Z88O beenden.

Z88N, Netzgenerator, liest Z88NI.TXT und erzeugt Z88I1.TXT. Vorgehen:

Windows: Im Z88-Commander Button *Z88N, Run-Button*. Programm Z88N beenden. Hinweis: Das Beenden des gerade gelaufenen Z88-Moduls sollten Sie grundsätzlich immer machen, damit bei später größeren Strukturen immer der maximale Hauptspeicher zur Verfügung steht.

LINUX/UNIX: Im Z88-Commander Button *Z88N*.

Z88O, finite Elemente Struktur betrachten. Vorgehen:

Windows: Im Z88-Commander Button *Z88O, Run-Button.*

LINUX/UNIX: Im Z88-Commander Button *Z88O, Run-Button.*

Z88R, berechnet Verformungen, Spannungen und Knotenkräfte. Vorgehen:

Windows: Im Z88-Commander Button *Z88R, Cholesky-Button, Run-Button.*

LINUX/UNIX: Im Z88-Commander *Radiobutton Berechnung, Button Cholesky.*

Z88O, Finite Elemente Struktur verformt betrachten. Vorgehen:

Windows: Im Z88-Commander Button *Z88O, Run-Button, Wireframe-Button, Verformt-Button.* Die Verformungen werden standardmäßig um den Faktor 100 vergrößert, was für dieses Beispiel etwas viel ist. Daher: *Menü* > *Faktoren* > *Verschiebungen* > für FUX und FUY je *10* eintragen Ferner können Sie sich, da ja Z88R bereits gelaufen ist, auch die Vergleichsspannungen anzeigen lassen. Probieren Sie nacheinander: Button *Vergleichsspannungen Eckknoten*, Button *Vergleichsspannungen Element* gemittelt und Button *Vergleichsspannungen Gaußpunkte* (bei diesem nur unverformte Struktur möglich, also *Unverformt-Button*).

LINUX/UNIX: Im Z88-Commander Button *Z88O, Run-Button, Wireframe-Button, Verformt-Button.* Die Verformungen werden standardmäßig um den Faktor 100 vergrößert, was für dieses Beispiel etwas viel ist. Daher: *Menü* > *Faktoren* > *Verschiebungen* > für FUX und FUY je *10* eintragen Ferner können Sie sich, da ja Z88R bereits gelaufen ist, auch die Vergleichsspannungen anzeigen lassen. Probieren Sie nacheinander: Button *Spannungen Eckknoten*, Button *Spannungen pro Element* und Button *Spannungen Gausspunkte* (bei diesem nur unverformte Struktur möglich, also *Unverformt*-Button).

Der Netzgenerator soll nun aus der Superelementstruktur 66 Finite Elemente erzeugen. Elementdicke je 10. Netzgenerierung: In diesem Beispiel sind lokale und globale Achsen nicht richtungsgleich: Lokale *x*-Richtung bei Superelement 1 längs der lokalen Knoten 1 und 2, die den globalen Knoten 1 und 3 entsprechen. Die lokale *y*-Richtung von SE 1 ist durch lokale Knoten 1 und 4 bestimmt, die den globalen Knoten 1 und 7 entsprechen. Beachte ferner: Superelemente, die eine gemeinsame Seite haben, müssen an dieser Seite eine absolut identische Unterteilung haben. So schließen SE 1 und SE 2 längs der Linie 3-4-5 an: Die Unterteilungen in *y*-Richtung müssen genau gleich sein. Hier jeweils 3 Unterteilungen.

Dieses Beispiel, wie oben gezeigt, durchrechnen. Sodann kann man experimentieren: In Z88NI.TXT das SE 7 als sinnvolle Abwandlung wie folgt zerlegen:

7	7			*(„Zerlege Superelement 7 in Finite Element Scheibe Nr. 7*
6	L	3	E	*und unterteile in x-Richtung 6mal geometrisch aufsteigend und in y-Richtung 3mal äquidistant")*

Ebenso könnten die SE 1 bis SE 5 jeweils nach innen verdichtet werden:

1 7

3 L 3 E

```
2  7
3  L  3  E
.... und so weiter
```

HINWEIS: In jeder Zeile können Kommentare stehen, nachdem alle erforderlichen Daten eingetragen sind. Mindestens ein Leerzeichen trennt das letzte Datum vom Kommentar. Das können Sie in Ihren eigenen Files ebenso machen. Je Zeile maximal 250 Zeichen insgesamt.

EINGABEN

Bei dem Beispiel soll von einer Superstruktur, also einem sehr groben FE-Netz ausgegangen werden. Der Netzgenerator soll aus der Superstruktur eine FE-Struktur generieren. Also ist zunächst das Netzgenerator-Eingabefile Z88NI.TXT zu entwerfen. Das erfolgt in CAD durch das in Kapitel 10.5 erläuterte Vorgehen. Wenn Sie ohne CAD-System arbeiten, erzeugen Sie die Datei Z88NI.TXT per Editor oder Textverarbeitungs-Programm. Die Superstruktur soll wie folgt aussehen vgl. Bild 13.1_1:

mit CAD-Programm:

Gehen Sie nach der Beschreibung Kapitel 10.4 bzw. Z88- bzw. Z88Aurora-Handbuch (vgl. DVD) vor. Vergessen Sie nicht, auf dem Layer Z88EIO die Superelement-Informationen per TEXT-Funktion abzulegen, also

```
SE  1  7  7  3  E  3  E  (1. SE, SE Typ 7, FE Typ 7, unterteile in x 3 x gleich, in y 3 x gleich)
SE  2  7  7  3  E  3  E  (2. SE, SE Typ 7, FE Typ 7, unterteile in x 3 x gleich, in y 3 x gleich)
SE  3  7  7  3  E  3  E
SE  4  7  7  3  E  3  E
SE  5  7  7  3  E  3  E
SE  6  7  7  1  E  3  E
SE  7  7  7  6  E  3  E
```

und auf dem Layer Z88GEN die allgemeinen Informationen

```
Z88NI.TXT   2   38 7   76 0   0        (2-DIM,38 Knoten,7 SE,76 FG,Flags 0)
```

Exportieren Sie die Zeichnung als DXF-Datei mit dem Namen Z88X.DXF und starten Sie anschließend den CAD-Konverter Z88X mit der Option „von Z88X.DXF nach Z88NI.TXT". Er wird die Netzgenerator-Eingabedatei Z88NI.TXT erzeugen, die Sie anschließend mit Z88O betrachten sollten

mit Editor:

Netzgenerator-Eingabefile Z88NI.TXT (vgl. Kapitel 11.9) mit Editor schreiben:

```
2  38         7       76   0   0      (2-DIM, 38 Knoten, 7 Superelemente, 76 FG, Flags 0)
1   2   22.040  32.175                (Knoten 1, 2 FG, X- und Y-Koordinate)
2   2   31.913  28.798                (Knoten 2, 2 FG, X- und Y-Koordinate)
3   2   43.781  24.826
4   2   43.880  32.373
5   2   43.980  39.424
......                                (Koordinaten für Knoten 6 ... 36 hier nicht dargestellt)
```

37	2	202.847	27.507					
38	2	144.905	42.403					
1	7							*(SE 1 vom Typ Scheibe Nr. 7)*
1	3	5	7	2	4	6	8	*(Koinzidenz für 1. SE)*
2	7							*(SE 2 vom Typ Scheibe Nr. 7)*
3	10	12	5	9	11	13	4	*(Koinzidenz für 2. SE)*
...								*(Koinzidenz für Elemente 3 bis 6 hier ausgelassen)*
7	7							
30	35	37	32	34	36	38	31	
1	7							*(Zerlege 1.SE in FEs Typ 7 und*
3	E	3	E					*unterteile in x 3mal gleich, in y 3mal gleich)*
2	7							*(Zerlege 2.SE in FEs Typ 7 und*
3	E	3	E					*unterteile in x 3mal gleich, in y 3mal gleich)*
3	7							
3	E	3	E					
4	7							
3	E	3	E					
5	7							
3	E	3	E					
6	7							
1	E	3	E					
7	7							
6	E	3	E					

mit CAD-Programm und Editor:

Der Netzgenerator Z88N wird gestartet. Er erzeugt das eigentliche Z88-Strukturfile Z88I1.TXT. Das schauen wir uns entweder

- nach Konversion mit Z88X im CAD-Programm (von Z88I1.TXT nach Z88X.DXF) oder
- mit dem Z88-Plotprogramm Z88O an, um die Randbedingungen definieren zu können, vgl. Bild 13.1-2:

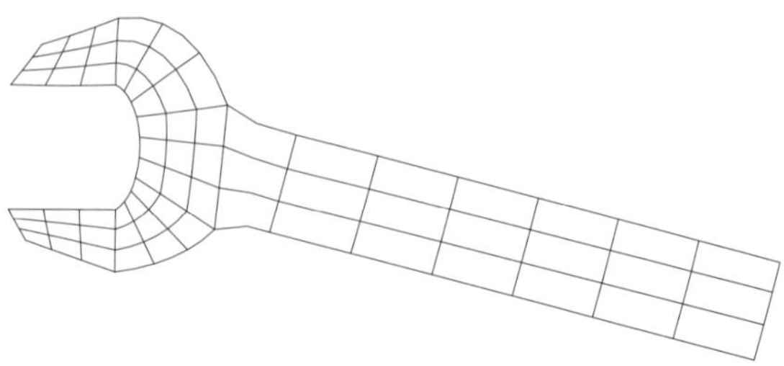

Bild 13.1-2: FE-Struktur des Schraubenschlüssels

Wir zoomen das Schlüsselmaul, um die beiden Knoten für den Kraftangriff definieren zu können (vereinfacht wird angenommen, dass die Schraube nur punktuell an den Ecken ein

Kräftepaar als Drehmoment erhält und dass sich die Schraube selbst und nicht der Schlüssel dreht), vgl. Bild 13.1-3:

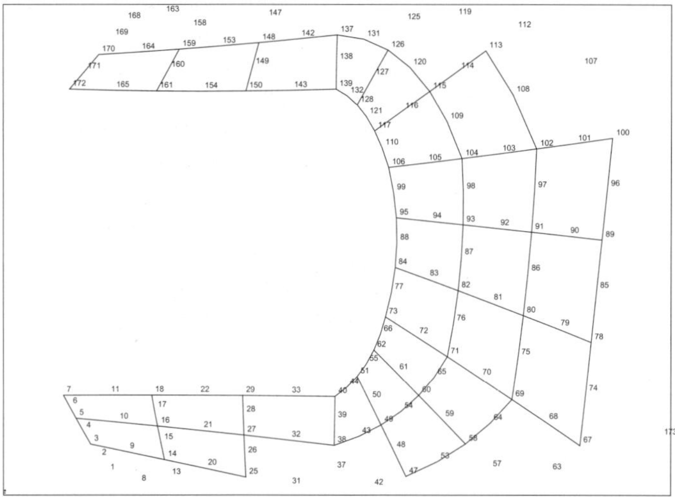

Bild 13.1-3: Schlüsselmaul, vergrößert, um die Knotennummern zu betrachten

Wir lesen die Knoten 11 und 143 ab. Die hier gezeigten Bilder sind direkt mit Z88O erzeugt.

Ebenso ermittelt man im Plotprogramm oder CAD-System die Knoten, an denen der Schlüssel festgehalten wird und gibt die Randbedingungen ein:

mit Editor:

File der Randbedingungen Z88I2.TXT durch Editieren aufstellen:

16				*(16 Randbedingungen gesamt)*
11	2	1	-7143	*(Knoten 11 am FG 2 Kraft -7143 gegeben)*
143	2	1	7143	*(Knoten 143 am FG 2 Kraft +7143 gegeben)*
216	1	2	0	*(Knoten 216 am FG 1 Verschiebung 0 gegeben)*
216	2	2	0	
220	1	2	0	
220	2	2	0	
227	1	2	0	
227	2	2	0	
231	1	2	0	
231	2	2	0	
238	1	2	0	
238	2	2	0	
242	1	2	0	
242	2	2	0	
249	1	2	0	
249	2	2	0	

Nun müssen noch begleitend die Materialsteuerdatei Z88MAT.TXT, die Materialdatei 51.TXT, die Elementparameterdatei Z88ELP.IXT, die Integrationsordnungsdatei Z88INT.TXT sowie die Solversteuerdatei Z88MAN.TXT editiert werden (was für Sie bereits in den jeweiligen Beispieldateien erfolgt ist):

Z88MAT.TXT:

1 *(insgesamt ein Materialgesetz)*
1 66 51.txt *(es gilt von Element 1 bis 66 und heißt 51.txt, vgl. 11.5)*

51.TXT:

206000 0.3 *(E-Modul 206.000, Querkontraktionszahl 0.3, vgl. 11.6)*

Z88ELP.TXT:

1 *(insgesamt nur ein Satz Elementparameter)*
1 66 10 0 0 0 0 0 0 *(er gilt von Element 1 bis 66, Dicke 10, Rest ohne Belang, vgl. 11.7)*

Z88INT.TXT:

1 *(insgesamt nur ein Satz Integrationsordnungen)*
1 66 3 3 *(er gilt von Element 1 bis 66, INTORD=3, INTOS=3, vgl. 11.8)*

Z88MAN.TXT: Hier sind nur wichtig, vgl. 11.10:

IBFLAG 0 *(keine Balken in der Struktur)*

IPFLAG 0 *(keine Platten in der Struktur)*

IHFLAG 0 *(keine Schalen in der Struktur)*

KDFLAG 0 *(keine Berechnung von Radial- und Tangentialspannungen)*

ISFLAG 1 *(Vergleichsspannungen nach GEH)*

Diese Datenstrukturen sind auf mehrere Dateien verteilt, damit unser Prä- und Postprozessor Z88Aurora V2 damit optimal arbeiten kann – für Z88 V14 erscheint dies etwas umständlich, wurde aber aus Gründen der Kompatibilität derart angelegt.

Nunmehr können der Cholesky-Solver Z88R -choly gestartet werden. Während des Laufs von Z88R stellen wir fest, dass 14.848 Speicherplätze in der Gesamtsteifigkeitsmatrix GS benötigt werden. NKOI, also benötigte Plätze im Koinzidenzvektor KOI, wird mit 540 ausgewiesen. Reicht also ebenfalls. Wo kommt die Zahl 540 her? Es liegen 66 Finite Elemente vom Typ Scheibe Nr. 7 mit je 8 Knoten vor, also 66 × 8 = 528. Die 540 kommen dadurch zustande, weil Z88R immer aus Sicherheitsgründen für das letzte Finite Element 20 Knoten ansetzt. Also wird NKOI hier: 65 × 8 + 20 = 540.

AUSGABEN

Der Solver Z88R liefert folgende Ausgabefiles:

Z88O0.TXT die aufbereiteten Strukturwerte. Ist hauptsächlich für Dokumentationszwecke vorgesehen, zeigt aber auch, ob das, was man mit Z88NI.TXT dem Netzgenerator aufgetragen hat, richtig „rübergekommen" ist.

Z88O1.TXT aufbereitete Randbedingungen: Für Dokumentationszwecke. Und: Ist das, was Sie in **Z88I2.TXT** an Randbedingungen eingegeben haben, richtig interpretiert worden?

Z88O3.TXT die berechneten Spannungen: Welche Spannungen in Z88O3.TXTgegeben werden, hängt von den Steuerparametern in Z88MAN.TXT ab.

Z88O4.TXT die berechneten Knotenkräfte.

Das OpenGL-Plotprogramm **Z88O** kann Vergleichsspannungen auf drei verschiedene Methoden anzeigen: knotenbezogen, gemittelt pro Element und direkt in den Gaußpunkten. Die Anzeigen sind, wie ersichtlich, sehr unterschiedlich. Das liegt daran, dass hier sehr starke Spannungsspitzen auftreten, die Sie am besten im dritten Bild sehen können. Das ist nicht immer so: Es gibt durchaus FE-Strukturen, die für alle drei Darstellungsvarianten in etwa die gleichen Maximalspannungen anzeigen. Dies ist dann ein Hinweis auf ausgeglichene Spannungsverläufe.

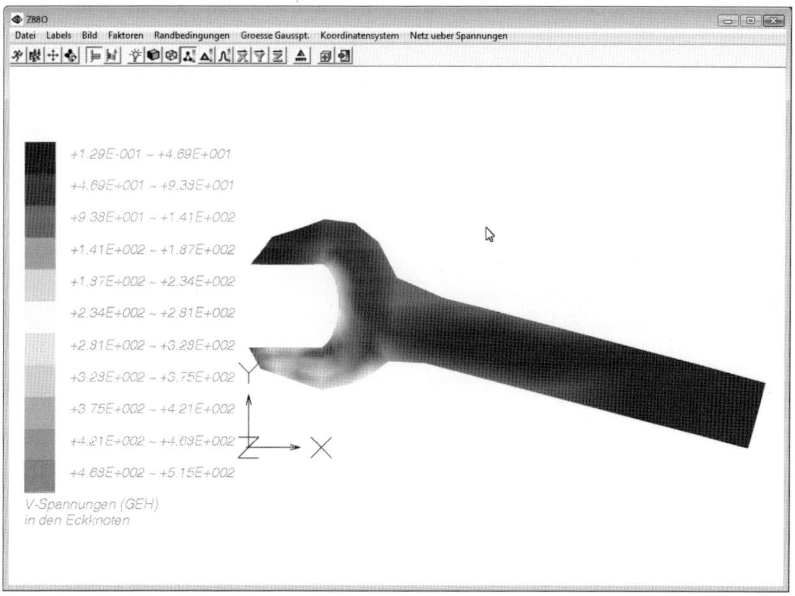

Bild 13.1-4: 1. Darstellungsmethode: Spannungen in Eckknoten (die in Wahrheit aus den um den Knoten gruppierten Gaußpunkten berechnet werden)

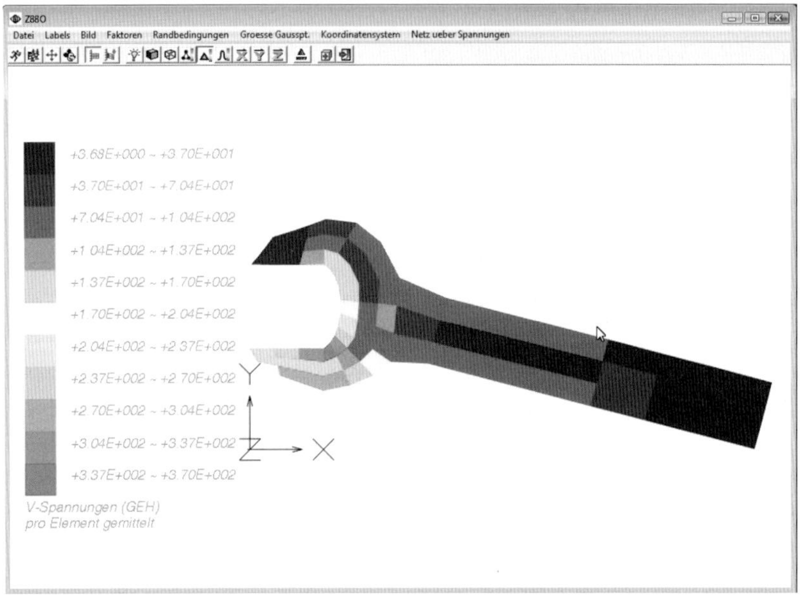

Bild 13.1-5: 2. Darstellungsmethode: Spannungen über die Gaußpunkte eines jeweiligen Elements gemittelt

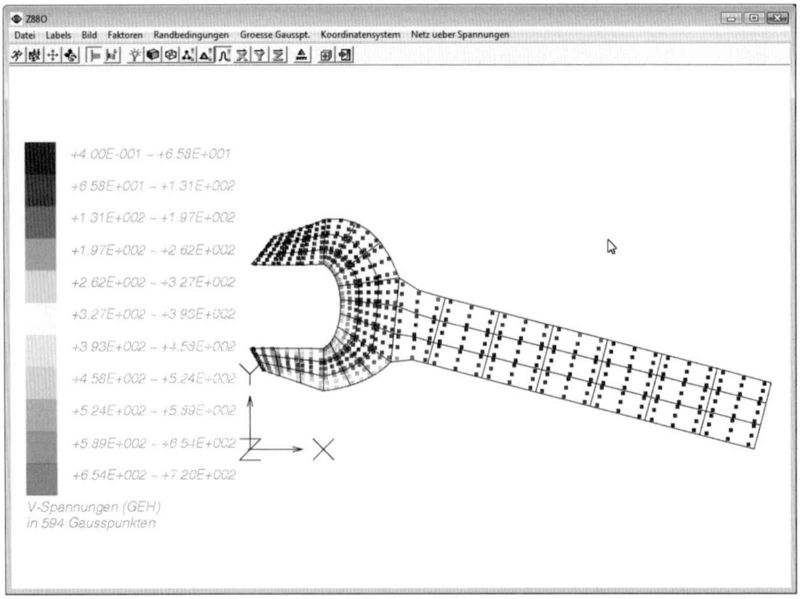

Bild 13.1-6: 3. Darstellungsmethode: Spannungen direkt in den Gaußpunkten - die präziseste Vorgehensweise (vgl. Beispiel 13.7). Liefert aber nicht so schöne bunte Bilder wie die anderen beiden Methoden

13.1.2 Mit Z88AuroraV2

Es liegt ein ganz grobes Netz, eine Superstruktur vor, das vom Netzgenerator verfeinert werden soll. Anschließend bringen Sie die Randbedingungen an und rechnen. Für den Einstieg gehen Sie einfach von den schon fertig aufbereiteten Dateien aus:

Das Beispielverzeichnis B1 öffnen und das gesamte Projekt laden:

Z88I1.TXT	Strukturfile
Z88I2.TXT	Randbedingungen
Z88I5.TXT	Flächenlasten

Führen Sie einfach folgende Schritte aus, um Z88Aurora kennen zu lernen:

In diesem ersten Beispiel sollen Sie das Beispiel nur betrachten, aber noch nicht erzeugen. Das kommt in späteren Beispielen.

Neuen Projektordner erstellen

1. Gehen Sie hierzu auf das „Neu“ Icon → Ordnerdialog öffnet sich
2. Neuen Ordner erstellen, mit ↵ beenden
3. Mit „Ok“ beenden

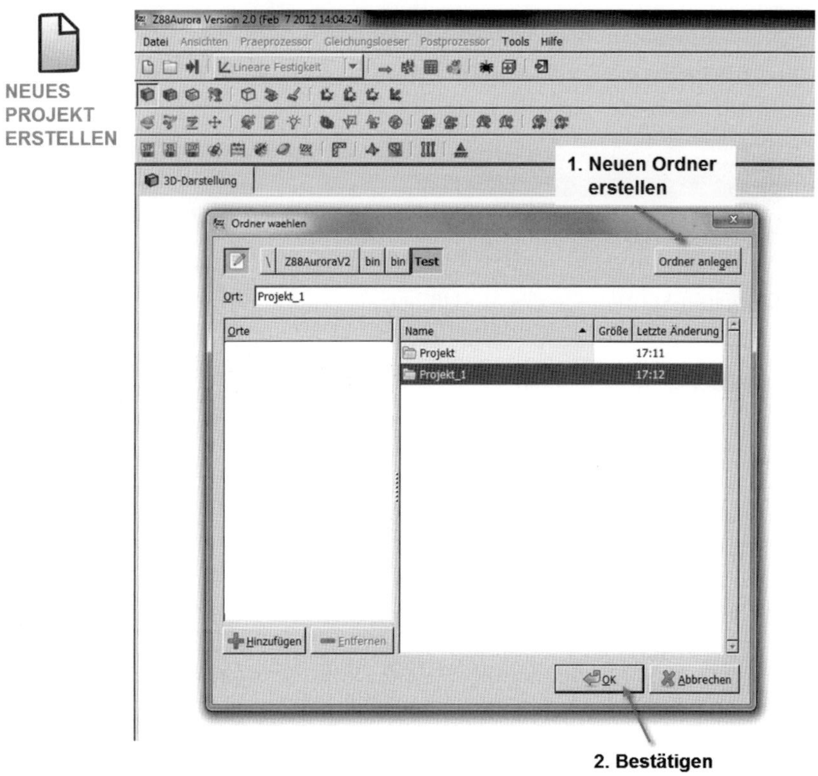

Bild 13.1-7: Neues Projekt erstellen

Importieren von Projektdateien

1. Gehen Sie hierzu auf das „Import“ Icon → Das Kontextmenü erscheint auf der rechten Seite.
2. Z88-Datei wählen → Importdialog öffnet sich
3. In den Beispielordner *„z88_beispiele_z88v14os/b1“* wechseln
4. „Projekt: (i1, i2, i5)“ auswählen, Dateien werden automatisch ausgewählt
5. Mit „Ok“ den Import starten

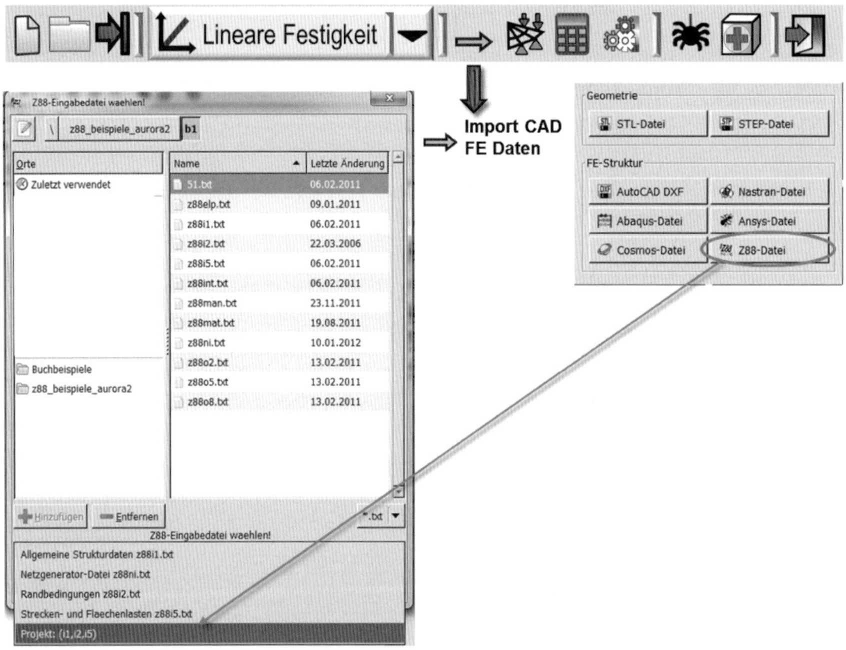

Bild 13.1-8: Z88V14 OS Projekt einlesen

Mit den Mautasten können Sie das Modell betrachten:

Verschieben des Modells

Zoomen

Rotieren

Die Struktur und die Randbedingungen sind nun geladen, Materialdaten und Scheibendicken müssen vor einer Berechnung noch hinzugefügt werden.

Festlegen der Scheibendicke:

1. Gehen Sie auf das „Praeprozessor“ Icon → Das Kontextmenü erscheint auf der rechten Seite.

2. Elementparameter Dicke wählen → Elementgeometriedialog öffnet sich
3. Hinzufuegen → im Verwaltungsfenster erscheint eine Elementeigenschaft
4. Dicke durch Doppel-Klick editieren und „10“ eingeben, mit ↵ beenden
5. Mit Schliessen das Menü schließen

Das beschriebene Verfahren weist allen Elementen die Dicke „10“ zu. Falls unterschiedliche Dicken gewünscht werden, können über das Setmanagement durch Picking separate Sets angelegt werden. Näheres hierzu erhalten Sie in den folgenden Beispielen.

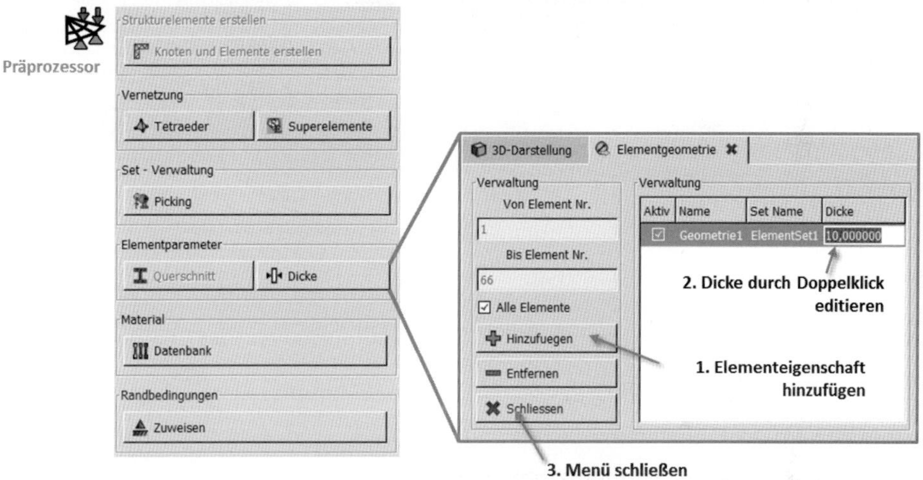

Bild 13.1-9: Scheibendicke vorgeben

Materialzuweisung

1. Wählen Sie im „Praeprozessor“ Menü Datenbank → Materialdatenbank öffnet sich
2. In der Materialdatenbank den Werkstoff „Maschinenbaustahl E295“ auswählen
3. Zuweisen weist dem Bauteil die Materialeigenschaften zu
4. Menü wie oben schließen

Bitte beachten Sie die Einheiten der standardmäßig in der Materialdatenbank vorhandenen Materialien. Die Standardwerkstoffe sind nicht editierbar. Auf Wunsch können neue Materialien angelegt und verwendet, über Elementsets Bauteilen mehrere Materialien zugewiesen werden. Näheres hierzu erhalten Sie in den folgenden Beispielen.

Material-
datenbank

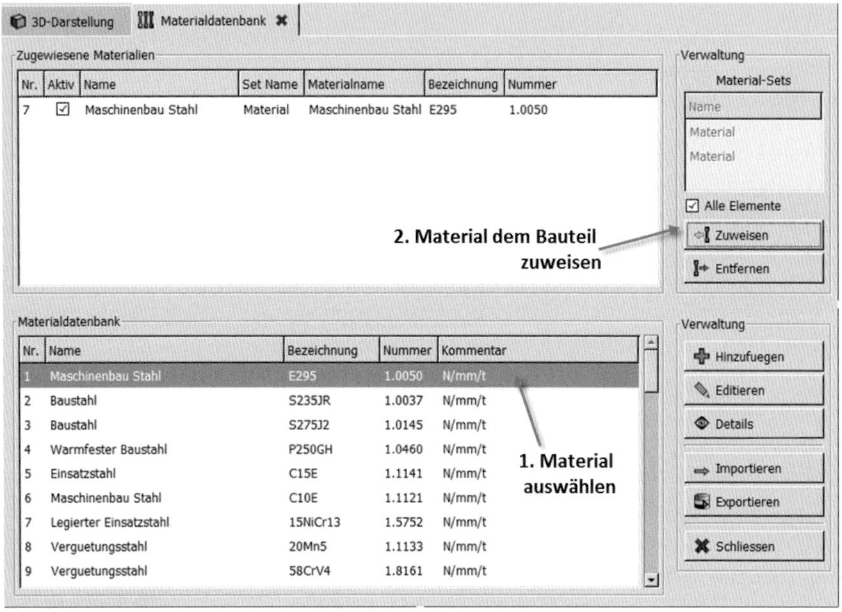

Bild 13.1-10: Material zuweisen

Das Beispiel kann nun mit einem beliebigen Solver (mit Ausnahme des Cholesky-Solvers) berechnet  → 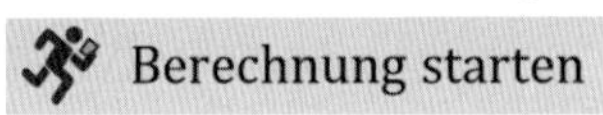 und im Postprozessing  betrachtet werden.

Neuen Projektordner erstellen

Schließen Sie das aktuelle Projekt  und erstellen Sie einen neuen Projektordner .

Nun wollen wir das gleiche Projekt von Hand aus der DXF-Struktur erstellen:

Import einer Superstruktur

Konvertierung von Z88X.DXF nach Z88NI.TXT. Vorgehen: Button *Import → AutoCAD DXF, DXF-Super-Struktur nach Z88Aurora-Super-Struktur.* In den Beispielordner *„z88_beispiele_z88v14os/b1“* wechseln und die Datei *z88x.dxf* auswählen. *Ok-Button.* Die Superstruktur mit 7 Superelementen Scheibe Nr. 7 erscheint im OpenGL-Fenster. Um von der schattierten Ansicht in die Oberflächennetz-Ansicht zu wechseln den Button „Oberflächennetz“ anwählen.

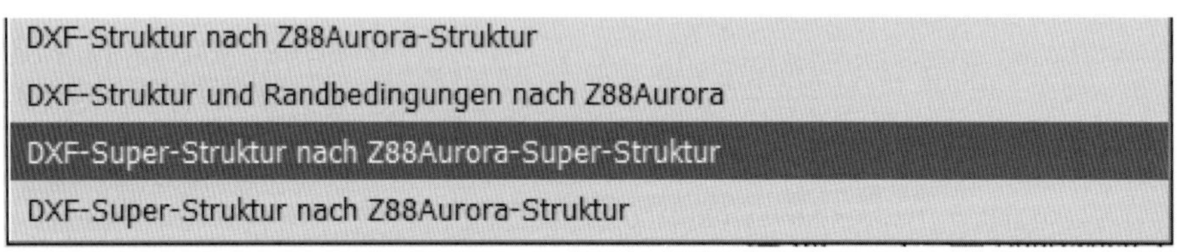

Bild 13.1-11: Importoptionen bei AutoCAD DXF-Import

Die vorliegenden Superelemente sollen laut 13.1.1 unterschiedlich unterteilt und mit Z88N vernetzt werden. In Z88Aurora ist hierzu die Erstellung von drei verschiedenen Elementgruppen nötig. Vorgehen: Button *Praeprozessor → Set-Verwaltung, Picking.*

Pickingoptionen

Mit Hilfe der Maus und einigen wenigen Tastaturkürzeln ist es möglich, einzelne oder mehrere Knoten, Elemente oder Flächen „anzupicken“, um die gewünschten Randbedingungen zu definieren:

Strg + (klicken)	Anwählen bzw. Abwahl einzelner Knoten
Alt + (halten)	Neue Auswahl mehrerer Knoten in einem rechteckigen Fenster und gleichzeitiges Verwerfen der vorangegangenen Auswahl
Alt + ⇧ +	(halten) zusätzliche Auswahl mehrerer Knoten in einem rechteckigen Fenster, unter Beibehaltung der vorangegangenen Auswahl
⇧ + (halten)	Aufziehen eines rechteckigen Fensters zur Abwahl mehrerer Knoten in einem Bereich

Dabei sind die jeweiligen Knoten, Elemente in der Elementmitte oder Flächen in der Flächenmitte durch kleine schwarze Rechtecke gekennzeichnet. Die Anwahl erfolgt durch die Tastenkombinationen und direktes Klicken auf die Rechtecke. Bitte beachten Sie hierzu, dass für die Anwahl der Elemente die Ansicht „Netz“ gewählt sein muss. Welche Variante des Pickings Einsatz findet, entscheidet der Verwendungszweck.

Knotenanwahl	Elementanwahl	Flächenanwahl
Randbedingungen	Tetraederverfeinerer	Druck Tetraeder, Hexader, Volumenschalen
	Materialzuweisung	
	Lokale Vernetzung Hexaedervernetzer	

Bild 13.1-12: Pickingvarianten und Verwendungszweck

Nach dem Anwählen der Elementpicking-Funktion erfolgt die Wahl der Elemente durch die oben beschriebene Weise. Für die in der Abbildung jeweils dargestellten Superelemente werden drei Elementsets angelegt. Gegebenfalls kann durch Doppelklick auf ein Set der Name angepasst werden. Danach das Menü schliessen.

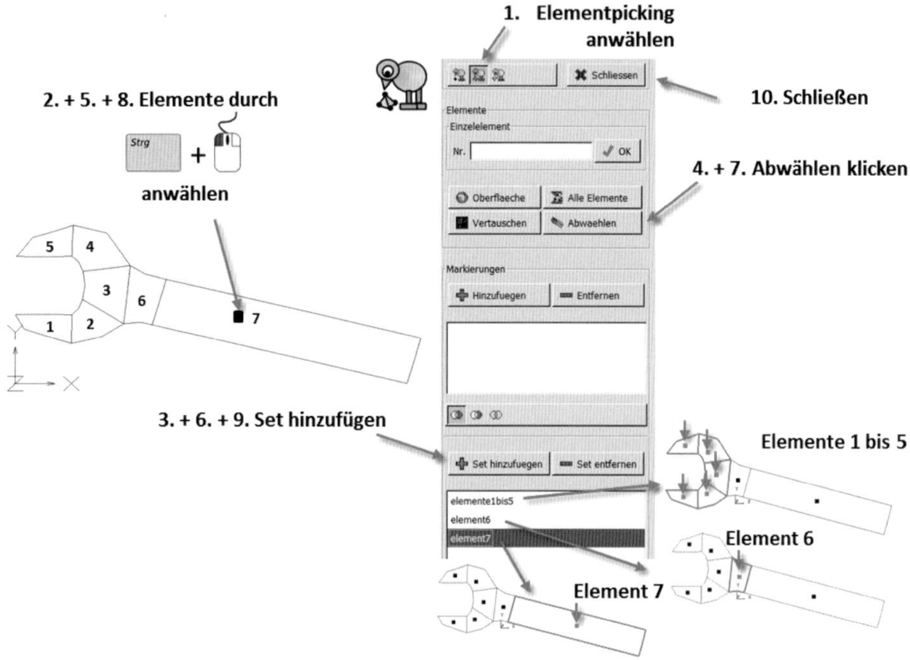

Bild 13.1-13: Picking Menü, Schaltfläche Elementpicking

Erstellung der FE-Struktur aus Superelementen

Wechseln Sie in das Präprozessormenü und zu Superelemente. Es sollen 66 Finite Elemente nach folgendem Schema erzeugt werden:

Superelemente 1-5:	X-Richtung: Äquidistante Unterteilung Wert 3
	Y-Richtung: Äquidistante Unterteilung Wert 3
Superelement 6:	X-Richtung: Äquidistante Unterteilung Wert 1
	Y-Richtung: Äquidistante Unterteilung Wert 3
Superelement 7:	X-Richtung: Äquidistante Unterteilung Wert 6
	Y-Richtung: Äquidistante Unterteilung Wert 3

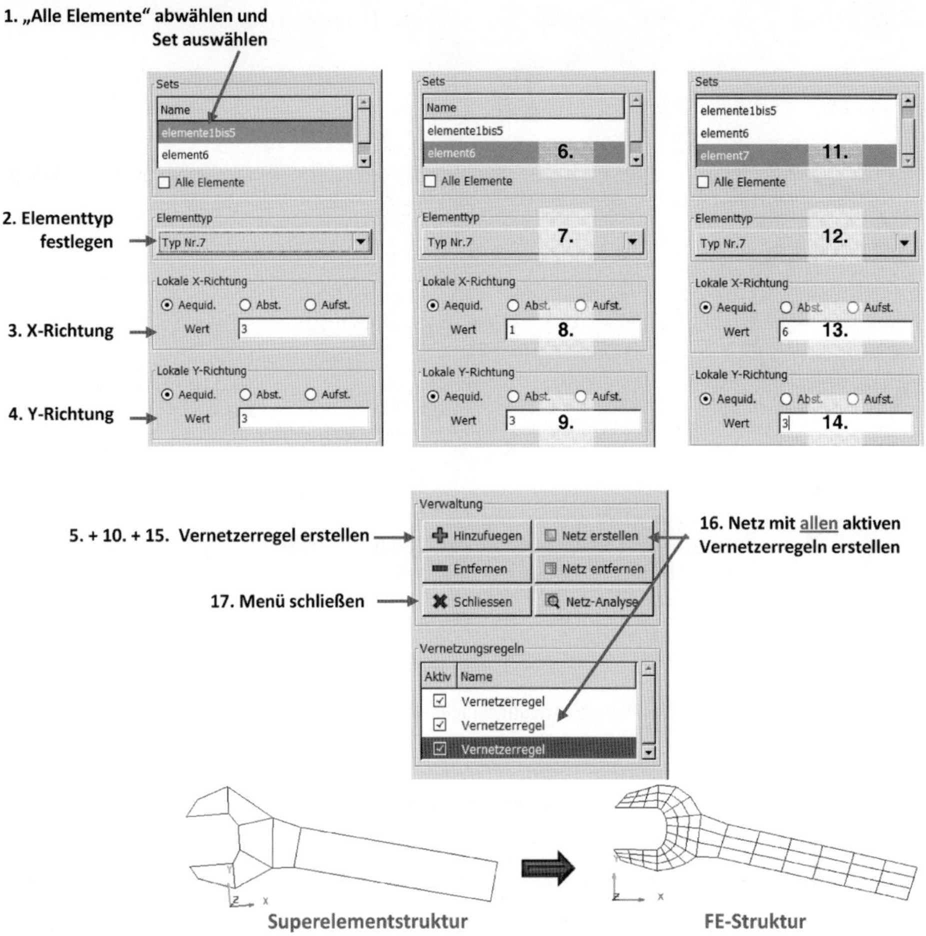

Bild 13.1-14: Vernetzung mit Z88N

Knotenpicking für die Randbedingungsaufgabe

Wie bei der Vernetzung müssen vorab zur Randbedingungserstellung Sets definiert werden. Vorgehen: Button *Praeprozessor → Set-Verwaltung, Picking.* Für Randbedingungen die Pickingoption „Knoten" wählen. Entweder wie beschrieben durch Mausklicks die betreffenden Knoten auswählen oder die Knotennummer direkt eingeben und mit „OK" bestätigen.

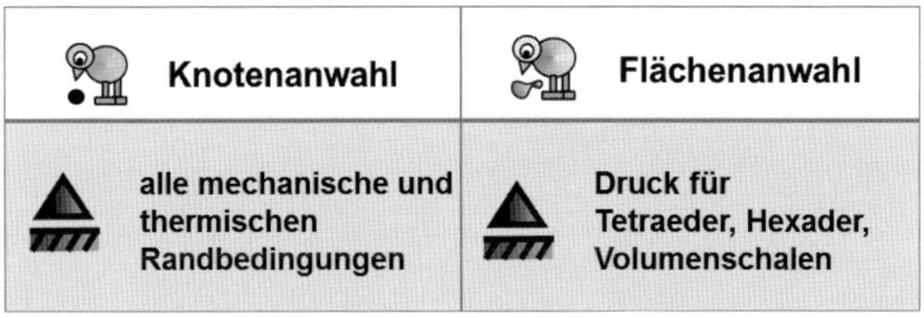

Knotenanwahl	Flächenanwahl
alle mechanische und thermischen Randbedingungen	Druck für Tetraeder, Hexader, Volumenschalen

Bild 13.1-15: Pickingoptionen für die Randbedingungsaufgabe

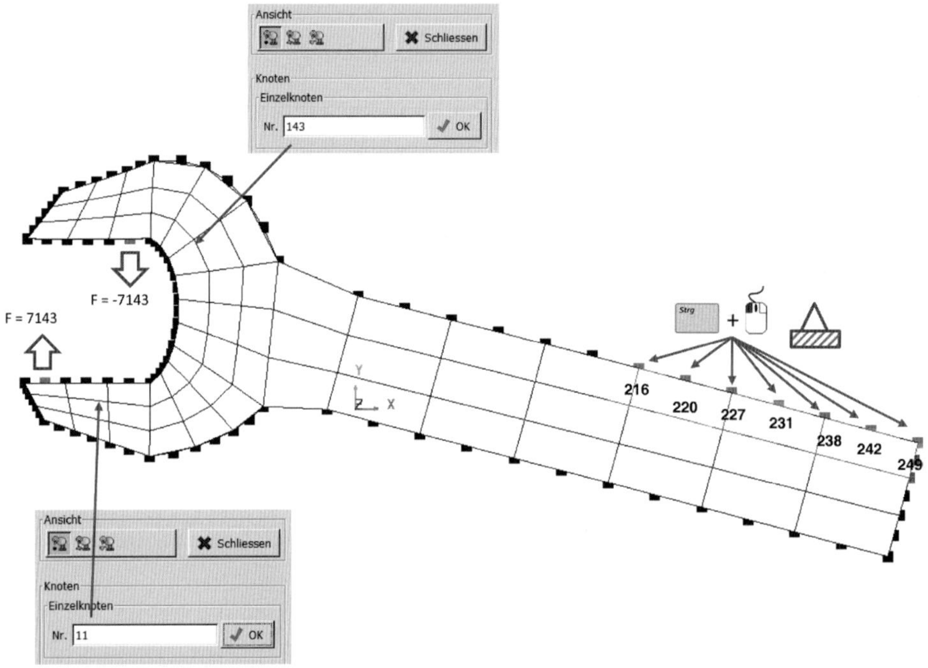

Bild 13.1-16: Knotenpicking für die Randbedingungsaufgabe

Um die Anwahl der Pickingpunkte zu erleichtern, kann man mit den Icons „Pickingpunkte vergrößern“ und „Pickingpunkte verkleinern“ die Ansicht entsprechend anpassen. Dies kann ebenfalls mit den Randbedingungsmarkierungen und den Gausspunktanzeigen geschehen.

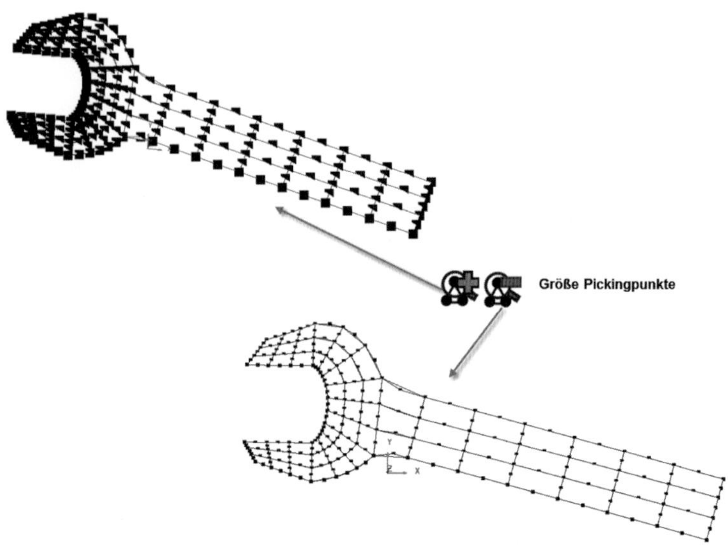

Bild 13.1-17 Größenanpassung der Pickingpunkte

Randbedingungen aufbringen

Jetzt in das Randbedingungsmenü wechseln. Vorgehen: Button *Praeprozessor→Randbedingungen*

Zuweisen → Im Kontextmenü sind die eben definierten Sets wählbar.

1. gewünschtes Set auswählen, z.B. „maul_1" (entspricht hier Knoten 11)
2. Richtung festlegen, z.B. Y-Richtung
3. Randbedingungstyp auswählen, z.B. Kraft (gleichverteilt)
4. Wert eingeben, z.B. -7143
5. Randbedingung mit Name versehen
6. **Hinzufuegen**

Auf diese Weise die weitere Kraft (gleichverteilt), Richtung Y, Wert „7143", Name „maul_2" und die Festhaltung, X- und Y-Richtung, Typ „Verschiebung", Wert „0" durch die Hand Name „fest" nach Abbildung 13.1-16 realisieren. Danach Menü schließen.

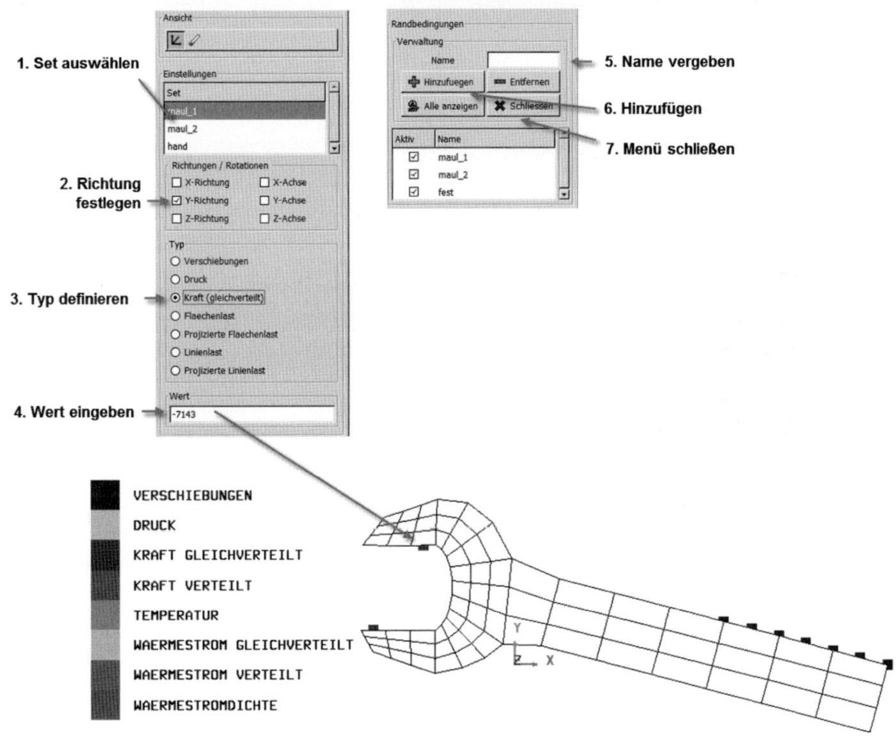

Bild 13.1-18: Randbedingungsaufgabe

Dicke und Material werden auf die oben beschriebene Weise definiert.

Berechnung starten

Zum Starten der Berechnung in das Solvermenü wechseln: Vorgehen: Button *Gleichungslöser.*

Bitte achten Sie auf eine korrekte Anwahl der Analysemethode 

in der Haupticonleiste, da nach verwendetem Analysetyp die Solvereinstellungen und -typen variieren.

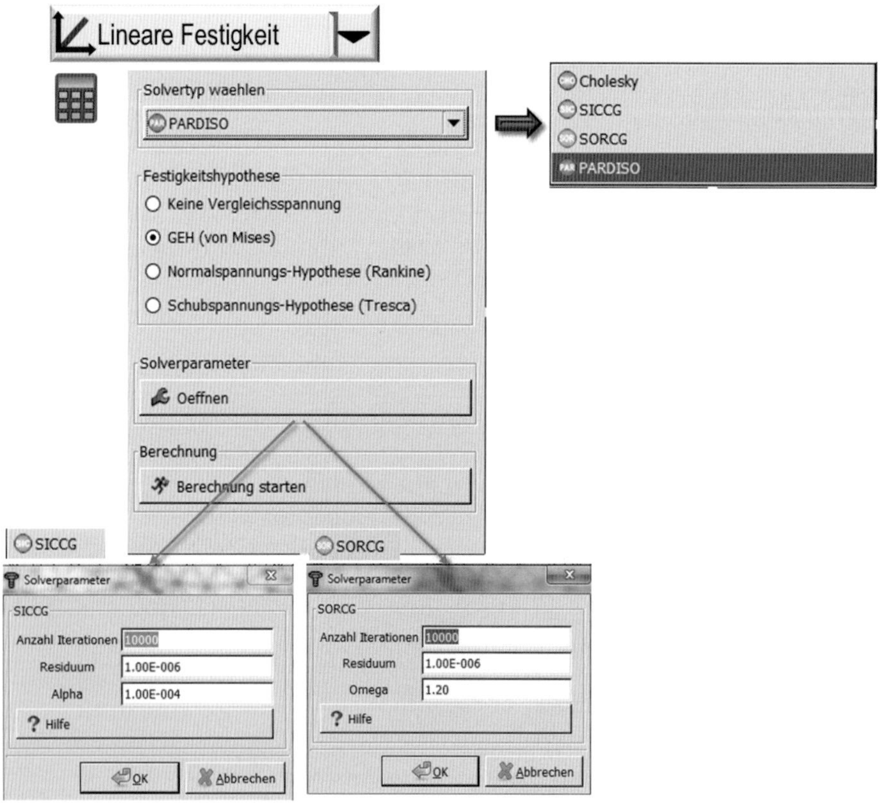

Bild 13.1-19: Solver-Wahl

Für die Berechnung stehen drei Solvertypen zur Verfügung. Der Choleskysolver ist in Z88Aurora nur für Stäbe und Balkenstrukturen wählbar. Akzeptieren Sie die Standardeinstellungen und starten Sie die Berechnung: 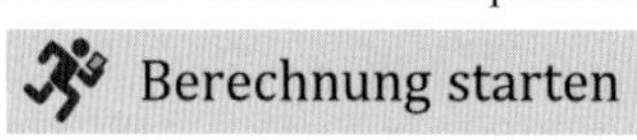

. Nach Beendigung der Rechnung erscheint ein Informationsfenster.

Ausgaben

Die Ergebnisse sind im Postprozessingmodul verfügbar: Vorgehen: Button *Postprozessing*

Wie in der Open Source Version kann die Vergleichsspannung auf drei verschiedene Methoden angezeigt werden: knotenbezogen, gemittelt pro Element und direkt in den Gaußpunkten.

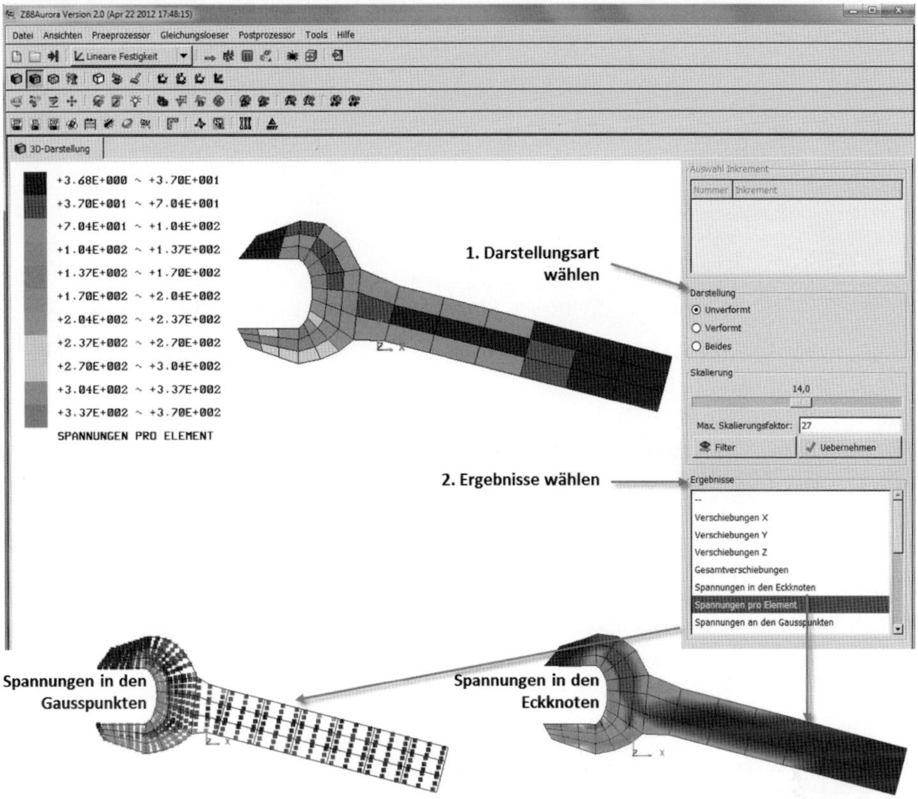

Bild 13.1-20: Darstellungsmethode: Spannungen pro Element (oben), Spannungen in den Gausspunkten (unten links) und Spannungen in den Eckknoten (unten rechts)

■ 13.2 Kranträger aus Stäben Nr. 4

Ein Kranträger besteht aus 54 Stäben, 20 Knoten und bildet ein räumliches Fachwerk. Die Knoten 1,2 und 19,20 werden gelagert, die Knoten 7 und 8 werden mit je -30.000 N belastet. Die Gesamtlänge beträgt 12 m. Die Angaben in der Beispieldatei sind in mm, aber Angaben in m sind genauso möglich, wenn die übrigen Angaben wie E-Modul und Querschnittsfläche sich ebenfalls auf m beziehen. Der E-Modul sei 200.000 N/mm^2, Querkontraktionszahl v 0.3, die Querschnittsfläche je 500 mm^2. Dieses Beispiel ist *Schwarz /7/* entnommen.

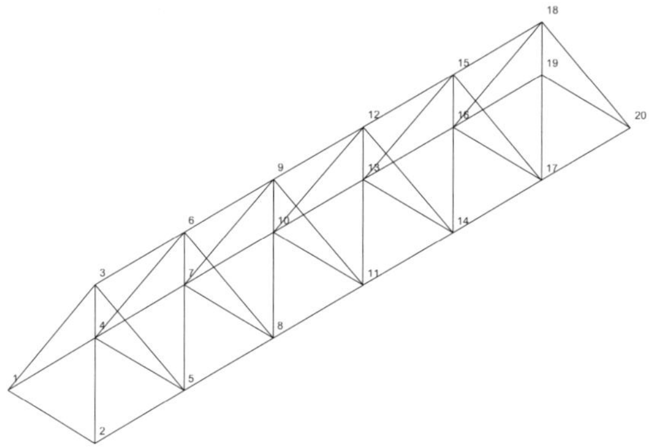

Bild 13.2-1: Kranträger gemäß /7/

13.2.1 Mit Z88V14

Die Beispieldateien dazu finden Sie im Beispieldirectory B2.

Z88X.DXF	CAD-Eingabefile
Z88MAN.TXT	Steuerparameter für Solver
Z88MAT.TXT	Materialsteuerdatei
52.TXT	Materialdatei
Z88ELP.TXT	Elementparameter
Z88INT.TXT	Integrationsordnungen

CAD:

In diesem Beispiel sollen Sie die CAD-Finite-Elemente-Struktur nur betrachten, aber noch nicht erzeugen. Das kommt in späteren Beispielen. Z88X.DXF in Ihr CAD-Programm importieren und betrachten. So würden Sie sie normalerweise selbst gezeichnet haben. Ändern Sie nichts und verlassen Sie Ihr CAD-Programm ohne Speichern, Konvertieren usw. Wenn Sie kein passendes CAD-System haben, lassen Sie diesen Schritt aus.

Z88:

Z88X, Konvertierung von Z88X.DXF nach Z88I1.TXT, Z88I2.TXT und Z88I5.TXT. Windows: Im Z88-Commander Z88X, Button *DXF → Z88I** (Standardeinstellung), *Run-Button*.

LINUX/UNIX: Im Z88-Commander Button *DXF → Z88I** bei CAD Konverter.

Z88O, finite Elemente Struktur betrachten. Vorgehen:

Windows: Im Z88-Commander Z88O, *Run-Button*. Am besten im Wireframe-Modus betrachten. Drehen Sie mit den Tasten F2~F7, alle Drehungen wieder auf Null mit F8. Schieben mit den Pfeiltasten und Pos1 und Ende, Zoomen mit Bild ↑ und Bild ↓. Dann betätigen Sie den

Autoscale-Button (3. Button von links), um wieder alles in die Ausgangsstellung zu bringen und schalten Sie die Maussteuerung (4. Button von links) ein. Nun können Sie mit der linken Maustaste gedrückt zoomen, mit der mittleren Maustaste schieben und mit der rechten Maustaste drehen. Sie können auch die Knoten und/oder Elemente labeln: *Menü* > *Labels* > *Alles* und andere Auswahl.

LINUX/UNIX: Im Z88-Commander Z88O, Button *Run*. Am besten im Wireframe-Modus betrachten. Drehen Sie mit den Tasten F2 ~ F7, alle Drehungen wieder auf Null mit F8. Schieben mit den Pfeiltasten und Pos1 und Ende, Zoomen mit Bild ↑ und Bild ↓. Dann betätigen Sie den Autoscale-Button (6. Button von oben), um wieder alles in die Ausgangsstellung zu bringen und schalten Sie die Maussteuerung (7. Button von oben) ein. Nun können Sie mit der linken Maustaste gedrückt zoomen, mit der mittleren Maustaste schieben und mit der rechten Maustaste drehen. Sie können auch die Knoten und/oder Elemente labeln: *Menü* > *Labels* > *Alles* und andere Auswahl.

Z88R, berechnet Verformungen, Spannungen und Knotenkräfte. Vorgehen:

Windows: Im Z88-Commander *Button Z88R, Cholesky-Button, Run-Button*

LINUX/UNIX: Im Z88-Commander *Radiobutton Berechnung, Button Cholesky.*

Z88O, Finite Elemente Struktur verformt betrachten. Vorgehen:

Windows, LINUX/UNIX: Die Verformungen werden standardmäßig um den Faktor 100 vergrößert, was für dieses Beispiel richtig ist. Wenn Sie nacheinander die drei *Verschiebungs-Buttons* (X, Y und Z) betätigen, werden Sie sehen, dass Sie die Knotenverschiebungen unter Last auch farblich abgestuft sehen können. Vergleichen Sie das mit den Zahlenwerten in der Verschiebungs-Ausgabedatei Z88O2.TXT.

Wenn Sie in die Solver-Steuerdatei Z88MAN.TXT schreiben: KSFLAG 0 und ISFLAG 1 sowie in die Integrationsordnungsdatei Z88INT.TXT 1 54 0 0 , und dann Z88R erneut laufen lassen, können Sie nach einem erneuten Start von Z88O auch die Zug- und Druckspannungen in den Stäben sehen: Schalten Sie auf Vergleichsspannungen pro Element gemittelt (Windows) bzw. Spannungen pro Element (LINUX/UNIX). Da es nur Zug- und Druckspannungen in Stäben gibt, sind dies auch gleichzeitig die Vergleichsspannungen. Experimentieren Sie mit den 3D-Möglichkeiten des Plotprogramms Z88O.

EINGABEN

mit CAD-Programm:

Gehen Sie nach der Beschreibung im Z88- bzw. Z88Aurora-Handbuch (vgl. DVD) vor. Vergessen Sie nicht, auf dem Layer Z88EIO die Element-Informationen per TEXT-Funktion abzulegen, also

FE 1 4 *(1. finites Element Typ 4)*
FE 2 4 *(2. finites Element Typ 4)*
... *(Infos für Elemente 3 bis 53 nicht gezeigt)*
FE 54 4 *(54. finites Element Typ 4)*
und auf dem Layer Z88GEN die allgemeinen Informationen wie
Z88I1.TXT 3 20 54 60 0 *(3-dim,20 Knoten,54 Ele,60 FG, KFLAG 0)*

Da Stäbe Nr. 4 Strukturelemente (also nicht weiter verfeinerbar wie finite Elemente) sind, kann hier kein Netzgenerator verwendet werden. Sie können sofort die Randbedingungen mit der TEXT-Funktion auf dem Layer Z88RBD anlegen:

Die Struktur soll an den Knoten 1, 2 und 19, 20 gelagert werden. Eine Last von je 30.000 N wird an den Knoten 7 und 8 angebracht. Die Last soll nach unten wirken, daher -30.000 N.

```
Z88I2.TXT 10                         (10 Randbedingungen)
RBD        1  1  2  2          0     (1.RB: Knoten 1, am FG 2 eine Verschiebung von 0)
RBD        2  1  3  2          0     (2.RB: Knoten 1, am FG 3 eine Verschiebung von 0)
RBD        3  2  1  2          0
RBD        4  2  3  2          0
RBD        5  7  3  1     -30000     (5.RB: Knoten 7, am FG 3 eine Kraft von -30000)
RBD        6  8  3  1     -30000
RBD        7 19  1  2          0
RBD        8 19  3  2          0
RBD        9 20  2  2          0
RBD       10 20  3  2          0
```

Exportieren Sie die Zeichnung als DXF-Datei mit dem Namen Z88X.DXF und starten Sie anschließend den CAD-Konverter Z88X mit der Option „von Z88X.DXF nach Z88I*.TXT". Es werden die Eingabedateien Z88I1.TXT, Z88I2.TXT, Z88I5.TXT erzeugt.

mit Editor:

Geben Sie per Editor die Strukturdaten Z88I1.TXT (vgl. Abschnitt 11.2) ein:

```
 3 20     54   60     0  (3-dim,20 Knoten,54 Ele,60 FG, 1 E-Gesetz,KFLAG 0)
 1  3      0 2000     0  (1.Knoten, 3 FG, X-, Y- und Z-Koordinate)
 2  3      0    0     0  (2.Knoten, 3 FG, X-, Y- und Z-Koordinate)
 3  3   1000 1000  2000
 4  3   2000 2000     0
 5  3   2000    0     0
..........               (Knoten 6 ..18 hier nicht dargestellt)
19  3  12000 2000     0
20  3  12000    0     0
 1  4                    (1. Element, Typ Stab Nr. 4)
 1  2                    (Koinzidenz 1. Element)
 2  4                    (2. Element, Typ Nr. 4)
 4  5                    (Koinzidenz 2. Element)
 3  4
 7  8
..........               (Elemente 4 ..53 hier nicht dargestellt)
54  4
17 19
```

Die Struktur soll an den Knoten 1, 2 und 19, 20 gelagert werden. Eine Last von je 30.000 N wird an den Knoten 7 und 8 angebracht. Die Last soll nach unten wirken, daher -30.000 N. Daher geben Sie das File der Randbedingungen Z88I2.TXT (vgl. Abschnitt 11.3) ein:

10				*(10 Randbedingungen)*
1	2	2	0	*(Knoten 1, am FG 2 eine Verschiebung von 0)*
1	3	2	0	*(Knoten 1, am FG 3 eine Verschiebung von 0)*
2	1	2	0	
2	3	2	0	
7	3	1	-30000	*(Knoten 7, am FG 3 eine Kraft von -30000)*
8	3	1	-30000	
19	1	2	0	
19	3	2	0	
20	2	2	0	
20	3	2	0	

Nun müssen noch begleitend die Materialsteuerdatei Z88MAT.TXT, die Materialdatei 51.TXT, die Elementparameterdatei Z88ELP.TXT, die Integrationsordnungsdatei Z88INT.TXT sowie die Solversteuerdatei Z88MAN.TXT editiert werden (was für Sie bereits in den jeweiligen Beispieldateien erfolgt ist):

Z88MAT.TXT:

1 *(insgesamt ein Materialgesetz)*

1 54 52.txt *(es gilt von Element 1 ~ 54 und heißt 52.txt, vgl. 11.5)*

52.TXT:

200000 0.3 *(E-Modul 200000, Querkontraktionszahl 0.3, vgl. 11.6)*

Z88ELP.TXT:

1 *(insgesamt nur ein Satz Elementparameter)*

1 54 500 0 0 0 0 0 0 *(er gilt von Element 1 ~ 54, Querschnitt 500, Rest ohne Belang, vgl. 11.7)*

Z88INT.TXT:

1 *(insgesamt nur ein Satz Integrationsordnungen)*

1 54 0 0 *(er gilt von Element 1 ~ 54, INTORD=0, INTOS=0, vgl. 11.8)*

Z88MAN.TXT: Hier sind nur wichtig, vgl. 11.10:

IBFLAG 0 *(keine Balken in der Struktur)*

IPFLAG 0 *(keine Platten in der Struktur)*

IHFLAG 0 *(keine Schalen in der Struktur)*

KDFLAG 0 *(keine Berechnung von Radial- und Tangentialspannungen)*

ISFLAG 0 *(keine Vergleichsspannungen)*

CAD und Editor:

Nachdem nun die Strukturdaten Z88I1.TXT, die Randbedingungen Z88I2.TXT, die Flächenlastdatei Z88I5.TXT (mit einer 0 in der ersten Zeile) und die Steuerfiles vorliegen, kann der Solver Z88R -choly gestartet werden. Sie könnten auch alternativ den Iterationssolver Z88R -siccg oder -sorcg nehmen, aber gerade für derartige räumliche Fachwerke ist der Cholesky-Solver genau richtig.

AUSGABEN

Der Cholesky-Solver **Z88R –choly** liefert folgende Ausgabefiles: **Z88O0.TXT**, die aufbereiteten Strukturwerte. Ist hauptsächlich für Dokumentationszwecke vorgesehen. **Z88O1.TXT**, aufbereitete Randbedingungen: Für Dokumentationszwecke. **Z88O2.TXT**, die berechneten Verschiebungen, die Lösung des FE-Problems sowie **Z88O3.TXT**, die berechneten Spannungen und **Z88O4.TXT**, die berechneten Knotenkräfte. Hier wurden die Verschiebungen mit den Faktoren FUX, FUY und FUZ von je 100 um das Hundertfache vergrößert.

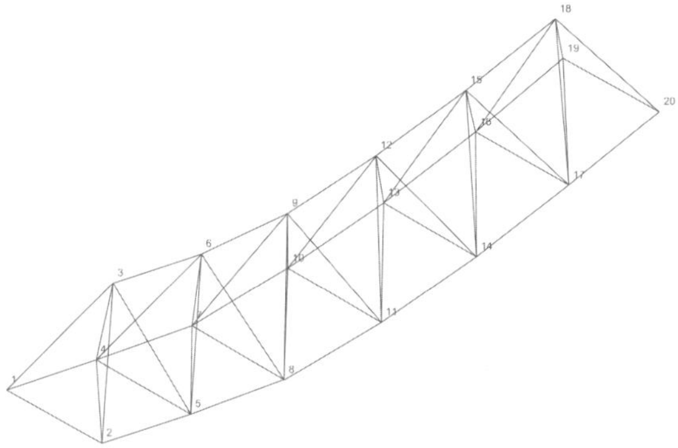

Bild 13.2-2: Verformter Kranträger

Da das Plotprogramm Z88O auch Vergleichsspannungen elementweise anzeigen kann, ist eine Anzeige der Zug- und Druckspannungen in den Stäben möglich, weil bei Stäben die Zug- und Druckspannungen gleichzeitig die Vergleichsspannungen sind. Sie müssen Z88O nur überlisten, indem Sie in die Solver-Steuerdatei Z88MAN.TXT eintragen: ISFLAG 1. Dann können Sie die Spannungen direkt plotten (Schalten Sie dabei Netz über Spannungen aus):

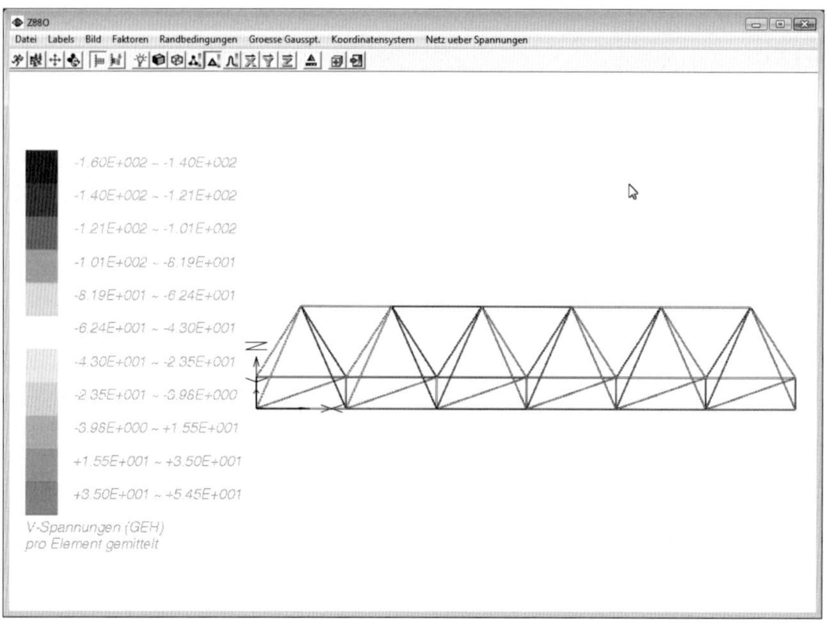

Bild 13.2-3: Plotten der Zug- und Druckspannungen in Z88O. Dazu Einstellungen in Z88MAN.TXT: ISFLAG 1

13.2.2 Mit Z88AuroraV2

In diesem Beispiel wird eine Stabstruktur importiert, Elementparameter definiert und Randbedingungen aufgebracht.

Neuen Projektordner erstellen

Erstellen Sie einen neuen Projektordner 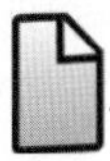.

Import AutoCAD-DXF

1. Gehen Sie hierzu auf das „Import" Icon → Das Kontextmenü erscheint auf der rechten Seite.
2. AutoCAD-DXF-Datei wählen → Importdialog öffnet sich
3. In den Beispielordner *„z88_beispiele_z88v14os/b2"* wechseln und die Datei *z88x.dxf* auswählen
4. „DXF-Struktur nach Z88Aurora-Struktur" wählen
5. Mit „Ok" den Import starten

Mit der Iconliste „Ansichten I" und „Ansichten II" können sämtliche Ansichtsmanipulationen durchgeführt werden.

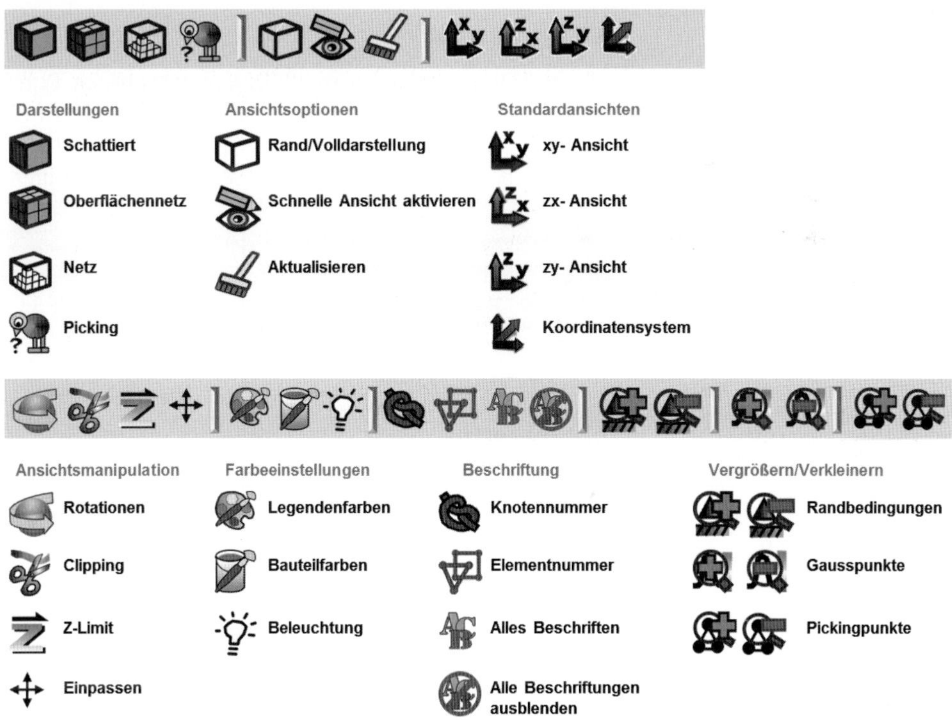

Bild 13.2-4: Iconmenüleisten „Ansichten I" (oben) und „Ansichten II" (unten)

Diese Werkzeugleisten können über „Ansichten“ → „Einrichten“ beliebig ein- und ausgeblendet werden.

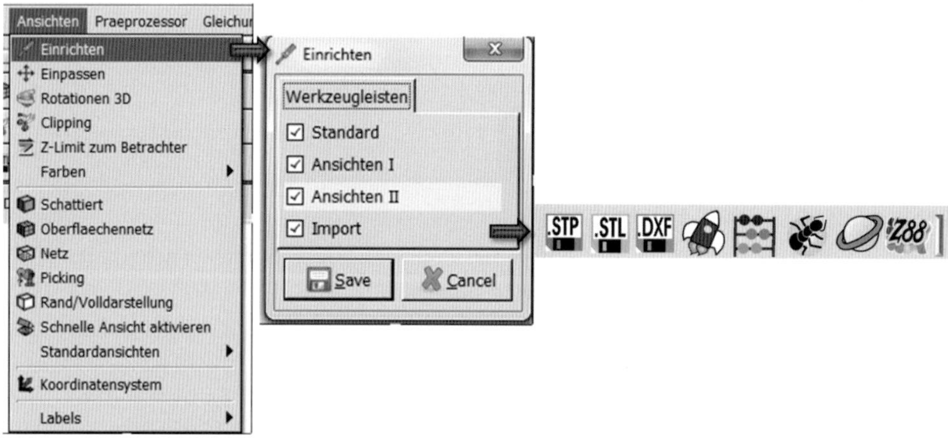

Bild 13.2-5: Werkzeugleisten ein- und ausblenden

Workflowunterstützung SPIDER

Für Finite Elemente Analysen benötigt man viele Eingaben, um verlässliche Ergebnisse generieren zu können. Hilfe soll hierbei der in Z88Aurora integrierte SPIDER-Support bieten. Durch Aktivierung des Spinnen-Symbols öffnet sich ein zusätzliches Fenster, welches die bereits durchgeführten und noch vorzunehmenden Schritte zeigt. Durch einen Doppelklick auf den jeweiligen Prozessschritt wird in der Oberfläche das jeweilige Menü zur Bearbeitung aufgerufen.

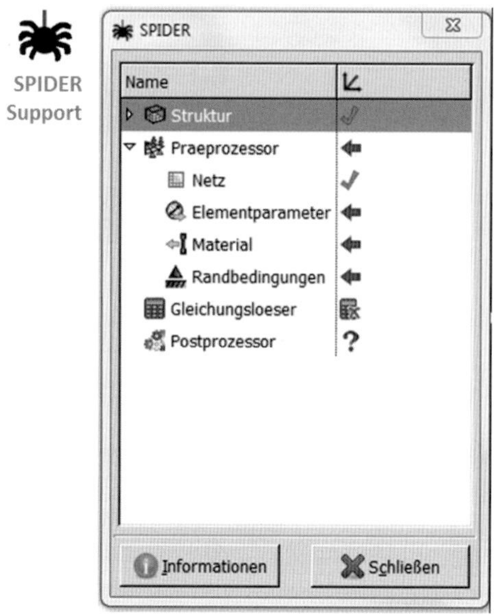

Bild 13.2-6: Workflowunterstützung in Z88Aurora

Knotenpicking

Knoten für die Randbedingungsaufgabe werden im Pickingmenü unter der Option „Knotenpicking" die Knoten 1+20, 7+8 und 2+19 jeweils zu einem Set zusammengefasst:

1. Gehen Sie auf das „Praeprozessor" Icon → Das Kontextmenü erscheint auf der rechten Seite.
2. Set-Verwaltung „Picking" wählen → Pickingmenü öffnet sich
3. Im Knotenpickingmenü bei „Einzelknoten" die Knoten 1,20 durch Komma getrennt eingeben.
4. Ok → Knoten werden im OpenGL-Fenster rot markiert
5. Auf Set hinzufuegen klicken und Name durch Doppelklick auf das Set in „Festhaltung_y_z" ändern
6. Abwaehlen und das Vorgehen für die Knoten 2 und 19 anwenden, das Set „Festhaltung_x_z" benennen und Knoten 7 und 8 das Set „Kraft" zuordnen.
7. Menü schließen

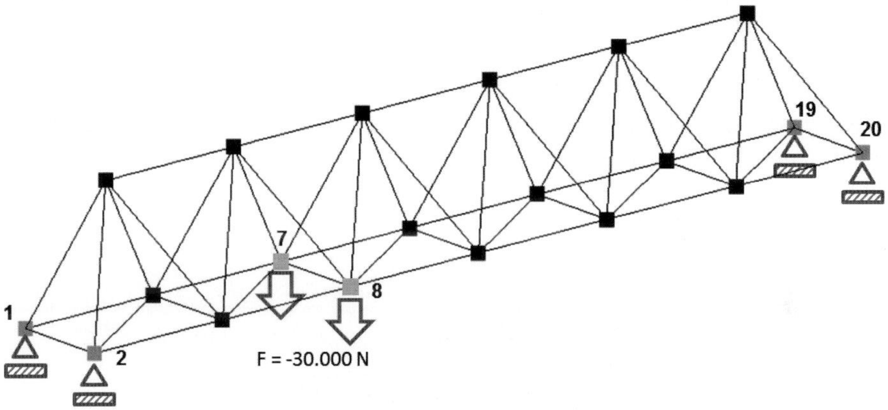

Bild 13.2-7: Kranträger mit Randbedingungen

Randbedingungen

Button *Praeprozessor* → *Randbedingungen Zuweisen.* → Im Kontextmenü sind die eben definierten Sets wählbar.

1. Set „Festhaltung_y_z" (entspricht Knoten 1 und 20) auswählen
2. Richtung festlegen: Y-Richtung und Z-Richtung
3. Randbedingungstyp „Verschiebung" auswählen
4. Wert „0" eingeben
5. Randbedingung mit Name „Festhaltung_yz" versehen
6. Hinzufuegen

7. Dasselbe für das Set „Festhaltung_x_z“ vornehmen, Richtung X und Z, Verschiebung, Wert „0“, Name „Festhaltung_xz“
8. Kraft aufbringen: Set „Kraft“, Richtung Z, Kraft (gleichverteilt), Wert „-30000“, Name „Kraft“
9. Überprüfen Sie mit „Alle Anzeigen“ die korrekte Randbedingungsaufgabe
10. Menü schließen

Elementparameter Stäbe

Die Stäbe haben einen Durchmesser von 25 mm.

Button *Praeprozessor → Elementparameter* Querschnitt

1. Geometrie „Kreis“ auswählen, es stehen weiterhin Rohr, Rechteck, Vierkant, I-Profil oder ein frei definierbares Profil zur Verfügung
2. Die benötigten Werte eingeben, für Stäbe mit Kreisquerschnitt ist nur der Durchmesser für die Berechnung nötig. Geben sie also „25“ ein
3. Berechnung starten
4. Es werden alle Parameter angezeigt, für die Berechnung bei Stäben wird allerdings nur die Querschnittsfläche berücksichtigt
5. Hinzufuegen und im Verwaltungsfenster erscheint das Elementset für alle 54 Stäbe
6. Menü schliessen

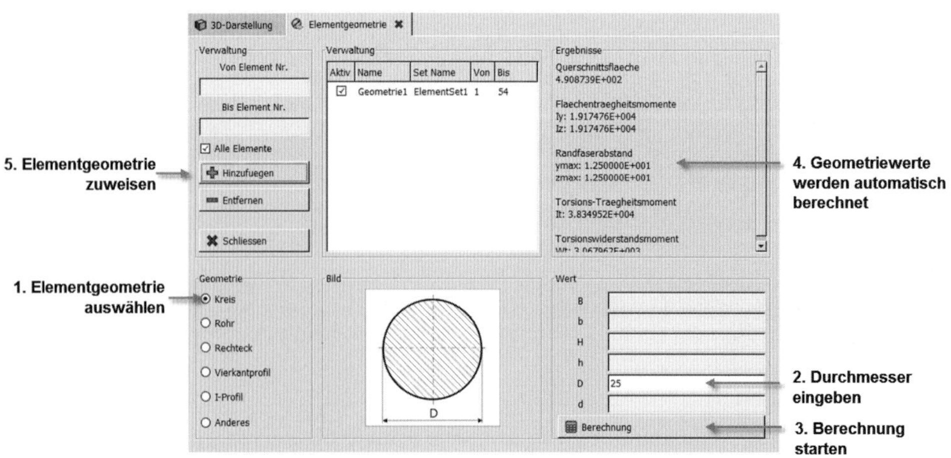

Bild 13.2-8: Elementgeometrie definieren

Neues Material erstellen

Falls das gewünschte Material nicht in der Datenbank vorhanden ist, kann jederzeit ein neues Material angelegt werden. Folgen Sie diesem Vorgehen:

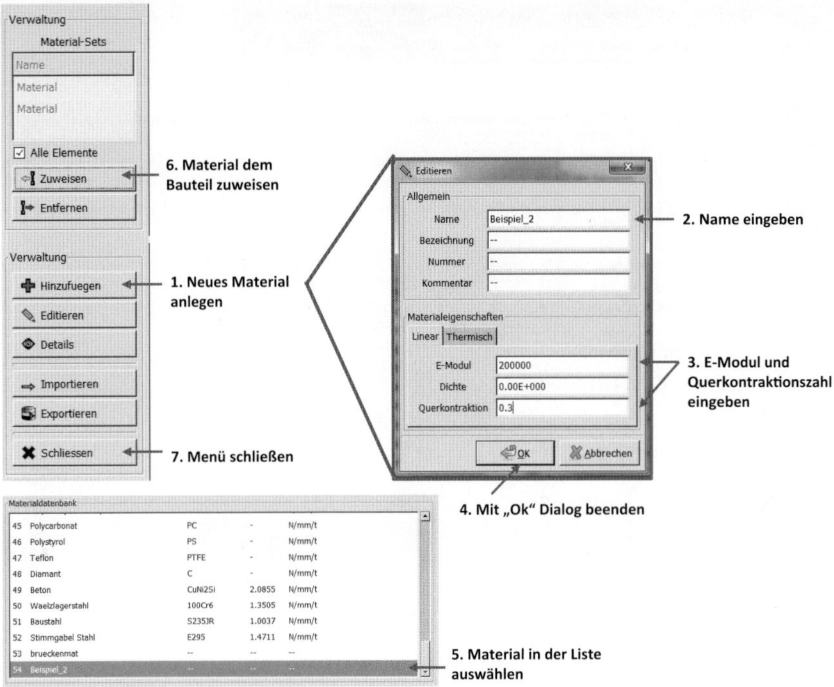

Bild 13.2-9: Neues Material anlegen

Berechnung starten

Alle Eingabedaten sind nun erstellt, starten Sie nun die Berechnung, verwenden Sie den Cholesky-Solver.

Ausgaben

Zu den grafischen Ausgaben im OpenGL-Fenster können ebenfalls die Ausgabedaten über „Postprozessor" → „Ausgabedaten" in einem Standardeditor geöffnet werden.

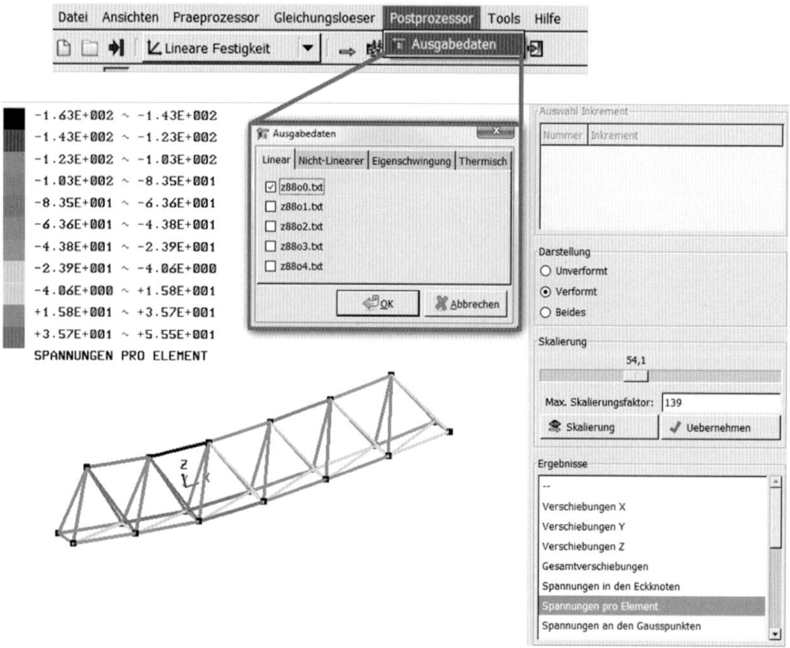

Bild 13.2-10: Plotten der Zug- und Druckspannungen, Darstellung „Verformt“, Spannungen pro Element

13.3 Getriebewelle mit Welle Nr. 5

Das Beispiel demonstriert die Berechnung einer statisch einfach überbestimmt gelagerten Getriebewelle mit Kraft- und Momentenangriffen an zwei Zahnrädern in mehreren Ebenen. Was mit der klassischen Technischen Mechanik schon durchaus aufwendig ist, selbst wenn man z.B. ein Übertragungsprogramm wie ZBALKEN/ XBALKEN (www.cad.uni-bayreuth.de) */102/* verwendet, ist mit der FEA ein Kinderspiel. Es werden Wellenelemente Nr. 5 genutzt. Damit können die Verformungen und Lagerreaktionen berechnet werden, *aber nicht die Kerbspannungen.*

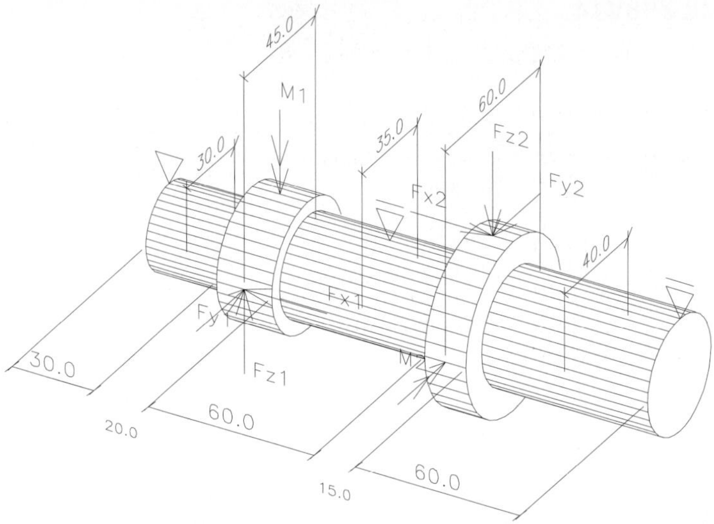

Bild 13.3-1: Skizze einer Getriebewelle mit Lagern und Lasten

Die Getriebewelle besteht aus:

- Wellenabschnitt, D= 30 mm, L= 30 mm, Festlager am linken Ende
- Zahnrad 1, Teilkreis-D= 45 mm, L= 20mm
- Wellenabschnitt, D= 35, L= 60 mm, Loslager in der Mitte
- Zahnrad 2, Teilkreis-D= 60 mm, L= 15mm
- Wellenabschnitt, D= 40mm, L= 60 mm, Loslager am rechten Ende

Für die Belastungen stellen wir uns die Welle körperlich mit folgendem Koordinatensystem vor: Schauen wir auf die Welle als Hauptansicht, dann sei der Ursprung am linken Wellenende, Wellenmitte. *X* läuft längs der Welle, *Z* nach oben, *Y* nach hinten.

- Am Zahnrad 1 wirken im (körperlichen) Punkt X1= 40, Y1= -22.5, Z1= 0 folgende Zahnkräfte: Fx1= -10.801 N, Fy1= 6.809 N, Fz1= 18.708 N. Aus Fx1 resultiert ein Biegemoment M1 um die *Z*-Achse von -243.023 Nmm.
- Am Zahnrad 2 wirken im (körperlichen) Punkt X2= 117.5, Y2= 0, Z2= 30 folgende Zahnkräfte: Fx2= 8.101 N, Fy2= -14.031 N, Fz2= -5.107 N Aus Fx2 resultiert ein Biegemoment M2 um die *Y*-Achse von 243.030 Nmm.
- Daher ergeben sich Belastungen in *XY*- und *XZ*-Ebene. Für die FE-Rechnung existieren die „körperlichen" Punkte natürlich nicht, denn ein Wellenelement besteht rechnerisch nur aus zwei Punkten längs der *X*-Achse. Die *Y*- und *Z*-Koordinaten sind immer 0.
- Die Welle wird in acht Wellenelemente Nr. 5 unterteilt = 9 Knoten. Die Lagerung erfolgt in den Knoten 1,5 und 9. Am Knoten 1 wird zusätzlich der Freiheitsgrad 4 (der Torsionsfreiheitsgrad) gesperrt, um die Wellenverdrehung zwischen den beiden Zahnrädern rechnen zu können.

13.3.1 Mit Z88V14

Auch diese Struktur gibt man am besten per Editor von Hand ein – was hier bereits vorbereitet ist: Die Beispieldateien dazu finden Sie im Beispieldirectory B3.

Z88I1.TXT	Strukturdaten
Z88I2.TXT	Randbedingungen
Z88I5.TXT	Flächenlasten (hier 0)
Z88MAN.TXT	Steuerparameter für Solver
Z88MAT.TXT	Materialsteuerdatei
51.TXT	Materialdatei
Z88ELP.TXT	Elementparameter
Z88INT.TXT	Integrationsordnungen

CAD:

Bringt hier nichts – die paar Zahlenwerte haben Sie schneller von Hand eingegeben. Aber für eigene Experimente könnten Sie Z88X mit der Option „Z88I* nach DXF" laufen lassen und aus den Eingabedateien Z88I1.TXT, Z88I2.TXT und Z88I5.TXT eine DXF-Datei erzeugen lassen, die Sie sich dann in z.B. AutoCAD betrachten könnten.

Z88:

Z88O, Finite Elemente Struktur betrachten. Vorgehen:

Windows: Im Z88-Commander *Z88O, Run-Button.*

LINUX/UNIX: Im Z88-Commander *Z88O, Run-Button.*

Schalten Sie auf *Wireframe*, wählen Sie Maussteuerung, arbeiten Sie mit der Maus und nutzen Sie im *Menü > Labels > alles labeln.*

Z88R, berechnet Verformungen, Spannungen und Knotenkräfte. Vorgehen:

Windows: Im Z88-Commander Button *Z88R, Cholesky-Button, Run-Button*

LINUX/UNIX: Im Z88-Commander *Radiobutton Berechnung, Button Cholesky.*

Z88O, finite Elemente Struktur verformt betrachten. Die Verformungen werden standardmäßig um den Faktor 100 vergrößert, was für dieses Beispiel zu wenig ist: Setzen Sie *FUX, FUY* und *FUZ* auf je 1000. *Menü > Faktoren > Verschiebungen*. Das Berechnen und Anzeigen von Vergleichsspannungen ist für Wellen Nr. 5 nicht vorgesehen, weil Vergleichsspannungen bei Wellen nicht nur von den eigentlichen Hauptspannungen (die in Z88 berechnet werden), sondern auch besonders von Kerbfaktoren (die naturgemäß *nicht* in Z88 und anderen FEA-Systemen berechnet werden, es sei denn, man bildet explizit die Kerbe ab) und anderen Einflussgrößen abhängen.

EINGABEN

Dieses Beispiel ist viel einfacher in Dateiform per Editor einzugeben als mit CAD. Der CAD-Einsatz bringt echte Vorteile bei z.B. Beispiel 1, 2, 5 und 6.

mit Editor:

Geben Sie per Editor die Strukturdaten Z88I1.TXT (vgl. Abschnitt 11.2) ein:

3	9	8	54	3	0	*(3-dim, 9 Knoten, 8 Ele, 54 FG, 3 E-Gesetze, KFLAG 0)*
1	6	0	0	0		*(Knoten 1, 6 FG, X-, Y- und Z-Koordinate)*
2	6	30	0	0		*(Knoten 2, 6 FG, X-, Y- und Z-Koordinate)*
3	6	40	0	0		
4	6	50	0	0		
5	6	80	0	0		
6	6	110	0	0		
7	6	117.5	0	0		
8	6	125	0	0		
9	6	185	0	0		
1	5					*(Element 1, Welle Nr. 5)*
1	2					*(Koinzidenz Element 1)*
2	5					*(Element 2, Typ 5)*
2	3					*(Koinzidenz Element 2)*
...						*(Elemente 3 bis 7 hier ausgelassen)*
8	5					
8	9					

Die Randbedingungen Z88I2.TXT:

18				*(18 Randbedingungen)*
1	1	2	0	*(Knoten 1, FG 1 (=X) gesperrt)*
1	2	2	0	*(Knoten 1, FG 2 (=Y) gesperrt)*
1	3	2	0	*(Knoten 1, FG 3 (=Z) gesperrt)*
1	4	2	0	*(Knoten 1, FG 4 (=Torsion) gesperrt)*
3	1	1	-10801	*(Knoten 3, FG 1 (=X), Kraft -10801 N)*
3	2	1	+6809	*(Knoten 3, FG 2 (=Y), Kraft 6809 N)*
3	3	1	+18708	*(Knoten 3, FG 3 (=Z), Kraft 18708 N)*
3	4	1	-420930	*(Knoten 3, FG 4 (Torsion), Moment -420930 Nmm)*
3	6	1	-243023	*(Knoten 3, FG 6 (Biegemoment um Z), Moment -243023 Nmm)*
5	2	2	0	
5	3	2	0	
7	1	1	+8101	
7	2	1	-14031	
7	3	1	-5107	
7	4	1	+420930	
7	5	1	-243030	
9	2	2	0	
9	3	2	0	

Für die Spannungsrechnung können das Solver-Steuerfile Z88MAN.TXT sowie die Integrationsordnungsdatei Z88INT.TXT beliebige Inhalte haben (vgl. Abschnitte 11.10 und 11.8), denn Gaußpunkte, Radial- und Tangentialspannungen sowie Berechnung der Vergleichsspannungen haben für Wellen Nr. 5 keine Bedeutung.

Nun müssen noch begleitend die Materialsteuerdatei Z88MAT.TXT, die Materialdatei 51.TXT, die Elementparameterdatei Z88ELP.TXT, die Integrationsordnungsdatei Z88INT.TXT sowie die Solversteuerdatei Z88MAN.TXT editiert werden (was für Sie bereits in den jeweiligen Beispieldateien erfolgt ist):

Z88MAT.TXT:

1			*(insgesamt ein Materialgesetz)*
1	8	51.txt	*(es gilt von Element 1 bis 8 und heißt 51.txt, vgl.11.5)*

51.TXT:

206000	0.3	*(E-Modul 206000, Querkontraktionszahl 0.3, vgl. 11.6)*

Z88ELP.TXT:

3									*(insgesamt 3 Sätze Elementparameter)*
1	3	30	0	0	0	0	0	0	*(1.Satz gilt von Element 1 bis 3, Durchmesser 30, vgl. 11.7)*
4	7	35	0	0	0	0	0	0	*(2.Satz gilt von Element 4 bis 7, Durchmesser 35, vgl. 11.7)*
8	8	40	0	0	0	0	0	0	*(3.Satz gilt von Element 8 bis 8, Durchmesser 40, vgl. 11.7)*

Z88INT.TXT:

1				*(insgesamt nur ein Satz Integrationsordnungen)*
1	8	0	0	*(er gilt von Element 1 bis 8, INTORD=0, INTOS=0, vgl. 11.8)*

Z88MAN.TXT: Hier sind nur wichtig, vgl. 11.10:

IBFLAG 0	*(keine Balken in der Struktur)*
IPFLAG 0	*(keine Platten in der Struktur)*
IHFLAG 0	*(keine Schalen in der Struktur)*
KDFLAG 0	*(keine Berechnung von Radial- und Tangentialspannungen)*
ISFLAG 0	*(keine Vergleichsspannungen)*

Nachdem nun die Strukturdaten Z88I1.TXT, die Randbedingungen Z88I2.TXT, die Flächenlastdatei Z88I5.TXT (mit einer 0 in der ersten Zeile) und die Steuerfiles vorliegen, kann der Solver Z88R -choly gestartet werden.

AUSGABEN

Der Cholesky-Solver **Z88R -choly** liefert folgende Ausgabefiles: **Z88O0.TXT** die aufbereiteten Strukturwerte. Für Dokumentationszwecke. **Z88O1.TXT** aufbereitete Randbedingungen: Für Dokumentationszwecke. **Z88O2.TXT** die berechneten Verschiebungen, die Lösung des FE-Problems. Beachten Sie hierbei, dass die Verformungen der FG 4, 5 und 6 Verdrehungen in rad sind. Ferner gibt er **Z88O3.TXT**, die berechneten Spannungen und **Z88O4.TXT**, die berechneten Knotenkräfte aus. Beachten Sie hierbei, dass die „Kräfte" an den FG 4, 5 und 6 in Wirklichkeit Momente sind, denn die FG 4, 5 und 6 sind Rotationen.

Hier wurden die Verschiebungen mit den Faktoren FUX, FUY und FUZ von je 1000 um das Tausendfache vergrößert.

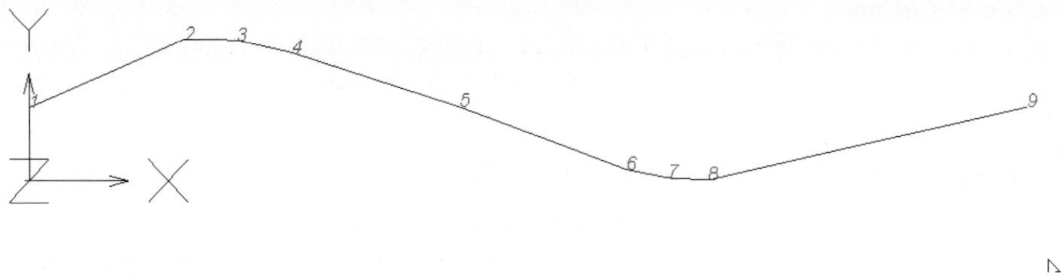

Bild 13.3-2: Ansicht XY-Ebene, verformte Struktur mit Knotenlabels

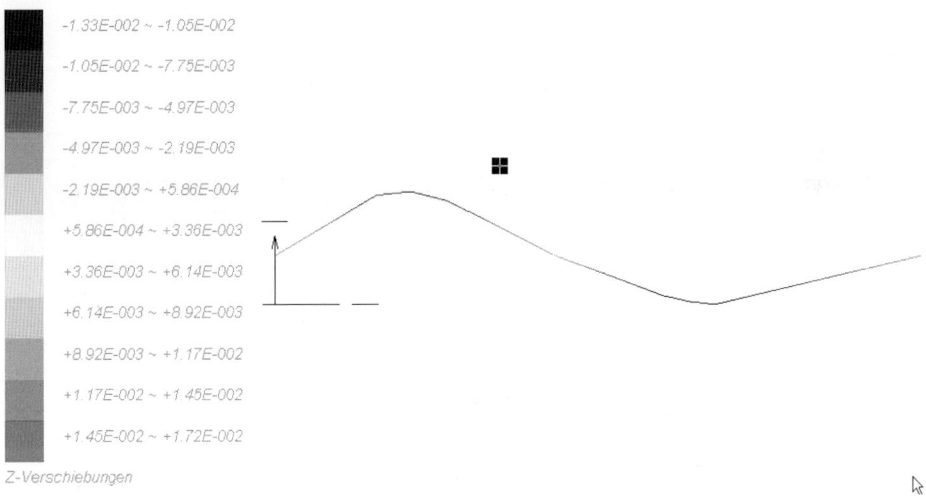

Bild 13.3-3: Ansicht XZ-Ebene, verformt mit Anzeige der ungefähren Werte (*Button Verschiebungen Z*), vergleichen Sie dies mit den genauen Werten in Z88O2.TXT

13.3.2 Mit Z88AuroraV2

Die Struktur wird in der Oberfläche per Hand erstellt. Die Oberfläche Z88Aurora wurde für das Prä- und Postprozessing von dreidimensionalen Strukturen konzipiert. Hier liegen die Stärken im Picking, dem Setmanagement und der Randbedingungsaufgabe. Bei Stab- und Balkenstrukturen ist die graphische Oberfläche allerdings umständlicher als die direkte Eingabe per Hand im Texteditor, wie dieses Beispiel zeigen wird.

Neuen Projektordner erstellen

Erstellen Sie einen neuen Projektordner .

Knoten erstellen

Button *Praeprozessor* → Knoten und Elemente erstellen wählen → Knotenmenü aktivieren

1. Koordinaten 0,0,0 eingeben
2. Hinzufuegen der Knoten erscheint in der Knotenliste
3. Das Vorgehen 8-mal für die restlichen Knoten (Bild 13.3-4) wiederholen

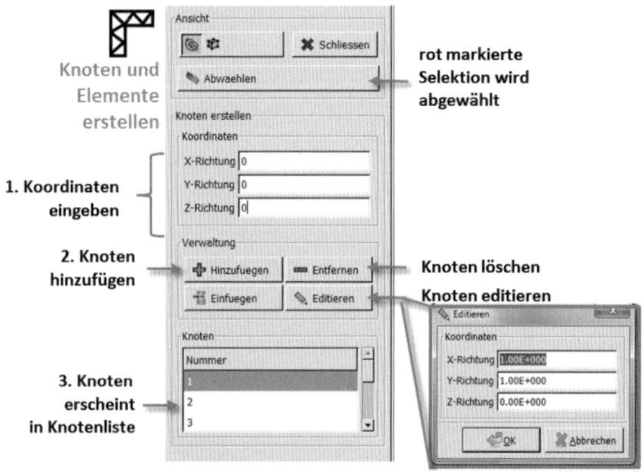

Koordinaten der Knoten

Nr.	X	Y	Z
1	0	0	0
2	30	0	0
3	40	0	0
4	50	0	0
5	80	0	0
6	110	0	0
7	117.5	0	0
8	125	0	0
9	185	0	0

Bild 13.3-4: Knoten erstellen im „Knoten und Elemente erstellen"-Menü

4. in das Elemente-Menü wechseln

Elemente erstellen

1. In das Elementemenü wechseln und Elementtyp „Welle Nr. 5" auswählen
2. Knoten, welche das Element verbinden sollen eingeben oder im OpenGL-Fenster selektieren, also Knoten „1" und Knoten „2".
3. Hinzufuegen das Element erscheint in der Elementliste, die Knoten 1 und 2 sind im OpenGL-Fenster durch einen Strich verbunden.
4. Das Vorgehen 7 mal für die restlichen Knoten wiederholen
5. Menü schließen

Die Struktur wurde erstellt.

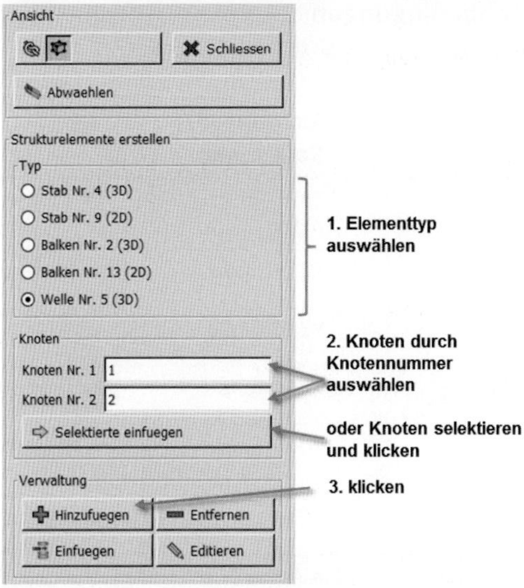

Bild 13.3-5: Elemente erstellen im „Knoten und Elemente erstellen"-Menü

Elementparameter Welle

Die Vorgehensweise aus Beispiel 13.2 anwenden.

Dabei 3 Elementsets anlegen, indem der Haken bei „alle Elemente" entfernt wird:

Elemente 1 bis 3: Durchmesser 30 mm

Elemente 4 bis 7: Durchmesser 35 mm

Element 8: Durchmesser 40 mm

Die Elementgeometriedefinition sollte abschließend aussehen wie in Bild 13.3-6.

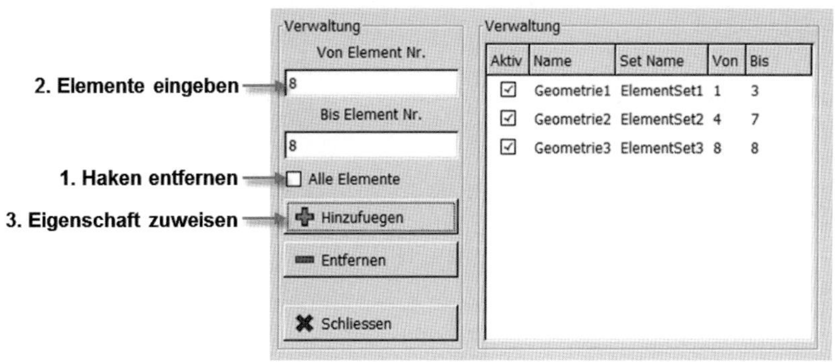

Bild 13.3-6: Elementgeometrie der Welle mit variablem Querschnitt

Material zuweisen

Verwenden Sie das Material Baustahl S235JR aus der Z88Aurora-Materialdatenbank.

Knotenpicking und Randbedingungen

Erstellen Sie 13 Knotensets nach folgender Aufstellung

Nr.	Knoten Nr.	Name Set	Richtungen/ Rotationen	Typ	Wert
1	1	Knoten1	X,Y,Z-Richtung, X-Achse	Verschiebung	0
2	5	Knoten5	Y,Z-Richtung	Verschiebung	0
3	9	Knoten9	Y,Z-Richtung	Verschiebung	0
4	3	Knoten3x	X-Richtung	Kraft (gleichverteilt)	-10801
5	3	Knoten3y	Y-Richtung	Kraft (gleichverteilt)	6809
6	3	Knoten3z	Z-Richtung	Kraft (gleichverteilt)	18708
7	3	Knoten3torsion	X-Achse	Kraft (gleichverteilt)	-420930
8	3	Knoten3biegungz	Z-Achse	Kraft (gleichverteilt)	-243023
9	7	Knoten7x	X-Richtung	Kraft (gleichverteilt)	8101
10	7	Knoten7y	Y-Richtung	Kraft (gleichverteilt)	-14031
11	7	Knoten7z	Z-Richtung	Kraft (gleichverteilt)	-5107
12	7	Knoten7torsion	X-Achse	Kraft (gleichverteilt)	420930
13	7	Knoten7biegungy	Y-Achse	Kraft (gleichverteilt)	-243030

Randbedingungen

Bringen Sie die Randbedingungen nach der Tabellenangabe auf und blenden im Anschluss alle Randbedingungen ein.

Berechnung starten

Starten Sie die Berechnung mit dem „Cholesky-Solver“.

Ausgaben

Der Cholesky-Solver liefert folgende Darstellung:

Hier wurden die Verschiebungen mit den Faktoren FUX, FUY und FUZ um das Tausendfache vergrößert.

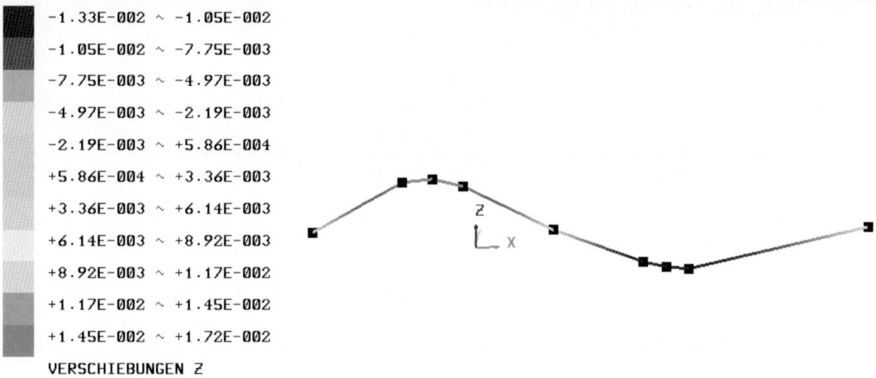

Bild 13.3-7: Ansicht XZ-Ebene, verformte Struktur mit Anzeige der Verschiebung in Z, Skalierung 1000

13.4 Biegeträger mit Balken Nr. 13

Es handelt sich um einen beidseitig fest eingespannten Balken mit Mittenlast, den man sehr schön analytisch berechnen kann. Das Beispiel ist so einfach, dass man es immer direkt per Editor eingeben wird.

Es wird ein beidseitig eingespannter Träger behandelt, der in der Mitte mit 1.648 N nach unten belastet wird, vgl. *Dubbel /24/, S.201, Fall 6*. Geometrie: Länge 1.000 mm, Querschnitt Flach 50 × 10 mm. Damit ist: A= 500 mm^2, I_{zz}= 4.167 mm^4, e_{zz}= 5 mm.

Die Biegelinie hat Wendepunkte, daher nehmen wir 4 Balken Nr. 13. Die Knoten 1 und 5 werden eingespannt, im Knoten 3 wird belastet.

Analytisch rechnet man:

Absenkung in der Mitte: $f = \dfrac{F\ell^3}{192\,EI} = 10$ mm

Absenkung in den Wendepunkten: $f_w = \dfrac{f}{2} = 5$ mm

Die Momente links, rechts, Mitte: $M_b = \dfrac{F\ell}{8} = 206.000$ Nmm

Die Neigung in den Wendepunkten: $\psi = \operatorname{atan}\left(\dfrac{3f}{\ell}\right) = 0{,}029991$ rad

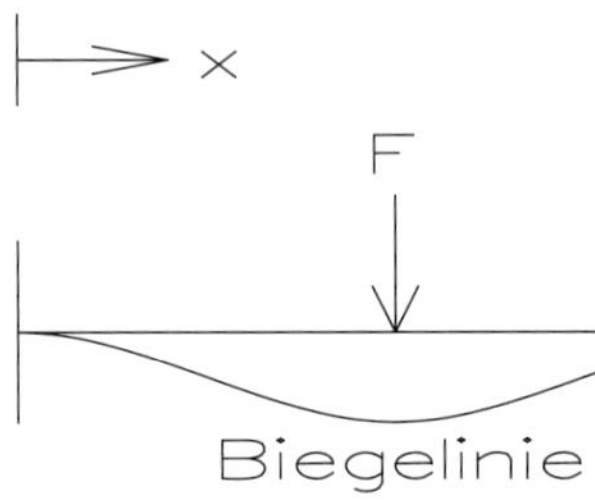

Bild 13.4-1: Beidseitig eingespannter Balken

13.4.1 Mit Z88V14

Die Beispieldateien dazu finden Sie im Beispieldirectory B4.

Z88I1.TXT	Strukturdaten
Z88I2.TXT	Randbedingungen
Z88I5.TXT	Flächenlasten (hier 0)
Z88MAN.TXT	Steuerparameter für Solver
Z88MAT.TXT	Materialsteuerdatei
51.TXT	Materialdatei
Z88ELP.TXT	Elementparameter
Z88INT.TXT	Integrationsordnungen

Z88: *(in Kurzform, ausführlichere Anleitung vgl. Beispiele 13.1,13.2 und 13.3)*

Z88O, Struktur betrachten

Z88R, berechnet Verformungen, Spannungen und Knotenkräfte

Z88O, Plotten FE-Struktur, nun auch verformt (FUX, FUY, FUZ je 10.)

Bei der Auswertung von Z88O2.TXT (Verschiebungen) und Z88O4.TXT (Kräfte, Momente) die Vorzeichendefinitionen beachten (vgl. Abschnitt 4.13). Besonders Z88O4.TXT, Knoten 3: Die Kraft F(2) = Kraft in Y ist die Summe aus den Einzelkräften der Elemente 2 und 3, weil äußere Last. Die Kraft F(3) = Biegemoment ist nicht über Elemente 2 und 3 zu addieren, weil Schnittmoment, keine äußere Last! Auch die Vorzeichen für Last F(3) am Knoten 1 und F(3) am Knoten 5 sind richtig, vgl. Abschnitt 12.13. In der Technischen Mechanik gelten teilweise andere Konventionen.

EINGABEN

An diesem Beispiel wird deutlich, dass bei einer FEA-Rechnung an allen Stellen, an denen man Ergebnisse haben möchte, definitiv Knoten vorhanden sein müssen. Da der Balken links und rechts „eingemauert“ ist, stellt sich zwar in der Mitte bei $x = \ell/2$ die höchste Absenkung ein, jedoch hat die Biegelinie zusätzlich zwei Wendepunkte bei $x = \ell/4$ und bei $x = 3\ \ell/4$. Um an diesen Stellen Rechenergebnisse zu erhalten, ist die Struktur in vier Balken Nr. 13 aufzuteilen mit Knoten bei x = 0, x = ℓ/4, x = ℓ/2, x = 3 ℓ/4, x = ℓ.

Hier wird nur die Eingabe via Dateien gezeigt, da sich hier der CAD-Einsatz nicht lohnt.

So wird **Z88I1.TXT**:

2	5	4	15	0	*(2-D, 5 Knoten, 4 Ele, 5 FG, KFLAG 0)*
1	3	0	0		*(1. Knoten, 3 FG, X- und Y-Koordinate)*
2	3	250	0		
3	3	500	0		
4	3	750	0		
5	3	1000	0		
1	13				*(1. Element, Typ Ebener Balken Nr. 13)*
1	2				*(Koinzidenz 1. Element)*
2	13				
2	3				
3	13				
3	4				
4	13				
4	5				

Bei den Randbedingungen wird der Knoten 1 in allen Freiheitsgraden gesperrt. Wichtig ist insbesondere die Verschiebung in X = Freiheitsgrad 1, damit die Struktur wirklich raumfest wird. Am Knoten 5 genügt die Festlegung der Freiheitsgrade 2 (= Verschiebung in Y) und 3 (= Einspannmoment). Den X-Freiheitsgrad kann man, wenn man will, rechnerisch sperren. In der Praxis werden die Auflager so ausgeführt, dass der Träger zumindest in einem Auflager in X wegen Wärmedehnung schieben kann. Das ist in Z88I2.TXT berücksichtigt.

Hier **Z88I2.TXT**:

6				*(6 Randbedingungen)*
1	1	2	0	*(Knoten 1, am FG 1 eine Verschiebung von 0 = FG 1 gesperrt)*
1	2	2	0	*(Knoten 1, FG 2 gesperrt)*
1	3	2	0	*(Knoten 1, FG 3 gesperrt (Einspannmoment))*
3	2	1	-1648	*(Knoten 3, am FG 2 eine Kraft von -1648 N)*
5	2	2	0	
5	3	2	0	

Nun müssen noch begleitend die Materialsteuerdatei Z88MAT.TXT, die Materialdatei 51.TXT, die Elementparameterdatei Z88ELP.TXT, die Integrationsordnungsdatei Z88INT.TXT sowie die Solversteuerdatei Z88MAN.TXT editiert werden (was für Sie bereits in den jeweiligen Beispieldateien erfolgt ist):

Z88MAT.TXT:

1			*(insgesamt ein Materialgesetz)*
1	4	51.txt	*(es gilt von Element 1 bis 4 und heißt 51.txt, vgl.11.5)*

51.TXT:

206000 0.3 (E-Modul 206000, Querkontraktionszahl 0.3, vgl. 11.6)

Z88ELP.TXT:

1

1 4 500 0 0 4167 5 0 0 *(Ele 1 ~ 4, QPARA = Fläche, I_{xx}=0, e_{xx}=0, I_{zz}, e_{zz}, I_t=0, W_t=0, vgl. 11.7)*

Z88INT.TXT:

1 *(insgesamt nur ein Satz Integrationsordnungen)*

1 4 0 0 *(er gilt von Element 1 bis 4, INTORD=0, INTOS=0, vgl. 11.8)*

Z88MAN.TXT: Hier sind nur wichtig, vgl. 11.10:

IBFLAG 1 *(Balken in der Struktur)*

IPFLAG 0 *(keine Platten in der Struktur)*

IHFLAG 0 *(keine Schalen in der Struktur)*

KDFLAG 0 *(keine Berechnung von Radial- und Tangentialspannungen)*

ISFLAG 0 *(keine Vergleichsspannungen)*

Nachdem nun die Strukturdaten Z88I1.TXT, die Randbedingungen Z88I2.TXT und die Steuerfiles vorliegen, kann der Solver Z88R -choly gestartet werden.

AUSGABEN

Der Cholesky-Solver **Z88F -choly** liefert folgende Ausgabefiles: **Z88O0.TXT**, die aufbereiteten Strukturwerte: Für Dokumentationszwecke. **Z88O1.TXT**, aufbereitete Randbedingungen: Für Dokumentationszwecke. **Z88O2.TXT**, die berechneten Verschiebungen, die Lösung des FE-Problems sowie **Z88O3.TXT**, die berechneten Spannungen und **Z88O4.TXT**, die berechneten Knotenkräfte.

Hier wurden die Verschiebungen mit den Faktoren FUX, FUY und FUZ von je 10 um das Zehnfache vergrößert.

Bei den Ergebnissen der Knotenkräfte ist zu beachten: Knoten 3: Die Kraft F(2) = Kraft in Y ist die Summe aus den Einzelkräften der Elemente 2 und 3, weil äußere Last. Die Kraft F(3) = Biegemoment ist nicht über Elemente 2 und 3 zu addieren, weil Schnittmoment, keine äußere Last! Auch die Vorzeichen für Last F(3) am Knoten 1 und F(3) am Knoten 5 sind richtig, vgl. Abschnitt 4.13. In der Technischen Mechanik gelten teilweise andere Konventionen.

Zusatzbemerkung: Wie ersichtlich, sind solche einfachen Beispiele gut geeignet, um sich die Vorzeichendefinitionen klar zu machen. Experimentieren Sie mit diesem Beispiel und rechnen Sie andere Biegefälle aus *Dubbel* oder *Hütte*. Sinngemäß werden Balkenfachwerke etc. mit Balken Nr. 2 berechnet. Dann muss aber eine echte räumliche Struktur vorliegen: Mindestens eine Z-Koordinate muss ungleich 0 sein.

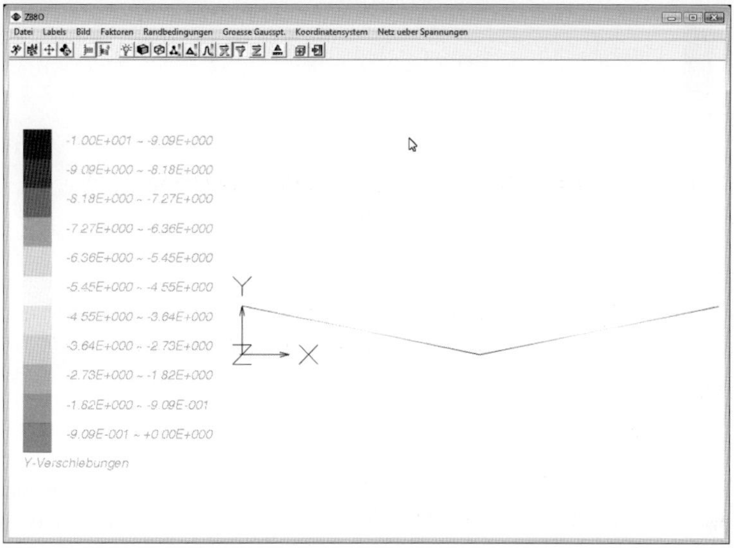

Bild 13.4-2: Ansicht Struktur verformt

Beachte: Das Plotprogramm Z88O verbindet die Knoten mit geraden Linien, obwohl im Falle eines Balkens Nr. 13 bzw. Nr. 2 die Biegelinie eine kubische Parabel darstellt. Das bedeutet: Die Verformungen zeigt Z88O an den Knoten selbst korrekt, zwischen den Knoten sind Geradenstücke. Es wird also keine Biegelinie abgebildet. Wollte man dies mit Z88O tun, dann müssten wesentlich mehr Balken verwendet werden (die kubische Biegelinie wird dann durch eine größere Anzahl Geraden stückweise abgebildet). Und das machen wir jetzt: Erweitern Sie die Datei Z88I1.TXT auf 21 Knoten und 20 Elemente und ändern Sie die Randbedingungsdatei wie folgt:

6			
1	1	2	0.
1	2	2	0.
1	3	2	0.
11	2	1	-1648.
21	2	2	0.
21	3	2	0.

Das ist selbstverständlich für Sie schon vorbereitet: Beispieldatensatz B4_20ELE.

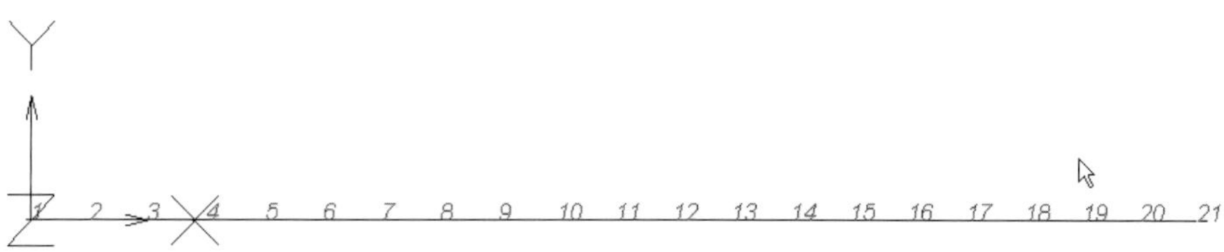

Bild 13.4-3: Neue Struktur mit 21 Knoten und 20 Elementen

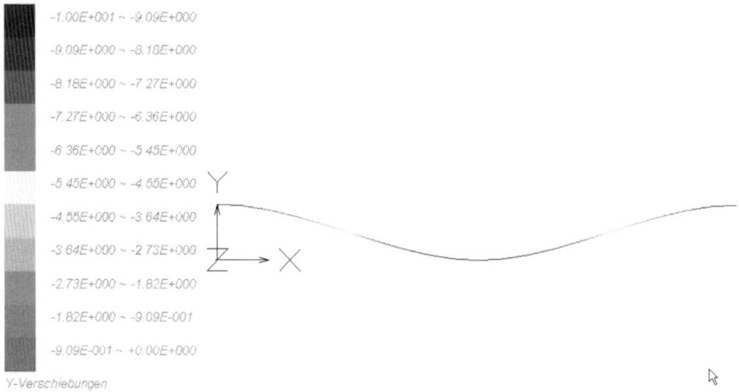

Bild 13.4-4: Neue Struktur mit 21 Knoten und 20 Elementen, verformt

Wie Sie dem Bild 13.4-4 entnehmen können, haben wir jetzt schon eine gefällige Biegelinie. Und die Verschiebungswerte können wir uns auch anzeigen lassen. Vergrößerungsfaktoren je 10.

MERKE:

Überall, wo Sie Ergebnisse haben wollen, müssen Knoten sein!

13.4.2 Mit Z88AuroraV2

Neuen Projektordner erstellen

Erstellen Sie einen neuen Projektordner .

Die Struktur wird in der Oberfläche per Hand erstellt. Button *Praeprozessor* → *Knoten und Elemente erstellen* → Knotenmenü wählen

Knoten erstellen

1. Koordinaten 0,0,0 eingeben. Auch wenn die Struktur nur zweidimensional ist, benötigt man in der Eingabemaske in Z88Aurora eine Z-Koordinate, welche jeweils auf 0 gesetzt wird.
2.  Hinzufuegen der Knoten erscheint in der Knotenliste
3. Das Vorgehen 4 mal für die restlichen Knoten nach untenstehender Tabelle wiederholen.

Knoten Nr.	X-Koordinate	Y-Koordinate	Z-Koordinate
1	0	0	0
2	250	0	0
3	500	0	0
4	750	0	0
5	1000	0	0

Elemente erstellen

1. In das Elementemenü wechseln und Elementtyp „Balken Nr. 13“ auswählen
2. Knoten, welche das Element verbinden sollen nach der untenstehenden Tabelle eingeben oder im OpenGL-Fenster selektieren
3. Hinzufuegen das Element erscheint in der Elementliste
4. Das Vorgehen 3 mal für die restlichen Elemente wiederholen
5. Menü schließen

Die Struktur wird erstellt.

Element Nr.	Knoten Nr. 1	Knoten Nr. 2
1	1	2
2	2	3
3	3	4
4	4	5

Elementparameter Balken 2D

Die Vorgehensweise aus Beispiel 13.2 anwenden.

Für alle Elemente gelten die gleichen Elementparameter. Die Eingabe erfolgt über die freie Eingabe von Parametern, siehe Bild 13.4-5.

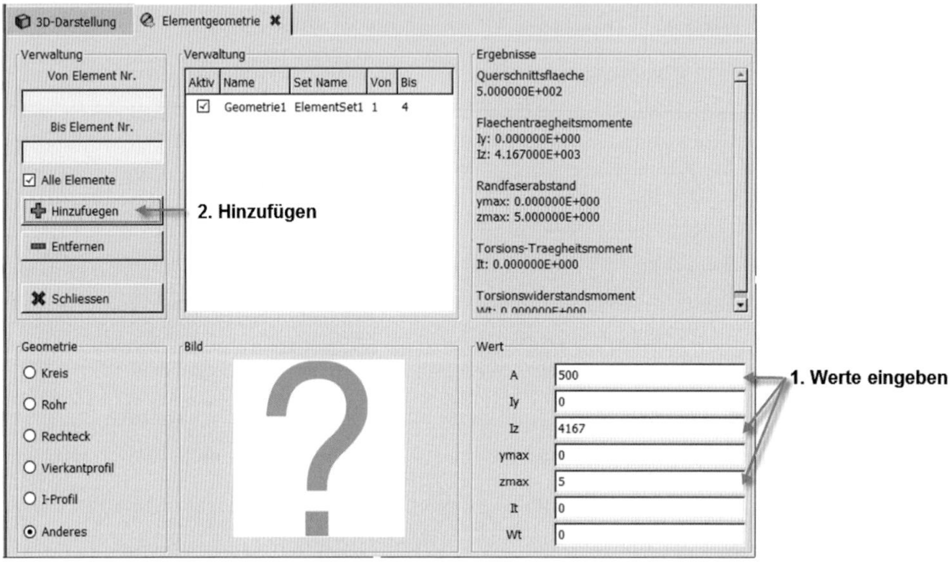

Bild 13.4-5: Elementparameter mit freiem Querschnitt definieren

Material zuweisen

Verwenden Sie das Material Baustahl S235JR aus der Z88Aurora-Materialdatenbank.

Knotenpicking und Randbedingungen

Für die Knoten 1,3 und 5 jeweils ein Knotenset erstellen.

1. Set „Knoten1“ bestehend aus Knotennummer 1
2. Richtung festlegen: X-, Y-Richtung, Rotation festlegen: Z-Achse
3. Randbedingungstyp „Verschiebung“ auswählen
4. Wert „0“ eingeben
5. Randbedingung mit Name „Festlager“ versehen
6. Hinzufuegen
7. Dasselbe für das Set „Knoten5“, Richtung Y und Rotation Z, Typ „Verschiebung“, Wert „0“, Name „Loslager“ und Set „Knoten3“, Y-Richtung, Typ „Kraft (gleichverteilt)“, Wert „-1648“, Name „Kraft“ vornehmen.

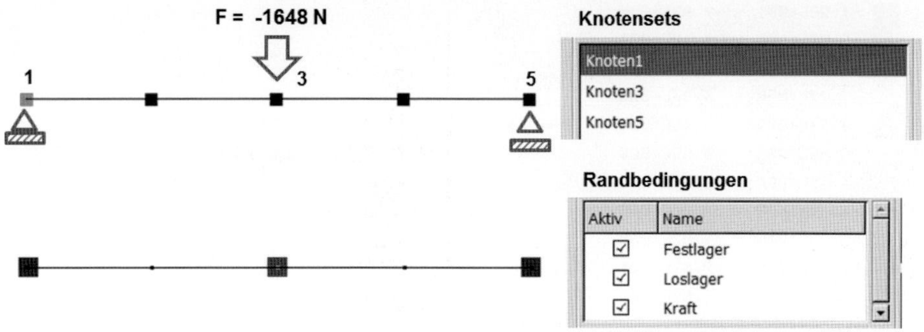

Bild 13.4-6: Struktur mit Randbedingungen und Knotensets (oben) und Randbedingungen (unten)

Berechnung starten

Starten Sie die Berechnung mit dem „Cholesky-Solver".

Ausgaben

Der Cholesky-Solver liefert folgende Darstellung:

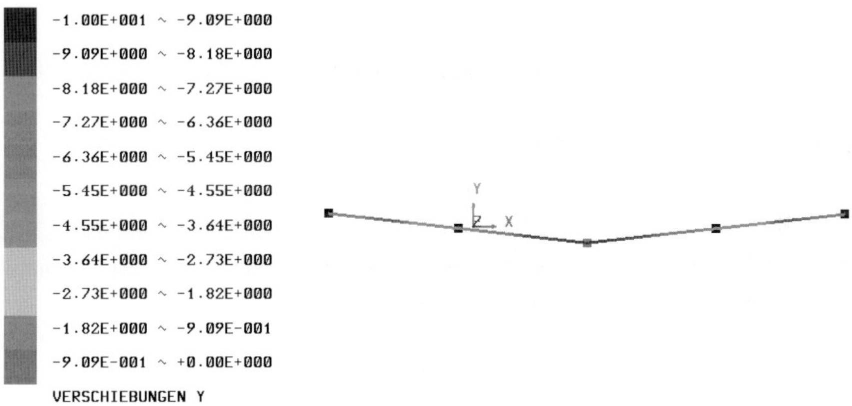

Bild 13.4-7: Verschiebungen in Y-Richtung, Ansicht verformt

AutoCAD-DXF Struktur mit Randbedingungen einlesen

Für die korrekte Darstellung der Biegelinie kann nun das verfeinerte Modell mit dem AutoCAD-DXF Import eingelesen werden. Wählen Sie hierzu im Import-Menü „AutoCAD-DXF" und die Option „DXF-Struktur und Randbedingungen in Z88Aurora" aus. Verwenden Sie aus dem Beispielordner *„z88_beispiele_z88v14os/b4_20ele"* die Datei z88x.dxf aus.

Die Randbedingungen werden automatisch in das Z88Aurora-Format übernommen, die Sets werden automatisch angelegt. Hinzuzufügen sind in analoger Weise die *Materialwerte* und die *Elementgeometrie*. Nach Rechnung mit dem Cholesky-Solver zeigt sich die Biegelinie in erwarteter Ausprägung.

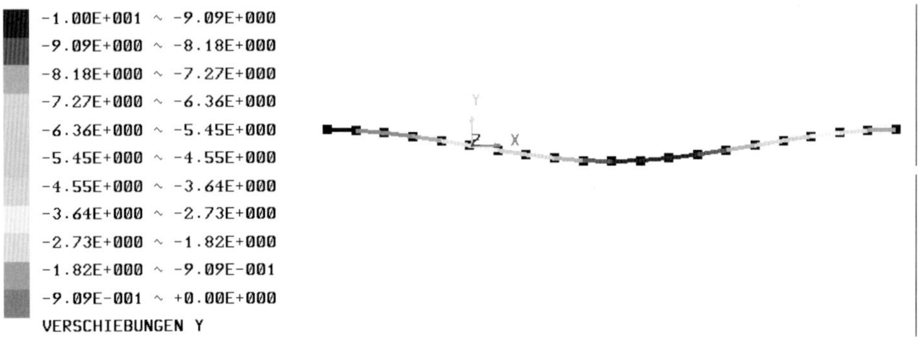

Bild 13.4-8: Neue Struktur mit 21 Knoten und 20 Elementen, verformt

13.5 Plattensegment aus Hexaedern Nr. 1 und Nr. 10

Es wird ein tortenstückartiges Plattensegment als Raumstruktur mit krummlinigen Hexaedern berechnet. Es ist am äußeren Rand eingespannt und wird am inneren Rand mit 7.000 N belastet. Derartige Strukturen lassen sich am besten in Zylinderkoordinaten eingeben; um die Geometrie zu erfassen, genügen zwei Superelemente Hexaeder Nr. 10. Diese beiden SE sollen nun in insgesamt 48 Hexaeder Nr. 1 als FE-Netz zerlegt werden.

Dieses Beispiel ist sehr geeignet für Experimente mit dem Netzgenerator. Sollten Sie das tun, dann müssen Sie ggf. neue Randbedingungen definieren: mit Hilfe Ihres CAD-Programms bzw. des Z88-Plotprogramms, wie wir noch später sehen werden.

Bei der Spannungsanzeige ist zu beachten, dass die Spannungen in den Gaußpunkten angezeigt werden. Gaußpunkte liegen im Innern eines Finiten Elements, nie direkt auf der Oberfläche. Spannungen auf der Oberfläche erhält man durch Extrapolieren, z. B. Biegespannungen mit Strahlensatz.

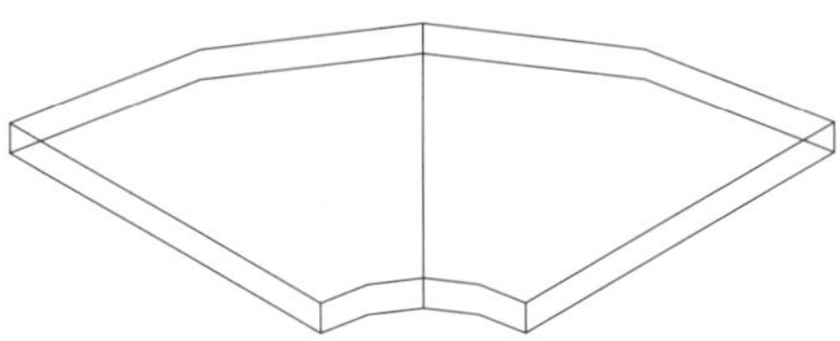

Bild 13.5-1: Superstruktur, bestehend aus zwei Hexaedern Nr. 10 mit je 20 Knoten

13.5.1 Mit Z88V14

Die Beispieldateien dazu finden Sie im Beispieldirectory B5.

Z88X.DXF	DXF-Datei
Z88I2.TXT	Randbedingungen
Z88I5.TXT	Flächenlasten (hier 0)
Z88MAN.TXT	Steuerparameter für Solver
Z88MAT.TXT	Materialsteuerdatei
51.TXT	Materialdatei
Z88ELP.TXT	Elementparameter
Z88INT.TXT	Integrationsordnungen

CAD:

Z88X.DXF in Ihr CAD-Programm importieren und betrachten. Diese Vorlage hätten normalerweise Sie in CAD gezeichnet und dann als Z88X.DXF exportiert.

Z88 *(in Kurzform, ausführlichere Anleitung vgl. Beispiele 13.1, 13.2 und 13.3):*

- Z88X, Konvertierung „von Z88X.DXF nach Z88NI.TXT“
- Z88O, darin Strukturfile Z88NI.TXT, Superstruktur betrachten
- Z88N, Netzgenerator, erzeugt Z88I1.TXT
- Z88O, darin Strukturfile Z88I1.TXT, unverformte FE-Struktur
- Z88X, Konvertierung „von Z88I*.TXT nach Z88X.DXF“

Alternativ

CAD:

Z88X.DXF in Ihr CAD-Programm importieren und betrachten. Normalerweise hätten Sie in CAD nun die Randbedingungen und Steuerinformationen Z88I3.TXT hinzugefügt und dann als Z88X.DXF exportiert.

Z88 *(in Kurzform, ausführlichere Anleitung vgl. Beispiele 13.1, 13.2 und 13.3):*

- Z88X, Konvertierung „von Z88X.DXF nach Z88I*.TXT“
- Z88R, berechnet Verformungen, Spannungen und Knotenkräfte
- Z88O, Plotten FE-Struktur, auch verformt (FUX, FUY, FUZ je 10.) bzw. Spannungsanzeige

Eingaben mit CAD-Programm:

Gehen Sie nach der Beschreibung Kapitel 10.4 bzw. dem Z88-Handbuch vor. Die Geometrieeingabe sollten Sie in Zylinderkoordinaten vornehmen – das ist naheliegend. Vergessen Sie nicht, auf dem Layer Z88EIO die Superelement-Informationen per TEXT-Funktion abzulegen, also

SE	1	1	8	L	3	e	1	e	*(1. Supere., FE Typ 1, untert. x 8 x aufst., in y 3 x gleich, z lassen)*
SE	2	1	8	L	3	e	1	e	*(2. Supere., FE Typ 1, untert. x 8 x aufst., in y 3 x gleich, z lassen)*

und auf dem Layer Z88GEN die allgemeinen Informationen und E-Gesetz, wie

Z88NI.TXT 3 32 2 96 1 1 0 0 0 *(3-Dim, 32 Kno, 2SE, 96 FG, KFAGSS 1, KFLAG 1)*

Exportieren Sie die Zeichnung als DXF-Datei mit dem Namen Z88X.DXF und starten Sie anschließend den CAD-Konverter Z88X mit der Option „von Z88X.DXF nach Z88NI.TXT". Es wird die Netzgenerator-Eingabedateien Z88NI.TXT erzeugt.

mit Editor:

Netzgenerator-Eingabefile Z88NI.TXT (vgl. Kapitel 11.9) mit Editor schreiben:

```
 3 32   2  96   1   1   0                (3-Dim, 32 Kno, 2SE, 96 FG, KFLAGSS 1, KFLAG 1)
 1  3  20   0   5                        (1.Knoten, 3 FG, R-, Phi- und Z-Koordinate)
 2  3  80   0   5                        (2.Knoten, 3 FG, R-, Phi- und Z-Koordinate)
 3  3  80  45   5
...                                      (Knoten 4 bis 30 hier nicht dargestellt)
31  3  80  90    2.5
32  3  20  90    2.5
 1 10                                    (Superelement 1, Typ Hexaeder Nr. 10)
 1  2   3   4   5   6   7   8   9 10 11 12 13 14 15 16 17 18 19 20  (Koinzidenz)
 2 10
 4  3  21  22   8   7  23  24  11 25 26 27 15 28 29 30 20 19 31 32
 1  1                                    (Zerlege SE1 in Hexaeder Nr. 1 und unterteile)
 8  L   3   e   1   e                    (8mal geom. steigend in x, 3mal gleich in y, z bleibt)
 2  1
 8  L   3   e   1   e
```

CAD und Editor:

Der Netzgenerator Z88N wird gestartet. Er erzeugt das eigentliche Z88-Strukturfile Z88I1.TXT. Das schauen wir uns entweder

- nach Konversion mit Z88X im CAD-Programm (von Z88I1.TXT nach Z88X.DXF) oder
- mit dem Z88-Plotprogramm Z88O an, um die Randbedingungen definieren zu können:

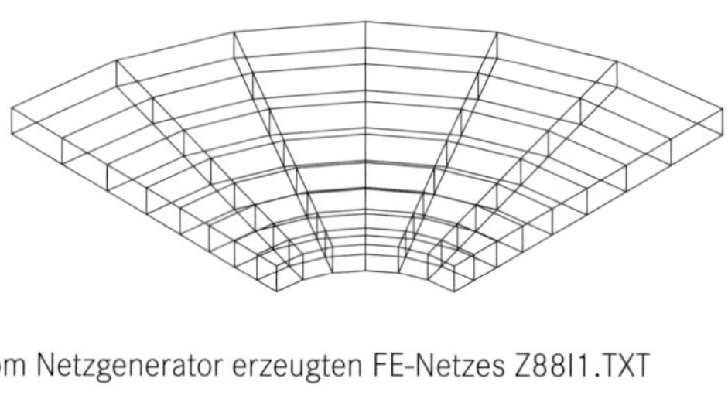

Bild 13.5-2: Ansicht des vom Netzgenerator erzeugten FE-Netzes Z88I1.TXT

Man ermittelt nun im Plotprogramm oder CAD-System die Knoten, an denen die Struktur festgehalten bzw. belastet wird und gibt die Randbedingungen ein:

im CAD Programm:

Gehen Sie auf den Layer Z88RBD und geben Sie jeweils mit der TEXT-Funktion an beliebiger, freier Stelle ein:

Z88I2.TXT	49					*(49 Randbedingungen)*
RBD	1	1	3	1	-1000	*(1. RB: Knoten 1, am FG 3, also in Z, eine Last von -1000 N)*
RBD	2	3	3	1	-1000	
RBD	3	5	3	1	-1000	
RBD	4	7	3	1	-1000	
RBD	5	65	1	2	0	*(5. RB: Knoten 65, FG 1 gesperrt)*
RBD	6	65	2	2	0	*(6. RB: Knoten 65, FG 2 gesperrt)*
RBD	7	65	3	2	0	*(7. RB: Knoten 65, FG 3 gesperrt)*
....						*(die Knoten 66 bis 72 werden wie 65 in allen 3 FG gesperrt)*
RBD	29	73	3	1	-1000	
RBD	30	75	3	1	-1000	
RBD	31	77	3	1	-1000	
.....						*(die Knoten 121 bis 125 werden wie 126 in allen 3 FG gesperrt)*
RBD	47	126	1	2	0	
RBD	48	126	2	2	0	
RBD	49	126	3	2	0	

mit Editor:

File der Randbedingungen Z88I2.TXT durch Editieren aufstellen:

49				*(49 Randbedingungen)*
1	3	1	-1000	*(Knoten 1, am FG 3, also in Z, eine Last von -1000 N)*
3	3	1	-1000	
5	3	1	-1000	
7	3	1	-1000	
65	1	2	0	*(Knoten 65, FG 1 gesperrt)*
65	2	2	0	*(Knoten 65, FG 2 gesperrt)*
65	3	2	0	*(Knoten 65, FG 3 gesperrt)*
.....				*(die Knoten 66 bis 72 werden wie 65 in allen 3 FG gesperrt)*
73	3	1	-1000	
75	3	1	-1000	
77	3	1	-1000	
.....				*(die Knoten 121 bis 125 werden wie 126 in allen 3 FG gesperrt)*
126	1	2	0	
126	2	2	0	
126	3	2	0	

Nun müssen noch begleitend die Materialsteuerdatei Z88MAT.TXT, die Materialdatei 51.TXT, die Elementparameterdatei Z88ELP.TXT, die Integrationsordnungsdatei Z88INT.TXT sowie die

Solversteuerdatei Z88MAN.TXT editiert werden (was für Sie bereits in den jeweiligen Beispieldateien erfolgt ist):

Z88MAT.TXT:

1 *(insgesamt ein Materialgesetz)*
1 48 51.txt *(es gilt von Element 1 bis 48 und heißt 51.txt, vgl. 11.5)*

51.TXT:

206000 0.3 *(E-Modul 206000, Querkontraktionszahl 0.3, vgl. 11.6)*

Z88ELP.TXT:

1
1 48 0 0 0 0 0 0 0 *(keine Angaben nötig, da Volumenelemente)*

Z88INT.TXT:

1 *(insgesamt nur ein Satz Integrationsordnungen)*
1 48 2 2 *(er gilt von Element 1 bis 48, INTORD=2, INTOS=2, vgl. 11.8)*

Z88MAN.TXT: Hier sind nur wichtig, vgl. 11.10:

IBFLAG 0 *(keine Balken in der Struktur)*

IPFLAG 0 *(keine Platten in der Struktur)*

IHFLAG 0 *(keine Schalen in der Struktur)*

KDFLAG 0 *(keine Berechnung von Radial- und Tangentialspannungen)*

ISFLAG 1 *(keine Vergleichsspannungen)*

Nachdem nun die Strukturdaten Z88I1.TXT, die Randbedingungen Z88I2.TXT und die Steuerfiles vorliegen, kann der Solver Z88R -choly gestartet werden.

AUSGABEN

Der Cholesky-Solver **Z88R -choly** liefert folgende Ausgabefiles**: Z88O0.TXT**, die aufbereiteten Strukturwerte: Für Dokumentationszwecke. **Z88O1.TXT**, aufbereitete Randbedingungen: Für Dokumentationszwecke. **Z88O2.TXT**, die berechneten Verschiebungen, die Lösung des FE-Problems sowie **Z88O3.TXT**, die berechneten Spannungen und **Z88O4.TXT**, die berechneten Knotenkräfte.

Für die verformte Struktur ergibt sich bei Wahl von FUX, FUY und FUZ (Vergrößerung der Verschiebungen) von je 10 im Plotprogramm folgendes Bild:

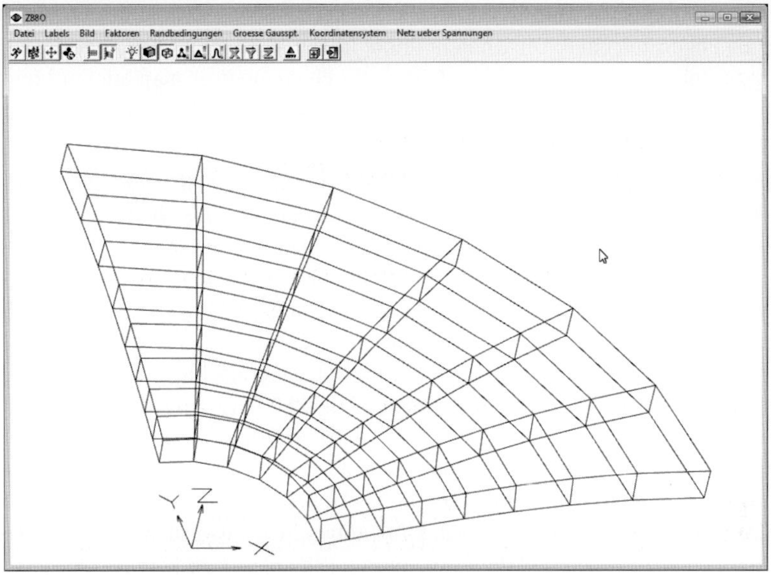

Bild 13.5-3: Ansicht der verformten Struktur, Wireframe-Modus

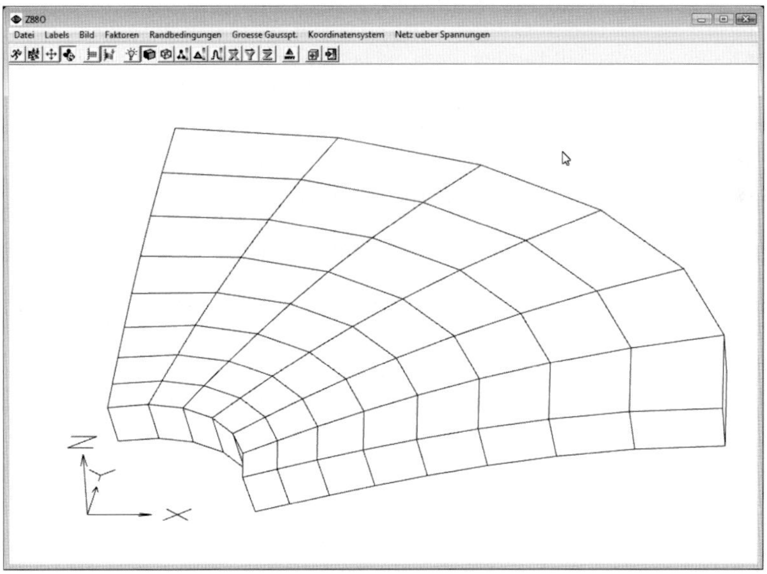

Bild 13.5-4: Ansicht der verformten Struktur, Hiddenline-Modus

Anmerkung: Die Superstruktur lässt sich sehr leicht in z.B. AutoCAD konstruieren. Die Ränder wird man als Bögen zeichnen. Die Knotenpunkte lassen sich einfach mit der Funktion > Zeichnen > Punkt > Teilen erzeugen. Beim Umfahren der Elemente (was man mit der Linienfunktion macht) darauf achten, dass man die Ansicht im Raum jeweils sauber positioniert hat, d.h. dass alle Knoten eines Superelements *genau* getroffen werden.

Wir haben als Superelemente Hexaeder Nr. 10, d.h. mit 20 Knoten, verwendet und haben uns eine Struktur mit linearen Hexaedern Nr. 1 erzeugen lassen. Das ist einfach und geradlinig, aber stimmt das auch? Wir haben es hier mit einem Biegezustand in mehreren Ebenen zu tun, und die Biegelinie eines Balkens ist eine kubische Parabel. Können wir das mit acht linearen Hexaedern in Radialrichtung genau genug abbilden? Um diese Frage zu klären, wird uns nichts anderes übrig bleiben, als nun die viel genaueren Hexaeder Nr. 10 mit quadratischem Ansatz generieren zu lassen. Glücklicherweise ist das im Netzgeneratorfile Z88NI.TXT mit zwei Änderungen erledigt: Sie brauchen nur in den Zeilen 39 und 41 den zu erzeugenden Typ 1 in Typ 10 zu tauschen. Ferner sollten Sie die Integrationsordnung in Z88INT.TXT von 2 zu 3 ändern. Lassen Sie den Netzgenerator laufen. Nun müssen aber – und das ist die eigentliche Arbeit – die Randbedingungen überarbeitet werden, denn das Netz hat sich völlig geändert. Beim Plotprogramm Z88O sollten Sie am besten mit der Tastatur schrittweise zoomen und drehen, um die betreffenden Zonen zu sehen und die Knotennummern ablesen zu können. Das geht einfacher als per Maussteuerung. Folgende Knoten müssen in X, Y und Z-Richtung gesperrt werden: 209–226 und 395–409. Die Last von 7.000 N ist auf diese Knoten zu geben: 1, 4, 6, 9, 11, 14, 16, 227, 229, 232, 234, 237 und 239. Aber nun ist sehr wichtig, die Gesamtkraft richtig zu verteilen: Da wir es mit Hexaedern mit quadratischem Ansatz zu tun haben, müssen Lasten längs einer Kante so aufgeteilt werden, dass die beiden Eckknoten je 1/6 der Last und der Mittenknoten 2/3 der Last bekommt, vgl. Kap. 4.6 und 5.3. Der innere Rand zur Lastaufbringung besteht aus sechs Elementkanten, daher:

$$\frac{7000\ N}{6} = 1166{,}67\ N$$

Das bedeutet folgende Werte für „1/6-Punkte", „1/3-Punkte" (dort, wo zwei „1/6-Punkte" zusammenstoßen) und „2/3-Punke":

$$\frac{1166{,}67\ N}{6} = 194{,}44\ N, \quad \frac{1166{,}67\ N}{3} = 388{,}89\ N, \quad \frac{2 \cdot 1166{,}67\ N}{3} = 777{,}78\ N$$

„1/6-Punkte" sind 1 und 239, „1/3-Punkte" sind 6, 11, 16, 229 und 234, „2/3-Punkte" sind 4, 9, 14, 227, 232 und 237. Geben Sie diese Randbedingungen in Z88I2.TXT. Das scheint viel Arbeit zu sein, aber das ist in einer halben Stunde geschehen. In Z88INT.TXT sollten Sie INTOS von 2 auf 3 ändern. Falls Sie sich nicht selbst die Arbeit machen wollen: Beispieldirectory B5_ELE10.

Wenn Sie mit Z88R gerechnet haben, werden Sie im Plotprogramm diese Werte ablesen:

$$\sigma_{V\,\max,GEH} = 633\ N/mm^2, \quad \sigma_{V\,\min,GEH} = 373\ N/mm^2$$
$$z_{\max} = -2{,}16\ mm, \quad z_{\min} = +0{,}0165\ mm$$

Wenn Sie die erste Berechnung mit den linearen Hexaedern noch einmal wiederholen, dann stellen Sie ganz andere Werte fest:

$$\sigma_{V\max,GEH} = 322\ N/mm^2, \quad \sigma_{V\min,GEH} = 110\ N/mm^2$$
$$z_{\max} = -0{,}89\ mm, \quad z_{\min} = 0\ mm$$

Sie erkennen daran, wie ungenau die linearen Hexaeder Nr. 1 hier rechnen. Das ist auch klar: Eine kubische Parabel lässt sich mit acht Geradenstücken nur unvollkommen annähern. Außerdem ergeben sich durch die Einspannung längs des krummen Aussenrandes Zwänge und Verformungsbehinderungen, welche Biegespannungen in weiteren Ebenen liefern. Man sieht sehr deutlich in Bild13.5-4, wie sich der innere Rand wölbt. Vermutlich müsste man die 5~10-fache Anzahl nehmen, um überhaupt verlässliche Ergebnisse zu erhalten. Die Hexaeder Nr. 10 mit quadratischem Ansatz lösen das Problem viel genauer. Wie genau ist unser Ergebnis mit den Hexaedern Nr. 10? Wir wissen es nicht - streng genommen müssten Sie nun die Struktur verfeinern, rechnen, weiter verfeinern, und erst dann, wenn sich die Ergebnisse nicht mehr ändern, haben Sie ein genaues Ergebnis. Aber vertrauen Sie unserer Erfahrung: Die verwendete Struktur mit den „quadratischen" Hexaedern ist schon recht gut und wird brauchbare Ergebnisse liefern.

MERKE:

Bei Biegebelastungen im Raum in mehreren Ebenen immer Elemente mit quadratischem Ansatz verwenden. Lineare Elemente sind dafür meist zu ungenau!

13.5.2 Mit Z88AuroraV2

Dieses Beispiel wird in Z88Aurora als DXF-Struktur importiert. Es erfolgt die Unterteilung der Superelemente und die Randbedingungsaufgabe direkt in der Oberfläche.

Neuen Projektordner erstellen

Erstellen Sie einen neuen Projektordner .

Import AutoCAD-DXF

Die Beispieldatei z88x.dxf aus *„z88_beispiele_z88v14os/b5"* wie gewohnt importieren und die Option „DXF-Super-Struktur nach Z88Aurora-Super-Struktur" wählen.

Erstellung der FE-Struktur aus Superelementen

Wechseln Sie in das Präprozessormenü und zu Superelemente und geben Sie für beide Superelemente jeweils nach Beispiel 13.1 die Unterteilung der Superelemente an:

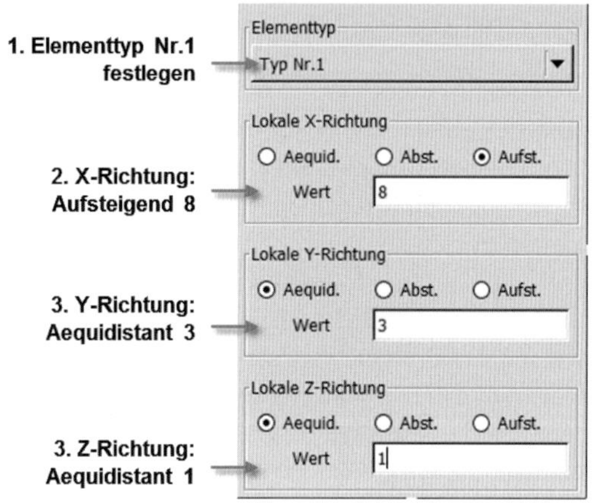

Bild 13.5-5: Vernetzerregeln für die Superelemente

Knotenpicking – Kantenpicking

Als Kraftangriffspunkt soll die innere Kante gewählt werden. Wechseln Sie hierzu in das Pickingmenü und „Knotenpicking". Durch Selektion eines Knotens der Innenkante, wobei nicht die Eckknoten gewählt werden sollten, erfolgt durch Anwahl von Kante automatisch die Anwahl der Knotenkette.

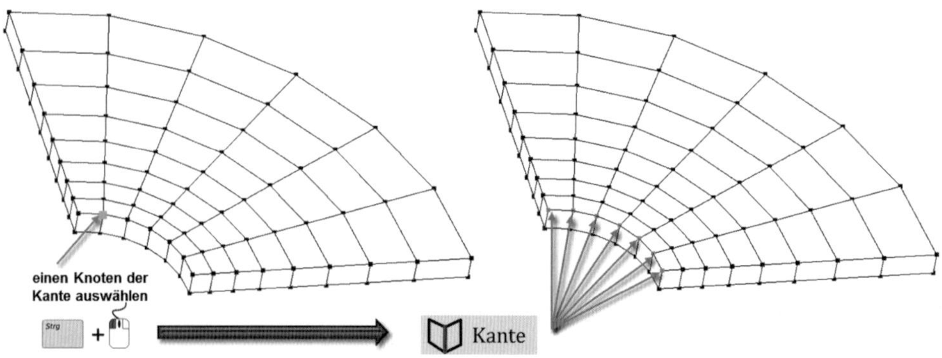

Bild 13.5-6: Kantenpicking

Anschließend wird daraus das Set „Kraft" erzeugt.

Für die Festhaltung kann man auf die gleiche Weise vorgehen, wobei die obere und die untere Kante fixiert werden sollen. Alternativ erfolgt die Selektion über „Einzelknoten" oder Picking per Maus und der Strg-Taste. Name des Sets „Festhaltung".

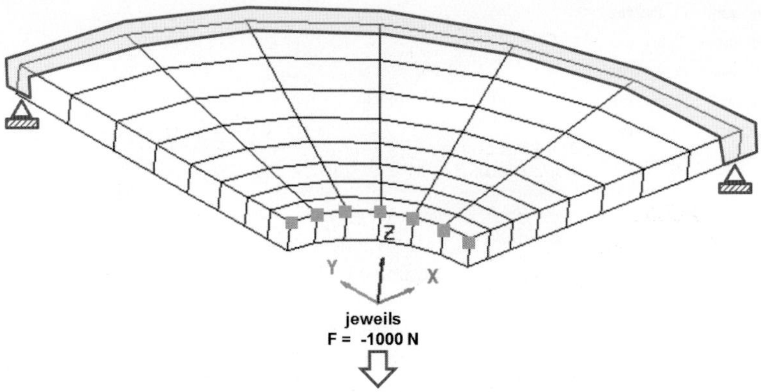

Bild 13.5-7: Plattensegment mit Randbedingungen

Randbedingungen

Button *Praeprozessor* → *Randbedingungen Zuweisen.* → Im Kontextmenü sind die eben definierten Sets wählbar.

1. Set „Festhaltung“ auswählen
2. Richtung festlegen: X-, Y- und Z-Richtung
3. Randbedingungstyp „Verschiebung“ auswählen
4. Wert „0“ eingeben
5. Randbedingung mit Name „Festhaltung“ versehen
6. Hinzufuegen
7. Kraft aufbringen: Set „Kraft“, Richtung Z, Kraft (gleichverteilt), Wert „-1000“, Name „Kraft“.
8. Überprüfen Sie mit „Alle Anzeigen“ die korrekte Randbedingungsaufgabe
9. Menü schließen

Material zuweisen

Verwenden Sie das Material Baustahl S235JR aus der Z88Aurora-Materialdatenbank.

Berechnung starten

Starten Sie die Berechnung mit dem „Pardiso-Solver“

Ausgaben

Der Pardiso-Solver liefert folgende Spannungen in den Eckknoten:

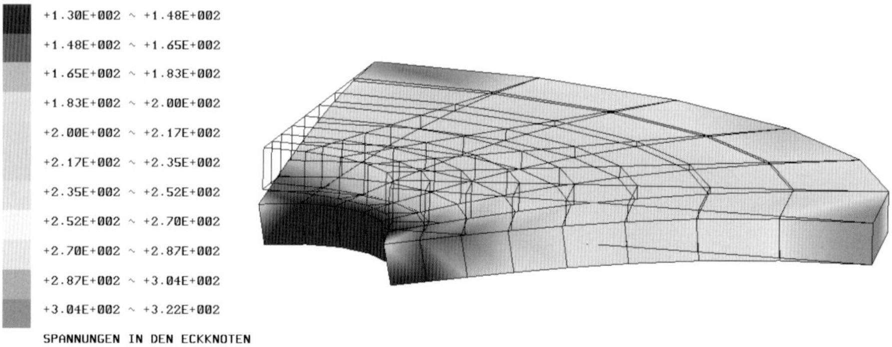

Bild 13.5-8: Ansicht der verformten und unverformten Struktur, Spannungen an den Eckknoten (7,5 fach überhöhte Verformung)

13.6 Rohr unter Innendruck, Scheibe Nr. 7

Wir betrachten ein Rohr unter Innendruck von 1.000 bar = 100 N/mm^2. Rohrinnendurchmesser 80 mm, Rohraußendurchmesser 160 mm, Länge 40 mm. Wenn man die Auflager geschickt wählt, genügt ein Viertelbogen, um das Problem abzubilden.

Derartige Strukturen lassen sich am besten in Polarkoordinaten eingeben. Der Innendruck 1.000 bar entspricht einer Kraft von 251.327 N, die auf den inneren Viertelkreis wirkt. Die 251.327 N sind auf die Knoten 1, 6, 9, 14, 17, 22, 25, 30 und 33 gemäß den Regeln für Randbedingungen zu verteilen:

„1/6-Punkte“ : 10.472 N

„2/3-Punkte“ : 41.888 N

„2/6-Punkte“ : 20.944 N

Kontrolle: 2 × 10.472 + 4 × 41.888 + 3 × 20.944 = 251.328 o.k.

Diese Kräfte wirken radial nach außen. Für Randbedingungen sind sie in X- und Y-Komponenten zu zerlegen. So erhält z.B. der Knoten 6 als „2/3-Punkt“ in X 41.083 N und in Y 8.172 N, da Knoten 6 unter φ = 11,25 Grad liegt.

Dieses Problem lässt sich einfach analytisch nachrechnen. Berechnungsformeln in einschlägigen Fachbüchern wie *Dubbel, Decker* oder vgl. Abschnitt 13.7.

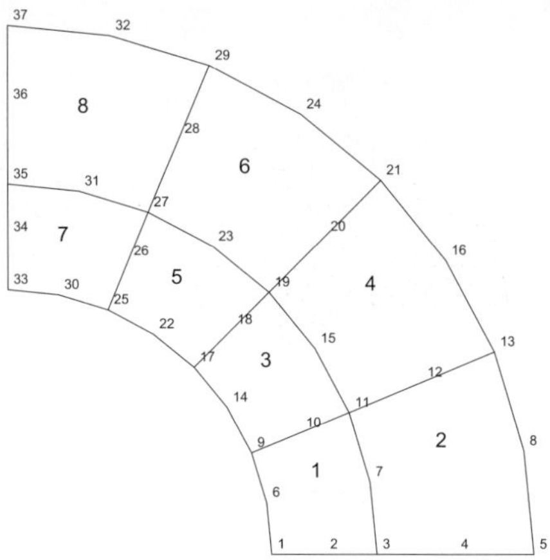

Bild 13.6-1: Plot der unverformten Struktur

13.6.1 Mit Z88V14

Die Beispieldateien dazu finden Sie im Beispieldirectory B6.

Z88X.DXF	DXF-Datei
Z88MAN.TXT	Steuerparameter für Solver
Z88MAT.TXT	Materialsteuerdatei
51.TXT	Materialdatei
Z88ELP.TXT	Elementparameter
Z88INT.TXT	Integrationsordnungen

CAD:

Z88X.DXF in Ihr CAD-Programm importieren und betrachten. Diese Vorlage hätten normalerweise Sie in CAD gezeichnet und dann als Z88X.DXF exportiert.

Z88: *(in Kurzform, ausführlichere Anleitung vgl. Beispiele 13.1, 13.2 und 13.3)*

Z88X, Konvertierung „von Z88X.DXF nach Z88I*.TXT“

Z88O, darin Strukturfile Z88I1.TXT, Struktur betrachten

Z88R, berechnet Verformungen, Spannungen und Knotenkräfte

Z88O, Plotten FE-Struktur, nun auch verformt (FUX, FUY je 100.)

Bei einer rotationssymmetrischen Struktur kann die zusätzliche Ausgabe von Radial- und Tangentialspannungen interessant sein. Dafür wird in Z88MAN.TXT KDFLAG zu 1 gesetzt. Da Spannungen in Gaußpunkten, mit z.B. Strahlensatz extrapolieren, um die Spannungen direkt am Innen- bzw. Außendurchmesser zu erhalten.

EINGABEN
im CAD-Programm:

Gehen Sie nach der Beschreibung Kapitel 10.4 bzw. dem Z88- bzw. dem Z88Aurora-Handbuch vor. Vergessen Sie nicht, auf dem Layer Z88EIO die Element-Informationen per TEXT-Funktion abzulegen, also

FE	1	7	*(1. finites Element Typ 7)*
FE	2	7	*(2. finites Element Typ 7)*
...			*(Nr. 3 bis 7 hier ausgelassen)*
FE	8	7	*(8. finites Element Typ 7)*

und auf dem Layer Z88GEN die allgemeinen Informationen wie

Z88I1.TXT 2 37 8 74 1 *(2D, 37 Knoten, 8 Elemente, 74 FG, Polarkoordinaten)*

Sie können sofort die Randbedingungen mit der TEXT-Funktion auf dem Layer Z88RBD anlegen. Bei den Randbedingungen liegt der Fall der Flächenlasten vor. Hier sollten Sie Abschnitt 5.3, insbesondere die Bemerkungen und Skizzen für Lastaufteilungen beachten.

Z88I2.TXT	26					*(26 Randbedingungen)*
RBD	1	1	1	1	10472	*(Knoten 1, am FG 1(=in X-Richtung) Last 10472 N)*
RBD	2	1	2	2	0	*(Knoten 1, FG 2 (=Bewegung in Y) gesperrt)*
RBD	3	2	2	2	0	
RBD	4	3	2	2	0	
RBD	5	4	2	2	0	
RBD	6	5	2	2	0	
RBD	7	6	1	1	41083	
RBD	8	6	2	1	8172	
RBD	9	9	1	1	19350	
RBD	10	9	2	1	8015	
RBD	11	14	1	1	34829	
RBD	12	14	2	1	23272	
RBD	13	17	1	1	14810	
RBD	14	17	2	1	14810	
RBD	15	22	1	1	23272	
RBD	16	22	2	1	34829	
RBD	17	25	1	1	8015	
RBD	18	25	2	1	19350	
RBD	19	30	1	1	8172	
RBD	20	30	2	1	41083	
RBD	21	33	1	2	0	
RBD	22	33	2	1	10472	
RBD	23	34	1	2	0	
RBD	24	35	1	2	0	
RBD	25	36	1	2	0	
RBD	26	37	1	2	0	

Exportieren Sie die Zeichnung als DXF-Datei mit dem Namen Z88X.DXF und starten Sie anschließend den CAD-Konverter Z88X mit der Option „von Z88X.DXF nach Z88I*.TXT". Es werden die Eingabedateien Z88I1.TXT, Z88I2.TXT und Z88I5.TXT erzeugt.

Nun müssen noch begleitend die Materialsteuerdatei Z88MAT.TXT, die Materialdatei 51.TXT, die Elementparameterdatei Z88ELP.TXT, die Integrationsordnungsdatei Z88INT.TXT sowie die Solversteuerdatei Z88MAN.TXT editiert werden (was für Sie bereits in den jeweiligen Beispieldateien erfolgt ist):

Z88MAT.TXT:

1 *(insgesamt ein Materialgesetz)*
1 8 51.txt *(es gilt von Element 1 bis 8 und heißt 51.txt, vgl. 11.5)*

51.TXT:

206000 0.3 *(E-Modul 206000, Querkontraktionszahl 0.3, vgl. 11.6)*

Z88ELP.TXT:

1
1 8 40 0 0 0 0 0 0 *(Element 1 bis 8: Scheibendicke 40, vgl. 11.7)*

Z88INT.TXT:

1 *(insgesamt nur ein Satz Integrationsordnungen)*
1 8 3 3 *(er gilt von Element 1 bis 8, INTORD=3, INTOS=3, vgl. 11.8)*

Z88MAN.TXT: Hier sind nur wichtig, vgl. 11.10:

IBFLAG 0 *(keine Balken in der Struktur)*
IPFLAG 0 *(keine Platten in der Struktur)*
IHFLAG 0 *(keine Schalen in der Struktur)*
KDFLAG 1 *(zusätzliche Berechnung von Radial- und Tangentialspannungen)*
ISFLAG 1 *(Vergleichsspannungen nach GEH)*

mit Editor:

Geben Sie per Editor die Strukturdaten Z88I1.TXT (vgl. Abschnitt 11.2) ein:

2	37	8	74	1	*(2D, 37 Knoten, 8 Elemente, 74 FG, Polarkoordinaten)*
1	2	40	0		*(1. Knoten, 2 FG, R- und Phi-Koordinate)*
2	2	48	0		*(2. Knoten, 2 FG, R- und Phi-Koordinate)*
3	2	56	0		
4	2	68	0		
5	2	80	0		
6	2	40	11.25		
7	2	56	11.25		
8	2	80	11.25		
9	2	40	22.5		
...					*(Knoten 10 bis 35 hier nicht dargestellt)*

```
36  2 68      90
37  2 80      90
 1  7                              (Element 1, Typ Scheibe Nr. 7)
 1  3 11       9 2  7  10 6        (Koinzidenz 1. Element)
 2  7
 3  5 13      11 4  8  12 7
...                                (Elemente 3 bis 7 hier nicht dargestellt)
 8  7
27 29 37      35 28 32 36 31
```

Bei den Randbedingungen liegt der Fall der Flächenlasten vor. Hier sollten Sie Abschnitt 11.3, insbesondere die Bemerkungen und Skizzen für Lastaufteilungen beachten. Nachfolgend Z88I2.TXT:

```
26                  (26 Randbedingungen)
 1 1 1 10472        (Knoten 1, am FG 1(=in X-Richtung) Last 10472 N)
 1 2 2     0        (Knoten 1, FG 2 (=Bewegung in Y) gesperrt)
 2 2 2     0
 3 2 2     0
 4 2 2     0
 5 2 2     0
 6 1 1 41083
 6 2 1  8172
 9 1 1 19350
 9 2 1  8015
14 1 1 34829
14 2 1 23272
17 1 1 14810
17 2 1 14810
22 1 1 23272
22 2 1 34829
25 1 1  8015
25 2 1 19350
30 1 1  8172
30 2 1 41083
33 1 2     0
33 2 1 10472
34 1 2     0
35 1 2     0
36 1 2     0
37 1 2     0
```

Hier bei den Randbedingungen lohnen sich Experimente: Geben Sie statt Kräften Verschiebungen in X und Y ein, z.B. 0.01 mm im Radius nach außen. Am Knoten 1 können Sie die 0.01 mm direkt als X-Verschiebung, am Knoten 33 direkt als Y-Verschiebung eingeben, aber bei den anderen Knoten sind die radialen Verschiebungen 0.01 mm in jeweils X- und Y-Komponente aufzuteilen (via Sinus und Cosinus). Oder geben Sie gemischt ein: ein paar Knoten mit Verschiebung, die anderen mit Kräften ... in der Praxis wird man das bei einer solchen Aufgabe nicht tun, aber Z88 kann das.

Bei den Spannungen eröffnet sich ebenfalls ein breites Experimentierfeld: Beim INTOS in Z88INT.TXT haben Sie 5, bei KDFLAG zwei und bei ISFLAG vier Variationen in Z88MAN.TXT, vgl. Abschnitte 11.8, 11.10 und 12.7. So lassen wir uns eine ganze Menge Ergebnisse ausgeben:

Z88INT.TXT:

1 *(insgesamt nur ein Satz Integrationsordnungen)*
1 8 3 3 *(er gilt von Element 1 bis 8, INTORD=3, INTOS=3, vgl. 11.8)*

Z88MAN.TXT: Hier sind nur wichtig, vgl. 11.10:

KDFLAG 1 *(zusätzliche Berechnung von Radial- und Tangentialspannungen)*

ISFLAG 1 *(Vergleichsspannungen nach GEH)*

CAD und Editor:

Nachdem nun die Strukturdaten Z88I1.TXT, die Randbedingungen Z88I2.TXT, die Flächenlastdatei Z88I5.TXT (mit einer 0 in der ersten Zeile) und die Steuerfiles vorliegen, kann der Solver Z88R -choly gestartet werden.

Alternative Belastung über Flächenlastdatei:

Die Eingabe der Belastung über Einzelkräfte war etwas mühsam durch das Aufteilen der Kraft von 251.327 N auf die verschiedenen Knotenpunkte unter Berücksichtigung der jeweiligen Winkellage. Viel einfacher geht das mit Streckenlasten über die Streckenlastdatei Z88I5.TXT. Die Streckenlast beträgt:

$$q = \frac{F}{\ell} = \frac{F}{r \cdot \varphi} = \frac{251327}{40 \cdot {}^{\pi}\!/_{2}} = 4000\, N/mm$$

Diese Streckenlast wirkt auf die Elemente 1, 3, 5 und 7, und zwar beim Element 1 auf die Seite, die durch die Eckknoten 9 und 1 und den Mittenknoten 6 definiert ist usw. Die Streckenlast wirkt normal zur Kante, und Tangentiallasten gibt es nicht. Damit wird die Flächenlastdatei Z88I5.TXT:

```
4
1  4000.  0.   9   1   6
3  4000.  0.  17   9  14
5  4000.  0.  25  17  22
7  4000.  0.  33  25  30
```

Die Flächenlastdatei wird deshalb nun verarbeitet, weil in der ersten Zeile eine Zahl > 0 steht.

Nun sind nur noch die Randbedingungen Z88I2.TXT zu bearbeiten: Sie müssen alle Kräfte entfernen:

```
10
 1  2  2  0.
 2  2  2  0.
 3  2  2  0.
 4  2  2  0.
 5  2  2  0.
33  1  2  0.
34  1  2  0.
35  1  2  0.
36  1  2  0.
37  1  2  0.
```

Dazu passend sind der Beispieldatensatz B6_Q für Sie vorbereitet. Nun können Sie wie gewohnt rechnen lassen: Z88R -choly

AUSGABEN:

Der Cholesky-Solver **Z88R -choly** liefert uns folgende Ergebnisfiles: **Z88O2.TXT**, die berechneten Verschiebungen, **Z88O3.TXT**, die berechneten Spannungen und **Z88O4.TXT** die berechneten Knotenkräfte.

Hier wurden die Verschiebungen mit den Faktoren FUX, FUY von je 100 um das Hundertfache vergrößert.

Dieses Beispiel ist sehr geeignet, um alle Möglichkeiten der Spannungsberechnung mit Z88R und Scheiben Nr. 7 (bzw. Scheiben Nr. 11) durchzuspielen. Wir erinnern uns:

Z88INT.TXT:

1 *(insgesamt nur ein Satz Integrationsordnungen)*
1 8 3 3 *(er gilt von Element 1 bis 8, INTORD=3, INTOS=3, vgl. 11.8)*

Z88MAN.TXT: Hier sind nur wichtig, vgl. 11.10:

KDFLAG 1 *(zusätzliche Berechnung von Radial- und Tangentialspannungen)*

ISFLAG 1 *(Vergleichsspannungen nach GEH)*

Wenn Sie KDFLAG 0 setzen, erhalten Sie Vergleichsspannungen, aber keine Radial- und Tangentialspannungen. Mit INTOS 0, KDFLAG 0 und ISFLAG 0 erhalten Sie die Spannungen statt in Gaußpunkten in den Eckknoten. Experimentieren Sie ... Sie haben 5 × 2 × 4 = 40 Möglichkeiten.

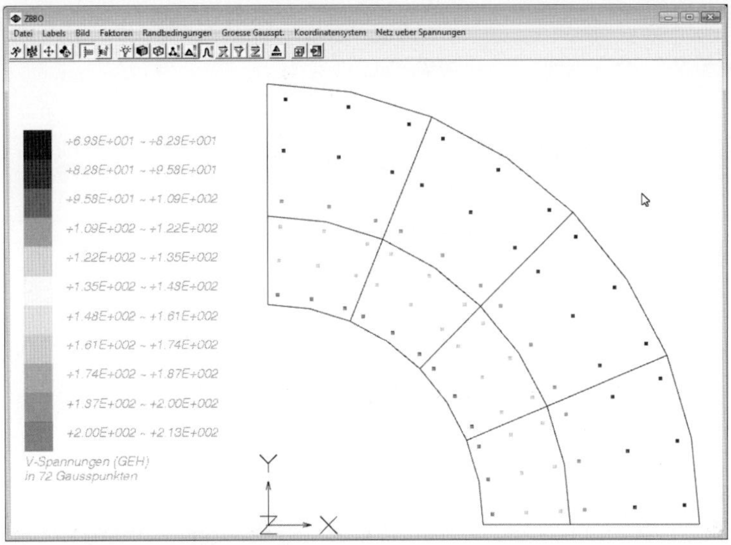

Bild 13.6-2: Plot der Vergleichsspannungen nach GEH in den Gaußpunkten mit Z88O

Was Sie bei diesem Beispiel auch sehr schön ausprobieren können, ist die Anzeige der Randbedingungen im Plotprogramm Z88O: Es greifen hier an einem Knoten mitunter sogar mehrere Randbedingungen an, so z.B. am Knoten 1 eine Kraft in X und gleichzeitig eine Lagerbedingung in Y:

```
1   1   1   +1.04720E+004
1   2   2   +0.00000E+000
```

Dann sollten Sie selektiv die Randbedingungen anzeigen, da zwangsläufig mehrere Punkte übereinander geplottet werden und nur der letzte Punkt sichtbar ist.

Mal angenommen, Sie würden keinen duktilen Stahl für dieses Rohr vorsehen, sondern ein Material, das zum Sprödbruch neigt, wie gehärteter Stahl, Grauguss oder Keramik. Dann würden Sie die Vergleichsspannungen nach der Normalspannungs-Hypothese NH berechnen, und in die Steuerdatei Z88MAN.TXT für den Solver würden Sie dann für ISFLAG anstelle der 1 für die Gestaltänderungsenergie-Hypothese eine 2 für die NH geben:

Z88MAN.TXT: Hier sind nur wichtig, vgl. 11.10:

KDFLAG 1 *(zusätzliche Berechnung von Radial- und Tangentialspannungen)*

ISFLAG 2 *(Vergleichsspannungen nach NH)*

Dann würden Sie noch einmal den Solver Z88R laufen lassen.

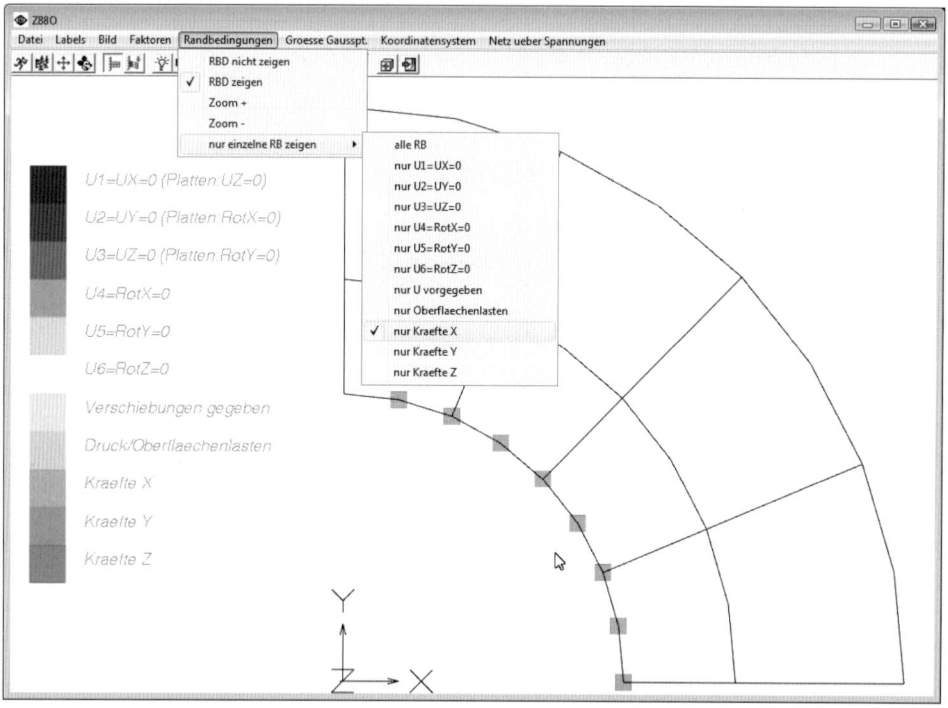

Bild 13.6-3: Selektive Anzeige der Randbedingungen in Z88O

13.6.2 Mit Z88AuroraV2

Dieses Beispiel ist wie Beispiel 13.3 schneller in einer Textdatei direkt zu erstellen, als in der grafischen Oberfläche. Entweder Sie definieren analog zu Beispiel 13.3 für jede Randbedingung ein Set oder importieren das vorliegende Z88V14 OS Projekt und betrachten dieses in Z88Aurora.

Neuen Projektordner erstellen

Erstellen Sie einen neuen Projektordner. 

Import Z88V14OS Projekt

Die Beispieldateien Z88I1.TXT, Z88I2.TXT und Z88I5.TXT aus 3. In den Beispielordner *„z88_beispiele_z88v14os/b6"* einlesen über:

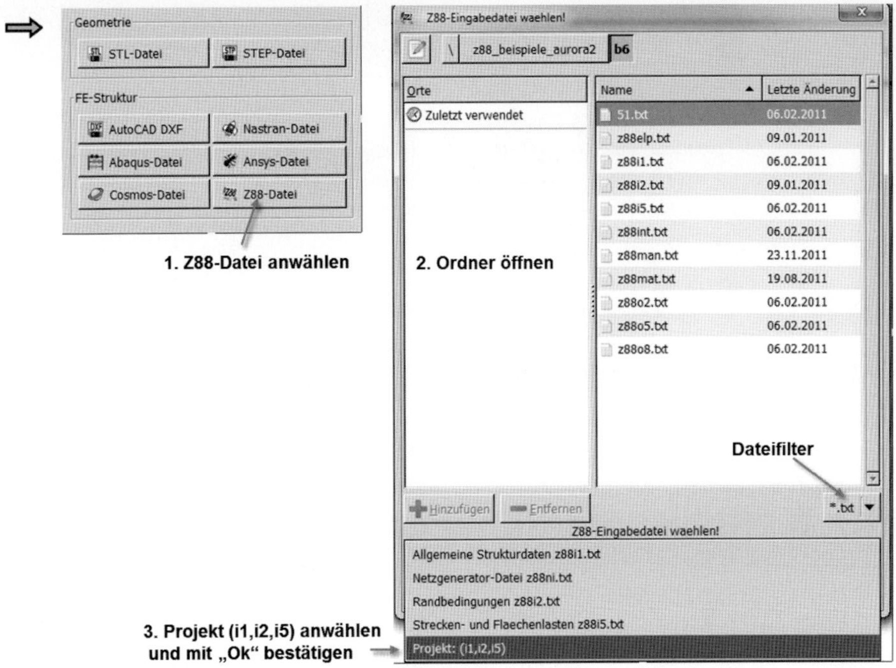

Bild 13.6-4: Einlesen eines Z88V14 Projektes

In der beschriebenen Art können ebenfalls einzelne Z88V14 OS Dateien importiert werden. Anschließend in das Randbedingungsmenü wechseln und die aufgebrachten Randbedingungen betrachten.

Festlegen der Scheibendicke

1. Gehen Sie auf das „Praeprozessor" Icon → Das Kontextmenü erscheint auf der rechten Seite.
2. Elementparameter Dicke wählen → Elementgeometriedialog öffnet sich
3. Hinzufuegen → im Verwaltungsfenster erscheint eine Elementeigenschaft
4. Dicke durch einen Doppel-Klick editieren und „40" eingeben

Material zuweisen

Verwenden Sie das Material Baustahl S235JR aus der Z88Aurora-Materialdatenbank.

Berechnung starten

Starten Sie die Berechnung mit dem „Pardiso-Solver"

Ausgaben

Der Pardiso-Solver liefert folgende Spannungen in den Gausspunkten:

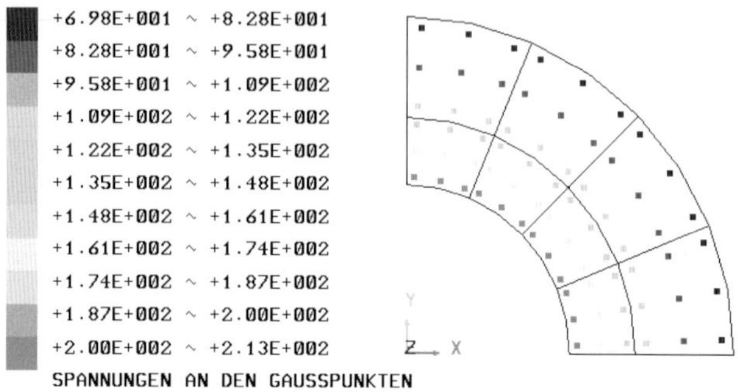

Bild 13.6-5: Ansicht der unverformten Struktur, Spannungen an den Gaußpunkten

13.7 Rohr unter Innendruck, Tori Nr. 8

Berechnung eines Rohrs, dessen Innenradius um r_d = 0,1 mm aufgedehnt werden soll. Es handelt sich also um einen sog. Querpressverband. Aus Sicht der Technischen Mechanik ist dies ein Rohr unter Innendruck. Der Rohrinnendurchmesser sei 80 mm, der Rohraußendurchmesser sei 160 mm und die Länge 40 mm.

Der Innenradius soll um r_d = 0.1 mm aufgedehnt werden (Querpressverband), diese Verschiebung an den Knoten 1-11 anbringen. Damit die Struktur raumfest wird, z.B. Knoten 6 in Z-Richtung sperren.

Analytisch rechnet man (mit E= 206000 N/mm² und v= 0,3):

$$p = \frac{r_d E}{r_i} \cdot \frac{1}{\frac{1+q_a}{1-q_a} + v} = 262 \text{ N/mm}^2 = 2.620 \text{ bar} \quad \text{mit} \quad q_a = \frac{r_i^2}{r_a^2} = 0{,}25$$

Radialspannungen: $\sigma_{ri} = -p = -262 \text{ N/mm}^2$

$$\sigma_{r_a} = 0$$

$$\text{Tangentialspannungen: } \sigma_{t_i} = p \cdot \frac{1 + q_a}{1 - q_a} = 437 \text{ N/mm}^2$$

$$\sigma_{t_a} = 2p \cdot \frac{q_a}{1 - q_a} = 175 \text{ N/mm}^2$$

Vergleichssp. GEH:

$$\sigma_{Vi} = \sqrt{\sigma_r^2 + \sigma_\theta^2 - \sigma_r \cdot \sigma_\theta} = \sqrt{(-262)^2 + 437^2 - (-262) \cdot 437} = 612 \text{ N/mm}^2$$

Da Spannungen in Gaußpunkten, mit z. B. Strahlensatz extrapolieren, um die Spannungen direkt am Innen- bzw. Außendurchmesser zu erhalten.

Als Kraft: $F = pA = p2\pi r_i l = 2.633.911$ N

13.7.1 Mit Z88V14

Wir werden den Rohrquerschnitt mit Toruselementen abbilden. Die Beispieldateien dazu finden Sie im Beispieldirectory B7.

Z88X.DXF	DXF-Datei
Z88I2.TXT	Randbedingungen
Z88I5.TXT	Flächenlasten (hier 0)
Z88MAN.TXT	Steuerparameter für Solver
Z88MAT.TXT	Materialsteuerdatei
51.TXT	Materialdatei
Z88ELP.TXT	Elementparameter
Z88INT.TXT	Integrationsordnungen

CAD:

Z88X.DXF in Ihr CAD-Programm importieren und betrachten. Diese Vorlage hätten normalerweise Sie in CAD gezeichnet und dann als Z88X.DXF exportiert.

Z88:

Z88X, Konvertierung „von Z88X.DXF nach Z88NI.TXT“

Z88O, Strukturfile Z88NI, Superstruktur betrachten

Z88N, Netzgenerator, erzeugt Z88I1.TXT

Z88O, Strukturfile Z88I1.TXT, unverformte FE-Struktur

Z88X, Konvertierung „von Z88I*.TXT nach Z88X.DXF“

CAD:

Z88X.DXF in Ihr CAD-Programm importieren und betrachten. Normalerweise hätten Sie in CAD nun die Randbedingungen und (hier nicht vorhandene) Flächenlasten hinzugefügt und dann als Z88X.DXF exportiert.

Z88:

Z88X, Konvertierung „von Z88X.DXF nach Z88I*.TXT“

Z88F, berechnet Verformungen, Spannungen und Knotenkräfte

Z88O, Plotten FE-Struktur, nun auch verformt bzw. Spannungsanzeige

EINGABEN

Allgemeines: Die Angaben für den Netzgenerator enthalten lediglich einen einzigen Torus Nr. 8 als Superelement. Er wird in 40 Finite Elemente zerlegt. Natürlich könnte als Superelement auch ein Torus Nr. 12 verwendet werden, was bei dieser simplen, von geraden Linien begrenzten Superstruktur außer einem höheren Eingabeaufwand nichts bringt. Tori Nr. 12 können erst dann Vorteile gegenüber Tori Nr. 8 ausspielen, wenn die Superstruktur viele krummlinige Berandungen hat. Denn Tori Nr. 12 haben kubische Parabeln als Berandung im Gegensatz zu Tori Nr. 8 mit quadratischen Parabeln. Manche krummlinige Berandung lässt sich mit weniger Tori Nr. 12 durch den höheren Kurvenansatz annähern als mit Tori Nr. 8.

Beachten Sie, dass bei Tori Nr. 6, Nr. 8 und Nr. 12 immer Zylinderkoordinaten erwartet werden, also Radius R (kommt an die Stelle für X) und Höhenkoordinate Z (kommt an die Stelle für Y). R und Z immer positiv! KFLAG muss Null sein!

mit CAD-Programm:

Gehen Sie nach der Beschreibung Kapitel 10.4 bzw. dem Z88- bzw. dem Z88Aurora-Handbuch vor. Vergessen Sie nicht, auf dem Layer Z88EIO die Superelement-Informationen per TEXT-Funktion abzulegen, also

SE 1 8 8 L 5 e *(unterteile 8x geom. steigend in x und 5x gleich in y)*

und auf dem Layer Z88GEN die allgemeinen Informationen wie

Z88NI.TXT 2 8 1 16 0 0 0 *(2D, 8 Knoten, 1 SE, 16 FG, alle Flags 0)*

Exportieren Sie die Zeichnung als DXF-Datei mit dem Namen Z88X.DXF und starten Sie anschließend den CAD-Konverter Z88X mit der Option „von Z88X.DXF nach Z88NI.TXT". Es wird die Netzgenerator-Eingabedateien Z88NI.TXT erzeugt. Mit Z88O betrachten, vgl. Bild 13.7-1.

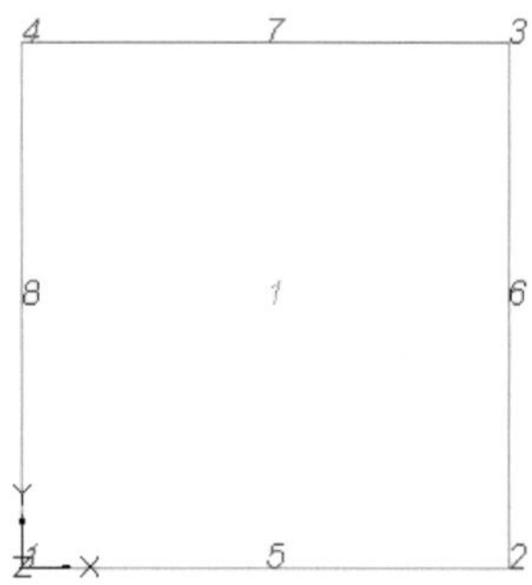

Bild 13.7-1: Superstruktur Z88NI.TXT

mit Editor:

Netzgenerator-Eingabefile Z88NI.TXT (vgl. Kapitel 11.9) mit Editor schreiben:

```
2  8  1 16  0  0  0     (2D, 8 Knoten, 1 SE, 16 FG, alle Flags 0)
1  2 40  0              (1.Knoten, 2 FG, R- und Z-Koordinate)
2  2 80  0              (2.Knoten, 2 FG, R- und Z-Koordinate)
3  2 80 40
4  2 40 40
```

```
5  2 60  0
6  2 80 20
7  2 60 40
8  2 40 20
1  8                       (Superelement 1, Typ Torus Nr. 8)
1  2  3  4  5  6  7  8     (Koinzidenz 1. SE)
1  8                       (Zerlege SE1 in Tori Nr. 8 und unterteile)
8  L  5  e                 (8mal geom. steigend in x und 5mal gleich in y)
```

CAD und Editor:

Der Netzgenerator Z88N wird gestartet. Er erzeugt das eigentliche Z88-Strukturfile Z88I1.TXT. Das schauen wir uns entweder

- nach Konversion mit Z88X im CAD-Programm (von Z88I1.TXT nach Z88X.DXF) oder
- mit dem Z88-Plotprogramm Z88O an, um die Randbedingungen definieren zu können:

Wir zwingen dem Innenrand Verschiebungen von 0.1 mm auf. Jeder Knoten erhält den gleichen Wert, denn die Lastaufteilung gemäß Abschnitt 5.3 gilt nur für Kräfte. Auch hier wieder darauf achten, dass die Struktur raumfest wird. Daher Sperrung des Freiheitsgrads 2 für den Knoten 6. Es könnte auch ein beliebiger anderer Knoten sein.

mit CAD-Programm:

Gehen Sie auf den Layer Z88RBD und geben Sie jeweils mit der TEXT-Funktion an beliebiger, freier Stelle ein:

```
Z88I2.TXT 12                 (12 Randbedingungen)
RBD        1  1  1  2 0.1    (RB 1: Knoten 1, am FG 1, also in R, ein Weg von 0.1 mm)
RBD        2  2  1  2 0.1
RBD        3  3  1  2 0.1
RBD        4  4  1  2 0.1
RBD        5  5  1  2 0.1
RBD        5  6  1  2 0.1
RBD        7  6  2  2   0    (RB 7: damit Struktur im Raum festgehalten wird)
RBD        8  7  1  2 0.1
RBD        9  8  1  2 0.1
RBD       10  9  1  2 0.1
RBD       11 10  1  2 0.1
RBD       12 11  1  2 0.1
```

mit Editor:

File der Randbedingungen Z88I2.TXT durch Editieren aufstellen:

```
12              (12 Randbedingungen)
 1  1  2 0.1    (Knoten 1, am FG 1, also in R, ein Weg von 0,1 mm)
 2  1  2 0.1
 3  1  2 0.1
 4  1  2 0.1
 5  1  2 0.1
 6  1  2 0.1
```

6 2 2 0 *(damit Struktur im Raum festgehalten wird)*
7 1 2 0.1
8 1 2 0.1
9 1 2 0.1
10 1 2 0.1
11 1 2 0.1

Nun müssen noch begleitend die Materialsteuerdatei Z88MAT.TXT, die Materialdatei 51.TXT, die Elementparameterdatei Z88ELP.TXT, die Integrationsordnungsdatei Z88INT.TXT sowie die Solversteuerdatei Z88MAN.TXT editiert werden (was für Sie bereits in den jeweiligen Beispieldateien erfolgt ist):

Z88MAT.TXT:

1 *(insgesamt ein Materialgesetz)*
1 40 51.txt *(es gilt von Element 1 bis 40 und heißt 51.txt, vgl. 11.5)*

51.TXT:

206000 0.3 *(E-Modul 206000, Querkontraktionszahl 0,3, vgl. 11.6)*

Z88ELP.TXT:

1
1 40 0 0 0 0 0 0 0 *(Element 1 bis 40: Tori brauchen keine Elementparameter)*

Z88INT.TXT:

1 *(insgesamt nur ein Satz Integrationsordnungen)*
1 40 3 3 *(er gilt von Elemente 1 bis 40, INTORD=3, INTOS=3, vgl. 11.8)*

Z88MAN.TXT: Hier sind nur wichtig, vgl. 11.10:

IBFLAG 0 *(keine Balken in der Struktur)*

IPFLAG 0 *(keine Platten in der Struktur)*

IHFLAG 0 *(keine Schalen in der Struktur)*

KDFLAG 0 *(keine Berechnung von Radial- und Tangentialspannungen)*

ISFLAG 1 *(Vergleichsspannungen nach GEH)*

KDFLAG immer 0 setzen, denn Zusatzausgabe von Radial- und Tangentialspannungen haben bei Toruselementen keinen Sinn. Für Toruselemente werden sowieso immer SIGRR (Radialspannung) und SIGTE (Tangentialspannung) ausgegeben. Vgl. Abschnitt 12.8.

Exportieren Sie die Zeichnung als DXF-Datei mit dem Namen Z88X.DXF und starten Sie anschließend den CAD-Konverter Z88X mit der Option „von Z88X.DXF nach Z88I*.TXT“. Es werden die drei Z88-Eingabedateien Z88I1.TXT, Z88I2.TXT und Z88I5.TXT erzeugt.

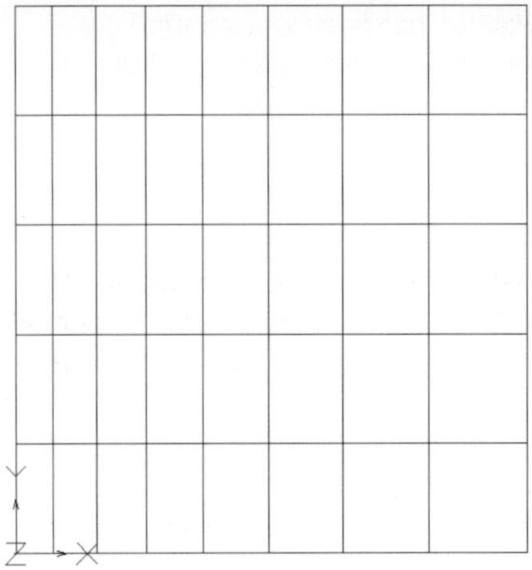

Bild 13.7-2: Generiertes FE-Netz Z88I1.TXT

Nunmehr kann der Cholesky-Solver Z88R -choly gestartet werden.

AUSGABEN

Der Cholesky-Solver **Z88R -choly** liefert uns folgende Ergebnisfiles: **Z88O2.TXT**, die berechneten Verschiebungen, **Z88O3.TXT**, die berechneten Spannungen und **Z88O4.TXT** die berechneten Knotenkräfte.

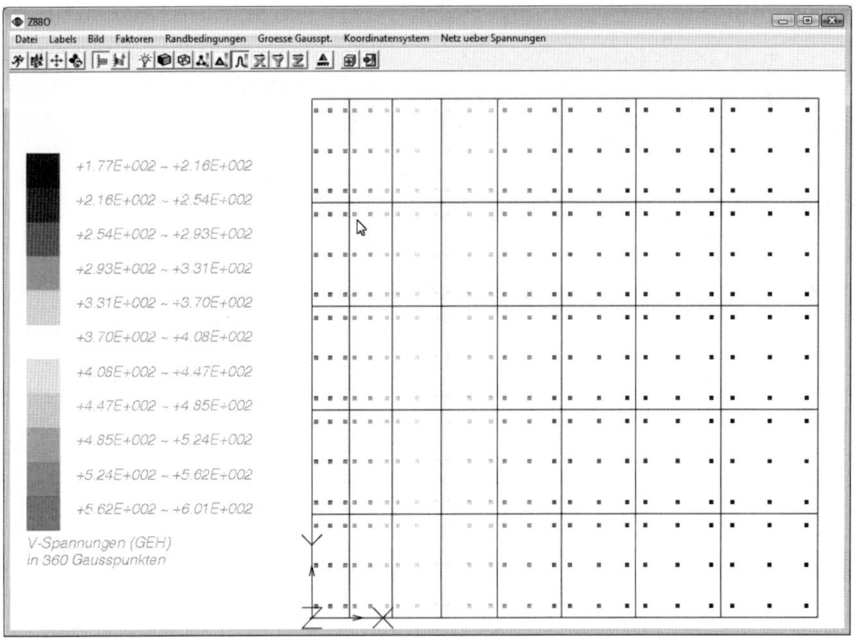

Bild 13.7-3: Spannungsplot der Torus-Struktur mit Z88O

Lösung mit Toruselementen Nr. 15

Dieselbe Aufgabe soll nun mit Toruselementen Nr. 15 gelöst werden. Das von Hand eingegebene Netz zeigt Bild 13.7-4. Der Eingabedateisatz ist B7_ELE15.

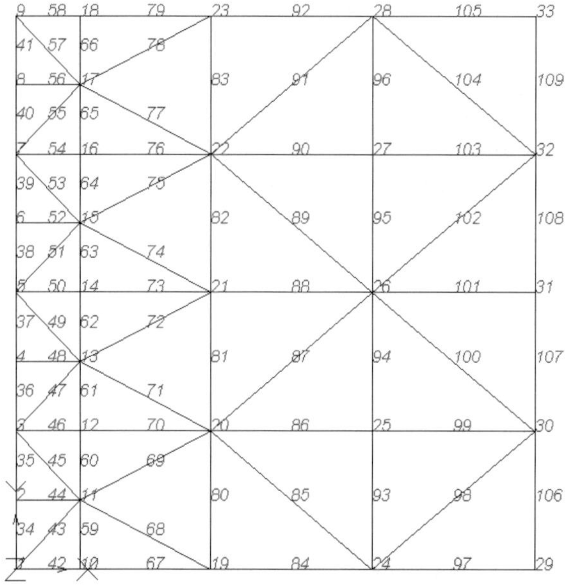

Bild 13.7-4: Querpressverband mit Toruselementen Nr. 15 modelliert

Liest man z.B. die Vergleichsspannung für r = 40,3 mm aus Z88O3.TXT mit $\sigma_V = 601\ N/mm^2$ ab, was sehr nah am inneren Rand ist (für den analytisch eine Vergleichsspannung $\sigma_V = 612\ N/mm^2$ für r = 40 mm berechnet wurde), dann bedeutet dies auf den ersten Blick einen Fehler von 2%. Das wäre ohnehin genau genug, aber ist das wirklich so? Machen wir einmal eine genaue analytische Berechnung: Für eine beliebige Stelle r gilt für ein Rohr unter Innendruck */101/*:

$$\sigma_r = -p\frac{Q_r^2 - Q^2}{1 - Q^2}, \sigma_\theta = p\frac{Q_r^2 + Q^2}{1 - Q^2} \quad mit \ Q_r = \frac{r_i}{r} \quad und \ Q = \frac{r_i}{r_a}$$

$$Q_r = \frac{r_i}{r} = \frac{40{,}0}{40{,}3} = 0{,}9926, \quad Q = \frac{r_i}{r_a} = \frac{40}{80} = 0{,}5$$

$$\sigma_r = -p\frac{Q_r^2 - Q^2}{1 - Q^2} = -262\frac{0{,}9926^2 - 0{,}5^2}{1 - 0{,}5^2} = -256{,}85\ N/mm^2$$

$$\sigma_\theta = p\frac{Q_r^2 + Q^2}{1 - Q^2} = 262\frac{0{,}9926^2 + 0{,}5^2}{1 - 0{,}5^2} = 431{,}5\ N/mm^2$$

Damit errechnet sich eine Vergleichsspannung GEH zu:

$$\sigma_{Vr=40,3} = \sqrt{\sigma_r^2 + \sigma_\theta^2 - \sigma_r \cdot \sigma_\theta} =$$

$$\sqrt{(-256{,}85)^2 + 431{,}5^2 - (-256{,}85) \cdot 431{,}5} = 602{,}5\ \mathrm{N/mm^2}$$

Dafür sind unsere per Z88 berechneten $\sigma_V = 601\ N/mm^2$ doch eigentlich sehr gut. Und für unsere erste Struktur aus Toruselementen Nr. 8 ergibt sich bei z.B. Element 3 am Radius r = 40,3 mm der gleiche Wert. Offensichtlich kann diese Aufgabe sehr schön mit Toruselementen mit quadratischem Ansatz gelöst werden, wobei die erste Struktur, da wir sie über den Netzgenerator Z88N erzeugen konnten, viel einfacher einzugeben war als die zweite Struktur mit Tori Nr. 14.

13.7.2 Mit Z88AuroraV2

Neuen Projektordner erstellen

Erstellen Sie einen neuen Projektordner .

Import AutoCAD-DXF

Die Beispieldateien z88x.dxf aus *„z88_beispiele_z88v14os/b7"* auswählen und wie gewohnt importieren. Die Option „DXF-Super-Struktur nach Z88Aurora-Super-Struktur" wählen.

Erstellen eines Strukturelementes

Wechseln Sie in das Präprozessormenü und zu Superelemente und geben Sie für das Superelement „Typ 8": Aufsteigend in X-Richtung, Wert „8" und Äquidistant in Y-Richtung, Wert „5" an. Als Vorlage dient Beispiel 13.5.

Knotenpicking – Picking mit der Alt-Taste

Die Verschiebung wirkt an der linken Kante über die komplette Länge (Bild 13.7-5). Wählen Sie, indem Sie mit der gehaltenen linken Maustaste und unter Zuhilfenahme der Alt-Taste ein Rechteck um die Knoten, Name des Sets „Verschiebung". Wählen Sie den Knoten Nr. 6 über „Einzelknoten" an und nennen das Set „Z-Fest".

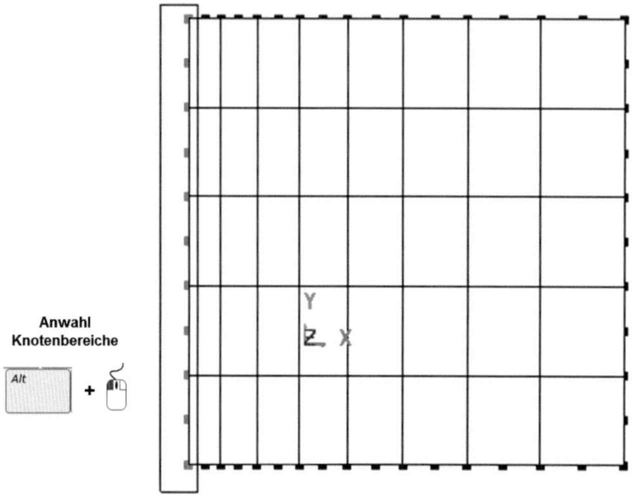

Bild 13.7-5: Anwahl eines Knotenbereichs mit der Alt-Taste

Randbedingungen

Button *Praeprozessor* → *Randbedingungen Zuweisen.* → Im Kontextmenü sind die eben definierten Sets wählbar.

1. Set „Z-Fest“ auswählen
2. Richtung festlegen: Y-Richtung
3. Randbedingungstyp „Verschiebung“ auswählen
4. Wert „0“ eingeben
5. Randbedingung mit Name „Festhaltung“ versehen
6.  Hinzufuegen
7. Verschiebung aufbringen: Set „Verschiebung“, Richtung X, Wert „+0.1“, Name „Verschiebung“.
8. Überprüfen Sie mit „Alle Anzeigen“ die korrekte Randbedingungsaufgabe
9. Menü schließen

Material zuweisen

Verwenden Sie das Material Baustahl S235JR aus der Z88Aurora-Materialdatenbank.

Berechnung starten

Starten Sie die Berechnung mit dem „Pardiso-Solver“

Ausgaben

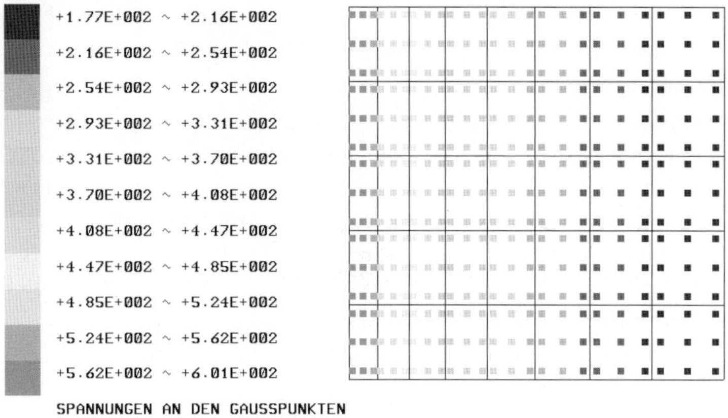

Bild 13.7-6: Spannungsplot der Torus-Struktur berechnet mit Pardiso-Solver

■ 13.8 Zweitaktmotor-Kolben

Es soll ein Kolben für einen Zweitakt-Ottomotor berechnet werden. Als Last wirkt der Verbrennungsdruck mit 42,5 bar, die Kolbenbolzenaugen werden als Lager definiert. Der Kolben wurde in dem 3D-CAD Programm Pro/ENGINEER entworfen und dort auch mit Pro/MECHANICA vernetzt. Es wurden lineare Tetraeder gewählt und als NASTRAN-Datei exportiert.

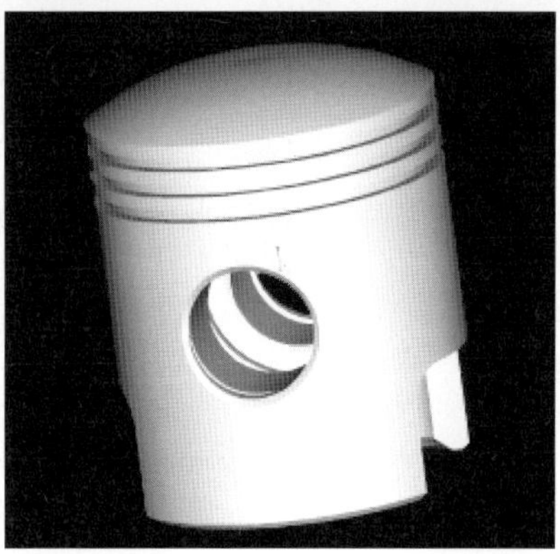

Bild 13.8-1: 3D-Modell eines Zweitakt-Kolbens

Der Kolben enthält 3.211 Knoten, damit 9.633 Freiheitsgrade und 12.489 Elemente Tetraeder Typ 17 mit jeweils 4 Knoten.

13.8.1 Mit Z88V14

Das Beispieldirectory ist B8. Wandeln Sie Z88G.NAS mit Z88G in Volumenelemente um. Es werden die Strukturdatei Z88I1.TXT, die Randbedingungsdatei Z88I2.TXT und die Flächenlastdatei Z88I5.TXT generiert.

Da die Elementanzahl doch deutlich höher ist als in den bisherigen Beispielen, sollte unbedingt vor Aufnahme der Analyse in der Memory-Steuerdatei **Z88.DYN** die Variable **MAXKOI**, welche die Größe des Koinzidenzvektors KOI festlegt, auf mindestens 12.489 Elemente × 4 Knoten je Element = 49.956 (aufgerundet 50.000) gesetzt werden. Wenn Sie **Z88R** im Testmode laufen lassen, wird ein Wert von 49.972 ausgewiesen, der einen Sicherheitszuschlag beinhaltet (für das letzte Element wird immer eine Knotenzahl von 20 angenommen, d.h. 12.488 Elemente × 4 Knoten je Element + 20 = 49.972).

Bei größeren Strukturen ist MAXKOI außerordentlich wichtig. Die anderen Variablen wie

- MAXGS: max. Anzahl Speicherplätze in der Gesamtsteifigkeitsmatrix
- MAXK: max. Anzahl Knoten
- MAXE: max. Anzahl Finite Elemente
- MAXNFG: max. Anzahl Freiheitsgrade
- MAXMAT: max. Anzahl Materialgruppen
- MAXPEL: max. Anzahl Elementparameter-Gruppen
- MAXJNT: max. Anzahl Integrationsordnungs-Gruppen
- MAXPR: max. Anzahl Flächenlasten
- MAXRBD: max. Anzahl von Randbedingungen

werden während des Laufs der verschiedenen Z88-Module überwacht, und die Programme werden beendet, wenn o. g. Variable zu klein dimensioniert sind. Aber MAXKOI kann nicht überwacht werden, weil diese Variable schon beim Einlesen der ersten Informationen definiert sein muss. Daher muss der Bediener das selbst in die Hand nehmen.

Für dieses Beispiel würde also zu Beginn **Z88.DYN** etwa wie folgt aussehen:

- MAXGS zunächst beliebiger Wert
- MAXKOI mindestens 49956
- MAXK mindestens 3211
- MAXE mindestens 12489
- MAXNFG mindestens 9633
- MAXMAT mindestens 1
- MAXPEL mindestens 1
- MAXJNT mindestens 1
- MAXPR mindestens 210
- MAXRBD mindestens 342

Wandeln Sie um: **Z88G**, Option *NASTRAN* und Option *Volumenelemente*. Sie starten nun **Z88R** zunächst im Testmode und Cholesky-Modus, um die Mindestanzahl für GS zu ermitteln:

Vorgehen: *Test-Button, Cholesky-Button, Run-Button.*

Z88R im Testmode und Cholesky-Modus zeigt: Es sind 21.962.346 Elemente in GS nötig. Das wären 21.962.346 × 8 Byte = 168 Mbyte Speicherbedarf für die Gesamtsteifigkeitsmatrix, was für diese an und für sich sehr kleine Struktur viel zu viel Hauptspeicher verschwenden würde. Wir vermuten eine ungünstige Knotennumerierung und starten daher den Cuthill-McKee-Algorithmus **Z88H**.

Vorgehen: *Run-Button*.

Ein erneuter Testlauf mit **Z88R** : Vorgehen: *Test-Button, Cholesky-Button, Run-Button*.

Nunmehr werden noch 5.074.044 Elemente in der Gesamtsteifigkeitsmatrix benötigt. Der Cuthill-McKee-Algorithmus hat den Speicherbedarf um ca. 75% verringert. Richtig schlimm würde es dann bei Tetraedern mit quadratischem Ansatz, weil erst nach Setzen aller Eckknoten die Mittenknoten generiert werden.

Für den eigentlichen Rechenlauf muss **Z88.DYN** etwa so aussehen:

- MAXGS mindestens 5074044
- MAXKOI mindestens 49956
- MAXK mindestens 3211
- MAXE mindestens 12489
- MAXNFG mindestens 9633
- MAXMAT mindestens 1
- MAXPEL mindestens 1
- MAXJNT mindestens 1
- MAXPR mindestens 210
- MAXRBD mindestens 342

Wenn man keine extreme Sparnatur ist, wird man diese Werte griffig aufrunden:

- MAXGS 5100000
- MAXKOI 50000
- MAXK 4000
- MAXE 13000
- MAXNFG 10000
- MAXNEG 1
- MAXPEL 1
- MAXJNT 1
- MAXPR 1000
- MAXRBD 1000

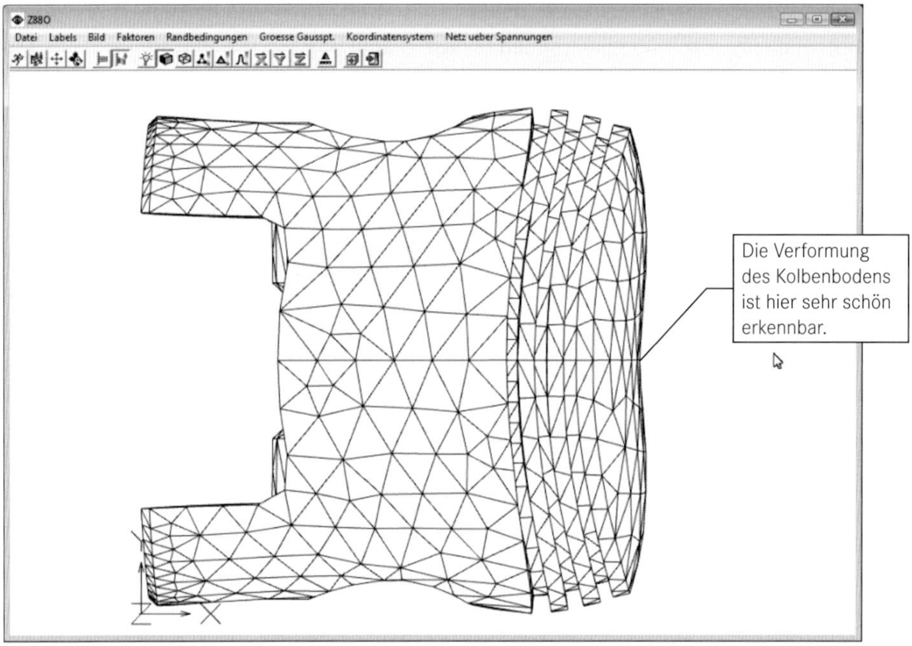

Bild 13.8-2: Z88O: XY-Ansicht des verformten Kolbens, Vergrößerungsfaktoren = 1000

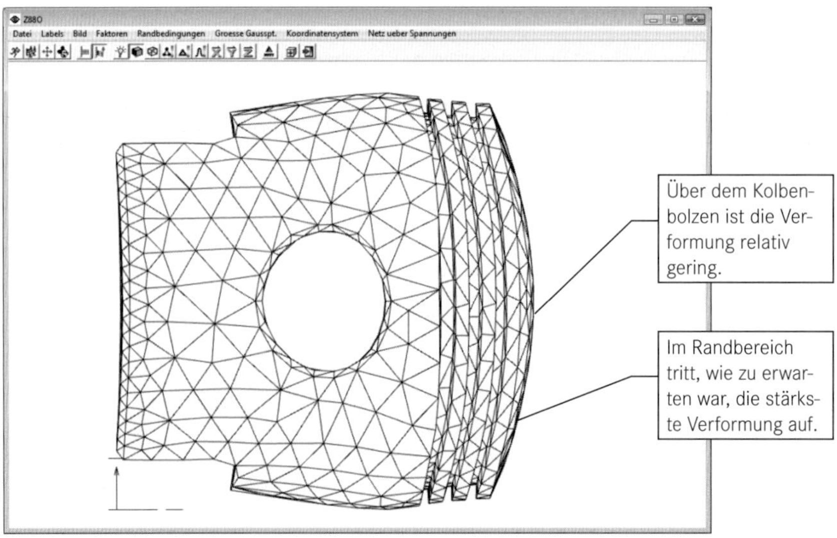

Bild 13.8-3: Z88O: XZ-Ansicht des verformten Kolbens, Vergrößerungsfaktoren 1000

Berechnen Sie nun mit Z88R im Cholesky-Modus im Rechenmodus die Verformungen, Spannungen und Knotenkräfte:

Vorgehen: *Berechne-Button, Cholesky-Button, Run-Button.*

Beachten Sie aber, dass die Spannungsberechnung bei diesen relativ wenigen linearen Tetraedern ungenau ist. Anschließend plotten Sie die Ergebnisse, auch verformt (FUX, FUY, FUZ je 1000) bzw. interessehalber Spannungsanzeige. Vorher MAXGP in Z88.DYN auf 50.000 setzen, um die Spannungen anzuzeigen zu können.

Nun können Sie auch einmal die Sparsematrix-Solver von Z88R, d.h. SICCG und SORCG, und bei Z88Aurora zusätzlich den Pardiso-Solver ausprobieren; sie sind fast unempfindlich gegen diese sehr schlechte Knotennumerierung. Starten Sie am besten noch einmal den 3D-Konverter Z88G, Option *NASTRAN* und Option *Volumenelemente*, damit wir wieder diese ganz schlechte Ausgangsstruktur haben. Starten Sie dann Z88R im Testmodus und im SICCG-Modus. GS wird nun mit rund 181.000 ausgewiesen, was nur noch 3,5% des Speicherbedarfs der schon umnumerierten Struktur bedeutet. Gegenüber der Ausgangsstruktur mit rund 22 Mio. Bedarf für GS sind es sogar nur 0,8%. Nun lassen Sie Z88R im Rechenmodus und im SICCG-Modus laufen; dieser Iterationssolver arbeitet mit dem Verfahren der Konjugierten Gradienten und und *shiftet incomplete Cholesky decomposition* als Vorkonditionierer. Lassen Sie dabei EPS mit 1E-007 und RALPHA mit 0.0001 auf ihren Standardwerten stehen.

Vorgehen: *Berechne-Button, SICCG-Button, Run-Button.*

Ist Ihnen aufgefallen, dass der Iterationssolver nicht nur sehr viel weniger Speicher brauchte, sondern dass die Rechenzeit im SICCG-Modus obendrein sehr viel kürzer als beim Cholesky-Solver war? Welche Beobachtungen machen Sie bei Z88Aurora, wenn Sie den Direkten Solver mit Fill-In (Pardiso-Solver) und Nicht-Null-Elemente-Speicherung starten?

Wir werden uns später mit den Sparsematrix-Solvern näher befassen. Nur schon einmal zur Unterscheidung, welchen Solver Sie nehmen sollten, vgl. Tabelle 13.8-1:

Tabelle 13.8-1: Empfehlung für Z88-Solver

Solver	Z88 V14	Z88Aurora	Strukturgrösse	Typ	Vor- und Nachteile
Z88R -choly	ja	ja	< 30.000 Freiheitsgrade	Cholesky ohne Fill-In, Jennings-Speicherung.	unkompliziert, sehr schnell, ggf. Z88H vorher laufen lassen.
Z88R -parao	nein	ja	< 100.000 ... 300.000 Freiheitsgrade	Direkter Solver (Pardiso) mit Fill-In, Nicht-Null-Elemente-Speicherung.	sehr schnell, aber braucht extrem viel Speicher (im GB-Bereich!), Z88H nicht nötig. Mehr-CPU-fähig.
Z88R -siccg oder -sorcg	ja	ja	Keine Obergrenze, bis 12 Mio. Freiheitsgrade getestet.	Konjugierte Gradienten, Nicht-Null-Elemente-Speicherung.	komplizierter in der Anwendung, aber schafft problemlos auch sehr große Strukturen. Minimaler Speicherbedarf. Z88H nicht nötig.

13.8.2 Mit Z88AuroraV2

Neuen Projektordner erstellen

Erstellen Sie einen neuen Projektordner .

Import Nastran-Struktur

Die Beispieldateien z88g.nas aus *„z88_beispiele_z88v14os/b8“* wie gewohnt importieren. Die komplette Struktur und deren Randbedingungen werden importiert. Nur die Materialzuweisung wird entfernt, um die interne Materialdatenbank von Z88Aurora konsistent zu halten.

Material zuweisen

Verwenden Sie das Material Aluminiumgusslegierung AlSi 12 aus der Z88Aurora-Materialdatenbank.

Berechnung starten

Starten Sie die Berechnung mit dem „Pardiso-Solver“.

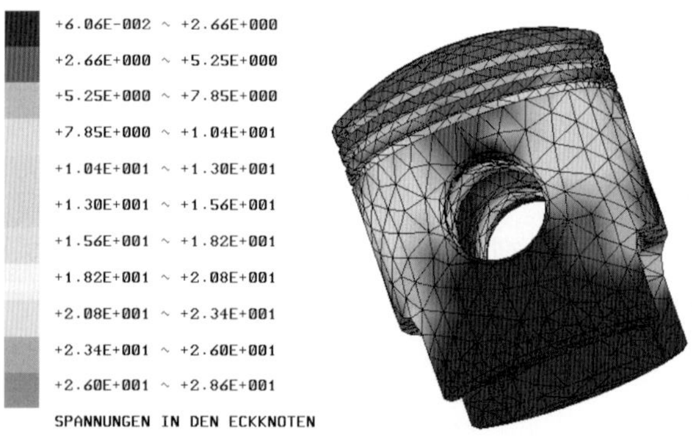

Bild 13.8-4: Spannungen in den Eckknoten des Zweitakt-Kolbens

Neuen Projektordner erstellen

Schließen Sie das aktuelle Projekt  und erstellen Sie einen neuen Projektordner .

Import STL-Geometrie

1. Gehen Sie hierzu auf das „Import“ Icon → Das Kontextmenü erscheint auf der rechten Seite.
2. STL-Datei *„kolben.stl“* aus *„z88_beispiele_z88aurora/b8/STL-Datei“* wählen → Importdialog öffnet sich
3. In den Beispielordner wechseln
4. „kolben.stl“ auswählen
5. Mit „OK“ den Import starten

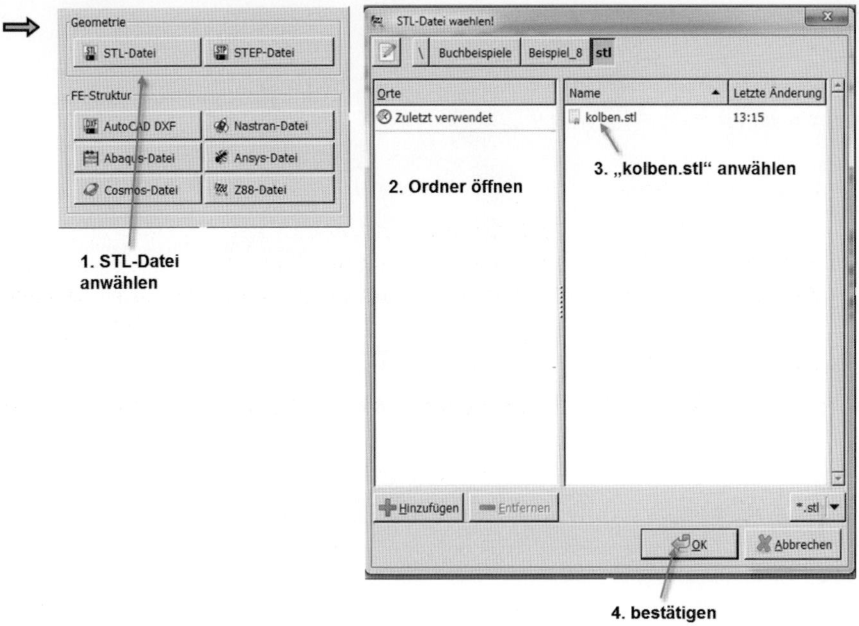

Bild 13.8-5: STL-Geometrie importieren

Vernetzung erzeugen

Gehen Sie auf das „Praeprozessor“ Icon → Das Kontextmenü erscheint auf der rechten Seite.

Vernetzung Tetraeder wählen → Tetraedervernetzung öffnet sich

1. „Netgen“ auswählen
2. „Tetraeder (linear)“ erzeugt Tetraeder mit 4 Knoten
3. Wert „3“ für die Kantenlänge der Tetraeder eingeben
4. Vernetzerregel durch Hinzufuegen erstellen → im Verwaltungsfenster erscheint eine Vernetzerregel
5. Netz mit aktueller Vernetzerregel erstellen. **Je nach Vernetzer nimmt die Netzerstellung einige Zeit in Anspruch, bitte beachten Sie das Infofeld „Vernetzung“ und die Statusanzeige! Wählen Sie immer eine Netzfeinheit, die ihrem Bauteil angemessen ist!**
6. Menü schließen

Bild 13.8-6: Tetraedervernetzer in Z88Aurora

Als zusätzliche Funktionen bietet das Tetraedervernetzermenü die Funktion „Netz-Analyse“ zur Qualitätsüberprüfung importierter oder selbst erstellter Netze. Bitte beachten Sie, dass die Ergebnisse der FE-Berechnung nur bei ausreichend gutem Netz plausibel sind. Führen Sie deshalb am Ende der Vernetzung möglichst immer eine Qualitätsabfrage des Netzes durch. Wenn das Netz fehlerhaft ist, wird im Anschluss an die Meldung das fehlerhafte Element im Drahtgittermodus rot dargestellt. Zusätzlich wird die Datei z88det.txt im Projektverzeichnis erzeugt.

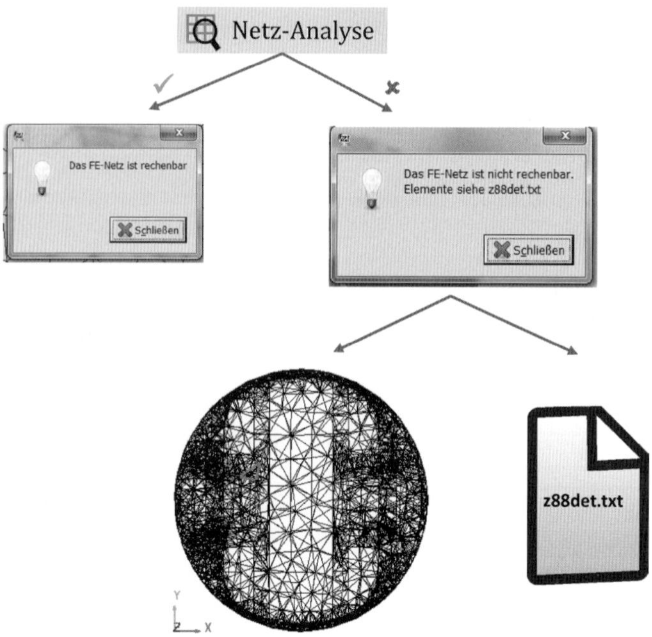

Bild 13.8-7: Tetraedernetzanalyse in Z88Aurora

Flächenpicking für Druckrandbedingungen

Um den Verbrennungsdruck auf den Kolben aufzubringen ist es notwendig, die Fläche mit dem „Flächenpicking“ zu selektieren. Wählen Sie ein Element und klicken auf „Fläche“, Name des Sets „Druck“.

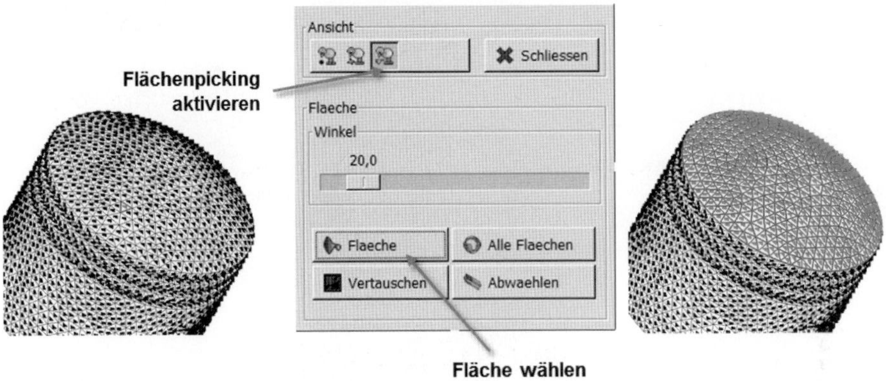

Bild 13.8-8: Flächenpicking für die Druckaufgabe bei Volumenelementen

Knotenpicking für Festhaltung

Für die Fixierung müssen beide Kolbenbolzenaugen selektiert werden. Hierzu ins Knotenpicking wechseln, einen Knoten in der Kolbenbolzen-Bohrung auswählen und auf „Fläche“ klicken, danach eine Markierung anlegen. Dasselbe für die andere Fläche wiederholen und ebenfalls eine Markierung erstellen. Beide Markierungen mit  selektieren, 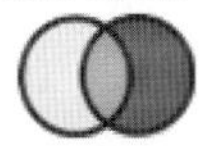 auswählen und daraus ein Set namens „Fest“ erstellen.

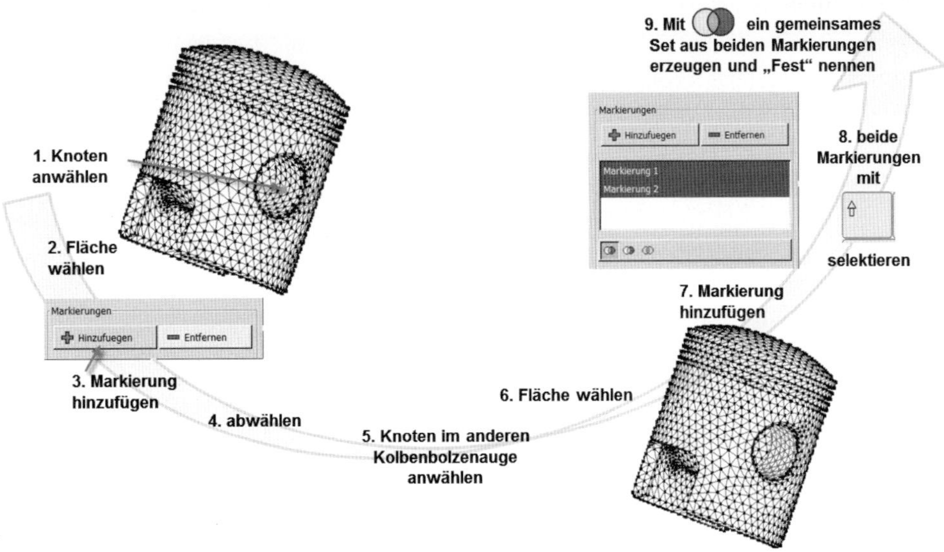

Bild 13.8-9: Set aus zwei Markierungen erstellen

Randbedingungen

Button *Praeprozessor* → *Randbedingungen Zuweisen.* → Im Kontextmenü sind die eben definierten Sets wählbar.

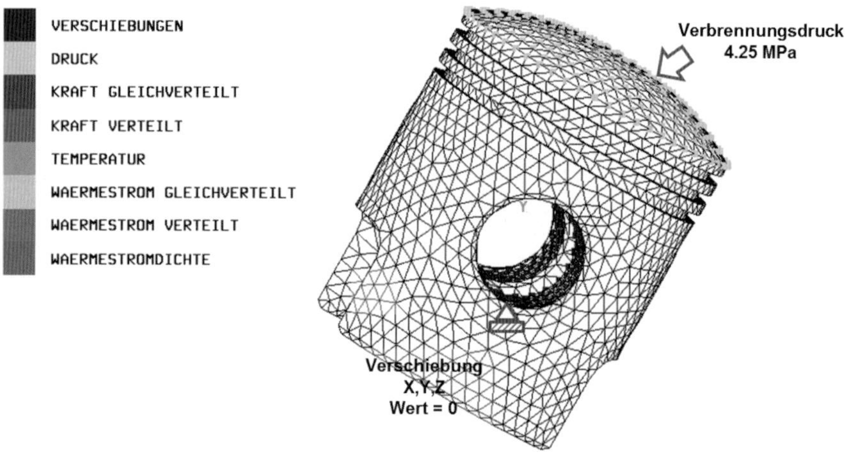

Bild 13.8-10: Randbedingungen Verbrennungsdruck und Verschiebung

1. Set „Fest“: X-, Y- und Z-Richtung, Randbedingungstyp „Verschiebung“, Wert „0“, Name „Festhaltung“
2. Druck aufbringen: Set „Druck“, Richtung wird nicht benötigt, nachdem der Druck senkrecht auf die jeweilige Elementfläche steht, Wert „4.25“, Name „Verbrennungsdruck“.
3. Überprüfen Sie mit „Alle Anzeigen“ die korrekte Randbedingungsaufgabe

Material zuweisen

Verwenden Sie das Material Aluminiumgusslegierung AlSi12 aus der Z88Aurora-Materialdatenbank. Bitte beachten Sie, dass dieser Werkstoff sich von dem in Z88V14 verwendeten unterscheidet und somit die Ergebnisse unterschiedlich sind.

Berechnung starten

Starten Sie die Berechnung mit dem „Pardiso-Solver“. Nachdem die Struktur im Vergleich zu den bisher gerechneten Beispielen relativ groß ist, überprüfen Sie deshalb unter *Tools* → *Optionen* → *Allgemein* → *Maschinenparameter* die Anzahl der Rechenkerne, welche vom Solver zur Berechnung genutzt werden. Z88Aurora muss neu gestartet werden, falls Parameter im Optionsmenü geändert werden.

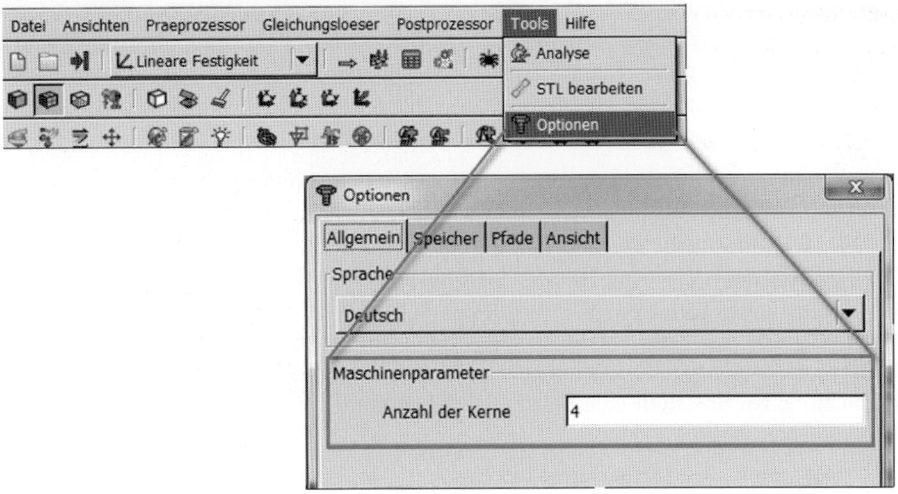

Bild 13.8-11: Anzahl der verwendbaren Rechenkerne

Ausgaben

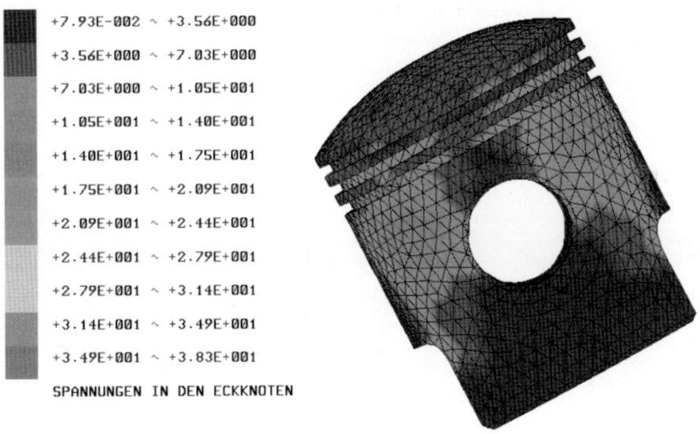

Bild 13.8-12: Spannungen in den Eckknoten, Ansicht des verformten Kolbens, Vergrößerungsfaktor 550

13.9 RINGSPANN-Scheibe und Tellerfeder

Es soll zunächst eine sog. RINGSPANN-Scheibe berechnet werden, die als Kraftübersetzer wirken soll. Sinngemäß würde auch z. B. eine geschlitzte Tellerfeder abgebildet werden.

Hier müssen wir aufpassen: Federn, solange sie streng linear im Sinne des Hooke'schen Gesetzes arbeiten, können ohne weiteres als FEA-Strukturen abgebildet werden. Man rechnet einfach für sehr kleine Kräfte oder Wege und extrapoliert dann auf die realen Werte. Bei Tellerfedern dagegen kann es je nach h/s-Verhältnis zu deutlich nicht linearen Kennlinien kommen, die stark degressiv sein können. Das ist der typische Fall der sog. geometrischen Nichtlinearität. Dafür gibt es kommerzielle FEA-Programme und Z88Aurora, die mit derartigen großen Verformungen und ggf. auch mit nichtlinearen Materialgesetzen umgehen können.

Aber auch mit einem FEA-Programm, das für lineare Berechnungen ausgelegt ist, kann man geometrisch nichtlineare Fälle lösen, wenn man schrittweise vorgeht: Man rechnet beispielsweise mit 10 Lastinkrementen, d. h. man gibt im ersten Rechenschritt 1/10 der Last auf, rechnet und *addiert die berechneten Verschiebungen auf die ursprüngliche Struktur*. Im zweiten Rechenschritt geht man damit von einer bereits verformten Struktur aus und gibt wieder ein 1/10 der Last auf, rechnet und addiert erneut die gewonnenen Verformungen auf die Ausgangsstruktur. Sinngemäßes gilt für die Spannungen und Knotenkräfte. Wenn man derart vorgeht, dann erhält man die gewünschten nichtlinearen Federkennlinien – was wir nicht tun werden. Das Beispieldirectory ist B9.

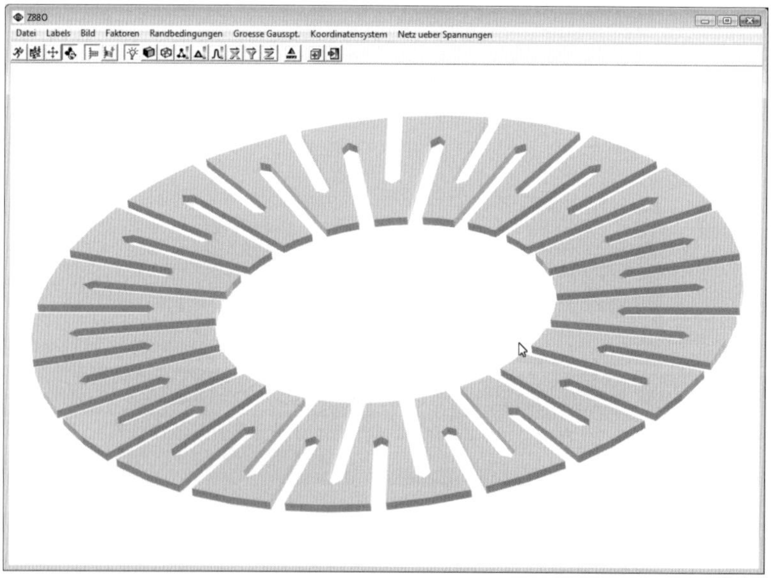

Bild 13.9-1: Z88O: Unverformte RINGSPANN-Scheibe

Nun soll eine **Tellerfeder** berechnet werden. Sie möge diese Abmessungen haben: D_e = 100 mm, D_i = 50 mm, h_0 = 1 mm, t = 2 mm. Als Federweg geben wir 0,2 mm vor.

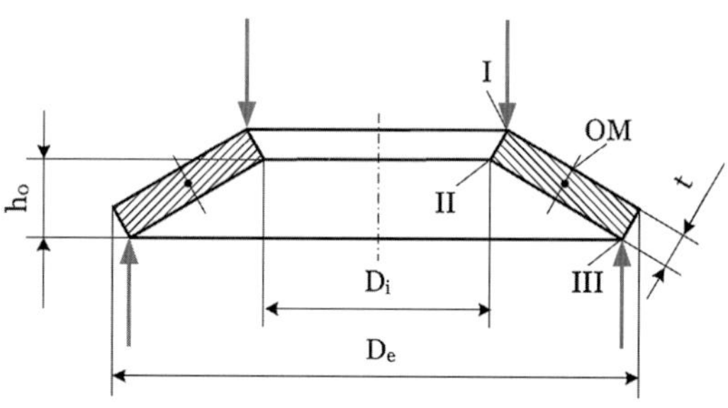

Bild 13.9-2: Krafteinleitung an einer Tellerfeder */96/*

13.9.1 Mit Z88V14

CAD:

Lassen wir hier ganz weg, denn die Dateien Z88I1.TXT und Z88I2.TXT wurden mit einem kleinen FORTRAN-Programm automatisch erzeugt. Es wurde einfach ein Segment durch Elemente Hexaeder Typ 10 mit je 20 Knoten abgebildet und dann automatisch gemustert. Es wurde also ein ganz primitiver, problemorientierter Netzgenerator entworfen. Dieses Vorgehen ist für FEA-Strukturen, die sich sinngemäß in einer Firma wiederholen, nicht der schlechteste Weg.

Z88:

Z88O, darin Strukturfile Z88I1.TXT betrachten.

Es ist stark zu vermuten, dass hier eine ungünstige Knotennumerierung vorliegt, denn es handelt sich um eine umlaufend geschlossene Struktur. Irgendwann stoßen die letzten Knoten wieder an die ersten, und es gibt einen Riesensprung in der Skyline. Wir lassen daher **Z88R** zunächst im Testmodus im Cholesky-Modus laufen:

Vorgehen: *Test-Button, Cholesky-Button, Run-Button*

Z88F im Testmode zeigt: Es sind ca. 1,8 Mio. Elemente in GS nötig. Wir starten daher den Cuthill-McKee-Algorithmus **Z88H**

Vorgehen: *Run-Button*

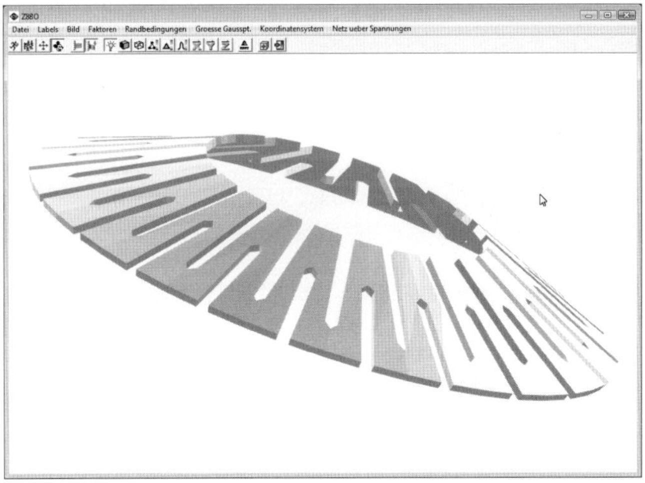

Bild 13.9-3: Verformte RINGSPANN-Scheibe

Ein erneuter Testlauf mit **Z88R**

Vorgehen: *Test-Button, Cholesky-Button, Run-Button*

Das zeigt, dass der Cuthill-McKee-Algorithmus eine ganze Menge Speicher einsparen kann: Nunmehr werden nur noch 573.084 Elemente in der Gesamtsteifigkeitsmatrix benötigt. Das ist nur noch ein Drittel des ursprünglichen Bedarfs. Wir stellen daher Z88.DYN für MAXGS auf 580000 und lassen Z88R rechnen:

Vorgehen: *Berechne-Button, Cholesky-Button, Run-Button*

Plotten Sie dann die FE-Struktur, auch verformt (FUX, FUY, FUZ je 10) bzw. zeigen Sie die Spannungen an.

Bei dieser RINGSPANN-Scheibe mussten wir mit Hexaedern oder, wenn wir einen CAD-Automesher nutzen, auch mit Tetraedern arbeiten; anders wird man eine derartige Struktur kaum abbilden können - vielleicht noch mit Platten, aber das hat wieder andere Nachteile.

Berechnung der Tellerfeder

Die Verformung der Tellerfeder verhält sich nach Bild 13.9-6 halbwegs linear. Wir können sie durch ein einziges Superelement Torus Nr. 8 abbilden, Bild 13.9-4. Die Netzgenerator-Eingabedatei Z88NI.TXT wurde hier von Hand editiert, weil sie ausgesprochen einfach ist. Zeichnen Sie eine simple Skizze und rechnen Sie ein paar Mal mit Sinus und Kosinus, um auf diese Werte zu kommen:

```
 2  8       1       16  0  0  0
 1  2     25.        1.
 2  2     50.        0.
 3  2   50.08   1.9984
 4  2   25.08   2.9984
 5  2    37.5      0.5
 6  2   50.04   0.9992
 7  2   37.58   2.4984
 8  2   25.04   1.9992
 1  8
 1  2       3        4  5  6  7  8
 1  8
25  e       2        e
```

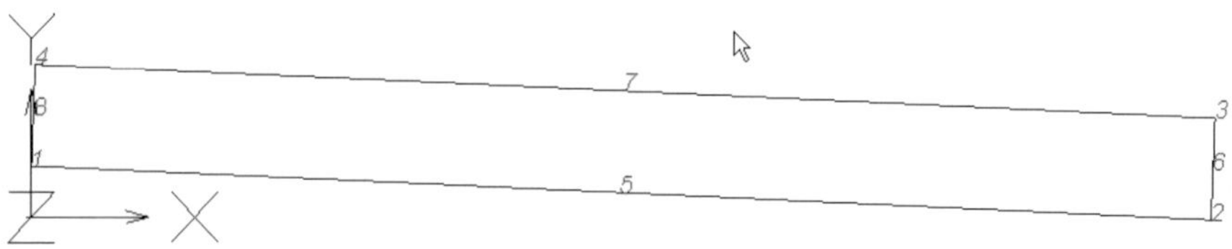

Bild 13.9-4: Superstruktur (ein Element Torus Nr. 8) einer Tellerfeder

Wichtig wäre, dass halbwegs quadratische Einzelelemente entstehen; dies kann mit der Netzgenerator-Anweisung 25 e 2 e (unterteile 25-mal äquidistant in lokaler x-Richtung (definiert durch die Knoten 1-2) und unterteile 2-mal äquidistant in lokaler y-Richtung (definiert durch die Knoten 1-4)). Der Netzgenerator **Z88N** erzeugt dann die FE-Struktur Bild 13.9-5.

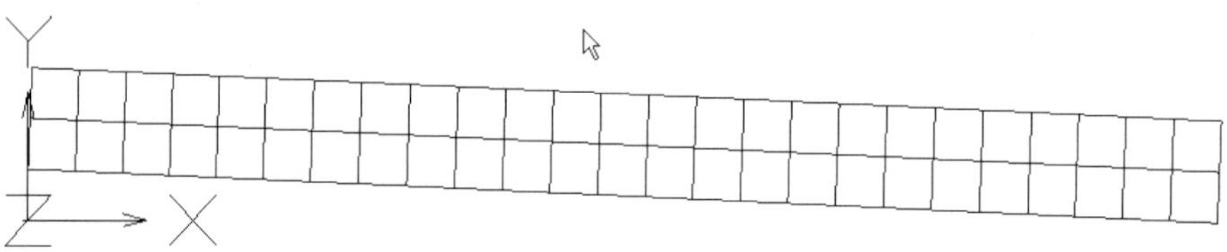

Bild 13.9-5: FE-Netz der Tellerfeder

Plotten Sie das FE-Netz, um die Knotennummern zu sehen. Wir lagern im Knoten 201 und geben einen Weg von 0,2 mm auf Knoten 5 der der Datei Z88I2.TXT:

```
  2
  5    2    2   -0.2
201    2    2    0.
```

Der Solverlauf kann ganz normal ohne vorheriges Umnumerieren mit **Z88R** im Cholesky-Modus erfolgen, weil die vom Netzgenerator Z88N immer sehr gutartig sind, also keine sehr großen Knotenzahldifferenzen haben – das haben die sog. *Mapped Mesher* wie Z88N den sog. *Free Meshern*, wie sie in CAD-Programme integriert sind, deutlich voraus. In die Solversteuerdatei Z88MAN.TXT geben wir jeweils Null für KDFLAG und ISFLAG und in die Integrationsordnungsdatei Z88INT.TXT eine Null für INTOS, damit in den Eckknoten berechnet wird, ohne Vergleichsspannungen. Starten Sie **Z88R**.

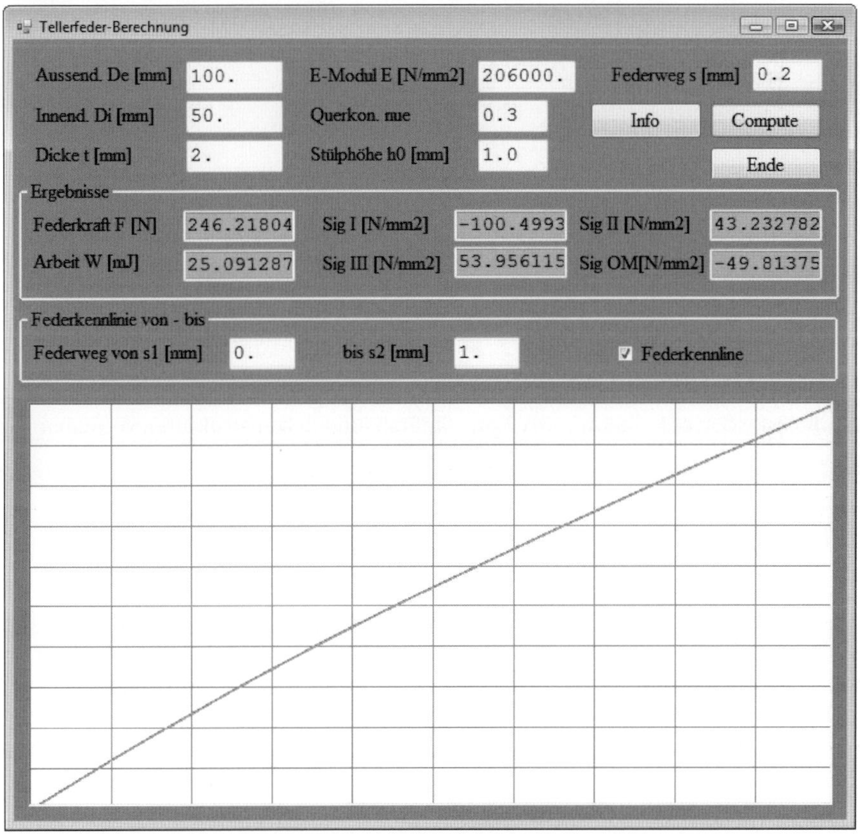

Bild 13.9-6: Analytische Berechnung der Tellerfeder mit Programm WTFEDER */103/* nach den Formeln von *Almen* und *Laszlo*

Die aus dem Weg von 0,2 mm resultierende Kraft von rund 243 N wird in der Knotenkraftdatei Z88O4.TXT, und zwar am Knoten 201, also am Auflager abgelesen. Die Tellerfeder-Spannung I wird am Element 2 am inneren oberen Eckknoten mit SIGTE etwa –104 N/mm^2 abgelesen, die

Tellerfeder-Spannung II wird am Element 1 am inneren unteren Eckknoten mit SIGTE etwa 44 N/mm^2 abgelesen. Diese Werte stimmen alle sehr gut mit der analytischen Berechnung gemäß Bild 13.9-6 überein.

Trotzdem sei noch einmal deutlich darauf hingewiesen, dass die FE-Berechnung solcher sich geometrisch nichtlinear verhaltender Strukturen nicht mit linearen FE-Solvern erfolgen kann. Hier ist das zulässig, weil wir vorher wussten, dass sich eine Tellerfeder mit diesem h_0/t-Verhältnis einigermaßen linear verhält.

13.9.2 Mit Z88AuroraV2

RINGSPANN-Scheibe

Neuen Projektordner erstellen

Erstellen Sie einen neuen Projektordner 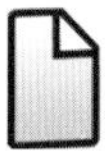.

Import Z88V14OS Projekt

Die Beispieldateien Z88I1.TXT, Z88I2.TXT und Z88I5.TXT in gewohnter Weise aus *„z88_beispiele_z88v14os/b9“* einlesen.

Material zuweisen

Verwenden Sie das Material Baustahl S235JR aus der Z88Aurora-Materialdatenbank.

Berechnung starten

Da der Cholesky-Solver in Z88AuroraV2 nur für Stab- und Balkenstrukturen verfügbar ist, starten Sie die Berechnung mit dem „Pardiso-Solver“.

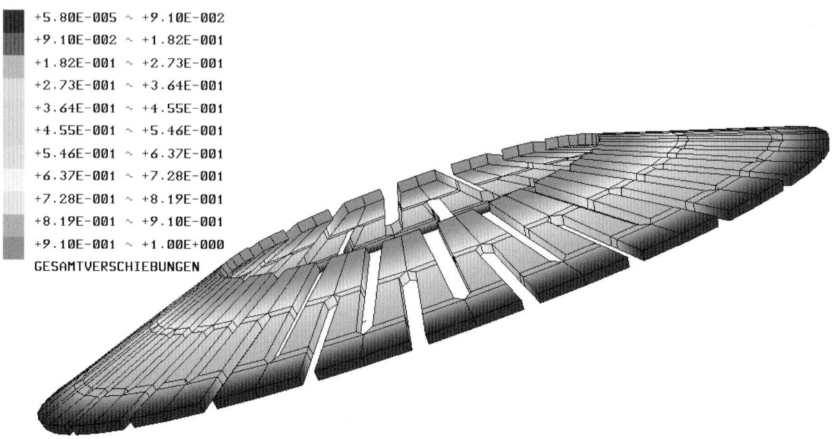

Bild 13.9-7: Gesamtverschiebung, Ansicht der verformten Ringspannscheibe, 7-fach überhöht

Tellerfeder

Import Z88V14OS Netzgeneratordatei

Die Beispieldatei Z88NI.TXT aus *„z88_beispiele_z88v14os/b9_tf"* in gewohnter Weise einlesen.

Erstellung der FE-Struktur aus Superelementen

Wir unterteilen die Struktur 25-mal äquidistant in lokaler x-Richtung und 2-mal äquidistant in lokaler y-Richtung. Der Elementtyp ist Torus Nr. 8.

Knotenpicking

In gewohnter Weise zwei Sets mit jeweils einem Knoten nach Bild 13.9-9 anlegen.

Randbedingungen

1. Set „Verschiebung", Y-Richtung, Wert „-2"
2. Set „Festhaltung", Y-Richtung, Wert „0"

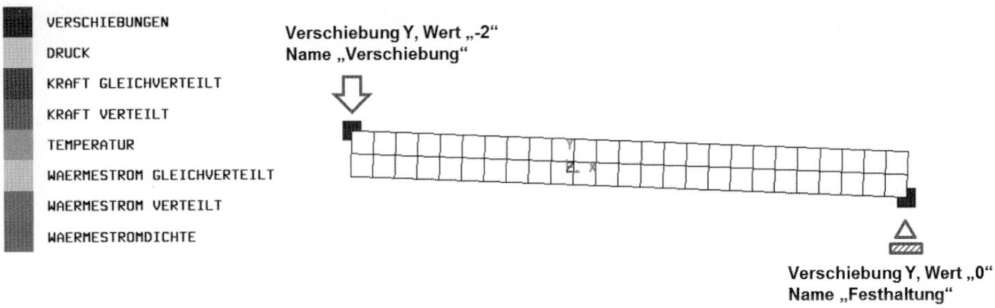

Bild 13.9-9: Randbedingungen der Tellerfeder

Material zuweisen

Verwenden Sie das Material Baustahl S235JR aus der Z88Aurora-Materialdatenbank.

Berechnung starten

Da der Cholesky-Solver in Z88AuroraV2 nur für Stab- und Balkenstrukturen verfügbar ist, starten Sie die Berechnung mit dem „Pardiso-Solver".

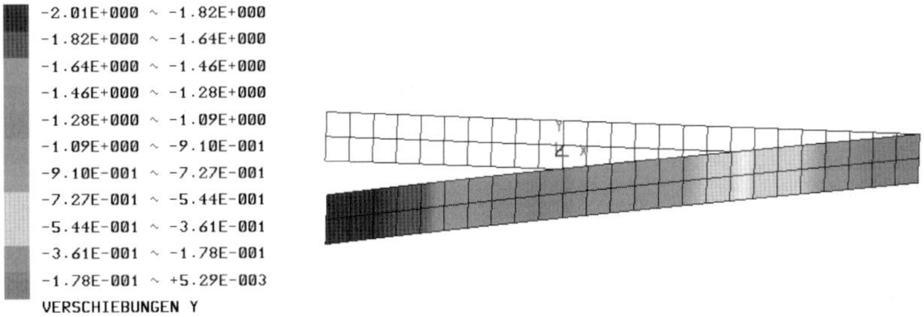

Bild 13.9-10: Verschiebung in Y-Richtung, verformte und unverformte Darstellung, 2-fach überhöhte Darstellung

13.10 Flüssiggas-Tank

Es soll ein Druckbehälter für Flüssiggas berechnet werden, der in einen PKW eingebaut ist. Er ist an beiden Seiten an den Böden mit einem Ringflansch befestigt. In einer Seitencrash-Simulation soll geprüft werden, wie stark die Verformungen und Spannungen unter einer Last von 1.200.000 N sind.

13.10.1 Mit Z88V14

Die Beispieldateien stehen im Directory B10.

CAD:

Die Beispieldatei liegt bereits als Netzgeneratordatei Z88NI.TXT vor. Die Schritte bis dahin sparen wir uns diesmal. Sie hätten jedoch jederzeit, wie in einigen vorstehenden Beispielen, die Zeichnung in CAD zeichnen und dann als Z88X.DXF exportieren können. Anschließend hätten Sie im Z88X die Konvertierung „von Z88X.DXF nach Z88NI.TXT“ vorgenommen.

Z88:

Z88O, darin Strukturfile **Z88NI**, Superstruktur betrachten. Sie besteht nur aus 5 Superelementen Torus Nr. 12 mit jeweils 12 Knoten. Beachten Sie, mit wie wenig Superelementen mit kubischem Ansatz man die Struktur abbilden kann.

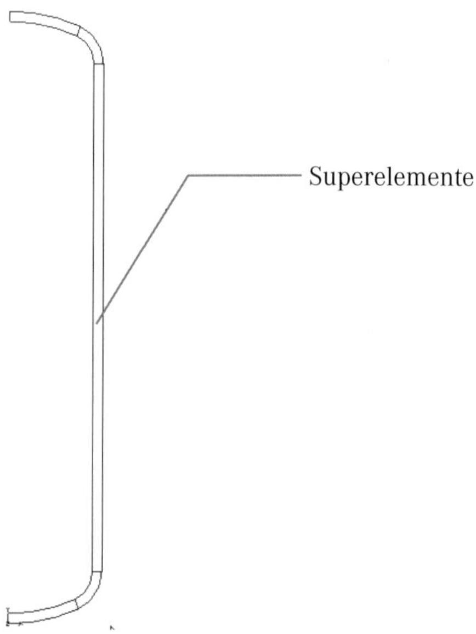

Bild 13.10-1: Z88O: Darstellung der Superstruktur eines Druckkessels

Z88N, Netzgenerator, erzeugt Z88I1.TXT

Z88O, darin Strukturfile Z88I1.TXT, unverformte FE-Struktur

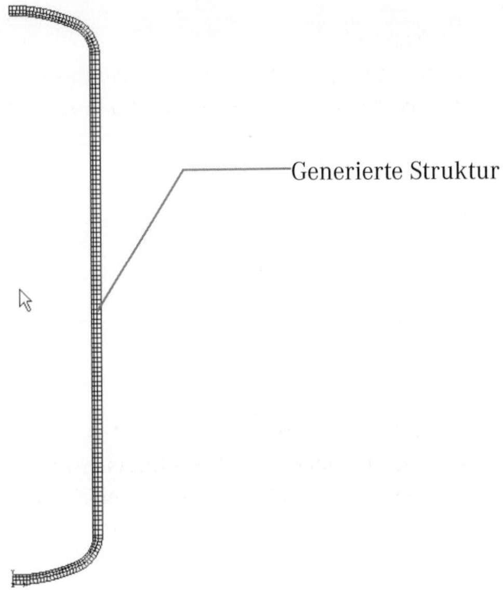

Bild 13.10-2: Z88O: Generierte Struktur

Z88X, Konvertierung „von Z88I*.TXT nach Z88X.DXF“

CAD:

Z88X.DXF in Ihr CAD-Programm importieren und betrachten. Nun können Sie in Ihrem CAD-Programm die Randbedingungen Z88I2.TXT hinzufügen und dann als Z88X.DXF exportieren. Die Randbedingungen sollen wie folgt gewählt werden:

Die Knoten 1 (Boden unten Mitte) und 1598 (Boden oben Mitte) sollen in X-Richtung festgehalten werden, damit die Lage eindeutig definiert wird.

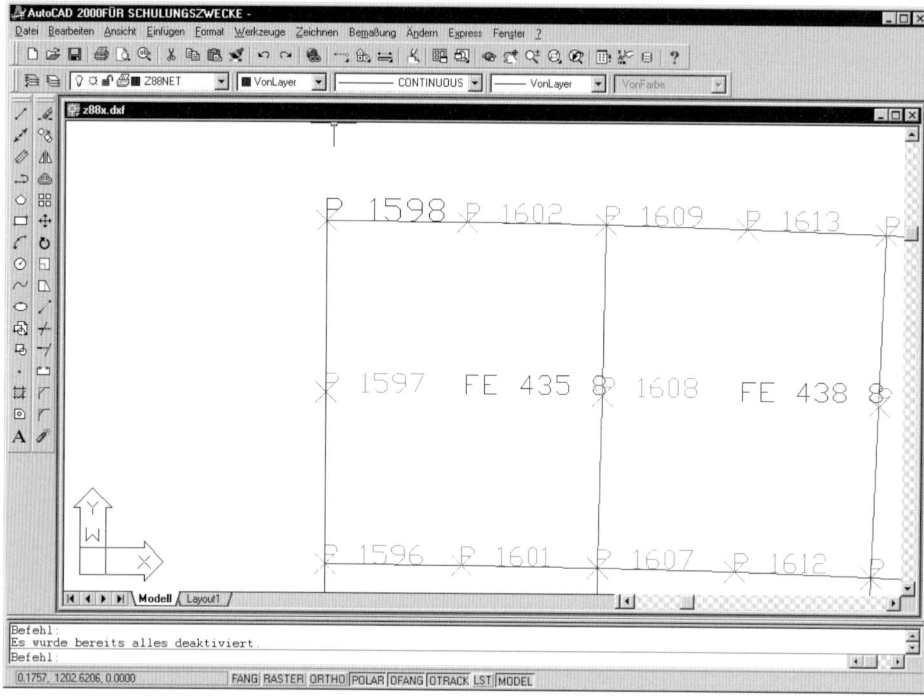

Bild 13.10-3: AutoCAD: Knoten mit definierten Randbedingungen, z. B. 1598

Dann sollen am unteren Boden etwa auf halbem Radius die Knoten 144, 151, 155, 162 und 166 in *Y*-Richtung gesperrt werden. Auf den oberen Boden wird über zwei Finite Elemente verteilt die Last von 1.200.000 N aufgegeben, und zwar auf die Knoten 1741 (-100.000 N = 1/6), 1745 (-400.000 N = 2/3), 1752 (-200.000 N = 1/6 + 1/6), 1756 (-400.000 N = 2/3) und 1763 (-100.000 N = 1/6).

Diese Angaben werden gemäß Kapitel 10.5 auf die CAD-Zeichnung mit der TEXT-Funktion geschrieben.

Z88:

Z88X, Konvertierung „von Z88X.DXF nach Z88I*.TXT"

Z88R, berechnet Verformungen und Spannungen (Cholesky-Modus ist hier völlig ausreichend)

Z88O, Plotten FE-Struktur, auch verformt (FUX, FUY, FUZ je 100) bzw. Spannungsanzeige

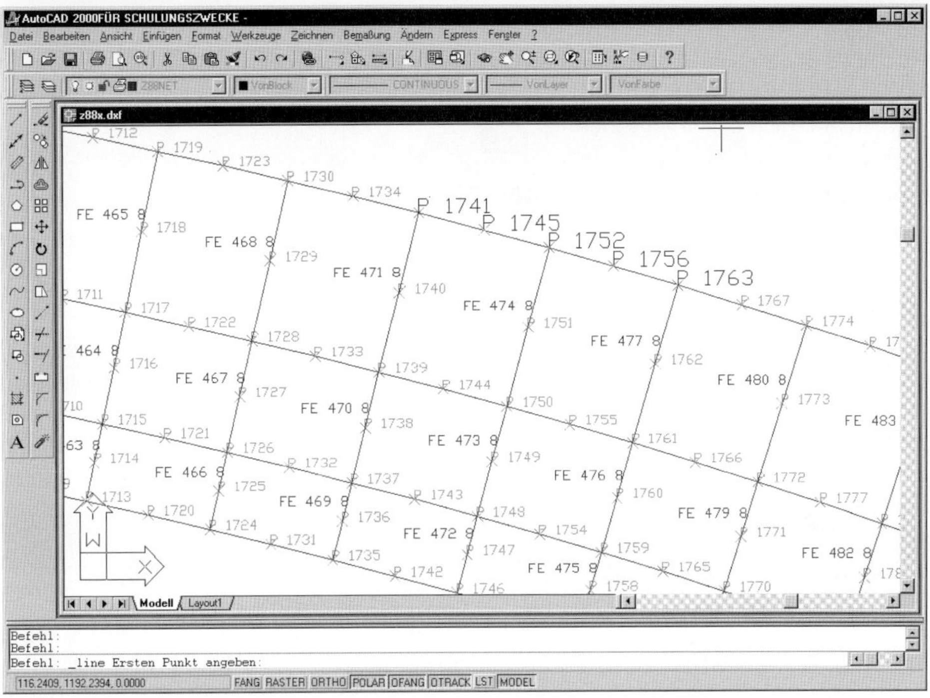

Bild 13.10-4: AutoCAD: Eingabe der Randbedingungen an beliebiger Stelle im CAD File z. B. für die Punkte 1741, 1745, 1752, 1763

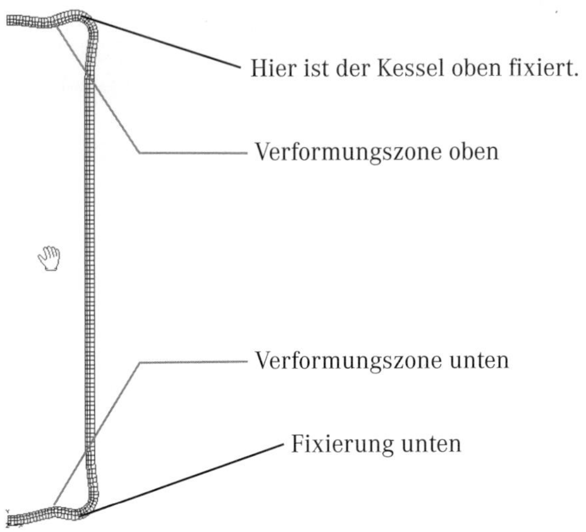

Bild 13.10-5: Z88O: Verformter Druckbehälter unter einer Last von 1.200.000 N

13.10.2 Mit Z88AuroraV2

Neuen Projektordner erstellen

Erstellen Sie einen neuen Projektordner .

Import Z88V14OS Strukturdatei Z88I1.TXT

Die Beispieldatei Z88I1.TXT in *„z88_beispiele_z88v14os/b10"* anwählen und mit „Ok" einlesen.

Anzeige Knotennummerierung

Sie haben zwei Möglichkeiten sich in Z88Aurora die Knotennummer anzeigen zu lassen. Mit der „Knoten" Schaltfläche in der Werkzeugleiste „Ansichten II" können Knotenbereiche eingegeben und angezeigt werden. Wenn man alle Knotennummern sehen möchte, gibt man einfach einen genügend hohen zweiten Wert an, dadurch wird in Z88Aurora automatisch der höchste Wert im Modell befindliche Wert verwendet. Über „Tools" → „Analyse" kann man die Informationen eines gepickten Knotens abrufen.

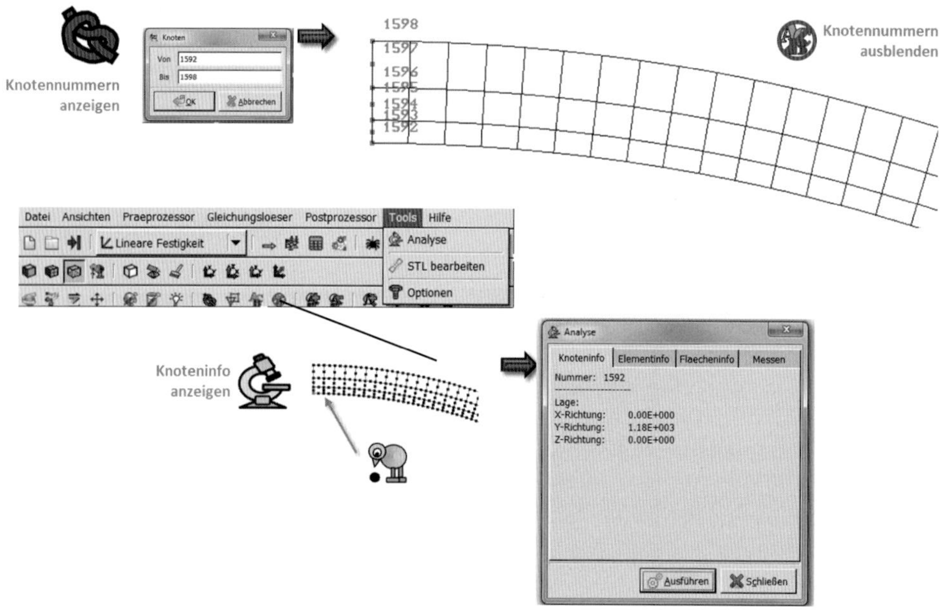

Bild 13.10-6: Anzeige der Knotennummer und Knoteninformationen

Knotenpicking

In gewohnter Weise fünf Sets nach Bild 13.10-7 anlegen.

Randbedingungen

1. Set (Knoten 1 und 1598): Verschiebung, „Festhaltung_X", X-Richtung, Wert „0"
2. Set (Knoten 144, 151, 155, 162, 166): Verschiebung, „Festhaltung_Y", Y-Richtung, Wert „0"

3. Set (Knoten 1741 und 1763): Kraft (gleichverteilt) „Kraft_1“, Y-Richtung, Wert „-100000“
4. Set (Knoten 1745 und 1756): Kraft (gleichverteilt) „Kraft_2“, Y-Richtung, Wert „-400000“
5. Set (Knoten 1752): Kraft (gleichverteilt) „Kraft_3“, Y-Richtung, Wert „-200000“

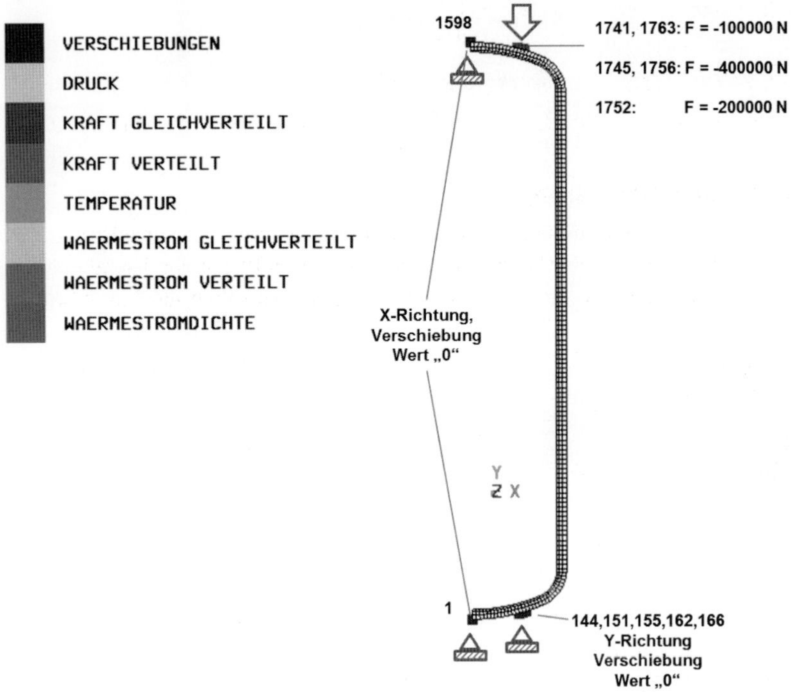

Bild 13.10-7: Randbedingungen Flüssiggastank

Material zuweisen

Verwenden Sie das Material Baustahl S235JR aus der Z88Aurora-Materialdatenbank.

Berechnung starten

Starten Sie die Berechnung mit dem „Pardiso-Solver“.

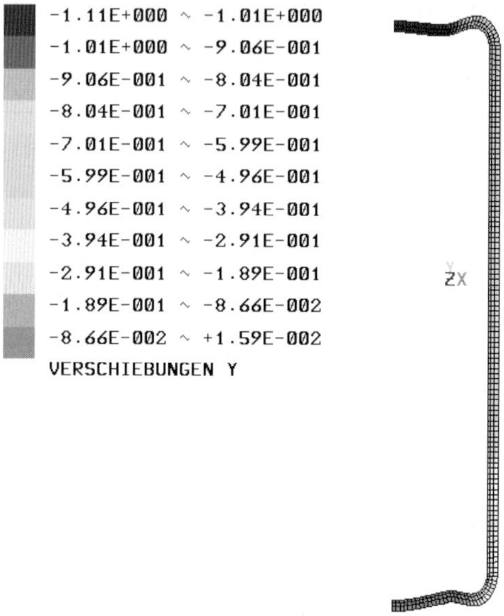

Bild 13.10-8: Verschiebung in Y-Richtung, verformte Darstellung, Skalierung: 100

13.11 Motorrad-Kurbelwelle

Es soll eine Kurbelwelle für einen Einzylinder-Motorradmotor berechnet werden. Als Last wirkt die Kolbenkraft von -5.000 N. Die Vernetzung wurde direkt in Pro/MECHANICA vorgenommen. Das Besondere an diesem Beispiel ist die Definition der Randbedingungen, die etwas trickreich ist:

An einer Stirnseite der Kurbelwelle wird zentral ein Bezugspunkt gesetzt. Er wird später die Verschiebungen in *Z*-Richtungen, d. h. in Längsrichtung der Kurbelwelle, blockieren.

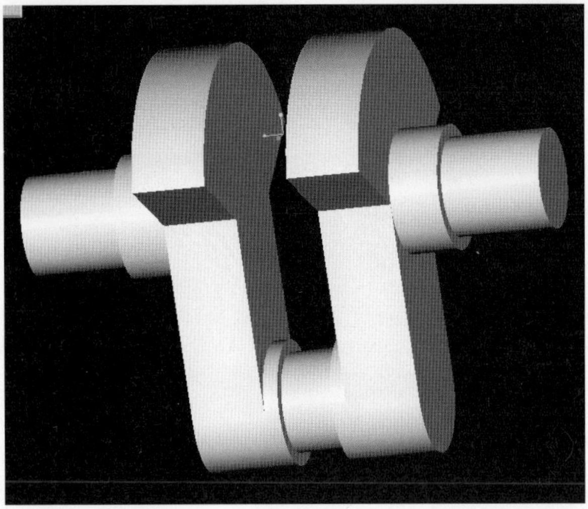

Bild 13.11-1: Pro/MECHANICA: Beispiel Kurbelwelle als 3D-Modell

Die Kugellager, die ja gewisse Winkelbewegungen aufnehmen können und daher als momentenfreie Auflager angesehen werden können und müssen, sollen auf den dickeren Wellenabsätzen sitzen. Es werden die Wellenabsatzflanken in *X*- und *Y*-Richtung festgehalten. Da hier ganze Flächen gesperrt werden, dürfte keinesfalls einer oder gar beide dieser Flächen in *Z*-Richtung blockiert werden. Damit würde man dem System die Momentenfreiheit nehmen (wie man leicht ausprobieren kann).

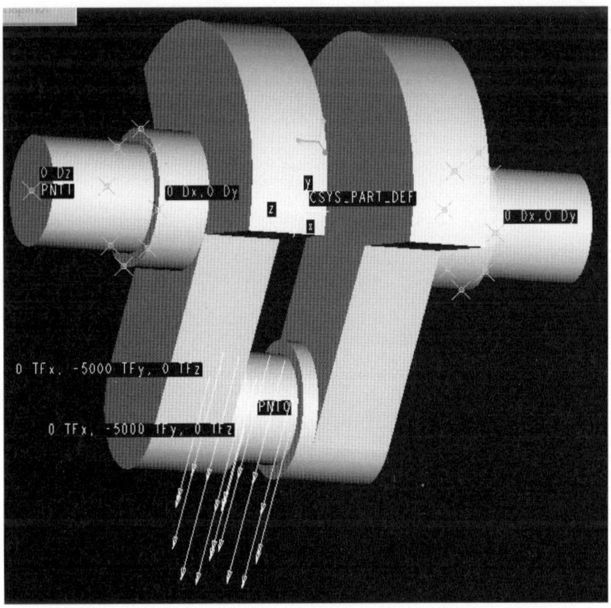

Bild 13.11-2: Pro/MECHANICA: Aufbringen der Lasten im System

Am Kurbelzapfen selbst wird eine Gesamtlast von –5.000 N auf die Umfangsfläche gegeben. Das Bild oben zeigt die Gesamtannahmen der Randbedingungen.

Das Netz wird automatisch mit Pro/MECHANICA erzeugt, und es werden Tetraeder mit quadratischem Ansatz gewählt, Bild 13.11-3.

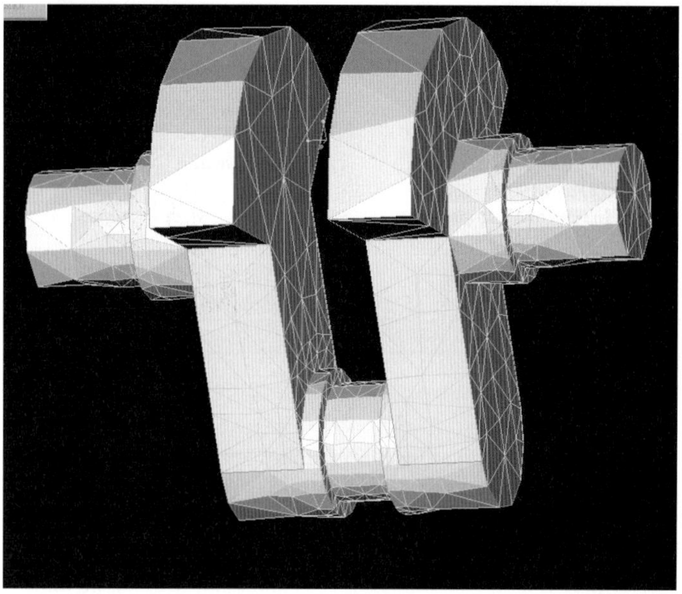

Bild 13.11-3: Pro/MECHANICA: Vernetzte Struktur der Kurbelwelle

13.11.1 Mit Z88V14

Die Beispieldateien dazu finden Sie im Beispieldirectory B11.

Z88G.NAS	NASTRAN-Datei
Z88MAN.TXT	Steuerparameter für Solver
Z88MAT.TXT	Materialsteuerdatei
51.TXT	Materialdatei
Z88ELP.TXT	Elementparameter
Z88INT.TXT	Integrationsordnungen

Nach Erzeugen der NASTRAN-Datei kann die Z88-Berechnung erfolgen: Konvertieren Sie also zunächst Z88G.NAS aus dem Beispieldirectory B11 mit **Z88G**

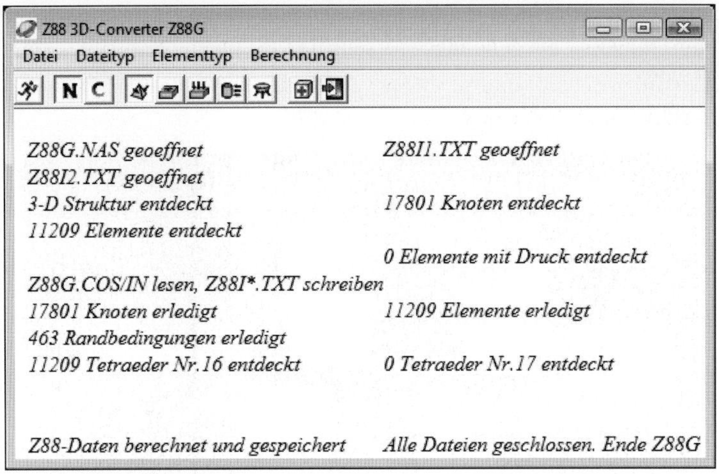

Bild 13.11-4: 3D-Konverter Z88G (Windows)

und, da durch die Tetraeder mit quadratischen Ansätzen sehr schlechte Nummerierungen zu erwarten sind, starten Sie dann gleich den Cuthill-McKee-Algorithmus **Z88H**.

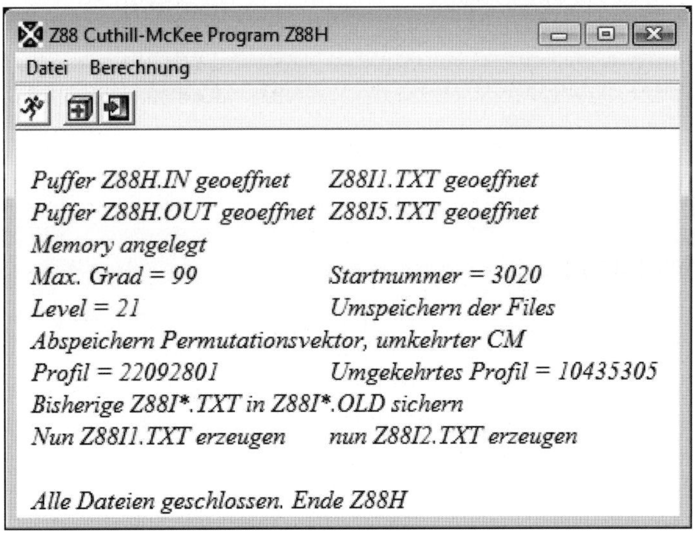

Bild 13.11-5: Cuthill-McKee Programm Z88H (Windows)

Nach Öffnen der Eingabedatei Z88I1.TXT entnehmen Sie der ersten Zeile:

- 17801 Knoten
- 11209 Elemente
- 53403 Freiheitsgrade

Aus programminternen Sicherheitsgründen müssen Sie jeweils mindestens 3 zu den Mindestwerten addieren. MAXKOI muss mindestens sein: 11.209 Elemente × 10 Knoten je Element = 112.090+3=112.093.

Damit würde **Z88.DYN** wie folgt aussehen:

MAXGS	zunächst beliebiger Wert
MAXKOI	mindestens 112090+3=112093
MAXK	mindestens 17801+3=17804
MAXE	mindestens 11209+3=11212
MAXNFG	mindestens 53403+3=53406
MAXMAT	mindestens 1+3=4
MAXPEL	mindestens 1+3=4
MAXJNT	mindestens 1+3=4

Dann können Sie mit **Z88O** die Struktur betrachten und anschließend **Z88R** im Testmode und Cholesky-Mode starten.

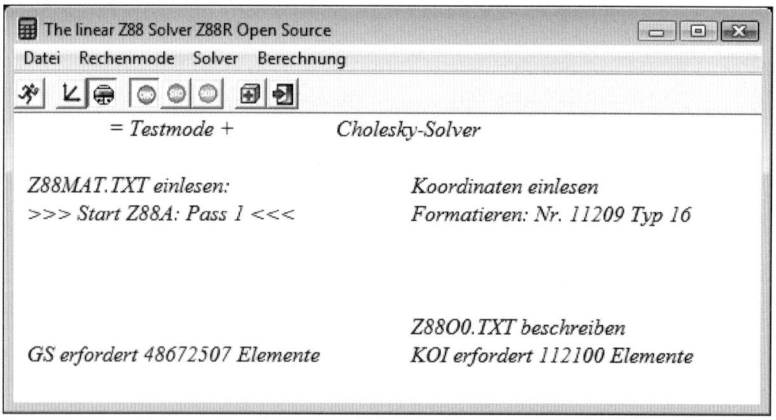

Bild 13.11-6: Testlauf mit Z88R im Cholesky-Mode (Windows)

Sie stellen fest, dass Sie 48.672.507 × 8 Byte = 370 MByte nur für die Gesamtsteifigkeitsmatrix brauchen würden. Mit den weiteren Vektoren kommen Sie auf rund 390 MByte Speicherbedarf. Das ist zwar für heutige PCs überhaupt kein Problem, aber Sie werden feststellen, dass die Rechenzeit doch einige Minuten beträgt – das liegt daran, dass der Nullanteil in der Skyline trotz Umnummerieren sehr groß ist.

Aber das geht auch besser: Nehmen Sie einfach Z88R im SICCG-Mode mit folgenden (reichlichen) Einstellungen in der Z88.DYN:

```
COMMON START
  MAXGS    2200000
  MAXKOI    200000
  MAXK       20000
  MAXE       20000
  MAXNFG     55000
```

```
    MAXMAT       32
    MAXPEL       32
    MAXJNT       32
    MAXPR      5000
    MAXRBD     4000
    MAXIEZ  2200000
    MAXGP   1000000
COMMON END
```

Bild 13.11-7: Rechenlauf mit Z88R -siccg (Windows)

In diesen Fall ist also der Sparsematrix-Iterationssolver wesentlich schneller als der direkte Cholesky-Solver, und der Iterationssolver braucht nur einen Bruchteil des Speichers. Bei großen Strukturen wird dieses Verhältnis noch sehr viel krasser! Beachten Sie aber, dass die Rechenzeiten nicht wirklich vergleichbar sind, denn wenn Sie das Abbruchkriterium *EPS* verändern, z.B. auf 1E-5 oder 1E-10, dann iteriert Z88R entsprechend weniger oder mehr und rechnet damit kürzer bzw. länger. Sie können aber generell davon ausgehen, dass bei Strukturen mit mehr als 20.000 Freiheitsgraden der Sparsematrix-Iterationssolver Z88R -siccg oder sorcg auf jeden Fall viel weniger Hauptspeicher brauchen und eigentlich immer wesentlich schneller rechnen wird.

Alternativ könnten Sie auch den Sparsematrix-Iterationssolver Z88R -sorcg nehmen; dann brauchen Sie noch weniger Hauptspeicher. Allerdings wird die Rechenzeit eher länger, denn da sich der Relaxationsparameter *ROMEGA* nicht vorab bestimmen lässt, muss man mit einem Wert starten, der gut sein kann oder aber eher schlecht. Bei ROMEGA = 1.0 werden 706 Iterationen gebraucht. Diese Solvervariante ist also dann richtig, wenn Sie am Speicherlimit sind; andernfalls nehmen Sie Z88R -siccg.

Bei Z88Aurora wäre eine weitere Variante möglich: Z88R mit dem Direkten Solver mit Fill-In (Pardiso-Solver). Er wird - besonders wenn Sie z.B. 2 oder 4 CPU-Kerne in Ihrem Computer haben - das Problem am schnellsten lösen.

Sie können sodann die verformte Struktur mit **Z88O** betrachten. Es ist verblüffend, wie stark sich doch die Wellenenden schief stellen. Sie würden nun an ausgewählten Knoten die Verschiebungen aus der Datei Z88O2.TXT ablesen, mit den entsprechenden Hebelarmen multiplizieren und prüfen, ob Ihre Kugellager diese Schiefstellungen noch mitmachen.

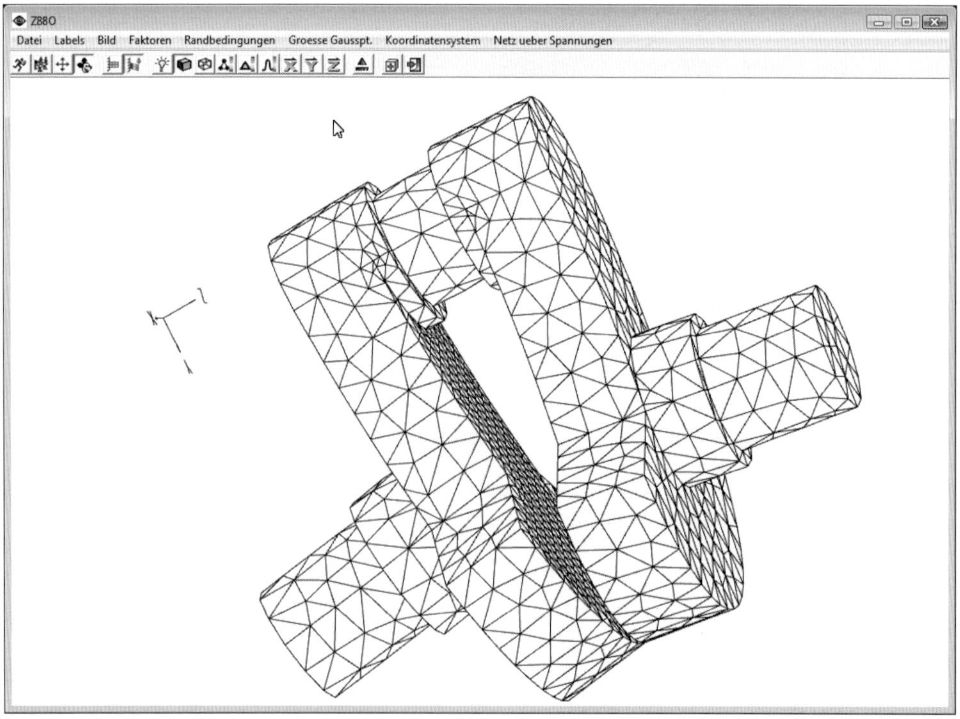

Bild 13.11-8: Darstellung der verformten Struktur im Z88O

13.11.2 Mit Z88AuroraV2

Neuen Projektordner erstellen

Erstellen Sie einen neuen Projektordner .

Import Nastran-Struktur

Die Beispieldatei *z88g.nas* aus *„z88_beispiele_z88v14os/b11“* importieren. Die komplette Struktur und deren Randbedingungen werden importiert. Nur die Materialzuweisung wird entfernt, um die interne Materialdatenbank von Z88Aurora konsistent zu halten.

Material zuweisen

Verwenden Sie das Material Baustahl S235JR aus der Z88Aurora-Materialdatenbank.

Berechnung starten

Sie können wie bisher den Pardiso-Solver wählen oder verwenden den Sparse-Matrix-Iterationssolver SIC SICCG oder SOR SORCG.

Neuen Projektordner erstellen

Import STL-Geometrie

Wir importieren wie im Beispiel 13.8 die STL-Datei „Kurbelwelle.stl“ aus dem Ordner *„z88_beispiele_z88aurora/b11/STL-Datei“*.

Vernetzung erzeugen

Die Vernetzung erfolgt mit „Tetgen“ mit quadratischen Tetraedern und der Netzfeinheit „7“.

Vernetzung ändern

Durch die Erstellung weiterer Vernetzerregeln weisen wir dem Bauteil verschiedene Netze zu. Gespeichert wird immer das jeweils zuletzt erstellte Netz. Wenn das Netz nach dem Aufbringen der Randbedingungen nochmals geändert wird, müssen diese neu erstellt werden.

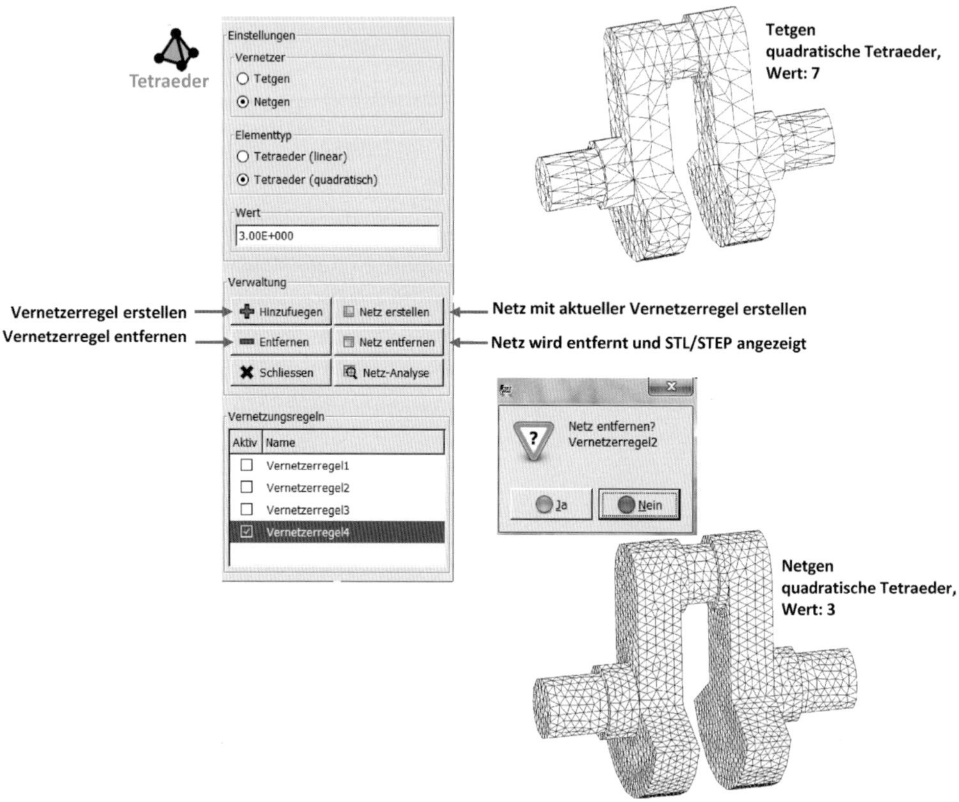

Bild 13.11-9: Erstellung mehrerer Vernetzerregeln

Knotenpicking – Flächenpicking

Die Wellenabsatzflanken sollen in X- und Y-Richtung gesperrt werden, deshalb markieren Sie einen Knoten am Absatz und wählen „Fläche“. Da Mittenknoten nicht selektiert werden können, darf jeweils nur ein Knoten auf einer der beiden Kanten des Absatzes gewählt werden. Wenn nach der Anwahl nicht die gewünschte Fläche markiert wird, versuchen Sie es mit der anderen Kante und variieren Sie den Wert für den Erfassungswinkel durch den Schieberegler. Erstellen Sie ein Set aus beiden Markierungen.

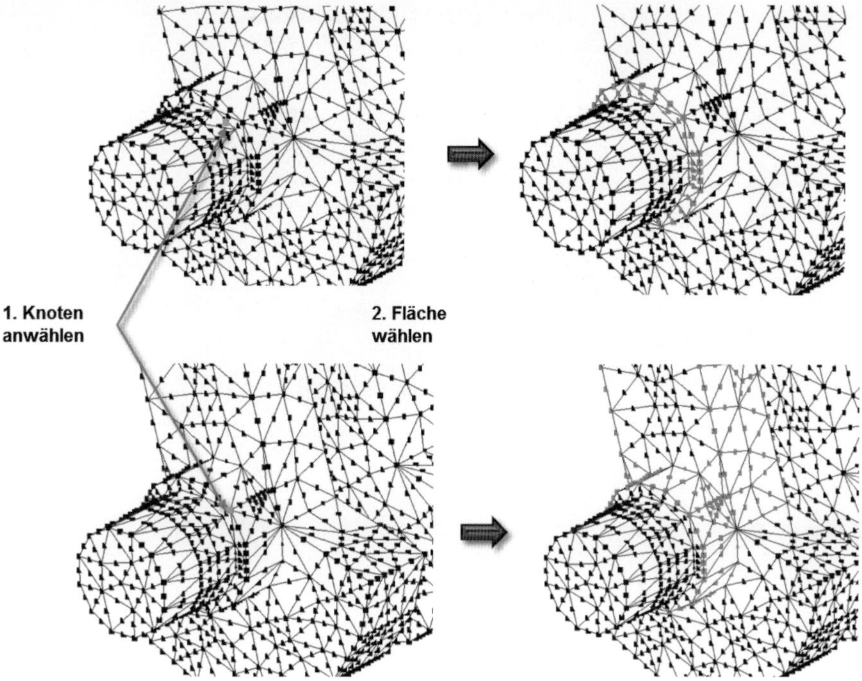

Bild 13.11-10: Knotenpicking mit Option „Fläche“ des Wellenflankenabsatzes, oben gewünschtes Ergebnis, unten falsche Markierung

Den Kurbelzapfen ebenfalls im Knotenpicking, Option „Fläche“ auswählen und Set erstellen. Die An- und Abwahl der Knoten können Sie in Beispiel 13.1 „Pickingoptionen“ nachlesen. Jetzt ist abschließend ein Set aus einem Knoten in der Mitte der Stirnseite der Kurbelwelle zu wählen, welches anschließend in Z-Richtung fixiert wird.

Randbedingungen

1. Set Randbedingungstyp „Verschiebung“, Richtung X + Y, Wert „0“, Name „Festhaltung_XY“
2. Set Randbedingungstyp „Verschiebung“, Richtung Z, Wert „0“, Name „Festhaltung_Z“
3. Set Randbedingungstyp „Projizierte Flächenlast“, Richtung Y, Wert „-5000“, Name „Last“

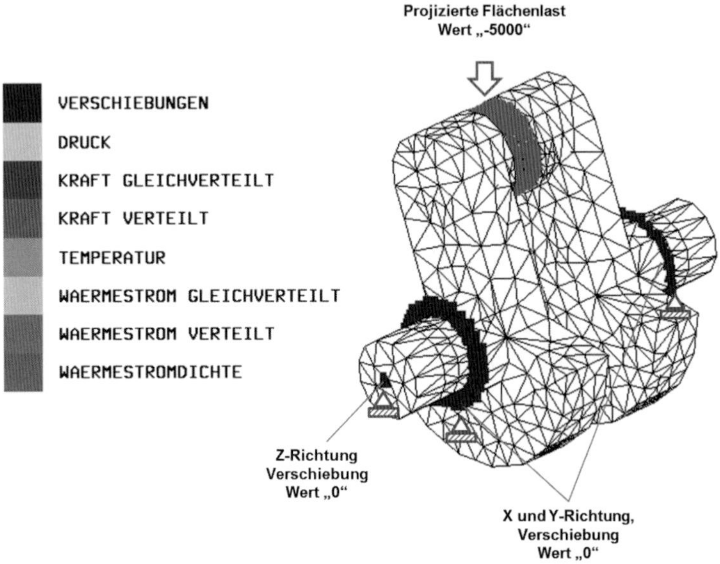

Bild 13.11-11: Randbedingungen Kurbelwelle

Material zuweisen

Verwenden Sie das Material Baustahl S235JR aus der Z88Aurora-Materialdatenbank.

Berechnung starten

Starten Sie die Berechnung mit dem „Pardiso-Solver".

Ausgaben

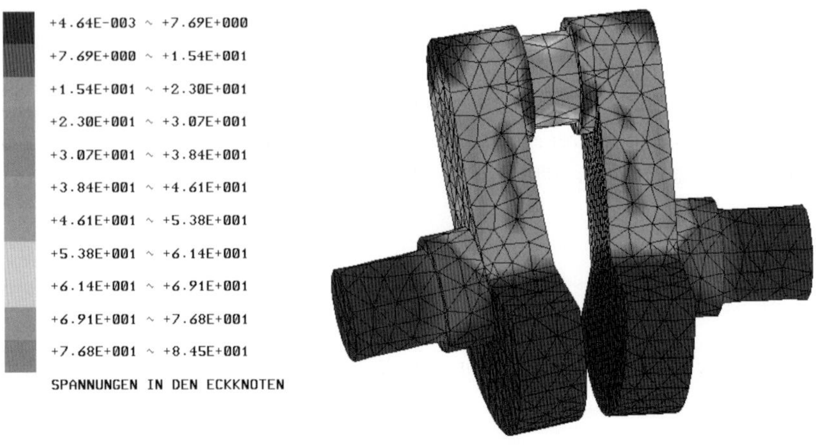

Bild 13.11-12: Spannungen in den Eckknoten, Ansicht der verformten Kurbelwelle, Vergrößerungsfaktor 60

13.12 Drehmoment-Messnabe

Drehmomente werden über den Verdrehwinkel eines Verformungselements gemessen. Es soll daher ein Verformungselement für eine Kraftmessnabe berechnet werden:

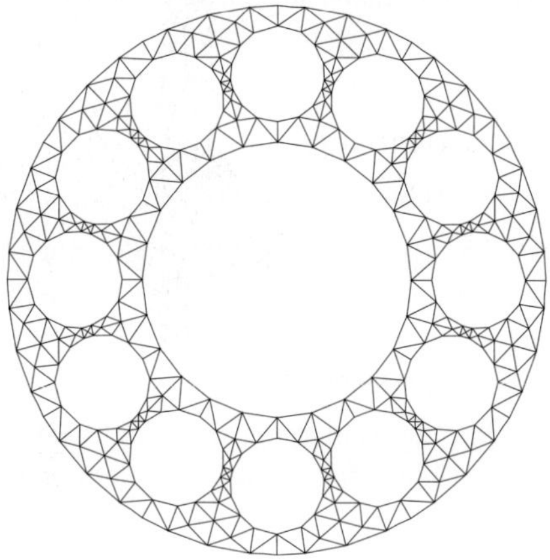

Bild 13.12-1: Strukturdarstellung einer Drehmomentmessnabe

Diese Struktur weist 1.212 Knoten, 480 Finite Elemente Scheibe Nr. 3 (Scheibendreieck mit 6 Knoten) und damit 2.424 Freiheitsgrade auf. Die Struktur wurde wie folgt erzeugt: Es wurde 1/12 der Scheibe gezeichnet und mit einem Digitalisierer erfasst. Die restlichen 11 Segmente wurden durch ein kleines BASIC-Programm vom ersten 1/12 ausgehend generiert. Die 72 Randbedingungen wurden von Hand eingegeben. Dabei wird der innere Rand festgehalten, und an den äußeren Eckknoten werden Verschiebungen angebracht. Dabei soll der Verformungskörper, der einen Durchmesser von 80 mm hat, um 1 ° verdreht werden. Also muss außen tangential ein Weg von 0,7 mm vorgegeben werden:

$$s = \varphi \cdot r = 1^\circ \cdot \frac{\pi}{180} \cdot 40 \text{ mm} = 0{,}7 \text{ mm}$$

Bei Knoten, die nicht unter 90°, 180°, 270° oder 360°/0° liegen, muss den Winkelbeziehungen entsprechend umgerechnet werden. So liegt z. B. der Knoten 201 unter 45° auf 1:30 Uhr. Also, da der Tangentialweg (die „Hypotenuse") 0,7 mm betragen soll:

$$c^2 = a^2 + b^2 = 2 \cdot a^2$$
$$c = \sqrt{2a^2}$$
$$a = \frac{c}{\sqrt{2}} = 0{,}4949$$

Daher muss der Knoten 21 eine Verschiebung in *X*-Richtung von -0,494 und in *Y*-Richtung von +0,494 bekommen.

13.12.1 Mit Z88V14

Die Beispieldateien dazu finden Sie im Beispieldirectory B12. Laden Sie die DXF-Datei und erzeugen Sie mit Z88X die Eingabedateien Z88I1.TXT, Z88I2.TXT und Z88I5.TXT.

Z88X.DXF	AutoCAD-DXF-Datei
Z88MAN.TXT	Steuerparameter für Solver
Z88MAT.TXT	Materialsteuerdatei
51.TXT	Materialdatei
Z88ELP.TXT	Elementparameter
Z88INT.TXT	Integrationsordnungen

Für MAXGS ermittelt **Z88R** im Cholesky-Mode und im Testmode 209.000 Speicherplätze. Den Cuthill-McKee-Algorithmus Z88H braucht man hier nicht laufen zu lassen; er würde MAXGS auf 180.884 Speicherplätze reduzieren. Offensichtlich ist die Ausgangsnumerierung gar nicht so schlecht: Dies liegt am *mapped meshing*! Lassen Sie nun **Z88R** im Cholesky-Mode laufen.

Bezüglich der Spannungsberechnung wählen Sie in der Solver-Steuerdatei Z88MAN.TXT für KDFLAG eine 1 und für ISFLAG ebenfalls eine 1 (Gestaltänderungsenergie-Hypothese = v.Mises-Spannungen). Mit KDFLAD gleich 1 werden zusätzlich Radial- und Tangentialspannungen berechnet und deren Lage in R und φ angedruckt. Sehen Sie sich nach dem Solverlauf die Spannungs-Ausgabedatei Z88O3.TXT dahingehend an. Für derartige „runde" Strukturen sind Radial- und Tangentialspannungen weitaus aussagekräftiger als die Spannungen in X- und in Y-Richtung.

Für die Integrationsordnungen wählen Sie in der Integrationsordnungsdatei Z88INT.TXT jeweils eine 1 (oder eine anderen Zahl zwischen 1 und 4), denn die Integrationsordnung ist für Scheiben Nr. 3 beliebig, da die Spannungen im Elementschwerpunkt berechnet werden. Das Verformungsbild sieht mit den Vergrößerungsfaktoren FACX = FACY = 5 wie folgt aus:

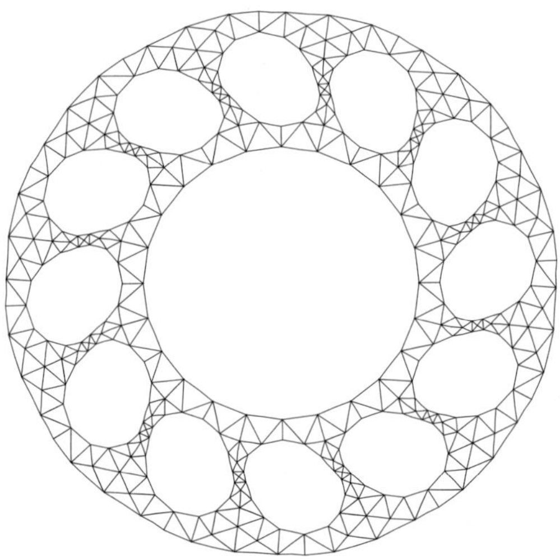

Bild 13.12-2: Verformte Drehmomentmeßnabenstruktur

Ersetzen Sie nun den Elementtyp Scheibe Nr. 3 (geradliniges Scheibenelement mit 6 Knoten) durch den Elementtyp Scheibe Nr. 14 (krummlinige Serendipity-Scheibe mit 6 Knoten). Dazu müssen Sie in der Datei Z88I1.TXT in der 3. Eingabegruppe die erste, dritte, fünfte usw. Zeile wie folgt modifizieren:

Statt *Elementnummer 3*

Nun *Elementnummer 14*

Für die Integrationsordnungen wählen Sie in der Integrationsordnungsdatei Z88INT.TXT nunmehr eine 7 für INTORD (Integrationsordnung für die Verformungsberechnung) und eine 3 für INTOS (Integrationsordnung für die Spannungsberechnung).

Sie können diese Änderungen von Hand vornehmen oder die dahingehend veränderten Dateien dem Directory B12_ELE14 entnehmen. Sie können nun Z88X und Z88R erneut starten, denn an den Randbedingungen müssen Sie nichts ändern.

Die Rechenergebnisse sind, wie zu erwarten war, praktisch identisch: Vergleichen Sie z. B. den Knoten 814, der außen auf 6 Uhr sitzt. Mit der ursprünglichen Eingabedatei mit Scheiben Nr. 3 wird für die Verschiebung in *X*-Richtung 0,6526 mm gerechnet und mit der neuen Eingabedatei für Scheiben Nr. 14 dann 0,6522 mm. Wie Sie sehen, werden nicht exakt 0,7 mm erreicht, weil die Verschiebungen nur (um Arbeit zu sparen) an 12 Knoten am äußeren Durchmesser aufgebracht wurden.

Bei der Spannungsberechnung werden Sie beim Betrachten der Plots feststellen, dass die Vergleichsspannungen viel zu hoch selbst für gehärteten Stahl sind. Aber da die Struktur linear reagiert, wurde in Z88ELP.TXT als Dicke **QPARA** 1 mm angenommen, und man braucht bei einer echten Dicke von z. B. 10 mm einfach nur alle Spannungswerte und Knotenkräfte durch 10 zu teilen.

Um die gesuchte Drehfedersteifigkeit zu erhalten, würden Sie an den inneren Knoten, die als Festlager dienten, die Knotenkräfte in *X*- und *Y*-Richtung jeweils mit den passenden Winkelbeziehungen in Tangentialkräfte umrechnen und aufsummieren. Zu Fuß etwas mühsam, aber das kann man mit einem Tabellenkalkulationsprogramm wie z. B. EXCEL sehr einfach vornehmen.

Versuchen Sie einmal den umgekehrten Weg: Halten Sie die Struktur außen an den Knoten 208, 511, 814 und 1117 als virtuellen Fixpunkt, vgl. Bild 13.14-2, fest und geben Sie auf die entsprechenden Kanten der Elemente 82, 85, 42, 45, ..., 125 eine Tangentiallast von 100 N/mm auf. Diese entsprechenden Dateien finden Sie im Directory B12_Q. Was würde sich nun für eine Drehfedersteifigkeit ergeben?

13.12.2 Mit Z88AuroraV2

Neuen Projektordner erstellen

Erstellen Sie einen neuen Projektordner .

Import Z88V14OS Projekt

Die Beispieldateien Z88I1.TXT, Z88I2.TXT und Z88I5.TXT aus *„z88_beispiele_z88v14os/b12“* einlesen.

Festlegen der Scheibendicke

Wie bei Beispiel 13.1 legen wir die Scheibendicke im Elementparametermenü für alle Elemente mit der Dicke „1“ fest.

Material zuordnen

Verwenden Sie das Material Baustahl S235JR aus der Z88Aurora-Materialdatenbank.

Berechnung starten

Sie können wie bisher den Pardiso-Solver wählen oder einen anderen Solver auswähen.

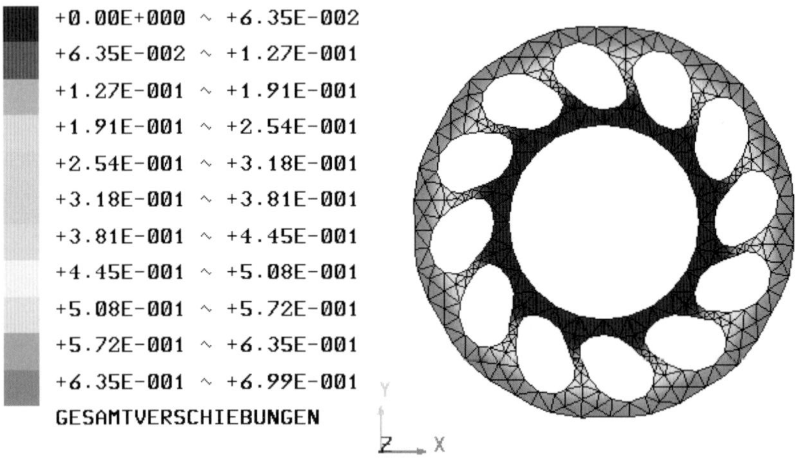

Bild 13.12-3: Gesamtverschiebung der Drehmomentmessnabe

Auf gleiche Weise kann mit dem Projekt B12_ELE14 verfahren werden. B12_Q kann nicht mit Z88Aurora berechnet werden, da die Möglichkeit, Tangentialkräfte aufzubringen, noch nicht in der Oberfläche verfügbar ist.

■ 13.13 Ebene Rahmen

Dieses Beispiel besteht aus mehreren Einzel-Beispielen, die alle der klassischen Technischen Mechanik entnommen wurden. Während sich „normale“ Stab- und Balkenfachwerke sowie Durchlaufträger problemlos auch mit FE-Programmen berechnen lassen, sorgen Gerbergelenke und Streckenlasten dann für Probleme, wenn nicht dafür speziell konzipierte Elemente zur Verfügung stehen. An den folgenden Beispielen soll gezeigt werden, wie man trotz dieser Einschränkungen damit fertig werden kann, wenngleich bereits gesagt werden muss, dass man derartige Randbedingungen wie eben Gerbergelenke, Streckenlasten (besonders veränderliche

Streckenlasten) und Federlager eigentlich eleganter mit dafür besonders konzipierten Rechenprogrammen wie dem Reduktionsverfahren lösen kann - das ist nicht die Domäne von FE-Programmen.

13.13.1 Mit Z88V14

Dreigelenkbogen

Dieses Beispiel ist *Gross/Schnell /34/* entnommen. Ein ebener Rahmen, ein sog. Dreigelenkbogen, werde an der rechten oberen Ecke mit einem Moment M_B belastet. Alle Seiten haben die Länge ℓ. Es soll die Gesamt-Verdrehung $\Delta\varphi$ am Gelenk G berechnet werden. Es werden ebene Balken Z88-Typ Nr. 13 verwendet.

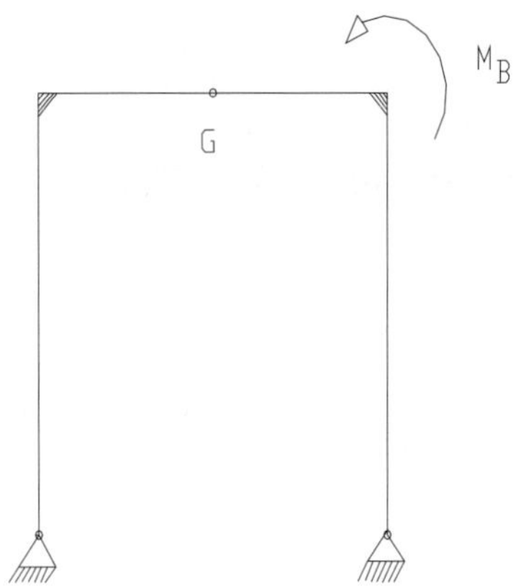

Bild 13.13-1: Dreigelenkbogen

Analytisch rechnet an:

$$\Delta\varphi = \frac{M_B \cdot \ell}{3 \cdot EI}$$

Mit den Zahlenwerten

$$\ell = 5 \text{ m}, \quad E = 2{,}06 \cdot 10^8 \frac{\text{kN}}{\text{m}^2}, \quad M_B = 543 \text{ kNm}, \quad I_{ZZ} = 2{,}517 \cdot 10^{-4} \text{ m}^4$$

wird $\Delta\varphi$ = 0,01745.

Die Beispieldateien finden Sie im Directory B13. Lassen Sie den CAD-Konverter Z88X laufen mit der Option „von DXF nach Z88I*.TXT", d. h. die Dateien Z88I1.TXT, Z88I2.TXT und Z88I5.TXT werden aus Z88X.DXF gewonnen.

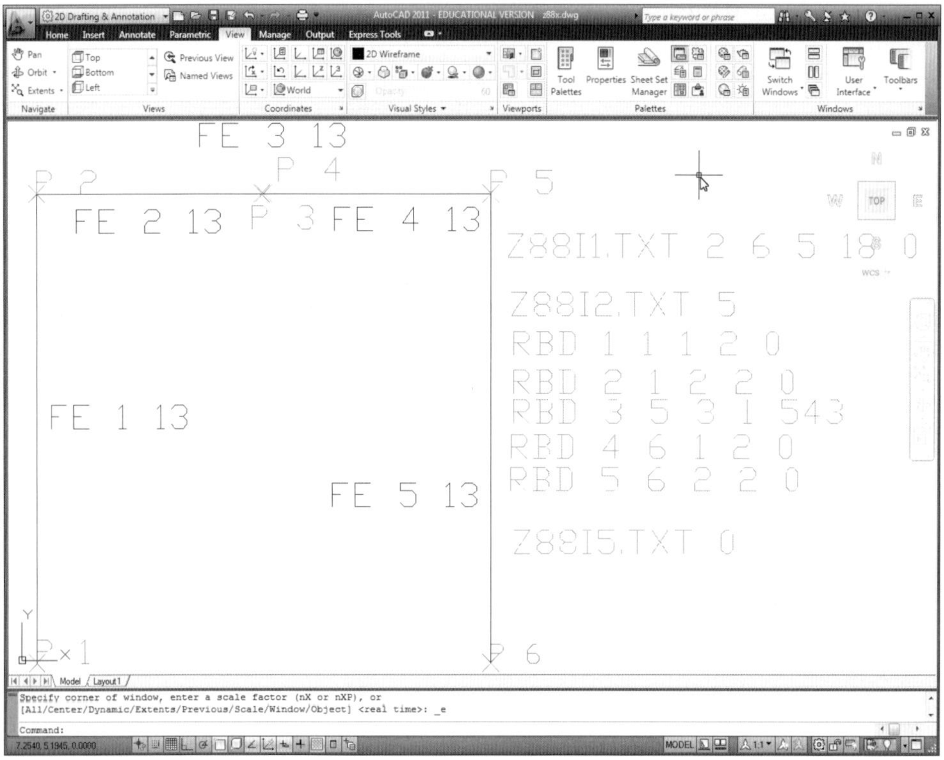

Bild 13.13-2: AutoCAD-Darstellung der Problemstellung

Vorgehen: Z88X, *Button DXF → Z88i**

Sie sollten sich in einem passenden CAD-Programm, so vorhanden, die Eingangsdatei Z88X. DXF einmal betrachten.

Wie bildet man das Gelenk G in Z88 ab, da dort keine Balken mit Gelenken definiert sind (andernfalls müsste man ein neues Balkenelement ins FE-Programm einbauen, das z. B. am rechten Ende ein Gelenk aufweist)? Man baut einfach ein ganz kurzes Balkenstück als Element 3 zwischen die Knoten 3 und 4 ein, wobei die Knoten 3 und 4 folgende Koordinaten aufweisen:

3 3 +2.49 +5.0
4 3 +2.51 +5.0

Dieses kurze Balkenstück muss sehr biegeweich sein, damit es wie ein Gelenk wirkt:

I_{ZZ} Balken 1, 2, 4 und 5: $2{,}517 \cdot 10^{-4}\ m^4$

I_{ZZ} Balken 3: $2{,}517 \cdot 10^{-9}\ m^4$

Damit kann man **Z88R** starten und liest aus Z88O2.TXT für die Knoten 3 und 4, die das biegeweiche Balkenstück links und rechts begrenzen, folgende Werte ab

Knoten 3	-0,01078
Knoten 4	+0,00662
Summe	0,01740

Das stimmt sehr gut mit der analytischen Rechnung überein. Generell muss man sich aber darüber klar sein, dass man eigentlich eine „mathematische Kriminalität" begeht, weil man mit diesem Vorgehen eine sehr schlecht konditionierte Gesamtsteifigkeitsmatrix erzeugt. Daher darf man solche Tricks nur nach genauer Überprüfung anwenden.

Durchlaufträger mit Gleichstreckenlast

Ein zweites Beispiel ist ebenfalls ein klassisches Beispiel aus der Technischen Mechanik, vgl. *Gross/Schnell /34/,* S.97: Ein Durchlaufträger ist zweifach statisch überbestimmt gelagert. Das wäre bis dahin nicht weiter problematisch, aber als Besonderheit kommt hier eine Gleichstreckenlast hinzu, und das ist für die Balken Nr. 2 und Nr. 13 in Z88 nicht vorgesehen. Wenn Sie das näher interessiert, dann finden Sie Genaues bei *Bathe /4/.*

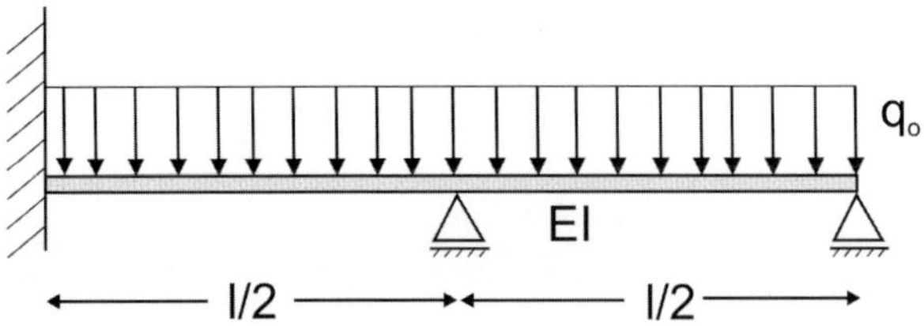

Bild 13.13-3: Ein Durchlaufträger mit Gleichstreckenlast nach */34/*

Analytisch rechnet man, vgl. */34/:*

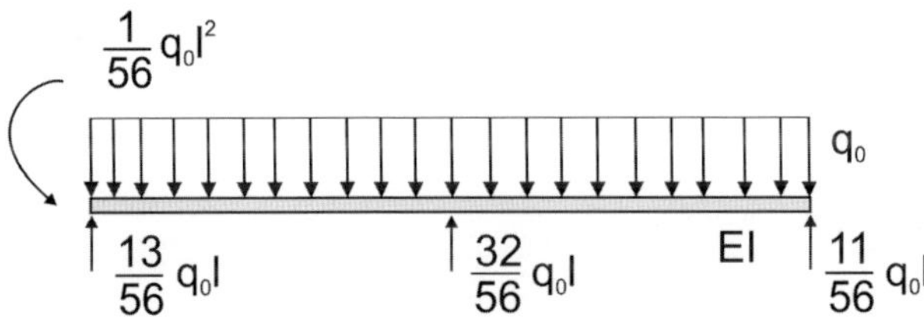

Bild 13.13-4: Analytische Lösung des Durchlaufträgers mit Gleichstreckenlast nach */34/*

Kann das Problem trotzdem mit „normalen" Balkenelementen in einem FE-Programm gelöst werden? Ja – aber das ist ein wenig tricky: Da nur Kräfte an Knoten eingegeben werden können, ist die Gleichstreckenlast als diskrete Kräfte abzubilden. Aber dies muss mit Überlegung erfolgen.

Zunächst wählen wir einige Zahlenwerte, denn FE-Rechnung bedeutet *immer* Zahlenwertrechnung. Als Träger verwenden wir einen Rundstab. Sei

$$E = 206.000\,\frac{N}{mm^2},\ \nu = 0{,}3,\ \ell = 1.000\ mm,\ d = 20\ mm$$

$$q_0 = 1.000\,\frac{N}{m},\ I = \frac{\pi d^4}{64} = 7.854\ mm^4,\ A = \frac{\pi d^2}{4} = 314\ mm^2$$

Damit ergibt sich eine Last von 500 N für das linke Balkenstück vom linken Festlager bis zur mittleren Stütze bei einer Länge von 500 mm. Wir beginnen zunächst mit einem sehr kurzen Balkenstück von 5 mm Länge mit den Knotennummern 1 und 2. Weiter unterteilen wir dieses linke Balkenstück in 5 folgende Balkenstücke mit diesen Längen: 95 mm (Knoten 2-3), 100 mm (Knoten 3-4), 100 mm (Knoten 4-5), 100 mm (Knoten 5-6) und 95 mm (Knoten 6-7). Jedes dieser 5 Balkenstücke bekommt 100 N als Last, d.h. am linken Knoten 50 N und am rechten Knoten 50 N. Damit erhält der Knoten 2 eine Last von 50 N, die Knoten 3 ~ 6 jeweils 100 N und der Knoten 7 wieder nur 50 N. Nun folgt noch ein sehr kurzes Balkenstück von 5 mm Länge zum Knoten 8, der die mittlere Stütze darstellt. Dieselbe Lastaufteilung machen wir am rechten Balkenstück, d.h. von Knoten 9 ~ 14. Die Z88-Eingabedateien Z88I1.TXT und Z88I2.TXT sehen also wie folgt aus:

```
2       15      14      45      0
        1       3       0       0
        2       3       5       0
        3       3       100     0
        4       3       200     0
        5       3       300     0
        6       3       400     0
        7       3       495     0
        8       3       500     0
        9       3       505     0
10      3       600     0
11      3       700     0
12      3       800     0
13      3       900     0
14      3       995     0
15      3       1000    0
        1       13
        1       2
        2       13
        2       3
        3       13
        ...     (gekürzt)
14      13
14      15
```

Die Randbedingungen sind also:

```
17
1       1       2       0
1       2       2       0
1       3       2       0
2       2       1       50
3       2       1       100
4       2       1       100
5       2       1       100
```

```
6    2    1    100
7    2    1    50
8    2    2    0
9    2    1    50
10   2    1    100
11   2    1    100
12   2    1    100
13   2    1    100
14   2    1    50
15   2    2    0
```

Die Elementparameter-Datei Z88ELP.TXT wird:

```
1
1    14    314    0    0    7854    10    0    0
```

Wozu sind die drei sehr kurzen Balkenstücke zu Beginn des Balkens, links und rechts des Mittellagers und am rechten Balkenende gut? Ganz einfach – direkt auf die Knoten 1, 8 und 15 kann keine Last gegeben werden (d.h. man kann schon, es nutzt nur nichts), weil sie dort sofort vom Lager absorbiert wird. Durch den Trick, unmittelbar daneben zu belasten, können die Gleichstreckenlasten sehr schön abgebildet werden. In der Tat rechnet man mit Z88, vgl. Z88O4.TXT:

Knoten Nr.	Reaktion	Z88	analytisch
1	Kraft	233 N	232 N
1	Moment	17.355 Nmm	17.857 Nmm
8	Kraft	569 N	571 N
15	Kraft	198 N	196 N

Durchlaufträger mit Gleichstreckenlast – statisch äquivalente Lasten

Nun kann man dieses Problem etwas eleganter, aber auch subtiler lösen: Man arbeite mit der äquivalenten Last für eine Gleichstreckenlast, vgl. Kap. 4.6.5, und dies ist nach Bild 13.13-5:

$$F_A = \frac{q_0 \cdot \ell}{2} = F_B\,, \quad M_A = \frac{q_0 \cdot \ell^2}{12} = M_B$$

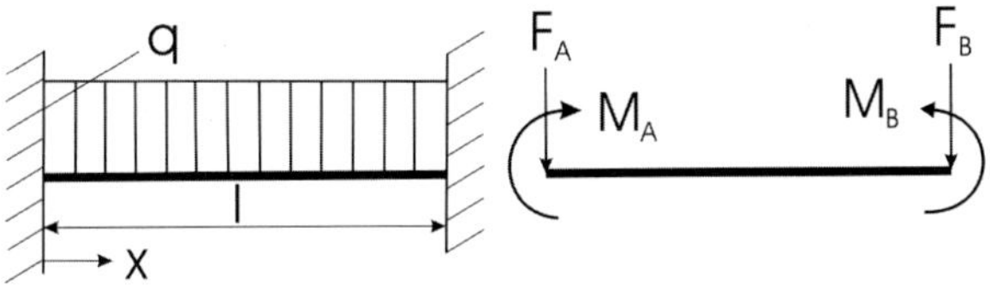

Bild 13.13-5: Die statisch äquivalente Last bei Gleichstreckenlast für einen beidseitig eingespannten Balken

Jetzt kommt es sehr genau darauf an, was man an Ergebnissen haben will: Wollen Sie nur die Verdrehungen an den beiden gelenkigen Stützen sehen, dann genügen genau 3 Knoten und 2

Finite Elemente: Die Knoten liegen bei 0 – 500 – 1000 und als Last wird lediglich ein Moment von

$$M_{bB} = \frac{q_0 \cdot \ell^2}{12} = \frac{1 \cdot 500^2}{12} = 20.833 Nmm$$

am Freiheitsgrad 3 des Knotens 3 eingeleitet (warum?). Aber die resultierenden Kräfte und Moment bekommen Sie so nicht. Daher gehen wir ganz ähnlich wie in der vorherigen Betrachtung vor (das Directory ist B13_3) und arbeiten mit insgesamt 7 Knoten, wobei die Knoten 1 – 2, 3 – 4 – 5 und 6 – 7 sehr dicht beieinander liegen mit einem Unterschied von nur x = 1mm:

```
2   7   6     21   0
1   3   0     0
2   3   1     0
3   3   499   0
4   3   500   0
5   3   501   0
6   3   999   0
7   3   1000  0
1   13
1   2
2   13
2   3
3   13
3   4
4   13
4   5
5   13
5   6
6   13
6   7
```

Die Randbedingungen werden mit

$$F_A = \frac{q_0 \cdot \ell}{2} = \frac{1 \cdot 500}{2} = 250N = F_B, \quad M_A = \frac{q_0 \cdot \ell^2}{12} = \frac{1 \cdot 500^2}{12} = 20.833 Nmm = M_B$$

```
13
1   1   2   0
1   2   2   0
1   3   2   0
2   2   1   -250
2   3   1   -20833
3   2   1   -250
3   3   1   +20833
4   2   2   0
```

```
5    2    1    -250
5    3    1    -20833
6    2    1    -250
6    3    1    +20833
7    2    2    0
```

Damit erhalten Sie sehr brauchbare Ergebnisse, vgl. Ergebnisdateien Z88O2.TXT und Z88O4. TXT:

Knoten Nr.	ψ_{Z88}	$\psi_{analy.}$	F_{Z88}	$F_{analy.}$
1	0	0	232 N	232 N
1	0	0	17.993 Nmm	17.857 Nmm
4	0,0004635	0,00046	572 N	571 N
7	0,00185	0,00184	196 N	196 N

Beachten Sie bei der analytischen Rechnung, dass Sie beim Knoten 4 einen Sprung in der Querkraft haben (= Lagerkraft), und Sie müssen beim Reduktionsverfahren, z.B. mit ZBALKEN */102/*, die Kräfte und Momente unmittelbar vor dem Lager zu denen unmittelbar *hinter* dem Lager addieren.

Allerdings muss man sich darüber im Klaren sein, dass man derartige „analytische" Aufgaben eigentlich besser entweder mit den klassischen Verfahren wie Föppl-Symbol und Koppeltafel löst oder, noch besser, beispielsweise das Reduktionsverfahren nutzt, vgl. *Decker /96/* und *Rieg /102/*.

Bild 13.13-6: Reduktionsprogramm ZBALKEN nach *Rieg /102/* – für dieses Beispiel geeigneter als die FEA

Balken mit Dreieckslast und federndem Lager

Ein weiteres Beispiel, Directory B13_4, ebenfalls ein klassisches Beispiel der Technischen Mechanik, vgl. *Göldner /112/*, ist analytisch einfach zu lösen, verlangt aber bei (hier unnötigem) FE-Einsatz mehrere Überlegungen. Es handelt sich um einen links eingespannten Balken mit Dreieckslast, dann folgt ein federndes Lager, sodann eine Einzelkraft, vgl. Bild 13.13-7.

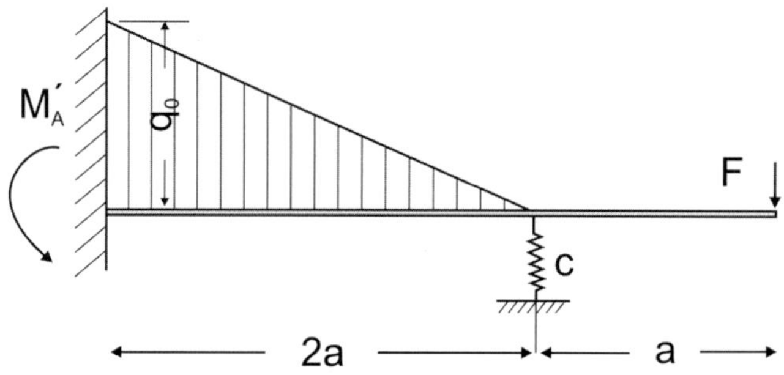

Bild 13.13-7: Ein Balken, elastisch gestützt

Das mechanische FEA-Ersatzbild zeigt Bild 13.13-8. Wie im vorherigen Beispiel müssen wir die Streckenlast diskretisieren: Für die meisten Felder brauchen wir eine Trapezlast, vgl. Bild 13.13-9. Die Streckenlastfälle „Gleichstreckenlast" und „Dreieckslast" können Sie z.B. *Dubbel /24/* entnehmen.

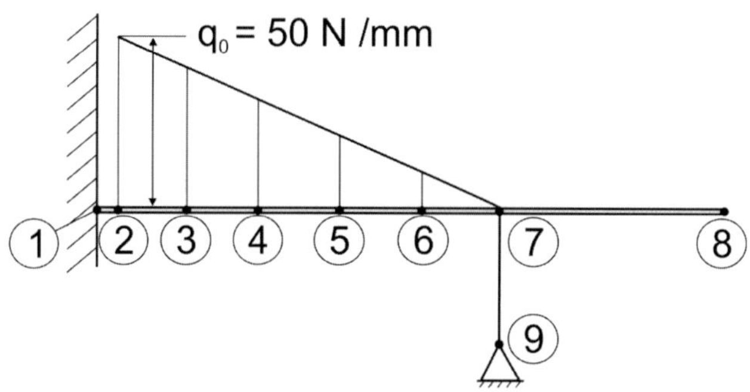

Bild 13.13-8: Das mechanische FEA-Ersatzbild des Balkes

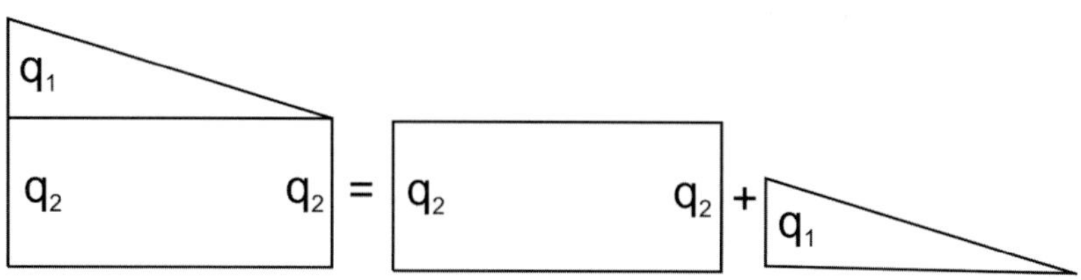

Bild 13.13-9: Superposition von Trapezlasten aus Gleichstreckenlast und Dreieckslast

Die Superposition beider Streckenlastfälle gemäß Bild 13.13-9 liefert:

linker Rand: $\frac{q_2 \cdot \ell}{2} + \frac{q_1 \cdot \ell}{3} = \frac{3q_2 \cdot \ell + 2q_1 \cdot \ell}{6}$

rechter Rand: $\frac{q_2 \cdot \ell}{2} + \frac{q_1 \cdot \ell}{6} = \frac{3q_2 \cdot \ell + 1q_1 \cdot \ell}{6}$

Die Unterteilung der Dreieckslast nehmen wir nach Bild 13.13-10 von:

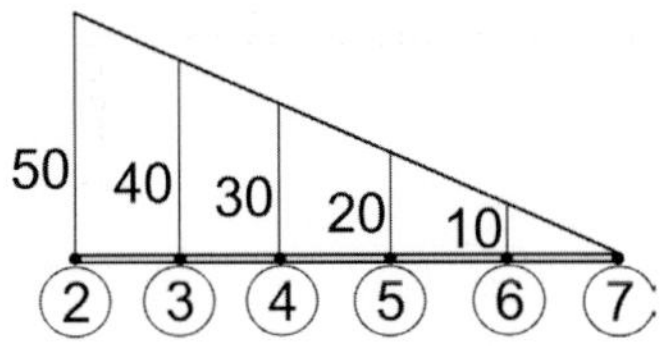

Bild 13.13-10: Zerlegung der Dreieckslast in mehrere Trapezlasten

Damit ergibt sich für den ersten Abschnitt Knoten 2-3:

linker Rand: $\frac{3 \cdot 40 \cdot 200 + 2 \cdot 10 \cdot 200}{6} = 4.667\ N$ auf Knoten 2

rechter Rand: $\frac{3 \cdot 40 \cdot 200 + 1 \cdot 10 \cdot 200}{6} = 4.333\ N$

Zweiter Abschnitt Knoten 3-4:

linker Rand: $\frac{3 \cdot 30 \cdot 200 + 2 \cdot 10 \cdot 200}{6} = 3.667\ N + 4.333\ N = 8.000\ N$ auf Knoten 3

rechter Rand: $\frac{3 \cdot 30 \cdot 200 + 1 \cdot 10 \cdot 200}{6} = 3.333\ N$

Dritter Abschnitt Knoten 4-5:

linker Rand: $\frac{3 \cdot 20 \cdot 200 + 2 \cdot 10 \cdot 200}{6} = 2.667\ N + 3.333\ N = 6.000\ N$ auf Knoten 4

rechter Rand: $\frac{3 \cdot 20 \cdot 200 + 1 \cdot 10 \cdot 200}{6} = 2.333\ N$

Vierter Abschnitt Knoten 5-6:

linker Rand: $\frac{3 \cdot 10 \cdot 200 + 2 \cdot 10 \cdot 200}{6} = 1.667\ N + 2.333\ N = 4.000\ N$ auf Knoten 5

rechter Rand: $\frac{3 \cdot 10 \cdot 200 + 1 \cdot 10 \cdot 200}{6} = 1.333\ N$

Fünfter Abschnitt Knoten 6-7:

linker Rand: $\frac{3 \cdot 0 \cdot 200 + 2 \cdot 10 \cdot 200}{6} = 667\ N + 1.333\ N = 2.000\ N$ auf Knoten 6

rechter Rand: $\frac{3 \cdot 0 \cdot 200 + 1 \cdot 10 \cdot 200}{6} = 333\ N$ auf Knoten 7

Kontrolle: 4.667 + 8.000 + 6.000 + 4.000 + 2.000 + 333 = 25.000 N, das stimmt, denn bei einer Streckenlänge von 1000 mm und einer Gleichstreckenlast von 50 N/mm würden dies 50.000 N bedeuten; bei Dreieckslast ergeben sich 25.000 N. Damit sehen die Eingabedateien Z88I1.TXT und Z88I2.TXT wie folgt aus:

```
2   9   8     26    0
1   3   0     0
2   3   5     0
3   3   200   0
4   3   400   0
5   3   600   0
6   3   800   0
7   3   1000  0
8   3   1500  0
9   2   1000  -500
1   13
1   2
2   13
2   3
3   13
3   4
4   13
4   5
5   13
5   6
6   13
6   7
7   13
7   8
8   9
```

7 9

Z88I2.TXT:

```
12
1    1    2    0
1    2    2    0
1    3    2    0
2    2    1    -4667
3    2    1    -8000
4    2    1    -6000
5    2    1    -4000
6    2    1    -2000
7    2    1    -         333
8    2    1    -16667
9    1    2    0
9    2    2    0
```

Für die Profile nehmen wir folgendes an: Der Träger sei ein INP 300 gemäß DIN-EN 10034 mit A= 6.900 cm^2 und I_{zz}= 9.800 cm^4. Die Feder bilden wir aus einem 500 mm langen Rundstab mit d= 20 mm, d.h. A= 314 mm^2. Damit wird die Federsteifigkeit c:

$$c = \frac{E \cdot A}{\ell} = \frac{206.000 \cdot 314}{500} = 129.368 \frac{N}{mm}$$

Daher wird die Elementparameter-Datei Z88ELP.TXT:

```
2
1    7    6900    0    0    98000000    150    0    0
8    8    314     0    0    0      0    0    0
```

Die FE-Berechnung und die analytische Berechnung ergeben folgende Ergebnisse:

Knoten	$F_{Y\ Z88}$	Ψ_{Z88}	$F_{Y\ analy.}$	$\Psi_{analy.}$
7	0,1895	0,000367	0,1799	0,000352
8	0,4074	0,000470	0,3905	0,000456

Wie entsteht die analytische Lösung? Das System ist statisch unbestimmt, die statisch Unbestimmte sei die Federkraft X. Es gilt:

Absenkung $f = w_s - w_x$

mit $w_s = w_q + w_F$ und $w_x = c \cdot X$,

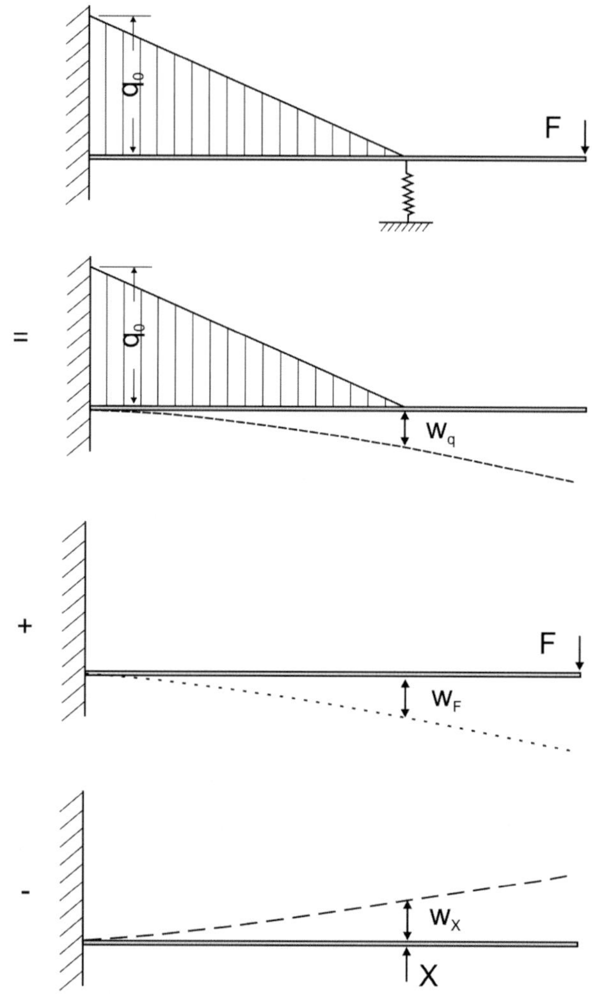

Bild 13.13-11: Die verschiedenen Verformungen am Gesamtsystem

dabei ist w_q die Absenkung aufgrund der Dreieckslast q und w_F die Absenkung aufgrund der Einzelkraft F, w_x die Absenkung durch die unbekannte Federkraft X. Es ist (Formeln vgl. z.B. *Dubbel /24/*):

$$w_q = \frac{q \cdot l^4}{30EI} = \frac{50 \cdot 1.000^4}{30 \cdot 206.000 \cdot 9.8 \cdot 10^7} = 0{,}08256\,mm$$

$$w_F = w_{F(x=500)} = \frac{F \cdot l^3}{6EI}\left(2 - 3\frac{x}{\ell} + \left(\frac{x}{\ell}\right)^3\right) =$$

$$\frac{16.667 \cdot 1.500^3}{6 \cdot 206.000 \cdot 9.8 \cdot 10^7}\left(2 - 3\frac{500}{1.500} + \left(\frac{500}{1.500}\right)^3\right) = 0{,}48159\,mm$$

$$w_s = w_q + w_F = 0{,}08256 + 0{,}48159 = 0{,}56415\,mm$$

$$w_x = \frac{X \cdot l^3}{3EI}$$

Das bedeutet:

$$f = \frac{X}{c} = w_s - w_x, \quad \frac{X}{c} = 0{,}56415 - \frac{X \cdot \ell^3}{3EI}, \quad \frac{X}{c} + \frac{X \cdot \ell^3}{3EI} = 0{,}56415$$

$$X\left(\frac{1}{c} + \frac{\ell^3}{3EI}\right) = 0{,}56415, \quad X = \frac{0{,}56415}{\frac{1}{129.368} + \frac{1000^3}{3 \cdot 206.000 \cdot 9{,}8 \cdot 10^7}} = 23.272\,N$$

Damit wird die Absenkung am Knoten 7, d.h. an der Stelle, an der die statisch Unbestimmte X wirkt:

$$f = \frac{F}{c} = \frac{23.272}{129.368} = 0{,}1799\,mm$$

Die weiteren Werte wurden mit dem Reduktionsprogramm ZBALKEN */102/* berechnet. Wenn man die mit FEA berechneten Werte mit denen der analytischen Berechnung vergleich, dann fällt auf, dass alle FEA-Ergebnisse etwas größer als die analytisch gewonnenen Werte sind. Das liegt daran, dass wir die Dreieckslast nicht fein genug diskretisiert haben. Wir haben zur Verifizierung dieser Aussage zwei Möglichkeiten: Entweder wir geben der Streckenlast mehr Unterteilungen (das wäre eine schöne Übung für Sie) oder wir machen ein kleines Gedankenexperiment:

Ein Balken auf zwei Stützen mit einer Gleichstreckenlast q_0 hat in der Balkenmitte folgende Durchbiegung, vgl. */24/*:

$$f_m = \frac{5}{384}\frac{q_0 \cdot \ell^4}{EI}$$

Die Gleichstreckenlast q_0 auf einer Länge ℓ würde einer konzentrierten Einzellast $F = q_0 \cdot \ell$ entsprechen, damit wäre

$$f_m = \frac{5}{384}\frac{q_0 \cdot \ell^4}{EI} = \frac{5}{384}\frac{F \cdot \ell^3}{EI}$$

Ein Balken auf zwei Stützen mit einer Einzellast F in der Mitte hat in der Balkenmitte folgende Durchbiegung, vgl. */24/*:

$$f_m = \frac{F \cdot \ell^3}{48EI} = \frac{8}{384}\frac{F \cdot \ell^3}{EI}$$

Damit verhalten sich die Absenkungen beider Biegefälle wie

$$\frac{5}{384}\frac{F \cdot \ell^3}{EI} : \frac{8}{384}\frac{F \cdot \ell^3}{EI} \rightarrow \frac{5}{384} : \frac{8}{384} \rightarrow 5 : 8$$

Das besagt, dass die Absenkung aufgrund einer Einzellast F fast doppelt so groß ist wie die Absenkung aus einer Gleichstreckenlast, die einer konzentrierten Last von F entspricht. Daher rechnen wir mit der FEA etwas zu groß, da wir die Dreieckslast durch mehrere (aber wohl nicht genug) konzentrierte Einzellasten ersetzt haben.

Balken mit Dreieckslast und federndem Lager-statisch äquivalente Lasten

Im zweiten Anlauf rechnen wir dieses Problem mit den statisch äquivalenten Lasten für eine Dreieckslast, Directory B13_5. Diese sind, vgl. Kap. 4.6.5:

$$F_A = \frac{7 \cdot q_0 \cdot \ell}{20}, \quad F_B = \frac{3 \cdot q_0 \cdot \ell}{20}, \quad M_A = \frac{q_0 \cdot \ell^2}{20}, \quad M_B = \frac{q_0 \cdot \ell^2}{30}$$

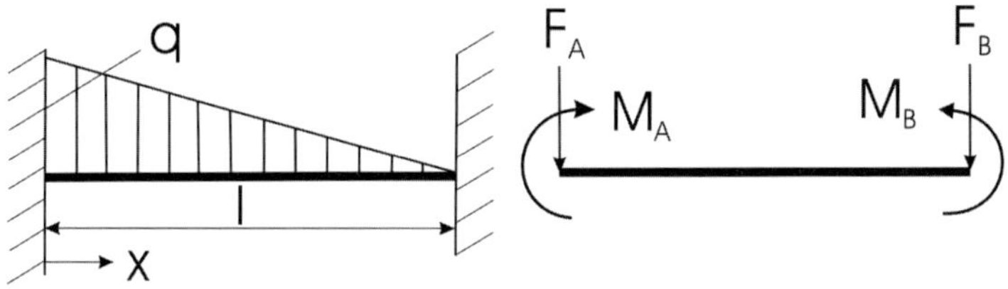

Bild 13.13-12: Die statisch äquivalenten Lasten bei einer Dreiecklast bei einem Balken

$$F_A = \frac{7 \cdot q_0 \cdot \ell}{20} = \frac{7 \cdot 50 \cdot 1.000}{20} = 17.500\,N$$
$$F_B = \frac{3 \cdot q_0 \cdot \ell}{20} = \frac{3 \cdot 50 \cdot 1.000}{20} = 7.500\,N$$
$$M_A = \frac{q_0 \cdot \ell^2}{20} = \frac{50 \cdot 1.000^2}{20} = 2.500.000\,Nmm$$
$$M_B = \frac{q_0 \cdot \ell^2}{30} = \frac{50 \cdot 1.000^2}{30} = 1.666.667\,Nmm$$

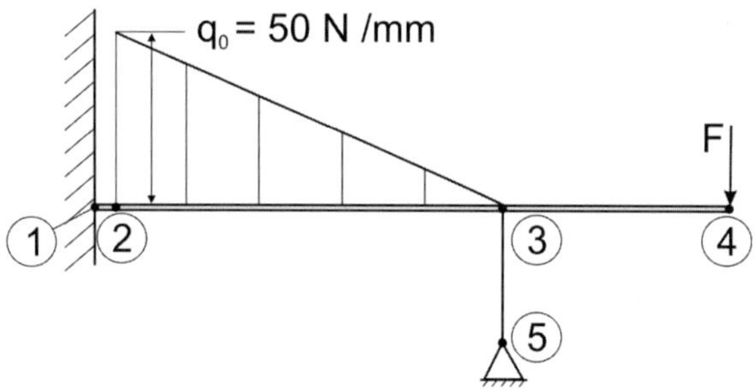

Bild 13.13-13: Der Balken, nunmehr mit statisch äquivalenten Lasten

Damit wird die Z88-Eingabedatei Z88I1.TXT:

```
2    5    4       14    0
1    3    0       0
2    3    1       0
3    3    1000    0
```

```
4    3    1500   0
5    2    1000   -500
1    13
1    2
2    13
2    3
3    13
3    4
4    9
3    5
```

Die Randbedingungsdatei Z88I2.TXT wird:

```
10
1    1    2    0
1    2    2    0
1    3    2    0
2    2    1    -17500
2    3    1    -2500000
3    2    1    -7500
3    3    1    +1666667
4    2    1    -16667
5    1    2    0
5    2    2    0
```

Die Ergebnisse sind ausgezeichnet, woraus wir schlussfolgern können, dass man Streckenlasten am besten mit den entsprechenden statisch äquivalenten Lasten abbildet. Man kommt aber nicht daran vorbei, dass man quasi dort „Hilfsknoten" (hier den Knoten 2) setzen muss, an denen diese Lasten eingeleitet werden sollen. So könnten Sie hier nicht diese Lasten am Knoten 1 einleiten, denn der ist bereits in Y- und Ψ-Richtung gesperrt: Lasten werden dann sofort von den Lagern absorbiert. Das entspricht an und für sich genau dem Vorgehen in der klassischen Technischen Mechanik, indem Sie Schnittkräfte unmittelbar vor und unmittelbar nach einem Sprung in der Querkraft- bzw. Momentenlinie berechnen.

Knoten Nr.	F_{Z88}	$F_{analy.}$	w_{Z88}	Ψ_{Z88}	$w_{analy.}$	$\Psi_{analy.}$
1	18.390 N	18.394 N	0	0	0	0
3	23.277 N	23.272 N	0,1799	0,000352	0,1799	0,000352
3	8.333.500 Nmm	8.333.500 Nmm	0,1799	0,000352	0,1799	0,000352
4			0,3905	0,000456	0,3905	0,000456

Ebener Rahmen mit Gleichstreckenlast

Dieses Beispiel ist *Schnell et al. /90/* entnommen: Ein ebener, zweifach statisch überbestimmt gelagerter Rahmen, vgl. Bild 13.13-14, trägt eine Gleichstreckenlast, und es werden die

Auflagerreaktionen an den Lagern A und B gesucht. Die statisch äquivalenten Lasten finden Sie in Kap. 4.6.5.

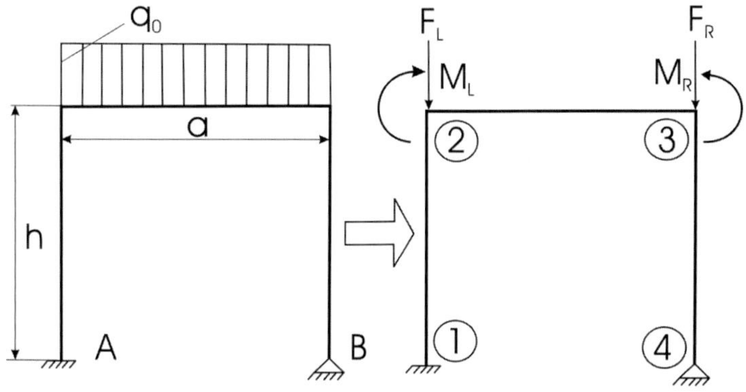

Bild 13.13-14: Ein zweifach statisch überbestimmt gelagerter Rahmen mit Gleichstreckenlast

Analytisch rechnet man, vgl. */90/*:

$$h = 5\,m\ ,\ a = 8\,m,\ q_0 = 10.000\ \frac{N}{m},$$

$$E = 2{,}06E11\ \frac{N}{m^2},\ A = 0{,}69\ m^2,\ I_{ZZ} = 9{,}8E-5\ m^4$$

$$A_V = \frac{15h^2 + 25ah + 3a^2}{15h^2 + 26ah + 3a^2} \cdot \frac{q_0 a}{2} = 39.004\ N$$

$$A_H = B_H = -\frac{1}{4} \cdot \frac{9h + a}{15h^3 + 26ah^2 + 3ha^2} \cdot q_0 a^3 = -8.443\ N$$

$$M_A = \frac{1}{4} \cdot \frac{2h}{15h^2 + 26ah + 3a^2} \cdot q_0 a^3 = 7.965\ Nm$$

$$B_V = \frac{15h^2 + 27ah + 3a^2}{15h^2 + 26ah + 3a^2} \cdot \frac{q_0 a}{2} = 40.996\ N$$

Die Z88-Eingabedateien sehen dann wie folgt aus, wobei als Längeneinheit *m* gewählt wird:

Z88I1.TXT:

```
2    4    3    12    0
1    3    0    0
2    3    0    5
3    3    8    5
4    3    8    0
1    13
1    2
2    13
2    3
3    13
3    4
```

Z88I2.TXT:

```
9
1   1   2   0
1   2   2   0
1   3   2   0
2   2   1   -40000
2   3   1   -53333
3   2   1   -40000
3   3   1   +53333
4   1   2   0
4   2   2   0
```

Z88ELP.TXT:

```
1
1   3   0.69   0   0   9.8E-5 0.15   0   0
```

Hier genügen tatsächlich die 4 Eckknoten des Rahmens, denn da Angriffsort der Ersatzlasten und Auflager nicht zusammenfallen, brauchen wir auch keine Hilfsknoten zu setzen. Damit wird das Beispiel sehr einfach und geradlinig. Ein Blick in die Datei der Knotenkräfte Z88O4. TXT zeigt, dass die analytischen Ergebnisse genau getroffen werden.

```
Die aufsummierten Knotenkraefte je Knoten
-----------------------------------------

Knoten        F(1)              F(2)              F(3)
     1   +8.44294E+003   +3.90044E+004   -7.96478E+003
     2   -3.79259E-009   -4.00000E+004   -5.33330E+004
     3   -6.46651E-009   -4.00000E+004   +5.33330E+004
     4   -8.44294E+003   +4.09956E+004   +1.45519E-011
```

Aus diesen Beispielen lernen Sie:

> Die Finite Elemente Analyse FEA ist für relativ einfache Fachwerk- und Balkenprobleme nicht unbedingt die richtige Wahl – hier gibt es einfachere Verfahren. Die FEA entfaltet ihre wahre Power erst bei komplizierten Kontinuumsaufgaben, dort, wo alle klassischen Verfahren versagen!

Brücke mit Vouten

Dieses Beispiel soll den umgekehrten Fall wie bisher zeigen: Hier ist die FEA ganz eindeutig der klassischen Technischen Mechanik überlegen. Das Beispiel ist sinngemäß *Hirschfeld /64/* entnommen; dort wird mit der sog. Dreimomentengleichung gearbeitet, und die Berechnungen ziehen sich über mehrere Buchseiten hin.

Ein Panzer der Bundeswehr, Typ Leopard 2A6, Gewicht 60 t, passiert auf seinem Weg von Veitshöchheim nach Wildflecken eine Mainbrücke, Bild 13.13-15. Dies ist eine Brücke mit Vouten, die aus zwei symmetrischen Wangen aus Stahl mit jeweils 10 cm Dicke besteht. Die Verbindungsgurte etc. interessieren hier nicht weiter. Alle Angaben in Bild 13.13-15 sind in Metern.

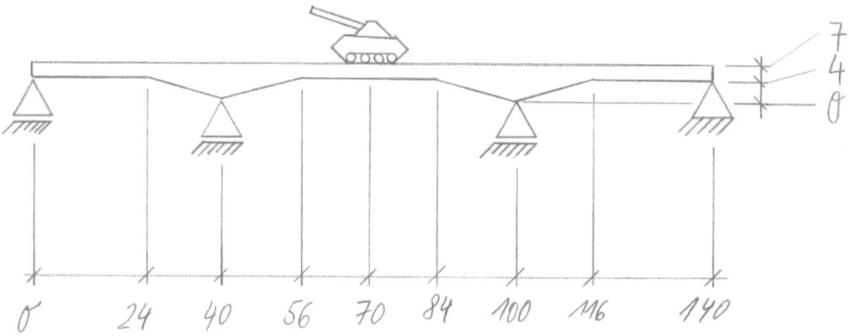

Bild 13.13-15: Eine Brücke mit Vouten

Eine solche ebene Struktur lässt sich sehr leicht rein von Hand skizzieren (vgl. Bild 13.13-15) und eingeben. Der Zeitbedarf dafür war 45 Minuten. Es wird zunächst eine Superstruktur aufgebaut, die dann vom Netzgenerator Z88N verfeinert wird. Besonders in der Zone der Streckenlast (dort, wo der Panzer steht; es sei angenommen, dass die Ketten auf 6 m Länge aufliegen) muss sorgfältig vorgegangen werden. Nachfolgend die Super-Strukturdatei Z88NI.TXT:

```
2 48 9 96 0 0 0
1 2 0 7
2 2 12 7
3 2 24 7
4 2 32 7
5 2 40 7
6 2 48 7
7 2 56 7
8 2 61 7
9 2 67 7
10 2 70 7
11 2 73 7
12 2 79 7
13 2 84 7
14 2 92 7
15 2 100 7
16 2 108 7
17 2 116 7
18 2 128 7
19 2 140 7
20 2 0 5.5
21 2 24 5.5
22 2 40 4
23 2 56 5.5
24 2 67 5.5
25 2 73 5.5
26 2 84 5.5
27 2 100 4
28 2 116 5.5
29 2 140 5.5
30 2 0 4
31 2 12 4
32 2 24 4
33 2 32 2
34 2 40 0
35 2 48 2
36 2 56 4
37 2 61 4
38 2 67 4
39 2 70 4
40 2 73 4
41 2 79 4
42 2 84 4
43 2 92 2
44 2 100 0
45 2 108 2
46 2 116 4
47 2 128 4
48 2 140 4
1 7
30 32 3 1 31 21 2 20
2 7
32 34 5 3 33 22 4 21
3 7
34 36 7 5 35 23 6 22
4 7
36 38 9 7 37 24 8 23
5 7
38 40 11 9 39 25 10 24
6 7
40 42 13 11 41 26 12 25
7 7
42 44 15 13 43 27 14 26
8 7
44 46 17 15 45 28 16 27
9 7
46 48 19 17 47 29 18 28
1 7
10 E 3 E
2 7
7 E 3 E
3 7
7 E 3 E
4 7
5 E 3 E
5 7
3 E 3 E
6 7
5 E 3 E
7 7
7 E 3 E
8 7
7 E 3 E
9 7
10 E 3 E
```

Plotten mit Z88O zeigt die Super-Struktur, Bild 13.13-16.

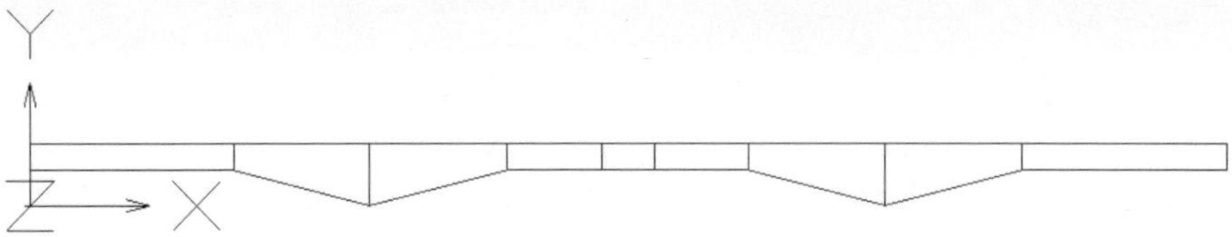

Bild 13.13-16: Die von Hand eingegebene Superstruktur

Der Lauf des Netzgenerators Z88N erzeugt die FE-Struktur, Bild 13.13-17.

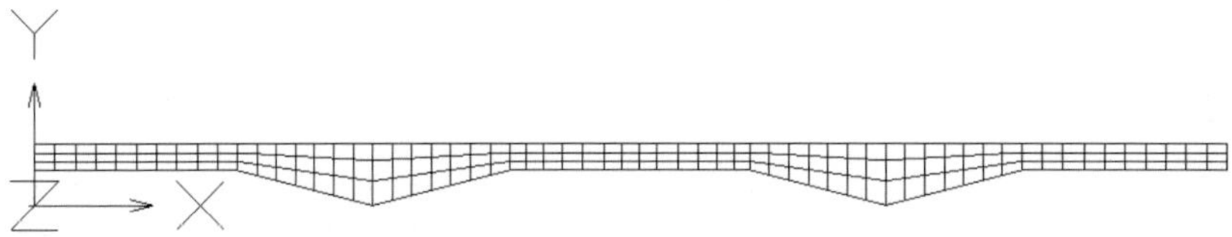

Bild 13.13-17: Die vom Netzgenerator Z88N erzeugte FE-Struktur

Mit dem Plotprogramm Z88O werden die Knoten für die vier Auflager abgelesen (1, 188, 485 und 672) und ein Zoom im Bereich der Elemente 90, 93 und 96 (der Bereich, in dem der Panzer steht) erlaubt das Ablesen der Knotennummern für die Streckenlast. Hier brauchen wir nicht mit statisch äquivalenten Lasten zu arbeiten, denn die Scheibenelemente Nr. 7 gestatten eine direkte Eingabe der Streckenlast; die Knotennummern werden nur zur Identifizierung der belasteten Elementkante benötigt.

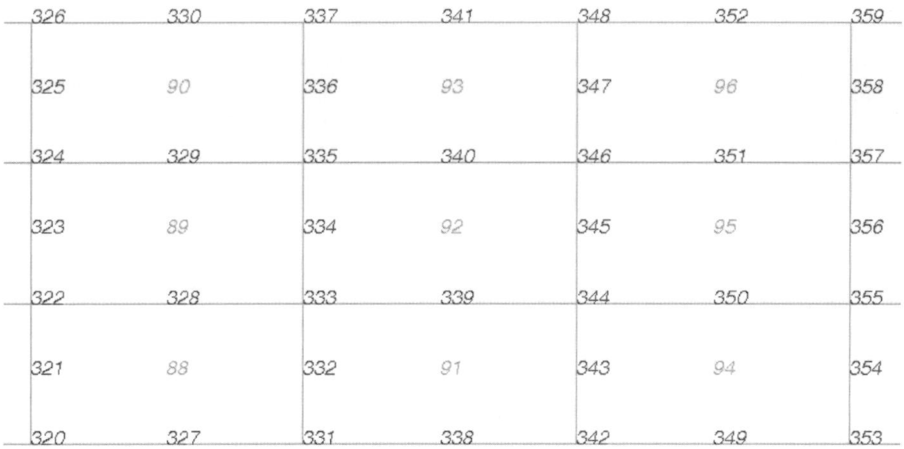

Bild 13.13-18: Ablesen der Knotennummern der Elemente 90, 93 und 96 für die Gleichstreckenlast

Die Streckenlast ist, da *zwei* Brückenwangen vorliegen, der Panzer 60 t wiegt und die Ketten auf 6 m Länge aufliegen, 5 t/m (diese an und für sich ungesetzliche Einheit verwenden wir hier aus Anschauungsgründen). Damit werden die Randbedingungsdatei Z88I2.TXT und die Streckenlastdatei Z88I5.TXT:

Z88I2.TXT:	Z88I5.TXT:
5 1 2 2 0 188 2 2 0 485 2 2 0 672 1 2 0 672 2 2 0	3 90 5 0 337 326 330 93 5 0 348 337 341 96 5 0 359 348 352

Zur Kontrolle sollten wir die Randbedingungen mit Z88O checken, Bild 13.13-19:

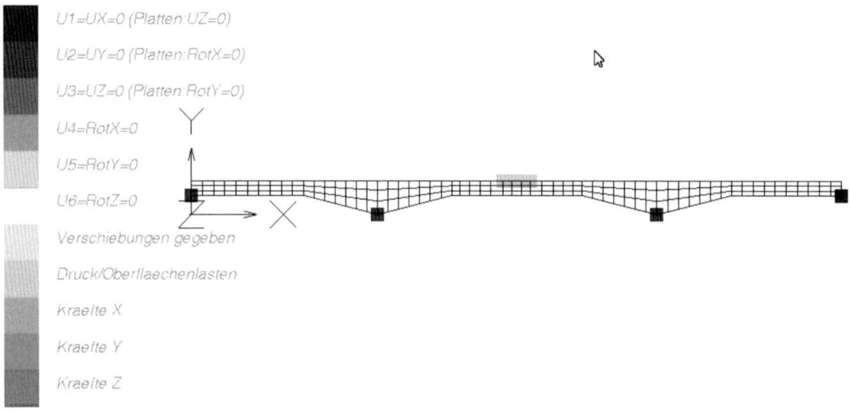

Bild 13.13-19: Kontrolle der Randbedingungen und Flächenlasten

Der Rechenlauf kann, da Z88N sehr gutartig nummeriert, mit dem einfachen Cholesky-Solver erfolgen. Mit Z88O kann die Verformung geplottet werden, Bild 13.13-20, aus der Datei der Knotenkräfte Z88O4.TXT lesen wir die Lagerkräfte ab, und aus der Verschiebungsdatei Z88O2. TXT können wir z.B. bei den Knoten 330, 337, 341, und 348 feststellen, dass die Absenkung unter dem Panzer ca. 8 mm beträgt. Außerdem erkenne Sie, dass die beiden mittleren Stützen, wie erwartet, Druckkräfte bekommen, die äußeren Stützen aber Zugkräfte nach oben!

Lagerkräfte:

linke äußere Stütze = Knoten 1	- 5,73465 t
linke mittlere Stütze = Knoten 188	+20,73470 t
rechte mittlere Stütze = Knoten 485	+20,73460 t
rechte äußere Stütze = Knoten 672	- 5,73463 t
Summe	+30,00000 t

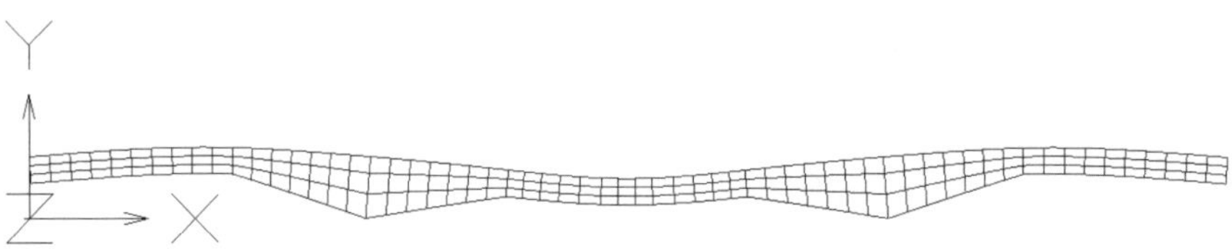

Bild 13.13-20: Verformung der Brücke, Vergrößerung je 300

Dieses Beispiel haben Sie, selbst bei vollständiger Handeingabe wie hier, ungleich schneller gerechnet als mit den Methoden der klassischen Technischen Mechanik. Alternativ hätten wir hier die Struktur auch in AutoCAD modellieren können und dann den DXF-Konverter Z88X laufen lassen können.

13.13.2 Mit Z88AuroraV2

Die Stabstrukturen, die in Z88V14 OS dargestellt sind, können in gleicher Weise wie in Beispiel 13.3 in Z88Aurora nachvollzogen werden oder Sie laden sich einfach die Z88V14 OS Beispiele in beschriebener Weise ein. Die etwas aufwändigere Variante 7 „Brücke mit Vouten" sei hier vorgestellt.

Brücke mit Vouten

Neuen Projektordner erstellen

Erstellen Sie einen neuen Projektordner .

Import Netzgeneratordatei

Die Beispieldateien Z88NI.TXT in *„z88_beispiele_z88v14os/b13_7"* anwählen und einlesen, danach Elementsets für die Netzgenerierung erzeugen.

Elementpicking

Die Superelemente nach Bild 13.13-21 in 4 Elementsets unterteilen.

Erstellung der FE-Struktur aus Superelementen

Wir unterteilen die Struktur jeweils unterschiedlich nach Bild 13.13-21 äquidistant in lokaler X-Richtung und lokaler Y-Richtung. Nach der Erstellung der Vernetzerregeln das Netz erstellen.

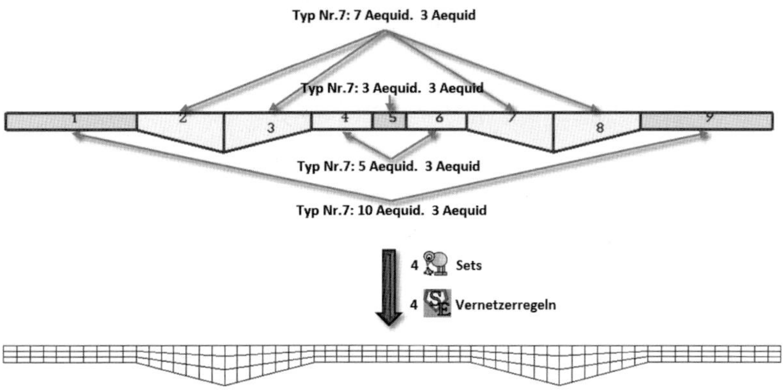

Bild 13.13-21: Unterteilung der Superelementstruktur und Generierung FE-Struktur

Festlegen der Scheibendicke:

Weisen Sie der Brücke eine Dicke von „10" zu.

Knotenpicking

Für die Linienlast des Panzers muss für die Knoten 326, 330, 337, 341, 348, 352, 359 ein Set „Panzer“ definiert werden.

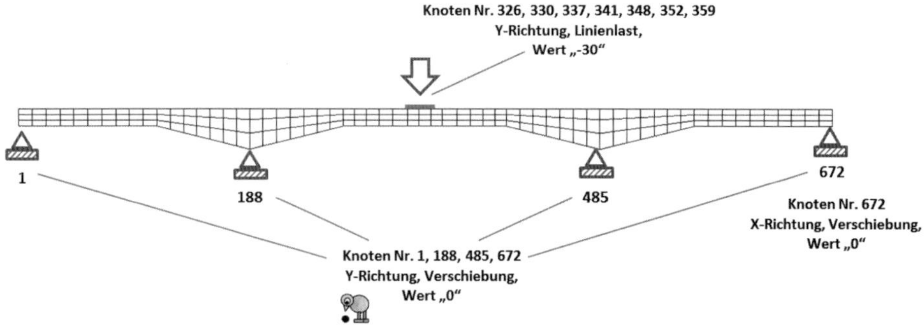

Bild 13.13-22: Unterteilung der Superelementstruktur und Generierung FE-Struktur

Randbedingungen

1. Set: X-Richtung, Randbedingungstyp „Verschiebung“, Wert „0“, Name „Festhaltung_X“
2. Set: Y-Richtung, Randbedingungstyp „Verschiebung“, Wert „0“, Name „Festhaltung_Y“
3. Set: Y-Richtung, Randbedingungstyp „Linienlast“, Wert „-30“, Name „Panzer“

Neues Material erstellen

Nachdem dieses Beispiel in der Einheit Meter konstruiert ist, beachten Sie bitte, dass keine Standardmaterialien aus der Z88Aurora Materialdatenbank verwendet werden dürfen, da sonst die Konformität nicht gewahrt wird!

Für die Erstellung eines neuen Materials konsultieren Sie Bsp. 13.2. Nachdem die Einheiten hier Meter und Tonne sind, beträgt der E-Modul des Stahls also 20.600.000 N/m^2.

Berechnung starten

Starten Sie die Berechnung mit dem „Pardiso-Solver“.

Ausgaben

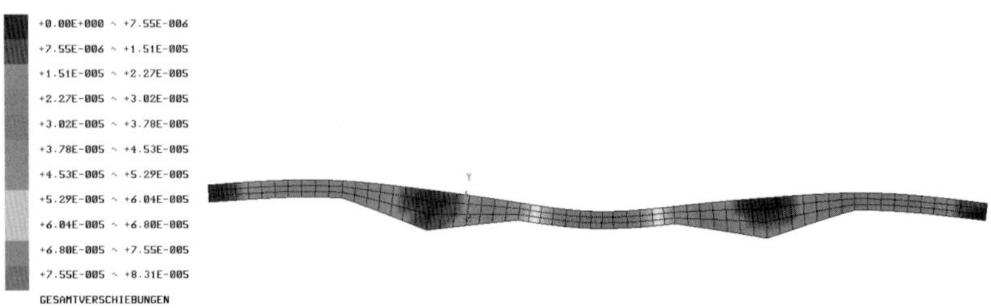

Bild 13.13-23: Verformte Brücke, Gesamtverschiebung, Verformungsfaktor 5.000

■ 13.14 Zahnrad

Wir betrachten ein Zahnrad, dessen Nabe auf die Welle aufgepresst wird. Dabei soll der Fugendruck des Preßverbands 100 N/mm^2 betragen. Es soll die Verformung untersucht werden, die durch die Aufweitung der Nabe bis in die Verzahnung geleitet wird. Die Verzahnung außen selbst wird weggelassen.

Bild 13.14-1: Vereinfachtes 3D-Modell eines Zahnrades

Diese Struktur selbst wurde in Pro/ENGINEER erzeugt. Im Modul Pro/MECHANICA wurden Randbedingungen, Netzsteuerwerte und der Druck p = 100 N/mm^2 eingegeben. Dann sollen Sie Schalenwerte definieren und das Netz als Schalen in Form von Dreiecken erzeugen. Im nächsten Schritt geben Sie dies als NASTRAN-Datei parabolisch mit Koordinatensystem CS0 als **Z88G.NAS** aus.

Wichtig ist die Wahl der Randbedingungen: Das Aufgeben des Fugendrucks ist kein Problem, wohl aber die geschickte Wahl der Lager, um die Struktur zwar einerseits sauber in der Ebene festzuhalten, andererseits aber die zu erwartenden Verformungen nicht zu behindern. Hier wendet man das Konzept des sog. *Virtuellen Fixpunkts* an:

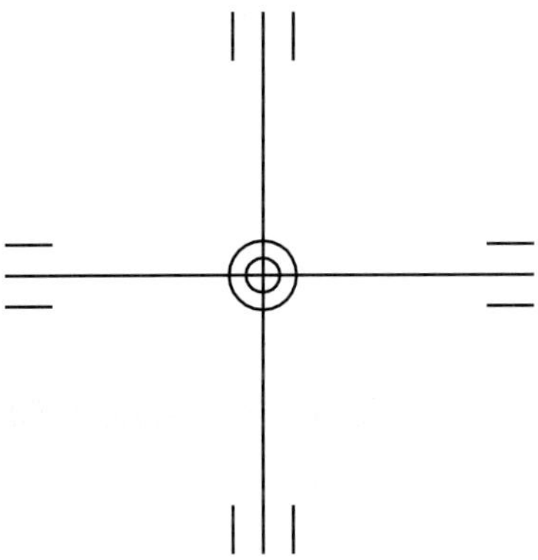

Bild 13.14-2: Darstellung der Lagerung mit „virtuellem Fixpunkt“

Es werden also 4 Punkte der Struktur definiert. Die beiden Punkte auf 3 und 9 Uhr werden jeweils in Y-Richtung festgehalten; in X-Richtung können sie verschoben werden. Die beiden Punkte auf 6 und 12 Uhr werden jeweils in X-Richtung festgehalten; in Y-Richtung können sie schieben. Dadurch entsteht in der Mitte ein sog. Virtueller Fixpunkt.

13.14.1 Mit Z88V14

Das Beispieldirectory B14_1 enthält die passenden Dateien: Laden Sie die NASTRAN-Datei und erzeugen Sie mit Z88G die Eingabedateien Z88I1.TXT, Z88I2.TXT und Z88I5.TXT.

Z88G.NAS	NASTRAN-Datei
Z88MAN.TXT	Steuerparameter für Solver
Z88MAT.TXT	Materialsteuerdatei
51.TXT	Materialdatei
Z88ELP.TXT	Elementparameter
Z88INT.TXT	Integrationsordnungen

Vorgehen in Z88:

- Z88G, Scheibenelemente, wandelt Z88G.NAS in Z88I1.TXT, Z88I2.TXT und Z88I5.TXT
- Z88R, im Testmodus und Cholesky-Mode: Feststellen des Hauptspeicherbedarfs
- Z88H, sortiert die Knotennummern um → geringerer Hauptspeicherbedarf
- Z88R, im Testmodus und Cholesky-Mode : Feststellen des Hauptspeicherbedarfs
- Z88R, im Cholesky-Mode, berechnet Verformungen, Spannungen und Knotenkräfte
- Z88O, Plotten FE-Struktur, nun auch verformt bzw. Spannungsanzeige

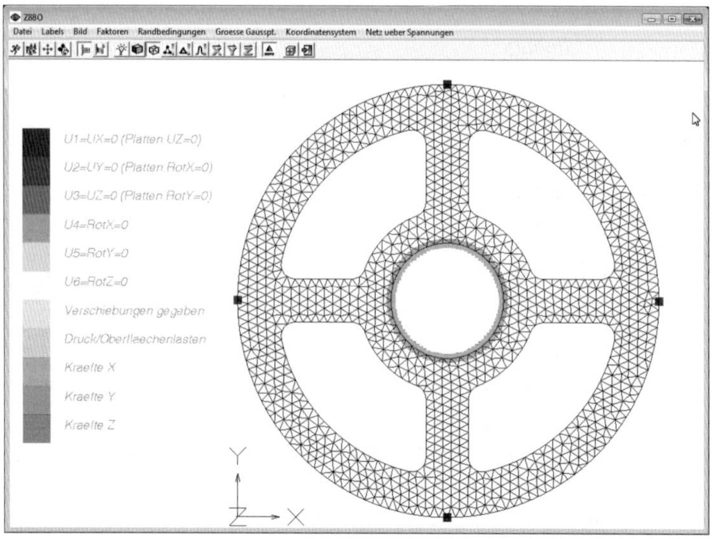

Bild 13.14-3: Z88O-Darstellung der aus Pro/MECHANICA importierten Struktur, Anzeige der Randbedingungen

An und für sich ist die FE-Struktur mit 4.546 Knoten und 2.064 Scheibenelementen sehr klein; trotzdem ist bei Elementen mit quadratischem Ansatz (Pro/MECHANICA-Nomenklatur: parabolisch) eine sehr schlechte Nummerierung zu erwarten; daher sollten wir den Solver zunächst im Testmode für den Cholesky-Mode laufen lassen. Dann würde der Solver 32.769.626 Elemente á 8 Bytes in der Gesamtsteifigkeitsmatrix brauchen, das sind etwa 262 MBytes! Dabei wurde nach neuerer Ansicht gesetzt: 1 MByte = 1.000.000 Byte. Ein Umnummerieren mit Z88H verringert dies auf 883.622 Elemente in GS = 7 MByte, das sind weniger als 3% des Ausgangswerts.

Achtung: Bei größeren Strukturen ist bei der OpenSource-Version von Z88 (Z88V14OS) möglichst früh eine Abschätzung von MAXKOI in Z88.DYN nötig, weil dieser Wert bereits beim Einlesen der Dateien bei Z88R, Z88O und Z88X gebraucht wird! Im Zweifelsfall lassen Sie den Wert von MAXKOI in Z88.DYN immer relativ hoch stehen, z. B. mit 500.000 oder mehr. Z88Aurora erledigt dies automatisch.

Für dieses Beispiel ergeben sich: 2.064 Finite Elemente × 6 Knoten je Element ist ca. 12.400. Diesen Wert in **Z88.DYN** bei **MAXKOI** eintragen, besser auf 13.000 aufrunden (in Z88.DYN dürfen natürlich keine Dezimaltrennpunkte eingetragen werden! Also MAXKOI 13000).

Es müssten also in **Z88.DYN** bei Z88V14OS mindestens folgende Werte (leicht aufgerundet) gegeben werden:

- MAXGS 890000
- MAXKOI 13000 *(2.064 Elemente × 6 Knoten pro Element ist etwa 12.400)*
- MAXK 4600
- MAXE 2100
- MAXNFG 9200
- MAXMAT 1
- MAXPEL 1
- MAXJNT 1
- MAXPR 1 *(beliebig)*
- MAXRBD 200

Die Randbedingungen für den virtuellen Fixpunkt stellen sich nach Z88H, d. h. nach Knotennummerierung in der Datei Z88I2.TXT wie folgt dar:

12 Uhr: Knoten 110 mit $u_x = 0$

3 Uhr: Knoten 1891 mit $u_y = 0$

6 Uhr: Knoten 4542 mit $u_x = 0$

9 Uhr: Knoten 1859 mit $u_y = 0$

Jetzt kann der Solver Z88R im Cholesky-Mode und Berechnungsmode gestartet werden.

Damit sind die Verformungen berechnet und können mit dem Plotprogramm **Z88O** gezeigt werden, wobei die Vergrößerungen FUX und FUY zu je 300 gesetzt werden sollen, um folgendes Verformungsbild zu erzeugen, siehe Bild 13.14-4. An den Knoten 110, 1859, 1891 und 4542 stellen sich Verschiebungen von je 0,027 mm ein. Das würde eine präzise Verzahnung bereits um ihre Laufeigenschaften bringen. Während sich die Nabenbohrung weitgehend kreisrund aufweitet, wird der Außendurchmesser polygonartig verzerrt. Bei den Integrationsordnungen genügt es, für INTORD (Integrationsordnung für die Verformungsberechnung) und INTOS

(Integrationsordnung für die Spannungsberechnung) in Z88INT.TXT jeweils eine 3 vorzugeben. Sie können später auch einmal versuchen, eine 7 für INTORD und eine 3 für INTOS vorzugeben oder jeweils 7. Versuchen Sie auch jeweils 13. Ändern sich die Ergebnisse?

Da es sich um Scheibenelemente handelt, muss deren Dicke mit 20 mm in Z88ELP.TXT angegeben werden. Wie zu erwarten war, entstehen die höchsten Vergleichsspannungen am Innenrand, d. h. in der Nabenbohrung, vgl. Bild 13.14-4. Man erkennt die jeweils 3 Gaußpunkte pro Finitem Element im Bild 13.14-5.

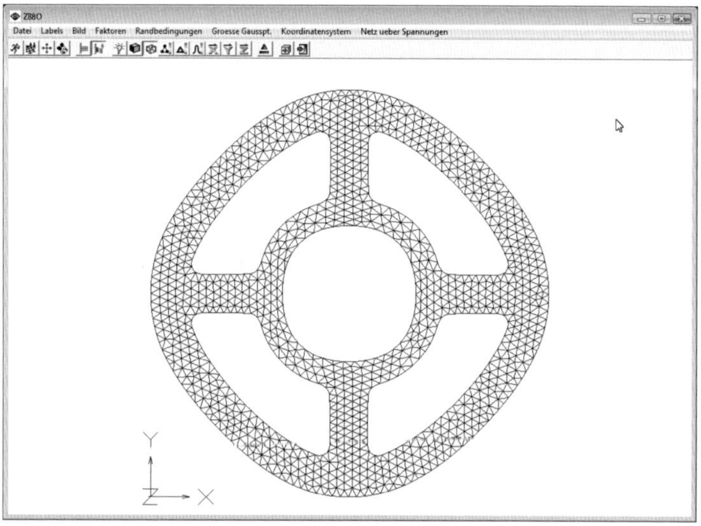

Bild 13.14-4: Verformte Struktur aufgrund der vorgegebenen Beanspruchungen

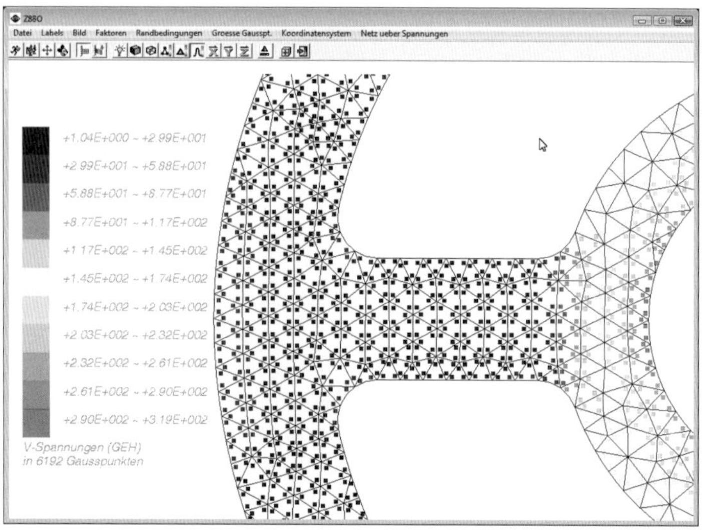

Bild 13.14-5: Z88O: Anzeige der mit Z88R berechneten Spannungen in den Gaußpunkten nach Gestaltänderungsenergie-Hypothese

Alternativ werden wir die Struktur nun mit einem der Sparsematrix-Solver berechnen; wählen wir den SICCG-Solver mit

```
MAXIT      10000
EPS        1e-007
RALPHA     0.0001
```

Lassen Sie, um die Ausgangssituation wiederherzustellen, noch einmal Z88G laufen. Damit werden die Solver-Eingabedateien Z88I1.TXT, Z88I2.TXT und Z88I5.TXT neu erzeugt; sie sind noch nicht umnummeriert, was hier auch unnötig ist. Denn wenn Sie das nachher einmal probeweise machen, werden Sie feststellen, dass sich keine Speicherreduzierung ergibt - was auch klar ist, denn wir arbeiten bei den Sparsematrix-Solvern ohnehin nur noch mit den Nicht-Nullelementen - und weniger geht nicht! Beachten Sie, dass bei der Ausgangsstruktur die 4 äußeren Knoten die Nummern 1 (6 Uhr), 2 (3 Uhr) 3 (9 Uhr), und 38 (12 Uhr) haben, vgl. Bild 13.14-6. Das können Sie sehr leicht mit Z88O durch entsprechendes Zoomen, Verschieben und Labeln feststellen. Rechnen Sie dann ohne Umnummerieren mit Z88R im SICCG-Mode; Sie werden ca. 210 Iterationen brauchen. Vergleichen Sie die Ergebnisse der Verschiebungsberechnung in Z88O2.TXT mit denen des Cholesky-Solverlaufs nach Umnummerieren. Stellen Sie signifikante Abweichungen fest? Nein. Daraus können Sie den Schluss ziehen, dass Sie bei FE-Strukturen mit quadratischen Ansätzen gleich von vorne weg einen Sparsematrix-Solver nehmen (SICCG und SORCG, bei Z88Aurora auch zusätzlich Pardiso), den eine schlechte Ausgangsnummerierung der Knoten überhaupt nicht stört.

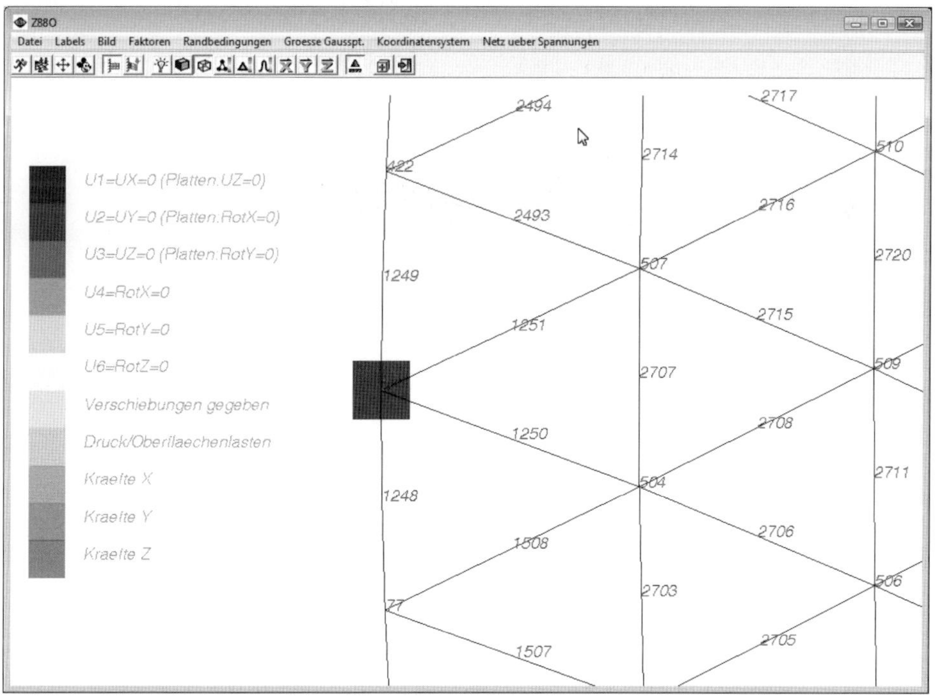

Bild 13.14-6: Lage der Original-Knoten vor bzw. ohne Umnummerieren; hier der Knoten 3 auf 9 Uhr

Alternativ soll nun mit Scheiben Nr. 7, also isoparametrischen krummlinigen Serendipity Elementen mit 8 Knoten gearbeitet werden. Dazu lässt man in Pro/ENGINEER im Modul Pro/MECHANICA Schalen-Vierecke erzeugen. Ausgangspunkt ist die NASTRAN-Datei Z88G.NAS im Beispieldirectory **B14_2**. Starten Sie Z88G, *Scheibenelemente*:

- 3.749 Knoten
- 1.109 Elemente
- 7.498 Freiheitsgrade

Aufgrund der Erkenntnisse bezüglich Knotennummerierung und Solver nehmen wir diesmal gleich den SICCG-Solver, der ca. 229 Iterationen braucht. Als Integrationsordnungen werden jeweils 3 für INTORD und INTOS in Z88INT.TXT gesetzt, die Dicke 20 mm in Z88ELP.TXT ist logischerweise identisch zum vorherigen Beispiel. Die 4 äußeren Knoten haben wie im vorherigen Beispiel vor Umnummerieren die Nummern 1 (6 Uhr), 2 (3 Uhr) 3 (9 Uhr), und 38 (12 Uhr). Dort lesen Sie in Z88O2.TXT wie vorher Verschiebungswerte von etwa 0,027 mm ab. Auch die Spannungen liegen mit max. 315 N/mm^2 wie beim Dreiecksnetz mit max. 319 N/mm^2 (wobei berücksichtigt werden muss, dass die Lage der Gaußpunkte bei einem krummlinigen Dreieck etwas anders ist als bei einem krummlinigen Viereck, was die ohnehin minimalen Abweichungen begründen mag).

Insgesamt zeigt das Netz das typische Verhalten von Automeshern, d. h. starke Unsymmetrien, vgl. Bild 13.14-7.

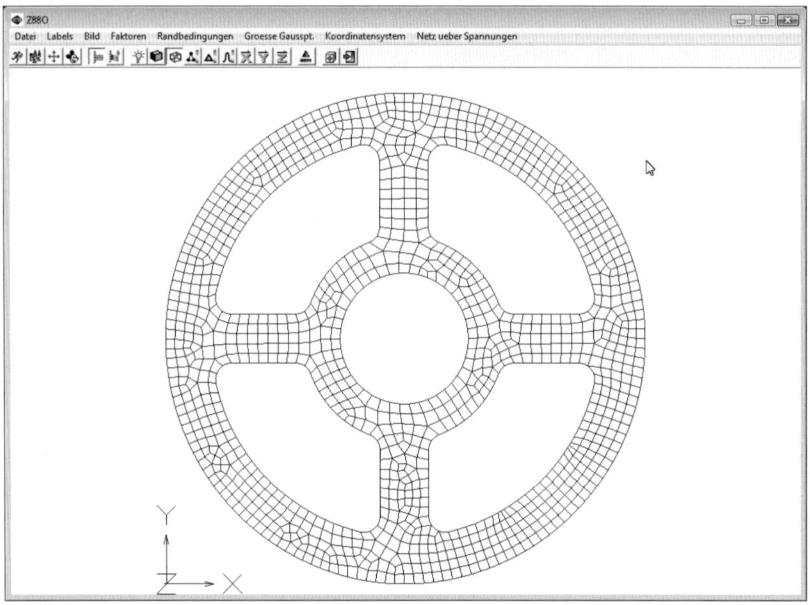

Bild 13.14-7: Alternative Rechnung mit Scheiben Nr. 7, also isoparametrischen krummlinigen Serendipity Elementen mit 8 Knoten (Viereck)

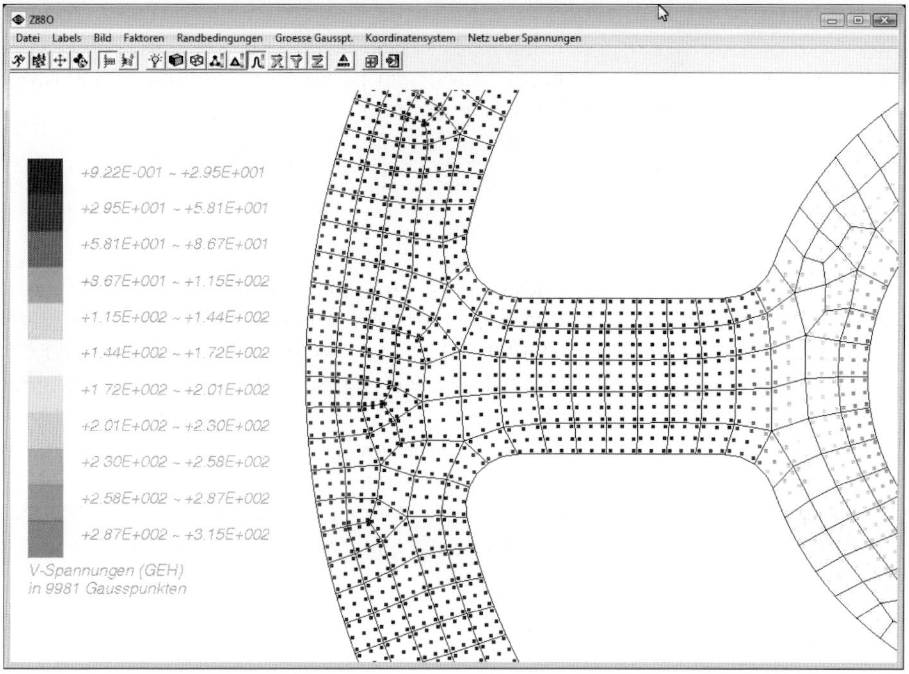

Bild 13.14-8: Z88O: Gaußspannungen der Struktur aus Scheiben Nr. 7

Dieses Beispiel zeigt, dass die Entscheidung, ob Dreiecks- oder Viereckselemente bei Automeshern, relativ egal ist. Gefühlsmäßig würden wir hier eher zum Dreiecksnetz neigen, weil es symmetrischer ist - das Vierecksnetz hat einfach stärkerer Unsymmetrien, die in manchen Fällen für Überraschungen sorgen können. Würde man aber diese an sich einfache Struktur mit Superelementen schön sauber symmetrisch abbilden und mit dem Netzgenerator Z88N verfeinern, würden wir zu den Scheiben Nr. 7, also Vierecken, neigen, da sie systemimmanent immer genauer rechnen als Dreiecke.

13.14.2 Mit Z88AuroraV2

Die Beispiele Zahnrad mit Scheiben Nr. 14 und Scheiben Nr. 7 sind als Nastran-Importdatei vorhanden. Zu den beiden Scheiben Beispielen importieren wir in Z88Aurora eine STEP-Datei, bringen die Randbedingungen auf und vergleichen die Ergebnisse der drei Berechnungen.

Neuen Projektordner erstellen

Erstellen Sie einen neuen Projektordner .

Import Nastran-Struktur

Die Beispieldateien z88g.nas aus *„z88_beispiele_z88v14os/b14_1“* bzw. *„z88_beispiele_z88v14os/b14_2“* wie gewohnt importieren, wobei die Importoption „Scheiben“ eingestellt wird. Die Struktur mit Randbedingungen erscheint im OpenGL-Fenster. Nur die Materialzuweisung wird entfernt, um die interne Materialdatenbank von Z88Aurora konsistent zu halten.

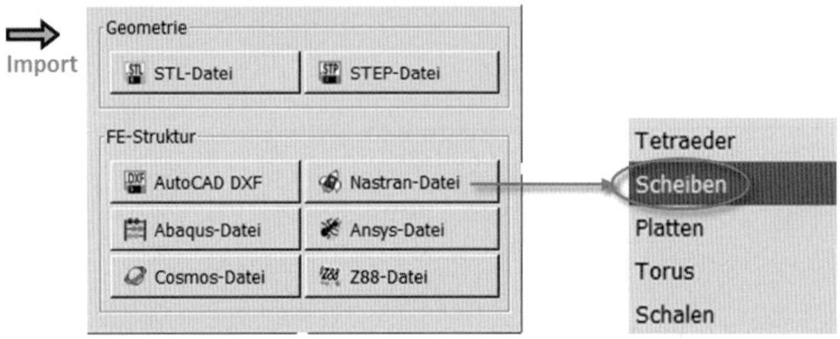

Bild 13.14-9: Import einer Nastran-Datei mit Einstellung „Scheiben“

Festlegen der Scheibendicke

Wie bei Beispiel 13.1 legen wir die Scheibendicke im Elementparametermenü für alle Elemente mit der Dicke „20“ fest.

Material zuweisen

Verwenden Sie das Material Baustahl S235JR aus der Z88Aurora-Materialdatenbank.

Berechnung starten

Sie können wie bisher den Pardiso-Solver verwenden.

Neuen Projektordner erstellen

Erstellen Sie einen neuen Projektordner .

Import STEP-Geometrie

1. Gehen Sie hierzu auf das „Import“ Icon → Das Kontextmenü erscheint auf der rechten Seite.
2. STEP-Datei wählen → Importdialog öffnet sich
3. In den Beispielordner *„z88_beispiele_z88aurora/b14/STEP-Datei“* wechseln
4. „zahnrad.stp“ auswählen
5. Mit „OK“ den Import starten

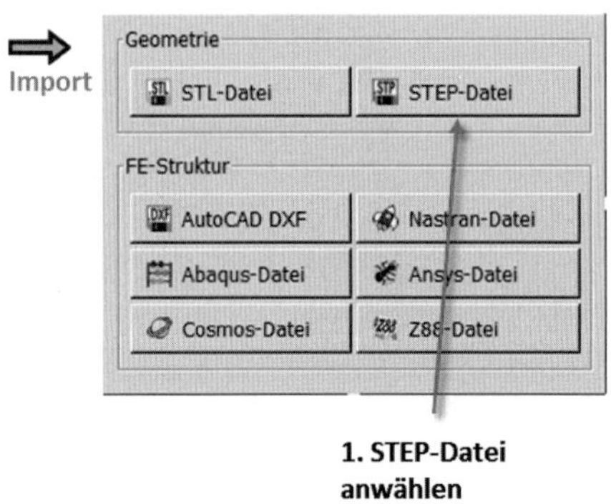

Bild 13.14-10: STEP-Geometrie importieren

Vernetzung erzeugen

Vernetzerregel für Netgen, quadratische Tetraeder, Wert „5“ erstellen.

Flächenpicking für Druckrandbedingungen

Um den Fugendruck zu simulieren, ist es notwendig, die Nabenfläche mit dem „Flächenpicking“ zu selektieren. Wählen Sie ein Element und klicken auf „Fläche“, Name des Sets „Druck“.

Knotenpicking für Festhaltung

Für den virtuellen Fixpunkt benötigt man im dreidimensionalen auch eine Fixierung in Z-Richtung, die hier durch die Markierung der äußeren Kante realisiert wird. Für die Fixierung in X- und Y-Richtung wird das Bauteil in die XY-Ansicht orientiert. Mit der Alt-Taste die jeweiligen Knotenbereiche nach Bild 13.14-11 wählen.

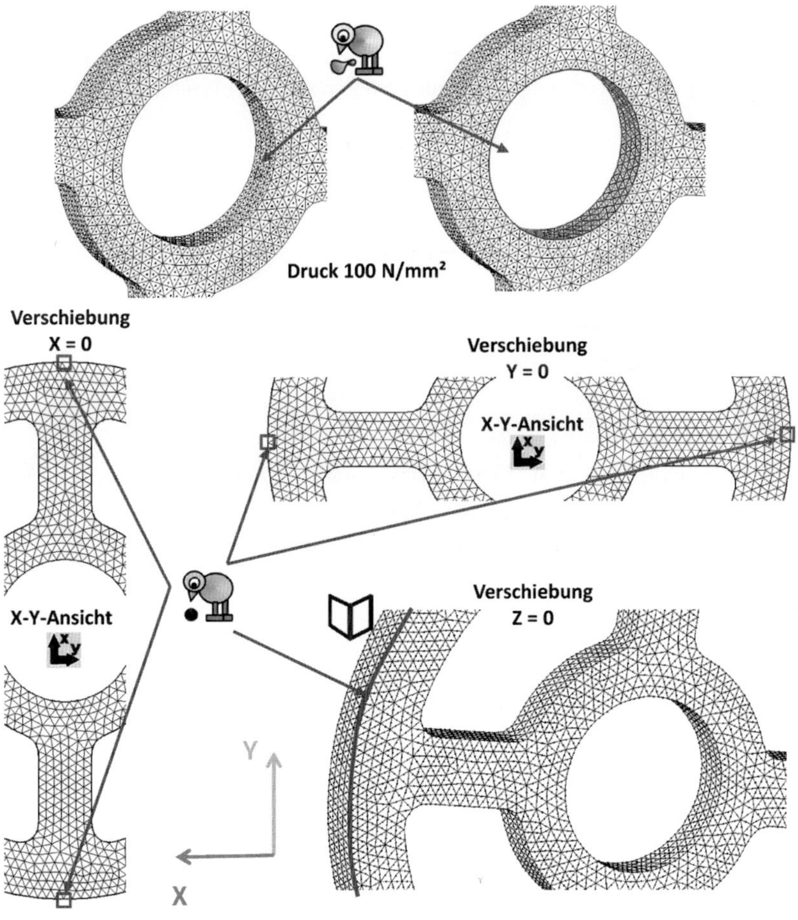

Bild 13.14-11: Picking für die Randbedingungen

Randbedingungen

1. Set: X-Richtung, Randbedingungstyp „Verschiebung", Wert „0", Name „Festhaltung_X"
2. Set: Y-Richtung, Randbedingungstyp „Verschiebung", Wert „0", Name „Festhaltung_Y"
3. Set: Z-Richtung, Randbedingungstyp „Verschiebung", Wert „0", Name „Festhaltung_Z"
4. Set: Richtung wird nicht benötigt, Randbedingungstyp „Druck", Wert „100", Name „Druck"

Material zuweisen

Verwenden Sie das Material Baustahl S235JR aus der Z88Aurora-Materialdatenbank.

Berechnung starten

Starten Sie die Berechnung mit dem „Pardiso-Solver".

Ergebnisvergleich

Die Ergebnisanalyse zeigt, dass alle Varianten mehr oder weniger das gleiche Ergebnis liefern, die Auswahl hängt somit stark von der Modellgröße und den Ausgangsbedingungen der Modellbereitstellung ab.

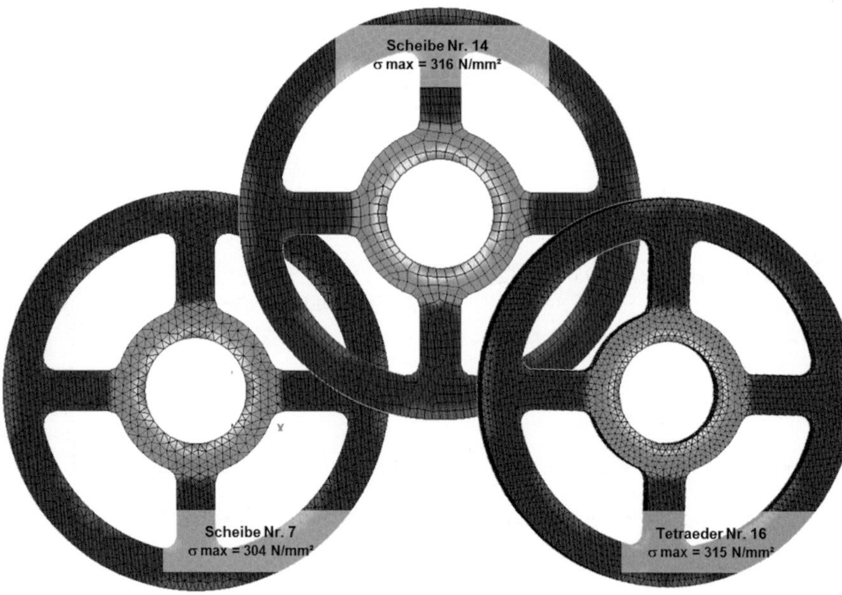

Bild 13.14-12: Vergleichsspannungen in den Eckknoten von Scheibe Nr. 7, Nr. 14 und Tetraeder Nr. 16

13.15 3D-Schraubenschlüssel

Bei diesem Beispiel wurde ein Schraubenschlüssel im 3D-CAD Programm Pro/ENGINEER als 3D-Modell erzeugt, der in seinen Proportionen, jedoch nicht in den aktuellen Abmessungen dem Schraubenschlüssel des Beispiels 13.1 entspricht. Hier soll gezeigt werden, wie die verschiedenen Elementtypen, wie sie von Automeshern verwendet werden, sinnvoll eingesetzt werden. Sie können dieses Beispiel selbstverständlich vollständig nachvollziehen, ohne das o. g. CAD-Programm im Zugriff haben zu müssen.

13.15.1 Mit Z88V14

Fall 1:

Das Directory für das erste Beispiel ist B15_1. Nutzen Sie Z88G, Konvertierung der *COSMOS-Datei* Z88G.COS nach Z88I1.TXT, Z88I2.TXT und Z88I5.TXT, *Konvertiere in Scheibenelemente.*

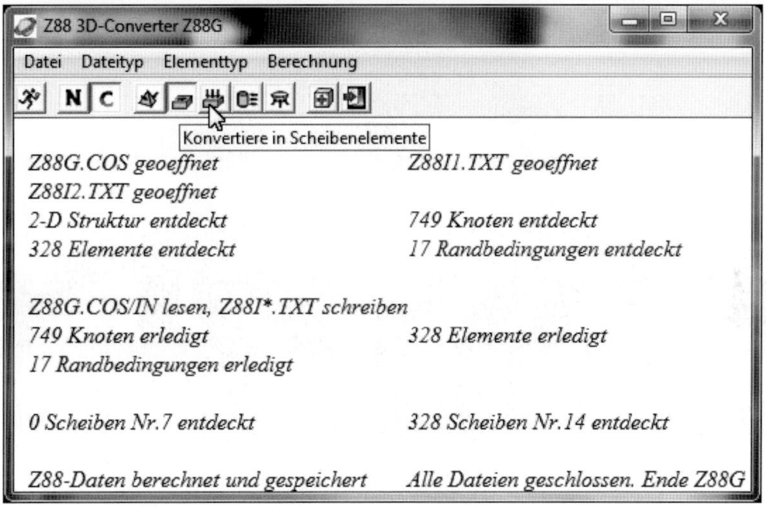

Bild 13.15-1: „Konvertiere in Scheibenelemente" aktivieren. Der Output von Z88G weist alle notwendigen Werte aus

Betrachten der generierten Eingabedatei Z88I1.TXT:

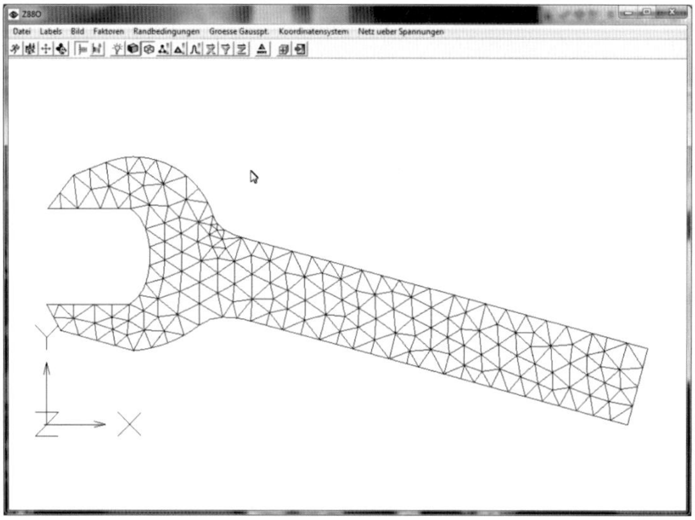

Bild 13.15-2: Z88O: Wie ersichtlich, wurden Dreieckselemente erzeugt

Die Eingabedatei Z88I1.TXT weist folgende Daten aus:

- 749 Knoten
- 328 Elemente vom Typ 14
- 1498 Freiheitsgrade

Wenn Sie nun den Cholesky-Solver **Z88R** mit der Testoption laufen lassen, dann benötigt der momentane Strukturaufbau von Z88I1.TXT 909.759 Elemente in der Gesamtsteifigkeitsmatrix, d. h. rund 7 MByte Speicher (900.759 x 8 Byte je Element)!

Wie schon früher festgestellt, erzeugen Autovernetzer sehr oft extrem schlecht nummerierte Netze, und daher sollten Sie nun den Cuthill-McKee-Algorithmus **Z88H** starten.

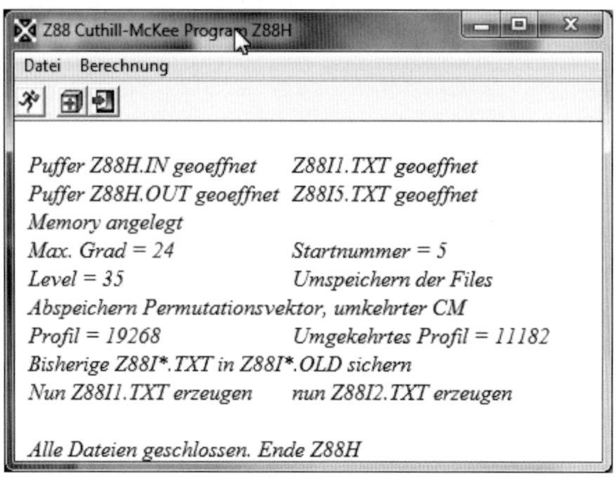

Bild 13.15-3: Ergebnisse des Cuthill-McKee-Programms

Um zu testen, ob der Lauf mit Z88H etwas gebracht hat, sollten Sie erneut **Z88R** mit der Testoption im Cholesky-Mode laufen lassen: Der Speicherbedarf hat sich sehr spürbar vermindert, und zwar von 909.759 Elementen auf nur noch 43.979 (also rund 350 KB). Das entspricht einer Reduzierung um fast 95 %.

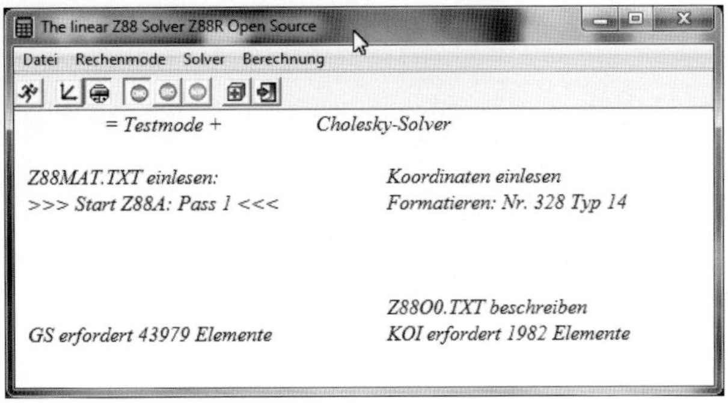

Bild 13.15-4: Ablesen des reduzierten Speicherbedarfs in Z88R

Sie können also nun die korrekten Werte in **Z88.DYN** eintragen und die Verschiebungen mit **Z88R** rechnen. Wenn Sie nun mit **Z88O** plotten und sich die Vergleichsspannungen anzeigen lassen, dann stellen Sie einen höchsten Wert von σ_V = 721 N/mm^2 fest. Die verformte Struktur sollten Sie anstatt mit 100 nur mit 10, d. h. FUX = FUY = 10, vergrößern. Wenn Sie die untere Spitze des Schlüssels zoomen und dann die Knoten labeln, stellen Sie fest, dass der äußere untere Knoten die Nummer 4 hat. Wenn Sie nun **Z88O2.TXT** betrachten, also die Ausgabedatei der Verschiebungen, finden Sie eine Verschiebung des Knotens 4 in Y-Richtung, also u_2, von -0,164 mm.

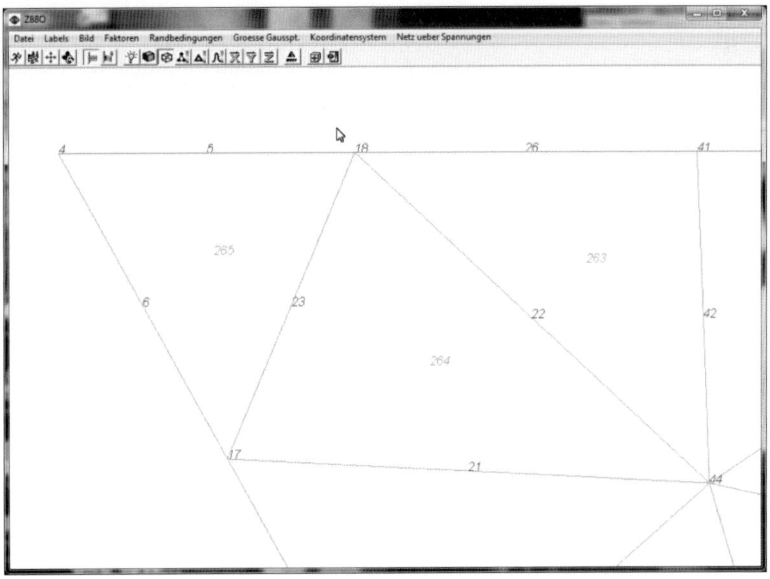

Bild 13.15-5: Z88O: Ermitteln der richtigen Knotennummer (Nr. 4) durch Zoomen der Struktur

```
Ausgabedatei Z8802.TXT: Verschiebungen, erzeugt mit Z88R V140S
                                                  **************
Knoten          U(1)              U(2)          U(3)   U(4)      U(5)     U(6)
     1   -3.0099948E-002   -8.1590255E-002
     2   -3.0099892E-002   -8.0401507E-002
     3   -3.1465409E-002   -8.0493281E-002
     4   -1.1352312E-002   -1.6428690E-001
     5   -1.1380529E-002   -1.5755881E-001
```

Diese beiden Werte behalten wir im Hinterkopf:

$\sigma_V = 721$ N/mm^2

$-u_2 = -0{,}164$ mm

(am äußeren unteren Knoten; hier Knoten 4)

Fall 2:

Nun soll derselbe Schlüssel nicht mit *Dreiecken* (Z88G macht aus Dreiecken mit 6 Knoten in NASTRAN- bzw. COSMOS-Dateien dann Z88-Scheiben Nr. 14, also krummlinige Serendipity Scheiben - prinzipiell könnten auch Z88-Scheiben Nr. 3 genommen werden) abgebildet werden, sondern mit *Vierecken* (Z88 macht daraus Scheiben Nr. 7). Das kann bei der Modell *Erzeugung als Schalen* mit *Netzpaaren* in Pro/MECHANICA vorgewählt werden.

Das Beispieldirectory ist B15_2. Starten Sie **Z88G**, wählen Sie den COSMOS-Mode, um die Z88-Eingabedateien Z88I1.TXT, Z88I2.TXT und Z88I5.TXT zu erzeugen, *Konvertiere in Scheibenelemente.* Dann editieren Sie **Z88I1.TXT** und finden

- 575 Knoten
- 160 Elemente Typ 7

und bei einem Testlauf mit Z88R im Cholesky-Mode und Testoption stellen Sie fest, dass Sie mit 537.181 Elementen in GS einen sehr hohen Speicherbedarf für diese kleine Struktur haben!

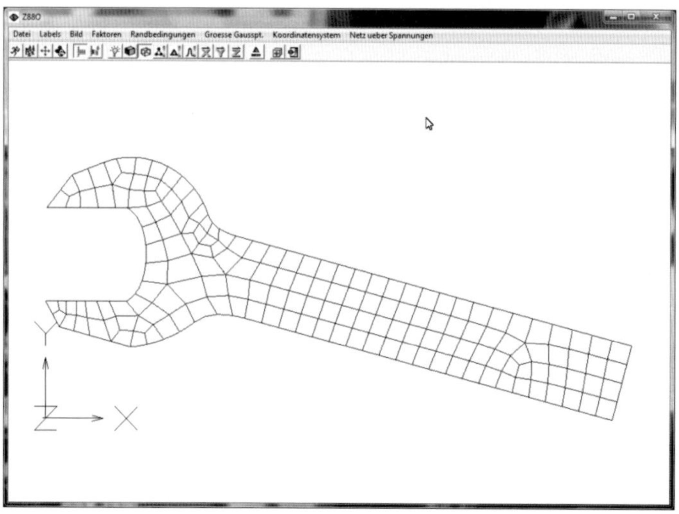

Bild 13.15-6: Z88O: Darstellung der Struktur

Sie ahnen, dass ein Umnummerierungslauf mit **Z88H** die Situation drastischer verbessern wird. Tun Sie es! In der Tat: Es sind nur noch 35.817 Elemente statt vorher 537.181 nötig. Dennoch: Schön ist diese automatisch generierte Struktur nicht; vergleichen Sie sie mit der von Hand erstellten Superstruktur und der dann mit dem Netzgenerator erzeugten FE-Struktur des Beispiels 1. Wirklich schöne und ästhetische FE-Netze kann man heutzutage nur von Hand mit entsprechenden Netzgeneratoren, d.h. *mapped meshern* wie Z88N erzeugen. Das bedeutet aber viel (Hand)Arbeit – allerdings kann man sich dann anschließend auf die Rechenergebnisse fast blind verlassen. Eine schöne und ästhetische FE-Struktur rechnet immer sauber! Das sind zumindest unsere umfangreichen Praxiserfahrungen.

Stellen Sie mit Z88O den äußeren unteren Knoten fest, um die Ergebnisse aus Fall 1 mit diesem Fall vergleichen zu können:

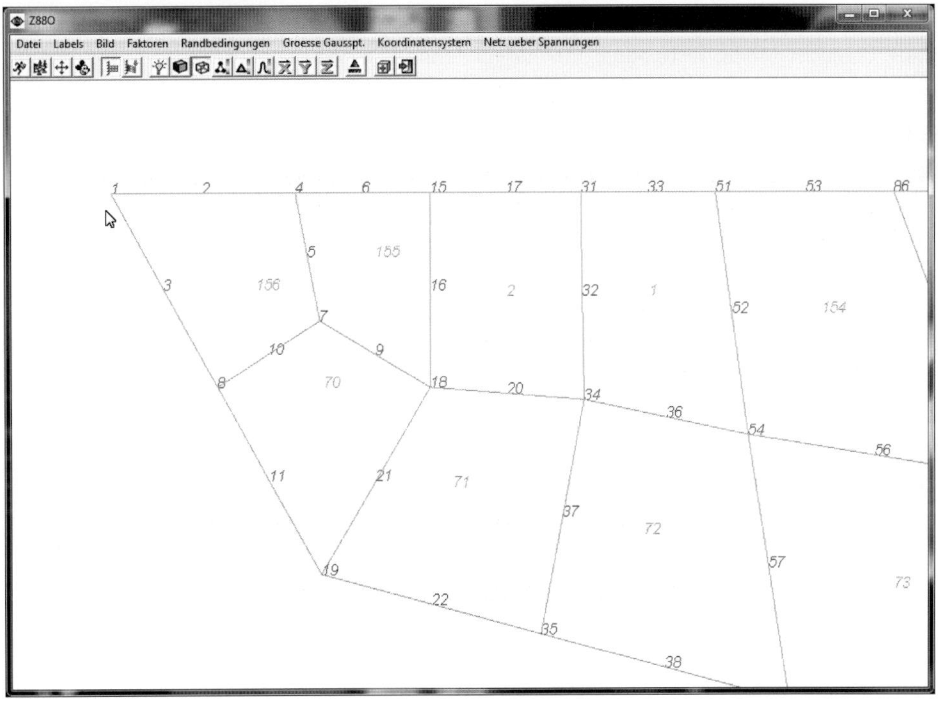

Bild 13.15-7: Z88O: Lage des Knoten Nr. 1 für den Schraubenschlüssel

Das wäre also der Knoten 1. Nach einem Rechenlauf mit **Z88R** ermitteln Sie:

$\sigma_V = 695\ \text{N/mm}^2$

$-u_2 = -0{,}164\ \text{mm}$

(am äußeren unteren Knoten; hier Knoten 1)

Also praktisch die gleichen Ergebnisse wie mit den Dreiecken. Und das ist eine sehr typische Situation: Wir hatten 328 Dreiecksscheiben Nr. 14 und hier 160 Vierecksscheiben Nr. 7. Wir haben nur rund die Hälfte der Elementanzahl bei den 8-Knoten Serendipity Scheiben gebraucht, weil sie *per se* immer sehr gut rechnen – um qualitativ genauso gut Ergebnisse wie mit Dreiecksscheiben zu erzielen.

Fall 3:

Wir verwenden wieder Scheiben Nr. 7, aber setzen in Pro/MECHANICA bestimmte Netzkontrollwerte feiner (globales Maximum 0,5 statt vorher 1). Damit werden 683 Elemente mit 2.200 Knoten generiert, davon 649 Scheiben Nr. 7 und 34 Scheiben Nr. 14, denn Pro/MECHANICA ist nicht immer in der Lage, „reinrassige" Scheibe Nr. 7 – Netze zu erzeugen. Ihr Beispieldirectory ist B15_3. Gehen Sie wie folgt vor:

Z88G, *COSMOS, Konvertiere in Scheibenelemente*

Z88R, Cholesky-Mode, Testmodus: 7.076.996 Elemente in GS

Z88H

Z88R, Cholesky-Mode, Testmodus: 737.740 Elemente in GS

Z88.DYN entsprechend editieren, d. h. mindestens eintragen:

- MAXGS 740000 (737.740 würde theoretisch genügen)
- MAXKOI 6000 (5.464 reicht theoretisch)
- MAXK 3000 (2.200 würde theoretisch genügen)
- MAXE 1000 (683 würde theoretisch genügen)
- MAXNFG 5000 (4.400 würde theoretisch genügen)
- MAXMAT 2 (1 würde theoretisch genügen)
- MAXPEL 2 (1 würde theoretisch genügen)
- MAXJNT 2 (1 würde theoretisch genügen)
- MAXPR 1 (beliebig)
- MAXRBD 100 (17 würde theoretisch genügen)

Z88R, Cholesky-Mode, Rechenmodus

Z88O

Diese Struktur, hier verformt mit FUX = FUY = 10 dargestellt, sieht etwas besser aus als die des Falls 2, aber schön ist sie immer noch nicht. Wir stellen fest:

$$\sigma_V = 893 \text{ N/mm}^2$$

$$-u_2 = -0{,}165 \text{ mm}$$

(am äußeren unteren Knoten; hier Knoten 2.059)

Da die Verformungen (minimal) und die Spannungen gegenüber der gröberen Struktur zugenommen haben, waren die Dreiecksstruktur des Falls 1 und die Vierecksstruktur des Falls 2 theoretisch noch nicht fein genug, aber viel hat nicht mehr gefehlt.

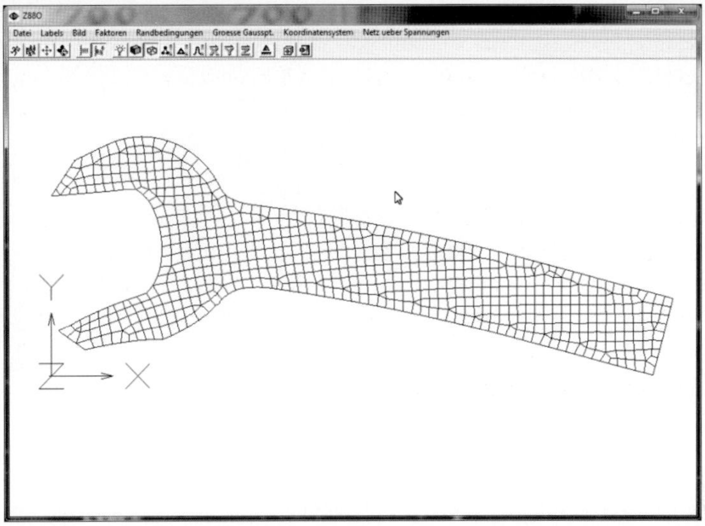

Bild 13.15-8: Z88O-Darstellung der verformten Struktur in Fall 3, Vergrößerung je 25

Fall 4:

Es sollen wieder Dreieckselemente wie im Fall 1, aber mit feinerem Netz verwendet werden (globales Maximum nun 0,5 statt 1 in Pro/MECHANICA). Ihr Beispieldirectory ist B15_4. Gehen Sie wie folgt vor:

Z88G, *COSMOS, Konvertiere in Scheibenelemente*

Z88R, Cholesky-Mode, Testmodus: 12.286.829 Elemente in GS

Z88H

Z88R, Cholesky-Mode, Testmodus: 288.801 Elemente in GS (Verringerung um fast 98 %!)

Z88.DYN entsprechend editieren

Z88R, Cholesky-Mode, Rechenmodus

Z88O

So entstehen:

2.815 Knoten

1.314 Elemente Typ 14

$\sigma_V = 827\ \text{N/mm}^2$

$-u_2 = -0{,}166\ \text{mm}$

(am äußeren unteren Knoten; hier Knoten 14)

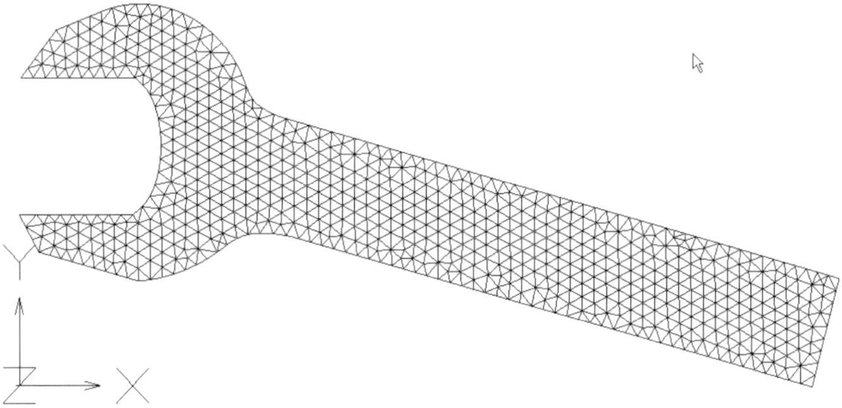

Bild 13.15-9: Schlüssel mit feinerem Netz

Fall 5:

Bislang haben wir 2D-Elemente, d. h. Finite Elemente für den ebenen Spannungszustand eingesetzt, und, um es gleich zu sagen, diese Elementtypen Nr. 7 und Nr. 14 (und auch Nr. 3) sind ideal für derartige Belastungsfälle. Es bringt absolut nichts, hier mit räumlichen Elementen zu rechnen. Wir werden es nun trotzdem tun, damit Sie den stark erhöhten Aufwand nachvollziehen können.

Zunächst werden wir Tetraeder Nr. 17, also Tetraeder mit linearem Ansatz und 4 Knoten versuchen. Seien Sie gewarnt: Auch wenn derartige Elementtypen in der Praxis häufig angewendet werden und kein FEA-Programm auf diese linearen Tetraeder verzichtet: Sie sind sehr ungenau und so ziemlich das Schlimmste, was man an Finiten Elementen im Raum verwenden kann. Wir versuchen es zunächst mit einer recht groben Struktur, wie man sie sinngemäß erschreckend häufig in Büchern und Fachaufsätzen sieht:

- 136 Knoten
- 285 Finite Elemente Typ 17

Dabei wurden das globale Maximum mit 10 und das globale Minimum mit 5 in Pro/ENGINEER definiert. Ihr Beispieldirectory ist B15_5. Gehen Sie wie folgt vor:

Z88G, *COSMOS, Konvertiere in Volumenelemente*

Z88R, Cholesky-Mode, Testmodus: 49.029 Elemente in GS

Z88H

Z88R, Cholesky-Mode, Testmodus: 11.040 Elemente in GS

Z88.DYN entsprechend editieren

Z88R, Cholesky-Mode, Rechenmodus

Z88O

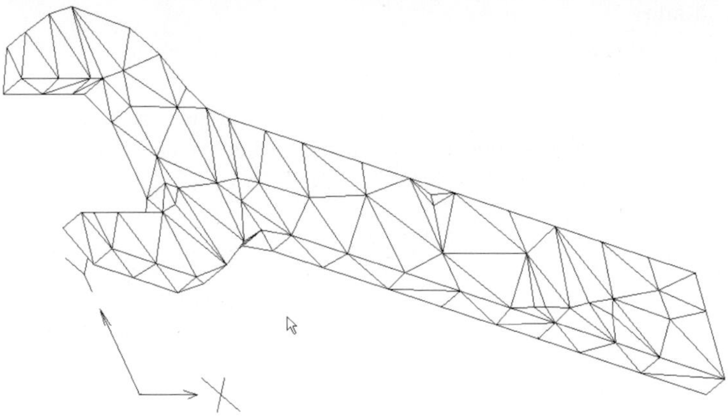

Bild 13.15-10: Z88O: Darstellung des Schlüssels mit 3D-Elementen

Die Ergebnisse sind katastrophal schlecht:

$\sigma_V = 296\ \text{N/mm}^2$

$-u_2 = -0{,}084\ \text{mm}$

(am äußeren unteren Knoten; hier Knoten 61)

Damit beträgt die Abweichung von den höchsten bisher gerechneten Verformungen rund 50 % und bei den Spannungen sogar

$$\frac{891 - 296}{891} \cdot 100 = 67\ \%.$$

Fall 6:

Was in Fall 5 passierte, ist geradezu klassisch zu nennen: Die Struktur wurde zu steif gerechnet, es wurden also zu wenig Elemente verwendet. Wir werden daher die Elementanzahl grob vervierfachen, um den Einfluss zu untersuchen. Ihr Beispieldirectory ist B15_6. Gehen Sie wie folgt vor:

Z88G, *COSMOS, Konvertiere in Volumenelemente*

Z88R, Cholesky-Mode, Testmodus: 223.569 Elemente in GS

Z88H

Z88R, Cholesky-Mode, Testmodus: 76.815 Elemente in GS

Z88.DYN entsprechend editieren

Z88R, Cholesky-Mode, Rechenmodus

Z88O

So entstehen:

- 501 Knoten
- 1.179 Elemente Typ 17

$\sigma_V = 615\ \text{N/mm}^2$

$-u_2 = -0{,}136$ mm

(am äußeren unteren Knoten; hier Knoten 500)

Aha, die Verformungen und Spannungen sind immer noch zu klein gegenüber den anderen Rechenläufen. Die Abweichung gegenüber dem höchsten bisher errechneten Wert von -0,166 mm (Fall 4) beträgt immerhin 18 %. Dies ist ein klares Indiz für zu wenige Elemente mit zu primitivem Ansatz.

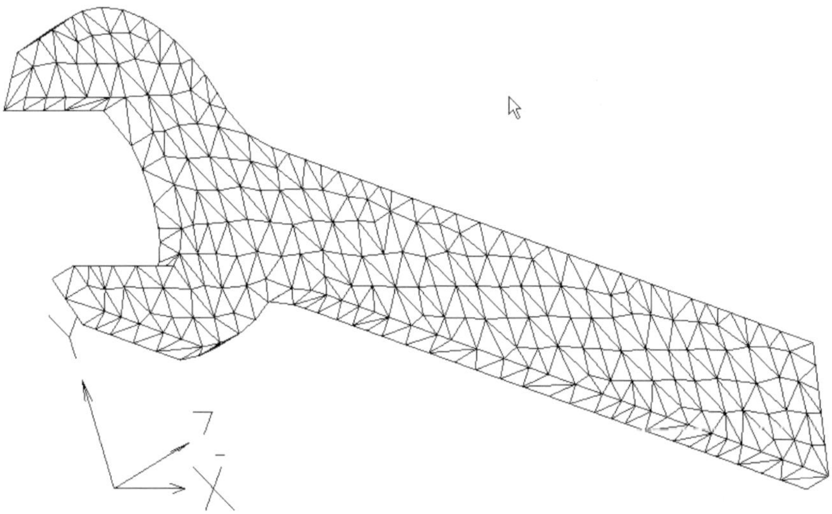

Bild 13.15-11: Z88O: Verfeinerung der Struktur durch Erhöhung der Elementanzahl

Fall 7:

Daher soll nun versucht werden, den Schraubenschlüssel wieder mit linearen Tetraedern Nr. 17, aber mit einer noch höheren Elementanzahl, abzubilden. Dazu wurde in Pro/ENGINEER das globale Maximum für die Netzerzeugung auf 0,5 statt 1 wie in Fall 5 gesetzt. Ihr Beispieldirectory ist B15_7. Gehen Sie wie folgt vor:

Z88G, *COSMOS, Konvertiere in Volumenelemente*

Z88R, Cholesky-Mode, Testmodus: 2.336.913 Elemente in GS

Z88H

Z88R, Cholesky-Mode, Testmodus: 975.366 Elemente in GS

Z88.DYN entsprechend editieren

Z88R, Cholesky-Mode, Rechenmodus

Z88O

Es entstehen:

- 2.517 Knoten
- 8.768 Elemente Typ 17

$\sigma_V = 787\ \text{N/mm}^2$

$-u_2 = -0{,}159\ \text{mm}$

(am äußeren unteren Knoten; hier Knoten 2.418)

Das Verformungsergebnis weicht immer noch um 4 % vom Ergebnis des Falls 4 ab, das mit -0,166 mm den höchsten und damit den wahrscheinlichsten Wert lieferte. Man erkennt, dass man unverhältnismäßig viele lineare Tetraeder Typ 17 nehmen muss, um brauchbare Ergebnisse zu bekommen. Man muss bei diesen Elementtypen geradezu klassisch vorgehen und mehrere Rechenläufe mit immer feineren Netzen absolvieren, und zwar solange, bis sich die Ergebnisse nicht mehr signifikant ändern. Das bedeutet natürlich einen großen Aufwand, und man ist immer gut beraten, von Anfang an mit höherwertigen Elementen zu arbeiten.

Fall 8:

Nun sollen Tetraeder mit quadratischem Ansatz zum Einsatz kommen:

- 2.679 Knoten
- 1.179 Elemente Typ 16

Dieses Netz entspricht vom Aussehen her dem Netz Fall 6, aber aufgrund der hinzugekommenen Mittenknoten erhöht sich die Knotenanzahl stark. Ihr Beispieldirectory ist B15_7. Gehen Sie wie folgt vor:

Z88G, *COSMOS, Konvertiere in Volumenelemente*

Z88R, Cholesky-Mode, Testmodus: 27.068.823 Elemente in GS

Z88H

Z88R, Cholesky-Mode, Testmodus: 1.215.081 Elemente in GS

Z88.DYN entsprechend editieren

Z88R, Cholesky-Mode, Rechenmodus

Z88O

Es entstehen:

$\sigma_V = 711\ \text{N/mm}^2$

$-u_2 = -0{,}169\ \text{mm}$

(am äußeren unteren Knoten; hier Knoten 2.672)

Diese Ergebnisse sehen gut aus, aber sie wurden mit einem gegenüber Fall 3 (Scheiben Nr. 14) oder Fall 4 (Scheiben Nr. 7) unverhältnismäßig hohem Aufwand erkauft.

Zusammenfassung der Ergebnisse:

Tabelle 13.15-1: Ergebnisübersicht der Fallstudien

Fall	FE-Typ	Ansatz	Anzahl Elem.	Verschiebung (mm)	Spannung (N/mm^2)	Ergebnis
1	Scheibe Nr. 14	Quadr.	328	-0,164	721	Gut
2	Scheibe Nr. 7	Quadr.	160	-0,164	695	Gut
3	Scheibe Nr. 7	Quadr.	683	-0,165	893	Sehr gut
4	Scheibe Nr. 14	Quadr.	1.314	-0,166	827	Sehr gut
5	Tetraeder Nr. 17	Linear	285	-0,084	296	Sehr schlecht
6	Tetraeder Nr. 17	Linear	1.179	-0,136	615	Schlecht
7	Tetraeder Nr. 17	Linear	8.768	-0,159	787	Gut
8	Tetraeder Nr. 16	Quadr.	1.179	-0,169	711	Gut

Es ist zu beachten, dass die Spannungswerte nicht direkt verglichen werden dürfen, da die Lage der Gaußpunkte, an denen ja die Spannungen gerechnet werden, in ihrer Lage natürlich von Netz zu Netz und von Elementtyp zu Elementtyp unterschiedlich sind. Besonders im Falle der in der Literatur beliebten linearen Tetraeder (weil diese Elemente leicht durch Automesher generiert werden können!) zeigt sich deutlich eine Abhängigkeit der Genauigkeit von der Elementanzahl:

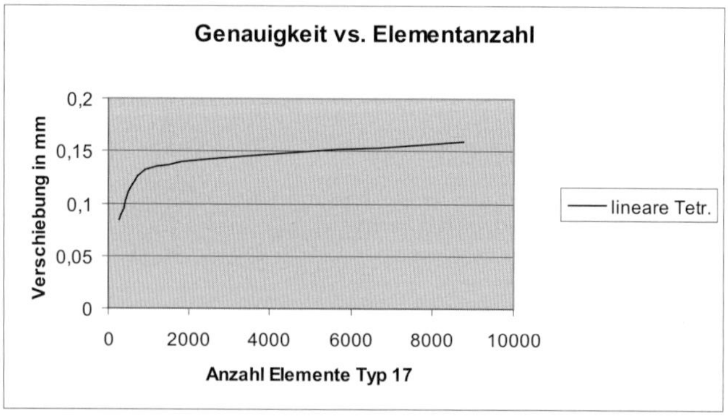

Bild 13.15-12: Einfluss von Elementanzahl auf die ermittelten Verschiebungen

- Dieses Experiment zeigt klar, dass man immer, wenn möglich, den einfachsten mechanischen Fall wählen soll, d. h. hier ebenes Scheibenproblem anstatt räumliches Problem.
- Ferner sollten höherwertige Ansätze verwendet werden: Ein quadratischer Ansatz ist weitaus besser als ein linearer Ansatz.
- Und drittens sind 8-Knoten Serendipity-Scheiben („Vierecke“) effizienter als 6-Knoten Serendipity Scheiben („Dreiecke“).

13.15.2 Mit Z88AuroraV2

Die einzelnen Fälle des Beispiels können laut der nachstehenden Tabelle in Z88Aurora berechnet werden. Die Beispiele und die STL-Datei finden Sie in *„z88_beispiele_z88aurora"*.

Import Fälle 1 bis 8

Der Import erfolgt auf die, in den vorherigen Beispielen beschriebene Weise, dabei jeweils die passende Importoption „Scheiben" oder „Tetraeder" auswählen. Der Elementtyp wird von Z88Aurora automatisch erkannt. Je nach Fall müssen noch die Scheibendicke und/oder das Material zugewiesen werden.

Fall Nr.	Name	Konvertieren in	Vorzubereiten in Z88Aurora
1	b15_1.cos	Scheiben (Nr. 14)	Dicke = 1; Baustahl
2	b15_2.cos	Scheiben (Nr. 7)	Dicke = 1; Baustahl
3	In Z88Aurora sind nur Strukturen mit dem gleichen Elementtyp erlaubt		
4	b15_4.cos	Scheiben (Nr. 14)	Dicke = 1; Baustahl
5	b15_5.cos	Tetraeder (Nr. 17)	Baustahl
6	b15_6.cos	Tetraeder (Nr. 17)	Baustahl
7	b15_7.cos	Tetraeder (Nr. 17)	Baustahl
8	b15_8.cos	Tetraeder (Nr. 16)	Baustahl
9	b15_9.stl	Tetraeder (Nr. 16)	

Bild 13.15-13: Übersicht der einzelnen Fälle des Beispiels 15

Import STL-Geometrie

STL-Datei „b15_9.stl" im Ordner „STL-Datei" auswählen.

Vernetzung erzeugen

Eine Vernetzung mit quadratischen Tetraedern aus Netgen, Wert 15 erzeugen.

Abstand messen

Um die importierte Geometrie und die Dicke des Schraubenschlüssels zu überprüfen, verwenden wir wie in Beispiel 13.10. Das „Analyse"-Werkzeug befindet sich unter dem Menü „Tools".

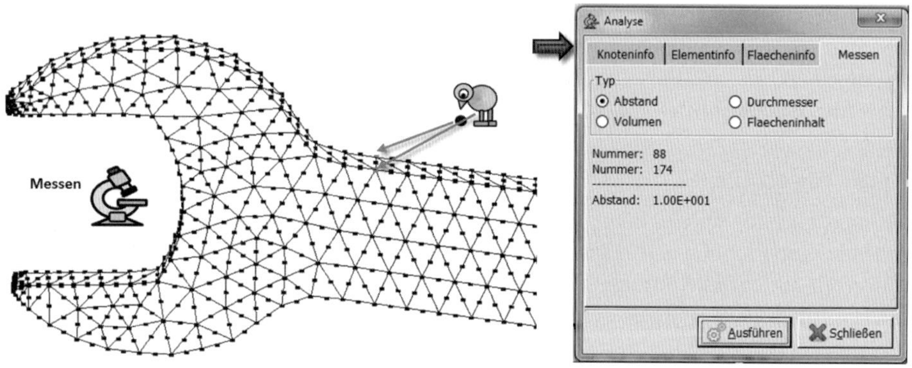

Bild 13.15-14: Abstandsmessung zweier Knoten mit Hilfe des Analyse-Tools

Knotenpicking für Randbedingungen

Für die Fixierung und die beiden Kräfte müssen drei Knotensets angelegt werden.

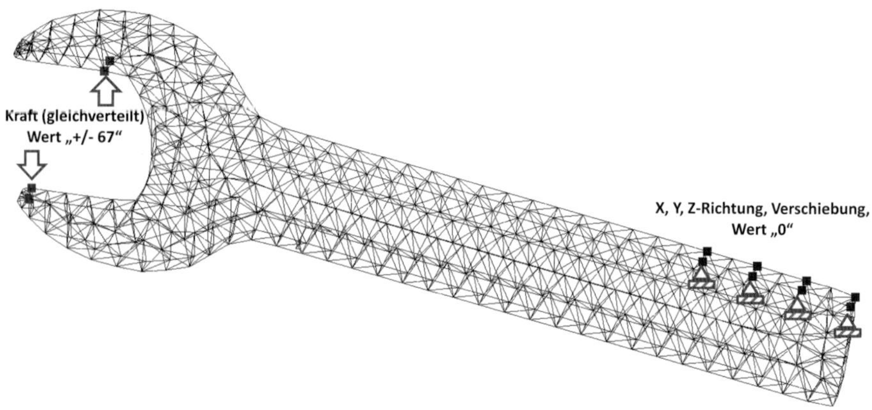

Bild 13.15-15: Randbedingungen des Schraubenschlüssels

Randbedingungen

1. Set „Fest“: X-, Y- und Z-Richtung, Randbedingungstyp „Verschiebung“, Wert „0“, Name „Festhaltung“
2. Kraft (gleichverteilt) aufbringen: Set „Kraft_1“, Richtung Y, Wert „67“, Name „Kraft_1“.
3. Kraft (gleichverteilt) aufbringen: Set „Kraft_2“, Richtung Y, Wert „-67“, Name „Kraft_2“.

Material zuweisen

Verwenden Sie das Material Baustahl S235JR aus der Z88Aurora-Materialdatenbank.

Berechnung starten

Starten Sie die Berechnung mit dem „Pardiso-Solver“.

Ergebnisse

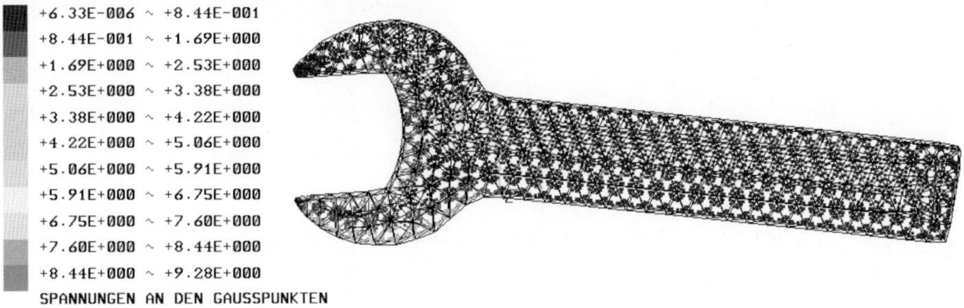

Bild 13.15-16: Vergleichsspannung in den Gausspunkten

13.16 Kraftmesselement, Scheiben Nr. 7

Es soll das Verformungselement einer sog. Kraftmeßdose mit Z88 berechnet werden. An den Innenbohrungen bei 3 Uhr und bei 9 Uhr werden später die eigentlichen Dehnmeßstreifen appliziert; daher sind die Verformungen und Spannungen besonders in diesen Bereichen von Interesse.

13.16.1 Mit Z88V14

Gehen Sie nach dem Beispiel des Kapitels 10.4 bzw. der Beschreibung von Z88X im Z88-Handbuch vor und folgen Sie den dort beschriebenen Schritten, wobei die nachfolgend genannten Dateien im Beispieldirectory **B16** stehen:

1. Schritt: 2D-Entwurf des Verformungskörpers in AutoCAD. Hier wurde AutoCAD 2011 verwendet. Es können aber auch genauso 3D-Drahtgitter-Strukturen in AutoCAD entworfen werden. Beispielsweise das Beispiel 5 lässt sich sehr schön als 3D-Drahtgitter behandeln und mit Z88X konvertieren. Falls Sie keine Lust haben, diese Skizze selbst in Ihrem CAD-System anzulegen, bedienen Sie sich der Dateien B16STEP1.DWG oder B16STEP1.DXF.

2. Schritt: Entwurf der Netzaufteilung, hier für Superelemente Scheiben Nr. 11, also 4 Knoten je Kante. Die Knotenpunkte als Punkte setzen. Wir empfehlen, dass Sie auf schon implizit vorhandene Punkte wie Schnittpunkte noch einmal „richtige" Punkte setzen, damit Sie später im Schritt 3 und Schritt 5 ausschließlich auf echte Punkte fangen können. Für alle Fälle liefern wir obige Zeichnung als B16STEP2.DWG bzw. B16STEP2.DXF mit.

3. Schritt: Den Layer **Z88KNR** anlegen und auf diesem Layer alle FE-Knoten, die im 2.Schritt definiert worden, fangen (am besten mit Fangen auf Punkte, nicht auf Eckpunkte oder Schnittpunkte) und mit der Textfunktion beschriften: **P Leerzeichen Knotennummer**, also z. B. Knoten 7 erhält den Text „P 7". Sicherheitshalber: B16STEP3.DWG oder B16STEP3.DF.

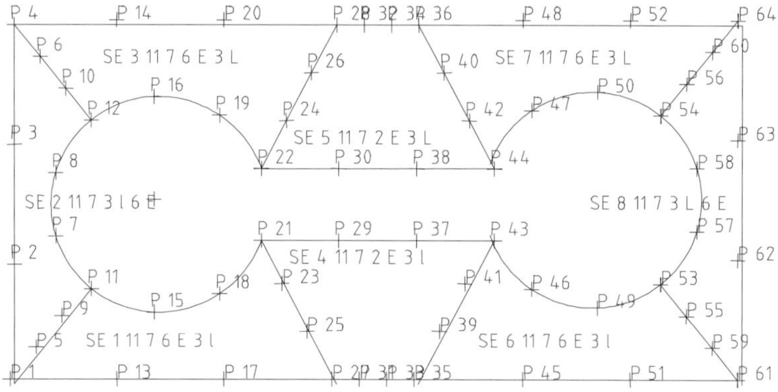

Bild 13.16-1: 2D-AutoCAD Darstellung des Kraftmeßelementes nach dem 4. Schritt

4. Schritt: Den Layer **Z88EIO** anlegen und auf diesem Layer die Elementinformationen mit der Textfunktion schreiben. Die Lage dieser Texte ist beliebig, sie müssen also nicht innerhalb der Elemente liegen oder gar wie im vorigen Schritt exakt gefangen werden. Da hier Superelemente Scheiben Nr. 11 verwendet werden sollen, bedeutet dies: **SE Elementnummer 11 7 Netzunterteilung**. Nehmen wir beispielhaft das Element 6: **SE** (Superelement) **7** (das siebte Superelement) **11** (Superelementtyp, hier Typ 11) **7** (zu erzeugender Finite Elementtyp, hier Typ 7) **6** (in lokaler x-Richtung 6 mal unterteilen) **E** (und dies gleichabständig) 3 (in lokaler y-Richtung 3 mal unterteilen) **l** (dies ist ein kleines L und bedeutet: geometrisch fallend unterteilen). Sie definieren hier nicht, wo die Elemente liegen, sondern nur, wie sie beschaffen sind. Die Definition, welches Element das erste Element, welches das zweite ist usw., erfolgt im Schritt 5 durch die Reihenfolge des Anklickens der Elementknoten! Das heißt, wenn die ersten 12 Elementknoten angeklickt sind, erkennt Z88X das Element, das durch diese ersten 12 Knoten definiert ist, als erstes Element. Die nächsten angeklickten 12 Knoten bestimmen des 2. Scheibenelement Nr. 11. Sicherheitshalber: B16STEP4.DWG oder B16STEP4.DF.

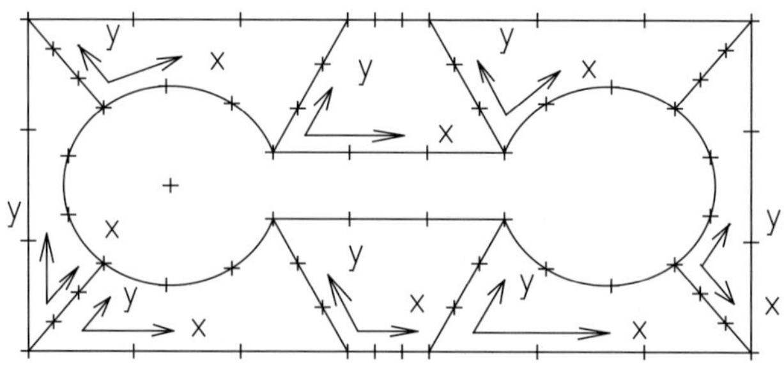

Bild 13.16-2: Festlegung der lokalen Koordinatensysteme für den 5. Schritt

Zur Vorbereitung des 5. Schritts legen Sie fest, wie die lokalen Koordinatenachsen innerhalb der Elemente liegen sollen. Die lokale x-Achse wird immer durch das Anklicken des ersten Knotens (lokaler Knoten 1) und des nächsten Knotens (bei Scheiben Nr. 11 ist das der lokale Knoten 5, vgl. Beschreibung des Elements Typ 11) definiert. Die lokale y-Achse steht immer „senkrecht“ dazu, d. h. im mathematisch positiven Drehsinn: Die Achse verläuft also bei Scheiben Nr. 11 von Knoten 1 nach Knoten 12. Sie können in Ihre AutoCAD-Skizze diese Richtungspfeile, wie oben gezeigt, für Ihre eigene Orientierung eintragen. Aber eine weitergehende Bedeutung haben diese Richtungspfeile nicht. Die Element- und Knoteninformationen sind hier der besseren Übersicht halber ausgeblendet.

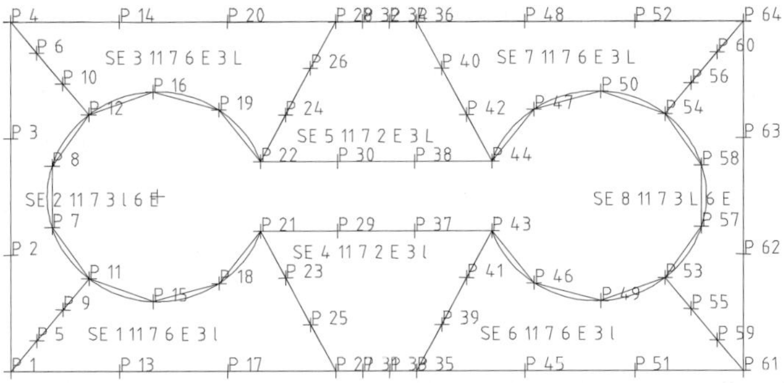

Bild 13.16-3: Darstellung in AutoCAD nach dem 5. Schritt

5. Schritt : Legen Sie den Layer **Z88NET** an und aktivieren Sie ihn. Wählen Sie für den Layer Z88NET eine gut sichtbare Farbe, die sich deutlich von den anderen verwendeten Farben abgrenzt. Schalten Sie einen geeigneten Fangmodus ein; am besten *Fangen auf Punkte*. Das geht aber nur, wenn Sie im Schritt 2 wirklich überall Punkte gesetzt haben. Man kann natürlich auch auf Schnittpunkte oder Endpunkte fangen, aber nach unseren Erfahrungen ist das Fangen auf definitiv gesetzte Punkte – und nur darauf – weitaus sicherer.

Beginnen Sie beim ersten Element, also hier dem ersten Superelement. Sie erinnern sich: Die Lage der Elemente ist beliebig, und die Informationen wie SE 1 11 7 6 E 3 1 definieren nicht die Lage des Elements, sondern nur folgendes:

- das Element (1) ist ein Superelement (SE): SE 1
- es ist vom Typ 11
- und soll den Typ 7 erzeugen
- dabei die lokale x-Achse 6-mal äquidistant unterteilen
- und die lokale y-Achse 3-mal geometrisch fallend.

Beginnen Sie also mit dem ersten Superelement, wählen Sie *Zeichnen Linie* an, *Fangmodus Punkt* und klicken Sie **P 1** an: Das ist der Ursprung des lokalen Element-Koordinatensystems. Ziehen Sie die Linie weiter nach **P 13** (damit liegt die lokale x-Richtung fest und auch die lokale y-Achse, denn sie steht „senkrecht", mathematisch positiv auf der x-Achse), nach **P 17** nach **P 27** nach **P 25** nach **P 23** nach **P 21** nach **P 18** nach **P 15** nach **P 11** nach **P 9** nach **P 5** und wieder nach **P 1**. Beenden Sie hier die Linienfunktion. Starten Sie erneut den Linienbefehl und klicken Sie wieder P 1 an (es beginnt die Eingabe des zweiten Elements) und ziehen Sie nach **P 5** (lokale x-Achse ist damit festgelegt) nach **P 9** nach **P 11** nach **P 7** nach **P 8** nach **P 12** nach **P 10** nach **P 6** nach **P 4** nach **P 3** nach **P 2** nach **P 1** und beenden Sie die Linienfunktion. Geben Sie derart auch die restlichen sechs Superelemente ein. Das geht in der Praxis weitaus schneller, als es hier zu beschreiben! In wenigen Minuten ist das passiert. Sicherheitshalber: B16STEP5.DWG oder B16STEP5.DXF.

6. Schritt: Legen Sie den Layer **Z88GEN** an und gehen Sie auf ihn. Schreiben Sie mit der Textfunktion irgendwo die allgemeinen Informationen hin, d. h.

Z88NI.TXT 2 64 8 128 0 0 0

was bedeutet:

- Es soll eine Netzgeneratordatei Z88NI.TXT von Z88X erzeugt werden
- 2D-Struktur
- mit 64 Knoten
- 8 Superelemente
- 128 Freiheitsgrade
- KFLAGSS = 0: kartesische Koordinaten Superelemente
- NIFLAG = 0: Standard-Fangradius nutzen
- KFLAG = 0: kartesische Koordinaten finite Elemente

Damit sind alle nötigen Informationen bereitgestellt, und Sie können die Zeichnung abspeichern. Sicherheitshalber: B16_N.DWG oder B16_NDXF.

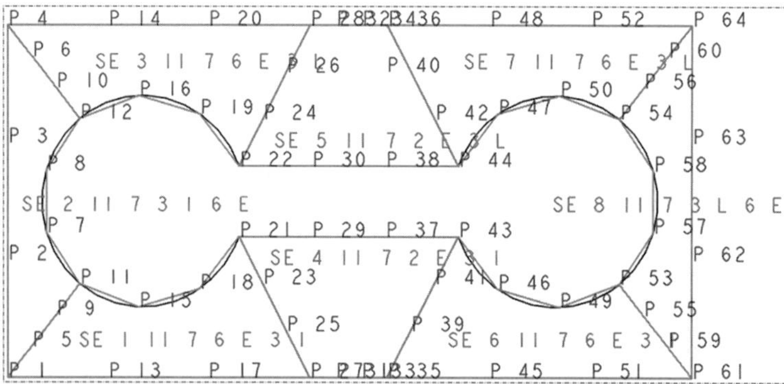

Bild 13.16-4: Acht Superelemente in AutoCAD erzeugt nach dem 6. Schritt

Für den Gebrauch mit Z88X müssen Sie sie zusätzlich als DXF-Datei erstellen, exportieren oder wie immer diese Funktion in Ihrem CAD-Programm heißt. Bedenken Sie bitte, dass wir diese ganze beschriebene Funktionalität nur mit Original-AutoCAD von Fa. Autodesk getestet haben. Andere CAD-Systeme sind nicht immer ganz AutoCAD-kompatibel. Falls Sie die DXF-Datei z. B. DMS.DXF nennen, dann müssen Sie diese Datei DMS.DXF noch in Z88X.DXF kopieren (oder geben Sie gleich Z88X.DXF aus), denn Z88X erwartet diesen fixen Namen. Erstellen Sie also **Z88X.DXF**. Jetzt starten Sie den DXF-Konverter **Z88X** und wählen *DXF > Z88NI.TXT*. Lassen Sie Z88X laufen. Wenn alles gut gegangen ist, sehen Sie nachfolgende Meldungen. Im Fehlerfalle haben Sie wahrscheinlich nicht sauber digitalisiert, d. h. entweder die Knoten Texte P xx im Schritt 3 nicht sauber auf die Knoten gefangen und/oder die Linien im Schritt 5 nicht sauber auf die Knoten gefangen. Noch einmal: Setzen Sie für jeden Knoten einen echten Punkt in Ihrem CAD-Programm und stellen Sie für die Schritte 3 und 5 den Fangmodus nur auf Punkt und schalten Sie alle anderen Fangmodi aus.

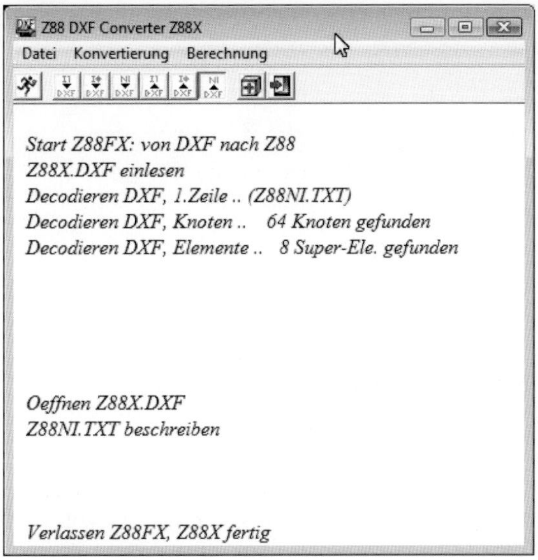

Bild 13.16-5: Ausgabemaske des Z88X Konverters

Da **Z88X** nun die Netzgenerator-Datei **Z88NI.TXT** erzeugt hat, können Sie den Netzgenerator Z88N starten. Tun Sie es:

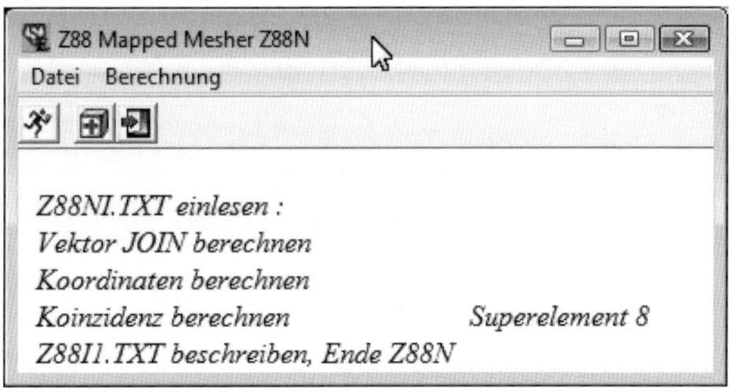

Bild 13.16-6: Erzeugung vom Z88I1.TXT mit Z88N

Der Netzgenerator Z88N hat Ihnen nun die Datei der allgemeinen Strukturdaten Z88I1.TXT erzeugt, aber die Datei der Randbedingungen Z88I2.TXT, die Flächenlastdatei Z88I5.TXT, die Elementparameterdatei Z88ELP.TXT, die Integrationsordnungsdatei Z88INT.TXT, die Materialgruppendatei Z88MAT.TXT, die Materialdatei (hier 51.TXT) und das Solversteuerfile Z88MAN.TXT fehlen noch.

Um die Randbedingungen zu definieren, müssen Sie die betreffenden Knoten ermitteln. Das können Sie auf zwei Arten:

- Entweder mit dem Z88-Plotprogramm Z88O (das naheliegende Vorgehen) oder
- mit dem Z88-DXF-Konverter Z88X

Es sollen folgende Randbedingungen definiert weden:

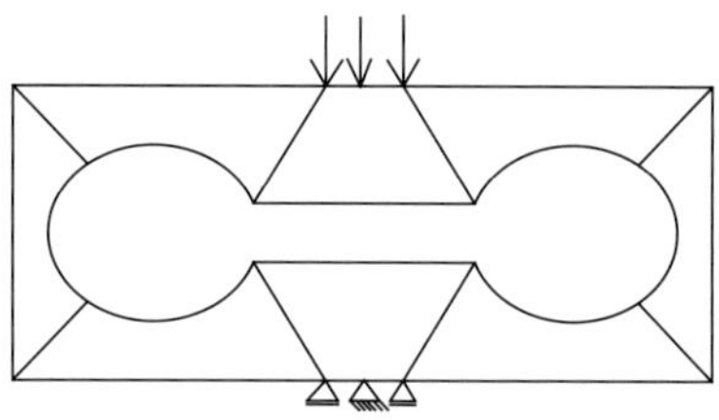

Bild 13.16-7: Randbedingungen für das Kraftmeßelement

Wenn Sie die Zonen der Randbedingungen in Z88O betrachten, sehen Sie folgende Knotennummern für die Krafteinleitungszone: 205 (Eckknoten) - 231 (Mittenknoten) - 238 (Eckknoten) - 242 (Mittenknoten) - 249 (Eckknoten)

Gemäß der Beschreibung der Randbedingungsdatei Z88I2.TXT müssen bei Finiten Elementen mit quadratischem Ansatz pro Element die Eckknoten 1/6 der Last und die Mittenknoten 2/3 der Last bekommen. Damit ergibt sich:

Tabelle 13.16-1: Errechnung der Lastverteilung auf die Knoten

Knotennummer	Lage	Verteilung	Kraft in N
205	Rand-Eckknoten	1/6 : 2	- 500
231	Mittenknoten	2/3 : 2	- 2.000
238	Eckknoten-Eckknoten	(1/6 + 1/6) : 2	- 1.000
242	Mittenknoten	2/3 : 2	- 2.000
249	Rand-Eckknoten	1/6 : 2	- 500

Für die Auflagerpunkte lesen wir ab: 67 - 206 - 210 - 217 - 221. Dabei halten wir den mittleren Knoten 210 sowohl in *X*- als auch in *Y*-Richtung fest, während bei den anderen Blockierung in *Y*-Richtung genügt. Mit einem Editor können wir die Datei **Z88I2.TXT** (sie steht sicherheitshalber für Sie im Beispieldirectory B16) schreiben:

```
11
67    2    2    0
205   2    1    -500
206   2    2    0
210   1    2    0
210   2    2    0
217   2    2    0
221   2    2    0
231   2    1    -2000
238   2    1    -1000
242   2    1    -2000
249   2    1    -500
```

Falls Sie diese Punkte mit Ihrem CAD-Programm anstelle mit Z88O ermitteln wollen: Starten Sie **Z88X** und wählen Sie *Z88I1.TXT > DXF*.

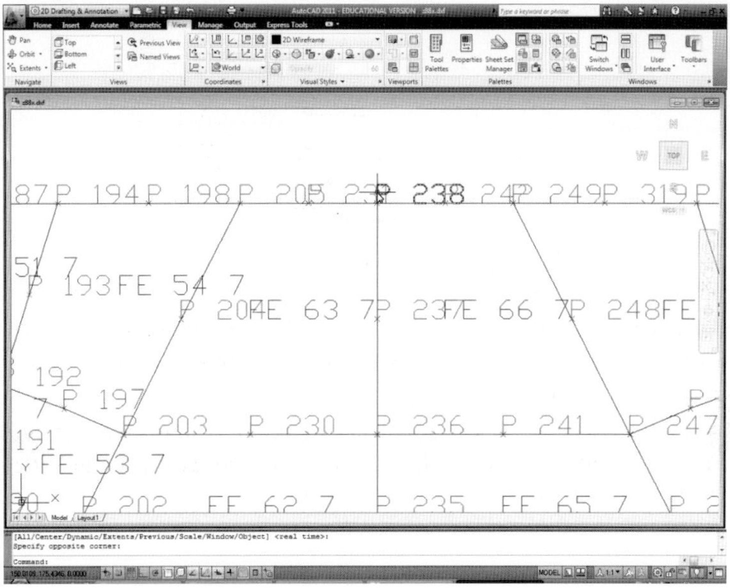

Bild 13.16-8: Erzeugen der DXF Datei Z88X.DXF aus Z88I1.TXT, Betrachten in AutoCAD

Z88X hat die alte Datei Z88X.DXF überschrieben und Ihnen eine neue Datei Z88X.DXF erzeugt, welche die Finite Elemente Struktur enthält. Importieren Sie in Ihrem CAD-Programm Z88X. DXF und lesen Sie die betreffenden Knoten ab. Blenden Sie dabei nicht benötigte Layer aus. Sollten die Knotennummern zu groß geschrieben sein, geben Sie in Z88X unter *Datei > Textgröße* anstatt 1 einen kleineren Wert ein, z. B. 0,1 und lassen Sie erneut Z88X.DXF erzeugen via *Z88I1.TXT > DXF*.

Nun sollten Sie mit Ihrem Editor nur noch diese Dateien anlegen:

Z88ELP.TXT, die Dicke des Verformungselements ist 10 mm:

```
1
1       120     10      0       0       0       0       0       0
```

Z88INT.TXT, für INTORD und INTOS je 3:

```
1
1       120     3       3
```

Z88MAT.TXT:

```
1
1       120     51.txt
```

51.TXT:

```
206000 0.3
```

Z88MAN.TXT:

```
GLOBAL START
```

```
   IBFLAG      0
   IPFLAG      0
   IHFLAG      0
.. ..
STRESS START
   KDFLAG      0
   ISFLAG      1
STRESS END
```

Starten Sie nunmehr **Z88R** z.B. im Cholesky-Mode. Betrachten Sie die Ergebnisse mit Z88O. Als Kontrollwerte: Die Verschiebung am Knoten 232 in Y-Richtung (= u_2) wird –0,293 mm betragen und die maximale Vergleichsspannung 448 N/mm².

Im zweiten Teil dieses Beispiels werden wir von einem sehr groben Netz ausgehen und es stufenweise verfeinern. Wir legen die Netzgenerator-Datei Z88NI.TXT zugrunde, aber sehen eine gröbere Generierung vor, vgl. Directory **B16_014**:

```
1     7
2 E     1 E
2     7
1 E     2 E
3     7
2 E     1 E
4     7
1 E     1 E
5     7
1 E     1 E
6     7
2 E     1 E
7     7
2 E     1 E
8     7
1 E     2 E
```

Nach **Z88N** erhalten wir folgende Struktur:

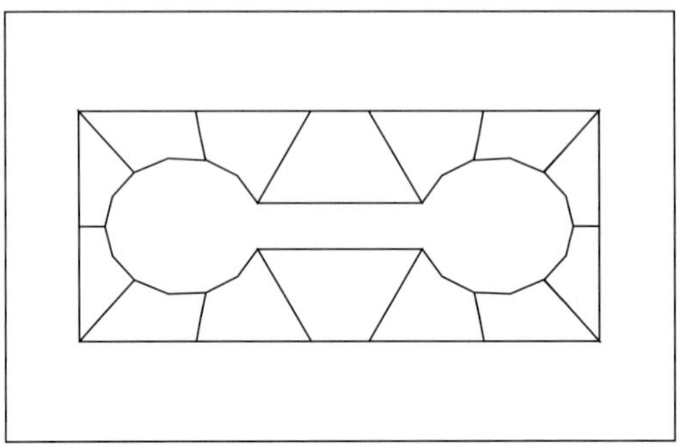

Bild 13.16-9: Ergebnisplot des Rechenlaufes Z88N: 14 Elemente

Sie enthält 14 Finite Elemente Typ 7. Mit Z88O stellen wir fest, dass in den Knoten 33, 40 und 43 Lasten aufgegeben werden müssen, und zwar am Knoten 33 1.000 N (Eckknoten = 1/6), am Knoten 40 4.000 N (Mittenknoten = 2/3) und am Knoten 43 wieder 1.000 N. Die Knoten 11, 34 und 36 werden in Y-Richtung festgehalten, wobei Knoten 34 zusätzlich noch in X-Richtung gesperrt wird. So entsteht Z88I2.TXT. Ein Rechenlauf mit **Z88R** im Cholesky-Mode ergibt: Verschiebung u_2 am Knoten 39: -0,222 mm und max. Vergleichsspannung σ_V = 236 N/mm².

Für den nächsten Rechenlauf sollen doppelt so viele Finite Elemente verwendet werden:

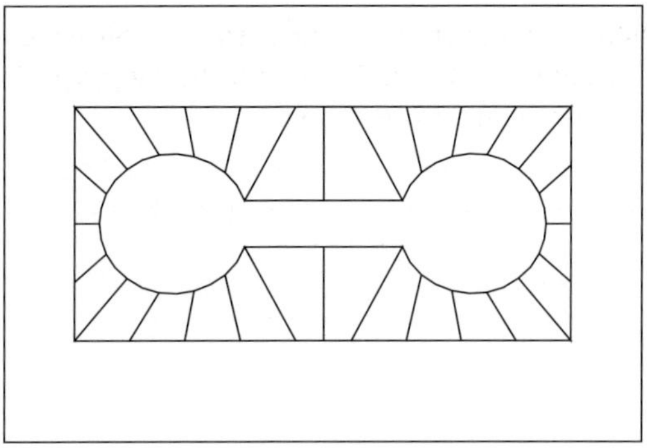

Bild 13.16-10: Verdopplung der Elementanzahl auf 28

28 Finite Elemente Typ 7, Beispieldirectory B16_028. Verschiebung u_2 am Knoten 76: -0,275 mm und max. Vergleichsspannung σ_V = 325 N/mm².

Erneute Verdoppelung:

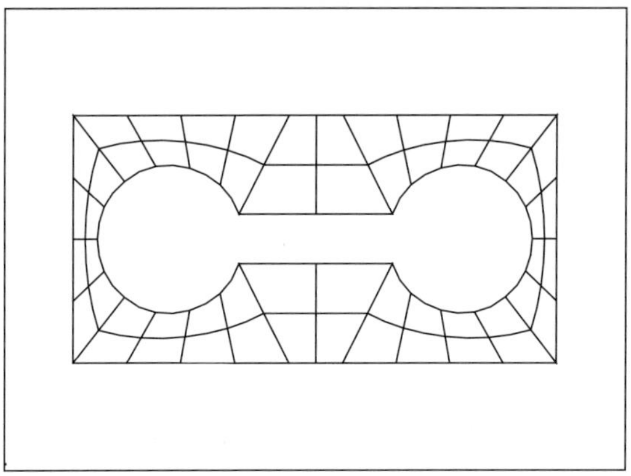

Bild 13.16-11: Verdopplung der Elementanzahl auf 56

56 Finite Elemente Typ 7, Beispieldirectory B16_056. Verschiebung u_2 am Knoten 121: -0,285 mm und max. Vergleichsspannung σ_V = 377 N/mm².

Erneute Verdoppelung:

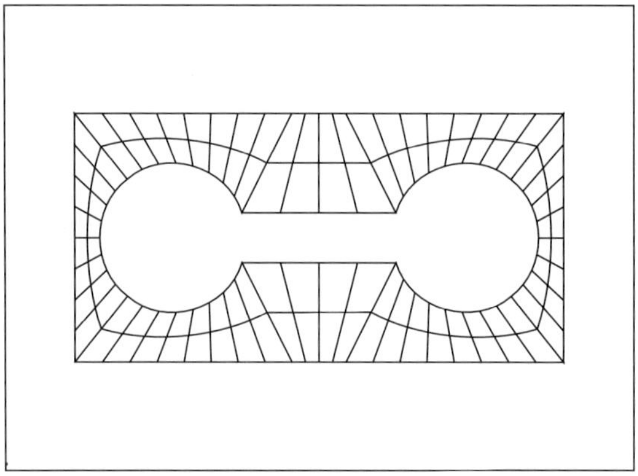

Bild 13.16-12: Verdopplung der Elementanzahl auf 112

112 Finite Elemente Typ 7, Beispieldirectory B16_112. Verschiebung u_2 am Knoten 241: -0,293 mm und max. Vergleichsspannung σ_V = 426 N/mm^2.

Erneute Verdoppelung:

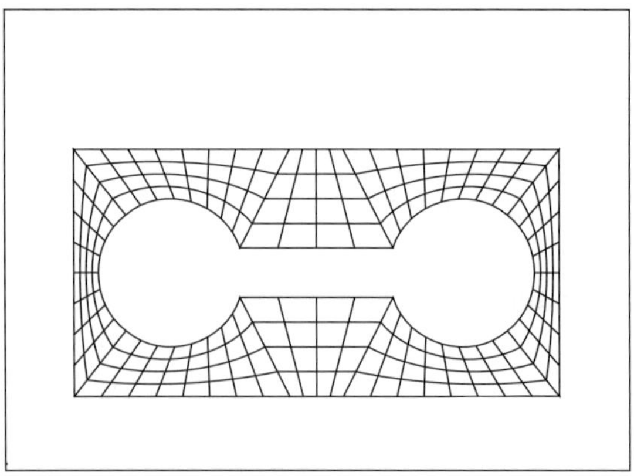

Bild 13.16-13: Verdopplung der Elementanzahl auf 224

224 Finite Elemente Typ 7, Beispieldirectory B16_224. Verschiebung u_2 am Knoten 421: -0,295 mm und max. Vergleichsspannung σ_V = 458 N/mm^2.

Tragen wir die berechneten Verschiebungen über der Elementanzahl auf, stellen wir fest, dass die Ergebnisse bei Scheiben Nr. 7 sehr schnell konvergieren. Wie schon öfter erwähnt, ist dieser Elementtyp, d. h. 8-Knoten krummliniges Serendipity-Element mit quadratischem Ansatz sehr geeignet für die meisten ebenen Spannungszustände.

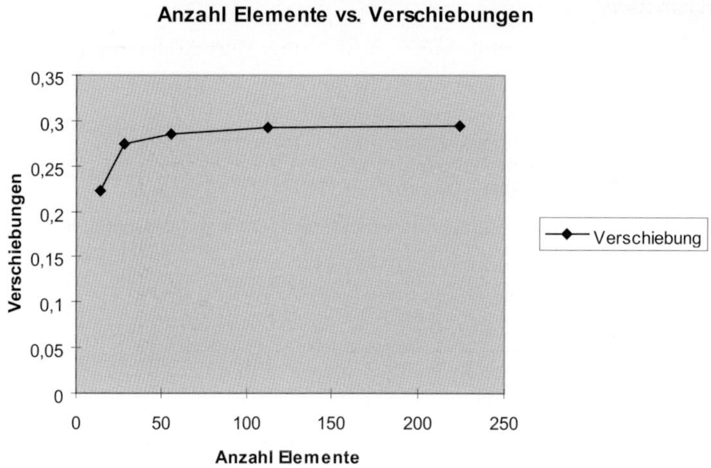

Bild 13.16-14: Abhängigkeit der ermittelten Verschiebungen von der Elementezahl

13.16.2 Mit Z88AuroraV2

Es wird exemplarisch eine Variante des Beispiels in Z88Aurora verwendet. Die anderen Varianten können in Z88V14 OS nachvollzogen werden.

Neuen Projektordner erstellen

Erstellen Sie einen neuen Projektordner .

Import Z88V14OS Strukturdatei Z88I1.TXT

Die Beispieldatei Z88I1.TXT in *„z88_beispiele_z88v14os/b16"* anwählen und einlesen.

Knotenpicking

Drei Sets nach Bild 13.16-15 erstellen

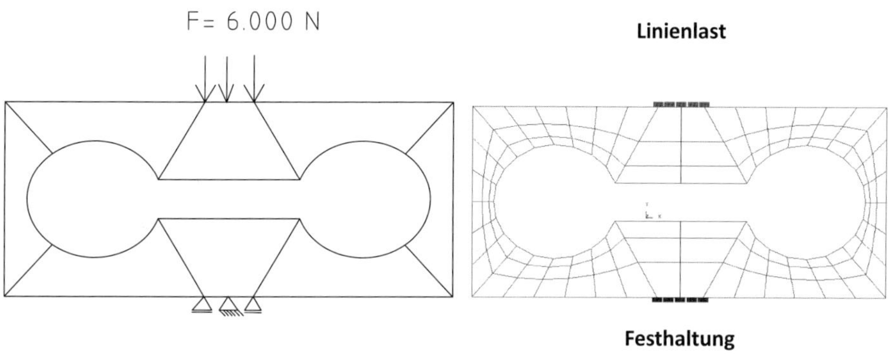

Bild 13.16-15: Randbedingungen für das Kraftmesselement

Randbedingungen

1. Set: Verschiebung, „Festhaltung_XY“, X, Y-Richtung, Wert „0“ am Knoten 210
2. Set: Verschiebung „Festhaltung_Y“, Y-Richtung, Wert „0“ an den Knoten 67, 206, 217, 221
3. Set: Linienlast, „Last“, Y-Richtung, Wert „-6000“

Festlegen der Scheibendicke

Wie bei Beispiel 13.1 legen wir die Scheibendicke im Elementparametermenü für alle Elemente mit der Dicke „10“ fest.

Material zuweisen

Verwenden Sie das Material Baustahl S235JR aus der Z88Aurora-Materialdatenbank.

Berechnung starten

Starten Sie die Berechnung mit dem „Pardiso-Solver“.

Ergebnisse

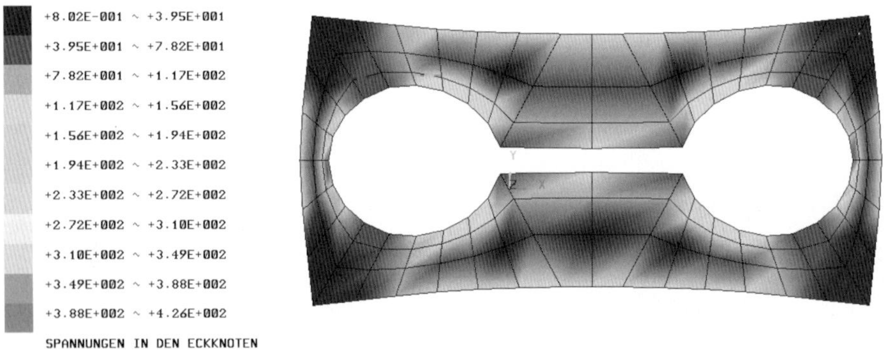

Bild 13.16-16: Verformtes Kraftmesselement, verformte Darstellung, Skalierung: 20

■ 13.17 Kreisplatte, Platten Nr. 20

Dieses Beispiel soll in die Plattenberechnung einführen. Z88 hält Platten vom sog. Reissner-Mindlin-Typ bereit, und zwar als 6-Knoten Serendipity-Elemente (Typ 18), 8-Knoten Serendipity-Elemente (Typ 20) und 16-Knoten Lagrange-Elemente (Typ 19).

Bei Platten müssen Sie etwas umdenken: Obwohl die Plattenabmessungen in X- und Y-Richtung angegeben werden, ist die physikalisch interessierende Verschiebung die Z-Verschiebung, vgl.

Bild 13.17-1. Dazu kommen die Verdrehungen oder Rotationen um die X- und die Y-Achse. Trotz allem ist eine Platte ein 2D-Element. Daher müssen im FE-Programm einige Kunstgriffe gemacht werden, um dieses Paradoxon abzubilden.

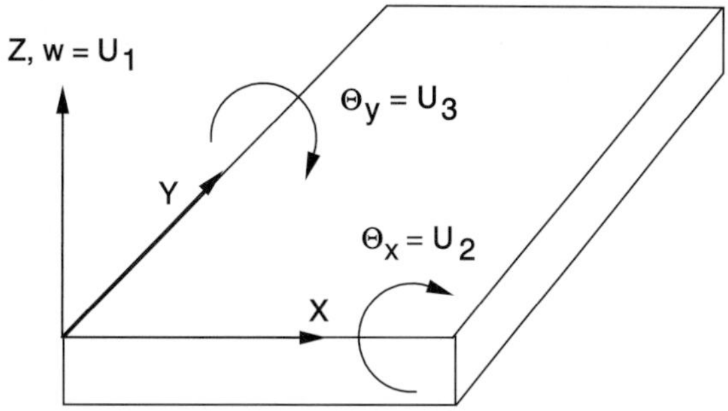

Bild 13.17-1: Freiheitsgrade bei Plattenelementen

Wir wollen eine Kreisplatte mit 2.000 mm Durchmesser und 100 mm Dicke berechnen, Material Stahl mit E = 206.000 N/mm^2 und ν = 0,3. Auf die Platte wirke eine Flächenlast von 2 N/mm^2. Der Rand möge in *Z*-Richtung gelagert sein, aber alle anderen Freiheitsgrade seien frei. Die Platte wird in Pro/ENGINEER konstruiert, Bild 13.17-3 (für Sie steht natürlich eine ladefertige COSMOS-Datei auf der DVD bereit, wenn Sie keinen Pro/ENGINEER haben), dann wird auf die Applikation Pro/MECHANICA umgeschaltet, Structure, dabei FEM-Modus ankreuzen (hier wird im Beispiel die Pro/E-Version Wildfire 4 unterstellt). Bei anderen CAD-Systemen wie z. B. CATIA oder UG wird sinngemäß vorgegangen. Wenn Sie direkt bei der FEA-Rechnung einsteigen wollen, dann starten Sie mit Z88G.COS aus dem Beispieldirectory B17.

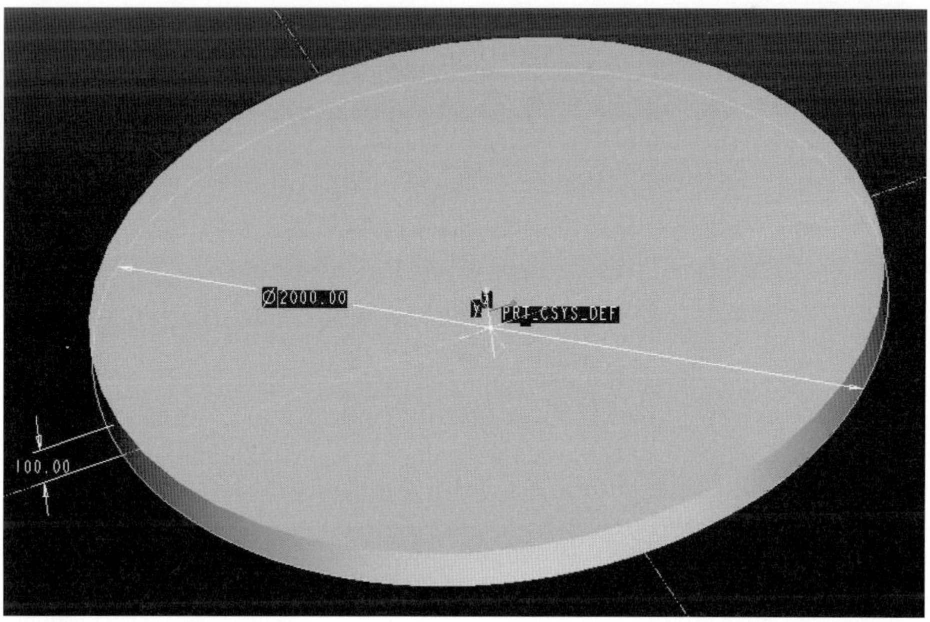

Bild 13.17-2: Kreisplatte, in Pro/ENGINEER konstruiert

Bei den Lasten wählen Sie *Druck, gleichmäßig*. Bei den Bedingungen halten Sie die Verschiebung in *Z*-Richtung fest, die Verschiebungen *X* und *Y* sowie Rotationen um *X*, *Y* und *Z* geben Sie völlig frei. Das ist sehr wichtig, weil die Art der Lagerung bei Platten sehr entscheidend ist. Ferner müssen Sie *Idealisierungen* angeben, weil diese Platte eben kein 3D-Volumenkörper ist (natürlich könnten Sie diese Platte auch als 3D-Volumenkörper rechnen mit Tetraedern Nr. 16 oder 17, aber darum geht's ja im Moment nicht). Wählen Sie *Schalen* (Pro/ENGINEER kennt nicht explizit den Typ Platten und Scheiben, sondern nur deren Kombination, die Schalen) und wählen Sie *Mittelflächen*. Dann Plattenober- und -unterseite anwählen.

Bei der *Netzsteuerung* geben Sie eine *maximale Elementgröße* von 100 an, um vergleichbare Ergebnisse zu erhalten. Beim Erzeugen wählen Sie *Mittelfläche und Viereck*. Dann *Ausführen, Solver COSMOS/M, Analyse Structural, Elementform Parabolisch, Elemente beheben* ankreuzen, in *Datei ausgeben* mit einem Ihnen angenehmen Namen – beachten Sie aber, dass diese Datei dann ins Z88-Arbeitsverzeichnis mit dem Namen **Z88G.COS** geladen werden muss. Das können Sie auf Betriebssystem-Ebene umkopieren.

13.17.1 Mit Z88V14

Normalerweise geben Sie Randbedingungen wie Kräfte und aufgezwungene Verschiebungen sowie feste Lagerbedingungen in der Datei Z88I2.TXT vor; die Flächenlasten geben Sie in Z88I5. TXT – wie es auch in diesem Beispiel gemacht wird. Es gibt aber ein quick-and-dirty-Verfahren: In die Datei Z88ELP.TXT können auch (inkonsequent, aber bequem) Drücke für Platten und Schalen alternativ zu Z88I5.TXT eingegeben werden, und zwar nach QPARA (= Dicke bei Platten und Schalen) an der Position I_{yy}. Dann muss aber 0 in der ersten Zeile von Z88I5.TXT stehen, und es müssen IPFLAG (= Plattenflag) bzw. IHFLAG (= Schalenflag) in der Solversteuerdatei Z88MAN.TXT gesetzt sein.

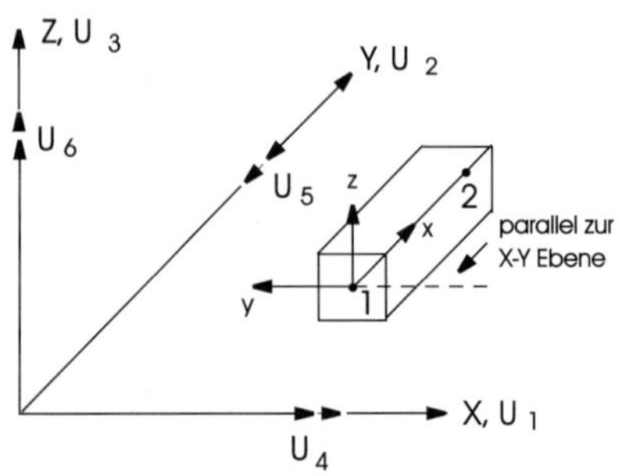

Bild 13.17-3: Balken Nr. 2 mit 2 Knoten im Raum

Durch das merkwürdige Verhalten, d. h. Abmessungen in *X*- und *Y*-Richtung, Verschiebungen aber in *Z*-Richtung, können Sie Plattenelemente nur untereinander kombinieren, nicht aber mit z. B. Stäben oder Balken, und zwar deshalb, weil die jeweiligen Freiheitsgrade von z. B. Balken oder Stäben einerseits und Platten andererseits nicht zusammenpassen, vgl. Bild 13.17-2.

Wie Sie feststellen, ist U_1 bei dem Balken im Raum die Verschiebung in *X*-Richtung, U_1 bei Platten dagegen die Verschiebung in Z-Richtung. Auch U_2 und U_3 sind völlig unterschiedlich in ihrer Bedeutung. Man müsste also spezielle Balken bzw. Stäbe ins Programm einbauen, die nur für die kombinierte Anwendung mit Platten geeignet wären.

Nun starten Sie Z88. Der erste Schritt wäre die Konversion der eben erzeugten COSMOS-Datei in die Z88-Eingabedateien Z88I1.TXT, Z88I2.TXT und Z88I5.TXT. Das macht der Z88-Modul **Z88G** fast vollautomatisch für Sie – Sie müssen ihm lediglich sagen, dass es sich um Platten handelt (weil die erzeugten Elemente eben dateiintern als Schalen ausgewiesen sind und Sie nun entscheiden müssen, ob eine Scheiben- oder Plattenberechnung erfolgen soll), vgl. Bild 13.17-4.

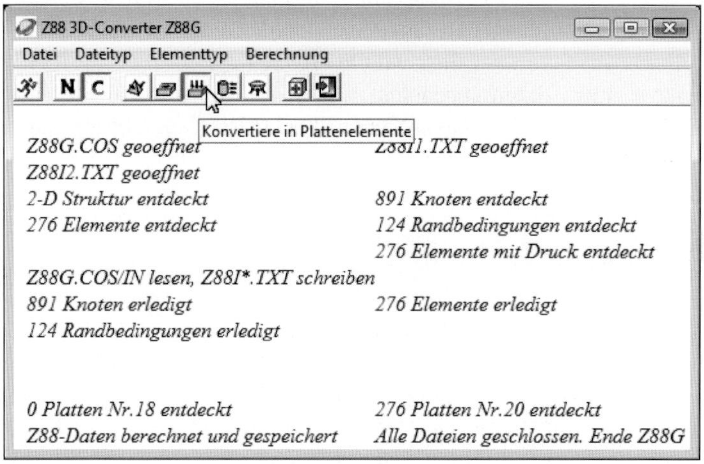

Bild 13.17-4: Z88G konvertiert unsere COSMOS-Datei in Z88-Eingabedateien

Da es sich um parabolische Elemente, also mit quadratischem Ansatz handelt, entstehen bei Pro/ENGINEER sehr schlecht nummerierte Elemente, und Sie sollten dem durch den Einsatz von **Z88H** begegnen. Oder Sie nutzen gleich einen der Sparsematrix-Solver. Beachten Sie aber dann, dass dann die Knotennummern, die weiter unten genannt sind, nicht mehr stimmen, denn Z88H vergibt ja neue Knotennummern für alle betroffenen Dateien wie Z88I1.TXT (allgemeine Strukturdaten), Z88I2.TXT (Randbedingungen) und ggf. Z88I5.TXT (Flächenlasten, wenn vorhanden). Sie sollten nun die Struktur einmal plotten, um zu kontrollieren, ob das mit der Konversion auch sauber geklappt hat, Bild 13.17-5. Nun **Z88R** starten.

Wie Sie besonders an den vier ziemlich im Zentrum liegenden Elementen sehen, ist das erzeugte FE-Netz nicht vollkommen symmetrisch. Das ist auch so eine Eigenschaft von *free Meshern*. Dagegen erzeugen sog. *mapped Mesher* wie Z88N ganz saubere symmetrische Netze, allerdings bei wesentlich mehr Arbeitsaufwand des Bedieners. Aber diese leichte Unsymmetrie stört hier nicht sehr, man muss eben nur wissen, dass wir keine Ergebnisse haargenau in Strukturmitte erwarten können, weil da kein Knoten liegt. Der der Mitte am nächsten liegende Knoten ist der Knoten 649. Hier werden wir die Verschiebung in Z-Richtung ablesen. Die Verdrehung des Randes könnten wir z. B. an dem auf 9 Uhr liegenden Knoten 20 ablesen. Um einigermaßen komfortabel die Spannungen abzulesen, lassen wir uns einmal die Spannungen in den Eckknoten ausgeben, dazu müssen folgende Einträge gemacht werden: In Z88INT.TXT: INTOS 0 und in Z88MAN.TXT: ISFLAG 0.

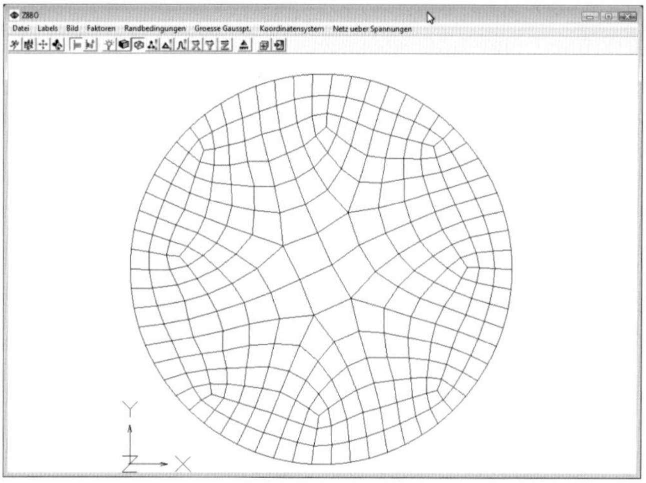

Bild 13.17-5: Z88O: Plot der in Z88 geladenen Platte

Editieren Sie sie entsprechend. Starten Sie erneut Z88R, sonst kommen diese Änderungen nicht an. Später können wir dann am Element 1 am Eckknoten mit den Koordinaten X = +50,8 und Y = +22,3 die Spannungen SIGXX und SIGYY ablesen. Zuvor sollten wir aber einmal die analytische Lösung bestimmen. Nach dem Standardwerk „Theory of Plates and Shells" von *Timoshenko/Woinowsky-Krieger /37/* rechnet man:

Plattensteifigkeit D:

$$D = \frac{E\,h^3}{12\,(1-\nu^2)} = \frac{206.000 \cdot 100^3}{12\,(1-0{,}3^2)} = 18.864.468.864 \text{ Nmm}$$

maximale Durchbiegung w_{max}:

$$w_{\max} = \frac{(5+\nu)\,q\,a^4}{64\,(1+\nu)\,D} = \frac{(5+0{,}3)\cdot 2\cdot 1.000^4}{64\cdot(1+0{,}3)\cdot 18.864.468.864} = 6{,}75 \text{ mm}$$

Die Verdrehung des Randes ist:

$$w'(a) = \frac{q\,a^3}{8\,D\,(1+\nu)} = \frac{2\cdot 1.000^3}{8\cdot 18.864.468.864\cdot(1+0{,}3)} = 0{,}01019 \text{ rad}$$

Das maximale Platten-Biegemoment (das ist kein echtes Biegemoment!) in der Mitte ist:

$$M_r = M_t = \frac{3+\nu}{16}\,q\,a^2 = \frac{3+0{,}3}{16}\,2\cdot 1.000^2 = 412.500 \text{ N}$$

Die zugehörigen maximalen Spannungen sind

$$\sigma_r = \sigma_t = \frac{6\,M_r}{h^2} = \frac{3\,(3+\nu)\,q\,a^2}{8\,h^2} = \frac{3\,(3+0{,}3)\cdot 2\cdot 1.000^2}{8\cdot 100^2} = 247{,}5 \text{ N/mm}^2$$

Z88 berechnet mit dem Direkten Cholesky-Solver **Z88R**:

$w_{\text{Mitte}} = w_{\text{Knoten 649}} = 6{,}80$ mm

$w'_{\text{Rand}} = w'_{\text{Knoten 20}} = 0{,}0102$ rad

$M_{\text{Mitte}\ r} = M_{XX\ \text{Knoten}\ X=+50{,}8\ Y=+22{,}3} = 412.900$ N

$M_{\text{Mitte}\ t} = M_{YY\ \text{Knoten}\ X=+50{,}8\ Y=+22{,}3} = 413.700$ N

$\sigma_{\text{Mitte}\ r} = \sigma_{XX\ \text{Knoten}\ X=+50{,}8\ Y=+22{,}3} = 247{,}8\ \text{N/mm}^2$

$\sigma_{\text{Mitte}\ t} = \sigma_{YY\ \text{Knoten}\ X=+50{,}8\ Y=+22{,}3} = 248{,}2\ \text{N/mm}^2$

Offensichtlich scheint Z88 das Problem sehr gut zu treffen. Bild 13.17-6 zeigt die verformte Struktur mit Z88O. Mit Z88O können Sie sich die Vergleichsspannungen plotten lassen (stellen Sie aber vorher wieder ein: Z88INT.TXT: INTOS 3 und in Z88MAN.TXT: ISFLAG 1 und rechnen Sie nochmal mit Z88R), die sehr schön mit den analytischen Ergebnissen übereinstimmen, Bild 13.17-7.

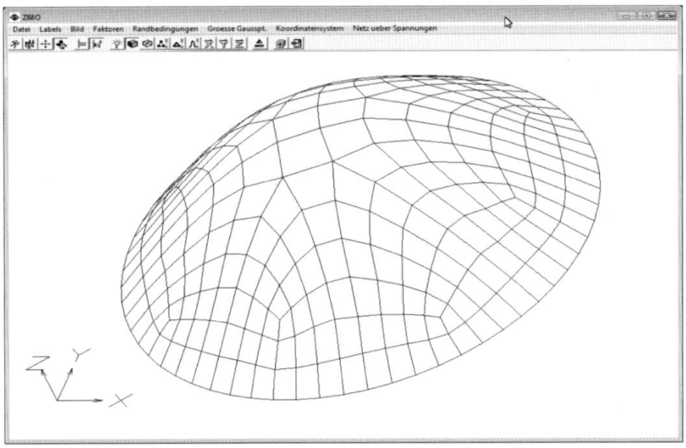

Bild 13.17-6: Plot der verformten Struktur mit Z88O

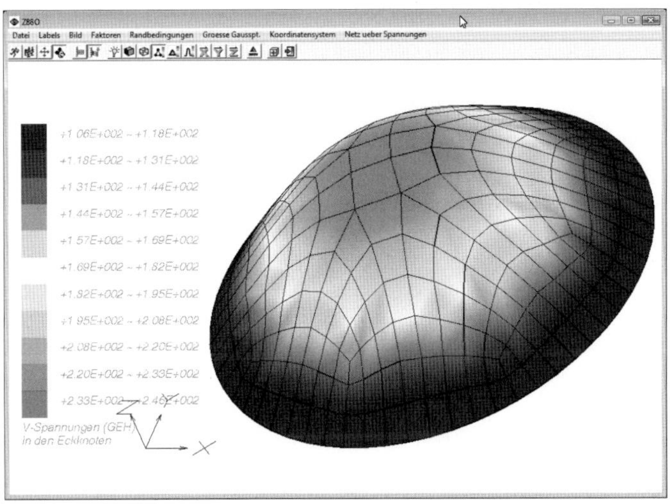

Bild 13.17-7: Vergleichsspannungen, mit Z88O geplottet

13.17.2 Mit Z88AuroraV2

Neuen Projektordner erstellen

Erstellen Sie einen neuen Projektordner .

Import einer Nastran-Datei als Platte

Wir importieren die Datei *z88.nas* aus *„z88_beispiele_z88v14os/b17“* und wählen die Importmöglichkeit „Platten“.

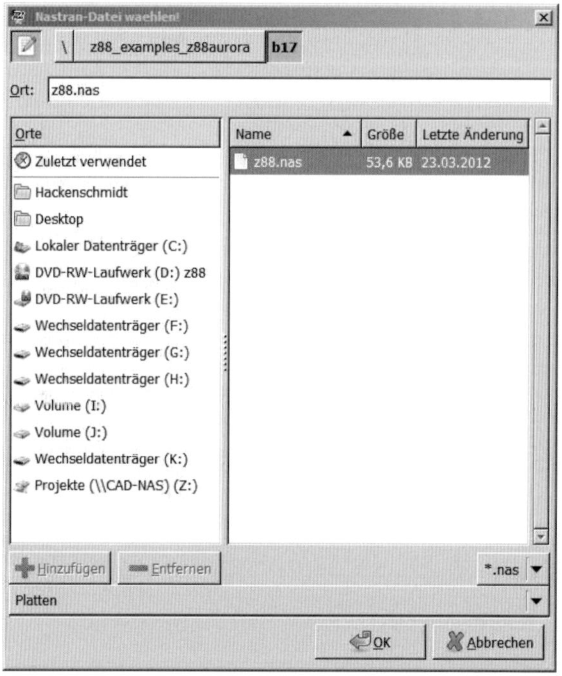

Bild 13.17-8: Import einer Cosmos-Datei als Plattenelementen

Material zuweisen

Verwenden Sie das Material Baustahl S235JR aus der Z88Aurora-Materialdatenbank.

Festlegen der Plattendicke

Wie bei Beispiel 13.1 legen wir die Plattendicke im Elementparametermenü für alle Elemente mit der Dicke „100“ fest.

Randbedingungen

Die Festhaltung und die Druckrandbedingungen der Platte sind bereits in der Nastran-Datei vorgenommen worden.

Berechnung starten

Starten Sie die Berechnung mit dem „Pardiso-Solver“.

Ergebnisse

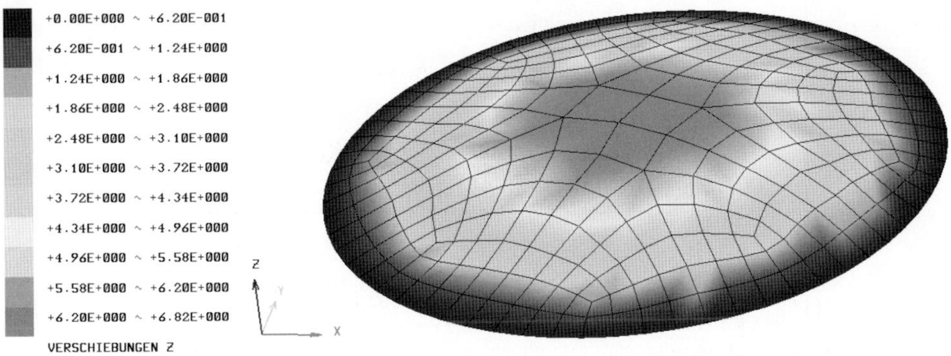

Bild 13.17-9: Gesamtverformung, verformte Struktur, Skalierung 50

■ 13.18 Rechteckplatte mit 16-Knoten Platten Nr. 19

Es soll eine dicke Rechteckplatte aus Stahl berechnet werden.

Daten:

- Abmessungen: 1.000 × 1.000 × 100 mm
- Flächenlast 46,42 N/mm^2
- E-Modul 206.000 N/mm^2
- Querkontraktionszahl 0,3

13.18.1 Mit Z88V14

Wir werden die Platte als Superstruktur in AutoCAD zeichnen. Zeichnen Sie ein einziges Superelement Platte Typ 20, das dann vom Netzgenerator in 8 × 8 = 64 Platten vom Typ 19, also mit jeweils 16 Knoten zerlegt werden soll (von Hand per Editor geht es hier natürlich genauso schnell): Das genaue Vorgehen ist in Kapitel 10.5 beschrieben – versuchen Sie's einmal selbst und exportieren Sie die Zeichnung als Z88X.DXF ins Z88-Directory. Ansonsten finden Sie alle nötigen Eingabedateien im Directory B18.

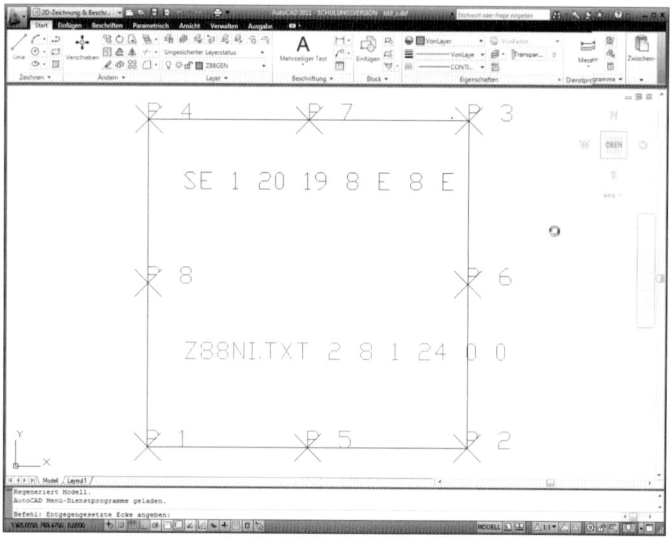

Bild 13.18-1: AutoCAD 2011, Entwurf der Rechteckplatte

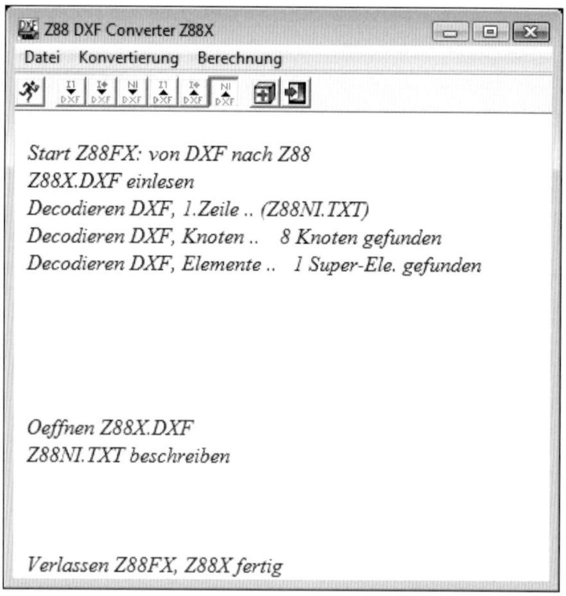

Bild 13.18-2: CAD Konverter Z88X

Sie wählen Umsetzung Z88X → Z88NI.TXT. Dann können Sie gleich den Netzgenerator laufen lassen:

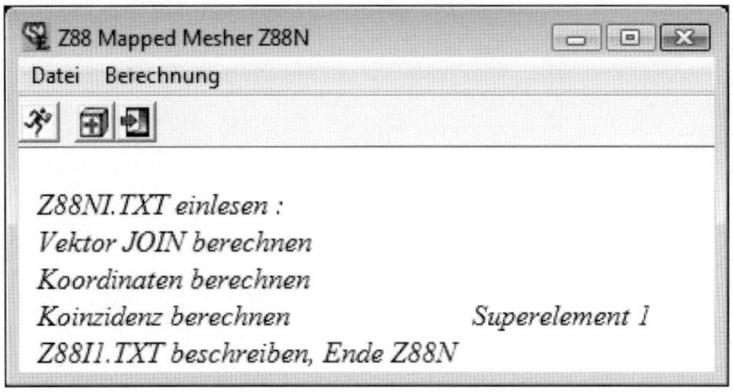

Bild 13.18-3: Netzgenerator Z88N

Dann können Sie mit Z88O die Struktur betrachten:

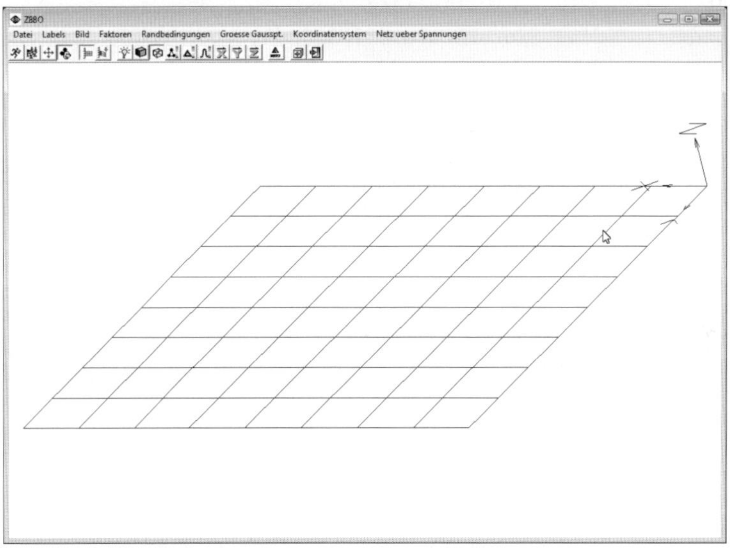

Bild 13.18-4: Plotprogramm Z88O, unverformte Struktur der Rechteckplatte

Jetzt gibt's etwas Arbeit: Sie müssen in Z88O die Knotennummern für die Randbedingungen ablesen. Dazu wäre zu überlegen, wie Sie die Platte lagern wollen. Wir machen einmal eine sog. Schneidenlagerung, d.h. die Plattenränder sind wie zwischen zwei Schneiden oben und unten gelagert, damit können sie wie bei einem Loslager in Querrichtung frei schwenken, können aber längs der Schneiden keine Wellen schlagen.

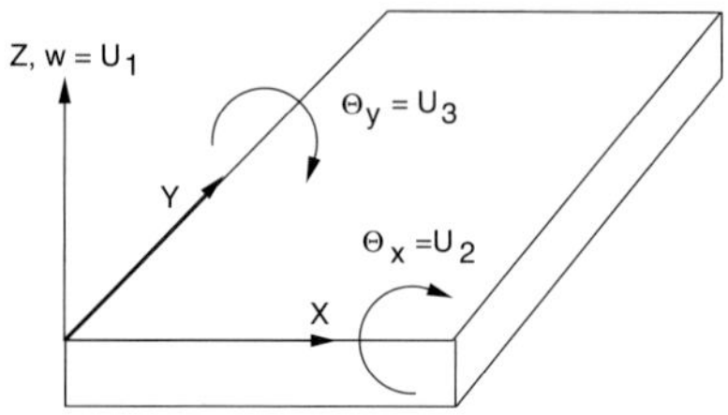

Bild 13.18-5: Vorzeichenregeln bei Z88-Plattenelementen

Wenn Sie also den vorderen Rand, der entlang *X* läuft, auf Schneiden lagern wollen, dann müssen Sie den Freiheitsgrad 1 (die *Z*-Richtung) und den Freiheitsgrad 3 (die Rotation um die *Y*-Achse) sperren.

Wir haben insgesamt 625 Knoten. Welche davon lagern wir? Gute Frage! Versuchen wir, um Arbeit zu sparen (das ist meist keine gute Idee), zunächst nur die auf Rändern liegenden Eckknoten der Elemente zu sperren. Das sind die Knoten

- linker Rand: 1, 4, 7, 10, 13, 16, 19, 22, 25
- unterer Rand: 1, 76, 151, 226, 301, 376, 451, 526, 601
- oberer Rand: 25, 100, 175, 250, 325, 400, 475, 550, 625
- rechter Rand: 601, 604, 607, 610, 613, 616, 619, 622, 625

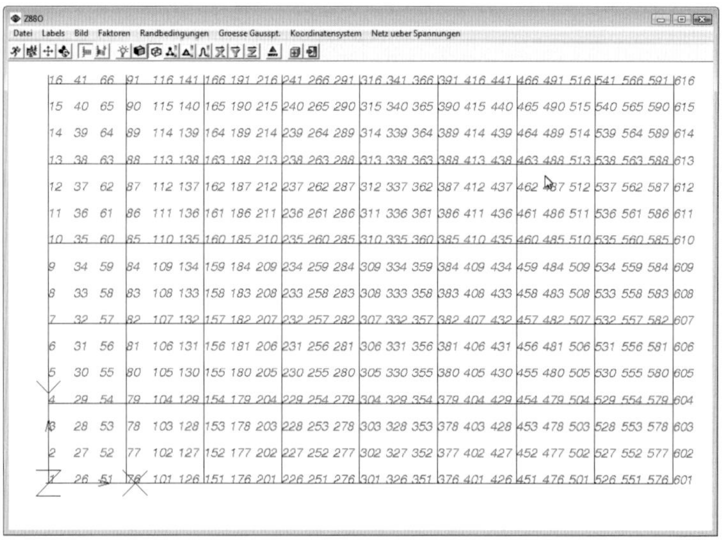

Bild 13.18-6: Ablesen der Knoten in Z88O

Hier der Beginn und das Ende der Randbedingungs-Datei Z88I2.TXT (wenn Sie zu faul zum Eingeben sind: B18_2ROU.TXT):

```
68
1      1      2      0.
1      2      2      0.
1      3      2      0.
```

```
4     1     2     0.
4     2     2     0.
....
622   1     2     0.
622   2     2     0.
625   1     2     0.
625   2     2     0.
625   3     2     0.
```

Wir können einen der Solver starten. Die Struktur ist sehr klein, da ist der Cholesky-Solver richtig. Aus Z88O2.TXT lesen wir für den Knoten 313, der genau in Plattenmitte liegt, ab:

```
313    +1.1236511E+001         -2.1751298E-008         +2.1751298E-008
```

Die Verschiebungen U_2 (also die Rotation um die X-Achse) und U_3 (also die Rotation um die Y-Achse) sind praktisch Null, das sieht gut aus. Die Verschiebung U_1, also w, ist 11,24 mm. „Analytisch" (das ist auch nur eine Näherung für dünne Platten, vgl. z.B. *Dubbel*) rechnet man:

$$f = \frac{0{,}71\, p\, b^4}{E\, h^3} = \frac{0{,}71 \cdot 46{,}42 \cdot 500^4}{206.000 \cdot 100^3} = 10 \text{ mm}$$

Damit haben wir eine Abweichung von

$$\frac{10 - 11{,}24}{10} \cdot 100 = -12\ \%$$

Wie kommt das? Erstens sind die analytischen Ansätze in der Literatur vom Kirchhoff-Typ, sie vernachlässigen also den Schub, es sind sog. dünne Platten, zweitens sind sie aus Reihenentwicklungen entstanden und drittens könnten wir die Randbedingungen ruhig etwas sauberer formulieren! Denn so sieht unser Verformungs-Plot mit je 50-facher Vergrößerung aus:

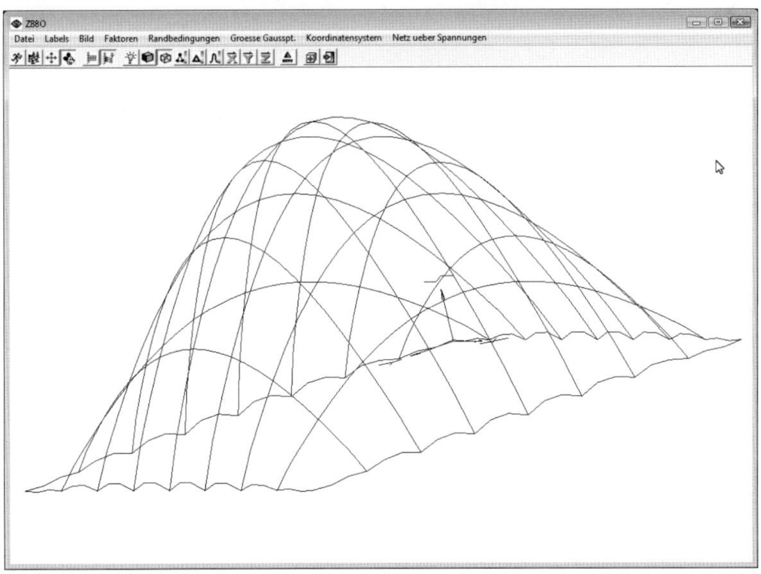

Bild 13.18-7: Unsaubere Lagerung der Plattenränder

Sehen Sie, wie die Ränder zwischen den Element-Eckknoten abheben? Also beißen wir in den sauren Apfel und lagern nun alle Randknoten (Datei B18_2.TXT in Z88I2.TXT umkopieren). Damit erhalten wir:

w am Knoten 313: 10,5 mm, Abweichung zur analytischen Rechnung ca. 5 % (die analytische Rechnung ist an sich auch nicht richtig, weil sie von dünnen Platten ausgeht, deren Dicke vielleicht 1/50, 1/100 und weniger der Längsabmessungen betragen!)

Für die Spannungen in Plattenmitte rechnet man „analytisch"

$$\sigma_x = \sigma_y = \frac{1{,}15\, p\, b^2}{h^2} = \frac{1{,}15 \cdot 46{,}42 \cdot 500^2}{100^2} = 1.335\ \text{N/mm}^2$$

Die Solver-Parameterdatei Z88MAN.TXT richten wir für die Berechnung von Eckknoten ein: ISFLAG 0. Die Integrationsordnungsdatei Z88INT.TXT wird wie folgt: INTOS 0

Damit können Sie die Spannungen des Knotens 313 wahlweise aus den Elementen 28, 29, 36 oder 37 ablesen; es ist dort der Knoten mit XX= 600 und YY= 600: $\sigma_x = \sigma_y = 1.334$ N/mm².

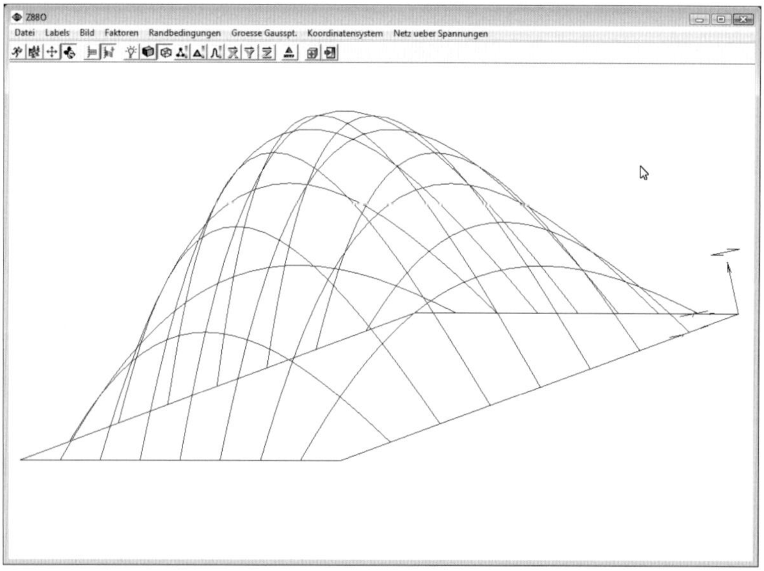

Bild 13.18-8: Jetzt sind die Ränder sauber gelagert

Abschließend lassen wir uns die Spannungen in den Gauß-Punkten rechnen: Die Solver-Parameterdatei Z88MAN.TXT: ISFLAG 1. Die Integrationsordnungsdatei Z88INT.TXT wird wie folgt: INTOS 4. Nach einem Z88R-Lauf können wir die Vergleichsspannungen betrachten.

Sie haben damit einen kleinen Eindruck von Plattenberechnungen bekommen. Platten-Berechnungen sind immer teuflisch! Dicke Platten rechnen Sie besser mit Volumenelementen bei quadratischem Ansatz, das ist zwar mehr Eingabeaufwand, aber die Ergebnisse sind immer verlässlich und frei von dubiosen Interpretationszwängen.

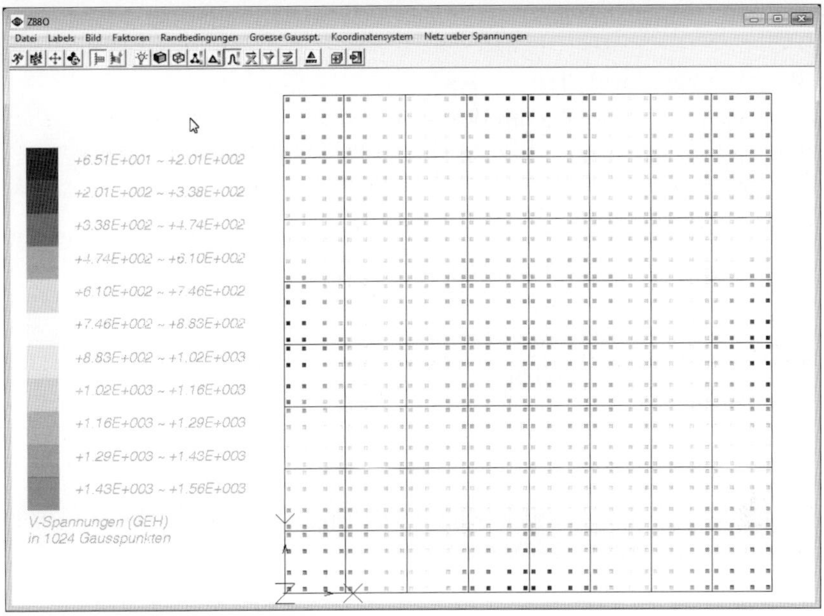

Bild 13.18-9: Plot der GEH-Vergleichsspannungen in den 4 x 4 Gaußpunkten

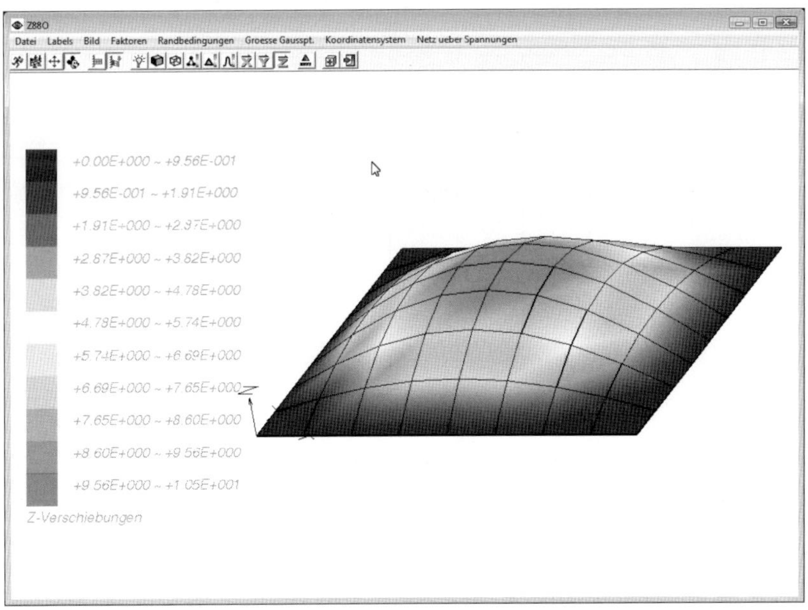

Bild 13.18-10: Z88O: Plot der Z-Verschiebungen

13.18.2 Mit Z88AuroraV2

Neuen Projektordner erstellen

Erstellen Sie einen neuen Projektordner .

Import AutoCAD-DXF

Die Beispieldateien z88x.dxf aus *„z88_beispiele_z88v14os/b18“* importieren und die Option „DXF-Super-Struktur nach Z88Aurora-Super-Struktur“ wählen.

Erstellung der FE-Struktur aus Superelementen

Der Superelementtyp der Rechteckplatte ist 19, die Unterteilung äquidistant in X-Richtung, Wert „8“ und äquidistant in Y-Richtung, Wert „8“. Als Vorlage dient Beispiel 13.5.

Knotenpicking

Drei Sets nach Bild 13.18-11 erstellen. Für die Flächenlast ein weiteres Set mit allen Knoten anlegen. Dies benötigen wir für die Druckrandbedingung. Nachdem bei zweidimensionalen Finiten Elementen die Druckrichtung eindeutig definiert ist, benötigen wir kein Flächenpicking.

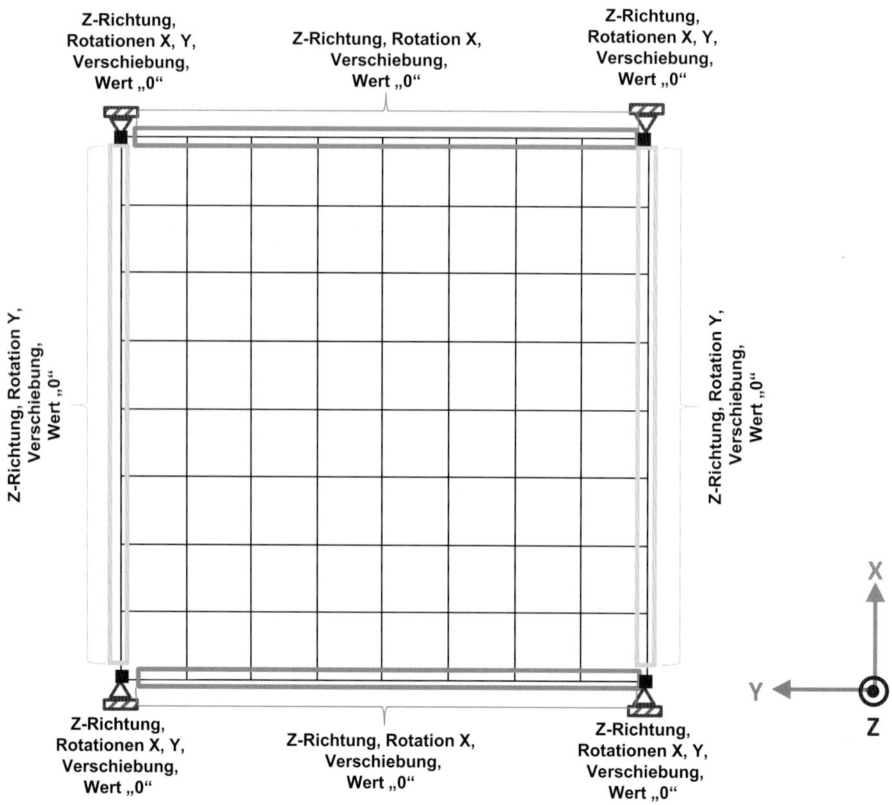

Bild 13.18-11: Knotensets für Randbedingungen

Randbedingungen

1. Set: Verschiebung, „Festhaltung_XYZ“, Z-Richtung, Rotation um X und Y, Wert „0“
2. Set: Verschiebung, „Festhaltung_ZY“, Z-Richtung, Rotation um Y, Wert „0“
3. Set: Verschiebung, „Festhaltung_ZX“, Z-Richtung, Rotation um X, Wert „0“
4. Set: Flächenlast, „Druck“, Wert „46.42“

Material zuweisen

Verwenden Sie das Material Baustahl S235JR aus der Z88Aurora-Materialdatenbank.

Festlegen der Plattendicke:

Wie bei Beispiel 13.1 legen wir die Plattendicke im Elementparametermenü für alle Elemente mit der Dicke „100“ fest.

Berechnung starten

Starten Sie die Berechnung mit dem „Pardiso-Solver“.

Ergebnisse

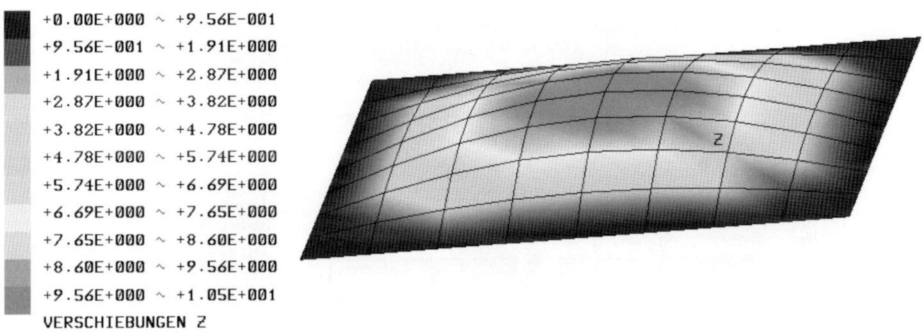

Bild 13.18-12: Plot der Z-Verschiebungen, verformte Struktur, Skalierung 10

13.19 Viertaktmotor-Kolben mit Tetraedern Nr. 16

Wir betrachten einen modernen Kastenkolben aus einem Viertaktmotor, wie er sinngemäß in der BMW Einzylinder F650 GS eingebaut wird. Der Kolben wurde zuvor in Pro/ENGINEER etwas vereinfacht konstruiert, und mit Pro/MECHANICA wurde ein räumliches Netz mit 10-Knoten Tetraedern als NASTRAN-Datei ausgegeben. Es wurde Aluminium angenommen mit folgenden Werten:

$E = 73.084\ N/mm^2 \quad \nu = 0{,}33 \quad F = 40.000\ N$

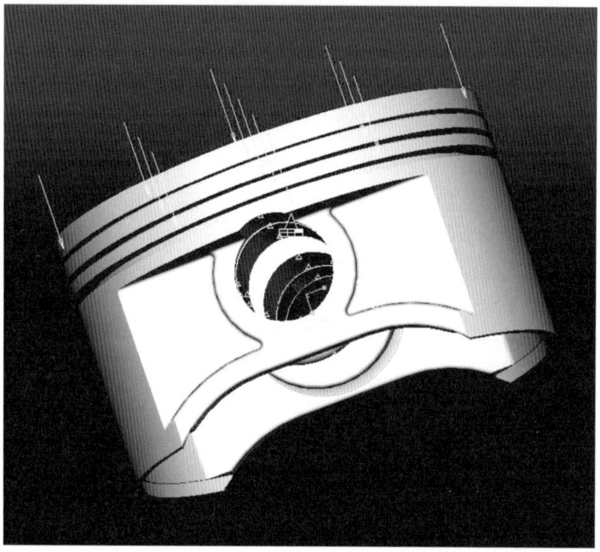

Bild 13.19-1: Pro/ENGINEER: Moderner Kastenkolben für einen aktuellen Viertaktmotor, Randbedingungen

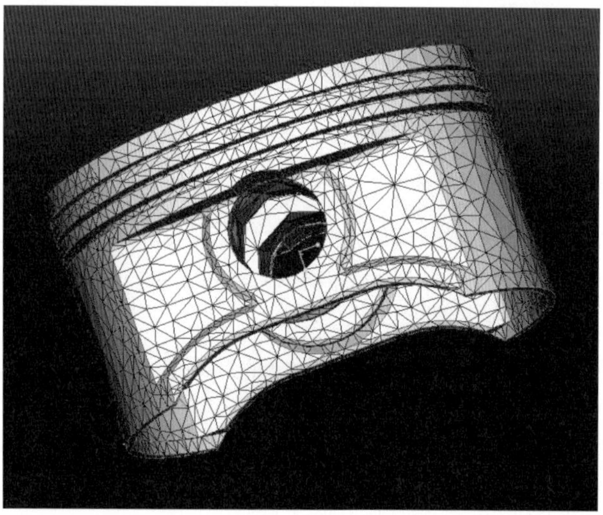

Bild 13.19-2: Pro/ENGINEER: FE-Netz mit ca. 46.000 Knoten und ca. 27.000 Elementen Typ 16

13.19.1 Mit Z88V14

Die NASTRAN-Datei entnehmen Sie dem Directory **B19**.

Die Berechnung werden wir mit dem Iterationssolver vornehmen: Starten Sie zunächst den 3D-Konverter **Z88G** und lassen Sie den Standard „Konvertiere in Volumenelemente" eingestellt. Starten Sie diesmal nicht den Cuthill-McKee-Algorithmus Z88H (der hier, wenn mit 32-Bit compiliert, schon an seiner Grenze ist!), denn die Sparsematrix-Solver braucht dieses Umnumerieren prinzipbedingt nicht.

Nun stellen Sie in der Speichersteuerdatei **Z88.DYN** folgende, schon etwas nach oben aufgerundete Mindestwerte ein:

- MAXKOI 270000 (= 270.000 Plätze im Koinzidenzvektor)
- MAXK 46000 (= 46.000 Knoten)
- MAXE 27000 (= 27.000 Elemente)
- MAXNFG 137000 (= 137.000 Freiheitsgrade)
- MAXRBD 1300 (= 1.300 Randbedingungen)
- MAXPR 200 (= 200 Flächenlasten)
- MAXIEZ 5200000 (= 5,2 Mio. Plätze im Sortiervektor)

Wie kommt man auf diese Werte? Ganz einfach: Die aktuellen Werte für Knotenzahl (45.560) und Elementanzahl (26.511) erhalten Sie aus der gerade mit Z88G erstellten Eingabedatei Z88I1.TXT und runden sie auf etwas griffigere, größere Werte auf. MAXKOI ist das Produkt aus Elementanzahl und Anzahl Knoten je Element, also hier 27.000 × 10 = 270.000. Jetzt gehen Sie wie folgt vor: Die Größe von MAXIEZ lässt sich *a priori* nicht abschätzen. MAXIEZ ist übrigens genauso groß wie MAXGS - aber MAXGS wird auch erst mit Z88R ermittelt. Lassen Sie daher zur Ermittlung von MAXIEZ bzw. MAXGS den Solver Z88R mit der Standardeinstellung SICCG und im Testmode laufen und lesen Sie 5.165.922 für MAXGS und damit auch MAXIEZ ab, vgl. 13.19-3. Diesen Wert runden ihn auf einen schöneren Wert auf, z. B. 5.200.000. Das ist auch der Wert für MAXIEZ. Dies stellen Sie in die Speichersteuerdatei **Z88.DYN** ein:

- MAXGS 5200000 (= 5,2 Mio. Plätze im Vektor der Gesamt-Steifigkeitsmatrix)
- MAXIEZ 5200000 (= 5,2 Mio. Plätze im Pointervektor IEZ, vgl. Kap. 5.2.4)

Sollten Sie den Solver gleich im Berechnungsmode starten, ohne vorher im Testmode diese Speicherbedarf ermittelt zu haben, kann dennoch nichts passieren: Stellen Sie diesen Wert zu klein ein, dann bricht der Iterationssolver mit der Fehlermeldung ab, dass Sie MAXIEZ erhöhen müssen. Stellen Sie dann einen höheren Wert für MAXIEZ in Z88.DYN ein und starten Sie erneut Z88R. Das wiederholen Sie, bis Z88R durchläuft. Stellen Sie andererseits den Wert von MAXIEZ zu groß ein, dann vergeuden Sie lediglich Speicher.

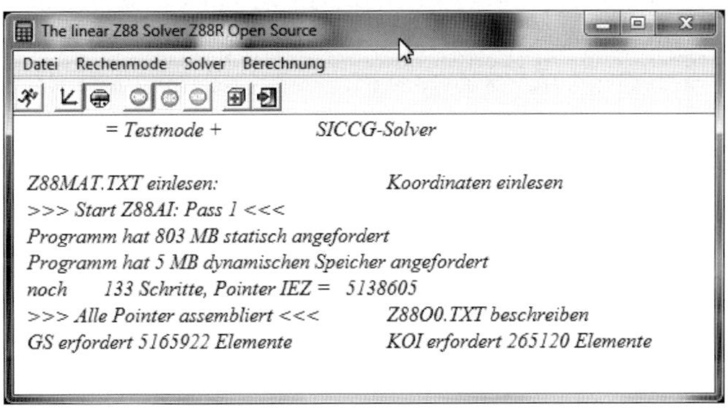

Bild 13.19-3: Iterationssolver Z88R mit SICCG im Testmode: Ermitteln von MAXGS und damit auch MAXIEZ

Arbeiten wir also mit dem Sparsematrix-Iterationssolver: Jetzt müssen Sie entscheiden, mit welchem Vorkonditionierer Sie den Iterationssolver, der ja mit dem Verfahren der Konjugierten Gradienten arbeitet, laufen lassen wollen. Zur Auswahl stehen SOR-Vorkonditionierung (Button SORCG) und Vorkonditionierung mit einer partiellen Cholesky-Zerlegung (Button SICCG). Bleiben wir beim Default, das ist die partielle Cholesky-Zerlegung SIC. Dazu wählen wir den Parameter RALPHA in der Steuerdatei Z88MAN.TXT, den sog. Shift-Faktor Alpha mit 0,0001. Das ist übrigens ein recht bewährter Wert, den Z88R im Zweifelsfall solange verdoppelt, bis die partielle Cholesky-Zerlegung erfolgreich ist. Wir stellen maximal 10.000 Iterationen ein (Parameter MAXIT) und eine Fehlerschranke für den Residuumsvektor von 1E-7 (Parameter EPS). Wenn wir anschließend den Solver Z88R noch mal mit dem anderen Vorkonditionierer SOR laufen lassen wollen, dann sollte der Parameter ROMEGA auf 1.0 eingestellt sein.

Bitte richten Sie Z88MAN.TXT derart her. Jetzt, erst jetzt, nachdem Sie **Z88.DYN** und **Z88MAN.TXT** passend justiert haben, können Sie den Iterationssolver Z88R im Berechnungsmodus starten. Lassen Sie dabei den SICCG-Button als Default stehen.

Nach 551 Iterationen ist die Fehlerschranke erreicht, Bild 13.19-4. Plotten Sie mit **Z88O** Verschiebungen und Spannungen, Bild 13.19-5, an.

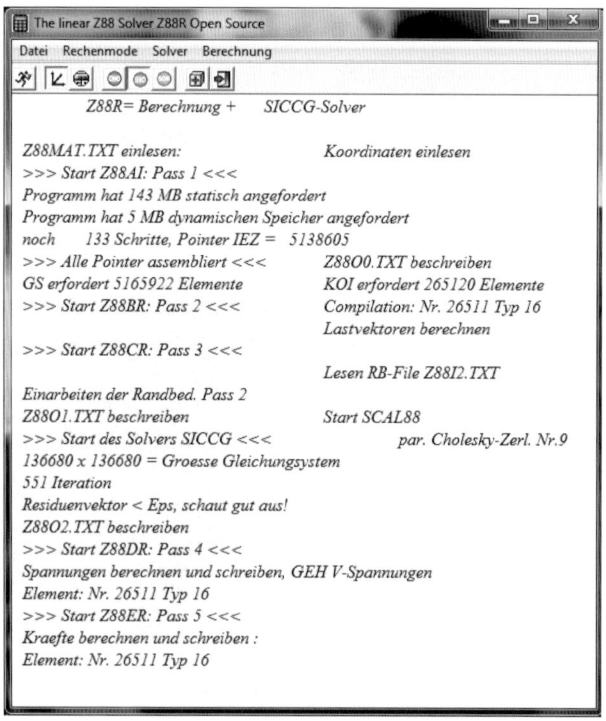

Bild 13.19-4: Der Iterationssolver Z88R ist im Berechnungsmode sauber gelaufen. Laufzeit bei einem 2GHz PC ca. 2 Minuten

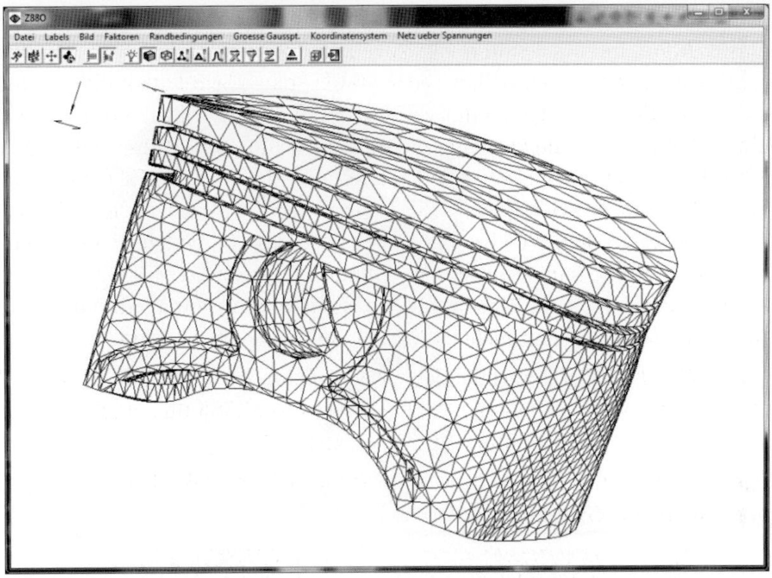

Bild 13.19-5: Verformungen des Kolbens mit Z88O geplottet

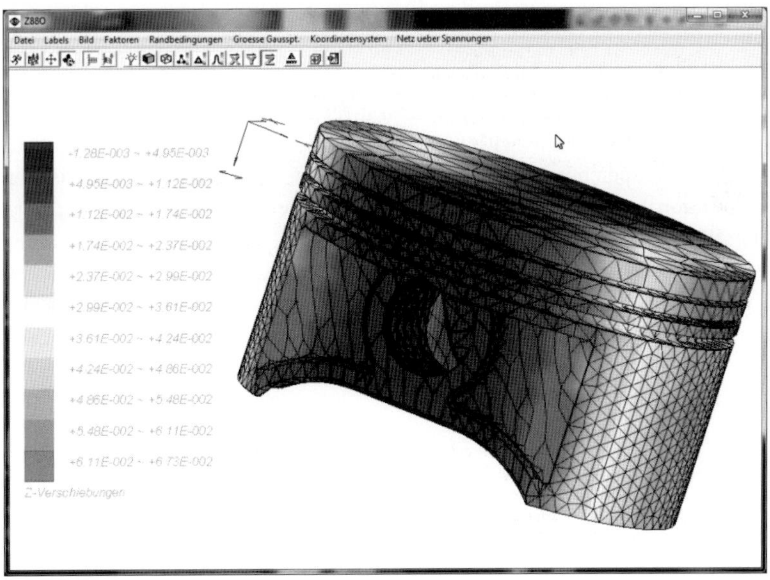

Bild 13.19-6: Z-Verschiebungen des Kolbens mit Z88O geplottet

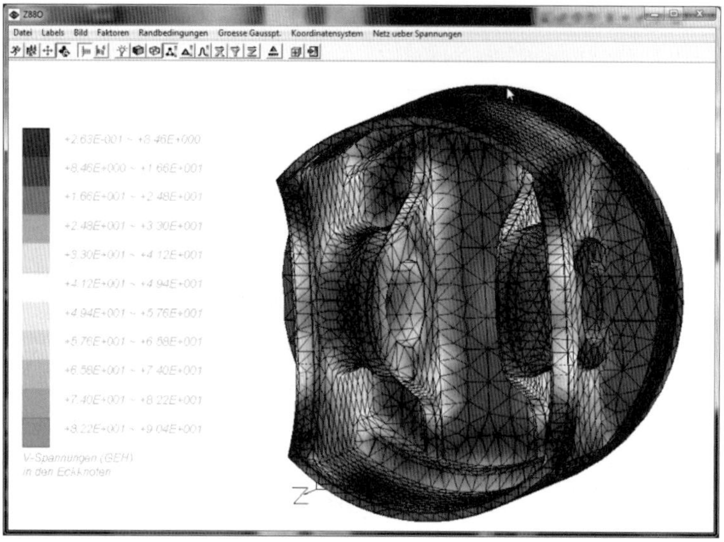

Bild 13.19-7: Vergleichsspannungen mit Z88O geplottet

Alternativ können Sie einige andere Shift-Faktoren probieren, z. B. 0,001 und 0,1. Ferner könnten Sie das Problem auch mit dem Vorkonditionierer SOR durchrechnen; setzen Sie dazu den Parameter ROMEGA in Z88MAN.TXT, der dem „Relaxationsfaktor" ω entspricht, zu 1,0. Probieren Sie später Werte von 0,8 und 1,2 für ω.

Bei Z88Aurora könnten Sie den für diese Strukturgröße genau richtigen Direkten Solver mit Fill-In *Z88R -parao* (Pardiso-Solver) laufen lassen. Er läuft am schnellsten, braucht aber mit Abstand den meisten Speicher, weil er während des Laufs immer weiter dynamischen Speicher anfordert. Das kann bei 32-Bit Windows bald eng werden, weil der Bedarf a-priori nicht abschätzbar ist. Wenn Sie auf Nummer Sicher gehen wollen, dann nehmen Sie den Iterationssolver *Z88R -siccg* oder *-sorcg*. Besonders mit dem Vorkonditionierer SOR ist der Speicherbedarf minimal - weniger geht nicht. Wenn Sie zunächst Omega zu 1 setzen, dann bedeutet dies keine Vorkonditionierung, sondern das Verfahren der Konjugierten Gradienten „pur". Das wird zwar länger rechnen, aber praktisch immer zum Ziel führen.

13.19.2 Mit Z88AuroraV2

Neuen Projektordner erstellen

Erstellen Sie einen neuen Projektordner .

Import Nastran-Struktur

Die Beispieldatei z88g.nas aus *„z88_beispiele_z88v14os/b19"* wie gewohnt importieren, wobei die Importoption „Tetraeder" eingestellt wird. Die Struktur mit Randbedingungen erscheint im OpenGL-Fenster. Nur die Materialzuweisung wird entfernt, um die interne Materialdatenbank von Z88Aurora konsistent zu halten.

Material zuweisen

Verwenden Sie das Material Aluminiumgusslegierung AlSi12 aus der Z88Aurora-Materialdatenbank.

Berechnung starten

Starten Sie die Berechnung mit dem „Pardiso-Solver“.

Ergebnisse

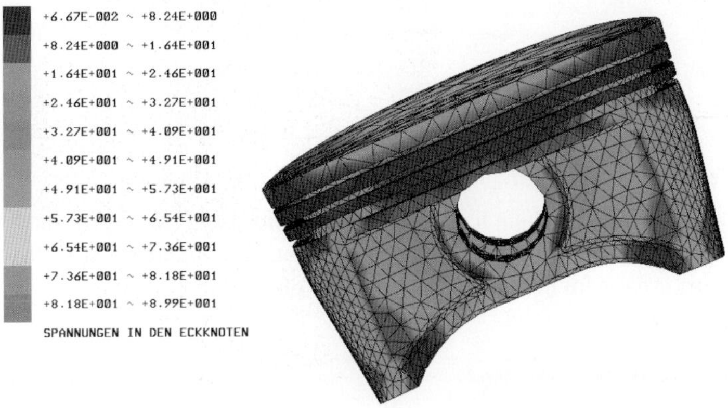

Bild 13.19-8: Spannungen in den Eckknoten, Skalierung 50

Import STL-Geometrie

Wir importieren wie im Beispiel 13.8 die STL-Datei „bmwkolben.stl“ aus *„z88_beispiele_z88aurora/b19/STL-Datei“.*

Vernetzung erzeugen

Vernetzerregel für Tetgen, quadratische Tetraeder, Wert „15“ erstellen.

Wenn gewünscht kann das Netz mittels des Tetraederverfeineres (Kapitel 10.3.2) optimiert werden:

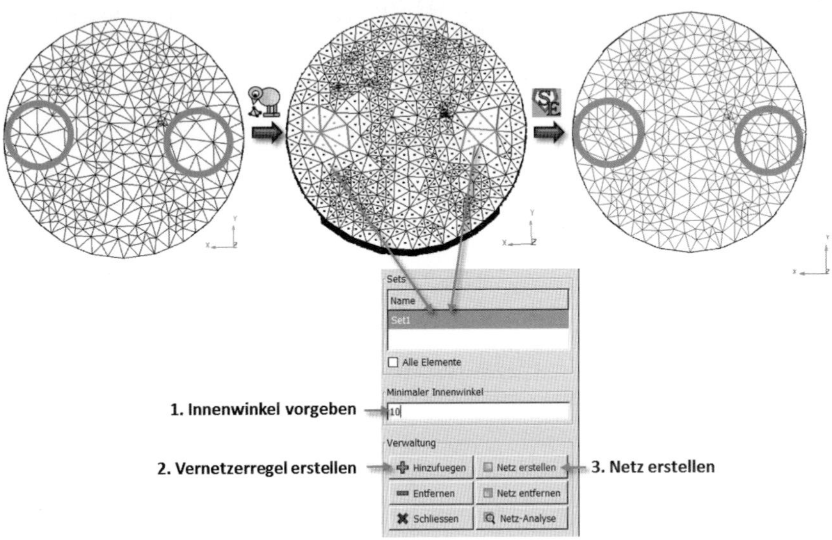

Bild 13.19-9: Tetraederverfeinerer

Hierzu ein Elementset mit den zu verfeinernden Tetraedern anlegen.

Danach Button *Praeprozessor* → *Superelemente.*

1. Set auswählen
2. Innenwinkel vorgeben, z.B. „10“
3. Vernetzerregel erstellen
4. Netz erstellen

Der Vorgang benötigt etwas Zeit!

Picking und Randbedingungen

Nach Beispiel 13.8 wird das Flächenpicking für Druckrandbedingungen verwendet. Die Kolbenbolzenaugen werden mit dem Knotenpicking in einem Set zusammengefasst, welches in Z-Richtung gesperrt wird. An einem Kolbenbolzenauge wird die untere Kante in allen Richtungen an Verschiebungen gehindert.

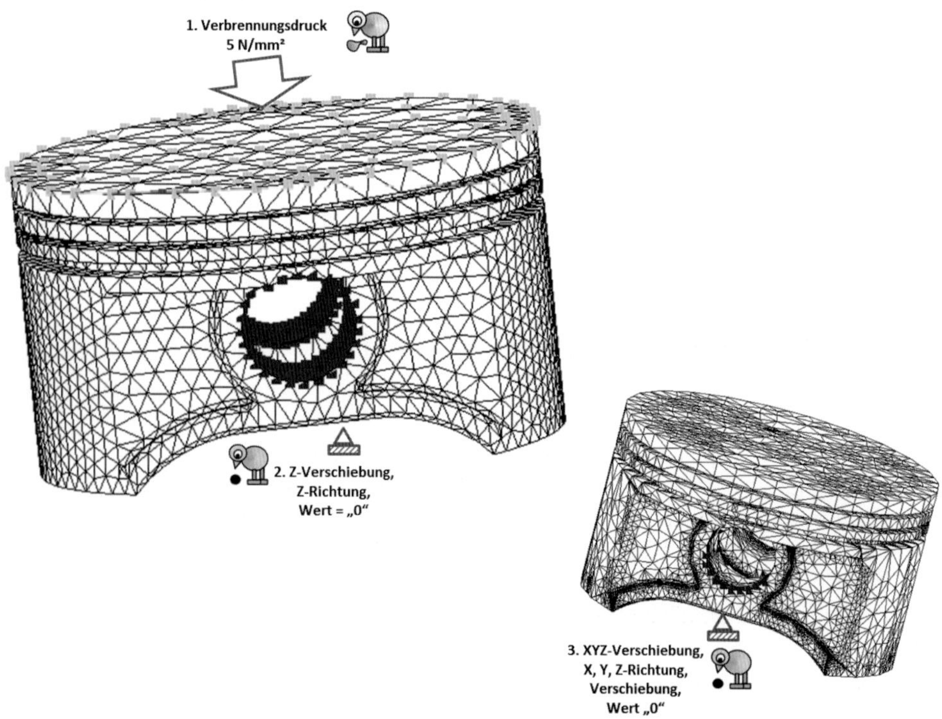

Bild 13.19-10: Picking für die Randbedingungen

Material zuweisen

Verwenden Sie das Material Aluminiumgusslegierung AlSi12 aus der Z88Aurora-Materialdatenbank.

Berechnung starten

Starten Sie die Berechnung mit dem „Pardiso-Solver“.

Ergebnisse

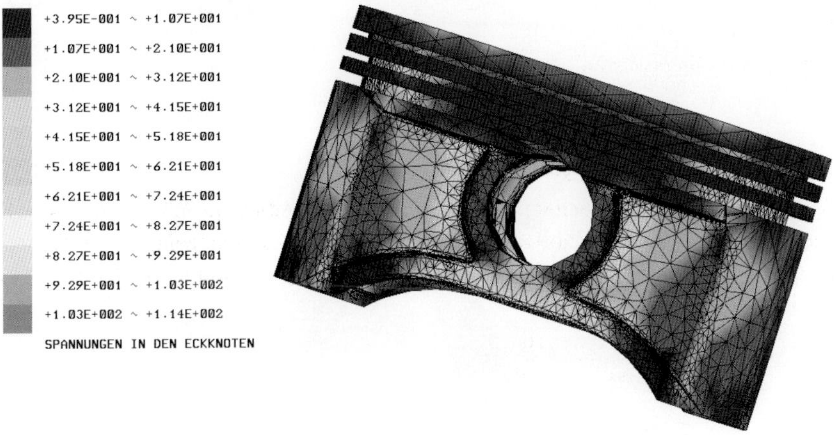

Bild 13.19-11: Vergleichsspannungen in den Eckknoten, unverformte Struktur

13.20 Automotor-Lüfterrad

Dieses Beispiel hat knapp eine Mio. Freiheitsgrade, rund 320.000 Knoten und ca. 200.000 Elemente Typ 16 und kann auf „normalen“ PCs (d.h. 32 Bit Betriebssystemen, 1 ~ 2 Gbyte Hauptspeicher) nur noch mit dem Sparsematrix-Iterationssolver gelöst werden. Dieses Beispiel ist bewusst etwas überzeichnet; tatsächlich wird man hier ggf. mit 4-Knoten Tetraedern anstelle der aufwendigen 10-Knoten Tetraedern arbeiten oder auch auf Schalenelemente ausweichen. Man wird auch die eigentliche CAD-Struktur entfeinern und überflüssige Radien und Stege entfernen.

Aber darum geht's hier nicht: Die CAD-Struktur wurde in Pro/ENGINEER direkt und unreflektiert in Pro/MECHANICA in ein FE-Netz überführt, wobei vorher die Last von 100 N als Axiallast auf die Lüfterblätter angebracht wurden. Als Material wurde ein Polymer mit

$E = 1.700\ N/mm^2,\ \nu = 0{,}335$

gewählt; für das globale Maximum der Elementgröße wurde 3,5 mm, für das globale Minimum der Elementgröße wurde 1 mm vorgesehen.

Bild 13.20-1: Pro/ENGINEER: Ein Lüfterrad aus Kunststoff für einen Pkw-Motor

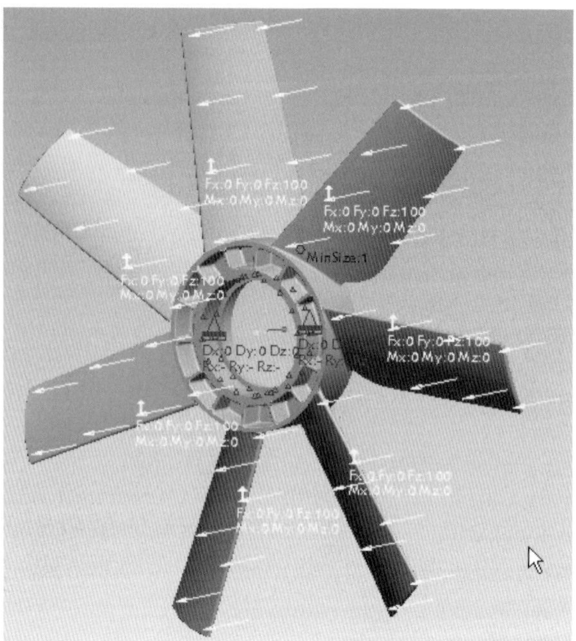

Bild 13.20-2: Pro/MECHANICA: Randbedingungen: Fest-Lagerung in der Nabe, Last 100 N in Z-Richtung, d. h. axial

13.20.1 Mit Z88V14

Das Beispieldirectory ist **B20**.

Die Berechnung werden wir mit dem Iterationssolver vornehmen: Starten Sie zunächst den 3D-Konverter **Z88G** und lassen Sie den Standard „Konvertiere in Volumenelemente" eingestellt. Starten Sie diesmal noch nicht den Cuthill-McKee-Algorithmus Z88H, denn der Iterationssolver braucht dieses Umnumerieren prinzipbedingt nicht. Nun stellen Sie in der Speichersteuerdatei Z88.DYN folgendes ein, wobei Sie genaue Kenntnis von MAXGS und damit auch MAXIEZ erst nach Testlauf des Iterationssolvers haben können, aber wir verraten es Ihnen ausnahmsweise vorab:

- MAXGS 37000000 (= 37 Mio. Elemente in Gesamt-Steifigkeitsmatrix)
- MAXKOI 2000000 (= 2 Mio. Plätze im Koinzidenzvektor)
- MAXK 320000 (= 320.000 Knoten)
- MAXE 200000 (= 200.000 Elemente)
- MAXNFG 1000000 (= 1 Mio. Freiheitsgrade)
- MAXMAT 1 (= 1 Materialgruppe)
- MAXPEL 1 (= 1 Satz Elementparameter, der ohnehin hier keine Bedeutung hat)
- MAXJNT 1 (= 1 Satz Integrationsordnungen)
- MAXRBD 37000 (= 37.000 Randbedingungen)
- MAXPR 100 (beliebig, wird hier nicht benötigt)
- MAXIEZ 37000000 (= 37 Mio. Plätze im Pointervektor)
- MAXGP 1000000 (= 1 Mio. Gaußpunkte für Spannungsanzeige)

Stellen Sie sicher, dass Ihr Computer genügend Hauptspeicher bzw. virtuelles Memory hat. Sie werden ca. 1GByte brauchen.

Bild 13.20-3: FEA-Netz mit ~ 1,0 Mio. Freiheitsgraden

Die Steuerdatei für den Iterationssolver stellen Sie wie folgt ein:

```
MAXIT   15000
EPS     1E-7
RALPHA  0.0001
ROMEGA  1.2
```

Starten Sie den Iterationssolver Z88R mit SICCG; der Shift-Faktor α ist, wie Sie oben gesehen haben, 0.0001. Als Anhaltswert für die Rechenzeit mögen Ihnen folgende Beobachtungen dienen: PC, AMD Athlon64X2 3800+, Windows XP: ~ 2 h.

Nach ca. 5.290 Iterationen haben Sie's geschafft. Sollten Sie alternativ mit dem SOR-Vorkonditionierer arbeiten, dann brauchen Sie ca. 7.440 Iterationen bei *eps*=1e-7 und ω=1.2 nach ca. 2,5 h Rechenzeit. Sollten Sie einen 64-Bit PC mit 64-Bit Betriebssystem und sehr viel Hauptspeicher haben, dann können Sie bei Z88Aurora einmal den Sparsematrix-Solver mit Fill-In Z88R *-parao* probieren: Wir ermittelten bei einem 4-CPU PC mit 32 Gbyte Memory (!) und Betriebssystem Windows Server 2003 eine Rechenzeit von nur 15 min.

Sie werden maximale Vergleichsspannungen von ~7 N/mm² ermitteln. Um die Verformungen zu sehen, sollten Sie sie mit jeweils 10 vergrößern.

13.20.2 Mit Z88AuroraV2

Neuen Projektordner erstellen

Erstellen Sie einen neuen Projektordner .

Import Nastran-Struktur

Die Beispieldateien z88g.nas aus *„z88_beispiele_z88v14os/b20“* importieren, wobei die Importoption „Tetraeder“ eingestellt wird. Die Struktur mit Randbedingungen erscheint im OpenGL-Fenster. Nur die Materialzuweisung wird entfernt, um die interne Materialdatenbank von Z88Aurora konsistent zu halten.

Schnelle Ansicht aktivieren

Große Bauteile verlangen der Grafikkarte einiges ab, für die Ansicht dieses Modells empfiehlt sich der Wechsel auf die „Schnelle Ansicht“, da hier das Modell flüssig gedreht und gezoomt werden kann. Diese Option befindet sich in der Werkzeugleiste „Ansicht I“. Für das Picking muss wieder in den normalen Modus zurück gewechselt werden.

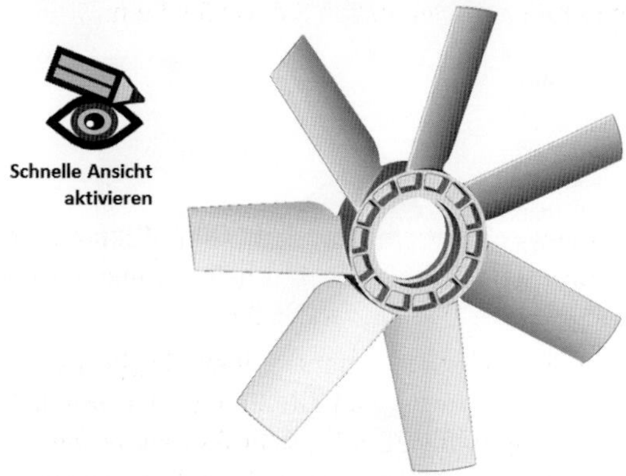

Bild 13.20-4: Schnelle Ansicht aktivieren

Material erstellen

Erstellen wir ein neues Material „Kunststoff“ mit den Werten E = 1.700 N/mm^2 und v = 0,335.

Berechnung starten

Bei diesem Beispiel können Sie sich gut einen Überblick über die Performance der in Z88Aurora integrierten Solver verschaffen. Probieren Sie einfach etwas aus! Die nicht gerade wenigen Randbedingungen werden sowohl in den iterativen Solvern SICCG und SORCG als auch beim direkten Multifrontal-Sparse-Solver Pardiso parallel ausgeführt. Das Lösen des Gleichungssystems erfolgt jedoch nur bei Pardiso auf mehreren Rechenkernen.

Solverparameter editieren

Die in Kapitel 10.1.1 beschriebenen Einstellungen des linearen Solvers editieren wir über „Solverparameter“ → „Oeffnen“.

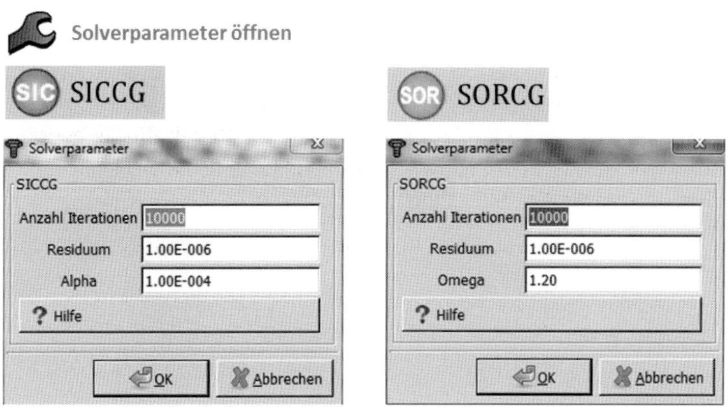

Bild 13.20-5: Solverparameter für SORCG und SICCG

Ergebnisse

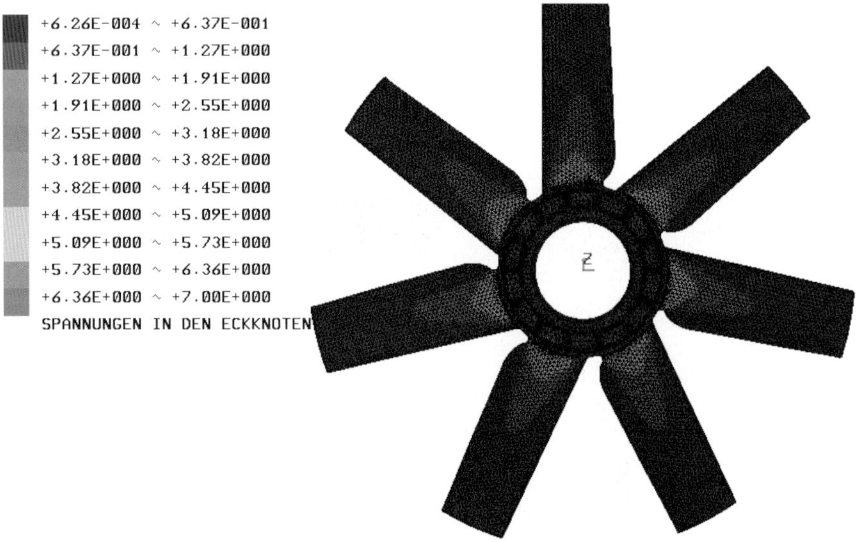

Bild 13.20-6: Vergleichsspannungen in den Eckknoten

Filtern von Ergebnissen

Um kritische Stellen oder Bereiche schneller betrachten zu können, empfiehlt es sich, die Ergebnisse zu filtern. Mit dieser Option können Sie einen Bereich angeben, in dem die Ergebnisse dargestellt werden. Die Skalierung ändert sich dementsprechend.

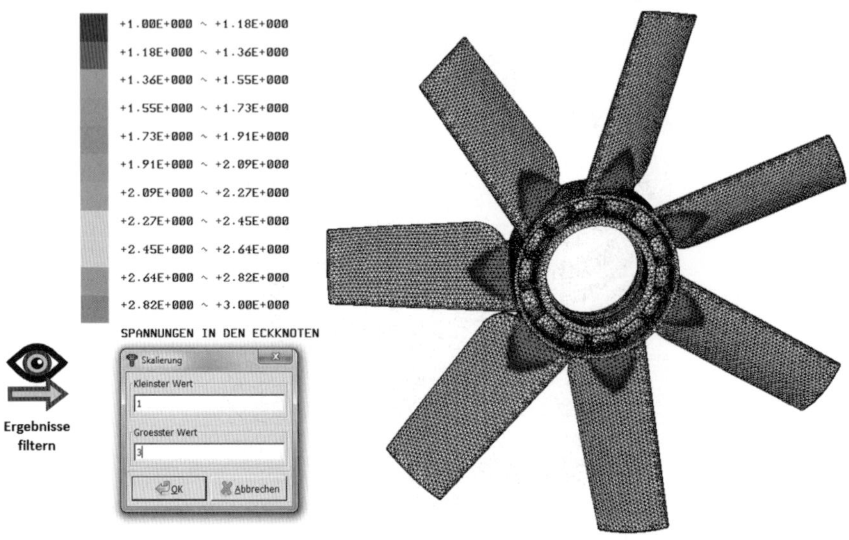

Bild 13.20-7: Gefilterte Spannungen im Bereich 1 N/mm^2 bis 3 N/mm^2

13.21 Dieselkolben

Dieses Beispiel zeigt lineare Tetraeder mit 4 Knoten und quadratische (parabolische) Tetraeder mit 10 Knoten im direkten Vergleich. Ferner werden hier Drucklasten über die Flächenlastdatei Z88I5. TXT aufgegeben. Die beiden NASTRAN-Dateien wurden in Pro/ENGINEER Wildfire 2 erzeugt:

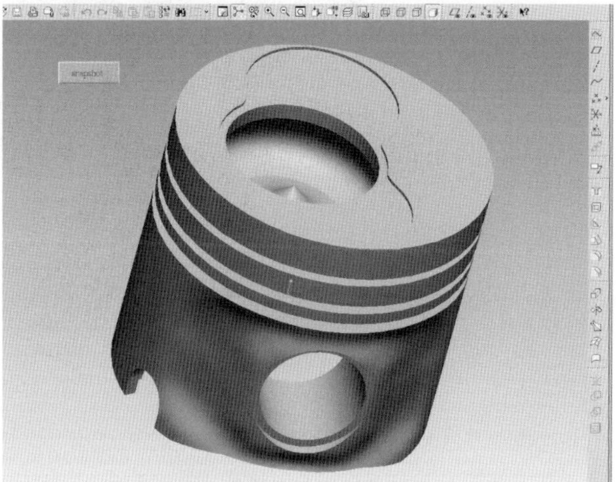

Bild 13.21-1: Dieselkolben eines AUDI-Motors (vereinfacht)

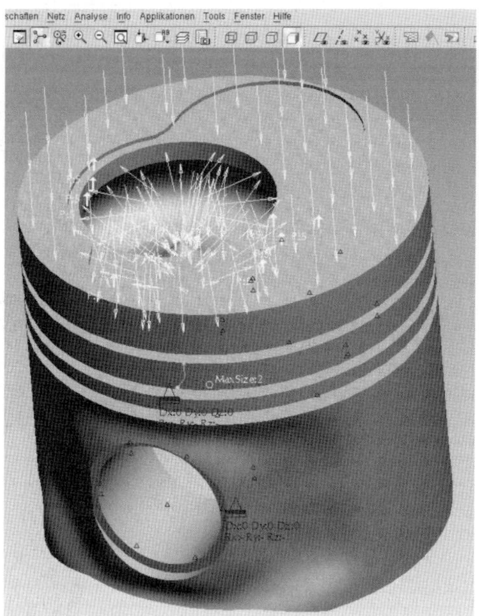

Bild 13.21-2: Dieselkolben mit Drucklast von 50 bar, max. Netzgröße 2mm

Bild 13.21-3: Feines FE-Netz aus Tetraedern

Der Kolben wurde in Anlehnung an einen Dieselkolben eines AUDI-Motors modelliert, und die Drucklast wurde willkürlich mit 50 bar = 5 N/mm^2 angenommen. Als Werkstoff wurde eine Aluminiumlegierung mit E = 73.000 N/mm^2 und ν = 0,33 angenommen. Natürlich werden in der Wirklichkeit andere Drücke und Werkstoffe verwendet - aber darum geht's ja gar nicht! Wir haben eine feine Struktur erzeugt, indem wir eine maximale Netzgröße von nur 2 mm zugelassen haben.

13.21.1 Mit Z88V14

Probieren wir das mal mit linearen Tetraedern. Das für Sie vorbereitete Directory ist B21_LIN, und Z88.DYN sollte so aussehen:

```
COMMON START
  MAXGS    3600000
  MAXKOI   1120000
  MAXK       58000
  MAXE      280000
  MAXNFG    172000
  MAXMAT        32
  MAXPEL        32
  MAXJNT        32
```

```
   MAXPR        5000
   MAXRBD       4000
   MAXIEZ    3600000
   MAXGP     1200000
  COMMON END
```

Die Flächenlastdatei Z88I5.TXT sieht dann wie folgt aus (bitte vergleichen Sie dies mit den Kapiteln 11.4 und 12.17):

```
4430    Z88I5.TXT, via Z88G V14 NASTRAN
  265 +5.00000E+000   731   728   732
  292 +5.00000E+000   344   345   847
  525 +5.00000E+000 16105 16106 15009
  640 +5.00000E+000 15582 15584 15583
  658 +5.00000E+000 15582 15548 15547
  701 +5.00000E+000   812   817   815
  .........
```

Der Solver Z88R -siccg zieht 89 MB an, wenn Sie die Cholesky-Vorkonditionierung mit einem $\alpha = 0.0001$ wählen. Dabei braucht der Solver 202 Iterationen und ist bei einem PC mit Windows in etwa einer Minute fertig.

Z88 berechnet: $\sigma_{Vmax} = 35{,}2\ N/mm^2$ $\qquad$ $y_{max} = -0{,}012\ mm$

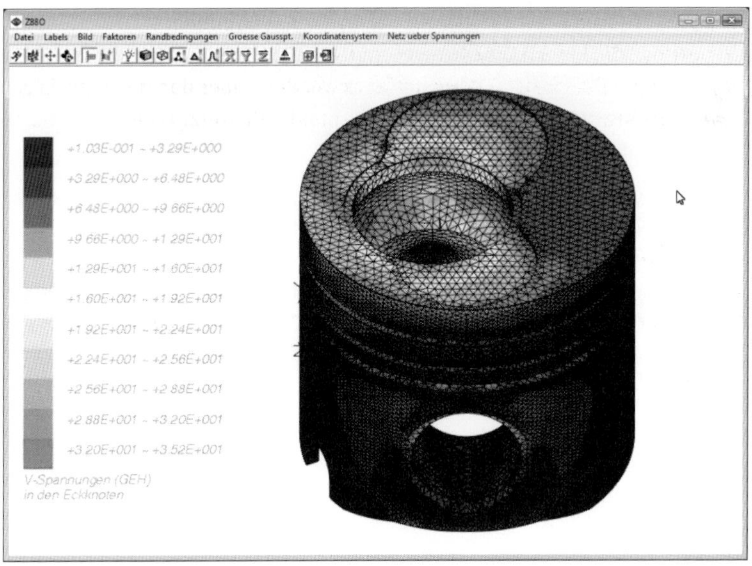

Bild 13.21-4: Spannungsanzeige in Z88O, Tetraeder Nr. 17

Nun ziehen wir das Ganze mit quadratischen (parabolischen) Tetraedern durch. Dies resultiert in folgenden Speicheranforderungen; das für Sie vorbereitete Directory ist B21_PARA:

```
COMMON START
  MAXGS   51000000
  MAXKOI   2800000
  MAXK      416000
  MAXE      280000
  MAXNFG   1250000
  MAXMAT        32
  MAXPEL        32
  MAXJNT        32
  MAXPR       5000
  MAXRBD     12000
  MAXIEZ  51000000
  MAXGP    1500000
COMMON END
```

Die Flächenlastdatei Z88I5.TXT sieht dann wie folgt aus (bitte vergleichen Sie dies mit den Kapiteln 11.4 und 12.16):

```
4430   Z88I5.TXT, via Z88G V14 NASTRAN
    5 +5.00000E+000   394   734   610 59815 61330 59813
  128 +5.00000E+000 16135 16138 16136 167350 167355 167348
  292 +5.00000E+000 15401 15400 15399 162081 162074 162075
  369 +5.00000E+000 15319 15302 15317 161397 161396 161503
  379 +5.00000E+000   828   833   831 63009 63029 63008
  682 +5.00000E+000 15582 15548 15547 163056 163041 163044
  .........
```

Der Solver Z88R -siccg zieht 1.340 MB statisch und zusätzlich 52 MB dynamisch an (das können Sie um rund 1/3 drücken, wenn Sie die SOR-Vorkonditionierung wählen, nehmen Sie dann $\omega = 1.2$), wenn Sie die Cholesky-Vorkonditionierung mit einem $\alpha = 0.0001$ wählen. Dabei braucht der Solver 668 Iterationen und ist bei einem PC mit einem AMD Athlon 64 X2 3800+ und 4 GByte Memory bei Windows in einer dreiviertel Stunde fertig.

Z88 berechnet: $\sigma_{Vmax} = 36{,}5\ N/mm^2$ $y_{max} = -0{,}0128$ mm

Sie sehen, die Ergebnisse unterscheiden sich nur marginal, und den großen Rechenaufwand für die quadratischen Tetraeder Nr. 16 hätten wir uns sparen können. Aber das ist genau die Kunst des FE-Rechners – immer die richtigen Elemente zu wählen!

13.21.2 Mit Z88AuroraV2

Neuen Projektordner erstellen

Erstellen Sie einen neuen Projektordner .

Import Nastran-Struktur

Die Beispieldateien z88g.nas aus *„z88_beispiele_z88v14os/b21"* importieren, wobei die Importoption „Tetraeder" eingestellt wird. Die Struktur mit Randbedingungen erscheint im OpenGL-Fenster. Nur die Materialzuweisung wird entfernt, um die interne Materialdatenbank von Z88Aurora konsistent zu halten.

Material zuweisen

Verwenden Sie das Material Aluminiumgusslegierung AlSi12 aus der Z88Aurora-Materialdatenbank.

Berechnung starten

Starten Sie die Berechnung mit dem „Pardiso-Solver".

Ergebnisse

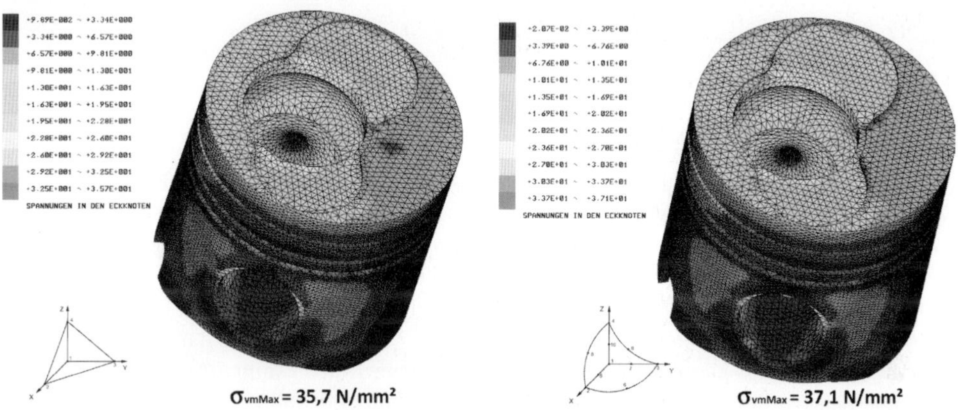

Bild 13.21-5: Vergleichsspannungen, links 4 Knoten Tetraeder, rechts 10 Knoten Tetraeder

13.22 Berechnung einer Formzahl

Bei der Festigkeitsberechnung von gekerbten Bauteilen tritt die Formzahl α_k auf, und zwar α_{kz} für Zug/Druck, α_{kb} für Biegung und α_{kt} für Torsion. Normalerweise entnehmen Sie die Formzahlen der Literatur, z.B. *Decker /96/*. Aber wo kommen diese Zahlen eigentlich her? Sie wurden oft schon vor längerer Zeit in Materialprüfungsanstalten und Universitätsinstituten ermittelt, und zwar entweder experimentell, per Spannungsoptik oder per Berechnung: Da die Formzahlen α_k im Gegensatz zu den Kerbwirkungszahlen β_k nur von der Geometrie und der Beanspruchungsart abhängen, können sie per FEA ermittelt werden.

Diesen Versuch werden wir jetzt unternehmen, und zwar für einen Wellenabsatz Bild 13.22-1, der auf Zug beansprucht wird. Dabei seien D= 240 mm, d= 180 mm, r= 5mm und t= 30 mm.

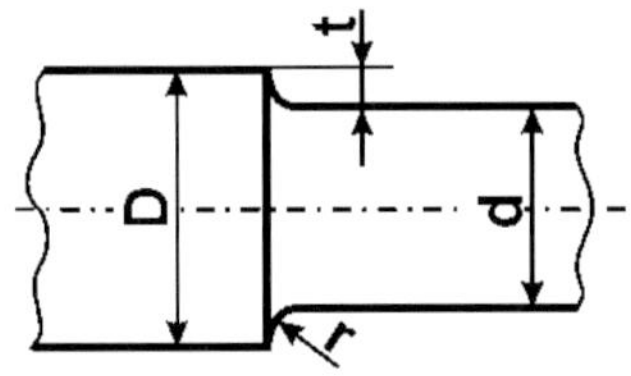

Bild 13.22-1: Wellenabsatz

Für einen derartigen Wellenabsatz berechnet man α_{kz} gemäß DIN 743 oder */96/*, Glch. 15.66 zu: zu:

$$\alpha_{kz} = \alpha_{\sigma} = 1 + \frac{1}{\sqrt{0{,}62 \cdot \frac{r}{t} + 7 \cdot \frac{r}{d} \cdot \left(1 + 2 \cdot \frac{r}{d}\right)^2}} = 2{,}77$$

13.22.1 Mit Z88V14

Da die Struktur und die Belastung axialsymmetrisch sind, sollten wir mit Toruselementen, und zwar Superelementen Nr. 8 arbeiten. Sie könnten die Superstruktur per 2D-CAD gemäß den Regeln in Kap. 10.5 entwerfen und dann mit dem DXF-Konverter eine Netzgenerator-Eingabedatei Z88NI.TXT erzeugen. Aber dieses Mal werden wir das von Hand machen: Zeichnen Sie wie in Bild 13.22-2 den Wellenabsatz auf Papier, unterteilen Sie ihn in Superelemente und geben Sie die Koordinaten und die Koinzidenzliste in die Netzgeneratordatei Z88NI.TXT, wobei Sie die Unterteilung in finite Elemente Nr. 8 angeben sollten. Das Ganze dauert nur etwa eineinhalb Stunden und kann durchaus eine willkommene Abwechslung zu CAD-Programmen sein. Das Beispieldirectory ist B22. Wenn Sie diese Arbeitsschritte beim manuellen Vorgehen einhalten, kann nichts schief gehen:

- Wellenabsatz malen, Karopapier macht es leichter.
- Superelemente einzeichnen.
- Elementnummer und Elementknoten vergeben (die Reihenfolge ist relativ egal).
- jetzt in die Datei Z88NI.TXT zuerst die Koinzidenz eintragen – so sehen Sie sehr leicht, ob Sie einen Knoten vergessen oder doppelt vergeben haben.
- erst jetzt die Knotenkoordinaten in Z88NI.TXT eintragen.
- erste Zeile einfügen.
- Elementunterteilung vorgeben.
- jetzt erst einmal plotten und prüfen, ob die Superstruktur stimmt.
- Netzgenerator Z88N laufen lassen.
- erzeugte Struktur plotten. Ist die Elementunterteilung okay?
- Plotten und dabei die gesuchten Knoten für die Randbedingungen ablesen und gleich in die Randbedingungsdatei Z88I2.TXT eintragen.
- Die Dateien Z88MAN.TXT, Z88INT.TXT, Z88ELP.TXT und Z88MAT.TXT mit einer zugehörigen Materialdatei von Hand ergänzen.
- Rechnen. Hier genügt der Cholesky-Solver Z88R -choly.

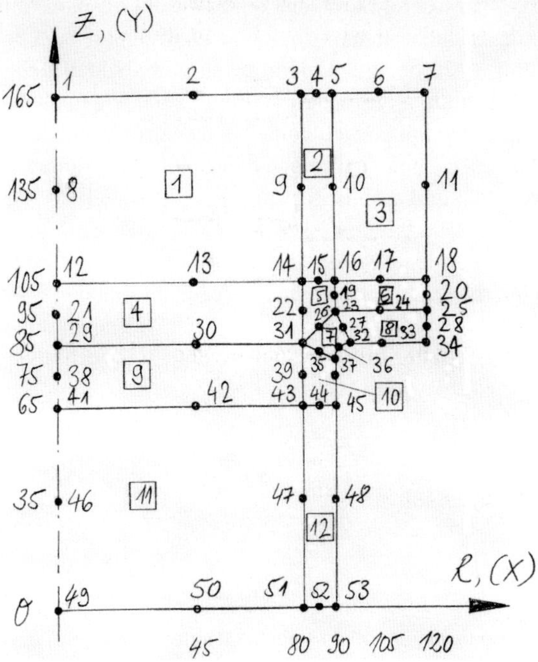

Bild 13.22-2: Wellenabsatz, von Hand mit Bleistift gezeichnet. Originalzeichnung, um zu verdeutlichen, wie einfach man solche Probleme per Handskizze lösen kann

Für die Elementunterteilung sollten Sie beim Superelement 7, Bild 13.22-3, beginnen: Das muss besonders fein zerlegt werden, weil hier die Spannungsspitzen auftreten. Wenn Sie die Koinzidenz wie folgt eingeben: 37-32-23-31-36-27-26-35, dann spannen die Superknoten 37-32 die lokale x-Achse und die Superknoten 37-31 die lokale y-Achse auf. Sie könnten in beiden Achsen jeweils acht Unterteilungen vornehmen, und zwar äquidistant.

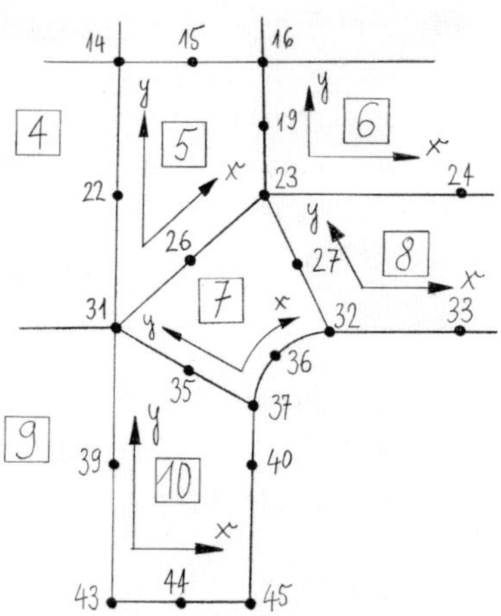

Bild 13.22-3: Superelement 7 und seine Umgebung, von Hand mit Bleistift gezeichnet. Die lokalen Koordinatenachsen ergeben sich aus den lokalen Knoten 1-2 (=x) und 1-4 (=y)

Nachdem Sie das für das zu lösende Problem zentrale Superelement 7 nun unterteilt haben, gehen Sie an die direkten Nachbarelemente 5, 8 und 10. Wenn Sie zum Beispiel beim Superelement die Koinzidenz mit 31-23 beginnen, dann legen diese beiden Knoten die lokale x-Achse fest. Und die muss natürlich die gleiche Unterteilung haben wie die korrespondierende Achse des Superelements 7, damit keine Lücken beim Netzgenerieren entstehen. Die lokale y-Achse bei Superelement 5 kann jetzt beliebig aufgeteilt werden. Umgekehrt müssen die lokalen y-Achsen der Superelemente 7 und 8 identisch unterteilt sein. Gleichzeitig sind Sie aber bei der lokalen x-Achse von SE 8 sowie bei den lokalen y-Achsen der SE 5 und 10 frei. Liegen diese unmittelbaren Nachbar-Superelemente fest, geht man immer weiter zu den äußeren Superelementen weg. Dies zeigen die Bilder 13.22-4 und 13.22-5; dort sind die Netze nur zur Verdeutlichung eingetragen, denn in der Realität erzeugt sie ja der Netzgenerator. Das Ganze ist komplizierter zu beschreiben als es in der Praxis ist, und in der Tat brauchen Sie dafür nicht mehr als wenige Minuten.

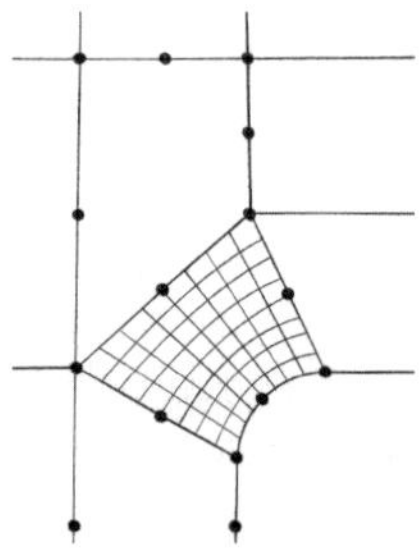

Bild 13.22-4: Superelement 7 mit der (gedanklichen) Netzunterteilung in finite Elemente

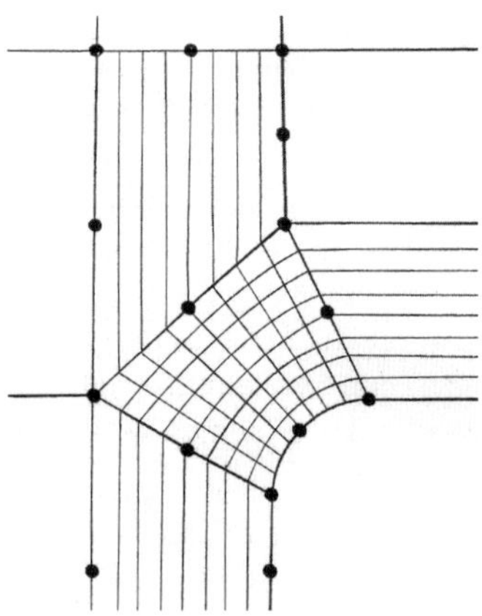

Bild 13.22-5: Anschluss der Superelemente 5, 8 und 10 mit ihren (gedachten) FE-Netzen an Superelement 7

Als Belastung soll Zug vorgesehen werden. Die Unterseite halten wir in Y fest. Nun könnten Sie Kräfte auf der Oberseite anbringen, aber erstens müssten Sie die nach Kap. 11.3 passend verteilen und zweitens wäre das immer noch falsch: Toruselemente erhalten *Linienlasten*, und die Radien sind für jeden Knoten an der Oberseite verschieden. Diese Umrechnung wird zu Fuß etwas mühsam. Aber es geht viel einfacher: Machen Sie das, was eine Zugprüfmaschine im

Experiment auch macht: Geben Sie einfach *Wege* an der Oberseite vor, z.B. einheitlich 0,01 mm. Es hier hierbei völlig egal, wie groß der Weg, oder, wenn Sie Kräfte aufbringen würden, die Kräfte wären, denn die Formzahl ist wie folgt definiert:

$$\alpha_k = \frac{\sigma_{\max}}{\sigma_{nenn}}$$

Sie brauchen also nur diese Spannungen aus der Spannungsdatei Z88O3.TXT abzulesen, beispielsweise für die Maximalspannung beim Elementen 285 am maximalen Radius, also möglichst nah der Oberfläche. Für die Nennspannung wählen Sie einen Mittelwert der Spannungen über ein oder mehrere Elemente, da die „Nennspannung" nicht konstant über den Radius ist – das ist sie nur mit den idealisierten Annahmen der klassischen Festigkeitslehre. Da es hier nur um das prinzipielle Vorgehen geht, sei als repräsentatives Element für die Nennspannungen Element 455 angenommen, das sich hinreichend weit von Störungszonen wie Rändern befindet (wenn Sie andere Elemente wählen, kommen Sie auf durchaus unterschiedliche Ergebnisse!). Wie kommen Sie auf diese Elemente? Plotten Sie die Spannungen und stellen Sie fest, welche Elemente wohl am ehesten die Maximalspannungen und welche Elemente am wahrscheinlichsten die Nennspannungen repräsentieren, Bild 13.22-6. Die nächste Frage ist fast ein wenig philosophisch: Welche Spannungen ziehen Sie heran – die Zugspannungen σ_Z oder die Vergleichsspannungen σ_V? Und wenn Vergleichsspannungen, nach welcher Hypothese? Es ist zwar gedanklich ein einachsiger Spannungszustand, in Wahrheit treten aber hier dreidimensionale Spannungszustände auf, durch die Querkontraktion bedingt, vgl. Kap. 3:

$$\begin{bmatrix} \sigma_r \\ \sigma_\theta \\ \sigma_z \\ \tau_{rz} \end{bmatrix} = \frac{E(1-\nu)}{(1+\nu)(1-2\nu)} \begin{bmatrix} 1 & \frac{\nu}{1-\nu} & 0 & \frac{\nu}{1-\nu} \\ \frac{\nu}{1-\nu} & 1 & 0 & \frac{\nu}{1-\nu} \\ 0 & 0 & \frac{1-2\nu}{2(1-\nu)} & 0 \\ \frac{\nu}{1-\nu} & \frac{\nu}{1-\nu} & 0 & 1 \end{bmatrix} \begin{bmatrix} \varepsilon_r \\ \varepsilon_\theta \\ \varepsilon_z \\ \gamma_{rz} \end{bmatrix}$$

Wenn Sie die Spannungen in den Elementen im Kerbbereich untersuchen, werden Sie in der Tat feststellen, dass neben den Zugspannungen σ_{ZZ} durchaus beachtliche Radialspannungen σ_{RR} und Schubspannungen τ_{RZ} auftreten. Die Frage der Spannungshypothese ist zunächst richtig, aber eigentlich ein Widerspruch in sich, denn nach Definition sind Formzahlen *unabhängig* vom Werkstoff und damit unabhängig von der Wahl einer Spannungshypothese. Um aber eine Finite Elemente Analyse zu machen, müssen Sie einen Werkstoff vorgeben und damit kommt automatisch eine dazu passende Spannungshypothese ins Spiel. Geben wir duktilen Stahl mit E= 206.000 N/mm^2 und v= 0,3 vor, ist die Gestaltänderungsenergie-Hypothese GEH richtig:

$$\alpha_{kz} = \frac{\sigma_{V,Element\,285}}{\sigma_{V,Element\,455}} = \frac{35{,}5}{12{,}9} = 2{,}75$$

Im Vergleich zur offiziellen Formel der DIN 743 wäre der Fehler an sich sehr gering – wobei man auch bei den Formeln der Literatur nie genau weiß, unter welchen Bedingungen sie ermittelt wurden und wie aktuell sie wirklich sind. Außerdem haben wir einen kleinen systemimmanenten Fehler eingebaut: Wir haben den Radius, der durch die Superknoten 32-36-37 definiert ist, nur durch ein einziges Superelement vom Typ 8, d.h. mit quadratischem Ansatz, abgebildet. Mit einem quadratischen Polynom kann man einen 90° Bogen nicht genau darstellen; besser wäre es gewesen, zwei Superelemente Typ 12 (kubischer Ansatz) zu nehmen.

Welche Formzahlen hätten wir bei Radien von 2 mm und 3,5 mm? Diese Studie ist nun sehr einfach durchzuführen, weil wir nur die Superstruktur ein wenig verändern zu brauchen, und zwar die Knoten 27, 32, 35, 36 und 37. Mit einer kleinen Skizze haben Sie die veränderten Werte schnell ermittelt, egal, ob von Hand oder per CAD-Programm:

Tabelle 13.22-1: Koordinaten der abzuändernden Knoten

Knoten	R=5: X	R=5: Y	R=2: X	R=2: Y	R=3,5:X	R=3,5:Y
27	92,5	90	91	90	91,75	90
32	95	85	92	85	93,5	85
35	85	82,5	85	84	85	83,25
36	91,5	83,5	90,5	84,5	91	84
37	90	80	90	83	90	81,5

Wenn Sie die gleichen Bezugselemente wie vorher nehmen, werden Sie diese Werte nach Tabelle 13.22-2 ermitteln:

Tabelle 13.22-2: Vergleichsspannungen und Formzahlen bei verschiedenen Radien R

	R=5	R=3,5	R=2
σ_{Vmax}	35,5	39,9	46,8
σ_{Vmin}	12,9	12,9	12,9
α_{kFEA}	2,75	3,09	3,63
$\alpha_{kDIN743}$	2,77	3,13	3,86

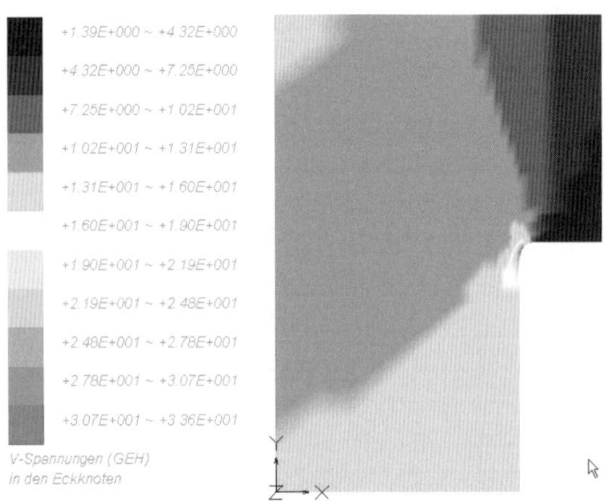

Bild 13.22-6: Plot der Vergleichsspannungen des Kerbfalls, R= 5 mm

Der Charme dieses Vorgehens ist, dass Sie einmalig die Superstruktur von Hand oder per CAD-Programm zeichnen und die Veränderung des Kerbradius nur durch das Editieren der fünf betroffenen Knoten im Netzgeneratorfiles Z88NI.TXT vornehmen. Dann lassen Sie den Netzgenerator Z88N laufen, rechnen Verschiebungen und Spannungen, wobei die Randbedingungen immer gleich bleiben. Die zu diesem Projekt gehörenden Dateien sind (falls Sie sie nicht selbst zur Übung erzeugen wollen):

- B22_NI.TXT: Netzgeneratordatei der Ausgangsstruktur, R= 5mm
- B22_NI_R2.TXT: Netzgeneratordatei, R= 2mm
- B22_NI_R3K5.TXT: Netzgeneratordatei, R= 2mm
- B22_2.TXT: Randbedingungsdatei
- B22_X.DXF: Falls Sie selbst mit einem CAD-Programm arbeiten wollen.

13.22.2 Mit Z88AuroraV2

Neuen Projektordner erstellen

Erstellen Sie einen neuen Projektordner .

Import Z88V14OS Strukturdatei Z88I1.TXT

Die Beispieldatei Z88I1.TXT in *„z88_beispiele_z88v14os/b22“* anwählen und importieren.

Knotenpicking

Wählen Sie die obere und die untere Kante und definieren Sie jeweils ein Knotenset.

Randbedingungen

1. Set: Verschiebung, „Festhaltung_Y“, Y-Richtung, Wert „0“
2. Set: Verschiebung, „Verschiebung“, Y-Richtung, Wert „0.01“

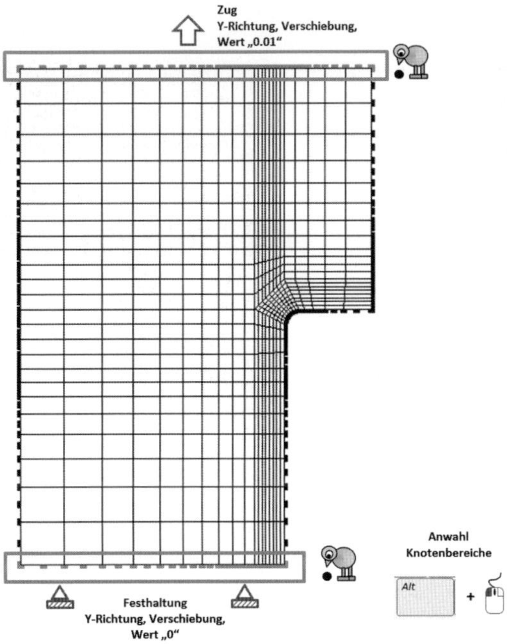

Bild 13.22-7: Knotenpicking für die Randbedingungsaufgabe

Material zuweisen

Verwenden Sie das Material Baustahl S235JR aus der Z88Aurora-Materialdatenbank.

Berechnung starten

Starten Sie die Berechnung mit dem „Pardiso-Solver“.

Ergebnisse

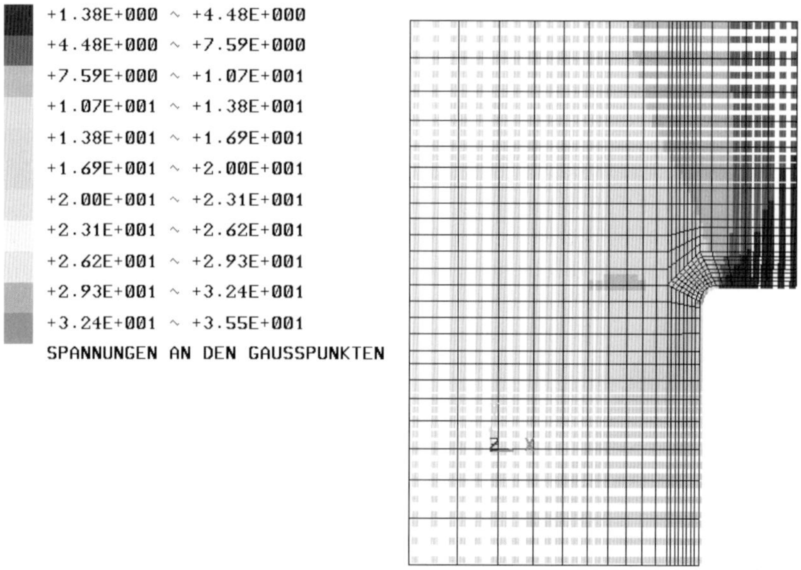

Bild 13.22-8: Plot der Vergleichsspannungen an den Gausspunkten

13.23 Zahnfußbeanspruchung

Die Tragfähigkeitsberechnung von Stirnrädern gehört zu den anspruchsvollsten Aufgaben der Maschinenelemente-Berechnung, und dieses Beispiel soll zeigen, wie man sich zumindest qualitativ einen Überblick verschaffen kann. Eine „richtige“ Tragfähigkeitsberechnung nach DIN 3990 würde den Rahmen hier vollkommen sprengen, und wir gehen von einer rein statischen Beanspruchung und idealer Geometrie (keine Fluchtungsfehler, keine Breitenballigkeit etc.) aus. Es soll die Zahnfußfestigkeit, vgl. Bild 13.23-1, untersucht werden; die Zahnabmessungen sind an sich Phantasiemaße, die aber geometrisch in Ordnung sind.

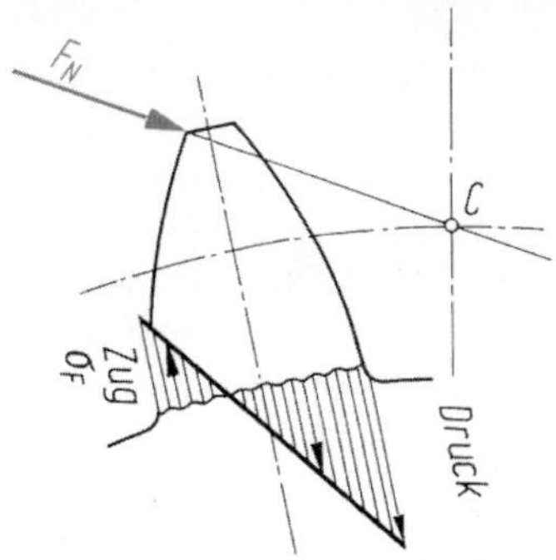

Bild 13.23-1: Beanspruchungen am Zahnfuß */96/*

Unter diesen Annahmen kann ein Zahn als Scheibenproblem abgebildet werden: Zunächst wird ein Zahnsegment als Superstruktur entworfen. Hier wurde folgendes Verfahren angewandt: Die Zeichnung wurde von Hand angefertigt (was wegen den Evolventen fast einfacher als in einem CAD-Programm geht), es wurde die Superstrukturunterteilung vorgenommen, dann wurde die Skizze gescannt und als Bilddatei in AutoCAD eingemischt. Anschließend wird das Vorgehen nach Kap.10.4 genutzt; mit der Bilddatei als Vorlage kann nun sehr schnell gearbeitet und „digitalisiert" werden. Der CAD-Konverter Z88X konvertiert in die Netzgenerator-Eingabedatei Z88NI.TXT. Der Netzgenerator Z88N erzeugt das FE-Netz, Bild 13.23-2.

Die Randbedingungen wählen wir wie folgt: Am linken, unteren und rechten Rand wird die Struktur in X und Y gesperrt, und an der rechten oberen Ecke des Zahns wird auf das dort befindlich Element 512 eine Flächenlast von 10.000 N/mm^2 aufgebracht. Da die Flächenlast per Definition senkrecht zur Fläche wirkt, braucht keine Zerlegung mehr in X- und Y-Komponenten vorgenommen zu werden.

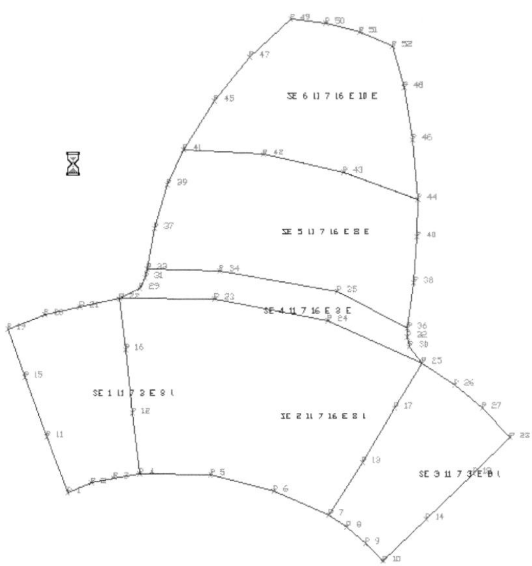

Bild 13.23-2: Entwurf eines Zahnsegments in AutoCAD®

13.23.1 Mit Z88V14

Die Verformungsberechnung kann ohne Umnummerieren mit Z88R im Cholesky-Mode erfolgen, da das von Z88N erzeugte Netz - wie zu erwarten - gutartig ist. Bei der Spannungsberechnung wählen wir als Vergleichsspannungshypothese die Schubspannungshypothese, um direkt mit Bild 13.23-5 nach *Niemann /111/* vergleichen zu können. Z88R berechnet diese Spannungen: Zahngrund, Druckseite: ~ 188 N/mm^2, Zahngrund, Zugseite: ~ 151 N/mm^2. Dies ist ein Verhältnis von 188/151= 1,24, das genau dem Verhältnis der Spannungen des Bilds 13.23-5 mit 15,5/12,5= 1,24 entspricht. Also ist unsere FE-Berechnung – so einfach sie auch ist - zumindest qualitativ in Ordnung.

Das folgende Directory ist für Sie vorbereitet: B23.

Sie sollten nicht versuchen, Einzellasten anstelle der Flächenlasten auf den Zahn zu geben. Das funktioniert natürlich rein rechnerisch, aber da Sie in Wahrheit Hertz'sche Kontakte haben, führt eine Einzellast zu eigentlich nicht vorhandenen hohen Spannungsspitzen. Auch eine Flächenlast bildet den Hertz'schen Kontakt, den man bei der Tragfähigkeitsberechnung mit dem Modell Zylinder/Zylinder annimmt, nicht sauber ab, ist jedoch sicher näher an der Wahrheit wie eine Einzellast. Obwohl die Lastaufteilung von je 1/6 auf die Eckknoten 1637 und 1639 sowie 2/3 auf den Mittenknoten 1638 (was die Lastvektorroutine in Z88 automatisch macht) vielleicht gar nicht so falsch ist.

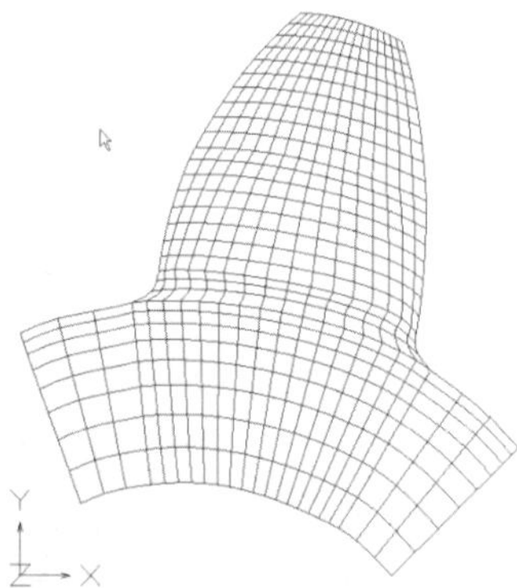

Bild 13.23-3: FE-Struktur des Zahnsegment

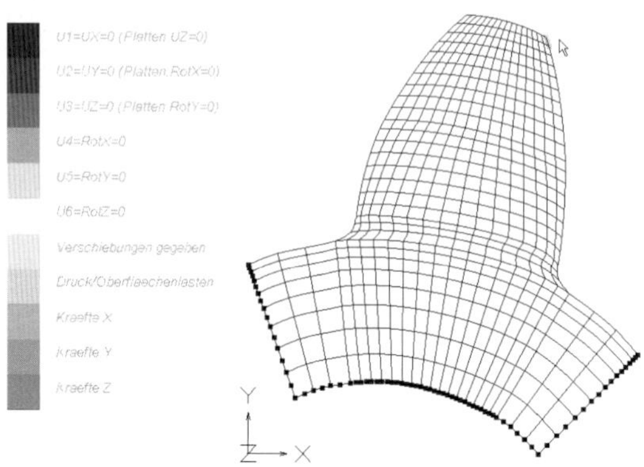

Bild 13.23-4: Randbedingungen am Zahnsegment: Oben rechts am Zahn greift eine Flächenlast am Element 512 an

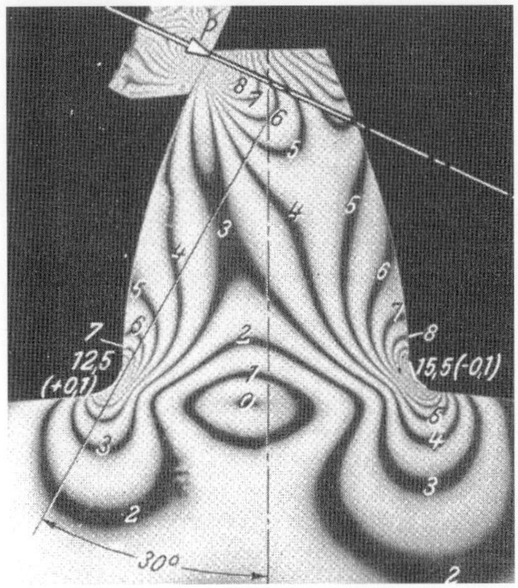

Bild 13.23-5: Nach einer spannungsoptischen Aufnahme, *Niemann /111/*: „Die eingetragenen Zahlen 1 bis 15,5 für Linien gleicher Hauptschubspannung sind proportional der Spannung. Der Abbruch des Zahnes ist an der Zugseite des Zahnes (Randspannung 12,5) zu erwarten“

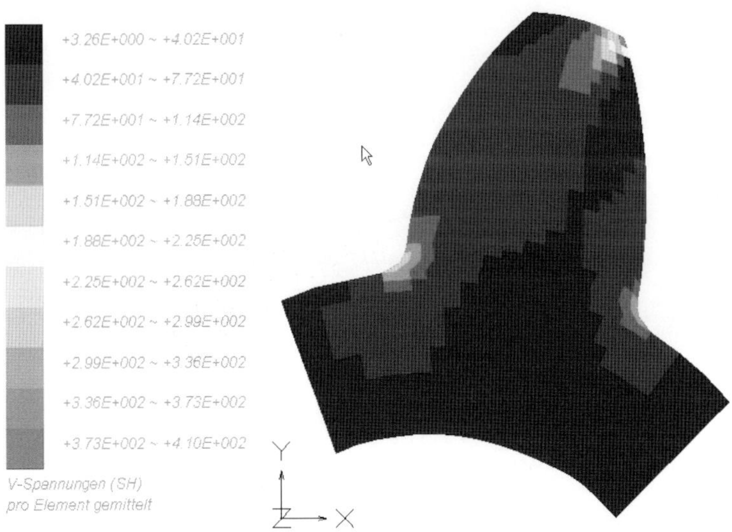

Bild 13.23-6: Vergleichsspannungen nach Schubspannungshypothese. Auf der Zugseite ca. 151 N/mm^2, auf der Druckseite ca. 188 N/mm^2

13.23.2 Mit Z88AuroraV2

Neuen Projektordner erstellen

Erstellen Sie einen neuen Projektordner .

Import Z88V14OS Strukturdatei Z88I1.TXT

Die Beispieldatei Z88I1.TXT in *„z88_beispiele_z88v14os/b23“* anwählen und einlesen.

Festlegen der Scheibendicke:

Wie bei Beispiel 13.1 legen wir die Scheibendicke im Elementparametermenü für alle Elemente mit der Dicke „100“ fest.

Anzeigen der Elementnummerierung

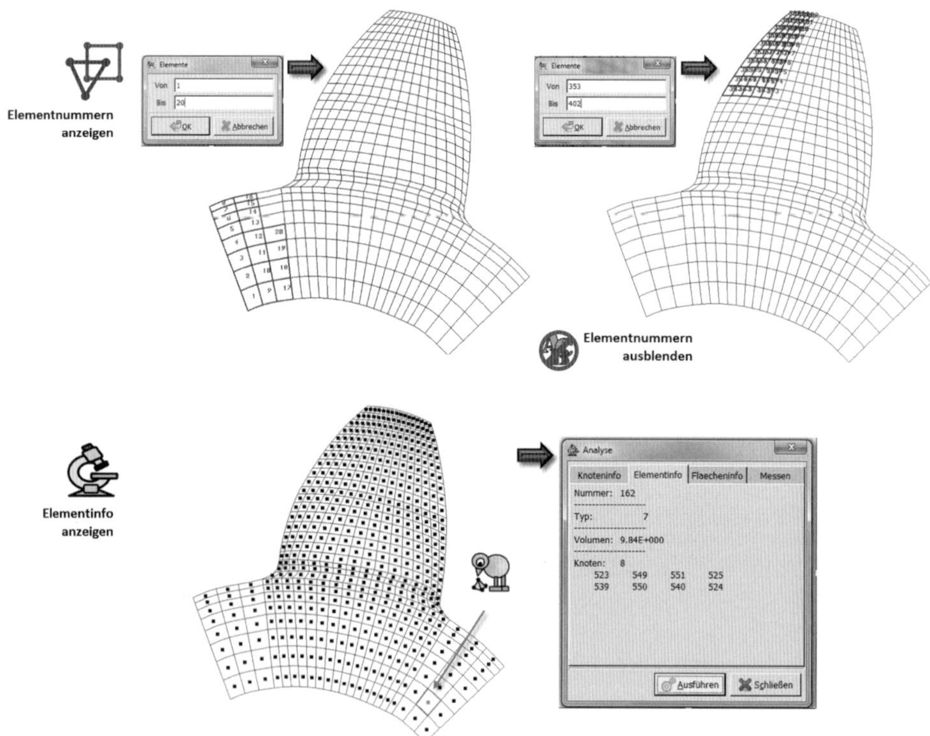

Bild 13.23-7: Anzeige der Elementnummern und Elementinformationen im Analyse-Tool

Knotenpicking

Zwei Sets nach Bild 13.23-8 erstellen.

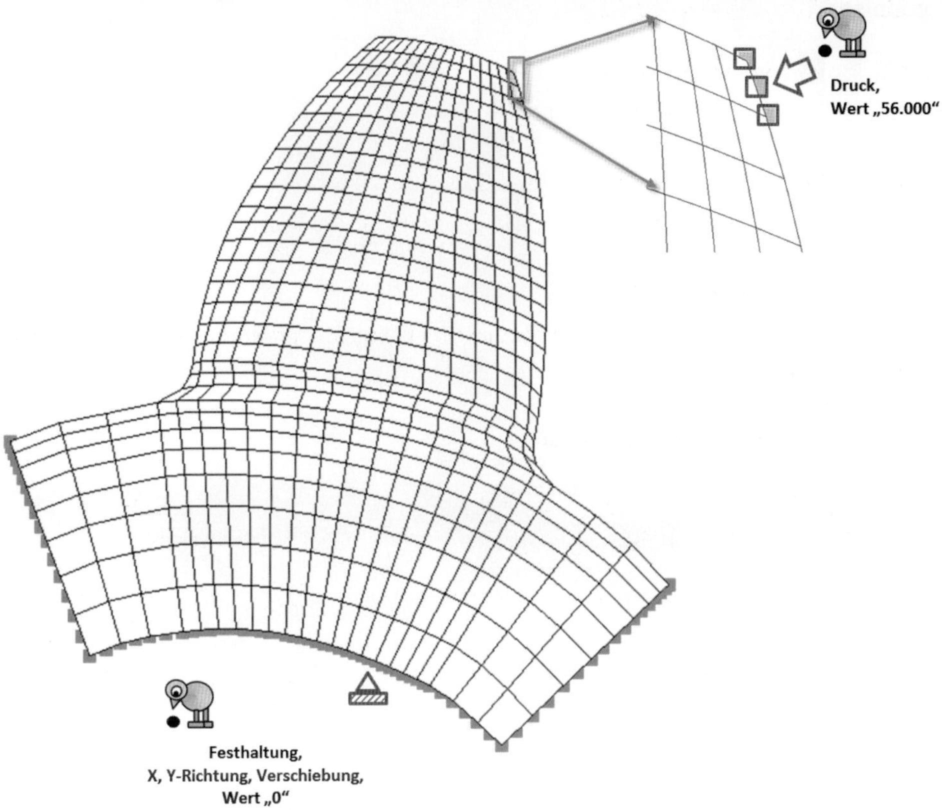

Bild 13.23-8: Randbedingungen mit Knotenpicking

Randbedingungen

1. Set: Verschiebung, „Festhaltung_XY“, X, Y-Richtung, Wert „0“
2. Set: Druck, „Druck“, Wert „56000“

Material erstellen

Verwenden Sie das Material Baustahl S235JR aus der Z88Aurora-Materialdatenbank.

Berechnung starten

Starten Sie die Berechnung mit dem „Pardiso-Solver“.

Ergebnisse

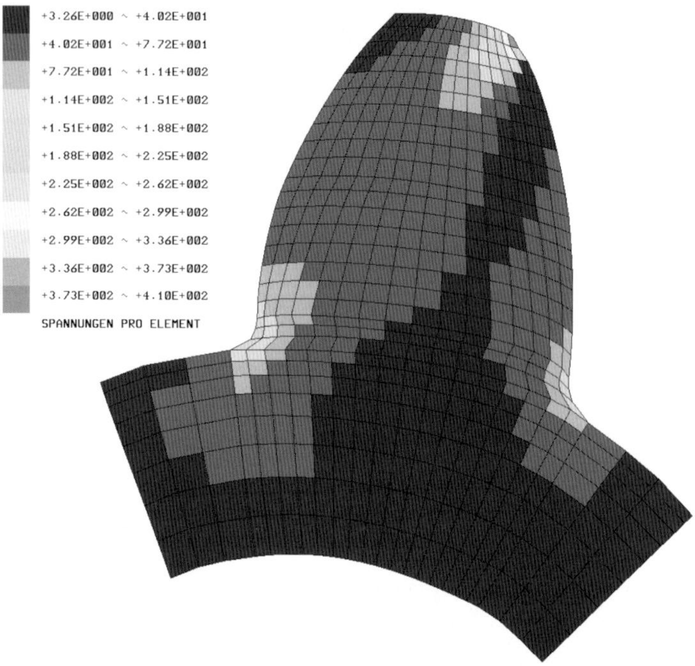

Bild 13.23-9: Ergebnisdarstellung Spannung pro Element

■ 13.24 Vierkantrohr, Schale Nr. 24

Wir betrachten ein Vierkantrohr 300 × 270 × 1.000, das am Ende um 0,12° verdreht wird. Das Beispiel kann natürlich mit Volumenelementen gerechnet werden, aber da die Wandstärke relativ gering im Vergleich zu den anderen Abmessungen ist, bieten sich hier alternativ Schalenelemente an. Auf jede Kante wird eine Querkraft von 100.000 N aufgebracht; der Werkstoff ist Stahl. Analytisch rechnet man:

$$\varphi = \frac{T \cdot \ell}{G \cdot I_T}$$

$$I_T = \frac{4(bh)^2}{2\left(\frac{b}{t_1} + \frac{h}{t_2}\right)} = \frac{4(285 \cdot 285)^2}{2\left(\frac{285}{15} + \frac{285}{15}\right)} = 3{,}47 \cdot 10^8$$

$$T = 4 \cdot F \cdot r = 4 \cdot 1 \cdot 10^5 \cdot \frac{285}{2} = 5{,}7 \cdot 10^7$$

$$G = \frac{E}{2\,(1+\nu)} = \frac{206.000}{2\,(1+0{,}3)} = 7{,}9 \cdot 10^4$$

$$\varphi = \frac{5{,}7 \cdot 10^7 \cdot 1.000}{7{,}9 \cdot 10^4 \cdot 3{,}47 \cdot 10^8} = 0{,}0021\,rad \approx 0{,}12^\circ$$

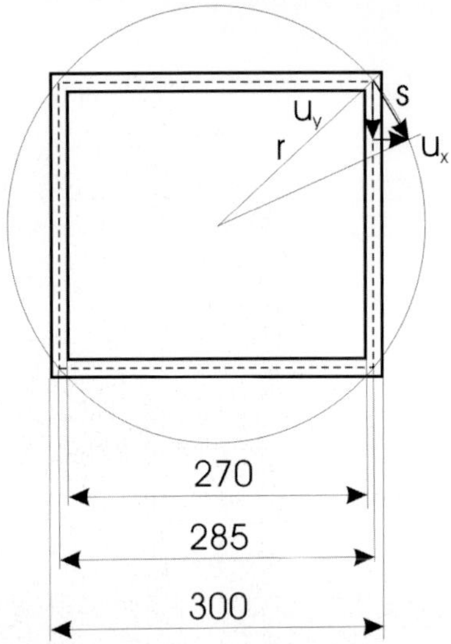

Bild 13.24-1: Abmessungen des Rechteckrohrs

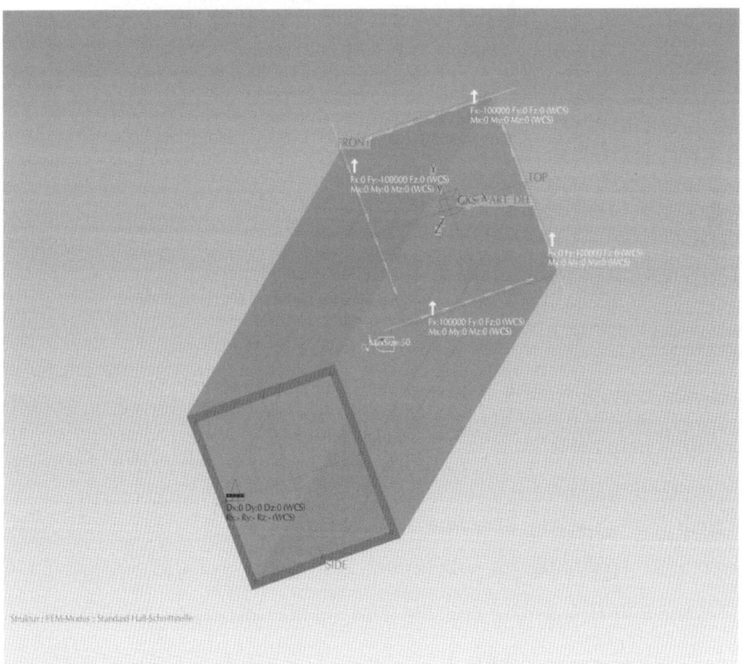

Bild 13.24-2: Modellerzeugung in Pro/ENGINEER

13.24.1 Mit Z88V14

Nach Umwandlung der NASTRAN-Datei (Directory B24) mit Z88G kann die Struktur mit den Randbedingungen in Z88O betrachtet werden (Achtung: auf *Wireframe* schalten):

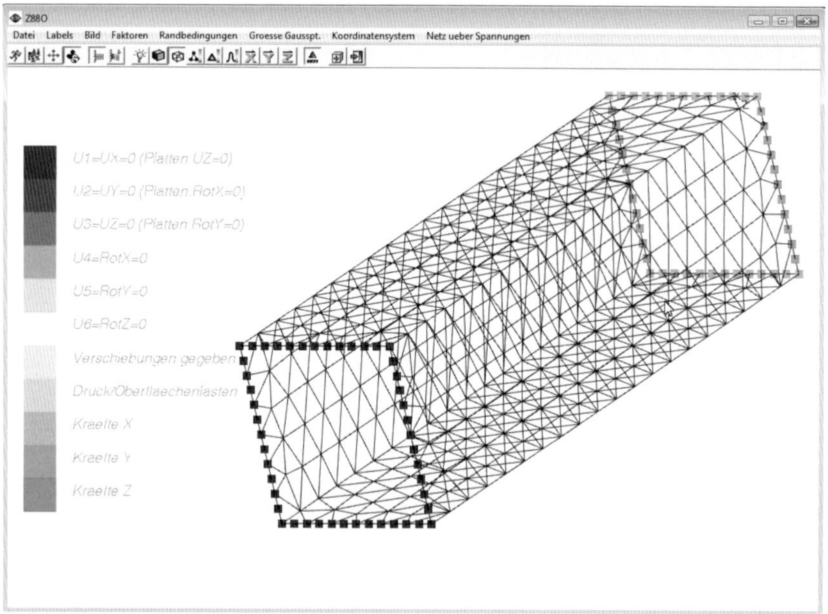

Bild 13.24-3: Schalenstruktur mit Randbedingungen in Z88O

Die Knoten 1 und 2 sind Eckknoten; man liest aus Z88O2.TXT ab: $U_X = U_Y = 0{,}294$ mm. Kontrolle (vgl. Skizze zu Beginn des Beispiels:

$$\varphi = \frac{s}{r} = \frac{\sqrt{U_X^2 + U_Y^2}}{r} = \frac{\sqrt{0{,}294^2 + 0{,}294^2}}{0{,}5 \cdot 285 \cdot \sqrt{2}} = 0{,}021 \approx 0{,}12^\circ$$, das passt also genau.

Bei den Spannungen ergeben sich:

Analytisch rechnet man nach *Szabó, I: Höhere Technische Mechanik, S.306ff:*

Der St.Vénant-Anteil: $\tau_{St} = 2{,}45\,N/mm^2$

Der Bredt-Anteil: $\tau_B = 23{,}31\,N/mm^2$

Damit wird die Schubspannung am Außenrand: $\tau_a = \tau_B + \tau_{St} = 23{,}31 + 2{,}45 = 25{,}7\,N/mm^2$

Dies ist die *nominelle* Torsionsspannung. Sie wird auf die Gestaltsänderungsenergie-Hypothese GEH (englisch: v. Mises) umgerechnet: GEH: $\sigma_V = \sqrt{3 \cdot \tau_T^2} = \sqrt{3} \cdot 25{,}7 = 44{,}5\,N/mm^2$

Mit dem Postprozessor von Z88AURORA ermittelt man für die GEH ~ 45 N/mm^2, das passt genau. Diese Betrachtung können Sie auch mit der Schubspannungs-Hypothese SH durchführen:

SH: $\sigma_V = \sqrt{4 \cdot \tau_T^2} = \sqrt{4} \cdot 25{,}7 = 51{,}4\,N/mm^2$

Mit Z88O ermittelt man für die GEH ~ 51,6 N/mm^2, das passt ebenfalls genau.

Beachten Sie, dass Sie bei diesem Beispiel IHFLAG in der Z88MAN.TXT zu 1 setzen müssen.

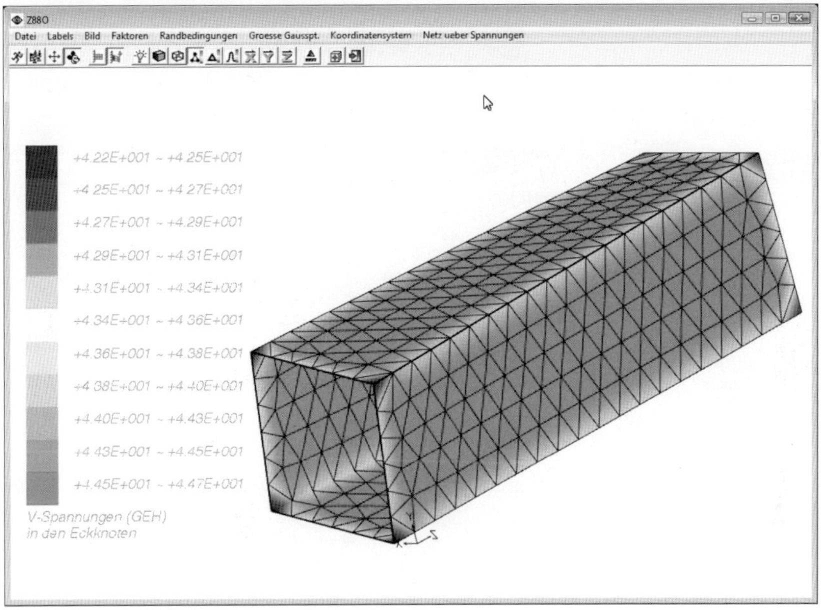

Bild 13.24-4: Verschiebungen und Vergleichsspannungen nach GEH für das Vierkantrohr

Bedenken Sie, dass Schalenberechnungen noch schlechter als Plattenberechnungen sind. Die Interpretation der Ergebnisse ist häufig recht trickreich: Es gibt bis heute keine Schalenelement oder auch nur Schalentheorien, die für alle Schalenprobleme passen. Wenn Sie das nicht glauben und selbst tiefer in die Materie einsteigen wollen, dann empfehlen wir zunächst die Standardwerke von *Timoshenko/Woinowsky-Krieger /37/* und *Girkmann /113/* und ferner *Chapelle/Bathe /70/* sowie *Hughes/Hinton /72,73/*.

13.24.2 Mit Z88AuroraV2

Neuen Projektordner erstellen

Erstellen Sie ein neues Projektverzeichnis .

Import Z88V14OS Strukturdatei Z88I1.TXT

Die Beispieldatei wird im Import-Kontextmenü als „Z88-Datei" → „Allgemeine Strukturdaten z88i1.txt" importiert aus *„z88_beispiele_z88v14os/b24"*. Dazu die Datei „z88i1.txt" selektieren.

Achtung! Durch die Beleuchtung und Orientierung im OpenGL-Fenster kann es sein, dass Sie die Struktur zuerst nicht sehen. Drehen Sie dann bitte das Teil leicht aus der Standardorientierung!

Knotenpicken

Wechseln Sie in das Pickingmenü und „Knotenpicking" und legen Sie nun fünf Knoten-Sets an, eines für die Lagerstelle „Lager" und vier für die Querkräfte „plusX", „minusX", „plusY" und „minusY". Verwenden Sie zum Picken der Kanten des Rohrs die Funktion „Kante". Bei den Lagerstellen vergrößern Sie am besten den Selektionswinkel um die umlaufende Kante zu selektieren.

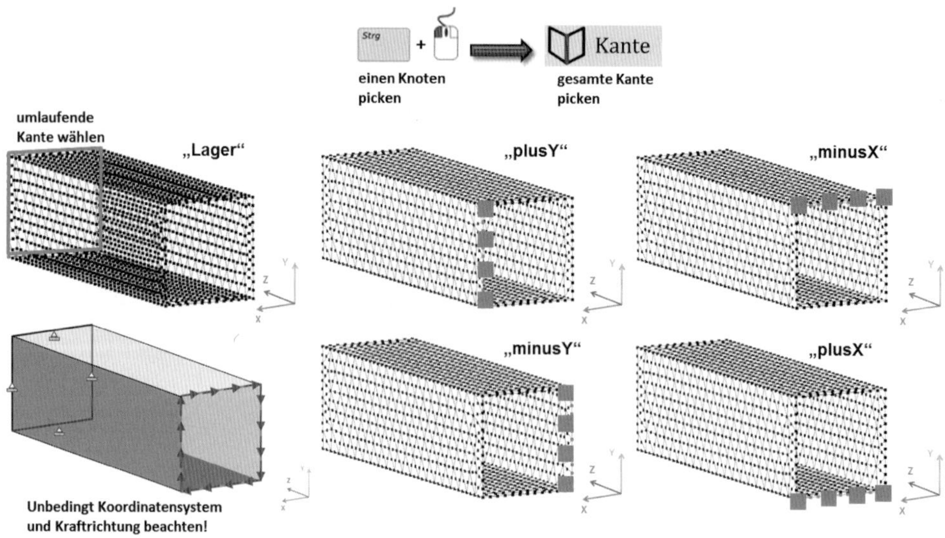

Bild 13.24-5: Knoten-Sets für Randbedingungen picken

Randbedingungen

Das Vierkantrohr wird wie folgt belastet:

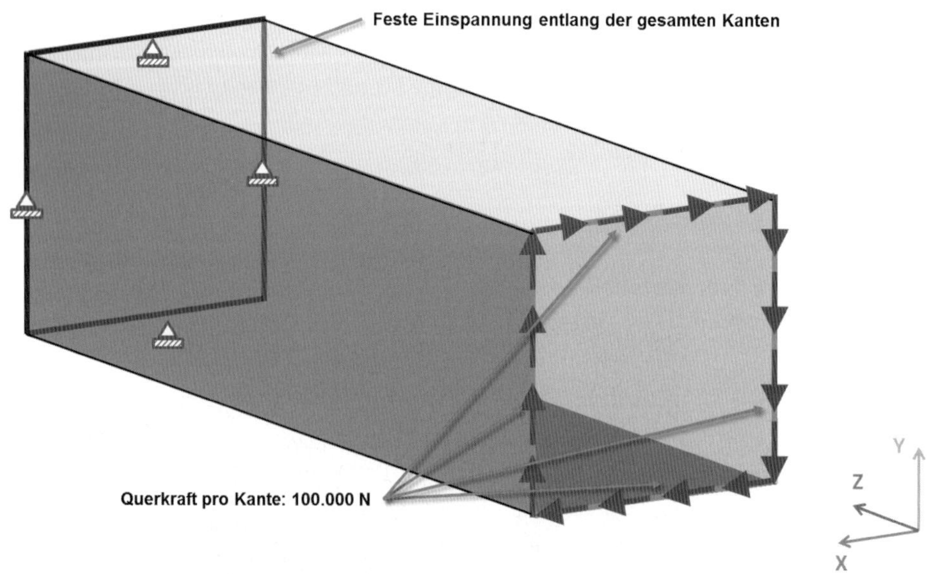

Bild 13.24-6: Randbedingungen des Vierkantrohrs

Button *Praeprozessor → Randbedingungen Zuweisen.* → Im Kontextmenü werden den Knoten-Sets nun Randbedingungen zugewiesen. Die Querkräfte werden als „Linienlasten“ aufgebracht. Dabei wird der gesamte angegebene Kraftwert so auf alle gepickten Knoten verteilt, dass eine über die

Länge der Kante konstante Linienlast entsteht. Die Kraft wird nach den FE-Regeln zur „Streckenlast" und nach den Längen der belasteten Elementkanten verteilt. Z88Aurora übernimmt diese Kraftverteilung für den Benutzer. Es muss also immer nur die gesamte Kraft angegeben werden, die auf die Linie wirkt. Die „Linienlast" ist in folgender Abbildung näher beschrieben:

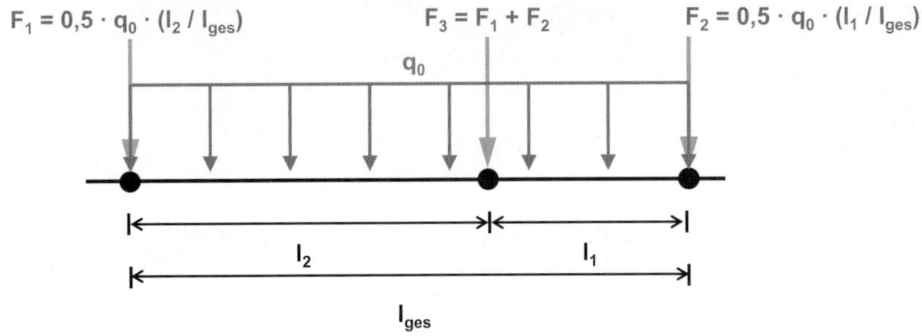

Bild 13.24-7: „Linienlast" in Z88AuroraV2

1. Festhaltung: Set „Lager", Richtung X, Y, Z, „Verschiebung", Wert 0, Name „fest".
2. Kraft aufbringen: Set „plusX", Richtung X, Linienlast, Wert „+100000", Name „plusFX".
3. Kraft aufbringen: Set „minusX", Richtung X, Linienlast, Wert „-100000", Name „minusFX".
4. Kraft aufbringen: Set „minusY", Richtung Y, Linienlast, Wert „-100000", Name „minusFY".
5. Kraft aufbringen: Set „plusY", Richtung Y, Linienlast, Wert „+100000", Name „plusFY".

Material zuweisen

Verwenden Sie das Material Baustahl S235JR aus der Z88Aurora-Materialdatenbank.

Dicke der Schale

Stellen Sie eine Schalendicke von „15" ein Dicke .

Ausgaben

Der Pardiso-Solver liefert folgende Gesamtverschiebung und Spannungen in den Eckknoten:

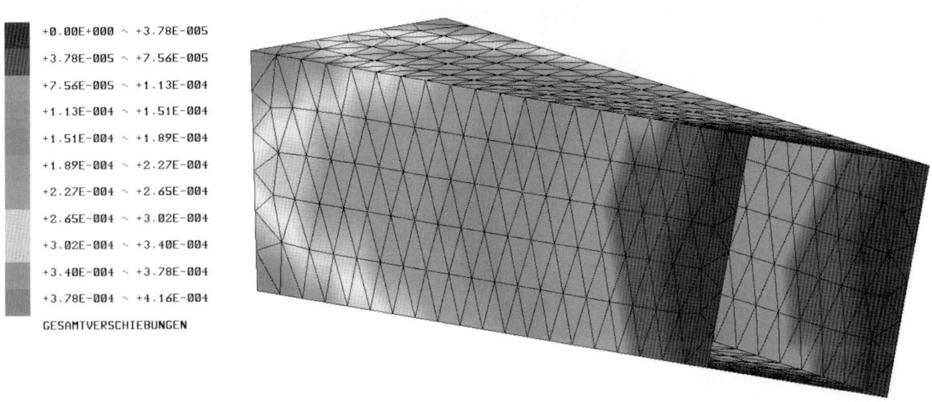

Bild 13.24-8: Darstellung der Ergebnisse: Gesamtverschiebung

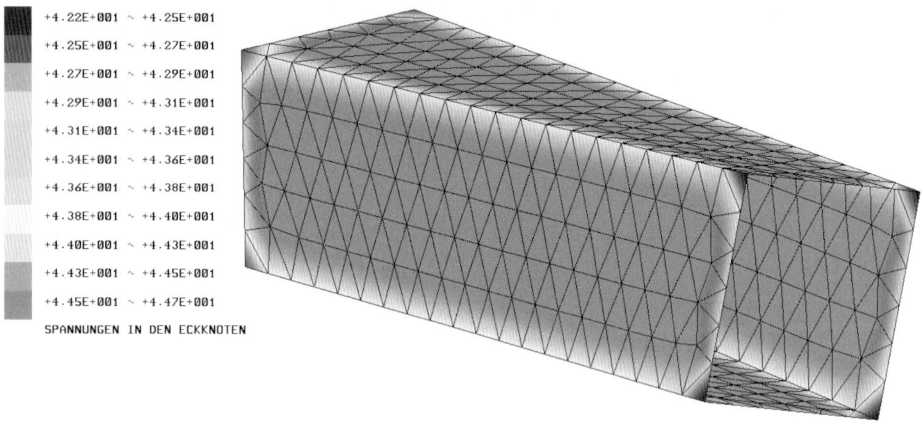

Bild 13.24-9: Darstellung der Ergebnisse: Vergleichsspannungen nach GEH in den Eckknoten

Die Knoten 1 und 2 sind Eckknoten; man liest aus „Postprozessor“ → „Ausgabedateien“ „Z88O2. TXT“ ab: U_X= U_Y= 0,294 mm. Kontrolle (vgl. Skizze zu Beginn des Beispiels:

$$\varphi = \frac{s}{r} = \frac{\sqrt{U_X^2 + U_Y^2}}{r} = \frac{\sqrt{0{,}294^2 + 0{,}294^2}}{0{,}5 \cdot 285 \cdot \sqrt{2}} = 0{,}021 \approx 0{,}12^\circ \text{, das passt also genau.}$$

Bei den Spannungen ergeben sich:

Analytisch rechnet man nach *Szabó, I: Höhere Technische Mechanik, S.306ff:*

Der St.Vénant-Anteil: $\tau_{St} = 2{,}45\, N/mm^2$

Der Bredt-Anteil: $\tau_B = 23{,}31\, N/mm^2$

Damit wird die Schubspannung am Außenrand: $\tau_a = \tau_B + \tau_{St} = 23{,}31 + 2{,}45 = 25{,}7\, N/mm^2$

Dies ist die *nominelle* Torsionsspannung. Sie wird auf die Gestaltsänderungsenergie-Hypothese GEH (englisch: v. Mises) umgerechnet: GEH: $\sigma_V = \sqrt{3 \cdot \tau_T^2} = \sqrt{3} \cdot 25{,}7 = 44{,}5\, N/mm^2$

Mit dem Postprozessor von Z88AURORA ermittelt man für die GEH ~ 45 N/mm², das passt genau. Diese Betrachtung können Sie auch mit der Schubspannungs-Hypothese SH durchführen:

SH: $\sigma_V = \sqrt{4 \cdot \tau_T^2} = \sqrt{4} \cdot 25{,}7 = 51{,}4\, N/mm^2$

Mit Z88O ermittelt man für die GEH ~ 51,6 N/mm², das passt ebenfalls genau.

13.25 U-Boot aus Schalen Nr. 22

Ein Unterseeboot der Klasse 212A der Bundesmarine, das als Schalenstruktur in Pro/ENGINEER konstruiert wurde, wird mit Hilfe der NASTRAN-Schnittstelle in Z88Aurora importiert und dort zur Volumenschale aufgedickt. Berechnet werden die Verformung und Spannungen des U-Bootrumpfes bei einer Tauchtiefe von 50 m. Das U-Boot befindet sich in einer Art Schwebezustand im Wasser. Daher wird es in Z88Aurora mit einem virtuellen Fixpunkt praktisch „schwebend“ im Raum fixiert.

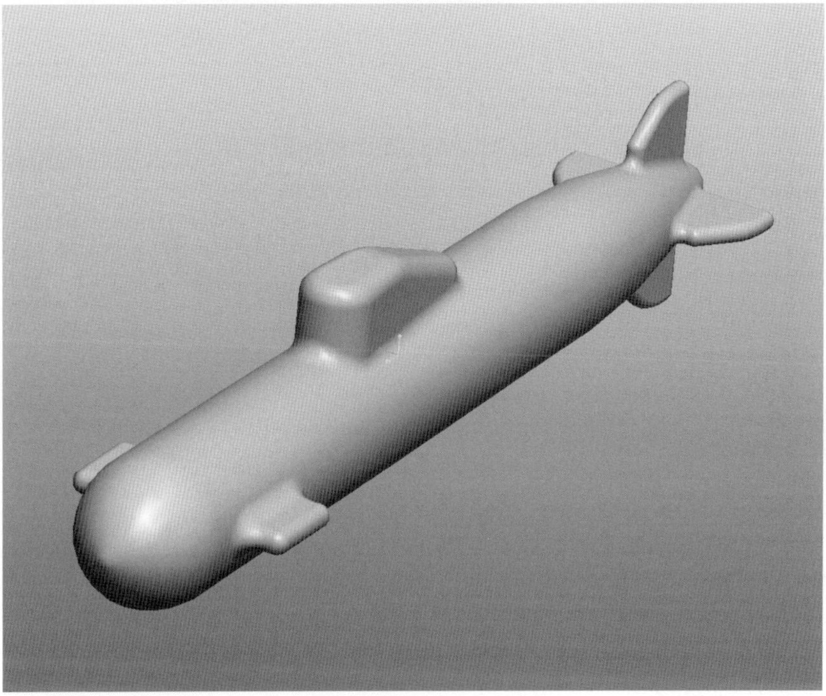

Bild 13.25-1: Geometrie des U-Bootes in Pro/ENGINEER

Neuen Projektordner erstellen

Erstellen Sie einen neuen Projektordner .

Import NASTRAN

Die Beispieldatei „ u-boot.nas“ aus *„z88_beispiele_z88aurora/b25/Nastran-Datei“* wird im Import-Kontextmenü als NASTRAN-Datei importiert. Wählen Sie die Importmöglichkeit „Schale“ aus.

Erstellung der FE-Struktur aus Superelementen

Die konventionelle Schalenstruktur des U-Bootes soll im nächsten Schritt zu Volumenschalen vernetzt werden. Wechseln Sie in das *Präprozessormenü → Superelemente*. Die Volumenschalenstruktur soll eine Dicke von 20 mm besitzen:

1. Dicke vorgeben: Wert „20“.
2. Verwaltung: „Hinzufuegen“ der neuen Vernetzungsregel.
3. FE-Struktur erzeugen: „Netz erstellen“.

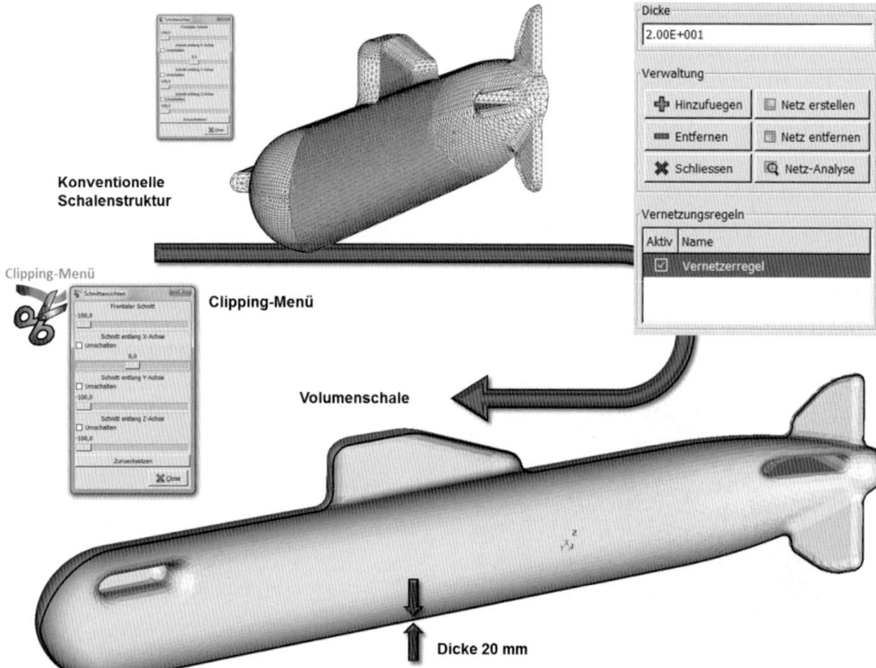

Bild 13.25-2: Erzeugung von Volumenschalen

Clipping

Mit Hilfe der Clipping-Funktion kann kontrolliert werden, dass die konventionelle Schalenstruktur zu einer Struktur aus Volumenschalen aufgedickt wurde.

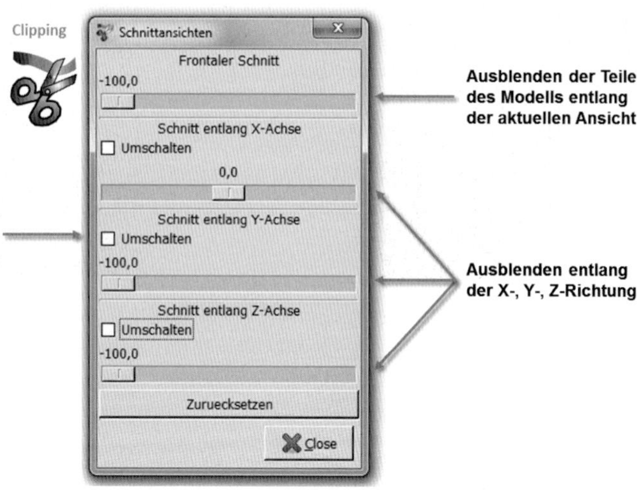

Bild 13.25-3: Clipping-Menü

Material erstellen

Verwenden Sie das Material Baustahl S235JR aus der Z88Aurora-Materialdatenbank.

Flächenpicken - Knotenpicken

Wechseln Sie in das „Picking-Kontextmenü“ und „Knotenpicking“ und legen Sie nun zwei Knoten-Sets, „X_Richtung“ und „Z_Richtung“, für den virtuellen Fixpunkt an. Des Weiteren ist ein Flächen-Set „Mantelflaeche“ anzulegen. Dieses Flächen-Set stellt die gesamte Außenfläche des U-Bootes dar und erhält die Druckrandbedingung. Im Kontextmenü „Flaechen-Picking“ wird eine Oberflächenfacette ausgewählt, der Schieberegler für den „Winkel“ auf den Wert „50“ geschoben und mittels des Buttons „Flaeche“ die gesamte Außenflächen gepickt.

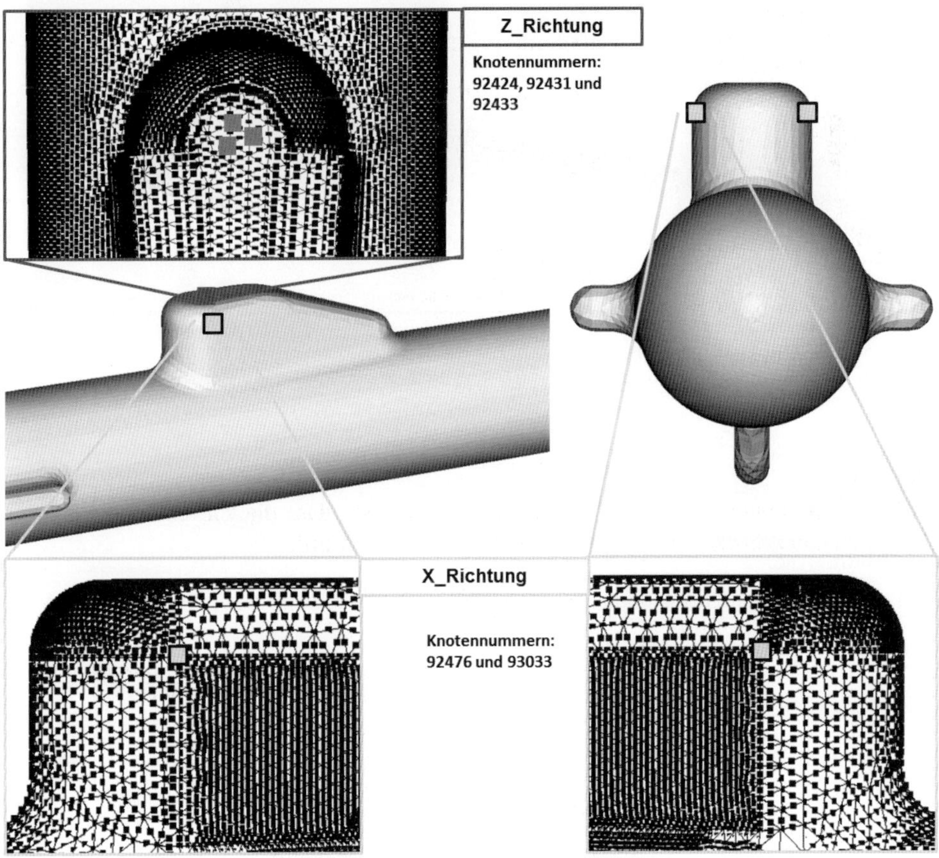

Bild 13.25-4: Knoten-Sets für virtuellen Fixpunkt

Randbedingungen

Button *Praeprozessor* → *Randbedingungen Zuweisen.* → Im Kontextmenü werden den Knoten-Sets und dem Flächen-Set nun Randbedingungen zugewiesen. Auf die gesamte Mantelfläche wirkt der Wasserdruck mit 0.5 N/mm^2. Die Knoten-Sets werden in der Weise festgehalten, dass das U-Boot „frei“ im Wasser schwebt, für die FEA dennoch statisch bestimmt gelagert ist.

1. Festhaltung: Set „Z_Richtung", Richtung X, Y, „Verschiebung", Wert 0, Name „XY_fest".
2. Festhaltung: Set „X_Richtung", Richtung Y, Z, „Verschiebung", Wert 0, Name „YZ_fest".
3. Druck: Set „Mantelflaeche", Druck, Wert 0.5, Name „Wasserdruck".

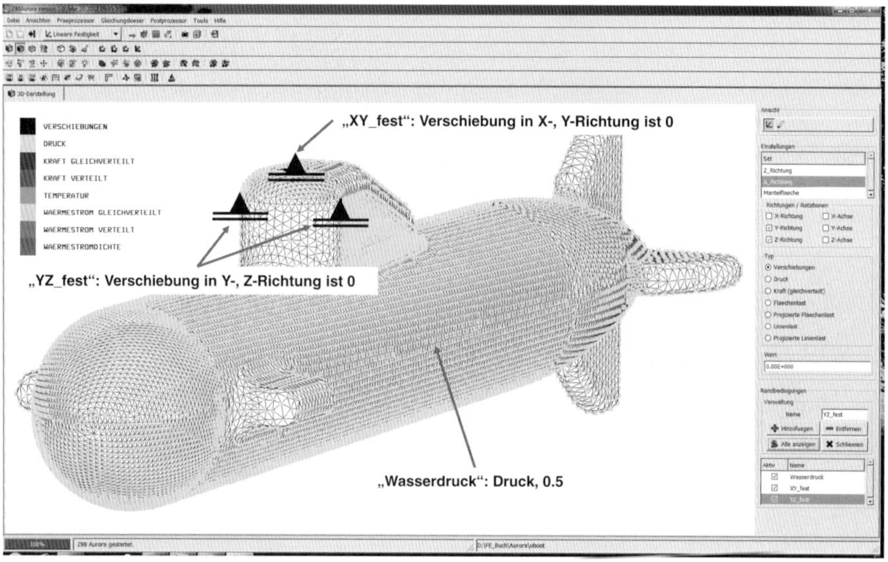

Bild 13.25-5: Randbedingungen

Berechnung starten

Starten Sie die Berechnung mit dem „Pardiso-Solver".

Ausgaben

Der Pardiso-Solver liefert folgende Gesamtverschiebung und Spannungen in den Eckknoten:

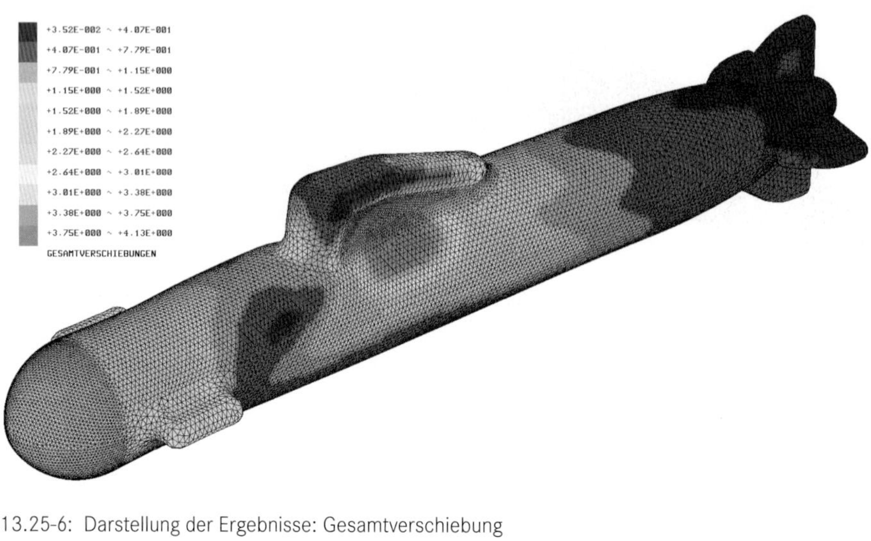

Bild 13.25-6: Darstellung der Ergebnisse: Gesamtverschiebung

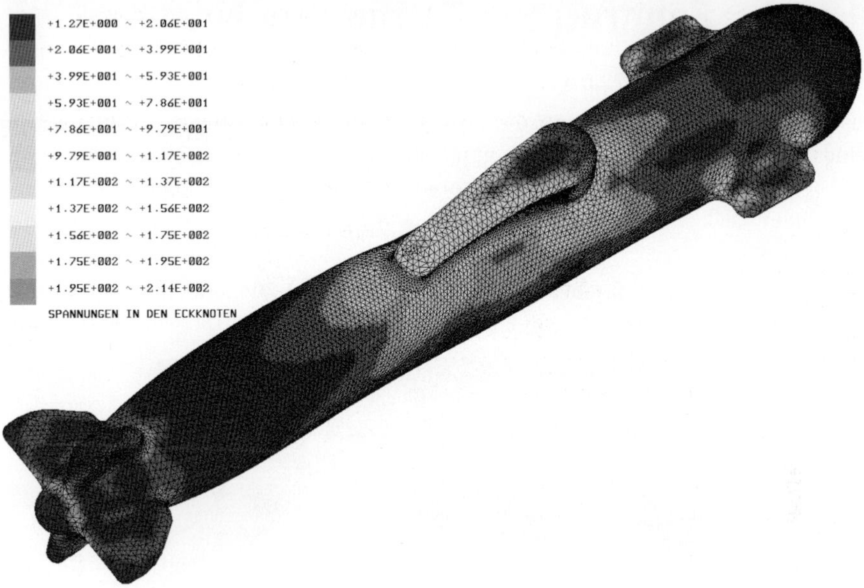

Bild 13.25-7: Darstellung der Ergebnisse: Vergleichsspannungen nach GEH in den Eckknoten

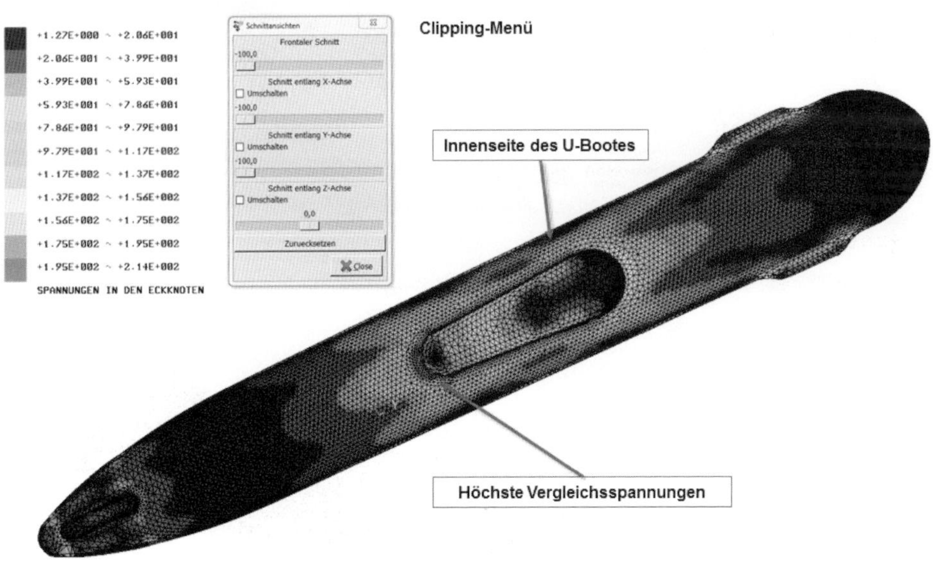

Bild 13.26-8: Darstellung der Ergebnisse im Inneren des U-Bootes: Vergleichsspannungen nach GEH in den Eckknoten

13.26 Zahnrad aus Tetraedern Nr. 17

In diesem Beispiel wird ein Zahnrad, das als ABAQUS INP-Datei vorliegt, in Z88Aurora importiert und berechnet. Die Berechnung erfolgt mit statischer Last und ersetzt nicht eine Beanspruchungsberechnung nach DIN 3990. Das Zahnrad ist geradeverzahnt und hat Evolventen-Zahnflanken ohne jegliche Verzahnungsabweichung. Der Radkörper ist aus Gewichtsgründen mit Rippen versehen.

Es besitzt 30 Zähne, Modul 5 mm, einen Eingriffswinkel von 20° und einen Wälzkreisdurchmesser von 154 mm. Das Zahnrad soll mit einem Drehmoment von 160 Nm belastet werden.

Bild 13.26-1: Geometrie des Zahnrades in ABAQUS

Neuen Projektordner erstellen

Erstellen Sie ein neues Projektverzeichnis .

Import ABAQUS-INP

Die Beispieldatei „ zahnrad.inp“ aus *„z88_beispiele_z88aurora/b26/Abaqus-Datei“* einlesen.

Knotenpicken

Wechseln Sie in das Pickingmenü und „Knotenpicking“ und legen Sie nun drei Knoten-Sets an, eines für die Lagerstelle „Lager“ und zwei für die Normalkräfte entlang der Breitenrichtung der Zahnflanke. Für die Normalkraft werden zwei Knoten-Sets, „Last_x“ und „Last_y“, mit den gleichen gepickten Knoten benötigt, um die Normalkraft komponentenweise aufzuteilen. Das

„Lager"-Set kann durch die Auswahl eines Knotens der Lagerfläche und dem Button „Flaeche" gepickt werden.

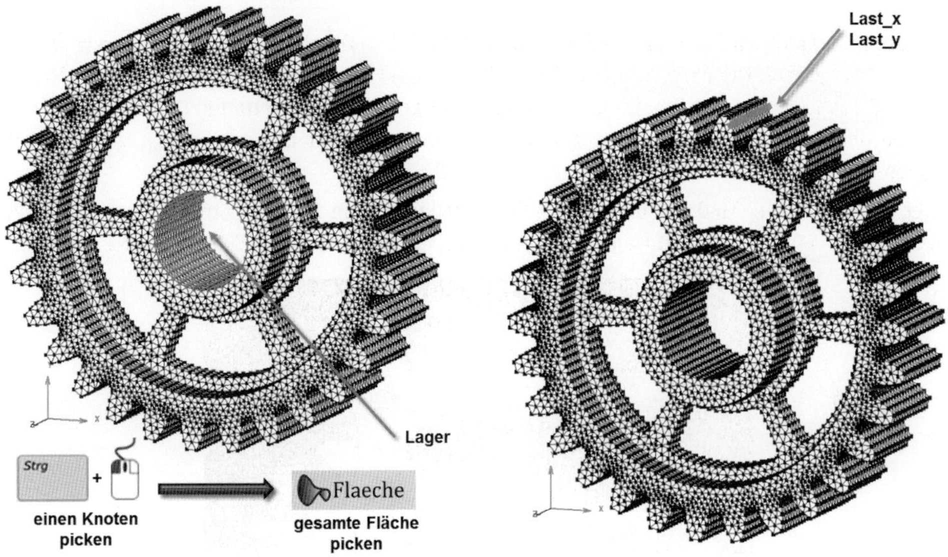

Bild 13.26-2: Knoten-Sets für Randbedingungen picken

Randbedingungen

Button *Praeprozessor* → *Randbedingungen Zuweisen.* → Im Kontextmenü werden den Knoten-Sets nun Randbedingungen zugewiesen. Als Last wird die Normalkraft entlang der Berührlinie der Zahnflanke als Linienlast aufgebracht. Sie berechnet sich aus dem Drehmoment und der Richtung der Normale entlang der Berührlinie. Reibungseffekte bleiben unberücksichtigt.

1. Festhaltung: Set „Lager", Richtung X, Y, Z, „Verschiebung", Wert 0, Name „Festhaltung".
2. Kraft aufbringen: Set „Last_x", Richtung X, Linienlast, Wert „-2170", Name „Linienlast_x".
3. Kraft aufbringen: Set „Last_y", Richtung Y, Linienlast, Wert „-673", Name „Linienlast_y".

Die Verwendung der Option „Linienlast" erspart die Berechnung der einzelnen Kraftanteile der FE-Knoten entlang der Berührlinie der Zahnflanke. Die unter „Wert" angegebene Last wird entsprechend dem Vorgehen der FEA bei Streckenlasten auf alle ausgewählten FE-Knoten verteilt. Zusätzlich fließen in die Kraftverteilung noch die Längen der belasteten finiten Elemente ein. Nur so kann eine konstante Streckenlast entlang einer Linie gewährleistet werden.

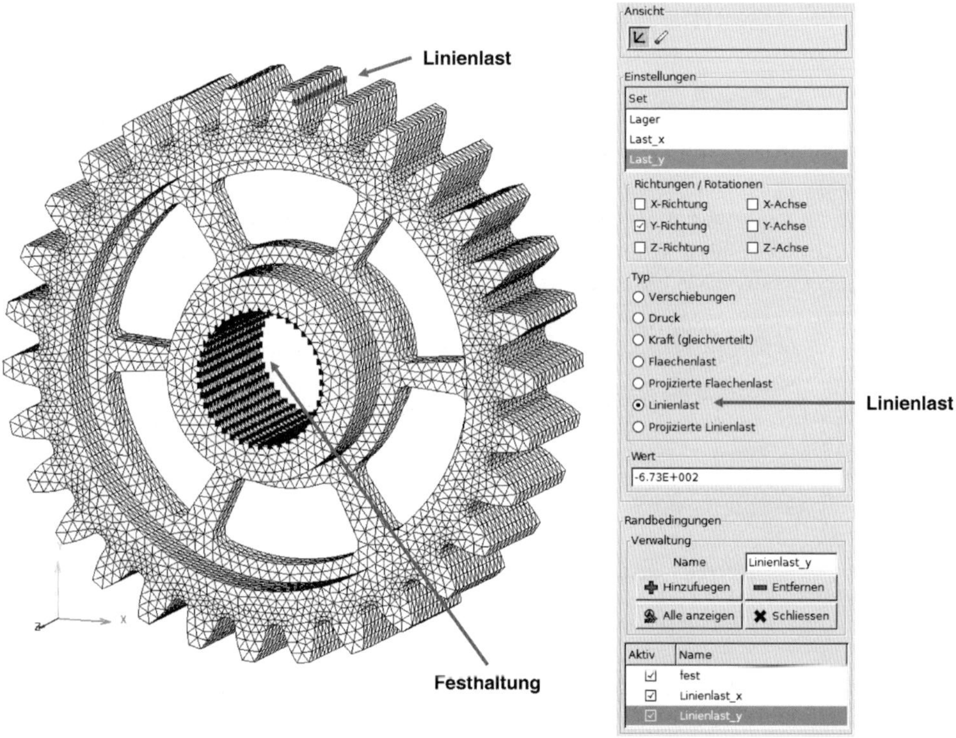

Bild 13.26-3: Linienlast und Festhaltung

Material erstellen

Verwenden Sie das Material Baustahl S235JR aus der Z88Aurora-Materialdatenbank.

Berechnung starten

Starten Sie die Berechnung mit dem „Pardiso-Solver“.

Ausgaben

Die Aufbringung der Last als Linienlast (konstante Streckenlast) bewirkt eine gleichmäßige Verschiebung über die gesamte Breite der Zahnflanke. Die höchsten Vergleichsspannungen nach GEH treten in den Rippen am Übergang zur Nabe auf. Je nachdem welchen Zahn Sie zur Aufgabe der Linienlast verwenden, ändern sich die Ergebnisse leicht, da die Entfernung des Zahns zur inneren Versteifung des Zahnrads von Belang ist.

13.27 Schwingende Trommel

Ein beliebtes – weil auch analytisch berechenbares – Beispiel für die Analyse von Eigenschwingungen ist ein schwingendes Fell einer Trommel. Da es nur ein einziges Mal angeschlagen werden muss und sich danach der Ton durch das Gleichgewicht von Massenträgheit und Rückstellkraft des Fells herausbildet, handelt es sich um eine echte Eigenschwingung. Die Befestigung des Felles am Trommelrahmen lässt dabei nur bestimmte Modenformvektoren zu, die sich durch bekannte mathematische Funktionen beschreiben lassen. Diese Formen wollen wir nun auch mit der FEA simulieren.

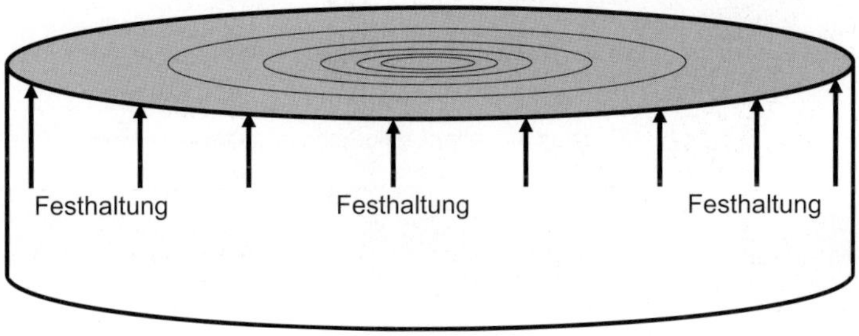

Bild 13.27-1: Eingespanntes Fell einer Basstrommel

Hierzu kommt ein FE-Netz aus linearen Hexaedern zum Einsatz, deren Randknoten jeweils auf der Unterseite des Trommelfells in allen drei Raumrichtungen gesperrt werden. Sicherlich weicht diese Idealisierung von dem in Realität sehr dünnen und unter Vorspannung stehenden Trommelfell ab. Da die interessierenden Formvektoren allerdings mangels Informationen über die Schwingungsamplitude ohnehin normiert werden, reicht diese Näherung völlig aus. Abbildung 13.27-2 zeigt das verwendete Modell einer Basstrommel: Durchmesser 500 mm, Dicke 2 mm, $E = 2.600\ N/mm^2$, $v = 0.39$, Dichte $\rho = 1.13e\text{-}9\ t/mm^3$.

Neuen Projektordner erstellen

Erstellen Sie ein neues Projektverzeichnis .

Import Z88-Geometriedatei

Die Beispieldatei „trommel.txt“ wird in *„z88_beispiele_z88aurora/b27/Import-Datei“* angewählt und im Import-Kontextmenü als Z88i1-Datei importieren.

Material aufgeben

Wählen Sie für alle Elemente Polyamid 6.6 aus und schließen Sie diesen Dialog.

Knotenpicken

Wechseln Sie in das Pickingmenü und „Knotenpicking“ und legen Sie nun ein Knoten-Set namens „Fest“ an, welches alle Knoten der Randfläche auf der Ober- oder (!) Unterseite des Fells umfasst. Am einfachsten gelingt das mit der Kanten-Funktion. Selektieren Sie dazu zunächst einen einzelnen Knoten am Rand und klicken Sie „Kante“. Der Algorithmus erweitert die Auswahl auf den gesamten Ring.

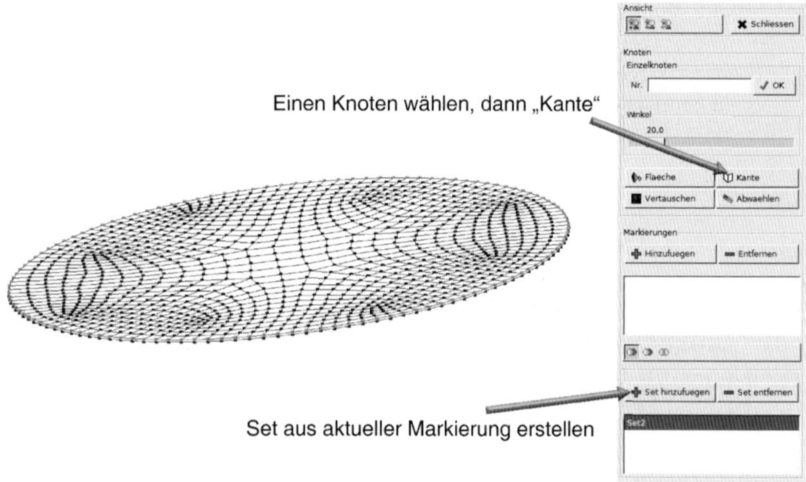

Bild 13.27-2: Kanten-Auswahl für Festhaltungs-Set

Randbedingungen

Das soeben erstellte Set wird nun wie gewohnt in alle drei Raumrichtungen fixiert – die vorgegebenen Verschiebungen sollen also gleich Null sein, Name der Randbedingung „Festhaltung“. Kräfte oder Drücke dürfen im Übrigen nicht aufgegeben werden. Eine freie Eigenschwingung zeichnet sich schließlich dadurch aus, dass lediglich Steifigkeits- und Masseneigenschaften Einfluss auf die Simulation haben.

Solver

Sofern noch nicht geschehen, sollten Sie jetzt die Simulationsart „Eigenschwingung“ auswählen. Direkt unter der Menüleiste finden Sie den entsprechenden Button. Wenn Sie dann den üblichen Gleichungslöser-Button betätigen, öffnet sich das recht übersichtliche Menü in Abbildung 13.27-3.

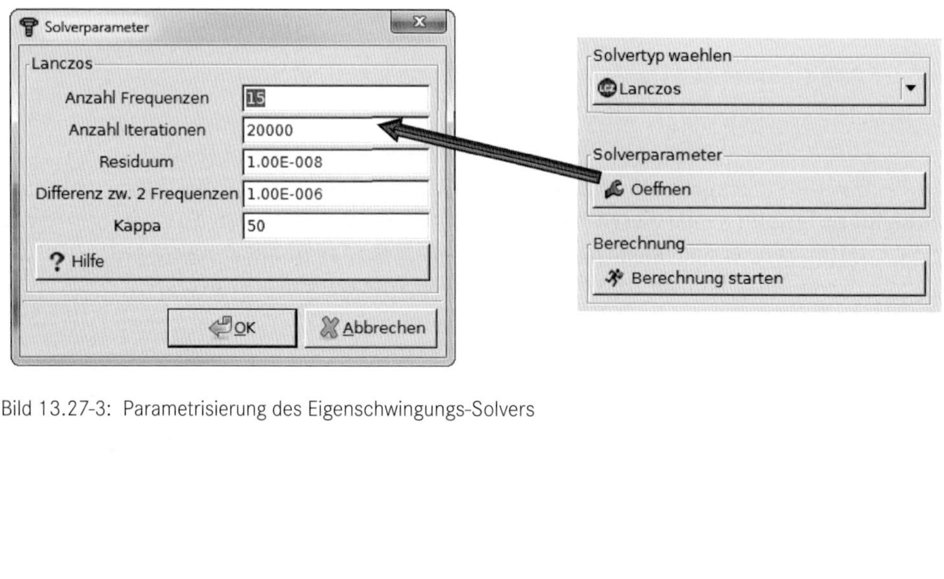

Bild 13.27-3: Parametrisierung des Eigenschwingungs-Solvers

Hier haben Sie die Möglichkeit, den Solver noch gemäß Ihren Wünschen zu parametrisieren. Die Standardeinstellungen haben sich jedoch in den allermeisten Fällen sehr bewährt. Sobald Sie auf „Berechnung starten" klicken, geht es los. Die Eigenschwingungsberechnung benötigt mehr Zeit, als die statischen Berechnungen, wenn Sie den Verlauf verfolgen wollen, wechseln Sie zur DOS-Konsole von Z88Aurora.

Ergebnisse

Nach erfolgreicher Beendigung des Rechenlaufs können Sie die Ergebnisse im Postprozessor begutachten. Sie werden in der oberen Tabelle so viele Frequenzen finden, wie Sie bei den Solverparametern angegeben hatten. Je „Inkrement" ist also die Frequenz in Hz angegeben. Wenn Sie einen der Einträge anwählen, und beispielsweise „Verformt" und „Gesamtverschiebung" als Ansicht wählen, werden die sogenannten Modenformvektoren als Verschiebungen gezeichnet. Für die kleinste Eigenfrequenz unserer Trommel ergeben sich 55.0 Hz, die Verformung sieht plausibel aus.

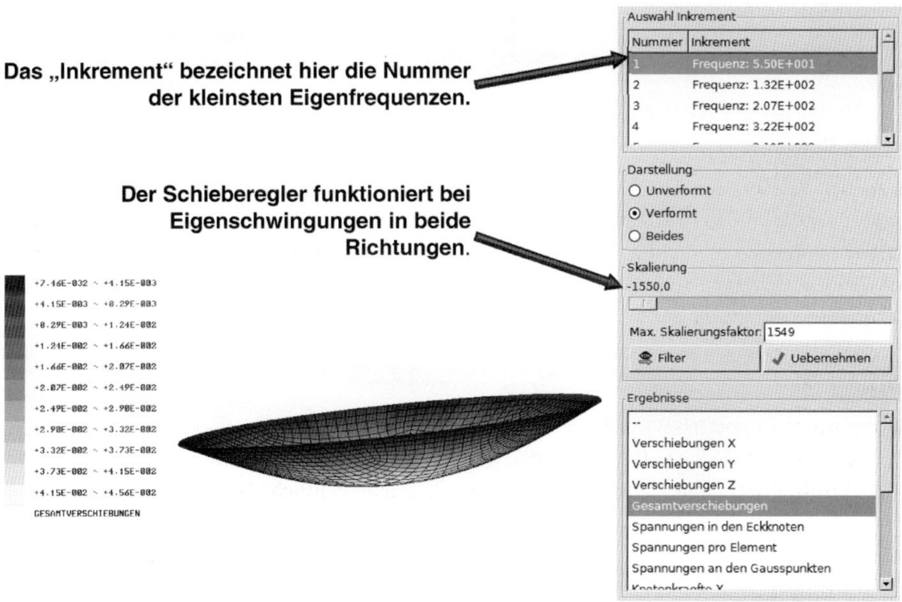

Bild 13.27-4: Ergebnisdarstellung

Nun noch mal der Rückgriff auf die analytischen Lösungen. Wie angekündigt, gibt es bekannte Ansatzfunktionen für genau diesen Problemfall: die sogenannten Besselfunktionen. Abbildung 13.27-5 zeigt zu den ersten (kleinsten) sechs Eigenfrequenzen die mit Z88 berechneten Lösungen links sowie einen Plot der Besselfunktionen n-ter Gattung und k-ter Ordnung.

Ergebnis Z88Aurora		Bessel-Funktion
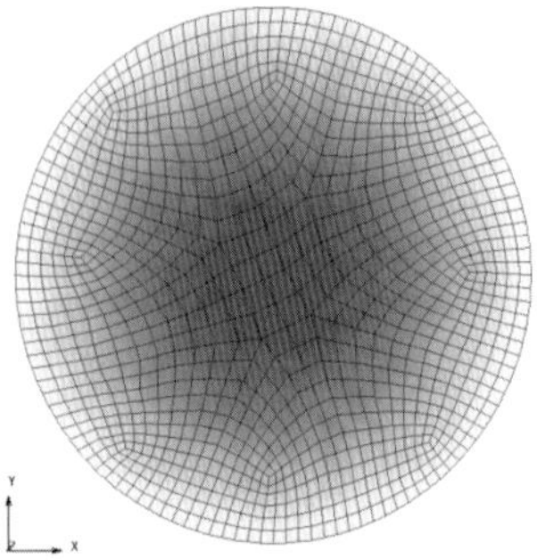	Frequenz 1: 55 Hz 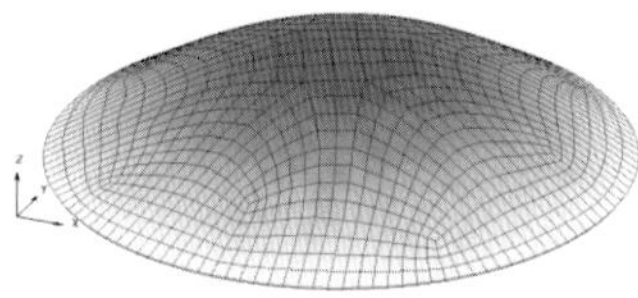	n = 0, k = 1 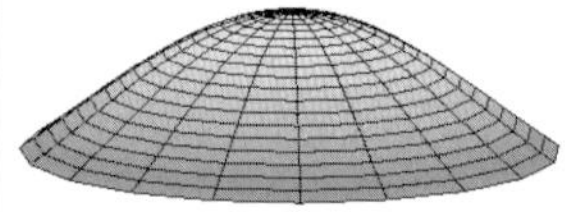
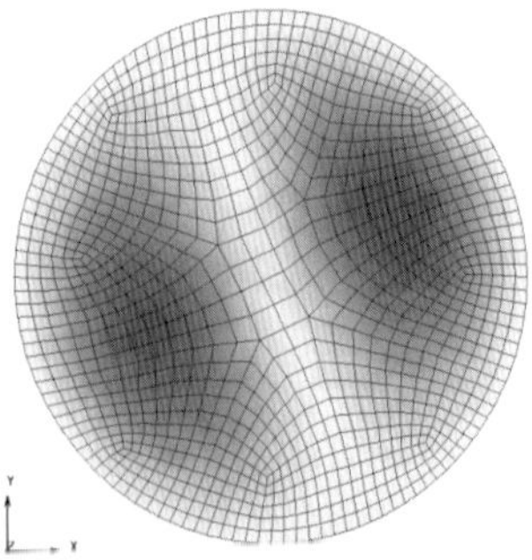	Frequenz 2: 132 Hz 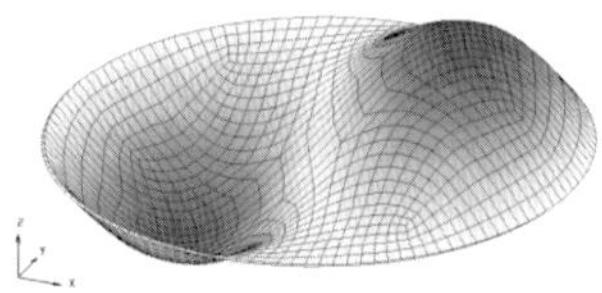	n = 1, k = 1 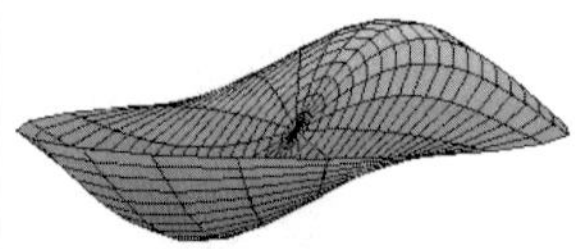
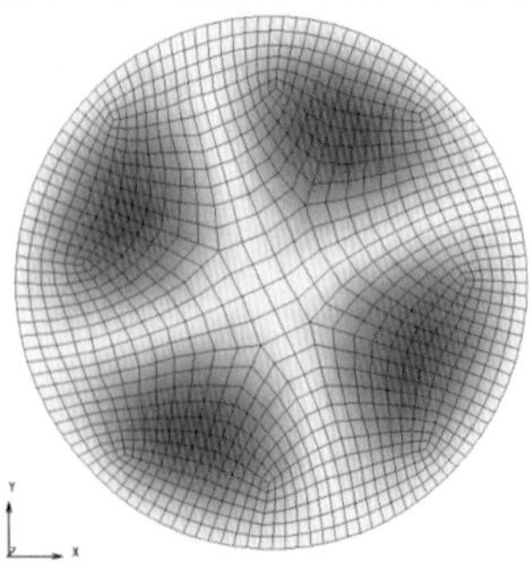	Frequenz 3: 207 Hz 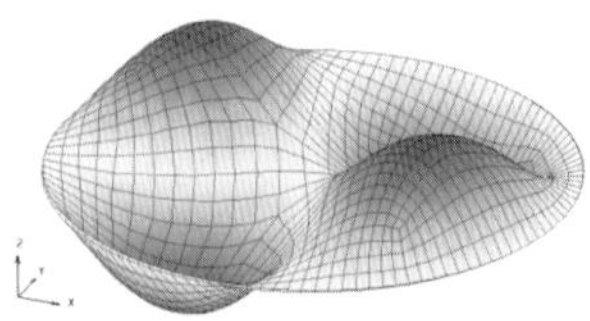	n = 2, k = 1 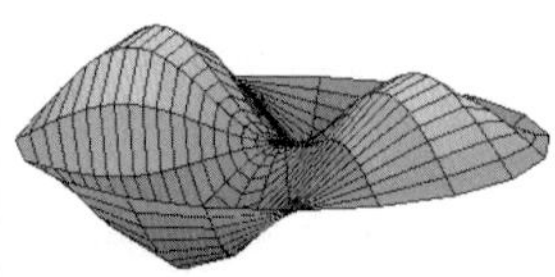
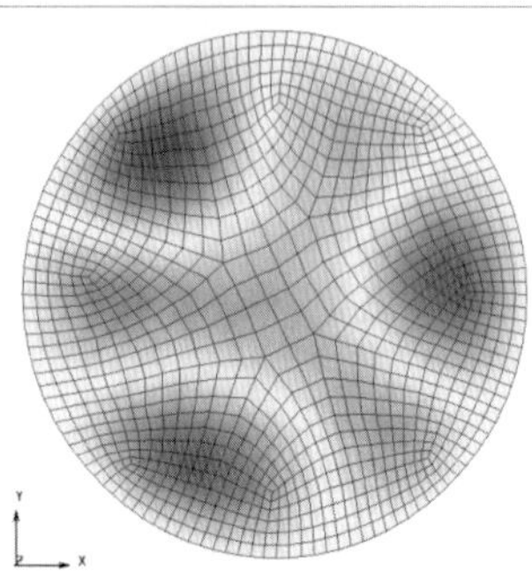	Frequenz 4: 301 Hz 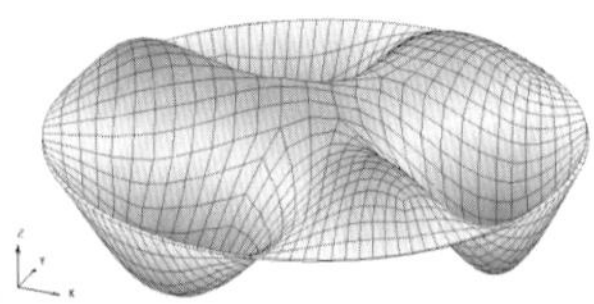	n = 3, k = 1 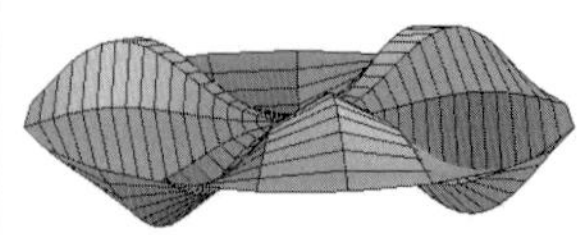

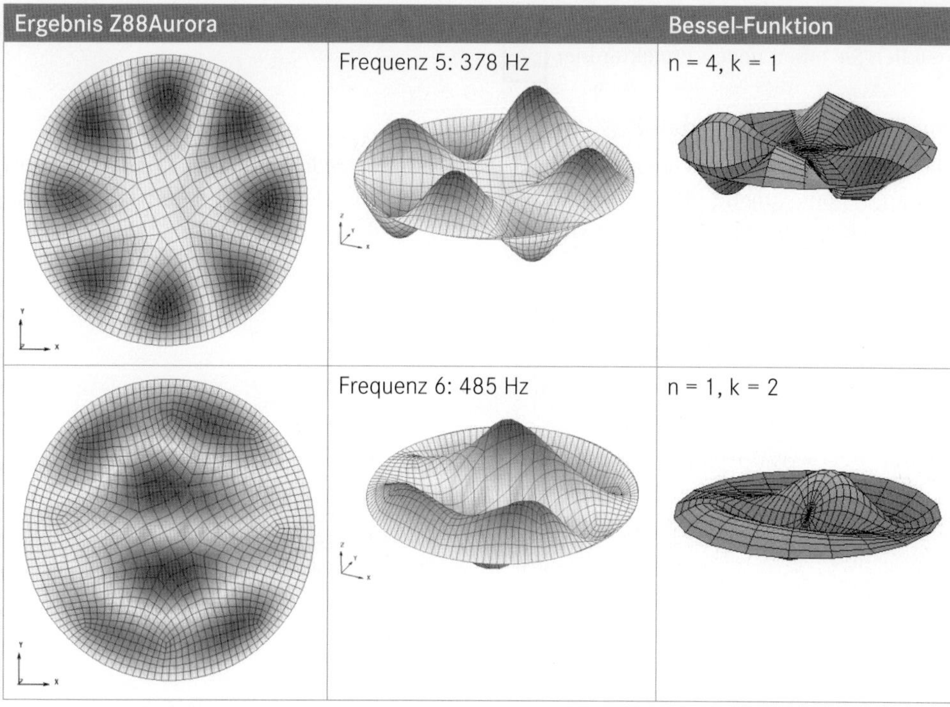

Bild 13.27-5: Ergebnisvergleich Z88Aurora vs. Analytische Lösung

Die Übereinstimmung mit den Verläufen der analytischen Bessel-Funktionen ist sehr deutlich - wenn auch leichte netzbedingte Abweichungen von der perfekten Symmetrie zu erkennen sind. Welche Eigenmode nun tatsächlich in welchem Maße zum Klang der Trommel beiträgt, muss offen bleiben. Bei einmaliger Anregung kann man jedoch davon ausgehen, dass die kleinste Eigenfrequenz von 55 Hz dominant ist. Ein sehr üblicher Wert für dieses Instrument.

13.28 Modalanalyse Kurbelwelle

Für den Maschinenbau ist es häufig nicht nur von Bedeutung, wie die Formvektoren der einzelnen Eigenfrequenzen aussehen, sondern vielmehr, ob zyklisch auftretende Lasten überhaupt eine Resonanz hervorrufen können. Ist dies nämlich der Fall, kann nicht sichergestellt werden, dass das betrachtete Bauteil den Belastungen standhält. So wird beispielsweise in Verbrennungsmotoren die Kurbelwelle über ihre gesamte Lebenszeit zyklisch mit unterschiedlichsten Frequenzen belastet. Bei einem Motorrad sollte also möglichst keine der Eigenfrequenzen unterhalb von 200 Hz (bzw. 12.000 U/min) liegen. Ob dies für die Kurbelwelle aus Beispiel 11 gewährleistet ist, wollen wir jetzt überprüfen.

Neuen Projektordner erstellen

Erstellen Sie einen neuen Projektordner .

Import Z88-Geometriedatei

Die Beispieldatei „kurbelwelle_klein.txt" aus *„z88_beispiele_z88aurora/b28/Import-Datei"* wird im Import-Kontextmenü als Z88i1-Datei importiert. Obwohl sie relativ grob diskretisiert ist, können schon Ergebnisse von hoher Qualität erzeugt werden.

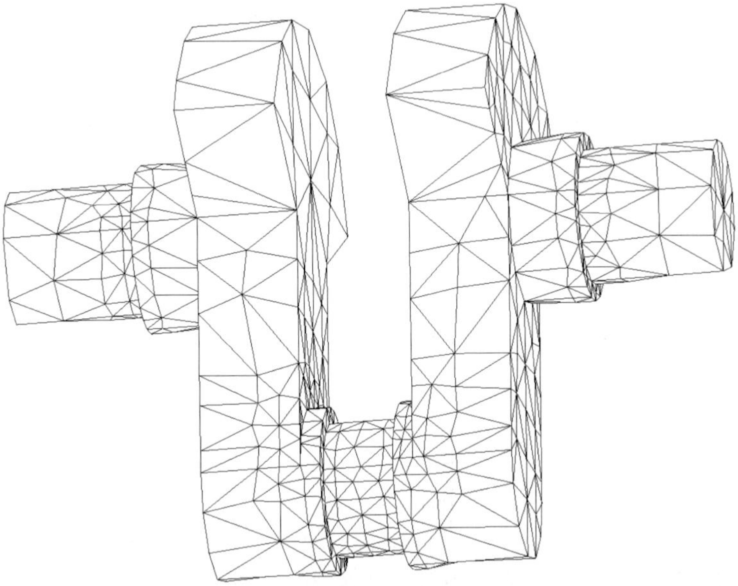

Bild 13.28-1: Tetraedernetz der Motorrad-Kurbelwelle

Material aufgeben

Die Kurbelwelle soll hier aus dem Material „Maschinenbau Stahl" gefertigt sein. Hierzu ein neues Material mit den Kennwerten E = 215000 N/mm^2, ν = 0.3 und ρ = 7.83e-9 t/mm^3 anlegen.

Randbedingungen

Eine Besonderheit der Simulation von Eigenschwingungen ist, dass man auf fixierende Randbedingungen auch komplett verzichten kann. Das Bauteil ist dann zwar statisch unbestimmt, aber um eine statische Rechnung geht es bei der Modalanalyse ja ohnehin nicht. Für dieses Beispiel sollen vorerst also keinerlei Randbedingungen definiert werden. Sie können das jedoch gern ändern – die Simulation wird trotzdem funktionieren. In den meisten Fällen werden die kleinsten Frequenzwerte durch die Einbringung von Fixierungen größer. Die Forderung, dass das Frequenzband der unrestringierten Struktur einen gewissen Bereich meidet, ist also strenger.

Solver

Wir wechseln zur Simulationsart „Eigenschwingung“. Sollte das Abbruchkriterium, welches durch die Parametrisierung festgelegt wird, die Iteration nicht unterbrechen, wären laut Theorie maximal 20.478 Zeilen / Spalten oder 100% der EWP-Systemmatrix zu tridiagonalisieren. Wenn Sie die voreingestellten Standardwerte nicht editiert haben, wird der Eigenwert-Solver aber schon erheblich früher erfolgreich beendet, nämlich schon nach 38,9% der maximalen Rechenzeit. Nach dieser iterativen ersten Phase wird die Bestimmung der Modenformvektoren gestartet: Für jeden der gewünschten Eigenfrequenzen folgt eine Lösung des Gleichungssystems.

Ergebnisse

Zur Betrachtung der Ergebnisse wechseln wir nach erfolgter Rechnung wieder in den Postprozessor. Besonders bemerkenswert ist das Auftreten einer sogenannten Starrkörpermode. In diesen Fällen wurde ein Eigenwert nahe Null berechnet. Das Bauteil führt dann (fast) keine Relativbewegung aus, weshalb diese Mode im Grunde keine echte Eigenform widerspiegelt. Man kann sagen: Steifigkeits- und Trägheitseinflüsse stehen trivialerweise im Gleichgewicht, wenn das Bauteil in Ruhe ist oder sich als Ganzes bewegt.

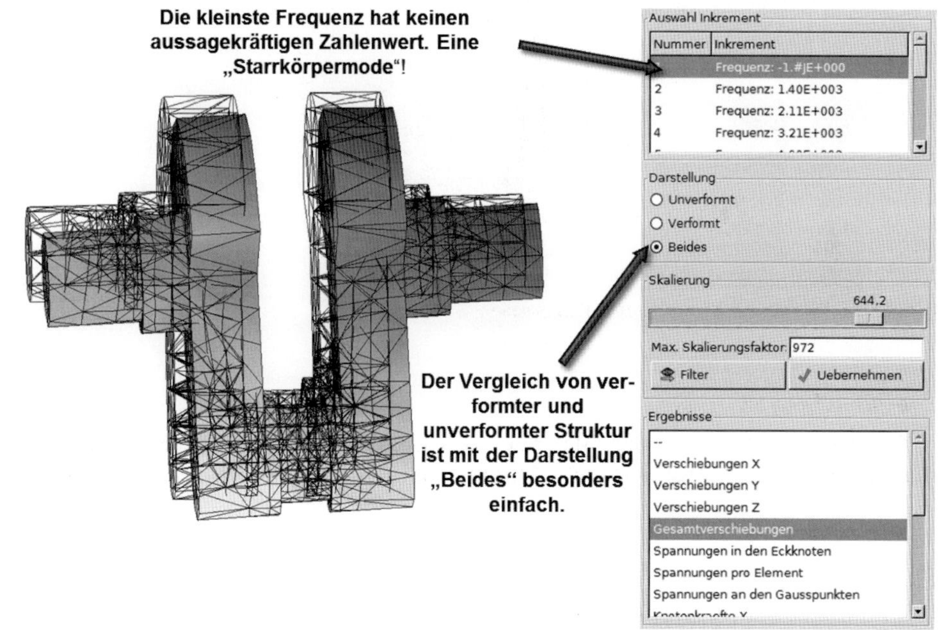

Bild 13.28-2: Erste Eigenschwingung ist Starrkörperbewegung

Die erste technisch relevante Eigenmode stellt sich dann erst bei 1400 Hz ein. Alle zyklischen Anregungen, die eine deutlich kleinere Frequenz haben, können also als ungefährlich angesehen werden. Abbildung 13.28-3 zeigt die Verformungen der ersten sieben Eigenfrequenzen. Alle exakten Frequenzwerte sowie auch sämtliche Verschiebungswerte befinden sich zusätzlich in der Ausgabedatei z88o2.txt, welche bei der Rechnung angelegt wird.

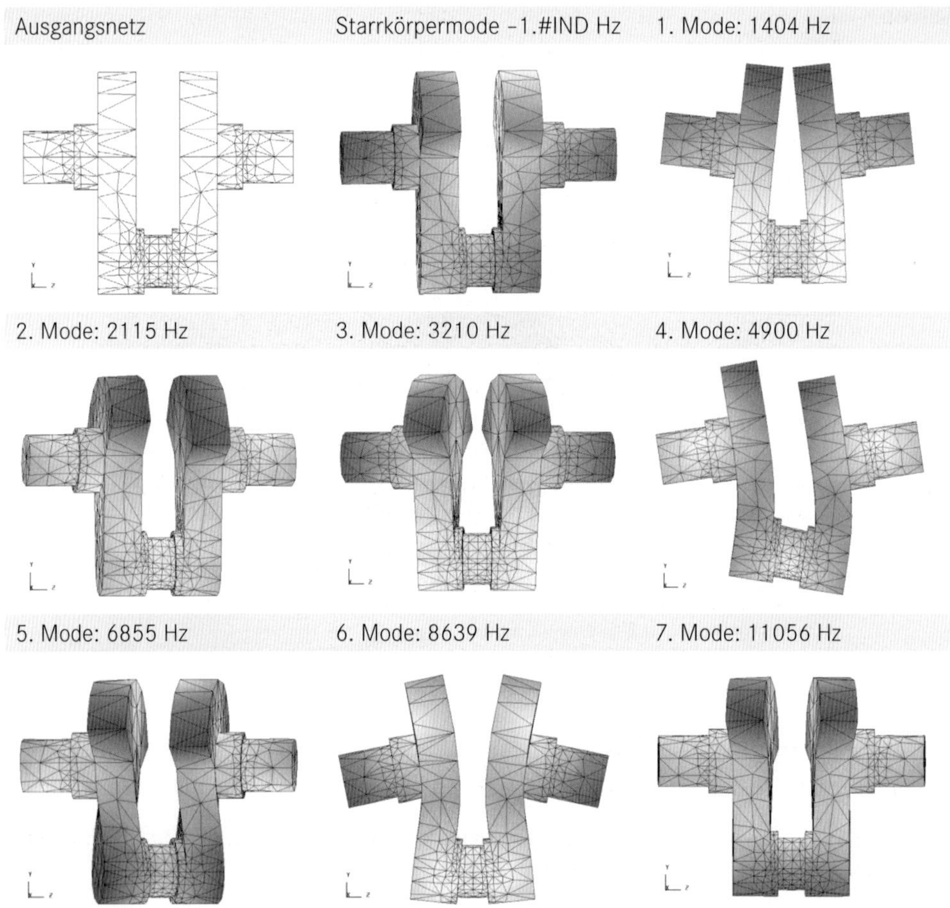

Bild 13.28-3: Kleinste sieben Eigenfrequenzen und -Formen der Kurbelwelle

13.29 Thermomechanische Analyse eines Löffels

Suppenkaspar probiert eine neue Tütensuppe der Marke „Hoffmann's Beste"; wir simulieren die Wärmeleitung von der Suppe auf den Löffel. Kaspar hält den Löffel mit seiner Hand fest und taucht ihn in die Suppe. Dadurch wird durch die Hand am Stiel eine Temperatur eingebracht, die Suppe selbst generiert im Schöpfteil einen Wärmestrom, welcher an die Oberfläche der Laffe abgegeben wird. Das Material des Löffels ist ein X5CrNi-15/10 Edelstahl mit den

Materialparametern: E = 200.000 N/mm², $\nu = 0.29$, Dichte $\rho = 7.85e\text{-}9$ t/mm³, $\lambda = 0.015$ W/(mm K) und $\alpha = 16*E\text{-}06$ 1/K. Konstruiert wurde der Löffel in Pro/Engineer Wildfire 5.0, als .stl-Datei in Z88Aurora importiert und vernetzt.

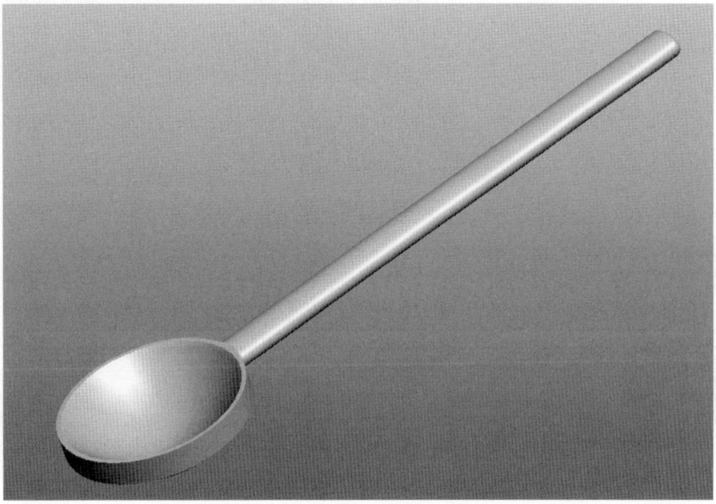

Bild 13.29-1: Geometrie des Löffels in Pro/Engineer Wildfire 5.0

Neuen Projektordner erstellen

Erstellen Sie ein neues Projektverzeichnis  und wechseln sie danach in der oberen Menüleiste vom Button „Lineare Festigkeit" der mechanischen Berechnung auf den Button „Stationär Thermisch" für die thermische Berechnung.

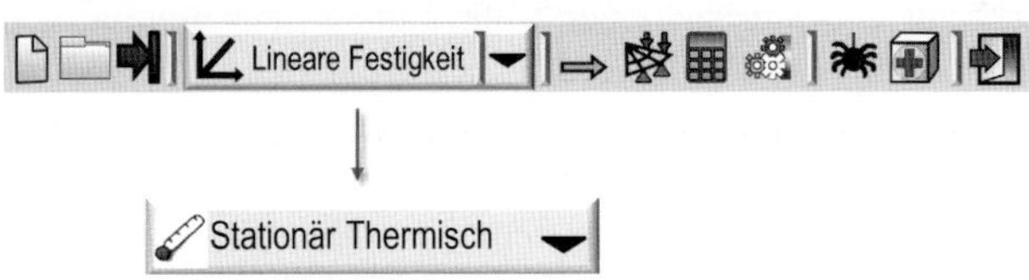

Bild 13.29-2: Modulwechsel von „Lineare Festigkeit" auf „Stationär Thermisch"

Import STL-Datei

Die Beispieldatei „loeffel.stl" (ASCII) aus *„z88_beispiele_z88aurora/b29/STL-Datei"* wird im Import-Kontextmenü importiert.

Vernetzen

Vernetzt wird die Geometrie mit dem Vernetzer Tetgen, linearen Tetraedern und einer maximalen Kantenlänge von 2.

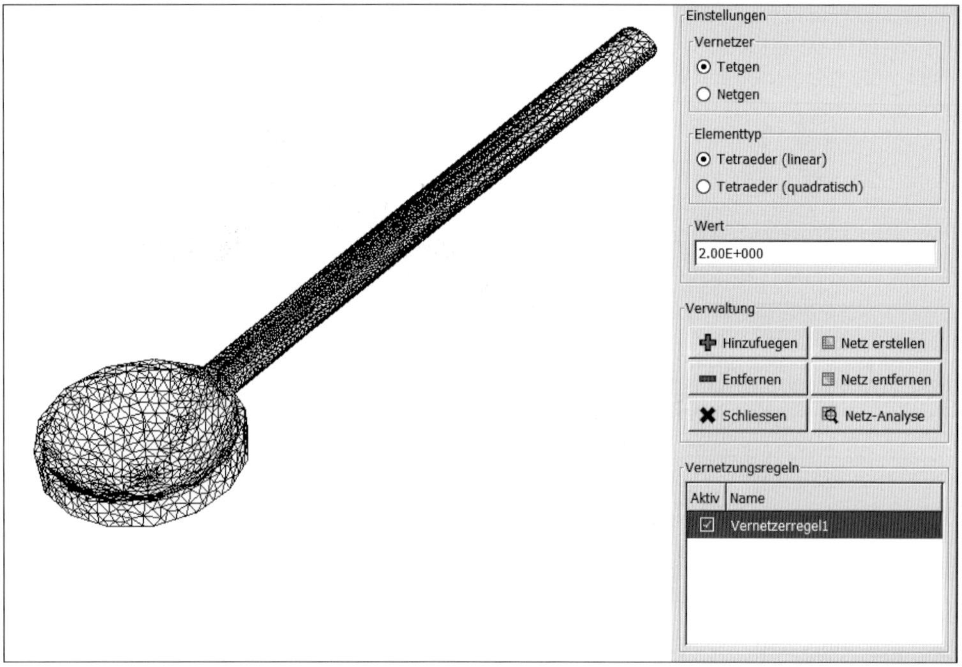

Bild 13.29-3: Vernetzung des Löffels mit Tetgen

Knotenpicken

Wechseln Sie in das Pickingmenü und „Knotenpicking" und legen Sie nun drei Knoten-Sets an, eines für die Festhaltung „fest", eines für die Temperatur der Hand „Hand" und eines für den Wärmestrom verteilt auf die Oberfläche der Laffe „Suppe", der die Suppe darstellt . Für die Festhaltung und Temperatur der Hand werden zwei Knoten-Sets mit den gleichen gepickten Knoten benötigt. Hierzu klickt man nach dem Auswählen der Knoten zweimal auf „Set erstellen" und es wird zweimal das gleiche Set angelegt, welche nun beliebig umbenannt werden können. Die Knoten der Laffe werden mittels eines gewählten Knotens und der Winkelsteuerung für Flächen erzeugt. Ein Winkel mit 20° ist hier eine gute Wahl.

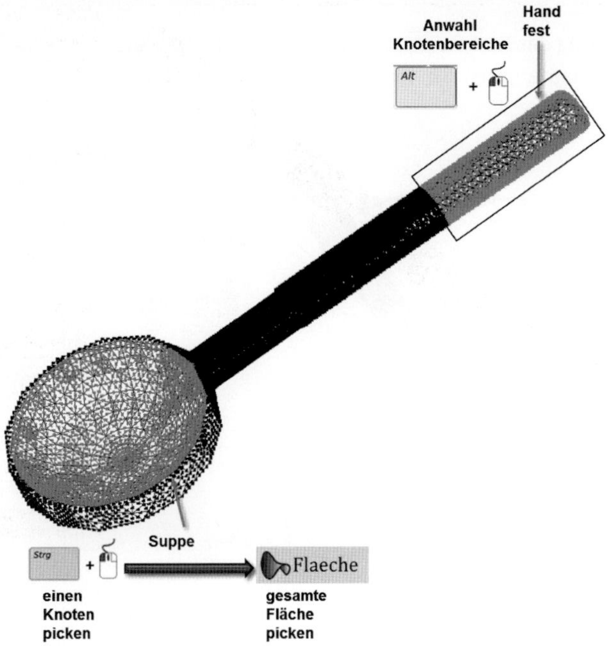

Bild 13.29-4: Knoten-Sets für Randbedingungen picken

Randbedingungen

Button *Praeprozessor* → *Randbedingungen Zuweisen.* → Im Kontextmenü werden den Knoten-Sets nun Randbedingungen zugewiesen. Die Last, die aufgegeben wird, ist ein Wärmestrom, den die warme Suppe generiert. Dieser Wärmestrom (0,2 W) wird, wie in der Elastostatik die Flächenlast, auf alle Knoten verteilt. Den beiden anderen Sets wird eine Festhaltung (Verschiebungen = 0) und eine Temperatur von 0 °C zugewiesen. Stopp. Warum 0 °C? Hier wird ein kleiner Trick angewendet. In diesem Beispiel interessieren wir uns für die thermo-mechanischen Verformungen und Spannungen. Da wir eine Stelle am Stiel gleichzeitig „festhalten" und eine Temperatur zuweisen, würden aufgrund der thermischen Dehnungen an dieser Stelle zu hohe Spannungen erzeugt werden, die unrealistisch wären. Um die thermischen Dehnungen, die aus einem Temperaturgradienten entstehen, an dieser Stelle zu vernachlässigen, setzen wir hier also die Temperatur auf 0 °C. Einfacher zu verstehen ist das, wenn man sich 2 Temperaturrandbedingungen vorstellt. In der Laffe z.B. ca. 70 °C und am Stiel 20 °C. Die Differenz ergibt 50 °C. Nun kann man anstatt 70 °C in der Laffe 50 °C sowie anstatt 20 °C am Stiel 0 °C den vordefinierten Sets zuweisen. Somit werden die thermischen Dehnungen am Stiel gleich Null gesetzt und eine realistische Spannung wird erzeugt.

Generell ist es für die Analyse egal, ob die Temperatur mit der Einheit Kelvin oder °Celsius angegeben wird, es empfiehlt sich aber für das bessere Verständnis °Celsius anzunehmen.

1. Set Suppe: Wärmestrom (verteilt) = 0,2 W
2. Set Hand: Temperatur = 0 °C
3. Set Fest: Verschiebung x,y,z = 0

Eine Berücksichtigung der Richtungen ist nicht notwendig! Im Gegensatz zur Elastostatik besitzen die Finiten Elemente in der Thermoanalyse nur einen statt derer 3 bzw. 6 Freiheitsgrade (siehe Kap. 4.10).

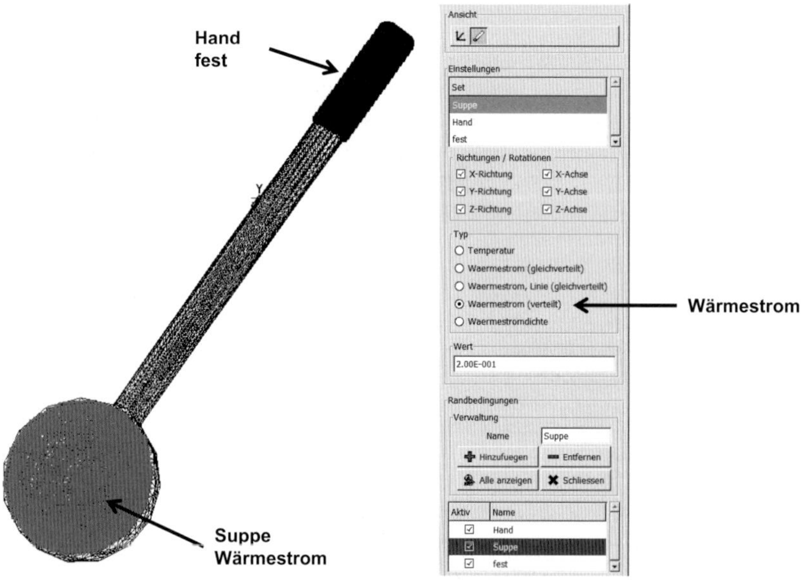

Bild 13.29-5: Randbedingungen für Wärmestrom, Temperatur und Festhaltung

Material erstellen

Ein typischer Werkstoff für Bestecke ist nichtrostender austenitischer Chrom-Nickel-Stahl. Dieser Stahl mit seinen Werkstoffparametern ist in der Z88Aurora-Materialdatenbank nicht vorhanden, daher muss er zur Materialdatenbank hinzugefügt bzw. neu angelegt werden.

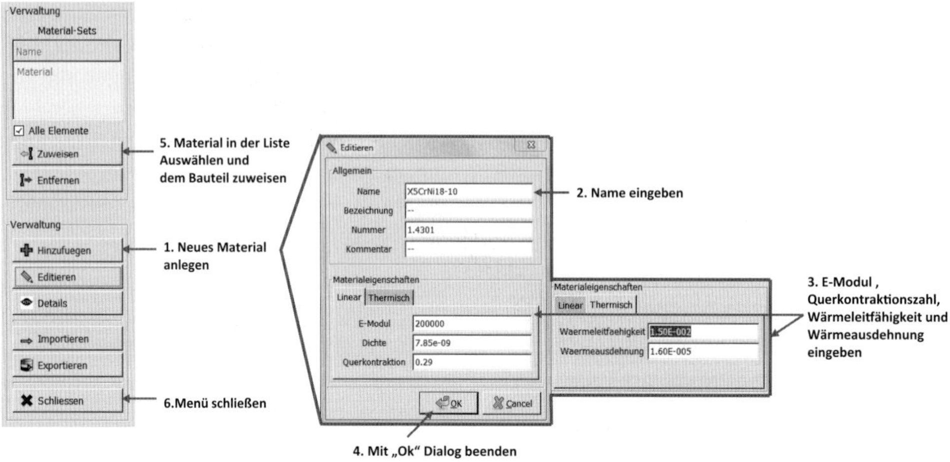

Bild 13.29-6: Materialerstellung für thermische Berechnungen

Berechnung starten

Starten Sie die Berechnung mit dem „Pardiso-Solver“. Vergewissern Sie sich vorab, dass die korrekte Analyseart ausgewählt ist.

Ausgaben

Der Wärmestrom in der Laffe generiert eine Temperatur. Durch die gegebene Temperatur der Hand stellt sich zwischen diesen beiden ein gleichmäßiger, stationärer Temperaturverlauf ein. Das Festhalten des Stiels und des Temperaturgradienten dehnt sich der Löffel gleichmäßig in Z-Richtung aus. Die Spannungen sind am höchsten am Stiel beim Übergang der Festhaltung und an der Kerbe der zwischen Stiel und Laffe.

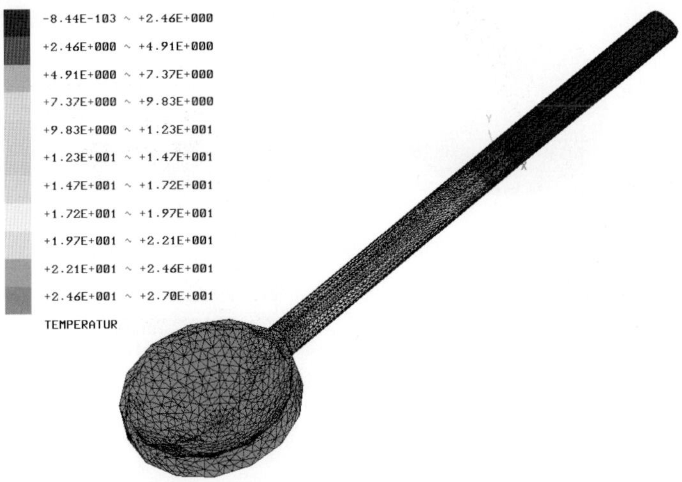

Bild 13.29-7: Darstellung der Ergebnisse: Temperatur

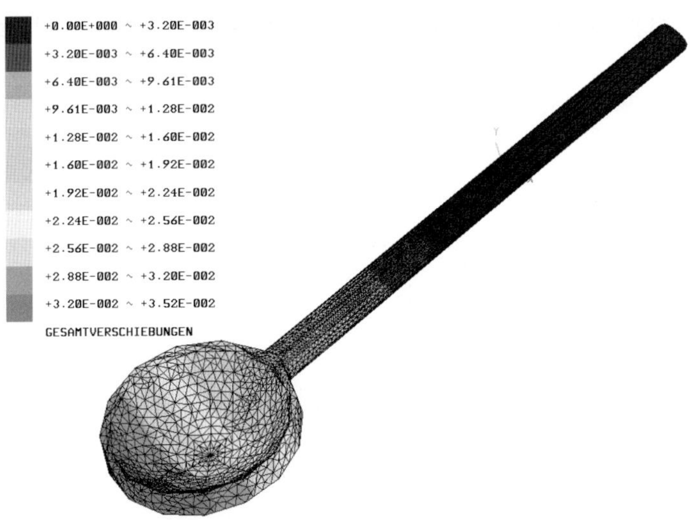

Bild 13.29-8: Darstellung der Ergebnisse: Verschiebungen

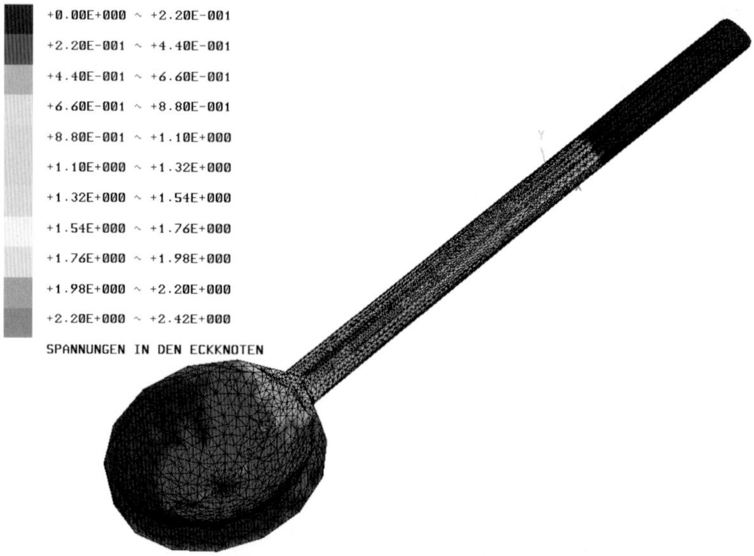

Bild 13.29-9: Darstellung der Ergebnisse: Vergleichsspannungen nach GEH in den Eckknoten

13.30 Thermische Analyse eines Viertakt-Motorkolbens

Der Kolben eines Viertakt-Motors aus Beispiel 8 (Bild 13.8-1) soll in diesem Beispiel den Temperaturverlauf im Kolben bei einer Verbrennung zeigen. Es wird von einer Verbrennungstemperatur von ca. 450 °C an der Kolbenoberfläche ausgegangen. Die unterste Stelle des Kolbens hat eine Temperatur von ca. 300°C. Als Werkstoff wird eine Aluminiumlegierung mit einer Wärmeleitfähigkeit von 0,19 W/(mm K) angenommen.

Neuen Projektordner erstellen

Erstellen Sie ein neues Projektverzeichnis  und wechseln sie wie in Beispiel 29 beschrieben in das Thermomodul „Stationär Thermisch".

Import STL-Datei

Die Beispieldatei z88thermo_kolben.stl aus *„z88_beispiele_z88aurora/STL-Datei"* importieren.

Vernetzung

Vernetzt wird die Geometrie mit dem Vernetzer Netgen, quadratischen Tetraedern und einer maximalen Kantenlänge von 15.

Knotenpicken

Aufgrund der relativ ungleichförmigen Oberfläche an der Unterseite des Kolbens müssen zuerst die Teilflächen als Markierungen einzeln angewählt werden, damit danach aus diesen Markierungen ein Set erstellt werden kann. Für die Winkelsteuerung der Oberflächensuche wird ein Winkel von 20 empfohlen. Bitte beachten, dass Sie einen Eckknoten und keinen Mittelknoten für die Flächenauswahl markieren.

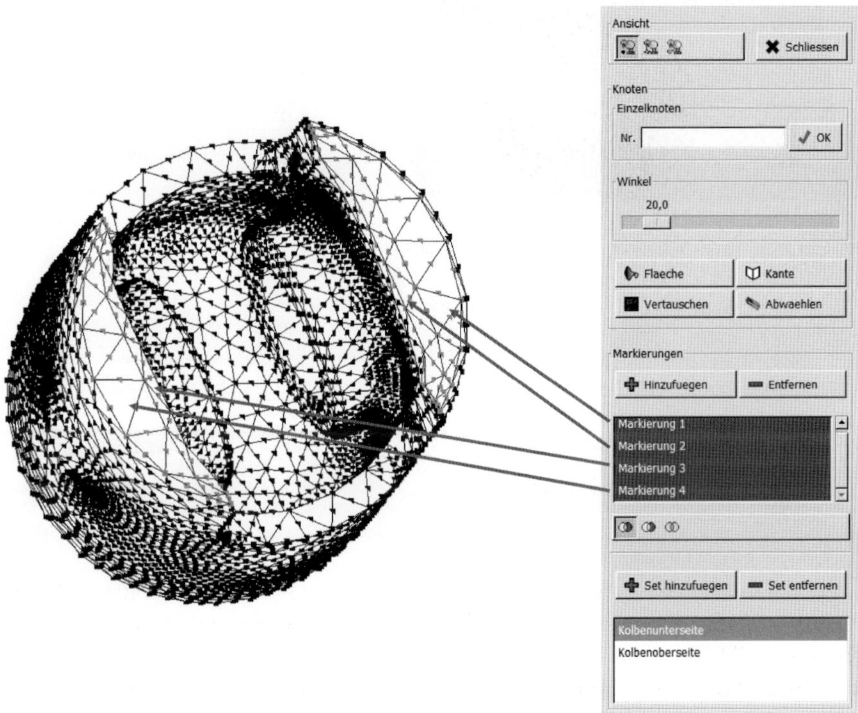

Bild 13.30-1: Set an der untersten Stelle des Kolbens

Die Set für die Kolbenoberfläche wird durch das Picken eines einzelnen Knotens im Zentrum (Eckknoten, kein Mittenknoten) und einem Winkel von 10 über den Button Fläche angelegt.

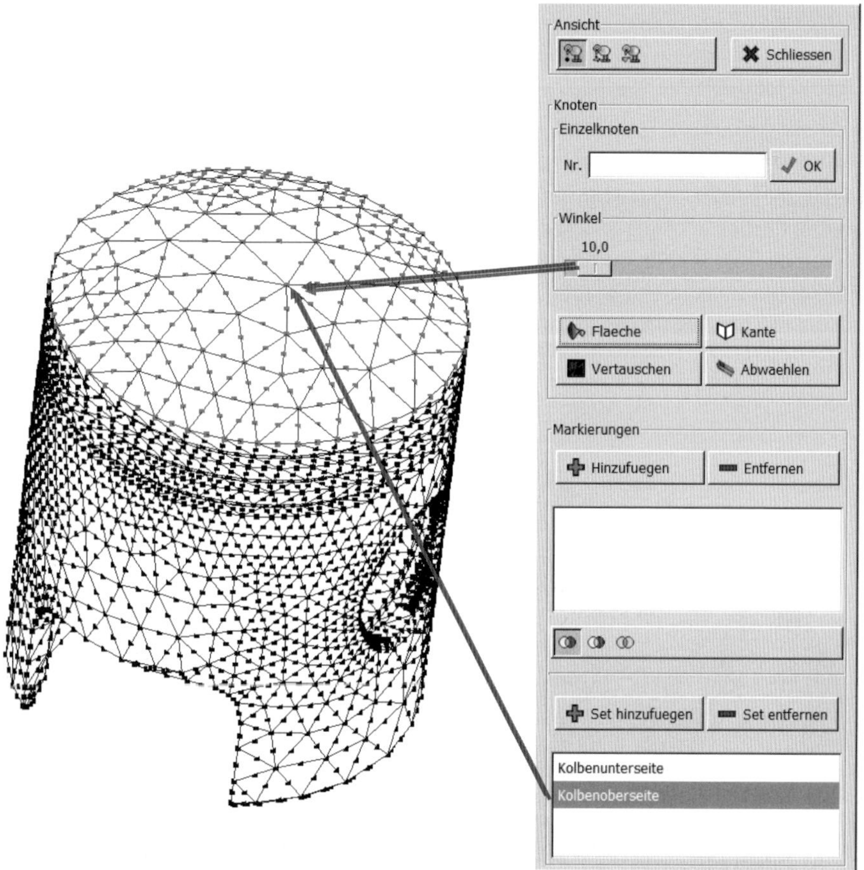

Bild 13.30-2: Set an der Kolbenunterseite

Material zuweisen

Verwenden Sie das Material Aluminiumgusslegierung AlSi12 aus der Z88Aurora-Materialdatenbank.

Randbedingungen

Als Randbedingungen werden eine Temperatur an der Oberfläche (T=450 °C) nach der Verbrennung und eine vom Kurbelgehäuse abgegebene Temperatur (T=300 °C) angenommen.

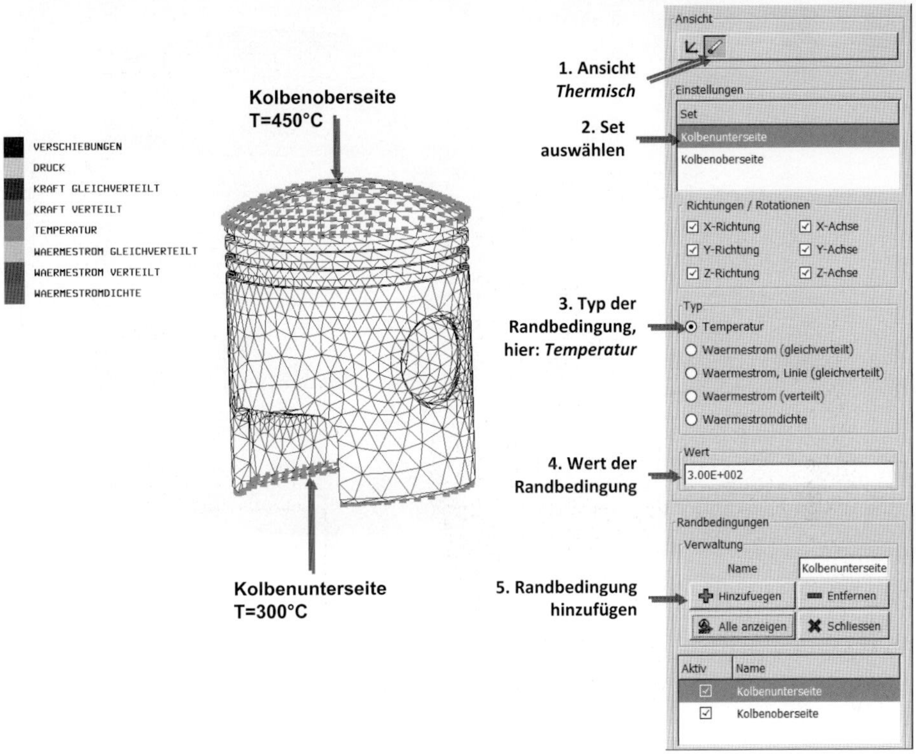

Bild 13.30-3: Randbedingungen

Der erste Schritt bei der Randbedingungszuweisung ist der Wechsel der Ansicht von „Mechanisch" auf „Thermisch". Hiermit wechselt man zu den thermischen Randbedingungen. Als nächstes muss das Set für die Kolbenunterseite ausgewählt werden, welchem eine Temperatur von 300 °C zugewiesen und als Randbedingung festgelegt wird (Bild 13.30-3). Das Gleiche muss mit dem Set und der Temperatur der Kolbenoberseite erfolgen.

Berechnung starten

Nun starten Sie die Berechnung mit dem „Pardiso-Solver". Alternativ können auch der SIC-CG- oder der SOR-CG-Solver verwendet werden.

Ergebnis

Anhand des Temperaturverlaufes ist deutlich zu erkennen, dass keine symmetrische Wärmeleitung im Kolben vorhanden ist. Dies kann vor allem für die Kolbenringe und die Bohrung für die Pleuelbolzen ein wichtiges Auslegungsmerkmal sein, denn diese werden aufgrund der unsymmetrischen Wärmeverteilung unterschiedlich thermisch belastet.

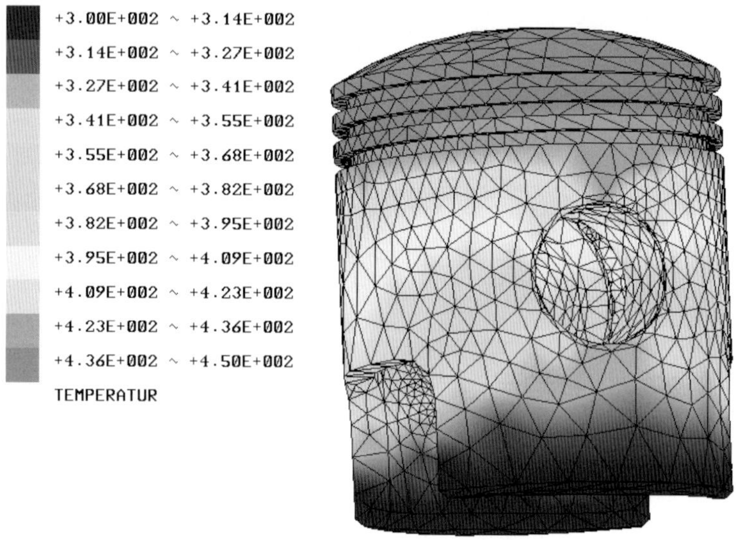

Bild 13.30-4: Ergebnis Temperaturverlauf

13.31 Nichtlineare Berechnung einer Tellerfeder

Die Tellerfeder ist ein typisches Maschinenelement mit geometrischen Nichtlinearitäten. Insbesondere bei großem Verhältnis von Stülphöhe zu Dicke ist die Abweichung von einer linearen Kennlinie sehr hoch. Während die Tellerfeder aus Beispiel 9 (vgl. Kapitel 13.9) mit einem Verhältnis von 0,5 noch recht linear war, kann die hier betrachtete Feder mit einem Verhältnis von ca. 1,3 nicht mehr hinreichend genau mit einer linearen Kennlinie beschrieben werden. Sämtliche Abmessungen sind nachstehend aufgelistet.

- Außendurchmesser: 100 mm
- Innendurchmesser: 51 mm
- Dicke: 2,7 mm
- Stülphöhe: 3,5 mm

Neuen Projektordner erstellen und Strukturdaten importieren

Legen Sie ein neues Projekt an und schalten Sie dann den Modus von „Lineare Festigkeit“ auf „Nichtlineare Festigkeit“ um.

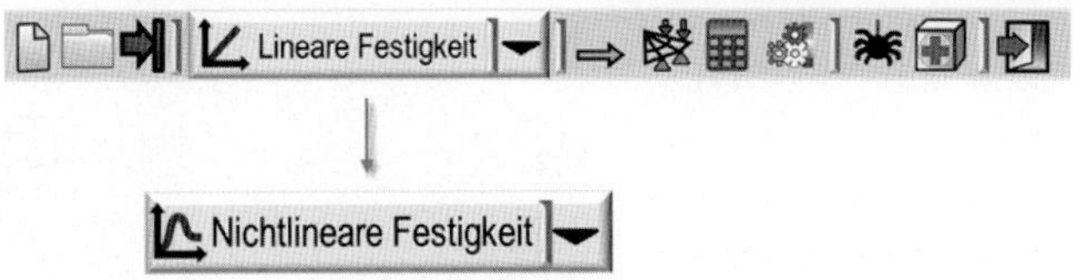

Bild 13.31-1: Festlegung des Modus „Nichtlineare Festigkeit“

Import der Strukturdaten

Importieren Sie die Z88-Datei tellerfeder.TXT aus *„z88_beispiele_z88aurora/b31/Import-Datei“*. Sie sehen nun die Struktur, bestehend aus 400 Toruselementen vom Typ Nr. 8. Die Tellerfeder wird auch hier, genau wie in Beispiel 13.9, allein durch ihren Querschnitt beschrieben.

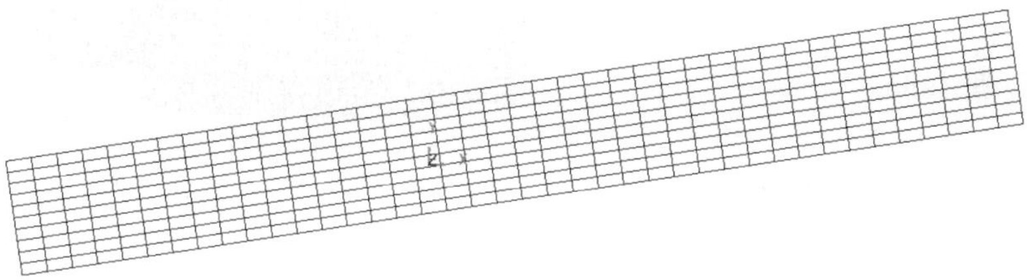

Bild 13.31-2: Netz der Tellerfeder

Erstellen der Randbedingungen

Für die Erstellung der Randbedingungen sollte die Struktur zunächst gedreht werden. Denn bei Toruselementen ist in Z88 definiert, dass die y-Achse (x = 0) die Symmetrieachse darstellt. Dementsprechend drehen wir die in Bild 13.31-2 gezeigte Struktur am besten um 180°, wobei die x-Achse als Drehachse fungiert. Bild 13.31-3 zeigt das Vorgehen.

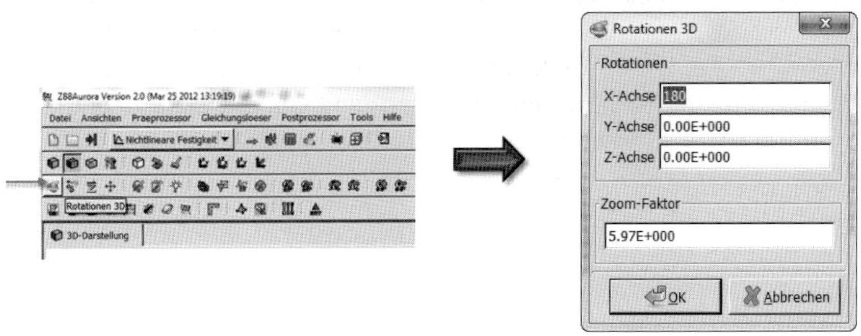

Bild 13.31-3: Drehen über „Rotationen 3D“

Nach der Drehung liegt der Kraftangriffspunkt oben, die Auflagerung unten. Wir richten zunächst zwei Knoten-Sets ein, eines vom linken, oberen (für den Kraftangriff) und eines vom rechten, unteren Knoten (für die Lagerung). Anschließend erzeugen wir ein Randbedingungs-Set „Lagerung“ (Y-Richtung, Wert „0“) und ein Randbedingungs-Set „Kraft“ (Y-Richtung, Wert „20000“).

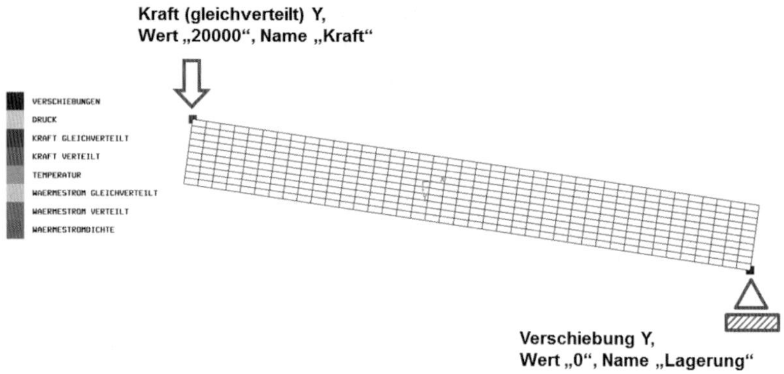

Bild 13.31-4: Randbedingungen

Material erstellen

Verwenden Sie das Material Baustahl S235JR aus der Z88Aurora-Materialdatenbank. Die Nichtlinearität begründet sich bei diesem Beispiel allein auf geometrischen Effekten, daher werden lediglich lineare Materialeigenschaften benötigt.

Festlegen der Solverparameter und Berechnung

Verwenden Sie zur Berechnung den SORCG-Solver. Die Parameter des Gleichungslösers sind bei nichtlinearen Berechnungen von entscheidender Bedeutung. Berechnen Sie dieses Beispiel zunächst einmal mit den Standardeinstellungen. Nach der Berechnung gibt ein Blick in die Datei Z88NLKV.LOG Aufschluss über das Konvergenzverhalten bei diesen Solverparametern. Es zeigt sich, dass bei 44 % der Last relativ viele Newton-Schritte (14 Stück) erforderlich sind. Stellen wir das Lösungsverfahren einmal vom Newton-Raphson-Verfahren auf das Bogenlängenverfahren um (vgl. Bild 13.31-5) und rechnen erneut.

Bild 13.31-5: Umstellen des Lösungsverfahrens im Menü „Solverparameter"

Der anschließende Blick in Z88NLKV.LOG zeigt, dass mit Hilfe des Bogenlängenverfahrens nach Riks eine deutlich verbesserte Konvergenz erreicht werden kann. In keinem Lastschritt sind mehr als vier Newton-Schritte nötig, um die Lösung zu berechnen.

Ergebnisse

Die Verformung der Tellerfeder betrachtet man am besten mit einem Skalierungsfaktor von 1, da die Verschiebungen sehr groß sind. In Bild 13.31-6 ist zu erkennen, dass der Durchschlagpunkt bei 43 % der Last überschritten wird.

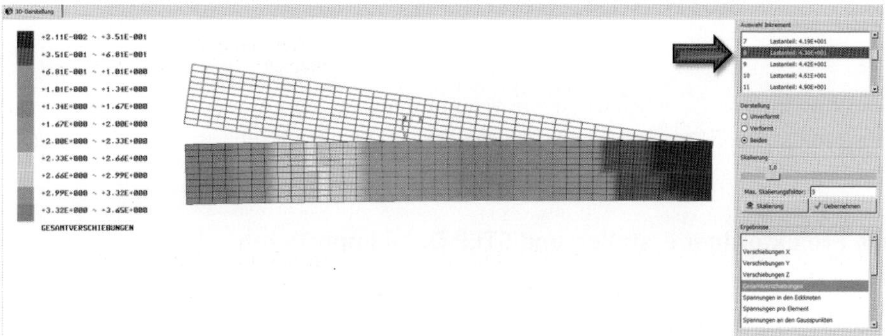

Bild 13.31-6: Verformte Tellerfeder in der Nähe des Durchschlagpunkts

Die Laststufe kann im Bereich „Auswahl Inkrement" selektiert werden. Die Gleitkommazahl in der rechten Spalte gibt hier die Prozentzahl der Gesamtlast an. Im Bild 13.31-6 sind also gerade 43 % angewählt (vgl. roter Pfeil). Dies ist auch ungefähr die Last, bei der das Newton-Raphson-Verfahren schlechte Konvergenzergebnisse lieferte. Warum ist das so?

Zur Beantwortung dieser Frage betrachten wir einmal die Federkennlinie. Diese können wir einfach erhalten, indem wir die Last des jeweiligen Lastschritts über der maximalen Y-Verschiebung auftragen. Bild 13.31-7 zeigt das Ergebnis. Außerdem dargestellt ist die Kennlinie, die sich mit der experimentell abgesicherten Formel von Almen und László ergibt.

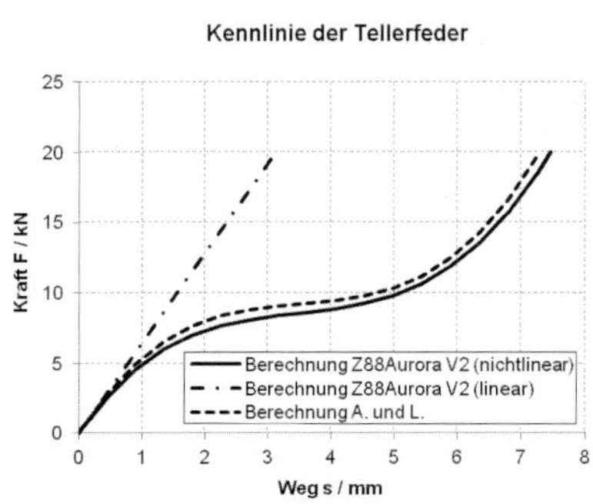

Bild 13.31-7: Vergleich mit der Formel von Almen und László sowie der linearen Rechnung

Wie zu sehen ist, ergibt sich knapp unterhalb der halben Last (also in der Nähe der 44 %) eine nahezu waagerechte Tangente. Dies ist der Grund, warum das Newton-(Raphson-)Verfahren nicht mehr konvergiert (vgl. auch Kapitel 6.6).

13.32 Nichtlineare Berechnung eines Scharniers

In diesem Beispiel wird ein Scharnier zur Arretierung eines zylindrischen Stabs in einer Halterung betrachtet. Die Klemmkraft ist sehr groß, so dass sich auch sehr große Verformungen ergeben.

Neuen Projektordner erstellen und STEP-Datei importieren

Legen Sie ein neues Projekt an und schalten Sie dann den Modus von „Lineare Festigkeit" auf „Nichtlineare Festigkeit" um.

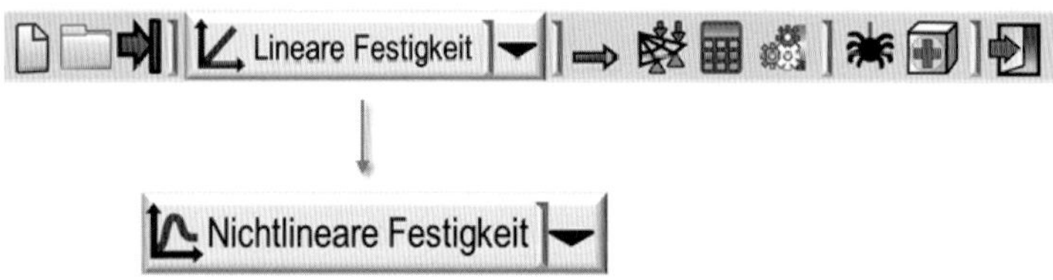

Bild 13.32-1: Festlegung des Modus „Nichtlineare Festigkeit"

Import der Strukturdaten

Importieren Sie die STEP-Datei SCHARNIER.STP aus *„z88_beispiele_z88aurora/b32/STEP-Datei"*. Sie sehen nun die Struktur, die zunächst eine reine Geometrie darstellt.

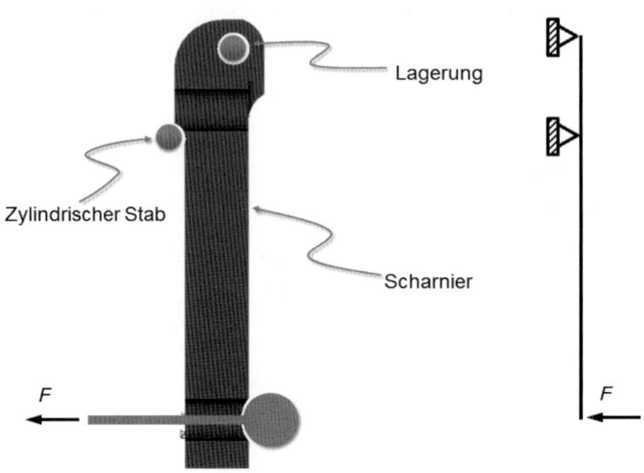

Bild 13.32-2: Scharnier mit Symbolisierung der zugehörigen Randbedingungen

Vernetzung

Wechseln Sie als nächstes in den Präprozessor und wählen Sie im Bereich „Vernetzung" „Tetraeder". Wir nehmen für die Vernetzung den Netgen und selektieren als Elementtyp quadratische Tetraeder. Die Elementgröße sei 10. Nach Anwählen der Buttons „Hinzufügen" und anschließend „Netz erstellen" sollten Sie das vernetzte Bauteil wie in Bild 13.32-3 sehen.

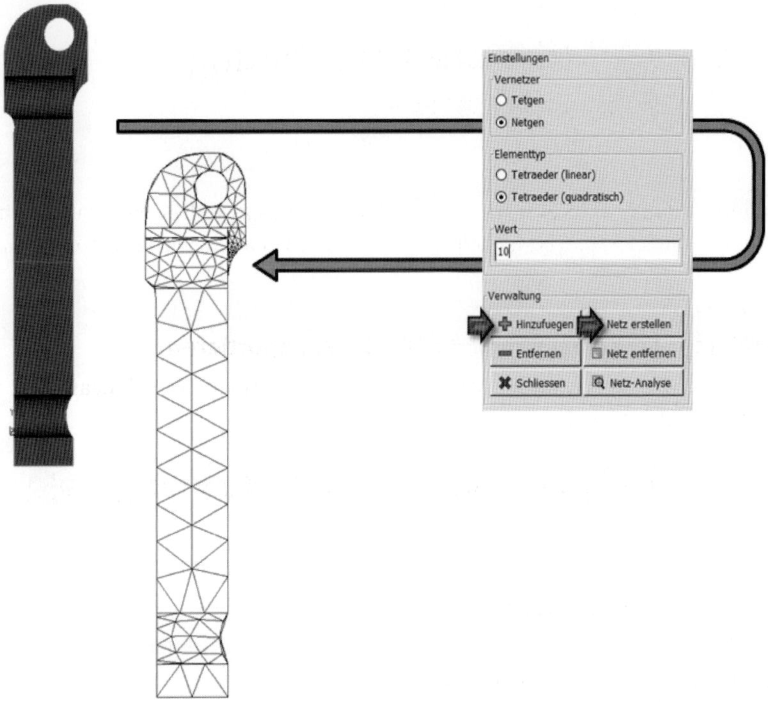

Bild 13.32-3: Ablauf und Parametrierung der Vernetzung

Erstellen der Randbedingungen

Gemäß Abbildung 13.32-2 sind in drei Bereichen Randbedingungen aufzubringen. Wir starten zunächst wie gewohnt die Set-Verwaltung „Picking" im Präprozessor und legen drei Knotensets an:

Set „Lager1", Innenfläche der Bohrung, Winkel: „20"

Set „Lager2", Kontaktfläche der Probe, Winkel: „12"

Set „Kraft" Fläche für die Kraftaufgabe, Winkel: „17"

Die entsprechenden Bereiche sind in Bild 13.32-4 markiert. Anschließend kann das Picking-Menü geschlossen werden; als nächstes erfolgt der Wechsel in das Menü „Zuweisen" (Sektion „Randbedingungen") des Präprozessors. Wir richten für die ersten beiden Sets Lagerungen ein, wie nachfolgend zusammengestellt.

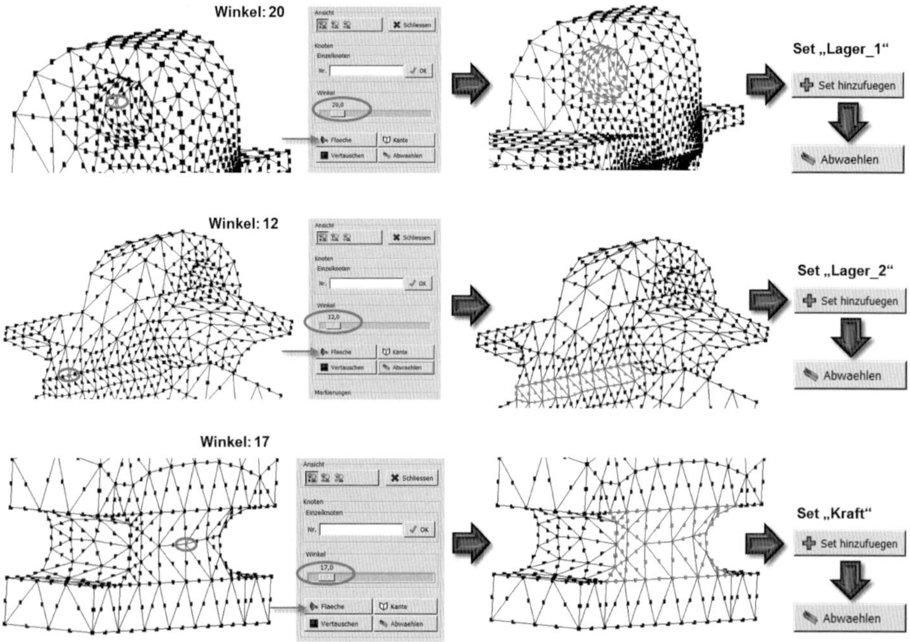

Bild 13.32-4: Sets für die Randbedingungen

Set 1: X-, Y- und Z-Richtung, Typ: „Verschiebungen“, Wert: „0“, Name: „Lager1“

Set 2: X-, Y- und Z-Richtung, Typ: „Verschiebungen“, Wert: „0“, Name: „Lager2“

Das Set 3 erhält eine projizierte Flächenlast, der Wert beträgt „-900000“ in X-Richtung. Wir nennen diese Randbedingung „Kraft“. Wenn Sie nun den Button „Alle anzeigen“ klicken, sollte das Ganze wie in Bild 13.32-5 aussehen.

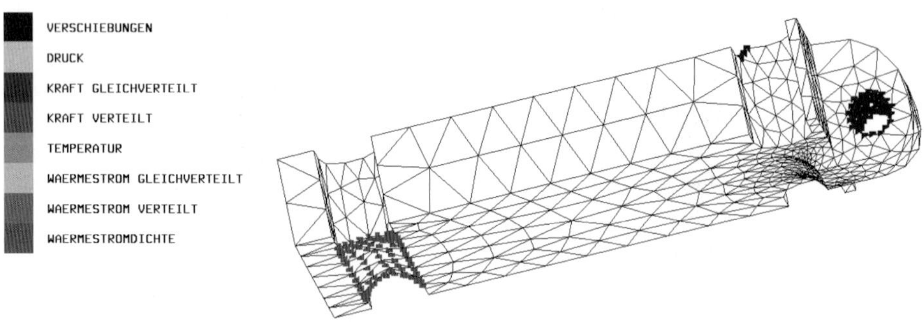

Bild 13.32-5: Randbedingungen des Scharniers, dargestellt in Z88Aurora V2

Zuweisen der Materialdaten

Das Material des Scharniers sei das erste Material aus der Datenbank, der „Maschinenbau Stahl“. Wir weisen dieses Material dem gesamten Bauteil zu.

Festlegen der Solverparameter und Berechnung

Für die Berechnung wird im Menü „Gleichungslöser" der PARDISO verwendet. Anschließend erfolgt die Veränderung der Anzahl der Lastschritte im Dialog Solverparameter. Für den Rechengang werden 25 Lastschritte angesetzt (vgl. Bild 13.32-6). Die Berechnung kann, je nach Rechner, einige Zeit in Anspruch nehmen. Auf einem Rechner mit 4 CPUs und 16 GB Arbeitsspeicher dauert es ca. 45 Minuten.

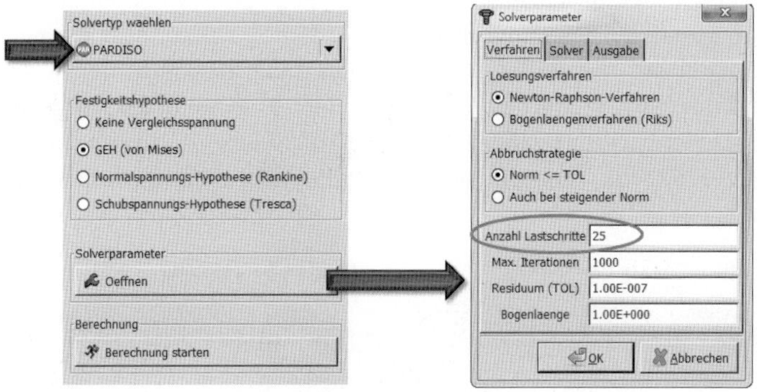

Bild 13.32-6: Solverparameter für den nichtlinearen Rechengang

Schließlich kann die Berechnung mit „Berechnung starten" begonnen werden.

Ergebnisse

Nach der Berechnung wird in den Postprozessor gewechselt. Am besten stellen Sie eine Skalierung von „1,0" ein, da sehr große Verformungen bei diesem Beispiel auftreten. Wählen Sie das letzte Inkrement, also 100 % der Last. Die Einstellung „Beides" der Gesamtverschiebungen liefert schließlich die in Bild 13.32-7 links gezeigte Darstellung.

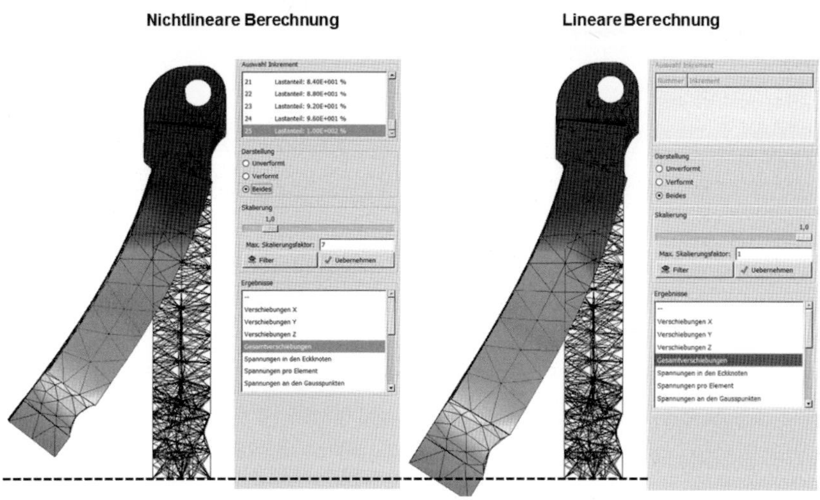

Bild 13.32-7: Gesamtverschiebungen der nichtlinearen (links) und linearen Analyse (rechts)

Gezeigt ist außerdem das Ergebnis bei linearer Analyse. Es zeigt sich, dass die lineare Berechnung eine starke, nicht der Realität entsprechende Volumenzunahme liefert. Die gestrichelte Linie verdeutlicht überdies ein, aus der Handrechnung per Bernoulli bekanntes Phänomen: Der Endpunkt der neutralen Faser ist allein in Kraftrichtung gewandert. Betrachten wir dies einmal genauer, indem wir statt den Gesamtverschiebungen die Verschiebungen in Y-Richtung anwählen.

Bild 13.32-8 verdeutlicht den beobachteten Effekt. Die Position des Endpunkts der neutralen Faser ändert sich bei linearer Rechnung nicht, was bedeuten würde, dass die neutrale Faser und somit der „Kragbalken" immer länger würde. Dies kann aber nicht der Realität entsprechen, da keine Zugkraft existiert, die den Balken wie einen Zugstab in die Länge zieht. Erst die Beachtung geometrischer Nichtlinearitäten, die einer Aufstellung des Kräftegleichgewichts am verformten Bauteil entspricht, kann die vorliegende Problemstellung technisch-physikalisch korrekt beschreiben.

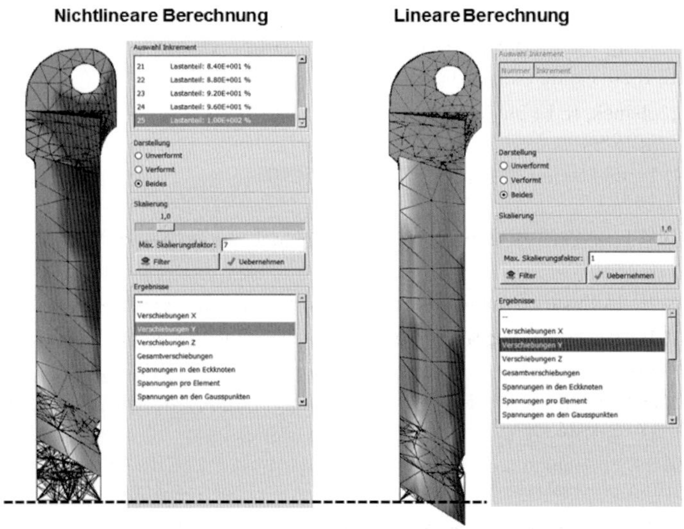

Bild 13.32-8: Verschiebungen in Y-Richtung

Quellen und weiterführende Literatur

/1/ Zienkiewicz, O. C.: Methode der finiten Elemente. Carl Hanser Verlag. 2. Auflage. München, Wien 1984.

/2/ Zienkiewicz, O. C.; Taylor, R. L.: The Finite Element Method. Volume 1: The Basis. 5th Edition. Butterworth Heinemann. Oxford 2002.

/3/ Argyris, J.; Mlejnek, H. P.: Die Methode der finiten Elemente. Band 1. Vieweg Verlag. Braunschweig 1986.

/4/ Bathe, K.-J.: Finite-Elemente-Methoden. 2. Auflage. Springer Verlag. Berlin, Heidelberg, New York, Tokyo 2002.

/5/ Bathe, K.-J.; Wilson, E. L.: Numerical Methods in Finite Element Analysis. Prentice-Hall. Englewood Cliffs, New Jersey 1976.

/6/ Schwarz, H. R.: Methode der finiten Elemente. B. G. Teubner. 3. Auflage. Stuttgart 1991.

/7/ Schwarz, H. R.: FORTRAN Programme zur Methode der finiten Elemente. B. G. Teubner. 3. Auflage. Stuttgart 1991.

/8/ Love, A. E. H.: A Treatise on the Mathematical Theory of Elasticity. Dover Publications, 4th Edition. Oxford, New York 1926.

/9/ Timoshenko, S. P.; Goodier, J. H.: Theory of Elasticity. McGraw-Hill Book Company. 3rd Edition. New York 1970.

/10/ Bickford, W. B.: Mechanics of Solids. Richard D. Irwin. Homewood, IL 1993.

/11/ Marguerre, K.: Technische Mechanik, zweiter Teil: Elastostatik. Springer Verlag. Berlin, Heidelberg, New York 1967.

/12/ Abramowitz, M.; Stegun, I. A.: Pocketbook of Mathematical Functions. Verlag Harri Deutsch. Thun – Frankfurt/Main 1984.

/13/ Stöcker, H. (Hrsg.): Taschenbuch mathematischer Formel und moderner Verfahren. Verlag Harri Deutsch. 4. Auflage. Frankfurt/Main, Thun 1999.

/14/ Saad, Y.: Iterative Methods for Sparse Linear Systems. PWS Publishing Company. Boston 1996.

/15/ Kernighan, B.; Ritchie, D.: Programmieren in C. Carl Hanser Verlag. 2. Ausgabe. München, Wien 1990.

/16/ Petzold, C.: Windows 95 Programmierung. Microsoft Press Deutschland. Unterschleißheim 1996.

/17/ Nye, A.: Xlib Programming Manual. O'Reilly & Associates. 3rd Edition. Sebastopol 1995.

/18/ Nye, A.: Xlib Reference Manual. O'Reilly & Associates. 3rd Edition. Sebastopol 1993.

/19/ Quercia, V.; O'Reilly, T.: X Window System User's Guide. O'Reilly & Associates. OSF/Motif 1.2 Edition. Sebastopol 1995.

/20/ Nye, A.; O'Reilly, T.: X Toolkit Intrinsics Programming Manual. O'Reilly & Associates. OSF/Motif 1.2 Edition. Sebastopol 1995.

/21/ Flanagan, D.: X Toolkit Intrinsics Reference Manual. O'Reilly & Associates. 3rd Edition. Sebastopol 1995.

/22/ Heller, D.; Ferguson, P. M.: Motif Programming Manual. O'Reilly & Associates. 2nd Edition. Sebastopol 1994.

/23/ Ferguson, P. M.: Motif Reference Manual. O'Reilly & Associates. Sebastopol 1993.

/24/ Grote, K. H.; Feldhusen, J. (Hrsg.): Dubbel – Taschenbuch für den Maschinenbau. Springer Verlag. 23. Auflage. Berlin, Heidelberg, New York 2012.

/25/ Finck von Finckenstein, Karl Graf: Einführung in die Numerische Mathematik. Band 1. Carl Hanser Verlag. München 1977.

/26/ Wissmann, J.: Vorlesungen über Finit-Element-Methoden I und II. Fachgebiet Leichtbau. Technische Hochschule Darmstadt 1977, 1978.

/27/ Rieg, F.; van der Sanden, W.: Finite-Elemente-Berechnungen mit Hilfe eines Personal-Computers. Werkstatt und Betrieb 119 (1986) 8, S. 701–705. Carl Hanser Verlag. München 1986.

/28/ Rieg, F.: Finite-Elemente-Programm mit modularem Aufbau. Werkstatt und Betrieb 119 (1986) 12, S. 1040–1046. Carl Hanser Verlag. München 1986.

/29/ Rieg, F.: Ein einfacher Netzgenerator für krummlinig berandete finite Elemente. Werkstatt und Betrieb 121 (1988) 9, S. 761–766. Carl Hanser Verlag. München 1988.

/30/ Rieg, F.: 386er-Fortran. c't 1990, Heft 1, S. 96–100. Verlag Heinz Heise. Hannover 1990.

/31/ Rieg, F.; Löw, R.; Althoff, H.: Ein einfaches Verfahren zur Kopplung von CAD und FEM. Konstruktion 43 (1991) S. 189–196. Springer Verlag 1991.

/32/ Rieg, F.: Z88 – Das kompakte Finite Elemente System. Version 9.0B. Herausgegeben vom Lehrstuhl Konstruktionslehre und CAD, Fakultät für Angewandte Naturwissenschaften. Universität Bayreuth 1999.

/33/ Ganzhorn, K.; Walter, W.: Die geschichtliche Entwicklung der Datenverarbeitung. Herausgegeben von IBM Deutschland GmbH. Stuttgart 1975.

/34/ Gross, D.; Schnell, W.: Formel- und Aufgabensammlung zur Technischen Mechanik II (Elastostatik). Bibliographisches Institut. Mannheim 1980.

/35/ Schwarz, H. R.: Numerische Mathematik. 4. Auflage. Verlag B. G. Teubner. Stuttgart 1997.

/36/ Jedrzejewski, F.: Introduction aux méthodes numériques. Springer Verlag France. Paris 2001.

/37/ Timoshenko, S.; Woinowsky-Krieger, S.: Theory of Plates and Shells. McGraw-Hill Book Company. Singapore 1959.

/38/ Pilkey, W.: Formulas for Stress, Strain and Structural Matrices. John Wiley & Sons, Inc. New York 1994.

/39/ Gross, D.; Hauger, W.; Wriggers, P.: Technische Mechanik 4: Hydromechanik, Elemente der Höheren Mechanik, Numerische Methoden. 8. Auflage. Springer-Verlag. Berlin, Heidelberg, New York 2012.

/40/ Hake, E.; Meskouris, K.: Statik der Flächentragwerke. Springer-Verlag. Berlin, Heidelberg, New York 2001.

/41/ Betten, J.: Kontinuumsmechanik. 2.Auflage. Springer-Verlag. Berlin, Heidelberg, New York 2001.

/42/ Krätzig, W. B.; Başar, Y.: Tragwerke 3. Springer-Verlag. Berlin, Heidelberg, New York 1997.

/43/ Rieg, F.; Hackenschmidt, R.: Softwaretechnik für Ingenieure. Hanser Verlag. München 2001.

/44/ Betten, J.: Finite Elemente für Ingenieure 1. 2. Auflage. Springer-Verlag. Berlin, Heidelberg, New York 2003.

/45/ Betten, J.: Finite Elemente für Ingenieure 2. Springer-Verlag. Berlin, Heidelberg, New York 2. Auflage 2004.

/46/ Carriol, W. F.: A Primer for Finite Elements in Elastic Structures. John Wiley & Sons, Inc. New York 1999.

/47/ Rieg, F.: Z88 - Das kompakte Finite Elemente System. Version 13.0a. Herausgegeben vom Lehrstuhl Konstruktionslehre und CAD, Fakultät für Angewandte Naturwissenschaften. Universität Bayreuth 2009.

/48/ Axelson, O.: Preconditioned conjugated gradient methods. In: International Conference on Preconditioned Conjugate Gradient Methods, Nijmwegen. Berlin: Springer 1990.

/49/ Manteuffel, T. A.: Shifted incomplete Cholesky-factorization. In: Sparse matrix proceddings 1978, S. 41-61. Philadelphia: SIAM 1979.

/50/ Meijerink, J. A.; van der Vorst, H. A.: An Iterative Solution Method for Linear Systems of Which the Coefficient Matrix is a Symmetric M-Matrix. In: Mathematics of Computation, Volume 31, Number 137, S. 148-162. American Mathematical Society 1977.

/51/ Manteuffel, T. A.: An Incomplete Factorization Technique for Positive Definite Linear Systems. In: Mathematics of Computation, Volume 34, Number 150, S. 473-497. American Mathematical Society 1980.

/52/ Szabó, I.: Höhere Technische Mechanik. 6. Auflage. Springer Verlag Berlin, Heidelberg, New York 2001.

/53/ Varga, R. S.: Matrix Iterative Analysis. Prentice Hall. Englewood Cliffs, N. J. 1962.

/54/ Hackbusch, W.: Iterative Lösung großer schwachbesetzter Gleichungssysteme. B. G. Teubner Verlag. Stuttgart 1991.

/55/ Rutishauser, R.: Vorlesungen über numerische Mathematik 1, 2. Birkhäuser Verlag. Basel 1976.

/56/ Stoer, J.; Burlisch, R.: Einführung in die Numerische Mathematik II. 3. Auflage. Springer Verlag Berlin, Heidelberg, New York 1990.

/57/ Ortega, J. M.: Introduction to Parallel and Vector Solution of Linear Systems. Plenum Press. New York 1988.

/58/ Faires, J. D.; Burden, R. L.: Numerische Methoden. Spektrum Akadmischer Verlag. Heidelberg, Berlin, Oxford 1994.

/59/ Fagan, M. J.: Finite Element Analysis. Longman Group UK 1999.

/60/ Young, D. M.: Iterative solution of large linear systems. Academic press. New York and London 1971.

/61/ Butscher, M.; Ondrusch, N.: Numerische Verfahren der Optimierung: Finite Element Methoden. Seminararbeit, Universität Bayreuth, Fakultät für Mathematik 2000.

/62/ Koch, F.: Elementauswahl bei Finite-Elemente-Analysen - eine Hilfestellung für den Konstrukteur. Dissertation, Universität Bayreuth 2003.

/63/ Werkle, H.: Finite Elemente in der Baustatik. 2. Auflage. Vieweg Verlag. Braunschweig, Wiesbaden 2001.

/64/ Hirschfeld, K.: Baustatik. Springer Verlag. Berlin 1998.

/65/ Brown, D. K.: An introduction to the Finite Element Method using basic Programms. Surrey University Press. Glasgow 1990.

/66/ Smith, I. M.; Griffiths, D. V.: Programming the Finite Element Method. John Wiley & Sons. Chichester 1982.

/67/ Ciarlet, P. G.; Lions, J. L.: Handbook of Numerical Analysis. North Holland. Elsevier, Amsterdam 1996.

/68/ Braess, D.: Finite Elemente. Springer Verlag. Berlin 1997.

/69/ Schwab, Ch.: *p*- and *hp*-Finite Element Methods. Oxford Science Publications. Clarendon Press. Oxford 1998.

/70/ Chapelle, D.; Bathe, K. J.: The Finite Element Analysis of Shells - Fundamentals. Springer Verlag. Berlin 2003.

/71/ Macneal, R. H.: Finite Elements: Their Design and Performance. Marcel Dekker, Inc. New York 1994.

/72/ Hughes, T. J. R.; Hinton, E.: Finite Element Methods for Plate and Shell Structures. Volume 1. Pineridge Press International. Swansea 1986.

/73/ Hughes, T. J. R.; Hinton, E.: Finite Element Methods for Plate and Shell Structures. Volume 2. Pineridge Press International. Swansea 1986.

/74/ Topping, B. H. V.; Khan, A. I.: Parallel Finite Element Computations. Saxe-Coburg Publications. Edinburgh 1996.

/75/ Bernadou, M.: Finite Element Methods for Thin Shell Problems. John Wiley & Sons. Chichester 1996.

/76/ Altenbach, H.; Altenbach, J.; Rikards, R.: Einführung in die Mechanik der Laminat- und Sandwichtragwerke. Deutscher Verlag für Grundstoffindustrie. Stuttgart 1996.

/77/ Bathe, K. J.: Computational Fluid and Solid Mechanics. Volume 1. Elsevier. Amsterdam 2001.

/78/ Bathe, K. J.: Computational Fluid and Solid Mechanics. Volume 2. Elsevier. Amsterdam 2001.

/79/ Thompson, J. F.; Soni, B. K.; Weatherill, N. P.: Handbook of Grid Generation. CRC Press. Boca Raton 1999.

/80/ Matthews, F. L.; Davies, G. A. O.; Hitchings, D.; Soutis, C.: Finite element modelling of composite materials and structures. Woodhead Publishing Limited. Cambridge 2000.

/81/ Hinton, E.; Owen, D. R. J.; Krause, G.: Finite Elemente Programme für Platten und Schalen. Springer Verlag. Berlin 1990.

/82/ Schäfer, M.: Numerik im Maschinenbau. Springer Verlag. Berlin, Heidelberg, New York 1999.

/83/ Knothe, K.; Wessels, H.: Finite Elemente - eine Einführung für Ingenieure. Springer Verlag. Berlin, Heidelberg, New York 1991.

/84/ Föppl, A.; Föppl, L.: Drang und Zwang. Erster Band. Verlag von R. Oldenbourg. München und Berlin 1941.

/85/ Mann, W.: Vorlesungen über Statik und Festigkeitslehre. 2. Auflage. B. G. Teubner Verlag. Stuttgart 1997.

/86/ Wagner. W.; Erlhof, G.: Praktische Baustatik. Teil 1, 18. Auflage. B. G. Teubner Verlag. Stuttgart 1986.

/87/ Wagner. W.; Erlhof, G.: Praktische Baustatik. Teil 2, 14. Auflage. B. G. Teubner Verlag. Stuttgart 1991.

/88/ Wagner. W.; Erlhof, G.: Praktische Baustatik. Teil 3, 7. Auflage. B. G. Teubner Verlag. Stuttgart 1984.

/89/ Gross, D.; Hauger, W.; Schröder, J.; Wall, W.A.: Technische Mechanik 1 Statik. 11. Auflage. Springer Verlag. Berlin, Heidelberg, New York 2011.

/90/ Gross, D.; Hauger, W.; Schröder, J.; Wall, W.A.: Technische Mechanik 2 Elastostatik. 11. Auflage. Springer Verlag. Berlin, Heidelberg, New York 2012.

/91/ Gross, D.; Hauger, W.; Schröder, J.; Wall, W.A.: Technische Mechanik 3 Kinetik. 11. Auflage. Springer Verlag. Berlin, Heidelberg, New York 2010.

/92/ Stoer, J.: Einführung in die Numerische Mathematik I. 4. Auflage. Springer Verlag. Berlin, Heidelberg, New York, Tokyo 1983.

/93/ Woo, M. et al.: OpenGL Programming Guide. 3rd edition. Addison-Wesley. Boston 2001.

/94/ Kempf, R.; Frazier, C.: OpenGL Reference Manual. 2nd edition. Addison-Wesley. Reading (MA) 1996.

/95/ Rieg, F.: Grafikprogrammierung für Windows. Fachbuchverlag Leipzig im Carl Hanser Verlag. München Wien 2005.

/96/ Decker: Maschinenelemente. 18. Auflage. Carl Hanser Verlag. München 2011.

/97/ Wellinger, K.; Dietmann, H.: Festigkeitsberechnung. Stuttgart: Körner 1976.

/98/ Steinhilper, W.; Sauer, B.: Konstruktionselemente des Maschinenbaus 1. 8. Auflage. Berlin, Heidelberg, New York: Springer 2012.

/99/ Szabó, I.: Höhere Technische Mechanik. 6. Auflage. Berlin, Heidelberg, New York: Springer 2001.

/100/ Rieg, F.: XN743 und WN743 – Wellenberechnung nach DIN 743. Herausgegeben vom Lehrstuhl Konstruktionslehre und CAD, Fakultät für Angewandte Naturwissenschaften. Universität Bayreuth 2008. www.cad.uni-bayreuth.de.

/101/ Steinhilper, W.; Röper, R.: Maschinen- und Konstruktionselemente 3. 2. Auflage. Berlin, Heidelberg, New York: Springer 1996.

/102/ Rieg, F.: ZBALKEN und XBALKEN – Balkenberechnung mit Übertragungsverfahren. Herausgegeben vom Lehrstuhl Konstruktionslehre und CAD, Fakultät für Angewandte Naturwissenschaften. Universität Bayreuth 2008. www.cad.uni-bayreuth.de.

/103/ Rieg, F.: WTFEDER – Tellerfederberechnung. Herausgegeben vom Lehrstuhl Konstruktionslehre und CAD, Fakultät für Angewandte Naturwissenschaften. Universität Bayreuth 2008. www.cad.uni-bayreuth.de.

/104/ Schenk, O., Gärtner, K.: Solving Unsymmetric Sparse Systems of Linear Equations with PARDISO, Journal of Future Generation Computer Systems, 20(3):475–487, 2004.

/105/ Schenk, O., Gärtner, K.: On fast factorization pivoting methods for symmetric indefinite systems, Elec. Trans. Numer. Anal., 23:158–179, 2006.

/106/ Zimmermann, M.: Theorie und Implementierung verschiebungsbezogener Schalen als finite Elemente im Maschinenbau. Dissertation Universität Bayreuth. Bayreuth 2008.

/107/ Alber-Laukant, B.: Struktur- und Prozesssimulation zur Bauteildimensoinierung mit thermoplastischen Kunststoffen – Validierung von Werkstoffbeschreibungen für den technischen Einsatz. Dissertation Universität Bayreuth. Bayreuth 2008.

/108/ Dörnhöfer, A.: Leichtbau mit partikelverstärkten Magnesiumlegierungen – Integration von virtueller Werkstoffentwicklung und Topologieoptimierung in den Produktentwicklungsprozess. Dissertation Universität Bayreuth. Bayreuth 2008.

/109/ Roith, B.: Integrated Finite Elements Analysis in three-dimensional Computer Aided Design Programs (CAD) – Overview and Comparison. In : 16th International Conference on Engineering Design. Paris : 2007.

/110/ Alber, B.; Hackenschmidt, R.; Dolsak, B.; Rieg, F.: ICROS – The Selective Approach to High-Tech Polymer Product Design, Design 2006, Dubrovnik, May 2006, ISBN 953-6313-79-0.

/111/ Niemann, G.; Winter, H.: Maschinenelemente. Band 2: Getriebe. 2. Auflage. Berlin, Heidelberg, New York: Springer 1983.

/112/ Göldner, H.: Übungsaufgaben aus der Technischen Mechanik. 8. Auflage. Friedr.Vieweg + Sohn. Braunschweig: 1972.

/113/ Girkmann, K.: Flächentragwerke. 6. Auflage. Springer-Verlag. Wien: 1963.

/114/ Meskouris, K.; Butenweg; C.; Hake, E.; Holler, S.: Baustatik in Beispielen. Springer-Verlag. Berlin, Heidelberg, New York: 2005.

/115/ Marguerre, K.; Woernle, H.-T.: Elastische Platten. B.I.-Wissenschaftsverlag. Mannheim, Wien, Zürich: 1975.

/116/ Hake, E.; Meskouris, K.: Statik der Flächentragwerke. 2. Auflage.

/117/ Ahmad, S.: Analysis of thick and thin shell structures by curved finite elements. International Journal for numerical methods in engineering. Vol.2, 419–451. John Wiley & Sons: 1970.

/118/ Bronstein, I. N.; Semendjajew, K. A.; Musiol, G.; Mühlig, H.: Taschenbuch der Mathematik. 7. Auflage. Wiss. Verlag Harri Deutsch. Frankfurt a.M.: 2008.

/119/ Ogden, R. W.: Non-linear elastic deformations. Ellis Harwood Ltd. and Halsted Press/John Wiley & Sons. Mineola (NY): 1984.

/120/ Wriggers, P.: Nichtlineare Finite-Element-Methoden. Springer Verlag. Berlin, Heidelberg, New York u.a.: 2001.

/121/ Parisch, H.: Festkörper-Kontinuumsmechanik. Von den Grundgleichungen zur Lösung mit Finiten Elementen. 1. Auflage. Teubner Verlag. Stuttgart, Leipzig, Wiesbaden: 2003.

/122/ Crisfield, M. A.: Non-linear Finite Element Analysis of Solids and Structures. Volume 2, Advanced Topics. John Wiley & Sons Ltd. Chichester, New York, Weinheim u.a.: 1997.

/123/ Simo, J. C.; Hughes, T. J. R.: Computational Inelasticity. Springer Verlag. New York u.a.: 1998.

/124/ Zienkiewicz, O. C.; Taylor, R. L.: The Finite Element Method for Solid and Structural Mechanics. Elsevier Butterworth Heinemann. 6. Auflage. Amsterdam, Boston, Heidelberg u.a.: 2005

/125/ Ting, T. C. T.: Anisotropic Elasticity, Theory and Applications. Oxford University Press. New York: 1996.

/126/ Wehmann, C.; Rieg, F.: Development and Comparison of High Order Toroidal Finite Elements for Calculating Disc Springs. Internationales Wissenschaftliches Kolloquium Ilmenau 2011. Digitale Bibliothek Thüringen, www.db-thueringen.de/servlets/DocumentServlet?id=19646. Ilmenau: 2011.

/127/ Meurant, G.: The Lanczos and Conjugate Gradient Algorithms. Society for Industrial and Applied Mathematics. Philadelphia: 2006.

/128/ Lanczos, C.: An Iterative Method for the Solution of the Eigenvalue Problem of Linear Differential and Integral Operators. Journal of Research of the National Bureau of Standards. Los Angeles:1950.

/129/ Dresig, H.; Holzweißig, F.: Maschinendynamik. 10. Auflage. Springer-Verlag. Berlin, Heidelberg: 2011.

/130/ Komzsik, L.: The Lanczos-Method, Evolution and Application. Society for Industrial and Applied Mathematics. Philadelphia: 2003.

/131/ Fischer, G.: Lineare Algebra. 14. Auflage. Vieweg. Wiesbaden: 2003.

/132/ Cullum, J.; Willoughby, R.: Lanczos Algorithms for Large Symmetric Eigenvalue Computations, Volume 1, Theory. Birkhäuser. Boston: 1985.

/133/ Paige, C.: Eroor analysis of the Lanczos algorithm for tridiagonalizing a symmetric matrix. Journal of the Institute of Mathematics and its Applications: 1976.

/134/ Pahl, G.; Beitz, W.; Feldhusen, J.; Grothe, K.-H. (Hrsg.): Pahl/Beitz Konstruktionslehre – Grundlagen erfolgreicher Produktentwicklung. Methoden und Anwendung. 7. Auflage. Springer-Verlag. Berlin, Heidelberg: 2007.

/135/ Müller, G.; Groth, C.: FEM für Praktiker, I: Grundlagen. 8. Auflage. Expert-Verlag. Renningen: 2007.

/136/ von Böckh, P.; Wetzel, T.: Wärmeübertragung – Grundlagen und Praxis. 3. Auflage. Springer Verlag. Berlin, Heidelberg: 2009.

/137/ Riks, E.: The Application of Newtons Method to the Problem of Elastic Stability. Journal of Applied Mechanics. Vol. 39, 1060–1066. Transactions of the ASME: 1972.

/138/ Wehmann, C.; Roith, B.; Rieg, F.: Bestimmung nichtlinearer Federkennlinien mit Hilfe der Finite Elemente Analyse. Ilmenauer Federntag 2010. ISBN 978-3-938843-57-4, 63–70. Ilmenau: 2010.

/139/ Wehmann, C.; Rieg, F.: Berechnung von Tellerfedern – von der analytischen Betrachtung zur Finite Elemente Analyse. Konstruktion. Vol. 1/2 2012, 67–70. Springer VDI Verlag: 2012.

Index

Symbole

A

B

C

D

E

F

G